现有净水厂、污水处理厂技术改造系列丛书

污水处理厂改扩建设计

(第二版)

上海市政工程设计研究总院(集团)有限公司　组织编写
张　辰　主　编
李春光　副主编

中国建筑工业出版社

图书在版编目（CIP）数据

污水处理厂改扩建设计/上海市政工程设计研究总院（集团）有限公司组织编写．—2版．—北京：中国建筑工业出版社，2014.12

（现有净水厂、污水处理厂技术改造系列丛书）

ISBN 978-7-112-17393-8

Ⅰ.①污… Ⅱ.①上… Ⅲ.①污水处理厂-改建-设计 Ⅳ.①X505

中国版本图书馆CIP数据核字（2014）第251202号

责任编辑：于 莉
责任设计：张 虹
责任校对：张 颖 姜小莲

现有净水厂、污水处理厂技术改造系列丛书
污水处理厂改扩建设计
（第二版）
上海市政工程设计研究总院（集团）有限公司 组织编写
张 辰 主 编
李春光 副主编
*
中国建筑工业出版社出版、发行（北京西郊百万庄）
各地新华书店、建筑书店经销
霸州市顺浩图文科技发展有限公司制版
北京富生印刷厂印刷
*
开本：787×1092毫米 1/16 印张：46¾ 字数：1101千字
2015年1月第二版 2015年1月第三次印刷
定价：**145.00**元
ISBN 978-7-112-17393-8
（26221）

谨以此书献给上海市政工程设计研究总院（集团）有限公司

成立60周年（1954年～2014年）

内容摘要

本书是一本以设计实践为主题的专著，主要阐述在污水处理厂脱氮除磷达标以及节能改造过程中的改扩建工程设计，包括污水处理厂设计的基本理论和实践经验。根据作者长期从事设计工作的研究和实践，对污水处理厂改扩建工程必须执行的标准进行分析，提出污水处理厂升级改造工艺设计、污泥处理、除臭设计等理论知识，更主要的是介绍了国外和国内污水处理厂的升级改造工程实例，通过工程实例，系统介绍了污水处理厂工艺设计、主要设计参数的确定、各处理构筑物的设计等，本书还就污水污泥处理处置设计，除臭设计和电气自控设计进行了分析。全书共分上篇和下篇两部分，上篇为基本理论和工艺，包括绪言、污水处理厂标准执行和综合评价、污水处理设计、污泥处理处置设计、除臭工程设计、电气和自控改扩建设计六章；下篇为污水处理厂改扩建工程实例，分国外污水处理厂改扩建工程实例和国内污水处理厂改扩建工程实例两章，分别介绍了12座国外和20座上海市政工程设计研究总院（集团）有限公司研究设计的污水处理厂改扩建实例。

本书可供从事给水排水专业的工程决策领导人员、工程设计人员、研究人员、运行管理人员和大专院校师生参考。

第二版前言

本书由上海市政工程设计研究总院（集团）有限公司组织编写，由张辰任主编并负责审稿，李春光任副主编。第 1 章、第 2 章由李春光、谭学军，第 3 章由谭学军、王盼，第 4 章由孙晓、王逸贤，第 5 章由陈和谦，第 6 章由陆继诚、李滨，第 7 章由李春光、石为民，第 8 章由各工程实例的设计负责人（上海市白龙港城市污水处理厂由张欣、杜炯，上海市石洞口污水处理厂污泥完善工程由胡维杰、生骏，郑州市王新庄污水处理厂由高陆令、王锡清，昆明第五污水处理厂由邱明海，广州市大坦沙污水处理厂由曹晶、司马勤，常州市城北污水处理厂由高陆令，上海市松江污水处理厂由王彬，唐山市西郊污水处理厂由周娟娟、沈勇，深圳市光明污水处理厂由彭弘、王彬，重庆市鸡冠石污水处理厂由杜炯，上海市天山污水处理厂由王锡清，厦门市筼筜污水处理厂由彭弘、徐昊旻，杭州市七格污水处理厂加盖除臭工程由陈和谦，上海市白龙港污水处理厂污泥应急工程由邹伟国、刘巍，宁波市南区污水处理厂由曹晶、吴悦，苏州市中心城区福星污水处理厂由卢义程，青岛市海泊河污水处理厂由金彪，福州市洋里污水处理厂由彭弘、王彬，兰州市西固污水处理厂由乔勇，即墨市污水处理厂由金彪、金敦）和李春光、石为民等编写。

本书在第一版的基础上，对污水处理厂执行的各类标准进行了补充，补充了污泥处理处置和除臭工程设计的相关技术，还着重对下篇的工程实例进行了调整，国外的污水处理厂主要以节能改造为主，为我国今后污水处理厂的发展提供了借鉴参考；国内的污水处理厂增加了污水处理厂的实际运行数据，并对运行情况进行了客观的评价。

由于作者水平有限，污水处理厂改扩建又有相当的难度，既要进行达标改造，又要考虑污水处理厂的正常运行，同时作者的文字理论方面也难免有不足之处，尚请读者批评指正。

本书在编写过程中也得到了全国同行，特别是相关污水处理厂众多同行的支持和配合，不但在研究过程中给予很多的帮助，又能接受上海市政工程设计研究总院（集团）有限公司的设计理念和方案，并提供了相当宝贵的实际运行数据，在此表示衷心感谢。

还要再次感谢国际水协主席 Glen，T. Daigger 教授，2012 年 11 月在上次为上海市政总院授课的 10 年后再次莅临，将宝贵的发展理念和国际经验传授给设计师们，为中国的污水处理工艺技术发展贡献了他的智慧。

主编：张辰

2014 年 9 月于上海

前 言

本书是上海市政工程设计研究总院近年来开展污水处理厂改扩建工程研究和设计实践成果的总结，是全体排水设计人员共同努力的体现。

随着污水处理日益得到重视，在建设资源节约型和环境友好型社会过程中，充分重视科学发展观，建设和谐社会。体现在节能减排上，污水处理厂的设计运行既存在着大量节能途径，又是减排的主力军。由于污水处理厂排放标准的不断完善，虽然在标准的制定上应充分考虑流域特点和建设运行合理经济等因素，但标准的执行应该是不折不扣的。因此，随之而来的就是污水处理厂的不断达标改造和不断地改扩建。

上海市政工程设计研究总院承担的这些改扩建工程在决策和实施前，得益于总院研发中心的建立，能开展必要的前期研究和工艺方案策划。前期工作包括对水质的全面分析，为确定合理的技术路线创造条件；工艺方案的优化主要得益于引进消化吸收，在国外污水处理厂改造的经验基础上，不断引进消化吸收再创新。本书中有一些污水处理厂改扩建是国际合作的成果，如上海天山污水处理厂、厦门污水处理二厂等；有的利用研发中心的研究成果，在原污水处理厂的范围内，将出水水质由常规活性污泥法的二级标准提升为具有脱氮除磷功能的一级B标准，如采用双污泥系统的上海市曲阳污水处理厂；有一些工业废水含量较多的污水处理厂达标改造工程，也值得探讨，如绍兴污水处理厂三期扩建、上海桃浦污水处理厂改扩建工程等就属这类；另外，还特别介绍一座全新理念的污水处理厂设计，如深圳光明污水处理厂，在低碳高氮的南方污水特殊情况下，既要达到一级A标准，又要考虑初期雨水处理，保证污水处理率，这在国内是全新的尝试。总之，12座国内污水处理厂的改扩建各具特点，参与编写的作者在污水处理厂研究设计过程中，深切感受到污水处理厂改扩建工程设计是一项综合性很强的技术工作，在排放标准日益严格的今天，如何开展污水处理厂改扩建工程，选择稳定的、先进的、实用的、便于运行操作管理的工艺技术，在充分考虑建设的同时还要保证运行，是每一个设计人员的职责。设计师也是在设计实践中不断得到锻炼，在取得大量实践经验的基础上，不断总结，不断发展。

同时，得益于国际交流的频繁，国外知名学者专家对上海市政工程设计研究总院的关注，特别是得到美国污水处理的著名学者Glen，T. Daigger教授的悉心指导，将他精心编撰的《UPGRADING WASTEWATER TREATMENT PLANT》一书赠与上海市政工程设计研究总院，并亲自讲解，为上海市政工程设计研究总院污水处理厂升级改造工程研究设计提供了重要的帮助。因此我们也列举了10座国外污水处理厂改扩建的工程实例，学习国外的技术，结合各地的特点，实施污水处理厂的改扩建工程。

在污水处理厂升级改造的同时，更应注重污泥处理的达标，除臭设计的完善和电气自控设计的配套等，本书在这些方面进行了论述并介绍了工程实例。

在全体编写人员的支持和共同努力下，在工程设计特别繁重的今天，大家能团结一心，共同努力，充分发挥上海市政工程设计研究总院的优势，将改扩建的理论和实例汇集成书，以期全国的读者能共享取得的成果和经验。

本书由上海市政工程设计研究总院组织编写，由张辰任主编并负责审稿，李春光任副主编。第 1 章、第 2 章由李春光、谭学军，第 3 章由谭学军，第 4 章由孙晓，第 5 章由陈和谦，第 6 章由陆继诚、王敏、李滨，第 7 章由李春光、徐晓宇，第 8 章由各工程实例的设计负责人（上海市白龙港城市污水处理厂由张欣、杜炯，上海曲阳污水处理厂由邹伟国，郑州市王新庄污水处理厂由王锡清、高陆令，绍兴污水处理厂三期由王锡清、高陆令，广州大坦沙污水处理厂三期由曹晶、司马勤，常州市城北污水处理厂由高陆令、王蓉，上海市松江污水处理厂三期由张亚勤、熊建英，唐山市西郊污水处理二厂由张亚勤、熊建英，深圳市光明污水处理厂由彭弘、王彬，上海桃浦污水处理厂由邹伟国，上海天山污水处理厂由王锡清、贺骏，厦门市第二污水处理厂由王蓉，臭气治理由陈和谦）和李春光、徐晓宇等编写。

由于作者水平有限，污水处理厂改扩建又有相当的难度，既要进行达标改造，又要考虑污水处理厂的正常运行，同时作者的文字理论方面也难免有不足之处，尚请读者批评指正。

本书在编写过程中得到了全国同行，特别是相关污水处理厂众多同行的支持和配合，不但在研究过程中给予很多的帮助，又能客观接受上海市政工程设计研究总院的设计理念和方案，在此表示衷心感谢。

主编：张辰

2008 年 8 月于上海

目 录

上篇

基本理论和工艺

第1章　绪　　言

1.1　污水处理厂现状

1.1.1　城镇污水处理发展

1949年以前，仅在上海建有污水收集系统和3座污水处理厂，即上海北区污水处理厂、上海东区污水处理厂和上海西区污水处理厂，总处理规模为$3.45\times10^4m^3/d$，均采用活性污泥法进行污水处理。

1949年至改革开放前，污水处理没有得到应有的重视，全国仅建有城镇污水处理厂37座，总处理规模为$64\times10^4m^3/d$，有些只是一级处理，如太原西郊污水处理厂、西安邓家村污水处理厂和兰州七里河污水处理厂等。上海曹杨污水处理厂是仅有的几座二级污水处理厂之一，处理规模为$2\times10^4m^3/d$，为第一座我国自行设计的二级污水处理厂。20世纪60年代有鞍山南郊污水处理工程等，这些污水处理厂的处理工艺一般是经沉砂池和初次沉淀池后，就近排入河道；污泥经干化床干化后用作农肥。20世纪70年代，全国建有各种类型的污水处理厂几十座，处理城市污水约$173\times10^4m^3/d$，其中生活污水处理厂约占一半，城市污水处理厂项目仍很少，主要解决工业废水的污染，例如石油化工、炼油、印染、化纤、屠宰和食品等企业建有不同规模的工业废水处理厂，斜板沉淀池、曝气叶轮生物反应池、塔式生物滤池和曝气沉淀池等技术在工业废水处理中得到应用。20世纪70年代中后期，建设了一些城市污水处理厂，如上海闵行污水处理厂，规模为$2.2\times10^4m^3/d$；上海松江污水处理厂，规模为$1.7\times10^4m^3/d$；北京首都国际机场污水处理厂，规模为$0.96\times10^4m^3/d$；桂林中南区污水处理厂，规模为$1.74\times10^4m^3/d$，上述污水处理厂均采用活性污泥法工艺进行二级处理，工艺流程一般为进水泵房、沉砂池、初次沉淀池、曝气池、二次沉淀池和出水设施等。

20世纪七八十年代，天津市纪庄子污水处理厂的投产运行带动了污水处理厂的建设，国家在天津兴建纪庄子污水处理试验厂，处理规模一级处理为$0.1m^3/s$，二级处理为$0.025m^3/s$；北京高碑店污水处理试验厂也开始运行。国家和地方都为筹备建设大型污水处理厂开展了大量前期工作，天津市纪庄子污水处理厂于1982年破土动工，1984年4月28日竣工投产运行，处理规模为$26\times10^4m^3/d$。在此成功经验的带动下，北京、上海、广东、辽宁、福建、江苏、浙江、湖北和湖南等省市根据各自的具体情况分别建设了不同规模的污水处理厂几十座。

改革开放以来，随着国家加大对城市基础设施的投入，通过国债和引进国外贷款资金，建设了大批污水处理设施，同时引进了不少国外的先进污水处理技术。“九五”期间，各级政府对城市污水处理的投入累计达到602.7亿元，比“八五”期间多投入442.8亿元。20世纪90年代是城市污水处理厂建设发展较快的时期。1996年我国的污水处理厂大约有309座，处理能力达到$1153\times10^4m^3/d$；2001年初通过的“国民经济和社会发展第十个五年计划纲要”中规定，所有大中城市都必须建设污水处理设施；2003年底，全国大约有612座城市污水处理厂，处理能力达到$4253\times10^4m^3/d$，其中大部分污水处理均按照二级排放标准设计；2005年底，全国大约有792座城市污水处理厂，处理能力达到$5725\times10^4m^3/d$，其中二级以上处理大约有694座，处理能力达到$4791\times10^4m^3/d$；2006年底，全国大约有815座城市污水处理厂，处理能力达到$6366\times10^4m^3/d$，其中二级以上处理大约有789座，处理能力达到$5425\times10^4m^3/d$。至2012年底，全国有1670座城市污水处理厂，处理能力达到$11733\times10^4m^3/d$，其中二级以上处理大约有1413座，处理能力达到$10306.3\times10^4m^3/d$；同时，至2012年底，全国县城大约有1416座污水处理厂，处理能力达到$2622.5\times10^4m^3/d$，其中二级以上处理大约有1027座，处理能力达到$1908.7\times10^4m^3/d$。城市的污水处理率从1992年的14.86%迅速增长到2012年的87.3%，县城的污水处理率从2000年的7.55%增长到2012年的75.24%，这一时期是我国污水处理发展最快的时期。

随着城市基础设施建设市场的不断开放，世界银行、亚洲开发银行和各国政府贷款项目日益增多，我国的工程技术人员与国外同行的技术交流愈加密切，在及时跟踪国际水处理发展趋势的同时，结合我国国情，引进吸收消化国外新技术，出现了大量新型活性污泥法处理工艺和生物膜法处理工艺，AB法、A/O法、A/A/O法、SBR法、氧化沟法、曝气生物滤池和生物膜法在污水处理中均得到应用，国外各类先进高效的污水处理专用设备也进入我国的污水处理市场。随着近些年对污水再生利用的重视，各种具有脱氮除磷功能的改良型活性污泥工艺以及MBR工艺也逐步得到推广应用。

同时，污水处理厂的污泥处理也逐渐受到重视。20世纪五六十年代，污泥处理大都采用自然干化处理的方法，干化后用作农肥；1976年建设上海闵行污水处理厂时，设计建造了污泥处理系统，但由于缺乏经验，在处理工艺、池型构造、搅拌设备、配用仪表和污泥脱水等方面均存在缺陷；1984年，天津纪庄子污水处理厂设计建造了污泥综合处理厂，采用重力浓缩、二级中温消化、机械脱水和沼气发电处理工艺。其后，不少污水处理厂也建设了污泥处理系统，污泥重力或机械浓缩、脱水、污泥厌氧消化、污泥干化和焚烧等技术也逐步得到应用。2004年，我国第一座采用完整的污泥脱水、干化和焚烧处理工艺的石洞口污水处理厂污泥处理处置工程建成投产，至今已稳定运行达10年。根据住房和城乡建设部统计，2012年我国城市污水处理厂产生的污泥量为655.05万t，处置率为98%，县城污水处理厂产生的污泥量为112.46万t，处置率为94.64%；据估计，目前我国城市污水处理厂污泥排放量（干重）年增长率大于10%。污泥处理需要在管理体制、市场机制、标准体系、技术政策等多方面进行推进。

另外，我国是一个水资源贫乏的国家，人均水资源量仅为世界平均水平的1/4，同时水资源在时间和地域上分布不均，使可利用的水资源更为有限，缺水已经成为制约我国国民经济发展和人民生活水平提高的重要因素。据统计，全国669个城市中，400个城市常年供水不足，其中有110个城市严重缺水，由于缺水每年影响工业产值2000多亿元。因此，污水再生利用成为解决城市水资源短缺的重要途径。1991年，全国第一个政府命名的污水回用示范工程在大连市建成，随后在大连、北京、天津、青岛等北方城市陆续开展再生水回用的研究和工程实践，2001年初通过的“国民经济和社会发展第十个五年计划纲要”中明确指出，要开展污水处理回用，使得污水的再生利用全面启动，随后建造的许多污水处理厂均包括污水处理再生工程。到2004年，北京市共设计了7座再生水厂，总规模达到$85.68\times10^4m^3/d$，设计了205km再生水干管，再生水用于电厂、景观、绿化、环卫清洁、市政杂用以及居民小区的冲洗水等。

1.1.2 城镇污水排放量和处理现状

根据住房和城乡建设部关于全国城镇污水处理设施2013年第四季度建设和运行情况的通报，截至2013年底，全国设市城市、县（以下简称“城镇”，不含其他建制镇）累计建成污水处理厂3513座，污水处理能力约$1.49\times10^8m^3/d$，比2012年底增加处理能力约$680\times10^4m^3/d$。

全国已有651座设市城市建有污水处理厂，占设市城市总数的99.1%；累计建成污水处理厂1999座，污水处理能力大约为$1.22\times10^8m^3/d$，比2012年底增加了$500\times10^4m^3/d$。

全国已有1341座县城建有污水处理厂，占县城总数的82.6%；累计建成污水处理厂1514座，污水处理能力大约为$2600\times10^4m^3/d$，比2012年底增加了$179\times10^4m^3/d$。

2013年，全国城镇污水处理厂累计处理污水$444.6\times10^8m^3$，同比增长5.2%；运行负荷率达到82.6%，与2012年持平；累计削减COD1121.0万t，同比增加42.4万t，增长3.9%；削减氨氮总量98.4万t，同比增加6.1万t，增长6.6%。

虽然目前我国的城市和县城污水收集率和污水处理设施运行负荷率达到了较高水平，但是，我国还有村镇人口9.45亿，分布在19881个建制镇和13281个乡，其排水设施的普及率以及污水处理设施运行情况还没有得到足够重视。另外，由于排水体制不完善和城市建设管理体系不健全，污水处理厂应对暴雨季节的合流污水和雨水溢流冲击负荷的能力也较低。

1.2 污水处理厂改扩建必要性

1.2.1 城镇建设快速发展

通常污水处理厂的设计规模以城镇总体规划、详细规划、城市分区规划和给水排水工程专业规划为依据确定，规划年限一般为15～20年，根据规划年限、服务范围、服务人口、规划用地性质、工业和商业布局、排水体制和污水再生利用需求等因素，进行分析、计算确定规划规模，在计算过程中尚应考虑当地国民经济和社会发展、水资源充沛程度、用水习惯和给水排水设施完善程度及城镇排水设施规划普及率选取合理的综合生活污水定额，并根据当地土质、地下水位、管道接口材料和施工质量、管道普及程度和运行时间等因素确定是否考虑地下水渗入，最终确定污水处理厂的设计规模。在研究排放污水量现状的基础上，通过对近年排水资料的分析论证，并根据服务范围内排水收集系统的建设情况合理确定近期规模，以便进行分期建设。

改革开放以来，我国的国民经济迅速发展，城镇化水平不断提高，城镇的规模也不断扩大。1978—2004 年，我国城镇化水平由 17.9%提高到 41.8%，年均增长速度是改革开放前 30 年城镇化平均增长速度的 3 倍多，城镇人口从 1.7 亿增加到 5.4 亿，全国城市总数由 193 个增加到 661 个。在城市数量增加的同时，城市规模也不断扩大，城镇规划也不断调整，100 万人口以上的特大城市从 13 个增加到 49 个，50 万～100 万人口的大城市从 27 个增加到 78 个，20 万～50 万人口的中等城市从 59 个增加到 213 个，20 万以下人口的小城市从 115 个发展到 320 个。2013 年城镇化率达到了 53.7%。预计 2020 年将超过 60%。迅猛的发展往往使得规划滞后，同时由于我国的规划管理体制尚不完善，城镇规划的执行过程尚待加强，造成规划的执行性和可持续性不够，在实际的城镇发展中，发展速度会与规划不一致，城镇人口迅速增加，工业和商业布局也会不断的调整，原来规划设计的污水处理厂的服务范围和服务人口不断扩大，由于收集系统的不断完善，会造成污水处理厂实际进水量超出设计值，为保护人民生活环境，需及时进行污水处理厂扩建，满足水量日益增长的需要。

1.2.2 排放标准不断严格

1. 污水排放标准

城市发展进程的加快，使得人们对环境保护的意识也不断提高，对水处理程度和标准日益重视，因此城镇污水处理厂的出水排放标准也在逐步提高。

1973 年全国第一次环境保护会议发布的第一个环境保护法规标准是由国家计划委员会、国家基本建设委员会和国家卫生部联合发布的国家标准《工业“三废”排放试行标准》GBJ 4—73，内容包括了废气、废水和废渣排放的若干规定，主要体现了当时我国环境保护的主要目标是针对工业污染源的控制。

20 世纪 80 年代，有机污染日趋严重，城镇污水等生活污染问题逐步突出，工业企业的有机污染也不断增加。80 年代对轻工、冶金等 30 多个主要行业制定了行业水污染物排放标准达 31 项，包括造纸工业执行《造纸工业水污染物排放标准》GB 3544—83，合成脂肪酸工业执行《合成脂肪酸工业污染物排放标准》GB 3547—83，石油炼制工业执行《石油炼制工业水污染物排放标准》GB 3551—83，船舶执行《船舶污染物排放标准》GB 3552—83，船舶工业执行《船舶工业污染物排放标准》GB 4286—84，纺织染整工业执行《纺织染整工业水污染物排放标准》GB 4287—84，梯恩梯工业执行《梯恩梯工业水污染物排放标准》GB 4274—84，铬盐工业执行《铬盐工业污染物排放标准》GB 4280—84，黄磷工业执行《黄磷工业污染物排放标准》GB 4283—84，兵器工业执行《兵器工业水污染物排放标准》GB 4274～4279—84，钢铁工业执行《钢铁工业污染物排放标准》GB 4911—85，轻金属工业执行《轻金属工业污染物排放标准》GB 4912—85，重有色金属工业执行《重有色金属工业污染物排放标准》GB 4913—85，海洋石油开发工业执行《海洋石油开发工业含油污水排放标准》GB 4914—85，沥青工业执行《沥青工业污染物排放标准》GB 4916—85，磷肥工业执行《普钙工业污染物排放标准》GB 4917—85等，从标准制定上进一步体现加强对主要工业污染源水污染物的控制。

1986年，原建设部发布《污水排入城市下水道水质标准》CJ 18—86，对排入城市排水管道的污水水质进行了规定。

1988年，为了理顺综合与行业水污染物排放标准的关系，解决标准实施中的一些问题，加强对有机污染物的控制，对《工业“三废”排放试行标准》GBJ 4—73中的废水部分进行了第一次修订，发布了《污水综合排放标准》GB 8978—88。该标准从结构形式、试用范围、控制项目和指标值等方面都较《工业“三废”排放试行标准》GBJ 4—73作了较大的修订。

1993年，原建设部颁布了城镇建设行业标准《城市污水处理厂污水污泥排放标准》CJ 3025—93，该标准适用于全国各地的城市污水处理厂。标准规定：进入城市污水处理厂的水质，其值不得超过《污水排入城市下水道水质标准》CJ 18的规定；城市污水处理厂按处理工艺与处理程度的不同，分为一级处理和二级处理；经城市污水处理厂处理的水质应达到排放标准后才能排放，并且城市污水处理厂处理后的污水应排入《地面水环境质量标准》GB 3838规定的Ⅳ、Ⅴ类地面水水域。

1996年，为控制水污染，保护江河、湖泊、运河、渠道、水库和海洋等地面水以及地下水水质的良好状态，保障人体健康，维护生态平衡，促进国民经济和城乡建设的发展，结合标准的清理整顿，标准管理部门提出综合排放标准与行业排放标准不交叉执行的原则，结合新的标准体系和2000年环境目标的要求，对《污水综合排放标准》GB 8978—88再次进行修订，制定了《污水综合排放标准》GB 8978—1996，并于1998年1月1日起实施。该标准颁布之时正是我国淮河等一批河流、湖泊受到严重污染的时期。该标准的制定和颁布对促进三河、三湖等一批水污染治理项目的建设起到了重要作用。

1999年，原建设部对《污水排入城市下水道水质标准》CJ18—86进行了修订，规定严禁向城市排水管道排放腐蚀性污水、垃圾、积雪、粪便、工业废渣以及易凝、易燃、易爆、剧毒和堵塞排水管道的物质和有害气体；要求医疗卫生、生物制品、科学研究、肉类加工等含病原体的污水，必须经严格的消毒处理；以上污水以及放射性污水，除执行该标准外，还必须按有关专业标准执行。该标准要求凡超过排入城市排水管道的水质标准的污水，应按有关规定和要求进行预处理，不得用稀释法排放。该标准共计规定了排入城市污水管道的污水中35种有害物质的最高允许浓度，适用于向城市管道排放污水的排水户。

2000年，为贯彻执行《中华人民共和国环境保护法》和《中华人民共和国海洋环境保护法》，规范污水海洋处置工程的规划设计、建设和运行管理，保证在合理利用海洋自然净化能力的同时，防止和控制海洋污染，保护海洋资源，保持海洋的可持续利用，维护海洋生态平衡，保障人体健康，原国家环境保护总局发布了国家环境保护标准《污水海洋处置工程污染控制标准》GWKB 4—2000，该标准规定了污水海洋处置工程主要水污染物的排放浓度限值、初始稀释度、混合区范围及其他一般规定。

2002年，为贯彻《中华人民共和国环境保护法》，加强城镇污水处理厂污染物排放控制和污水资源化利用，保障人体健康，原国家环保总局和国家质量监督检验检疫总局联合于2002年12月24日发布国家标准《城镇污水处理厂污染物排放标准》GB 18918—2002，对城镇污水处理厂出水、废气排放、噪声和污泥处置（控制）的污染物限值进行了规定。

设计出水水质应根据排放水体的水域环境功能和保护目标确定，根据污染物的来源和性质，将污染物控制项目分为基本控制项目和选择性控制项目两类。基本控制项目主要包括影响水环境和城镇污水处理厂一般处理工艺可以去除的常规污染物，以及部分一类污染物，共19项。选择性控制项目包括对环境有较长期影响或毒性较大的污染物，共43项。基本控制项目必须执行。选择性控制项目，由地方环境保护行政主管部门根据污水处理厂接纳工业污染物的类别和水环境质量要求选择控制。

基本控制项目的常规污染物标准值分为一级标准、二级标准、三级标准。一级标准分为A标准和B标准。部分一类污染物和选择性控制项目不分级。

2006年，原国家环境保护总局发布2006年第21号公告，“关于发布《城镇污水处理厂污染物排放标准》GB 18918—2002修改单的公告”，对一级A标准和一级B标准的执行对象进行修改，城镇污水处理厂出水排入国家和省确定的重点流域及湖泊、水库等封闭、半封闭水域时，执行一级标准的A标准，排入《地表水环境质量标准》GB 3838—2002中III类功能水域（划定的饮用水水源保护区和游泳区除外）、《海水水质标准》GB 3097—82中海水二类功能水域时，执行一级B标准。由此，对出水排入重点流域及封闭、半封闭水域的污水处理厂，需要提高出水水质以满足排放要求。

2010年，住房和城乡建设部再次对《污水排入城市下水道水质标准》CJ 3082—1999进行了修订，除标准名称改为《污水排入城镇下水道水质标准》外，规定控制项目由原来的35项增加了总氮、总余氯等共12项，取消控制总锑，控制项目限值由两个等级改为三个等级，并取消了附录A和附录B。

2. 污泥排放标准

1984年，国家为贯彻执行《中华人民共和国环境保护法》，防止农用污泥对土壤、农作物、地面水和地下水的污染，制定颁布了《农用污泥中污染物控制标准》GB 4284—84，该标准适用于在农田中施用的城市污水处理厂污泥、城市排水管道沉淀的污泥、某些有机物生产厂的污泥以及江、河、湖、库、塘、沟、渠的沉淀污泥。该标准对农田施用污泥中的污染物最高容许浓度作出了规定。

1993年颁布的《城市污水处理厂污水污泥排放标准》CJ 3025—93对污泥排放标准作出规定，城市污水处理厂污泥应因地制宜采取经济合理的方法进行稳定处理；在厂内经稳定处理后的城市污水处理厂污泥宜进行脱水处理，其含水率宜小于80%；处理后的城市污水处理厂污泥，用于农业时，应符合《农用污泥中污染物控制标准》GB 4284的规定，用于其他方面时，应符合相应的现行规定；城市污水处理厂污泥不得任意弃置，禁止向一切地面水体及其沿岸、山谷、洼地、溶洞以及划定的污泥堆场以外的任何区域排放。

2002年，原国家环保总局和国家质量监督检验检疫总局联合于2002年12月24日发布国家标准《城镇污水处理厂污染物排放标准》GB 18918—2002，该标准对污泥排放的控制标准内容包括：城镇污水处理厂的污泥应进行稳定化处理，稳定化处理后应达到相应的规定；城镇污水处理厂的污泥应进行污泥脱水处理，脱水后污泥含水率应小于80%；处理后污泥进行填埋处理时，应达到安全填埋的相关环境保护要求；处理后污泥进行农用时，污染物含量应满足一定的要求。

之后，随着对污泥处置的日益重视，原建设部于2007年1月发布了《城镇污水处理厂污泥泥质》CJ 247—2007和《城镇污水处理厂污泥处置 分类》CJ/T 239—2007，2007年3月又发布了《城镇污水处理厂污泥处置 园林绿化用泥质》CJ 248—2007和《城镇污水处理厂污泥处置 混合填埋泥质》CJ/T 249—2007，以上四项标准均自2007年10月1日起实施。2008年，原建设部又先后发布了《城镇污水处理厂污泥处置 制砖用泥质》CJ/T 289—2008、《城镇污水处理厂污泥处置 单独焚烧用泥质》CJ/T 289—2008和《城镇污水处理厂污泥处置 土地改良用泥质》CJ/T 289—2008。这些标准根据污泥的最终处置方法提出了相应的控制项目和限值。

2009年，在上述标准运行2年后，国家质量监督检验检疫总局和国家标准化管理委员会共同将这些标准升级为国家标准，先后发布了《城镇污水处理厂污泥泥质》GB 24188—2009、《城镇污水处理厂污泥处置 分类》GB/T 23484—2009、《城镇污水处理厂污泥处置 混合填埋泥质》GB/T 23485—2009、《城镇污水处理厂污泥处置 园林绿化用泥质》GB/T 23486—2009、《城镇污水处理厂污泥处置 土地改良用泥质》GB/T 24600—2009和《城镇污水处理厂污泥处置 单独焚烧用泥质》GB/T 24602—2009，并在同年发布了《城镇污水处理厂污泥处置 农用泥质》CJ/T 309—2009和《城镇污水处理厂污泥处置 水泥熟料生产用泥质》CJ/T 314—2009，2011年又发布了《城镇污水处理厂污泥处置 林地用泥质》CJ/T 362—2011。

3. 再生水回用标准

1989年，为统一城市污水再生后回用作生活杂用水的水质，以便做到既利用污水资源，又能切实保证生活杂用水的安全和适用，建设部制定了《生活杂用水水质标准》CJ 25.1—89。该标准适用于厕所便器冲洗、城市绿化、洗车、扫除等生活杂用水，也适用于有同样水质要求的其他用途的水。

2000年，原建设部发布了行业标准《再生水回用于景观水体的水质标准》CJ/T 95—2000，该标准适用于进入或直接作为景观水体的二级或二级以上城市污水处理厂排放的水。标准将工业废水与生活污水进入城市污水处理厂经二级或二级以上处理后排放的水定义为再生水，并将景观水体分为两类，一类为人体非全身性接触的娱乐性景观水体，另一类为人体非直接接触的观赏性景观水体。这两种景观水体均可作为城市绿化用水（不宜采用喷灌），但均不宜作为瀑布、喷泉使用。

另外，为提倡城镇污水的再生利用，2002年以来，国家还颁布了《城市污水再生利用 城市杂用水水质》GB/T 18920—2002、《城市污水再生利用 景观环境用水水质》GB/T 18921—2002、《城市污水再生利用 地下水回灌水质》GB/T 19772—2005和《城市污水再生

利用 工业用水水质》GB/T 19923—2005 等标准，各标准中对出水污染物浓度均有明确的规定。2010 年颁布了《城市污水再生利用 绿地灌溉水水质》GB/T 25499—2010。

4. 其他排放标准

（1）臭气控制标准

1993 年，为贯彻《中华人民共和国大气污染防治法》，控制恶臭污染物对大气的污染，保护和改善环境，原国家环保总局批准发布了《恶臭污染物排放标准》GB 14554—93，标准分年限规定了 8 种恶臭污染物的一次最大排放限值、复合恶臭物质的臭气浓度限值及无组织排放源的厂界浓度限值。该标准将恶臭污染物厂界标准值分三级，排入《大气环境质量标准》GB 3095 中一类区的执行一级标准，一类区中不得建新的排污单位，排入《大气环境质量标准》GB 3095 中二类区的执行二级标准，排入《大气环境质量标准》GB 3095 中三类区的执行三级标准，1994 年 6 月 1 日起立项的新建、扩建、改建项目及其建成后投产的企业执行二级、三级标准中相应的标准值。

1996 年，国家发布《大气污染物综合排放标准》GB 16297—1996，规定了 33 种大气污染物的排放限值，同时规定了标准执行中的各种要求，其中明确按照综合性排放标准与行业性排放标准不交叉执行的原则，恶臭物质排放仍执行《恶臭污染物排放标准》GB 14554—93。

2002 年，国家颁布的《城镇污水处理厂污染物排放标准》GB 18918—2002 对污水处理厂的大气污染物排放规定，城镇污水处理厂的废气排放根据污水处理厂所在地区的大气环境质量要求和大气污染物治理技术和设施条件，分三级执行标准。对位于《环境空气质量标准》GB 3095—1996 一类区的所有（包括现有和新建、改建、扩建）城镇污水处理厂，执行一级标准；对位于《环境空气质量标准》GB 3095 二类区和三类区的城镇污水处理厂，分别执行二级标准和三级标准。其中 2003 年 6 月 30 日之前建设（包括改、扩建）的城镇污水处理厂，实施标准的时间为 2006 年 1 月 1 日，2003 年 7 月 1 日起新建（包括改、扩建）的城镇污水处理厂，从 2003 年 7 月 1 日起执行。同时，标准规定，新建（包括改、扩建）城镇污水处理厂周围应设绿化带，并设有一定的防护距离，防护距离的大小由环境影响评价确定。

（2）噪声控制标准

《城镇污水处理厂污染物排放标准》GB 18918—2002 中还规定，城镇污水处理厂噪声控制按《工业企业厂界噪声标准》GB 12348 执行。

由此，水处理标准的不断完善和城镇污水处理厂其他各类标准的不断出台，要求污水处理厂也要及时进行升级改建以达到排放标准的要求。

1.2.3 节能减排日益重视

综合利用、节约能源是我国国民经济发展的重大决策，发展循环经济、环境保护更是社会主义现代化建设中的一个长期基本国策。

我国既是一个能源大国，又是一个能源匮乏的国家，尤其电能资源、水资源更为紧张。而对全人类来说地球能源相当有限，更需要全人类共同爱护、节约，综合利用各种能源资源。节约自然资源早已引起世界各国的高度重视，各国纷纷成立了各种各样的节能组织。

1997年，我国经过近20年的努力，节能工作初见成效，更可喜的是，节能工作已逐步走向了“法制化”。1997年11月1日第八届全国人民代表大会常务委员会第二十八次会议通过了《中华人民共和国节约能源法》，并于1998年1月1日开始施行。它从法律上规范了全国人民的节能行为，使我国的节能、综合利用能源走上有序的轨道。

《中华人民共和国节约能源法》第三条明确：“本法所称节能，是指加强用能管理，采取技术上可行、经济上合理以及环境和社会可以承受的措施，减少从能源生产到消费各个环节中的损失和浪费，更加有效、合理地利用能源。”第四条进一步指出：“节能是国家发展经济的一项长远战略方针。国务院和省、自治区、直辖市人民政府应当加强节能工作，合理调整产业结构、企业结构、产品结构和能源消费结构，推进节能技术进步，降低单位产值能耗和单位产品能耗，改善能源的开发、加工转换、输送和供应，逐步提高能源利用效率，促进国民经济向节能型发展。国家鼓励开发、利用新能源和可再生能源。”

1999年，为加强对重点用能单位的节能管理，提高能源利用效率和经济效益，保护环境，国家经贸委在1999年3月10日公布了《重点用能单位管理办法》。办法明确了重点用能单位及节能监督检查部门的职责。这一系列的法规、办法都是为了使我国的能源节约有法可依、有章可循。

2006年，为贯彻落实科学发展观，构建社会主义和谐社会，建设资源节约型、环境友好型社会，推进经济结构调整，转变增长方式，《中华人民共和国国民经济和社会发展第十一个五年规划纲要》提出了“十一五”期间单位国内生产总值能耗降低20%左右，主要污染物排放总量减少10%的约束性指标。其中明确到2010年，万元国内生产总值能耗由2005年的1.22t标准煤下降到1t标准煤以下，降低20%左右；单位工业增加值用水量降低30%。“十一五”期间，主要污染物排放总量减少10%，到2010年，二氧化硫排放量由2005年的2549万t减少到2295万t，化学需氧量（COD）由1414万t减少到1273万t；全国设市城市污水处理率不低于70%，工业固体废物综合利用率达到60%以上。为此，“十一五”期间全国将新增城市污水日处理能力4500万t、再生水日利用能力680万t，形成COD削减能力300万t；缺水城市再生水利用率达到20%以上，新增城市中水回用量35亿t。

2011年，国家发布了《中华人民共和国国民经济和社会发展第十二个五年规划纲要》，提出的目标为：单位工业增加值用水量降低30%，农业灌溉用水有效利用系数提高到0.53。非化石能源占一次能源消费比重达到11.4%。单位国内生产总值能源消耗降低16%，单位国内生产总值二氧化碳排放降低17%。主要污染物排放总量显著减少，化学需氧量、二氧化硫排放分别减少8%，氨氮、氮氧化物排放分别减少10%。

在同年国务院发布的《“十二五”节能减排综合性工作方案》中，提出的“十二五”节能减排主要目标是：到2015年，全国万元国内生产总值能耗下降到0.869t标准煤（按2005年价格计算），比2010年的1.034t标准煤下降16%，比2005年的1.22t标准煤下降32%；“十二五”期间，实现节约能源6.7亿t标准煤。2015年，全国化学需氧量和二氧化硫排放总量分别控制在2347.6万t、2086.4万t，比2010年的2551.7万t、2267.8万t分别下降8%；全国氨氮和氮氧化物排放总量分别控制在 238.0 万 t、2046.2 万 t，比 2010 年的 264.4 万 t、2273.6 万 t 分别下降 10%。

污水处理厂是一个耗能单位，污水处理厂消耗的能源包括电能和燃料等，其中电耗占全厂总能耗的 60%～90%。污水处理电耗占全厂总电耗的 50%～80%，因此污水处理的节能是处理厂节能的根本。有关资料显示，一座采用活性污泥工艺的污水处理厂其各部分的能耗比例如图 1-1 所示。

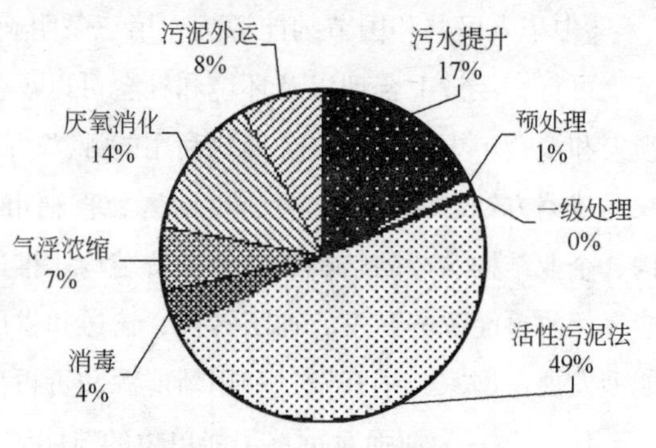

图 1-1 污水处理厂能耗比例

从图 1-1 中可以发现，节能的主要潜力在污水提升部分和活性污泥法生物处理阶段。因此面对能源价格的上涨和运行费用的缩减，节约能耗的重点主要集中在污水处理厂的二级处理系统和水泵部分。

加强污水处理厂的节能降耗，可以节约的电耗和运行成本将非常可观，这对缓解我国当前能源紧缺的现状，达到国家构建资源节约型和环境友好型社会的战略要求，具有显著的环境效益和社会效益。

我国目前已建的污水处理厂中，有不少都存在设备能耗高、效率低、管理控制简单的问题。由于污水处理的耗电大、成本高，尤其近年来电费不断上调，使污水处理厂的运转费用不断增加，不少建成的污水处理厂往往因经费不足而不能正常运转，使大量的基建投资不能充分发挥其环境效益、经济效益和社会效益。因此有必要对已建的污水处理厂进行改建，选择合理的处理工艺，尽可能地使用节能设备和装置，运用先进的自控技术使各种设备均可根据污水水质、流量等参数自动调节运转台数或运行时间，使整个污水处理系统在最经济状态下运行，使运行能耗最低。

1.3 污水处理技术发展

1914 年，自英国曼彻斯特活性污泥法二级生物处理技术问世以来，一直被世界各国广泛采用，目前发达国家已经普及了二级生物处理技术。但针对活性污泥法存在的问题，各国研究人员对该技术不断进行改造和发展，先后出现了普通活性污泥法、厌氧/缺氧/好氧活性污泥法（A/O、A/A/O）、间歇式活性污泥法（SBR 法）、改良型 SBR（MSBR）法、一体化活性污泥法（UNITANK）、两段活性污泥法（AB 法）等，以及各种类型的生物膜法等。

经济发达国家污水处理技术从 20 世纪 60 年代的末端治理到 70 年代的防治结合，从 80 年代的集中治理到 90 年代的清洁生产，不断更新处理工艺技术、设施和设备。目前污水生物处理技术的主要发展趋势是多种技术组合为一体的新技术、新工艺，如同步脱氮除磷好氧颗粒污泥技术、电/生物耦合技术、吸附/生物再生工艺、生物吸附技术以及利用光、声、电与高效生物处理技术相结合处理高浓度有毒有害难降解有机废水的新型物化/生物处理组合工艺技术，如光催化氧化/生物处理新技术、电化学高级氧化/高效生物处理技术、超声波预处理/高效生物处理技术、湿式催化氧化/高效生物处理技术以及辐射分解生物处理组合工艺等。

许多国家在水环境污染治理目标与技术路线方面已经有了重大变化，水污染治理的目标已经由传统意义上的“污水处理、达标排放”转变为以水质再生为核心的“水的循环再用”，由单纯的“污染控制”上升为“水生态修复和恢复”。

1.3.1 生物处理技术发展

传统观点认为，生物处理的主要功能是分解、稳定有机物，即降低BOD。随着工业生产的发展和对水环境的长期观察与研究表明，很多人工合成的有机物具有“三致”（致癌、致畸、致突变）的严重危害，并且难以被微生物所降解，而无机性的营养物如氮、磷则容易引起水体的富营养化。因此，水处理的要求也在不断变化，除要求水处理工艺具备脱氮除磷功能外，还要求将工业化生产、通过高温高压合成的各类污染物在污水处理过程中得到有效控制，因为这一类物质在自然界的降解需要几百年甚至上千年，还将不断富集，浓度不断增大，直接危害生态环境和人类生活的健康。生物处理技术对这种类型的污水处理是否有效，一些BOD、COD浓度很高，甚至高达数万mg/L的污水，生物处理技术能否有效，这些新的问题和新的要求，推动了世界污水生物处理技术和工艺方法的发展。

按照微生物的生长方式，生物法可分为以活性污泥法为代表的悬浮生长法和以生物膜法为代表的附着生长法。目前，城市污水处理以活性污泥法的应用最广。但是，由于传统活性污泥法运行需要消耗大量的能源，运行费也较高，需要进行革新。为开发高效、低耗的城市污水处理新技术、新工艺，国内外开展了大量的研究，并取得了一定的成就。

1. 生物处理微生物

传统的污水生物处理技术主要依赖两大类微生物，即异养型好氧微生物和异养型厌氧微生物。近几十年来，科学家和工程师共同合作，对污水生物处理中的微生物进行比较深入的研究，取得了很多成果，如：对活性污泥中细菌和原生动物的不同种类和特性及其协同作用的研究，推进了AB法工艺的发展；对于硝化、反硝化细菌的研究，以及聚磷菌特性的研究，推进了具有脱氮功能的A/O法工艺以及具有脱氮除磷功能的A/A/O法工艺的发展；对于厌氧微生物种群和特性的研究，以及发现了厌氧微生物具有部分降解大分子合成有机物的能力，推进了厌氧生物处理工艺以及用厌氧/好氧串联流程处理含难降解有机物废水的工艺发展；对于高效菌的筛选、培养和固定化的研究，为进一步提高污水生物处理的效能，特别是为难生物降解有机物的处理提供了有效的途径。

2. 生物处理工艺

生物处理中的三大要素是微生物、氧和营养物质。反应器是微生物栖息生长的场所，是微生物对污水中的污染物加以降解、利用的主要设备。高效的反应器，要能保持最大的微生物量及其活性，要能有效地供应氧（或隔绝氧），要使微生物、氧和污水中的有机物之间能充分接触良好的传质条件。反应器按其特性，大致可分为以下几类：

① 悬浮生长型（如活性污泥法）或附着生长型（如生物膜法）；

② 推流式或完全混合式；

③ 连续运行式（如传统活性污泥法）或间歇运行式（如 SBR 法）。

（1）活性污泥法

活性污泥法自 1914 年由 Arden 和 Lockett 开创至今，已经过 100 年的发展与实践，在供氧方式、运转条件、反应器形式等方面不断得到革新和改进。最早出现的传统活性污泥法属于推流式曝气池，由于靠近水池进水口的基质浓度高于出口端的基质浓度，而最初的设计没有考虑到这种需氧量的变化，结果造成了一些部位氧的不足。为改进供氧不均匀的缺点，1936 年将均匀曝气的方式改为沿推流方向渐减曝气的方式，大部分的氧量在基质去除相当快的进水端输入，而以内源代谢和衰减为主要反应作用的出水端仅需少量的氧，这也就是传统活性污泥法比较标准的形式——渐减曝气活性污泥法。活性污泥法的另一个变种——阶段曝气法于 1942 年出现。阶段曝气法又称多点进水法，进水分成几股，然后几股污水从曝气池的不同点进入，从而使需氧量分配均匀。在污泥同原水混合前，使污泥进行再曝气的想法得到了更进一步的发展。1951 年出现了接触稳定活性污泥法，它是传统活性污泥法的另外一种发展形式。为了避免在推流式曝气池中因基质浓度梯度造成的微生物不适应，使微生物群落保持相对稳定的状态。到 20 世纪 50 年代末，出现了完全混合式活性污泥法，这种形式的优点是提供了一个有利于细菌絮体生长，不利于丝状菌生长的环境，污泥的沉降和密实性都很好，但是由于基质梯度的变化使系统容易受有毒物质的干扰。为了克服其他几种改进形式的缺点（必须处置大量的污泥，流程的运行控制要求严格），出现了延时曝气法，由于有一个完整的细胞平均停留时间，所以，稳定程度相当高，然而由于经济问题的限制，它仅用于污水浓度低的小型设施。另外，还出现了纯氧曝气法、深井曝气法等。

1）SBR 法的发展

作为传统活性污泥法的改进，SBR 法有着广泛的应用前景。

SBR 法是序批式间歇活性污泥法（又称序批式反应器）的简称，它是目前受到国内外广泛重视、研究和应用较多的一种污水生物处理技术，特别是随着先进的自动控制技术的发展，污水处理厂的自动化管理程度大大提高，为 SBR 活性污泥法的推广应用提供了更为有利的条件。

SBR 工艺在设计和运行中，根据不同的水质条件、使用场合和出水要求，有了许多新的变化和发展，产生了许多变型。ICEAS 与传统 SBR 相比，增加了一个预反应区，且连续进水、间歇排水，但由于在沉淀期进水影响了泥水分离，使进水水质受到了限制。DAT-IAT 工艺克服了 ICEAS 的缺点，将预反应区改为与 SBR 反应池 IAT 分立的预曝气池 DAT，DAT 连续进水、连续曝气，主体间歇反应器 IAT 在沉淀阶段不受进水的影响，且增加了从 IAT 到 DAT 的回流。但是对于含生物难降解有机物污水的处理，DAT-IAT 并不能取得好的效果，而 CASS 工艺克服了这个缺点，将 ICEAS 的预反应区革新为容积小、设计更加优化合理的生物选择器，并将主反应区的部分剩余污泥回流至选择器，沉淀阶段不进水，因而系统更加稳定，且具有良好的脱氮除磷效果。IDEA 又是 CASS 的发展，主要是将生物选择器改为与 SBR 主体构筑物分立的预混合池。但以上工艺均只能做到进水连续，而排水间歇。为了克服间歇排水这个缺点，

UNITANK 工艺集合了 SBR 和三沟式氧化沟的优点，一体化设计，做到连续进水连续出水，并且污泥自动回流，与 CASS 相比省去了污泥回流设备。但 UNITANK 工艺还存在中沟污泥浓度低及过分依赖于仪表装置等缺点，如一旦进水阀门损坏，整个系统无法工作。为了克服 UNITANK 工艺的缺点，又产生了一种新型的 SBR 系统 MSBR，它实质上是将 A/A/O 工艺与 SBR 系统串联而成，采用单池多格方式，省去了许多阀门仪表等，增加了污泥回流又保证了较高的污泥浓度，有很好的脱氮除磷效果。近几年，其他许多 SBR 系统的研究也得到了深入，如厌氧 SBR、多级 SBR 等，均取得了良好的效果。随着技术的不断进步和深入研究，将出现更多的 SBR 变型工艺。

2）氧化沟的发展

氧化沟是活性污泥法的一种改型，其曝气池呈封闭的沟渠型，污水和活性污泥的混合液在其中进行不断的循环流动，因此又被称为“环形曝气池”、“无终端的曝气系统”。

氧化沟工艺形式的改进和发展与其曝气设备的开发和研究是分不开的。20 世纪 60 年代末，荷兰的 DHV 公司将立式低速表曝机应用于氧化沟工艺，将其安装在氧化沟中心隔墙的末端，利用其所产生的搅拌推动力使水流循环流动，使氧化沟的有效水深增加至 4.5m，该工艺即为 Carrousel 氧化沟工艺，几乎与此同期，Lecmple 和 Mandt 首次将水下曝气和推动系统应用于氧化沟工艺，开发了射流曝气氧化沟工艺，使氧化沟的有效水深和宽度相互独立，其深度可达 7～8m。1970 年，南非开发了转盘曝气机而出现了 Orbal 氧化沟工艺。近年来，荷兰 DHV 公司推出了两层涡轮立式曝气机；德国 Passavant 公司开发了具有抗腐蚀强、强度高、重量小的玻璃钢强化型转刷叶片；美国 USFilter Envirex 公司开发了以曝气转碟（推动水流）和粗泡曝气相结合的垂直循环流反应器（VLR）氧化沟工艺。

目前，国外研究开发氧化沟工艺和生产氧化沟曝气装置的公司及机构日趋增多，氧化沟技术还将得到发展。

3）AB 法的发展

AB 工艺是吸附/生物降解工艺的简称。这项污水生物处理技术是由德国亚琛工业大学的 Botho Böhnke 教授为解决传统二级生物处理系统存在的去除难降解有机物和脱氮除磷效率低及投资运行费用高等问题，在对两段活性污泥法和高负荷活性污泥法进行大量研究的基础上，于 20 世纪 70 年代中期开发、80 年代开始应用于工程实践的一项新型污水生物处理工艺。

AB 工艺在我国的研究和应用经历了三个阶段。首先是对 AB 工艺的特性、运行机理及处理过程的稳定性等进行详尽的报道和研究；其次是较多单位对 AB 工艺处理城市污水、工业废水进行一定规模的试验研究；第三是国内部分城市污水处理厂（如山东省青岛市海泊河污水处理厂、泰安市污水处理厂、新疆乌鲁木齐市河东污水处理厂等）在引进德国 AB 工艺技术的基础上，已建成相当处理规模的 AB 法污水处理厂。

AB 工艺与传统活性污泥工艺相比，在处理效率、运行稳定性、工程投资和运行费用等方面均具有明显的优势。

4）A/A/O系列的发展

20世纪70年代中期，美国的Spector在研究活性污泥膨胀控制问题时，发现厌氧/好氧（A_P/O）状态的交替循环不仅能有效防止活性污泥丝状菌的膨胀，改善污泥的沉降性能，而且具有明显的强化除磷效果。第一个生产性A_P/O（Anaerobic/Oxic）装置于1979年建成投产，此后许多污水处理厂在修建或改造过程中采用了该工艺。

A_P/O系统由活性污泥反应池和二次沉淀池构成，污水和污泥顺次经厌氧和好氧交替循环流动。反应池分为厌氧区和好氧区，两个反应区进一步划分为体积相同的格，产生推流式流态。回流污泥进入厌氧池可吸收去除一部分有机物，并释放出大量磷，进入好氧池污水中可使有机物得到好氧降解，同时污泥将大量摄取污水中的磷，部分富磷污泥以剩余污泥的形式排出，实现磷的去除，A_P/O除磷工艺流程如图1-2所示。

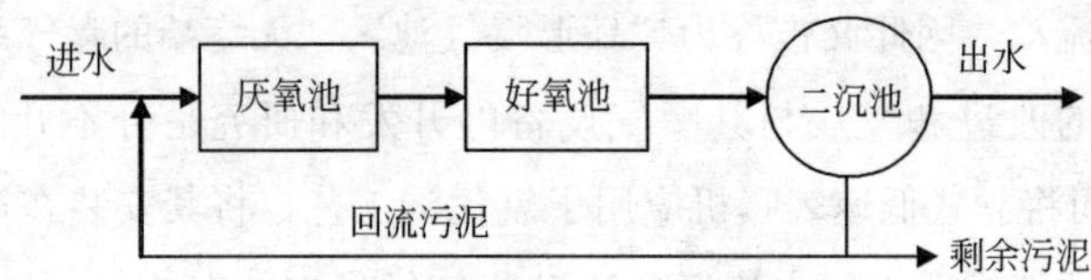

图1-2 A_P/O除磷工艺流程

A_N/O（Anoxic/Oxic）工艺是一种有回流的前置反硝化生物脱氮流程，其中前置反硝化在缺氧池中进行，硝化在好氧池中进行，其工艺流程如图1-3所示。

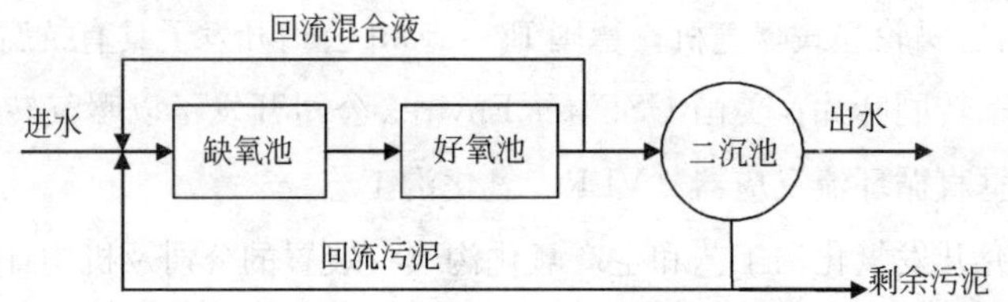

图1-3 A_N/O脱氮工艺流程

在A_N/O工艺流程中，原污水先进入缺氧池，再进入好氧池，并将好氧池的混合液与沉淀池的污泥同时回流到缺氧池。污泥和好氧池混合液的回流保证了缺氧池和好氧池中有足够数量的微生物，并使缺氧池得到好氧池中硝化产生的硝酸盐。而原污水和混合液的直接进入，又为缺氧池反硝化提供了充足的碳源有机物，使反硝化反应能在缺氧池中得以进行。反硝化反应后的出水又可在好氧池中进行BOD的进一步降解和硝化作用。

为了达到同时脱氮除磷的目的，在A_P/O工艺中增设缺氧区，构造了厌氧/缺氧/好氧（A/A/O）工艺，其工艺流程如图1-4所示。

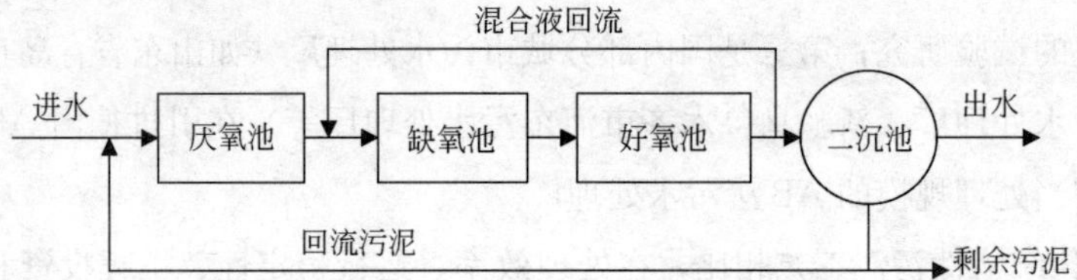

图1-4 A/A/O脱氮除磷工艺流程

早期的生物脱氮除磷工艺是 Bardenpho 工艺，该工艺由两级 A/O（Anoxic/Oxic）工艺组成，共四个反应池。BOD 的去除、氨氮氧化和磷的吸收都是在硝化（第一氧化）段完成的。第二缺氧段提供足够的停留时间，通过混合液的内源呼吸作用，进一步去除残余的硝化氮。最终好氧段为混合液提供短暂的曝气时间，以降低二次沉淀池出现厌氧状态和释放磷的可能性。

由于发现混合液回流中硝酸盐对生物除磷有非常不利的影响，Banard（1976）提出真正意义上的生物脱氮除磷工艺，即在 Bardenpho 工艺的前端增设一个厌氧区，混合液从第一好氧区回流到第一缺氧区，污泥回流到厌氧区的进水端。这一工艺流程在南非称为五段 Phoredox 工艺，在美国称为改良型 Bardenpho 工艺。Bardenpho 工艺按低污泥负荷（较长泥龄）方式设计和运行，目的是提高脱氮率。

作为改良 Bardenpho 工艺的进一步改进，20 世纪 80 年代初 Marais 研究组开发了 UCT 工艺，将污泥回流到缺氧区而不是厌氧区，在缺氧区和厌氧区之间建立第二套混合液回流，使进入厌氧区的硝态氮负荷降低。

美国 Virginia 州 Hampton Roads 公共卫生区与 CH2M HILL 公司为该区 Lamberts Piont 污水处理厂改建而设计，该改扩建工程被称为 Virginia Initiative Plant（VIP），VIP 工艺与 UCT 工艺非常类似，两者的差别在于池型构造和运行参数方面。

（2）生物膜法

生物膜法和活性污泥法一样，都是利用微生物去除污水中有机物的方法。但在活性污泥法中，微生物处于悬浮生长的状态，所以活性污泥法处理系统又称为悬浮生长系统。而生物膜法中的微生物则附着在某些物质的表面，所以生物膜法处理系统又称为附着生长系统。生物膜法主要包括生物滤池、生物转盘、生物流化床法等。

生物膜法的基本原理是通过污水与生物膜的相对运动，使污水与生物膜接触，进行固液两相的物质交换，并在膜内进行有机物的生物氧化，使污水得到净化。与微生物悬浮生长的活性污泥法相比，它有以下优点：由于存在许多硝化细菌，因此具有较高的脱氮能力；生物膜中存在的微生物具有多样性，包括好氧菌、厌氧菌、真菌和藻类等，使其在去除污染物方面具有广谱性；大量的微生物生长占据了整个反应器的空间，单位体积的生物量远比活性污泥法高，因此单位体积的处理能力也大；膜法中的微生物的食物链比活性污泥法长，产生的污泥大都被生物消耗，因此剩余污泥少；系统维护方便，能耗低，无需污泥回流；该系统的微生态复杂，对水力和有机负荷变化的承受能力强，操作稳定。

1）生物滤池

1893 年在英国尝试将污水在粗滤料上喷洒进行净化试验，取得良好的效果，这种工艺得到公认，命名为生物过滤法，处理构筑物则称为生物滤池，开始用于污水处理实践，并迅速地在欧洲一些国家得到应用。早期出现的生物滤池处理负荷低，为了解决这个问题，高负荷生物滤池孕育而生。20 世纪 50 年代，原民主德国有人按化学工业中填料塔方式，建造了塔式生物滤池，这种池子通风畅行，净化功能良好，使占地面积大的问题进一步得到解决。

2）生物转盘

生物转盘是于20世纪60年代由原联邦德国所开创的一种污水生物处理技术。原联邦德国斯图加特工业大学勃别尔（Popel）教授和哈特曼（Hartman）教授对生物转盘技术的实用化进行了大量的试验研究和理论探讨工作，并于1964年发表了题为“生物转盘的设计、计算与性能”的论文，就此奠定了生物转盘技术发展的基础。生物转盘初期用于生活污水处理，后推广到城市污水处理和有机工业废水的处理。处理规模也不断扩大。当前，生物转盘处理技术已被公认为是一种净化效果好、能源消耗低的生物处理技术。

3）生物接触氧化法

生物接触氧化法是20世纪70年代初开创的一种污水处理技术，在一些国家特别是日本、美国得到了迅速的发展和应用，广泛应用于处理生活污水和食品加工等工业废水，还可用于地表微污染原水的生物预处理，生物接触氧化法在我国也得到较为广泛的应用，除生活污水外，还应用于石油化工、农药、印染、纺织、造纸、食品加工等工业废水处理，都取得了良好的处理效果。生物接触氧化法处理技术可以分为两种：一是在池内填充填料，已经充氧的污水浸没全部填料，并以一定的流速流经填料，污水与填料上布满的生物膜广泛接触，在生物膜上微生物新陈代谢功能的作用下，污水中的有机物得到去除，因此又称为“淹没式生物滤池”；二是采用与曝气池相同的曝气方法，向微生物提供所需的氧气，并起到混合搅拌的作用，这种方式相当于在曝气池内填充微生物栖息的填料，因此又称为“接触曝气法”。

自20世纪80年代以来，污水生物处理新工艺新技术的研究、开发和应用，已在全世界范围内得到了长足的发展，且出现了许多新型的污水生物处理技术，并正朝着自动控制的方向发展。

1.3.2 化学氧化处理技术发展

化学处理，即通过化学反应改变污水中污染物的化学性质或物理性质，使它从溶解、胶体或悬浮状态转变为沉淀或漂浮状态，或从固态转变为气态，进而从水中除去的污水处理方法。污水化学处理法可分为：污水中和处理法、污水混凝处理法、污水化学沉淀处理法、污水氧化处理法、污水萃取处理法等。有时为了有效地处理含有多种不同性质污染物的污水，可以将上述两种以上处理法组合起来。如处理小流量和低浓度的含酚废水，就把化学混凝处理法（除悬浮物等）和化学氧化处理法（除酚）组合起来。

1. 新型高效化学试剂的发展

近年来，世界新型无机化学混凝剂如聚合铝、聚合铁和复合型无机混凝剂的开发成功，以及新型有机高分子絮凝剂的开发，如各种离子型的分子量高达2000万的聚丙烯酰胺的开发应用，使化学法处理可以采用较少的药剂，就能达到较高的处理效果，并且产生较少的污泥。

例如，对于某些浓度不高的城镇污水，其BOD为100mg/L左右，COD为200mg/L左右，经过试验研究表明，只要投加60～80mg/L的聚合铁盐和1mg/L以下的聚丙烯酰胺，COD的去除率即可达70%，悬浮物和总磷的去除率可达90%以上，虽然产生的干污泥量较大，但由于含水率较低，产生污泥的容积较小，且易于脱水。

2. 化学氧化技术的发展

随着工业的迅猛发展，工业废水的排放量逐年增加，且大都具有有机物浓度高、生物降解性差甚至有生物毒性等特点，国内外技术人员对此类高浓度、难降解有机废水的综合治理予以了高度重视。目前，部分成分简单、生物降解性略好、浓度较低的废水都可以通过组合传统工艺得到处理，而浓度高、难生物降解的废水治理工作在技术和经济上都存在很大困难，为此，开发研究了一些水处理高级氧化技术。

（1）湿式氧化技术

针对一些工业废水浓度高、难生物降解等难题，开发了湿式氧化法。湿式氧化法（WAO）是在高温高压下，利用氧化剂将废水中的有机物氧化成二氧化碳和水，从而达到去除污染物的目的。该法具有适用范围广，处理效率高，极少有二次污染，氧化速率快，可回收能量及有用物料等特点。进入20世纪70年代后，湿式氧化法工艺得到迅速发展，应用范围从回收有用化学品和能量进一步扩展到有毒有害废弃物的处理，尤其是在处理含酚、磷、氰等有毒有害物质方面已有大量文献报道。在国外，WAO技术已实现工业化，主要应用于活性炭再生，含氰废水、煤气化废水、造纸黑液和城市污泥及垃圾渗出液处理。国内从20世纪80年代才开始进行WAO的研究，先后进行了造纸黑液、含硫废水、含酚废水、煤制气废水、农药废水和印染废水等试验研究，目前，WAO在国内仍处于试验阶段。

为了降低反应温度和压力，同时提高处理效果，出现了使用高效、稳定催化剂的催化湿式氧化法（CWAO）和加入更强氧化剂（过氧化物）的湿式氧化法（WPO），为了彻底去除一些WAO难以去除的有机物，还出现了将废水温度升至水的临界温度以上的超临界湿式氧化法（SCWO）。

（2）光化学氧化技术

1972年Fujishima和Honda发现光照下的TiO_2单晶电极能分解水，引起人们对光诱导氧化还原反应的兴趣，由此推进了有机物和无机物光氧化还原反应的研究。20世纪80年代初，开始研究光化学应用于环境保护，其中光化学降解治理污染尤受重视。光催化降解在环境污染治理中的应用研究更为活跃。目前有关光催化降解的研究报道中，以应用人工光源的紫外辐射为主，对分解有机物效果显著，但费用较高且需要消耗电能，因此国内外研究者均提出应开发利用自然光源或自然、人工光源相结合的技术，充分利用清洁的可再生能源，使太阳能利用和环境保护相结合，发挥光化学降解在环境污染治理中的优势。

（3）新型高效催化氧化技术

新型高效催化氧化的原理就是在表面催化剂存在的条件下，利用强氧化剂——二氧化氯在常温常压下催化氧化废水中的有机物，或直接氧化有机污染物，或将大分子有机污染物氧化成小分子有机物，提高废水的可生化性，更好地去除有机污染物。除二氧化氯外，还有臭氧类氧化法，采用臭氧氧化法处理有机废水，反应速度快，无二次污染，在废水处理中应用较广泛。近年来又广泛开展了提高臭氧化处理效率的研究，其中，紫外/臭氧法、臭氧/双氧水法、草酸

$/Mn^{2+}$/臭氧法三种组合方式被证明最为有效。

与生物处理法相比，化学处理法能迅速、有效地去除更多种类的污染物，特别是生物处理法不能处理的一些污染物，同时也可以作为生物处理单元的预处理，提高可生化性。在水和其他资源日渐短缺的现状下，污水化学处理法将获得更大的发展。

1.3.3 传统技术科学设计和优化组合

1. 化学法与生物处理法的结合

近年来，世界各国已较多地采用在生物处理的曝气池中投加铁盐的方法，使除磷的效果明显提高，并使活性污泥的浓度提高，污泥颗粒紧实，使生物处理的效果更加稳定。

在生物处理工艺中加入混凝沉淀等工艺，使处理后的出水达到更高的标准，可以满足回用的要求。常见的几种投加方式如图 1-5 所示。

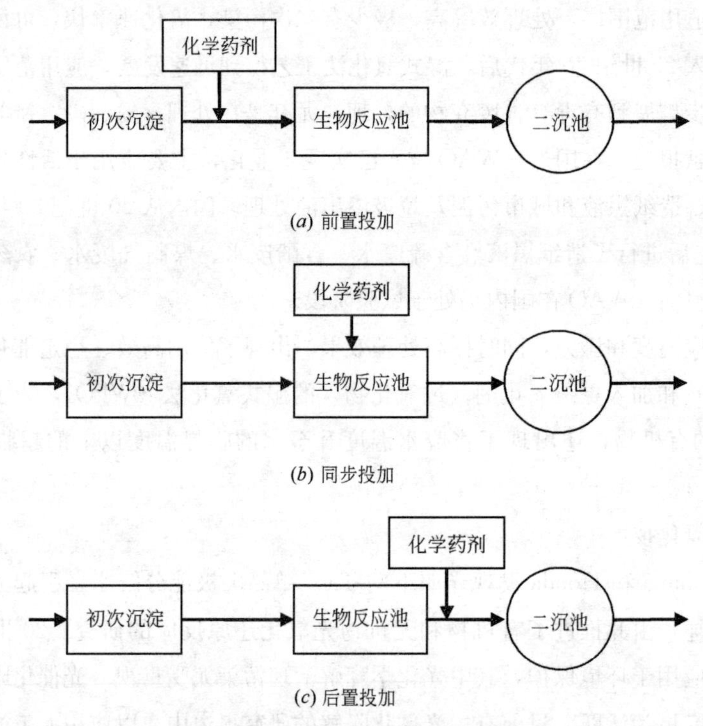

图 1-5 化学药剂三种投加方式工艺流程

2. 各种生物处理工艺的有机结合

在污水生物处理领域，由各种工艺间的有机结合而产生了多种新型处理工艺，它们各具特点，并已逐渐应用于工程实践。

传统活性污泥法与氧化沟结合。法国公司把传统活性污泥工艺与氧化沟结合起来，采用同心圆结构布置好氧区、缺氧区、厌氧区，使每个区形成循环流态，并且在功能分区安排上设计出不同组合，以实现不同要求，从而开发出多种 A/O 脱氮工艺和 A/A/O 脱氮除磷工艺氧化沟。

复合生物膜/活性污泥工艺，是近年来颇受关注的新型污水处理工艺，它是随着生物膜法处理工艺的发展而逐渐发展起来的一种新型反应器，其特点是在活性污泥曝气池中投加填料作为微生物附着生长的载体，进而形成悬浮生长的活性污泥和附着生长的生物膜，去除污水中的有机物。生物膜法与其他污水处理工艺相结合形成的反应器称为复合生物反应器。这里，复合是指反应器中同时存在附着相和悬浮相生物。在曝气池中填加载体供微生物附着生长构成复合生物反应器，提高反应器中污泥浓度和运行稳定性，是提高活性污泥法效能的有效措施。国内外研究表明，复合生物反应器可以明显改善污泥的沉降性能，克服污泥膨胀现象，硝化菌优先附着生长在载体上，使硝化作用与悬浮相生物的污泥龄（SRT）无关，提高硝化效果，其工艺流程如图 1-6 所示。

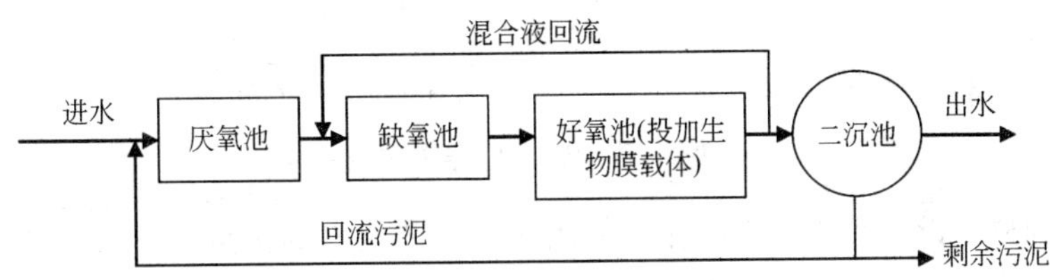

图 1-6 复合生物膜/活性污泥工艺流程

传统的生物脱氮除磷工艺多采用活性污泥法，聚磷菌、反硝化菌、硝化菌等共存于同一活性污泥系统，生物法除磷是通过污泥过量吸磷后富含磷污泥排除而去除，要求污泥龄较短，而硝化脱氮则需较长的污泥龄，因此在传统工艺运行过程中，必然存在硝化菌和聚磷菌的不同泥龄之间的矛盾，使除磷和脱氮相互干扰。为了克服以上矛盾，近年来出现了采用活性污泥法和生物膜法相结合的污水处理工艺。其中，由上海市政工程设计研究总院（集团）有限公司开发的双污泥脱氮除磷处理工艺（PASF）是一种典型的活性污泥法和生物膜法相结合的工艺，其工艺流程如图 1-7 所示。

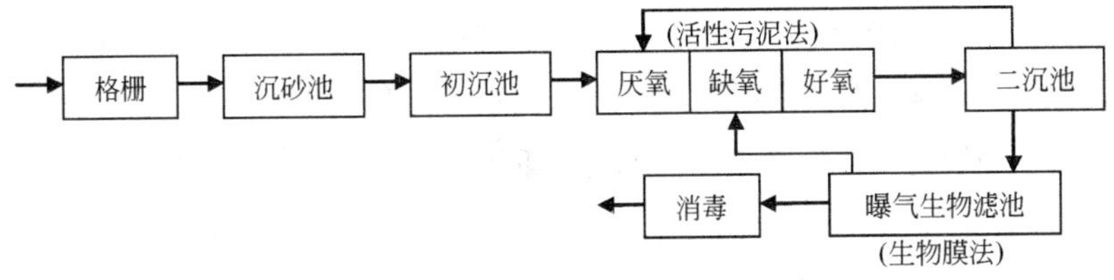

图 1-7 双污泥系统（PASF）工艺流程

3. 膜/活性污泥法组合工艺的发展

1969 年美国的 Smith 首先报道了活性污泥生物法和超滤结合处理城市污水的方法，可谓膜生物反应器的雏形。进入 20 世纪 80 年代后，随着膜的开发，国际上对膜生物反应器的研究更是方兴未艾。日本、法国、美国、澳大利亚等国对膜生物反应器的研究都投入了大量力量，使膜生物反应器的研究更深入、更全面。

膜生物反应器工艺集微生物的生物降解作用和膜的高效分离作用于一体。由于微生物的高浓度可以使反应器的处理效率提高，加上膜的精滤作用，使出水水质良好，装置占地面积小，产泥量少。这种工艺的关键是膜（超滤膜或精滤膜）的研制和运行工艺的研究。其工艺流程如图 1-8 所示。

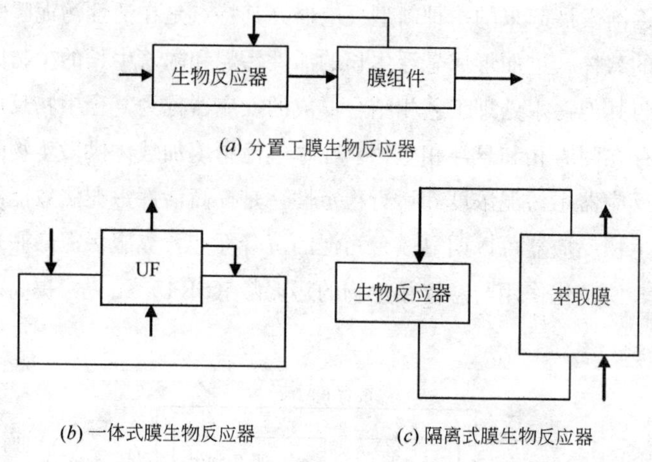

图 1-8 膜生物反应器工艺流程

传统技术的科学设计优化组合，充分利用各个工艺技术的优点，不仅提高了整体处理效果，而且不失为一种污水处理设计的新思路，以后必将涌现出各式各样的组合工艺满足未来发展的要求。

水资源短缺、水污染等问题的加剧将给 21 世纪人类社会持续发展带来深刻的影响。研究新的污水处理技术，将处理后的水和泥变为可利用的资源，使污水处理事业成为一种自然资源再生和利用的新兴工业，是解决水污染和合理利用水资源的重要途径之一，作为污水处理技术的研究方向，重点在于降低能耗、改善出水水质、减少污泥量、简化与缩小处理构筑物的体积、减少占地、降低基建与运行费用、改善管理条件等。就我国目前的污水处理现状而言，污水处理技术市场需求相当大。城市污水处理的发展将表现为以下几个方面的特点：氮、磷营养物质的去除仍为重点，也是难点；工业废水治理开始转向全过程控制；单独分散处理转为城市污水集中处理；水质控制指标越来越严；由单纯工艺技术研究转向工艺、设备、工程的综合集成与产业化及经济、政策、标准的综合性研究；污水再生利用日益受到重视；污泥处理处置问题亟待解决；中小城镇污水污染与治理问题受到重视。

第 2 章　污水处理厂标准执行和综合评价

2.1　污水处理厂标准执行

2.1.1　污水排放标准

1. 污水排入城镇排水管道水质标准

为了保护城镇排水和污水处理设施，尽量减少工业废水对城镇污水水质的干扰，保证污水的可处理性，各国都制定有城镇排水的标准。目前我国现行的城镇排水管道水质标准为《污水排入城镇下水道水质标准》CJ 343—2010。标准规定严禁向城镇排水管道排放具有腐蚀性的污水或物质，剧毒、易燃、易爆、恶臭物质和有害气体、蒸汽或烟雾，以及垃圾、粪便、积雪、工业废渣等物质，禁止排入易凝聚、沉积、造成下水道堵塞的污水；标准未列入的控制项目，包括病原体、放射性污染物等，根据污染物的行业来源，其限值应按有关专业标准执行；水质超过标准的污水，应进行预处理，不得用稀释法降低其浓度后排入城镇排水管道。该标准提出的污水排入城镇排水管道的水质标准见表 2-1，共计规定了 46 项控制项目的最高允许浓度，按城镇排水管道末端污水处理厂的处理程度，将控制项目限值分为 A、B、C 三个等级，分别对应于排水管道末端污水处理厂采用再生处理、二级处理和一级处理以及末端无污水处理设施的排入城镇排水管道的污水水质，适用于向城镇排水管道排放污水的所有排水户的排水水质。

污水排入城镇排水管道水质等级标准（最高允许值，pH 值除外）　　表 2-1

序号	控制项目名称	单位	A 等级	B 等级	C 等级
1	水温	℃	35	35	35
2	色度	稀释倍数	50	70	60
3	易沉固体	mL/(L・15min)	10	10	10
4	悬浮物	mg/L	400	400	300
5	溶解性固体	mg/L	1 600	2 000	2 000
6	动植物油	mg/L	100	100	100
7	石油类	mg/L	20	20	15
8	pH 值	—	6.5～9.5	6.5～9.5	6.5～9.5
9	五日生化需氧量(BOD_5)	mg/L	350	350	150
10	化学需氧量(COD)	mg/L	500(800)	500(800)	300

续表

序号	控制项目名称	单位	A等级	B等级	C等级
11	氨氮(以N计)	mg/L	45	45	25
12	总氮(以N计)	mg/L	70	70	45
13	总磷(以P计)	mg/L	8	8	5
14	阴离子表面活性剂(LAS)	mg/L	20	20	10
15	总氰化物	mg/L	0.5	0.5	0.5
16	总余氯(以Cl_2计)	mg/L	8	8	8
17	硫化物	mg/L	1	1	1
18	氟化物	mg/L	20	20	20
19	氯化物	mg/L	500	600	800
20	硫酸盐	mg/L	400	600	600
21	总汞	mg/L	0.02	0.02	0.02
22	总镉	mg/L	0.1	0.1	0.1
23	总铬	mg/L	1.5	1.5	1.5
24	六价铬	mg/L	0.5	0.5	0.5
25	总砷	mg/L	0.5	0.5	0.5
26	总铅	mg/L	1	1	1
27	总镍	mg/L	1	1	1
28	总铍	mg/L	0.005	0.005	0.005
29	总银	mg/L	0.5	0.5	0.5
30	总硒	mg/L	0.5	0.5	0.5
31	总铜	mg/L	2	2	2
32	总锌	mg/L	5	5	5
33	总锰	mg/L	2	5	5
34	总铁	mg/L	5	10	10
35	挥发酚	mg/L	1	1	0.5
36	苯系物	mg/L	2.5	2.5	1
37	苯胺类	mg/L	5	5	2
38	硝基苯类	mg/L	5	5	3
39	甲醛	mg/L	5	5	2
40	三氯甲烷	mg/L	1	1	0.6
41	四氯化碳	mg/L	0.5	0.5	0.06
42	三氯乙烯	mg/L	1	1	0.6
43	四氯乙烯	mg/L	0.5	0.5	0.2
44	可吸附有机卤化物(AOX,以Cl_2计)	mg/L	8	8	5
45	有机磷农药(以P计)	mg/L	0.5	0.5	0.5
46	五氯酚	mg/L	5	5	5

注：括号内数值为污水处理厂新建或改、扩建，且$BOD_5/COD>0.4$时控制指标的最高允许值。

2. 污水综合排放标准

按照污水排放去向，《污水综合排放标准》GB 8978—1996 分年限规定了 69 种水污染物最高允许排放浓度及部分行业最高允许排水量。该标准适用于现有单位水污染物的排放管理，以及建设项目的环境影响评价、建设项目环境保护设施设计、竣工验收及其投产后的排放管理。

按排水系统出水受纳水域的功能和是否排入设置二级污水处理厂的城镇排水系统，《污水综合排放标准》GB 8978—1996 将排放标准分为三类。其中，排入《地面水环境质量标准》GB 3838 中Ⅲ类水域（划定的保护区和游泳区除外）和排入《海水水质标准》GB 3097—82 中二类海域的污水，执行一级标准；排入《地面水环境质量标准》GB 3838 中Ⅳ、Ⅴ类水域和排入《海水水质标准》GB 3097 中三类海域的污水，执行二级标准；排入设置二级污水处理厂的城镇排水系统的污水，执行三级标准。

《污水综合排放标准》GB 8978—1996 将排放的污染物按其性质及控制方式分为两类。第一类污染物指总汞、烷基汞、总镉、总铬、六价铬、总砷、总铅、总镍、苯并（a）芘、总铍、总银、总 α 放射性、总 β 放射性等在动植物体内长期蓄积、毒性较大、影响长远的有毒物质。含有此类污染物质的污水，不分行业和污水排放方式，也不分受纳水体的功能类别，一律在车间或车间处理设施排放口采样。第二类污染物质指 pH 值、色度、SS、BOD_5、COD、石油类等 26 项污染物质。这类污染物的排放标准按其污水排放去向分别执行一、二、三级标准。该标准还按年限规定了第一类污染物和第二类污染物最高允许排放浓度及部分行业最高允许排水量。其中，1997 年 12 月 31 日之前建设（包括改、扩建）的单位，水污染物的排放必须同时执行表 2-2～表 2-4 的规定；1998 年 1 月 1 日起建设（包括改、扩建）的单位，水污染物的排放必须同时执行表 2-2、表 2-5、表 2-6 的规定。

第一类污染物最高允许排放浓度（mg/L）　　表 2-2

序号	污染物	最高允许排放浓度
1	总汞	0.05
2	烷基汞	不得检出
3	总镉	0.1
4	总铬	1.5
5	六价铬	0.5
6	总砷	0.5
7	总铅	1.0
8	总镍	1.0
9	苯并(a)芘	0.00003
10	总铍	0.005
11	总银	0.5
12	总 α 放射性	1Bq/L
13	总 β 放射性	10Bq/L

第二类污染物最高允许排放浓度

（1997年12月31日之前建设的单位）（除pH值、色度、粪大肠菌群数外，其余单位为mg/L）

表 2-3

序号	污染物	适用范围	一级标准	二级标准	三级标准
1	pH值	一切排污单位	6～9	6～9	6～9
2	色度(稀释倍数)	染料工业	50	180	—
		其他排污单位	50	80	—
3	悬浮物(SS)	采矿、选矿、选煤工业	100	300	—
		脉金选矿	100	500	—
		边远地区砂金选矿	100	800	—
		城镇二级污水处理厂	20	30	—
		其他排污单位	70	200	400
4	五日生化需氧量(BOD_5)	甘蔗制糖、苎麻脱胶、湿法纤维板工业	30	100	600
		甜菜制糖、酒精、味精、皮革、化纤浆粕工业	30	150	600
		城镇二级污水处理厂	20	30	—
		其他排污单位	30	60	300
5	化学需氧量(COD)	甜菜制糖、焦化、合成脂肪酸、湿法纤维板、染料、洗毛、有机磷农药工业	100	200	1000
		味精、酒精、医药原料药、生物制药、苎麻脱胶、皮革、化纤浆粕工业	100	300	1000
		石油化工工业(包括石油炼制)	100③	150	500
		城镇二级污水处理厂	60	120	—
		其他排污单位	100	150	500
6	石油类	一切排污单位	10	10	30
7	动植物油	一切排污单位	20	20	100
8	挥发酚	一切排污单位	0.5	0.5	2.0
9	总氰化合物	电影洗片(铁氰化合物)	0.5	5.0	5.0
		其他排污单位	0.5	0.5	1.0
10	硫化物	一切排污单位	1.0	1.0	2.0
11	氨氮	医药原料药、染料、石油化工工业	15	50	—
		其他排污单位	15	25	—
12	氟化物	黄磷工业	10	20	20
		低氟地区(水体含氟量<0.5mg/L)	10	20	30
		其他排污单位	10	10	20
13	磷酸盐(以P计)	一切排污单位	0.5	1.0	—
14	甲醛	一切排污单位	1.0	2.0	5.0
15	苯胺类	一切排污单位	1.0	2.0	5.0
16	硝基苯类	一切排污单位	2.0	3.0	5.0
17	阴离子表面活性剂(LAS)	合成洗涤剂工业	5	15	20
		其他排污单位	5	10	20

续表

序号	污染物	适用范围	一级标准	二级标准	三级标准
18	总铜	一切排污单位	0.5	1.0	2.0
19	总锌	一切排污单位	2.0	5.0	5.0
20	总锰	合成脂肪酸工业	2.0	5.0	5.0
		其他排污单位	2.0	2.0	5.0
21	彩色显影剂	电影洗片	2.0	3.0	5.0
22	显影剂及氧化物总量	电影洗片	3.0	6.0	6.0
23	元素磷	一切排污单位	0.1	0.3	0.3
24	有机磷农药(以 P 计)	一切排污单位	不得检出	0.5	0.5
25	粪大肠菌群数	医院①、兽医院及医疗机构含病原体污水	500 个/L	1000 个/L	5000 个/L
		传染病、结核病医院污水	100 个/L	500 个/L	1000 个/L
26	总余氯(采用氯化消毒的医院污水)	医院①、兽医院及医疗机构含病原体污水	＜0.5②	＞3(接触时间 ≥1h)	＞2(接触时间≥1h)
		传染病、结核病医院污水	＜0.5②	＞6.5(接触时间≥1.5h)	＞5(接触时间≥1.5h)

① 指 50 个床位以上的医院；

② 加氯消毒后须进行脱氯处理，达到本标准；

③ 原国家环境保护总局（现环境保护部）于 1999 年 12 月 15 日下发通知作了修改，要求 1997 年 12 月 31 日之前建设（包括改、扩建）的石化企业，COD 一级标准值由 100mg/L 调整为 120mg/L，有单独外排口的特殊石化装置的 COD 标准值按照一级：160mg/L，二级：250mg/L 执行，特殊石化装置指：丙烯腈-腈纶、己内酰胺、环氧氯丙烷、环氧丙烷、间甲酚、BHT、PTA、奈系列和催化剂生产装置。

部分行业最高允许排水量

（1997 年 12 月 31 日之前建设的单位）　**表 2-4**

序号	行业类别			最高允许排水量或最低允许水重复利用率	
1	矿山工业	有色金属系统选矿		水重复利用率 75%	
		其他矿山工业采矿、选矿、选煤等		水重复利用率 90%(选煤)	
		脉金选矿	重选	16.0m^3/t(矿石)	
			浮选	9.0m^3/t(矿石)	
			氰化	8.0m^3/t(矿石)	
			炭浆	8.0m^3/t(矿石)	
2	焦化企业(煤气厂)			1.2m^3/t(焦炭)	
3	有色金属冶炼及金属加工			水重复利用率 80%	
4	石油炼制工业(不包括直排水炼油厂) 加工深度分类： A. 燃料型炼油厂 B. 燃料＋润滑油型炼油厂 C. 燃料＋润滑油型＋ 炼油化工型炼油厂 (包括加工高含硫原油页岩油 和石油添加剂生产基地的炼油厂)			A	＞500 万 t，1.0m^3/t(原油) 250 万～500 万 t，1.2m^3/t(原油) ＜250 万 t，1.5m^3/t(原油)
				B	＞500 万 t，1.5m^3/t(原油) 250 万～500 万 t，2.0m^3/t(原油) ＜250 万 t，2.0m^3/t(原油)
				C	＞500 万 t，2.0m^3/t(原油) 250 万～500 万 t，2.5m^3/t(原油) ＜250 万 t，2.5m^3/t(原油)

续表

序号	行业类别			最高允许排水量或最低允许水重复利用率
5	合成洗涤剂工业	氯化法生产烷基苯		$200.0m^3/t$(烷基苯)
		裂解法生产烷基苯		$70.0m^3/t$(烷基苯)
		烷基苯生产合成洗涤剂		$10.0m^3/t$(产品)
6	合成脂肪酸工业			$200.0m^3/t$(产品)
7	湿法生产纤维板工业			$30.0m^3/t$(板)
8	制糖工业	甘蔗制糖		$10.0m^3/t$(甘蔗)
		甜菜制糖		$4.0m^3/t$(甜菜)
9	皮革工业	猪盐湿皮		$60.0m^3/t$(原皮)
		牛干皮		$100.0m^3/t$(原皮)
		羊干皮		$150.0m^3/t$(原皮)
10	发酵酿造工业	酒精工业	以玉米为原料	$100.0m^3/t$(酒精)
			以薯类为原料	$80.0m^3/t$(酒精)
			以糖蜜为原料	$70.0m^3/t$(酒精)
		味精工业		$600.0m^3/t$(味精)
		啤酒工业(排水量不包括麦芽水部分)		$16.0m^3/t$(啤酒)
11	铬盐工业			$5.0m^3/t$(产品)
12	硫酸工业(水洗法)			$15.0m^3/t$(硫酸)
13	苎麻脱胶工业			$500m^3/t$(原麻)或$750m^3/t$(精干麻)
14	化纤浆粕			本色:$150m^3/t$(浆) 漂白:$240m^3/t$(浆)
15	粘胶纤维工业(单纯纤维)	短纤维(棉型中长纤维、毛型中长纤维)		$300m^3/t$(纤维)
		长纤维		$800m^3/t$(纤维)
16	铁路货车洗刷			$5.0m^3$/辆
17	电影洗片			$5m^3/1000m$(35mm 的胶片)
18	石油沥青工业			冷却池的水循环利用率 95%

第二类污染物最高允许排放浓度

(1998 年 1 月 1 日后建设的单位)(除 pH 值、色度、粪大肠菌群数外，其余单位为 mg/L)

表 2-5

序号	污染物	适用范围	一级标准	二级标准	三级标准
1	pH 值	一切排污单位	6~9	6~9	6~9
2	色度(稀释倍数)	一切排污单位	50	80	—
3	悬浮物(SS)	采矿、选矿、选煤工业	70	300	—
		脉金选矿	70	400	—
		边远地区砂金选矿	70	800	—
		城镇二级污水处理厂	20	30	—
		其他排污单位	70	150	400

续表

序号	污染物	适用范围	一级标准	二级标准	三级标准
4	五日生化需氧量(BOD_5)	甘蔗制糖、苎麻脱胶、湿法纤维板、染料、洗毛工业	20	60	600
		甜菜制糖、酒精、味精、皮革、化纤浆粕工业	20	100	600
		城镇二级污水处理厂	20	30	—
		其他排污单位	20	30	300
5	化学需氧量(COD)	甜菜制糖、合成脂肪酸、湿法纤维板、染料、洗毛、有机磷农药工业	100	200	1000
		味精、酒精、医药原料药、生物制药、苎麻脱胶、皮革、化纤浆粕工业	100	300	1000
		石油化工工业(包括石油炼制)	60	120	500
		城镇二级污水处理厂	60	120	—
		其他排污单位	100	150	500
6	石油类	一切排污单位	5	10	20
7	动植物油	一切排污单位	10	15	100
8	挥发酚	一切排污单位	0.5	0.5	2.0
9	总氰化合物	一切排污单位	0.5	0.5	1.0
10	硫化物	一切排污单位	1.0	1.0	1.0
11	氨氮	医药原料药、染料、石油化工工业	15	50	—
		其他排污单位	15	25	—
12	氟化物	黄磷工业	10	15	20
		低氟地区(水体含氟量<0.5mg/L)	10	20	30
		其他排污单位	10	10	20
13	磷酸盐(以 P 计)	一切排污单位	0.5	1.0	—
14	甲醛	一切排污单位	1.0	2.0	5.0
15	苯胺类	一切排污单位	1.0	2.0	5.0
16	硝基苯类	一切排污单位	2.0	3.0	5.0
17	阴离子表面活性剂(LAS)	一切排污单位	5	10	20
18	总铜	一切排污单位	0.5	1.0	2.0
19	总锌	一切排污单位	2.0	5.0	5.0
20	总锰	合成脂肪酸工业	2.0	5.0	5.0
		其他排污单位	2.0	2.0	5.0
21	彩色显影剂	电影洗片	1.0	2.0	3.0
22	显影剂及氧化物总量	电影洗片	3.0	3.0	6.0
23	元素磷	一切排污单位	0.1	0.1	0.3
24	有机磷农药(以 P 计)	一切排污单位	不得检出	0.5	0.5

续表

序号	污染物	适用范围	一级标准	二级标准	三级标准
25	乐果	一切排污单位	不得检出	1.0	2.0
26	对硫磷	一切排污单位	不得检出	1.0	2.0
27	甲基对硫磷	一切排污单位	不得检出	1.0	2.0
28	马拉硫磷	一切排污单位	不得检出	5	10
29	五氯酚及五氯酚钠（以五氯酚计）	一切排污单位	5	8	10
30	可吸附有机卤化物（AOX）（以 Cl 计）	一切排污单位	1.0	5.0	8.0
31	三氯甲烷	一切排污单位	0.3	0.6	1.0
32	四氯化碳	一切排污单位	0.03	0.06	0.5
33	三氯乙烯	一切排污单位	0.3	0.6	1.0
34	四氯乙烯	一切排污单位	0.1	0.2	0.5
35	苯	一切排污单位	0.1	0.2	0.5
36	甲苯	一切排污单位	0.1	0.2	0.5
37	乙苯	一切排污单位	0.4	0.6	1.0
38	邻-二甲苯	一切排污单位	0.4	0.6	1.0
39	对-二甲苯	一切排污单位	0.4	0.6	1.0
40	间-二甲苯	一切排污单位	0.4	0.6	1.0
41	氯苯	一切排污单位	0.2	0.4	1.0
42	邻-二氯苯	一切排污单位	0.4	0.6	1.0
43	对-二氯苯	一切排污单位	0.4	0.6	1.0
44	对-硝基氯苯	一切排污单位	0.5	1.0	5.0
45	2,4-二硝基氯苯	一切排污单位	0.5	1.0	5.0
46	苯酚	一切排污单位	0.3	0.4	1.0
47	间-甲酚	一切排污单位	0.1	0.2	0.5
48	2,4-二氯酚	一切排污单位	0.6	0.8	1.0
49	2,4,6-三氯酚	一切排污单位	0.6	0.8	1.0
50	邻苯二甲酸二丁酯	一切排污单位	0.2	0.4	2.0
51	邻苯二甲酸二辛酯	一切排污单位	0.3	0.6	2.0
52	丙烯腈	一切排污单位	2.0	5.0	5.0
53	总硒	一切排污单位	0.1	0.2	0.5
54	粪大肠菌群数	医院①、兽医院及医疗机构含病原体污水	500个/L	1000个/L	5000个/L
		传染病、结核病医院污水	100个/L	500个/L	1000个/L
55	总余氯（采用氯化消毒的医院污水）	医院①、兽医院及医疗机构含病原体污水	<0.5②	>3（接触时间≥1h）	>2（接触时间≥1h）
		传染病、结核病医院污水	<0.5②	>6.5（接触时间≥1.5h）	>5（接触时间≥1.5h）

续表

序号	污染物	适用范围	一级标准	二级标准	三级标准
56	总有机碳(TOC)	合成脂肪酸工业	20	40	—
		苎麻脱胶工业	20	60	—
		其他排污单位	20	30	—

注：其他排污单位：指除在该控制项目中所列行业以外的一切排污单位。
① 指 50 个床位以上的医院；
② 加氯消毒后须进行脱氯处理，达到本标准。

部分行业最高允许排水量

（1998 年 1 月 1 日后建设的单位）　**表 2-6**

序号	行业类别			最高允许排水量或最低允许水重复利用率	
1	矿山工业	有色金属系统选矿		水重复利用率 75%	
		其他矿山工业采矿、选矿、选煤等		水重复利用率 90%(选煤)	
		脉金选矿	重选	16.0m³/t(矿石)	
			浮选	9.0m³/t(矿石)	
			氰化	8.0m³/t(矿石)	
			炭浆	8.0m³/t(矿石)	
2	焦化企业(煤气厂)			1.2m³/t(焦炭)	
3	有色金属冶炼及金属加工			水重复利用率 80%	
4	石油炼制工业(不包括直排水炼油厂) 加工深度分类： A. 燃料型炼油厂 B. 燃料＋润滑油型炼油厂 C. 燃料＋润滑油型＋炼油化工型炼油厂 (包括加工高含硫原油页岩油和石油添加剂生产基地的炼油厂)			A	＞500 万 t，1.0m³/t(原油) 250 万～500 万 t，1.2m³/t(原油) ＜250 万 t，1.5m³/t(原油)
				B	＞500 万 t，1.5m³/t(原油) 250 万～500 万 t，2.0m³/t(原油) ＜250 万 t，2.0m³/t(原油)
				C	＞500 万 t，2.0m³/t(原油) 250 万～500 万 t，2.5m³/t(原油) ＜250 万 t，2.5m³/t(原油)
5	合成洗涤剂工业	氯化法生产烷基苯		200.0m³/t(烷基苯)	
		裂解法生产烷基苯		70.0m³/t(烷基苯)	
		烷基苯生产合成洗涤剂		10.0m³/t(产品)	
6	合成脂肪酸工业			200.0m³/t(产品)	
7	湿法生产纤维板工业			30.0m³/t(板)	
8	制糖工业	甘蔗制糖		10.0m³/t(甘蔗)	
		甜菜制糖		4.0m³/t(甜菜)	
9	皮革工业	猪盐湿皮		60.0m³/t(原皮)	
		牛干皮		100.0m³/t(原皮)	
		羊干皮		150.0m³/t(原皮)	

续表

序号	行业类别			最高允许排水量或最低允许水重复利用率
10	发酵酿造工业	酒精工业	以玉米为原料	100.0m^3/t(酒精)
			以薯类为原料	80.0m^3/t(酒精)
			以糖蜜为原料	70.0m^3/t(酒)
		味精工业		600.0m^3/t(味精)
		啤酒工业(排水量不包括麦芽水部分)		16.0m^3/t(啤酒)
11	铬盐工业			5.0m^3/t(产品)
12	硫酸工业(水洗法)			15.0m^3/t(硫酸)
13	苎麻脱胶工业			500m^3/t(原麻) 750m^3/t(精干麻)
14	粘胶纤维工业单纯纤维	短纤维(棉型中长纤维、毛型中长纤维)		300.0 m^3/t (纤维)
		长纤维		800.0 m^3/t(纤维)
15	化纤浆粕			本色：150m^3/t(浆)；漂白：240m^3/t(浆)
16	制药工业医药原料药	青霉素		4700m^3/t(青霉素)
		链霉素		1450m^3/t(链霉素)
		土霉素		1300m^3/t(土霉素)
		四环素		1900m^3/t(四环素)
		洁霉素		9200m^3/t(洁霉素)
		金霉素		3000m^3/t(金霉素)
		庆大霉素		20400m^3/t(庆大霉素)
		维生素 C		1200m^3/t(维生素 C)
		氯霉素		2700m^3/t(氯霉素)
		新诺明		2000m^3/t(新诺明)
		维生素 B_1		3400m^3/t(维生素 B_1)
		安乃近		180m^3/t(安乃近)
		非那西汀		750m^3/t(非那西汀)
		呋喃唑酮		2400m^3/t(呋喃唑酮)
		咖啡因		1200m^3/t(咖啡因)
17	有机磷农药工业	乐果①		700m^3/t(产品)
		甲基对硫磷(水相法)①		300m^3/t(产品)
		对硫磷(P_2S_5 法)①		500m^3/t(产品)
		对硫磷($PSCl_3$ 法)①		550m^3/t(产品)
		敌敌畏(敌百虫碱解法)		200m^3/t(产品)
		敌百虫		40m^3/t(产品) (不包括三氯乙醛生产废水)
		马拉硫磷		700m^3/t(产品)

续表

序号	行业类别		最高允许排水量或最低允许水重复利用率
18	除草剂工业	除草醚	$5m^3$/t(产品)
		五氯酚钠	$2m^3$/t(产品)
		五氯酚	$4m^3$/t(产品)
		2 甲 4 氯	$14m^3$/t(产品)
		2,4-D	$4m^3$/t(产品)
		丁草胺	$4.5m^3$/t(产品)
		绿麦隆(以 Fe 粉还原)	$2m^3$/t(产品)
		绿麦隆(以 Na_2S 还原)	$3m^3$/t(产品)
19	火力发电工业		$3.5m^3$/(MW·h)
20	铁路货车洗刷		$5.0m^3$/辆
21	电影洗片		$5m^3$/1000m(35mm 胶片)
22	石油沥青工业		冷却池的水循环利用率 95%

注：产品按 100%浓度计；
① 不包括 P_2S_5、$PSCl_3$、PC_{13}原料生产废水。

与《污水综合排放标准》GB 8978—88 相比，《污水综合排放标准》GB 8978—1996 有如下特点：

（1）适用范围扩大

我国污染物排放标准分为综合排放标准和行业排放标准。《污水综合排放标准》GB 8978—1996 按照综合排放标准和行业排放标准不交叉执行的原则，明确造纸、船舶等 12 个行业所排放的污水执行相应的行业排放标准，其他一切排放污水的单位一律执行综合排放标准。自该标准生效之日即 1998 年 1 月 1 日起，我国现行水污染物排放标准为综合标准 1 个，行业标准 12 个。另外，自该标准生效之日起，《污水综合排放标准》GB 8978—88 及医院污水、甜菜制糖工业等 17 个行业标准均被新标准代替。

（2）结合环保目标提出年限制标准

以标准实施日期为限，划分为两个时间段。即 1997 年 12 月 31 日前建设的单位执行第一个时间段规定的标准值，1998 年 1 月 1 日起建设的单位执行第二个时间段规定的标准值。该标准既体现了对新、老企业区别对待，同时还考虑到了 1995～2010 年的环保目标，对新建（包括改、扩建）单位制定了较严格的时段控制标准，提出了超前控制指标。

（3）按污染物毒性和控制方式加以分类

将污染物按其性质分为两类，第一类污染物指能在环境或动植物体内蓄积，对人体健康产生长远不良影响者，确定为总汞、烷基汞等 13 项，不分时间段一律在车间或车间处理设施排放口采样。第二类污染物指其长远影响小于第一类污染物，划分为两个时间段（第一个时间段为 26 项，第二个时间段为 56 项），在排污单位排放口采样。之所以如此，是为了对有毒污染物实行严格的控制。由于有毒污染物的排放量一般较少，如果在其混入排污单位的其他废水后再在排污单位的排放口进行采样，检测此类污染物就比较困难。所以，标准中对第一类污染物规定了车间排放口采样的方法。

(4) 增加了污染物控制项目

标准中一类污染物由原标准中规定的9项增至13项。二类污染物在《污水综合排放标准》GB 8978—88中规定为20项，《污水综合排放标准》GB 8978—1996按第一、第二个时间段分别增加至26项和56项。《污水综合排放标准》GB 8978—96控制的水污染物总计69项，比《污水综合排放标准》GB 8978—88新增污染物控制项目40项。新增加的污染物项目包括两部分：被该标准代替的17个行业水污染物排放标准纳入的特征污染物（如彩色显影剂、粪大肠菌群数、总余氯等）；根据我国有机化合物的污染特征，结合国外重点控制的有毒有机物种类，以加强对难降解有毒有机物的控制为原则，对新建单位增加控制的23种有毒有机污染物，包括脂肪烃和单环芳香烃类、有机磷类、卤代氯代苯类、酞酸酯类、酚类化合物等。

(5) 按污水排放去向将标准分级

按功能区类别和放出排放去向将标准值分为三级，实施高功能高要求，低功能低要求。并强调区域综合整治，提出排入二级污水处理厂的综合预处理标准。

(6) 增加了排水量控制标准

除规定了69种水污染物三级最高允许排放浓度外，还按两个时间段增加了部分行业最高允许排水量（或最低允许水重复利用率），以便于实施污染原总量控制。这是该标准以污染物浓度控制为主，同时对部分行业或产品实施总量控制的显著特点。

标准中针对城镇二级污水处理厂的出水也作了具体规定，按出水受纳水域的功能将排放标准分为两类。其中，排入《地面水环境质量标准》GB 3838中Ⅲ类水域（划定的保护区和游泳区除外）和排入《海水水质标准》GB 3097中二类海域的污水，执行一级标准；排入《地面水环境质量标准》GB 3838中Ⅳ、Ⅴ类水域和排入《海水水质标准》GB 3097中三类海域的污水，执行二级标准，具体指标如表2-7所示。

城镇二级污水处理厂出水污染物最高允许排放浓度 **表2-7**

序号	污染物	一级标准(mg/L)	二级标准(mg/L)
1	pH值(无量纲)	6~9	6~9
2	悬浮物(SS)	20	30
3	五日生化需氧量(BOD_5)	20	30
4	化学需氧量(COD)	60	120
5	氨氮	15	25
6	磷酸盐(以P计)	0.5	1.0

3. 污水海洋处置工程污染控制标准

现行的国家标准《污水海洋处置工程污染控制标准》GB 18486—2001，适用于利用放流管和水下扩散器向海域或向排放点含盐度大于5‰的年概率大于10%的河口水域排放污水（不包括温排水）的一切污水海洋处置工程。其主要水污染物排放浓度限值指标如表2-8所示。

污水海洋处置工程主要水污染物排放浓度限值

（除 pH 值、总 α、β 放射性、大肠菌群和粪大肠菌群数外，其余单位为 mg/L）　**表 2-8**

序号	污染物项目	标准值
1	pH 值(无量纲)	6.0～9.0
2	悬浮物(SS)≤	200
3	总 α 放射性(Bq/L)≤	1
4	总 β 放射性(Bq/L)≤	10
5	大肠菌群(个/mL)≤	100
6	粪大肠菌群(个/mL)≤	20
7	生化需氧量(BOD_5)≤	150
8	化学需氧量(COD_{Cr})≤	300
9	石油类≤	12
10	动植物油类≤	70
11	挥发性酚≤	1.0
12	总氰化物≤	0.5
13	硫化物≤	1.0
14	氟化物≤	15
15	总氮≤	40
16	无机氮≤	30
17	氨氮≤	25
18	总磷≤	8.0
19	总铜≤	1.0
20	总锌≤	5.0
21	总汞≤	0.05
22	总镉≤	0.1
23	总铬≤	1.5
24	六价铬≤	0.5
25	总砷≤	0.5
26	总铅≤	1.0
27	总镍≤	1.0
28	总铍≤	0.005
29	总银≤	0.5
30	总硒≤	1.0
31	苯并(α)芘(μg/L)≤	0.03
32	有机磷农药(以 P 计)≤	0.5
33	苯系物≤	2.5
34	氯苯类≤	2.0
35	甲醛≤	2.0

续表

序号	污染物项目	标准值
36	苯胺类≤	3.0
37	硝基苯类≤	4.0
38	丙烯腈≤	4.0
39	阴离子表面活性剂(LAS)≤	10
40	总有机碳(TOC)≤	120

另外，标准还对初始稀释度、混合区范围、排放点选择及扩散器的布置作了详细的规定。

4. 城镇污水处理厂污染物排放标准

《城镇污水处理厂污染物排放标准》GB 18918—2002 规定，城镇污水处理厂设计出水根据污染物的来源和性质，将污染物控制项目分为基本控制项目和选择性控制项目两类，基本控制项目必须执行，选择性控制项目由地方环境保护行政主管部门根据污水处理厂接纳工业污染物的类别和水环境质量要求选择控制。

基本控制项目的常规污染物标准值分为一级标准、二级标准、三级标准。一级标准分为 A 标准和 B 标准，部分一类污染物和选择性控制项目不分级。其标准值分别如表 2-9～表 2-11 所示。

基本控制项目最高允许排放浓度（日均值）

（除色度、pH 值、粪大肠菌群数外，其余单位为 mg/L） **表 2-9**

序号	基本控制项目		一级标准		二级标准	三级标准
			A 标准	B 标准		
1	化学需氧量(COD)		50	60	100	120①
2	生化需氧量(BOD_5)		10	20	30	60①
3	悬浮物(SS)		10	20	30	50
4	动植物油		1	3	5	20
5	石油类		1	3	5	15
6	阴离子表面活性剂		0.5	1	2	5
7	总氮(以 N 计)		15	20	—	—
8	氨氮(以 N 计)②		5(8)	8(15)	25(30)	—
9	总磷（以 P 计）	2005 年 12 月 31 日前建设的	1	1.5	3	5
		2006 年 1 月 1 日起建设的	0.5	1	3	5
10	色度(稀释倍数)		30	30	40	50
11	pH 值		6～9			
12	粪大肠菌群数(个/L)		10^3	10^4	10^4	—

① 下列情况按去除率指标执行：当进水 COD 大于 350mg/L 时，去除率应大于 60%；BOD 大于 160mg/L 时，去除率应大于 50%；

② 括号外数值为水温＞12℃时的控制指标，括号内数值为水温≤12℃时的控制指标。

部分一类污染物最高允许排放浓度（日均值）(mg/L)　　表 2-10

序号	项　目	标 准 值
1	总 汞	0.001
2	烷基汞	不得检出
3	总 镉	0.01
4	总 铬	0.1
5	六价铬	0.05
6	总 砷	0.1
7	总 铅	0.1

选择性控制项目最高允许排放浓度（日均值）(mg/L)　　表 2-11

序号	选择控制项目	标准值	序号	选择控制项目	标准值
1	总镍	0.05	23	三氯乙烯	0.3
2	总铍	0.002	24	四氯乙烯	0.1
3	总银	0.1	25	苯	0.1
4	总铜	0.5	26	甲苯	0.1
5	总锌	1.0	27	邻-二甲苯	0.4
6	总锰	2.0	28	对-二甲苯	0.4
7	总硒	0.1	29	间-二甲苯	0.4
8	苯并(a)芘	0.00003	30	乙苯	0.4
9	挥发酚	0.5	31	氯苯	0.3
10	总氰化物	0.5	32	1,4-二氯苯	0.4
11	硫化物	1.0	33	1,2-二氯苯	1.0
12	甲醛	1.0	34	对硝基氯苯	0.5
13	苯胺类	0.5	35	2,4-二硝基氯苯	0.5
14	总硝基化合物	2.0	36	苯酚	0.3
15	有机磷农药(以P计)	0.5	37	间-甲酚	0.1
16	马拉硫磷	1.0	38	2,4-二氯酚	0.6
17	乐果	0.5	39	2,4,6-三氯酚	0.6
18	对硫磷	0.05	40	邻苯二甲酸二丁酯	0.1
19	甲基对硫磷	0.2	41	邻苯二甲酸二辛酯	0.1
20	五氯酚	0.5	42	丙烯腈	2.0
21	三氯甲烷	0.3	43	可吸附有机卤化物（AOX 以 Cl 计）	1.0
22	四氯化碳	0.03			

城镇污水处理厂出水排入国家和省确定的重点流域及湖泊、水库等封闭、半封闭水域时，执行一级标准的 A 标准；排入《地表水环境质量标准》GB 3838 中Ⅲ类功能水域（划定的饮用水水源保护区和游泳区除外）或《海水水质标准》GB 3097 中海水二类功能水域时，执行一级标准的 B 标准；城镇污水处理厂出水排入《地表水环境质量标准》GB 3838 中Ⅳ、Ⅴ类功能水

域或《海水水质标准》GB 3097 中三、四类功能海域时，执行二级标准；非重点控制流域和非水源保护区的建制镇污水处理厂，根据当地经济条件和水污染控制要求，采用一级强化处理工艺时，执行三级标准，但必须预留二级处理设施的位置，分期达到二级标准。

同时，各省市根据各自的情况相应颁布了地方的水污染排放标准，部分地方水污染排放标准见表 2-12，其中分别针对城镇污水处理厂的出水设定了排放指标，且排放指标均等于或高于相应的国家标准。

部分地方水污染排放标准　　表 2-12

序号	省市名称	标准号	标准名称
1	北京	DB 11/ 307—2005	水污染物排放标准
2	天津	DB 12/356—2008	污水综合排放标准
3	上海	DB 31/199—2009	污水综合排放标准
4	广东省	DB 44/26—2001	水污染物排放限值
5	山东省	DB 37/676—2007	山东省半岛流域水污染物综合排放标准
6	山东省	DB 37/675—2007	山东省海河流域水污染物综合排放标准
7	山东省	DB 37/656—2006	山东省小清河流域水污染物综合排放标准
8	四川省	DB 51/190—93	四川省污染物排放标准
9	贵州省	DB 52/12—1999	贵州省环境污染物排放标准
10	江苏省	DB 32/1072—2007	太湖地区城镇污水处理厂及重点工业行业主要水污染物排放限值
11	福建省	DB 35/321—2001	闽江水污染物排放总量控制标准
12	福建省	DB 35/529—2004	晋江、洛阳江流域水污染物排放总量控制标准
13	福建省	DB 35/322—2011	厦门市水污染物排放标准
14	辽宁省	DB 21/1627—2008	污水综合排放标准
15	江西省	DB 36/418—2003	袁河流域水污染物排放标准
16	茂名市	DB 44/56—2003	茂名市水污染物排放标准

2.1.2 污泥排放标准

1. 农用污泥中污染物控制标准

《农用污泥中污染物控制标准》GB 4284—84 对农田施用污泥中的污染物最高容许浓度的规定如表 2-13 所示，并且还对施用条件作了详细规定。

农用污泥中污染物控制标准限值　　表 2-13

序号	控制项目	最高允许含量(以干污泥计，mg/kg)	
		酸性土壤(pH<6.5)	中性和碱性土壤(pH≥6.5)
1	镉及其化合物(以 Cd 计)	5	20
2	汞及其化合物(以 Hg 计)	5	15
3	铅及其化合物(以 Pb 计)	300	1000

续表

序号	控制项目	最高允许含量(以干污泥计,mg/kg)	
		酸性土壤(pH<6.5)	中性和碱性土壤(pH≥6.5)
4	铬及其化合物(以 Cr 计)①	600	1000
5	砷及其化合物(以 As 计)	75	75
6	硼及其化合物(以水溶性 B 计)	150	150
7	矿物油	3000	3000
8	苯并(a)芘	3	3
9	铜及其化合物(以 Cu 计)②	250	500
10	锌及其化合物(以 Zn 计)②	500	1000
11	镍及其化合物(以 Ni 计)②	100	200

① 铬的控制标准适用于含六价铬极少的具有农用价值的各种污泥，不适用于含有大量六价铬的工业废渣或某些化工厂的沉积物；
② 暂作参考标准。

标准规定，施用符合本标准的污泥时，一般每年每亩用量不超过 2000kg（以干污泥计）。污泥中任何一项无机化合物含量接近于本标准时，连续在同一块土壤上施用，不得超过 20 年；含无机化合物较少的石油化工污泥，连续施用可超过 20 年；在隔年施用时，矿物油和苯并(a) 芘的标准可适当放宽；为了防止对地下水的污染，在砂质土壤和地下水位较高农田上不宜施用污泥；在饮水水源保护地带不得施用污泥；生污泥须经高温堆腐或消化处理后才能施用于农田；污泥可在大田、园林和花卉地上施用，在蔬菜地带和当年放牧的草地上不宜施用；在酸性土壤上施用污泥除了必须遵循在酸性土壤上污泥的控制标准外，还应该同时每年施用石灰以中和土壤酸性；对于同时含有多种有害物质而含量都接近本标准值的污泥，施用时应酌情减少用量；发现因施污泥而影响农作物的生长、发育或农产品超过卫生标准时，应该停止施用污泥并立即向有关部门报告，同时应采取积极措施加以解决。例如施石灰、过磷酸钙、有机肥等物质控制农作物对有害物质的吸收，进行深翻或用客土法进行土壤改良等。

2. 城镇污水处理厂污染物排放标准

《城镇污水处理厂污染物排放标准》GB 18918—2002 对污泥排放的控制标准内容包括：城镇污水处理厂的污泥应进行稳定化处理，稳定化处理后应达到表 2-14 的规定；城镇污水处理厂的污泥应进行污泥脱水处理，脱水后污泥含水率应小于 80%；处理后污泥进行填埋处理时，应达到安全填埋的相关环境保护要求；处理后污泥进行农用时，污染物含量应满足表 2-15 的要求，其施用条件须符合《农用污泥中污染物控制标准》GB 4284 的有关规定。

污泥稳定化控制指标　　表 2-14

稳定化方法	控制项目	控制指标
厌氧消化	有机物降解率(%)	>40
好氧消化	有机物降解率(%)	>40
好氧堆肥	含水率(%)	>65
	有机物降解率(%)	>50
	蠕虫卵死亡率(%)	>95
	粪大肠菌群菌值	>0.01

污泥农用时污染物控制标准限值 表 2-15

序号	控制项目	最高允许含量(以干污泥计,mg/kg)	
		酸性土壤 (pH<6.5)	中性和碱性土壤 (pH≥6.5)
1	总镉	5	20
2	总汞	5	15
3	总铅	300	1000
4	总铬	600	1000
5	总砷	75	75
6	总镍	100	200
7	总锌	2000	3000
8	总铜	800	1500
9	硼	150	150
10	石油类	3000	3000
11	苯并(a)芘	3	3
12	多氯代二苯并二恶英/多氯代二苯并呋喃 (PCDD/PCDF 单位:ng/kg)	100	100
13	可吸附有机卤化物(AOX)(以 Cl 计)	500	500
14	多氯联苯(PCB)	0.2	0.2

3. 城镇污水处理厂污泥处置标准

随着我国对污泥处置工作的日益重视，住房和城乡建设部根据污泥处理处置的实际需要进一步制定了规范污泥处理处置的政策措施，同时针对污泥的处置方法，制定了一系列的污泥处置准入标准，我国现有的主要污泥处置标准如表 2-16 所示。

我国主要污泥处置标准 表 2-16

序号	名 称
1	城镇污水处理厂污染物排放标准 GB 18918—2002
2	城镇污水处理厂污泥处置 分类 GB/T 23484—2009
3	城镇污水处理厂污泥泥质 GB 24188—2009
4	城镇污水处理厂污泥处置 园林绿化用泥质 GB/T 23486—2009
5	城镇污水处理厂污泥处置 混合填埋用泥质 GB/T 23485—2009
6	城镇污水处理厂污泥处置 单独焚烧用泥质 GB/T 24602—2009
7	城镇污水处理厂污泥处置 土地改良用泥质 GB/T 24600—2009
8	城镇污水处理厂污泥处置 农用泥质 CJ/T 309—2009
9	城镇污水处理厂污泥处置 水泥熟料生产用泥质 CJ/T 314—2009
10	城镇污水处理厂污泥处置 林地用泥质 CJ/T 362—2011

2.1.3　再生水利用标准

1. 城市杂用水水质标准

《城市污水再生利用 城市杂用水水质》GB/T 18920—2002 适用于厕所便器冲洗、道路清扫、消防、城市绿化、车辆冲洗、建筑施工杂用水，城市污水经再生处理后，出水污染物浓度需达到表 2-17 的规定。

城市杂用水水质标准　　表 2-17

项目	冲厕	道路清扫、消防	城市绿化	车辆冲洗	建筑施工
pH 值	6.0～9.0				
色度(度)≤	30				
嗅	无不快感				
浊度(NTU)≤	5	10	10	5	20
溶解性总固体(mg/L)≤	1500	1500	1000	1000	
五日生化需氧量(BOD_5)/(mg/L)≤	10	10	20	10	15
氨氮(mg/L)≤	10	10	20	10	20
阴离子表面活性剂(LAS)(mg/L)≤	1.0	1.0	1.0	0.5	1.0
铁(mg/L)≤	0.3	—	—	0.3	—
锰(mg/L)≤	0.1	—	—	0.1	—
溶解氧(mg/L)≥	1.0				
总余氯(mg/L)	接触 30min 后≥1.0，管网末端≥0.2				
总大肠杆菌(个/L)≤	3				

2. 景观环境用水水质标准

《城市污水再生利用 景观环境用水水质》GB/T 18921—2002 规定了作为景观用水的再生水水质指标、再生水使用原则和控制措施，标准在水质指标的确定方面以考虑它的美学价值和人的感官接受能力为主，在控制措施上以增强水体的自净能力为指导思想，着重强调水体的流动性。以城市污水作为水源的再生水，作为景观用水时其水质指标需达到表 2-18 的规定，其选择控制项目需满足表 2-19 的要求。

景观环境用水的再生水水质指标（除 pH 值、粪大肠菌群数、色度外，其余单位为 mg/L）

表 2-18

序号	项目	观赏性景观环境用水			娱乐性景观环境用水		
		河道类	湖泊类	水景类	河道类	湖泊类	水景类
1	基本要求	无漂浮物，无令人不愉快的嗅和味					
2	pH 值(无量纲)	6～9					
3	五日生化需氧量(BOD_5)≤	10	6		6		
4	悬浮物(SS)≤	20	10		—①		
5	浊度(NTU)≤	—①			5.0		
6	溶解氧≥	1.5			2.0		

续表

序号	项目	观赏性景观环境用水			娱乐性景观环境用水		
		河道类	湖泊类	水景类	河道类	湖泊类	水景类
7	总磷(以P计)≤	1.0	0.5		1.0	0.5	
8	总氮≤	15					
9	氨氮(以N计)≤	5					
10	粪大肠菌群数(个/L)≤	10000	2000		500		不得检出
11	余氯②≥	0.05					
12	色度(度)≤	30					
13	石油类≤	1.0					
14	阴离子表面活性剂(LAS)	0.5					

注：1. 对于需要通过管道输送再生水的非现场回用情况采用加氯消毒方式，而对于现场回用情况不限制消毒方式；

2. 若使用未经过脱氮除磷的再生水作为景观环境用水，鼓励使用本标准的各方在回用地点积极探索通过人工培养具有观赏价值水生植物的方法，使景观水体的氮磷满足要求，使再生水中的水生植物有经济合理的出路。

①“—”表示对此项无要求；

② 氯接触时间不应低于30min的余氯，对于非加氯消毒方式无此项要求。

选择控制项目最高允许排放浓度（以日均值计）(mg/L)　　表2-19

序号	选择控制项目	标准值	序号	选择控制项目	标准值
1	总汞	0.01	26	甲基对硫磷	0.2
2	烷基汞	不得检出	27	五氯酚	0.5
3	总镉	0.05	28	三氯甲烷	0.3
4	总铬	1.5	29	四氯化碳	0.03
5	六价铬	0.5	30	三氯乙烯	0.3
6	总砷	0.5	31	四氯乙烯	0.1
7	总铅	0.5	32	苯	0.1
8	总镍	0.5	33	甲苯	0.1
9	总铍	0.001	34	邻-二甲苯	0.4
10	总银	0.1	35	对-二甲苯	0.4
11	总铜	1.0	36	间-二甲苯	0.4
12	总锌	2.0	37	乙苯	0.1
13	总锰	2.0	38	氯苯	0.3
14	总硒	0.1	39	对-二氯苯	0.4
15	苯并(a)芘	0.00003	40	邻-二氯苯	1.0
16	挥发酚	0.5	41	对硝基氯苯	0.5
17	总氰化物	0.5	42	2,4-二硝基氯苯	0.5
18	硫化物	1.0	43	苯酚	0.3
19	甲醛	1.0	44	间-甲酚	0.1
20	苯胺类	0.5	45	2,4-二氯酚	0.6
21	硝基苯类	2.0	46	2,4,6-三氯酚	0.6
22	有机磷农药(以P计)	0.5	47	邻苯二甲酸二丁酯	0.1
23	马拉硫磷	1.0	48	邻苯二甲酸二辛酯	0.1
24	乐果	0.5	49	丙烯腈	2.0
25	对硫磷	0.05	50	可吸附有机卤化物(以Cl计)	1.0

标准还规定，污水再生水厂的水源宜优先选用生活污水或不包含重污染工业废水在内的城市污水；当完全使用再生水时，景观河道类水体的水力停留时间宜在 5d 以内；完全使用再生水作为景观湖泊类水体，在水温超过 25℃时，其水体静止停留时间不宜超过 3d；而在水温不超过 25℃时，则可适当延长水体静止停留时间，冬季可延长至一个月左右；当加设表曝类装置增强水面扰动时，可酌情延长河道类水体水力停留时间和湖泊类水体静止停留时间；流动换水方式宜采用低进高出；应充分注意两类水体底泥淤积情况，进行季节性或定期清淤。同时，标准还要求，由再生水组成的景观水体中的水生动、植物仅可观赏，不得食用；不应在含有再生水的景观水体中游泳和洗浴，不应将含有再生水的景观环境水用于饮用和生活洗涤。

3. 地下水回灌水质标准

《城市污水再生利用 地下水回灌水质》GB/T 19772—2005 适用于以城市污水再生水为水源，在各级地下水饮用水源保护区外，以非饮用为目的，采用地表回灌和井灌方式进行地下水回灌。标准规定，回灌方式应根据回灌区的水文地质条件确定，回灌区入水口的水质控制项目分为基本控制项目和选择控制项目两类，回灌前，应对回灌水源的两类项目进行全面的检测，其中基本控制项目应满足表 2-20 的规定，选择控制项目应满足表 2-21 的规定。采用地表回灌方式的回灌水在被抽取利用前，应在地下停留 6 个月以上，采用井灌方式的回灌水在被抽取利用前，应在地下停留 12 个月以上，以进一步杀灭病原微生物，保证卫生安全。

城市污水再生水地下水回灌基本控制项目及限值　　表 2-20

序号	基本控制项目	单位	地表回灌①	井灌
1	色度	稀释倍数	30	15
2	浊度	NTU	10	5
3	pH 值	—	6.5～8.5	6.5～8.5
4	总硬度(以 $CaCO_3$ 计)	mg/L	450	450
5	溶解性总固体	mg/L	1000	1000
6	硫酸盐	mg/L	250	250
7	氯化物	mg/L	250	250
8	挥发酚类(以苯酚计)	mg/L	0.5	0.002
9	阴离子表面活性剂(LAS)	mg/L	0.3	0.3
10	化学需氧量(COD)	mg/L	40	15
11	五日生化需氧量(BOD_5)	mg/L	10	4
12	硝酸盐(以 N 计)	mg/L	15	15
13	亚硝酸盐(以 N 计)	mg/L	0.02	0.02
14	氨氮(以 N 计)	mg/L	1.0	0.2
15	总磷(以 P 计)	mg/L	1.0	1.0
16	动植物油	mg/L	0.5	0.05
17	石油类	mg/L	0.5	0.05
18	氰化物	mg/L	0.05	0.05
19	硫化物	mg/L	0.2	0.2
20	氟化物	mg/L	1.0	1.0
21	粪大肠菌群数	个/L	1000	3

① 表层黏性土厚度不宜小于 1m，若小于 1m 按井灌要求执行。

城市污水再生水地下水回灌选择控制项目及限值 表 2-21

序号	选择控制项目	标准值	序号	选择控制项目	标准值
1	总汞	0.001	27	三氯乙烯	0.07
2	烷基汞	不得检出	28	四氯乙烯	0.04
3	总镉	0.01	29	苯	0.01
4	六价铬	0.05	30	甲苯	0.7
5	总砷	0.05	31	二甲苯①	0.5
6	总铅	0.05	32	乙苯	0.3
7	总镍	0.05	33	氯苯	0.3
8	总铍	0.0002	34	1,4-二氯苯	0.3
9	总银	0.05	35	1,2-二氯苯	1.0
10	总铜	1.0	36	硝基氯苯②	0.05
11	总锌	1.0	37	2,4-二硝基氯苯	0.5
12	总锰	0.1	38	2,4-二氯苯酚	0.093
13	总硒	0.01	39	2,4,6-三氯苯酚	0.2
14	总铁	0.3	40	邻苯二甲酸二丁酯	0.003
15	总钡	1.0	41	邻苯二甲酸二(2-乙基己基)酯	0.008
16	苯并(a)芘	0.00001	42	丙烯腈	0.1
17	甲醛	0.9	43	滴滴涕	0.001
18	苯胺	0.1	44	六六六	0.005
19	硝基苯	0.017	45	六氯苯	0.05
20	马拉硫磷	0.05	46	七氯	0.0004
21	乐果	0.08	47	林丹	0.002
22	对硫磷	0.003	48	三氯乙醛	0.01
23	甲基对硫磷	0.002	49	丙烯醛	0.1
24	五氯酚	0.009	50	硼	0.5
25	三氯甲烷	0.06	51	总 α 放射性	0.1
26	四氯化碳	0.002	52	总 β 放射性	1

注：除 51、52 项的单位是 Bq/L 外，其他项目的单位均为 mg/L。

① 二甲苯：指对-二甲苯、间-二甲苯、邻-二甲苯；

② 硝基氯苯：指对-硝基氯苯、间-硝基氯苯、邻-硝基氯苯。

4. 工业用水水质标准

《城市污水再生利用 工业用水水质》GB/T 19923—2005 规定了作为工业用水的再生水的水质标准和再生水利用方式。标准适用于以城市污水再生水为水源，作为工业冷却用水（包括直流式和循环式补充水）、洗涤用水（包括冲渣、冲灰、消烟除尘和清洗等）、锅炉用水（包括低压和中压锅炉补给水）、工艺用水（包括溶料、蒸煮、漂洗、水力开采、水力输送、增湿、稀释、搅拌、选矿和油田回注等）产品用水（包括浆料、化工制剂和涂料）等范围。标准规定，再生水用作工业用水水源时，基本控制项目及指标限值应满足表 2-22 的要求，并且其化学毒理性指标还应符合《城镇污水处理厂污染物排放标准》GB 18918 中“一类污染物”和

“选择控制项目”各项指标限值的规定。

再生水用作工业用水水源的水质标准　表 2-22

序号	控制项目	冷却用水		洗涤用水	锅炉补给水	工艺与产品用水
		直流冷却水	敞开式循环冷却水系统补充水			
1	pH 值	6.5～9.0	6.5～8.5	6.5～9.0	6.5～8.5	6.5～8.5
2	悬浮物(SS)(mg/L)≤	30	—	30	—	—
3	浊度(NTU)≤	—	5	—	5	5
4	色度(度)≤	30	30	30	30	30
5	生化需氧量(BOD_5)(mg/L)≤	30	10	30	10	10
6	化学需氧量(COD_{Cr})(mg/L)≤	—	60	—	60	60
7	铁(mg/L)≤	—	0.3	0.3	0.3	0.3
8	锰(mg/L)≤	—	0.1	0.1	0.1	0.1
9	氯离子(mg/L)≤	250	250	250	250	250
10	二氧化硅(SiO_2)≤	50	50	—	30	30
11	总硬度(以 $CaCO_3$ 计)(mg/L)≤	450	450	450	450	450
12	总碱度(以 $CaCO_3$ 计)(mg/L)≤	350	350	350	350	350
13	硫酸盐(mg/L)≤	600	250	250	250	250
14	氨氮(以 N 计)(mg/L)≤	—	10①	—	10	10
15	总磷(以 P 计)(mg/L)≤	—	1	—	1	1
16	溶解性总固体(mg/L)≤	1000	1000	1000	1000	1000
17	石油类(mg/L)≤	—	1	—	1	1
18	阴离子表面活性剂(LAS)(mg/L)≤	—	0.5	—	0.5	0.5
19	余氯②(mg/L)≥	0.05	0.05	0.05	0.05	0.05
20	粪大肠菌群数(个/L)≤	2000	2000	2000	2000	2000

① 当敞开式循环冷却水系统换热器为铜质时，循环冷却系统中循环水的氨氮指标应小于 1 mg/L；
② 加氯消毒时管末梢值。

标准还规定，再生水用作冷却用水和洗涤用水时，一般达到表 2-22 的要求后可以直接使用，必要时也可对再生水进行补充处理或与新鲜水混合使用；再生水用作锅炉补给水水源时，达到表 2-22 中所列的控制指标后尚不能直接补给锅炉，应根据锅炉工况，对水源水再进行软化、除盐等处理，直至满足相应工况的锅炉水质标准，对于低压锅炉，水质应达到《工业锅炉水质》GB 1576—2001 的要求，对于中压锅炉，水质应达到《火力发电机组及蒸汽动力设备水汽质量》GB/T 12145—1999 的要求，对于热水热力网和热力采暖锅炉，水质应达到相关行业标准的规定；再生水用作工艺与产品用水水源时，达到表 2-22 所列的控制指标后，尚应根据不同生产工艺或不同产品的具体情况，通过再生利用试验或相似经验证明可行时，工业用户可以直接使用，当表 2-22 中所列水质不能满足供水水质指标要求，而又无再生利用经验可借鉴时，则需要对再生水作补充处理试验，直至达到相关工艺与产品的供水水质指标要求；再生水用作工业冷却时，循环冷却水系统监测管理参照《工业循环冷却水处理设计规范》GB 50050的规定执行；再生水不适用于食品和与人体密切接触的产品用水。

5. 绿地灌溉水质标准

《城市污水再生利用 绿地灌溉水质》GB/T 25499—2010规定了城市污水再生利用于绿地灌溉的水质指标及限值、取样和检测方法。当城市污水再生利用于绿地灌溉时，水质基本控制项目和选择控制项目及其指标最大限值应分别符合表2-23和表2-24的要求。

基本控制项目及限值 **表 2-23**

序号	控制项目	单位	A等级限值
1	浊度	NTU	5(非限制性绿地),10(限制性绿地)
2	嗅	—	无不快感
3	色度	度	30
4	pH值	—	6.0～9.0
5	溶解性总固体(TDS)	mg/L	1 000
6	五日生化需氧量(BOD_5)	mg/L	20
7	总余氯	mg/L	0.2～0.5
8	氯化物	mg/L	250
9	阴离子表面活性剂(LAS)	mg/L	1.0
10	氨氮	mg/L	20
11	粪大肠菌群[a]	个/L	200(非限制性绿地),1 000(限制性绿地)
12	蛔虫卵数	个/L	1(非限制性绿地),2(限制性绿地)

a 粪大肠菌群的限值为每周连续7日测试样品的中间值。

选择控制项目及限值 **表 2-24**

序号	控制项目	限值
1	钠吸收率(SAR)[a]	9
2	镉	0.01
3	砷	0.05
4	汞	0.001
5	铬(六价)	0.1
6	铅	0.2
7	铍	0.002
8	钴	1.0
9	铜	0.5
10	氟化物	2.0
11	锰	0.3
12	钼	0.5
13	镍	0.05
14	硒	0.02
15	锌	1.0
16	硼	1.0
17	钒	0.1
18	铁	1.5
19	氰化物	0.5
20	三氯乙醛	0.5
21	甲醛	1.0
22	苯	2.5

注：除第1项外，其他项目的单位为mg/L。

a $SAR=\frac{Na^+}{\sqrt{\frac{Ca^{2+}+Mg^{2+}}{2}}}$，式中$Na^+$、$Ca^{2+}$、$Mg^{2+}$浓度单位均为mmol/L。

标准还规定，城市再生水灌溉绿地之前，各地应对再生水水源的基本控制项目和选择控制项目进行全面检测，并根据当地的气候条件、绿化植物种类和土壤条件进行灌溉试验，确定选择控制项目和灌溉制度；古树名木不得利用再生水灌溉，特种花卉和新引进的植物，谨慎使用再生水灌溉；使用再生水灌溉绿地时，应制定应急处理预案，有突发事件发生时，立即停止使用再生水。

2.1.4　其他排放标准

1. 臭气控制标准

《恶臭污染物排放标准》GB 14554—93 将恶臭污染物厂界标准值分三级*，排入《环境空气质量标准》GB 3095 中一类区的执行一级标准，一类区中不得建新的排污单位，排入《环境空气质量标准》GB 3095 中二类区的执行二级标准，排入《环境空气质量标准》GB 3095 中三类区的执行三级标准，1994 年 6 月 1 日起立项的新、扩、改建项目及其建成后投产的企业执行二级、三级标准中相应的标准值。恶臭污染物厂界标准值是对无组织排放源的限值，见表 2-25，恶臭污染物排放标准值，见表 2-26。

恶臭污染物厂界标准值　　**表 2-25**

序号	控制项目	单位	一级	二级		三级	
				新、扩、改建	现有	新、扩、改建	现有
1	氨	mg/m^3	1.0	1.5	2.0	4.0	5.0
2	三甲胺	mg/m^3	0.05	0.08	0.15	0.45	0.80
3	硫化氢	mg/m^3	0.03	0.06	0.10	0.32	0.60
4	甲硫醇	mg/m^3	0.004	0.007	0.010	0.020	0.035
5	甲硫醚	mg/m^3	0.03	0.07	0.15	0.55	1.10
6	二甲二硫醚	mg/m^3	0.03	0.06	0.13	0.42	0.71
7	二硫化碳	mg/m^3	2.0	3.0	5.0	8.0	10
8	苯乙烯	mg/m^3	3.0	5.0	7.0	14	19
9	臭气浓度	无量纲	10	20	30	60	70

恶臭污染物排放标准值　　**表 2-26**

序　号	控制项目	排气筒高度(m)	排放量(kg/h)
1	硫化氢	15	0.33
		20	0.58
		25	0.90
		30	1.3
		35	1.8
		40	2.3
		60	5.2
		80	9.3
		100	14
		120	21

* 因最新版的《环境空气质量标准》GB 3095—2012 调整了环境空气功能区分类，取消了三类区，将三类区并入二类区，所以恶臭污染物厂界标准值也应调整为两级，即原执行三级标准的现应执行二级标准。

续表

序 号	控制项目	排气筒高度(m)	排放量(kg/h)
2	甲硫醇	15	0.04
		20	0.08
		25	0.12
		30	0.17
		35	0.24
		40	0.31
		60	0.69
3	甲硫醚	15	0.33
		20	0.58
		25	0.90
		30	1.3
		35	1.8
		40	2.3
		60	5.2
4	二甲二硫醚	15	0.43
		20	0.77
		25	1.2
		30	1.7
		35	2.4
		40	3.1
		60	7.0
5	二硫化碳	15	1.5
		20	2.7
		25	4.2
		30	6.1
		35	8.3
		40	11
		60	24
		80	43
		100	68
		120	97
6	氨	15	4.9
		20	8.7
		25	14
		30	20
		35	27
		40	35
		60	75
7	三甲胺	15	0.54
		20	0.97
		25	1.5
		30	2.2
		35	3.0
		40	3.9
		60	8.7
		80	15
		100	24
		120	35
8	苯乙烯	15	6.5
		20	12
		25	18
		30	26
		35	35
		40	46
		60	104

续表

序　号	控制项目	排气筒高度(m)	排放量(kg/h)
9	臭气浓度	15 25 35 40 50 ≥60	2000(标准值,无量纲) 6000(标准值,无量纲) 15000(标准值,无量纲) 20000(标准值,无量纲) 40000(标准值,无量纲) 60000(标准值,无量纲)

排污单位排放（包括泄漏和无组织排放）的恶臭污染物，在排污单位边界上规定监测点（无其他干扰因素）的一次最大监督值（包括臭气浓度）都必须小于或等于恶臭污染物厂界标准值；排污单位经排气筒（高度在 15m 以上）排放的恶臭污染物的排放量和臭气浓度都必须小于或等于恶臭污染物排放标准值；排污单位经排水排出并散发的恶臭污染物和臭气浓度必须小于或等于恶臭污染物厂界标准值。

国家标准《城镇污水处理厂污染物排放标准》GB 18918—2002 对污水处理厂的废气污染物排放进行了规定，城镇污水处理厂的废气排放应根据污水处理厂所在地区的大气环境质量要求和大气污染物治理技术和设施条件，分三级执行标准*。对位于《环境空气质量标准》GB 3095 一类区的所有（包括现有和新建、改建、扩建）城镇污水处理厂，执行一级标准；对位于《环境空气质量标准》GB 3095 二类区和三类区的城镇污水处理厂，分别执行二级标准和三级标准。其中 2003 年 6 月 30 日之前建设（包括改、扩建）的城镇污水处理厂，实施标准的时间为 2006 年 1 月 1 日，2003 年 7 月 1 日起新建（包括改、扩建）的城镇污水处理厂，从 2003 年 7 月 1 日起执行。同时，标准规定，新建（包括改、扩建）城镇污水处理厂周围应设绿化带，并设有一定的防护距离，防护距离的大小由环境影响评价确定。废气排放的标准值依表 2-27 的规定执行。

厂界（防护带边缘）废气排放最高允许浓度（mg/m³）　　表 2-27

序号	控制项目	一级标准	二级标准	三级标准
1	氨	1.5	1.5	4.0
2	硫化氢	0.03	0.06	0.32
3	臭气浓度(无量纲)	10	20	60
4	甲烷(厂区最高体积分数,%)	0.5	1	1

2. 噪声控制标准

《城镇污水处理厂污染物排放标准》GB 18918—2002 中还规定，城镇污水处理厂噪声控制按《工业企业厂界环境噪声排放标准》GB 12348 执行。《工业企业厂界环境噪声排放标准》GB 12348 规定，工厂企业厂界环境噪声不得超过表 2-28 规定的排放限值。

* 因最新版的《环境空气质量标准》GB 3095—2012 调整了环境空气功能区分类，取消了三类区，将三类区并入二类区，所以城镇污水处理厂废气排放标准值也应调整为两级，即原执行三级标准的现应执行二级标准，新版《环境空气质量标准》GB 3095—2012 自 2016 年 1 月 1 日起实施。

工业企业厂界环境噪声排放限值 [dB (A)] 表 2-28

厂界外声环境功能区类别 \ 时段	昼间	夜间
0	50	40
1	55	45
2	60	50
3	65	55
4	70	55

同时要求，夜间频发噪声的最大声级超过限值的幅度不得高于 10dB（A）；夜间偶发噪声的最大声级超过限值的幅度不得高于 15dB（A）；工业企业若位于未划分声环境功能区的区域，当厂界外有噪声敏感建筑物时，由当地县级以上人民政府参照《声环境质量标准》GB 3096 和《城市区域环境噪声适用区划分技术规范》GB/T 15190 的规定确定厂界外区域的声环境质量要求，并执行相应的厂界环境噪声排放限值；当厂界与噪声敏感建筑物距离小于 1m 时，厂界环境噪声应在噪声敏感建筑物的室内测量，并将表 2-28 中相应的限值减 10dB（A）作为评价依据。

2.2 污水处理厂综合评价

在进行污水处理厂改造设计，提出推荐改造方案前，需要对污水处理厂进行综合评价，以最大限度地利用现有处理能力，节约污水处理厂改造和扩建投资。综合评价应该对现有污水处理厂的处理规模和能力等进行全面准确评估，明确污水处理厂改造的规模和内容，需要遵循的相应排放标准等。

2.2.1 污水处理厂综合评价

对现有污水处理厂进行评价，需要收集大量的实际数据，包括污水处理厂的设计资料、竣工资料、实际生产运行记录和维护、维修记录，污水处理厂操作维护手册和各类设备的技术手册等，另外，还有污水处理厂内自行进行的各类技术和设备改造资料。同时，需要对污水处理厂进行实地考察，了解目前状态下污水处理厂运行状况及各类设备使用情况，还应该和运行管理、操作和维修人员进行交流，了解运行管理过程中发生的各类问题和操作改进建议。

1. 污水处理厂水力评价

污水处理厂的水力评价包括对污水处理厂内所有输送处理水和污泥的泵、管道和渠道的输送能力进行分析。首先了解污水处理厂的历史数据，确定运行中曾经经历的各种水力负荷，特别是高峰水力负荷时的相关运行参数，调查并计算所有水力控制点的高程，包括堰、溢流点、渠道顶部等，水泵的泵送流量以及各处理构筑物的水力负荷，并且与原设计资料进行比较，分析其在水力输送方面是否存在水力瓶颈，配泵流量是否满足要求，处理构筑物是否存在水流流态问题，然后确定需要改造的相关内容。必要时，需要采用专业的测试技术配合进行，例如，利用染料示踪剂显示污水在处理设施内的流态，有助于确定短流、死水区、密度流、射流和污泥流失问题，也可以用于检测各类挡板的有效性。值得注意的是，还应考虑污水处理厂运行中的污水处理和污泥处理过程中的各种内外回流量对水力负荷的影响。

2. 污水处理厂处理水平评价

污水处理厂的处理能力通常会综合考虑污水处理厂服务范围内的实际负荷、服务年限和服务范围的人口和工业增长预测、标准设计参数以及类似污水处理厂的实际经验等确定。采用这些参数时由于存在许多不确定因素，设计时会选取合适的安全系数以保证污水处理厂建成后的正常运行。

处理水平评价首先对污水处理厂实际运行的进水流量、进水水质进行分析，了解进水流量和污水水质随着时间的变化情况，分析包括长期变化、季节性变化和一天内的小时变化的情况，工业废水占生活污水比例变化，进水中各种污染物的数值和出现的频率，是否含有影响污水处理厂正常运行的重金属和有毒有机物等微量污染物等。

针对设计的处理流量和进出水水质标准，分析污水处理厂的实际处理水平，是否达到处理规模，是否满足设计所采纳的排放标准；对于出现异常进水水量和负荷的情况，分析污水处理厂的处理效果和造成的不利影响，如果有必要，应针对出现的异常进水进一步调查研究，了解发生水量、水质突变的原因，提出有效的应对措施。另外，注意污泥处理是否正常运行，污泥处理不仅对污水处理过程产生影响，同时对后续的污泥处置方式的选择也有影响。最后，分析污水处理厂是否有富余的处理能力以接纳更多的污水量，能否满足新的排放标准。

在进行处理水平评价时，要充分重视污水处理厂的运行和维护程序是否完善，其总体控制策略是否有效地贯彻到每个工艺控制过程中，维护程序是否有效实施，当然污水处理厂运行的预算，污水处理厂人员的专业水平以及维护所需的设备配置，都会影响到工艺控制策略和运行维护策略的实施，最终影响到污水处理厂的处理水平。

3. 污水处理厂工艺评价

工艺评价首先要了解污水处理厂各处理设施情况，包括单体尺寸、数量和类型、设计工艺参数，同时要了解设计须达到的处理目标和采用该工艺的原因，然后对污水处理厂实际运行的各类参数进行分析并与原设计值进行比较，确定所采用的工艺是否能够达到设计要求。如果未达到设计要求，分析造成不达标的原因。

通过对污水处理厂进行物料平衡计算，采用计算机模型对进水负荷和运行参数进行多变量分析。随着计算机技术的日益发展，目前国际上有很多模拟污水处理工艺的数学模型，其中由原国际水质协会（IAWQ）（现已改称为国际水协会 IWA）推出的活性污泥数学模型（ASM）发展最为成熟，应用最为广泛。从 1987 年推出活性污泥 1 号模型（ASM 1）以来，通过对活性污泥研究的不断深入，相继推出了 ASM2、ASM2D 和 ASM3 共 3 套活性污泥模型，为活性污泥过程仿真与控制提供了重要的理论基础。国内外很多水处理公司均以国际水协会的活性污泥数学模型（ASM）为基础，开发出了模拟各种活性污泥处理工艺的仿真软件。这些软件对污水处理整个过程进行仿真，包括对不同状态下系统出水的效果进行分析、辨识，还可以添加控制模块对系统控制效果进行模拟。

在线监测是对污水处理厂的工艺负荷及运行参数进行实时测定记录，然后分析。要测定的参数有工艺流量（污水、空气和污泥）、DO、SS、电耗和污泥层高度等。通常在线监测的时间达几星期以上以确定各个参数之间的相互关系。测定的数据可以定性及定量分析各参数的相互动态影响。监测的结果可以用来对污水处理厂进行改进，如：监测由于上游定速泵引起的水量波动会影响二次沉淀池的运行效果，通过改用变速泵减少水流波动就可以明显改善沉淀效果；监测曝气量的突变对污泥絮体产生剪切从而影响出水 TSS，修改气体控制系统改进流量分配就可以避免发生这种现象；通过 DO 控制系统的调节改变充氧能力以满足负荷的变化，也可以利用事故储存池来平衡污染负荷；进水流量的变化引起回流污泥浓度的变化，可以通过调整剩余污泥的排放减小回流污泥浓度的变化。

采用氧转移效率分析来发现故障的曝气系统，确定及验证曝气系统容量。在相同的工艺条件下对各种曝气装置比较，确定曝气器清洗方案，评价各种清洗方案的有效性。可以采用以下两种方法：排气法；过氧化氢法测定曝气装置的实际氧利用率。实际测定可知，曝气装置的氧利用率受到污水性质、温度、DO 浓度、曝气方式、曝气器类型、曝气装置的布置、曝气器使用时间及曝气池污泥停留时间等诸多因素影响。对实际氧利用率的分析可以知道现状污水处理厂节能的可能性和氧化能力的富余量。

4. 污水处理厂设备评价

污水处理过程中的每个处理阶段均需要使用相关设备。其中最常用的设备包括用于污水、污泥和浮渣等提升的水泵及其配套设备，用于沉淀池、浓缩池等构筑物的刮泥、吸泥设备，用于生物处理充氧的曝气设备（包括风机、曝气器和各类叶轮或转刷等），用于维持构筑物内混合的搅拌设备，用于污泥浓缩、脱水的各类机械设备以及所有设备配套的供配电设备和仪表设备。

设备评价就是对所有设备的运行状态、使用年限和检修情况进行核查分析，确定是否满足工艺性能要求，同时应对设备的能耗水平进行测定，确定是否需要更换或改用更高效、经济的技术和设备，以达到改善污水处理厂的可靠性并降低运行费用的目的。

2.2.2 污水处理厂改扩建规模和内容

污水处理厂改扩建规模是在对现有污水处理厂的现状水量、水质和处理效果全面分析的基础上，充分考虑未来水质、水量的变化情况，包括人口增长、用水量指标变化、工业和商业发展、环保管理措施的实施、工业废水预处理程度等各方面因素，需要满足的最新的排放标准，最终确定污水处理厂改造的规模。

污水处理厂改扩建的内容则包括原有设施利用、局部设施改造、相关设备更新以及新建处理构筑物。在进行污水处理厂改造设计中，需要考虑周密的方案以确保污水处理厂改造过程中原有处理设施最大程度的正常运行，以避免改造过程对环境造成影响。

1. 污泥膨胀控制技术

通常，悬浮生物处理系统的污泥膨胀是由大量丝状菌的存在而引起的。丝状菌使得生物絮体的体积增大，由此密度减小而沉降速度减缓。另外，丝状菌的存在还使生物絮体不易聚积，导致活性污泥不易沉降，无法压实。随之生物反应池内的 MLSS 浓度减小，处理能力降低。剩余污泥的悬浮固体浓度减少还导致后续污泥处理装置的水力负荷超载，严重时，引起二次沉淀池超负荷运行，活性污泥混合液溢出沉淀池，出水 TSS 浓度猛增。

活性污泥的沉降性能通常以污泥指数（SVI）表示，以活性污泥沉淀 30min 后每克悬浮固体的体积表示，单位为 mL/g，通常当 SVI 值大于 150mL/g 时认为污泥发生膨胀，沉降性能差。多年的研究发现，悬浮生物处理系统中的丝状微生物多达 30 种，每种微生物均有其特定的生长环境条件，通过显微镜检测确定活性污泥中丝状菌的种类，就可以采取针对性的对策来解决污泥膨胀问题。

控制污泥膨胀的措施有：改进生物反应池的运行模式，采用多点进水或污泥再曝气；改变二次沉淀池的运行模式，降低二次沉淀池的固体负荷；对活性污泥进行加氯处理，可以加在回流污泥中或直接加在反应池的混合液中，以减少丝状菌的数量。当采用加氯措施时，通常的投加量为 4～6g Cl_2/(d · kg MLVSS)，一般不超过 10g Cl_2/(d · kg MLVSS)，而 1～2g Cl_2/(d · kg MLVSS) 的投加量则用来维持一个正常运行的系统。对于进水浓度高的污水，需向污水中投加营养物（包括氮、磷）以保证合理的营养比例，即 BOD_5 ∶ NH_3 ∶ P＝100 ∶ 20 ∶ 1，否则容易因营养缺乏导致丝状菌生长；而当处理城市污水和工业废水时，增加水中的 DO 可以避免低 DO 类丝状菌的生长；当进水的硫化氢浓度过高时，需进行预处理以去除硫化氢避免硫化氢类丝状菌形成；对于一些完全混合活性污泥系统，可以在生物反应池前加设选择器以控制丝状菌生长，选择器可以是好氧的（以 DO 作为最终电子受体），也可以是缺氧的（以硝酸盐作为最终电子受体），或厌氧的（没有最终电子受体）。

通过上述的控制措施可以提高系统的污泥沉降性能，由此提高系统的 MLSS 浓度，系统的 BOD 体积负荷增加，在没有增加反应池体积的情况下提高处理能力，系统硝化所需的水力停留时间也可以缩短。

回流污泥加氯时要注意保证投加点的混合条件，足以使含氯溶液迅速扩散，加氯次数不宜太多，一般为每天 3 次，投加量不宜太高，否则出水水质容易恶化；过量的营养物添加也会造成营养物流至受纳水体。

2. 工艺改进技术

传统活性污泥法以去除 BOD 有机物为主要目的，而环境污染和水体富营养化问题日益尖锐，使越来越多的国家和地区制定严格的氮磷排放标准，这也使污水脱氮除磷技术成为污水处理领域的热点和难点。生物反应池内增设单独的厌氧区以维持聚磷菌的优势生长，从而达到生物除磷的效果；而单独的缺氧区则是生物脱氮所必须的，在有机碳源足够的情况下，单个缺氧区的生物处理系统可以使出水的 TN 小于 15mg/L，而有两个缺氧区的 4 段 Bardenpho 工艺可以保证出水 TN 小于 2～4mg/L；而 A/A/O 工艺、UCT 和 VIP 等工艺则是能同时达到脱氮除磷目的的处理工艺；在达到营养物去除的同时，这些系统还有改善污泥沉降性能、碱度回收和减少耗氧量的优点。

因此，充分利用现有的污水处理构筑物，根据排放标准的要求，可以将现有构筑物进行改造，增设厌氧区、缺氧区，控制混合液和回流污泥的循环，对进水位置进行合理配置，以形成各种脱氮除磷的新工艺。

3. 沉淀池改进技术

初次沉淀池用来去除污水进水中的可沉固体和相应的污染物，二次沉淀池则是生物处理系统的一个组成部分，悬浮生物系统的沉淀池起到泥水分离和污泥浓缩的作用，附着生物系统的沉淀池起到分离生物膜上脱落污泥的作用，深度处理沉淀池则用来进一步去除悬浮固体并去除化学絮体。

（1）进水流量分配

流量分配的均匀与否直接影响沉淀池的运行效果。常见的流量分配方法有：

1）多个堰配水：每个堰对应一组处理单元，其中对应的堰的长度应与相对应的处理单元流量占总流量的比例成正比；

2）孔口配水：孔口尺寸所对应的水头损失应与每个处理单元的流量成正比，孔口的水头损失应大于邻近的水力构筑物的水头损失，以达到大阻力配水的目的；

3）在每个处理单元前安装流量计和控制阀，通过自控系统控制进入每个处理单元的流量以适应相应的处理能力。

每种方法的要点就是流量控制过程的水头损失，因为要获得均匀的流量分配就必须有水头损失，大水头损失足以保证流量分配且不受水力条件变化的影响。

如果沉淀池流量分配不均，则有些沉淀池的处理能力没有充分利用，流量分配过多的沉淀池的运行状态会受到影响。在实际操作中，为了保证沉淀池不以超负荷状态运行，必须限制总的进水流量，导致相应的处理能力没有得到充分发挥。所以，对污水处理厂的水力条件进行详细分析，保证足够的配水水头损失，然后对配水系统进行改造，就可充分利用污水处理厂的设计处理能力。

（2）流量变化

流量变化是指由于上游水泵或污水处理厂进水泵房的水泵开启造成的流量快速变化，导致沉淀池内发生紊流、沉淀物发生溢流现象，通过改用水泵配置，采用变频调速水泵或将过量的流量回流至泵房进水井，可以解决上述问题保证水处理构筑物负荷的正常。

（3）挡板

经验表明添加合适的挡板对沉淀池的运行条件改善是有效果的。进水挡板用来消能和均匀配水；出水挡板则可以用于防止悬浮生长生物处理系统中因密度流导致的污泥流失，改善出水水质。如图 2-1 所示，对于圆形沉淀池，设置进水絮凝区以消能、配水和回流污泥的絮凝；刮泥机上设置的环形挡板可以起到消能和减少密度流形成的作用；而安装在池壁的出水挡板也可以减少密度流，保证出水水质，常用的有两类：一种为麦金尼挡板，呈水平安装在出水堰下；另一种称为斯坦福挡板，呈 45°安装，位置在池壁靠下部。

设置挡板可以在一定程度上改善运行效果或提高处理负荷，但受到污泥负荷的限制，对于二次沉淀池来说，还应考虑污泥固体负荷，当污泥固体负荷超出沉淀池的设计负荷，污泥就会聚积，形成污泥层并上升到达出水堰，影响出水水质。

（4）斜板斜管沉降

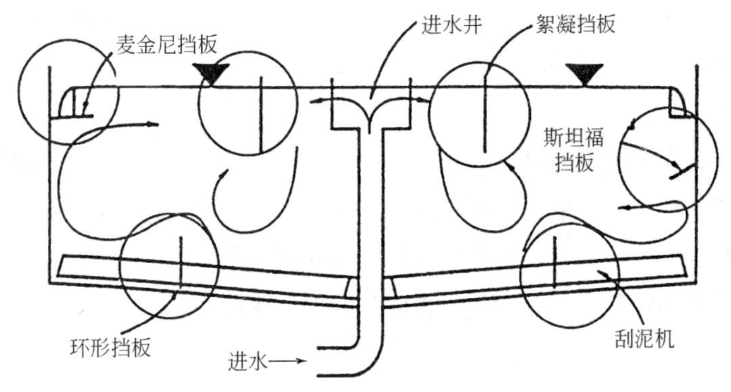

图 2-1　圆形沉淀池挡板布置

斜板斜管沉淀分离技术在给水行业已广泛应用，在污水行业，它能改善固定生长生物处理系统的沉淀池的澄清性能，一般在初次沉淀池中应用。

通过在沉淀池的出水区设置倾斜的塑料或金属板增加沉淀的面积可以改善沉淀性能，同时改善沉淀池内的水流流态，使运行效果得到改进。与沉淀池安装挡板相似，安装斜板斜管能提高沉淀池的沉淀能力，但不能提高其污泥浓缩能力。沉淀池的污泥负荷增加导致污泥层上升，会使污泥层到达斜板斜管，造成斜板斜管的堵塞。

有些场合，当污水处理生成的污泥有黏性、容易腐烂时，可能会造成斜板斜管运行问题，污泥会粘附在斜板斜管表面，不断累积并发生厌氧降解，生成的溶解性有机物进入出水导致水质恶化，严重时还会生成硫化氢，这就要求增设斜板斜管冲洗系统或沉淀池定期停止运行去除累积的污泥。

4. 更换设备和自控仪表

污水处理厂的水泵配置采用多种配置方式，可以是大小水泵搭配，以适应不同的流量，但水泵的种类就多。备品备件就多。也可以采用同一规格水泵，定速水泵和变频调速水泵结合，定速水泵按平均流量选择，定速运转以满足基本流量的要求；调速水泵变速运转以适应流量的变化。流量出现较大波动时以增减运转台数作为补充。水泵配套电机选用高效电机，或者简单地通过更换叶轮使水泵适应低于额定流量的流量。另外，在确认流量为恒定低流量后，还可以采用切削叶轮的方法，调整水泵的提升水量。

传统的生物反应池，曝气管是单边布置形成旋流，过去认为这种方式有利于保持真正推流，另外可以减小风量，但经过多年实践与研究发现，这种方式不如全面曝气效果好，全面曝气可使整个反应池内均匀产生小旋涡，形成局部混合，同时可将小气泡吸至 1/3～2/3 深处，提高充氧效率；将老式穿孔曝气管改造为微孔曝气器，可以减小气泡尺寸，增大气泡表面积，提高氧转移速率，节约风量。天津东郊污水处理厂和纪庄子污水处理厂均采用微孔全面曝气，比穿孔管曝气节电 20%以上。安装新的供氧系统可以给污水处理厂带来不少好处，通过采用高氧转移速率的供氧设施可以减少能耗，提高供氧的可靠性和供氧量。

进行风量控制是曝气系统效果最显著的节能方法，通过长期观测进水水质、水量，掌握其变化特性，再由经验确定风量与时间的关系，并设定程序，自动进行控制；也可以按一定气水比，根据进水量调节风量即可，但该方法最易受水质波动的影响，处理效果不稳定；最佳的办法是按 DO 控制风量，据 EPA 对美国 12 个处理设施的调查结果显示，以 DO 为指标控制风量时可节电 33%。

5. 提高污水处理厂运行管理水平

通过合理配置污水处理厂运行管理人员，并对相应的人员进行必要的岗位操作技能和安全运行培训，定期对污水处理厂的设备进行维护，采用必要的计算机技术对污水处理厂的运行、操作、维护和备品备件管理，都能提高污水处理厂的有效运行。

第3章　污水处理设计

3.1　污水组成和特性

3.1.1　污水组成

《室外排水设计规范》GB 50014—2006术语中规定了“城镇污水”的定义，城镇污水系指排入城镇污水系统的污水的统称，它由综合生活污水、工业废水和入渗地下水三部分组成。在合流制排水系统中，还包括被截流的雨水。同时，该规范又对综合生活污水、工业废水和入渗地下水三部分分别进行了定义。综合生活污水由居民生活污水和公共建筑污水组成；居民生活污水系指人们日常生活中洗涤、冲厕和洗澡等产生的污水；工业废水系指工业生产过程中排出的废水；入渗地下水系指通过管渠和附属构筑物破损处进入排水管渠的地下水。因此，城镇污水的组成可由图3-1表示。

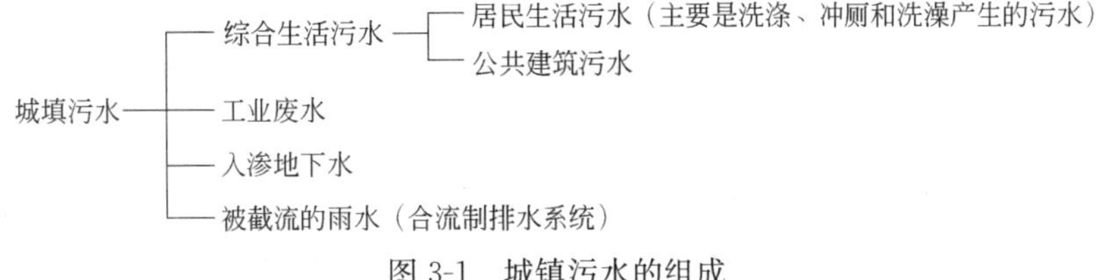

图3-1　城镇污水的组成

3.1.2　污水特性

城镇污水的性质和居民的生活习惯、气候条件、生活污水与工业废水比例、排水体制等因素有关，污水特性一般可按物理性质、化学性质和生物性质分为三大类。

1. 污水物理性质和指标

表示污水物理性质的指标主要有温度、色度、嗅味和固体物质。

（1）温度

污水的温度，对污水的物理性质、化学性质和生物性质有直接的影响，是污水的重要物理指标之一，但设计人员往往不注意温度指标。虽然我国幅员辽阔，跨越多种不同的气候条件，气温变化幅度很大，但由于污水是经过使用后产生的，使用过程往往会进行温度的调节，而且污水管道敷设于地面下一定的深度，因此污水的温度变化不大。统计资料表明，污水温度一般在10～20℃之间，特别寒冷地区的污水温度有可能较低，工业企业排出的废水与生产工艺有关，有可能有较高的温度，引起水体的热污染。因此，对于设计人员而言，应该重视污水的温度，《室外排水设计规范》GB 50014—2006（2014 年版）也就污水的温度进行了规定，第 3.4.2 条规定“污水处理厂内生物处理构筑物进水的水温宜为 10～37℃”，微生物在生物处理过程中最适宜温度为 20～35℃，温度过低，会影响生物的生存环境，抑制生物的活性；温度过高，也影响生物的生存环境，加速了生物的耗氧反应。同时，水中的溶解氧随温度升高而减少，降低生物反应池的效率。

（2）色度

污水的色度是一项感官性指标，一般纯净的天然水清澈透明，即无色的，城镇生活污水常呈灰色，当污水中的溶解氧降低至零，污水所含的有机物腐烂，则水会转呈黑褐色并有臭味。工业废水的色度视工业企业的性质而异，差别极大，印染、造纸、农药、焦化、冶金和化工等的工业废水，都有各自的特殊颜色，色度往往给人以感观不悦。

色度可由悬浮固体、胶体或溶解物质形成。悬浮固体形成的色度称为表色，胶体或溶解物质形成的色度称为真色。一般设计人员对色度也不是很重视，《城镇污水处理厂污染物排放标准》GB 18918—2002 对色度有严格的要求，属于基本控制项目，其最高允许排放浓度（日均值）根据不同的标准，要达到 30～50（稀释倍数）。对以生活污水为主的污水处理厂而言，较容易达到，但对工业废水含量较高，特别是印染、化工等行业的工业废水进入城镇污水处理系统，则应充分重视色度的控制。

（3）嗅味

污水的嗅和味也是感官性指标，一般纯净的天然水无嗅无味，当水体受到污染后会产生异样的嗅味。

生活污水的臭味主要由有机物腐败产生的气体造成，工业废水的臭味主要由挥发性化合物造成。

臭味大致有鱼腥臭［胺类 CH_3NH_2、$(CH_3)_3N$］、氨臭（氨 NH_3）、腐肉臭［二元胺类 $NH_2(CH_2)_4NH_2$］、腐蛋臭（硫化氢 H_2S）、腐甘蓝臭［有机硫化物 $(CH_3)_2S$］、粪臭（甲基吲哚 $C_8H_5NHCH_3$）以及某些生产废水的特殊臭味。

臭味首先给人以感觉不悦，甚至会危及人体生理健康，造成呼吸困难、倒胃胸闷、呕吐等症状。

不同的盐分会给水带来不同的异味，氯化钠带咸味，硫酸镁带苦味，铁盐带涩味，硫酸钙略带甜味等。

（4）固体物质

污水的固体物质系指污水中所有残渣的总和，称为总固体（TS），固体物质按存在的形态可分为悬浮固体、胶体和溶解性固体，按性质可分为有机物、无机物和生物体三种。

固体含量用总固体作为指标（TS），系指一定量水样在 105～110℃烘箱中烘干至恒重所得的重量。总固体中的悬浮固体（SS）称为悬浮物，系指把水样用滤纸过滤后，被滤纸截留的滤渣，在 105～110℃烘箱中烘干至恒重所得重量。滤液中存在的固体即为胶体和溶解固体。悬浮固体中，有一部分可在沉淀池中沉淀，形成沉淀污泥，称为可沉淀固体。

悬浮固体也由有机物和无机物组成。故又可分为挥发性悬浮固体（VSS）和非挥发性悬浮固体（NVSS）。把悬浮固体在600℃时灼烧，所失去的质量称为挥发性悬浮固体；残留的质量称为非挥发性悬浮固体。生活污水中，挥发性悬浮固体约占70%，非挥发性悬浮固体约占30%。

胶体和溶解固体（DS）也称为溶解物，也是由有机物与无机物组成。生活污水中的溶解性有机物包括尿素、淀粉、糖类、脂肪、蛋白质和洗涤剂等；溶解性无机物包括无机盐（如碳酸盐、硫酸盐、胺盐、磷酸盐）、氯化物等。工业废水的溶解性固体成分极为复杂，视工业企业的性质而异，主要包括种类繁多的合成高分子有机物和重金属离子等。溶解性固体的浓度和成分对污水处理方法的选择（采用生物处理法还是物理化学处理法）及处理效果会产生直接的影响。

2. 污水化学性质和指标

表示污水化学性质的指标，可分为无机物指标和有机物指标。无机物指标有酸碱度、碱度、氮及其化合物、磷及其化合物、无机盐、非重金属无机物和重金属离子等。有机物指标比较复杂，在实际工作中一般采用生物化学需氧量（BOD）、化学需氧量（COD）、总需氧量（TOD）、总有机碳（TOC）等指标衡量污水中需氧有机物的含量。

（1）无机物指标

1）酸碱度（pH值）

酸碱度用pH值表示。pH值等于氢离子浓度的负对数。

pH=7时，污水呈中性；pH<7时，数值越小，酸性越强；pH>7时，数值越大，碱性越强。当pH值超出6～9的范围时，会对人、畜造成危害，并对污水的物理、化学和生物处理产生不利影响，尤其是pH低于6的酸性污水，对管渠、污水处理构筑物和设备会产生腐蚀作用。因此pH值是污水化学性质的重要指标，《室外排水设计规范》GB 50014—2006（2014年版）中规定pH值宜为6.5～9.5，就是为了防止酸性物质进入城镇污水处理系统，对处理设施产生不利影响。

2）碱度

碱度系指污水中含有的、能与强酸产生中和反应的物质，即H^+的受体，主要包括氢氧化物碱度，即OH^-含量；碳酸盐碱度，即CO_3^{2-}含量；重碳酸盐碱度，即HCO_3^-含量。污水的碱度可用式（3-1）表达：

$$[碱度]=[OH^-]+[CO_3^{2-}]+[HCO_3^-]-[H^+] \tag{3-1}$$

式中 [ ]——浓度，mgN/L。

污水所含碱度，对于外加的酸、碱具有一定的缓冲作用，可使污水的pH值维持在适宜于好氧菌或厌氧菌生长繁殖的范围内。例如污泥厌氧消化处理时，要求碱度不低于2000mg/L（以$CaCO_3$计），以便缓冲有机物分解时产生的有机酸，避免pH值降低。

3）氮及其化合物

氮、磷是植物的重要营养物质，是污水进行生物处理时微生物所必需的营养物质，它们主要来源于人类排泄物和某些工业废水。但是氮、磷也是导致湖泊、水库、海湾等封闭、半封闭水体富营养化的主要原因。

污水中氮及其化合物有四种，即有机氮、氨氮（NH_3-N）、亚硝酸盐氮（NO_2-N）和硝酸盐氮（NO_3-N）。这四种含氮化合物的总量称为总氮（TN）。有机氮很不稳定，容易在微生物的作用下，分解成其他三种氮化合物。在无氧的条件下，先分解为氨氮；在有氧的条件下，先分解为氨氮，再合成为亚硝酸盐氮和硝酸盐氮。

TKN是有机氮与氨氮之和，称为总凯氏氮。总凯氏氮指标可以用来判断污水在进行生物法处理时氮营养是否充足。生活污水中凯氏氮含量约为20～40mg/L（其中有机氮约占38%、氨氮约占62%）。

氨氮在污水中存在形式有游离氨（NH_3）和离子状态铵盐（NH_4^+）两种。污水进行生物处理时，氨氮不仅向微生物提供营养，而且对污水的pH值起缓冲作用。但氨氮过高时，对微生物的活动也会产生抑制作用。

总氮与总凯氏氮之差值，约等于亚硝酸盐氮与硝酸盐氮。总凯氏氮与氨氮之差值，约等于有机氮。

4）磷及其化合物

污水中磷及其化合物可分为有机磷和无机磷两类。有机磷的存在形式主要有：葡萄糖-6-磷酸、2-磷酸-甘油酸及磷肌酸等；无机磷都以磷酸盐形式存在，包括正磷酸盐（PO_4^{3-}）、偏磷酸盐（PO_3^-）、磷酸氢盐（HPO_4^{2-}）、磷酸二氢盐（$H_2PO_4^-$）等，污水中的总磷系指有机磷和无机磷的总和，生活污水中的总磷约为4～8mg/L。

氮、磷是生物处理时微生物必需的营养物质，《室外排水设计规范》GB 50014—2006（2014年版）规定营养组合比（五日生化需氧量∶氮∶磷）可为100∶5∶1，当特殊工业废水进入时，有可能比例失调，应在工艺设计时充分考虑。

5）无机盐

无机盐主要指氯化物和硫化物。氯化物主要来自人类排泄物，每人每日排出的氯化物约为5～9g。工业废水以及沿海城市采用海水作为冷却水时，含有较高的氯化物。氯化物含量高时，对管道和设备有腐蚀作用，如灌溉农田，会引起土壤板结；氯化钠浓度超过4000mg/L时，对生物处理中的微生物有抑制作用。

硫化物主要来源于工业废水（如硫化染料废水、人造纤维废水等）和生活污水。

硫化物的存在形式有硫化氢（H_2S）、硫氢化物（HS^-）。当污水pH值较低时，如低于6.5，则以H_2S为主，H_2S约占硫化物总量的98%；pH值较高时，如高于9，则以S^{2-}为主。硫化物属于还原性物质，要消耗污水中的溶解氧，并能与重金属离子反应，生成金属硫化物的黑色沉淀。

6）非重金属无机物

非重金属无机物主要是氰化物（CN）与砷化物（As）。

氰化物主要来自电镀、焦化、高炉煤气、制革、农药和化纤等工业废水。氰化物是剧毒物质，人体摄入致死量为0.05～0.12g。

氰化物在污水中的存在形式是无机氰（如氢氰酸HCN、氰酸盐CN^-）和有机氰化物（如丙烯腈C_2H_3CN）。

砷化物主要来自化工、有色冶金、焦化、火力发电、造纸和皮革等工业废水，砷会在人体内积累，属致癌物质（致皮肤癌）之一。

砷化物在污水中的存在形式是无机砷化物（如亚砷酸盐AsO_2^-、砷酸盐AsO_4^{3-}）以及有机砷（如三甲基砷），对人体的毒性排序为有机砷＞亚砷酸盐。

7）重金属离子

重金属指原子序数在21～83之间的金属或相对密度大于4的金属。污水中重金属主要有汞（Hg）、镉（Cd）、铅（Pb）、铬（Cr）、锌（Zn）、铜（Cu）、镍（Ni）、锡（Sn）、铁（Fe）和锰（Mn）等。生活污水中的重金属离子主要来源于人类排泄物，冶金、电镀、陶瓷、玻璃、氯碱、电池、制革、照相器材、造纸、塑料和颜料等工业废水，都含有不同的重金属离子。上述重金属离子，在微量浓度时，对微生物、动植物和人类是有益的；但当浓度超过一定值后，即会产生毒害作用，特别是汞、镉、铅、铬以及它们的化合物。

（2）有机物指标

生活污水所含有机物主要来源于人类排泄物和生活活动产生的废弃物、动植物残片等，主要成分是碳水化合物、蛋白质和脂肪等有机化合物，组成元素是碳、氢、氧、氮和少量的硫、磷、铁等。除此之外，尚有酚类、有机酸碱、表面活性剂、有机农药等有机污染物。这些有机污染物在微生物作用下可分解为简单的无机物质、二氧化碳和水等，但在分解过程中需要消耗大量的氧，故属耗氧污染物。耗氧有机污染物是使水体黑臭的重要因素之一，由于污水中有机污染物的组成复杂，分别测定各类有机物的含量也没有必要，所以在实际工作中，一般采用生物化学需氧量（BOD）、化学需氧量（COD）、总需氧量（TOD）、总有机碳（TOC）、阳离子表面活性剂、油类（包括动植物油类和石油类）等作为有机物指标。

1）生物化学需氧量（BOD）

在水温为20℃的条件下，由于好氧微生物的生命活动，将有机污染物氧化成无机物所消耗的溶解氧量，称为生物化学需氧量。生物化学需氧量代表可生物降解有机物的数量。

在有氧的条件下，可生物降解有机物的降解过程，可分为两个阶段，第一阶段是碳氧化阶段，即在异养菌的作用下，含碳有机物被氧化（或称碳化）为CO_2和H_2O，含氮有机物被氧化（或称氨化）为NH_3，与此同时合成新细胞（异养型）；第二阶段是硝化阶段，即在自养菌（亚硝化菌）的作用下，NH_3被氧化为NO_2^-和H_2O，再在自养菌（硝化菌）的作用下，NO_2^-被氧化为NO_3^-，与此同时合成新细胞（自养型）。上述两个阶段都释放出供微生物生命活动所需要的能量，合成新的细胞。在其生命活动中，进行着新陈代谢，即自身氧化的过程，产生CO_2、H_2O和NH_3，并放出能量和氧化残渣，这种过程叫做内源呼吸。

总碳氧化阶段的需氧量称为第一阶段生化需氧量或总碳氧化需氧量、总生化需氧量、完全生化需氧量，硝化阶段的需氧量称为第二阶段生化需氧量或氮氧化需氧量、硝化需氧量。

由于有机物的生化过程延续时间很长，在20℃水温下，完成两阶段约需100d以上，从实际情况显示，5d的生物化学需氧量约占总碳氧化需氧量的70%～80%，20d以后的生化反应过程速度趋于平缓，因此常用20d的生物化学需氧量（BOD_{20}）作为总生物化学需氧量（BOD_u）。在工程实用中，20d时间太长，故用5d生物化学需氧量（BOD_5）作为可生物降解有机物的综合浓度指标。由于硝化菌的繁殖周期较长，一般要在碳氧化阶段开始后的5～7d，甚至10d才能繁殖出一定数量的硝化菌，并开始氮氧化阶段，因此，硝化需氧量不对BOD_5产生干扰。

2）化学需氧量（COD）

以BOD_5作为有机污染物的浓度指标，也存在着测定时间长、不能反映难生物降解有机污染物浓度等问题。

化学需氧量是用化学氧化剂氧化水中有机污染物时所消耗的氧化剂量，常用的氧化剂是重铬酸钾和高锰酸钾，以重铬酸钾作氧化剂，测得的值称COD_{Cr}，或简称COD；以高锰酸钾作氧化剂，测得的值称COD_{Mn}，或简称OC。

化学需氧量（COD）的优点是较精确地表示污水中有机物的含量，测定时间较短，且不受水质的限制，缺点是不能像BOD那样反映出可生物降解有机物的量。此外，污水中存在的还原性无机物（如硫化物）被氧化也需消耗氧，所以COD值也存在一定误差。

COD的数值大于BOD_{20}，两者的差值大致为难生物降解有机物量，差值越大，难生物降解的有机物含量越多，越不宜采用生物处理工艺。因此BOD_5/COD的比值，可作为该污水是否适宜于采用生物处理的判别标准，故把BOD_5/COD的比值称为可生化性指标，比值越大，越容易生物处理。一般认为，此比值大于0.3的污水，才适于采用生物处理。

3）总需氧量（TOD）

由于有机物的主要组成元素是C、H、O、N、S等。被氧化后，分别产生CO_2、H_2O、NO_2和SO_2等，所消耗的氧量称为总需氧量TOD。

4）总有机碳（TOC）

总有机碳（TOC）是目前国内外使用的另一个表示有机物浓度的综合指标。

TOD和TOC的测量原理相同，但有机物数量的表示方法不同，前者用消耗的氧量表示，后者用含碳量表示。

水质比较稳定的污水，BOD_5、COD、TOD和TOC之间，有一定的相关关系，数值大小的排序为TOD＞COD_{Cr}＞BOD_u＞BOD_5＞TOC。生活污水的BOD_5/COD比值约为0.4～0.65，BOD_5/TOC比值约为1.0～1.6。工业废水的BOD_5/COD比值，取决于工业性质，变化极大，如果该比值大于0.3，可采用生化处理；如果小于0.3，则不宜采用生化处理。

5）阴离子表面活性剂

生活污水和某些工业废水，含有大量的阴离子表面活性剂，阴离子表面活性剂包括硬性洗涤剂（ABS），含有磷并易产生大量泡沫，属于难生物降解有机污染物，目前已不大使用。另一种为软性洗涤剂，属于可生物降解有机污染物，泡沫大大减少，但仍含有磷，是致水体富营养化的主要元素之一。

6）油类（包括动植物油和石油类）

油类的主要成分是 C、H、O。生活污水中的脂肪和油类来源于人类排泄物和餐饮业的洗涤废水，含油浓度可达 400～600mg/L，甚至 1200mg/L，包括动物油和植物油。脂肪酸甘油酯在常温时呈液态称为油，在低温时呈固态称为脂肪。脂肪比碳水化合物、蛋白质都稳定，属于难生物降解有机物，对微生物无毒害与抑制作用。炼油、石油化工、焦化、制气等工业废水中，含有矿物油即石油，具有异臭，属于难生物降解有机物，并对微生物有毒害或抑制作用。

3. 污水的生物性质和指标

表示污水生物性质的指标，主要有粪大肠菌群数、细菌总数和病毒等。

（1）粪大肠菌群数

粪大肠菌群数作为污水的生物性质指标，粪大肠菌群和病原菌都在人类肠道系统内，它们的生活习性和在外界环境中的存活时间基本相同。每人每日排泄的粪便中含有粪大肠菌群数约 $1\times10^{11}\sim4\times10^{11}$ 个，数量大大多于病原菌，但对人体无害；由于粪大肠菌群的数量多，且容易培养检验，病原菌的培养检验十分复杂和困难，因此，常采用粪大肠菌群数作为卫生指标。水中存在粪大肠菌，就表明受到粪便的污染，并可能存在病原菌。

（2）细菌总数

细菌总数是粪大肠菌群、病原菌和其他细菌数的总和，以每毫升水样中的细菌总数表示。细菌总数愈多，表示病原菌和病毒存在的可能性愈大。

（3）病毒

污水中已被检出的病毒有 100 多种，检出粪大肠菌，可以表明肠道病原菌的存在，但不能表明是否存在病毒和其他病原菌，如炭疽杆菌等，因此还需要检验病毒指标。

用粪大肠菌群数、细菌总数和病毒等三种卫生指标来评价污水受生物污染的严重程度比较全面。

3.1.3　污水处理主要污染物控制指标

根据城镇污水的特点，结合《城镇污水处理厂污染物排放标准》GB 18918—2002 的规定，确定污水处理的主要污染物控制指标有三类，即基本控制项目、部分一类污染物控制项目和选择控制项目，基本控制项目有 12 项，包括物理指标、化学指标和生物指标，如表 3-1 所示。

基本控制项目　　**表 3-1**

序号	基本控制项目	指标特性	序号	基本控制项目	指标特性
1	化学需氧量(COD)	化学	7	总氮(以 N 计)	化学
2	生物化学需氧量(BOD_5)	化学	8	氨氮(以 N 计)	化学
3	悬浮物(SS)	物理	9	总磷(以 P 计)	化学
4	动植物油	化学	10	色度(稀释倍数)	物理
5	石油类	化学	11	pH 值	化学
6	阴离子表面活性剂	化学	12	粪大肠菌群数/(个/L)	生物

部分一类污染物控制项目共 7 项，主要为重金属污染物，如表 3-2 所示。

部分一类污染物控制项目 表 3-2

序号	项　目	序号	项　目	序号	项　目
1	总汞	4	总铬	7	总铅
2	烷基汞	5	六价铬		
3	总镉	6	总砷		

选择控制项目共43项，主要为一般金属污染物和有机污染物，如表3-3所示。

选择控制项目 表 3-3

序号	选择控制项目	序号	选择控制项目
1	总镍	23	三氯乙烯
2	总铍	24	四氯乙烯
3	总银	25	苯
4	总铜	26	甲苯
5	总锌	27	邻-二甲苯
6	总锰	28	对-二甲苯
7	总硒	29	间-二甲苯
8	苯并(a)芘	30	乙苯
9	挥发酚	31	氯苯
10	总氰化物	32	1,4-二氯苯
11	硫化物	33	1,2-二氯苯
12	甲醛	34	对硝基氯苯
13	苯胺类	35	2,4-二硝基氯苯
14	总硝基化合物	36	苯酚
15	有机磷农药(以P计)	37	间-甲酚
16	马拉硫磷	38	2,4-二氯酚
17	乐果	39	2,4,6-三氯酚
18	对硫磷	40	邻苯二甲酸二丁酯
19	甲基对硫磷	41	邻苯二甲酸二辛酯
20	五氯酚	42	丙烯腈
21	三氯甲烷	43	可吸附有机卤化物(AOX以Cl计)
22	四氯化碳		

3.1.4 污水水质替代参数研究

描述污水水质参数有两类，一类仅表示水中一种成分浓度；另一类则表示一组成分浓度，称水质替代参数。替代参数是描述水处理过程的主要参数。长期以来，有专家认为水质替代参数不能精确描述水质，因而水处理过程也得不到精确描述。

污水水质常用BOD_5值表示，这是不精确替代参数的一个案例。BOD_5是以有机物在生物降解过程中氧的需要量作为有机物的当量代表，从概念上讲是正确的。BOD_5不精确性源于测定方法，包括：

（1）测定过程微生物生长环境与实际运行环境不同；

（2）BOD_5 与总 BOD 无精确数量关系；

（3）不考虑污水中各有机物和浓度所产生的生化过程差别；

（4）不考虑接种所用的由不同物质、不同密度微生物所组成的生态系统的生化过程差别等。

因此，有必要对这些替代参数的应用作出新的诠释或修正，或者创新更好的水质替代参数。

3.2 设计流量和设计水质

3.2.1 设计流量

城镇污水，由综合生活污水、工业废水、入渗地下水和被截流的雨水组成，综合生活污水由居民生活污水和公共建筑污水组成，居民生活污水指居民日常生活中洗涤、冲厕、洗澡等产生的污水；公共建筑污水指娱乐场所、宾馆、浴室、商业网点、学校和办公楼产生的污水。

各部分污水量均可分别计算，一般按照用水定额进行计算。

1. 城镇旱流污水设计流量

城镇旱流污水设计流量按式（3-2）计算：

$$Q_{dr}=Q_d+Q_m \tag{3-2}$$

式中 Q_{dr}——旱流污水设计流量，L/s；

Q_d——设计综合生活污水量，L/s；

Q_m——设计工业废水量，L/s。

在地下水位较高地区，应考虑入渗地下水量。

2. 设计综合生活污水量

污水处理厂的设计规模一般按平均日污水量确定（m^3/d），设计流量一般按最大日最大时污水量确定（m^3/h）。

设计旱流污水量（平均日）可按式（3-3）计算：

$$Q_{d1}=qN/1000 \tag{3-3}$$

式中：Q_{d1}——设计旱流污水量，m^3/d；

q——生活污水定额，L/(人·d)；

N——服务人口，人。

设计综合生活污水量（最大日最大时）可按式（3-4）计算：

$$Q_{dk}=Q_{d1}\times K_z/86400 \tag{3-4}$$

式中 Q_{dk}——设计旱流污水量，m^3/s；

K_z——总变化系数。

（1）生活污水定额

设计综合生活污水量按综合生活污水定额和服务人口数量计算确定，综合生活污水定额和居民生活污水定额，根据当地采用的用水定额，结合建筑内部给水排水设施水平可按当地相关用水定额的80%～90%采用，同时，应按排水系统普及程度等因素确定综合生活污水量。

根据《室外给水设计规范》GB 50013—2006的规定，居民生活用水定额和综合生活用水定额应根据当地国民经济和社会发展、水资源充沛程度、用水习惯，在现有用水基础上，结合城市总体规划和给水专业规划，本着节约用水的原则，综合分析确定。在缺乏实际用水资料的情况下，可按表3-4和表3-5选用。

居民生活用水定额［L/(人·d)］　　表3-4

城市规模	特大城市		大城市		中、小城市	
用水情况 / 分区	最高日	平均日	最高日	平均日	最高日	平均日
一	180～270	140～210	160～250	120～190	140～230	100～170
二	140～200	110～160	120～180	90～140	100～160	70～120
三	140～180	110～150	120～160	90～130	100～140	70～110

综合生活用水定额［L/(人·d)］　　表3-5

城市规模	特大城市		大城市		中、小城市	
用水情况 / 分区	最高日	平均日	最高日	平均日	最高日	平均日
一	260～410	210～340	240～390	190～310	220～370	170～280
二	190～280	150～240	170～260	130～210	150～240	110～180
三	170～270	140～230	150～250	120～200	130～230	100～170

注：1. 特大城市指市区和近郊区非农业人口100万人及以上的城市，大城市指市区和近郊区非农业人口50万人及以上，不满100万人的城市，中、小城市指市区和近郊区非农业人口不满50万人的城市；

2. 一区包括：湖北、湖南、江西、浙江、福建、广东、广西、海南、上海、江苏、安徽、重庆，二区包括：四川、贵州、云南、黑龙江、吉林、辽宁、北京、天津、河北、河南、山东、宁夏、陕西、内蒙古河套以东和甘肃黄河以东的地区，三区包括：新疆、青海、西藏、内蒙古河套以西和甘肃黄河以西的地区；

3. 经济开发区和特区城市，根据用水实际情况，用水定额可酌情增加；

4. 当采用海水或污水再生水等作为冲厕用水时，用水定额相应减少。

（2）服务范围和服务人口

城镇污水排水系统设计期限终期的规划范围称为服务范围。城镇污水排水系统设计期限终期的规划人口数称为服务人口，是计算城镇综合生活污水量的基本数据。服务人口一般由城镇总体规划确定。由于城镇性质和规模不同，城镇工业、仓储、交通运输、生活居住用地分别占城镇总用地的比例和指标有所不同，因此，在计算污水排水系统服务人口时，常用人口密度与服务面积相乘得到。

人口密度表示人口分布的情况，是指住在单位面积上的人口数，以人/hm^2表示。

（3）生活污水量总变化系数

居住区生活污水定额是平均值，根据服务人口和生活污水定额计算所得的是污水平均流量。而实际上流入污水处理厂的污水量是变化的。在一天当中，日间和晚间的污水量不同，日间各小时的污水量也有很大差异。总变化系数可根据当地实际综合生活污水量变化资料采用，无测定资料时，可按我国《室外排水设计规范》GB 50014—2006（2014 年版）规定的居住区生活污水量总变化系数值选用，该数值如表 3-6 所示。新建分流制排水系统的地区，宜提高综合生活污水量总变化系数；既有地区可结合城区和排水系统改建工程，提高综合生活污水量总变化系数。

生活污水量总变化系数　　**表 3-6**

污水平均日流量(L/s)	5	15	40	70	100	200	500	≥1000
总变化系数(K_z)	2.3	2.0	1.8	1.7	1.6	1.5	1.4	1.3

注：当污水平均日流量为中间数值时，总变化系数用内插法求得。

生活污水量总变化系数值，也可按综合分析得出的总变化系数与平均流量间的关系式求得，如按式（3-5）计算：

$$K_z=\frac{2.7}{Q^{0.11}} \tag{3-5}$$

式中　K_z——总变化系数；

Q——平均日平均时污水流量，L/s，当 $Q<5$L/s 时，$K_z=2.3$；当 $Q\geq 1000$L/s 时，$K_z=1.3$。

3. 设计工业废水量

工业企业的工业废水量可按式（3-6）计算：

$$Q_m=\frac{m\cdot M\cdot K_z}{3600T} \tag{3-6}$$

式中　Q_m——工业废水设计流量，L/s；

m——生产过程中每单位产品的废水量，L/单位产品；

M——产品的平均日产量；

K_z——总变化系数；

T——每日生产时数，h。

生产单位产品或加工单位数量原料所排出的平均废水量，也称做生产过程中单位产品的废水量定额。工业企业的工业废水量随行业类型、采用的原材料、生产工艺特点和管理水平等的不同有很大差异。近年来，随着国家对水资源开发利用和保护的日益重视，有关部门制定各工业的工业用水量规定，排水工程设计流量应与之协调。

在不同的工业企业中，工业废水的排出情况很不一致。某些工厂的工业废水是均匀排出的，但很多工厂废水排出情况变化很大，个别车间的废水甚至也可能在短时间内一次排放，因而工业废水量的变化系数取决于工厂的性质和生产工艺过程。

4. 入渗地下水量

受当地土质、地下水位、管道和接口材料以及施工质量、管道服务年限等因素的影响，当地下水位高于排水管渠时，排水系统设计应适当考虑入渗地下水量。入渗地下水量宜根据测定资料确定，一般按单位管长和管径的入渗地下水量计，也可按平均日综合生活污水和工业废水总量的10%～15%计，还可按每天每单位服务面积入渗的地下水量计。广州市测定过管径为1000～1350mm的新铺钢筋混凝土管入渗地下水量，结果为：地下水位高于管底3.2m，入渗量为94m³/(km·d)；高于管底4.2m，入渗量为196 m³/(km·d)；高于管底6m，入渗量为800 m³/(km·d)；高于管底6.9m，入渗量为1850 m³/(km·d)。上海某泵站冬夏两次测定，冬季为3800 m³/(km²·d)，夏季为6300 m³/(km²·d)；日本《下水道设施指南与解说》规定采用经验数据，按每人每日最大污水量的10%～20%计；英国排水规范建议按观测现有管道的夜间流量进行估算；德国ATV标准规定入渗水量不大于0.15L/(s·hm²)，如大于则应采取措施减少入渗；美国标准按0.01～1.0m³/(d·mm-km)（mm为管径，km为管长）计，或按0.2～28m³/(hm²·d)计。

在地下水位较高的地区，水力计算时，公式（3-2）后应加入入渗地下水量Q_u，即：

$$Q_{dr}=Q_d+Q_m+Q_u \tag{3-7}$$

式中 Q_{dr}——旱流污水设计流量，L/s；

Q_d——设计综合生活污水量，L/s；

Q_m——设计工业废水量，L/s；

Q_u——入渗地下水量，L/s。

3.2.2 设计水质

1. 设计进水水质

城镇污水的设计水质应根据调查资料确定，按照邻近城镇、类似工业区和居住区的水质资料确定。

（1）参照相关资料确定

根据《给水排水设计手册》（第二版）第5册《城镇排水》所述，典型的生活污水水质，大体有一定的变化范围，如表3-7所示。

典型生活污水水质 **表3-7**

<table>
<tr><th rowspan="2">序号</th><th rowspan="2" colspan="2">指　标</th><th colspan="3">浓度(mg/L)</th></tr>
<tr><th>高</th><th>中</th><th>低</th></tr>
<tr><td>1</td><td colspan="2">总固体(TS)</td><td>1200</td><td>720</td><td>350</td></tr>
<tr><td rowspan="3">2</td><td colspan="2">溶解性总固体(DTS)</td><td>850</td><td>500</td><td>250</td></tr>
<tr><td rowspan="2">其中</td><td>非挥发性</td><td>525</td><td>300</td><td>145</td></tr>
<tr><td>挥发性</td><td>325</td><td>200</td><td>105</td></tr>
<tr><td rowspan="3">3</td><td colspan="2">悬浮物(SS)</td><td>350</td><td>200</td><td>100</td></tr>
<tr><td rowspan="2">其中</td><td>非挥发性</td><td>75</td><td>55</td><td>20</td></tr>
<tr><td>挥发性</td><td>275</td><td>165</td><td>80</td></tr>
<tr><td rowspan="3">4</td><td colspan="2">五日生化需氧量(BDO_5)</td><td>400</td><td>220</td><td>110</td></tr>
<tr><td rowspan="2">其中</td><td>溶解性</td><td>200</td><td>110</td><td>55</td></tr>
<tr><td>悬浮性</td><td>200</td><td>110</td><td>55</td></tr>
<tr><td>5</td><td colspan="2">总有机碳(TOC)</td><td>290</td><td>160</td><td>80</td></tr>
</table>

续表

序号	指　　标		浓度(mg/L)		
			高	中	低
6	化学需氧量(COD_{Cr})		1000	400	250
	其中	溶解性	400	150	100
		悬浮性	600	250	150
	可生物降解部分		750	300	200
	其中	溶解性	375	150	100
		悬浮性	375	150	100
7	总氮(TN)		85	40	20
8	有机氮		35	15	8
9	游离氮		50	25	12
10	亚硝酸盐		0	0	0
11	硝酸盐		0	0	0
12	总磷(TP)		15	8	4
13	有机磷		5	3	1
14	无机磷		10	5	3
15	氯化物(Cl^-)		200	100	60
16	硫酸盐(SO_4^{2-})		50	30	20
17	碱度(以 $CaCO_3$ 计)		200	100	50
18	油脂		150	100	50
19	总大肠菌(个/100mL)		10^8～10^9	10^7～10^8	10^6～10^7
20	挥发性有机化合物 VOC_5(μg/L)		>400	100～400	<100

(2) 根据污染物指标确定

根据全国 37 座污水处理厂的设计资料，每人每日五日生化需氧量的范围为 20～67.5g/(人·d)，集中在 25～50g/(人·d)，占总数的 76%；每人每日悬浮固体的范围为 28.6～114g/(人·d)，集中在 40～65g/(人·d)，占总数的 73%；每人每日总氮的范围为 4.5～14.7 g/(人·d)，集中在 5～11g/(人·d)，占总数的 88%；每人每日总磷的范围为 0.6～1.9g/(人·d)，集中在 0.7～1.4g/(人·d)，占总数的 81%。《室外排水设计规范》GBJ 14—87 (1997 年版) 规定五日生化需氧量和悬浮固体的范围分别为 25～30g/(人·d) 和 35～50g/(人·d)，由于污水浓度随生活水平提高而增大，同时我国幅员辽阔，各地发展不平衡，《室外排水设计规范》GB 50014—2006 (2014 年版) 将参照相关资料各种指标、数值相对调整，范围扩大。一些国家和我国设计规范的水质指标比较如表 3-8 所示。

一些国家的水质指标比较 [g/(人·d)]　　　表 3-8

序号	国　家	五日生化需氧量(BOD_5)	悬浮固体(SS)	总氮(TN)	总磷(TP)
1	埃 及	27～41	41～68	8～14	0.4～0.6
2	印 度	27～41	—	—	—
3	日 本	40～45	—	1～3	0.15～0.4

续表

序号	国 家	五日生化需氧量(BOD_5)	悬浮固体(SS)	总氮(TN)	总磷(TP)
4	土耳其	27～50	41～68	8～14	0.4～2
5	美 国	50～120	60～150	9～22	2.7～4.5
6	德国	55～68	82～96	11～16	1.2～1.6
7	我国《室外排水设计规范》GBJ 14—1987(1997 版)	25～30	35～50	无	无
8	我国《室外排水设计规范》GB 50014—2006(2014 年版)	25～50	40～65	5～11	0.7～1.4

根据水质指标和污水定额，可知生活污水水质。

当已知某一城市居民生活用水定额，则可知其生活污水定额，可计算其生活污水水质，参数如表 3-9 所示。

生活污水水质计算 **表 3-9**

序号	项 目	水质指标			
		BOD_5	SS	TN	TP
1	居民生活用水定额(平均日)[L/(人·d)]	180			
2	居民生活污水定额[L/(人·d)]	162			
3	水质指标[g/(人·d)]	25～50	40～65	5～10	0.7～1.4
4	水质参数(mg/L)	154～308	247～401	30.8～61.7	4.3～8.6

(3) 工业废水水质

城市污水水质需根据生活污水水质、综合生活污水水质和工业废水水质的调查情况确定，工业废水水质根据不同原料、不同产品、不同工艺方法，产生的水质大不相同，随着清洁生产、循环利用理念的不断深入，工业废水水质也有较大的改善，而且工业废水应达到排入下水道水质标准，住房和城乡建设部颁布的《污水排入城镇下水道水质标准》CJ 343—2010 如表 3-10 所示。

污水排入城镇下水道水质等级标准（最高允许值，pH 值除外） **表 3-10**

序号	控制项目名称	单位	A 等级	B 等级	C 等级
1	水温	℃	35	35	35
2	色度	稀释倍数	50	70	60
3	易沉固体	mL/(L·15min)	10	10	10
4	悬浮物	mg/L	400	400	300
5	溶解性固体	mg/L	1 600	2 000	2 000
6	动植物油	mg/L	100	100	100
7	石油类	mg/L	20	20	15
8	pH 值	—	6.5～9.5	6.5～9.5	6.5～9.5

续表

序号	控制项目名称	单位	A 等级	B 等级	C 等级
9	五日生化需氧量(BOD_5)	mg/L	350	350	150
10	化学需氧量(COD)	mg/L	500(800)	500(800)	300
11	氨氮(以 N 计)	mg/L	45	45	25
12	总氮(以 N 计)	mg/L	70	70	45
13	总磷(以 P 计)	mg/L	8	8	5
14	阴离子表面活性剂(LAS)	mg/L	20	20	10
15	总氰化物	mg/L	0.5	0.5	0.5
16	总余氯(以 Cl_2 计)	mg/L	8	8	8
17	硫化物	mg/L	1	1	1
18	氟化物	mg/L	20	20	20
19	氯化物	mg/L	500	600	800
20	硫酸盐	mg/L	400	600	600
21	总汞	mg/L	0.02	0.02	0.02
22	总镉	mg/L	0.1	0.1	0.1
23	总铬	mg/L	1.5	1.5	1.5
24	六价铬	mg/L	0.5	0.5	0.5
25	总砷	mg/L	0.5	0.5	0.5
26	总铅	mg/L	1	1	1
27	总镍	mg/L	1	1	1
28	总铍	mg/L	0.005	0.005	0.005
29	总银	mg/L	0.5	0.5	0.5
30	总硒	mg/L	0.5	0.5	0.5
31	总铜	mg/L	2	2	2
32	总锌	mg/L	5	5	5
33	总锰	mg/L	2	5	5
34	总铁	mg/L	5	10	10
35	挥发酚	mg/L	1	1	0.5
36	苯系物	mg/L	2.5	2.5	1
37	苯胺类	mg/L	5	5	2
38	硝基苯类	mg/L	5	5	3
39	甲醛	mg/L	5	5	2
40	三氯甲烷	mg/L	1	1	0.6
41	四氯化碳	mg/L	0.5	0.5	0.06
42	三氯乙烯	mg/L	1	1	0.6
43	四氯乙烯	mg/L	0.5	0.5	0.2
44	可吸附有机卤化物(AOX,以 Cl_2 计)	mg/L	8	8	5
45	有机磷农药(以 P 计)	mg/L	0.5	0.5	0.5
46	五氯酚	mg/L	5	5	5

注：括号内数值为污水处理厂新建或改、扩建，且 $BOD_5/COD>0.4$ 时控制指标的最高允许值。

(4) 设计进水水质

根据生活污水量、工业废水量和相应的水质指标，可以确定城镇污水处理厂设计进水水质。

国内30座城市污水处理厂的设计进水水质和实际进水水质如表3-11所示。

国内30座城市污水处理厂设计进水水质和实际水质 (mg/L) **表 3-11**

序号	厂 名	水质参数				
		COD_{Cr}	BOD_5	SS	NH_3-N	PO_4^{3-}-P
1	北京高碑店污水处理厂	500 / 300～450	200 / 150～200	250 / 320～540	30 / 21～32	
2	北京酒仙桥污水处理厂	350	200	250	40	
3	天津纪庄子污水处理厂	/ 340	200 / 139	250 / 162	/ 21	/ 6.2
4	石家庄桥西污水处理厂	400 / 150～300	200 / 100～200	250 / 80～200		
5	河北邯郸污水处理厂	311 / 243	133 / 152	158 / 183	21.8 / 14.1	6.6 / 2.3
6	西安北石桥污水处理厂	400 / 263	180 / 165	255 / 295	32 / 22	/ 3.2
7	新疆阿克苏污水处理厂	300	150	200		
8	济南盖家沟污水处理厂	500	260 / 119	400 / 600		
9	山东淄博污水处理厂	600 / 613	225 / 253	280 / 702	60 / 24.5	/ 10.8
10	青岛李村河污水处理厂	900 / 2528	400 / 849	700 / 1666	60 / 51	5 / 7.3
11	青岛团岛污水处理厂	900 / 1362	450 / 702	650 / 1103	80 / 93	10 / 29.3
12	上海石洞口污水处理厂	400 / 250	200 / 125	250 / 120	30 / 21.9	4.5 / 3.7
13	上海白龙港污水处理厂	320 / 300	130	170 / 148	30	5 / 4.1
14	上海松江污水处理厂	452	236	194	21	
15	上海闵行污水处理厂		200 / 292	250 / 449	25 / 23.5	
16	上海朱泾污水处理厂	300 / 409	200 / 216	200 / 154	50 / 51	
17	上海青浦第二污水处理厂	400 / 511	200 / 246	250 / 291	40 / 34.8	

续表

序号	厂　名	水质参数				
		COD_{Cr}	BOD_5	SS	NH_3-N	PO_4^{3-}-P
18	杭州七格污水处理厂	400 / 540	200 / 198	250 / 330	40 / 35	4 / 5.5
19	嘉兴污水处理厂一期工程	400 /	161 /	147 /	36 /	
20	福州洋里污水处理厂	300 / 186	150 / 69	200 / 110	25 / 16.6	4.0 / 3.5
21	成都三瓦窑污水处理厂		200 /	260 /		
22	昆明第一污水处理厂	360 / 177	180 / 82	202 / 97	30 / 25(TN)	4.0 / 3.3
23	昆明第二污水处理厂		180 /	250 /	45 /	5.0 /
24	昆明第三污水处理厂	/ 171	100 / 79.7	200 / 88	30 / 27	4.0 / 2.9
25	昆明第五污水处理厂	393 /	176 /	200 /	40 /	3.9 /
26	桂林第四污水处理厂		120 / 125	220 / 200	25 / 25	8 / 15
27	深圳滨河污水处理厂	300 / 691	150 / 241	150 / 421	30 / 31	4 / 4.3
28	深圳罗芳污水处理厂	400 / 217	150 / 128	150 / 260	30 / 15	4 / 2.9
29	广州大坦河污水处理厂	250 / 135	120 / 75	150 / 100	30 / 22.7	4.0 / 1.49
30	珠海香州污水处理厂	200 / 155	100 / 75	150 / 198	25 / 12.7	3 / 3.2

注：表中水质参数斜线上的为设计进水水质，斜线下的为实际进水水质（年平均值）。

2. 设计出水水质

（1）国家标准

设计出水水质应根据排放水体的水域环境功能和保护目标确定，根据污染物的来源和性质，将污染物控制项目分为基本控制项目和选择性控制项目两类。基本控制项目主要包括影响水环境和城镇污水处理厂一般处理工艺可以去除的常规污染物和部分一类污染物，共19项。选择性控制项目包括对环境有较长期影响或毒性较大的污染物，共计43项。基本控制项目必须执行，选择性控制项目由地方环境保护行政主管部门根据污水处理厂接纳工业污染物的类别和水环境质量要求选择控制。

（2）各标准值的适用范围

1）一级标准的A标准是城镇污水处理厂出水作为回用水的基本要求。当污水处理厂出水引入稀释能力较小的河湖作为城镇景观用水和一般回用等用途时，执行一级标准的A标准。

2）城镇污水处理厂出水排入《地表水环境质量标准》GB 3838 中地表水Ⅲ类功能水域（划定的饮用水水源保护区和游泳区除外）、《海水水质标准》GB 3097 中海水二类功能水域和湖、库等封闭或半封闭水域时，执行一级标准的 B 标准。

3）城镇污水处理厂出水排入《地表水环境质量标准》GB 3838 中地表水Ⅳ、Ⅴ类功能水域或《海水水质标准》GB 3097 中海水三、四类功能水域时，执行二级标准。

4）非重点控制流域和非水源保护区的建制镇污水处理厂，根据当地经济条件和水污染控制要求，采用一级强化处理工艺时，执行三级标准。但必须预留二级处理设施的位置，分期达到二级标准。

（3）地方标准值

各地根据当地的实际情况，可制定相应的污水综合排放标准，上海市就根据本市地面水的特点，为保护水体水质、保障人体健康、维护生态平衡、促进经济和社会发展，制定了相应的《污水综合排放标准》DB 31/199—2009。该标准根据受纳水域的环境功能，将第二类污染物的排放标准分为特殊保护水域标准、一级标准和二级标准，如表 3-12 所示。

第二类污染物排放限值（除特殊注明外，其余单位为 mg/L） 表 3-12

<table>
<tr><th rowspan="2">序号</th><th rowspan="2">污染物项目</th><th rowspan="2">适用范围</th><th colspan="3">排放限值</th><th rowspan="2">污染物排放监控位置</th></tr>
<tr><th>特殊保护水域标准</th><th>一级标准</th><th>二级标准</th></tr>
<tr><td rowspan="2">1</td><td rowspan="2">pH 值(无量纲)</td><td>肉类加工工业</td><td>6～8.5</td><td>6～8.5</td><td>6～8.5</td><td>总排口</td></tr>
<tr><td>其他排污单位</td><td>6～9</td><td>6～9</td><td>6～9</td><td>总排口</td></tr>
<tr><td>2</td><td>色度(稀释倍数)</td><td>所有排污单位</td><td>40</td><td>50</td><td>50</td><td>总排口</td></tr>
<tr><td rowspan="4">3</td><td rowspan="4">悬浮物(SS)</td><td>合成氨工业、大型尿素硝氨生产工业</td><td>30</td><td>50</td><td>60</td><td rowspan="4">总排口</td></tr>
<tr><td>磷肥工业(磷铵、重过磷酸钙和硝酸磷肥)</td><td>30</td><td>40</td><td>50</td></tr>
<tr><td>肉类加工工业</td><td>40</td><td>50</td><td>60</td></tr>
<tr><td>其他排污单位</td><td>50</td><td>60</td><td>70</td></tr>
<tr><td>4</td><td>溶解性固体总量(TDS)</td><td>所有排污单位</td><td>2000</td><td>—</td><td>—</td><td>总排口</td></tr>
<tr><td rowspan="2">5</td><td rowspan="2">五日生化需氧量(BOD_5)</td><td>啤酒工业</td><td>15</td><td>18</td><td>20</td><td rowspan="2">总排口</td></tr>
<tr><td>其他排污单位</td><td>15</td><td>20</td><td>30</td></tr>
<tr><td rowspan="3">6</td><td rowspan="3">化学需氧量(COD_{Cr})</td><td>啤酒工业</td><td>60</td><td>70</td><td>80</td><td rowspan="3">总排口</td></tr>
<tr><td>石油化工工业(包括石油炼制)</td><td>60</td><td>60</td><td>100</td></tr>
<tr><td>其他排污单位</td><td>60</td><td>80</td><td>100</td></tr>
<tr><td>7</td><td>总有机碳(TOC)</td><td>所有排污单位</td><td>18</td><td>20</td><td>30</td><td>总排口</td></tr>
<tr><td>8</td><td>氨氮(NH_3-N)</td><td>所有排污单位</td><td>8</td><td>10</td><td>15</td><td>总排口</td></tr>
<tr><td>9</td><td>总氮(TN,以 N 计)</td><td>所有排污单位</td><td>20</td><td>25</td><td>35</td><td>总排口</td></tr>
<tr><td>10</td><td>总磷(TP,以 P 计)</td><td>所有排污单位</td><td>0.5</td><td>0.5</td><td>1.0</td><td>总排口</td></tr>
</table>

续表

序号	污染物项目	适用范围	排放限值			污染物排放监控位置
			特殊保护水域标准	一级标准	二级标准	
11	石油类	合成氨工业、大型尿素硝氨生产工业	2	3	5	总排口
		其他排污单位	3	5	10	
12	动植物油	所有排污单位	5	10	15	总排口
13	挥发酚	合成氨工业、大型尿素硝氨生产工业	0.05	0.08	0.1	总排口
		其他排污单位	0.2	0.3	0.5	
14	硫化物(以 S 计)	合成氨工业、大型尿素硝氨生产工业	0.2	0.3	0.5	总排口
		其他排污单位	0.5	0.8	1.0	
15	氟化物(以 F^- 计)	所有排污单位	8	10	10	总排口
16	总铜(以 Cu 计)	所有排污单位	0.2	0.5	1.0	总排口
17	总锌(以 Zn 计)	所有排污单位	1.0	2.0	4.0	总排口
18	总锰(以 Mn 计)	所有排污单位	1.0	2.0	2.0	总排口
19	可溶性钡(以 Ba 计)	所有排污单位	15	15	20	总排口
20	甲醛	所有排污单位	0.5	1.0	2.0	总排口
21	甲醇	所有排污单位	3.0	5.0	8.0	总排口
22	阴离子表面活性剂(LAS)	所有排污单位	3.0	5.0	10.0	总排口
23	彩色显影剂	所有排污单位	1.0	1.0	2.0	总排口
24	显影剂及氧化物总量	所有排污单位	3.0	3.0	3.0	总排口
25	可吸附有机卤化物(AOX)(以 Cl 计)	所有排污单位	1.0	1.0	5.0	总排口
26	三氯甲烷	所有排污单位	0.3	0.3	0.6	总排口
27	四氯化碳	所有排污单位	0.03	0.03	0.06	总排口
28	三氯乙烯	所有排污单位	0.3	0.3	0.6	总排口
29	四氯乙烯	所有排污单位	0.1	0.1	0.2	总排口
30	1,2-二氯乙烷	所有排污单位	不得检出	0.02	0.05	总排口
31	苯	所有排污单位	0.1	0.1	0.2	总排口
32	甲苯	所有排污单位	0.1	0.1	0.2	总排口
33	乙苯	所有排污单位	0.4	0.4	0.6	总排口
34	二甲苯总量①	所有排污单位	0.6	0.6	0.8	总排口
35	异丙苯	所有排污单位	0.4	0.4	0.6	总排口
36	苯乙烯	所有排污单位	0.1	0.1	0.2	总排口
37	邻-二氯苯	所有排污单位	0.4	0.4	0.6	总排口
38	对-二氯苯	所有排污单位	0.4	0.4	0.6	总排口

续表

序号	污染物项目	适用范围	排放限值			污染物排放监控位置
			特殊保护水域标准	一级标准	二级标准	
39	三氯苯	所有排污单位	0.2	0.2	0.4	总排口
40	苯胺类	所有排污单位	0.5	1.0	2.0	总排口
41	苯酚	所有排污单位	0.3	0.3	0.4	总排口
42	间-甲酚	所有排污单位	0.1	0.1	0.2	总排口
43	2,4-二氯酚	所有排污单位	0.3	0.5	0.5	总排口
44	2,4,6-三氯酚	所有排污单位	0.6	0.6	0.8	总排口
45	邻苯二甲酸二丁酯	所有排污单位	0.2	0.2	0.4	总排口
46	邻苯二甲酸二辛酯	所有排污单位	0.3	0.3	0.6	总排口
47	乙腈	所有排污单位	2.0	3.0	3.0	总排口
48	水合肼	所有排污单位	0.1	0.2	0.2	总排口
49	吡啶	所有排污单位	0.5	1.0	2.0	总排口
50	二硫化碳	所有排污单位	1.0	4.0	8.0	总排口
51	丁基黄原酸	所有排污单位	不得检出	0.02	0.05	总排口
52	硼	所有排污单位	5.0	5.0	5.0	总排口
53	总氰化物（以 CN^- 计）	所有排污单位	0.1	0.1	0.3	总排口
54	乐果	所有排污单位	不得检出	不得检出	0.5	总排口
55	对硫磷	所有排污单位	不得检出	不得检出	0.05	总排口
56	甲基对硫磷	所有排污单位	不得检出	不得检出	0.2	总排口
57	马拉硫磷	所有排污单位	不得检出	不得检出	1.0	总排口
58	11种有机磷农药总量②	所有排污单位	不得检出	不得检出	3.5	总排口
59	五氯酚及五氯酚钠（以五氯酚计）	所有排污单位	0.05	0.05	0.08	总排口
60	氯苯	所有排污单位	0.2	0.2	0.4	总排口
61	对-硝基氯苯	所有排污单位	0.5	0.5	1.0	总排口
62	2,4 二硝基氯苯	所有排污单位	0.5	0.5	1.0	总排口
63	丙烯腈	所有排污单位	2.0	2.0	5.0	总排口
64	丙烯醛	所有排污单位	0.5	0.5	1.0	总排口
65	元素磷（黄磷工业，以 P_4 计）	所有排污单位	0.1	0.1	0.1	总排口
66	硝基苯类（以硝基苯计）	所有排污单位	1.0	2.0	3.0	总排口
67	总余氯（活性氯）	所有排污单位	0.5	0.5	0.5	总排口
68	总大肠菌群（MPN/L）（仅针对涉及生物安全性的废水）	所有排污单位	500	1000	1000	总排口

续表

序号	污染物项目	适用范围	排放限值			污染物排放监控位置
			特殊保护水域标准	一级标准	二级标准	
69	鱼类急性毒性（$96hLC_{50}$）	所有排污单位	96h 100% 废水(原液)未达半数致死效应	—	—	总排口
70	氯化物	皂素工业	200	250	300	总排口
71	肼	航天推进剂	0.05	0.08	0.10	总排口
72	二氧化氯	纺织染整工业	0.3	0.4	0.5	总排口
73	氯乙烯	聚氯乙烯工业	0.5	1.0	2.0	总排口
74	一甲基肼	航天推进剂	0.10	0.15	0.20	总排口
75	偏二甲基肼	航天推进剂	0.3	0.4	0.5	总排口
76	三乙胺	航天推进剂	5.0	8.0	10.0	总排口
77	三乙烯三胺	航天推进剂	5.0	8.0	10.0	总排口

① 二甲苯总量是指间-二甲苯、邻-二甲苯和对-二甲苯三种物质测定结果的总和；

② 11 种有机磷农药指：敌敌畏、二嗪磷（二嗪农）、异稻瘟净、杀螟松（杀螟硫磷）、水胺硫磷、稻丰散、杀扑磷、乙硫磷、速灭磷、甲拌磷和溴硫磷。

3.3　生物脱氮除磷工艺

3.3.1　生物脱氮工艺

1. 活性污泥法脱氮传统工艺

活性污泥法脱氮的传统工艺是由巴茨（Barth）开创的所谓三段活性污泥法流程，它是以氨化、硝化和反硝化三个反应过程为基础建立的，其工艺流程如图 3-2 所示。

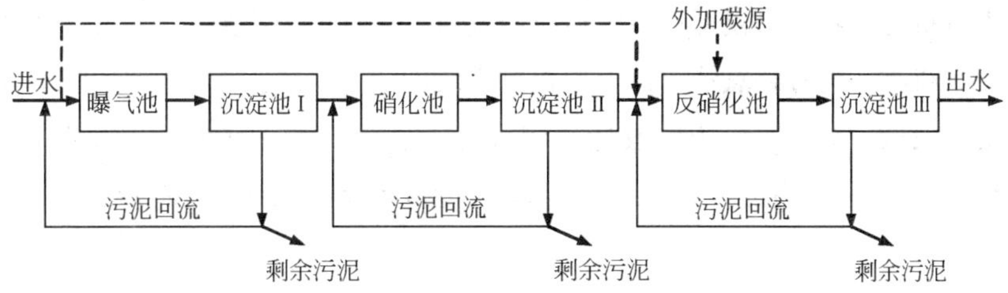

图 3-2　活性污泥法脱氮传统工艺流程（三段活性污泥法流程）

该工艺是将有机物氧化、硝化和反硝化段独立开来，每一部分都有其自己的沉淀池和各自独立的污泥回流系统。使除碳、硝化和反硝化在各自的反应器中进行，并分别控制在适宜的条件下运行，处理效率高。

由于反硝化段设置在有机物氧化和硝化段之后，主要靠内源呼吸碳源进行反硝化，效率很低，所以必须在反硝化段投加碳源保证高效稳定的反硝化反应。随着对硝化反应机理认识的加深，将有机物氧化和硝化合并成一个系统以简化工艺，从而形成了两段生物脱氮工艺，其工艺流程如图 3-3 所示。

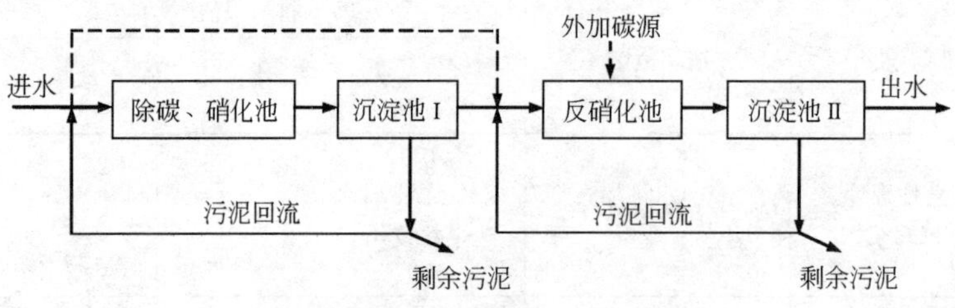

图 3-3 两段生物脱氮工艺流程

在该工艺中，各段同样有各自的沉淀和污泥回流系统。除碳和硝化作用在一个反应器中进行时，设计的污泥负荷要低，水力停留时间和泥龄要长，否则，硝化作用会降低。在反硝化段仍需要外加碳源来维持反硝化的顺利进行。

2. A_N/O 工艺

缺氧/好氧（A_N/O）工艺于 20 世纪 80 年代初开发，该工艺将反硝化段设置在系统的前面，因此又称为前置式反硝化生物脱氮系统，是目前应用较为广泛的一种脱氮工艺。反硝化反应以污水中的有机物为碳源，曝气池混合液中含有大量硝酸盐，通过内循环回流到缺氧池中，在缺氧池内进行反硝化脱氮，其工艺流程如图 3-4 所示。

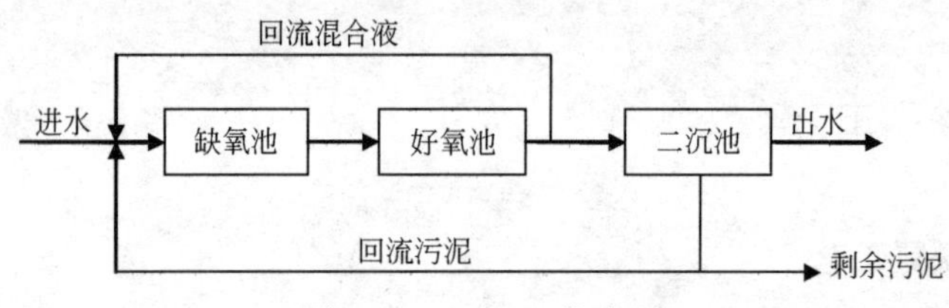

图 3-4 A_N/O 工艺流程

前置缺氧反硝化具有以下特点：反硝化产生的碱度补充硝化反应之需，约可补偿硝化反应中所消耗碱度的 50%左右；利用原污水中的有机物，无需外加碳源；利用硝酸盐作为电子受体处理进水中有机污染物，不仅可以节省后续曝气量，而且反硝化菌对碳源的利用更广泛，甚至包括难降解有机物；前置缺氧池可以有效控制系统的污泥膨胀。该工艺流程简单，因而基建费用和运行费用较低，对现有设施的改造比较容易，脱氮效率一般在 70%左右，但由于出水中仍有一定浓度的硝酸盐，在二次沉淀池中，有可能进行反硝化反应，造成污泥上浮，影响出水水质。

3. Bardenpho 工艺

Bardenpho 工艺取消了三段脱氮工艺的中间沉淀池，工艺中设立了两个缺氧段，第一段利用原水中的有机物作为碳源和第一好氧池中回流的含有硝态氮的混合液进行反硝化反应。经第一段处理后，脱氮已经大部分完成。为进一步提高脱氮效率，污水进入第二段反硝化反应器，利用内源呼吸碳源进行反硝化。最后的曝气池用于净化残留的有机物，吹脱污水中的氮气，提高污泥的沉降性能，防止二次沉淀池中发生污泥上浮现象。这一工艺比三段脱氮工艺减少了投资和运行费用，工艺流程如图 3-5 所示。

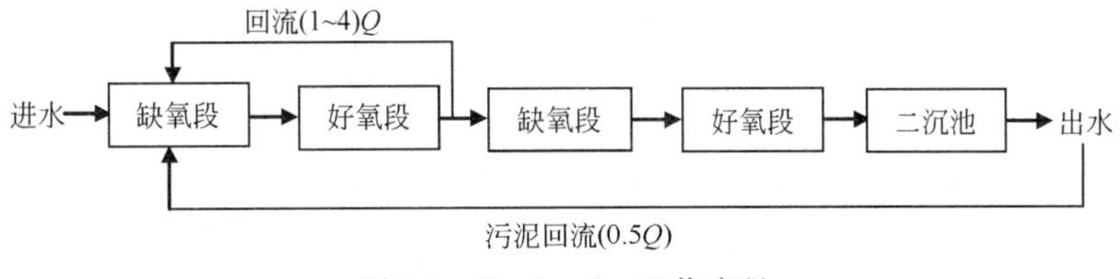

图 3-5　Bardenpho 工艺流程

3.3.2　生物除磷工艺

1. A_P/O 工艺

厌氧/好氧（A_P/O）工艺是最基本的除磷工艺，主要具有除磷的功能。该工艺系统是美国研究者 Spector 在 1975 年研究活性污泥膨胀的控制问题时，发现厌氧/好氧工艺不仅可有效地防止污泥的丝状菌膨胀，改善污泥沉降性能，而且具有很好的除磷效果，因此开发并于 1977 年获得专利。第一个生产性 A_P/O 工艺装置于 1979 年建成投产，此后许多污水处理厂在建造或改造过程中采用了 A_P/O 工艺，A_P/O 工艺流程如图 3-6 所示。

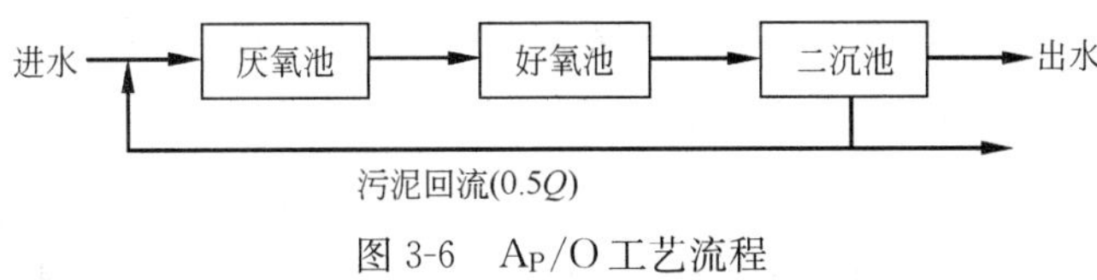

图 3-6　A_P/O 工艺流程

在 A_P/O 工艺系统中，微生物在厌氧条件下将细胞中的磷释放，然后进入好氧状态，并在好氧条件下摄取比在厌氧条件下所释放的更多的磷，即利用其对磷的过量摄取能力将高含磷污泥以剩余污泥的方式排出处理系统之外，从而降低处理出水中磷的含量。A_P/O 工艺是单元组成最简单的生物除磷工艺，池型构造与常规活性污泥法非常相似。除了厌氧段和好氧段被隔成体积相同的多个完全混合式反应格外，其最主要的特征是高负荷运行、泥龄短、水力停留时间短。A_P/O 工艺的典型停留时间设计值，厌氧区一般为 0.5～1.0h，好氧区一般为 1.5～2.5h，MLSS 为 2000～4000mg/L，由于泥龄相当短，系统往往不发生硝化反应，因此回流污泥中也就不会携带硝酸盐至厌氧区。

2. 侧流除磷工艺——Phostrip 工艺

Phostrip 工艺由 Levin 在 1965 年首先提出，该工艺把生物法和化学除磷法结合在一起，一部分回流污泥被分流到专门的池子进行磷的释放，然后加药沉淀所释放的磷，除磷过程在污泥回流路径上完成，因此称之为侧流（Sidestream）工艺。

Phostrip 工艺系统是在传统活性污泥法的污泥回流管线上增设一个除磷池和混合反应沉淀池而构成。与 A_P/O 工艺一样，其除磷机理同样是利用聚磷菌对磷的过量摄取作用完成。其工艺运行的不同之处在于不是将混合液置于厌氧状态，而是先将回流污泥（部分或全部）置于厌氧状态，使其在好氧过程中过量摄取的磷在除磷池中充分释放。由除磷池流出的富含磷的上清液进入投加化学药剂（如石灰）的混合反应池，通过化学沉淀作用将磷去除；污泥经过磷释放后再回流到处理系统中重新起摄磷作用。将回流污泥的一部分（进水量的 10%～15%）送入除磷池，使其在厌氧条件下停留一段时间，污泥在释磷池的平均停留时间为 5～20h，一般为

8～12h。释磷池还起着污泥重力浓缩池的作用，使磷在其中由固相向液相转移，从而可使除磷池上清液中的磷含量达到 20～50mg/L，Phostrip 工艺流程如图 3-7 所示。

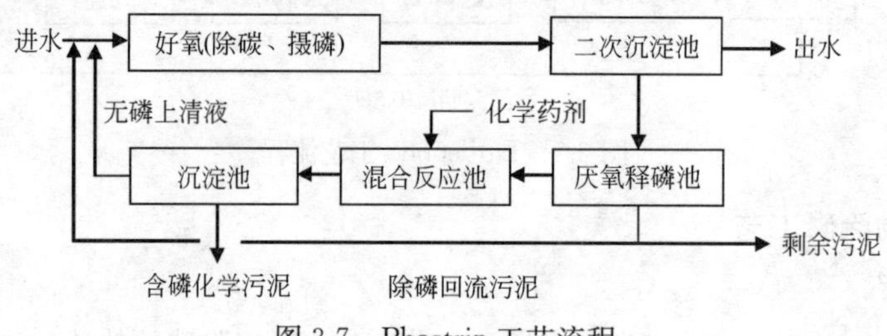

图 3-7 Phostrip 工艺流程

在厌氧释磷池释放出溶解磷，磷的释放与活性污泥厌氧/好氧交替循环系统所发生的过程类似，生物除磷微生物所需的发酵产物可能是由污水中的颗粒性有机物和死亡的微生物体水解代谢作用生成的，溶解磷是从生物除磷微生物中以及死亡分解的细菌中释放出来的。

将溶解磷转移到上清液的途径有两种，即把释磷池污泥循环至释磷池进水或用淘洗水淘洗释磷池。淘洗水可以采用沉淀池出水或沉淀反应器的上清液，完成释磷作用后，释磷池的出水不断地送往混合反应池，加入化学药剂除磷。

化学污泥的沉淀或去除有两种方法，第一种为设一座混合反应池处理释磷池的出水，第二种是在出水中加入化学药剂，然后在初次沉淀池中沉降化学沉淀物，其中第一种方式更为普遍。释磷池中的污泥固体回流到曝气池，在那里进行磷的生物吸收。进入释磷池的侧流流量的变化会影响化学沉淀除磷量与生物污泥排放除磷量的比例。

此工艺亦可称作生物化学除磷法，该工艺集物理化学方法所具有的高除磷效率及生物方法所具有的低处理成本和低产泥量的优点于一体，有较好的发展前景。

Phostrip 的除磷量 ΔP（mg/L）可用式（3-8）进行初步的计算：

$$\Delta P=\alpha\beta P_x(\mathrm{MLSS}) \tag{3-8}$$

式中：P_x——污泥中的含磷率，mgP/mgMLSS；

α——污泥中的磷在除磷池中的释放比例；

β——进入除磷池的污泥与处理水量的比例。

在评价处理性能的影响因素时，必须区分 Phostrip 系统的侧流运行部分和主流部分。在处理低浓度污水时，Phostrip 工艺的运行灵活性最大、处理效果最好，因为通过释磷池和化学沉淀可去除大量的磷。

影响 Phostrip 工艺性能的设计和运行参数包括释磷池的污泥停留时间和淘洗水的来源。

从生物除磷机理可知，释磷池需要足够的污泥停留时间，以便从死亡分解的细菌生成发酵产物基质。有大量硝态氮通过回流污泥或淘洗水进入释磷池时，需要较长的污泥停留时间，已有人建议增加 50％。

淘洗水来源可能影响释磷池的污泥停留时间和总体性能。最不理想的淘洗水是溶解氧浓度较高的硝化二级出水，在有机物的发酵作用产生之前，需要消耗释磷池中部分基质以去除溶解氧和硝态氮。当运行条件有变化时，可通过改变污泥层的高度调节释磷池的污泥停留时间。化学处理系统的出流由于其含磷量低可作为释磷池淘洗水。一级处理出水中被快速降解的有机物有助于采用较低的污泥停留时间，这时，需要由回流污泥中的生物固体死亡分解产生的有机物较少。淘洗水最好不含溶解氧和硝态氮，越低越好。

Phostrip 工艺与 A_P/O 等其他工艺相比，具有如下几个主要特点：

(1) Phostrip 工艺中，由于采用了化学沉淀法使磷排出处理系统之外，这与仅仅通过剩余污泥的排放除磷的 A_P/O 或 A/A/O 工艺系统相比，其回流污泥中的磷含量较低（A_P/O 或 A/A/O 工艺的 P/VSS 为 7%～10%，而 Phostrip 工艺回流污泥中的磷含量为 2%～5%），因而其对进水水质波动的适应性较强，即对进水中的 P/BOD 没有特殊的限制，受进水 BOD 浓度的影响较小，出水总磷浓度低于 1mg/L；对于有机负荷较低、剩余污泥量较少的情况，也可得到较稳定的处理效果。

(2) 与活性污泥曝气池内投加化学药剂沉淀磷的做法相比，Phostrip 工艺采用化学药剂对少量（与所处理的全部废水量相比）富含磷的上清液进行沉淀处理，投加量与碱度有关，而与除磷量无关，因而化学药剂用量少、泥量也少；而且由于此污泥中磷的含量很高，并基本上避免了重金属等有害物质的混入，有可能可以进行磷的再利用，如用作肥料或成为污泥脱水的助剂。

(3) Phostrip 工艺比较适合于对现有工艺的改造。如对现有的活性污泥处理厂，只需在污泥回流管线上增设小规模的处理单元即可，且在改造过程中不必中断处理系统的正常运行。总之，Phostrip 工艺与 A_P/O 或 A/A/O 工艺相比，其受外界温度的影响较小，工艺操作较灵活，对碳、磷的去除效果好且稳定。因而，在低温低有机基质浓度的条件及以除磷为主的情况下，采用此工艺是比较合适的。

3.3.3 生物脱氮除磷工艺

1. A/A/O 工艺

厌氧/缺氧/好氧（A/A/O）工艺同时具有除磷和脱氮的功能。它是在 A_P/O 工艺的基础上增设一个缺氧区，并使好氧区的混合液回流至缺氧区使之反硝化脱氮。污水首先进入厌氧区，兼性厌氧发酵菌在厌氧环境下将污水中可生物降解的大分子有机物转化为 VFA 这类分子量较低的中间发酵产物。聚磷菌将其体内储存的聚磷酸盐分解，同时释放出能量供专性好氧聚磷微生物在厌氧的“压抑”环境中维持生存，剩余部分的能量则可供聚磷菌从环境中吸收 VFA 这类易降解的有机基质，并以 PHB 的形式在其体内加以储存。随后，污水进入缺氧区，反硝化菌利用好氧区中回流液中的硝酸盐以及污水中的有机基质进行反硝化，达到同时除磷脱氮和去碳的效果。在好氧区中，聚磷菌在利用污水中残留的有机基质的同时，主要通过分解其体内储存的 PHB 所放出的能量维持其生长，同时过量摄取环境中的溶解态磷。好氧区中的有机物经厌氧、缺氧段分别被聚磷菌和反硝化菌利用后，浓度已相当低，这有利于自养硝化菌的生长，并将氨氮经硝化作用转化为硝酸盐。排放的剩余污泥中，由于含有大量能超量贮积聚磷的聚磷细菌，污泥含磷量可以达到 6%（干重）以上，因此大大提高了磷的去除效果，A/A/O 工艺流程如图 3-8 所示。

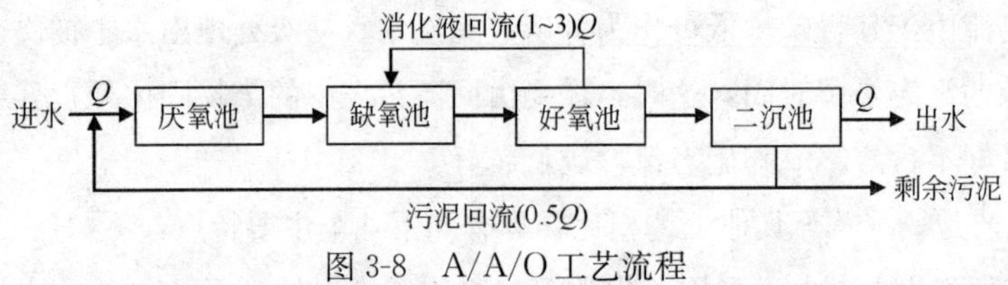

图 3-8 A/A/O工艺流程

A/A/O工艺的特性曲线如图 3-9 所示。由图可知，在厌氧池中，污水中的 BOD_5 和 COD 会有一定的下降，NH_4^+-N 也会由于细胞的合成而被部分去除，但 NO_3-N 的含量基本保持不变，而P的含量因聚磷菌在厌氧环境中的释磷而上升；在缺氧池中，反硝化细菌利用污水中的碳源进行脱氮，NO_3-N 的含量急剧下降，同时 BOD_5 和 COD 也有所下降，P 的含量几乎不变（稍有下降）；在好氧池中，由于硝化作用和聚磷菌摄磷作用，NH_4^+-N 和 P 的含量下降，而 NO_3-N 的含量则上升。

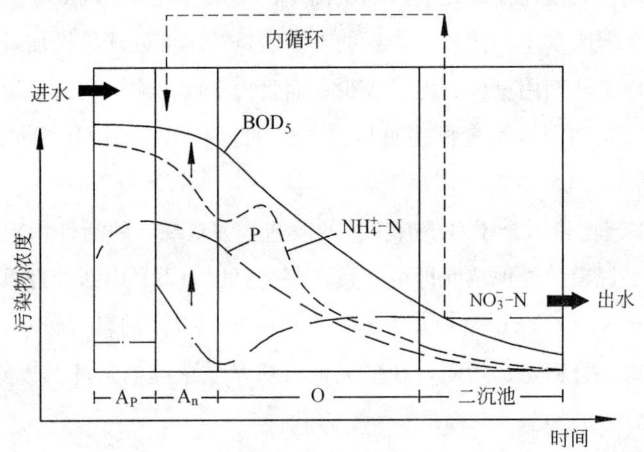

图 3-9 A/A/O工艺的特性曲线

对 A/A/O 工艺而言，由于此工艺同时具有除磷和脱氮的功能，因而须在保证良好的除磷效果的同时，还要保证良好的脱氮效果。有报道指出，当处理系统的负荷在 0.2kgBOD_5/(kgMLVSS·d) 以上且进水中的 BOD_5 与总氮之比（BOD/TN）＞4～5 时，采用 A/A/O 工艺可获得良好的脱氮除磷效果。

2. Phoredox 工艺

在 Bardenpho 工艺中，由于回流的作用，污水水质的影响及操作运行上的关系，较难实现除磷效果。为了保证或提高除磷效果，Barnard 将 Bardenpho 工艺进行了改进，提出了脱氢除磷型工艺流程，即 Phoredox 工艺，在美国则称之为改良型 Bardenpho 工艺，这种工艺较易在厌氧段中保持良好的厌氧条件，工艺流程如图 3-10 所示。

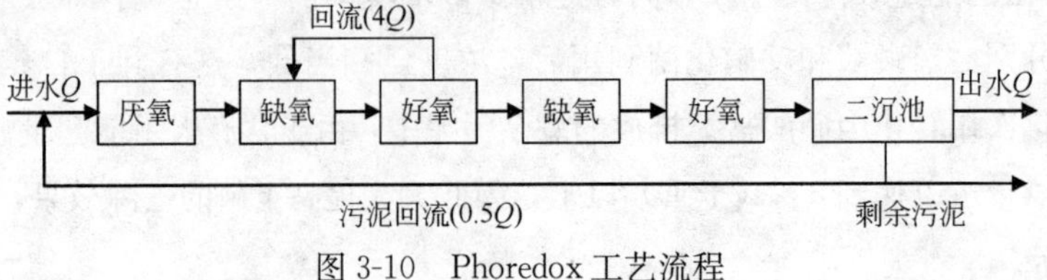

图 3-10 Phoredox 工艺流程

与其他工艺相比，该工艺的主要特征是 HRT 和 SRT 均较长，其中 SRT 可长达 20～30d，剩余污泥中的磷含量为 4%～6%。据报道，该工艺各单元的 HRT 依次为 3h、7h、4h、1h 的情况下，对进水 COD 为 340mg/L、TKN 为 81mg/L 的污水进行处理时，可获得出水 COD 为 35mg/L、TKN 为 1.6mg/L 和 PO_4^{3-}-P 小于 1.0mg/L 的良好处理效果。

3. UCT 工艺

UCT（University of Capetown）是目前比较流行的生物脱氮除磷工艺流程。它是在 A/A/O 工艺的基础上对回流方式进行调整以后提出的工艺。其与 A/A/O 工艺的不同之处，在于它的污泥回流是缺氧池回流到厌氧池，这样就阻止了处理系统中硝酸盐 NO_3-N 进入到厌氧池而影响厌氧过程中磷的充分释放。在 UCT 工艺中，沉淀池的回流污泥和好氧区的混合液分别回流至缺氧区，其中的 NO_3-N 在缺氧区中经反硝化而去除。为了补充缺氧区中污泥流失，增加了缺氧区混合液向厌氧区的回流。在污水的 TKN/COD 适当的情况下，可实现完全的反硝化作用，使缺氧区出水中的硝酸盐浓度接近于零，从而使其向厌氧段回流的混合液中的 NO_3-N 亦接近于零。这样能使厌氧段保持严格的厌氧环境，从而保证良好的除磷效果，UCT 工艺流程如图 3-11 所示。

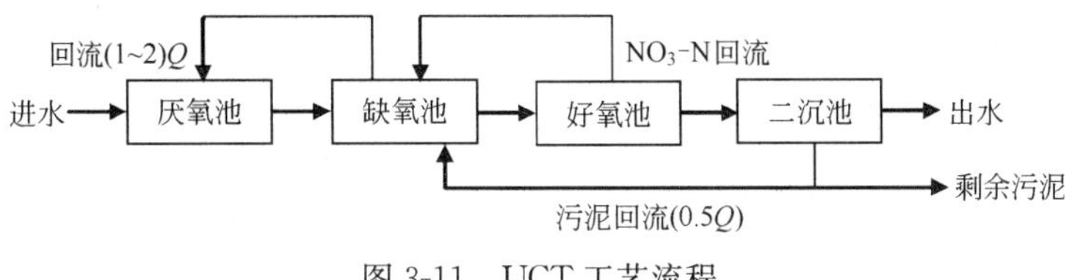

图 3-11　UCT 工艺流程

UCT 工艺中来自好氧区的回流硝酸盐量需要加以控制，使进入厌氧池的硝态氮量尽可能小。这样一来，该工艺的脱氮能力就不能得到充分发挥，为保证活性污泥具有良好的沉淀性能，但回流比又不能太小，开发出了一种改良型 UCT 工艺，其工艺流程如图 3-12 所示。

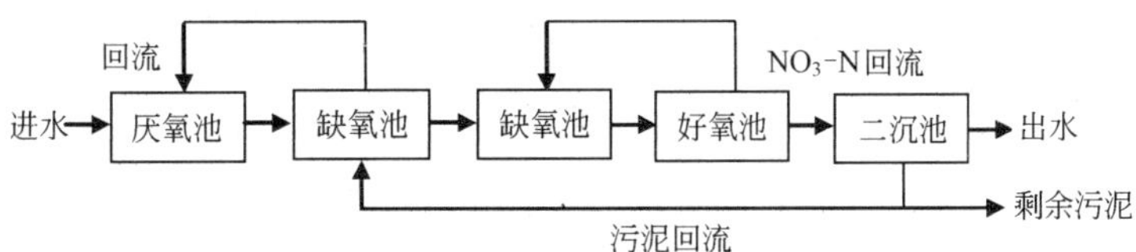

图 3-12　改良型 UCT 工艺流程

在改良型 UCT 工艺中，缺氧反应池被分成两部分，第一缺氧反应池接纳回流污泥，然后由该反应池将污泥回流至厌氧反应池，污泥量比值约为 0.10，这就基本解决了 UCT 工艺所存在的问题；第二缺氧反应池得到硝化混合液回流 a，大部分反硝化反应在此区完成，能够平衡可供使用的缺氧污泥量。混合液回流量的最低值根据需要进入二级缺氧反应池的硝酸盐负荷确定，一般来说，硝酸盐负荷应根据该反应池的反硝化能力确定。任何比这个最低值 a 高的回流量，在二级缺氧反应池中都会导致其出水含有硝酸盐，即回流到二级缺氧反应池中的硝酸盐超过了该反应池的去除量，因此该反应池的出水就会有硝酸盐。然而当 $a>a_{min}$时，对保持稳定的好氧反应池中的硝酸盐浓度影响不大。因此人们可以根据实际停留时间的需要将硝化混合液回

流量 a 值选择大于 a_{min} 的任何值，都不致影响回流到一级缺氧反应池的硝酸盐含量，即不再需要对回流量 a 实行严格控制。然而这些改进的代价是，为了保证流入厌氧反应池中的硝酸盐含量为零，TKN/COD 最大比值从 UCT 工艺的 0.14 降至改良型 UCT 工艺的 0.11，这样的 TKN/COD 比值覆盖了大部分沉淀污水和城市原污水。此外，无论是准备采用一级缺氧反应池的回流污泥还是二级缺氧反应池的污泥，该工艺都可以根据需要，按照改良型 UCT 或 UCT 进行操作。

4. VIP 工艺

VIP 工艺是美国 Virginia 州 Hampton Roads 公共卫生区与 CH2M HILL 公司于 20 世纪 80 年代末开发并获得专利的污水生物脱氮除磷工艺。它是专门为该区 Lamberts Point 污水处理厂的改扩建而设计的。该改扩建工程被称为 Virginia Initiative Plant（VIP），目的是采用生物处理取得经济有效的氮磷去除效果。由于 VIP 工艺具有普遍适用性，因此在其他污水处理厂也得到了应有。VIP 工艺与 UCT 工艺非常类似，两者的差别在于池型构造和运行参数方面，如表 3-13 所示。

VIP 工艺与 UCT 工艺比较 **表 3-13**

VIP 工艺	UCT 工艺
多个完全混合型反应格组成	厌氧、缺氧、好氧区是单个反应器
流程采用分区方式，每区由 2～4 格组成	每个反应区都是完全混合的
泥龄 4～12d	泥龄 13～25d，通常≥20d，污泥得到稳定
污泥回流与混合液回流通常混合在一起	污泥直接回流到缺氧区
来自缺氧区的缺氧混合液回流与进水混合	从完全混合的缺氧区将缺氧混合液直接回流到厌氧区
工艺过程的典型水力停留时间为 6～7h	工艺过程的典型水力停留时间为 24h

反应池采用分格方式可以充分发挥聚磷菌的作用，和单个大体积的完全混合式反应池相比，由一系列体积较小的完全混合式反应格串联组成的反应池具有更高的除磷效果，其原理在于有机物的梯度分布，有利于提高厌氧池的磷释放和好氧池的磷吸收速度。由于大部分反硝化都发生在前几格，反应池分格也有助于缺氧池的完全反硝化。这样一来，进入缺氧池最后一格的硝酸盐量就极少，基本上没有硝酸盐通过缺氧回流液进入厌氧池。

VIP 工艺采用高负荷方式运行，混合液中活性微生物所占的比例较高。对于给定的去除率，活性微生物比例越大，除磷率越高，反应池的容积可以相应减小。

VIP 工艺流程如图 3-13 所示。

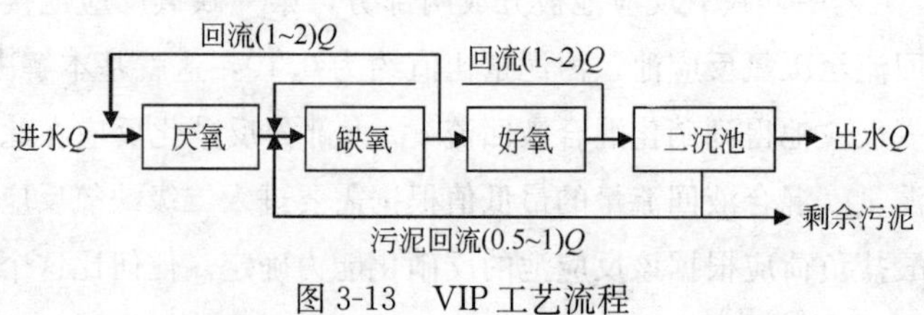

图 3-13 VIP 工艺流程

3.3.4 氧化沟工艺

1. 氧化沟工艺基本原理和主要设计参数

氧化沟工艺因其构筑物呈封闭的环形沟渠而得名。它是活性污泥法的一种，因为污水和活性污泥在曝气渠道中不断循环流动，因此也称为循环曝气池、无终端曝气池。氧化沟的水力停留时间长，有机负荷低，其本质上属于延时曝气系统，一般氧化沟法的主要设计参数如下：

水力停留时间：10～40h；

污泥龄：一般大于20d；

有机负荷：0.05～0.15kgBOD_5/(kgMLSS・d)；

容积负荷：0.2～0.4kgBOD_5/(m^3・d)；

活性污泥浓度：2000～6000mg/L；

沟内平均流速：0.3～0.5m/s。

2. 氧化沟的技术特点

氧化沟利用连续环式反应池（Continuous Loop Reator，简称CLR）作为生物反应池，混合液在该反应池中一条闭合曝气渠道内进行连续循环，氧化沟通常在延时曝气条件下使用。氧化沟使用一种带方向控制的曝气和搅动装置，向反应池中的物质传递水平速度，从而使被搅动的液体在闭合式渠道中循环。

氧化沟一般由沟体、曝气设备、进出水装置、导流和混合设备组成，沟体的平面形状一般呈环形，也可以是长方形、L形、圆形或其他形状，沟端面形状多为矩形和梯形。

氧化沟由于具有较长的水力停留时间，较低的有机负荷和较长的污泥龄，与传统活性污泥法相比可以省略调节池、初次沉淀池、污泥消化池，有的甚至还可以省略二次沉淀池。氧化沟能保证较好的处理效果，这主要是因为它巧妙结合了CLR形式和曝气装置特定的定位布置，使得氧化沟具有独特的水力学特征和工作特性。

（1）氧化沟结合推流和完全混合的特点，有利于克服短流和提高缓冲能力，通常在氧化沟曝气区上游布置入流点，在入流点的上游点安排出流。入流通过曝气区在循环中很好地被混合和分散，混合液再次围绕CLR继续循环。这样，氧化沟在短期内（如一个循环）呈推流状态，而在长期内（如多次循环）又呈混合状态。这两者的结合，即使入流至少经历一个循环而基本杜绝短流，又可以提供很大的稀释倍数从而提高缓冲能力。同时为了防止污泥沉积，必须保证沟内足够的流速，一般平均流速大于0.3m/s，而污水在沟内的停留时间又较长，这就要求沟内有较大的循环流量，一般是污水进水流量的数倍乃至数十倍，使得进入沟内的污水立即被大量的循环液所混合稀释，因此氧化沟系统具有很强的耐冲击负荷能力，对不易降解的有机物也有较好的处理能力。

（2）氧化沟具有明显的溶解氧浓度梯度，特别适用于硝化-反硝化生物处理工艺。氧化沟从整体上说又是完全混合的，而液体流动却保持着推流前进，其曝气装置是定位的，因此混合液在曝气区内溶解氧浓度是上游高，然后沿沟长逐步下降，出现明显的浓度梯度，到下游区溶解氧浓度就很低，基本上处于缺氧状态。氧化沟设计可按要求安排好氧区和缺氧区，实现硝化-反硝化，不仅可以利用硝酸盐中的氧满足一定的需氧量，而且可以通过反硝化补充硝化过程中消耗的碱度。这些有利于节省能耗和减少甚至免去硝化过程中需要投加的化学药品数量。

（3）氧化沟沟内功率密度的不均匀配备，有利于氧的传质、液体混合和污泥絮凝。传统曝气的功率密度一般仅为 20～30W/m^3，平均速度梯度 G 大于 100s^{-1}。这不仅有利于氧的传递和液体混合，而且有利于充分切割絮凝的污泥颗粒。当混合液经平稳的输送区到达好氧区后，其平均速度梯度 G 小于 30s^{-1}，污泥仍有再絮凝的机会，因而也能改善污泥的絮凝性能。

（4）氧化沟的整体功率密度较低，可节约能源。氧化沟的混合液一旦被加速到沟中的平均流速，对于维持循环仅需克服沿程和弯道的水头损失，因而氧化沟相对于其他系统，能以低得多的整体功率密度维持混合液流动和活性污泥悬浮状态。据国外的一些报道，氧化沟比常规的活性污泥法能耗降低 20%～30%。

另外，据国内外统计资料显示，和其他污水生物处理方法相比，氧化沟具有处理流程简单、操作管理方便、出水水质好、工艺可靠性强、基建投资省、运行费用低等特点。

3. 氧化沟技术的发展

自 1920 年英国 Sheffield 建立的污水处理厂成为氧化沟技术先驱以来，氧化沟技术一直在不断的发展和完善，其技术方面的提高是从两个方面同时展开的，一是工艺的改良，二是曝气设备的革新。

（1）工艺的改良

工艺的改良过程大致可分为 4 个阶段，如表 3-14 所示。

氧化沟工艺的发展阶段 **表 3-14**

阶段	形　式
初期氧化沟	1954 年，Pasveer 教授建造的 Voorshopen 氧化沟，间歇运行。分进水、曝气净化、沉淀和排水四个基本工序
规模型氧化沟	增加沉淀池，使曝气和沉淀分别在两个区域进行，可以连续进水
多样型氧化沟	考虑脱氮除磷等要求，开发出 D 型氧化沟、Carrousel 氧化沟和 Orbal 氧化沟等
一体化氧化沟	时空调配型（D 型、VR 型、T 型等），合建式（BMTS 式、侧沟式、中心岛式等）

（2）曝气设备的革新

曝气设备对氧化沟的处理效率、能耗和处理稳定性有关键性影响，其作用主要表现在以下 4 个方面：

1）向水中供氧；

2）推动水流前进，使水流在池内循环流动；

3）保证沟内活性污泥处于悬浮状态；

4）使氧、有机物、微生物充分混合。

针对以上几个要求，曝气设备也一直在改进和完善。常规的氧化沟曝气设备有横轴曝气装置和竖轴曝气装置，其他各种曝气设备也在工程中得到应用并经受着实践的检验。

1）横轴曝气装置有转刷和转盘，其中更为常见的是转刷。转刷单独使用通常只能满足水深较浅的氧化沟，有效水深不大于 2.0～3.5m，从而造成传统氧化沟较浅，占地面积大的弊端。近几年开发了水下推进器配合转刷，解决了这个问题，如山东高密污水处理厂，有效水深为 4.5m，保证沟内平均流速大于 0.3m/s，沟底流速不低于 0.1m/s，这样氧化沟占地面积大大减少。转刷技术运用已相当成熟，但因其供氧率低，能耗大，故逐渐被其他先进的曝气技术所取代。

2）竖轴式表面曝气机。各种类型的表面曝气机均可用于氧化沟，一般安装在沟渠的转弯处，这种曝气装置有较大的提升能力，氧化沟水深可达 4～4.5m，如 1968 年荷兰 DHV 开发的 Carrousel 氧化沟，在一端的中心设垂直于轴的一定方向的低速表曝叶轮，叶轮转动时除向污水供氧外，还能使沟中水体沿一定方向循环流动。表曝设备价格较便宜，但能耗大易出故障，且维修困难。

3）射流曝气。1969 年 Lewrnpt 等创建了第一座试验性射流曝气氧化沟（JAC）。国外的射流曝气多为压力供气式，而国内的通常是自吸空气式。JAC 的优点是氧化沟的宽度和水的深度不受限制，可以用于深水曝气，且氧的利用率高。目前最大的 JAC 在奥地利的林茨，处理流量为 17.2×10^4 m^3/d，有效水深达 7.5m。

4）微孔曝气。现在应用较多的微孔曝气装置采用多孔性空气扩散装置，其克服了以往装置，其气压损失大、易堵塞的问题，且氧利用率较高，在氧化沟技术中的运用越来越广泛。

5）其他曝气设备。包括一些新型的曝气推动设备，如浙江某公司开发的复叶节流新型曝气器，氧利用率较高，浮于水面，易检修，充氧能力可达水下 7m，推动能力相当强，满足氧化沟的曝气推动一体化要求，同时能够满足氧化沟底部的充氧和推动要求。

氧化沟在国内外发展都很快。欧洲的氧化沟污水处理厂已有上千座，在国内，从 20 世纪 80 年代末开始在城市污水和工业废水处理中引进国外先进的氧化沟技术，目前采用该技术的污水处理厂较多，日处理量从 3000～100000m^3/d 以上不等。目前，氧化沟工艺已成为我国城市污水处理的主要工艺之一。

4. 氧化沟脱氮除磷工艺

（1）传统氧化沟的脱氮除磷

传统氧化沟的脱氮，主要是利用沟内溶解氧分布的不均匀性，通过合理的设计，使沟中产生交替循环的好氧区和缺氧区，从而达到脱氮的目的。其最大的优点是在不外加碳源的情况下，在同一沟中实现有机物和总氮的去除，因此是非常经济的。但在同一沟中好氧区与缺氧区各自的体积和溶解氧浓度很难准确地加以控制，因此对除氮的效果是有限的，而对除磷几乎不起作用。另外，在传统的单沟式氧化沟中，微生物在好氧—缺氧—好氧短暂的经常性的环境变化中使硝化菌和反硝化菌群并非总是处于最佳的生长代谢环境中，由此也影响单位体积构筑物的处理能力。

随着氧化沟工艺的发展，目前，在工程应用中比较有代表性的形式有：多沟交替式氧化沟及其改进型，如三沟式、五沟式、卡鲁塞尔氧化沟及其改进型、奥贝尔（Orbal）氧化沟及其改进型、一体化氧化沟等，它们都具有一定的脱氮除磷能力。

（2）PI 型氧化沟的脱氮除磷

PI（Phase Isolation）型氧化沟，即交替式和半交替式氧化沟，是 20 世纪 70 年代在丹麦发展起来的，其中包括 D 型、T 型和 VR 型氧化沟。随着各国对污水处理厂出水氮、磷含量要求越来越严，开发出了功能加强的 PI 型氧化沟，主要由 Kruger 公司和 Demmark 技术学院合作开发的，称为 Bio-Denitro 和 Bio-Denipho 工艺，这两种工艺都是根据 A/O 和 A/A/O 生物脱氮除磷原理，创造缺氧/好氧、厌氧/缺氧/好氧的工艺环境，达到生物脱氮除磷的目的。

1）D 型、T 型氧化沟脱氮工艺

D 型氧化沟为双沟系统，T 型氧化沟为三沟系统，其运行方式比较相似，都是通过配水井对水流流向的切换，堰门的启闭和曝气转刷的调速，在沟中创造交替的硝化、反硝化条件，达到脱氮的目的。其不同之处在于 D 型氧化沟系统是二次沉淀池和氧化沟分建，有独立的污泥回流系统；而 T 型氧化沟的两侧沟轮流作为沉淀池。

2）VR 型氧化沟脱氮工艺

VR 型氧化沟沟型宛如通常的环形跑道，中央有一小岛的直壁结构，氧化沟分为两个容积相当的部分，其水平形式如反向的英文字母 C，污水处理通过两道拍门和两道出流堰交替启闭进行连续和恒水位运行。

3）PI 型氧化沟同时脱氮除磷工艺

交替式氧化沟在脱氮方面效果良好，但除磷效果非常有限。为了达到除磷的目的，通常在氧化沟前设置相应的厌氧区或独立构筑物或改变其运行方式。据国内外实际运行经验显示，这种同时脱氮除磷工艺只要运行时控制得当，可以取得较好的脱氮除磷效果。

西安北石桥污水净化中心采用具有脱氮除磷功能的 D 型氧化沟系统（前加厌氧池），一期工程处理能力为 $15\times10^4m^3/d$，对各阶段处理效果实测结果表明，D 型氧化沟处理城市污水效果显著，COD、TN、TP 的总去除效率分别达到 87.5%～91.6%、63.6%～66.9%、85.0%～93.4%，出水 TN 为 9.0～10.1mg/L，TP 为 0.42～0.45mg/L，出水水质优于国家二级出水排放标准。

上述三种 PI 型氧化沟脱氮除磷工艺都具有转刷的调速频繁，活门、出水堰的启闭切换频繁的特点，对自动化要求较高，此外转刷的效率较低，故在经济欠发达地区的应用受到很大的限制。

（3）奥贝尔氧化沟脱氮除磷工艺

Orbal 氧化沟简称同心圆式，它也是分建式，有单独二次沉淀池，采用转碟曝气，沟深较深，脱氮效果很好，但除磷效率不够高，要求除磷时还需前加厌氧池。应用上多由椭圆形的三环道组成，三个环道用不同的 DO（如外环为 0、中环为 1、内环为 2），有利于脱氮除磷。采用转碟曝气，水深一般在 4.0～4.5m，动力效率和转刷接近，现已在山东潍坊、北京黄村和合肥王小郢等城市污水处理厂得以应用。

（4）卡鲁塞尔氧化沟脱氮除磷工艺

1）传统的卡鲁塞尔氧化沟工艺

卡鲁塞尔（Carrousel）氧化沟是 1967 年由荷兰的 DHV 公司开发研制的。研制的目的是满足在较深的氧化沟沟渠中使混合液充分混合，并能维持较高的传质效率，以克服小型氧化沟沟深较浅、混合效果较差的缺陷。实践证明该工艺具有投资省、处理效率高、可靠性好、管理方便和运行维护费用低等优点。Carrousel 氧化沟使用立式表曝机，曝气机安装在沟的一端，因此形成了靠近曝气机下游的富氧区和上游的缺氧区，有利于生物絮凝，使活性污泥易于沉降，设计有效水深为4.0～4.5m，沟中的流速为0.3m/s，BOD_5的去除率可达95%～99%，脱氮效率约为90%，除磷效率约为50%，如投加铁盐，除磷效率可达95%。

2）单级卡鲁塞尔氧化沟脱氮除磷工艺

单级卡鲁塞尔氧化沟有两种形式：一是有缺氧段的卡鲁塞尔氧化沟，可在单一池内实现部分反硝化作用，适用于有部分反硝化要求但要求不高的场合；另一种是卡鲁塞尔A/C工艺，即在氧化沟上游加设厌氧池，可提高活性污泥的沉降性能，有效控制活性污泥膨胀，出水磷的含量通常在2.0mg/L以下。以上两种工艺一般用于现有氧化沟的改造，和标准卡鲁塞尔氧化沟工艺相比变动不大，相当于传统活性污泥工艺的A/O和A/A/O工艺。

3）合建式卡鲁塞尔氧化沟

缺氧区和好氧区合建式氧化沟是美国EIMCO公司专为卡鲁塞尔系统设计的一种先进的生物脱氮除磷工艺（卡鲁塞尔2000型）。它在构造上的主要改进是在氧化沟内设置了一个独立的缺氧区。缺氧区回流渠的端口处装有一个可调节的活门。根据出水含氮量的要求，调节活门张开程度，可控制进入缺氧区的流量。缺氧区和好氧区合建式氧化沟的关键在于对曝气设备充氧量的控制，必须保证进入回流渠处的混合液处于缺氧状态，为反硝化创造良好的环境。缺氧区内有潜水搅拌器，具有混合和维持污泥悬浮的作用。

在卡鲁塞尔2000型基础上增加前置厌氧区，可以达到脱氮除磷的目的，被称为A^2/C卡鲁塞尔氧化沟。

四阶段卡鲁塞尔Bardenpho系统在卡鲁塞尔2000型系统下游增加了第二缺氧池及再曝气池，实现更高程度的脱氮。五阶段卡鲁塞尔Bardenpho系统在A^2/C卡鲁塞尔系统的下游增加了第二缺氧池和再曝气池，实现更高程度的脱氮和除磷。

综上所述，厌氧区、缺氧区和好氧区合建的氧化沟系统可以分为三阶段A/A/O系统以及四、五阶段Bardenpho系统，这几个系统均是A/O系统的强化和反复，因此这种工艺的脱氮除磷效果很好，脱氮率可达90%～95%。

另外，卡鲁塞尔3000型氧化沟也有较好的脱氮除磷效果。卡鲁塞尔3000系统是在卡鲁塞尔2000系统前再加上一个生物选择区。该生物选择区利用高有机负荷筛选菌种，抑制丝状菌的增长，提高各污染物的去除率，其后的工艺原理同卡鲁塞尔2000系统。

卡鲁塞尔3000系统的较大提高表现在：一是增加了池深，可达7.5～8m，同心圆式，池壁共用，减少了占地面积，降低造价的同时提高了耐低温能力，水温可达7℃左右；二是曝气设备的巧妙设计，表曝机下安装导流筒，抽吸缺氧的混合液，采用水下推进器解决流速问题；三是使用了先进的曝气控制器QUTE，采用一种多变量控制模式；四是采用一体化设计，从中心开始，包括以下环状连续工艺单元：进水井和用于回流活性污泥的分水器，分别由四部分组成的选择池和厌氧池，这之外还有三个曝气器和一个预反硝化池的卡鲁塞尔2000系统；五是圆形一体化的设计使得氧化沟不需额外的管线，即可实现回流污泥在不同工艺单元间的分配。

4）合建式一体化氧化沟

它是指集曝气、沉淀、泥水分离和污泥回流功能为一体，无需建造单独二次沉淀池的氧化沟。这种氧化沟设有专门的固液分离装置和设施。它既是连续进出水，又是合建式，且不用倒换功能，从理论上讲最经济合理，且具有很好的脱氮除磷效果。

一体化氧化沟除具有一般氧化沟的优点外，还具有以下独特的优点：

① 工艺流程短，构筑物和设备少，不设初次沉淀池、调节池和单独的二次沉淀池；

② 污泥自动回流，投资少、能耗低、占地少、管理简便；

③ 造价低，建造快，设备事故率低，运行管理工作量少；

④ 固液分离效果比一般二次沉淀池好，使系统在较大的流量浓度范围内稳定运行。合建式一体化氧化沟工艺如图 3-14 所示。

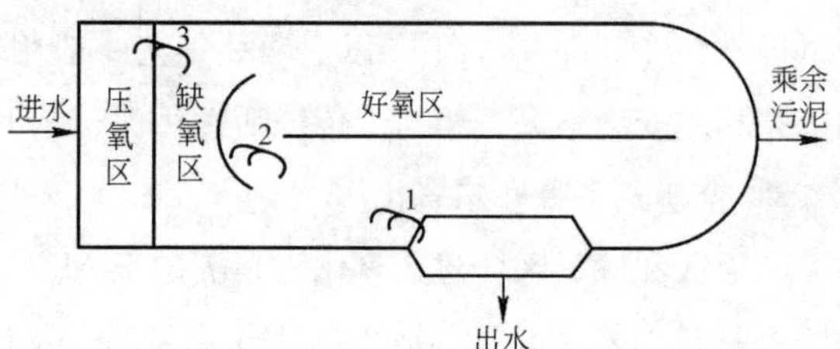

图 3-14 合建式一体化氧化沟工艺
1—无泵污泥自动回流；2—水力内回流；3—混合液机械回流

3.3.5 序批式活性污泥法工艺

序批式活性污泥法的主要构筑物为序批反应池（sequencing batch reacter），简称 SBR，故序批式活性污泥法又简称为 SBR 法。SBR 法是一种兼调节、初沉、生物降解、终沉等功能于一池的污水生化处理法，无污泥回流系统。运行时，污水进入池中，在活性污泥的作用下得到净化，经泥水分离后，净化水排出池外。根据 SBR 的运行功能，可把整个运行过程分为进水期、反应期、沉淀期、排水期和闲置期五个阶段，如图 3-15 所示。

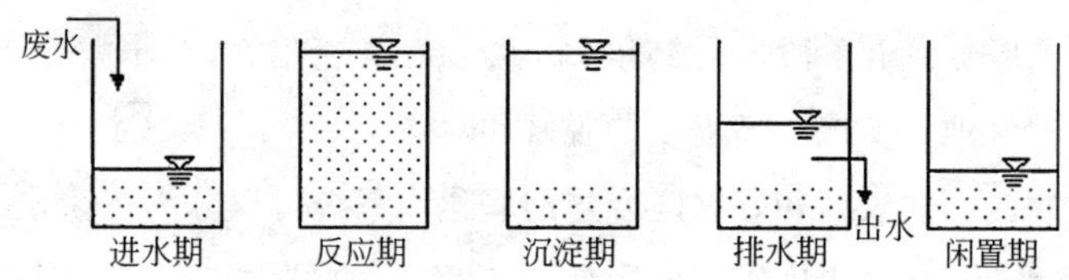

图 3-15 序批式活性污泥法运行过程

1. SBR 污水处理工艺的特点

（1）SBR 反应池可视为一个调节池，进水水质、水量的时间变化在运行中被平均化了，因此和其他工艺相比，SBR 更具承受高峰流量和有机负荷冲击的能力，BOD_5 等各项污染指标的去除率较为稳定。

（2）在污水量较小时，可将操作水位控制在较低的位置上，利用 SBR 反应池的部分容积进行运行，另外，当进水 BOD_5 浓度低时，可通过减少曝气反应时间降低能耗。

（3）省略了调节池、二次沉淀池和污泥回流设备，整个污水处理设备的构造也更趋简单、紧凑，占地少、工程投资省、便于维护管理。

（4）根据反应动力学理论，生物作用于有机基质的反应速率与基质浓度呈一级动力学反应，SBR 是按时间作推流的，即随着污水在池内反应时间的延长，基质浓度由高到低，是一种典型的推流型反应器。从选择器理论可知，其扩散系数最小，不存在浓度返混作用。在每个运行周期的充水阶段，SBR反应池内的污水浓度高，生物反应速率也大，因此反应池的单位容积处理效率高于CFS系统中的完全混合型反应池以及带返混的旋流型反应池。

（5）由于SBR反应池内的活性污泥交替处于厌氧、缺氧和好氧状态，因此，具有脱氮除磷的功效。

（6）SBR法的运行效果稳定，既无完全混合型反应池中的跨越流，也无接触氧化法中的沟流。

（7）SBR反应池在运行初期，池内BOD_5浓度高，而DO浓度较低，即存在着较大的氧传递推动力，因此，在相同的曝气设备条件下，SBR可以获得更高的氧传递效率。

（8）SBR反应池中BOD_5浓度梯度的存在有利于抑制丝状菌的生长，能克服传统活性污泥法常见的污泥膨胀问题。而且污泥指数大多低于100mL/g，其剩余污泥具有良好的脱水性能。

（9）在SBR运行初期，反应池内剩余DO浓度很低，根据动力学关系式，利用游离氧作为最终电子受体的污泥产率和剩余DO浓度有关，当DO小于0.5mg/L时，污泥产率比DO大于2.0mg/L时至少要低25%。另外，当SBR中硝酸盐还原菌利用NO_3^-作为最终电子受体进行无氧呼吸时，由于NO_2/NO_3的氧化还原电位较$H_2O/1/2O_2$的氧化还原电位高，因此电子通过电子传递链时产生的ATP数少，污泥产率低。

（10）按照水力学的观点，活性污泥的沉降，以在完全静止状态下沉降为佳，与连续流系统在流动中沉降不同，SBR几乎是在静止状态下沉降，它们似乎更趋近于这一观点，因此，沉降的时间短、效率高。

2. SBR工艺的发展

SBR工艺的经典运行和操作方式的明显特点是间歇进水，集反应、沉淀、排水排泥等按时间序列操作的各工序于一体。此外，通过采用多池并联运行的系统，使各SBR池根据运行周期和时间序列依次进水，可使进水在各池间循环切换，以解决整个处理系统中污水的连续流动。同时，SBR的间歇运行方式和许多行业废水产生的周期存在相对的一致性，因而可以充分发挥其技术优势，广泛应用于工业废水的处理。此外，由于其工艺流程短、占地面积小，也使其成为许多小城镇污水处理的常用工艺。

对于较大规模的污水处理而言，为解决污水产生和其他处理方式运行的连续性和SBR反应器处理方式间歇性之间的矛盾，采用多池并联运行的方式已成为经典SBR工艺设计的常用选择，这对系统控制的自动化要求将明显提高，同时将增加运行管理的复杂性。为此，自SBR工艺研究和应用以来，针对经典SBR工艺的种种优点和不足，并借鉴传统连续运行工艺所具有的优点，许多人针对其运行方式的改进进行了专门研究，并在十多年来的时间里开发了一系列基于经典运行方式的SBR改进型工艺，其中包括间歇循环延时曝气系统（ICEAS）、循环活性污泥工艺（CASS）、改良式序列间歇反应器工艺（MSBR）、连续进水（曝气）——间歇曝气工艺（DAT-IAT）、交替运行一体化工艺（UNITANK）以及间歇排水延时曝气工艺（IDEA）等。这些具有不同特点的新型SBR工艺运行方式的提出和实际应用，对该工艺的发展起到了极大的促进作用，使之在污水生物处理技术中形成独具特色的一个工艺技术大家族，并日臻完善。

这些新型的SBR工艺，大多在具有经典SBR工艺的特点的同时，形成了一些各自独特的优点。此外，由于改进型SBR工艺趋于连续运行方式，出现了与传统活性污泥法融合的趋势，因而对某些改进型的SBR工艺而言，在一定程度上削弱了经典SBR工艺的某些优点。但不同类型的改进型SBR反应器，均有其自身的优点，适用于不同的场合，满足不同的处理功能要求。在工艺选择和设计时，必须对此加以注意。不同类型SBR工艺的基本运行特点分析如表3-15所示。

不同类型SBR工艺的基本运行特点分析 **表3-15**

特点	经典SBR	ICEAS	CASS	UNITANK
理想沉淀	是	否	否	否
生物选择性	强	较弱	较强	弱
适应难降解污水	强	弱	较强	非常弱
脱氮除磷	氮、磷	氮	氮、磷	氮
理想推流	是	否	否	否
污泥回流	不需	不需	需要	需要
连续进水	否	是	是	是
连续出水	否	否	否	是

3.4 生物脱氮除磷工艺设计

3.4.1 生物脱氮工艺设计

1. 水量水质和排放要求

(1) 设计规模

某污水处理厂的设计规模如下：

日平均设计流量 Q_d：$12\times10^4 m^3/d$；

变化系数 K：1.3；

最大时流量 Q_{max}：$6500m^3/h$；

平均时流量 Q_{ave}：$5000\ m^3/h$。

(2) 设计进水水质

设计进水水质指标如下：

COD_{Cr}：550mg/L；

BOD_5：200mg/L；

SS：240mg/L；

NH_3-N：30mg/L。

(3) 设计出水水质

设计出水水质指标如下：

$COD_{Cr}\leqslant100mg/L$；

$BOD_5\leqslant20mg/L$；

SS≤20mg/L；

NH_3-N≤15mg/L。

2. 污水处理厂工艺流程

根据进水水质和出水要求，采用缺氧/好氧（A_N/O）活性污泥法处理工艺，工艺流程如图 3-16 所示。

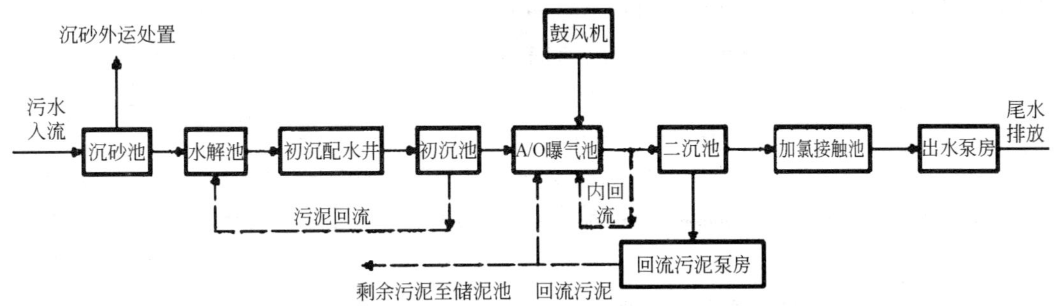

图 3-16　缺氧/好氧（A_N/O）活性污泥法处理工艺流程

3. 生物反应池设计

（1）主要设计参数

设计流量：Q=5000m^3/h；

池数：2 座 4 池；

设计水温：12℃；

污泥负荷：0.091kgBOD_5/(kgMLSS·d)；

MLSS：3.0g/L；

污泥产率：0.45kgDS/去除 kgBOD_5；

剩余污泥量：9720kgDS/d；

每池有效容积：17538m^3；

总停留时间：14.0h；

污泥龄：24d；

有效水深：6.0m；

每池缺氧区有效容积：5544m^3；

缺氧区停留时间：4.43h；

每池好氧区有效容积：11994m^3；

好氧区停留时间：9.59h；

设计气水比：8.64∶1；

外回流比：50%～100%；

内回流比：100%～150%。

（2）生物反应池设计

A_N/O 反应池为矩形钢筋混凝土结构，共 4 座，每座 2 池，每池由缺氧区和好氧区组成，其中缺氧区共分为 5 格，每格平面尺寸为 13.2m×14.0m。为使池内污泥保持悬浮状态，并且与进水充分混合，每格设 1 套浮筒立式搅拌器，每池共 5 套。好氧区采用微孔曝气器，每座共 8976 套。

每座 A_N/O 反应池的末端设置内回流污泥泵，每池设 3 台回流污泥泵，2 用 1 备，每台水泵流量 Q 为 937m^3/h，扬程 H 为 2.0m，电机功率 N 为 15kW，内回流混合液通过内回流泵提升后，与来自二次沉淀池的回流污泥和进水一起进入缺氧池。生物反应池设计如图 3-17 所示。

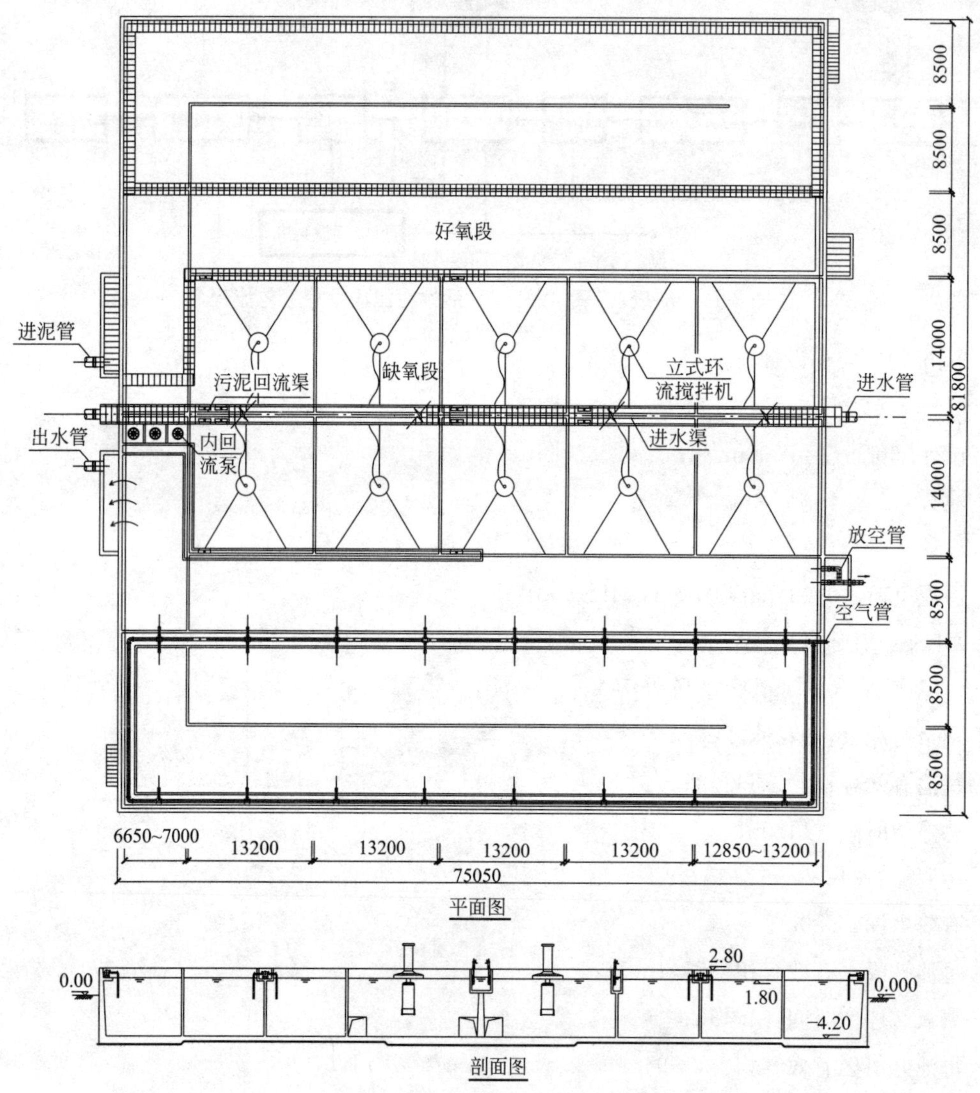

图 3-17 脱氮 A_N/O 反应池设计图

3.4.2 生物除磷工艺设计

1. 水量水质和排放要求

(1) 设计规模

某污水处理厂的设计规模如下：

日平均设计流量 Q_d：40×10^{4}m^3/d；

变化系数 K：1.3；

最大时流量 Q_{max}：21666.7m^3/h；

平均时流量 Q_{ave}：16666.7m^3/h。

（2）设计进水水质

设计进水水质指标如下：

COD_{Cr}：350mg/L；

BOD_5：150mg/L；

SS：220mg/L；

NH_3-N：30mg/L；

TP：4mg/L。

（3）设计出水水质

设计出水水质指标如下：

COD≤80mg/L；

BOD≤20mg/L；

SS≤30mg/L；

NH_3-N≤25mg/L；

TP≤1mg/L。

2. 污水处理厂工艺流程

根据进水水质和出水要求，采用厌氧/好氧（A_p/O）活性污泥法处理工艺，工艺流程如图 3-18 所示。

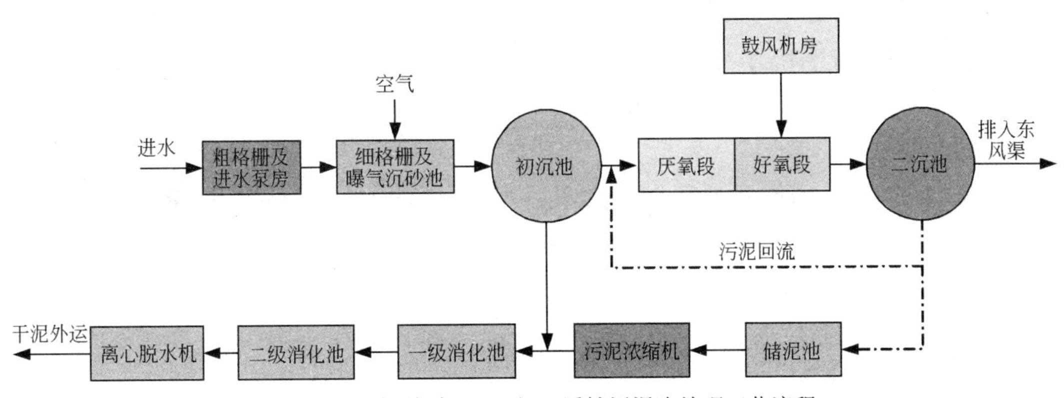

图 3-18　厌氧/好氧（A_p/O）活性污泥法处理工艺流程

3. 生物反应池设计

（1）主要设计参数

设计流量：Q=16666.7m^3/h；

池数：4 座；

平面尺寸：86 m×65.8m；

有效水深：6m；

总有效池容：130032m^3；

厌氧区池容：28896m^3；

好氧区池容：101136m^3；

混合液浓度：2.33g/L；

污泥负荷：0.21kgBOD_5/(kgMLSS·d)；

污泥产率：0.41kgDS/去除 kgBOD_5；

剩余污泥量：21320kgDS/d；

污泥龄：13.6d；

穿孔曝气器充氧效率：20%；

最大供气量：1200m^3/min；

气水比：4.32∶1；

污泥回流比：100%。

(2) 生物反应池设计

厌氧/好氧（A_P/O）除磷工艺生物反应池每池分为 9 个廊道，每个廊道有效宽度为 7m。全池可分为 3 个部分，位于池首的厌氧区占两个廊道，第三廊道为厌氧/好氧交替区，从第四廊道到第九廊道为好氧区。

每一廊道的厌氧区又分隔为三格，串联运行，每格内水流呈完全混合流，经初沉处理后的污水在第一廊道与从二次沉淀池回流的活性污泥充分混合，池内污水处于厌氧状态，保持水质均匀，又不使污泥沉淀，厌氧区内采用潜水搅拌，搅拌器的运转由 PLC 控制。经过两个廊道厌氧反应的污水进入第三廊道，在第三廊道内既设置了潜水搅拌器又设置了微孔曝气装置，其运转状态可根据实际情况进行调整，可以作为厌氧状态的延续，满足在厌氧状态下磷的释放，也可以作为好氧段的开始。最后混合液进入好氧区，进行渐减式好氧除磷工艺。生物反应池厌氧区每个廊道设置 6 台水下搅拌器，每台电机功率为 3.3kW，使活性污泥和污水均匀混合不致沉淀并推动水流。

在第三廊道内设置了三排膜片式微孔曝气器共 984 个，在好氧条件下进行曝气。另外在该段还设置了潜水搅拌器共 6 个，以便继续维持厌氧状态。

后面 6 个廊道为好氧段，在好氧区进行强烈曝气，共装设膜片式微孔曝气器 7877 个。曝气器采用渐减布置以适应微生物对氧的需要，第四、五廊道内设六排曝气器，每个廊道曝气器各为 1968 个；第六廊道设四排曝气器，曝气器数为 1317 个；第七和第八廊道内设三排曝气器，每个廊道曝气器数为 984 个；第九廊道设两排曝气器，曝气器数为 656 个。在好氧状态下，磷被充分吸收，水中的磷转移到污泥里，通过后续的泥水分离设施达到除磷的目的。

曝气气源由鼓风机房提供，每池有一根总进气管，管上设有调节阀，可根据池中溶解氧浓度由现场 PLC 自动调节气量，并装有空气流量计可随时了解供气情况。

生物反应池设计如图 3-19 所示。

3.4.3 生物脱氮除磷工艺设计

1. 水量水质和排放要求

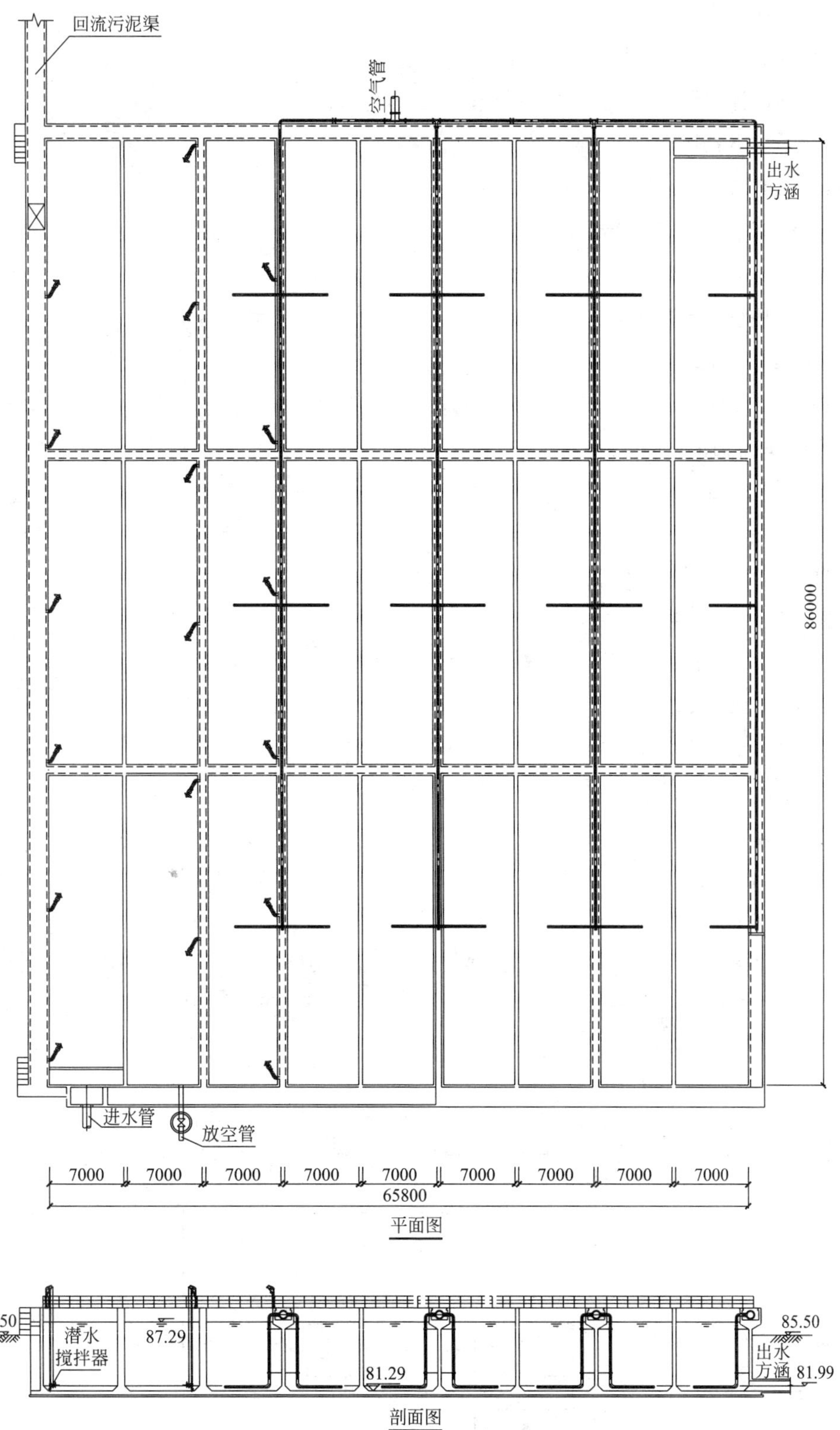

图 3-19　除磷（A_P/O）反应池设计图

（1）设计规模

某污水处理厂设计规模如下：

日平均设计流量 Q_d：$5.0\times10^4 m^3/d$；

变化系数 K：1.38；

最大时流量 Q_{max}：$2875m^3/h$；

平均时流量 Q_{ave}：$2083m^3/h$。

（2）设计进水水质

设计进水水质指标如下：

COD_{Cr}：380mg/L；

BOD_5：220mg/L；

SS：200mg/L；

NH_3-N：30mg/L；

TP：4mg/L。

其中生活污水占60％，工业废水占40％。

（3）设计出水水质

设计出水水质指标如下：

$COD_{Cr}\leqslant100mg/L$；

$BOD_5\leqslant30mg/L$；

$SS\leqslant30mg/L$；

$NH_3\text{-}N\leqslant10mg/L$；

$TP\leqslant1.0mg/L$。

2. 污水处理厂工艺流程

根据进水水质和出水要求，采用 A/A/O 活性污泥法处理工艺，工艺流程如图 3-20 所示。

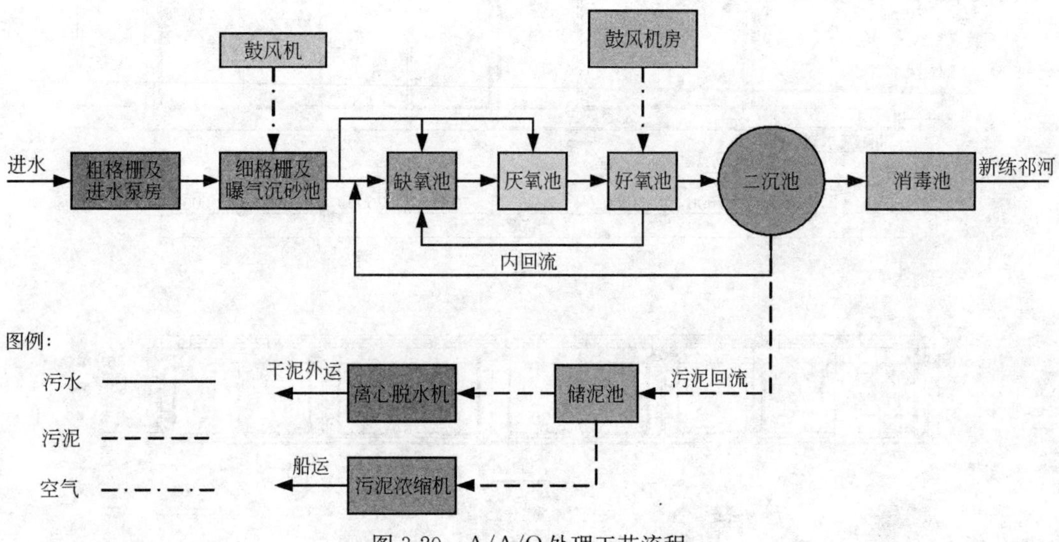

图 3-20 A/A/O 处理工艺流程

3. 生物反应池设计

(1) 主要设计参数

设计流量：Q=2083m^3/h；

池数：1座2池；

平面净尺寸：80.4m×62.5m；

有效水深：6m；

总有效池容：30150m^3；

厌氧区池容：4500m^3；

缺氧区池容：6750m^3；

好氧区池容：18900m^3；

混合液浓度：4.0g/L；

污泥负荷：0.091kgBOD_5/(kgMLSS·d)；

污泥产率：0.85kgDS/去除kgBOD_5；

剩余污泥量：8075kgDS/d；

污泥龄：12.9d；

穿孔曝气器充氧效率：20%；

最大供气量：260m^3/min；

气水比：7.49∶1；

污泥回流比：100%。

(2) 生物反应池设计

A/A/O生物反应池为1座2池合建，来自细格栅及曝气沉砂池的污水首先进入配水渠，均匀分布至2池中，该配水渠设有可调堰6套，可分别控制1池单独运行或同时运行。

生物反应池采用倒置A/A/O方式运行，也可以普通A/A/O方式运行，每池共设有3个不同功能区。

生物反应池在缺氧区和厌氧区设有水下搅拌器，每格2台，共20台。

好氧区曝气器按流程分不同密度布置。

来自沉砂池的污水由配水渠设置的两套电动调节堰门分配成两股，一股从缺氧池进入，与回流污泥充分混合，利用进水中的碳源反硝化回流污泥中带入的硝酸盐；另一股从厌氧区进入，为厌氧池中的聚磷菌提供碳源。从缺氧区进入的污水通过反硝化回收了部分碱度进入厌氧区；经厌氧释磷后的污水进入好氧区，进一步去除有机物并将NH_3-N氧化成NO_2和NO_3；经硝化的污水用内回流泵泵入缺氧区，在此利用优质碳源进行反硝化脱氮。

A/A/O生物反应池设计如图3-21所示。

3.4.4 氧化沟工艺设计

1. 水量水质和排放要求

(1) 设计规模

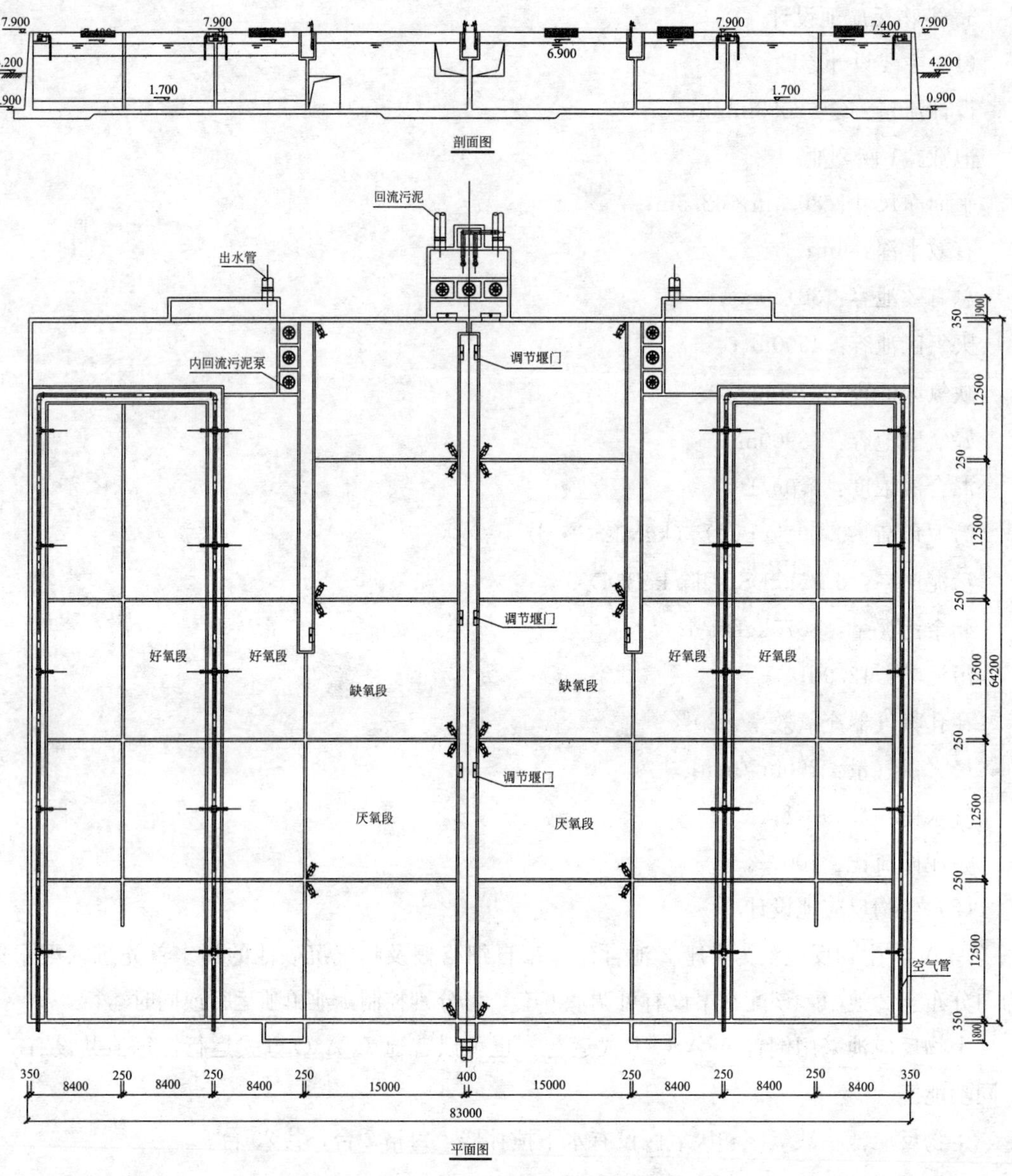

图 3-21 A/A/O 生物反应池设计图

某污水处理厂设计规模如下：

日平均设计流量 Q_d：6.0×10^4 m^3/d；

变化系数 K：1.36；

最大时流量 Q_{max}：3400m^3/h；

平均时流量 Q_{ave}：2500m^3/h。

(2) 设计进水水质

设计进水水质指标如下：

COD_{Cr}：600mg/L；

BOD_5：220mg/L；

SS：250mg/L；

NH_3-N：40mg/L；

TP：6mg/L。

其中生活污水占40%，工业废水占60%。

(3) 设计出水水质

设计出水水质指标如下：

COD_{Cr}≤100mg/L；

BOD_5≤30mg/L；

SS≤30mg/L；

NH_3-N≤25mg/L；

TP≤3.0mg/L。

2. 污水处理厂工艺流程

根据进水水质和出水要求，采用A/A/C氧化沟处理工艺，工艺流程如图3-22所示。

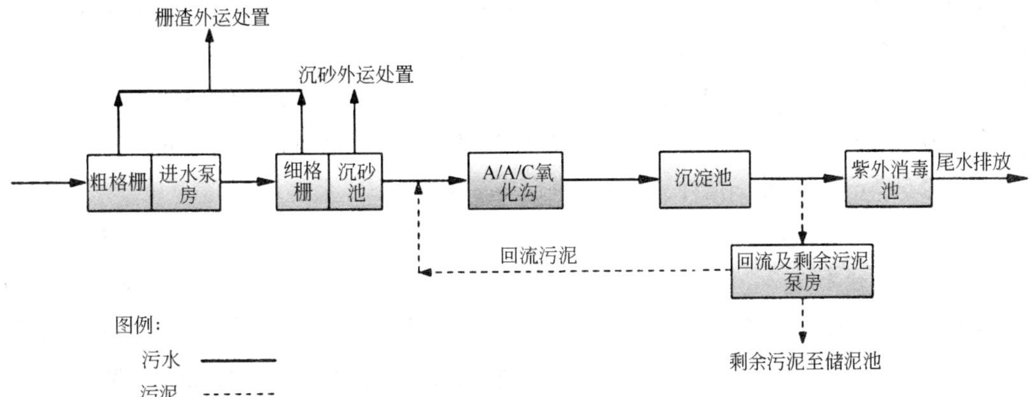

图3-22 A/A/C氧化沟工艺流程

3. 氧化沟设计

(1) 主要设计参数

设计流量：Q=2500m^3/h；

池数：2座；

平面净尺寸：104.2 m×33.5m；

有效水深：4.5～6m；

总有效池容：30855m^3；

厌氧区池容：3216m^3；

缺氧区池容：6432m^3；

好氧区池容：21207m^3；

混合液浓度：4.0 g/L；

污泥负荷：0.107kgBOD_5/(kgMLSS·d)；

污泥产率：0.85kgDS/去除 $kgBOD_5$；

剩余污泥量：9690kgDS/d；

污泥龄：12.5d；

最大供氧量：$1452kgO_2/h$；

污泥回流比：100%。

(2) A/A/C 氧化沟设计

经配水井分配后的污水进入氧化沟前端的厌氧区，与来自回流及剩余污泥泵房的回流污泥混合，在厌氧条件下，聚磷菌可将储存在菌体内的聚磷分解，将磷酸盐释放到水中。经厌氧释磷后的污水进入缺氧区进行反硝化脱氮，缺氧区设计成环流形式，强化脱氮效果，反硝化后的污水通过设置在一侧的渠道进入好氧区，进一步去除有机物并将 NH_3-N 氧化成 NO_2 和 NO_3，同时聚磷菌在好氧条件下过量摄取污水中的磷，强化出水水质。而且在好氧区末端设置内回流渠，经过好氧硝化后的污水进入厌氧区，由于末端的溶解氧减少到最低程度，有效地防止了缺氧区氧过量的问题，可以取得最好的反硝化效果。

A/A/C 氧化沟是污水处理厂的主体构筑物，集厌氧、缺氧、好氧反应于一体，为钢筋混凝土结构，共 2 座，每池按 $3\times10^4m^3/d$ 规模单独运行。

每座 A/A/C 氧化沟由厌氧区、缺氧区及好氧区组成，其中厌氧区平面尺寸为 37m×8m，有效水深为 6.0m，设置 3 台水下搅拌器，单台功率为 4kW；缺氧区平面尺寸为 37m×16m，有效水深为 6.0m，设置水下搅拌器 4 台，单台功率为 4kW。

好氧区长度为 80m，设计 4 条廊道，每廊宽为 9m，有效水深为 4.5m，共设置 3 台表面曝气机，曝气机直径 D 为 3.75m，单台电机功率为 110kW，动力效率为 $2.2kgO_2/(kW\cdot h)$。在每条廊道槽的转弯处设置导流墙稳定水流，防止因内外圈流速不同产生涡流，造成局部底泥沉积，同时控制叶轮缘与中隔墙的缝隙尺寸，将竖向流改变为水平流，以增强混合效果。

A/A/C 氧化沟设计如图 3-23 所示。

3.4.5 序批式活性污泥法工艺设计

1. 水量水质和排放要求

(1) 设计规模

某污水处理厂设计规模如下：

日平均设计流量 Q_d：$4.0\times10^4m^3/d$；

变化系数 K：1.41；

最大时流量 Q_{max}：$2350m^3/h$；

平均时流量 Q_{ave}：$1667m^3/h$。

(2) 设计进水水质

设计进水水质指标如下：

COD_{Cr}：350mg/L；

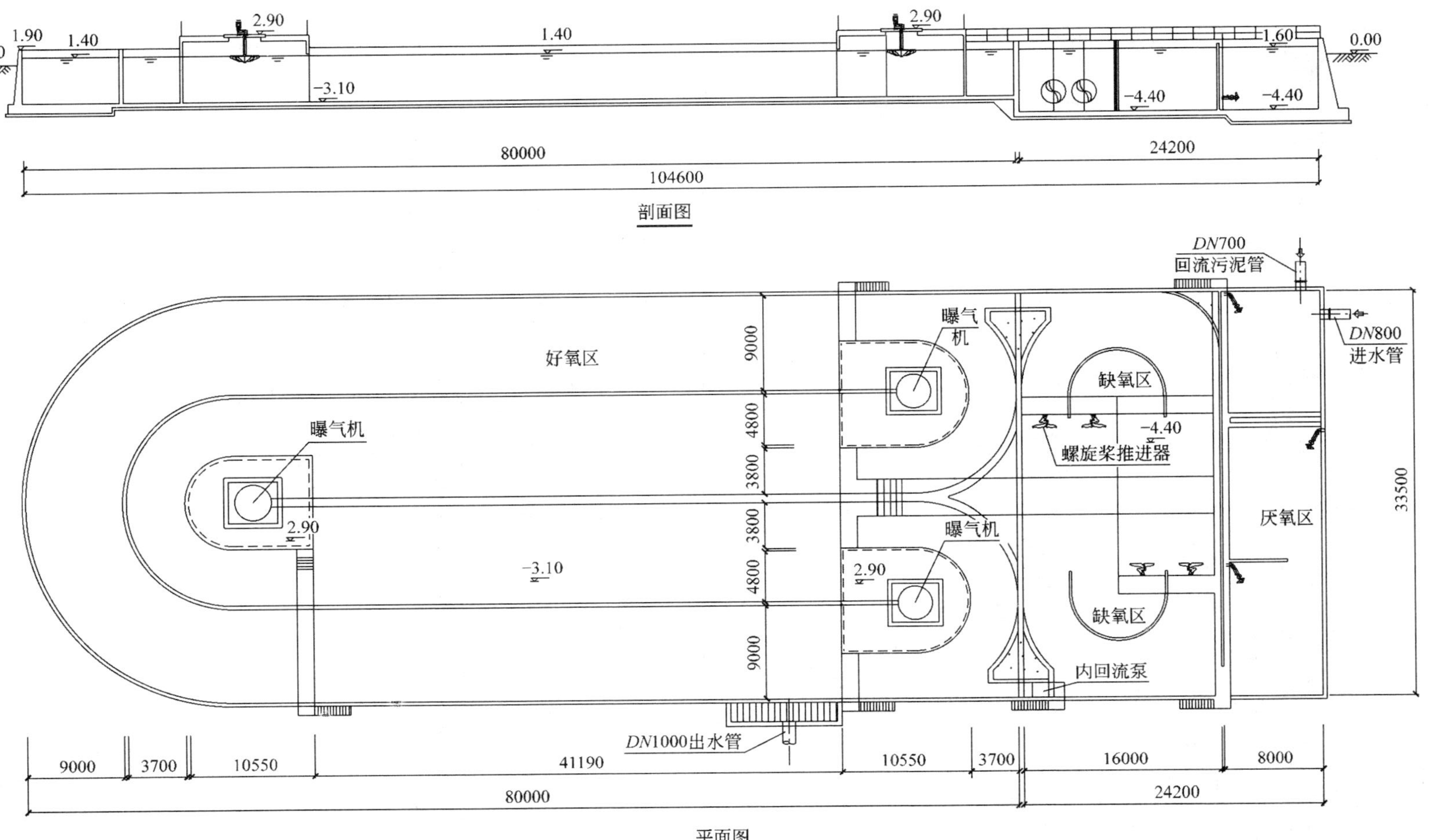

图 3-23　A/A/C 氧化沟设计图

BOD_5：150mg/L；

SS：200mg/L；

TN：50 mg/L；

NH_3-N：35mg/L；

TP：6mg/L。

其中生活污水占40％，工业废水占60％。

（3）设计出水水质

设计出水水质指标如下：

COD_{Cr}≤60mg/L；

BOD_5≤20mg/L；

SS≤20mg/L；

TN≤20 mg/L；

NH_3-N≤15mg/L；

TP≤1.5mg/L。

2. 污水处理厂工艺流程

根据进水水质和出水要求，采用序批式处理工艺中的一种较为典型的处理工艺——循环式活性污泥处理工艺，工艺流程如图3-24所示。

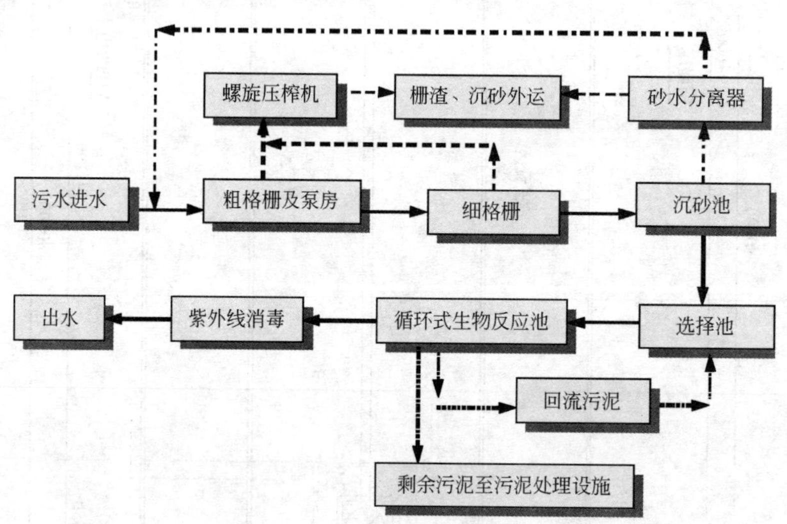

图3-24 序批式活性污泥法工艺流程

3. 序批式生物反应池设计

（1）主要设计参数

设计流量：$Q=1667m^3/h$；

池数：2座4池；

选择池平面尺寸：24m×6.3m；

主反应池平面尺寸：24m×55m；

有效水深：6m；

总有效池容：35309m^3；

选择区池容：3629m^3；

好氧区池容：31680m^3；

混合液浓度：4.0g/L；

污泥负荷：0.077～0.090kgBOD_5/(kgMLSS·d)；

污泥产率：0.90kgDS/去除 kgBOD_5；

剩余污泥量：4680kgDS/d；

污泥龄：12.5d；

标准需氧量：635kgO_2/h；

最大需气量：176m^3/min；

气水比：7.92∶1；

污泥回流比：20%；

每周期反应时间：4.0～4.8h；

设计充水比：1/3.5～1/4.0；

生物选择池搅拌功率：3～5W/m^3。

(2) 序批式生物反应池设计

序批式生物反应池共设2座，每座2池，共4池并联运行，每池净平面尺寸为55.0m×24.0m，有效容积为7920m^3，正常有效水深为6.0m。在每个生物反应池前设置独立的生物选择池，选择池有效容积为907.2m^3，有效水深为6.0m。序批式生物反应池可根据进水水质变化情况，采用不同的运行模式。每组序批式反应池进水处设*DN*800电动蝶阀2套，主反应池前的选择池内设潜水搅拌器4套，搅拌器电机功率N为2.2kW，主反应池运行采用PLC自动控制。

每2组池设1根供气管，设*DN*400电动阀门1套。

选择池和主反应池之间设回流污泥泵，以保持选择池的污泥浓度，污泥回流比为20%。选择池的进水和主反应池一样，为非连续进水，在进水阶段，开启回流污泥泵，其余时间关闭。

污水处理过程中的剩余污泥通过剩余污泥泵定期排入储泥池。

生物选择池具有除磷功能，在进水阶段通过污泥回流，增加池内污泥浓度，利用污泥耗氧速率高，使选择池内呈脱硝状态，降低了回流污泥内硝酸盐浓度；回流污泥在选择池内完成放磷过程后，进入主反应池进行过量吸磷，从而达到生物除磷的目的。同时又完成了反硝化脱氮，使出水达到国家规定的排放标准。

每组池设置1台滗水器，滗水器采用机械旋转式滗水器，每台滗水量Q为1200～1500m^3/h，当好氧池需要排水时，滗水器通过机械驱动装置以一定的速度下降至预设高度滗水；完成排水过程后，滗水器上升，回到待机状态，直到下一个排水周期。生物反应池的工序需要根据实际进水的水质情况调整。序批式生物反应池设计如图 3-25 所示。

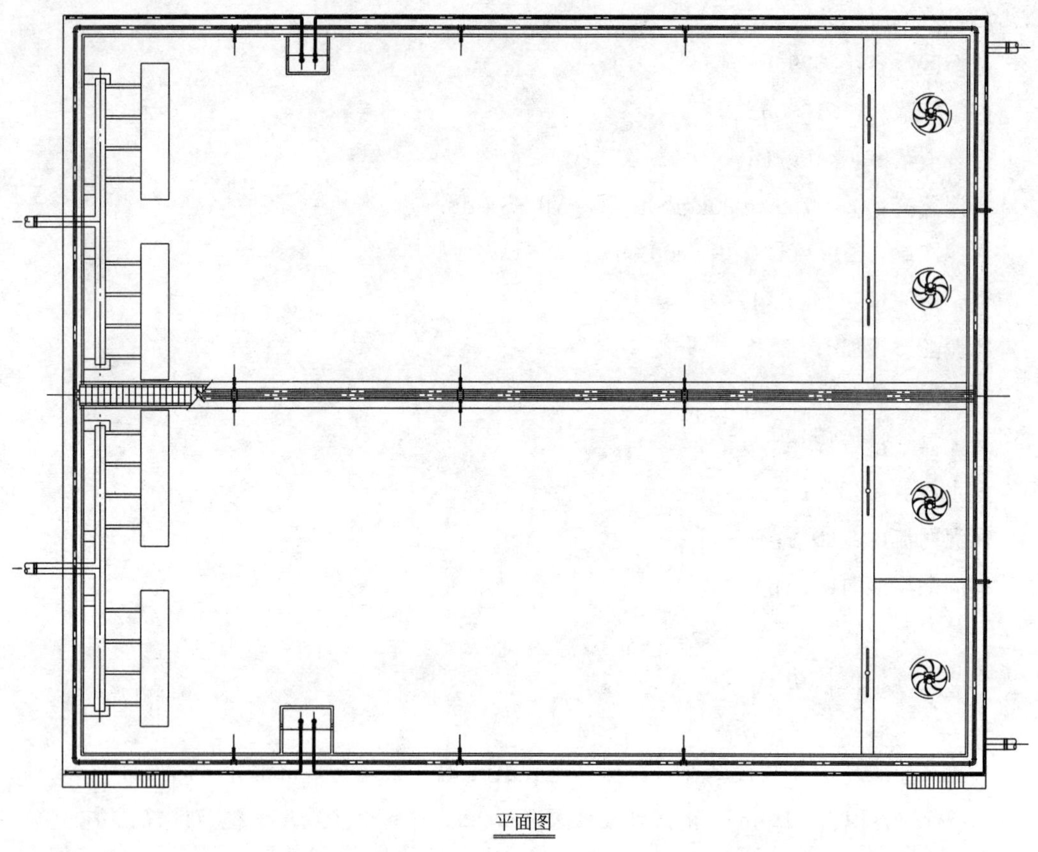

平面图

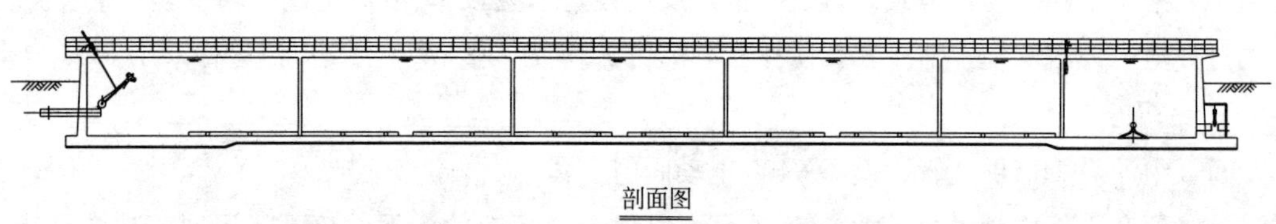

剖面图

图 3-25 序批式生物反应池设计图

3.5 化学除磷工艺

作为一项以除磷为主要目标的污水处理技术，化学除磷技术必须与其他处理措施相结合才可以达到出水水质达标的目的。其中，化学除磷方法与一级处理工艺相结合的方法，称为化学强化一级处理（CEPT）工艺，为最简单的化学除磷工艺流程；化学除磷方法与二级处理工艺相结合的方法可按二级工艺流程中化学药剂投加点的不同，分为前置投加、同步投加和后置投加三种类型。前置投加的药剂投加点是原污水，形成的沉淀物与初沉污泥一起排除；同步投加的药剂投加点包括初沉出水、曝气池和二次沉淀池之前的其他位点，形成的沉淀物与剩余污泥一起排除；后置投加的药剂投加点是二级生物处理之后，形成的沉淀物通过另设的固液分离装置进行分离，包括澄清池或滤池。

3.5.1　一级强化工艺

化学强化一级处理工艺流程如图 3-26 所示。

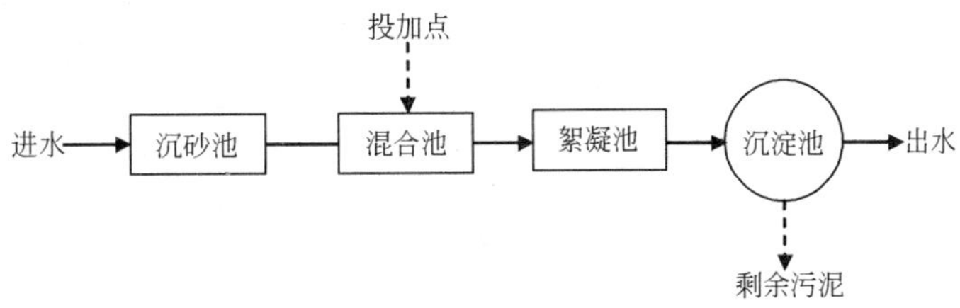

图 3-26　化学强化一级处理工艺流程

化学强化一级处理工艺在一定条件下可达到较好的除磷效果，磷去除率可达 90%以上，有机物去除率大约为 75%，SS 去除率大于 90%，总氮去除率约为 25%。除磷药剂可采用铝盐、三价铁盐、石灰等，但不能用亚铁盐。

化学强化一级处理技术主要用于处理工业废水，在城市污水处理中的应用相对较少。在我国，由于污水处理资金短缺，一些城市污水处理厂早期采用在近期内先建一级强化处理厂，经过化学强化一级处理，以较少的投资削减较大的污染负荷，取得较好的投资环境效益，待有条件时再建成二级处理工艺的方式。上海白龙港污水处理厂一期工程（$120\times10^4 m^3/d$）采用化学除磷工艺，由于城市污水水量大，化学除磷的运行费用较高，产泥量大。

3.5.2　前置投加

前置投加工艺的特点是除磷药剂投加在沉砂池中，或者初次沉淀池的进水渠（管）中，或者文丘里计量渠中。其一般需要设置产生涡流的装置或者供给能量以满足混合的需要。相应产生的大块状的絮凝体在初次沉淀池中分离。如果生物段采用的是生物滤池，则不可以使用铁盐药剂，以防止对填料产生危害（会产生黄锈）。当采用石灰作为除磷药剂时，生物处理系统的进水需要进行 pH 值调节，以防止过高的 pH 值对微生物产生抑制作用。前置投加除磷工艺流程如图 3-27 所示。

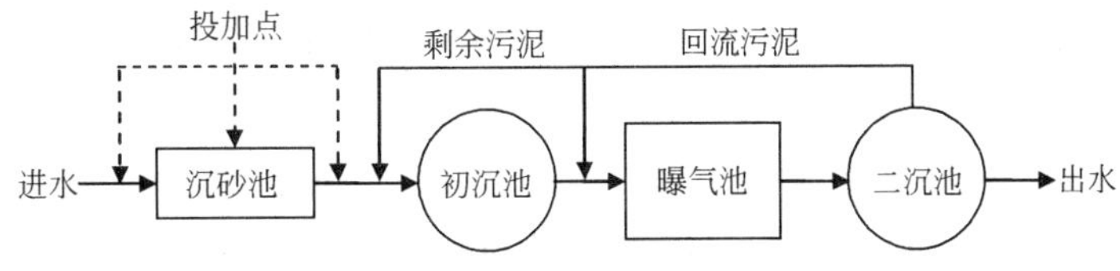

图 3-27　前置投加除磷工艺流程

如图 3-27 所示，前置投加工艺特别适合于现有污水处理厂的改建，只需增加化学除磷措施，因为通过这一工艺步骤不仅可以除磷，而且可以减少生物处理设施的负荷。常用的除磷药剂主要是石灰和金属盐。经前置投加后剩余磷酸盐的含量为 1.5～2.5mg/L，完全可以满足后续生物处理对磷的需要。

3.5.3　同步投加

同步投加也称同步化学除磷，是使用广泛的化学除磷工艺，在国外所有化学除磷工艺中约有 50%采用同步投加除磷。除磷药剂有的投加在曝气池的进水或回流污泥中；有的则投加在曝气池出水或二次沉淀池中。同步投加工艺可以使用最经济的沉淀剂即硫酸亚铁，除磷效率可达到 85%～90%。由于添加石灰除磷方法通常需要将 pH 值控制在 10.0 以上，因此石灰法不能用于同步投加。

同步投加除磷工艺流程如图 3-28 所示。

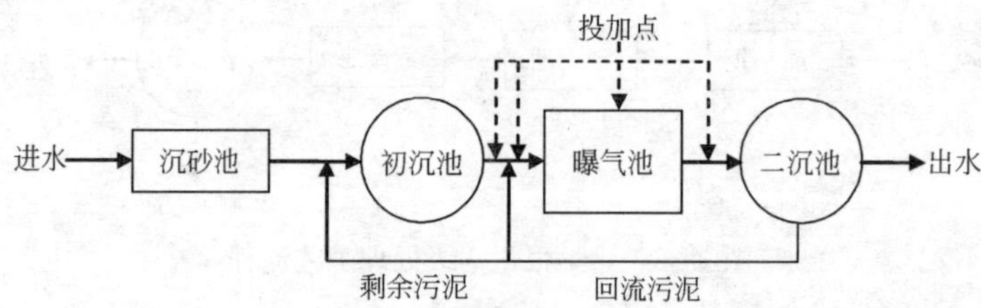

图 3-28 同步投加除磷工艺流程

3.5.4 后置投加

后置投加是将化学药剂加入二次沉淀池之后的单独絮凝和固/液分离设备的进水中，并在其后设置絮凝池和沉淀池或气浮池，也有增设三级处理工艺设施的。在后置投加工艺中应用金属盐药剂，可获得很好的除磷效果，出水 TP 浓度可低于 0.5mg/L。如果对于水质要求不严的受纳水体，在后置投加工艺中可采用石灰乳液药剂，但必须对出水 pH 值加以控制，如可采用沼气中的 CO_2 进行中和，后置投加除磷工艺流程如图 3-29 所示。

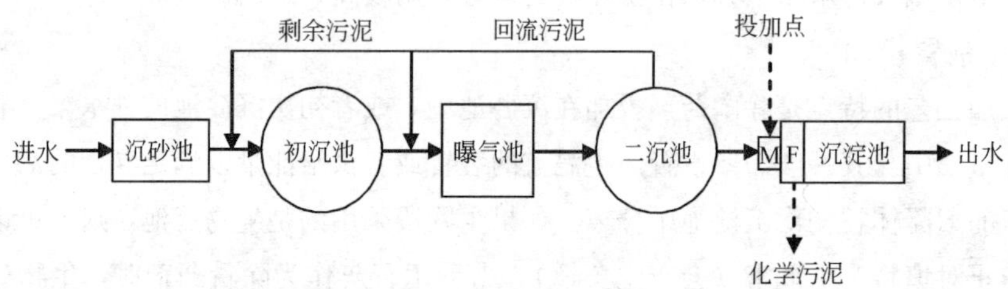

图 3-29 后置投加除磷工艺流程

气浮池较沉淀池可以更好地去除悬浮物和总磷，但因为需恒定供应空气而使运转费用较高。

化学除磷方法与二级处理工艺相结合的三种除磷工艺的优缺点比较如表 3-16 所示。

各种化学除磷工艺的优缺点比较 **表 3-16**

工艺类型	优　点	缺　点
前置投加工艺	1. 能降低生物处理设施的负荷，平衡其负荷的波动变化，因而可以降低能耗； 2. 与同步投加相比，活性污泥中有机成分不会增加； 3. 现有污水处理厂易于实施改造	1. 总污泥产量增加； 2. 对反硝化反应造成困难(底物分解过多)； 3. 对改善污泥指数不利

续表

工艺类型	优 点	缺 点
同步投加工艺	1. 通过污泥回流可以充分利用除磷药剂； 2. 如果是将药剂投加到曝气池中，可采用较廉价的二价铁盐药剂； 3. 金属盐药剂会使活性污泥重量增加，从而可以避免活性污泥膨胀；同步投加设施的工程量较少	1. 采用同步投加工艺会增加污泥产量； 2. 采用酸性金属盐药剂会使 pH 值下降到最佳范围以下，这对硝化反应不利； 3. 磷酸盐污泥和生物剩余污泥是混合在一起的，因而回收磷酸盐是不可能的，此外在厌氧状态下污泥中磷会再溶解； 4. 由于回流泵会使絮凝体破坏，但可通过投加高分子絮凝助凝剂减轻这种危害
后置投加工艺	1. 磷酸盐的沉淀是与生物处理过程相分离的，互相不产生影响； 2. 药剂的投加可以按磷负荷的变化进行控制； 3. 产生的磷酸盐污泥可以单独排放，并可以加以利用，如用作肥料	后置投加工艺所需要的投资大、运行费用高，但当新建污水处理厂时，采用后置投加工艺可以减小生物处理二次沉淀池的尺寸

对于已建污水处理厂的升级改造来说，化学除磷工艺和化学药剂投加点的选择主要取决于出水的 TP 浓度要求。出水 TP 浓度要求在 1mg/L 左右时，采用前置投加或同步投加方法就可达到目的。由于在污水生物处理系统的出水中，出水悬浮物的含磷量在出水 TP 中占相当大的比例。因此，如果所要求的出水 TP 浓度明显低于 1mg/L 时，就需要在二级处理工艺的基础上增设除磷和去除悬浮固体的三级处理设施，即后置投加方法，以去除悬浮固体所含的非溶解态磷酸盐。

3.6 化学除磷工艺设计

3.6.1 化学药剂选择

药剂选择的依据是药剂的性能和可靠性，烧杯试验结果分析以及药剂的价格，其他影响因素包括药剂的形态和包装，大批量或少量购买，是否需要其他配套药剂（聚合物、酸、碱）以及需要量。采用金属盐化学除磷时通常需要阴离子聚合物作为助凝剂，聚合物的投加设施应纳入设计，有时还可能需要设置投加石灰或其他碱性物质的 pH 值调节设施，尤其是碱度较低的污水。如果有酸洗废液可供采用的话，就有必要在不同的时间通过烧杯试验定量分析有效成分的变化，设计人员必须定量确定较长时间内废液的可获得性，以便合理确定储存量。如果有多种药剂及其组合能产生性能和可靠性都可以接受的处理效果，药剂的进一步选择就在于经济性能的优劣，有必要通过费用和效益分析，确定相应的投资和运行费用。

金属盐投加法化学除磷的药剂选择主要依据处理性能和处理费用，这里仅介绍硫酸铝和氯化铁。在不需着重考虑污泥处理处置问题的情况下，与氯化铁相比，硫酸铝在价格、安全性和腐蚀性等方面具有选择优势。但金属盐的选择是因地因厂而异的，并与特定污水的处理性能、投资和运行费用密切相关。两种药剂的投药设施设备投资基本相同，但总运行维护费用变化较大，主要取决于污水水质特性和出水水质要求。

硫酸铝的选择还有粉剂和液体之分。液态硫酸铝使用方便，但运输费用较高。工业氯化铁基本上都是液态产品。

不管选择什么药剂和投加点，都有必要设置投加阴离子型高分子絮凝剂的设备，以改进污泥的絮凝性能。如果金属盐与污水之间絮凝反应不够理想的话，产生的是针状絮体，磷就会从沉淀池流出，投加高分子絮凝剂能够改善固液分离效果。

硫酸铝和氯化铁的投加都消耗污水中的碱度，如果污水所含的碱度不足，这些药剂的投加将导致 pH 值的降低。过低的 pH 值会影响后续的生物处理或引起出水 pH 值超标，往往需要补充碱度。如果污水碱度低、除磷要求又高，补充碱度所需的设备投资和运转费用将相当可观。最后一个选择标准是操作人员的安全，硫酸铝具有一定的腐蚀性，但要比酸洗废液和氯化铁安全。

3.6.2 化学药剂投加量

在进行化学除磷时，去除 1mol（31g）P 至少需要 1mol（56g）Fe，即至少需要 1.8（56/31）倍的 Fe，或者 0.9（27/31）倍的 Al。也就是说去除 1gP 至少需要 1.8g 的 Fe，或者 0.9g 的 Al。

由于在污水化学除磷的实际工程中，除磷药剂和正磷酸离子之间的反应并不是 100%有效进行的，加之污水中的碱度（HCO_3^-）会与金属离子竞争反应，生成相应的氢氧化物，所以实际化学除磷药剂投加一般需要超量投加，以保证达到所需要的出水 P 浓度。德国在计算时，提出了投加系数 β 的概念，如式（3-9）所示：

$$\beta=\frac{\text{mol Fe 或 mol Al}}{\text{mol P}} \tag{3-9}$$

投加系数 β 受多种因素影响，如投加地点、混合条件等。如果条件许可的话，对特定污水的药剂投加量最好通过烧杯试验或生产性验证加以确定，这样的试验应该连续进行一段时间以获得具有代表性的污水水量水质资料。在每周及每天的不同时间取瞬时样，用不同的加药量进行试验。每种污水每种加药量至少要取得 10 个数据点。根据试验数据绘制概率曲线，说明每种加药量的出水磷浓度低于限定值的时间百分率。这些曲线对特定加药量范围的混凝剂及可靠性确定很有价值。

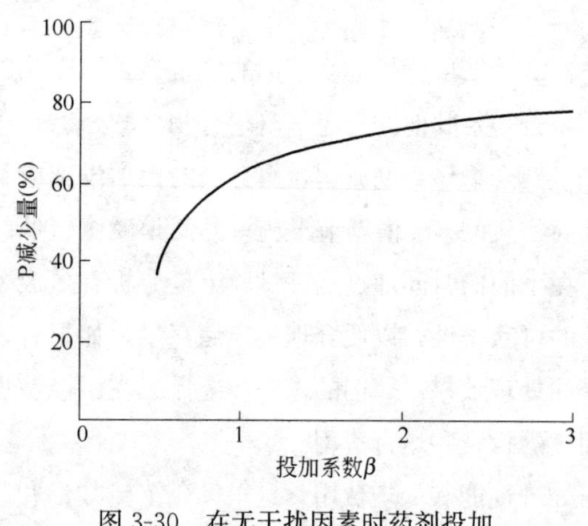

图 3-30 在无干扰因素时药剂投加系数与磷去除量的关系

图 3-30 是药剂投加系数与磷去除量的关系。在最佳条件下，即适宜的投加、良好的混合和絮凝体的形成条件，则 $\beta=1$；在非最佳条件下，$\beta=2\sim3$ 或更高。过量投加药剂不仅会使药剂费增加，而且因氢氧化物的大量形成也会使污泥量大大增加，这种污泥体积大、难脱水。

德国在实际计算中，为了有效地去除磷，使出水 P 浓度保持<1mg/L，β 值取为 1.5，也就是说去除 1kg 磷，需要投加：1.5×56/31 即 2.7kg Fe，或者 1.5×27/31 即 1.3kg Al。

若用石灰作为化学除磷药剂，则不能采用这种计算方法，因为其要求投加的污水pH值大于10，而且投加量受污水碱度（缓冲能力）的影响，所以其投加量必须针对污水性质通过试验确定。

从严格意义上讲，投加系数β值的概念只适用于后置投加，对于前置投加和同步投加在计算时还应考虑：

(1) 回流污泥中含有未反应的药剂；

(2) 在初次沉淀池中及生物过程去除的磷。

下面以氯化铝和硫酸亚铁为例，计算化学除磷药剂的投加量。

污水处理厂设计水量为10000m^3/d；

进水的P浓度为14mg/L；

出水的P浓度要求达到1mg/L。

采用药剂$AlCl_3$除磷，其含有效成分Al为6%，即60gAl/kg$AlCl_3$药液，密度为1.3kg/L。为同步投加除磷，试计算所需要的药剂量。

经过初次沉淀池沉淀处理后去除的磷为2mg/L，则生物处理设施需去除的P浓度为11mg/L，经过生物同化作用去除的P为1mg/L。则需经化学去除的P负荷为：

$$P负荷=10000m^3/d\times(0.011-0.001)kg/m^3=100kg/d,$$

设计采用投加系数β值为1.5，

设计Al的投加量为：1.5×27/31×100=130kg/d；

折算需要$AlCl_3$的药剂量为：130×1000/60=2167kg/d；

折算需要$AlCl_3$的体积量为：2167/1.3=1667L/d。

如设计采用药剂硫酸亚铁$FeSO_4$，有效成分为180g Fe/kg $FeSO_4$，在10℃时的饱和溶解度为400g $FeSO_4$/L，其他设计参数同上例。

设计采用投加系数β值为1.5；

设计Fe的投加量为：1.5×56/31×100=270kg/d；

折算需要$FeSO_4$的药剂量为：270×1000/180=1500kg/d；

$FeSO_4$饱和溶液中有效成分Fe的含量为：180×0.4=72g/L；

折算需要$FeSO_4$的体积量为：270/0.072=3750L/d。

3.6.3 加药设施设计

某城市污水处理厂加药设施计算：

设计规模为10000m^3/d；

进水水质：

BOD_5=180mg/L；

COD=380mg/L；

SS=300mg/L；

TP=4.2mg/L。

采用化学絮凝强化一级处理，混凝剂为硫酸亚铁，最大投加量为 30mg/L（按 $FeSO_4$），药剂的溶液浓度为 15%，根据试验，出水 BOD_5 去除率为 50%，COD 去除率为 60%，SS 去除率为 90%，TP 去除率为 80%。

采用化学絮凝强化一级处理的工艺流程如图 3-31 所示。

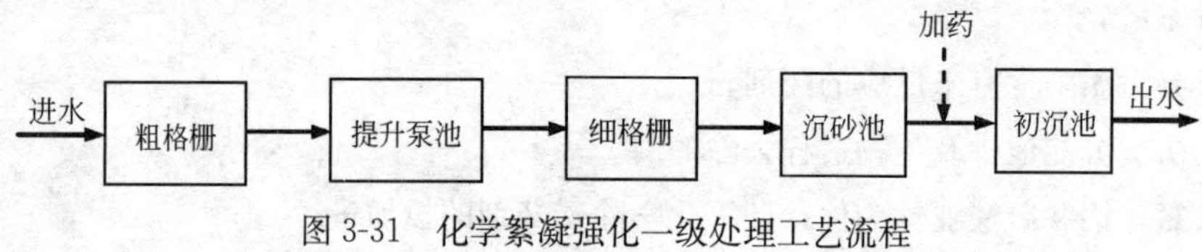

图 3-31 化学絮凝强化一级处理工艺流程

设计计算：

格栅、沉砂池和初次沉淀池等构筑物的计算方法，可参见其他设计参考书，本节仅对加药设施进行设计计算。

(1) 强化处理效果，根据已知的各项污染物的去除率，得知强化处理后出水 BOD_5 = 90mg/L，COD=152mg/L，SS=30mg/L，TP=0.84mg/L。

(2) 溶液池

溶液池有效容积 V_1（m^3），计算如式（3-10）所示。

$$V_1=\frac{aQ}{cn\times10^6} \tag{3-10}$$

式中 a——药剂投加量，mg/L，a=30mg/L；

Q——设计水量，m^3/d；

c——药剂溶液浓度，%，此处取 15%；

n——混凝剂每日配置次数，次，取 n=2 次。

则：

$$V_1=\frac{30\times10000}{0.15\times2\times10^6}=1m^3$$

溶液池的有效容积为 $1m^3$。采用两个，以交替使用。

根据上述计算，每个溶液池的有效容积为 $1m^3$，溶液池采用矩形池，其尺寸为：

长×宽×高=1.2×1.2×0.9=1.3m^3，其中有效容积为 $1m^3$，溶液池超高为 0.2m。

(3) 溶解池

溶解池容积可按溶液池容积的 30%计算，则：

$$V_2=0.3\times V_1=0.3\times1=0.3m^3$$

溶解池进水流量 q_0（L/s），计算如式（3-11）所示。

$$q_0=\frac{V_2\times1000}{60t} \tag{3-11}$$

式中 t——溶解池进水时间，min，此处取 t=5min。

$$q_0=\frac{0.3\times1000}{60\times5}=1L/s$$

查水力计算表得进水管直径 $d_1=25mm$。

3.6.4　化学除磷泥量

污水处理厂增加了化学除磷后，会增加污泥产生量，因为除磷时产生金属磷酸盐和金属氢氧化物絮体，它们以悬浮固体形式存在，最终变为污水处理厂污泥。污泥固体的理论产生量可通过工艺计量学关系进行初步估算。化学药剂投加点的变化会影响污泥的产生量，在初次沉淀池投加金属盐药剂，初沉污泥产量将增加50%～100%，由于二沉污泥产生量相应降低，全厂污泥总量增加60%～70%。在二次沉淀池投加金属盐，活性污泥产生量增加35%～45%，全厂污泥总量增加10%～25%。多点投加可节省药剂，污泥产生量的增加也相应减小。在设计化学法除磷的污水处理厂时，要充分重视污泥处理和处置问题。

化学药剂投加除磷所增加的污泥主要由三个部分组成：

（1）化学污泥，如金属磷酸盐和金属氢氧化物；

（2）悬浮固体去除率提高所产生的污泥；

（3）溶解性固体去除产生的污泥。

此外，估计污泥产生量时还需考虑投药点选择对生物污泥产生量的影响。

在污水化学除磷设计中，有几种方法可以用来估计污泥产率。对已有污水处理厂升级为化学除磷情况，应优先考虑在污水处理厂内进行生产性试验，并且测定预定操作条件下的污泥产生量。对新建污水处理厂，中小规模试验是估计污泥产率的最佳方法，但试验费用较高，在经济上对小型污水处理厂不可行。在这种情况下，应通过烧杯试验估计药剂投加引起的污泥产率提高，尽管这种试验不可能代表生产性运行中出现的动态实际条件。此外，也可以通过计算确定污泥固体的理论产生量。下面将介绍铝盐法污泥产生量的估算方法。

铝盐法污泥产生量的计算：

（1）城市污水处理厂处理规模为 $Q=20000m^3/d$；

（2）初次沉淀池进水磷含量 $P_{进}=8.0mg/L$；

（3）初次沉淀池进水 $BOD_5=200mg/L$ 或 4000kg/d；

（4）初次沉淀池进水 SS=250mg/L 或 5000kg/d；

（5）初次沉淀池进水溶解性 TOC=50mg/L；

（6）P的相对原子质量为31；

（7）Al的相对原子质量为27；

（8）$AlPO_4$ 的相对原子质量为122；

（9）$Al(OH)_3$ 的相对原子质量为78。

设计计算：

（1）初次沉淀池不投加铝盐情况下一级处理的污泥产生量，假定初次沉淀池 SS 去除率50%，BOD_5 去除率30%，则污泥产生量为：

$$0.5\times250\times20000\times10^{-3}=2500kg/d$$

（2）初次沉淀池投加铝盐情况下一级处理的污泥产生量

1）化学污泥产生量

计算中假定铝盐先与含磷化合物反应。根据试验结果，设定磷去除率为90%、SS去除率为75%、BOD_5去除率为50%、溶解性TOC去除率为30%、铝盐投加系数β值为2.0，则：

P的去除量：0.90×8=7.2mg/L；

Al的投加剂量：2×7.2×27/31=12.5mg/L；

$AlPO_4$污泥量：7.2/31=0.23mmol/L；

加入铝总量：12.5/27=0.46mmol/L；

过剩铝量：0.46−0.23=0.23mmol/L；

$AlPO_4$污泥量：0.23×122=28.1mg/L；

$Al(OH)_3$污泥量：0.23×78=17.9mg/L；

化学污泥总产量：28.1+17.9=46.0mg/L。

由于化学计量关系所反映的仅仅是所发生的化学反应的大致情况，有数据表明，实际污泥产生量要比预计的多，因此建议将污泥的产生量计算值增加35%。则本例题设计化学污泥产生量为：

46.0×1.35=62.1mg/L；

或62.1×20000×10^{-3}=1242kg/d。

2）悬浮固体去除产生的污泥量

0.75×250×20000×10^{-3}=3750kg/d。

3）溶解性固体去除产生的污泥量

有数据表明投加化学药剂会引起溶解性固体的去除，污泥产生量由可溶性TOC负荷来间接估算，其数量为：

进水溶解性TOC×0.30×2.5×1.18=50×0.30×2.5×1.18=44.2mg/L；

或44.2×20000×10^{-3}=884kg/d。

（3）一级处理过程中不投加铝盐情况下二级生物处理的剩余污泥产生量

不投加铝盐情况下二级生物处理的剩余污泥产生量可按式（3-12）、式（3-13）计算：

$$X_W = X_T - X_{EF} \tag{3-12}$$

$$X_T = TSS(1 - f_V + f_{NV} f_V) + Y_H BOD_5 (1 + f_E b_H \theta_C)/(1 + b_H \theta_C) \tag{3-13}$$

式中 X_W——剩余活性污泥产量，kg/d；

X_T——活性污泥产生量，kg/d；

X_{EF}——出水SS，kg/d；

TSS——进水悬浮固体总量，kg/d；

f_V——进水SS中挥发分所占比例，我国城市污水典型实测值为0.5～0.65；

f_{NV}——进水VSS中不可好氧生物降解部分所占比例，典型值为0.2～0.4；

Y_H——异养微生物的产率系数（VSS/BOD_5），kg/kg，典型取值范围为0.6～0.75；

BOD_5——进入生物处理系统的有机物总量，kg/d；

f_E——微生物体不可生物降解部分所占比例，取值 0.2；

b_H——异养微生物的内源衰减系数，20℃时取值 0.15～0.25d^{-1}，温度系数 1.04；

θ_C——生物处理系统的平均固体停留时间（泥龄），d。

设定 f_V＝0.6，f_{NV}＝0.3，Y_H＝0.65kg/kg，b_H＝0.15（15℃），θ_C＝10d，所以，X_T＝2500×(1－0.6＋0.3×0.6)＋0.65×2800×(1＋0.2×0.15×10)/(1＋0.15×10)＝1450＋946＝2396kg/d。

假定出水 SS 为 20mg/L；

$X_{EF}=20\times20000\times10^{-3}=400$kg/d；

因此，二级处理剩余活性污泥量为：

$X_W=2396-400=1996$kg/d。

（4）一级处理过程投加铝盐情况下二级生物处理的剩余污泥产生量

由于一级处理 BOD_5 和 SS 去除率的提高，二级生物处理活性污泥产生量相应降低。

$$X_T=1250\times(1-0.6+0.3\times0.6)+0.65\times2000\times(1+0.2\times0.15\times10)/(1+0.15\times10)$$
$$=725+676=1400\text{kg/d；}$$

假定出水 SS 仍然为 20mg/L；

$X_{EF}=20\times20000\times10^{-3}=400$kg/d；

因此，二级处理剩余活性污泥量为：

$X_W=1400-400=1000$kg/d。

污泥产生量计算结果汇总如表 3-17 所示。

污泥产生量计算结果汇总（kg/d）　　**表 3-17**

投加情况	初沉污泥产生量				剩余污泥	总计
	SS 污泥	溶解性固体	化学污泥	合计	二沉污泥	
不加铝盐	2500	—	—	2500	1996	4496
加铝盐	3750	884	1242	5876	1000	6876

3.7　再生水处理工艺

随着全球用水量的增加和水质恶化，全世界将面临水资源的严重危机。我国是严重缺水的国家之一，尤其是城市缺水的状况越来越严重。一方面城市缺水十分严重，另一方面大量的城市污水处理后直接排放，既浪费了水资源，又增加污染负荷，在与城市供水量几乎相等的城市污水中，只有 0.1％的污染物质，其余绝大部分是可再利用的清水。水是自然界惟一不可替代、也是惟一可以重复利用的资源，城市污水就近可得，易于收集。再生处理比海水淡化成本低，基建投资比远距离引水经济。世界各国解决缺水问题时，城市污水被选为可靠的第二水源，并且人们还进一步意识到合理利用污水资源，不仅可以缓解全球性的供水不足，还可以改善生态环境，保证国民经济的可持续发展。

国外城市污水回用已有很长的历史，规模也很大，并收到了相当可观的经济效益和社会效益，如美国、日本等。在发展中国家，尤其是在缺水地区如南非，人们也逐渐认识到污水作为第二水源的必要性，并开始重视污水资源的再利用。我国的污水再生利用只是近二十年来，随着城市水荒的加剧，才引起各界人士的重视，国家“七五”、“八五”期间完成的重大科技攻关项目“城市污水资源化研究”，研究开发出适用于部分缺水城市的污水回用成套技术、水质指标及回用途径等基础性工作，在十多个城市重点开展污水回用事业，为我国污水回用提供了技术和设计依据，并积累了一定的经验。但是我国的水处理技术和工艺还不成熟，推广程度不高，还有待结合实际深入研究。

“十五”期间，中国的水环境仍然处在局部好转、整体恶化的过程中，“水少、水脏”仍是普遍情况。造成这种局面的原因主要是两方面，一是客观的“水少”——中国人均水资源先天不足，而目前的发展方式导致单位GDP增长的用水量较大，以致水资源过度利用，难以使天然水体保证足够的生态用水量；二是主观的“水脏”——中国的城镇生活污水和工业废水治理能力跟不上经济发展的速度，大量生产、生活产生的污水得不到有效治理。

我国的污水处理率在“十五”期间获得了较大的提高，但仍然较低。2005年，全国城市污水处理率（包括简单的一级处理）为52%，在原国家环保总局重点考核的509个城市中，有178个城市生活污水集中处理率为0。这种情况导致的后果是：2005年全国的地表水总体水质状况不容乐观，在国家地表水监测网实际监测的744个断面中（其中河流断面597个，湖库点位147个），Ⅰ-Ⅲ类、Ⅳ-Ⅴ类和劣Ⅴ类水质断面比例分别为36%、36%和28%，主要污染指标为氨氮、石油类、高锰酸盐指数等。全国75%的湖泊出现了不同程度的富营养化。而污水处理设施不足又进一步加剧了水资源紧缺（水质型缺水）。客观的“水少”和主观的“水脏”造成的影响是显著的。据统计，我国600余座城市有300余座缺水，全国城市缺水$60\times10^8m^3/a$，因缺水而减少的工业产值估计为1200亿元/a。水资源紧缺已经成为部分地区经济和社会发展的主要约束。

污水深度处理在封闭、半封闭水域周边地区和缺水地区是惟一的出路，就是在长江中下游平原这样的水资源丰富地区，也是保持健康水循环的良策。在住房和城乡建设部的“十一五”规划中，已经明确这种重点方向，并提出了具体指标要求：“缺水城市在规划建设污水处理设施时，要同时安排回用设施的建设，开展污水的深度处理。对于排入封闭水体的污水处理厂建设，应有脱氮、除磷的要求。2010年三峡库区、淮河、太湖三个流域（区域）城镇污水处理率不低于80%，海河、辽河、巢湖、滇池、丹江口库区及其上游五个流域（区域）城镇污水处理率不低于70%，黄河、松花江两个流域城镇污水处理率不低于60%。COD削减总量不低于125万t，氨氮削减总量不低于15万t。从根本上避免城市水环境的继续恶化趋势”。

3.7.1 污水深度处理方法

根据现有的二级活性污泥法处理技术对城市污水所能达到的处理程度可知，处理出水中还含有其他相当数量的污染物质，如BOD_5为20～30mg/L；COD为60～100mg/L；SS为20～30mg/L；NH_3-N为15～25mg/L；P为6～10mg/L。此外，还可能含有细菌和重金属等有毒有害物质，这样的水质不适于直接回用，必须对其进行进一步的深度处理。

再生水处理和通常的水处理并无特殊差异，只是为使处理后的水质符合再生水水质标准，其涉及范围更加广泛，在选择再生水处理工艺时所考虑的因素更为复杂。本节着重介绍常用的再生水处理方法。

实际上每种基本方法又从不同角度分成若干种。例如，在生物法中活性污泥法按运行方式可分为传统活性污泥法、阶段曝气法、生物吸附法（吸附再生法）、完全混合法、延时曝气法等；从曝气方式可分为鼓风曝气、机械曝气、纯氧曝气和深井曝气等；生物膜法有生物滤池、生物塔、生物转盘和生物接触氧化法等；生物氧化塘可分为好氧塘、兼性塘和厌氧塘；土地处理系统可分为地表漫流、慢速渗滤和快速渗滤等处理系统。

再生水处理单元的处理功能和效果如表 3-18 所示，这里所说的单元即为按水处理流程划分的相对独立的水处理工序，它可以是一种或多种水处理基本方法的组合运用。下述水处理方法及操作单元的功能、效果是考虑再生水处理流程的基础。

再生水处理部分操作单元的处理功能和效果　　　**表 3-18**

单元操作 / 功能效率 / 项目	一级处理	二级处理	硝化	脱氮	生物滤池	RBCS	混凝沉淀	活性污泥后过滤	活性炭吸附	脱氨氮吹脱	离子交换	折点加氯	反渗透	地表漫流处理	灌溉	渗滤土地处理	氯化	臭氧
BOD	×	1	1	0	1	1	1	×	1		×		1	1	1	1		0
COD	×	+	+	0	+		+	×	×	0	×		+	+	+	+		+
悬浮物	+	+	+	0	+	+	+	+	+		+		+	+	+	+		
氨氮	0	+	+	×		+	0	×	×	+	+	+	+	+	+	+		
硝酸盐氮				+				×	0					×				
磷	0	×	+	+			+	+	+				+	+	+	+		
碱度		×					×	+								×		
油、脂肪	+	+	+		0		×		×					+	+	+		
大肠杆菌		1	1				1		1			1		1	1	1	1	1
总溶解性固体													+					
砷	×	×	×				×	+	0									
钡		×	0				×	0										
钙	×	+	+		0	×	+	×	0							0		
铬	×	+	+		0	×	+	×	×									
铜	×	+	+		+	+	+	0	×							+		
氟化物							×		0							×		
铁	×	1	1		×	1	1	1	1									
铅	+	+	+		×	+	+	0	×							×		
锰	0	×	×		0		×	+	×				+					
汞	0	0	0		0	+	0	×	0									
硒	0	0	0				0	+	0									
银	+	+	+		×		+		×									
锌	×	×	+		+	+	+		+							+		
色度	0	×	×		0		+	×	+			+	+	+	+	+		
泡沫	×	1	1		1		×		1			1	1	1	1	1		
浊度	×	+	+		×		+	+	+			+	+	+	+	+		
总有机碳	×	+	+		×		+	×	+	0	0	+	+	+	+	+		

注：表中符号表示去除效果，0 表示 25%，×表示 25%～50%，+表示>50%，符号 1 表示无相关数据或无确定结果。

3.7.2 混凝沉淀和过滤消毒

混凝沉淀后过滤消毒是最传统也是目前应用比较广泛的一种污水深度处理方法，它对于一级出水中的COD和色度的去除效果较好，但对氮磷的去除效果并不理想。简而言之，“混凝”就是水中胶体粒子及微小悬浮物的聚集过程。关于“混凝”一词的概念，目前尚无统一规范化的定义。“混凝”有时与“凝聚”和“絮凝”相互通用。不过，现在较多的专家学者一般认为水中胶体“脱稳”，即胶体失去稳定性的过程称为“凝聚”；脱稳胶体相互聚集称为“絮凝”；“混凝”是凝聚和絮凝的总称。在概念上可以这样理解，但在实际生产中很难截然划分。

混凝剂的正确选用是混凝处理程度的关键，在污水深度处理中，尚不存在相关成熟的经验和标准，在工程中需经过实验确定。

研究表明，用混凝法处理二级出水，可生化有机物的去除率大于不可生化有机物，使二级出水的浊度由6～14NTU下降至0.12NTU，总磷由1.3～2.6mg/L降至0.1mg/L，BOD由7～13mg/L下降至1～2.5 mg/L，TOC由10～11mg/L下降至4.2～4.5mg/L，但去除氨氮的效果不好。

在污水深度处理技术中，过滤是最普遍采用的技术。

在设备上，给水处理中的设备在污水深度处理中同样可以使用。但应该说明的是，二级处理出水过滤处理的主要去除对象是生物处理工艺残留在处理水中的生物絮体污泥，因此，二级处理出水的过滤处理有其自身的特点：

(1) 在一般情况下，不需投加药剂，水中的絮凝体具有良好的可滤性，滤出水SS值可达10mg/L以下，COD去除率可达10%～30%。由于胶体类污染物难于通过过滤法去除，滤后水的浊度去除效果可能欠佳，在这种情况下应考虑投加一定的药剂。如处理水中含有溶解性有机物，则应考虑采用其他的处理方法，如活性炭吸附法去除。

(2) 反冲洗困难。二级处理出水中的悬浮物多是生物絮凝体，在滤料层表面板易形成一层滤膜，致使水头损失迅速上升，过滤周期大为缩短。絮凝体贴在滤料表面，不易脱离，因此需要辅助冲洗，即加表面冲洗，或用气水共同反冲使絮凝体从滤料表面脱离，效果良好，还可以节省反冲洗水量。在一般条件下，气水共同反冲，气强度一般为20L/(m^2·s)，水强度一般为10L/(m^2·s)。

(3) 所用滤料应适当加大粒径，加大单位体积滤料的截泥量。

日本再生水厂混凝沉淀和过滤处理的运行数据如表3-19所示，大连污水再生回用示范工程运行数据如表3-20所示。

日本再生水厂混凝沉淀和过滤工序处理效率 **表3-19**

项目	原水水质(mg/L)	处理效率(%)		出水水质(mg/L)			出水计算值(mg/L)	目标水质(mg/L)
		初次沉淀	二级处理	混凝沉淀	过滤	综合(%)		
BOD_5	180	30/126	90/12.6	50/6.3	30/4.4	97.5	4.4	5
COD_{Mn}	100	25/75	75/18.8	40/11.3	20/9.0	91.0	9.0	10
SS	150	40/90	75/22.5	45/12.4	75/3.1	97.9	3.1	6
总氮	30	13/26.1	60/10.4	10/9.4	10/8.5	71.6	8.5	10
总磷	3.3	13/2.9	30/2.0	87.5/0.3	40/0.2	93.9	0.2	0.5

二级出水进行沉淀过滤预期处理效率 表3-20

项目	处理效率(%)			目标水质(mg/L)
	混凝沉淀	过 滤	综 合	
浊度(NTU)	50～60	30～50	70～80	3～5
SS	40～60	40～60	70～80	5～10
BOD_5	30～50	25～50	60～70	5～10
COD_{Cr}	25～35	15～25	35～45	40～75
总 氮	5～15	5～15	10～20	—
总 磷	40～60	30～40	60～80	1
铁	40～60	40～60	60～80	0.3

二级处理出水混凝、沉淀或澄清系统设计时可参考以下设计参数：

（1）絮凝时间宜为10～15min；

（2）平流沉淀池沉淀时间宜为2.0～4.0h，水平流速可采用4～10mm/s；

（3）澄清池上升流速宜为0.4～0.6mm/s。

滤池的设计宜符合下列要求：

（1）滤池的进水浊度小于10NTU；

（2）滤池可采用双层滤料滤池、单层滤料滤池、均质滤料滤池；

（3）双层滤池滤料可采用无烟煤和石英砂；滤料厚度：无烟煤为300～400mm，石英砂为400～500mm，滤速宜为5～10m/h；

（4）单层石英砂滤料滤池，滤料厚度可采用700～1000mm，滤速宜为4～6m/h；

（5）均质滤料滤池，滤料厚度可采用1.0～1.2m，粒径0.9～1.2mm，滤速宜为4～7m/h。

针对不同的进水水质，当污水中氮磷含量较低或对氮磷的去除要求不高时，混凝过滤完全符合出水要求，而且如果滤池的滤料采用纤维滤料的话，还会进一步提高COD和SS的去除效率，并且大大缩短滤池停留时间，从而节省了土建费用，投资较低，运行费用合理，工艺已经比较成熟。

相比于其他污水深度处理方法，混凝沉淀后过滤消毒在经济性上有很大的优势，同时处理水量较大，抗冲击负荷能力强，而且工艺成熟，运行简单易控制。

3.7.3 活性炭吸附工艺

活性炭是一种多孔性物质，而且易于自动控制，对水量、水质、水温变化适应性较强，因此活性炭吸附法是一种具有广阔应用前景的污水深度处理技术。活性炭对分子量在500～3000的有机物有十分明显的去除效果，去除率一般为70%～86.7%，可经济有效地去除嗅、色度、重金属、消毒副产物、氯化有机物、农药、放射性有机物等，可用来脱色、除臭。

1. 活性炭的分类

常用的活性炭主要有粉末活性炭（PAC）、颗粒活性炭（GAC）和生物活性炭（BAC）三大类。近年来，国外对PAC的研究较多，已经深入到对各种具体污染物的吸附能力的研究。淄博市引黄供水有限公司根据水污染的程度，在水处理系统中，投加粉末活性炭去除水中的

COD，过滤后水的色度能降低到1～2度，臭味降低到0。GAC在国外水处理中应用较多，处理效果也较稳定，美国环保署（USEPA）饮用水标准的64项有机物指标中，有51项将GAC列为最有效技术。

2. 活性炭的性能

活性炭是由煤或木等材料经一次炭化制成的，其生产过程是在干馏釜中加热分馏，同时以不足量空气使其继续燃烧，然后在高温下用CO使其活化，使炭粒形成多孔结构，形成极大的内表面面积，所形成的表面特性与所用材料和加工方法有关。由于活性炭比表面积巨大，所以吸附能力很强。用于水处理的粒状活性炭性能和规格如表3-21所示。

用于水处理的粒状活性炭的性能和规格 **表 3-21**

项目	太原新华厂 ZJ-15(8号)	太原新华厂 ZJ-25(2号)	北京光华厂 GH-16	美国 Calgon filtrasorb 300
粒径(mm)	1.5	—	—	—
粒度(筛目)	10～20	6～12	10～28	—
机械强度(%)	70	>85	>90	70
碘值(mg/g)	>800	>700	>1000	900
真密度(g/cm^3)	0.77	0.70	2.0	2.1
堆密度(g/L)	450～530	520	340～440	480
比表面积(m^2/g)	900	800	1000	950～1050
总孔容积(mL/g)	0.80	0.80	0.90	0.85
水分(%)	<5	<5	—	2
灰分(%)	<30	<4	—	8

3. 活性炭吸附的应用

活性炭在再生水处理中一般用在生物处理之后，为了延长活性炭的工作周期，常在炭柱前加过滤，活性炭吸附池可采用普通快滤池、虹吸滤池、双阀滤池等形式，典型的流程如图3-32所示。

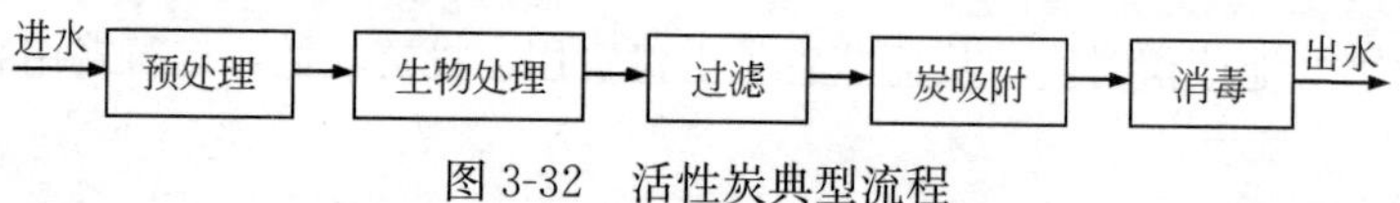

图3-32 活性炭典型流程

活性炭吸附效果如表3-22所示。

活性炭吸附的去除效果 **表 3-22**

项目	单位	科罗拉多泉处理厂			洛杉矶导试厂			大连市政污水		
		进水	出水	去除率(%)	进水	出水	去除率(%)	进水	出水	去除率(%)
pH值		6.9	6.9			7.5		7.4	7.8	
浊度	NTU	62	6	90	1.5	0.8	46	4.2	3.4	19
色度	度	39	18	54	30	<5	83	46	19	59
COD	mg/L	139	39	72	29.9	10.7	64	65	44	32
BOD	mg/L	57	24	58	5.7	2.4	58	5.3		
总磷	mg/L	0.7	0.9		2.9	2.9		4.1	3.6	12
NH_3-N	mg/L	23.9	26.9		7.4	7.1	4	34.9	33.2	5
SS	mg/L	15	3	79	5.4	2.4	56	4.8	0.9	81

4. 活性炭吸附的设计参数

进水为混凝沉淀和过滤后的二级出水，可采用下列参数作为实际设计中的参考：

(1) 水力负荷

在升流的条件下，炭床接触断面的水力负荷一般采用 9～25$m^3/(m^2 \cdot h)$；对于降流式，采用水力负荷为 7～12.5$m^3/(m^2 \cdot h)$。

(2) 接触时间

通常根据活性炭的柱容计算接触时间。对于出水 COD 要求为 10～20mg/L 时，接触时间为 10～20min；对于出水 COD 要求为 5～10mg/L 时，接触时间为 20～30min；如果作为物化处理，接触时间较长，一般大于 30min。

(3) 操作压力

通常每 30cm 厚炭层不大于 0.07kg/cm^2。

(4) 炭层厚度

一般为 3～12m，建议不小于 3m；常用为 4～6m；炭柱设计时应考虑超高，用以适应反冲洗时，炭床有 10%～50%的膨胀。

(5) 反冲洗

冲洗时间一般为 10～15min，冲洗强度为 8.2～13.7$L/(m^2 \cdot s)$。升流式膨胀床炭柱不需要冲洗。

(6) 炭柱数

为了便于维修，一般不少于 2 个。

(7) 炭的 COD 负荷

一般为 0.3～0.8kg COD/kg 炭。

5. 炭的再生

炭的再生方法有：溶剂洗涤、酸洗或碱洗、蒸汽再生、热再生。热再生是目前污水处理中常用的，它是将炭置于燃烧炉内使有机物氧化并从炭的表面去除。再生过程为：脱水、干化、熔烧、加水蒸气活化、冷却。再生炉内最高温度为 700～1000℃，再生设备的大小取决于失效炭的数量，理论上大约为 5mm^2 炉面积/(g 干重炭 · d)，实际炉能力比理论值低 40%以上。

再生炭的数量取决于处理水量、水质和要求出水的水质。对于城市污水来说，再生炭用量如表 3-23 所示。

炭罐用炭量 **表 3-23**

预处理	炭用量 g/m^3 炭罐出水
经混凝、沉淀、过滤的活性污泥法出水	24～48
进过滤的二级出水	48～72
原污水经混凝、沉淀、过滤处理(物化法)	72～216

3.7.4 臭氧氧化工艺

臭氧具有极强的氧化性，能与许多有机物发生反应，有效地改善水质。臭氧能氧化分解水中各种杂质所造成的色、嗅，其脱色效果比活性炭好；还能降低出水浊度，起到良好的絮凝作用，提高过滤滤速或者延长过滤周期。目前，国内的臭氧发生技术和工艺相对落后，有待进一步研究推广应用。

1. 臭氧氧化机理

臭氧氧化还原电位为2.07V，是一种极强的氧化剂，能有效去除色、浊、嗅、味，去除水中的酚、氰、硫化物、农药和石油类等污染物。臭氧氧化有两种方式：一种是由臭氧分子或单个氧原子直接参与反应；另一种是由臭氧衰减产生的·OH自由基引起。·OH的氧化还原电位为2.8V，仅次于F（2.87V），是水中存在的最强氧化剂，几乎可以无选择性地和污水中所有的污染物发生反应，将甘油、乙醇、乙酸等臭氧不能氧化分解的一些中间产物，彻底氧化为CO_2和H_2O。O_3溶于水后在UV的照射下，发生如下反应：

$$O_3+H_2O \text{——} O_2+H_2O_2 \tag{3-14}$$

$$H_2O_2+H_2O \text{——} O_2+2OH^- \tag{3-15}$$

与UV的协同作用还可以产生OH^-，OH^-还可诱发一系列的链反应，产生其他基态物质和自由基，强化了氧化作用，使污染物的降解变得快速而充分；单一的臭氧氧化反应则不产生上述这类物质。

某实验中使用的紫外光管功率为40W，主要波长为253.7nm；污水处理反应器是自行设计的石英玻璃容器，其有效容积为170L；臭氧发生器最大臭氧产量为40g/h，最大功率为500W；另外臭氧还通过钛合金曝气棒使臭氧均匀进入反应容器内和污水进行反应。反应器设计高度为100cm，内径为50cm。反应器进水为炼油厂曝气池出水，污水中含有油污、硫化物和挥发酚，COD为67mg/L，色度为16度，pH值为8。实验结果表明：

（1）COD去除效率高，反应速度快，仅15min就使COD下降了70%，降至20mg/L以下；

（2）在O_3为30g/L时，反应30min后，挥发酚含量降低了80%；

（3）在O_3为30g/L时，臭氧和紫外线联用的情况下，反应7.5min后，油污含量从9mg/L降至0.1mg/L；

（4）反应后色度降至4度；

（5）在臭氧浓度较大的波动范围内，硫化物的去除效率都维持在很高的水平上，平均去除率达到了90%。

2. 污水深度处理中臭氧处理效果

臭氧对于二级处理出水进行以再生回用为目的的处理，其主要作用是：

（1）去除水中残余有机物；

（2）脱色作用；

（3）杀菌作用。

大量工程数据表明，用臭氧氧化处理二级污水，在有机物去除方面有以下特点：

（1）臭氧对蛋白质、氨基酸、木质素、腐殖酸、链式不饱和化合物和氰化物有机物有氧化作用。

（2）臭氧对有机物的氧化，一般难于达到形成 CO_2 和 H_2O 的完全无机化阶段，只能进行部分氧化，形成中间产物。形成的中间产物主要有：甲醛、丙酮酸、丙酮醛和乙酸。但如果臭氧投加量足够，氧化作用还会继续进行下去，除乙酸外，其他物质都能被臭氧完全氧化。

（3）污水中 BOD/COD 比值随臭氧氧化反应时间延长而提高，说明污水的可生化性得到改善。

（4）臭氧对二级处理出水中 COD 的去除率与水的 pH 值有关，pH 值上升去除率也显著提高，当 pH 值为 7 左右时，COD 去除率为 40％左右，当 pH 值上升为 12 时，去除率可达 80％～90％。

使用臭氧进行脱色时要用砂滤作为预处理，否则效果不理想，并且造成臭氧浪费。

同时，砂滤亦可提高臭氧的杀菌消毒能力，有资料表明，当预处理使用砂滤时，只需投加 7mg/L 的臭氧，出水中的大肠杆菌即全部消失。

3. 臭氧氧化的运行参数

有资料表明当臭氧用于污水深度处理时，臭氧投加量一般为 10～20mg/L，接触时间为5～20min。其可使 BOD 下降 60％～70％，致癌物质下降 80％，合成表面活性物质下降 90％。

3.7.5　膜分离工艺

膜分离技术是以高分子分离膜为代表的一种新型的流体分离单元操作技术。它的最大特点是分离过程中不伴随相的变化，仅靠一定的压力作为驱动力就能获得很好的分离效果，是一种非常节省能源的分离技术。由于不使用药剂，无二次污染，占地面积小，在水质波动大时仍可自动连续运行，能够去除传统水处理方法难以去除的溶解性化学物质等优点而受到人们的广泛关注。

1. 膜分离技术分类

膜分离技术按照膜孔的大小，可分为以下几种：

（1）微滤

微滤可以去除细菌、病毒和寄生生物等，还可以降低水中的磷酸盐含量。天津开发区污水处理厂采用微滤膜对 SBR 二级出水进行深度处理，满足了景观、冲洗路面和冲厕等市政杂用和生活杂用的需求。

（2）超滤

超滤用于去除大分子，对二级出水的 COD 和 BOD 去除率大于 50％。北京市高碑店污水处理厂采用超滤法对二级出水进行深度处理，再生水水质达到生活杂用水标准，回用于洗车，每年可节约用水 4700m^3。

（3）反渗透

反渗透用于降低矿化度和去除总溶解固体，对二级出水的脱盐率达到 90％以上，COD 和 BOD 的去除率为 85％左右，细菌去除率为 90％以上。某电厂采用反渗透和电除盐联用技术，用于锅炉补给水。经反渗透处理的水，能去除绝大部分的无机盐、有机物和微生物。

(4) 纳滤介于反渗透和超滤之间，其操作压力通常为0.5～1.0MPa，纳滤膜的一个显著特点是具有离子选择性，它对二价离子的去除率高达95%以上，对一价离子的去除率较低，为40%～80%。采用膜生物反应器和纳滤膜集成技术处理糖蜜制酒精废水，取得了较好效果，出水COD小于100 mg/L，污水回用率大于80%。

2. 膜技术的应用

大连泰山热电厂新建工程锅炉补给水采用城市污水处理厂二级出水作为水源，通过全膜法进行深度处理，工程采用超滤（UF）/反渗透（RO）/连续电去离子模块（EDI）联合工艺对污水处理厂二级出水进行处理，超滤部分作为预处理，全工艺以反渗透为核心，连续电去离子模块用于深度除盐。经处理后出水中TOC＜0.5mg/L，除盐效果也十分明显，电导率小于0.2μS/cm，保证了锅炉的长期运行安全。

不过，我国的膜技术在深度处理领域的应用与世界先进水平尚有较大差距。今后的研究重点是开发、制造高强度、长寿命、抗污染、高通量的膜材料，着重解决膜污染、浓差极化及清洗等关键问题。

3.7.6 高级氧化工艺

工业生产中排放的高浓度有机污染物和有毒有害污染物，种类多、危害大，有些污染物难以生物降解，且对生物反应有抑制和毒害作用。而高级氧化法在反应中产生活性极强的自由基（如·OH等），使难降解有机污染物转变成易降解小分子物质，甚至直接生成CO_2和H_2O，达到无害化目的。

1. 湿式氧化法

湿式氧化法（WAO）是在高温（150～350℃）、高压（0.5～20MPa）下利用O_2或空气作为氧化剂，氧化水中的有机物或无机物，达到去除污染物的目的，其最终产物是CO_2和H_2O。福建炼油化工有限公司于2002年引进了WAO工艺，彻底解决了碱渣的后续治理和恶臭污染问题，而且运行成本低，氧化效率高。

2. 湿式催化氧化法

湿式催化氧化法（CWAO）是在传统的湿式氧化处理工艺中加入适宜的催化剂使氧化反应能在更温和的条件下和更短的时间内完成，因此也可减轻设备腐蚀、降低运行费用。目前，建于昆明市的一套连续流动型CWAO工业实验装置，已经体现出了较好的经济性。

湿式催化氧化法的催化剂一般分为金属盐、氧化物和复合氧化物三类。目前，考虑经济性，应用最多的催化剂是过渡金属氧化物如Cu、Fe、Ni、Co、Mn等及其盐类。采用固体催化剂还可避免催化剂的流失、二次污染的产生和资金的浪费。

3. 超临界水氧化法

把温度和压力升高到水的临界点以上，该状态的水就称为超临界水。在此状态下水的密度、介电常数、黏度、扩散系数、电导率和溶剂化学性能都不同于普通水。较高的反应温度（400～600℃）和压力也使反应速率加快，可以在几秒钟内对有机物达到很高的破坏效率。

美国德克萨斯州哈灵顿首次大规模应用超临界水氧化法处理污泥，日处理量达9.8t。系统运行证明其COD的去除率达到99.9%以上，污泥中的有机成分全部转化为CO_2、H_2O以及其他无害物质，且运行成本较低。

4. 光化学催化氧化法

目前研究较多的光化学催化氧化法主要有Fenton试剂法、类Fenton试剂法和以TiO_2为主体的氧化法。

Fenton试剂法由Fenton在20世纪发现，如今作为污水处理领域中有意义的研究方法重新被重视起来。Fenton试剂依靠H_2O_2和Fe^{2+}盐生成·OH，对于污水处理来说，这种反应物是一个非常有吸引力的氧化体系，因为铁是很丰富且无毒的元素，而且H_2O_2也很容易操作，对环境也是安全的。Fenton试剂能够破坏污水中诸如苯酚和除草剂等有毒化合物。尤其在引入光的作用下，对污染物的降解能力更强。目前国内对于Fenton试剂用于印染废水处理方面的研究很多，结果证明Fenton试剂对于印染废水的脱色效果非常好。另外，国内外的研究还证明，用Fenton试剂可有效地处理含油、醇、苯系物、硝基苯及酚等物质的废水。

类Fenton试剂法是把紫外光（UV）、氧气等引入Fenton试剂，具有设备简单、反应条件温和、操作方便等优点，在处理有毒有害难生物降解有机废水中极具应用潜力。该法实际应用的主要问题是处理费用高，只适用于低浓度、少量废水的处理。将其作为难降解有机废水的预处理或深度处理方法，再与其他处理方法（如生物法、混凝法等）联用，可以更好地降低污水处理成本、提高处理效率，并拓宽该技术的应用范围。

光催化法是利用光照射某些具有能带结构的半导体光催化剂如TiO_2、ZnO、CdS、WO_3等诱发强氧化自由基·OH，使许多难以实现的化学反应能在常规条件下进行。锐钛矿中形成的TiO_2具有稳定性高、性能优良和成本低等特征。在全世界范围内开展的最新研究是获得改良的（掺入其他成分）TiO_2，改良后的TiO_2具有更宽的吸收谱线和更高的量子产生率。

5. 电化学氧化法

电化学氧化又称电化学燃烧，是环境电化学的一个分支。其基本原理是在电极表面的电催化作用下或在电场作用产生的自由基作用下氧化有机物。除可将有机物彻底氧化为CO_2和H_2O外，电化学氧化还可作为生物处理的预处理工艺，将非生物相容性的物质经电化学转化后变为生物相容性物质。这种方法具有能量利用率高，低温下也可进行；设备相对简单，操作费用低，易于自动控制；无二次污染等特点。

6. 超声辐射降解法

超声辐射降解法主要源于液体在超声波辐射下产生空化气泡，它能吸收声能并在极短时间内崩溃释放能量，在其周围极小的空间范围内产生1900～5200K的高温和超过50MPa的高压。进入空化气泡的水分子可发生分解反应产生高氧化活性的·OH，诱发有机物降解；此外，在空化气泡表层的水分子则可以形成超临界水，有利于化学反应速度的提高。

超声波对卤化物的脱卤、氧化效果显著，氯代苯酚、氯苯、CH_2Cl_2、$CHCl_3$、CCl_4等含氯有机物最终降解产物为HCl、H_2O、CO、CO_2等。超声降解对硝基化合物的脱硝基也很有效。添加O_3、H_2O_2、Fenton试剂等氧化剂将进一步增强超声降解效果。超声与其他氧化法的组合是目前的研究热点，如US/O_3、US/H_2O_2、US/Fenton、US/光化学法。目前，超声辐射降解水体污染物的研究仍处于试验探索阶段。

7. 辐射法

辐射法是利用高能射线（γ、X射线）和电子束等对化合物的破坏作用所开发的污水辐射净化法。一般认为辐射技术处理有机废水的反应机理是先由水在高能辐射作用下产生·OH、H_2O_2、·HO_2等高活性粒子，再由这些高活性粒子诱发反应，使有害物质降解。

辐射法对有机物的处理效率高、操作简便。该技术存在的主要难题是用于产生高能粒子的装置昂贵、技术要求高，而且能耗大、能量利用率较低；此外为避免辐射对人体的危害，还需要特殊的保护措施，因此该法要投入运行，还需进行大量的研究探索工作。

各种高级氧化法对污水深度处理的效果不尽相同，但总体效果都比较理想，但是处理费用高、对设备要求高和二次污染问题是限制它们发展为主流工艺的瓶颈。前面提到的几种方法目前还处于实验阶段，具体投入到大规模生产实际还有一定的距离。

3.7.7 臭氧和生物活性炭联用工艺

臭氧是强氧化剂，活性炭是吸附有机物最有效的吸附剂，将这两种技术联用，还可在活性炭上浓缩氧气、有机物、微生物，使活性炭成为生物炭，即在炭上凹洼处、大孔处由微生物结群与分泌物一起形成生物膜，活性炭的生物膜有降解水中有机物的作用，在活性炭吸附与脱附有机物过程中起着再生的作用。

臭氧和生物活性炭联用技术具有化学氧化、物理吸附和生物降解三方面的作用，活性炭介质还具有过滤作用，与此同时，还可以脱色、除味、除浊，是目前国际上最常用、最成熟的去除有机物的技术。上海浦东周家渡水厂运行两年的结果表明，在黄浦江原水COD_{Mn}为6mg/L左右时，出厂水能达到<3mg/L，能使Ⅲ类水源水处理到出厂水达到<3mg/L的要求，这是传统混凝沉淀工艺无法做到的。图3-33所示是一种典型的臭氧和生物活性炭深度处理工艺流程。

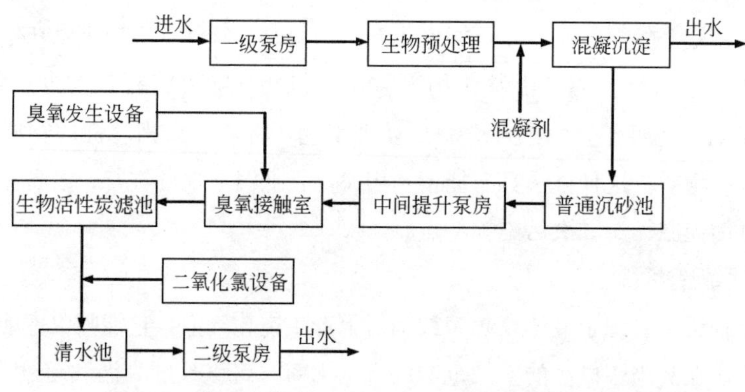

图3-33 典型的臭氧和生物活性炭深度处理工艺流程

在实际应用中，一般采用分段进行臭氧氧化、生物活性炭净水体系。在这种分段进行的工艺中，臭氧接触段的效率高低直接影响能源的利用率及该工艺的运行费用。饮用水处理中最常用的是鼓泡扩散反应器，这种设备运行时容易发生沟流，对气液接触不利。陶粒是一种新开发的净水滤料，具有相对密度较小、内部孔隙丰富、比表面积大、化学稳定性好的优点，与用其他滤料的同类型滤池相比，轻质陶粒滤池的产水率高、过滤周期长、截污量大。如果将陶粒滤料填装在臭氧反应柱中，即组成了“臭氧—陶粒—生物活性炭”处理流程，则可以提高臭氧的利用率，增强臭氧化阶段去除有机物及原水色度和浊度的能力，减轻后续生物活性炭处理段的负荷。

臭氧—生物活性炭的运行参数和使用注意事项如下：

(1) 进水浊度不宜过高，否则会造成活性炭柱的堵塞。

(2) 生物活性炭一般采用自然挂膜方式，所需时间较长，最佳工作温度为20～30℃。

(3) 进水pH值对大多数细菌、藻类、原生动物的生长十分重要，最佳pH值为6.5～7.5，硝化细菌为7.5～8。

(4) 臭氧——生物活性炭对于原水中的三氯甲烷等卤化物去除效果不明显，同时硝化作用不完全，当进水中含氮量较高时，如高于2mg/L时，出水中亚硝酸盐浓度急剧增大。

3.7.8 人工湿地工艺

人工湿地作为一种低投资、低能耗、低处理成本和具有N、P去除功能的污水生态处理技术，已逐渐被世界各国所接受，目前已被广泛应用于处理生活污水、工业废水、矿山及石油开采废水、农业点源污染和面源污染以及水体富营养化等的治理。近年来，人工湿地技术在我国得到了应用与发展，为城市污水的处理和深度净化提供了新的思路与途径。

人工湿地（Constructed Wetland，CW）污水处理技术是20世纪70年代末发展起来的一种污水处理新技术，它的原理主要是利用湿地中基质、水生植物和微生物之间的三重协同作用，通过过滤、吸附、沉淀、离子交换、植物吸收和微生物分解实现对污水的高效净化率。它具有以下优点：

(1) 处理效果好

其对BOD的去除率可达85%～95%，对COD的去除率可达80%以上，处理出水的BOD可小于10mg/L、SS可小于20mg/L，对TN和TP的去除率分别可达60%和90%。

(2) 运转维护管理方便，工程建设和运转费用较低

其建设和运转费用分别为传统二级活性污泥法处理工艺的1/10和1/2。

(3) 对负荷变化适应能力强。

因此，人工湿地比较适合技术管理水平不高、规模较小的城镇或乡村的污水深度处理。

人工湿地用于处理污水主要有两种形式：一种是预处理型，即在那些目前还不具备建造污水处理厂的城乡结合部位，选择一定的区域，将生活污水直接投放到人工建造的类似于沼泽地的湿地上，通过植物、微生物、土壤的自然作用来净化污水。另一种是强化处理型，即在污水处理厂附近建造人工湿地，将污水处理厂处理过的污水排入人工湿地，再经过人工湿地的深度处理，提高其水质，然后排入自然水系，作为补充水源。

近年来，有人通过在湿地中种植一些植物或改善水流状态，起到了很好的效果，在一定程度上提高了污染物的去除率。宋晨等在对北方某污水进行人工湿地深度处理研究中发现，生长有芦苇的湿地比空白湿地的COD、TN、NH_3-N、NO_3^--N、TP的去除率分别提高了10%、

20%、35%、25%、63%。

人工湿地的设计负荷取值范围较广，但一般不易过高，一般取 1～1.5m³/(m²·d)。从化东方夏湾用于污水处理而建造的人工湿地属于深度处理型，该人工湿地占地面积 2000m²，设计负荷为 1.2m³/(m²·d)。根据地形，人工湿地设计为“凹”字型，并衬以跌水雕塑、曲桥、涌路和具有污水净化功能的水生植物形成景色怡人的园林景观。湿地设计采用复合式人工碎石植物床，共分四个主要工艺段，各工艺段按阿基米德螺线展开以保证潜、表径流长度，使有限的处理空间达到最大限度的长度延伸和流径曲缓。

待处理水经跌水塔物理曝气后，潜流进入人工碎石植物床，在缓流过程中进行过滤、沉淀、吸附、离子交换等物理化学作用，随着水体的滞流作用，部分水流垂直滤升至池面形成池表面漫流，在整个过程中同时发生植物吸收和微生物降解作用。

人工湿地自下而上为素土夯实，满铺砾石过滤层、续铺中粗砂缓流层，再铺细砂滞流层和其上渗滤水体表流层和稳流层，配以水体各层面适宜生长的、有处理效果的水生植物，使所处理的水完全处于被处理环境包围之中，形成根系、茎系、叶系和沉水、浮水、挺水双路三个层面的处理效果，形成一个人工生态系统。

同时根据湿地处理工艺技术参数要求，依次分别种植挺水植物：美人蕉、菖蒲、芦苇等；挺水/浮水植物：水葱、再力花、香蒲、纸莎草、水芙蓉、浮萍、睡莲等；沉水植物：凤眼莲等。

污水经过人工湿地处理前后的水质情况如表 3-24 所示。

某人工湿地污水处理情况（mg/L） **表 3-24**

项目	BOD_5	COD_{Cr}	总磷	氨氮
进水水质	150～200	300～400	3～5	15～30
出水水质	2～5	10	0.1～0.3	0.8～1.5
排水标准	4	20	0.2	1.0

从表 3-24 可以看出，人工湿地的处理效果还不够稳定，未来还需要进一步改进，如与其他工艺的组合应用。

3.7.9 膜生物反应器

传统的活性污泥工艺（Conventional Activated Sludge，CAS）广泛地应用于各种污水处理中。由于采用重力式沉淀方式作为固液分离手段，因此带来了很多方面的问题，如固液分离效率不高、处理装置容积负荷低、占地面积大、出水水质不稳定、传氧效率低、能耗高以及剩余污泥产量大等。传统生物处理工艺处理后的水难以满足越来越严格的污水排放标准，同时，经济的发展所带来的水资源的日益短缺也迫切要求开发合适的污水资源化技术，以缓解水资源的供需矛盾。在上述背景下，一种新型的水处理技术——膜生物反应器（Membrane Bioreactor，MBR）应运而生。随着膜分离技术和产品的不断开发，MBR 也更具有实用价值，近年来许多国家都投入了大量资金用于开发此项高新技术。

1. 膜生物反应器定义和分类

膜生物反应器，根据功能可以分为：膜分离生物反应器（Membrane separation bioreactor）、膜曝气生物反应器（Membrane aeration bioreactor）、萃取膜生物反应器（Extractive membrane bioreactor）、离子交换膜生物反应器（Ion exchange membrane bioreactor）等，其中膜分离生物反应器是应用最广泛的一种。本书中的膜生物反应器如无特殊说明均指膜分离生物反应器，简称膜生物反应器。

MBR 是一种将膜分离技术和生物处理技术相结合的污水处理技术，具有诸多传统生物处理工艺所无法比拟的优点：膜可直接置于生物反应器中进行泥水分离，取代传统活性污泥法中的二沉池，出水水质良好且稳定；实现反应器水力停留时间（HRT）和污泥龄（SRT）的完全分离，运行控制更加灵活稳定；维持生物反应器内高浓度的微生物量，处理装置容积负荷高，占地面积小；有利于增殖缓慢的微生物（如硝化细菌）的截留和生长，提高系统硝化效率；剩余污泥产量低，降低污泥处理费用；易实现自动控制，操作管理方便。MBR 的上述特点和优势决定了其在水污染控制和水资源利用方面具有巨大的潜在市场和广阔的应用前景。

根据分类方式的不同，MBR 包括许多种类。按照膜组件和生物反应器的布置方式可将 MBR 分为：分置式膜生物反应器（Recirculated membrane bioreactor，RMBR，又称分置式 MBR）和浸没式膜生物反应器（Submerged membrane bioreactor，SMBR，又称一体式 MBR）。两种形式 MBR 的示意图如图 3-34 所示。分置式 MBR 是把膜组件和生物反应器分开放置，生物反应器的混合液经泵增压后进入膜组件，在压力驱动下混合液中的水分子和小分子物质透过膜得到系统出水，活性污泥和大分子物质则被膜截留随浓缩液回流到生物反应器内。浸没式 MBR 是将膜组件直接置于反应器内，通过泵的抽吸得到过滤液，同时通过鼓风机进行曝气供氧，一方面满足微生物生长和污染物去除的需要，另一方面在膜表面形成一定的水力紊动条件和膜面错流流速，从而控制和减缓膜污染。与分置式 MBR 相比，浸没式 MBR 动力消耗低且占地面积小，越来越受到重视。

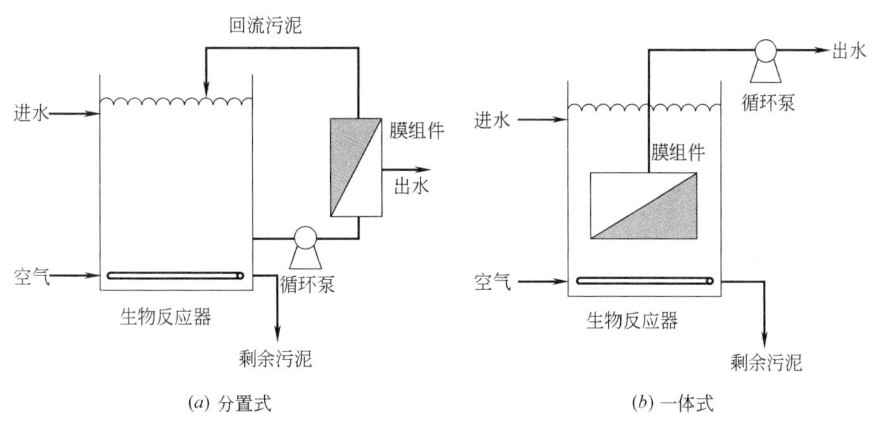

图 3-34　MBR 示意

按照生物反应器是否需氧可分为好氧膜生物反应器和厌氧膜生物反应器。好氧膜生物反应器一般用于生活污水的处理，厌氧膜生物反应器一般用于高浓度或难降解有机废水的处理，有时为达到特定的处理目标，也会将厌氧和好氧方式结合，再配以膜组件一起使用。

另外，按孔径大小可分为微滤膜生物反应器、超滤膜生物反应器和纳滤膜生物反应器等；根据膜的材质可分为有机膜生物反应器和无机膜生物反应器；按照膜组件的类型可分为平板膜生物反应器、中空纤维膜生物反应器和管式膜生物反应器等。

2. 膜材料和膜组件

(1) 膜材料

膜是MBR系统的核心单元，MBR中广泛应用的膜材料包括无机膜和有机膜。无机膜的化学稳定性好、机械性能优异、膜通量高、不易污染，普遍亲水性好，但是制造成本高、弹性小，膜的加工制备有一定困难，目前已商品化的无机水处理膜材料为陶瓷膜，较大的陶瓷膜厂家包括美国的PALL公司、法国的TAMI公司和德国的ATECH公司等。

有机膜的制造成本较低、制造工艺成熟、膜孔径和形式多样、操作温度低、应用广泛，被大量用在MBR中。适于MBR的有机膜材料多种多样，常见的有聚偏氟乙烯（PVDF)、聚醚砜（PES)、聚丙烯腈（PAN)、聚丙烯（PP)、聚乙烯（PE)、聚苯乙烯（PS)、聚氯乙烯（PVC）等，其中PVDF与PES是目前商品化膜中最常见的两种膜材料，国内外均有许多较著名膜厂家生产，如美国的GE公司、Koch公司，德国的Siemens公司，日本的三菱公司、东丽公司，中国的膜天膜公司和碧水源公司等。

(2) 膜组件

污水处理MBR中常用的膜组件为平板膜组件、中空纤维膜组件、管式膜组件，三种组件的形式如图3-35所示。

(a) 平板膜组件

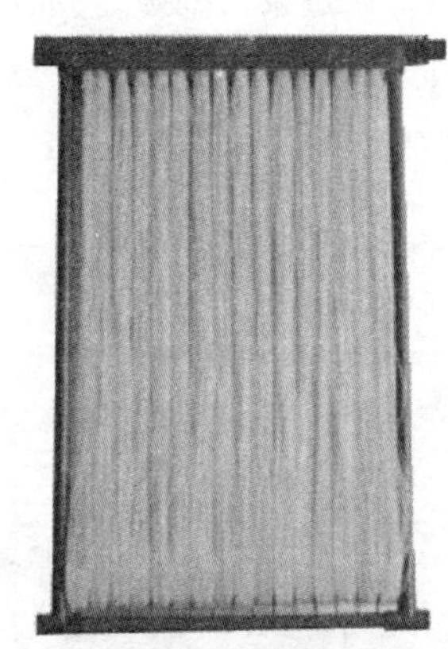
(b) 中空纤维膜组件

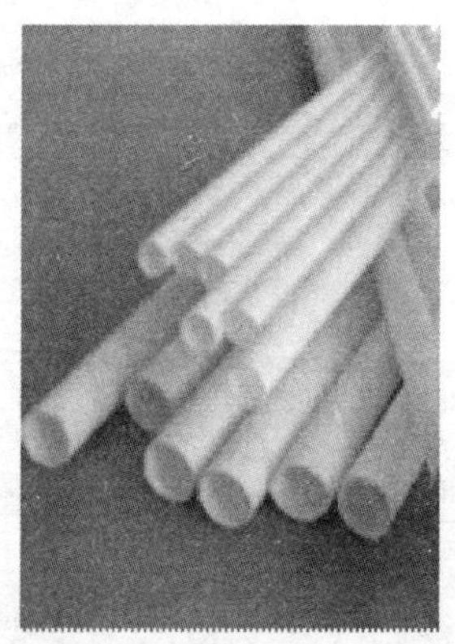
(c) 管式膜组件

图3-35 膜组件的形式

浸没式MBR中常用的膜组件包括中空纤维膜组件、平板膜组件。中空纤维膜在大型市政污水项目中应用较多，其优点是装填密度高、膜池体积小、制造工艺简单、造价较低，缺点是对预处理要求较高、反冲洗次数多、阻力损失较大、强度较低，主要有帘式、束状和柱状等构造形式。平板膜多用于规模较小的市政污水项目中，其优点是跨膜压差较小、运行通量较大、污泥浓度高、抗污堵能力强、对预处理要求低、强度高、寿命长，缺点是装填密度低、膜池占地相对较大、投资较高，主要有板式和盘式两种。

分置式MBR中常用的膜组件形式为管式膜，如用于垃圾渗滤液等高浓度有机废水的处理。管式膜组件的主要优点是能较大范围地耐悬浮固体、纤维和蛋白质等物质，对料液的前处理要求低，可有效地控制浓差极化，并能大范围地调节料液的流速，对料液进行高倍浓缩，且膜生成污垢后容易清洗；其缺点是投资和运行费用较高，单位体积内膜的比表面积较低，占地面积大。

3. 膜污染

(1) 膜污染定义

随着MBR的运行，膜污染不可避免地发生。一般认为，MBR中膜污染是由膜和活性污泥中的污染物质相互作用引起的，通常是指活性污泥体系中的物质（悬浮物、胶体或可溶性物质）在膜孔内和膜表面的吸附聚集，形成膜孔堵塞和膜面“凝胶层”或者“泥饼层”，从而引起膜通量衰减和过滤压力升高的过程。膜污染不仅缩短了膜的使用寿命，而且直接导致泵的抽吸水头和曝气量增加，是造成MBR能耗较高，运行成本增加和膜组件频繁清洗和更换的主要原因。

膜污染通常可分为可逆污染和不可逆污染。可逆污染主要由悬浮物、胶体、溶解性物质在膜表面沉积形成的污染层引起，可很容易通过物理清洗消除；而不可逆污染主要由溶解性物质或小分子胶体物质吸附、堵塞膜孔内部引起，通过化学清洗可以消除。众多研究表明，由污染层引起的可逆污染被认为是MBR中膜污染的主要部分，Lee等的研究表明膜孔堵塞及泥饼层阻力分别占膜过滤总阻力的8%和80%，Ramesh等人在用MBR过滤城市生活污水时发现泥饼层阻力占膜总阻力的95%～98%。

(2) 膜污染控制

膜污染控制措施主要包括三个方面：膜材料改进；混合液性质调控；操作条件优化。

膜本身的特性如膜孔径、孔隙率、表面能、电荷、粗糙度以及亲、憎水性对膜污染有直接的影响。膜过滤过程中通常希望膜具有良好的机械性能、高的膜通量和高的选择性。而后面两个要求实际上是相互矛盾的，因为高的选择性通常只能通过较小的孔径获得，而较小的孔径必然引起较大的水力阻力和较低的膜通量。膜通量和膜的开孔率成正比，孔隙率越大越好。膜的阻力还与膜的厚度成正比。再者，较宽的孔径分布范围必然使膜的选择性变差。因此膜的最理想的物理结构是厚度薄、孔径分布范围窄并且表面孔隙率高。

在膜材料改进方面，国内外研究者和很多公司企业进行了深入研发。为了提高膜材料的抗污染性能，膜材料改进的主要方面包括：①亲水性改良，如等离子体处理、药剂浸泡-干化等；②抗污染因子添加或接枝，如添加功能洗涤剂因子、纳米材料，表面UV光照/等离子体辐射接枝等；③膜面电荷修饰；④膜孔径、孔隙率、粗糙度等改良。此外，膜组件和膜组器的优化设计可以改善膜面流体力学条件，对有效控制膜污染也很重要。

采用化学或生化方法对混合液性质进行调控是膜生物反应器运行中的重要技术之一。目前，有关混合液性质和膜污染之间的关系有以下几点已基本明晰：①一般认为混合液中的胞外聚合物（EPS）、溶解性有机物（SMP）和膜直接相互作用，是影响膜污染的主要物质，其浓度越高膜污染就越快；②适宜的污泥浓度有利于膜污染控制；③污泥的沉降性能越好越有利于膜污染控制；④污泥膨胀/污泥破碎易形成严重的膜污染。因此，可通过向 MBR 中投加絮凝剂（如氯化铁、硫酸铝等）或吸附剂（活性炭等），来改善混合液性质，从而减轻膜污染。

操作条件优化是进行膜污染防控的关键之一，操作参数的优化方式有：①选择合适的运行通量；②选择合适的 HRT、SRT；③选择合适的膜抽吸方式；④水力学条件优化，如曝气强度、反应器构型优化以提升膜面错流流度；⑤达到一定的操作压力及时进行清洗等。当膜污染累积到一定阶段时，必须对膜进行清洗以减轻或消除膜污染，恢复膜通量，延长膜的使用寿命。膜清洗时分为物理清洗和化学清洗。在实际运行过程中，应根据膜本身的物理化学性质以及污染物质的成分选取适宜的清洗方式和清洗药剂，保证膜通量最大恢复的情况下，不损坏膜本身性能。

4. MBR 应用现状和发展方向

近 20 年来，MBR 有了长足的发展，国内应用 MBR 处理城市污水的规模总计达到 200 多万 m^3/d。已经投入运行上万 m^3/d 的 MBR 工程约有 40 多座，同时拟建上万 m^3/d 的 MBR 工程还有 10 余座。但目前 MBR 仍存在一些问题，如 MBR 膜组件造价高、投资大，导致工程投资比常规处理方法大幅增加；运行能耗高，浸没式 MBR 运行能耗约为 0.6～2.0kW・h/m^3，远高于活性污泥法 0.3～0.4kW・h/m^3；膜污染问题未得到有效解决，清洗频率高，维护管理繁琐；膜组件寿命短，一般在 5～8a，需到期更换。因此，MBR 今后的发展方向主要包括：

（1）高通量、低成本、抗污染、长寿命的高效膜和膜组件开发；

（2）MBR 脱氮除磷性能提升技术的开发；

（3）相关 MBR 设计标准和规范的制定；

（4）厌氧膜生物反应器的技术研发和应用；

（5）MBR 与其他技术的耦合研究和应用；

（6）适宜于特定工业废水膜材料和 MBR 的研发和应用；

（7）MBR 和资源、能源回收相结合；

（8）其他方面的研究和应用。

5. 城镇污水处理 MBR 工艺性能

（1）工艺原理及典型流程

1）去除有机污染物的 MBR 工艺

与传统污水处理工艺相比，MBR 工艺对有机污染物的去除效率更高，可在较短的停留时间内达到更好的去除效果，以城市生活污水为处理对象时，COD 的处理效率可维持在 95%以上。MBR 对有机污染物的去除主要通过两方面的作用实现：一方面是好氧条件下反应器内微生物的代谢作用，MBR 系统中微生物浓度高，生物降解作用增强；另一方面是反应器内膜对有机大分子物质的截留作用，通过膜孔本身截留、膜孔和膜表面吸附及膜表面沉积层的截留/吸附作用实现对溶解性有机物的去除，进一步提高有机污染物的去除率。

去除有机污染物 MBR 的典型工艺流程一般如图 3-36 所示，污水处理系统通常包括预处理单元、MBR 单元和后处理单元。预处理单元一般为格栅及沉砂池，用以去除进水中的较大杂质和无机颗粒，使后续处理流程顺利进行。而在各种实际工程运行中发现，进水中的棉絮、毛发、纤维制品等悬浮物质会缠绕吸附在 MBR 内膜组件上，影响系统的正常运行。因此，通常设置间距更小（<1mm）的超细格栅进行预处理，以拦截进水中的纤维状杂质，保证 MBR 单元的正常运行。此外，当进水中动植物油含量大于 50 mg/L，矿物油大于 3 mg/L 时，预处理设施中应设置除油装置。MBR 单元为整个系统的核心单元，通常包括膜分离系统、出水系统、曝气系统、清洗系统、生物系统，实际工程中各个系统参数如膜运行通量、抽停比、曝气量、清洗频率、停留时间等对 MBR 运行效果有着决定作用。当对 MBR 出水的灭菌或消毒有专门要求时，后处理装置应具有灭菌或消毒功能，一般采用氯化法、紫外线或臭氧消毒工艺。

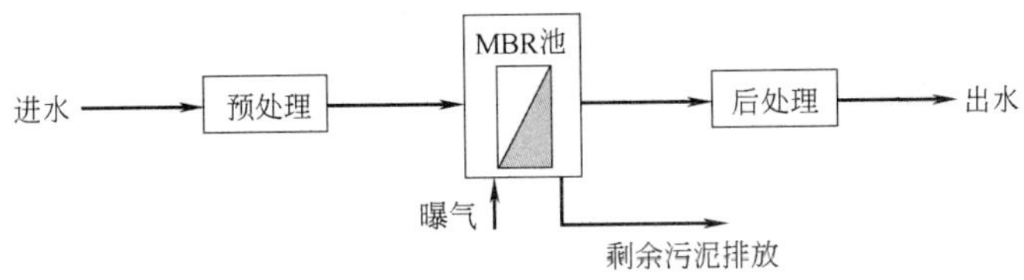

图 3-36　去除有机污染物的 MBR 工艺流程

2）A/O-MBR 组合工艺

生物脱氮包括硝化和反硝化两个部分。MBR 的脱氮工艺通常根据好氧硝化-缺氧反硝化的机理，借鉴传统的 A/O 工艺，在 MBR 系统前增加缺氧区，形成 A/O-MBR 组合工艺，工艺流程如图 3-37 所示。在好氧 MBR 段，由于膜的高效截留作用，为世代时间较长的硝化细菌的生长创造了条件，进水中的氨氮可被快速转化为硝酸盐，与传统的 A/O 工艺相比，MBR 系统的硝化能力更强。硝化后的混合液回流进入缺氧段，利用进水中易降解的有机物为碳源进行反硝化，生成氮气排出，最终实现系统中氮的去除。

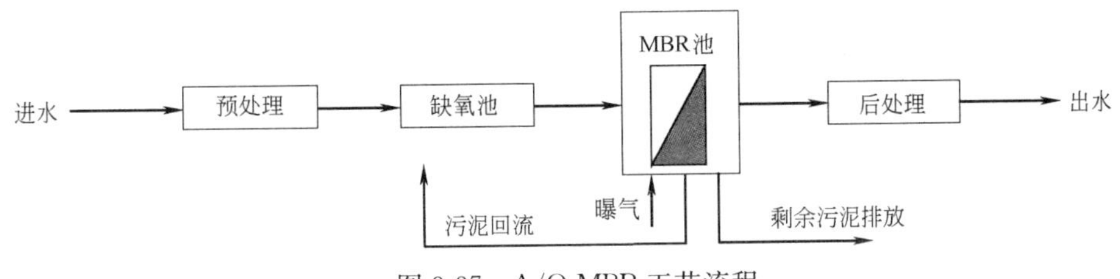

图 3-37　A/O-MBR 工艺流程

3）A/A/O-MBR 组合工艺

采用 MBR 工艺处理城市生活污水时，根据“厌氧释磷，好氧吸磷”的生物除磷机理，参照传统 A/A/O 工艺，在 MBR 系统前增设厌氧区和缺氧区，形成 A/A/O-MBR 组合工艺，实现对污水中氮磷的同步去除，工艺流程如图 3-38 所示。工艺的生物作用机理和传统 A/A/O 工艺类似，但在除磷方面，由于磷在水中的形态不仅有磷酸小分子，同时也存在和高分子的蛋白多糖等胞外聚合物结合的胶体形态的磷，而膜本身可对胶体形态磷有一定的截留作用，故 MBR 在除磷方面也具一定优势。

（2）主要设计运行参数

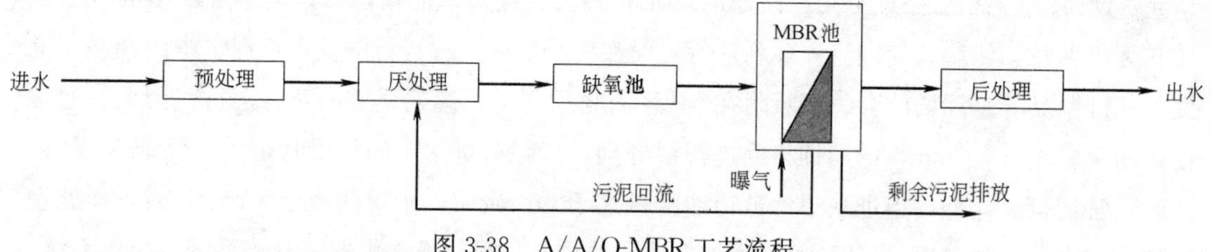

图 3-38 A/A/O-MBR 工艺流程

采用 MBR 工艺处理城市生活污水时，主要参数如下：

1）膜分离单元参数

① MBR 内常用膜为微滤膜和超滤膜，孔径一般在 0.02～0.4 μm 之间；

② 浸没式 MBR 运行通量范围为 10～30L/(m^2 · h)；

③ 有效膜面积应根据处理水量和所采用的膜通量计算确定，并增加 10%～20%的富裕量；

④ 曝气强度为 0.2～1.2m^3/(m^2 · h)，中空纤维膜所需曝气强度比平板膜低；

⑤ MBR 膜出水常采用真空泵抽吸出水，运行模式为恒流间歇运行，抽停比一般为 8～15min/1～2min；

⑥ 膜最大操作压力为 0.02～0.1MPa；

⑦ 膜化学清洗通常分为维护性清洗和恢复性清洗，维护性清洗用于维持膜的透水率和降低加强型清洗的频率，恢复性清洗用于跨膜压差（TMP）升高、过滤不能持续进行的情况。对于典型好氧 MBR，维护性清洗一个完整周期为 30～60min，通常 7～14d 进行一次，采用中等浓度的化学药剂，一般采用 200～500mg/L 的次氯酸钠溶液；恢复性清洗则采用更高浓度的化学药剂，如质量分数为 0.2%～1%的次氯酸钠，并与质量分数为 0.2%～0.3%的柠檬酸或 0.5%～1%的草酸结合使用，一个完整周期为 2～8h，通常每 6～18 个月进行一次。

2）生物单元参数

① MBR 内污泥浓度一般为 8 000～20 000 mg/L；

② MLVSS 在 MLSS 中所占比例一般为 50%～70%；

③ 污泥负荷一般为 0.05～0.66kg BOD_5/(kg MLSS · d)；

④ 容积负荷一般为 1.2～3.2kg COD/(m^3 · d)；

⑤ MBR 好氧区 HRT 一般为 2～5h，缺氧区 HRT 一般为 2～4h，厌氧区 HRT 一般为 0.5～2h；

⑥ 污泥龄一般为 15～60d；

⑦ 混合液回流比一般为 100%～400%。

(3) MBR 工艺运行效果

目前，国内外已对 MBR 的工程运行做了大量研究，许多运行结果表明：相对传统污水处理工艺，各种 MBR 的出水水质更优，经 MBR 处理后的生活污水，其 COD、BOD_5、浊度都很低，大部分细菌、病毒被截留，出水水质达到或优于生活杂用水水质标准，可直接作为楼房再生水、城市园林绿化、扫除、消防等用水。

英国 Porlock 村庄污水处理工程是 MBR 工程应用的典型代表，该项目位于英国北部的 Somerest 海岸，自 1998 年 2 月开始运行，主要处理 Porlock 村庄的生活污水，最大处理规模为 $1900m^3/d$，采用 Kubota 公司的 A/O-MBR 处理装置。运行过程中好氧 MBR 池内的污泥浓度为 15000～20000mg/L，最终出水的 BOD_5 不超过 5mg/L，且不受进水 BOD_5 变化的影响，出水平均浊度为 0.3NTU，大肠杆菌和肠道病毒的去除率达 99.99%。

国内北方某居民区采用 A/O-MBR 工艺处理生活污水，进水经预处理后进入主体生物反应区，膜出水经紫外消毒后作为再生水回用，处理规模为 $750m^3/d$，系统缺氧区与好氧区体积比为 1∶1.5，HRT=10 h，SRT=50 d，污泥回流比为 120%，MLSS 为 6500～7500mg/L，运行期间出水的 COD、BOD_5、NH_3-N、浊度可分别降低至 30mg/L、3mg/L、3mg/L、0.25NTU 以下，出水水质可稳定达到城市杂用水标准。

(4) MBR 工艺在污水处理厂改扩建中的应用

随着出水排放标准的提高和土地资源的日益紧缺，具有出水水质好、占地面积小等优点的 MBR 工艺在污水处理厂升级改造中表现出有力的竞争优势。目前，国内外已有多家污水处理厂采用 MBR 工艺进行改扩建。

美国俄亥俄州的 McFarland Creek 污水处理厂原有工艺为普通曝气，处理规模为 $4500m^3/d$，根据美国 EPA 的要求，该处理厂需进行脱氮除磷改造，水量要求扩大 50%，为 $6750m^3/d$。由于场地和改造费用的限制，该厂最终选用 MBR 工艺，将原有曝气池改为膜池，原有池容无需增加，还可省出一部分作均质池。该工程自 2007 年 4 月开始运行，出水 BOD_5<3mg/L，NH_3-N<1mg/L，TSS<1mg/L，大肠杆菌数<10 个/100mL。

北京北小河污水处理厂原有污水处理工艺为传统活性污泥法，处理规模为 $40000m^3/d$。随着处理规模的加大和再生水利用的需求，2006 年 7 月北小河污水处理厂改扩建和再生水利用工程开工建设，扩建的 $60000m^3/d$ 污水处理设施采用 A/A/O-MBR 工艺。膜组件采用 Siemens 公司的中空纤维膜，设计好氧池 MBR 污泥浓度为 8000～9200mg/L，总 HRT 为 14h，SRT 为 17d，最终出水可满足《城市污水再生利用 城市杂用水水质》GB/T 18920—2002 中车辆冲洗水质要求。

3.7.10 曝气生物滤池

曝气生物滤池（BAF）是在生物接触氧化基础上引入饮用水工业中的过滤思想而产生的一种好氧污水处理技术。其突出的特点是在一级强化处理的基础上将生物氧化和截留悬浮物结合在一起，滤池后面不设二次沉淀池，通过反冲洗实现周期性运行。与活性污泥法相比，BAF 工艺具有建设费用低、处理负荷高、能耗低、出水水质好等优点；与生物滤池相比，BAF 工艺占地面积小，不易堵塞；与生物接触氧化法相比，BAF 工艺的生物膜薄活性相对较高，不用设置二次沉淀池；与生物流化床相比，BAF 工艺动力消耗低，不需要生物膜与载体颗粒的分离和载体颗粒的循环系统，运行操作比较简单。因此，BAF 工艺从多种工艺中脱颖而出，而且由于其处理效果好，处理费用低，用在污水深度处理中很实用。

1. 工艺原理

BAF工艺的形式和操作方式有多种，各具特色，但其基本原理都是在滤池内填充大量粒径较小、表面粗糙的填料，通过培养和驯化让填料挂上有用的生物膜，利用高浓度生物膜的生物降解和生物絮凝能力处理污水中的有机物，并利用填料的过滤能力截留悬浮物，保证脱落的生物膜不随水流出。同时，由于曝气装置将整个滤池分为好氧区和缺氧区，可分别进行硝化和反硝化，从而达到脱氮的作用，使氨氮指标达标。若在相应阶段投加适量的除磷剂（一般为铁剂）则还可达到良好的除磷效果。

2. 主要形式

根据水流方向BAF可分为上向流（升流式）和下向流（降流式）两种，下向流BAF纳污效率不高，运行周期短，现已被上向流BAF逐步取代。

3. 工艺流程

BAF反应器为周期运行，从开始过滤至反冲洗完毕为一完整周期，其典型工艺流程如图3-39所示。

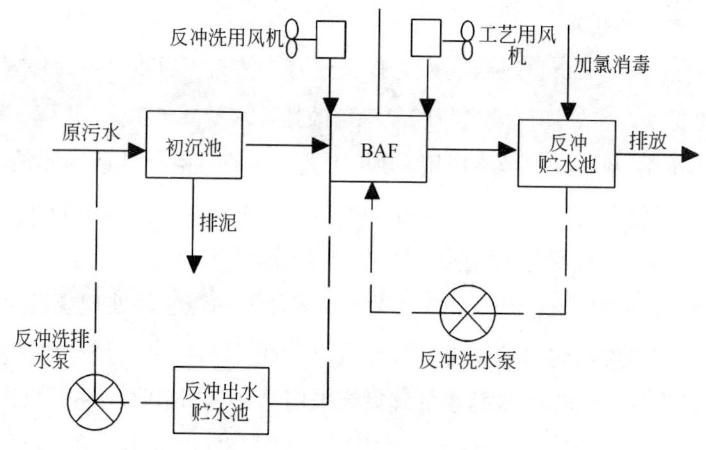

图3-39 BAF典型工艺流程

4. 滤料

滤料作为BAF的核心部分，直接影响着其处理效率。各种BAF采用的填料不尽相同：BIOCARBON型滤池使用的是石英砂砾，BIOFOR®使用的是轻质陶粒，而BIOSTYR®使用的是聚苯乙烯填料，上海市政工程设计研究总院（集团）有限公司的BIOSMEDI®使用的是轻质滤料，在反冲技术上有其特点。

因BIOFOR®曝气生物滤池采用广泛，陶粒填料应用也最广。陶粒填料采用无机材料烧结而成，表面为粗糙多孔结构，粒径一般选择为3～6mm，比表面积可达3.98m²/cm³。BAF粗糙多孔的粒状填料易挂膜，为微生物提供了更佳的生长环境，微生物量可达10～15g/L，高浓度的微生物量使得BAF的容积负荷增大，进而减小了池容和占地面积。

5. 反冲洗

BAF工艺中生物膜的厚度一般控制在300～400μm，此时生物膜的代谢能力强，滤池的出水水质好。随着 BAF 的运行，生物膜逐渐增厚，当膜的厚度超出这个范围时，氧的传递速度减小，传质速度减缓，滤池水头损失加大，易堵塞，此时，需要进行反冲洗以保证 BAF 的正常运行。目前，气水反冲洗技术因反冲洗效果好且节约用水已被绝大多数工厂采用。实践表明气水反冲洗可以节省 40%～60%的冲洗水量，并可以延长过滤周期。

6. 技术特点

曝气生物滤池的主要技术特点有：

（1）采用小粒径的填料作为过滤主体的池型反应器，一般为 3～10mm；

（2）同步发挥生物氧化作用和物理截留作用；

（3）氧转移和利用效率高；

（4）运行过程中通过反冲洗去除滤层中截留的污染物和脱落的生物膜，不需要二次沉淀池；

（5）充分借鉴了单元反应器的原理，采用模块化结构设计。

7. BAF 运行工艺条件

（1）负荷

负荷是 BAF 工艺设计的关键参数，一般采用水力负荷（或滤速）和有机容积负荷进行设计。早期的降流式 BAF（BIOCARBONNE）一般采用较低的负荷，而 BIOFOR® 和 BIOSTYR® 等升流式 BAF 则采用较高的负荷。BAF 的容积负荷与处理出水有机物浓度呈线性关系，即 $F_v = KS_e$。因此，对于不同的处理目标和要求，容积负荷的取值是不同的。国内外的研究表明，水力负荷对 SS 和 BOD_5 的影响并不明显，因此在其他因素，如温度、气水比、反冲洗强度等确定的条件下，应尽可能加大 q 值，以提高 BAF 的处理能力。但水力负荷对硝化和反硝化的影响，目前尚存在不同的研究结果。水力负荷对 BAF 硝化和脱氮的影响与其运行方式有关，对此有待深入研究。目前 BAF 实现不同处理目标的典型负荷取值如表 3-25 所示。

BAF 实现不同处理目标的典型负荷取值 **表 3-25**

负荷类型	碳化(BAF-C)	硝化(BAF-C/N)	反硝化(BAF-DN)
水力负荷 $q[m^3/(m^2 \cdot h)]$	3～16	3～16	10～25
容积负荷$[kgX/(m^3 \cdot d)]$	2.0～6.0	0.5～2.0	0.8～5.0

注：X 分别为 BOD_5、NH_3-N、NO_3-N。

（2）气水比

由于 BAF 相比于传统工艺，氧的利用率较高，所以可以采用较低的气水比（r）。研究数据表明，BAF 中去除单位重量的有机物（以 TBOD 表示）所需的氧为 0.42～0.8kgO_2/kgTBOD，平均为 0.51kgO_2/kgTBOD，低于传统活性污泥法的 1.0～1.2kgO_2/kgTBOD。但与此同时，BAF 所需的气水比与其进水水质、处理目标、滤料粒径和滤料层的厚度等因素有关。通常，用于硝化的 BAF-C/N 需要较高的气水比，而仅需实现碳化的 BAF-C 可采用较低的气水比。应用 BIOSTYR 进行硝化的研究表明，去除 1kgNH_3-N 所需的供气量为 70m^3。目前，一般采用的气水比为（3～10）∶1。资料和实际运行结果分析表明，其适宜的气水比为（3～7）∶1。

(3) 反冲洗强度

目前，气水联合反冲洗是BAF普遍采用的反冲洗方式，即：气单独反冲洗—气水联合反冲洗—水反冲洗（清洗）。其中气和水的反冲洗强度的控制极为重要。反冲洗过程中，以使滤料层有轻微的膨胀（一般将膨胀率控制在8%～10%）为原则，实现气水对滤料的良好冲刷作用和滤料间的相互摩擦，同时在最短的时间内完成反冲洗过程，同时保持生物膜厚度在300～400μm之间。表3-26列出了调查资料。为保证BAF的持续稳定运行，通常一天反冲洗一次，反冲洗用水量一般为其处理水量的7%～10%。

BAF气水反冲洗强度 **表3-26**

指　标	气反冲洗	水反冲洗
反冲洗强度[m^3/(m^3 滤料·min)]	0.43～0.52	0.33～0.35
用量(m^3/m^3 滤料)	5.14～6.25	2.5

8. 运行中需要注意的问题

(1) SS的控制

为了避免SS过高而造成滤池堵塞，进水SS应控制在60～100mg/L以下。目前最常用的预处理工艺是沉淀池。在进行沉淀池设计时，应尽量选取低的表面负荷率，同时考虑到BAF反冲洗水将进入沉淀池而产生一定的冲击负荷，宜选用较长的水力停留时间，一般不少于2.5h。

(2) 反冲洗出水回流的冲击负荷

在BAF工艺的反冲洗过程中，由于反冲洗时间短（一般为5～7min）、强度大，因而其出水直接回流至初次沉淀池或其他预处理工艺将造成较大的冲击负荷。为此，对于污水深度处理，需要设一中间缓冲池，以缓解冲击负荷的影响。

(3) 除磷和消毒

BAF用于深度处理或再生水回用处理时，需要考虑除磷和消毒的问题。目前具有除磷功能的BAF工艺系统有预处理化学除磷和后续化学除磷两种方式。预处理化学除磷同时可强化SS去除效果，但药量难以控制，一般以采用后续化学除磷为宜。此外，BAF出水通常需要进行消毒处理，而反冲洗用水通常为其处理出水，考虑到消毒剂对生物膜的影响，需合理考虑消毒剂的投加点或需在消毒之前设置满足一次反冲洗所需用水量的过渡池。

3.7.11 反硝化滤池

1. 反硝化滤池简介

反硝化滤池（Denitrifying Biologically Filter，DNBF）是在曝气生物滤池（BAF）基础上改进的生物滤池，早期该工艺被当作具有反硝化作用的BAF，随着近年来该工艺在污水处理厂升级改造和再生水深度处理中的作用越来越重要，以及与BAF的显著区别，才作为一种工艺单独提出。

反硝化滤池是一种填充式的固定膜反应器，是与过滤相结合的一种生物膜法污水处理工艺，属于生物过滤技术。细菌和其他微生物以一层薄膜的形式附着生长在固体滤料上，当进水流过时，通过滤料的拦截和滤料上生物膜的降解双重作用将污染物去除。随着滤池运行过程的持续，微生物量和滤层中截留杂质不断增加，滤池水头损失增大，需对滤料进行反冲洗，反冲洗废水经处理后排放。

反硝化滤池作为一种新型污水处理技术，具有以下优点：占地面积小、基建投资省；出水水质好；抗冲击负荷能力强、耐低温；易挂膜、启动快；模块化、自动化操作性强。反硝化滤池也有一定的缺点：水头损失较大，水的总提升高度较大；因设计或运行管理不当会造成滤料流失等问题；部分情况下，尤其是深度处理过程中，需外加碳源提高脱氮效率，运行成本高。

反硝化滤池既可用于污水处理，也可用于污水深度脱氮及再生回用。根据反硝化滤池在处理工艺中位置的不同，可分为前置反硝化和后置反硝化，如图 3-40 所示。前置反硝化工艺设有回流系统，回流比通常为 250%～400%，可使滤池获得较高滤速，脱氮效率可达到 75%～85%，但能耗高，必须控制反硝化滤池进水溶解氧不能过高。后置反硝化工艺无需回流系统，动力消耗少，同时反硝化速率较高，出水 TN 浓度可达 3mg/L 以下，但通常需要外加碳源，成本相对较高。当污水或二级生物处理出水中有大量的可利用碳源，且出水水质对 TN 去除要求较高时可选用前置反硝化工艺；而当进水中 TN，尤其是硝酸盐氮较高，水中缺乏或几乎没有可利用有机碳源，同时对出水 TN 要求较严格时多采用后置反硝化工艺。

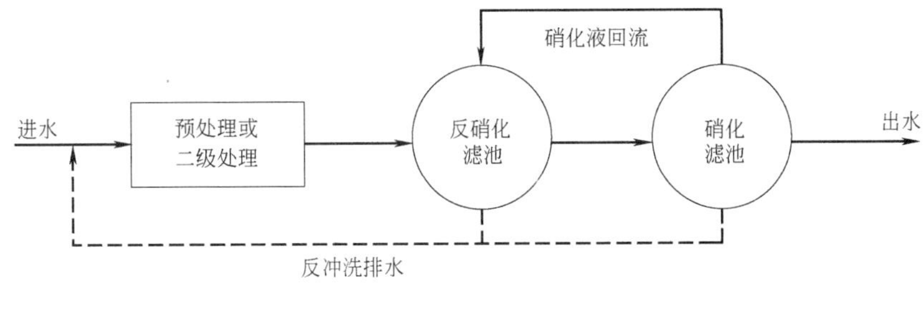

(*a*) 前置反硝化

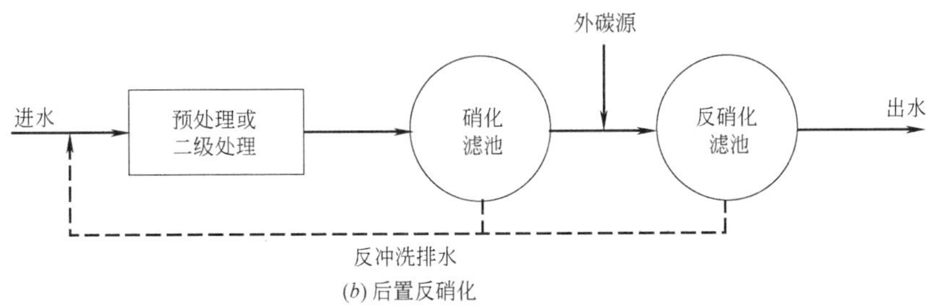

(*b*) 后置反硝化

图 3-40　反硝化滤池工艺流程

根据运行方式的不同，反硝化滤池通常包括下向流反硝化滤池和上向流反硝化滤池。图 3-41 为下向流和上向流反硝化滤池构造示意图。下向流反硝化滤池比较常见，其进水、反冲洗过程和传统的砂滤池基本类似，运行时污水通过滤池长度方向两侧的堰槽溢流入滤池，处理后由池底通过堰门流入清水井，通过滤料上附着的反硝化菌将硝酸盐氮转化为氮气，累积的氮气需要定期排除。滤池定期需要反冲洗，通过滤池底部的配水系统向上进行气冲、气水联合反冲或水冲。目前，市场上主要下向流反硝化滤池供应商有 Severn Trent Services（STS）集团，产品有 Denite® 深床反硝化滤池；F. B. Leopold 公司，产品有 elimi-NITE 反硝化滤池；西门子水务公司，产品有 Davco 反硝化滤池。

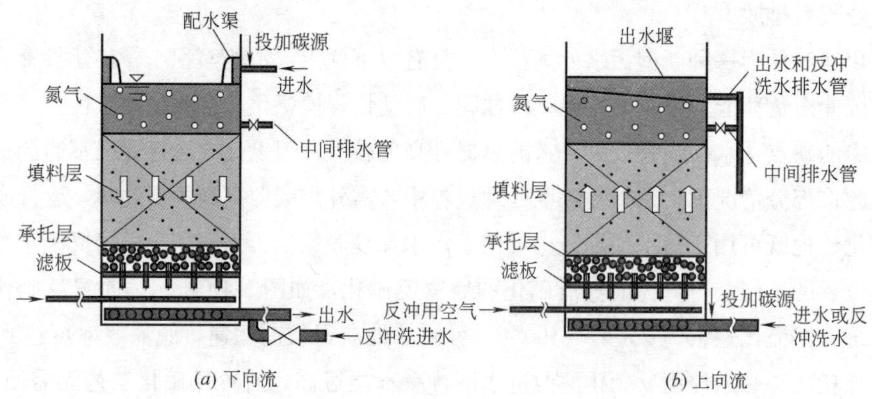

图 3-41 反硝化滤池构造示意

上向流反硝化滤池，污水从底部进水管进入滤池（可管路投加碳源），逆流通过滤床，经处理后由滤池上部排出。反冲洗亦采用气冲、气水联合反冲或水冲等方式，滤池顶部出水可直接作为反冲洗水使用。上向流反硝化滤池有利于反硝化过程产气的释放，运行管理较为简单。目前，市场上主要上向流反硝化滤池供应商主要有：Parkson 集团，产品有 DynaSand 反硝化滤池；Paques BV 公司，产品有 Astrasand 反硝化滤池。

2. 反硝化滤池工艺机理

反硝化反应是在无氧或缺氧条件下，由异养型微生物将 NO_2^--N 和 NO_3^--N 还原成 N_2、NO 或 N_2O 的生物化学过程。反硝化过程中 NO_2^--N 和 NO_3^--N 的还原是通过反硝化细菌的同化作用（合成代谢）和异化作用（分解代谢）完成的。同化作用是指 NO_2^--N 和 NO_3^--N 被还原成 NH_4^+-N 供新细胞合成之用，氮作为细胞质的成分。异化作用是指 NO_2^--N 和 NO_3^--N 被还原为 N_2、NO 或 N_2O 等气态物质的过程，其中主要成分是 N_2，异化作用去除的氮约占总去除量的 70%～75%。

参与反硝化过程的反硝化菌在自然环境中很普遍，在污水处理系统中许多常见的微生物都是反硝化细菌。根据国内外研究成果，将反硝化菌分为两大类，其中一类只将 NO_3^--N 还原成 NO_2^--N，包括无色杆菌属（*Achromobacter*）、放线杆菌属（*Actinobacillus*）等；另一类菌群中含有反硝化的全部酶系，能将 NO_3^--N 还原成 N_2，包括产碱杆菌属（*Alkaligenes*）、生丝微菌属（*Hyphomicrobium*）等。反硝化菌大多数是兼性细菌，有溶解氧存在时，反硝化菌利用分子态氧作为最终电子受体分解有机物。在无氧或缺氧的条件下，反硝化菌利用 NO_2^--N 和 NO_3^--N 中的 N^{5+} 和 N^{3+} 作为能量代谢中的电子受体，O^{2-} 作为受氢体生成 H_2O 和 OH^- 碱度，有机物作为碳源和电子供体提供能量并被氧化稳定。

生物反硝化过程可用式（3-16）和式（3-17）表示：

$$2NO_2^- + 6H(\text{电子供体有机物}) \rightarrow N_2 + 2H_2O + 2OH^- \quad (3\text{-}16)$$

$$2NO_3^- + 9H(\text{电子供体有机物}) \rightarrow N_2 + 3H_2O + 3OH^- \quad (3\text{-}17)$$

影响生物反硝化的因素有温度、碱度和 pH 值、溶解氧、碳源有机物、C/N 比、有毒物质等。目前，反硝化滤池通常置于二级处理工艺之后，用于深度处理，进水中的碳源浓度往往较低，需外加碳源有机物，如易于生物降解的甲醇、乙醇、甲醛、丙酮、乙酸等化合物。以甲醇为例，同时考虑同化及异化两个代谢过程的反硝化反应可用式（3-18）和式（3-19）表示：

$$NO_2^- + 0.67CH_3OH + 0.53H_2CO_3 \rightarrow 0.04C_5H_7O_2N + 0.48N_2 + 1.23H_2O + HCO_3^- \quad (3\text{-}18)$$

$$NO_3^- + 1.08CH_3OH + 0.24H_2CO_3 \rightarrow 0.056C_5H_7O_2N + 0.47N_2 + 1.68H_2O + HCO_3^- \quad (3\text{-}19)$$

理论上将 1g NO_3^--N 还原为 N_2 需要碳源有机物 2.86g（以 BOD_5 表示）。一般认为，当 BOD_5/TKN 值大于 4～6 时，碳源充足，可满足反硝化的需求。为了降低运行成本，可以用城市污水或工业废水作为碳源。污水中一部分易生物降解的有机碳可以作为反硝化的碳源被微生物利用。另一部分有机物则是可慢速生物降解的颗粒性或溶解性有机物，虽可作为反硝化的碳源，但会使反硝化的速率降低。其余的不可生物降解有机物，不能作为反硝化的碳源。

此外，反硝化滤池属于缺氧生物膜法工艺，污泥浓度极高，约为 20g/L 左右，远远高于常规活性污泥法的 3000～5000mg/L，且生物附着于填料表面不断更新，具有高效脱氮性能。由于滤料及其表面生物膜的过滤、截留、吸附等作用，反硝化滤池对有机物、SS、TP 也有较好的去除效果。

3. 反硝化滤池工艺设计

反硝化滤池的设计主要考虑因素包括：进水水质、负荷和 HRT、滤料层、布水系统、反冲洗系统、碳源投加和氮气释放等。

（1）进水水质

一般要求进入反硝化滤池的污水进行充分的预处理。进水的悬浮物浓度过高，易造成滤池堵塞，需要频繁地更新生物滤床和增加反冲洗次数，一般要求生物滤床进水悬浮物浓度在50～60mg/L 以下。因此，在污水二级处理中如果把反硝化滤池作为主要生物处理段，采用常规的初沉池处理较难保证滤床对进水悬浮物浓度的要求，为了防止堵塞，最好和一级强化处理相结合。当反硝化滤池作为深度处理工艺时，由于二级处理出水的悬浮物浓度通常低于 50mg/L，一般不需要预处理。

进水中溶解氧对反硝化滤池运行有较大影响。对于下向流反硝化滤池，多数通过变水位控制运行，进水瀑流过进水堰槽，此方式会增加进水的溶解氧，降低反硝化效果。考虑该不良因素，STS 集团的 Denite® 滤池，采用专利弧形进水堰，污水沿池壁层流式进入滤床，从而大大降低溶解氧的影响；Leopold 公司的 elimi-NITE 滤池，亦安装弧形不锈钢堰槽。对于上向流反硝化滤池，污水通过淹没在滤床中的布水系统进入，很少增加溶解氧。

（2）负荷和 HRT

生物滤池的负荷是一个集中反映生物滤池工作性能的参数。通常，为了达到 75%～85%

的脱氮率，前置反硝化滤池的容积负荷一般为 1.0～1.2kgNO_3^--N/(m^3·d)，水力负荷为 10～30m^3/(m^2·h)。

由于进水水质的差异，后置反硝化滤池的容积负荷范围比较宽泛，在 0.8～4.0kgNO_3^--N/(m^3·d) 之间。下向流反硝化滤池的平均水力负荷为 4～9m^3/(m^2·h)，峰值水力负荷不超过 18m^3/(m^2·h)。上向流反硝化滤池由于所用滤料粒径较大，其水力负荷与下向流反硝化滤池相比明显要高，一般为 10～35m^3/(m^2·h)，但对 SS 的截污稳定性及脱氮效率则略逊一筹。

HRT 也是影响反硝化滤池运行效果的重要因素。HRT 和反硝化效果呈正相关性，反硝化滤池的 HRT 比 BAF 短得多，但处理效率高，一般控制 HRT 为 0.25～1.0h。

(3) 滤料层

反硝化滤池多采用火山岩、陶粒、沸石和膨胀黏土等无机滤料，通常要求滤料具备以下特性：较好的生物附着能力，较大的比表面积，孔隙率大，截污能力强；形状规则，尺寸均一，以球形或菱形为佳；阻力小，强度大，磨损率低，具有较好的生物和化学稳定性。滤料层高度一般为 2.5～4.5m。

反硝化滤池的滤料特性要求如表 3-27 所示。

反硝化滤池所用滤料的特性要求 **表 3-27**

特 性	范 围	特 性	范 围
外观	球形或菱形	比表面积(cm^2/g)	(1～4)×10^4
粒径范围(mm)	2～8	孔隙率(%)	0.3～0.4
均匀系数	<1.5	磨损率(%)	<3
干堆积密度(kg/m^3)	700～2000	酸可溶率(%)	<1.5

反硝化滤池所需滤料体积可采用下式计算：

$$V=\frac{Q\times(N_0-N_e)}{1000\times q} \tag{3-20}$$

式中 V——反硝化滤池所需滤料体积，m^3；

Q——进入滤池的日平均污水量，m^3/d；

N_0——进水中 NO_3^--N 浓度，mg/L；

N_e——出水中 NO_3^--N 浓度，mg/L；

q——滤料的反硝化负荷，kgNO_3^--N/(m^3·d)，一般为 0.8～4.0kgNO_3^--N/(m^3·d)。

(4) 布水系统

为了使过滤在滤池的各个断面均匀一致，反硝化滤池对布水系统有严格的要求。反硝化滤池发展早期，采用滤头布水，但存在容易堵塞的问题，需定期清理，增加运行维护的复杂性。为解决此问题，目前许多供应商开发出一些专利技术的布水系统。Denite® 反硝化滤池采用 T 型滤砖布水系统，材质选用高密度聚乙烯，中心用水泥密实填充。elimi-NITE 反硝化滤池采用 S 型滤砖，材质也是用高密度聚乙烯。Davco 反硝化滤池早期用的是穿孔配水系统，后来也发展出了 M 型高密度聚乙烯滤砖布水系统。

(5) 反冲洗系统

反冲洗过程是保证反硝化滤池高效稳定运行的关键性因素，由于滤料表面附着生物膜的不断生长和悬浮物的累积，导致滤床逐渐堵塞，为确保生物活性，反硝化滤池需定期反冲洗。反冲洗期间，滤料上的部分生物膜会流出滤池，导致刚刚反冲洗后滤池脱氮能力有所下降，但运行一段时间后随着生物膜的累积又会恢复初始的功能。

反冲洗周期和所采用的滤料、水力负荷、进水特性有关，随水力负荷和硝酸盐去除率的增加，反冲洗周期逐渐降低。正常情况下反硝化滤池的反冲洗周期为24～36h，反冲洗方式通常采用降水→气冲→气水冲→水冲的运行方式，反冲洗过程如下：

降水：降低水位至过滤层10cm以上；

气冲：气冲强度50～70m/h，时间2～5min；

气水冲：气冲强度50～70m/h，水冲强度25～40m/h，时间5～10min；

水冲：水冲强度25～40m/h，时间5～10min。

(6) 碳源投加和氮气释放

碳源投加的控制对反硝化滤池非常重要，碳源投加既可以采用手动控制方式，也可以采用与进水流量和硝酸盐浓度相匹配的自动控制方式。手动控制方式无法知道进水流量和硝酸盐的变化，不可避免会出现投加量过高或过低的现象，投加量过低难以保证反硝化效果，投加量过高直接导致出水COD过高。碳源自动投加系统包括碳源储存和全自动加药系统，通常在滤池进水分布前将碳源投加于进水管路。碳源投加量根据进水流量和进、出水硝酸盐浓度调整，通过在线仪表控制。

碳源投加量可按下式计算：

$$c_m = 2.86([NO_3^--N]_0 - [NO_3^--N]_e) + 1.71([NO_2^--N]_0 - [NO_2^--N]_e) + [DO] \quad (3\text{-}21)$$

式中 c_m——反硝化所需的有机物量，mg/L；

$[NO_3^--N]_0$、$[NO_3^--N]_e$——进、出水NO_3^--N的浓度，mg/L；

$[NO_2^--N]_0$、$[NO_2^--N]_e$——进、出水NO_2^--N的浓度，mg/L；

[DO]——污水中DO浓度，mg/L。

反硝化过程中，产生的氮气在滤床中不断累积，污水被迫绕过气泡，增加滤池水头损失，因此，氮气必须定期释放到大气中。通过短暂的几分钟的反冲洗可以将氮气从滤料中释放，在这期间，滤池需要暂停运行。氮气的释放频率和脱氮效率有关，通常一个滤池每4～8h进行一次氮气释放，每次氮气释放时间一般不超过1h。氮气释放之后，滤池的水头损失会降低，但是当滤池的液位达到设计的最高液位时，氮气释放不能有效降低水头损失，需要反冲洗恢复滤池的性能。

4. 反硝化滤池在污水处理厂改扩建中的应用

在20世纪70年代，反硝化滤池多用于污水二级处理，近年来，为了满足最大日负荷总量的要求，欧美等发达国家在再生水回用厂中引进反硝化滤池以提高出水水质。目前全球千余座污水处理厂运行着反硝化滤池工艺。在中国，部分污水处理厂的升级改造已采用该工艺，如：

无锡芦村污水处理厂四期工程、辽宁大连开发区再生水回用厂、山西潞城污水处理厂再生水利用工程、天津经济开发区第一污水处理厂升级改造工程等。

美国科罗拉多州丹佛市南部的里托顿/英格尔伍德先进污水处理厂原处理规模为 $13.6\times10^4 m^3/d$，同时处理 75 平方英里服务区内 21 个区域的污水，出水流入丹佛市区的主河道——南普拉特河。2001 年，为满足其服务区域内快速增长的人口需求，改善南普拉特河的水质，对该厂进行扩建升级，处理规模增至 $18.9\times10^4 m^3/d$，处理工艺采用反硝化滤池提高污水处理厂脱氮效果，该工程 2008 年完工。运行过程中反硝化滤池系统在最大日流量下可去除超过 20mg/L 的 NO_3^--N，出水 NO_3^--N 的浓度不超过 2.5mg/L，出水 SS 小于 5mg/L。为了节省运行成本，该厂使用创新型独立滤池控制，使反硝化作用下降到 9mg/L，减少了 39%的潜在甲醇用量，每年节省 161000 美元。

国内无锡市芦村污水处理厂是太湖流域具有代表性的污水处理厂，四期工程设计规模为 $10\times10^4 m^3/d$，污水生物处理采用多模式 A/A/O 工艺，深度处理采用活性砂过滤和深床反硝化滤池工艺，设计规模为 $5\times10^4 m^3/d$。反硝化滤池采用 Denite® 滤池，设计滤速为 5.45m/h，NO_3^--N 负荷为 $1.0kg/(m^3\cdot d)$（温度为 12℃），反冲洗周期为 1 次/24h。滤池冬季运行时投加 20%的乙酸钠溶液作为外加碳源，夏季时不外加碳源，主要去除 SS。实际工程运行中，经反硝化滤池处理后，出水 NO_3^--N 可下降 5～10mg/L，出水 TN、SS、TP 可分别稳定保证在 9mg/L、5mg/L、0.5mg/L 以下，出水水质优于《城镇污水处理厂污染物排放标准》GB 18918—2002 的一级 A 标准。

第 4 章　污泥处理处置设计

4.1　污泥处理处置分析

4.1.1　污泥处理处置现状

随着我国经济的迅速发展、城镇人口的增加，生活污水和工业废水的排放量迅速增多。根据国家住房和城乡建设部的统计，截至 2012 年 9 月底，我国城镇污水处理厂数量达到 3272 座，处理能力达到 $1.4\times10^8 m^3/d$。污水处理设施的高速发展也导致污泥产生量的快速增加，目前我国城镇污水处理厂污泥总产生量已经突破 $3000\times10^4 t$（以含水率 80％脱水污泥计），按照预测，到“十二五”规划期末，全国城镇污水处理厂污泥产量将接近 $5000\times10^4 t$。

污水处理厂污泥中含有大量病原菌、寄生虫卵和生物难降解物质，特别是污水中含有工业废水时，污水污泥可能含有较多的重金属离子和有毒有害化学物质，若污水污泥不能得到安全妥善的处置，将使污水处理工程失去应有的环境保护作用。

1. 污泥稳定化比例较低

由于污水污泥中通常含有 50％以上的有机物，极易腐败，并产生恶臭，因此需要进行稳定化处理。《城镇污水处理厂污染物排放标准》GB 18918—2002 中规定，城镇污水处理厂的污泥应进行稳定化处理，处理后应达到表 4-1 所规定的标准。

污泥稳定化控制指标（GB 18918—2002）　　**表 4-1**

稳定化方法	控制项目	控制指标
厌氧消化	有机物降解率(％)	＞40
好氧消化	有机物降解率(％)	＞40
好氧堆肥	含水率(％)	＜65
	有机物降解率(％)	＞50
	蠕虫卵死亡率(％)	＞95
	粪大肠菌群菌值①	＞0.01

① 其含义为：含有一个粪大肠菌的被检样品克数或毫升数，该值越大，含菌量越小。

然而，我国污泥处理尚处于起步阶段，全国现有污水处理设施中有污泥稳定处理设施的还不到 50％，处理工艺和配套设备较为完善的不到 1/10，能够正常运行的更少。随着我国城镇化进程的加快和污水处理率的提高，污泥的稳定化处理已成为我国环境保护面临的日益紧迫和严峻的问题。

2. 污泥处理仍以填埋为主

目前，污泥填埋仍是我国应用最多的污泥处置方式，约占污泥总量的63%。许多污水处理厂的污泥经过简单的浓缩脱水后就进行填埋，污泥中的生物质能未得到任何资源化利用。由于脱水污泥的含水率仍然相当高，容易造成填埋作业困难，垃圾填埋场非常不愿意接受。污水污泥脱水后具有以下特性：

(1) 高含水率

一般处理工艺的脱水污泥含水率为80%左右，对于污泥的运输和处置，均带来较大的困难。

(2) 高有机物和生物絮体含量

一般污水处理厂污泥的有机物和生物絮体含量为40%～60%，既有利于有机物的资源化利用，也可能产生较大的二次污染问题。

(3) 有毒有害物质

污泥中含有一些重金属和致病微生物，对环境和人体危害较大。

污泥填埋在我国占据了相当大的比例，一种是自然堆放，另一种就是与垃圾混合填埋。由于我国多数填埋场的作业面较大，经过露天雨水淋滤后，没有稳定和无害化处理的污泥很快恢复原形，对填埋场地的正常作业和安全构成严重的危害；有的填埋场，名义上为污泥填埋，实际为露天堆场，这种不规范的污泥填埋给环境带来巨大的潜在危害。没有填埋条件的地方，进行无组织填埋，存在着极大的环境风险，污染物质一旦下渗进入地下水系统，造成地下水污染，则极难治理恢复，且其污染是持久性的。

即使少数较为规范的填埋场，由于接收了处理程度不到位的污泥，污泥含水率过高，影响填埋场的碾压作业和压实效果，往往造成填埋场渗滤系统的严重堵塞，影响填埋场的运行，严重污染附近的地下水。另外，处理不达标的污泥和垃圾混合填埋时，由于污泥含水率过高，一般需要添加干物质，污泥量增加，占用填埋场的容积资源，降低填埋场使用年限，使得不少垃圾填埋场的寿命大大缩短，给城市垃圾的处置带来麻烦。与垃圾单独处理处置相比，从社会成本上来讲是不经济的。

每天大量的污水处理厂污泥运往垃圾填埋场填埋，既占用了有限的垃圾填埋场容量，又增加了污水处理厂的运输费用，污水处理厂污泥长期填埋存在以下较为突出的问题。

(1) 有限的填埋容量与不断增加的污泥量之间的矛盾日益突出。

现状污水处理能力达到$1.40\times10^8m^3/d$，按7.5t污泥/(10^4m^3污水·d)的污泥产率计算，将产生污泥量约105000t/d。如此大量的污泥填埋，要占用相当大的填埋容量，大大缩短填埋场使用寿命。

(2) 含水率较高的污泥填埋，增加了填埋场渗滤液处理站的负担。

由于污泥呈胶体状，经常堵塞渗滤液收集系统和排水管，加重了垃圾坝的承载负荷，给填埋场的安全和运行管理带来了困难。据资料分析，深圳市下坪填埋场渗滤液收集管清淤一次，就要耗费 100 余万元。若收集系统堵塞，情况将更为严重，按更换滤层计，所需费用将超过千万。

(3) 污泥的高黏度使垃圾压实机经常打滑或深陷其中，给垃圾填埋操作带来麻烦。

污泥的流变性使填埋体易变形和滑坡，使之成为“人工沼泽地”，给填埋场带来很大安全隐患。目前，三峡库区的一些垃圾填埋场已出现该问题，影响了填埋场的正常运行，甚至有的库区填埋场拒绝污水处理厂污泥进入填埋场。

(4) 原生污泥中含有大量有毒、有害物质，未经无害化、稳定化处理而直接填埋会给环境卫生和人体健康带来不利影响。

由于大多数城市污水中混有居民生活、医疗、工业等多种来源、种类繁多的污染物，在污水处理过程中，大部分污染物转移到污泥中，使污泥中可能含有大量病原体，以及铬、汞、镉、砷等重金属和多氯联苯、二恶英等难降解的有毒有害物质，污泥直接农用，有可能造成农产品安全隐患。

污泥中含有大量的有机质和营养元素，污泥稳定化无害化处理或堆肥之后进行农用是一种可行的途径，但由于管理部门之间缺乏密切的联系和沟通，以及实际运作中存在的一系列问题，污泥的农业利用往往难以落实。

3. 缺乏污泥处理处置技术路线体系

由于缺乏污泥处理处置规划和政策指引，我国还没有形成明确的具有指导作用的污泥处理处置及资源化利用技术路线。目前我国污泥处理处置技术涉及面虽然较广泛，包括厌氧消化、热干化、焚烧、好氧堆肥、深度脱水等技术，但研究和应用比较零散，大多数工程的示范意义不大，各个方向的研究缺少基于长期研究的最终结论，这样的不确定性不利于污泥处理处置新技术的应用推广。

另外，由于缺乏污泥处理处置顶层设计的指导，各城市尚未明确适用于当地的技术路线，导致同一座城市的污泥处理处置工程缺乏统筹布置，各个工程之间衔接性差，给污泥处理处置或资源化利用带来了困难。由于污泥处理处置和资源化利用综合性强，涉及诸如农业、林业、环保、建材等多个行业部门，现有污泥处理处置规划的编制单位仅为主管部门，缺乏相关行业部门的共同参与，使得规划中确定的利用途径、污泥去向和消纳能力，都存在很大的不确定性。

4. 污泥标准规范体系不够健全

国外经济发达国家一般都有专门针对污泥的一整套污泥处置标准规范。例如，美国和欧盟国家对污泥处置制定了非常详细的标准规范，对污泥处置的各个方面进行管理，有效地控制污泥对环境的二次污染，最大限度地降低污泥处置的环境影响。相比之下，我国至今还没有一个较为健全科学的污水污泥处理处置标准体系，难以指导污泥处置工作的开展和污泥处置的工程实践，严重影响污泥的最终处置，导致污水处理厂污泥无序外运，随意丢弃的现象屡有发生。

近年来，我国在污泥处理处置方面制定了一系列的标准，包括《城镇污水处理厂污泥泥质》GB 24188—2009、《城镇污水处理厂污泥处置 分类》GB/T 23484—2009、《城镇污水处理厂污泥处置 园林绿化用泥质》GB/T 23486—2009、《城镇污水处理厂污泥处置 混合填埋用泥质》GB/T 23485—2009 等。同时，国家住房和城乡建设部、环境保护部和发展改革委也从监管职能出发，制定了相关的政策和指南，指导我国污泥处理处置工作的开展。

但是，与国外发达国家相比，我国在城市污水处理厂污泥处理处置的标准规范方面仍存在差距，主要体现在以下几个方面：

(1) 标准制定往往不是一个完整性的体系，致使标准修订不及时，各标准间缺乏协调和统一性。

(2) 我国目前的标准制定缺乏阶段性和计划性，尤其是缺乏过渡期的标准，致使标准和现阶段实际情况难以衔接。

(3) 已制定的标准在科学性和全面性方面有所欠缺，例如在污泥质量检测方面，缺乏具有可操作性的规定。

(4) 现有的污泥标准大多还只是泥质标准，由这些标准组成的污泥处置标准体系尚不能满足实际工作需要，难以指导设计工作的开展和污泥最终处置的实践。

4.1.2 污泥量预测

在污泥处理处置工程改扩建设计时，污泥量预测通常是首先需要进行的工作。

1. 污泥产率的影响因素

当污水处理采用二级生物处理时，污水污泥产量主要影响因素为污水水质和生物处理系统的运行条件。污水水质对污泥产量的影响主要体现在进水有机物和进水悬浮固体量方面；运行条件有泥龄、负荷、溶解氧等，起关键作用的是泥龄，泥龄的长短将影响有机物的生物降解效果和微生物固体的内源衰减量，从而影响污泥的产量。

当污水处理采用化学一级强化工艺时，污水污泥产量影响因素除了进水水质外，还有絮凝剂投加量、絮凝剂种类等。

2. 经验参数法

在实际工程中，根据各国各地区污水的不同特点，我们可以按照一定的平均经验值确定污水污泥产量，例如，根据 Fair 和 Geyer 1965 年的统计，常规污水处理厂的污泥产量为 80g DS/(人·d)；美国 26 家污水处理厂的调查数据显示污泥的产量都在 200～300g/m^3；法国采用的经验值则为 60g DS/PE；1996 年对全国 29 家城市污水处理厂的调查表明，每处理 1 万 m^3 污水，污泥的产量为 0.3～3.0tDS；1992 年上海市以实际污水处理量核算，每 1 万 m^3 污水的污泥产量则为 2.2～3.2tDS；而 2006 年上海市城市排水有限公司统计的上海中心城区污水厂二级生物处理的每万 m^3 污水产泥在 0.75～2.31t 之间，平均值为 1.38t；2012 年 3 月～2013 年 2 月，上海市中心城区城镇污水处理厂污水处理量、污泥产生量如表 4-2 所示，经折算每万 m^3 污水产泥在 0.48～2.12t 之间，平均值为 1.08t。

上海中心城区污水处理厂污泥产率统计值（2012年3月～2013年2平均值） 表4-2

序号	污水处理厂名称	污水处理量（万 m^3）	占全市比例（%）	含水率（%）	脱水污泥量（t）	占全市比例（%）	折合含水率80%的污泥量(t)	每处理1万 m^3 污水产生含水率80%的污泥量(t)
1	白龙港	79183	33.8	74.3	340071	30.6	436991.2	5.52
2	竹园第一	54488	23.3	77.3	162637	14.6	184593.0	3.39
3	天山	2753	1.2	63.4	15951	1.4	29190.3	10.6
4	曲阳	1844	0.8	78.4	10786	1.0	11648.9	6.32
5	东区	98	0.04	22.7	61	0.0	235.8	2.41
6	桃浦	2356	1.0	77.9	11693	1.1	12920.8	5.48
7	泗塘	842	0.4	79.2	3911	0.4	4067.4	4.83
8	吴淞	1406	0.6	78.9	7479	0.7	7890.3	5.61
9	龙华	3513	1.5	77.9	22388	2.0	24738.7	7.04
10	长桥	757	0.3	78.0	6345	0.6	6979.5	9.22
11	闵行	1802	0.8	78.9	11591	1.0	12228.5	6.79
12	石洞口	14069	6.0	79.2	79902	7.2	83098.1	5.91
13	竹园第二	17688	7.6	77.6	50910	4.6	57019.2	3.22
14	闵行区	1367	0.6	79.8	10322	0.9	10425.2	7.63
中心城区		182167	77.8	73.1	734047	66.0	987293.2	5.42

同时，针对不同的污水处理工艺，污泥产量经验值也各不相同，各国所采用的污泥产量经验值如表4-3所示。

不同污水处理工艺的污泥产量 表4-3

处理工艺	美国污泥产量经验值①（gDS/m^3）		德国污泥产量经验值[g/(人·d)]	法国污泥产量经验值②[gDS/(人·d)]	根据上海排水处统计数据计算（$gDS/gBOD_5$）
	产量范围	典型值			
初次沉淀	110～170	150	45	40～60	—
活性污泥法（初沉+活性污泥）	180～270	230	80	75～90	0.5
生物滤池	170～270	220	—	65～75	—
除磷工艺					
低药量（350～500mg/L）	350～570	450	—	—	—
高药量（800～1600mg/L）	710～1470	950	—		—

① 摘自“Wastewater Engineering：Treatment and Reuse（Fourth Edition）Ⅲ”，Metcalf & Eddy，Inc；

② 摘自“Water Treatment Handbook”，ONDEO Degrémont。

污泥产量也可以更加科学地在污水处理量的基础上，针对不同的处理工艺，按照一定的经验比例系数，根据式（4-1）进行计算：

$$DS = k \cdot Q \cdot W \tag{4-1}$$

式中 DS——干泥产量，tDS/d；

k——经验系数（各国在计算中所采用的经验系数如表 4-4 所示）；

Q——污水处理厂的污水处理量，m^3/d；

W——污泥含水率，%。

污泥产量的经验系数 **表 4-4**

	按美国污泥产生量的计算方法		按德国污泥产生量的计算方法		上海排水处的统计数据		上海污泥规划中所用数据	
	k	含水率	k	含水率	k	含水率	k	含水率
一级污水处理厂	2.94‰	95%	4.5‰	95%	3.4‰①	96%	3‰	97.5%
二级污水处理厂	7.83‰	97%	10‰	96%	6.47‰①	97%	6‰	97.5%
一级强化污水处理厂	—	—	—	—	7.73‰②	97.5%	7‰③	97.5%

① 根据上海现有城市污水处理厂的统计数据，进水 SS 浓度为 249.5mg/L，进水 BOD_5 浓度为 179.4mg/L，SS 去除率为 55%，BOD_5 去除率为 70%；

② 进水 SS 浓度为 249.5mg/L，絮凝剂投加量为 80mg/L，SS 去除率为 85%，污泥比重为 $1.0t/m^3$；

③ 竹园第一污水处理厂的实际进水 SS 浓度平均值为 150mg/L，根据上海市污泥处理处置专项规划，在考虑一定余量的基础上，进水 SS 浓度取 180mg/L，污泥的含水率按 97.5%计算，则其污泥量为污水量的 6.92‰，取 7‰（含水率 97.5%）。

3. 物料平衡公式

一般情况下，在进行污水处理厂污泥处理设施的工程设计时，相应的污泥产量是针对不同工艺，根据污水处理厂的实际进出水水质，按物料平衡的方法进行估算。

初沉污泥主要来自于所去除的固体悬浮物，其污泥产量按式（4-2）进行计算：

$$W_{ps}=Q_I \cdot E_{ss} \cdot C_{ss} \cdot 10^{-6} \tag{4-2}$$

式中 W_{ps}——初次沉淀池的污泥产量，tDS/d；

Q_I——处理的水量，m^3/d；

E_{ss}——悬浮固体的去除率，%；

C_{ss}——悬浮固体的浓度，mg/L。

采用一级化学强化处理工艺的污水处理厂一般通过投加 $FeCl_3$、$Al_2(SO_4)_3$、石灰和一些有机高分子絮凝剂等化学药剂，来强化初次沉淀池的沉淀性能，因此初次沉淀池的沉淀效率可能高达 90%，该工艺的总污泥产量中还必须包含额外投加的絮凝剂所产生的沉淀量，也就是说，需要根据相应的加药量，计算额外产生的化学沉淀量。

而二级生物处理污水处理厂的活性污泥则既包括在初次沉淀池中没有去除的悬浮污泥，也包括之后的活性污泥工艺中产生的、死掉的和分解的有机体，可以用生长动力学的概念来计算剩余活性污泥的产量，根据净含量系数（不包括死的和分解的部分，只包括进水中溶解部分）的定义，1970 年 Lawrence 和 McCarty 提出用于估算活性污泥产量的模型，如式（4-3）所示。

$$W_{was}=Q\{[Y(BOD_o-BOD_e)/(1+b_d\theta)]+FSS_{io}+FSS_{no}\} \tag{4-3}$$

式中 W_{was}——每天总的活性污泥产量，mg/d；

Q——流量，L/d；

Y——净产量系数，kg 挥发性活性污泥/kg 溶解性 BOD 去除；

BOD_o——进水中的溶解性 BOD，mg/L；

BOD_e——出水中的溶解性 BOD，mg/L；

b_d——内源分解系数（0.04～0.75，平均为 $0.6d^{-1}$）；

θ——细胞的停留时间，或者活性污泥固体的停留时间（表示为污泥龄），d；

FSS_{io}——进入活性污泥工艺中的不挥发性悬浮固体，mg/L；

FSS_{no}——进入活性污泥工艺中的不可生物降解，但是挥发性悬浮固体，mg/L。

4.1.3　污泥处理处置主要任务

污泥处理处置改扩建的主要任务，是安全稳妥地解决污泥处理处置问题，防止二次污染，维护良好的生态环境，在满足减量化、稳定化、无害化的前提下，提高资源化利用水平。

1. 污泥减量化

解决污泥处理处置问题的首要原则就是污泥减量化，它包含两方面的含义，减少污泥产生量（污泥减质）和减少污泥容积（污泥减容）。

传统污泥处理主要是实现污泥减容，即采用浓缩、脱水和干燥降低污泥的含水率，进而减少污泥容积，以便于后续的污泥运输和处置。例如，脱水污泥含水率对后续的干化处理成本影响很大。如以建造一座日处置 598t 干重的污泥干化厂为例，耗电量和燃料消耗量以直立式多级圆盘干化法为参照，其蒸发量、年耗电量和年燃料消耗量如表 4-5 所示。

污泥不同含水率对干化处理①的影响　　表 4-5

脱水污泥含固率	污泥体积 (m^3/d)	蒸发水量 (kg/h)	耗电量 (kWh/a)②	燃料消耗 (Nm^3/a)③	燃料消耗 (kg/a)④	设备造价⑤ (百万欧元)	占地面积 (m^2)
22%	2718	93700	26236000	66493750	62169000	50	5640
35%	1709	47640	13339200	34151000	31930000	27	3220

① 年运行时间为 8000h，最终产品含固率>90%；

② 对于大规模的系统，耗电量更省，整套系统的耗电量为 35kW/t（蒸发水）；

③ 假设天然气为燃料，热值为 35000kJ/Nm^3（约为 8400kcal/Nm^3）；

④ 假设柴油为燃料，热值为 42000kJ/kg；

⑤ 设备价格是系统全进口标准成套设备的价格（包括污泥干燥系统、热油系统、蒸汽冷凝系统、颗粒冷却和循环系统、所有的钢结构、油漆、管路、保温、仪表、电气和控制软件），但不含脱水污泥料仓、污泥干颗粒料仓（不属于标准配置）、土建、厂区的道路和绿化。

污泥减质是通过一定的技术方法，在污水生物处理过程中减少污泥的产生量，达到从源头实现污泥减量的目的。污泥的厌氧消化是一种污泥减质手段，通常可使污泥减量 30%，使污泥稳定。污泥厌氧消化可产生一定量的沼气，即混合甲烷气体，在有条件的场合应充分利用。与国外的情况相比，我国有些地区的厌氧消化池运转不正常，甚至运转不起来，原因是多方面的，其中一个主要的原因是国家的相关配套政策对此没有硬性规定；其次是运行管理和操作技能上的问题，以及工艺设备一些细节方面的问题。通过前期的科研工作和精心的设计、招投标和施工，并进行运行管理和操作技能的认真培训，才能保证厌氧消化工艺的正常运转，发挥工程效益。

近年来，在污泥处理处置研究方面，越来越多的研究者开始着眼于从源头上减少剩余污泥产生量，与之相应的源头污泥减量（污泥减质）技术研发正日益成为国内外的研究热点，图

4-1所示为源头减量化污水生物处理技术。

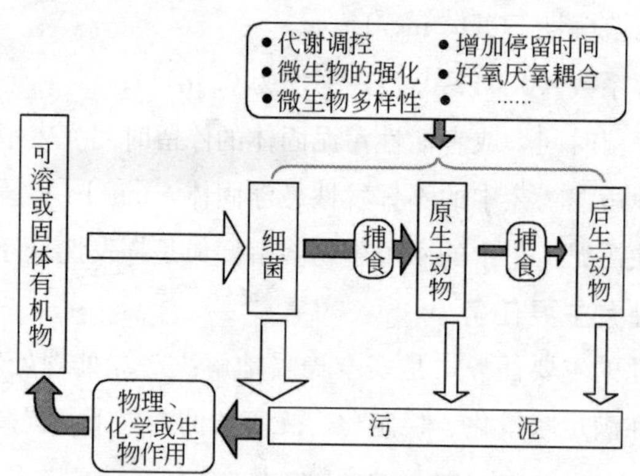

图 4-1 源头实现剩余污泥减量化污水生物处理技术

目前从源头上减少污泥产生量（污泥减质）的技术可分为五类。

（1）溶胞隐性生长

通常采用物理、化学的方法或它们相结合的方法使细胞溶解，然后引起微生物的隐性生长，从而减少污泥产量。

（2）内源呼吸

延长污泥龄或降低污泥负荷使细菌处在内源呼吸阶段，减少剩余污泥产量。

（3）解偶联代谢

通过增加分解代谢和合成代谢之间的能量（ATP）差异，使供给微生物合成代谢的能量变得有限，从而减少剩余污泥的产量。

（4）生物捕食

根据生态学原理，食物链越长，能量损失越大，则产生的生物量也越低。

（5）好氧厌氧反复耦合技术

利用多孔载体通过在水流方向和载体内外构建不同程度的好氧厌氧反复耦合的环境，可以实现源头上的剩余污泥减量化，其主要原理是上述（1）～（4）机理的集成。

上述不同污泥减量技术的优缺点比较如表 4-6 所示。

目前各种污泥减量技术的优缺点比较 **表 4-6**

原理	方法举例	优点	缺点
溶胞隐性生长	臭氧处理回流污泥	污泥可完全减量	臭氧发生器投资大，能耗高
内源呼吸	延时曝气	操作简单	占地面积大，投资大，能耗高
解偶联代谢	投加化学解偶联剂 2,4,5-三氯苯酚(TCP)	投加装置简单	环境安全问题；需氧量增加，工业化困难
生物捕食	微型动物(原、后生动物)	无需对现有污水处理设施进行变动，没有副产物	原、后生动物生长不稳定、处理时间长；磷的释放
好氧厌氧反复耦合技术	反应期内多尺度的好氧厌氧耦合单元的反复出现，在处理污水的同时实现原位剩余污泥减量化	可以形成污泥减量化的装置，可以不变动现有的处理设施	污泥厌氧溶解及转化是慢过程，停留时间较长；磷的释放

2. 污泥稳定化

由于污水污泥中通常含有 50%以上的有机物，极易腐败，并产生恶臭，因此需要进行稳定化处理。目前常用的稳定化工艺有厌氧消化、好氧消化、好氧堆肥和石灰稳定等，表 4-7 为几种污泥稳定化工艺比较。

污泥稳定化工艺比较　　**表 4-7**

稳定工艺	优　　点	缺　　点
厌氧消化	良好的有机物降解率(40%～60%)；产生的沼气应综合利用，降低运行费用；应用性广，生物固体适合农用；病原体活性低；总污泥量减少，净能量消耗低	要求操作人员技术熟练；可能产生泡沫；可能出现"酸性消化池"；系统受扰动后恢复缓慢；上清液中富含 COD、BOD、SS、氨和磷；浮渣和粗砂清洁困难；可能产生令人厌恶的臭气；初期投资较高；有鸟粪石等矿物沉积形成，有气体爆炸的安全问题
好氧消化	对小型污水处理厂来说初期投资低；同厌氧消化相比，上清液少；操作控制较简单；适用性广；不会产生令人厌恶的臭味；总污泥量有所减少	能耗较高；同厌氧消化相比，挥发性固体去除率低；碱度和 pH 值降低；处理后污泥较难使用机械方法脱水；低温严重影响运行；可能产生泡沫
好氧堆肥	高品质的产品可农用，可销售；可与其他工艺联用；初期投资低(静态堆肥)	要求脱水后的污泥含水率降低；要求填充剂；要求强力透风和人工翻动；投资随处理的完整性、全面性而增加；可能要求大量的土地面积；产臭气
石灰稳定	低投资成本，易操作，作为临时或应急方法良好	生物污泥不都适合土地利用；整体投资依现场而定；需处置的污泥量增加；处理后污泥不稳定，若 pH 值下降，会导致臭味

厌氧消化、好氧消化和好氧堆肥是三种生物稳定污泥方式。厌氧消化，即污泥中的有机物质在无氧的条件下被厌氧菌群最终分解成甲烷和二氧化碳的过程，它是目前国际上最为常用的污泥生物处理方法，同时也是大型污水处理厂较为经济的污泥处理方法。好氧消化，即在不投加其他底物的条件下，对污泥进行较长时间的曝气，使污泥中微生物处于内源呼吸阶段进行自身氧化的过程，由于好氧消化能耗大，一般多用于小型污水处理厂。好氧堆肥，就是在人工控制下，在一定的水分、C/N 比和通风条件下通过好氧微生物的发酵作用，将有机物转变为腐殖质样残渣（肥料）的过程。石灰稳定，即通过添加石灰稳定污泥，但石灰稳定的污泥，pH 值会逐渐下降，微生物逐渐恢复活性，最终使污泥再度失去稳定性。

在选择污泥稳定的工艺时，重要的影响因素是污泥的处置方式，特别是污泥是否与大众接触，以及是否有农业或绿化的限制。

3. 污泥无害化

污水污泥可能含有较多的重金属离子和有毒有害化学物质，如可吸附性有机卤素（AOX）、阴离子合成洗涤剂（LAS）、多环芳烃（PAH）、多氯联苯（PCB）等，因此污泥处理处置必须满足污泥无害化的目标。

理想的污泥是含较高的有效养分，较低的有害成分。但是很少有污泥符合这样的条件，每种污泥即使在经过一定的稳定化和无害化处理后，仍然存在一定的潜在污染危险性。因此污泥出厂时应该标明其有效和有害成分的含量及适用性，为污泥的安全有效利用提供指导。例如污泥农业利用前，常需采用物理的、化学的或生物的方法减少污泥中重金属含量，钝化重金属活性，大量杀灭病原物及改善污泥的胶结特性等以利污泥安全利用。应大力开发、研究、借鉴更有效的污泥处理处置技术，如生物沥滤法、堆肥技术、干化技术和碱化稳定技术等，为污泥资源化服务。

4. 污泥资源化

近年来，污泥处理处置从原来单纯处理逐渐向更重视污泥综合利用，实现资源化目标方向发展。从国外发展趋势看，污泥综合利用所占的比例正逐步增大，美国在1960年代初就有污泥用于林地的研究，且取得了令人满意的效果。近年来在底特律又实施一种称之为“清洁原野”工程的玻璃体骨料技术，污泥经处理后生成的玻璃体骨料可用于高级耐磨材料等用途，而产生的电能可并网利用。在德国，用于处理生活污水的污水处理厂污泥也用好氧发酵后的污泥加上营养质作为庭院绿化的种植土，产品呈系列化、多样化。

4.2 污泥处理处置标准

我国最早的污泥泥质标准《农用污泥中污染物控制标准》GB 4284—1984，规定了适用于在农田中施用的城市污水处理厂污泥，以及江、河、湖、库、塘、沟、渠的沉淀底泥中污染物（如镉、汞、铝、铬、砷、硼、铜、锌、镍、矿物油和苯并（a）芘，共11项控制项目）的控制标准。标准同时说明污泥每年用量不超过2000kg（以干污泥计）及施用年限，并配有监测方法。与欧美国家相比，该标准对有机物指标的控制相对较少。

《城镇污水处理厂污染物排放标准》GB 18918—2002第一次在标准层面对污泥处理提出了具体要求。该标准在4.3条款中规定：城镇污水处理厂的污泥应进行稳定化处理，稳定化处理后的控制项目包括有机物降解率（%）、含水率（%）、蠕虫卵死亡率（%）和粪大肠菌群菌值，并对控制项目限值作了规定；该标准还规定了污泥农用时污染物控制指标，其中污泥农用的控制指标为14项，前11项沿用《农用污泥中污染物控制标准》GB 4284—84中的控制指标，增加了3项有机物控制指标，将铜和锌的控制标准放宽。

近年来，我国在污泥处理处置方面制定了一系列的标准，包括《城镇污水处理厂污泥泥质》GB 24188—2009、《城镇污水处理厂污泥处置 分类》GB/T 23484—2009、《城镇污水处理厂污泥处置 园林绿化用泥质》GB/T 23486—2009、《城镇污水处理厂污泥处置 土地改良用泥质》GB/T 24600—2009、《城镇污水处理厂污泥处置 混合填埋用泥质》GB/T 23485—2009、《城镇污水处理厂污泥处置 单独焚烧用泥质》GB/T 24602—2009、《城镇污水处理厂污泥处置 制砖用泥质》GB/T 25031—2010、《城镇污水处理厂污泥处置 农用泥质》CJ/T 309—2009、《城镇污水处理厂污泥处置 水泥熟料生产用泥质》CJ/T 314—2009和《城镇污水处理厂污泥处置 林地用泥质》CJ/T 362—2011。

该系列标准属于泥质标准。还将结合我国的国情，逐步开展技术政策、技术规程的研究，形成具有我国特点的标准体系，规范我国的污泥处理处置工作，使城镇污水处理厂产生的污泥得到妥善处置，实现污泥减量化、稳定化、无害化，并逐步提高污泥资源化利用率。

4.2.1　污泥泥质

《城镇污水处理厂污泥泥质》GB 24188—2009 规定了城镇污水处理厂污泥中污染物的控制项目和限值，该标准将控制项目分为基本控制指标和选择性控制指标，分别如表 4-8 和表 4-9 所示。

泥质基本控制指标及限值　　表 4-8

序　号	基本控制指标	限　值
1	pH 值	5～10
2	含水率(%)	<80
3	粪大肠菌群菌值	>0.01
4	细菌总数(MPN/kg 干污泥)	$<10^8$

泥质选择性控制指标及限值　　表 4-9

序　号	选择性控制指标	限　值
1	总镉(mg/kg 干污泥)	<20
2	总汞(mg/kg 干污泥)	<25
3	总铅(mg/kg 干污泥)	<1000
4	总铬(mg/kg 干污泥)	<1000
5	总砷(mg/kg 干污泥)	<75
6	总铜(mg/kg 干污泥)	<1500
7	总锌(mg/kg 干污泥)	<4000
8	总镍(mg/kg 干污泥)	<200
9	矿物油(mg/kg 干污泥)	<3000
10	挥发酚(mg/kg 干污泥)	<40
11	总氰化物(mg/kg 干污泥)	<10

从表 4-9 的污泥泥质选择性控制项目和限值来看，较《农用污泥中污染物控制标准》GB 4284—84 有所变化，主要是总铜和总锌结合国外标准和我国实际情况进行了适当调整。

4.2.2　污泥处置分类

《城镇污水处理厂污泥处置　分类》GB/T 23484—2009 规定了城镇污水处理厂污泥处置方式的分类，确定污泥处置按污泥的消纳方式进行分类，分类如表 4-10 所示。

城镇污水处理厂污泥处置分类　　表 4-10

序号	分类	范围	备　注
1	污泥土地利用	园林绿化	城镇绿地系统或郊区林地建造和养护等的基质材料或肥料原料
		土地改良	盐碱地、沙化地和废弃矿场的土壤改良材料
		农用①	农用肥料或农田土壤改良材料

续表

序号	分类	范围	备注
2	污泥填埋	单独填埋	在专门填埋污泥的填埋场进行填埋处置
		混合填埋	在城市生活垃圾填埋场进行混合填埋（含填埋场覆盖材料利用）
3	污泥建筑材料利用	制水泥	制水泥的部分原料或添加料
		制砖	制砖的部分原料
		制轻质骨料	制轻质骨料（陶粒等）的部分原料
4	污泥焚烧	单独焚烧	在专门污泥焚烧炉焚烧
		与垃圾混合焚烧	与生活垃圾一同焚烧
		污泥燃料利用	在工业焚烧炉或火力发电厂焚烧炉中作燃料利用

① 农用包括进食物链利用和不进食物链利用两种。

（1）污泥土地利用

污泥土地利用的定义为：将处理后的污泥作为肥料或土壤改良的材料，用于园林绿化、土地改良或农业等场合的处置方式。

污泥经稳定化、无害化处理后，达到土地利用的标准，应积极推广污泥的土地利用，如污泥园林绿化，用来种植草皮和树木以达到防蚀保土和改善环境的作用；污泥土地改良，改善盐碱地和沙化地的性能；污泥还可以用来种植不进入人类食物链的植物，如玉米等，可用作生产工业酒精的原料。

（2）污泥填埋

污泥填埋的定义为：采取工程措施将处理后的污泥集中进行堆、填、埋，置于受控制场地内的处置方式。

污泥填埋包括单独填埋和混合填埋。单独填埋指污泥在专用填埋场进行填埋处置，可分为沟填、掩埋和堤坝式填埋三种类型；混合填埋指将污泥和生活垃圾进行尽可能充分地混合，然后将混合物平展、压实，进行填埋处置。

（3）污泥建筑材料利用

污泥建筑材料利用的定义为：将污泥作为制作建筑材料部分原料的处置方式。

污泥建筑材料利用一般包括用作制水泥、制砖和制轻质骨料等，这几方面技术比较成熟，消纳量较大，市场前景较好，可以作为污泥消纳的手段。

（4）污泥焚烧

污泥焚烧的定义为：利用焚烧炉将污泥完全矿化为少量灰烬的处理处置方式。

污泥焚烧既是污泥处理又是污泥处置。因为污泥在焚烧过程中，尤其是在火力发电厂中和煤混烧，利用了污泥本身的热量，且经过焚烧后有机物完全矿化，自身性质已完全改变，符合污泥处置的定义；同时污泥焚烧是污泥稳定化、减量化和无害化处理的过程，符合污泥处理的定义。

4.2.3 污泥园林绿化

《城镇污水处理厂污泥处置　园林绿化用泥质》GB/T 23486—2009 规定了城镇污水处理厂

污泥园林绿化利用的泥质指标及限值、取样和监测等技术要求。对于泥质指标，从外观和嗅觉、稳定化要求、理化指标和养分指标、生物学指标和污染物指标、种子发芽指数要求五方面进行了规定。

（1）外观和嗅觉：比较疏松，无明显臭味。

（2）稳定化要求：应满足《城镇污水处理厂污染物排放标准》GB 18918 中的稳定化控制指标。

（3）理化指标和养分指标：污泥园林绿化利用时，应控制污泥中的盐分，避免对园林植物造成损害。污泥施用到绿地后，要求对盐分敏感的植物根系周围土壤的 EC 值宜小于 1.0 mS/cm，对某些耐盐的园林植物可以适当放宽到小于 2.0mS/cm。其他理化指标应满足表 4-11 的要求，养分指标应满足表 4-12 的要求。

其他理化指标及限值　　**表 4-11**

序号	其他理化指标	限值	
1	pH 值	6.5～8.5	酸性土壤（pH＜6.5）
		5.5～7.8	中性和碱性土壤（pH≥6.5）
2	含水率（%）	＜40	

养分指标及限值　　**表 4-12**

序号	养分指标	限值
1	总养分[总氮（以 N 计）＋总磷（以 P_2O_5 计）＋总钾（以 K_2O 计）]（%）	≥3
2	有机质含量（%）	≥25

（4）生物学指标和污染物指标：污泥园林绿化利用于与人群接触场合时，其生物学指标应满足表 4-13 的要求，同时，不得检测出传染性病原菌，污染物指标应满足表 4-14 的要求。

生物学指标及限值　　**表 4-13**

序号	生物学指标	限值
1	粪大肠菌群菌值	＞0.01
2	蠕虫卵死亡率（%）	＞95

污染物指标及限值　　**表 4-14**

序号	污染物指标	限值	
		酸性土壤（pH＜6.5）	中性和碱性土壤（pH≥6.5）
1	总镉（mg/kg 干污泥）	＜5	＜20
2	总汞（mg/kg 干污泥）	＜5	＜15
3	总铅（mg/kg 干污泥）	＜300	＜1000
4	总铬（mg/kg 干污泥）	＜600	＜1000
5	总砷（mg/kg 干污泥）	＜75	＜75
6	总镍（mg/kg 干污泥）	＜100	＜200

续表

序号	污染物指标	限值	
		酸性土壤（pH<6.5）	中性和碱性土壤（pH≥6.5）
7	总锌（mg/kg 干污泥）	<2000	<4000
8	总铜（mg/kg 干污泥）	<800	<1500
9	硼（mg/kg 干污泥）	<150	<150
10	矿物油（mg/kg 干污泥）	<3000	<3000
11	苯并（a）芘（mg/kg 干污泥）	<3	<3
12	可吸附有机卤化物（AOX）（以 Cl 计）（mg/kg 干污泥）	<500	<500

（5）种子发芽指数要求：污泥园林绿化利用时，种子发芽指数应大于 70%。

同时，标准还提出了其他规定：污泥园林绿化利用时，宜根据污泥使用地点的面积、土壤污染物本底值和植物的需氮量，确定合理的污泥使用量；污泥使用后，有关部门应进行跟踪监测；污泥使用地的地下水和土壤的相关指标应满足《地下水质量标准》GB/T 14848 和《土壤环境质量标准》GB 15618 的规定；为了防止对地表水和地下水的污染，在坡度较大或地下水水位较高的地点不应使用污泥，在饮用水水源保护地带严禁使用污泥。

4.2.4 污泥土地改良

《城镇污水处理厂污泥处置 土地改良用泥质》GB/T 24600—2009 规定了城镇污水处理厂污泥土地改良利用的泥质指标及限值、取样和监测等技术要求。对于泥质指标，从外观和嗅觉、稳定化要求、理化指标和养分指标、生物学指标和污染物指标四方面进行了规定。

（1）外观和嗅觉：有泥饼型感观，无明显臭味。

（2）稳定化要求：应满足《城镇污水处理厂污染物排放标准》GB 18918 中的稳定化控制指标。

（3）理化指标和养分指标：污泥土地改良利用时，理化指标应满足表 4-15 的要求，养分指标应满足表 4-16 的要求。

理化指标及限值 **表 4-15**

序号	理化指标	限值
1	pH 值	5.5～10
2	含水率（%）	<65

养分指标及限值 **表 4-16**

序号	养分指标	限值
1	总养分[总氮（以 N 计）+总磷（以 P_2O_5 计）+总钾（以 K_2O 计）]（%）	≥1
2	有机质含量（%）	≥10

（4）生物学指标和污染物指标：污泥土地改良利用时，其生物学指标应满足表 4-17 的要求，污染物指标应满足表 4-18 的要求。

生物学指标及限值　　表 4-17

序　号	生物学指标	限　值
1	粪大肠菌群菌值	>0.01
2	细菌总数(MPN/kg 干污泥)	<10^8
3	蛔虫卵死亡率(%)	>95

污染物指标及限值　　表 4-18

序号	污染物指标	限值	
		酸性土壤(pH<6.5)	中性和碱性土壤(pH≥6.5)
1	总镉(mg/kg 干污泥)	<5	<20
2	总汞(mg/kg 干污泥)	<5	<15
3	总铅(mg/kg 干污泥)	<300	<1000
4	总铬(mg/kg 干污泥)	<600	<1000
5	总砷(mg/kg 干污泥)	<75	<75
6	总硼(mg/kg 干污泥)	<100	<150
7	总铜(mg/kg 干污泥)	<800	<1500
8	总锌(mg/kg 干污泥)	<2000	<4000
9	总镍(mg/kg 干污泥)	<100	<200
10	矿物油(mg/kg 干污泥)	<3000	<3000
11	可吸附有机卤化物(AOX)(以 Cl 计)(mg/kg 干污泥)	<500	<500
12	多氯联苯(mg/kg 干污泥)	<0.2	<0.2
13	挥发酚(mg/kg 干污泥)	<40	<40
14	总氰化物(mg/kg 干污泥)	<10	<10

同时，标准还提出了其他规定：在饮用水水源保护区和地下水位较高处不宜将污泥用于土地改良；污泥用于土地改良后，其施用地的土壤和地下水相关指标应符合《土壤环境质量标准》GB 15618 和《地下水质量标准》GB/T 14848 中的相关规定；每年每万平方米土地施用干污泥量不大于 30000kg。

4.2.5　污泥农用

《城镇污水处理厂污泥处置 农用泥质》CJ/T 309—2009 规定了城镇污水处理厂污泥农用泥质指标、取样和监测等要求。对于泥质指标，从污染物指标、物理指标、卫生学指标、营养学指标、种子发芽指数要求五方面进行了规定。

(1) 污染物指标：污泥农用时，根据污泥中污染物的浓度将污泥分为 A 级和 B 级，污染物浓度限值应满足表 4-19 的要求。A 级和 B 级污泥分别施用于不同的作物，标准也提出了可参考的作物类型。

污染物指标及限值 表 4-19

序号	控制项目	限值	
		A级污泥	B级污泥
1	总砷(mg/kg 干污泥)	<30	<75
2	总镉(mg/kg 干污泥)	<3	<15
3	总铬(mg/kg 干污泥)	<500	<1000
4	总铜(mg/kg 干污泥)	<500	<1500
5	总汞(mg/kg 干污泥)	<3	<15
6	总镍(mg/kg 干污泥)	<100	<200
7	总铅(mg/kg 干污泥)	<300	<1000
8	总锌(mg/kg 干污泥)	<1500	<3000
9	苯并(a)芘(mg/kg 干污泥)	<2	<3
10	矿物油(mg/kg 干污泥)	<500	<3000
11	多环芳烃(PAHs)(mg/kg 干污泥)	<5	<6

（2）物理指标：污泥农用时，物理指标应满足表 4-20 的要求。

物理指标及限值 表 4-20

序号	物理指标	限值
1	含水率(%)	≤60
2	粒径(mm)	≤10
3	杂物	无粒度>5mm 的金属、玻璃、陶瓷、塑料、瓦片等有害物质，杂物质量≤3%

（3）卫生学指标：污泥农用时，卫生学指标应满足表 4-21 的要求。

卫生学指标及限值 表 4-21

序号	卫生学指标	限值
1	蛔虫卵死亡率(%)	≥95
2	粪大肠菌群菌值	≥0.01

（4）营养学指标：污泥农用时，营养学指标应满足表 4-22 的要求。

营养学指标及限值 表 4-22

序号	营养学指标	限值
1	有机质含量(g/kg，干基)	≥200
2	氮磷钾($N+P_2O_5+K_2O$)含量(g/kg，干基)	≥30
3	pH 值	5.5～9

（5）种子发芽指数要求：污泥农用时，种子发芽指数应大于 60%。

同时，标准还提出了其他规定：农田年施用污泥量累计不应超过 7.5t/hm²，农田连续施用不应超过 10a；湖泊周围 1000m 范围内和洪水泛滥区禁止施用污泥。

4.2.6 污泥林用

《城镇污水处理厂污泥处置 林地用泥质》CJ/T 362—2011 规定了城镇污水处理厂污泥林地用泥质、取样和监测等要求。对于泥质指标，从理化指标、养分指标、卫生学指标、污染物指标、种子发芽指数要求五方面进行了规定。

(1) 理化指标：林地用泥质的理化指标应满足表 4-23 的要求。

理化指标及限值 表 4-23

序 号	理 化 指 标	限 值
1	pH 值	5.5～8.5
2	含水率(%)	≤60
3	粒径(mm)	≤10
4	杂物①(%)	≤5

① 杂物包括金属、玻璃、陶瓷、塑料、橡胶、瓦片等。

(2) 养分指标：林地用泥质的养分指标应满足表 4-24 的要求。

养分指标及限值 表 4-24

序 号	养 分 指 标	限 值
1	有机质(g/kg 干污泥)	≥180
2	氮磷钾($N+P_2O_5+K_2O$)含量(g/kg 干污泥)	≥25

(3) 卫生学指标：林地用泥质的卫生学指标应满足表 4-25 的要求。

卫生学指标及限值 表 4-25

序号	卫生学指标	限 值
1	蛔虫卵死亡率(%)	≥95
2	粪大肠菌群菌值	≥0.01

(4) 污染物指标：林地用泥质的污染物指标应满足表 4-26 的要求。

污染物指标及限值 表 4-26

序 号	污染物指标	限 值
1	总镉(mg/kg 干污泥)	<20
2	总汞(mg/kg 干污泥)	<15
3	总铅(mg/kg 干污泥)	<1000
4	总铬(mg/kg 干污泥)	<1000
5	总砷(mg/kg 干污泥)	<75
6	总镍(mg/kg 干污泥)	<200
7	总锌(mg/kg 干污泥)	<3000
8	总铜(mg/kg 干污泥)	<1500
9	矿物油(mg/kg 干污泥)	<3000
10	苯并(a)芘(mg/kg 干污泥)	<3
11	多环芳烃(PAHs)(mg/kg 干污泥)	<6

（5）种子发芽指数要求：林地用泥质，其种子发芽指数应大于60%。

同时，标准还提出了其他要求：林地年施用污泥量累计不应超过30t/hm²，林地连续施用不应超过15a；湖泊、水库等封闭水体及敏感性水体周围1000m范围内和洪水泛滥区禁止施用污泥；施用场地的坡度大于9%时，应采取防止雨水冲刷、径流等措施；施用场地的坡度大于18%时，不应施用污泥。

4.2.7 污泥混合填埋

《城镇污水处理厂污泥处置 混合填埋用泥质》GB/T 23485—2009规定了城镇污水处理厂污泥进入生活垃圾卫生填埋场混合填埋处置和用作覆盖土的泥质指标及限值、取样和监测等技术要求。对于混合填埋用泥质，从基本指标、污染物指标两方面进行了规定；对于用作覆盖土的污泥泥质，从基本指标、污染物指标、生物学指标三方面进行了规定。

（1）混合填埋用泥质基本指标：污泥用于混合填埋时，其基本指标应满足表4-27的要求。

基本指标及限值 **表4-27**

序号	基本指标	限值
1	污泥含水率(%)	<60
2	pH值	5～10
3	混合比例(%)	≤8

注：表中pH值指标不限定采用亲水性材料（如石灰等）和污泥混合以降低其含水率措施。

（2）混合填埋用泥质污染物指标：污泥用于混合填埋时，其污染物指标应满足表4-28的要求。

污染物指标及限值 **表4-28**

序号	污染物指标	限值
1	总镉(mg/kg干污泥)	<20
2	总汞(mg/kg干污泥)	<25
3	总铅(mg/kg干污泥)	<1000
4	总铬(mg/kg干污泥)	<1000
5	总砷(mg/kg干污泥)	<75
6	总镍(mg/kg干污泥)	<200
7	总锌(mg/kg干污泥)	<4000
8	总铜(mg/kg干污泥)	<1500
9	矿物油(mg/kg干污泥)	<3000
10	挥发酚(mg/kg干污泥)	<40
11	总氰化物(mg/kg干污泥)	<10

（3）用作覆盖土的污泥泥质基本指标：污泥用作垃圾填埋场覆盖土添加料时，其基本指标应满足表4-29的要求。

基本指标及限值　　表 4-29

序　号	基本指标	限　值
1	含水率(%)	＜45
2	臭气浓度	＜2 级(六级臭度)
3	横向剪切强度(kN/m^2)	＞25

(4) 用作覆盖土的污泥泥质污染物指标：污泥用作垃圾填埋场覆盖土添加料时，其污染物指标应满足表 4-28 的要求。

(5) 用作覆盖土的污泥泥质生物学指标：污泥用作垃圾填埋场覆盖土添加料时，其生物学指标应满足表 4-30 的要求，同时不得检测出传染性病原菌。

生物学指标及限值　　表 4-30

序　号	生物学指标	限　值
1	粪大肠菌群菌值	＞0.01
2	蠕虫卵死亡率(%)	＞95

4.2.8　污泥用于水泥熟料生产

《城镇污水处理厂污泥处置 水泥熟料生产用泥质》CJ/T 314—2009 规定了城镇污水处理厂污泥用于水泥熟料生产的泥质指标、取样和监测等要求。对于泥质，从稳定化要求、理化指标、污染物指标三方面进行了规定，并对水泥产品浸出液污染物进行了限制。同时，污泥建筑材料利用必须满足建材本身的产品质量和相关标准，对于制作水泥，应满足《通用硅酸盐水泥》GB 175 的规定。

(1) 稳定化要求：污泥用于水泥熟料生产时，应满足《城镇污水处理厂污染物排放标准》GB 18918 中的相关规定。

(2) 理化指标：理化指标应满足表 4-31 的要求。当随生料一同入窑时，污泥的推荐用量应满足表 4-32 的规定；当从窑头喷嘴添加时，污泥的含水率应小于 12%，且污泥粒径应小于 5mm；污泥应在水泥熟料煅烧工艺段加入。

理化指标及限值　　表 4-31

序　号	理化指标	限　值
1	pH 值	5.0～13.0
2	含水率(%)	≤80

污泥推荐用量　　表 4-32

生产工艺	熟料产量	污泥含水率(%)	污泥添加比例(%)
干法水泥生产工艺①	1000～3000t②	35～80	＜10
		5～35	10～20
	3000t 以上	35～80	＜15
		5～35	15～25
湿法水泥生产工艺	无限制	80	＜30

① 立窑、立波尔窑等不宜采用城镇污水处理厂污泥生产水泥熟料；

② 日产 1000t 熟料以下的干法水泥生产线，不宜采用城镇污水处理厂污泥生产水泥熟料。

(3) 污染物指标：污染物指标应满足表 4-33 的要求。

污染物指标及限值　　表 4-33

序　号	污染物指标	限　值
1	总镉(mg/kg 干污泥)	＜20
2	总汞(mg/kg 干污泥)	＜25
3	总铅(mg/kg 干污泥)	＜1000
4	总铬(mg/kg 干污泥)	＜1000
5	总砷(mg/kg 干污泥)	＜75
6	总镍(mg/kg 干污泥)	＜200
7	总锌(mg/kg 干污泥)	＜4000
8	总铜(mg/kg 干污泥)	＜1500

(4) 水泥产品浸出液污染物指标：污泥用于水泥熟料生产制成的水泥，应按《水泥胶砂强度检验方法》GB/T 17671 制成棱柱试体，并按《固体废物 浸出毒性浸出方法 硫酸硝酸法》HJ/T 299 进行重金属浸出检测。当浸出液中重金属浓度值低于表 4-34 中的限值时，则水泥不受施用范围限值；反之，该水泥不能用于与饮用水源相关的工程。

水泥产品浸出液污染物指标及限值　　表 4-34

序　号	污染物指标	限　值
1	总镉(μg/L)	＜1
2	总汞(μg/L)	＜0.05
3	总铅(μg/L)	＜10
4	总铬(μg/L)	＜10
5	总砷(μg/L)	＜10
6	总锌(μg/L)	＜500
7	总镍(μg/L)	＜50
8	总铜(μg/L)	＜50

同时，标准还提出了其他要求：污泥用于水泥熟料生产过程中的尾气排放、污泥干化或煅烧产生的工艺废水、噪声控制限值，以及氨、硫化氢、甲硫醇、臭气浓度厂界排放限值，均按相关标准执行。

4.2.9 污泥制砖

《城镇污水处理厂污泥处置 制砖用泥质》GB/T 25031—2010 规定了城镇污水处理厂污泥制烧结砖利用的泥质、取样和监测等技术要求。对于泥质要求，从嗅觉、稳定化指标、理化指标、烧失量和放射性核素指标、污染物指标、卫生学指标、大气污染物排放指标七方面进行了规定。同时，制砖产品还应满足《烧结普通砖》GB 5101、《烧结多孔砖和多孔砌块》GB 13544、《烧结空心砖和空心砌块》GB 13545 的规定。

(1) 嗅觉：无明显刺激性臭味。

（2）稳定化指标：制砖利用前，污泥应满足《城镇污水处理厂污染物排放标准》GB 18918 中的稳定化指标。

（3）理化指标：应满足表 4-35 的要求。

理化指标及限值　表 4-35

序　号	理化指标	限　值
1	pH 值	5～10
2	含水率(%)	≤40

（4）烧失量和放射性核素指标：应满足表 4-36 的要求。

烧失量和放射性核素指标及限值　表 4-36

序　号	烧失量和放射性核素指标	限值(干污泥)	
1	烧失量(%)	≤50	
2	放射性核素	I_R≤1.0	I_r≤1.0

（5）污染物指标：应满足表 4-37 的要求。

污染物指标及限值　表 4-37

序　号	污染物指标	限　值
1	总镉(mg/kg 干污泥)	<20
2	总汞(mg/kg 干污泥)	<5
3	总铅(mg/kg 干污泥)	<300
4	总铬(mg/kg 干污泥)	<1000
5	总砷(mg/kg 干污泥)	<75
6	总镍(mg/kg 干污泥)	<200
7	总锌(mg/kg 干污泥)	<4000
8	总铜(mg/kg 干污泥)	<1500
9	矿物油(mg/kg 干污泥)	<3000
10	挥发酚(mg/kg 干污泥)	<40
11	总氰化物(mg/kg 干污泥)	<10

（6）生物学指标：应满足表 4-38 的要求，同时不能检测出传染性病原菌。

生物学指标及限值　表 4-38

序　号	生物学指标	限　值
1	粪大肠菌群菌值	>0.01
2	蠕虫卵死亡率(%)	>95

（7）大气污染物排放指标：污泥在运输和储存过程中，大气污染物排放最高允许浓度应满足表 4-39 的要求；污泥在烧结制砖时，大气污染物排放最高允许浓度应满足《城镇污水处理厂污泥处置 单独焚烧用泥质》GB/T 24602—2009 的要求。

大气污染物排放最高允许浓度 表 4-39

序号	大气污染物指标	一级标准	二级标准	三级标准
1	氨(mg/m^3)	1.0	1.5	4.0
2	硫化氢(mg/m^3)	0.03	0.06	0.32
3	臭气浓度(无量纲)	10	20	60
4	甲烷(厂区最高体积浓度%)	0.5	1	1

同时，标准还提出了其他要求：将处理后污泥和其他制砖原料混合时，污泥（以干污泥计）和制砖总原料的重量比（wt%），即混合比例应小于或等于10%，在工艺条件允许或产品需要的情况下，这一比例也可适当提高。

4.2.10 污泥单独焚烧

《城镇污水处理厂污泥处置 单独焚烧用泥质》GB/T 24602—2009 规定了城镇污水处理厂污泥单独焚烧利用的泥质指标及限值、取样和监测等技术要求。对于泥质，从外观、理化指标、污染物指标三方面进行了规定，同时规定了焚烧炉大气污染物的排放标准。

（1）外观：污泥单独焚烧利用时，其外观呈泥饼状。

（2）理化指标：应满足表 4-40 的要求，在选择炉型时要充分考虑污泥的含砂量。

理化指标及限值 表 4-40

序号	类别	理化指标及限值			
		pH 值	含水率(%)	低位热值(kJ/kg)	有机物含量(%)
1	自持焚烧	5～10	<50	>5000	>50
2	助燃焚烧	5～10	<80	>3500	>50
3	干化焚烧①	5～10	<80	>3500	>50

① 干化焚烧含水率（<80%）是指污泥进入干化系统的含水率。

（3）污染物指标：污泥单独焚烧利用时，按照《固体废物 浸出毒性浸出方法 硫酸硝酸法》HJ/T 299 制备的固体废物浸出液最高允许浓度指标应满足表 4-41 的要求。

浸出液最高允许浓度指标及限值 表 4-41

序 号	控制项目	限 值
1	烷基汞	不得检出①
2	汞(以总汞计)(mg/L)	≤0.1
3	铅(以总铅计)(mg/L)	≤5
4	镉(以总镉计)(mg/L)	≤1
5	总铬(mg/L)	≤15
6	六价铬(mg/L)	≤5
7	铜(以总铜计)(mg/L)	≤100
8	锌(以总锌计)(mg/L)	≤100
9	铍(以总铍计)(mg/L)	≤0.02

续表

序　号	控制项目	限　值
10	钡(以总钡计)(mg/L)	≤100
11	镍(以总镍计)(mg/L)	≤5
12	砷(以总砷计)(mg/L)	≤5
13	无机氟化物(不包括氟化钙)(mg/L)	≤100
14	氰化物(以 CN^- 计)(mg/L)	≤5

①“不得检出”指甲基汞<10ng/L，乙基汞<20ng/L。

(4) 焚烧炉大气污染物排放标准：应满足表 4-42 的要求。

焚烧炉大气污染物排放标准　　表 4-42

序号	大气污染物指标	单位	数值含义	限值①
1	烟尘	mg/m^3	测定均值	80
2	烟气黑度	格林曼黑度，级	测定值②	1
3	一氧化碳	mg/m^3	小时均值	150
4	氮氧化物	mg/m^3	小时均值	400
5	二氧化硫	mg/m^3	小时均值	260
6	氯化氢	mg/m^3	小时均值	75
7	汞	mg/m^3	测定均值	0.2
8	镉	mg/m^3	测定均值	0.1
9	铅	mg/m^3	测定均值	1.6
10	二恶英类	ng TEQ/m^3	测定均值	1.0

① 本表规定的各项标准限值，均以标准状态下含 11%O_2 的干烟气作为参考值换算；

② 烟气最高黑度时间，在任何 1h 内累计不超过 5min。

同时，标准还提出了其他要求：污泥焚烧厂恶臭厂界排放限值、污泥焚烧厂工艺废水排放限值、污泥焚烧厂噪声控制限值按相关标准执行。焚烧炉渣必须和除尘设备收集的焚烧飞灰分别收集、储存、运输和处置；焚烧炉渣按一般固体废物处置，焚烧飞灰应按危险废物处置；其他尾气净化装置排放的固体废物应按标准判断是否属于危险废物，当属于危险废物时，则按危险废物处置。

4.3　污泥处理处置工艺

4.3.1　污泥浓缩

1. 基本原理

污泥浓缩是污泥处理的第一阶段，污泥浓缩的主要目的是使污泥体积缩小，减小污泥后续处理构筑物的规模和处理设备的容量。

污水处理过程中产生的污泥含水率很高，一般情况下初沉污泥含水率为 95%～97%，剩余污泥含水率为 99.2%～99.6%，初沉污泥和剩余污泥混合后的含水率一般为 99%～99.4%，体积非常大。污泥经浓缩处理后体积将大大减小，含水率为97%～98%，仍保持流动状态。污泥含水率和污泥状态的关系如图4-2所示。

污泥中水分的存在形式有三种：游离水、毛细水和内部水。游离水存在于污泥颗粒间隙中，也称为间隙水，约占污泥水分的70%左右；毛细水存在于污泥颗粒间的毛细管中，约占污泥中水分的20%左右；内部水包括黏附于污泥颗粒表面的附着水和存在于其内部的内部水，约占污泥中水分的10%左右。污泥浓缩去除的对象是游离水。

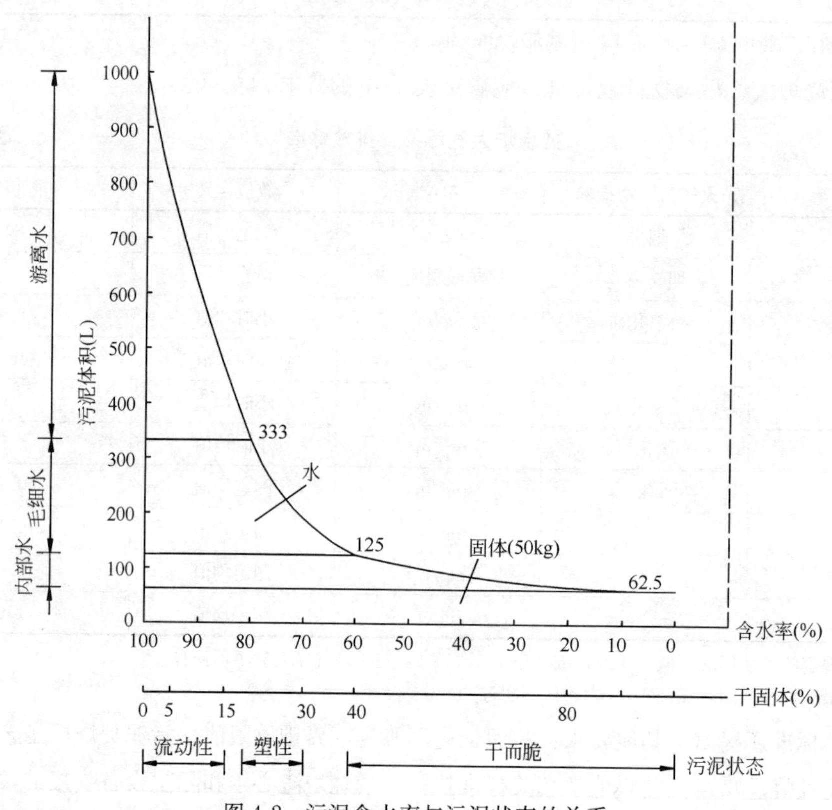

图4-2 污泥含水率与污泥状态的关系

2. 污泥浓缩主要工艺

污泥浓缩的方法主要包括重力浓缩、气浮浓缩和机械浓缩。机械浓缩又包括离心浓缩、带式浓缩和转鼓浓缩等。各种浓缩方法的优缺点如表4-43所示。

各种污泥浓缩方法的优缺点比较 **表4-43**

浓缩方法	优点	缺点
重力浓缩	储存污泥能力强；操作要求不高；运行费用低；动力消耗小	占地面积大；污泥易发酵，产生臭气；对于某些污泥工作不稳定，浓缩效果不理想
气浮浓缩	浓缩效果较理想；不受季节影响，运行效果稳定；所需池容积仅为重力法的1/10，占地面积较小；臭气问题小；能去除油脂和砂砾	运行费用低于离心浓缩，但高于重力浓缩；操作要求高；污泥储存能力小；占地比离心浓缩大
离心浓缩	只需少量土地可取得较高的处理能力；几乎不存在臭气问题	要求专用的离心机；电耗大；对操作人员要求较高

续表

浓缩方法	优　　点	缺　　点
带式浓缩	空间要求省；工艺性能的控制能力强；相对低的资本投资；相对低的电力消耗；添加很少聚合物便可获得高的固体浓度	会产生现场清洁问题；依赖于添加聚合物；操作水平要求较高；存在潜在的臭气问题；存在潜在的腐蚀问题
转鼓浓缩	空间要求省；相对低的资本投资；相对低的电力消耗；容易获得高的固体浓度	会产生现场清洁问题；依赖于添加聚合物；操作水平要求较高；存在潜在的臭气问题；存在潜在的腐蚀问题

（1）重力浓缩

重力浓缩是应用最多的污泥浓缩工艺，其利用污泥中固体颗粒和水之间的比重差实现泥水分离。重力浓缩一般需要 12～24h 的停留时间，浓缩池体积大，污泥容易腐败发臭，在较长的厌氧条件下，特别是同时还存在营养物质时，经除磷富集的磷酸盐会从聚磷菌体内分解并释放到污泥水中，这部分水和浓缩污泥分离后将回流到污水处理流程中重复处理，增加了污水处理除磷的负荷和能耗。根据运行方式不同，重力浓缩池可分为连续式污泥浓缩池和间歇式污泥浓缩池两种，前者常用于大、中型污水处理厂，后者常用于小型污水处理厂，分别如图 4-3 和图 4-4 所示。

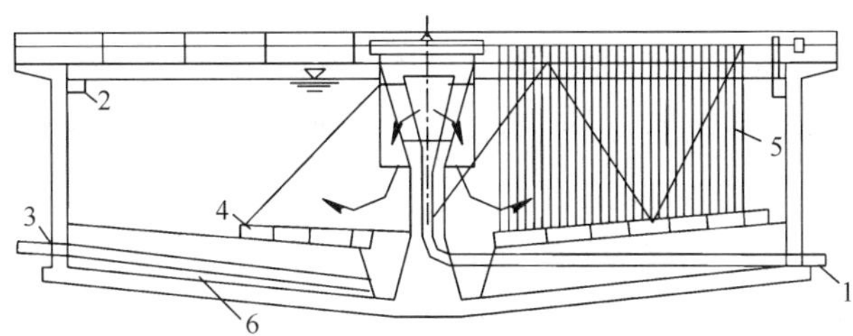

图 4-3　连续式污泥浓缩池（圆柱形）

1—中心进泥管；2—上清液溢流堰；3—底泥排除管；4—刮泥机；5—搅动栅；6—钢筋混凝土池体

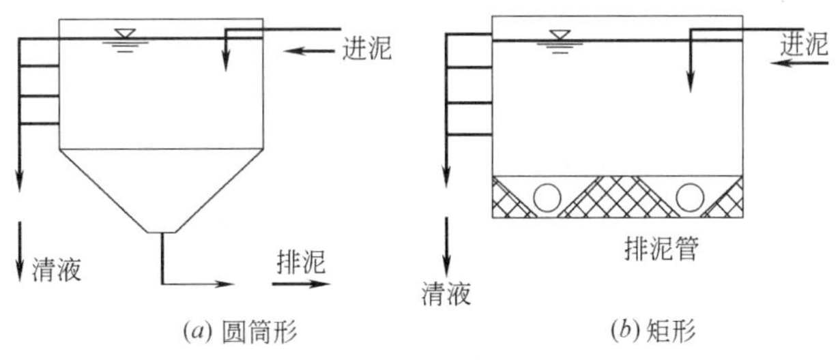

图 4-4　间歇式污泥浓缩池

（2）气浮浓缩

气浮浓缩适用于活性污泥和生物滤池等颗粒相对密度较轻的污泥，该工艺是采用大量的微小气泡附着在污泥颗粒表面，使污泥颗粒的相对密度降低而上浮，从而实现泥水分离。气浮浓缩需要的水力停留时间较短，一般为 30～120min，而且是好氧环境，避免厌氧发酵和放磷问题，因此污泥水中的含固率和磷的含量都比重力浓缩低。气浮浓缩适合于人口密度大、土地稀缺的地区，但因其高电耗和操作复杂，使用逐渐减少。

气浮浓缩根据气泡形成的方式，可以分为压力溶气气浮、生物溶气气浮、真空气浮、化学气浮、电解气浮等。污泥处理工艺中，压力溶气气浮工艺已广泛应用于剩余活性污泥浓缩中；生物溶气气浮和涡凹气浮浓缩活性污泥也已有应用；其他几种气浮在污泥浓缩中的应用正在研究中。污泥浓缩时，采用较多的气浮浓缩方式是出水部分回流加压溶气技术，其工艺流程如图4-5所示。

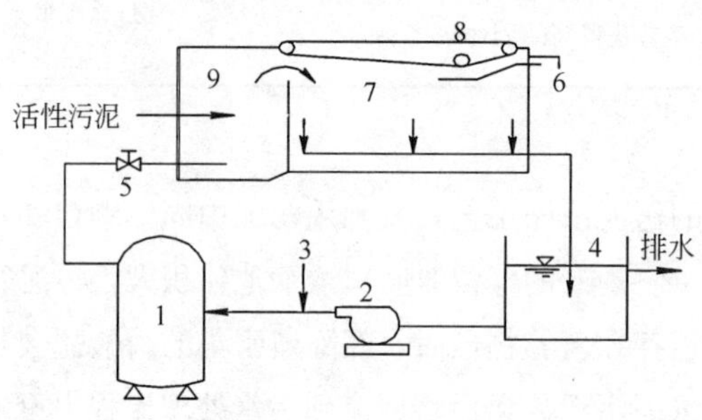

图 4-5 出水部分回流的加压溶气气浮浓缩流程示意

1—溶气罐；2—加压泵；3—压缩空气；4—出流；5—减压阀；6—浮渣排除；7—气浮浓缩池；8—刮渣机械；9—进水室

（3）机械浓缩

机械浓缩主要有离心浓缩、带式浓缩和转鼓浓缩等，这些工艺都是利用各种机械力实现泥水分离。机械浓缩所需要的时间更短，一般仅需几分钟，浓缩后污泥固体浓度比较高，但是动力消耗大，设备价格高，维护管理的工作量大。

离心浓缩机是较早应用于污泥浓缩的机械设备，经过几代的更换发展，现在普遍采用卧螺式离心浓缩机。其原理和形式与离心脱水机基本相同，差别在于用于污泥浓缩时一般不需加入絮凝剂，而用于污泥脱水时则必须加入絮凝剂。离心浓缩机适用于不同性质的污泥和不同规模的污水处理厂，图4-6为离心浓缩机结构示意图。

带式浓缩机主要用于污泥浓缩脱水一体化设备的浓缩段。重力带式机械浓缩机（gravity belt thickener，GBT）主要由框架、进料装置、滤带承托、进料混合器、动态泥耙、滤带、冲洗和纠偏装置等组成。其主要工作原理是：经过混凝的污泥在浓缩段均匀分布到滤带上，依靠重力作用分离其中大量游离水分，污泥得到浓缩，流动性变差后，再进入后面的压滤段。

转鼓（转筛）机械浓缩机（rotary drum thickener，RDT或rotary sieve thichener，RST）和类似的装置主要用于浓缩脱水一体化设备的浓缩段，转鼓机械浓缩机是将化学混凝的污泥进行螺旋推进脱水和挤压脱水，是污泥含水率降低的一种简便高效的机械设备。

3. 污泥浓缩改扩建应注意的事项

污泥浓缩是污泥处理处置的第一道工序，在浓缩之前不需要进行其他的预处理。大多数污水处理厂将剩余污泥和初沉污泥混合后进行处理处置，因此，必须注意污泥的混合和储存问题。对有脱氮除磷要求的污水处理厂而言，要谨慎考虑剩余污泥和初沉污泥的混合，有研究和实际运行表明，初沉污泥和富含磷的剩余污泥混合过程中，往往会促进磷的快速释放。因此，一般有三种选择：

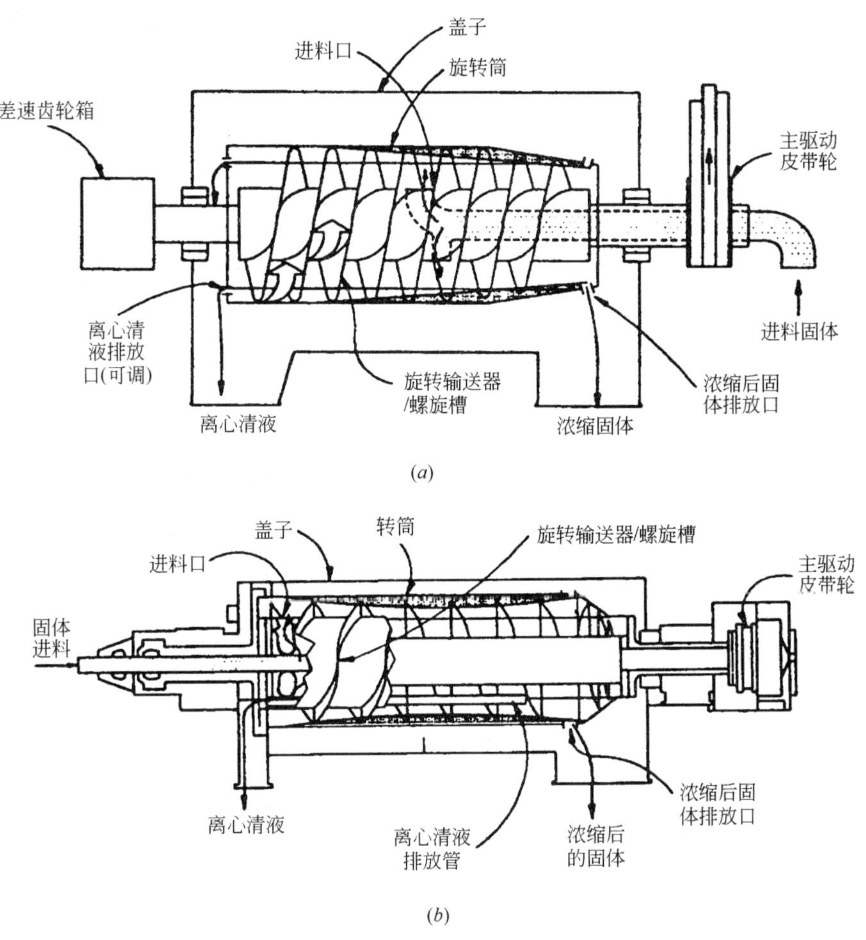

图 4-6　离心浓缩机结构示意

(1) 混合后将污泥浓缩的上清液进行化学除磷处理，将磷从整个污水处理系统和污泥处理系统中去除；

(2) 采用磷酸铵镁沉淀法等方法提取上清液中的磷，形成一些产品，进行综合利用；

(3) 初沉污泥和剩余污泥分开浓缩，形成两套互不影响的系统。

改扩建设计时，污泥混合可以采用四种方法：

(1) 在初次沉淀池内混合：可将二级处理和三级处理的污泥回流至初次沉淀池内，同初次污泥一起沉淀和混合；

(2) 在管道内混合：要求准确控制污泥源和流量，以保证适当的混合效果；

(3) 以较长时间在污泥处理装置中混合；

(4) 在单独的混合池混合，这种方法最能控制污泥的混合质量。

通常，在小型污水处理厂中，污泥混合在初次沉淀池内完成；而对于大型污水处理厂，各种污泥在混合之前一般单独进行浓缩效果较好。

改扩建设计时，必须提供污泥储存条件以便消除污泥产量的波动，并使在后续污泥处理装置不运行时，污泥得到储存。污泥可以在储存池或污泥浓缩池内短期储存。小型污水处理厂污泥通常储存在沉淀池和消化池内。为了保证污泥完全混合，需要机械混合保证混合效果。另外，常用氯和过氧化氢抑制腐化和控制从污泥储存池或混合池中逸出的气味。

4.3.2 污泥脱水

1. 基本原理

污泥脱水一般采用机械脱水。

污泥压滤机械脱水的原理基本相同，都是以过滤介质两面的压力差作为推动力，使污泥中的水分通过过滤介质，形成滤液；而固体颗粒被截留在过滤介质上，形成滤饼，从而达到脱水的目的。污泥离心脱水是利用离心力的作用分离污泥固体颗粒和水。

2. 污泥脱水主要工艺

城镇污水处理系统产生的污泥，尤其是活性污泥脱水性能一般较差，因此污泥在机械脱水前，一般应进行预处理调质，以改善其脱水性能，提高脱水设备的生产能力，获得综合的技术经济效果。污泥调质方法有物理调质和化学调质两大类。物理调质有淘洗法、冷冻法和热调质等方法；化学调质则主要通过向污泥中投加化学药剂，改善其脱水性能。以上调质方法在实际中都有应用，但以化学调质为主，原因是化学调质流程简单，操作简单，且调质效果稳定。

目前，污泥机械脱水常用的几种设备形式有：带式压滤脱水机、离心脱水机、板框压滤脱水机和螺旋压榨脱水机，四种脱水机械的性能比较如表 4-44 所示。

四种脱水机械性能比较 表 4-44

比较项目	带式压滤脱水机	离心脱水机	板框压滤脱水机	螺旋压榨脱水机
脱水设备部分配置	进泥泵、带式压滤脱水机、滤带清洗系统(包括泵)、卸料系统、控制系统	进泥螺杆泵、离心脱水机、卸料系统、控制系统	进泥泵、板框压滤脱水机、冲洗水泵、空压系统、卸料系统、控制系统	进泥泵、螺旋压榨脱水机、冲洗水泵、空压系统、卸料系统、控制系统
进泥含固率要求(%)	3～5	2～3	1.5～3	0.8～5
脱水污泥含固率(%)	20	25	30	25
运行状态	可连续运行	可连续运行	间歇式运行	可连续运行
操作环境	开放式	封闭式	开放式	封闭式
设备占地	大	紧凑	大	紧凑
冲洗水量	大	少	大	很少
需更换的磨损件	滤布	基本无	滤布	基本无
噪声	小	较大	较大	基本无
设备费用	低	较贵	贵	较贵
能耗(kWh/t 干固体)	5～20	30～60	15～40	3～15

(1) 带式压滤脱水机

带式压滤脱水机由滚压轴和滤布带组成。污泥先经过压缩段（主要依靠重力过滤），使污泥失去流动性，以免在压榨段被挤出滤饼，浓缩段的停留时间为 10～20s，然后进入压榨段，压榨时间为 1～5min。滚压的方式有两种，一种是滚压轴上下相对，压榨的时间几乎是瞬时的，但压力大，如图 4-7（*a*）所示；另一种是滚压轴上下错开，如图 4-7（*b*）所示，依靠滚压轴施于滤布的张力压榨污泥，压榨的压力受张力的限制，压力较小，压榨时间较长，但在滚压的过程中对污泥有一种剪切力的作用，可促进泥饼的脱水。带式压滤脱水机的优点是动力消耗少，可以连续生产；缺点是必须正确选择高分子絮凝剂调理污泥，而且得到脱水泥饼的含水率较高。

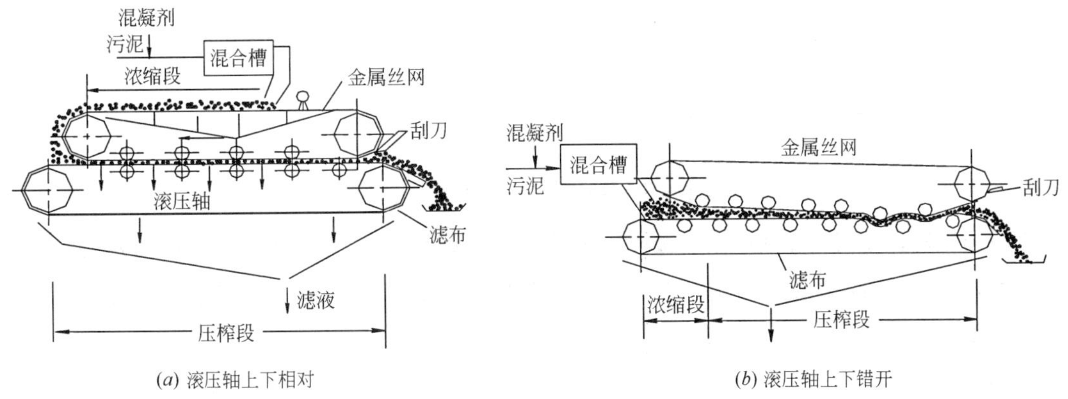

图 4-7　带式压滤机结构示意

（2）离心脱水机

离心脱水机种类较多，适用于城镇污泥脱水的一般是卧式螺旋离心脱水机，其结构示意图如图 4-8 所示。离心脱水机的工作原理是利用污泥颗粒和水之间存在的密度差，使得它们在相同的离心力作用下产生不同的离心加速度，从而导致污泥颗粒与水的分离，实现脱水的目的。离心脱水机的优点是结构紧凑，附属设备少，臭味少，能长期自动连续运行；缺点是有一些噪声，脱水后污泥含水率较高，污泥中若含有砂砾，则易磨损设备。

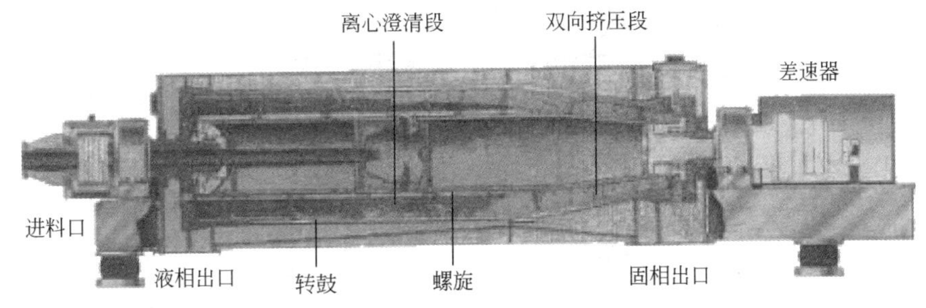

图 4-8　卧式螺旋离心脱水机结构示意

（3）板框压滤脱水机

板框压滤脱水机可分为人工板框压滤脱水机和自动板框压滤脱水机两种。人工板框压滤脱水机，需将板框一块一块人工卸下，剥离泥饼并清洗滤布，再逐块装上，劳动强度大，效率低。自动板框压滤脱水机，上述过程都是自动的，效率较高，劳动强度低。自动板框压滤脱水机有垂直式和水平式两种，如图 4-9 所示。

板框压滤脱水机的工作原理是板与框相间排列而成，在滤板的两侧覆有滤布，用压紧装置把板与框压紧，从而在板与框之间构成压滤室。污泥进入压滤室后，在压力作用下，滤液通过

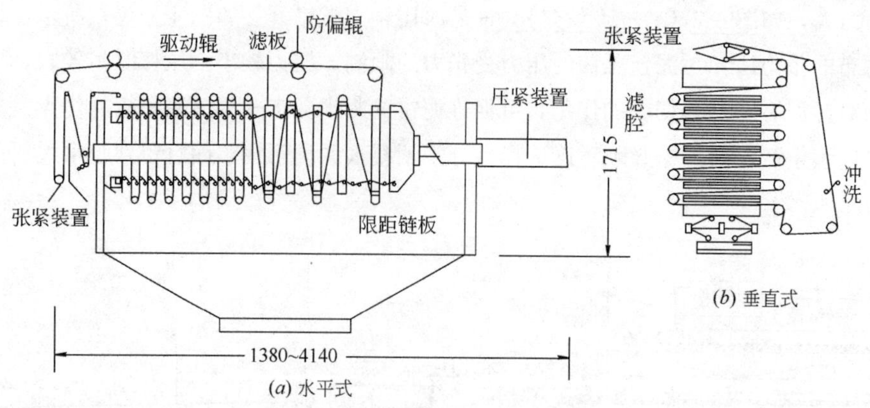

图 4-9 自动板框压滤脱水机结构示意

滤布排出滤机，使污泥完成脱水。板框压滤脱水机的优点是构造较简单，过滤推动力大，脱水效果好，用于城市污水处理厂混合污泥时泥饼含水率较低；缺点是操作不能连续运行，脱水泥饼产率低。

（4）螺旋压榨脱水机

螺旋压榨脱水机由筒屏外套及螺旋轴组成，螺旋转动时完成污泥的过滤、脱水工作，具有低转速、低功耗的特点。其结构示意图如图 4-10 所示。螺旋压榨脱水机的工作原理是：圆锥状螺旋轴与圆筒形的外筒共同形成了滤室，污泥利用螺旋轴上螺旋齿轮从入泥侧向排泥侧传送，在容积逐渐变小的滤室内，污泥受到的压力会逐渐上升，从而完成压榨脱水。螺旋压榨脱水机的优点是设备占地小，噪声小，电耗少；缺点是目前工程应用还较少，设备较贵。

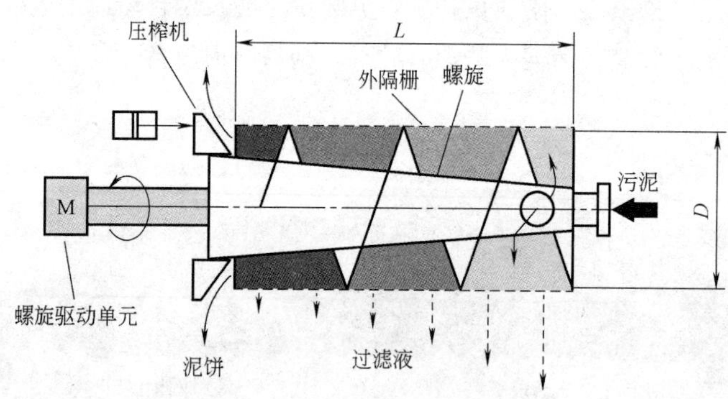

图 4-10 螺旋压榨脱水机结构示意

具体选用何种类型的脱水机械，还应根据污泥的性质和现场条件综合考虑技术、经济、环境和管理等因素，全面分析判断后作出合理的选择。国际上也是四种脱水机械共存，各有各自的使用范围。

3. 污泥深度脱水

污泥深度脱水是指脱水后污泥含水率达到 60％以下，特殊条件下达到 50％以下的污泥脱水。目前，我国城镇污水处理厂大都无初沉池，且不经厌氧消化处理，故脱水后的污泥含水率大都在 78％～85％之间。高含水率给污泥后续处理、运输和处置带来很大的难度。因此，在有条件的地区，可进行污泥的深度脱水。

深度脱水的预处理方法主要有化学预处理、物理预处理和热工预处理三种类型。化学预处理所投加化学药剂主要包括无机金属盐药剂、有机高分子药剂、各种污泥改性剂等。物理预处理是向污泥中投加不会产生化学反应的物质，降低或者改善污泥的可压缩性，采用物质主要有：烟道灰、硅藻土、焚烧后的污泥灰、粉煤灰等。热工预处理包括冷冻、中温和高温加热等预处理方式，常用的是高温热工预处理。目前，各种预处理技术和主要机械脱水方式相结合所能达到的脱水效果如表 4-45 所示。

各种预处理方法与主要机械脱水方式相结合的脱水效果　表 4-45

序号	脱水机械 / 调理方式	带式压滤脱水机或者离心脱水机泥饼含水率(%)	板框压滤脱水机泥饼含水率(%)
1	采用有机高分子药剂	70～82	55～65
2	采用无机金属盐药剂	—	60～70
3	采用无机金属盐药剂和石灰	—	55～65
4	高温热工调理	50～60	<50
5	化学和物理组合调理	50～60	<50

污泥深度脱水主要采用以隔膜压滤机为代表的板框压滤脱水机械。隔膜压滤机主要由机架部分、过滤部分（单边橡塑隔膜滤板、滤布）、拉板部分、液压部分和电气控制部分构成，如图 4-11 所示。利用单边橡塑隔膜滤板、滤布组成的可变滤室过滤单元，在油缸压紧滤板的条件下，用进料泵压力进行固液分离，从两端将污泥料浆送入由滤板和隔膜板组成的各个密封滤室内，利用泵提供的过滤动力使滤液通过过滤介质排出，直至物料充满滤室，完成初步的液固两相分离；在入料过滤阶段结束后，采用隔膜压榨技术对滤饼进行压榨，用压缩气体（或高压水）推动隔膜板的隔膜鼓起，对滤饼产生单方向的压缩，破坏颗粒间形成的“拱桥”结构，使滤饼进一步压密，将残留在颗粒间隙的滤液挤出；在隔膜压榨的过程中，采用单边嵌入式隔膜滤板的结构技术、特殊的膜片结构和材质配方，在压缩气体（或高压水）的作用下，使膜片在弹性受力范围之内充分鼓起，根据污泥的特性，延续鼓膜 25～30min，将残留在污泥颗粒间隙的滤液有效地挤出，达到深度脱水干化的效果。

但是，污泥深度脱水现状调理剂用量过大，不利于污泥后续的处理处置，该工艺一般作为阶段性、应急或备用的污泥处理方案。

4.3.3　污泥厌氧消化

1. 基本原理

污泥厌氧消化是一个极其复杂的过程，多年来厌氧消化过程被概括为两阶段：第一阶段为酸性发酵阶段，有机物在产酸细菌的作用下，分解成脂肪酸和其他产物，并合成新细胞；第二阶段为甲烷发酵阶段，脂肪酸在专性厌氧菌产甲烷菌的作用下转化为 CH_4 和 CO_2。但是，事实上第一阶段的最终产物不仅仅是酸，发酵产生的气体也并不都是从第二阶段产生的，因此，两阶段过程较为恰当的提法为不产甲烷阶段和产甲烷阶段。

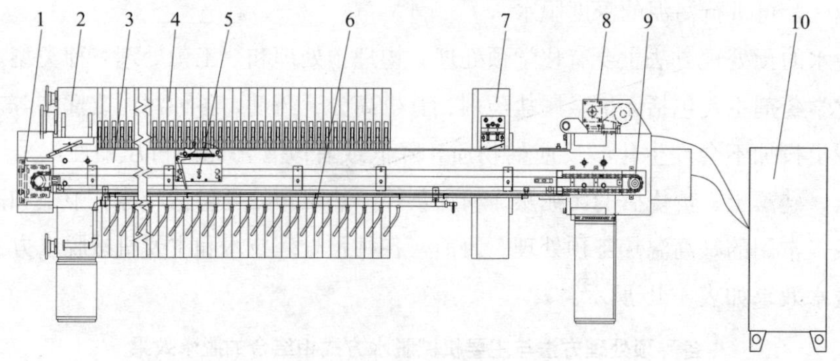

图 4-11 隔膜压滤机结构示意

1—被动链轮；2—止推板总成；3—总梁；4—滤板；5—机械手；6—隔膜吹气管；
7—压紧板总成；8—油缸座总成；9—主动链轮；10—液压电控系统

随着对厌氧消化微生物研究的不断深入，厌氧消化中不产甲烷细菌和产甲烷细菌之间的相互关系更加明确。1979 年，伯力特等人根据微生物种群的生理分类特点，提出了厌氧消化三阶段理论，这是目前较为公认的理论模式。

第一阶段，在水解与发酵细菌的作用下，碳水化合物、蛋白质和脂肪，经水解和发酵转化为单糖、氨基酸、脂肪酸、甘油、二氧化碳和氢等。

第二阶段，在产氢产乙酸菌的作用下，把第一阶段的产物转化成氢、二氧化碳和乙酸。如戊酸的转化化学反应式，如式（4-4）所示：

$$CH_3CH_2CH_2CH_2COOH+2H_2O \rightarrow CH_3CH_2COOH+CH_3COOH+2H_2 \quad (4-4)$$

丙酸的转化化学反应式，如式（4-5）所示：

$$CH_3CH_2COOH+2H_2O \rightarrow CH_3COOH+3H_2+CO_2 \quad (4-5)$$

乙醇的转化化学反应式，如式（4-6）所示：

$$CH_3CH_2OH+H_2O \rightarrow CH_3COOH+2H_2 \quad (4-6)$$

第三阶段，通过两组生理物性上不同的产甲烷菌的作用，将氢和二氧化碳转化为甲烷或对乙酸脱羧产生甲烷。产甲烷阶段产生的能量绝大部分都用于维持细菌生存，只有很少能量用于合成新细菌，故细胞的增殖很少。在厌氧消化过程中，由乙酸形成的 CH_4 约占总量的 2/3，由 CO_2 还原形成的 CH_4 约占总量的 1/3，如式（4-7）和（4-8）所示。

$$4H_2+CO_2 \rightarrow CH_4+2H_2O \quad (4-7)$$

$$2CH_3COOH \rightarrow CH_4+2CO_2 \quad (4-8)$$

由上可知，产氢产乙酸细菌在厌氧消化中具有极为重要的作用，它在水解和发酵细菌及产甲烷细菌之间的共生关系中，起到了联系作用，通过不断地提供出大量的 H_2，作为产甲烷细菌的能源，以及还原 CO_2 生成 CH_4 的电子供体。

三阶段消化的模式如图 4-12 所示。

2. 厌氧消化工艺分类

(1) 按消化温度的不同，可分为中温厌氧消化（35±2)℃和高温厌氧消化（55±2)℃。

中温厌氧消化固体停留时间大于 20d，有机物容积负荷一般为 2.0～4.0kg/（m^3·d），有

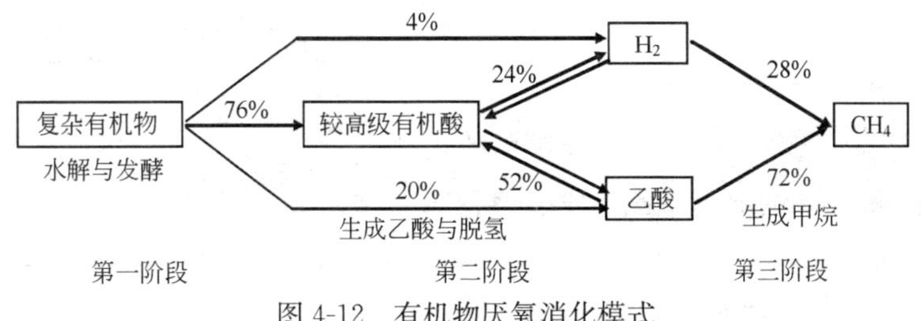

图 4-12 有机物厌氧消化模式

机物分解率可达到 35%～45%，产气率一般为 0.75～1.10Nm^3/kgVSS（去除）。

高温厌氧消化适合嗜热产甲烷菌生长。高温厌氧消化有机物分解速度快，可以有效杀灭各种致病菌和寄生虫卵。一般情况下，有机物分解率可达到 35%～45%，停留时间可缩短至 10～15d。缺点是能量消耗较大，运行费用较高，系统操作要求高。

(2) 按运行方式的不同，可分为单级厌氧消化和两级厌氧消化。

单级厌氧消化只设置一座消化池，污泥在一座消化池中完成消化过程，如图 4-13 (*a*) 所示。

两级厌氧消化工艺流程如图 4-13 (*b*) 所示。根据消化时间与产气率的关系（见图 4-14），将消化过程分开在两个串联的消化池内进行，污泥先在一级消化池（设有加温、搅拌装置，并有集气罩收集沼气）进行消化，经过约 7～12d 旺盛的消化反应后，排出的污泥进入二级消化池。二级消化池不设加温和搅拌装置，依靠来自一级消化池污泥的余热继续消化，消化温度约为 20～26℃，产气量约占 20%，可收集或不收集，由于不搅拌，二级消化池兼具有浓缩功能。采用两级厌氧消化时，一级消化池和二级消化池的容积比应根据二级消化池的运行操作方式，通过技术经济比较确定，多采用 2∶1，不宜大于 4∶1。

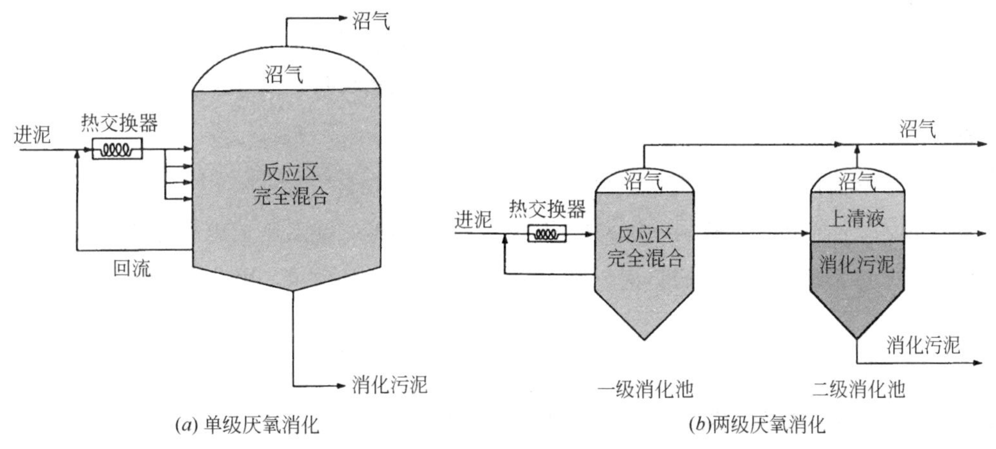

图 4-13 单级厌氧消化和两级厌氧消化工艺流程

在不延长总消化时间的前提下，两级厌氧消化对有机固体的分解率并无提高。一般由于第二级的静置沉降和不加热，提高了出池污泥的浓度，减少了污泥脱水的规模和投资，但随着污泥脱水技术的发展，厌氧消化出泥浓度对脱水设施影响减小，污泥厌氧消化多采用单级。国内外研究和运行结果表明，采用两级厌氧消化对于继续消化和提高沼气产量，效果均不明显，但增加了造价和运行管理工作量。

（3）按环境条件的不同，可分为单相厌氧消化和两相厌氧消化。

厌氧消化可分为三个阶段即水解发酵阶段、产氢产乙酸阶段和产甲烷阶段。各阶段的菌种、消化速度和对环境的要求、消化产物等都各不相同，造成运行控制方面的诸多不便，故把消化的第一、第二和第三阶段分别在两个消化池中进行，使各阶段都能在各自的最佳环境条件下完成，此即为两相厌氧消化。

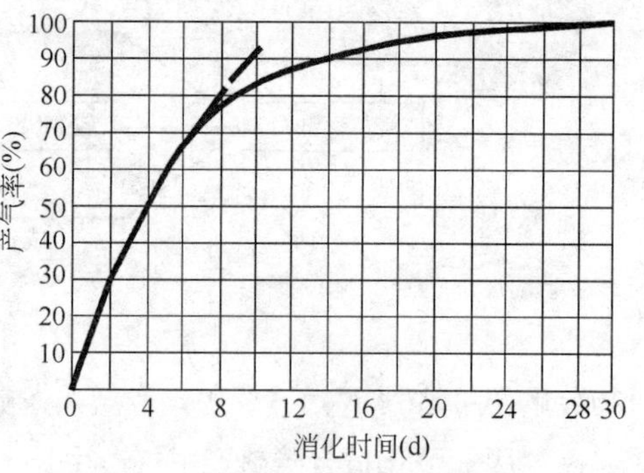

图 4-14 消化时间与产气率的关系

两相厌氧消化的本质特征是实现了生物相的分离，即通过调控产酸相和产甲烷相的运行控制参数，使产酸相和产甲烷相成为两个独立的处理单元，分别为产酸发酵微生物和产甲烷发酵微生物创造最佳生态条件，从而提高厌氧处理效率和反应器的运行稳定性。从生物化学角度看，产酸相主要包括水解、产酸和产氢产乙酸阶段，产甲烷相主要包括产甲烷阶段；从微生物学角度看，产酸相一般仅存在产酸发酵细菌，而产甲烷相不仅存在产甲烷菌，还不同程度存在产酸发酵细菌。

（4）中温/高温两相厌氧消化（APAD），其特点是在污泥中温厌氧消化前设置高温厌氧消化阶段。污泥进泥的预热温度为50～60℃，前置高温段中的污泥停留时间约为1～3d，后续厌氧中温消化时间可从20d左右减少至12d左右，总的停留时间为15d左右。这种工艺同时增加了总有机物的去除率和产气率，并可完全杀灭污泥中的病原菌。

3. 厌氧消化池体构造

厌氧消化池池形可根据结构条件、投资成本和景观要求进行选择。好的厌氧消化池池形应具有结构条件好、防止沉淀、没有死区、混合良好、易去除浮渣和泡沫等特点。常用的基本池形包括以下四种：

（1）龟甲形消化池

龟甲形消化池在英国、美国等国家采用较多，此种池形的优点是土建造价低，结构设计简单，但要求搅拌系统具有较好的防止产生和易于消除沉积物的效果，因此相配套的设备投资和运行费用较高。

（2）圆柱形消化池

这种池形的优点是热量损失比龟甲形小，易选择搅拌系统，但底部面积大，易造成粗砂的堆积，因此需要定期进行停池清理，更重要的是在形状变化的部分存在尖角，应力很容易聚集在这些区域，使结构处理较困难。底部和顶部的圆锥部分，在土建施工浇筑时混凝土难密实，易产生渗漏。

（3）平底圆柱形消化池

平底圆柱形消化池是一种土建成本较低的池形。圆柱部分的高度/直径≥1。这种池形在欧洲已成功地用在不同规模的污水处理厂中，可配套使用的搅拌设备较少，大都采用悬挂喷入式沼气搅拌技术。

(4) 蛋形消化池

在德国，蛋形消化池从 1956 年就开始被采用，并作为一种主要的池形，应用较普遍。蛋形消化池最显著的特点是运行效率高，经济实用，其渐变的外墙曲线以及污泥与池壁间接触面的缩小为污泥的均匀搅拌提供了良好的条件。蛋形消化池的优点可以总结为以下几点：

1）能促进混合搅拌的均匀，单位面积内可获得较多的微生物，用较小的能量即可达到良好的混合效果。

2）有效消除了粗砂和浮渣的堆积，池内一般不产生死角，可保证生产的稳定性和连续性。根据有关文献介绍，德国有的蛋形消化池已经成功运转了 50 年而没有进行过清理。

3）蛋形消化池表面积小，耗热量较低，很容易保持系统温度。

4）生化效果好，分解率高。

5）上部面积小，不易产生浮渣，即使生成也易去除。

6）蛋形消化池的壳体形状使池体结构受力分布均匀，结构设计具有很大优势，可以做到消化池单池池容的大型化。

7）池形美观。

蛋形消化池的缺点是土建施工费用比传统消化池高。然而其运行上的优点直接提高了处理过程的效率，节约了运行成本。如果设置较多座蛋形消化池，运行费用则更具有优势，节省下的运行费用可以弥补造价的差额，用户从高效的运行中受益更多。对于大型污水处理厂，大体积消化池采用蛋形池更能体现其优点。

目前，蛋形消化池在欧美等西方发达国家已经广泛应用。在我国，厌氧消化池多年来大多采用传统圆柱形，随着搅拌设备的引进，也先后设计并施工了多座蛋形消化池，改变了国内消化池池形单一的状况。蛋形消化池和圆柱形消化池的综合比较如表 4-46 所示。

蛋形消化池和圆柱形消化池的综合比较　　表 4-46

名称	蛋形消化池	传统圆柱形消化池
混合性能	较强的混合性，需要能量较低(约节省 40%～50%的能量)	低效的混合性，为了混合均匀需要较多能量
粗砂和污泥的聚集	底部面积小，可有效地消除粗砂和污泥的沉淀，使微小颗粒与污泥充分混合	底部面积大，易沉淀粗砂和污泥，需要定期清理。浪费的空间导致消化物的消化水平较差
浮渣的堆积	污泥液面面积较小，能有效地控制浮渣的形成和排出	污泥液面面积较大，浮渣的堆积层不能有效解决
维护与保养	不需要定期清理，可连续运行	一般情况下需对全池进行清理，重新启动系统和整个处理装置需要几个月的时间，维护费用较高
运行	稳定去除易挥发性有机物，且稳定、连续地产生沼气，形成有效的运行处理过程	底部死角易堆积粗砂和其他沉淀物，顶部的无效空间极易堆积浮渣，使消化处理效果较差
容积	结构和工艺条件较好，单池处理能力大，占地面积小	受结构和工艺条件的限制，单池容积不宜很大，占地面积大
运行温度	表面积与污泥处理量的比例较小。优异的混合性能有助于系统温度的稳定	表面积与处理污泥量的比例较大，能量消耗较大

厌氧消化池的构造应考虑密闭性、保温性等要求，具体要求如下：

(1) 构造需采用水密性、气密性而且抗腐蚀性良好的钢筋混凝土建造。由于厌氧消化会产生沼气，为防止发生漏气引起的爆炸危险和产生臭气，应采用气密性构造。在池的内壁，涂刷环氧树脂等兼具防腐蚀的涂膜防水层，并对硫化氢等有害气体作适当的防护。同时需把水充满到规定液面位置，以内压为 350mm 水柱进行气密试验。

(2) 要以适当的方法，防止热的散发。为了减少消化池散热，需用轻质砖或轻质混凝土等导热率小的材料覆盖池的围壁和顶盖，也可利用适当厚度的覆土对池壁进行保温，这时覆土应采用黏土质少的、透水性好的砂土。

(3) 池顶部和污泥面之间应有一定的富余高度，防止因污泥搅拌引起的污泥飞沫等侵入气体配管内，同时对于污泥投入和排出引起的液位变动，能缓冲池内的气压。

4. 厌氧消化进排泥方式

厌氧消化池的进泥和排泥形式包括：上部进泥下部直排、上部进泥下部溢流排泥、下部进泥上部溢流排泥等形式。这三种形式在实际工程中均有采用。

采用上部进泥下部直排的形式，需要严格控制进泥平衡，稍有差别，时间长了容易引起工作液位的变化：如果排泥量大于进泥量，工作液位将下降，池内气相有产生真空的危险；如果排泥量小于进泥量，工作液位将升高，导致气相容积缩小或污泥从溢流管流走。采用下部进泥上部溢流排泥的形式，会降低消化效果，因为污泥经充分消化后颗粒密度增大，停止搅拌时，会沉至下部，而未经充分消化的污泥会浮至上部被溢流排走。采用上部进泥下部溢流排泥的形式，能克服以上两种排泥方式的不足。

为防止污泥堵塞，污泥管管径一般在 150mm 以上。

(1) 进泥管

进泥管是将污泥投入消化池的污泥管道。进泥管应考虑使投入污泥和消化污泥充分混合，一般污泥从池顶部和侧壁直接投入，在条件许可的情况下也可以设置多个进泥口。由于厌氧消化池污泥液面上方进泥有助于搅拌均匀和破碎液面浮渣，下方进泥则有助于液位的稳定，一般在泥面上方会设置一个进泥口。

(2) 排泥管

排泥管是将消化池内消化污泥排出池体的管道，可以从底部排泥，也可以从中位管排泥。采用中位管排泥方式时，如果消化池搅拌系统运转不正常，则中位管排出污泥浓度较低。运转一定时间以后，会造成消化池池底大量的积砂和积泥；当采用底部排泥时，如果污泥搅拌系统运转不正常，往往底部高浓度的污泥被排出，造成消化池内污泥平均浓度下降，影响厌氧菌繁殖生长，对污泥消化运行不利。

对于大型厌氧消化池，最好在不同液位设置出泥口，或在溢流管上设置可调式出泥管，通过调整溢流管出泥口的高度，改变消化池内的污泥液位，改变消化池有效容积、污泥停留时间和内部压力，其作用和在不同液位设置出泥口相同。

(3) 循环管

当采用泵循环搅拌污泥或池外加热时，厌氧消化池要设置多段污泥循环管。在厌氧消化池的不同液面设置污泥循环管，便于选择循环污泥的选取区域，有利于污泥均匀混合。

5. 厌氧消化搅拌方式

厌氧消化池设计和运行的一个重要方面是搅拌系统的选择，良好的搅拌系统对于提高厌氧消化效果作用显著，主要体现在以下几个方面：

(1) 通过对消化池中污泥的充分搅拌，使生污泥和熟污泥充分接触，提高消化效果；

(2) 通过搅拌，使中间产物和代谢产物在消化池内均匀分布；

(3) 通过搅拌和搅拌时产生的振动能有效地使沼气溢出液面；

(4) 消化菌对温度和 pH 值的变化非常敏感，通过搅拌使池内温度和 pH 值保持均匀；

(5) 对池内污泥不断进行搅拌可防止池内产生浮渣。

总体而言，厌氧消化搅拌方式包括沼气搅拌法、机械搅拌法和泵循环搅拌法。

(1) 沼气搅拌法

沼气搅拌是将消化池上部收集的一部分沼气经压缩机压缩后，再经喷嘴等设施从消化池底部喷入池内，通过气体向上的流动实现搅拌作用。沼气搅拌法的优点是：由于沼气气泡迅速上升造成的湍流可提高混合质量；污泥可以在内部循环；通过在污泥表面形成的湍流防止浮渣形成；改善脱气效果；与消化池形状和污泥液位无关。因此，沼气搅拌的应用较多。但沼气搅拌系统的组成和运行管理均较为复杂，同时由于沼气具有易燃和易爆的特性，沼气搅拌工艺对设备的安装、所使用管件的制造材料和安全措施有特殊的要求，对运行和操作要求严格。

(2) 机械搅拌法

机械搅拌的方式包括水平搅拌器、垂直搅拌器和池中间带一垂直导流管式机械搅拌系统。后者是在消化池顶部的回流管上安装一搅拌器，搅拌器开启时，消化污泥可以在导流管内外向上或向下混合流动，搅拌效果好，池面浮渣和泡沫少。

(3) 泵循环搅拌法

泵循环搅拌法采用外置泵循环搅拌，包括底部带有刮板和不带刮板两种方式。泵循环搅拌法只适合于较小的带漏斗形底和锥形顶盖的常规消化池，因其耗电量大，不适合大中容积的消化池使用。

对于大型厌氧消化池，一般设置多种搅拌装置，易于混合均匀。池外泵循环搅拌常常与其他搅拌系统结合使用，作为辅助设施。

6. 厌氧消化加热方式

污泥加热的目的是使新鲜污泥温度提高到消化温度，同时补偿消化池壳体和管道中的热能损耗。污泥加热的方法包括消化池内加热盘管、消化池外各种热交换器、蒸汽直接加热、消化池前投配池内预热法、燃烧气体直接加热等，可归纳为蒸汽吹入式和外部加温式。

(1) 蒸汽吹入式

直接将高温蒸汽吹入污泥消化池内的污泥中，只要搅拌得好，不会因蒸汽造成微生物作用的降低。加热盘管安装在靠近消化池处，池壁式挂在消化池池壁上，早期消化池应用较多。若将加热盘管和混合搅拌提升管结合加热，这种方法既可防止盘管结垢，又能节约费用，特别适用于小型消化池。

(2) 外部加温式（使用热交换器的方法）

外部加温式是在污泥消化池外部设置热交换器，通过锅炉和热交换器的循环热水，对循环于污泥消化池和热交换器的污泥进行加热。热交换器为污泥在内管流动，而热水在外管流动的双层管式。污泥和热水分别以相反的方向在管内流动，污泥和热水在管内的流速都在1.0～2.0m/s范围内。这种方法与蒸汽吹入式相比，虽然热水、污泥循环泵和热交换器等辅助设备较多，但是由于使消化污泥循环，所以有助于污泥的搅拌和消化。

近年来设计的污泥厌氧消化池，大多采用池外热交换方式加热，有的扩建项目仍沿用了蒸汽直接加热的方式，也有采用联合加热的方法。

对于污泥加热采用的锅炉设备，设计时应考虑以下因素：

(1) 锅炉运转时间和台数应以污泥消化池的最大加温热量确定，锅炉台数应考虑故障或定期性能检查的情况，并不宜少于两台。同时加热设备的选择应考虑10%～20%的富余能力。

(2) 锅炉燃料使用沼气，采用能换用重油或气体的锅炉燃烧器，以供应急情况下使用。

(3) 锅炉的构造应符合法令规定，采用能稳定运转的锅炉。锅炉应符合压力容器构造规格，锅炉也有发生空烧、水位降低和不完全燃烧等危险，为了使锅炉高效且稳定连续运转，就要进行燃烧、给水、蒸汽或热水的温度、蒸汽压等的自动控制。

(4) 锅炉房的构造应符合规范规定，在搞好室内通风的同时，应配备沼气泄漏检测仪。

(5) 锅炉及其配管等应用保温材料覆盖。锅炉、热交换器和热水管等需用保温材料覆盖，以尽量减少散热量。

7. 沼气储存方式

沼气的储存通过沼气柜实现，在系统中起到平衡系统压力的作用。当用气量小于供气量时，多余气体进入沼气柜；当用气量大于供气量时，储存的沼气用作系统的补充气量。

沼气柜多为低压或无压气柜，形式有湿式、干式等，近年来，干式双膜气柜在沼气系统中也逐步得到应用。

(1) 湿式气柜

湿式气柜的沼气储存在钢质柜体内，柜体设有浮动顶盖，顶盖随进气流量变化而上下浮动，顶盖与柜体之间用水封密封。由于沼气直接与钢柜体接触，长时间运行会有腐蚀现象，存在安全隐患，沼气柜一般每隔三年需大修防腐一次。

(2) 干式气柜

干式气柜外表为钢结构的圆柱罐体，顶部可升降，并装备配重以控制气柜压力，其内是与沼气接触的特种薄膜，其材质为高质量聚酰胺，两面涂塑料涂层，薄膜具有防漏、抗紫外线、防菌、不易燃等特点。该薄膜下部与罐体固定，上部的顶端与圆柱罐的顶部固定，并可随圆柱罐体顶部升降而上下移动。

(3) 干式双膜气柜

干式双膜气柜的内、外膜均由球形单元材料经高频焊接工艺制成，具有性价比高、维护量小、安装方便和材料工作寿命长等优点。

8. 沼气脱硫方式

污泥厌氧消化在厌氧菌的作用下，由硫酸盐还原形成硫化氢。沼气中的硫化氢浓度会因污水处理厂污水水质的不同而有所变化，变化幅度可能是 150～3000mg/L 或更大。沼气中的硫化氢会对锅炉等设备造成腐蚀，同时燃料气体中含有高浓度硫化氢还会引起爆炸，因此必须进行净化脱除。目前沼气脱硫技术包括干式脱硫、碱洗脱硫、生物脱硫和水洗脱硫等。

（1）干式脱硫

干式脱硫是将脱硫剂填充在填充塔内。沼气和脱硫剂相接触后除去其中的硫化氢。脱硫效率可以达到 90％以上，干式脱硫的反应如式（4-9）和式（4-10）所示：

$$Fe_2O_3 \cdot H_2O + 3H_2S \rightarrow Fe_2S_3 + 4H_2O \tag{4-9}$$

$$Fe_2S_3 + 3/2O_2 + 3H_2O \rightarrow Fe_2O_3 \cdot H_2O + 2H_2O + 3S \tag{4-10}$$

干式脱硫法适用于较小规模的污泥消化设施，而且沼气中的硫化氢浓度较低的情况。

$Fe_2O_3 \cdot H_2O$ 作为反应的催化剂，但是其表面不可避免地会被生成的硫磺覆盖，阻止沼气通过，当硫磺覆盖量达到总重的 25％时，脱硫剂便失去活性而需要更换或再生。

若消化沼气中的硫化氢浓度高时，脱硫剂的交换频率过于频繁，且成本高，还会有废弃物发生。

（2）碱洗脱硫

碱洗脱硫法是用 2％～3％的碳酸钠、氢氧化钠或次氯酸钠等的水溶液作为吸收液，与沼气相接触，除去其中的硫化氢。

洗涤塔采用填充式喷淋洗净方式，脱硫效率可达到 90％以上。

碱洗脱硫法的反应式如式（4-11）～式（4-13）所示：

$$Na_2CO_3 + H_2S \rightarrow NaHS + NaHCO_3 \tag{4-11}$$

$$NaOH + H_2S \rightarrow NaHS + H_2O \tag{4-12}$$

$$2NaHS + NaClO \rightarrow Na_2S + NaCl + S + H_2O \tag{4-13}$$

碱洗脱硫法即使在沼气中的硫化氢浓度较高情况下也能适用，但是会发生药液成本增加和废液处理等问题。沼气中的硫化氢浓度高时，洗涤塔会发生填充物堵塞的情况，因此需定期用酸性液体洗净，并且每隔几年就需要更换填充物。

（3）生物脱硫

生物脱硫法是沼气在生物载体填充塔内水洗，通过生物载体上的硫磺氧化细菌的作用，除去溶解于水的硫化氢。

在塔内将硫化氢氧化，因此沼气中需要放入一定量的空气补充氧气。排水中含有硫酸，pH 值可能会达到 1～2。

生物脱硫法的反应方程式如式（4-14）所示：

$$H_2S + 2O_2 \rightarrow H_2SO_4 \tag{4-14}$$

(4) 水洗脱硫

水洗脱硫法是用污水处理厂出水洗涤沼气，去除沼气中的硫化氢。硫化氢的水溶度较低，有必要大量供水，因此适用于可以使用污水处理厂处理尾水的情况。

水洗脱硫法适用于当沼气中的硫化氢浓度为1000～10000mg/L，即浓度较高的情况。其排水是低浓度的硫化氢水，所以可和尾水混合排出。总体来说，水洗脱硫法具有构造简单、运转费用较低、不产生废弃物的优点。

4.3.4 污泥好氧消化

1. 基本原理

好氧消化是基于微生物的内源呼吸原理，即污泥系统中的基质浓度很低时，微生物将会消耗自身原生质以获取维持自身生存的能量。消化过程中，细胞组织将会被氧化或分解成二氧化碳、水、氨氮、硝态氮等小分子产物，从而成为液相和气相物质。同时好氧氧化分解过程是一个放热反应，因此在工艺运行中会产生并释放出热量。实际上，尽管消化反应使氧化的细胞组织仅有75%～80%，剩下的20%～25%的细胞组织由惰性物质和不可生物降解有机物组成。消化反应完成以后，剩余产物的能量水平将极低，因此生物学上很稳定，适于各种最终处置途径。

污泥的好氧消化过程包括两个步骤：可生物降解有机物氧化合成为细胞物质和细胞物质的进一步氧化，用式（4-15）和式（4-16）表示为：

$$\text{有机物}+NH_4^+ +O_2 \xrightarrow{\text{细菌}} \text{细胞物质}+CO_2+H_2O \tag{4-15}$$

$$\text{细胞物质}+O_2 \xrightarrow{\text{细菌}} \text{消化污泥}+CO_2+H_2O+NO_3 \tag{4-16}$$

式（4-15）表示液相有机物氧化成细胞物质；而细胞物质紧接着被氧化成消化后的稳定化的生物固体，由式（4-16）表示，这是典型的内源呼吸过程，是好氧消化系统的主要反应。

由于好氧消化需要将反应维持在内源呼吸阶段，因此该工艺适用于剩余污泥的稳定。初沉污泥含有较少的细胞物质，因此混合污泥的处理将会包括式（4-15）的转化过程，初沉污泥中的有机物和颗粒物质是活性污泥中微生物的食源，因此需要相对较长的停留时间首先进行代谢和细胞生长反应，然后再进入内源呼吸阶段。

如果以$C_5H_7NO_2$代表微生物细胞物质，好氧消化过程的化学计量学可由式（4-17）和式（4-18）表示：

$$C_5H_7NO_2+5O_2 \longrightarrow 5CO_2+2H_2O+NH_3+\text{能量} \tag{4-17}$$

$$C_5H_7NO_2+7O_2 \longrightarrow 5CO_2+3H_2O+NO_3+H^+ +\text{能量} \tag{4-18}$$

式（4-17）表示好氧消化系统设计为抑制硝化的工艺形式，氮以氨态存在，这种情形存在于高温好氧消化过程；式（4-18）表示包括硝化反应的好氧消化系统设计，氮以硝态形式存在。

理论上讲，反硝化可以补充约50%的由于硝化反应而消耗的碱度，如果pH值下降显著，可以通过间歇反硝化的方式进行控制或者投加石灰。

式（4-18）表明，好氧消化过程中的硝化反应会产生H^+，如果污泥的缓冲能力不足pH

值将会降低。式（4-17）和式（4-18）表明，在非硝化系统中，每1kg的微生物活细胞需要消耗1.5kg的氧气，在硝化系统中，每1kg的微生物活细胞需要2kg的氧气，实际运行中的需氧量还受其他因素的影响，如操作温度、初沉污泥的加入和SRT等。

常温消化系统一般在温度为20～30℃，以空气作为氧源的条件下运行，决定消化系统设计的因素包括：VSS设计去除率、进泥的质和量、操作温度、氧传质和混合要求、池体积、停留时间、运行方式等，甚至要考虑病原菌灭活和蚊蝇滋生。好氧消化的主要目的是减少生物固体的量至达到稳定化，以适用于各种处置手段，稳定化是指生物固体特别是病原菌减少到可以使用或者处置却不会对环境产生显著负面效应的程度。通过好氧消化可以将VSS去除35%～50%，当然具体情况还与污泥的特性有关。

在好氧消化过程中，微生物处于内源呼吸阶段，反应速度与生物量遵循一级反应模式。目前最常用的模型是Adams等建议采用的模型，该模型假定如式（4-19）所示：

$$\frac{\mathrm{d}(X_0-X)}{\mathrm{d}t}=k_\mathrm{d}X \tag{4-19}$$

式中　X_0——进水中VSS浓度，kg/m^3；

X——在时间t时的VSS浓度，kg/m^3；

k_d——反应常数。

因好氧消化池是连续搅拌的，污泥池内完全混合，所以单位时间内进入池内的挥发性固体减去单位时间内出池的挥发性固体等于池内挥发性固体的去除量（稳态），如式（4-20）所示。

$$QX_0-QX=\frac{\mathrm{d}(X_0-X)}{\mathrm{d}t}=k_\mathrm{d}XV \tag{4-20}$$

式中　Q——污泥流量，m^3/h；

V——消化池容积，m^3。

对式（4-20）变形后有：

$$t=(X_0-X)/(k_\mathrm{d}X) \tag{4-21}$$

$$t=V/Q \tag{4-22}$$

如果VSS中存在不可生物降解成分n，则：

$$t=(X_0-X)/[k_\mathrm{d}(X-X_\mathrm{n})] \tag{4-23}$$

2. 污泥好氧消化主要工艺

（1）传统污泥好氧消化工艺（CAD）

传统污泥好氧消化工艺（CAD）主要通过曝气使微生物在进入内源呼吸期后进行自身氧化，从而使污泥减量。CAD工艺设计运行简单，易于操作，基建费用较低。传统好氧消化池的构造和设备与传统活性污泥法相似，但污泥停留时间很长，其常用的工艺流程如图4-15所示。

一般中型污水处理厂的好氧消化池采用连续进泥的方式，其运行与活性污泥法的曝气池相似，消化池后设置浓缩池，浓缩污泥一部分回流到消化池中，另一部分进行污泥处置，上清液被送回至污水处理厂与原污水一同处理。小型污水处理厂多采用间歇进泥方式，其在运行中需

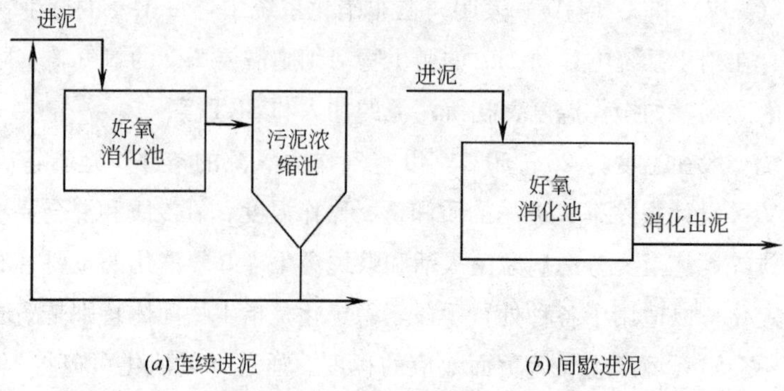

图 4-15 传统好氧消化工艺流程

定期进泥和排泥，一般每天 1 次进泥和排泥。

（2）A/AD 工艺

A/AD（anoxic/aerobic digestion）工艺是在 CAD 工艺的前端加一段缺氧区，利用污泥在该段发生反硝化反应产生的碱度补偿硝化反应中所消耗的碱度，所以不必另行投碱就可使 pH 值保持在 7 左右。在 A/AD 工艺中 NO_3-N 替代 O_2 作为最终电子受体，使得耗氧量比 CAD 工艺节省了 18%，一般为 1.63kgO_2/kgVSS 左右。

工艺可采用间歇进泥，通过间歇曝气产生好氧和缺氧期，并在缺氧期进行搅拌而使污泥处于悬浮状态以促使污泥发生充分的反硝化。图 4-16 所示工艺流程为连续进泥且需要进行硝化液回流。A/AD 消化池内的污泥浓度和污泥停留时间等与 CAD 工艺的相似。

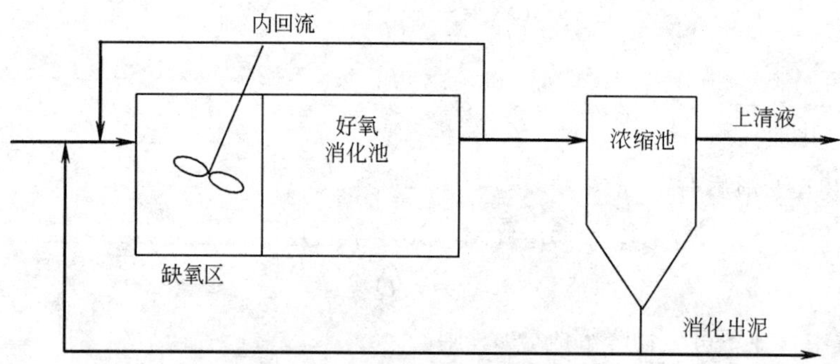

图 4-16 A/AD 工艺基本流程

CAD 和 A/AD 工艺的主要缺点是供氧的动力费较高、污泥停留时间较长，特别是对病原菌的去除率低。

（3）ATAD 工艺

自动升温高温好氧消化工艺（Autothermal Aerobic Digestion，ATAD）的研究最早可追溯到 20 世纪 60 年代的美国，其设计思想产生于堆肥工艺，所以又被称为液态堆肥。自从欧美各国对处理后污泥中病原菌的数量有了严格的法律规定后，ATAD 工艺因其较高的灭菌能力而受到重视。

ATAD 的一个主要特点是依靠 VSS 的生物降解产生热量，以至将反应器的温度升高到高温范围内（45～60℃），由于在大多数生物反应系统中，增加温度意味着增加反应速率，这在工程上便减少了反应器容积，反应速率和温度的关系可由式（4-24）表示：

$$k_{T_1}=k_{T_2}\cdot\Phi^{(T_1-T_2)} \tag{4-24}$$

式中　k_{T_1}，k_{T_2}——温度为 T_1 和 T_2（℃）时的反应速率；

Φ——常数，一般为 1.05～1.06。

但是，温度过高会抑制生物活性，由式（4-25）表示：

$$k_{T_1}=k_{T_2}\cdot[\Phi_1{}^{(T_1-T_2)}-\Phi_2{}^{(T_1-T_3)}] \tag{4-25}$$

右边第一项表示增加的速率，第二项表示过高的温度导致的速率降低。T_3 是抑制出现的温度上限。Φ_1，Φ_2分别是增加速率和降低速率的温度指数。

这意味着当温度从常温增加到 45～60℃时反应速率迅速增加，继续升高温度，速率将会下降，但没有一个速率下降的精确温度，以前的研究表明，当温度上升到 65℃以上时，反应速率迅速降低到 0。

ATAD 反应器内温度较高有以下优势：

1）抑制了硝化反应的发生，使硝化菌生长受到抑制，因此其 pH 值可保持在 7.2～8.0，同 CAD 工艺相比，既节省了化学药剂费又可节省 30%的需氧量；

2）有机物的代谢速率较快，去除率一般可达 45%，甚至达 70%；

3）污泥停留时间短，一般为 5～6d；

4）NH_3-N 浓度较高，故对病原菌灭活效果好。研究结果表明，ATAD 工艺可将粪大肠菌群、沙门氏菌、蛔虫卵降低到未检出水平。

第一代 ATAD 消化池一般由两个或多个反应器串联而成，其基本工艺流程如图 4-17 所示，反应器内加搅拌设备并设排气孔，其操作比较灵活，可根据进泥负荷采取序批式或半连续流的进泥方式，反应器内的 DO 浓度一般在 1.0mg/L 左右。消化和升温主要发生在第一个反应器内，其温度为 35～55℃，pH≥7.2；第二个反应器温度为 50～65℃，pH≈8.0。为保证灭菌效果应采用正确的进泥次序，即首先将第二个反应器内的泥排出，然后由第一个反应器向第二个反应器进泥，最后从浓缩池向第一个反应池进泥。

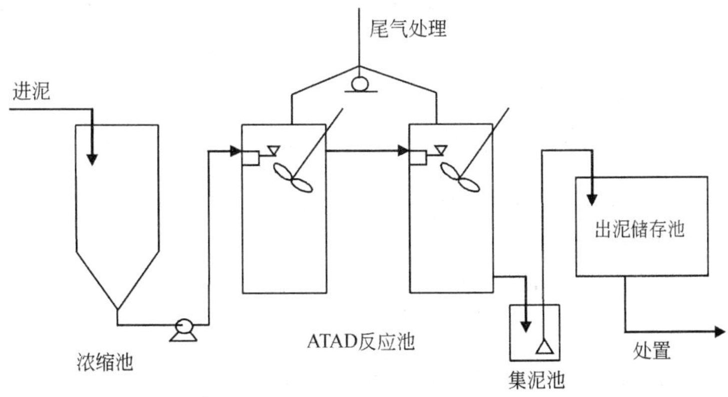

图 4-17　ATAD 基本工艺流程

第一代 ATAD 工艺具有以下优点：

1）采用鼓风曝气系统；

2）两个或三个反应器串联操作；

3）SRT 短，通常小于 10d；

4）定量供气，无曝气控制措施。

同时也有以下缺点：

1）停留时间不足，导致 VSS 去除率有限；

2）温度不易调节，需要外加热量或冷却控制。

随着工艺技术的发展又出现了第二代 ATAD 工艺，第二代 ATAD 工艺操作简便，反应池容积缩小，总固体去除率上升，主要表现在以下方面：

1）可以单段操作，SRT 为 10～15d，因此操作条件好；

2）采用射流曝气系统，水力紊流条件好，因此单位体积的氧传质效率得以最大化；

3）采用 ORP 反馈系统控制曝气，因此能将系统的溶解氧维持在一个较为稳定的水平上，并能控制温度变化。

经 ATAD 反应器处理后的污泥需用泵输送到污泥储存池中以进行冷却及进一步浓缩脱水前的调蓄储存。一般该工艺出泥较难脱水，混凝剂的投加量需要适当增加，这也是在工艺选择中需要重点考虑的问题之一。

(4) AerTAnM 工艺

近几年，人们又提出了两段高温好氧/中温厌氧消化（AerTAnM）工艺，其以 ATAD 作为中温厌氧消化的预处理工艺，并结合了两种消化工艺的优点，在提高污泥消化能力和对病原菌去除能力的同时，还可回收生物能。

预处理 ATAD 段的 SRT 一般为 1d，有时采用纯氧曝气，温度为 55～65℃，DO 维持在 (1.0±0.2) mg/L。后续厌氧中温消化温度为 (37±1)℃。该工艺将快速产酸反应阶段和较慢的产甲烷反应阶段分离在两个不同反应器内进行，有效地提高了两段的反应速率。同时，可利用好氧高温消化产生的热来维持中温厌氧消化的温度，进一步减少了能源费用。

目前，欧美等国已有许多污水处理厂采用 AerTAnM 工艺，几乎所有的运行经验和实验室研究都表明，该工艺可显著提高对病原菌的去除率，消化出泥达到美国 EPA503 条规定的 A 级要求和后续中温厌氧消化运行的稳定性，具有较低 VFA 浓度和较高碱度。另外，还有一些文献报道将 ATAD 工艺放在厌氧中温消化之后（AnMAerT 工艺），可进一步提高对病原菌的去除率和污泥的脱水性能，但此工艺目前仍处于实验室研究阶段。

(5) 深井曝气污泥好氧消化工艺

又称 VERTADTM 工艺（简称 VD 工艺），该技术是一种高温好氧污泥消化技术，初沉污泥和剩余活性污泥经 VD 工艺处理后，可达到美国 EPA503 条规定的 A 级生物固体的标准。A 级生物固体可直接用作土壤肥料，彻底解决污泥的最终处置问题。该工艺的核心是深埋于地下的井式高压反应器，如图 4-18 所示。该反应器深一般为 100 m，井的直径通常为 0.5～3m，所占面积仅为传统污泥消化技术的一小部分。

与其他高温消化系统相比，其不同之处在于将 3 个独立的功能区放在 1 个反应器中进行。

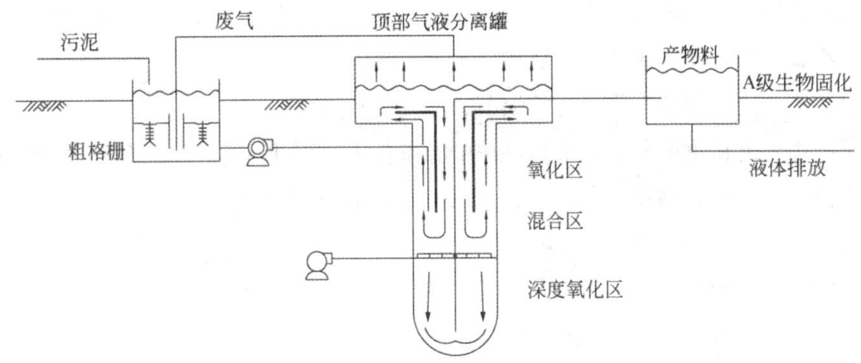

图 4-18　VD 工艺反应器构造及其流程

井筒的最上部是第一级反应区，包括一个同心通风试管和用于混合液体循环的再循环带。混合区在第一级反应区的下部，位于整个井筒的 1/2 深度处。空气注入区域，为空气循环提升提供动力。第二级反应区域在井筒的底部，井径 3m，井深一般约为 100m，是普通好氧消化所用气量的 10%。具体由污水浓度和污泥量确定。

VD 污泥处理技术与传统的厌氧和好氧污泥处理工艺相比，具有以下优点：

1）投资省，在大多数情况下，总投资比传统工艺低；

2）本系统结构非常紧凑，占地面积小；

3）处理效果好，在处理过程中，挥发性固体减少 40%～50%，经处理后的污泥可达到 EPA 污泥 A 级标准，污泥经脱水后，可以直接用作土壤，彻底解决污泥的最终处置问题；

4）运行费用为传统高温好氧消化的一半以下；

5）经消化后的污泥，只需投加少量的有机絮凝剂进行污泥脱水，就可使污泥的含水率降至 65%～70%；

6）环境影响小，采用 VD 污泥处理工艺，异味气体和挥发性有机物的排放量很低；

7）在气候非常恶劣的地方，或者对环境有特殊需要的情况下，便于将该系统置于封闭的建筑之内；

8）维修、管理方便，并可以通过自动控制，实现无人值守；

9）使用造价不高的热交换器，即可实现过程的热量回收用来采暖。

VD 工艺的主要技术经济指标：氧传质效率约 50%；经 VD 工艺处理后，挥发性固体至少可以降低 40%；经离心脱水可得到含水率小于 70%的 A 级生物固体；去除每 1kg 挥发性固体耗电小于 1.4kWh，对城市污水而言，相当于每 1m^3 水耗电 0.06kWh；占地面积仅为传统污泥消化工艺的 10%～20%。

4.3.5　污泥堆肥

1. 基本原理

堆肥是利用污泥中的微生物进行发酵的过程。在污泥中加入一定比例的膨松剂和调理剂（如秸秆、稻草、木屑或生活垃圾等），利用微生物群落在潮湿环境下对多种有机物进行氧化分解并转化为稳定性较高的类腐殖质。污泥经堆肥处理后，一方面植物养分形态更有利于植物吸收，另一方面还可消除臭味，杀死大部分病原菌和寄生虫（卵），达到无害化目的，且呈现疏松、分散、细颗粒状，便于储藏、运输和使用。

堆肥过程主要有三类微生物参与：细菌、放线菌和真菌。

细菌承担主要有机物的分解，最初，在中温条件下（低于40℃），细菌代谢分解碳水化合物、糖、蛋白质。在较高温度条件下（高于40℃），细菌分解蛋白质、脂类、半纤维素部分。另外，细菌也承担了大部分的产热过程。

放线菌能够分解半纤维素，但对纤维素不起作用。放线菌能够代谢许多有机化合物，如糖、淀粉、木质素、蛋白质、有机酸、多肽。

真菌可在中温和高温条件下生存，中温真菌代谢纤维素和其他复杂的碳源，其活动类似于放线菌。由于多数的真菌和放线菌是严格好氧菌，它们通常被发现于堆肥的外表面。

堆肥过程中的微生物活动可分为三个基本阶段：中温阶段，堆肥温度从室温到40℃；高温阶段，温度40～70℃；冷却阶段，伴随着微生物活性的降低和堆肥过程的完成。高温期间的最佳温度为55～60℃，此时有机物分解速率最高。

有机碳转化为二氧化碳和水蒸气的过程中产生热量，热量的排除通过曝气和翻堆引起的蒸发冷却而完成，通过堆表面散失，如果散热速率超过产热速率，工艺温度将不会升高，通过式(4-26)探讨能量平衡：

$$W=\frac{\text{水分蒸发量}}{\text{挥发性固体分解量}} \tag{4-26}$$

如果 W 低于8～10，用于加热和蒸发的能量将充足；

如果 W 超过10，混合物将会处于冷湿状态。

尽管堆肥是个自然生物过程，工程应用中应加以充分控制，控制程度从简易的定期日常搅动到较严格的机械翻堆、臭气控制的反应器系统。此外，在污泥堆肥过程中，需添加调理剂以增加空隙率便于曝气，同时也减少了混合物含水率，调理剂由粗糙颗粒构成，同时可以补充碳源以提供能量平衡及补充碳源。其工艺流程如图4-19所示。

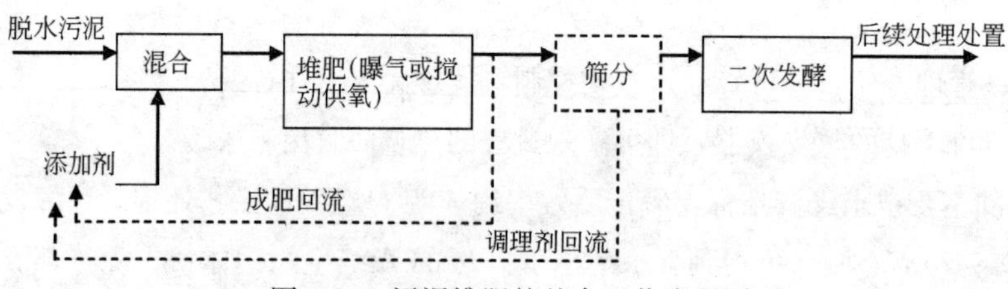

图4-19 污泥堆肥的基本工艺流程图

采用控制系统的好氧堆肥具有下述优点：

(1) 加速自然生物过程；

(2) 控制工艺进程中的水分、碳源、氮、氧气；

(3) 臭气和颗粒物控制以改善周围环境；

(4) 减少占地；

(5) 获取质量稳定的产品。

2. 污泥堆肥工艺分类

（1）按堆肥阶段，可分为一次发酵和二次发酵。

一次发酵工艺的优点是工艺设备和操作简单，省去部分进出料设备，动力消耗较少；缺点是发酵仓造价略高，水分散发、发酵均匀性稍差。二次发酵工艺的优点是一次发酵仓数少，二次发酵加强翻堆效应，堆料发酵更加均匀，水分散发较好；缺点是额外增加了进出料设备。

（2）按物料运行方式，可分为静态、动态、间歇动态堆肥。

静态堆肥设备简单、动力消耗省；动态堆肥物料不断翻滚，发酵均匀，水分蒸发好，但能耗较大；间歇动态堆肥较均匀，动力消耗介于静态堆肥和动态堆肥之间。

（3）按堆体结构，可分为条垛式、发酵槽（池）、反应器。

条垛工艺是将混合物以条垛形（细长条堆）堆置，条垛高度一般为 1～2m，宽度一般为 3～5m，具有足够大的表面积与体积比，通过自然对流、扩散的方式供气，条垛定期由机械翻堆。条垛工艺设备简单，操作方便，建设和运行费用低，但堆体高度较低，占地面积较大。

发酵槽（池）工艺是指设置若干发酵槽，槽底设供风管道和排水管道，槽壁顶部设轨道，供翻堆机械移转，定期翻堆。

反应器系统是密闭的发酵仓或塔，占地面积小，可对臭气进行收集处理，机械化程度高，但投资和运行费较高，目前应用尚不广泛。

（4）按供氧方式，可分为自然通风、强制通风、强制抽风、翻堆、强制通风加翻堆。

自然通风供氧是依靠空气自表面的自然扩散向堆体供氧，氧气的供给与空气向堆层扩散的阻力有关，此种供氧形式虽不需动力消耗，但氧的扩散速率较小，氧向堆体扩散深度较浅，因此堆体高度较低，宽度较小时可采用此法，堆体高度超过 1.0～1.5m 时，堆体内部供氧不充分，则不宜采用此法。

强制通风是在堆层底部鼓风，空气由堆层底部进入，堆层表面散出，空气将堆层内部的热很快传递到表层，表层升温速度快，无害化程度好，但废气不易收集。

强制抽风是由底层抽气，空气由堆层表面进入，废气由堆层底部的抽气管抽出，并送至处理装置，这种方式堆体表层温度较低，无害化条件差，废气中含有大量水蒸气和氨等腐蚀性气体，对风机叶轮侵蚀较大。

翻堆有利于供氧和物料破碎，但翻堆能耗高，次数过多增加热量散发，堆体温度达不到无害化要求。次数过少则不能保证完全好氧发酵。一次发酵翻堆供氧宜与强制供氧联合使用。二次发酵可采用翻堆供氧。

强制通风加翻堆，通风量易控制，有利于供氧、颗粒破碎和水分的蒸发及堆体发酵均匀。但投资、运行费用较高，能耗大。

3. 污泥堆肥主要工艺

（1）好氧静态堆肥

堆肥混合物堆成约 2～2.5m 高，表面覆盖 0.3m 高的木片覆盖层。底部铺有木片层，内置曝气管。曝气系统由鼓风机、穿孔封闭管路和臭气控制系统构成。整堆由木片或者未经筛分的成肥覆盖以确保堆肥各个部位的温度均符合要求，并减少臭气的释放，图 4-20 为好氧静态堆肥的断面图及其平面布置图。当处理量大时，连续操作的肥堆将分割为代表每天操作量的不同部分。

好氧静态堆肥的一次发酵时间一般为 21～28d，随后将肥堆破解、筛分，再转移到二次发酵区，有时需要进一步强化干燥，采用强于活性堆肥阶段的曝气量，二次发酵以后继续筛分，堆肥在二次发酵区至少停留 30d 以进一步稳定物料。

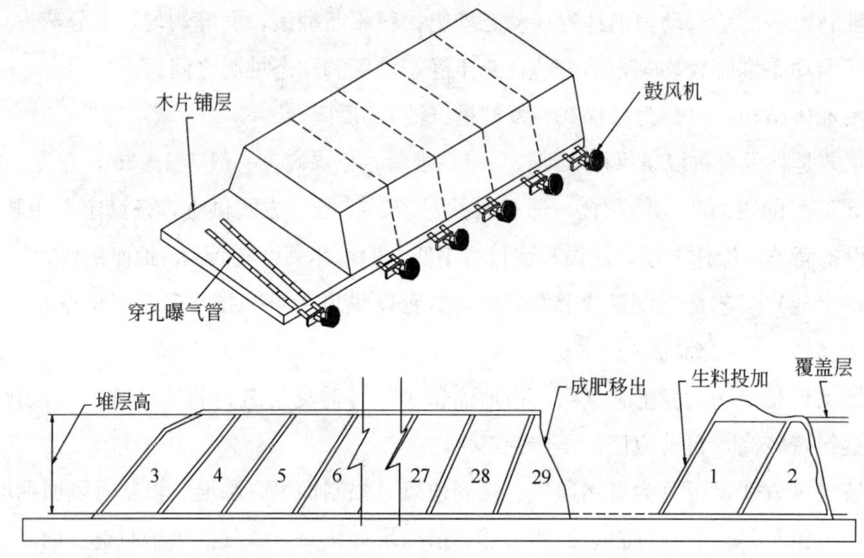

图 4-20 好氧静态堆肥断面图及其平面布置图

(2) 条垛式堆肥

在条垛式堆肥中，堆肥混合物形成平行布置的长条垛，具有梯形或三角形断面。物料由机械定期搅动，以使物料充分暴露于空气、释放水分，并疏松物料以便于空气的渗入。

空气管路置于底部的空气渠内以保护其免受翻堆机械的破坏，图 4-21 为其示意图，空气可由下至上穿过堆肥或者由底部的空气渠排出。

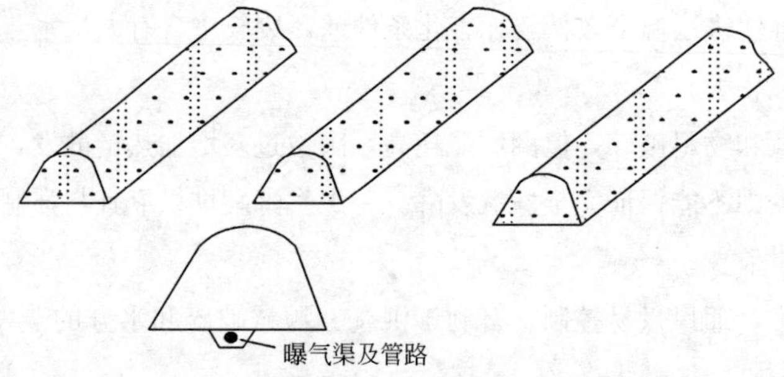

图 4-21 条垛式堆肥断面图及其平面布置图

条垛式堆肥可在室外露天操作也可在室内进行，与其他堆肥技术相比，条垛式堆肥占地面积大，这受条垛的几何形状限定，而且堆与堆之间以及堆的两端要预留翻堆机械的机动空间。

(3) 发酵槽式堆肥

发酵槽式堆肥是指在厂房中设置若干发酵槽，槽底设供风管道和排水管道，槽壁顶部设轨道，供翻堆机械移转，定期翻堆。发酵槽的尺寸一般根据所处理物料量的多少和选用的翻堆设备型号决定。发酵槽式堆肥使用搅拌式翻堆机、链板式翻堆机、双螺旋式翻堆机和铣盘式翻堆机均可，都是通过翻堆机搅拌并使物料后移。发酵槽底部安装有通风管道系统，通过强制通风来保证发酵过程所需的氧气。发酵槽式好氧发酵工艺卫生条件较好，无害化程度高，二次污染易控制，但占地面积较大。

（4）反应器堆肥

反应器堆肥工艺是将脱水污泥、添加剂和回流污泥三种物料混合在一起，投加到一个或多个好氧反应器中进行反应，结束以后，产品移出进行二次发酵、储存和使用。反应器堆肥工艺机械化程度较高，发酵产品更稳定，质量均匀，占据空间小，对臭气的控制效果好。

反应器堆肥的主要特色是其物料传输系统，堆肥场高度机械化，设备的设计尽量考虑堆肥在单一反应器中完成，使用转输设备进行物料的转移，这样就实现了人力成本和固定投资的转化。反应器堆肥工艺中的反应器系统按流态又可以分为垂直推流式系统（Vertical Plug Flow System）、水平推流式系统（Horizontal Plug Flow System）、搅动柜系统（Agitated Bin）。

（5）堆肥工艺比较

各种堆肥工艺比较如表 4-47 所示。

各种堆肥工艺对比　　表 4-47

堆肥工艺	优点	缺点
好氧静态堆肥	适用于各类调理剂；操作灵活；机械设备相对简单	劳动强度大；空气需要量大；工人与堆肥有所接触；工作环境差，粉尘多；占地面积大
条垛式堆肥	适用于各类调理剂；操作灵活；机械设备相对简单；无需固定的机械设备	劳动强度大；工人与堆肥有所接触；工作环境差，粉尘多
发酵槽式堆肥	机械化程度高	电耗高；运行维护较复杂
垂直推流式系统	系统完全封闭，臭气易于控制；占地面积较小；工人与堆肥物料无直接接触	各反应器使用独自的出流设备，易产生瓶颈；不易维持整个反应器的均匀好氧条件；设备多，维护复杂；当条件变化时，操作不够灵活；对调理剂的选择有所要求
水平推流式系统	系统完全封闭，臭气易于控制；占地面积较小；工人与堆肥物料无直接接触	反应器容积固定，操作不灵活；运行条件变化时，处理能力受到限制；设备多，维护复杂；对调理剂的选择有所要求
搅动柜系统	混合强化曝气，堆肥混合物均匀；具有对堆肥进行混合的能力；对各种添加剂具有广泛的适应性	反应器容积固定，操作不灵活；占地面积较大；工作环境有粉尘；工人与物料有所接触；设备多，维护复杂

4.3.6　石灰稳定

1. 基本原理

石灰稳定过程涉及大量的改变污泥化学组成的化学反应，其中与无机组分有关的反应如式（4-27）～式（4-29）所示：

$$钙：Ca^{2+}+2HCO_3^-+CaO——2CaCO_3+H_2O \tag{4-27}$$

$$磷：2PO_4^{3-}+6H^++3CaO——Ca_3(PO_4)_2+3H_2O \tag{4-28}$$

$$二氧化碳：CO_2+CaO——CaCO_3 \tag{4-29}$$

与有机组分有关的反应如式（4-30）和式（4-31）所示：

$$酸：RCOOH+CaO——RCOOHCaOH \tag{4-30}$$

$$脂肪：“脂肪”+CaO——脂肪酸 \tag{4-31}$$

如果加入石灰不够，随着这些反应的发生，pH 值会下降，因此要求石灰过量。生物活动会产生化合物，如 CO_2 和有机酸，如果稳定过程中，污泥中生物的活性未得到有效抑制，这些化合物就会产生，pH 值也会下降，结果会导致稳定化程度不够。

理论上可以计算达到给定 pH 值所需要的石灰量。例如，假定一种初沉污泥具备下列化学特点：TS 4%；挥发酸 500mg/L（乙酸）；油脂和脂肪占 20% TS；碱度 150mg/L（$CaCO_3$）。加入生石灰（CaO）会发生如下反应：

（1）软化（假定同碱度相当）

（150mg/L 碱度）（56mgCaO/50mg$CaCO_3$）＝170mg/LCaO

（2）挥发酸中和

（500mg/L）（56mgCaO/60mg 乙酸）＝470mg/LCaO

（3）油脂和脂肪皂化（假定所有油脂和脂肪是硬脂酸甘油酯，脂肪浓度＝（0.20）（40000mg/L）＝8000 mg/L

（4）仅用于中和硬脂酸

（8000mg/L）（0.95mg 硬脂酸/mg 脂肪）＝7600mg/L 酸

（7600mg/L）（56mgCaO/284mg 酸）＝1500mgCaO

总的石灰需求量是 170mg/L 用于软化，470mg/L 用于挥发酸中和，1500mg/L 用于皂化和酸中和，大约要求生石灰 2100mg/L。通常要求石灰过量，5～15 倍于达到初始 pH 值的需要量，用以保持较高 pH 值，这是因为在石灰与空气中 CO_2 以及污泥固体之间发生着缓慢的反应。

如果将生石灰加入污泥，它首先同水形成水合石灰，这一反应是放热的，释放约 15300cal/(g·mol) 的热量。生石灰和 CO_2 之间的反应也是放热的，释放约 4.33×10^4 cal/(g·mol) 的热量。

这些反应发生的结果是使温度大幅度升高，尤其是湿度低的泥饼。例如，按每克污泥投加 45g 生石灰加入含 15% TS 的泥饼会导致温度上升 10℃以上。

2. 石灰稳定主要工艺

（1）液体石灰预稳定

一个典型的液体石灰稳定设施如图 4-22 所示，对于以土地利用处理污泥的污水处理厂，比如注入农业用地的地表以下，石灰是加注到浓缩后的污泥中，这种方法一般仅限用于小型污水处理厂或那些土地利用运距较近的地方。

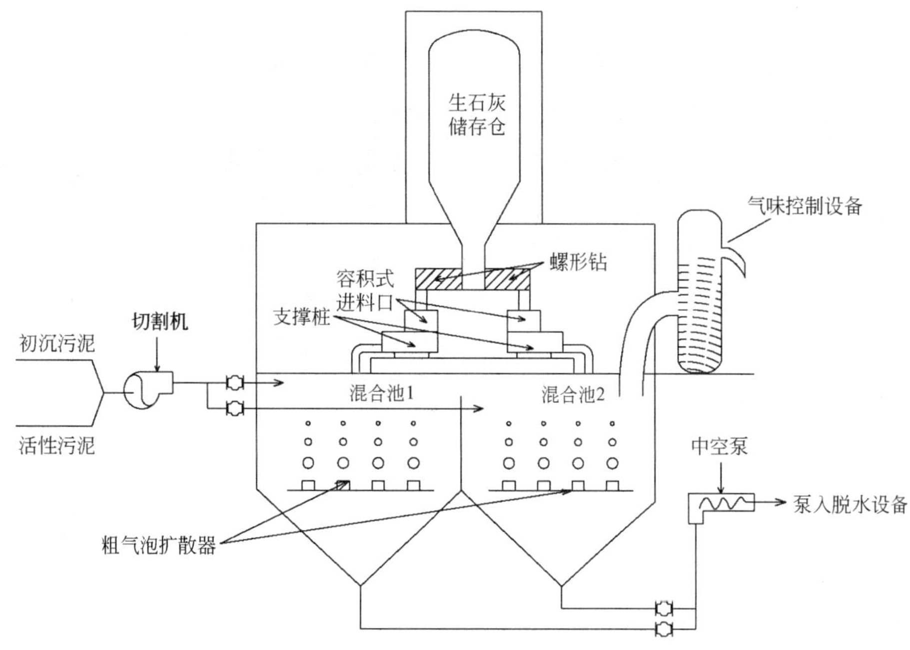

图 4-22　投加液体石灰的稳定装置

(2) 干石灰稳定

干石灰稳定是向脱水污泥中投加干石灰或水合石灰，污水处理厂干石灰稳定自 20 世纪 60 年代以来就有应用。

石灰一般与泥饼混合，采用的装置有叶片式混料机、犁式混合机、浆式搅拌机、带式混合器、螺旋输送机或类似的设备。典型的是带有气动输送的干石灰稳定系统，其工艺流程如图 4-23 所示。

生石灰、熟石灰或其他干碱性材料均可作为干式石灰稳定药剂，熟石灰在小型装置中限制使用，生石灰费用低且比熟（水合）石灰易于装卸，当向脱水泥饼投加生石灰后，发生消解释放热量会增进病原体去除。

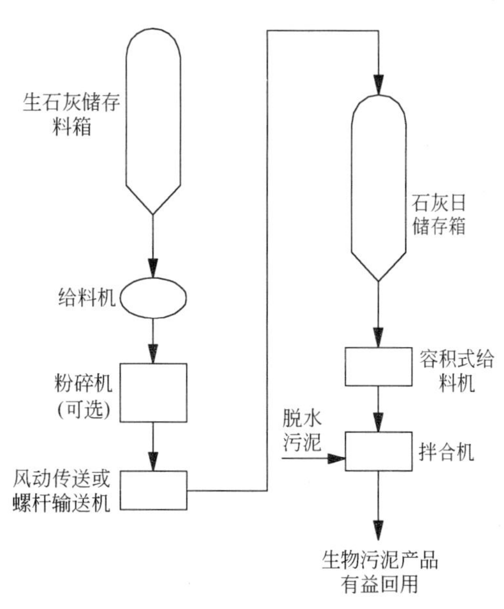

图 4-23　投加干石灰的稳定装置

4.3.7　污泥干化

1. 基本原理

(1) 干化机理

污泥中水分的去除主要经历蒸发和扩散两个过程。

1) 蒸发过程

物料表面的水分汽化，由于物料表面的水蒸气压力低于介质（气体）中的水蒸气分压，水分从物料表面移入介质。

2）扩散过程

它是与汽化密切相关的传质过程，当物料表面水分被蒸发掉，物料表面的湿度低于物料内部湿度时，需要热量的推动力将水分从内部转移到表面。

上述两个过程的持续、交替进行基本上反映了干化的机理。干化是由表面水汽化和内部水扩散这两个相辅相成的过程完成的。一般来说，水分的扩散速度随着污泥颗粒的干化度增加而不断降低，而表面水分的汽化速度则随着干化度增加而增加。由于扩散速度主要是热能推动的，对于热对流系统来说，干化器一般均采用并流工艺，多数工艺的热能供给是逐步下降的，这样就造成在后半段高干度产品干化时速度的减低。对热传导系统来说，当污泥的表面含湿量降低后，其换热效率急速下降，因此必须有更大的换热表面积才能完成最后一段的蒸发。

（2）全干化和半干化工艺

污泥干化中所谓的全干化和半干化的区别在于干化产品的含水率不同。这一提法是相对的，全干化指较高含固率的类型，如含固率85%以上；而半干化则主要指含固率在60%左右的类型。

若污泥干化的目的是卫生化，则必须将污泥干化到较高的含固率，最高可能要求达到90%。此时，污泥所含的水分大大低于环境温度下的平均空气湿度，回到环境中时会逐渐吸湿。若污泥干化的目的仅是减量化，则有不同的含固率要求。

根据处置目的不同，事实上要求不同的含固率。比如填埋，要求污泥达到90%的含固率，从经济上来讲没有实际意义。所以将污泥干化到该处置方式环境下的平衡稳定含水率，即周围空气中的水蒸气分压和物料表面上的水蒸气压力达到平衡，应该是较经济合理的要求。

有些污泥干化工艺可以将湿污泥处理至含固率60%左右，而这时的处理量明显高于全干化时的处理量。其原因有两个，首先对于干化系统而言，蒸发水量决定了干化器的处理量，当物料的最终含水率较高（半干化）时，需要蒸发的水量要少于最终含水率高的情况（全干化），单位处理时间内可以有更高的处理量。其次污泥在不同的干化条件下失去水分的速率是不一样的，当含湿量高时失水速率高，相反则降低，大多数干化工艺需要20～30min才能将污泥从含固率20%干化至90%。

（3）污泥干化的热能消耗

污泥干化意味着水的蒸发。水分从环境温度（假设20℃）升温至沸点（约100℃），每升水需要吸收大约80kcal的热量，之后从液相转变为气相，需要吸收大量的热量，每升水大约吸收539kcal（标准大气压力下）的热量，因此蒸发每升水最少需要约620kcal的热能。

在常用的污泥干化工艺中，为了安全，常将工作温度控制在85℃左右，每升水从20℃升温至85℃需吸热65kcal，在85℃汽化需耗热量相差不大，因此常以620kcal/L水蒸发量作为干化系统的基本热能。

输入干化系统的全部热能有四个用途：加热空气、蒸发水分、加热物料和弥补热损失。蒸发水分耗热量和输入热能之比为干化系统的热效率，通过尽量利用废气中的热量，例如用废气预热冷空气或湿物料，或将废气循环使用，也将有助于热效率的提高。

(4) 污泥干化的加热方式

污泥干化是依靠热量完成的，热量一般都是由能源燃烧产生的。热量的利用形式有直接加热和间接加热两类。

1) 直接加热

将高温烟气直接引入干化器，通过高温烟气和湿物料的接触、对流进行换热。该方式的特点是热量利用效率高，但是会因为被干化的物料具有污染物性质，而带来废气排放问题。

2) 间接加热

将热量通过热交换器，传给某种介质，这些介质可能是导热油、蒸气或者空气。介质在一个封闭的回路中循环，与被干化的物料没有接触。如以导热介质为热油的间接干化工艺为例：热源与污泥无接触，换热是通过导热油进行的，相应设备为导热油锅炉。

导热油锅炉在我国是一种成熟的化工设备，其标准工作温度为280℃。这是一种以有机质为主要成分的流体，在一个密闭的回路中循环，将热量从燃烧所产生的热量中转移到导热油中，再从导热油传给介质（气体）或污泥本身。导热油获得热量和将热量放出的过程会产生一定的热量损失。一般来说，含废热利用的导热油锅炉的热效率介于85％～92％之间。

(5) 污泥干化的热源

干化的主要成本在于热能，降低成本的关键在于是否能够选择和利用恰当的热源。干化工艺根据加热方式的不同，其可利用的能源有一定区别。一般来说，间接加热方式可以使用所有的能源，其利用的差别仅在于温度、压力和效率。直接加热方式则因能源种类不同，受到一定限制，其中燃煤炉、焚烧炉的烟气因量大和存在腐蚀性污染物而较难得到使用。

按照能源的成本，从低到高一般为烟气、燃煤、蒸汽、沼气、燃油和天然气。

1) 烟气：来自大型工业、环保基础设施（垃圾焚烧厂、电站、窑炉、化工设施）的废热烟气是可利用的能源，如果能够加以利用，是热干化的最佳能源，但温度必须较高，地点必须较近，否则难以利用。

2) 燃煤：相对较廉价的能源，以燃煤产生的烟气加热导热油或蒸汽，可以获得较高的经济性。但目前国内大多数大中城市均限制除电力、大型工业项目以外的其他企业使用燃煤锅炉。

3) 蒸汽：清洁，较经济，可以直接全部利用，但是将降低系统效率，提高折旧比例。

4) 沼气：可以直接燃烧供热，价格低廉，也较清洁。

5) 燃油：较为经济，以烟气加热导热油或蒸汽，或直接加热利用。

6) 天然气：清洁能源，热值高。

所有干化系统都可以利用废热烟气运行，其中间接干化系统通过导热油进行换热，对烟气无限制性要求；而直接干化系统由于烟气与污泥直接接触，虽然换热效率高，但对烟气的质量具有一定要求，这些要求包括：含硫量、含尘量、流速和气量等。

只有间接加热工艺才能利用蒸汽进行干化，但并非所有的间接工艺都能获得较好的干化效率。一般来说，蒸汽由于温度相对较低，必然在一定程度上影响干化器的处理能力。蒸汽的利用一般是首先对过热蒸汽进行饱和，只有饱和蒸汽才能有效地加以利用。饱和蒸汽通过换热表面加热工艺气体（空气、氮气）或物料时，蒸汽冷凝为水，释放出全部汽化热，这部分能量就是蒸汽利用的主要能量。

(6) 干泥返混

进料含水率的变化对干化系统来说是非常重要的经济参数，此外它还是一个有关安全性的重要参数。

污水处理厂运行时，污泥含水率可能因多种因素出现波动，当波动幅度超过一定范围时，就可能对干化的安全性产生威胁。

一般干化系统在调试过程中，给热量及相关的工艺气体量已经确定，仅通过监测干化器出口的气体温度和湿度来控制进料装置的给料量。

给热量的确定意味着单位时间里蒸发量的确定。当进料含水率变化，而进料量不变时，系统内部的湿度平衡将被打破。如果湿度增加，可能导致干化不均；如果湿度减少，则意味着粉尘量的增加和颗粒温度的上升。

全干化系统的含水率变化较为敏感，在直接进料时，理论上最多只允许有 2%的波动。由于这一区间非常狭小，对调整湿泥进料量的监测反馈系统要求较高。

解决湿泥含水率变化敏感性的最好方法是在可能的范围内降低最终产品的含固率。当最终含固率设定从 90%降为 80%时，理论上进泥含水率可允许 5%的波动。部分全干化工艺都采用了干泥返混，这样做的目的之一正是为了扩大可允许的湿泥波动范围。

2. 主要干化工艺设备

目前，国内外污泥干化设备有流化床工艺、两段式组合型工艺、硬颗粒造粒工艺、带式干化工艺、超圆盘干化工艺、涡轮薄层干化工艺、双桨式干化工艺等。

(1) 流化床工艺

通过流化床下部风箱，将循环气体送入流化床内，颗粒在床内流态化并同时混合，通过循环气体不断地流过物料层，达到干化的目的，其构造原理示意如图 4-24 所示。

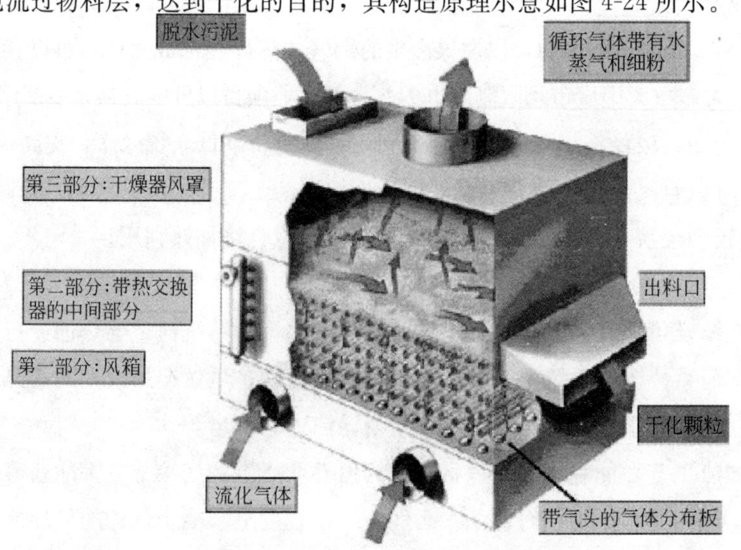

图 4-24 流化床原理示意

流化床污泥干化机从底部到顶部基本上由以下三部分组成：

1）风箱，位于干化机最下面，用于将循环气体分送到流化床装置的不同区域，其底部装有一块特殊的气体分布板，用来分送惰性化气体，该板具有设计坚固的优点，其压降可以调节，以保证循环气体能适量均匀地导向整个干化机。

2）中间段，该段内置有热交换器，蒸汽或热油都可作为热交换的热介质。

3）抽吸罩，作为分离第一步，用来使流化的干颗粒脱离循环气体，而循环气体带着污泥颗粒和蒸发的水分离开干化机。

流化床内充满干颗粒且处于流态化状态，脱水污泥由泵通过加料口的特殊装置直接送入床内，这时湿污泥和干污泥在此充分混合，由于良好的热量和物料传送条件，湿污泥中的水分很快蒸发使其含固率达到>90%，物料在流化床干化器内的平均停留时间为 15～45min。

流化床干化工艺流程如图 4-25 所示。

流化床干化机在一个惰性封闭回路中运行，用于流化的循环气体将小颗粒和水汽带出流化床中，细颗粒通过旋风分离器分离，而水蒸气通过逆向喷淋冷却器洗涤掉，小颗粒和细粉被送入混合器中与湿泥混合后回到流化床中，干化至 90%含固率，这保证了最终干颗粒的粒径和无尘，干化后的无尘颗粒通过排出口出料。

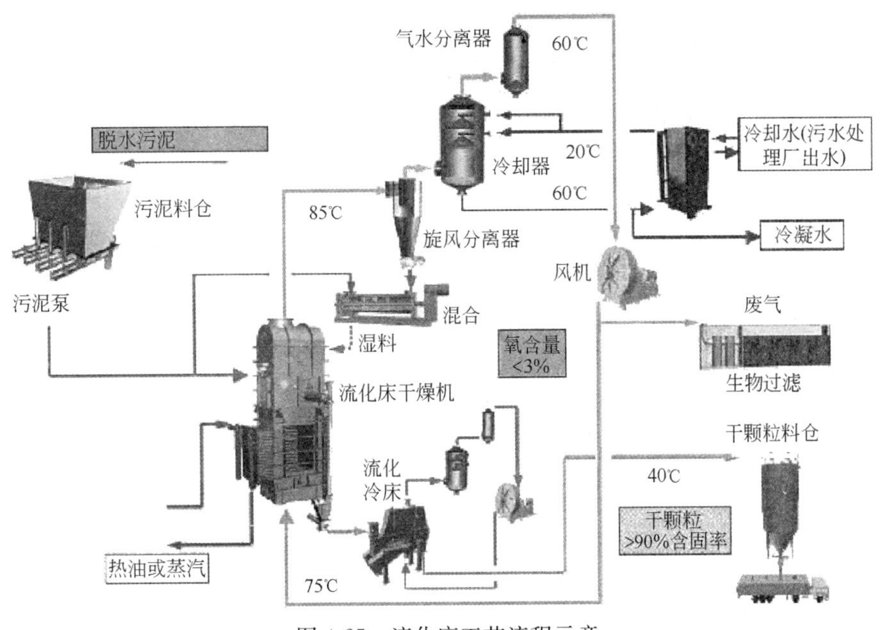

图 4-25　流化床工艺流程示意

（2）两段式组合型工艺

两段式组合型工艺包括两级干化，分别利用薄层干化机和带式干化机技术。一级处理阶段多余的能量部分转换成热量，提供给二级处理阶段，该工艺结合了直接和间接干化机的优点，同时解决了污泥干化的一些关键问题：

1）能量回收，以降低处理费用；

2）污泥在可塑性阶段制模成颗粒，可避免粉尘生成。

两段式组合型工艺示意图如图 4-26 所示。

脱水污泥被输送到污泥料仓，然后用污泥泵将其输送至一级干化阶段，即薄层干化机，其中心转子以高圆周速度运转的作用下形成薄层，在旋转中心的轴上安装有一套翅片状的装置来保证污泥薄层的均匀性，这些翅片向外伸出，推动污泥从干化机的一边转到另一边，干化在大气压力下完成，污泥中含有的水分部分蒸发产生的热蒸汽被抽出送到一个冷凝装置或交换器中，为带式干化机的蒸汽提供部分热量，经过薄层干化机处理，污泥干度约为 40%～50%。该过程没有粉尘的生成，污泥的温度约为 85～95℃，蒸汽的温度约为 110℃。

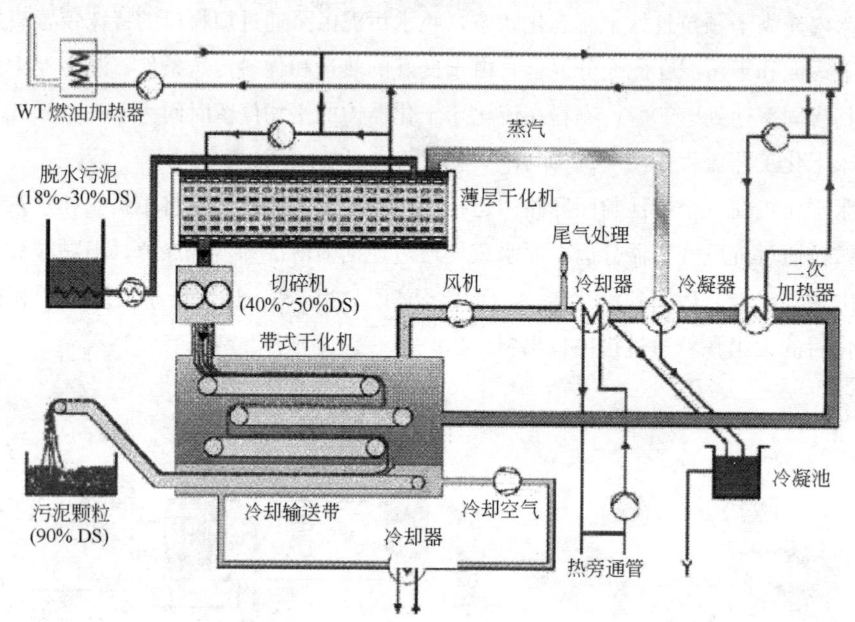

图 4-26 污泥二级干化处理工艺流程示意

从薄层干化机中抽出的蒸汽将用于加热带式干化机中的气体，污泥从薄层干化机出来后，直接落入切碎机上，通过切碎机，污泥可形成 1～8mm 直径的“面条”，形成的污泥颗粒将通过一个回转输送装置在整个宽度范围内配送均匀，然后送到带式输送机的传送带上，传送带以一定的速度前进，保证污泥颗粒不会移动，也不产生摩擦，传送带上有一些小孔，有利于热空气的最佳循环，在传送带的开始阶段，污泥的温度保持在 90℃，蒸汽温度约为 110℃。带式干化机出口的颗粒长度范围为 10～100mm，具体数值取决于污泥中纤维的含量。

(3) 硬颗粒造粒工艺

硬颗粒造粒工艺的核心设备是污泥涂层机和盘式干化机，该工艺是一种独具特色的回收能量和节省费用的污泥处理方案，其主要设备硬颗粒造粒机采用直立布置、多级分布、间接式干化设计，能够生产出含固率超过 90%的无尘圆形颗粒，且颗粒粒度分布均匀，平均直径在 1～5mm 之间，其干化设备在欧洲和北美得到广泛利用，其中西班牙的巴塞罗那污泥干化厂安装的污泥干化设备为世界最大的间接干化污泥设备，蒸发能力为 4×5000kgH_2O/h，美国的巴尔的摩污泥处理干化装置的蒸发能力为 3×6000kgH_2O/h，干化造粒机如图 4-27 所示，外部结构如图 4-28 所示。

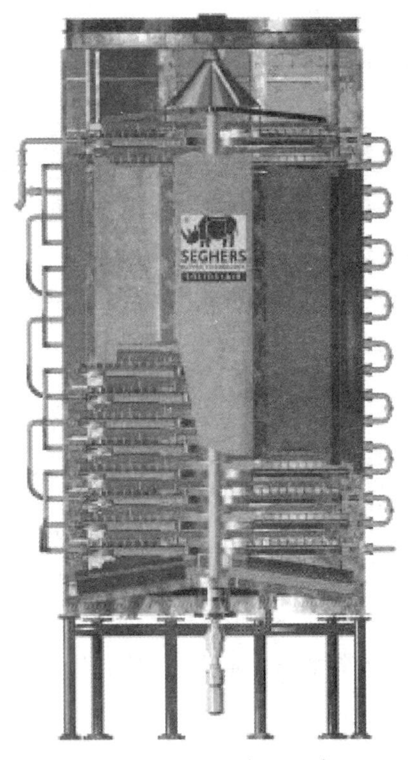

图 4-27　干化造料机示意

图 4-28　硬颗粒造粒机外部结构

污水处理厂输送来的脱水污泥通过污泥泵输送至涂层机，在涂层机中，再循环的干污泥颗粒与进料的脱水污泥混合，并将干颗粒涂覆上一层薄的湿污泥，颗粒的形成过程也避免了污泥的塑性阶段，涂覆过的污泥颗粒被倒入造粒机上部的锥形分配器中，均匀地散在顶层圆盘上，通过与中央旋转主轴相连的耙臂上的耙子的作用，翻动污泥颗粒在上层圆盘上作圆周运动，从内逐渐被扫到圆盘的外沿，然后散落到第二层圆盘上，连续旋转的耙臂将位于第二个圆盘边缘的污泥颗粒推回到中间，使其落入下一个圆盘上，通过这种方式，污泥颗粒从一个圆盘移向另一个，直至到达最底端的圆盘，颗粒在造粒机内停留时间不应小于 10min（灭菌要求）。

污泥干化过程中水分蒸发所需的能量由在造粒机的中空圆盘里循环的热油提供，干化污泥颗粒由造粒机底部排出，再由斗式提升机送入分离漏斗，一部分分离后循环进入涂层机，其余部分经冷却器冷却后进入储料仓。干化颗粒冷却至 40℃以下。

（4）带式干化工艺

脱水污泥铺设在透气的干化带上后，被缓慢输入干化装置内。因为在烘干过程中，污泥不需要任何机械处理，可以容易地经过“黏糊区”，不会产生结块烤焦现象。此外，干化过程产生的粉尘量相对较少，通过多台鼓风装置进行抽吸，使干化气体穿流干化带，并在各自的干化模块内循环流动进行污泥干化处理，污泥中的水分被蒸发，随同干化气体一起被排出装置。整个污泥干化过程可通过以下三个参数进行过程控制：

1）输入的污泥流量；

2）干化带的输送速度；

3）输入的热能。

在干化脱水污泥时，根据干化温度的不同，可采用以下两种带式干化装置：

① 低温干化装置：T=环境温度～65℃；

② 中温干化装置：T=110～130℃。

低温干化过程主要利用自然风的吸水能力对脱水污泥进行风干处理，若自然风干能力不够，则必需额外注入热能，以提高空气温度进行干化处理，这就是中温干化。

干化输送带将脱水污泥送入干化装置，在干化装置内，干化气体穿过脱水污泥，污泥中的水分被带走，空气得以冷却，通过抽风装置，干化气体被抽吸，由于干化装置处于低压状态，所以不会产生臭味。

（5）超圆盘干化工艺

超圆盘干燥机的主体由一个圆筒形的外壳和一组中心贯穿的圆盘组成。圆盘组是中空的，热介质从这里流过，把热量通过圆盘间接传输给污泥。污泥从超圆盘与外壳之间通过，接受超圆盘传递的热，蒸发水分。污泥水分形成的水蒸气聚集在超圆盘上方的穹顶里，被少量的通风带出干燥机。

干燥机是将送入本体的被干化物（污泥）物料，用蒸汽间接加热，通过搅拌物料使水分更快蒸发，进行干燥，既适用于物料半干化，又适用于物料全干化。

圆盘干燥机原理示意如图 4-29 所示。

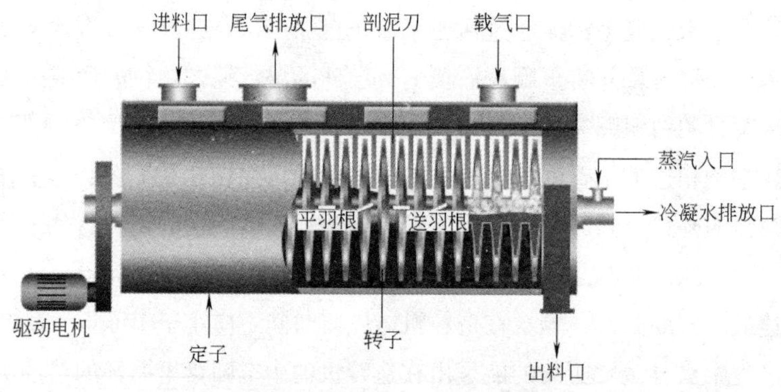

图 4-29 圆盘干燥机原理示意

超圆盘干化工艺系统简洁、设备数量较少、故障点少、运行稳定、维护和检修都很方便。此外，采用该系统的运行车间没有粉尘、恶臭等问题，现场工作环境好。

（6）涡轮薄层干化工艺

涡轮薄层干化工艺是一种连续工艺，既可以进行污泥半干化，也可以进行污泥全干化。

污泥涡轮薄层干化原理示意如图 4-30 所示。

污泥从喂料管口进入，同侧还有循环气体的入口。经热交换器预热的循环气体作为气动载体形成向量流体，进入的污泥在旋转的涡轮和循环气体的共同作用下，在涡轮干化器的内壁表面形成薄层。这个均匀、持续的层覆盖了整个涡轮干化器的内壁，污泥被干化到预设值。

污泥和循环气体以并流在整个涡轮干化器内部的纵长方向上循序移动。经过机械脱水处理

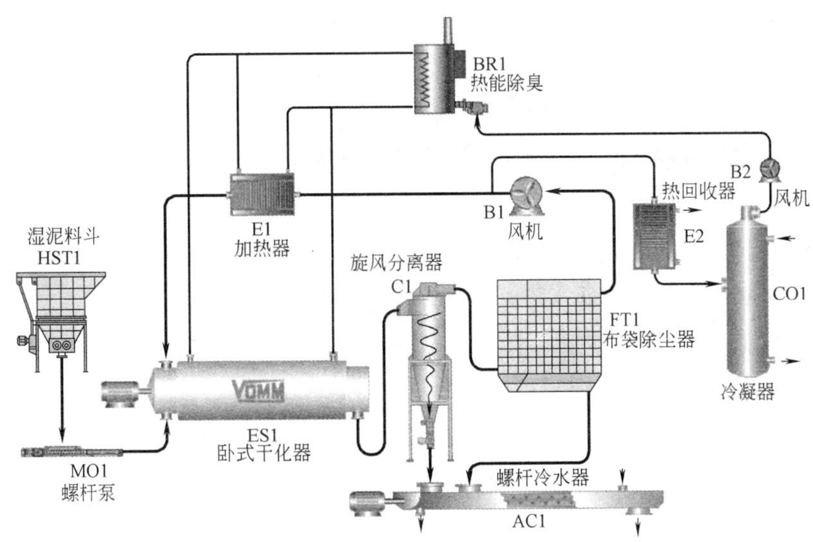

图 4-30　涡轮薄层干化原理示意

的污泥或湿物料（含固率范围不限），通过螺杆泵或螺杆上料器进入一个卧式处理器，处理器的衬套内循环有温度高达 280～300℃的导热油，使反应器的内壁得到均匀有效的加热。

与圆柱形反应器同轴的转子上装配有不同曲线的桨叶，脱水污泥在并流循环的热工艺气体带动下，经高速旋转的转子带动桨叶形成涡流作用，在反应器内壁上形成一层物料薄层，该薄层以一定的速率从反应器进料一侧向另一侧移动，从而完成接触、反应和干化，大约 2～3min 后干泥被排出设备。

固态物料、灰分、蒸汽和其他气态物质等被涡流带入气旋分离器进行气固分离，固态物质（即干化后的污泥）被一个带有冷水套的螺杆装置冷却并排出。气态物质（蒸汽、挥发物质等）进入一个涡轮洗涤冷凝器，桨叶高速旋转将热气体（蒸汽和其他气态物质）和分段喷入的洁净水进行充分混合冷凝；冷凝后的气体在一个气液分离器内进行分离，气体被风机吸出，其中的一部分不可凝气体或引入生物过滤器处理后排放，或引至热能装置烧掉，而大部分工艺气体经过热交换器的预热再次进入循环。

工艺气体是一个闭环，因抽取微负压和不可凝气体导致的外来气体补充可以来自热能装置的燃烧尾气，从而进一步保持低氧特征。

气液分离器中沉降下来的冷凝水被收集起来再利用或回到污水处理厂进行处理。

工艺为间接加热形式，可以采用各种来源的能源供热给导热油，包括废热烟气、废热蒸汽、燃煤、沼气、天然气、重油、柴油等，介质为耐高温油品。导热油作为热媒在涡轮干化器的外套内循环，同时也通过热交换器对工艺气体进行加热。

（7）双桨式干化工艺

双桨叶污泥干化机配有两个互相啮合的反向旋转的有加热桨的搅拌器，是利用高度机械搅拌性能来增加与污泥的接触的一种间接热交换设备。通过自动洗涤桨叶和混合操作热交换表面使蒸发率达到最大。

污泥在旋转锲型桨叶的斜面间移动，产生剪切力，以清洁桨叶表面并且使传导性能最大化。反向旋转轴将污泥从壁上除掉，通过每个桨叶上的翼片清洁壁。这样就产生了比盘或单一轴设计更高的热交换率。

锲型桨叶与双搅拌器的间隔，在桨叶周围产生了局部混合的效果，这样就有更多的颗粒可以直接暴露于热交换表面上，从而产生更一致的温度和更均匀的产品。

通过空心桨叶和套槽的应用，使加热的介质通过，得到较大的热交换面积与体积的比率。因此是一种只需极小空间和较低安装成本的高效、结实的设备。

由于少量的低温废气使自燃的危险性降至最低。

3. 污泥干化设计的主要原则

污泥干化设计的主要原则，一般应考虑安全性、环境保护、能量消耗、工程造价、工艺灵活性、系统复杂性、可扩展性、适应性和占地面积等因素。

（1）安全性

工艺安全性是选择干化工艺的最主要原则，是重要的影响要素，其限制指标应控制为：

1）粉尘浓度＜$50g/m^3$；

2）含氧量＜5％；

3）温度＜120℃；

4）湿度（气体的湿度和物料的湿度对提高或降低粉尘爆炸下限具有重要影响）。

（2）环境保护

环境保护是干化工艺选择的重要因素之一，国外对污泥处理的管理非常严格，必须保证环境安全，不能产生二次污染。污泥干化技术很重视烟气处理和臭味控制，无论是直接加热还是间接加热系统，干化设备内部都采用适当负压，避免了臭气的外泄，污泥仓、干化车间、成品仓等构筑物内的气体都抽走集中处理。

（3）能量消耗

干化工艺的能量消耗，直接影响到干化处理的成本，结合当地的主要能源构成和特点，选择合适的能源，在此基础上，选择合适的干化工艺，降低运行成本。

（4）工程造价

污水污泥处理项目属于市政基础设施，本身盈利能力不强甚至不具备，工艺选择需严格控制工程造价，避免污水处理费的上升。

（5）工艺灵活性

不同的污泥处置方式对污泥的含水率要求不同，且处置途径可能是多方面的，理想的干化工艺应能根据干污泥颗粒的不同用途而自由方便地调节其含水率，一般可选择既能半干化又能全干化的工艺，体现系统的灵活性。

（6）系统复杂性

操作管理的复杂性是干化工艺选择的重要因素，干化工艺有别于水处理工艺，方便简洁的工艺流程可有效降低维护费用。

（7）可扩展性

污泥处理规模随水量和水质的变化而变化，污水量的增加会引起污泥量的变化，污水水质的改变也会引起污泥量的变化，因此，应一次规划分期实施，兼顾近远期处理量发展要求。

（8）适应性

进料污泥含水率可能因为脱水运行情况出现波动，允许这种波动发生的范围越宽，则适应性越好。

（9）占地面积

土地是宝贵的资源，因此要求在相同处理能力条件下尽可能地少占地，这是干化工艺选择的重要因素。

4.3.8　污泥焚烧

1. 基本原理

污泥焚烧的原理是在一定温度、气相充分有氧的条件下，使污泥中的有机质发生燃烧反应，反应结果使有机质转化为 CO_2、H_2O、N_2 等相应的气相物质，反应过程释放的热量则维持反应的温度条件，使处理过程能持续进行，焚烧处理的产物是灰渣和烟气。

污泥焚烧的烟气，以对环境无害的 N_2、O_2、CO_2、H_2O 等为主要组分，所含常规污染物为：悬浮颗粒物（TSP）、NO_x、HCl、SO_2、CO 等，其中 CO 和烟气中 CO_2 的比值可用于鉴定污泥焚烧气相可燃物的燃烬率，以燃烧效率（η_g）定义，如式（4-32）所示。

$$\eta_g=\frac{[CO_2]-[CO]}{[CO_2]}\times 100\% \tag{4-32}$$

式中　η_g——燃烧效率，%；

$[CO_2]$——烟气中 CO_2 的体积百分含量，%（V/V）；

$[CO]$——烟气中 CO 的体积百分含量，%（V/V）。

烟气中的微量毒害性污染物包括：重金属（Hg、Ca、Zn 及其化合物）和有机物（耐热降解有机物和二恶英等）。因此焚烧烟气是污泥焚烧工艺的必要组成部分。

污泥焚烧还产生能量流，表现为高温烟气的显热，因此烟气热回收系统也是污泥焚烧的组成部分。

污泥焚烧处理的工艺目标由三个方面组成：①热量自持；②可燃物的充分分解；③衍生产物（炉渣、飞灰、尾气）的环境安全性。

（1）热量自持

污泥焚烧的热量自持（自持燃烧），即焚烧过程无需辅助燃料的加入，污泥能否自持燃烧取决于其低位热值。污泥的低位热值及其可燃分（挥发分）的含量、含水率和可燃分的热值有关，如式（4-33）所示。

$$LCV=(1-\frac{P}{100})\cdot\frac{VS}{100}\cdot CV-2.5\cdot\frac{P}{100} \tag{4-33}$$

式中　LCV——污泥的低位热值，MJ/kg；

P——污泥的含水率，%；

VS ——污泥的干基挥发分含量，%DS；

CV——污泥挥发分的热值，MJ/kg。

污泥自持燃烧的LCV限值约为3.5MJ/kg，通常污水污泥（混合生污泥）的挥发分含量为70%，挥发分热值为23MJ/kg，因此自持燃烧的决定因素是含水率，根据式（4-33）计算得自持燃烧最高含水率为67.7%，这超出了一般污泥机械脱水设备的水平，因此直接以脱水污泥为燃烧处理对象的焚烧炉，大多需使用辅助燃料。使污泥焚烧更易达到能量自持的方法是采用预干化焚烧工艺，即利用焚烧烟气热量（直接或间接）对污泥进行干化预处理，避免相当部分污泥中的水分在燃烧炉内升温的显热损失。

（2）可燃物的充分分解

污泥焚烧的可燃物充分分解目标与污泥焚烧衍生物的环境安全性有较大的关系，可燃物分解达到一定的水平，可使大部分耐热降解的有机物基本分解，同时控制了二恶英类物质再合成的物质条件（气相未分解有机物），是主动改进污泥烟气排放条件的主要方向；同时可燃物充分分解意味着污泥的热值得到充分利用，对污泥自持燃烧目标的达成亦有帮助。

污泥可燃物充分分解的指标除式（4-32）已定义的燃烧效率（η_g）外，尚有燃烬率指标（η_s），如式（4-34）所示。

$$\eta_s=(100-O_{rgR}) \tag{4-34}$$

式中 η_s——污泥焚烧燃烬率，%；

O_{rgR}——焚烧灰渣中的可燃物百分含量，%。

目前污泥焚烧先进的可燃物分解水平为：燃烬率≥98%；燃烧效率≥99%。影响污泥可燃物分解水平的工艺因素，主要是污泥焚烧的温度、时间和焚烧传递条件。焚烧的温度和时间形成了污泥中特定的有机物能否被分解的化学平衡条件；焚烧炉中的传递条件则决定了焚烧结果和平衡条件的接近程度。

污泥焚烧的气相温度达到800～850℃，高温区的气相停留时间达到2s，可分解绝大部分污泥中的有机物，但污泥中一些工业源的耐热分解有机物需在温度1100℃，停留时间2s的条件下才能完全分解。污泥焚烧的传递条件除了污泥颗粒度、堆积厚度外，还包括气相的湍流混合程度，湍流越充分传递条件越有利。

（3）衍生产物的环境安全性

污泥焚烧衍生产物的环境安全性除了烟气处理、灰渣处置系统的技术发展和优化控制外，源控制和燃烧过程的控制亦十分重要。

鉴于焚烧烟气控制对净化烟气中的微量毒害性有机物、某些重金属（如Hg）和NO_x的相对低效，污泥重金属的焚烧过程迁移和气相排放，应注重工业废水的分流控制，这也适用于一些耐热分解有机物的源控制。污泥焚烧控制主要对部分耐热分解有机物和NO_x的控制有效，但两者却给出不同的控制要求。充分的有机物分解要求将燃烧温度提升至1100℃左右，过剩空气比应在50%以上；而这恰恰是易由热诱导使空气中的N_2转化为NO_x的有利反应条件，会使尾气中的NO_x浓度升高，小于850℃，过剩空气比控制在50%以下，则有利于NO_x浓度的降低。

平衡两类污染物的焚烧控制要求的有效途径是强化焚烧过程的传递条件，如采用循环流化床燃烧工艺等，同时应更重视源控制的作用。

2. 污泥焚烧工艺分类

污泥焚烧可分解全部有机质，杀死一切病原体，并最大限度地减少污泥体积。当污泥自身的燃烧热值较高，城市卫生要求较高，或污泥有毒物质含量高，不能被综合利用时，可采用污泥焚烧处理处置。污泥在焚烧前，一般应先进行脱水处理和热干化，以减少负荷和能耗，还应同步建设相应的烟气处理设施，保证烟气的达标排放。

污泥焚烧包括利用垃圾焚烧炉焚烧、利用水泥窑焚烧、利用热电厂锅炉焚烧、污泥单独焚烧等多种方法。

(1) 利用垃圾焚烧炉焚烧

垃圾焚烧炉大都采用了先进的技术，配有完善的烟气处理装置，可以在垃圾中混入一定比例的污泥一起焚烧，一般混入比例可达30%左右。应采用干化技术，将污泥含水率降至与生活垃圾相似的水平，不宜将脱水污泥和生活垃圾直接掺混焚烧。

(2) 利用水泥窑焚烧

水泥窑中的高温能将污泥焚烧，并通过一系列物理化学反应使焚烧产物固化在水泥熟料的晶格中，成为水泥熟料的一部分，从而达到污泥安全处置的目的。

利用水泥窑进行污泥焚烧，应确保污染物的排放，不高于采用传统燃料的污染物排放和污泥单独处置污染物排放总和。协同处置污泥水泥窑产品必须达到品质指标要求，并应通过浸析试验，证明产品对环境不会造成任何负面影响。

(3) 利用热电厂锅炉焚烧

对于具备条件的地区，我国鼓励污泥在热力发电厂锅炉中与煤混合焚烧。混烧污泥宜在35t/h以上的热电厂（含热电厂和火电厂）燃煤锅炉上进行。在现有热电厂混烧时，入炉污泥的掺入量不宜超过燃煤量的8%；对于考虑污泥掺烧的新建锅炉，则可不受上述限制。

利用热电厂锅炉焚烧的主要方式有：湿污泥（含水率80%）直接加入锅炉掺烧，更合适的方式是污泥干化或半干化（含水率40%以下）后进入循环流化床锅炉或煤粉炉焚烧。

(4) 污泥单独焚烧

污泥单独焚烧设备有多段炉、回转炉、流化床炉、喷射式焚烧炉、热分解燃烧炉等。流化床焚烧炉结构简单、操作方便、运行可靠、燃烧彻底、有机物破坏去除率高，目前已经成为主要的污泥焚烧设备。

3. 污泥流化床焚烧系统

污泥单独焚烧工艺应用较多的是流化床工艺，其焚烧系统包括：进料系统、燃烧器、流化床焚烧炉、助燃空气、炉渣排出和床砂回流等部分，此外还包括烟气净化系统和灰渣处理系统。

(1) 焚烧系统

1）进料系统

具有粉碎功能的进料系统，结构简单、投料均匀，可靠性高。

2）燃烧器

系统开始启动时，启动燃烧器和辅助燃烧器将床温加热至650℃，而该系统则是通过负荷控制参数调整该温度，当床温超出750℃时，启动燃烧器将会被联锁，当干舷区的温度低于850℃时，可通过自动或手动的方式来启动辅助燃烧器。

为了确保整体燃烧的安全，燃烧器管理系统具有将燃烧器负荷、操作顺序和流化床燃烧相联系的控制功能，该系统采用通过温度显示控制循环的PLC来进行控制，火焰的监视和燃烧器顺序的监控包含在该系统当中，与PLC控制功能整合在一起的该程序将提供能够满足现代工业设备所必需的操作维护要求的整套焚烧控制系统。

3）流化床焚烧炉

当足够量的空气从下部通过一层砂粒时，空气将渗透性地充满在颗粒之间，从而引起颗粒剧烈的混合运动并开始形成流化床。随着气流的增加，空气将对流动砂施加更大的压力，从而减少了因砂粒本身的重力而引起的彼此之间的接触摩擦，随着空气流量的进一步增大，其引力将与颗粒的重力相平衡，因此砂粒可以悬浮在空气流中。

当空气流量进一步增加时，流化床变得不再均匀，鼓泡床开始形成，同时床内活动变得非常剧烈，空气/流动砂占用的容积将明显增多，低流化速度使得从流化床流失掉的颗粒量非常少。

安装在焚烧炉周围的仪表用于监视燃烧过程。

床温是由安装在焚烧炉壁板底部的热量偶来进行测量，当床温超出850℃时，污泥供应系统将会引起联锁。

干舷区的温度则是由炉顶部的热电偶来进行测量的，当干舷区的温度超出1000℃时，污泥供应系统将会引起联锁，该联锁可以停止整个供料系统的运行。

在炉的顶部装有与焚烧炉相连的压力变送器。相应的信号将用于平衡引风机的鼓风操作。

焚烧炉顶端安装的冷却水喷嘴与燃烧室相连。当焚烧炉出口处的温度超出1045℃的设定值时，冷却水将注入炉膛内。

针对氮氧化物的净化，可采用选择性非催化还原法脱氮工艺，在焚烧炉膛内完成脱氮。

流化床焚烧炉示意如图4-31所示。

4）助燃空气

在自动模式的正常运行环境下，燃烧空气量通过烟气中所包含的氧量进行验算，正常模式下，燃烧空气量则是由操作人员进行控制的，总的燃烧用空气则分成一次风和二次风，二次风流量设置为固定值，操作人员须根据焚烧状况或排放物情况设定最佳的一次风和二次风分配比例。

燃烧用空气由送风机提供，而相应的空气量则由送风机风门进行调节，风机管线的入口处安装文丘里流量计与防止噪声扩散的管道消声器，风机的下游处安装可以预热流动空气的管壳式预热器，在正常环境下，空气将由蒸汽预热器加热至120℃，之后，燃烧空气将再次由空气

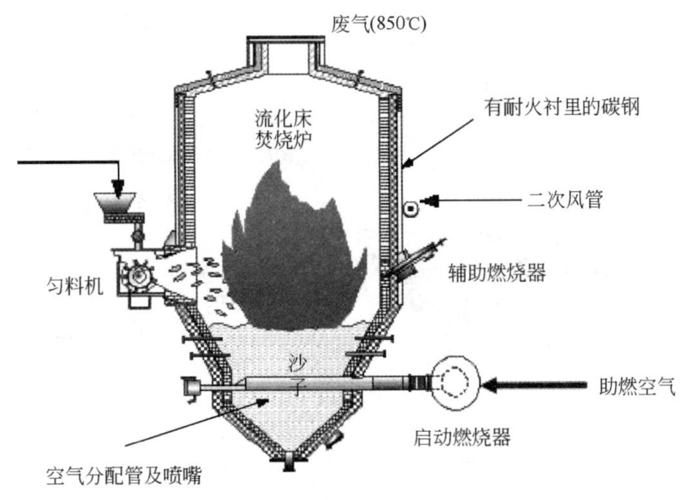

图 4-31　流化床焚烧炉示意

预热器加热至一定温度，并被导入至焚烧炉的散气管内。

二次风的流量则由二次风风门进行调节，在控制风门的上游安装文丘里管道类型的流量计量计，二次风被分配在炉膛周围的几个喷嘴内，该喷嘴所喷出的空气则将以很高的转速穿透烟气，并将该空气散布在干舷区的整个横截面上。

5）炉渣排出和床砂回流

为了防止炉底的不可燃物质堆积，应间歇性地通过斜槽排放炉渣。

经过振动筛的石英砂排放至气动输送机内，该气动输送机将石英砂回流至砂仓以便再使用，石英砂将通过回转阀而从砂仓排出，并通过下料斜槽而添加到炉膛内。

6）废热回收系统

废热回收系统包括空气预热器和余热锅炉。

850℃的烟气通过炉膛进入废热回收系统，采用高效率的空气预热器和余热锅炉，利用流化床焚烧炉产生的高温烟气加热焚烧炉的助燃空气，可以将焚烧炉的助燃空气温度提高到一定温度；余热锅炉产生的高温蒸汽作为干化系统的热源对脱水污泥进行干化，烟气通过空气预热器和余热锅炉后，其温度将冷却至180℃，从而达到了进入烟气净化系统的良好温度。

（2）烟气净化系统

安装烟气净化系统的目的是为了清洁焚烧炉所产生的烟气，从而可以使排放的空气达到排放标准。烟气净化系统如图 4-32 所示。

从焚烧炉排出的废烟气中的一部分灰渣可在经过废热锅炉和空气预热器时去除，剩余部分将送至干式反应器，烟气中的酸性气体在干式反应器中将与灰粉［$Ca(OH)_2$］进行反应，而一些污染物质或二恶英将会被活性炭吸附，石灰和活性炭将由石灰引射风机进行喷射，从而能够使之均匀扩散到烟气内。

烟气所携带的灰尘和反应物经过干式反应器之后进入具有脉冲清洁功能的布袋除尘器内，而该布袋除尘器既是最终的颗粒收集装置，同时也是提高整个酸性气体收集效率的最终

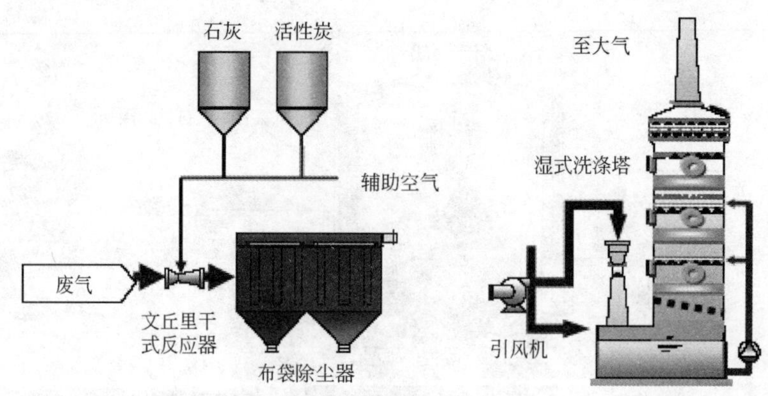

图 4-32 烟气净化系统

反应器。整个过程所产生的残渣将随着灰渣一同排放。布袋除尘器采用笼形结构过滤袋，通过表面过滤的方式来收集灰渣，滤袋的清洁采用脉冲喷射空气的方式，从清洁表面吹落下来的灰粒将会收集在灰斗中，引风机在上游处产生负压而确保烟气的输送以及在焚烧炉内产生必要的约$-40mmH_2O$的负压，而该负压值在 PLC 内由压力控制器进行自动控制。经过布袋除尘器之后，处理烟气将通过烟囱排放。

(3) 灰渣处理系统

灰渣处理系统流程如图 4-33 所示。

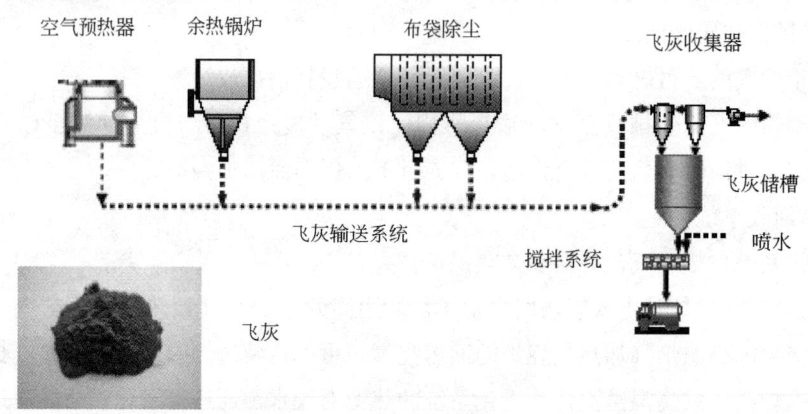

图 4-33 灰渣处理系统流程

灰渣产生区域有空气预热器、余热锅炉和布袋除尘器。

余热锅炉、空气预热器和布袋除尘器所排放的灰渣经飞灰收集装置之后采用密闭的管路输送系统被输送至飞灰储槽。

灰渣将被飞灰收集风机的吸入压力导入到飞灰收集装置内，飞灰收集装置与飞灰收集装置的排放螺旋联锁，灰渣的排放通过一个旋转锁气机和无尘的灰增温装置进行，该装置内可以注入喷雾水。收集的灰渣可安全填埋或作为水泥原料及其他建筑材料。

4. 污泥焚烧改扩建应注意的事项

污泥处理处置设施改扩建采用污泥焚烧，应注意因地制宜、科学规划、辨证施治，避免出现以下问题。

（1）过于强调资源化。某些项目过于强调污泥焚烧的发电效益，往往折算污泥发电能节约多少原煤。实际上污水污泥含水率高、热值低，必须吸收大量热能后才能燃烧，污泥焚烧处理方式投入的能量和资金必然大于能量回收和物质再利用的收益，其最大的价值还是环保和社会效益，不能片面强调经济利益。

（2）盲目上马，一烧了之。各污水处理厂污泥的泥质和热值不尽相同，处理方法必须因地制宜、科学规划、慎重立项。如电镀污泥的主要成分是金属碎屑，难以燃烧；石化污泥、印染污泥含有大量杂质，严格地说属于危险废弃物，要有专门的干化、燃烧技术和设备。

（3）防止一些“小火电”通过匆匆上马污泥发电项目，躲避国家产业政策调控。一些规模小、污染大的火电企业为逃避被关停的命运，打出环保牌，改建成污泥发电项目，但由于技术不过关，可能成为更大的污染隐患。

4.3.9 污泥土地利用

1. 概述

污泥土地利用是指将处理后的污泥作为肥料或土壤改良的基质材料，用于园林、绿化、林业或农业等场合的处置方式。

国际上污泥土地利用的应用，已逐渐成为很多国家污泥处理处置的主要方法之一。尽管欧洲各国政府都先后出台了严格的污染物浓度标准和无害化要求，但最近10年，欧盟污泥农用的比例并没有出现下降，尤其是在欧洲一些农业国家，如卢森堡和法国等，污泥农用的比例超过了50%。在美国，土地利用也正在逐渐成为主要的污泥处置方式，2005年起土地利用比例上升至66%。

上海、海口、大连、徐州、淄博、北京、秦皇岛和唐山等地，都有将污泥制成有机颗粒肥、有机复混肥或有机生物肥料施用于农田或绿化的案例。《上海市污泥处理处置专项规划》中，也将污泥用于园林绿化作为中远期污水污泥消纳的主要途径之一。

2. 污泥的施用方法

污泥土地利用的施用方法分为地表施用和地面下施用两种，应保证污泥以机械方式或自然方式与土壤混合。按污泥土地利用的物态不同，污泥施用亦有不同的具体方法。

液态污泥施用相对简单，可选择的方法有：

（1）地表施用

地表施用相比于其他的施用方法可明显减少地表雨水径流引起的营养物和土壤的损失，液态污泥的地表施用不适合潮湿土壤地区，一般采用罐车或农用罐车。

（2）地面下施用

液态污泥的地面下施用适用于可耕土地，而潮湿和冰冻土壤则禁用。其施用方法包括注入、沟施或使用圆盘犁犁地，污泥地面下施用有效减少了氨气的挥发量，阻止了蚊蝇孳生，并且污泥中的水分能够迅速被土壤吸收，减少污泥的生物不稳定性；但是增加了投资费用，污泥施用的均匀性亦很难保证。

（3）灌溉

包括喷灌和自流灌溉，前者较适用于开阔地带和林地施用，污泥由泵加压后经管道输送至喷洒器喷灌，它可实现均匀地施用，但存在投资大、喷嘴易阻塞等局限性，更关键的是有引起气溶胶污染的危险，因此一般应慎用；后者则依靠重力作用自流到土地上，由于其很难保证施用量的均匀分布，以及易发臭等，因此较少使用。

脱水污泥施用可大大减少的运输费用，施用机械的选择性较广，但其操作和维修费用比液态（浓缩）污泥施用高。通常的施用方法和机械如表 4-48 所示，其中施用时的撒布机械大致与农用机械相同，如：带斗推土机、撒播机、卡车、平土机等均使用的较为广泛，撒布后可由拖拉机或推土机牵引的圆盘推土机、圆盘耕土机和圆盘犁将污泥混入土壤。

脱水污泥的施用方法和机械 **表 4-48**

方法	描述
撒播	卡车或拖拉机均匀地撒播在施用土地上，然后进行犁地使污泥与土壤混合
堆置	卡车将污泥卸至施用土地边缘，推土机将污泥在土地上摊平，再犁地混合

污泥经堆肥、干化处理后的可施用性好，单位土地面积的污泥肥料体积用量小，一般无需采用专门的土地撒布机械；污泥肥料撒布后，可根据作物生长的要求选择是否进行翻耕。

3. 污泥施用地点的选择

《农用污泥中污染物控制标准》GB 4284—84 对污泥施用地点进行了规定：为了防止对地下水的污染，在砂质土壤和地下水位较高的农田上不宜施用污泥；在饮用水水源保护地带不得施用污泥。根据美国 EPA 规定，散装污泥不能施用于有以下情形的土地：①洪灾；②冰冻；③冰雪覆盖，以免污泥被带入水体。散装污泥的施用点必须距地表水体 10m 以上。

理想的污泥土地利用场合，渗透系数应适中，地下水位距地面 3m 以下，地面坡度为 0～3%，离水井、湿地、水流等较远。选择污泥施用地点的重要因素有：地形、土壤的参数、地下水位、至水井等敏感区域的距离。美国 EPA 污泥土地利用设计手册中对地形、土壤的参数、地下水位、距敏感区域的控制距离均作了一定的规定。

（1）地形

坡度较大的地区，施用污泥有可能被地表径流侵蚀，因此需要对施用地点的坡度进行限制。林地因为植被的保水性较好，不易形成径流，最高坡度限制可放宽至 30%。表 4-49 是美国对污泥施用地点坡度的规定。

坡度对污泥土地利用的影响因素 **表 4-49**

坡度(%)	影响因素
0～3	理想坡度；污泥无论是否经过脱水，都没有被径流侵蚀的危险
3～6	可以接受的坡度；污泥有被径流侵蚀的风险；污泥无论是否经过脱水，直接施用于土地表面都是可以接受的
6～12	当没有径流控制措施时，流质污泥是不适于直接施用于土地表面的；脱水污泥还基本上可以直接施用于土地表面
12～15	当没有径流控制措施时，流质污泥是不适于土地利用的；脱水污泥若施用时立即与土壤混合，是可以接受的
超过 15	只有少数的特殊场合适宜污泥的土地利用

（2）土壤的参数

污泥土地利用的适宜土质为：①壤质土；②渗透性较差，或者适中；③不少于 0.6m 的土壤厚度；④中性或偏碱性（pH＞6.5）；⑤排水通畅。

（3）地下水位

为防止施用的污泥污染地下水，地下水位以上的土层厚度必须有所限制，一般厚度不少于 1m。由于地下水位随季节波动，短时期内 0.5m 的厚度，也是可以接受的。要施用污泥的地点，必须进行现场勘测，以掌握充足的地下水信息。

（4）距敏感区域的控制距离

为减少污泥土地利用的环境风险，必须控制污泥施用地点距一些敏感区域的距离。敏感区域包括：居所、水井、地表水、公路、私人的不动产等区域。表 4-50 是美国加利福尼亚州在这方面的规定。

污泥施用地点距敏感区域的控制距离　　表 4-50

敏感区域	最小距离(m)
私人不动产的边界	3
居民用供水井	150
非居民用供水井	30
公路	15
地表水(湿地、溪流、池塘、湖泊、地表含水层、沼泽等)	30
农用灌溉系统的干管	10
居民供水的主要干管	60
地表水的引水口	750
满足居民用水的水库	120

注：引自 California State Water Resources Control Board（2000）。

4. 污泥施用年限和施用率

污泥土地利用中污泥的施用年限和施用率及施用量主要根据重金属和氮的营养物控制。我国《农用污泥中污染物控制标准》GB 4284—84 中有一定的规定：

（1）施用符合本标准规定的污泥时，一般每年每亩用量不超过 2000kg（以干污泥计）。污泥中任何一项无机化合物含量接近于本标准时，连续在同一块土壤上施用，不得超过 20a。含无机化合物较少的石油化工污泥，连续施用可超过 20a；

（2）对于同时含有多种有害物质而含量都接近本标准值的污泥，施用时应酌情减少用量。

《城镇污水处理厂污泥处置 农用泥质》CJ/T 309—2009 也规定：农田年施用污泥量累计不应超过 7.5 t/hm^2，农田连续施用不应超过 10a，湖泊周围 1000m 范围内和洪水泛滥区禁止施用污泥。

不同的土壤条件对污泥污染物具有不同的承受能力，不同的植物种类对污泥的适宜施用量也不同。美国在污泥土地利用中，重金属长期施用量根据美国 EPA Part 503 规则控制，而年平均施用率则根据氮负荷率确定。

(1) 施用年限

长期不合理的污泥土地利用，很可能导致土壤中重金属元素的积累，进而可能造成作物可食部分中有害物质超标，因此，污泥土地利用时一定要严格控制污泥的施用年限和施用量，若不考虑土壤中重金属元素的输出，把土壤中重金属的积累量控制在允许浓度范围内，那么污泥施用年限可根据式 (4-35) 计算：

$$n=\frac{CW}{QP} \tag{4-35}$$

式中 n——污泥施用年限；

C——土壤安全控制浓度，mg/kg；

W——每公顷耕作层土质量，kg/hm²；

Q——每公顷污泥用量，kg/hm²；

P——污泥中重金属元素含量，mg/kg。

(2) 污泥施用率

可按土壤环境标准确定施用率和按作物吸收养分量确定施用率。

1) 按土壤环境标准确定施用率

按照给定的土壤环境质量标准、土壤中重金属的背景含量、重金属年残留率和污泥限制性重金属含量，可以确定出污泥在该土壤中的施用率，如表 4-51 所示。

供设计选择的污泥施用率类型 **表 4-51**

污泥施用率类型	代号	施用率
一次性最大污泥施用率	S_1	$S_1=(W_h-B)\cdot T_s/C$
安全污泥施用率	S_2	$S_2=W_h(1-K)\cdot T_s/C$
控制性安全污泥施用率	S_3	$S_3=(KW_h-BK^j)(1-K^j)\cdot T_A/C$

注：表中 W_h—给定的土壤环境质量标准，mg/kg；B—该土壤重金属的背景含量，mg/kg；K—该土壤重金属的年残留率，%；T_s—耕层土壤干重 A/(亩·a)；C—污泥限制性重金属含量，mg/kg；j—给定的年限。

在保证不污染环境的条件下，充分利用污泥中的植物营养成分，是设计、选用污泥施用率的基本原则。从利用污泥营养成分的角度，可将污泥施用率划分为以下三种类型：

① 一次性最大污泥施用率 (S_1)

把污泥作为土壤改良剂，改良有机质和养分含量低的土壤或复垦被破坏的土地时，通常选用 S_1，以便尽快达到改良的目的。按作物需磷量确定的只施一次的污泥施用率为 S_{P1} [以干污泥计，t/(亩·a)]，按土壤重金属环境质量标准确定的一次性最大污泥施用率为 S_g [t/(亩·a)]。从不污染环境的角度出发，S_1 值选用 S_{P1} 和 S_g 中的低值。

② 安全污泥施用率 (S_2)

把污泥作为固定肥源或复合肥料添加剂，长期施于农田时，通常选用 S_2。按作物需氮量确定的污泥长期施用率为 S_{NL}，安全污泥施用率为 S_a。一般选用 S_a 作为 S_2 值。

③ 控制性安全污泥施用率 (S_3)

根据土地要求，场地使用年限为 20a，在给定年限内每年施用污泥，在这种情况下，S_3 采用 S_{NL} 和控制性安全污泥施用率 S_K 中的低值作为 S_3 值。

2）按氮、磷营养物计算

①污泥中可利用氮的计算

氮负荷率（Nitrogen loading rates）主要根据商业肥料中提供的有效氮来规定。由于城镇污泥是一种慢释放的有机肥料，因此，氨的化合物和有机氮量按式（4-36）计算：

$$L_N=[(NO_3^-)+k_v(NH_4^+)+f_n(N_0)]F \tag{4-36}$$

式中 L_N——在污泥施用年里植物可利用氮，gN/kg；

(NO_3^-)——污泥中硝酸盐的百分含量；

k_v——氨的损失中挥发系数。对于液体污泥地表利用取0.5，对脱水污泥地表利用取0.75，对污泥地面下注入利用取1.0；

(NH_4^+)——污泥中氨的百分含量；

f_n——有机氮的矿化系数。对于消化污泥且在温暖天气情况下取0.5，对于消化污泥且在凉爽天气情况下取0.4，对于寒冷天气或者堆肥污泥取0.3；

(N_0)——污泥中有机氮的百分含量；

F——转化系数，1000g/kg干基。

② 基于氮负荷率的污泥施用率

基于氮负荷率的污泥施用率计算如式（4-37）所示：

$$L_{sn}=U/N_p \tag{4-37}$$

式中 L_{sn}——基于氮负荷率的污泥施用率，mg/(hm² · a)；

U——单位土地作物的氮吸收典型值，kg/ hm²；

N_p——污泥的含氮率，g/kg。

美国部分地区单位土地作物的氮吸收典型值kg/[(hm² · a)] 如表4-52～表4-54所示。

美国部分地区草料作物单位土地的氮吸收典型值［kg/(hm² · a)］ 表4-52

草料作物	紫花苜蓿	雀麦草	黑麦草	果园草	高牛毛草
吸收值	220～670	130～220	180～280	250～350	145～325

美国部分地区庄稼作物单位土地的氮吸收典型值［kg/(hm² · a)］ 表4-53

庄稼作物	小麦	大麦	玉米	棉花	高粱	大豆	土豆
吸收值	155	220～670	175～200	70～200	135	245	225

美国部分地区树木单位土地的氮吸收典型值［kg/(hm² · a)］ 表4-54

树木	混合阔叶林	红松	白云杉	白杨	火炬松	杂交白杨	花旗松
吸收值	东部森林：225 南部森林：280 五大湖区森林：110	东部森林：110	东部森林：225	东部森林：110	南部森林：225～280	五大湖区森林：110 西部森林：300	西部森林：225

5. 污泥土地利用监测

污泥的有害成分进入土壤后，一般不会立刻表现出不利影响，如 N、P 短期内在土壤剖面上迁移量较小，一次施用污泥后重金属的含量一般也不会增加很多，但若长期大量使用，其负面效应就会明显地表现出来。因此，应该进行长期定位监测，研究污泥施入土壤后，其所含的有害成分在土壤中的作用及变化，为污泥的长期安全使用提供科学依据和技术支撑。

(1) 监测项目

污泥土地利用监测的对象为污泥、污泥施用后的土壤、土壤中的作物和植被。其主要的监测项目为污泥中的重金属污染物、病原菌、营养物、病原体传播动物控制、有机污染物；土壤中的重金属污染物、营养物、有机污染物；土壤作物中的重金属。

(2) 监测频率

《农用污泥中污染物控制标准》GB 4284—84 中规定农业和环境保护部门必须对污泥和施用污泥的土壤作物进行长期定点监测，但未作具体的规定。参照美国的标准，监测的项目包括污染物、病原菌密度以及病原体传播动物的控制，如表 4-55 所示。

建议的土地利用监测频率 **表 4-55**

污水污泥的数量(t/a)	频率
大于 0,小于 290	每年一次
大于等于 290,小于 1500	每季度一次
大于等于 1500,小于 15000	60d 一次
大于等于 15000	每月一次

在按照表 4-55 中规定的频率监测 2 年后，可以减少监测的频率次数，但是一年中监测的次数不能少于一次。

4.3.10 污泥建筑材料利用

1. 概述

污泥建筑材料利用是指将处理后的污泥作为制作建筑材料部分原料的处置方式。日本在污泥建筑材料利用方面已经有许多工程实例，据统计到 2002 年末，日本污泥有效利用率已经达到了 63%，其中建筑材料利用的比例高达 40%左右。美国的污泥焚烧灰大部分都填埋，但焚烧灰的回用也是研究的热点和未来发展的方向，对于普通城市生活垃圾焚烧灰渣的建筑材料利用则已有几十年的历史。英国、德国、法国等也都致力于污泥建筑材料利用的研究，目前应用技术已基本成熟，逐步推向商业化应用。

在北京、重庆和上海等许多省市都曾进行过污泥建筑材料利用方面的生产性研究。上海市区某污水处理厂的部分污泥曾送往水泥厂进行处理，在 1350～1650℃的高温中与其他原材料一起燃烧，污泥已变为熟料的成分，经测试完全符合质量标准，重金属元素则被固定在熟料矿物的晶格里，不会有残渣单独排出，并通过了浸出液毒性鉴别。

污泥建筑材料利用可以是脱水污泥、干化污泥，也可以是焚烧污泥（即污泥焚烧灰）。当采用干化污泥直接制砖时，如果污泥中有机成分含量较高，就可能在烧结时，导致砖块开裂，因此，一般建议污泥作为制砖配料投加的量，与黏土比例为 1 ∶10 左右。

污泥建材利用还应考虑其他污染物如放射性污染物、有机污染物等的影响，放射性污染物可根据《建筑材料放射性核素限量》GB 6566—2010 执行，由于污泥建材利用过程中，常需进行高温处理，按日本有关方面研究，有机污染物如二恶英等含量很低。

以污泥为原材料制作的建材，除上述提及的污染物需要按一定的规范进行控制外，还需按建材方面的有关规范和标准进行衡量。

对于污泥制作建材所可能产生的环境影响，除了对有机污染物进行监测之外，还应对烟气中 Zn、Pb、Cu、As、Hg、Cr、Cd 等物质进行检测，确保烟气排放满足我国相关排放标准，如《大气污染物综合排放标准》GB 16297—1996、《水泥工业大气污染物排放标准》GB 4915—2013 和《恶臭污染物排放标准》GB 14554—93 等。

2. 污泥制砖

(1) 制砖原理和工艺

制砖工业中砖块的主要原料为黏土，对生活污泥与黏土的化学成分进行了比较，结果如表 4-56 所示。

生活污泥与黏土的成分比较　　表 4-56

主要成分质量(%)	污泥灰				黏土			
	灰 1	灰 2	灰 3	灰 4	黏土 1	黏土 2	黏土 3	黏土 4
SiO_2	36.2	36.5	30.3	35.2	67.1	55.9	66.6	64.8
Al_2O_3	14.2	12.3	16.2	16.9	13.4	15.2	18.0	20.7
Fe_2O_3	17.9	15.1	2.8	5.6	5.6	6.1	7.6	6.7
CaO	10.0	13.2	20.8	16.9	9.4	12.2	1.1	0.5
P_2O_5	1.5	13.2	18.4	13.8	0.1	0.2	0.1	0.2
Na_2O	0.7	0.6	0.6	0.7	0.3	0.5	0.2	0.2

由表 4-56 中可知，污泥灰和黏土中的主要成分均为 SiO_2，这一特性成为污泥可作为制砖材料的基础。另外，污泥灰中除了 Fe_2O_3、P_2O_5 含量高于黏土及重金属含量明显高于黏土之外，其他成分都较为接近，这说明使用污泥制砖是可行的。

污泥制砖材料可采用焚烧灰或干化污泥，两种方法制砖的工艺流程基本相同，分别如图 4-34 和图 4-35 所示。

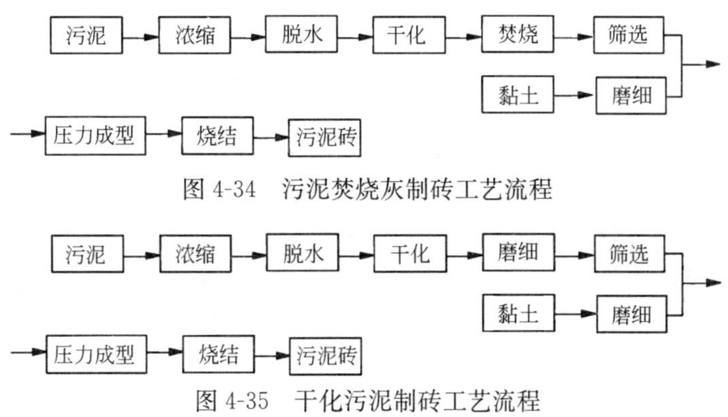

图 4-34　污泥焚烧灰制砖工艺流程

图 4-35　干化污泥制砖工艺流程

由图 4-34 和图 4-35 可知，两种方法制砖的工艺流程基本相同。用干化污泥直接制砖时，应对污泥的成分进行适当的调整，使其成分与制砖黏土的化学成分相当。当污泥与黏土按重量比 1∶10 配料时，污泥砖可达普通红砖的强度。此种污泥砖制造方式，由于受坯体有机挥发分含量的限制，当有机挥发物达到一定限度时会导致烧结开裂，影响砖块质量，污泥掺合比甚低，因此，从黏土砖限制要求来看，生污泥较难成为一种适宜的污泥制建材方法。

使用污泥灰作为添加剂或者完全替代黏土的技术可行性已被证实，在美国、新加坡、英国、德国和其他一些国家都有应用实例。下面是试验中观察到污泥灰对制砖过程中成型、干化和烧制及对最终产品的影响：

1）当添加量＜20%时，焚烧灰对工作过程无影响；

2）高的吸水性或者钙含量较高的焚烧灰在原混合料中要进行水分的测量；

3）焚烧灰会使砖产生孔隙，这个作用可通过测量体积密度的减少和吸水性的增加来表示。

焚烧灰中钙含量是一个主要影响因素，但焚烧灰内在的多孔性也影响砖的孔隙性。因为，当焚烧灰作为熔融剂时，它能降低混合物的熔渣温度，焚烧灰中的 P_2O_5 的含量越高，SiO_2 的含量越低，降低熔渣温度的能力就越大。此外，焚烧灰中铁盐和钙盐的含量会改变砖的压缩张力。含铁的焚烧灰使砖变得更坚硬，含钙的焚烧灰会使之变得更软。

（2）污泥砖的性能分析

反应污泥砖性能的主要指标有砖的吸水率、烧成尺寸收缩率、烧成质量减少分数、烧成密度和强度。

1）砖的吸水率

吸水率是影响砖耐久性的一个关键因素，砖的吸水率越低，其耐久性和对环境的抗蚀能力越强，因而砖的内部结构应尽可能致密以避免水的渗入。随着污泥含量的增加和烧成温度的降低，砖的吸水率会逐步升高。而在制砖中，污泥灰起着造孔剂的作用，所以污泥灰砖的吸水率比黏土砖高。在用干化污泥制砖中，污泥降低了混合样的塑性和混合样颗粒间的粘结性能，当混合样中污泥含量较高时，混合样的粘结性能下降，但砖内部微孔尺寸增加，导致吸水率的升高。由于干化污泥砖的有机杂质较多，烧结后的微孔也多，所以其吸水率比污泥灰砖高。

2）砖的烧成尺寸收缩率

通常，质量优良砖的烧成收缩率低于 8%，污泥灰砖的烧成收缩率基本上低于 8%。在干化污泥砖中，烧成收缩率随污泥含量的增加而相应增加，形成近线形关系。由于干化污泥的有机质含量远高于黏土，污泥的加入提高了烧成尺寸收缩率，导致砖的性能降低。烧成温度也是影响烧成收缩率的重要参数。通常，提高烧成温度，烧成收缩率上升；同时烧结温度不能过高，以免把砖烧成玻璃体。因而，污泥含量和烧成温度是控制烧成收缩率的两个关键因素。有资料表明在干化污泥中，污泥含量低于 10%，烧成温度低于 1000℃时，其烧成收缩率符合优质砖标准。

3）砖的烧成质量减少分数

增加污泥含量和提高烧成温度会导致烧成质量减少分数的增加。1999 年国家发布的砖烧成质量减少百分数标准是 15%。研究表明，干化污泥含量少于 10%时，所有的砖都符合标准。对于普通黏土砖而言，在 800℃时烧成后的质量损失主要是黏土中有机质燃烧引起的。然而，当混合样中加入干化污泥后，烧成质量损失率明显增加，因为污泥中含有的有机质量大。另外，砖的烧成质量损失率也依赖于污泥与黏土中的无机质在烧成过程中的烧尽。

4）砖的烧成密度

干污泥砖的密度与污泥含量成近似线形关系。因污泥中有机质含量较高，在烧结时有机质挥发必然留下孔洞，粒径较粗，烧结体致密性差。烧成温度同样也影响颗粒的密度，结果显示提高烧成温度会提高颗粒密度。在污泥灰砖中，污泥灰作为造孔剂，这个效果可由吸水率的增高和密度的降低衡量。

5）砖的强度

抗压强度是衡量砖性能最为重要的指标之一。抗压强度取决于污泥的含量和烧成温度。干化污泥砖的抗压强度随干污泥含量的增加而降低，随烧成温度的升高而升高。10%含量的干化污泥砖在 1000℃烧成时其抗压强度为二级品。污泥灰砖中，P_2O_5 含量越高，SiO_2 含量越低，其软化性越强；污泥灰抗压强度还与污泥灰中铁与钙的含量有关，铁含量的增加使得砖体抗压强度提高，钙则使其降低。污泥灰含量低于 10%制砖时，其抗压性能比干化污泥砖和黏土砖都好。研究表明，当污泥灰含量为 10%、烧结温度为 1020℃时，其砖抗压性能最好，可达到 138MPa。

3. 污泥制水泥

（1）工艺原理

众所周知，水泥窑炉具有燃烧炉温高和处理物料大等特点，且水泥厂均配备有大量的环保设施，是环境自净能力强的装备。而城市生活垃圾、污泥的化学特性与水泥生产所用的原料基本相似。利用污泥和污泥焚烧灰制造出的水泥，与普通硅酸盐水泥相比，在颗粒度、密度、波索来反应性能等方面基本相似，而在稳固性、膨胀密度、固化时间方面较好。利用水泥回转窑处理城市垃圾和污泥，不仅具有焚烧法的减容、减量化特征，且燃烧后的残渣成为水泥熟料的一部分，不需要对焚烧灰进行填埋处置，是一种两全其美的水泥生产途径。

利用污泥生产水泥原料有三种方式：一是直接用脱水污泥；二是用化污泥；三是用污泥焚烧灰。不管是哪种方式，关键是污泥中所含的无机成分必须符合生产水泥的要求。表 4-57 中列出了将污泥焚烧灰渣的矿物质成分与波特兰水泥成分的比较结果。从表中数据可知，除 CaO 含量较低、SiO_2 含量较高外，污泥焚烧灰其他成分含量与波特兰水泥含量相当。因此，污泥焚烧灰加入一定量的石灰或石灰石，经煅烧即可制成波特兰水泥。

制成的污泥水泥性质与污泥的比例、煅烧温度、煅烧时间和养护条件相关。污泥水泥的物理性质的测定结果见表 4-58。

污泥焚烧灰水泥与波特兰水泥的矿物组成 *w/w*（%） 表 4-57

组分	波特兰水泥	污泥焚烧灰	污泥水泥	质量要求限值
SiO_2	20.9	20.3	24.6	18～24
CaO	63.3	1.8	52.1	60～69
Al_2O_3	5.7	14.6	6.6	4～8
Fe_2O_3	4.1	20.6	6.3	1～8
K_2O	1.2	1.8	1.0	＜2.0
MgO	1.0	2.1	2.1	＜5.0
Na_2O	0.2	0.5	0.2	＜2.0
SO_3	2.1	7.8	4.9	＜3.0
LOI	1.9	10.4	0.3	＜4.0

注：1. 引自 Tay J H et al. Resoauce Recovery of Sludge as a Building and Construction Material-a Future Trend in Sludge Management. Wat. Sci. Tech. 1997，36（11）：259-266；

2. LOI：热灼损失量。

污泥水泥物理性质 表 4-58

性质	污泥水泥	波特兰水泥
水泥细度（m^2/kg）	110	120
水泥体积固定性（mm）	1.9	0.9
容积密度（kg/m^3）	690	870
相对密度	3.3	3.2
紧密度（%）	82	27
硬凝活性指数（%）	67	100
凝结时间（min）		
初始	40	180
终止	80	270

波特兰水泥制造厂可以部分地接受污泥焚烧灰、干化污泥和脱水污泥，作为生产原料，具体的污泥形态要求决定了该厂的预处理工艺，相关的原料预处理工艺流程示意如图 4-36 所示。

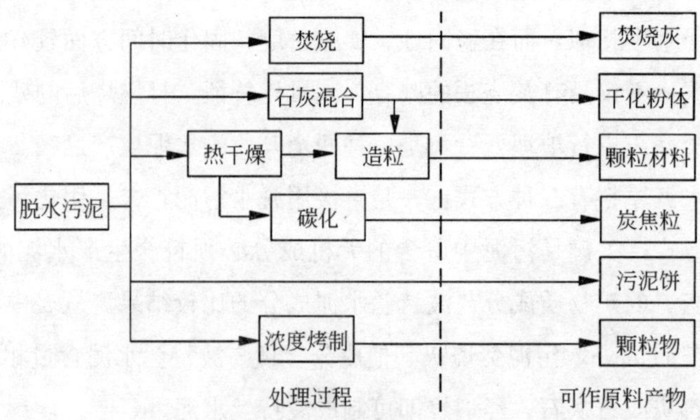

图 4-36 污泥制波特兰水泥的可能预处理工艺示意

污泥的 P_2O_5 含量是其是否适宜作波特兰水泥原料的关键因数，虽然尚未建立标准值，但

水泥中的 P_2O_5 最大允许含量应为 0.4%，由于污泥焚烧灰中的 P_2O_5 含量约为 15%，因此，污泥焚烧灰混入水泥原料中的最大体积比应为 2%。

水泥入窑生料的控制指标是水分应小于 35%，流动度大于 75mm，未脱水污泥和脱水污泥均可以作原料，但考虑到运输成本，水泥厂较适宜用脱水污泥。加入污泥后相同水分下的生料浆流动度会降低，生料流动度越小，沉降率越大，对生产设备和生产过程会带来不利影响，因此需要适当增加水分，使生料达到流动度要求。

利用污泥作原料生产水泥时，主要解决污泥的储存、生料的调配和恶臭的防治问题，确保生产出符合国家标准的水泥熟料。上海早在 20 世纪 90 年代就开始了“利用水泥窑处理污水污泥的技术研究应用”的课题，取得了一定的成果。上海水泥厂处置污泥的工艺路线如图 4-37 所示。为了防止污泥堆放过程中产生恶臭，首先在污泥中掺入生石灰，然后采用水调料，再用泵输送到泥浆库，整个过程基本处于封闭状态，直至进入水泥窑。

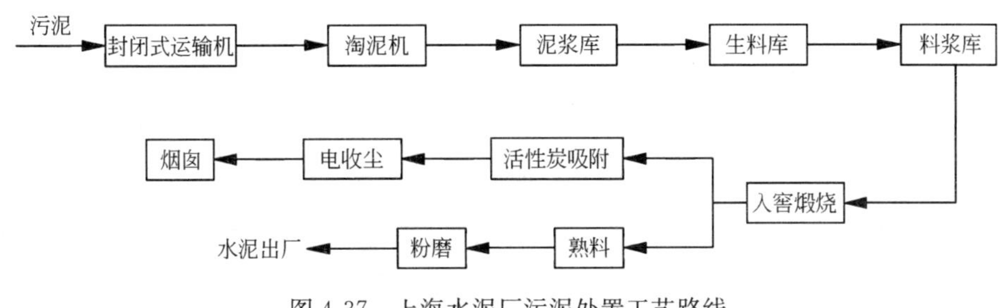

图 4-37　上海水泥厂污泥处置工艺路线

现已确认，以污泥为原料生产水泥时，水泥窑排出的气体中 NO_x 含量减少约 40%。这是因为污泥中的氨在高温下挥发，与气体的反应，使之分解，从而起到脱硝剂的作用。

（2）污泥制水泥的预处理

1）焚烧灰

波特兰水泥厂可直接接受污泥焚烧灰作为其生产原料。

2）脱水污泥

波特兰水泥厂应用污水污泥的替代方法是接受脱水污泥饼，脱水污泥在水泥厂可直接放入烧结制造熟料。日本有一些城市采用此方式消纳污泥，同时需要支付一定的成本，包括污泥运输费和给水泥厂的补贴。

3）石灰混合

石灰混合是另一种无需焚烧的污泥制水泥预处理工艺。脱水污泥与等量的石灰混合，利用石灰与水的反应释热使污泥充分干化。此过程只需很少的加热。混合后的产物为干化粉体，可被水泥厂接受。

4）干化污泥

干化污泥可作为水泥厂的原料，并替代一部分燃料，目前有多种污泥干化装置可使脱水泥饼干化至水分更低。对小型污水处理厂进行污泥干化，有一定的困难，新发展的一种称为“深度烤制（deep frying）”的技术对解决污泥干化有帮助。深度烤制污泥干化工艺分为五个过程：

调理、深度烤制、油回收、水分冷凝和脱臭。其中深度烤制单元最为关键，该单元中，含水率约 80%的污泥脱水泥饼在 85℃的废油中进行约 70min 的烤制，其环境为负压，烤制使污泥中的水分迅速蒸发，蒸发的水分回流至污水管道进行冷凝和处理；剩余的污泥和废油混合物用离心机进行油固分离，并回收废油再用。深度烤制最终产物——干化污泥饼的含水率约为 3%。此干化污泥饼有机物稳定性好，并且无臭，因此利用条件较好。

5）造粒/干化

污泥造粒/干化作为脱水污泥制波特兰水泥的预处理方法，在欧洲和南非有多个应用实例，此处理方法的工艺流程如图 4-38 所示。

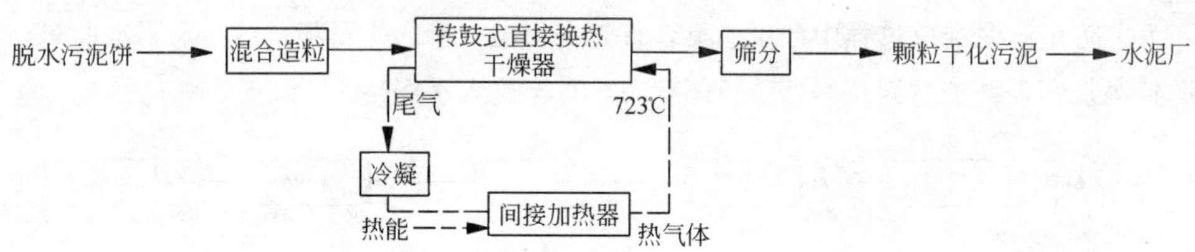

图 4-38 封闭化的污泥造料/干化处理工艺流程

其气流封闭的工艺特征较好地解决了污泥干化过程中臭气污染问题，其干化污泥颗粒的含水率为 10%，达到巴氏灭菌的卫生水平；颗粒粒径均匀，为 2～10mm；堆积密度为 700～800kg/m^3；颗粒热值为 10.46～14.65MJ/kg。干化颗粒耐储存，运输方便，但能源费用较高。

（3）污泥制水泥的优越性

利用水泥回转窑处理城镇污泥，具有独到的优势。

1）有机物分解彻底，在回转窑中温度一般为 1350～1650℃之间，甚至更高，燃烧气体在高于 800℃时停留时间大于 8s，高于 1100℃时停留时间大于 3s。在湿法回转窑中，气体在 1400～1600℃时停留时间为 6～10s，燃烧气体的总停留时间为 20s 左右，且窑内物料呈高湍流化状态，因此窑内的污泥有害有机物可充分燃烧，焚烧率可达 99.999%，即使是稳定的有机物如二恶英等也能被完全分解。

2）回转窑热容量大，工作状态稳定，处理量大。

3）回转窑内的耐火砖、原料、窑皮和熟料均为碱性，可吸收 SO_2，从而抑止其排放。在水泥烧成过程中，污泥灰渣中的重金属能够被固定在水泥熟料的结构中，从而达到被固化的作用。我国目前对水泥或混凝土中重金属的浸出量尚未有具体的规定，上海水泥厂曾对由城市污水污泥为原料制成的水泥进行了鉴定。结果显示，尽管污泥中重金属含量较高，但经过水泥烧成过程的稳定、固化后，其重金属浸出浓度基本符合环保的要求，具体结果见表 4-59 和表 4-60。

上海某污水污泥中重金属元素测试值（mg/L） **表 4-59**

Cu	Pb	Zn	Cd	Cr	Ni	Hg	As
2	8.5	1900	1.44	20.0	84.3	5.13	4.64

重金属浸出毒性试验结果比较 (mg/L) 表 4-60

项目	Cu	Pb	Zn	Cd	Cr	Ni	Hg	As
GB 5085～1985	50	3.0	50	0.3	1.5	25	0.05	1.5
污泥制水泥熟料	0.090	0.545	0.024	0.056	0.466	0.245	0.003	1.49

4）污泥中的有机成分和无机成分都能得到充分利用，资源化效率高。

5）水泥生产量大，需要的污泥量多；水泥厂地域分布广，有利于污泥就地消纳，节省运输费用；水泥窑的热容量大，工艺稳定，处理污泥方便，见效快。

4. 污泥制陶粒等轻质材料

(1) 工艺原理

轻质陶粒是陶粒中的一个品种，我国国家标准《轻集料及其试验方法 第 1 部分：轻集料》GB/T 17431.1—2010 将它定义为"堆积密度不大于 500kg/m^3 的陶粒"。轻质陶粒采用优质黏土、页岩或粉煤灰为主要原料，经过回转窑高温焙烧，经膨化而成。污水污泥的无机成分以 SiO_2、Al_2O_3 和 Fe_2O_3 为主，类似黏土的主要成分，在污泥中投加一定的辅料和外加剂，污泥便可制成轻质陶粒。

上海的研究人员对苏州河底泥的化学成分、矿物成分等性能进行了分析，探索了以底泥为主要原料烧制黏土陶粒的工艺参数，分析了底泥原料和陶粒制品中有害成分的来源，并对其进行了定量测试。结果表明，经适当的成分调整，利用苏州河底泥能烧制出 700 号的黏土陶粒产品。经高温焙烧后，苏州河底泥中的重金属大部分被固溶于陶粒中，不会对环境造成二次污染。

污泥制轻质陶粒工艺流程如图 4-39 所示，制备的轻质陶粒产品性能可依据国家标准《轻集料及其试验方法 第 1 部分：轻集料》GB/T 17431.1—2010 检验。

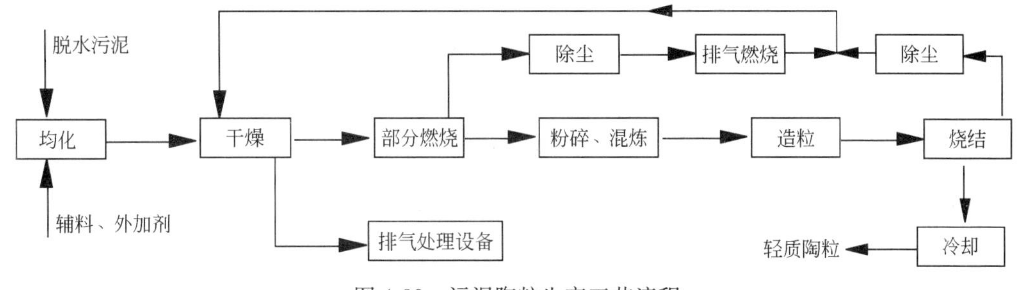

图 4-39 污泥陶粒生产工艺流程

主要工艺流程说明：

1）均化

湿污泥和预先干化好的干污泥一起进入污泥混合机，经混合、均化后形成颗粒，送至干化器干化。

2）干化

污泥干化装置多种多样，主要分为直接加热和间接加热两种。为了防止污泥在干化过程中结成大块，干化一般采用旋转干化器。热风进口温度为 800～850℃，排气温度为 200～250℃。污泥经干化后从含水率 80%左右下降到 5%左右。干化器的排气进入脱臭炉，炉温控制在

650℃左右，使排气中恶臭成分全部分解，以防止产生二次污染。

3）部分燃烧

部分燃烧是在理论空气比约0.25以下燃烧，使污泥中的有机成分分解，大部分成为气体排出，另一部分以固定碳的形式残留。部分燃烧炉内的温度控制在700～750℃。燃烧的排气中含有许多未燃成分，送到排气燃烧炉再燃烧，产生的热风可作为污泥干化热源利用。部分燃烧后的污泥中含固定碳为10%～20%，热值为1256～7536kJ/kg。

4）烧结

烧结陶粒的强度与相对密度与烧结温度、烧结时间以及产品中残留碳含量有关。残留碳的含量与陶粒的强度成反比，残留碳的含量越多，强度越低。烧结温度在1000～1100℃之间为宜，超出此温度范围陶粒强度会降低。陶粒的相对密度随烧结温度升高而减小，在上述温度范围内，其相对密度为1.6～1.9，烧结时间一般为2～3min。

(2) 轻质陶粒的组成和性能

轻质陶粒的组成如表4-61所示。酸性和碱性条件下的浸出试验结果如表4-62所示。试验结果表明，轻质陶粒符合作为建材的要求。

轻质陶粒的组成（%） **表4-61**

样品	SiO_2	Al_2O_3	Fe_2O_3	CuO	SO_2	C	燃烧渐量
1	41.9	15.7	10.6	8.8	0.18	0.79	1.08
2	43.5	14.3	10.4	10.8	0.17	0.31	0.55

轻质陶粒浸出试验结果（mg/L） **表4-62**

试验条件	Cr^{6+}	Cd	Pb	Zn	As
HCl	0.00	0.51	0.3	16.2	0.18
NaOH(pH=13)	0.00	0.00	0.0	0.04	0.06
水	0.00	0.00	0.0	0.01	0.04

(3) 轻质陶粒的应用

轻质陶粒一般可作路基材料、混凝土骨料和花卉覆盖材料等使用，但由于成本和商品流通上的问题，还没有得到广泛应用。近年来日本将其作为污水处理厂快速滤池的滤料，代替目前常用的硅砂和无烟煤，取得了良好的效果。轻质陶粒用作快速滤池填料时，空隙率大，不易堵塞，反冲洗次数少。由于其相对密度大，反冲洗时流失量少，滤料补充量和更换次数也比普通滤料少。由于陶粒市场需求量大，因此开发新的陶粒原料和轻质陶粒有重要意义。

4.3.11 污泥填埋

1. 概述

污泥填埋是指采取工程措施将处理后的污泥集中堆、填、埋于场地内的安全处置方式。由于污泥填埋渗滤液对地下水的潜在污染和城市用地减少等因素的影响，世界各国对于污泥填埋处理技术标准要求越来越高。例如，欧盟国家在2005年以后，规定有机物含量大于5%的污泥都禁止进行填埋，这也就意味着，污泥必须经过热处理（焚烧）才能满足填埋要求，而这显然违背了污泥填埋工艺简单、成本低廉的初衷。在这样的形势下，全世界污泥填埋的比例正在逐步下降，美国和德国的许多地区甚至已经禁止了污泥的土地填埋。从具体数据上来看，据美国环保局估计，今后几十年内美国6500个填埋场将有5000个被关闭；英国污泥填埋比例已经由1980年的27%下降到2005年的6%左右。

根据我国的国情和现有经济条件，在一段时间内脱水污泥填埋仍将作为一种不可或缺的过渡性处置途径。以前我国有大量污泥采用的是污泥堆场的非卫生填埋方式，给环境带来严重污染，这种处置方式正逐渐被摒弃。目前我国的填埋形式一般采用污泥与城市生活垃圾混合卫生填埋，例如北京高碑店污水处理厂将脱水污泥在生活填埋场与垃圾混合填埋，但由于污泥的含水率较高，给填埋作业带来很多困难。污泥单独卫生填埋在国内应用不是很多，1991年上海在桃浦地区建成了第一座污泥卫生试验填埋场，将曹杨污水处理厂污泥脱水后运至桃浦填埋场填埋处置，该填埋场占地3500m^2；2004年上海白龙港污水处理厂建成污泥专用填埋场，占地43hm^2；天津咸阳路污水处理厂也拟建污泥专用填埋场，占地13.2 hm^2，处理规模720m^3/d。

根据一项对填埋场的调查，在混合填埋场中，一般污泥的比例不超过5%～10%，这时对垃圾填埋场正常运行的影响较小。有些资料表明，在混合填埋场中，当生物污泥与城市生活垃圾混合比例达到1∶10时，填埋垃圾的物理、化学稳定过程将明显加快。

在技术方面，由于脱水后污泥含水率一般在75%以上，这一含水率通常不能满足填埋场的要求，垃圾填埋场不愿意接受污水处理厂的污泥。在德国，当脱水后的污泥与垃圾混合填埋时，要求污泥的含固率不小于35%，抗剪强度大于25kN/m^2，有时为了达到这一强度，必须投加石灰进行后续处理，这种处理增加了污泥处置的成本。

另外，加入填充剂才能达到污泥填埋所需的力学指标，添加剂的加入缩短了填埋场的寿命；如果采用高干度脱水填埋工艺，脱水后污泥含水率在65%左右，一般可以直接填埋。卫生填埋对污泥的土力学性质要求较高，污泥调理后力学性能见表4-63。

污水污泥的土力学指标　　表4-63

调理处理工艺	脱水方式	
	离心带式压滤机	普通压滤机
投加聚电解质	20%～30%含固率，<10kN/m^2	25%～40%含固率，18～50kN/m^2
同上，但使用最新技术	28%～40%含固率，5～18kN/m^2	
投加金属盐和消石灰		25%～45%净固体含量，37%～65%总固体含量，5～100kN/m^2，平均20～50 kN/m^2
高温热调节	40%～50%含固率，40～55kN/m^2	含固率>50%，50～100kN/m^2
聚合物调理并用反应性添加剂(石灰、反应性飞灰、水泥)后处理	30%～50%含固率，5～100kN/m^2	
聚合物调理并用非反应性添加剂后处理	25%～40%含固率，0～5kN/m^2	
石灰前处理并用聚合物调理①	25%～40%净固体含量，30%～50%总固体含量，0～100kN/m^2	
聚合物调理，并用垃圾后处理	45%～65%净固体含量，50%～80%总固体含量，>30kN/m^2	

① 只适用于离心脱水。

2. 污泥填埋方法分类

污水污泥的填埋可分为传统填埋、卫生填埋和安全填埋等。

传统填埋是利用坑、塘和洼地等，将污泥集中堆置，不加掩盖，由于它特别容易污染水源和大气，因此是不可取的。

卫生填埋始于20世纪60年代，它必须按一定的工程技术规范和卫生要求填埋污泥，即通过填充、堆平、压实、覆盖、再压实和封场等工序，渗滤液必须收集并处理，使污泥得到最终处置，并防止对周边环境产生危害和污染。

安全填埋是一种改进的卫生填埋方法，其主要用来进行有害固体废弃物的处理和处置。

本节主要介绍卫生填埋，而污泥卫生填埋又可分为单独填埋和与城市生活垃圾混合填埋两种，污泥填埋方法的选择如表4-64所示。

污泥填埋方法选择 **表4-64**

污泥种类	单独填埋		混合填埋	
	可行性	理　由	可行性	理　由
重力浓缩污泥				
初沉污泥	不可行	臭气和运行问题	不可行	臭气和运行问题
剩余活性污泥	不可行	臭气和运行问题	不可行	臭气和运行问题
初沉污泥＋剩余活性污泥	不可行	臭气和运行问题	不可行	臭气和运行问题
重力浓缩消化污泥				
初沉污泥	不可行	运行问题	不可行	运行问题
初沉污泥＋剩余活性污泥	不可行	运行问题	不可行	运行问题
气浮浓缩污泥				
初沉污泥＋剩余活性污泥　(未消化)	不可行	臭气和运行问题	不可行	臭气和运行问题
剩余活性污泥(加混凝剂)	不可行	运行问题	不可行	臭气和运行问题
剩余活性污泥(未加混凝剂)	不可行	臭气和运行问题	不可行	臭气和运行问题
处理浓缩污泥				
好氧消化初沉污泥	不可行	运行问题	勉强可行	运行问题
好氧消化初沉污泥＋剩余活性污泥	不可行	运行问题	勉强可行	运行问题
厌氧消化初沉污泥	不可行	运行问题	勉强可行	运行问题
厌氧消化初沉污泥＋剩余活性污泥				
石灰稳定的初沉污泥	不可行	运行问题	勉强可行	运行问题
石灰稳定的初沉污泥＋剩余活性污泥	不可行	运行问题		
脱水污泥	勉强可行	运行问题		
干化床　消化污泥	可行		可行	
石灰稳定污泥	可行		可行	
真空过滤(加石灰)				
初沉污泥	可行		可行	
消化污泥	可行		可行	
压滤(加石灰)消化污泥	可行		可行	
离心脱水消化污泥	可行		可行	
热干化消化污泥	可行		可行	

3. 污泥混合填埋

混合填埋一般指脱水污泥与垃圾的混合比例小于 8%，在该比例下污泥一般不会影响填埋体的稳定。但德国的资料表明，当脱水后的污泥与垃圾混合填埋时，仍然要求污泥的含固率必须大于 35%，抗剪强度大于 $25kN/m^2$，为了达到这一强度，必须投加石灰进行后续处理，这增加了污泥处理的成本，为此有的国家设置了专用的污泥填埋场，根据污泥含水率和力学特性等因素进行专门填埋。

污泥在生活垃圾卫生填埋场中与生活垃圾混合填埋既可采用先混合后填埋的形式，如图 4-40所示，也可采用污泥与生活垃圾分层填埋分层推铺压实的形式，如图 4-41 所示。

图 4-40　污泥在生活垃圾填埋场混合填埋的工艺流程

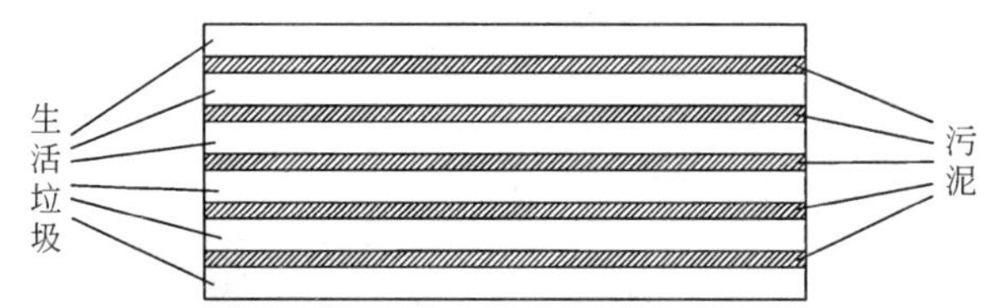

图 4-41　污泥在生活垃圾填埋场分层填埋、分层摊铺压实填埋示意

4. 污泥单独填埋

污泥在专用填埋场填埋可分为三种类型：沟填（trench）、掩埋（area fill）和堤坝式填埋（diked containment）。

（1）沟填

沟填就是将污泥挖沟填埋。沟填要求填埋场地具有较厚的土层和较深的地下水位，以保证填埋开挖的深度，并同时保留足够的缓冲区。沟填的需土量相对较少，开挖出来的土壤能够满足污泥日覆盖土的需要。

沟填按照开挖沟槽的宽度可分为宽沟填埋和窄沟填埋两种。宽度大于 3 m 的为宽沟填埋（wide- trench），小于 3m 的为窄沟填埋（narrow-trench），如图 4-42 所示。两者在操作上有所不同，沟槽的长度和深度根据填埋场地的具体情况，如地下水的深度、边墙的稳定性和挖沟机械的能力决定。

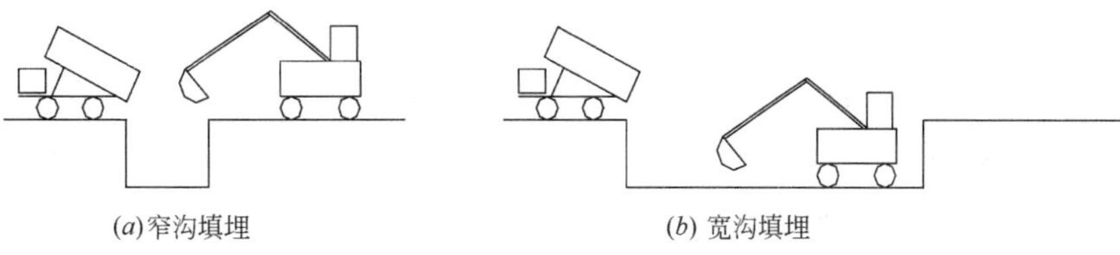

图 4-42　沟填操作示意

宽沟填埋：机械可在地表面上或沟槽内操作。在地表面上操作时，所填污泥的含固率为20%～28%，覆盖厚度为0.9～1.2m；在沟槽内操作时，所填污泥含固率>28%，覆盖厚度为1.2～1.5m，宽沟填埋的填埋量通常为6000～27400m³/hm²，与窄沟填埋相比其优点是可铺设防渗和排水衬层。

窄沟填埋：机械在地表面上操作。窄沟填埋的单层填埋厚度为0.6～0.9m，对于宽度小于1m的窄沟，所填污泥的含固率为15%～20%，对于宽度在1～3m的窄沟，污泥含固率为20%～28%，其填埋量通常为2300～10600m³/hm²。窄沟填埋可用于含固率相对较低的污泥填埋，但其土地利用率低，且沟槽太小，不能铺设防渗和排水衬层。

（2）掩埋

掩埋是将污泥直接堆置在地面上，再覆盖一层泥土的处置方法，此方法适合于地下水位较高或土层较薄的场地，其对污泥含固率没有特殊的要求，但由于操作机械在填埋表层操作，因此填埋物料必须具有足够的承载力和稳定性，污泥单独填埋往往达不到上述要求，通常需要混入一定比例的泥土一并填埋。覆土的时间间隔由污泥的稳定性决定，对于相对稳定的填埋物料，并不一定需要天天覆土。掩埋可分为堆放式掩埋（area fill mound）和分层式掩埋（area fill layer），如图4-43所示。

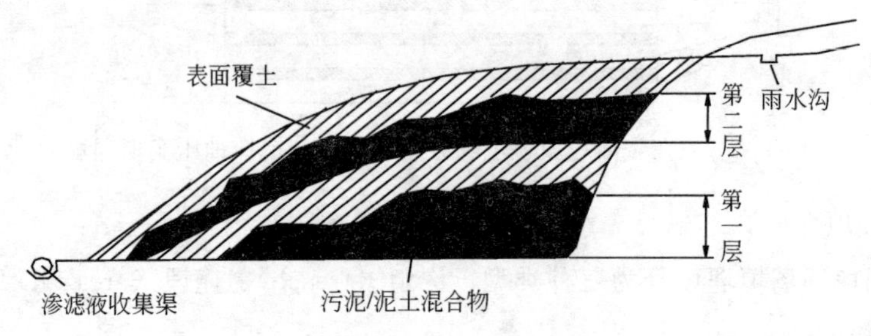

图4-43 堆放式掩埋示意

堆放式掩埋要求污泥含固率大于20%，污泥通常先在场内的一个固定地点与泥土混合后再去填埋，泥土与污泥的混合比例一般为（0.5～2）∶1之间，取决于所要求的污泥稳定度和承载力。混合堆料的单层填埋高度约为2m，中间覆土层厚度为0.9m，表面覆土层厚度为1.5m。堆放式掩埋的土地利用率较高，填埋量通常为5700～26400m³/hm²，但其操作费用由于泥土用量较大而较贵。

分层式掩埋对污泥的含固率要求可低至15%，泥土与污泥的混合比一般为（0.25～1）∶1之间。混合堆料分层掩埋，单层掩埋厚度约为0.15～0.9m，中间覆土层厚度为0.15～0.3m，表面覆土层厚度为0.6～1.2m。为防止填埋物料滑坡，分层式掩埋要求场地必须相对平整。它的最大优点为填埋完成后，终场地面平整稳定，所需后续保养较堆放式掩埋少，但其填埋量通常较小，约3800～17000m³/hm²。

（3）堤坝式填埋

堤坝式填埋是指在填埋场地四周建有堤坝，或是利用山谷等天然地形对污泥进行填埋，污泥通常由堤坝或山顶向下卸入，因此堤坝上需具备一定的运输通道。堤坝式填埋示意如图4-44所示。

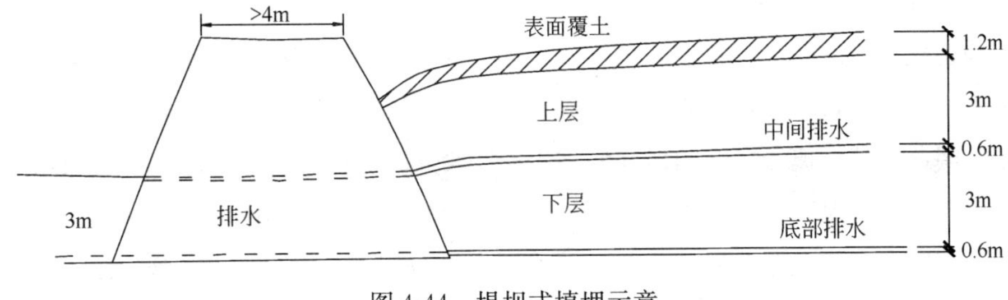

图 4-44　堤坝式填埋示意

堤坝式填埋对填埋物料含固率的要求与宽沟填埋类似，在地面上操作时，含固率要求为20%～28%，在堤坝内操作时，含固率要求>28%。对于覆土层厚度，在地面上操作时，中间覆土层厚度为0.3～0.6m，表面覆土层厚度为0.9～1.2m；在堤坝内操作时，需将污泥与泥土混合填埋，泥土与污泥混合比为（0.25～1）：1，中间覆土层厚度为0.6～0.9m，表面覆土层厚度为1.2～1.5m。它的最大优点是填埋容量大，规模为宽15～30m、长30～60m、深3～9m的堤坝式填埋场的填埋容量为9100～28400m^3/hm^2；由于堤坝式填埋的污泥层厚度大，填埋面汇水面积也大，产生渗滤液的量亦较人，因此，必须铺设衬层和设置渗滤液收集处理系统。

5. 污泥作为生活垃圾填埋场覆盖材料

生活垃圾填埋场在按照卫生填埋工艺标准进行作业时，需要大量的覆盖材料对垃圾表面进行及时覆盖，避免垃圾与环境的直接接触。覆盖的作用表现在减少地表水的渗入，避免填埋气体无控制的向外扩散，减轻感观上的厌恶感，避免小动物或细菌孳生，便于填埋场作业设备和车辆的行驶，同时为植被的生长提供土壤。

填埋场覆盖材料的用量与垃圾填埋量的关系一般为1：4或1：3，其中日覆盖一般按填埋垃圾总体积的12%～15%计算，按照这个比例和全国每年生活垃圾的填埋量计算，填埋场覆盖材料的需求量是巨大的。因此，包括上海老港废弃物处置场在内的国内众多垃圾填埋场正常运行的现实情况，由于受地理环境等条件的限制，周边难以找到可以满足覆盖层要求的大量土壤表土，或者填埋场所在当地根本不允许开采珍贵的泥土资源，因此，开发替代材料为垃圾填埋场所重视。

以上海老港废弃物处置场为例，自1991年建成使用以来，曾尝试用海滩淤泥和塘泥堆肥作为替代材料，结果都不太理想，因而找到合适的符合国家标准的黏土或替代材料是解决覆盖材料问题的关键。实际上，上海市并不十分缺乏黏土资源，例如浦东区就普遍分布着一层表层黏性土，厚度一般在1.0～3.0m之间，但上海是一个国际化大都市，土地资源非常珍贵，征地开挖根本不现实。而且，上海市政府颁发了一项禁止使用和制造黏土砖的地方性法规，其宗旨就是为了保护珍贵的土地资源，征地开挖黏土显然违反这一法规。由于泥土供应量的限制，就覆盖工艺而言，老港填埋场一直以来并没有严格按照卫生填埋标准进行作业，造成很多环境问题，如渗滤液量大、地表径流污染、夏季苍蝇成灾等，这种状况已严重制约了老港填埋场按照卫生填埋工艺标准的实施作业。所以，寻找既满足环境保护要求，又适合上海实际，投资省、运行维护费用低，而且来源有保证的填埋场覆盖材料以及合理的工程应用实施方案具有非常重要的现实意义。

目前，填埋场覆盖材料的研究尚未呈现系统性的特点，一般的研究方法还停留在某种或某几种拟作为替代覆盖的材料同泥土、土工薄膜等常规覆盖材料在作为日覆盖、中间覆盖或终场覆盖等方面性能的分析和比较，并没有形成合格的替代覆盖材料标准。国外由于卫生填埋一般比较到位，因此对替代覆盖材料的研究偏重于一些废弃物资的资源化处理；而国内众多填埋场则往往是由于泥土的缺乏，日覆盖、中间覆盖和终场覆盖等卫生填埋工序很难到位，对替代覆盖材料的研究倾向于寻找能在部分功能上替代泥土进行覆盖的材料。根据对国内外技术比较，将填埋场覆盖替代材料的研究，根据研究对象介绍如下。

德国对用汉堡港湾的淤泥替代黏土作填埋场终场覆盖的防渗层的情况作了研究。对淤泥进行预处理，经过机械分选和板框压滤脱水后，得到粒径小于0.063mm、含水率60%～80%的土样。颗粒分析实验确定土样的颗粒成分为17%的黏粒（clay)、57%的粉粒（silt）和26%的沙粒（sand)。1995年，建立了两座试验填埋场，每个填埋场长50m，宽10m，面积500m^2，覆盖坡度8%。第一个试验填埋场严格按照德国的Ⅰ级填埋场的要求进行终场覆盖，顶土层为1.2m、营养土层为0.3m、排水层为1m、防渗层利用经预处理的港湾淤泥为1.5m。防渗层下面铺设细砂和HDPE薄膜，目的是收集防渗层渗滤水以评价防渗层的性能。第二个试验填埋场的设计就相对简单：顶土层为0.2m、排水层为0.6m、防渗层为1.5m，之所以把防渗层的保护层（顶土层+排水层）设计的这么薄是为了观察防渗层土样会不会因干化脱水而产生裂缝。经过对两个填埋场1.5年运行状况的观察，结果使人满意，在经历了一个降雨量仅为600mm的1996年后，两个填埋场的淤泥防渗层都没有出现干裂现象，并且淤泥防渗层的表现稳定，无论降雨量和上层排水层的流量多大，防渗层的渗滤量都维持在0.05mm/d左右。根据实测得到的水力梯度数据推算，淤泥防渗层的渗透系数1995年是4.8×10^{-8}cm/s，1996年降至3.8×10^{-8}cm/s，防渗性能提高的原因可能是进一步的固结压实和渗流的致密作用。

同济大学通过对含水率分别为80%的污泥a和45%的污泥b进行了防渗性能和抗剪切性能的研究，排除了污泥a作为覆盖材料的可能性，提出了一个采用污泥b作为覆盖材料的方案。同时，污泥中5种主要重金属的含量，并未超过《农用污泥中污染物控制标准》GB 4282—84的规定，可以考虑在污泥覆盖土体上栽种植被，防止泥土流失。

4.4 污泥处理处置技术发展

4.4.1 污泥处理技术发展分析

1. 污泥浓缩

国际上污泥浓缩的发展趋势是由于水处理中脱氮除磷的要求，使污泥浓缩多采用机械浓缩，主要有转鼓机械浓缩、带式机械浓缩、离心机浓缩和离心机脱水合并的一体机。

污泥浓缩新技术主要有微孔滤剂浓缩法、隔膜浓缩法和生物浮选浓缩法等。转动平膜是一种吸引型浸渍膜，可使附属设施小型化一体化，可得到与管状纤维膜同等的流量。其特点是可提高污泥的凝聚浓度，大幅度消减运转成本，即使污泥混合液的流动性发生变化，混合液的通道也不会堵塞。另外，利用浸渍型有机平膜和管状膜也取得了较好的效果。利用膜法浓缩污泥是污泥浓缩技术的一个研究方向。

2. 污泥脱水

目前，西欧国家平均有69.3%的污泥经过脱水处理，而进行机械脱水处理的污泥达51.4%，其中离心脱水机占21.7%、带式压滤机占15.8%、其他脱水机械占13.9%。从国内情况看，由于卧螺离心机的技术性能优于带式压滤机，卧螺离心机得到广泛应用。近几年，国内多家单位在研制卧螺离心机用于污泥脱水方面得到一定的发展。卧螺沉降离心机具有自动连续操作、对污泥流量的波动适应性强、密闭性能好、单位占地面积的处理量大等优点，故应用逐步增加。板框压滤机能获得含水率低的滤饼，在一定范围内使其得到较为广泛的应用。而真空过滤机的使用数量正在下降。

污泥脱水的发展随着工艺和设备的进步正朝着污泥浓缩脱水一体化的方向发展。污泥浓缩脱水一体化技术是将过滤浓缩和压榨脱水技术二者有机结合起来，实现污泥减容的连续运行。它用污泥浓缩机来代替传统的污泥浓缩池，并与带式压滤机组合为一体，形成一体化设备。污泥浓缩主要依靠一条绕在辊筒上的滤带形成比较长的重力脱水区，实现污泥快速重力脱水浓缩。污泥在进入污泥浓缩机前，加药调质、絮凝后进入滤带上部、在重力作用下游离滤液通过滤带的作用向下排，过滤后的污泥进入布料区，在布料区设置高效翻转机构，使浓缩后的污泥自由进入带式压滤机进行压榨脱水和预压。在带式压滤机阶段，通过对浓缩后的污泥进一步压榨脱水，使污泥成饼状外运。

3. 污泥厌氧消化

随着各国污泥量不断增加和对能源需求、处理后污泥品质要求的不断提高，一些原有的污泥厌氧消化设施面临扩容和改造。包括高温热水解、超声波预处理、碱解预处理和臭氧预处理等物化方法，各种污泥厌氧消化预处理技术可以改善污泥厌氧消化效果、改善污泥脱水效果和提高沼气产量，在一定程度上能够替代消化池扩容带来的效益，因此得到了广泛的研究和应用。

(1) 高温热水解预处理技术

污泥高温热水解预处理是以高含固的脱水污泥（含固率15%～20%）为对象，工艺采用高温（155～170℃）、高压（0.6MPa）对污泥进行热水解和闪蒸处理。脱水污泥经高温、高压和压力瞬间释放，使污泥分子结构发生变化，污泥中的胞外聚合物和大分子有机物发生水解，并破解污泥中微生物的细胞壁，强化物料的可生化性能，改善物料的流动性，提高污泥厌氧消化池的容积利用率、厌氧消化的有机物降解率和产气率，同时能通过高温高压预处理，改善污泥的卫生性能及沼渣的脱水性能，进一步降低沼渣的含水率，有利于厌氧消化后沼渣的资源化利用。

高温热水解预处理的技术特点如下：

1) 由于是对脱水污泥进行高温热水解，使进入消化池的污泥含固率由传统的4%～6%提高到了10%～15%（与发酵液混合后），由此消化池固体负荷率可提高一倍，因此能够替代消化池扩容。

2）由于分子结构改变，高温热水解后污泥的流动性大为改善，原有消化池搅拌设备无需更换，消化速度得以提高，消化时间由传统的 20d，缩短为 15d，可提高消化池的效率，而且经脱水后含水率理论上可以降至 65％。

3）由于消化条件的改变，沼气产量比传统消化提高 10％以上。

4）消化污泥品质提高，消化后污泥品质达到 A 级污泥标准。

5）“碳足迹”量小，近年来在欧洲得到推广应用。

相对于其他污泥厌氧消化预处理技术，污泥高温热水解预处理技术已逐渐趋向成熟，高温热水解预处理的污泥厌氧消化工艺已在欧洲国家得到规模化的工程应用，已有 20 多个不同规模的工程实例，每年处理 42×10^4 t 干污泥，运行良好。Cambi 热水解和 Biothelys 热水解是目前较为成熟的高温热水解预处理工艺。

（2）超声波预处理技术

在常规的厌氧消化过程中，浓缩活性污泥含有大量的死亡细菌细胞，难以厌氧消化，细胞溶菌作用也制约着细胞内释放有机物。超声波在液体中传播，产生空化气泡，空化气泡破裂时产生冲击波，在破裂气泡周围产生高温高压，能够破坏污泥絮体结构和污泥中微生物细胞壁，使酶和其他有机质从细胞内溶出，改善污泥的水解环境，使未被击破的微生物细胞对消化环境失去承受能力，很快被厌氧微生物消耗。因此，与未经超声波预处理的污泥相比，超声波的破解作用能够提高污泥消化率和脱水率，增加沼气产量。

4. 污泥堆肥

目前，世界范围内污泥堆肥从厌氧堆肥发酵转向好氧堆肥发酵；从露天敞开式发酵转向封闭式发酵；从半快速发酵转向快速发酵；从人工控制的机械化转向全自动化；最终彻底解决二次污染问题。发达国家在污泥堆肥方面的技术已经成熟，具备了先进的堆肥工艺和设备。在设备上更加注重增强机械设备的性能，提高处理量降低污泥堆肥的成本。我国在污泥堆肥工艺原理研究上已经接近国外先进水平，但在机械设备方面与国外相比还存在较大的差距，表现为设备的自动化程度差、生产效率低。今后，我国污泥堆肥设备的研究重点将是如何改善机械性能，提高自动化程度和延长设备使用寿命等。随着我国经济的发展，人民生活质量的提高，对于迅速增加的污泥量，无论从环境保护还是从资源循环利用的角度，我国的污泥堆肥设备都具有迫切的发展需求和巨大的市场潜力。

5. 污泥干化

污泥干化仍采用多年前的传统干化技术，经过一定的改造，使之更适应污水处理厂脱水污泥。在污泥干化领域，至今仍不断有新的技术出现，但是在近期内出现一种更好的、革命性的技术来代替一切，其可能性很小。干化工艺是一种综合性、实验性和经验性很强的生产技术，其核心在于干化器本身，对干化技术进行不断的优化，一直是以安全性为目标的，而解决安全性的出路极为有限。它仍然是以干化器结构为中心、综合一系列边缘技术的持续不断的改进过程。

6. 污泥热解/气化

热解和气化是近年来污泥处理的新兴做法，可实现高效率的能源回收。但是其基本的技术理念并不是新的，已经开发了新的专利工艺，在欧洲和日本有小规模的应用。

热解是在无氧、温度为400～800℃和大气压力下，对有机物质的热降解，产生焦炭、热解油和合成气。在脱水之后，首先将污泥干化至含固率90%，然后将污泥加热至400℃进行热解，热解阶段结束时，温度达到800℃，污泥转变成焦炭、蒸汽、焦油和气体。

气化是在800～1400℃高温和控制供氧量和/或蒸汽的条件下，将含碳物质转化为合成气。合成气是燃料，主要成分为氢和一氧化碳，在高温下进行燃烧，用于高效的联合循环汽轮机发电。

气化产生剩余能源，只在启动阶段需要辅助燃料。在热解完成时，通过下列方法进行焦油气化：添加如空气等气化媒介进行部分燃烧和提高温度，或者增加热源供应。

如果利用空气作为气化媒介，能够获得大约5MJ/m^3的低热值气体；氧或富氧气化产生热值为10MJ/m^3的气体。替代的做法是，在更高温度和无空气/无氧条件下进行气化，产生热值大约为20MJ/ m^3的气体。有空气的气化和热气化技术的应用更加广泛，因为这些技术避免了与氧气储存及使用相关的费用和危险。

由于更高的温度和/或气化过程产生更少的环境污染，因此气化工艺需要的尾气净化装置比焚烧工艺简单。开发污水污泥气化系统能够满足现有的和可能的未来排放标准。而且，固体的焦炭残余物有非常低的渗水量，所以，可以在大多数填埋场所进行处置。来自尾气洗涤设备的排水可以返回到处理设施的前部单元进行处理。

4.4.2 国外污泥处理处置发展趋势

污泥土地利用是很多国家污泥处置的主要方式，近10年来，欧盟污泥土地利用的比例呈现逐渐增加的趋势，2010年达到了53%，美国污泥土地利用的比例也达到了65%。焚烧也是目前的主流工艺之一，尤其是在人口稠密和周边农业用地不多的大城市应用较多，在欧洲污泥焚烧呈逐渐增加的趋势，2010年达到了25%，日本由于地少人多和能源缺乏，污泥焚烧的比例更是达到了72%。污泥填埋在全世界范围内的比例正在逐步下降，并逐步面临淘汰，美国和欧洲的许多地方甚至已经禁止了污泥的土地填埋，发达国家对于污泥填埋处理技术标准要求也越来越高。

1. 美国污泥处置趋势分析

美国污泥处置途径变化趋势如表4-65和图4-45所示。

美国污泥处置途径变化趋势 **表4-65**

年份 / 处置途径	1976	1978	1981	1988	1995	1998	2000	2005	2010
土地利用	25%	30%	42%	50%	56%	60%	62%	63%	65%
地表处理与填埋	25%	30%	15%	31%	19%	17%	15%	12%	10%
焚烧	35%	21%	25%	12%	18%	22%	22%	20%	19%
海洋弃置	15%	12%	4%	5%	从1992年起《禁止海洋倾倒法》(1988)和《清洁水法》(即第503部分)禁止污泥海洋弃置				

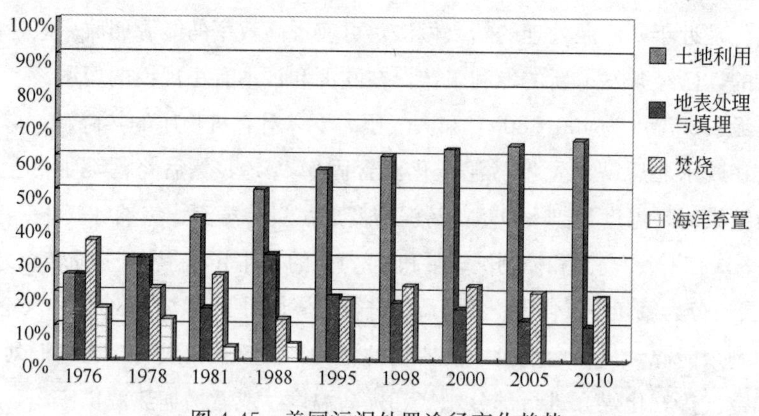

图 4-45 美国污泥处置途径变化趋势

美国污泥处置途径变化趋势具有如下特点：

(1) 土地利用

1976 年污泥土地利用比例为 25%，2010 年增加到 65%，土地利用呈逐渐增加的趋势。

(2) 填埋

曾是美国主要处置方式之一，1988 年为 31%，2010 年下降到 10%，填埋处置呈逐渐降低的趋势。同时鉴于造成气候变化的温室气体（GHG）排放问题越来越受到关注，一些城市已经实施或计划回收填埋场产生的甲烷作为一种再生能源使用。

(3) 焚烧

1976 年污泥焚烧比例为 35%，2010 年降低到 19%，焚烧呈逐渐降低的趋势。由于存在空气污染方面的担忧，近年来，新建焚烧炉很少。

(4) 海洋弃置

20 世纪 70 年代，污泥海洋弃置的比例曾达到 15%，80 年代后期，每年约有 800×10^4 t 污泥进行海洋处置。1992 年起，禁止污泥海洋弃置。

上述变化趋势可以归结为：一方面对环境标准和环境要求越来越高，另一方面对于有机物质循环利用的政策越来越优惠。

在污泥处理方面，污泥厌氧消化是目前主要的污泥稳定化方法，占到 53%；紧随其后的两种最常用的稳定化技术是堆肥和石灰稳定，分别占到 20%和 12%；其他稳定化技术包括池塘或苇地长期停留、热稳定处理等。此外，厌氧消化设备使用沼气，对现有设备进行升级改造安装热电联产（CHP）工艺正在成为美国一种快速增长的趋势。

2. 欧盟污泥处置趋势分析

欧盟污泥处置途径变化趋势如表 4-66 和图 4-46 所示。

欧盟污泥处置途径变化趋势具有如下特点：

(1) 土地利用

欧盟污泥土地利用的比例 1992 年约为 46%，1998 年为 50%，2005 年达到 53%，污泥土地利用呈逐渐增加的趋势，但可以预见相关的法规将更加严格。

欧盟污泥处置途径变化趋势 **表 4-66**

处置途径 \ 年份	1983	1992	1995	1998	2000	2005
土地利用	37%	46%	48%	50%	52%	53%
地表处理与填埋	43%	31%	30%	25%	23%	22%
焚烧	8%	11%	13%	18%	23%	25%
海洋弃置	爱尔兰、英国及西班牙曾流行该处置方式，三国曾分别达到35%、30%和10%。1999年1月1日起，《城市污水处理法令》(91/271/EEC)禁止成员国向海洋倾倒污泥					

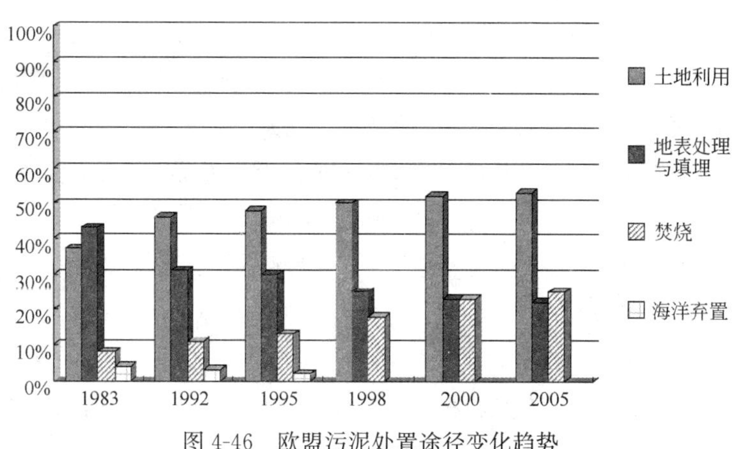

图 4-46 欧盟污泥处置途径变化趋势

(2) 填埋

欧盟污泥填埋的比例1992年约为31%，1998年为25%，2005年下降到22%，污泥填埋处置呈下降趋势。1999/31EC填埋指令强制要求欧盟成员国在2016年之前将填埋的可生物降解废物量减少到1995年水平的35%，而德国和法国等欧盟国家已经禁止在填埋场进行污泥和其他有机材料的处置。

(3) 焚烧

欧洲环保署认为污泥焚烧应是污泥处置方式中最后考虑使用的一种处理手段。1992年约为11%，1998年为18%，2005年增加到25%，焚烧也有逐渐增加的趋势。

(4) 海洋弃置

污泥海洋弃置曾是爱尔兰、英国及西班牙很流行的处置方式，三国的海洋弃置比例曾分别达到35%、30%和10%，1999年1月1日起，《城市污水处理法令》(91/271/EEC) 禁止成员国向海洋倾倒污泥。

在国家层面，不同国家所采用的污泥管理做法也大不相同，即使在同一个国家，由于地方因素，所采用的实际做法也不尽相同。尽管相关法规规定越来越严格，但英国和丹麦还是偏爱土地利用；奥地利、法国、芬兰和卢森堡还在继续实行土地利用，尽管农民们并不愿意接受污泥土地利用，土地利用的技术路线也并不明确；爱尔兰和葡萄牙已经开始增加土地利用率；瑞典、德国和荷兰则将焚烧作为主要的最终污泥处理方法，因为土地利用在他们国家基本是不可能实现的。

英国：2008～2009 年，英国产生污泥约 180×10^4 t。80％以上的污泥采用土地利用的方式用于农业、复垦和景观绿化等用途，焚烧是第二优选处置方法，占到 13.5％。根据欧洲的总体趋势，填埋处置在英国正在逐步淘汰，这是由于填埋成本的上升、欧盟法律的压力和填埋容量的逐渐减少，填埋处置的污泥量不足污泥产生量的 2％。

德国：由于禁止对有机物总含量超过 3％的污泥进行填埋处理，而且政府关于农业和景观绿化领域的污泥再生利用的讨论引起了很多质疑和关注，近期，焚烧或混合焚烧工艺（生产能源或有形产品）的应用一直呈不断增长趋势。焚烧是德国首选的污泥处置方式，其比例占到 37％，紧随其后的是农业土地利用和景观利用。

挪威：超过 60％的污泥用于农业领域，其余被用于景观绿化、堆肥后进行土地利用和作为填埋场覆层土使用，在填埋场处置的污泥仅有 1.3％。

意大利：常见的做法是将处理后的污泥用于农业或者将污泥与城市垃圾及花园切割废弃物等其他有机物混合后进行堆肥生产。如果堆肥质量不能满足使用标准，则可用于土地复垦或填埋场覆土层。在某些情形下，一小部分（达 5％）的污泥添加到石灰和黏土中，通过热处理生产建筑膨胀黏土等惰性材料。

欧洲国家常用的污泥处理技术如表 4-67 所示。欧洲在污泥稳定处理方面采用了各种各样的技术，其中最常见的是厌氧消化后机械脱水。石灰稳定也较普遍，但由于实施了更为苛刻的土地利用法规，这种工艺的普遍性在逐渐降低。

欧洲国家常用的污泥处理技术　　表 4-67

国家	常用处理技术
卢森堡	厌氧消化＋机械脱水 石灰/铁盐稳定
比利时	厌氧消化＋机械脱水/焚烧 石灰/聚合电解质稳定
英国	厌氧消化＋机械脱水＋堆肥 厌氧消化＋机械脱水＋焚烧 石灰稳定
丹麦	厌氧消化＋曝气 厌氧消化＋曝气＋堆肥 石灰稳定 在温度为 70℃的条件下进行 1h 的巴斯德杀菌
瑞典	浓缩(重力/浮选)＋稳定处理(好氧、厌氧、石灰)＋ 脱水(离心机、带式压滤机、空气干化)＋焚烧/堆肥
葡萄牙	干化床(砂层排水)＋浓缩＋稳定＋机械脱水 (带式过滤机、压滤机、真空过滤器或离心机)
挪威	消化(好氧/厌氧)＋热干化/堆肥 石灰稳定 脱水污泥堆存(离心机或带式压滤机)

在欧洲，侧重于环境和人类健康长期风险污泥管理的可持续性，是主要的关注内容。对于土地利用，主要关注重金属和有机污染物的长期影响，特别是对于土壤微生物和肥力的影响。对于焚烧，关注点则侧重于烟气中卤素、二氧化硫、氮氧化物和颗粒物的排放以及灰渣的安全处置。

3. 日本污泥处置趋势分析

日本地少人多，土地、能源、资源相当贫乏。因此日本全国上下对综合利用、循环经济十分重视。随着下水道的不断铺设，污水处理量的迅速增加，引起污水污泥量的增加。如何控制污泥的产生和有效利用污泥，一直是日本研究的一大课题。

自从 1996 年下水道法修订法颁布以来，日本的污泥利用率一直稳定增长，以填埋作为最终处置方式则不断减少。根据下水道法案，日本应采取措施减少污泥的产生量，并鼓励污泥的资源化利用，日本的资源化利用率从 1996 年的 38%增长到了 2006 年的 74%。从细分情况来看，以前污水污泥的利用也是以农业为主，用于建筑材料的利用量小于用于农用的利用量。近年来，随着污泥焚烧灰生产水泥和污泥焚烧融渣的充分利用，污泥用于建筑材料生产正在扩大。从 1995 年起，用于建筑材料的利用量超过了农用的利用量，2000 年以后，这种趋势更明显，如图 4-47 所示。

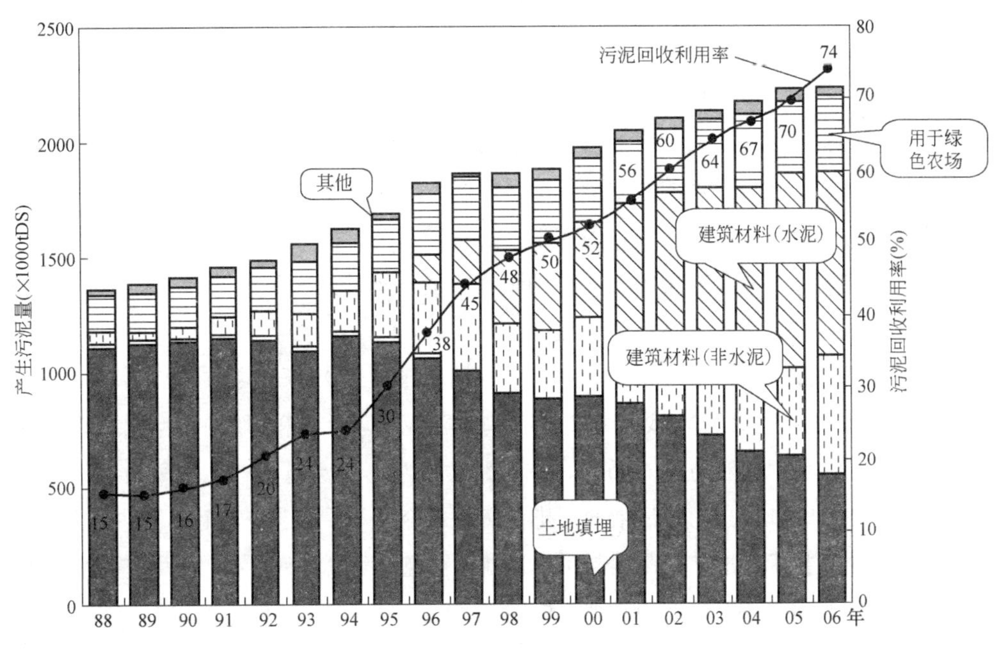

图 4-47　日本污泥处置发展趋势

4.4.3　我国污泥处理处置发展趋势

我国污水处理事业起步较晚，近 20 年来才得到快速发展，污泥的处理处置更不完善。20 世纪 80 年代以前，城市污水处理厂污泥一般只有静止沉降一道处理工艺，湿污泥含固率很低，20 世纪 80 年代以后，少数污水处理厂开始进行污泥机械脱水处理，将污泥含固率由原来的 1%～3%提高到 20%～25%，但仍有脱水后污泥的出路问题。近 10 年来，城市污水处理厂的污泥处理技术和某些单项专用设备才有了较大发展，但在污泥处理系统设备的成套化水平上比较落后，表现在污泥处理设备性能差、效率低、能耗高、专用设备少，未形成标准化和系列化。

总体而言，我国污水污泥的处理处置和资源化利用还处于起步阶段，虽然大多数国际上采用的处理处置和资源化利用技术在中国都有实际应用，但除了填埋外，其他的技术应用尚不多。绝大多数的污水处理厂污泥仍是采用填埋处置方法。

1. 污泥处理处置技术路线选择

根据污泥体积、泥质特性和可能的利用方式，综合性考虑、系统性选择污泥处理处置和利用技术路线，是今后发展的一个主要趋势。

这有利于避免现在仅仅考虑一个处理处置工艺而可能带来的问题，比如，单纯的堆肥（仅仅建设堆肥厂），缺乏在哪里的土地安排使用、使用的量是多少、使用的要求是什么的研究，造成很多堆肥厂的产品滞销。同时，由于缺乏土地利用会带来什么样的土地污染问题，或其他安全问题等内容的研究和相应设施建设，无法就安全性给出保障，也限制了可能的土地利用。

综合性考虑，即在污泥处理处置和利用工艺技术选择时，不单单考虑技术可靠程度、减量程度和项目成本，还要考虑减量效益、对环境的长期影响程度、对人体健康的潜在威胁、对气候变化的影响效果、物质的循环使用的可能以减少废物排放等。综合性考虑，不仅需要考虑工艺技术本身的进步和开发，更多的是站在整个技术路线的角度，去考虑其综合的效果。这也将促使污泥处理处置和利用步入更有序的、有效的、环境友好的轨道。

系统性考虑，即在有条理的规划指导下，根据污泥的成分和特性，确定最终的利用和消纳途径或方式，并依此从全流程角度，因地制宜的选择经济、低耗、低碳的处理处置技术路线，注意污泥处理与污泥处置和利用的上下游的衔接，使选择的技术路线更为全面和经济、有效。系统性考虑能很好地体现技术路线的合理性。

2. 污泥处理处置规划

就污泥处理处置进行统筹规划，把城市所有的污泥处理处置和利用工作，作为一个整体考虑，在规划阶段，就对工程方案、布局、技术路线、选址和实施中的职责划分等进行详细讨论，为概念性工程设计做出明确清晰的安排。从规划阶段入手，制定整个城市在这方面的工作目标、技术要求、技术标准，依此编制实施计划。在规划阶段，确定相关利益者和需要协调的工作内容，制定和建立协调管理的原则、机制与方案。简单的说，就是首先制定污泥处理处置和利用的专项规划，发挥规划环评的作用，并按照规划逐步实施，尽可能减少建设和运行期间出现的管理及其他问题。

实际上，从 2003 年开始，在部分主要大城市已经开始进行污泥处理处置和利用的专项规划的研究和编制，对其技术方案进行了系列论证。

上海市先后编制了《上海市污水处理系统专业规划修编》和《上海市城镇排水污泥处理处置规划》，采取处理分散化、处置集约化、技术多元化的方针，形成“中心城区以焚烧后建材利用为主，兼顾土地利用和卫生填埋；郊区以土地利用为主，焚烧后建材利用和卫生填埋为辅”的处置格局。根据规划，上海污泥处理处置的主要方式是三种：焚烧后建材利用、土地利用和卫生填埋。污泥焚烧后建材利用，主要用于沟槽回填、道路三渣、海塘内青坎维护等；污泥无害化后土地利用，主要用作绿化的基肥；污泥减量化后卫生填埋，主要出路为垃圾填埋场。

北京市污泥处理处置专项规划中将土地利用作为主要发展趋势。从实际建设计划看，北京市的污泥处理处置规划的基本理念为：郊区污泥产量小，布局分散，主要通过堆肥土地利用方式处置解决；城区污泥产量大，拟采用多种处理处置方式解决。

广州市近期采取无害化处理后制砖，远期将用于土地利用。

深圳市规划采取热干化＋焚烧工艺的处理处置技术路线。

天津市规划建设 3 座污泥处理场，采用污泥消化＋发电工艺，但尚未确定污泥最终处置方案。

重庆市三峡库区污水处理厂污泥处理处置工艺，拟采用半干化＋填埋工艺。

武汉经亚行资助的武汉城市环境改善项目，规划近期以污泥填埋处置为主，远期以土地改良（土地利用）为主。

第5章　除臭工程设计

5.1　恶臭来源

恶臭是污染环境、危害人体健康的六大公害之一，仅次于噪声。通常，我们用令人愉快或令人不愉快来简单对气体从嗅觉上分类，我国的国家标准《恶臭污染物排放标准》GB 14554—93 中将恶臭污染物定义为：一切刺激嗅觉器官引起人们不愉快及损坏生活环境的气体物质。

人类对恶臭气体的反应具有相当的主观性：每个人对不同恶臭气体浓度有不同的感觉，通常人们接触恶臭气体物质后首先发生生理上的感知，然后在心理上对恶臭气体进行辨别，确定恶臭气体的浓度及其影响。

其实，恶臭污染物和恶臭污染是两个概念，加拿大的除臭标准中定义恶臭污染为“干扰或可能干扰人们的舒适、健康、生活或享受活动”。

5.1.1　污水处理厂恶臭来源

由于污水处理厂内很多污水处理设施均为敞开式水池，污染源主要是预处理阶段的格栅井、沉砂池和污泥处理阶段的污泥浓缩池、储泥池等处散发的恶臭气体，属无组织面源排放。恶臭气体的主要成分为碳氢化合物、苯系物和硫化氢气体等。所以污水的臭味散发在大气中，势必会影响到周围地区。

表5-1～表5-4是2005年度调查上海市城市污水处理厂各处理构筑物的恶臭情况分析表。

上海市污水处理厂各构筑物氨气浓度情况（mg/m³）　　　**表5-1**

构筑物 厂名	格栅井	沉砂池	初沉池	曝气池	污泥浓缩池	储泥池	脱水机房	污泥堆场
天山	0.54	—	0.30	0.24	—	5.48	0.71	—
龙华	—	—	—	1.19	3.46	—	0.60	—
白龙港	4.75	1.56	—	—	—	—	4.28	1.59
吴淞	0.66	0.45	—	—	0.28	—	1.59	—
泗塘	4.07	26.09	0.88	3.48	—	1.65	—	—
石洞口	12.53	5.81	—	1.90	—	—	5.55	—
长桥	0.24	0.40	1.20	1.79	0.09	1.19	—	—
曲阳	4.41	4.20	1.99	12.25	1.28	—	3.87	3.50
平均	3.89	6.42	1.09	3.48	1.28	2.77	2.77	2.55
最大值	12.53	26.09	1.99	12.25	3.46	5.48	5.55	3.50
最小值	0.24	0.40	0.30	0.24	0.09	1.19	0.60	1.59

上海市污水处理厂各构筑物硫化氢浓度情况（mg/m³） 表 5-2

厂名＼构筑物	格栅井	沉砂池	初沉池	曝气池	污泥浓缩池	储泥池	脱水机房	污泥堆场
天山	0.05	—	0.30	0.24	—	1.61	2.84	—
龙华	—	—	—	0.01	0.80	—	0.03	—
白龙港	7.48	28.24	—	—	—	—	0.06	0.20
吴淞	0.03	0.84	—	—	0.11	—	2.39	—
泗塘	0.07	0.29	0.28	0.34	—	0.03	—	—
石洞口	6.19	0.01	—	0.03	—	—	4.07	—
长桥	0.07	0.11	0.12	0.02	6.95	0.04	—	—
曲阳	0.36	0.45	0.05	0.02	47.18	—	10.09	2.96
平均	2.04	4.99	0.19	0.11	13.76	0.56	3.25	1.58
最大值	7.48	28.24	0.30	0.34	47.18	1.61	10.09	2.96
最小值	0.03	0.01	0.05	0.01	0.11	0.03	0.03	0.20

上海市污水处理厂各构筑物 VOCs 浓度情况（mg/L） 表 5-3

厂名＼构筑物	格栅井	沉砂池	初沉池	曝气池	污泥浓缩池	储泥池	脱水机房	污泥堆场
天山	0.00	—	0.00	0.00	—	3.08	0.06	—
龙华	—	—	—	0.00	0.00	—	0.00	—
白龙港	0.40	5.22	—	—	—	—	0.00	0.00
吴淞	—	—	—	—	0.00	—	0.05	—
泗塘	0.00	0.00	0.00	0.00	—	0.00	—	—
石洞口	0.38	0.37	—	0.26	—	—	1.38	—
长桥	2.53	0.15	0.14	0.33	0.38	0.00	—	—
曲阳	2.00	0.64	0.11	1.63	19.08	—	0.79	0.20
平均	0.89	1.28	0.06	0.37	4.87	1.03	0.38	0.10
最大值	2.53	5.22	0.14	1.63	19.08	3.08	1.38	1.20
最小值	未检出	未检出	未检出	未检出	未检出	未检出	未检出	未检出

上海市污水处理厂各构筑物恶臭气体浓度情况（无量纲） 表 5-4

厂名＼构筑物	格栅井	沉砂池	污泥浓缩池	储泥池	脱水机房	污泥堆场
天山	46	—	—	104	710	—
龙华	—	—	237	—	—	—
白龙港	—	935	—	—	46	137
吴淞	312	237	—	—	410	—
泗塘	137	—	—	410	—	—
石洞口	—	180	—	—	1231	—
长桥	137	—	137	180	—	—

续表

厂名＼构筑物	格栅井	沉砂池	污泥浓缩池	储泥池	脱水机房	污泥堆场
曲阳	237	—	3693	—	1231	711
平均	174	451	1356	231	726	424
最大值	312	935	3693	410	1231	711
最小值	46	180	137	180	46	137

上述四表中所述是城市污水处理厂各构筑物的恶臭情况，但在分析恶臭污染物浓度时还应关注污水的特性。曾对某石化企业炼油污水处理厂表曝池的主要恶臭污染物进行监测分析，结果表明恶臭物质主要为硫化氢、甲硫醇和苯系物等。其中尤其以甲硫醇污染最重，污水处理设施敞口散发时，甲硫醇的平均浓度为2.19mg/m^3，最大为6.43mg/m^3，大大超过《恶臭污染物排放标准》GB 14554—93中厂界排放标准0.035mg/m^3，其他的大气污染物还有苯、甲苯和二甲苯等苯系物，检测结果如表5-5所示。

某石化废水表曝池恶臭物质的检测结果（mg/m^3）　　表5-5

污染物	未密封	密封池	
	1号池(平均值)	1号池	2号#池
硫化氢	0～2.28 (0.689)		
甲硫醇	0～6.43(2.19)	9.75	9.41
乙硫醇	0～13.84(4.71)	1.91	1.85
苯	0～1.74(1.11)	7.52	7.70
甲苯	1.454～82(44.60)	13.22	12.95
二甲苯	0.539～95(53.43)	9.89	9.56
环己烷	0.0813～0.836(0.383)	0.938	
挥发酚	0.0308～0.0827(0.059)		
氨	0.2		
总烃	10.29～71.43(33.64)	112.86	112.14

某石化类污水处理厂的细格栅散发的恶臭气体的监测结果如表5-6所示。

某石化企业污水处理厂细格栅恶臭主要成分　　表5-6

分析项目	浓度	单位	分析项目	浓度	单位
硫化氢	0.01～2.78	mg/m^3	甲苯	6.067～16.711	mg/m^3
氨	0.89～6.06	mg/m^3	苯乙烯	0.02～9.51	mg/m^3
苯	0.092～8.528	mg/m^3	VOC	0.5～10.4	mg/L
乙苯	0.541～2.235	mg/m^3	恶臭气体浓度	25.85～118.85	
对二甲苯	1.548～8.418	mg/m^3	甲硫醇	未检出	mg/m^3
邻二甲苯	0.866～6.010	mg/m^3	甲硫醚	未检出	mg/m^3

因此，和城市污水处理厂相比，石化类废水所散发的恶臭污染物中芳烃类物质显著较高，这与从事石油炼制，所排放的废水含较多烃类相符合。

还应该注意的是，以上数据为敞口构筑物的监测数据，与增加密闭罩以后的情况相比，该值可能偏低，而且，不同的构筑物之间的恶臭气体情况也存在显著差异。

由于关于臭气源强的确定方法目前还缺少统一的采样技术规范，导致各项调研结论可对比性较差，另外污水处理厂特点、大气扩散条件、气温、现场地形条件等各项影响因素的差异性也导致测定结果存在一定的随机性。目前，应根据污水、污泥处理过程中排放的臭气强度和环境敏感性分类要求确定臭气源。进水及预处理区（进水泵房、格栅、沉砂池）和污泥处理区（污泥浓缩池、污泥脱水间）应作为常规臭气源。污水处理厂臭气可采用硫化氢、氨等常规污染因子和臭气浓度表示。污水处理厂臭气污染物的浓度（或臭气排放强度）应根据实测资料确定。无实测资料时，可采用经验数据或参考表5-7取值。

污水处理厂臭气污染物浓度建议值 **表5-7**

处理区域	硫化氢(mg/m^3)	氨(mg/m^3)	臭气浓度(无量纲)
污水预处理和污水处理区域	1～10	0.5～5	1 000～5 000
污泥处理区域	5～30	1～10	5 000～100 000

目前，虽然相关的监测报告、调查数据已经较多，但是主要聚焦于部分构筑物、部分时段的臭气排放，对现有污水处理厂全年臭气扩散情况没有完整数据。此外，由于臭气排放面广、排放特征时空差异大，国内还缺乏针对性的取样标准方法，有必要借鉴和利用国外的取样方法，进行系统调研和分析。

5.1.2 恶臭种类和特征

城市污水处理厂污水和污泥处理过程中产生的大量恶臭气体主要是由有机物腐败所造成。臭味大致有鱼腥臭［胺类 CH_3NH_2、$(CH_3)_3N$］、氨臭［氨 NH_3］、腐肉臭［二元胺类 $NH_2(CH_2)_4NH_2$］、腐蛋臭［硫化氢 H_2S］、腐甘蓝臭［有机硫化物 $(CH_3)_2S$］、粪臭［甲基吲哚 $C_8H_5NHCH_3$］和某些生产废水的特殊臭味。

污水收集、输送和处理处置过程中主要的致恶臭气体成分列于表5-8中，恶臭气体组成中通常含有硫和氮的成分。含硫的恶臭气体呈腐败有机质气味。而臭鸡蛋味的硫化氢气体是污水中最常见的恶臭气体。许多恶臭物质的嗅阈值都非常低，有的甚至超出了分析仪器的最低检出浓度，当恶臭物质的浓度超过感觉阈值时，刺激浓度增长1倍，感觉强度增加1.5倍。

污水中各类恶臭气体化合物的嗅阈值和特征气味 **表5-8**

化合物	分子式	分子量	25℃挥发性(mg/L)(v/v)	感觉阈值(mg/L)(v/v)	认知阈值(mg/L)(v/v)	臭味特点
乙醛	CH_3CHO	44	气态	0.067	0.21	刺激性，水果味
烯丙基硫醇	CH_2CHCH_2SH	74		0.0001	0.0015	不愉快，蒜味
氨气	NH_3	17	气态	17	37	尖锐的刺激性
戊基硫醇	$CH_3(CH_2)_4SH$	104		0.0003	—	不愉快，腐烂味

续表

化合物	分子式	分子量	25℃挥发性 (mg/L) (v/v)	感觉阈值 (mg/L) (v/v)	认知阈值 (mg/L) (v/v)	臭味特点
苯甲基硫醇	$C_6H_5CH_2SH$	124		0.0002	0.0026	不愉快,浓烈
n-丁胺	$CH_3(CH_2)NH_2$	73	93000	0.080	1.8	酸腐的,氨味
氯气	Cl_2	71	气态	0.080	0.31	刺激性,令人窒息
二丁基胺	$(C_4H_9)_2NH$	129	8000	0.016	—	鱼腥
二异丙基胺	$(C_3H_7)_2NH$	101		0.13	0.38	鱼腥
二甲基胺	$(CH_3)_2NH$	45	气态	0.34	—	腐烂的,鱼腥
二甲基硫	$(CH_3)_2S$	62	830000	0.001	0.001	烂菜味
联苯硫	$(C_6H_5)_2S$	186	100	0.0001	0.0021	不愉快的
乙基胺	$C_2H_5NH_2$	45	气态	0.27	1.7	类氨气味
乙基硫醇	C_2H_5SH	62	710000	0.0003	0.001	烂菜味
硫化氢	H_2S	34	气态	0.0005	0.0047	臭鸡蛋味
吲哚	$C_6H_4(CH)_2NH$	117	360	0.0001	—	排泄物的,令人恶心
甲基胺	CH_3NH_2	31	气态	4.7	—	腐烂的,鱼腥
甲基硫醇	CH_3SH	48	气态	0.0005	0.0010	腐烂的菜味
臭氧	O_3	48	气态	0.5	—	尖锐的刺激性
苯基硫醇	C_6H_5SH	110	2000	0.0003	0.0015	腐烂的蒜味
丙基硫醇	C_3H_7SH	76	220000	0.0005	0.020	不愉快的
嘧啶	C_5H_5N	79	27000	0.66	0.74	尖锐的刺激性
粪臭素	C_9H_9N	131	200	0.001	0.050	排泄物的,令人恶心
二氧化硫	SO_2	64	气态	2.7	4.4	尖锐的刺激性
硫甲酚	$CH_3C_6H_4SH$	124		0.0001	—	刺激性
三甲胺	$(CH_3)_3N$	59	气态	0.0004	—	刺激性鱼腥

5.1.3 恶臭影响

臭味给人以感官不悦，甚至会危及人体生理健康，诸如呼吸困难、倒胃、胸闷、呕吐等。随着人类社会经济的发展，人民生活水平的提高和日益增长的公众环境意识，城市污水处理厂在运行过程中所产生的恶臭气体问题，已经引起社会越来越多的关注。恶臭经常会直接影响其邻近的人群，造成心理紧张并对污水、污泥的处理产生不良印象，间接影响生活质量。随着城市发展的加速，污水、污泥处理设施离居住区距离越来越近，而同时人类环境意识的增强和对生活质量要求的提高，对除臭的要求也不断提高。近几年，恶臭导致的污染公害事件在我国时有发生。2001～2003 年，南京发生大范围恶臭污染，市民恶臭投诉多达 1700 多起；2004 年 6 月，盘锦发生恶臭污染，100 多人中毒住院；在日本的环保投诉中，恶臭投诉仅次于噪声而列第二位；在美国占全部空气污染投诉的 50%以上；在澳大利亚已经达到了 91.3%。恶臭这种看不见的污染，其产生的嗅觉危害在现代环境污染中已占有重要地位。按照国际环保组织的要求，我国已将其与消除大气污染、水污染等一同列为环保总体规划中。

恶臭物质对人体的影响大致可以分为四种水平：

（1）不产生直接或间接的影响；

（2）可导致人的视力下降；

（3）对人的中枢神经产生障碍和病变，并引起慢性病和缩短寿命；

（4）引发急性病，并有可能引发死亡。

若非发生大规模恶臭污染事件，恶臭污染对人体的影响一般仅停留在（1）、（2）的水平上。

恶臭物质具有以空气为介质，通过呼吸系统对人体产生影响的特征。会使人表现出如下症状：恶心、头疼、食欲不振、营养不良、喝水减少、妨碍睡眠、嗅觉失调和诱发哮喘等。臭味也会使人感到不快和厌恶，精神烦躁，闹情绪，工作效率降低，判断力和记忆力下降。而且恶臭气体含有的某些有害物质对人体呼吸系统、循环系统、内分泌系统、神经系统等均会产生严重危害。若长期受到一种或者多种低浓度恶臭物质的刺激会引起嗅觉疲劳、嗅觉丧失、消化功能衰退等，甚至导致大脑皮层兴奋和抑制的调节功能失调。

每种恶臭污染物存在会表现出各自特有的危害。硫化氢作为单一恶臭气体，浓度达到 0.007mg/L 时，将影响人眼对光的反射；高于 10mg/L 时会刺激人的眼睛，可发生暂时性支气管收缩，更为危险的是硫化氢可以造成暂时性脑肿胀，并往往遗留下连续数年的头痛、发烧、智力欠佳、痴呆、脑膜炎或肺炎等；硫化氢浓度达到 800～1 000mg/L 时，30min 内能使人死亡，浓度再高则会立即致死，比氰化物的致死作用还迅速；此外由于硫化氢可麻痹呼吸系统、使嗅觉神经失去防范，因此更具危险性。氨气浓度为 17mg/L 时，若人在此环境中暴露 7～8h，则尿中的 NH_3 量增加，氧的消耗量降低，呼吸频率下降。如在高浓度三甲胺气体下暴露，会刺激眼睛、催泪并患结膜炎等。而长期处于二醇醚环境中会引起贫血、类似于酒精麻醉、视网膜刺激、嗅觉刺激、皮肤刺激。以硫化氢为主的恶臭气体还会产生严重的腐蚀问题，造成经济损失，恶臭气体所引起的令人不快的环境条件，使工作人员工作效率降低，进而影响受污染地区的经济建设、商业销售、旅游事业等。

为了防止和消除城市污水处理厂臭味对周围环境及居民生活的影响，一些发达国家先后制定和逐步完善了有关的具体规定。目前我国新建的城市污水处理厂应考虑远离居民区，而大多数已建污水处理厂多在大、中城市，有的很难避开居民区、交通要道或村落，因此污水处理厂脱臭问题不可避免地提到议事议程上来，有的已达到急迫需要得到解决的地步。

5.2　恶臭治理标准

城市污水处理厂是污染减排的主要承担者，对保障城市生态环境质量和可持续发展起到重要作用。然而，随着人们环境意识的增强，城市污水处理厂恶臭污染问题日益突出，引起社会的广泛关注，特别是在中心城区的环境敏感区域突出的厂群矛盾严重影响污水处理厂的社会形象。

现有臭气排放标准的特点表现为：①现有标准所规定废气排放指标为每日四次监测结果的最大值，实际上臭气是一种复杂的心理变量，人类的嗅觉往往更易于受到瞬时刺激，较高强度的短时臭味更会引起居民投诉，决定臭气能否被接受的不仅仅是臭气的平均浓度，更重要的是其浓度波动性，或者说瞬时浓度刺激，然而现有标准所规定的监测值却无法反映这一变量，从而出现了监测结果达标而居民投诉情况不断的现象；②现有污水处理厂废气排放标准，甚至是居民区标准，其标准值仍超过人们的嗅阈值，例如居民区的硫化氢标准值为 0.01mg/m^3，而嗅阈值仅为 0.0005mg/m^3，因此，按照现有的标准，很难完全消除居民对污水处理厂臭味的感知。

标准要求污水处理厂设有一定的防护距离，其标准值也是在该前提下制定，但在防护距离几近为零的情况下，如仍按现有的厂界排放标准考虑除臭问题，已经满足不了周边居民要求，需要采用更高的标准，以彻底消除臭气影响。

现有的除臭设施，均是根据现有的厂界排放标准要求，针对主要的臭气排放单元（如格栅、沉砂池、浓缩池、脱水机房等）进行加盖收集处理，而忽略非主要废气排放单元（如初沉池、曝气池等），但其臭气排放源强和排放贡献并没有被完全掌握。另外，如在防护距离有保证的情况下，按照现有的厂界排放标准，这些非主要排放单元排放的废气可能影响不大，但如防护距离为零，且按居民区标准要求，这些非主要排放单元排放的废气浓度可能会超标，需要进行加盖除臭处理。

5.2.1 国外相关标准

日本于 1972 年 5 月开始实施《恶臭防止法》，调查结果表明，臭气的强度被认为是衡量其危害程度的标准，故将其分为 6 个等级，如表 5-9 所示。

日本臭气强度表示方法 **表 5-9**

臭气强度(级)	0	1	2	3	4	5
表示方法	无臭	勉强可感觉出的气味(检知阈值)	稍可感觉出的气味(认知阈值)	易感觉出的气味	较强烈气味(强臭)	强烈气味(剧臭)

人的嗅觉可区分出臭气的特异气味，并能判断其强弱。嗅觉评价属于心理生理学的检测过程。H_2S 是常见的代表性臭气物质，图 5-1 描述了 H_2S 浓度与人群心理生理反应间的关系。表 5-9 中的 1、2 级臭气强度分别定为臭气的嗅觉检知阈值和认知阈值，许多臭气物质的这两个值非常接近，图 5-1 所示 H_2S 仅相差 2μg/L，从实测数值来看，1 级臭气强度为 0.5μg/L，处在图 5-1 中 1 线起点，2 级臭气强度为 6μg/L，处在图中 2 线末端。

另外，臭气强度是与其浓度的高低分不开的，日本《恶臭防止法》将两者结合起来确定臭气强度的限制标准值。大量采用归纳法计算得出的数据表明，恶臭的浓度和强度的关系符合韦伯定律（weber-Fechner 法则），如式（5-1）：

$$Y=k\cdot \lg(22.4\cdot X/M_x)+\alpha \tag{5-1}$$

式中 Y——臭气强度（平均值）；

k、α——常数；

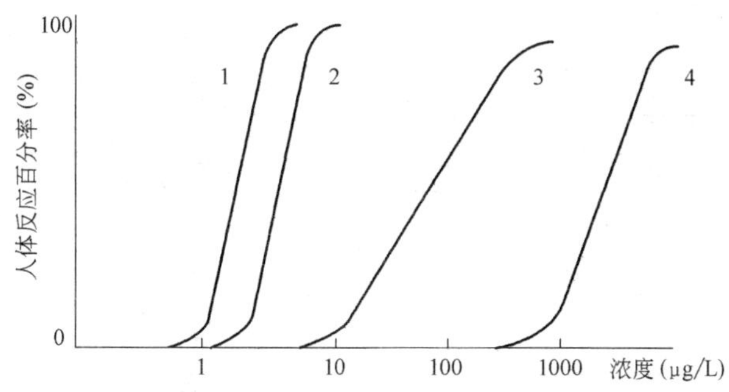

图 5-1　H_2S浓度与人群心理生理反应之间的关系

1—臭气感知；2—臭气认知；3—烦扰；4—感觉刺激

X——恶臭的质量浓度，mg/m^3；

M_x——恶臭污染物的相对分子质量。

由上述定律可以看出恶臭污染程度与人的感觉强度并不成线性关系，即人类的嗅觉强度在一定范围内与恶臭物质浓度的对数成比例，也就是说，当某种场合恶臭物质降低 90%时，人的感觉仅仅降低了一半，恶臭处理要求没有臭味，给处理带来难度。日本的《恶臭防止法》中列出了 8 种恶臭污染物的浓度与臭气强度的对应关系，如表 5-10 所示。

恶臭污染物浓度与臭气强度的对应关系　　表 5-10

臭气强度(级)	污染物浓度(mg/m^3)							
	氨	甲硫醇	硫化氢	甲硫醚	二甲硫醚	三甲胺	乙醛	苯乙烯
1	0.0758	0.0002	0.0008	0.0003	0.0013	0.0003	0.0039	0.1393
2	0.4550	0.0015	0.0091	0.0055	0.0126	0.0026	0.0196	0.9286
2.5	0.7580	0.0043	0.0304	0.0277	0.0420	0.0132	0.0982	1.8572
3	1.5160	0.0086	0.0911	0.1107	0.1259	0.0527	0.1964	3.7144
3.5	3.7900	0.0214	0.3036	0.5536	0.4196	0.1844	0.9820	9.2860
4	7.5800	0.0643	1.0626	2.2144	1.2588	0.5268	1.9640	18.572
5	30.320	0.4286	12.144	5.536	12.588	7.902	19.640	92.860

日本根据《恶臭防止法》，对城市污水处理厂臭气进行了分析评价，结果如表 5-11 所示。由表 5-11 的检测分析结果可知，从成分来看氨的浓度最高，其次是硫化氢；而从臭气的强度来看甲硫醇最大，其次是硫化氢（其臭气强度达到了强臭的程度）。

日本城市污水处理厂恶臭分析评价　　表 5-11

恶臭物质分类	恶臭物质	浓度(mg/m^3)	恶臭污染物浓度与臭气强度关系式	臭气强度(级)
氧化物	乙醛	未检出	$Y=1.01\cdot\lg(22.4\cdot X/M_x)+3.85$	
	丙醛	未检出	$Y=1.01\cdot\lg(22.4\cdot X/M_x)+3.86$	
	乙酸	未检出	$Y=1.77\cdot\lg(22.4\cdot X/M_x)+4.45$	
	丙酸	未检出	$Y=1.46\cdot\lg(22.4\cdot X/M_x)+5.03$	

续表

恶臭物质分类	恶臭物质	浓度 (mg/m^3)	恶臭污染物浓度与臭气强度关系式	臭气强度(级)
硫化物	硫化氢	3.64	$Y=0.95\cdot\lg(22.4\cdot X/M_x)+4.14$	4.5
	甲硫醇	0.214	$Y=1.25\cdot\lg(22.4\cdot X/M_x)+5.99$	4.7
	甲硫醚	0.415	$Y=0.784\cdot\lg(22.4\cdot X/M_x)+4.06$	3.2
	二甲二硫	0.008	$Y=0.985\cdot\lg(22.4\cdot X/M_x)+4.51$	1.9
氨化物	氨	4.860	$Y=1.67\cdot\lg(22.4\cdot X/M_x)+2.38$	3.2
	三甲胺	0.008	$Y=0.901\cdot\lg(22.4\cdot X/M_x)+4.56$	2.0

国外有关臭气控制的法规标准在规定排放限值时遇到的最大困难，是合理的预测在不同浓度下人们对臭味的察觉及其反应，常用的是感觉浓度和暴露时间，各个国家的法规要求差异很大。

澳大利亚环保局在2006年修订的《Air quality impact assessment -using design ground level pollutant concentrations（DGLCs）》将甲硫醇的设计基准值（design criteria）规定为0.00084mg/m³（3min），该基准同样以甲硫醇嗅觉阈值为依据。

国外部分国家的控制标准见表5-12，鉴于限值标准越严格，污水处理是厂需要的处理成本就会越高，因此大多数欧洲国家均提供定量化的限值，将臭味控制在可接受的水平内即可。欧盟还没有强制性的法规要求，只是由欧洲标准化委员会（European Standardization Committee）提供了测量臭气的标准，目前欧洲各个国家也开始修订臭气法规，如荷兰和德国。德国环境空气臭气指南（GOAA，German Government Guidelines on Odour in Ambient Air）引入了术语“小时平均值”定义最大排放限值，在实际操作中，浓度的波动范围可以用小时平均值乘上系数10估算，其中描述了对初始臭气影响的采样方法，再采用扩散模型评估后续臭气影响。

国外部分臭气标准及法规一览 **表5-12**

国家及地区	臭气标准
澳大利亚	以受众评估臭味，各州的臭味浓度、百分比的规定各有不同
美国	厂(场)界不应检出臭味
欧盟	厂(场)界或居民区无臭味；或者大于98%的时间臭气浓度小于1OU(臭气单位)/m³
荷兰	对已建设施，最近的居民建筑物臭气浓度达到1OU/m³的时间比例在2%以内；新建设施须降低到0.5%。当臭源面积较大时，臭气浓度可增加到5OU/m³
德国	居民区：限值为小时平均值0.1；工业和商业区：小时平均值0.15
英国	新建污水处理厂：一年内98%的时间低于5OU/m³；已建污水处理厂：10OU/m³
丹麦	99%的时间不应超过5～10OU/m³
日本	使用0～5臭味强度分级，0表示无臭味、5表示强烈的臭味。臭气浓度可以接受的范围是2.5～3.5

5.2.2 国内相关标准

我国在1994年颁布实施《中华人民共和国大气污染防治法》的同时，制定了控制恶臭污染物的《恶臭污染物排放标准》GB 14554—93，该标准所限定的厂界标准如表5-13所示，分年限规定了 8 种恶臭污染物的一次最大排放限值、复合恶臭物质的恶臭气体浓度限值和无组织排放源的厂界浓度限值，该标准适用于全国所有向大气排放恶臭气体单位和垃圾堆放场的排放管理，以及建设项目的环境影响评价、设计、竣工验收和建成后的排放管理。该标准规定没有排气筒或排气筒高度低于 15m 的排放源均以无组织排放源评定，排气筒高度高于 15m 的排放源以有组织排放源评定。根据环境空气质量标准功能区分类，常规污染因子执行《环境空气质量标准》GB 3095—1996 的相应规定，特殊污染因子参照《工业企业设计卫生标准》GBZ 1—2010 执行，如表 5-14 所示。

《恶臭污染物排放标准》厂界标准值　表 5-13

序号	控制项目	单位	一级	二级		三级	
				新扩改建	现有	新扩改建	现有
1	氨	mg/m^3	1	1.5	2	4	5
2	三甲胺	mg/m^3	0.05	0.08	0.15	0.45	0.8
3	硫化氢	mg/m^3	0.03	0.06	0.1	0.32	0.6
4	甲硫醇	mg/m^3	0.004	0.007	0.01	0.02	0.035
5	甲硫醚	mg/m^3	0.03	0.07	0.15	0.55	1.1
6	二甲二硫	mg/m^3	0.03	0.06	0.13	0.42	0.71
7	二硫化碳	mg/m^3	2	3	5	8	10
8	苯乙烯	mg/m^3	3	5	7	14	19
9	恶臭气体浓度	无量纲	10	20	30	60	70

相关废气居民区标准　表 5-14

大气污染物	最高允许排放浓度(mg/m^3)		标准
	一次	日平均	
硫化氢	—	0.01	GBZ 1—2010
甲醇	3.0	1.0	GBZ 1—2010
丙酮	0.8	—	GBZ 1—2010
甲苯	0.6	0.6	GBZ 1—2010
氨	0.2	0.2	GBZ 1—2010

自 2003 年 7 月 1 日起，城镇污水处理厂、居民小区和工业企业内独立的生活污水处理设施的废气排放污染物限制同时还必须执行《城镇污水处理厂污染物排放标准》GB 18918—2002 中的规定，其废气排放标准值按表 5-15 的规定执行，该标准和《恶臭污染物排放标准》GB 14554—93 基本一致，只是控制项目有所减少。

《城镇污水处理厂污染物排放标准》　表 5-15

序号	控制项目	一级标准	二级标准	三级标准
1	氨	1.0	1.5	4.0
2	硫化氢	0.03	0.06	0.32
3	恶臭气体浓度(无量纲)	10	20	60
4	甲烷(厂区最高体积浓度,%)	0.5	1	1

以上标准均规定，位于《环境空气质量标准》GB 3095一类区的执行一级标准；位于该标准的二类区和三类区的分别执行二级标准和三级标准，该标准于2012年进行了修订，调整了环境空气功能区分类，将三类区并入二类区。

而《城镇污水处理厂污染排放标准》GB 18918—2002的内容基本沿用了《恶臭污染物排放标准》GB 14554—93，主要规定了污水处理厂的厂界标准限值，例如新改扩建的污水处理厂二级排放标准为：NH_3 不大于1.5mg/m^3，H_2S不大于0.06mg/m^3，臭气浓度不大于20（无量纲）。

其他标准涉及污水处理厂与居民区间安全防护距离的确定，例如《居住区大气中甲硫醇卫生标准》GB 18056—2000规定居住区大气中甲硫醇的一次最高容许浓度为0.0007mg/m^3；《工业企业设计卫生标准》GBZ 1—2010中规定居住区大气中 H_2S的最高容许浓度为0.01 mg/m^3。表5-16是不同标准恶臭物质排放标准值对比。

不同标准恶臭物质排放标准值对比（mg/m^3） 表5-16

标准号	标准名称	标准值				
		氨	硫化氢	甲硫醇	甲硫醚	三甲胺
GB 14554—1993	恶臭污染物排放标准(厂界)	1.5	0.06	0.007	0.07	0.08
GBZ 1—2010①	工业企业设计卫生标准(居民区)	0.2	0.01	0.01②	0.08②	0.005③

① 新修订的标准规定新标准未规定的项目仍然沿用老标准；
② 原东德标准；
③ 原苏联标准。

评价恶臭物质环境影响，主要依据是《恶臭污染物排放标准》GB 14554—93和《工业企业设计卫生标准》GBZ 1—2010。这两项标准由于保护目标不同，颁布时间间隔较远，其内容和限值有所不同。如氨和硫化氢，在两个标准中都规定"最高允许浓度"，但在数值上差别较大，实际执行中必然发生厂界达标不难，居民区（尤其是厂区附近的居民点）可能超标的现象，这是因执行标准差异所造成的。辽宁省环境影响评估中心王永志等人认为一般环境保护目标都与厂界有一定距离，应当按环境标准评价其受影响程度，计算卫生防护距离也须用环境标准衡量。

5.3 恶臭扩散和评价

恶臭问题对环境的影响非常复杂。首先，由于恶臭的扩散速率、气象条件和地形条件不同，恶臭影响的程度和范围也会不一样。例如，影响恶臭扩散的气象条件有风速、风向、温度、湿度和大气稳定性等，地形条件有地势、海拔、建筑物密度等；周围居民对恶臭污染的反应也受多方面因素的影响，例如，恶臭浓度、持续时间、频率、强度和容忍程度等。以上这些因素决定了恶臭的排放量和恶臭的影响程度未必呈正比关系，这就需要借助于空气扩散模型进行恶臭污染的环境管理。

但是，几乎每个国家都采用不同的空气扩散模式，如Ausplume和ISC3，这些模式大部分都使用高斯模式或者正态扩散模式预测落地浓度，这些大气扩散模式法则一般已用在化学物质和烟尘的环境影响评估中。

空气扩散模式需要一系列的输入参数如恶臭源的扩散速率、源的类型（点源、面源、体源）、气象条件、地形和受影响的位置等，可以预测恶臭气体浓度在距臭源不同距离的小时平均值，利用先进的计算机软件绘出相应的恶臭等浓度线，使用合理的恶臭评估标准，就可以用来预测恶臭影响区域。

在解决恶臭问题时，监测厂界和居民区周边的恶臭浓度通常只是解决问题的第一步，更重要的是要根据全年的气候资料结合恶臭的扩散速率用空气扩散模型进行恶臭影响区域的评估。对于已经受到恶臭影响的区域，当地政府部门可以采取行之有效的措施。

恶臭的评价是认知污水处理厂污染物浓度的科学方法。通过评价，研究恶臭气体与人类健康的相互关系，研究恶臭气体的变化规律，评价恶臭气体的水平，并对构成恶臭物质的因子进行定性和定量描述。恶臭的评价是制定恶臭污染物排放标准、实施恶臭预测的基础。

5.3.1 影响评价

1. 确定研究对象

首先对污泥浓缩车间的工作人员（因其在车间内驻留的时间比较长，称为适应人）进行调查，然后对来访者（与适应人相对的为不适应人）进行调查，最后还要根据对周围居民的调查确定是否有投诉和投诉率的高低。

2. 制定调查表

调查表是主观评价者对恶臭进行评价的依据，对评价者具有一定的引导作用。调查表可以形成两种形式，一种为判断性调查（“是/否”），另一种为评价性调查（“被动选择式调查”）。

5.3.2 浓度评价

1. 采样点的确定

根据影响评价的结果确定监测点的位置、源强、周围上下风侧的恶臭气体影响距离和居民区的状况。

2. 采样周期频率的确定

鉴于城市生活污水的恶臭气体排放不是固定的，其峰值浓度随时间、季节（恶臭气体强度随温度的上升而增加，所以夏季恶臭气体更令人无法忍受）和位置的变化而变化。先根据经验进行估测，在不同的时间测量不同测量源的排放率，并找出不同排放率出现的频率。

3. 采样方法的确定

通常有点采样和面采样之分。点采样可以设在储存空间的出口处，对于加盖的处理设备设在观测口位置，也可设在通风口处；面采样可借助便携式风洞或侧吸罩实现。

4. 恶臭阈值测定方法的确定

将恶臭的阈值分为感觉阈值和识别阈值两种形式。感觉阈值是指感觉到某种气味存在的最小浓度值，而识别阈值是勉强能辨认某种气味的最小浓度值。其测定方法可以分为仪器分析法和感官测定法。

仪器分析法和感官测定法的分类如图 5-2 所示。

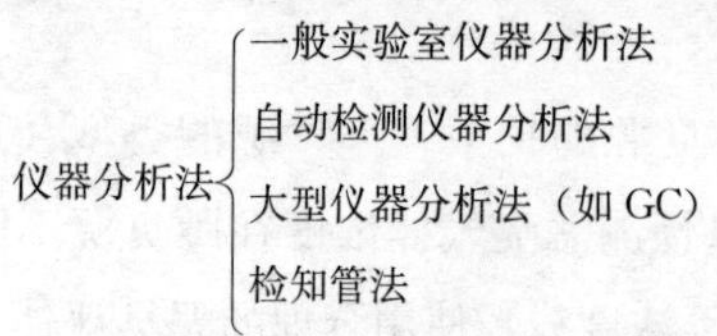

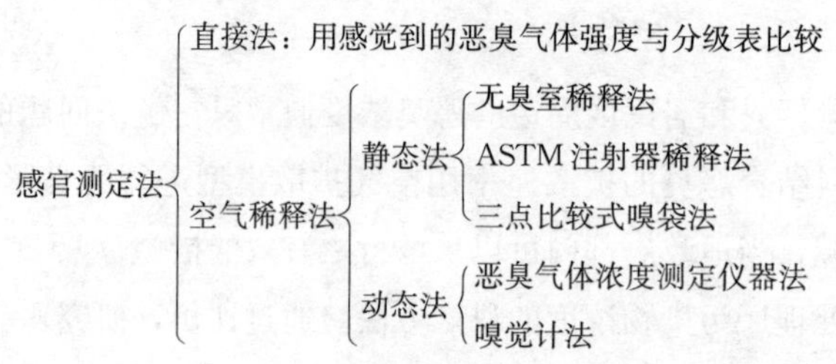

图 5-2 仪器分析法和感官测定法分类

仪器分析法的优点是，所测得的数据可以作为制定标准的依据，可作为选择脱臭方法、脱臭剂和脱臭装置的依据，可实现追踪污染源，但是它无法给出对人们的影响程度。

感官测定法恰恰相反，它能用于恶臭强度现状评价，用于对恶臭进行综合治理效果的评价。应该注意到的是仪器测定法的分析手段所能检测出的恶臭气体浓度下限远远高于人们的嗅觉阈水平的浓度。

在仪器分析法中，通过比较各种测定仪器的性能、精确度和经济性，在实验中可以采用检测管测定。其优点在于对操作人员无专业要求，可以用于现场测试，并且经济可行。

在感官测定法中，上述的方法均可采用，且操作费用低。但在嗅辨员的选定过程中应尽可能减少人的嗅觉适应性、嗅觉疲劳、个体间的习性差异和嗅觉的快速饱和的影响。

5. 评价的理论基础

在感觉器官的感觉量与刺激强度的关系研究方面，得到广泛认可的有两个定理，即 Weber-Fechner（韦伯-费昔勒）定理和 Stevens 定理。

Weber-Fechner 定理的表达如式（5-2）所示。

$$S=k\lg R \tag{5-2}$$

式中 S——主观感受度量值；

k——常数；

R——刺激相对强度（即刺激量与绝对感觉阈值的比值）。

该定理表明，当刺激以等比数列变化时，感觉量以等差数列变化，即感觉量和刺激的对数成正比。

Stevens 定理表达如式（5-3）所示。

$$S=k\cdot C^{n} \tag{5-3}$$

式中 S——主观感受度量值，在嗅觉领域中指所感觉的恶臭气体水平；

C——刺激强度，在嗅觉领域中指恶臭气体浓度。

此定理表明，感觉量是刺激量的幂函数，说明浓度的变化比引起感觉变化的程度要大。在恶臭气体领域中，恶臭气体的种类不同，n 取值不同，应当根据试验数据的比较分析归纳出不同的 n 值。

恶臭气体强度也可以参考经验公式来进行评价，如式（5-4）～式（5-6）所示，分别根据 H_2S、NH_3 和甲硫醇的浓度计算出恶臭强度。

$$H_2S: Y=0.950\log x+4.14 \tag{5-4}$$

$$NH_3: Y=1.67\log x+2.38 \tag{5-5}$$

$$\text{甲硫醇}: Y=1.25\log x+5.99 \tag{5-6}$$

式中 Y——恶臭气体强度；

x——恶臭气体浓度。

6. 评价方法

采用客观和主观评价相结合的方法进行评价。

客观评价的方法很多，大致有综合大气质量指数法、算数叠加大气质量指数法、算数平均大气质量指数法、大气质量超标指数法、EPA 提出的 PSI 法等。当前的主要问题是要确定恶臭源的种类和浓度，只有确定了主要的恶臭源和主要的恶臭污染物，才能确定最终需要采用何种方法进行评价。

主观评价的方法是通过将感官测定法的结果与恶臭气体的感觉评定标准进行比较，以确定其恶臭气体水平。恶臭气体强度法的评定标准从 0～5 共分六个等级，依次为无臭、勉强可以感觉到恶臭气体、稍微可以感觉到恶臭气体、极易感觉到恶臭气体、强烈的恶臭气体和无法忍受的恶臭气体水平。厌恶度法的评定标准是从 −4～4 共分九个等级，依次为：极端不快、非常不快、不快、稍感不快、一般、稍感愉快、愉快、非常愉快和极端愉快。一般来说，评价结果以 2.5 级（即介于稍微可感觉到恶臭气体和极易感觉到恶臭气体之间）的恶臭气体强度法作为生活环境条件下的允许最大强度。

在无臭室对每一个单质的刺激强度与浓度的关系进行测定，并根据测定结果规定了基准的范围，其结果如表 5-17 所示。

恶臭气体强度与浓度的关系（mg/L） **表 5-17**

成分	恶臭气体强度						
	1	2	2.5	3	3.5	4	5
氨	0.1	0.6	1	2	5	10	40
三甲胺	0.0001	0.001	0.005	0.02	0.07	0.2	3
硫化氢	0.0005	0.006	0.02	0.06	0.2	0.7	8
甲基硫醇	0.0001	0.0007	0.002	0.004	0.01	0.03	0.2
甲硫醚	0.0001	0.002	0.01	0.04	0.2	0.8	2
二甲硫醚	0.0003	0.003	0.009	0.03	0.1	0.3	2
乙醛	0.002	0.01	0.05	0.1	0.5	1	10
苯乙烯	0.03	0.2	0.4	0.8	2	4	20

续表

成分	恶臭气体强度						
	1	2	2.5	3	3.5	4	5
丙醛	0.002	0.02	0.05	0.1	0.5	1	10
正丁醛	0.0003	0.003	0.009	0.03	0.08	0.3	2
异丁醛	0.0009	0.008	0.02	0.07	0.2	0.6	5
正戊醛	0.0007	0.004	0.009	0.02	0.05	0.1	0.6
异戊醛	0.0002	0.001	0.003	0.006	0.01	0.03	0.2
异丁醇	0.01	0.2	0.9	4	20	70	1000
乙酸乙酯	0.3	1	3	7	20	40	200
甲基异丁基甲酮	0.2	0.7	1	3	6	10	50
甲苯	0.9	5	10	30	60	100	700
二甲苯	0.1	0.5	1	2	5	10	20
丙酸	0.002	0.01	0.03	0.07	0.2	0.4	2
正丁酸	0.00007	0.0004	0.001	0.002	0.006	0.02	0.27
正戊酸	0.0001	0.0005	0.0009	0.002	0.004	0.008	0.04
异戊酸	0.00005	0.0004	0.001	0.004	0.01	0.03	0.3

注：日本的地方自治体考虑地区特性以后，选定自己的规定基准，相当于表中恶臭气体强度为2.5～3.5的浓度范围。但多数场合指定其下限（即2.5的恶臭气体强度）。

5.3.3 模拟评价

近年来，计算机辅助设计（CFD）技术已经成为各种浓度场模拟计算的有力工具。利用CFD技术建立恶臭气体扩散模型并以此作为预测恶臭气体对周围居民的影响程度，用模型模拟短时间内高浓度的恶臭气体对人的影响，也可以确定较长的时间段内，较低浓度的恶臭气体对人的影响。通过对恶臭气体输送和扩散任意点的浓度，确定恶臭气体的浓度场。通过模拟还可以估算恶臭气体浓度超过临界值的时间比，恶臭气体源与公众接收剂量的相互关系。总之，利用CFD技术建立的恶臭气体扩散模型是解决恶臭气体等级分布问题的一个有力工具。

监测手段，一般只可能知道污染物在空气中分布的现状和历史变化情况，但很难知道不同类型的污染源和新增加的污染源在空气污染中所产生的影响。空气污染的扩散计算模式不仅能提供这方面的信息，还可以预测未来的空气质量，它可以比监测网更迅速更经济更全面地提供污染物分布的近似情况。

恶臭污染扩散的基本问题是研究湍流和烟流传播、恶臭物质浓度衰减关系问题，目前在空气污染控制中广泛应用的理论有梯度输送理论、湍流统计理论和相似理论三种。

(1) 梯度输送理论，是菲克用理论类比建立起来的理论。菲克认为分子扩散规律和傅里叶提出的固体热传导规律类似。该理论的中心思想是在单位时间内物质经过单位面积输送的通量与浓度梯度成正比。

(2) 湍流统计理论，是泰勒首先用统计学方法研究湍流扩散问题。该理论的中心是简述扩散粒子关于时间和空间的概率分布，以便求出扩散粒子浓度的空间分布和随时间的变化。高斯在大量实测资料分析的基础上，应用湍流统计理论得到了正态分布假设下的扩散模式，即通常所说的高斯模式。高斯模式是目前应用较广的模式。

（3）相似理论，是在量纲分析基础上发展起来的理论。

目前最常使用的扩散模型是高斯扩散模型（the Gaussian dispersion model），该模型适用于下述条件：

（1）下垫面开阔平坦，性质均匀；

（2）平均流场平直稳定，平均风速和风向没有显著的时间变化；

（3）扩散物质处于同一类温度层级的气层之中，计算扩散范围以不超过 10km 为宜；

（4）在风传播方向上的扩散作用相对于传播流而言可以忽略。如风速为零，则按静风的定义为 $\bar{u}=0.5\text{m/s}$，或采用其他的准静风模式；

（5）扩散物质完全与周围空气同步运动，没有损失和转化，地面对扩散物质起全反射作用；

（6）计算从点源释放的气体和小颗粒（直径小于 20μm）浓度的基本高斯扩散方程如式（5-7）所示。

$$\chi(X,Y,Z;H)=\frac{Q}{2\pi\sigma_y\sigma_z u}\exp\left[-\frac{1}{2}\left(\frac{y}{\sigma_y}\right)^2\right]\left\{\exp\left[-\frac{1}{2}\left(\frac{Z-H}{\sigma_z}\right)^2\right]+\exp\left[-\frac{1}{2}\left(\frac{Z+H}{\sigma_z}\right)^2\right]\right\} \tag{5-7}$$

式中　$\chi(X, Y, Z; H)$——H 高处排放的烟羽在（X，Y，Z）点的浓度，g/m^3；

H——烟囱的物理高度加上烟羽上升高度，m；

Q——源排放速率，g/s；

σ_y、σ_z——烟羽截面浓度分布的水平及垂直标准偏离，是 X 的函数，m；

u——排放源高度处的风速，m/s；

Z——接受器高度，m；

y——接受器偏离中心线的距离，m；

X——从排放源至接受器的下风向距离，m。

当只考虑地面污染物浓度时可对高斯方程进行简化，地面源（$H=0$）在地面水平线上（$Z=0$）的扩散方程如式（5-8）所示。

$$\chi(X,Y,0;0)=\frac{Q}{\pi\sigma_y\sigma_z u}\exp\left[-\frac{1}{2}\left(\frac{y}{\sigma_y}\right)^2\right] \tag{5-8}$$

污水处理厂构筑物都贴近地面，可以通过假定得到面源的扩散模式，假定：

（1）面源污染物排放量集中在该单元的形心上；

（2）面源单元形心的上风向距离 x_0 处有一虚拟点源，它在面源单元中心线处产生的烟流宽度（$2y_0=4.3\sigma_{y_0}$）等于面源单元宽度 W；

（3）面源单元在下风向造成的浓度可由虚拟点在下风向造成的同样的浓度所代替。

由假定（2）可得 $\sigma_{y_0}=W/4.3$，由求出的 σ_{y_0} 和大气稳定度级别，应用 G-P 曲线图（以表 5-18 代替）可查出 x_0，由（$x+x_0$）查出 σ_z 代入点源扩散的高斯模式（5-8），可求出面源下风向的地面浓度如式（5-9）所示。

$$\chi(X,Y,0;0)=\frac{Q}{\pi\sigma_y\sigma_z u}\exp\left[-\frac{1}{2}\left(\frac{y}{\sigma_y}\right)^2\right] \tag{5-9}$$

P-G 扩散曲线（m） **表 5-18**

稳定度等级	标准差	距离(km)																				
		0.1	0.2	0.3	0.4	0.5	0.6	0.8	1.0	1.2	1.4	1.6	1.8	2.0	3.0	4.0	6.0	8.0	10	12	16	20
A	σ_y	27.0	49.8	71.6	92.1	112	132	170	207	243	278	313	—	—	—	—	—	—	—	—	—	—
	σ_z	14.0	29.3	47.4	72.1	105	153	279	456	674	930	1230	—	—	—	—	—	—	—	—	—	—
B	σ_y	19.1	35.8	51.6	67.0	81.4	95.8	123	151	178	203	228	253	278	395	508	723	—	—	—	—	—
	σ_z	10.7	20.5	30.2	40.5	51.2	62.8	84.6	109	133	157	181	207	233	363	493	777	—	—	—	—	—
C	σ_y	12.6	23.3	33.5	43.3	53.5	62.8	80.9	99.1	116	133	149	166	182	269	335	474	603	735	—	—	—
	σ_z	7.44	14.0	20.5	26.5	32.6	38.6	50.7	61.4	73.0	83.7	95.3	107	116	167	219	316	409	498	—	—	—
D	σ_y	8.37	15.3	21.9	28.8	35.3	40.9	53.5	65.6	76.7	87.9	98.6	109	121	173	221	315	405	488	569	729	884
	σ_z	4.65	8.37	12.1	15.3	18.1	20.9	27.0	32.1	37.2	41.9	47.0	52.1	56.7	79.1	100	140	177	212	244	307	372
E	σ_y	6.05	11.6	16.7	21.4	26.5	31.2	40.0	48.8	57.7	65.6	73.5	82.3	85.6	129	166	237	306	366	427	544	659
	σ_z	3.72	6.05	8.84	10.7	13.0	14.9	18.6	21.4	24.7	27.0	29.3	31.6	33.5	41.9	48.8	60.9	70.7	79.1	87.4	100	111
F	σ_y	4.19	7.91	10.7	14.4	17.7	20.5	26.5	32.6	38.1	43.3	48.8	54.5	60.5	86.5	102	156	207	242	285	365	437
	σ_z	2.33	4.19	5.58	6.98	8.37	9.77	12.1	14.0	15.8	17.2	19.1	20.5	21.9	27.0	31.2	37.7	42.8	46.5	50.2	55.8	60.5

1. 大气稳定度

大气稳定度是影响恶臭污染物在大气中扩散的重要因素，它是对大气扩散能力的定性划分，其分类方法多达十多种，我国现有法规中推荐 P-T 分类法。首先根据某时某地的太阳高度角和云量，按表 5-19 确定太阳辐射的等级数，然后再根据太阳的辐射等级和地面 10m 处的风速查表 5-20 确定大气稳定度等级。根据该法，将大气稳定度分为 A～F 六个级别：A——极不稳定；B——不稳定；C——弱不稳定；D——中性；E——弱稳定；F——稳定。

太阳辐射等级数 **表 5-19**

云量（总云量/低云量）	夜间	太阳高度角			
		$h_0 \leqslant 15°$	$15° < h_0 \leqslant 35°$	$35° < h_0 \leqslant 65°$	$h_0 > 65°$
≤4/≤4	−2	−2	+1	+2	+3
5～7/≤4	−1	−1	+1	+2	+3
≥8/≤4	−1	−1	0	+1	+1
≥7/5～7	0	0	0	0	+1
≥8/≥8	0	0	0	0	0

大气稳定度级别 **表 5-20**

地面风速(m/s)	太阳辐射等级					
	+3	+2	+1	0	−1	−2
≤1.9	A	A～B	B	D	E	F
2～2.9	A～B	B	C	D	D	F
3～4.9	B	B～C	C	D	D	E
5～5.9	C	C～D	D	D	D	D
≥6	C	D	D	D	D	D

其中太阳高度角按式（5-10）计算：

$$\sin h_0 = \sin\phi \sin\delta + \cos\phi \cos\delta \cos(15t + \lambda + 300) \quad (5\text{-}10)$$

式中　h_0——太阳高度角，度；

ϕ、λ——当地纬度和经度，度；

δ——太阳倾角，度，按当时的月份和日期由表 5-21 查得；

t——观测时的北京时间。

太阳倾角（δ）的概略值（°）　　**表 5-21**

旬＼月	1	2	3	4	5	6	7	8	9	10	11	12
上	−22	−15	−5	+6	+17	+22	+22	+17	+7	−5	−15	−22
中	−21	−12	−2	+10	+19	+23	+21	+14	+3	−8	−18	−23
下	−19	−9	+2	+13	+21	+23	+19	+11	−1	−12	−21	−23

2. 扩散系数 σ 的确定

确定了大气稳定度以后，即可以根据表 5-22 和表 5-23 确定扩散系数 σ。

横向扩散参数幂函数表达式数据　　**表 5-22**

扩散参数	稳定度等级	α_1	γ_1	下风距离(m)
$\sigma_y=\gamma_1 X^{\alpha_1}$	A	0.901074 0.850934	0.425809 0.602052	0～1000 >1000
	B	0.914370 0.865014	0.281846 0.396353	0～1000 >1000
	B～C	0.919325 0.875086	0.229500 0.314238	0～1000 >1000
	C	0.924279 0.885157	0.177154 0.232123	0～1000 >1000
	C～D	0.926849 0.886940	0.143940 0.189396	0～1000 >1000
	D	0.929481 0.888723	0.110726 0.146669	0～1000 >1000
	D～E	0.925118 0.892794	0.098563 0.124308	0～1000 >1000
	E	0.920818 0.896864	0.086001 0.124308	0～1000 >1000
	F	0.929481 0.888723	0.055363 0.073348	0～1000 >1000

垂直扩散参数幂函数表达式数据　　　　表 5-23

扩散参数	稳定度等级	α_2	γ_2	下风距离(m)
$\sigma_z=\gamma_2 X^{\alpha_2}$	A	1.12154	0.0799904	0～300
		1.52600	0.00854771	300～500
		2.10881	0.000211545	>500
	B	0.941015	0.127190	0～500
		1.093560	0.0570251	>500
	B～C	0.941015	0.114682	0～500
		1.007700	0.0757182	>500
	C	0.917595	0.106803	0
	C～D	0.838628	0.126152	0～2000
		0.756410	0.235667	2000～10000
		0.815575	0.136659	>10000
	D	0.826212	0.104634	1～1000
		0.632023	0.400167	1000～10000
		0.555360	0.810763	>10000
	D～E	0.776864	0.104634	0～2000
		0.572347	0.400167	2000～10000
		0.499149	1.03810	>10000
	E	0.788370	0.0927529	0～1000
		0.565188	0.433384	1000～10000
		0.414743	1.73241	>10000
	F	0.78440	0.0620765	0～1000
		0.525969	0.370015	1000～10000
		0.322659	2.40691	>10000

表 5-22 和 5-23 的扩散系数 σ 适用于采样时间为 0.5h 的污染物浓度预测，但恶臭污染瞬时性的特点使得对其浓度预测要考虑较短时间的平均值，当取样时间超过几分钟以后，垂直风向脉动的范围不再增大即 σ_z 趋于常数，而 σ_y 需按照经验式（5-11）修正：

$$\frac{\delta_{y30}}{\delta_{y1}}=\left(\frac{30}{t_1}\right)^r \tag{5-11}$$

式中　σ_{y1}——采样时间为 t_1 的横向扩散系数，m；

σ_{y30}——采样时间为 30min 的垂直扩散系数，m；

r——时间稀释指数，一般在 0.17～0.5 之间。

根据《制定地方大气污染物排放标准的技术方法》GB/T 3840—91 的规定，用于丘陵山区、城市、工业区时需按下述原则修正：大气稳定度为 A 或 B 级时，不提级直接按表计算；

如为C级稳定度时，先提到B级然后按B级稳定度选算扩散参数；如为D、E、F级稳定度时，应向不稳定方向提高一级半稳定度再查表计算。

3. 风速的确定

恶臭污染一般都发生在下风向，在进行评价时，首先需要评价区域的全年各风向出现的频率，即风向玫瑰图。

在运用扩散模型对恶臭污染进行模拟时，需要确定不同高度的风速，各地气象部门提供的风速通常是离地面10m处的平均风速。近地层不同高度处的风速可通过经验公式（5-12）估算：

$$\bar{u}=\bar{u}_1\left(\frac{z}{z_1}\right)^m \tag{5-12}$$

式中 $\bar{u}$——高度z处的平均风速，m/s；

$\bar{u}_1$——高度z_1处的平均风速，m/s；

m——稳定度参数，实测或参考《制定地方大气污染物排放标准的技术方法》GB/T 3840—1991选取；

z——待计算风速的高度，m；

z_1——已知风速的高度，m。

4. 地形和地物的影响

采用高斯扩散模型的主要条件是下垫面开阔平坦、性质均匀，但恶臭扩散区域往往不是广阔平坦的，地表存在复杂多样的地形地物均会对扩散模型造成影响。当恶臭烟流越过山脊时，在迎风面上会发生下沉作用导致该区域遭受恶臭污染；地形的热力作用会改变近地面气温和风的分布规律形成局部风；在海陆交界处会形成海陆风；在山谷会出现山谷风；地面建筑物会改变地表粗糙度，使风速减小，烟囱排放的恶臭气体在经过较高的建筑物时会产生涡漩等，这些均需要根据具体情况对模型进行修正。

5. 其他因素的影响

影响区域恶臭污染评价的其他因素主要有逆温、叠加性、下降气流、含水量、降水和抬升高度等。逆温形成时，大气处于稳定状态，恶臭污染物难于扩散，会相应增加恶臭污染的强度；根据韦伯-费希纳（Weber-Fechner）定律，达到刺激量的物质浓度与感觉程度呈对数关系，因而扩散稀释倍数的对数与恶臭气体的强度相对应，多个排放源的恶臭气体浓度扩散之间不能采用加法原理叠加；排放气体的上升高度是烟囱吐出速度的运动量上升高度与由排出气体温度和外界气温差造成的浮力上升高度之和，相应的有抬升高度计算公式，但恶臭气体与其他气体的排放不同，一般温度与外界环境温度相近，排放量不大，浮力也不大，因此，烟囱上升高度不高，易产生下降气流现象，从而地上浓度较高；恶臭排放其中的含水量较高，易于凝缩成水滴造成气体沉降，易溶性污染物质还会随水滴运动、气化，因此在污染源附近易引起危害；降水发生时，污染物会随水沉降至地面，短期内缓解污染程度，但一些较难溶的有机类恶臭气体又会挥发，扩散较难，恶臭污染事件的发生概率更大。因此恶臭污染的评价比较复杂，需要结合具体情况具体分析。

国外在20世纪60年代便着手研究恶臭污染扩散，出现了一些用于恶臭污染扩散的计算机数学模型，如奥地利恶臭动态扩散模式（the dynamic Austrian odour dispersion model, AODM）。计算机模式需要一系列的输入参数如恶臭源的扩散速率、源的类型（点源、面源、体源）、气象条件、地形和受影响的位置，可以预测恶臭气体浓度在距臭源不同距离、不同时段的平均值，利用相应的计算机软件绘出恶臭等浓度线，再使用合理的恶臭评估标准，就可以预测恶臭影响区域。

为了解决恶臭的投诉问题，监测厂界和居民区周边的恶臭浓度通常是解决问题的第一步；接下来，应该根据全年的气候资料结合恶臭的扩散速率用空气扩散模型确定恶臭的影响区域。而对于新建和扩建的企业，恶臭的影响区域应该根据全年的气候资料结合恶臭的扩散速率用空气扩散模型预测评估。

但通过数学模型对恶臭气体进行准确预测是不可能的，只是满足要求的估算。这是因为两种气体在不同时间从同一排放源排放，在同样的气象条件下，流场中的监测点会得到完全不同的结果，这种差异是由于大气湍流和扩散的随机性造成的，释放到大气中的气体分子或者小颗粒，在湍流漩涡的作用下，相互分离，湍流气体的运动是随机的，目前还没有一种技术能够预测某一空气小包的瞬时速度和最终位置。前面讨论的扩散公式，都假定沿平均风向即 x 方向的湍流扩散速率大大小于平均风速的平流输送速率，因此可以忽略不计。当风速特别小时，这个假定就不成立了。此时不能再用前面讨论过的烟流模式，而必须采用将瞬时烟团模式（Puff model）进行积分的方法。

图5-3～图5-7是采用臭气扩散模型对国内某污水处理厂臭气扩散影响的预测评估图。从图中可以看出，气象条件决定了臭气的扩散效果，风速对臭气扩散效果的影响最为显著，在所有大气稳定度和微风条件下，厂界完全满足排放标准，当大气较不稳定时，厂界100m以外的区域臭气浓度将低于1，即大多数人将无法感觉臭味。

恶劣的气象条件具有偶发性，臭气影响也存在偶发性，从工程的角度只能进一步强化臭气的收集和处理效果，以满足在各种气象条件下的排放要求。如图5-3所示是在较不利气象条件下（无风条件下）该厂臭气浓度的扩散情况，该模拟预测结果基于污水处理厂周边地形平坦的假设条件。实际上，厂界四周高楼林立，周边高大建筑物的存在会影响臭气的扩散条件，导致局部区域的臭气实际浓度可能会比预测值高，而该不利气象条件发生的几率较低，大部分时间臭气浓度可能会优于预测值。

上述仿真模拟对象是地面落地浓度分布，但周边居民楼的高度均较高，如图5-7所示是距地面12m高度处的臭气浓度分布情况，可以看出和地面落地浓度相比，距厂界100m范围内的臭气浓度更低，而100m范围外的浓度逐渐接近，这是由竖向扩散引起的，也可以理解为臭气扩散稀释浓度受距臭源直线距离的影响大于平面距离。

总体而言，该厂对预处理和污泥处理区域的臭气收集处理效果十分显著，但大面积生物反应池和二沉池的臭气散发还是会对周边环境造成一定影响。

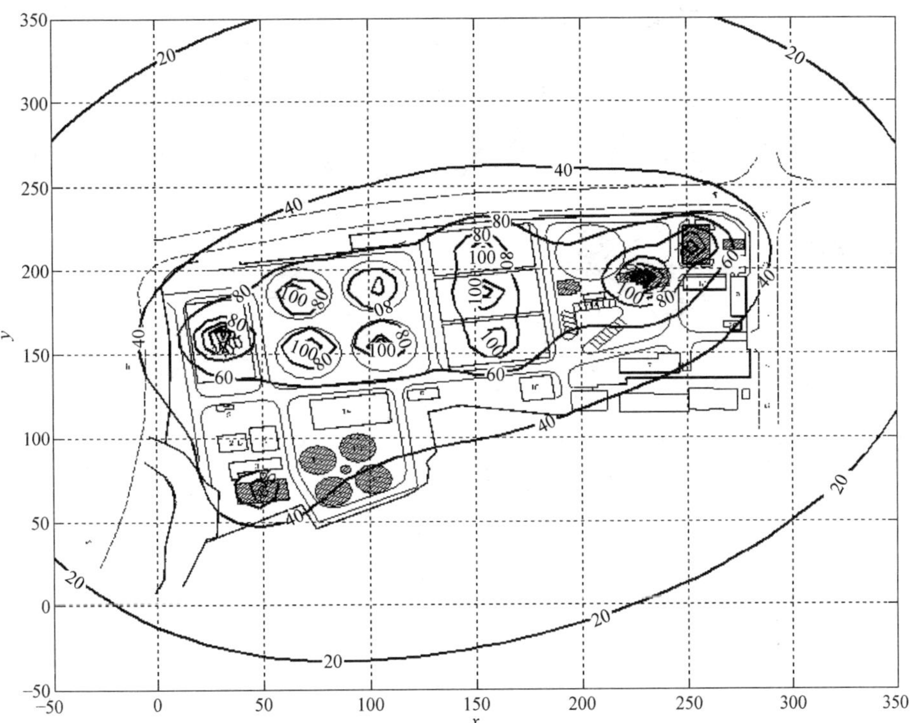

图 5-3　某污水处理厂臭气浓度分布模拟预测（大气稳定度 A，风速 u=0.5m/s）

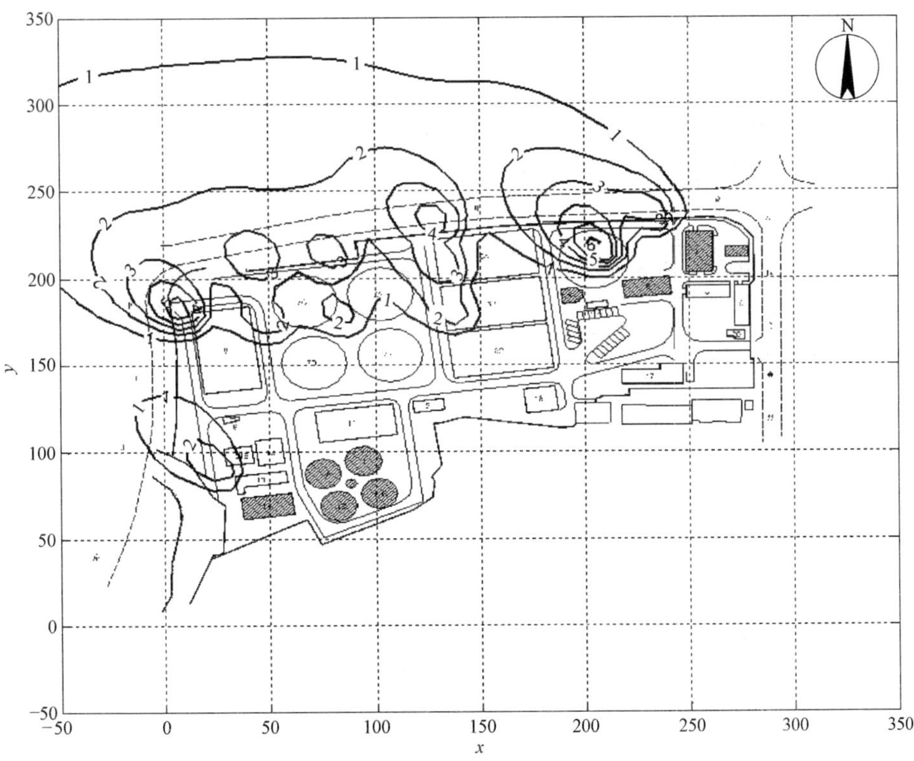

图 5-4　某污水处理厂臭气浓度分布模拟预测（大气稳定度 A，风速 u=3.7m/s）

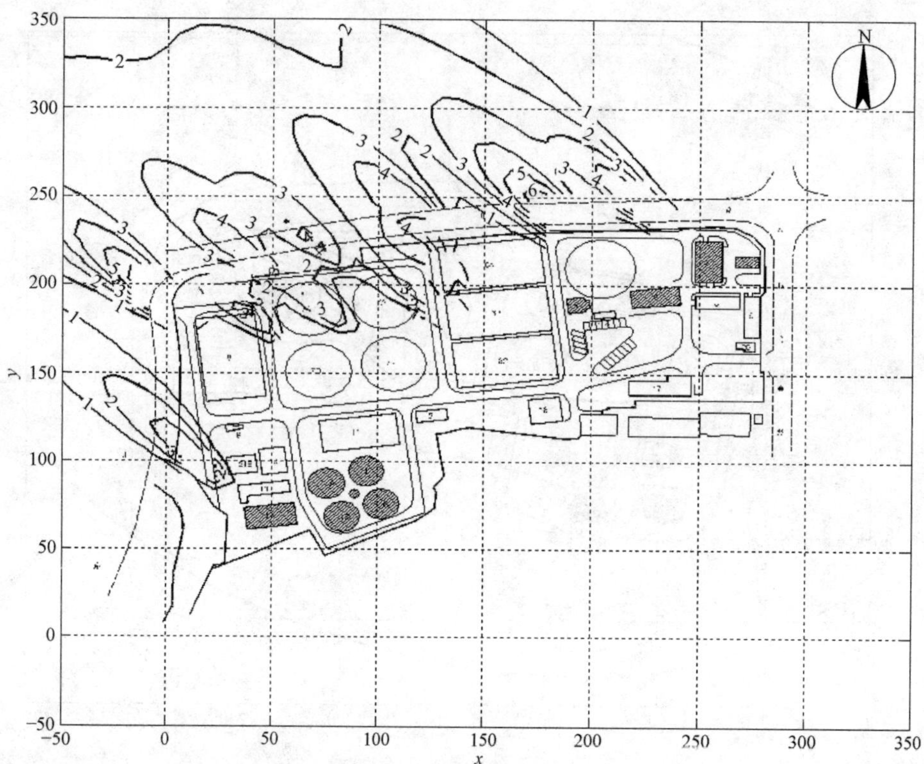

图 5-5 某污水处理厂臭气浓度分布模拟预测（大气稳定度 D，风速 u=3.7m/s）

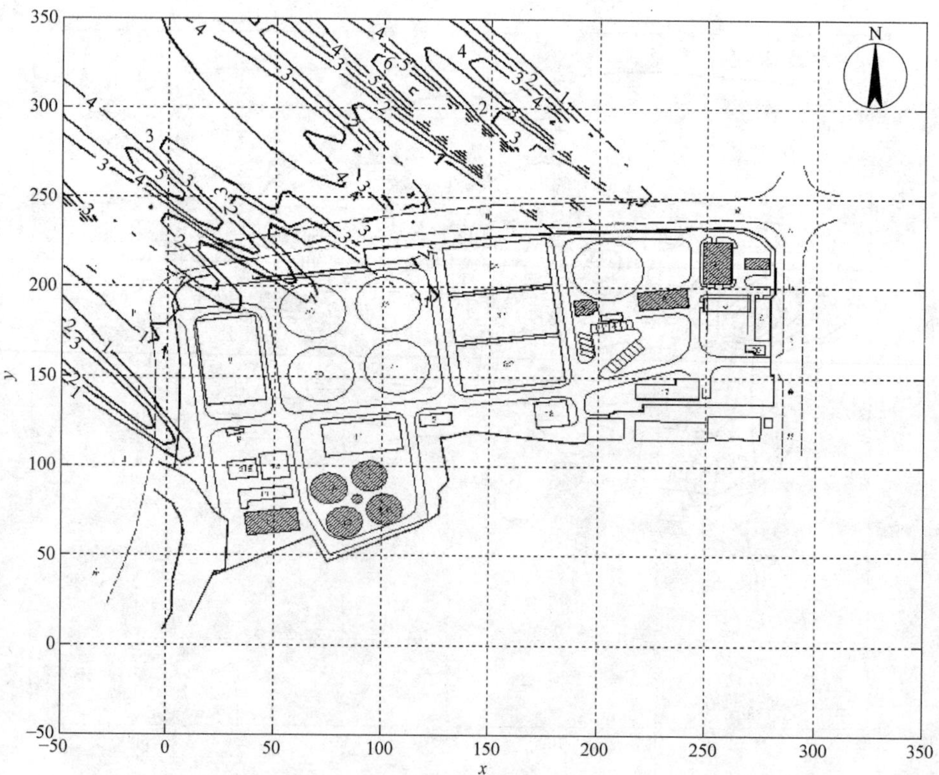

图 5-6 某污水处理厂臭气浓度分布模拟预测（大气稳定度 F，风速 u=3.7m/s）

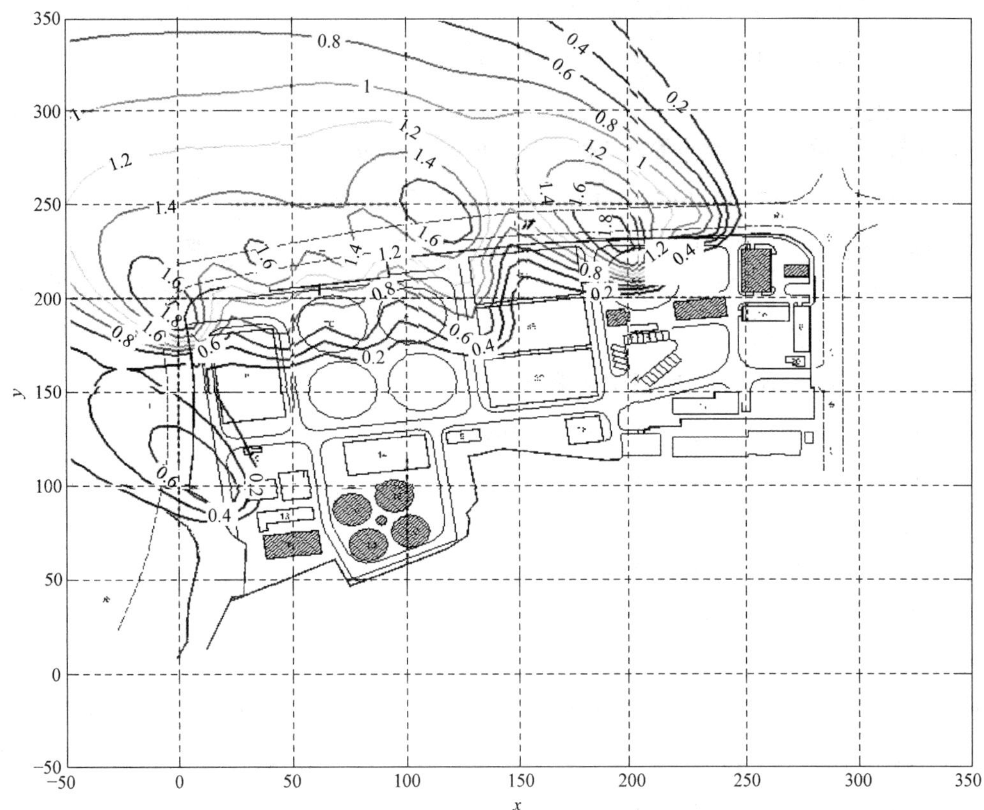

图 5-7　某污水处理厂臭气浓度分布模拟预测（大气稳定度 A，风速 u=3.7m/s，距地面 12m 平面分布）

5.4　除臭工程设计规模

5.4.1　除臭风量确定

除臭风量根据收集要求和方式确定。除臭风量太少，低于恶臭扩散速率或达不到集气罩内部的合理流态，会导致恶臭气体外逸；除臭风量太大，会增加投资和运行费用，若超出恶臭扩散速率太多，有可能满足不了处理设备的负荷要求，导致处理效率的下降。具体的除臭风量一般应通过试验确定，条件不具备时可参考以下工程经验确定。

1. 沉砂池

沉砂池除臭风量可根据多种方式确定。

(1) 水面积 (m^2)×2～3m^3/(m^2·h)，即每 1m^2 水面积，每小时需气 2～3m^3。

(2) 空间容积×5～7 次/h，即单位空间容积每小时需换气 5～7 次。

(3) 进水部分 (单位水面积)×10m^3/(m^2·h)。

(4) 水面积 (m^2)×局部加盖后的孔口面积比 (0.012～0.017m^2/m^2)×孔口风速 (0.4m/s)。

2. 沉砂池机械

沉砂池机械设备除臭风量可根据多种方式确定。

(1) 每台机械 2～4 m^3/min，即每台机械每分钟需气 2～4m^3。

(2) 砂斗开口容积×风速 (0.15m/s)。

(3) 输砂机、除砂机、砂斗等室内机械，空间容积×6 次/h。

(4) 输送带 10m^3/(min·m)，即每米输送带每分钟需气 10m^3。

(5) 砂斗间：11～14 次/h。

(6) 清洗机：3m^3/min。

3. 初次沉淀池

初次沉淀池的除臭风量可根据多种方式确定。

(1) 池上建造天棚，原则上不作除臭，仅作换气处理。

(2) 池上加盖密封，水面积 (m^2)×2m^3/(m^2·h)。

4. 生物反应池

生物反应池的除臭风量可根据多种方式确定。

(1) 曝气风量×1.1+空间容积×1 次/h。

(2) 曝气风量×1.1。

(3) 曝气风量+水面积×局部加盖后的孔口面积比 (0.002m^2/m^2)×孔口风速 (0.2m/s)。

5. 污泥浓缩池

污泥浓缩池的除臭风量可根据多种方式确定。

(1) 水面积×局部加盖后的孔口面积比 (0.003m^2/m^2)×孔口风速 (0.4m/s)。

(2) 空间容积 5～20 次/h。

(3) 局部容积 3～6 次/h。

(4) 单位水面积 2～3m^3/(m^2·h)。

(5) (加压气浮) 空间容积×5 次/h。

(6) 在相当于池内投入最大污泥量（应考虑污泥泵同时运行）时的风量上增加 10%风量。

一般取上述计算方法中计算出的较大值作为设计除臭风量。

6. 储泥池

储泥池的除臭风量可根据多种方式确定。

(1) 容积×3～6 次/h。

(2) 泥泵流量×1～1.5。

(3) 空间容积×7 次/h。

(4) 单位水面积 3m^3/(m^2·h)。

7. 脱水机房

脱水机房的除臭风量可根据多种方式确定。

(1) 空间容积×3.5～6 次/h。

(2) 机械×10 次/h。

(3) 带式压滤机（包括带检修走道的隔离室）按 7 次/h 换风量计算。

除臭风量 Q（m^3/h）＝0.5×隔离室容积 R（m^3）×7 次/h（每一机室上最好设 4 个吸气口）。

(4) 离心脱水机、带式压滤机（仅在机械本体加机罩的场合）

除臭风量 Q（m^3/h）＝0.5×机罩容积 R（m^3）×2 次/h（每一机罩上最好设 4 个吸气口）。

(5) 加压过滤机、真空过滤机

设置机罩时，除臭风量 Q（m^3/h）＝0.5×机罩容积 R（m^3）×7 次/h（每一机罩上最好设 4 个吸气口）。

设置集气罩时，除臭风量按 7 次/h 并以 3 倍于集气罩投影面积的空间容积进行换气。

8. 污泥输送机

(1) 传送机宽度（m）×10m^3/min。

(2) 传送带罩内 7 次/h。

(3) 传送带室内 3 次/h。

5.4.2　恶臭浓度确定

恶臭浓度的确定是合理选择处理技术的基础，恶臭浓度由臭源特性所决定，一般来说每一臭源都有其特定的恶臭排放速率，为了确定恶臭排放速率，必须知道气体风量和浓度，然后计算出恶臭排放速率。恶臭的扩散速率是恶臭浓度和气体流速的乘积。恶臭排放源可分为点源、面源和体源，其恶臭扩散速率可分别根据不同方法确定。

1. 点源

具有代表性的点源是已知流速的烟囱。点源的采样是在烟囱截面的不同点上通过洁净的聚四氟乙烯来采样，采样点的数目由烟囱的直径来确定。

2. 面源

面源是一个水面或者是一个固体表面。一个便携式风洞系统能用来确定具体的恶臭扩散速率。风洞系统的原理是被活性炭过滤的空气，在风洞中形成层流的流动状态，在传质表面上方致臭物质挥发到一个标准的气体扩散区域，经混合均匀后，经聚四氟乙烯导管进入一个采样袋内。流过风洞的风速是 0.3m/s。如图 5-8 所示。

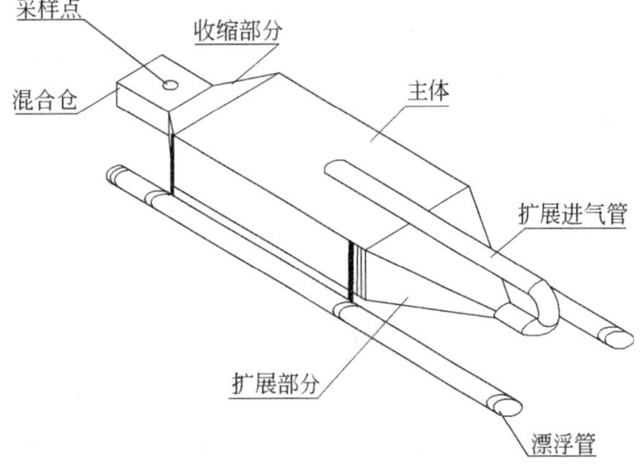

图 5-8　便携式风洞外形示意

3. 体源

体源就是一个建筑物或构筑物，如脱水机房。恶臭的浓度与空气通风量有关。恶臭样品通常是取同一个建筑物内的几个点。最近的研究结果表明，一个混合样品能充分反映一个建筑物的情况。但是，恶臭的扩散速率和风速风向的变化有直接的关系。

浓度根据式（5-13）确定：

$$C=\frac{A}{Q}\times 3600 \tag{5-13}$$

式中 C——设备进口恶臭气体污染物浓度，mg/m^3；

A——某种恶臭气体污染物的扩散速率，mg/s；

Q——选用的除臭风量，m^3/h。

对于新建构筑物，无法实测恶臭扩散速率，可以参照类似构筑物的统计值、经验值或文献资料确定，前述表5-7可在无实测资料时参考选用。

5.5 恶臭气体收集

除臭工程包括加盖密封、恶臭气体输送和恶臭气体处理三个部分。因此对于敞开构筑物的加盖密封是非常重要的，其主要目的是防止恶臭气体外溢，便于恶臭气体的收集和输送，恶臭气体的及时输送可防止有毒、腐蚀或爆炸性气体的积聚。在保证操作人员健康和安全的前提下尽量减少通风流量，减少运行费用和提高后续处理的效率。

5.5.1 集气罩

1. 集气罩的分类

污染物收集装置按气流流动的方式分为吸气式收集装置和吹吸式收集装置两大类，吹吸式收集装置又称吹吸罩。吸气式收集装置按其形状可分为两类，集气罩和集气管。对密闭设备（如脱水机），污染物在设备内部产生，会通过设备的孔和缝隙逸到车间内。如果设备内部允许微负压存在时，可采用集气管收集污染物。对于密闭设备内部不允许微负压或污染物产生在污染源的表面上时，则可用集气罩进行收集。

集气罩的种类繁多，应用广泛。按集气罩和污染源的相对位置和围挡情况，可把集气罩分为密闭集气罩、半密闭集气罩、外部集气罩三类。这三类集气罩还可以分为多种形式，如图5-9所示。

（1）密闭集气罩

密闭集气罩是用罩子把污染源局部或整体密闭起来，使污染物的扩散限制在一个很小的密闭空间内，同时从罩中排出一定量的空气，使罩内保持一定的负压，罩外的空气经罩上的缝隙流入罩内，达到防止污染物外逸的目的。密闭集气罩的特点是，与其他类型集气罩相比，所需排气量最小，控制效果最好，且不受横向气流的干扰。因此，在操作工艺允许时，应优先采用。按照密闭集气罩的结构特点，可分为局部密闭罩、整体密闭罩和大容积密闭罩三种。

1）局部密闭罩

局部密闭罩的特点是容积比较小，工艺设备大部分露在局部密闭罩的外部，只在设备的产气点设置局部密闭罩。因此，设备检修和操作方便。一般适用于污染气流速度较小，且连续散发的地点。例如皮带传送设备、脱水污泥输送出口处。

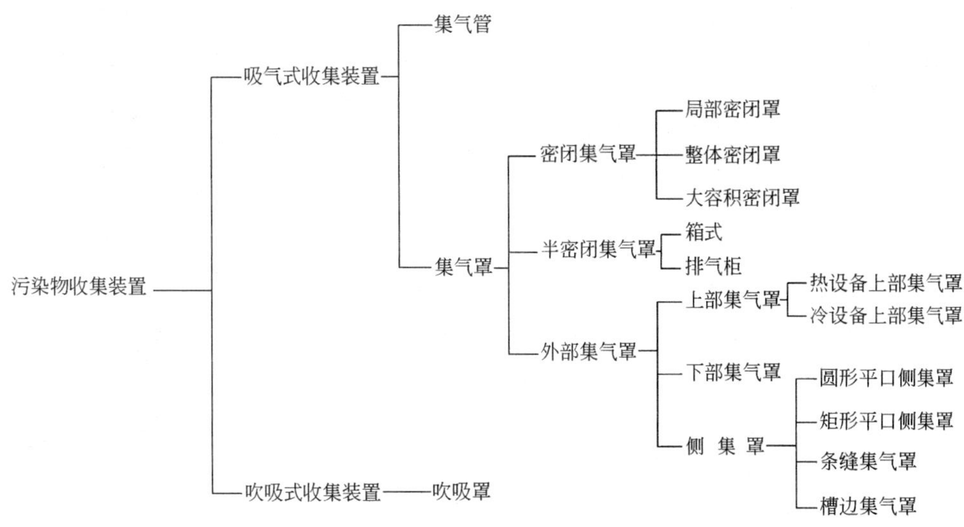

图5-9　气体污染物收集装置分类

2）整体密闭罩

整体密闭罩是将污染源全部或大部分密闭起来，只把设备需要经常观察和维护的部分留在罩外。特点是罩子容积大，密闭罩本身基本上成为独立整体，容易做到严密。适用于有振动且气流较大的设备，以及全面散发污染物的污染源，如脱水机房、格栅井等。

3）大容积密闭罩

大容积密闭罩是将污染设备或地点全部密闭起来的密闭罩，也称为密闭小室。特点是罩内容积大，可以缓冲污染气流，减小局部正压，设备检修可在罩内进行。适用于多点、阵发性、污染气流速度大的设备和地点。

（2）半密闭集气罩

有些生产工艺需要人在设备旁进行操作，故不能采用密闭集气罩，可采用半密闭集气罩。半密闭集气罩是在密闭罩上开有较大的操作孔，通过操作孔吸入大量的气流控制污染物的外逸。特点是控制污染效果好，排气量比密闭罩大，比外部集气罩小。半密闭罩多呈柜形和箱形，所以又称排气柜或通风柜，如图5-10所示。

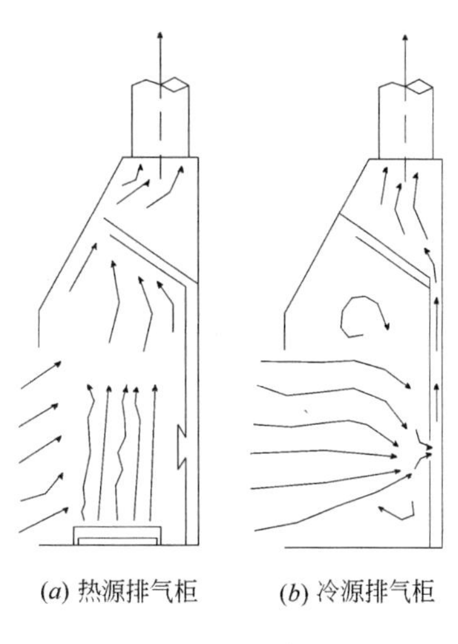

(*a*) 热源排气柜　(*b*) 冷源排气柜

图5-10　排气柜

（3）外部集气罩

由于工艺条件的限制，或污染源设备很大，无法对污染源进行密闭时，只能在污染源附近设置集气罩。依靠罩口外吸气流的运动，把污染物全部吸入罩内，这类集气罩通称为外部集气罩。外部集气罩的形式多种多样。按集气罩和污染源的相对位置可将外部集气罩分为上部集气罩、下部集气罩和侧集罩三类。

1）上部集气罩

上部集气罩位于污染源的上方，其形状多为伞形，又称伞形罩。对于热设备，不论是生产设备本身散发的热气流，还是热设备表面高温形成的热对流，其污染气流都是由下向上运动的，采用上部集气罩最为有利。所以，它多用于热设备。由于工艺操作上的原因，冷设备也有采用上部集气罩的。因此，上部集气罩可分为热设备上部集气罩和冷设备上部集气罩。还有罩子边有挡板和无挡板之分，设计时也有差异。

2）下部集气罩

下部集气罩位于污染源的下方。当污染源向下方抛射污染物时，或由于工艺操作上的限制在上部或在侧面不容许设置集气罩时，才采用下部集气罩，下部集气罩如图 5-11 所示。

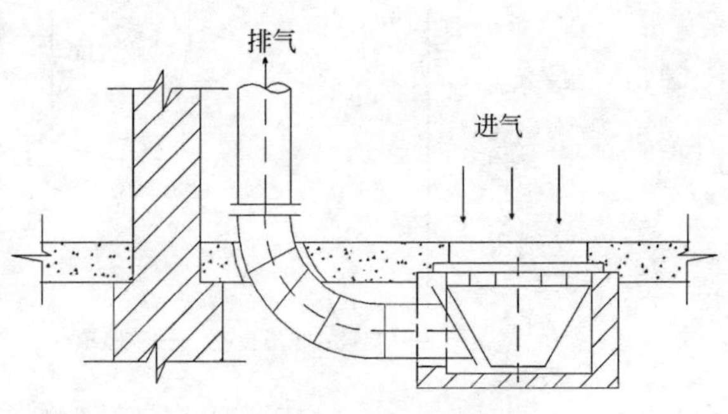

图 5-11 下部集气罩

3）侧集罩

位于污染源一侧的集气罩称为侧集罩，如图 5-12 所示。

按罩口的形状可将侧集罩分为圆形侧集罩、矩形侧集罩、条缝侧集罩和槽边集气罩，图 5-13是一种槽边集气罩。为了改进吸气效果，可在圆形、矩形、条缝侧集罩口上加边，或不加边，或把其放到工作台上，分别称为有边侧集罩、无边侧集罩、台上侧集罩。结构形式不同，设计方法也不相同。

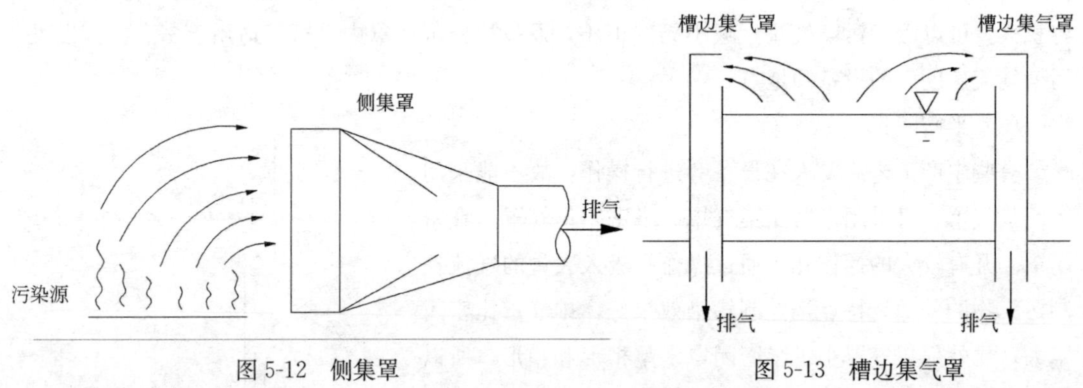

图 5-12 侧集罩

图 5-13 槽边集气罩

(4) 吹吸式集气罩

在外部集气罩的对面设置一排喷气口或条缝形吹气口，它和外部集气罩结合起来称为吹吸式集气罩，如图 5-14 所示。喷吹气流形成一道气幕，把污染物限制在一个很小的空间内，使之不外逸。同时喷吹气流还诱导污染气流使之一起向集气罩流动。由于空气幕的作用，使室内空气混入量大大减少，又由于吹气射流的速度衰减较慢，所以在达到同样控制效果时，采用吹吸集气罩要比普通集气罩大大节省风量。污染源面积越大其效果越明显。此外，它还具有抗横向气流干扰和不影响工艺操作等优点。因此，在控制大面积污染源方面，近年来在国内外得到了较多的应用。

2. 集气罩的设计

设计合理的集气罩可以用较小的除臭风量有效控制污染物扩散，设计时应注意以下几点：

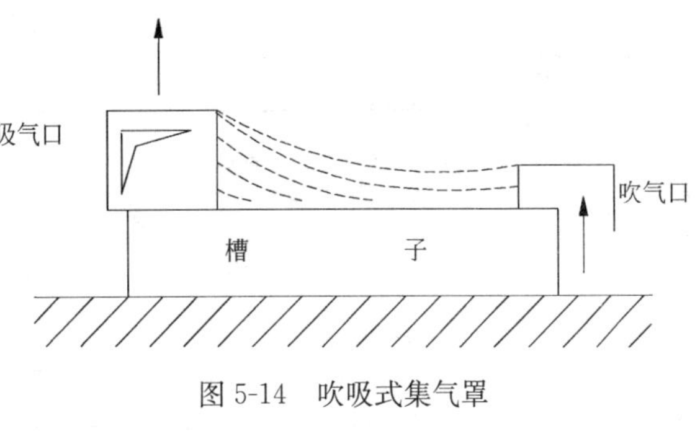

图 5-14 吹吸式集气罩

(1) 集气罩应尽可能将污染源包围起来，使污染物的扩散限制在最小的范围内，防止或减少横向气流的干扰，以便在获得足够吸气速度的情况下，减少排气量。

(2) 集气罩的吸气方向应尽可能与污染气流运动方向一致，充分利用污染气流的动能。

(3) 在保证控制污染的条件下，尽量减少集气罩的开口面积或加法兰边，使其排气量最小。

(4) 侧集罩或伞形罩应设在污染物散发的轴心线上。罩口面积与集气管断面积之比最大为16∶1，喇叭罩长度宜为集气管直径的3倍，以保证罩口均匀吸风。如达不到均匀吸风时，可设多吸气口，或在集气罩内设分割板、挡板等。

(5) 不允许集气罩的吸气流先经过人的呼吸区，再进入罩内；气流流程内不应有障碍物。

(6) 集气罩的结构不应妨碍工人操作和设备检修。

集气罩的设计程序一般是：首先确定集气罩的结构尺寸和安装位置，再确定除臭风量，最后计算压力损失。

集气罩尺寸一般是按经验确定。设计时可参考有关手册，也可按照以下条件确定：排气罩的罩口尺寸不应小于集气罩所在位置的污染物扩散的断面面积，若设集气罩联接直管的特征尺寸为 D（圆管为直径，矩形管为短边），污染源的特征尺寸为 E（圆形为直径，矩形为短边），集气罩距污染源的垂直距离为 H，集气罩口的特征尺寸为 W，则应满足 $D:E>0.2$，$1.0<W:E<2.0$，$H:E<0.7$（如影响操作可适当增大）。

除臭风量的确定涉及控制速度。从污染源散发的污染物具有一定的扩散速度，当扩散速度减少到0的位置称为控制点。集气罩在控制点所造成的能吸走污染物的最小气流速度 v_x 称为控制速度，控制速度的大小根据经验确定，如表5-24所示，除臭风量可参照表5-25确定。

污染源的控制速度 **表 5-24**

污染物的产生状况	控制速度(m/s)
以轻微的速度扩散到相当平静的空气中	0.25～0.5
以轻低的速度扩散到尚属平静的空气中	0.5～1.0
以相当大的速度扩散出来，或扩散到空气运动迅速的空气中	1.0～2.5
以高速扩散出来，或扩散到空气运动迅速的空气中	2.5～10

各种集气罩排气量计算公式 **表 5-25**

名称	形式	罩子尺寸比例	排气量计算公式(m^3/s)	备注
矩形和圆形平口侧集罩	无边	$h/B \geqslant 0.2$ 或圆口	$V=(10x^2+F)v_x$	罩口面积 $F=Bh$ 或 $F=\pi d^2/4$，m^2；d—罩口直径，m
	有边	$h/B \geqslant 0.2$ 或圆口	$V=0.75(10x^2+F)v_x$	罩口面积 $F=Bh$ 或 $F=\pi d^2/4$；m^2，d—罩口直径，m
	台上或落地式	$h/B \geqslant 0.2$ 或圆口	$V=0.75(10x^2+F)v_x$	罩口面积 $F=Bh$ 或 $F=\pi d^2/4$，m^2，d—罩口直径，m
	台上		有边 $V=0.75(10x^2+F)v_x$ 无边 $V=(5x^2+F)v_x$	罩口面积 $F=Bh$ 或 $F=\pi d^2/4$；m^2，d—罩口直径，m
条缝侧集罩	无边	$h/B \leqslant 0.2$	$V=3.7Bxv_x$	$v_x=10m/s$；$\zeta=1.78$；B—罩宽，m；h—条缝高度，m；x—罩口至控制点的距离，m
	有边	$h/B \leqslant 0.2$	$V=2.8Bxv_x$	同上
	台上	$h/B \leqslant 0.2$	无边 $V=2.8Bxv_x$ 有边 $V=2Bxv_x$	同上
上部集气罩	冷设备	按操作要求	侧面无围挡时 $V=1.4PHv_x$ 两侧有围挡时 $V=(W+B)Hv_x$ 三侧有围挡时 $V=WHv_x$ 或 $V=BHv_x$	P—槽口周长，m；W—罩口长度，m；B—罩口宽度，m；$v_x=0.25\sim2.5m/s$；$\zeta=0.25$；H—污染源至罩口距离，m
	热设备	低悬罩 ($H<1.5\sqrt{A}$)；圆形 $D=d+0.5H$；矩形 $W=W+0.5H$，$B=b+0.5H$	圆形罩 $V=167D^{2.33}\cdot(\Delta t)^{5/12}$，$m^3/h$；矩形罩 $V=211B^{3/4}\cdot(\Delta t)^{5/12}$，$m^3/(h\cdot m$ 长罩子)	D—罩子实际罩口直径，m；Δt—热源与周围空气温度差，℃；A—热源水平投影面积，m^2；B—罩子的实际罩口宽度，m；W—罩子长度，m
		高悬罩 ($H>1.5\sqrt{A}$)；圆形 $D=D_0+0.8H$	$V=v_0F_0+v'(F-F_0)$ $v_0=\dfrac{0.087f^{1/3}\cdot(\Delta t)^{5/12}}{(H')^{1/4}}$， $F_0=\pi D_0/4$ $D_0=0.433(H')^{0.8}$ $H'=H+2d$ $F=\pi D^2/4$	F—实际罩口面积，m^2；F_0—罩口处热气流断面积，m^2；v'—通过罩口过剩面积的气流速度，$0.5\sim0.75m/s$；d—热源直径，m；f—水平向上的热源的水平面积；Δt—热源与周围空气温度差，℃；D_0—罩口处热气流的直径
下部集气罩	冷设备	按操作要求	$V=(10x^2+F)v_x$	F—罩口面积，m^2
槽边集气罩	设在台上或槽上无边缝口罩	$h/B \leqslant 0.2$	$V=BWC$ 或 $V=2.8(BW)v_x$	h—按罩口速度 $v_x=10m/s$ 确定；C—风量系数，在 $0.25\sim2.5m^3/(m^2\cdot s)$ 范围内变化，一般采取 $0.75\sim1.25m/s$；$\zeta=2.34$

续表

名称	形式	罩子尺寸比例	排气量计算公式(m^3/s)	备注
半密闭集气罩	箱式		$V=Fv$	罩口面积 $F=W\cdot H$, m^2; v—罩口速度, m/s
	排气柜		用于热态时 $V=4.86\sqrt[3]{hqF}$; 用于冷态时 $V=Fv$	h—工作口高度, m; q—柜内发热量, kW/s; F—工作口面积, m^2; v—工作口平均速度 0.5～1.5m/s
密闭集气罩	整体密闭罩		$V=Fv$	F—缝隙面积; v—缝隙风速≈5m/s
吹吸罩	V_2 W H 10° V_1 D		H—集气罩高度 $=D\tan10°=0.18D$, m; $V_1=\frac{1}{DE}V_2$; D—射流长度, m; E—进入系数; V_2 1830～2750m^3/(h·m^2 槽面); W—按喷口速度 5～10m/s 确定	射流长度 D(m) / 进入系数 E: <2.5 / 2.0; 2.5～5.0 / 1.4; 5.0～7.5 / 1.0; >7.5 / 0.7

3. 集气罩压力损失

集气罩的压力损失计算如式 (5-14) 所示。

$$\Delta p=\xi p_v=\xi\frac{\rho v^2}{2}\quad(\text{Pa})\tag{5-14}$$

式中　ξ——压力损失系数；

ρ——所抽吸臭气的密度，kg/m^3；

v——罩口臭气流速，m/s。

压力损失系数可参考表 5-26 确定。

集气罩的压损系数　表 5-26

罩子名称	喇叭口	圆台或天圆地方	圆台或天圆地方	管道端头	有边管道端头
罩子形状					
压损系数 ζ	0.04	0.235	0.49	0.93	0.49
罩子名称	有弯头的管道接口	有弯头有边的管道端头	有格栅的下吸罩	砂轮罩	
罩子形状					
压损系数 ζ	1.61	0.825	0.49	0.56	

5.5.2 污水处理厂集气罩常用形式

污水处理厂构筑物一般比较大，为减少除臭风量，一般采用密闭罩的集气罩形式。密闭加盖方式可分为构筑物全封闭式的加高盖和只对敞口部分加矮盖方式。两种方式比较如下：

(1) 加高盖，具体做法是在需加盖的构筑物上加一个高度约 2～2.5m 的大盖，将所有的池面、走道、设备均罩在里面，四周用板封闭。

(2) 加矮盖，具体做法是在构筑物水面上加一个高度不超过 1m 的盖，将所有的走道、设备均露在盖外，仅将污水水面罩住。

两种加盖形式的比较如表 5-27 所示，在条件允许的情况下建议尽可能加矮盖。

加盖方案比较　　表 5-27

比较项目	加高盖	加矮盖
加盖投资	加盖面积大、空间大、投资费用高	加盖面积小、空间小、投资费用低
除臭设备投资	加盖除臭风量大，除臭设备费用高	加盖除臭风量小，除臭设备费用低
操作管理	将走道、设备均罩在里面，运行操作管理环境差，操作管理不便	将走道、设备均露在罩外，运行操作管理环境较好，操作管理方便
对设备影响	对设备腐蚀严重，使用寿命短	对设备基本没有腐蚀，延长了设备使用寿命

目前常用的集气罩分别如图 5-15～图 5-21 所示。

(1) 当构筑物为圆形时，如污泥浓缩池等，可采用图 5-15 或图 5-16 所示的集气罩，图 5-15所示的圆槽集气罩采用玻璃钢制作，易于和金属结合作业，采用的弧形结构具有足够的强度，可耐风压和积雪荷载，可作大跨度集气罩，国外已有应用于直径 23 m 构筑物的实例。图 5-16 所示为钢支撑反吊氟碳纤膜集气罩（简称索膜集气罩），该集气罩采用了抗腐蚀能力较强的氟碳纤膜将构筑物罩住，钢结构在外侧将氟碳纤膜悬吊，可防止恶臭气体对钢结构腐蚀，可用于大跨度的构筑物，具有自重轻、结构多样、造型美观的优势，但与玻璃钢材料相比，造价偏高，使用年限偏短。

图 5-15　玻璃钢圆槽集气罩

(2) 当构筑物需要经常检查维护时，可采用图 5-17 或图 5-18 所示的可移动的集气罩。图 5-17 所示的滑动式集气罩下部有门轴，地面铺轨道，可推拉式滑动，但具有气密性不完全的缺点；图 5-18 所示的电动开关式集气罩目前在国外也已被较多的采用，也可设计成手动式。

（3）当机械设备较大时，如格栅井等，可采用图 5-19 所示的集气室，缺点是外形较大，造价相应会有所上升，而且当在室内操作时，需要增加室内的换气比。

（4）当构筑物为地埋式或污水渠道等，可采用图 5-20 或图 5-21 所示的组装式集气板进行覆盖，以玻璃钢材料制作，其周围和中间均以加固材料加固，因此工作人员在上面行走也没关系。

图 5-16 索膜集气罩

图 5-17 滑动式集气罩

图 5-18 电动开关式集气罩

图 5-19 大设备集气室

总之，针对不同形式的构筑物，需因地制宜，选择相应的集气罩形式。

目前常用集气罩材料的性能和经济性对比如表 5-28 和图 5-22 所示，根据对比结果，推荐尽可能采用玻璃钢材料。玻璃钢材料也是目前最常用的集气罩材料，它具有美观、耐腐、抗候、轻便、可拆卸、气密性好等综合特征，并阻燃和抗静电。玻璃钢的色彩可以形成本色，所以不会脱落，而且耐光性好，可以被制成各种颜色和形状的产品。利用成型的玻璃钢集气罩，在确保轻便、美观的同时，还保证了密闭系统的强度要求。

图 5-20 组装式集气板

图 5-21 室内双层集气罩

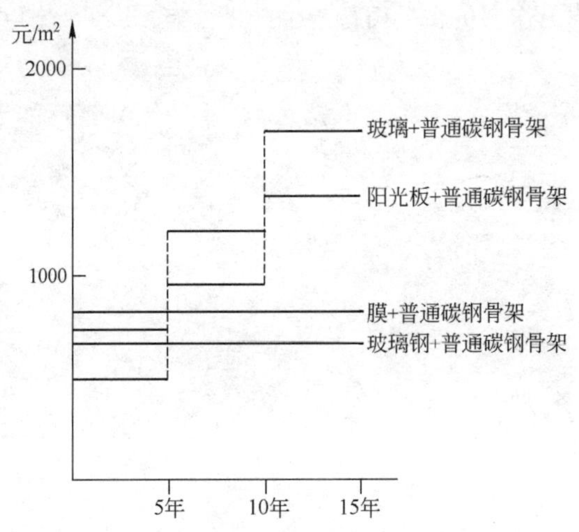

图 5-22 各种集气罩材料的经济性分析（15 年周期）

常用集气罩材料的性能对比 **表 5-28**

材料	耐腐性	造价	强度	抗老化性	热膨胀系数	使用年限
不锈钢	较好	很高	较高	很好	较低	＞30 年
玻璃钢	较好	较高	较高	很好	较低	25 年左右
PVC	较好	较低	一般	较差	较高	10 年左右
彩钢板	较好	较低	较低	较差	较高	3～5 年
氟碳纤膜	较好	较高	较高	较好	一般	10～15 年

5.5.3 集气罩发展趋势

针对现有许多密闭罩景观性较差的问题，有些要求较高的污水处理厂在构筑物外部建设了各种造型的砖混建筑物，从视觉上排除了污水处理厂给人的不良印象。广州西丽中水处理厂的应用如图 5-23 和图 5-24 所示。有些污水处理厂在厂房式密闭罩的基础上又进一步将砖混结构改为钢筋混凝土结构，外部可以设计为绿化甚至公园，或健身娱乐设施。如苏州城东污水处理厂、合肥塘西河污水处理厂、深圳滨河污水处理厂、广州京溪地下净水厂等，各密闭罩如图 5-25～图 5-28 所示。

图 5-23　广州西丽中水厂房式密闭罩内部

图 5-24　广州西丽中水厂房式密闭罩外部

图 5-25　深圳滨河污水处理厂生化池上部（半高罩）封闭式池顶

图 5-26　深圳滨河污水处理厂生化池半高罩外部及内部

5.5.4　集气罩基本技术要求

（1）考虑拆卸和人工搬运，盖板分成小块制作。

（2）集气罩与集气罩之间、集气罩与水池池面之间连接处应密封连接，防止恶臭气体泄露。

（3）集气罩考虑承受安装人员的重量，集气罩整体荷载不低于 200kg/块。

（4）集气罩考虑抗老化性能和抗弯曲负荷；集气罩除采用拱形结构外，集气罩上的凹凸形

图 5-27 日本落合水再生中心公园式高罩上部

图 5-28 日本落合水再生中心公园式高罩内部

状加强筋和侧面两道法兰边加强，以确保集气罩长期使用不变形。

（5）集气罩具有良好的泄水性，风阻小的特点。

（6）集气罩的整体使用寿命不低于 10 年。

（7）进水口和测定仪位置的盖板上开检修孔和操作孔，每条沟两端的侧封板上均设一扇观察小门。

（8）装排气管道的集气罩在承受排气管道及其支撑件重量的同时还能承受两位安装人员的重量。

（9）玻璃钢集气罩采用拱形结构凹凸形状，块与块之间的连接采用凹凸槽搭接，搭接处采用软丁腈橡胶密封，拱顶部分不采用螺栓等连接件；拱形结构应保证在使用期内不产生变形下沉、断裂；集气罩和池边用膨胀螺栓连接，集气罩边和池上口之间采用厚 10mm 的橡胶板做密封，池边上口用混凝土找平。

（10）集气罩材料应满足相关的材料标准要求。玻璃钢制品性能指标如表 5-29 所示。玻璃钢集气罩还应进行荷载人工试验，如图 5-29 所示。

玻璃钢制品性能指标 **表 5-29**

项目	单位	数据	测试执行标准
密度	g/cm^3	1.6～2.2	GB/T 1463—2005
抗拉强度	MPa	>215.8	GB/T 1447—2005

续表

项目	单位	数据	测试执行标准
弯曲强度	MPa	>147	GB/T 1449—2005
巴氏硬度		≥35	GB/T 3854—2005
热变形温度	℃	<200	GB/T 1634—2004
固化度	%	>85	GB/T 2576—2005
树脂含量	%	45～70	GB/T 2577—2005
耐硫酸	%	25	GB/T 3857—2005
耐盐酸	%	10	GBT/T 3857—2005
耐硝酸	%	5	GB/T 3857—2005
耐氢氧化钠	%	5	GB/T 3857—2005

5.5.5　常用集气罩评价

臭气源的密闭是整个污水处理厂除臭系统中十分重要的一环。密闭效果、密闭形式和密闭材料的确定直接关系整体除臭效果、造价、使用寿命和污水处理厂的景观。臭气源密闭系统应便于操作维护，应设置必要的设备、设施和仪表以保证操作工人的身体健康和人身安全，应不影响主体污水处理工艺的正常运行。臭气源常用的密闭形式可分为基本型和景观协调型。其中基本型又可按以下不同方法进行分类。

图 5-29　玻璃钢集气罩荷载人工试验

(1) 按照材料可分为：不锈钢、玻璃钢、玻璃卡普隆板（阳光板）、氟碳纤维膜、钢筋混凝土。

(2) 按照安装的空间大小可分为：低罩、高罩。

景观协调型一般为钢筋混凝土结构。如果为高罩，常由双重密闭系统构成。内部为基本型低罩密闭系统，外部为按照一定的景观要求设计的密闭系统，常用的形式有建筑型和公园型。

不同类型污水处理厂密闭形式的适用性可按表 5-30 选取。

污水处理厂臭气密闭罩常用形式和材质　　表 5-30

密闭系统	低　　罩	高罩
基本型	不锈钢、玻璃钢、玻璃卡普隆板(阳光板)、氟碳纤维膜、钢筋混凝土	氟碳纤维膜
景观协调型	钢筋混凝土	建筑、钢筋混凝土

5.6 恶臭气体输送

恶臭气体的输送包括管道系统和动力设备系统，是除臭工程设计中不可缺少的组成部分，合理的设计、施工和使用，不仅能充分发挥控制装置的效能，而且直接关系到设计和运行的经济合理性。

5.6.1 恶臭气体管道输送系统

1. 管道布置的一般原则

管道的布置需要遵循以下原则：

(1) 管道敷设分明装和暗设，应尽量明装，采用架空敷设方式。

(2) 布置管道时，对所有管道应统一考虑，统一布置，力求简单、紧凑，安装操作和检修要方便，并使管道短、占地和空间少、投资省，在可能的条件下做到整齐美观。

(3) 管道应尽量集中成列、平行敷设，并应尽量沿墙或柱敷设。

(4) 管道与梁、柱、墙、设备及管道之间保持一定的距离，以满足施工、运行、检修和热胀冷缩的要求，管道外壁距墙的距离不小于150～200mm，管道距梁、柱、设备的距离可比距墙的距离减少50mm，但该处不应有焊接接头，两根管道平行布置时，管道外表面的间距不小于150～200mm。

(5) 通风系统各并联管段间的压力损失相对差额不大于15%，必要时采用阀门调节。

(6) 风管的压力损失在计算以后，附加10%～15%的安全余量。

(7) 风管尽量采用圆形截面，其截面尺寸按现行《全国通用风管道计算表》选用。

(8) 为排除风管内壁可能出现的凝结水，水平管道应有一定的坡度，以便于放气、放水、疏水和防止积尘，一般坡度为0.002～0.005。在风管最低点的底部设置专用排水管道，在必要时排出冷凝水，就近接至附近污水管道。

(9) 当集气罩（即排气点）较多时，可以全部集中在一个净化系统中（称为集中式净化系统），也可以分为几个净化系统（称为分散式净化系统）。同一个污染源的一个或几个排气点设计成一个净化系统，称为单一净化系统。

(10) 管道应尽量避免遮挡室内采光和妨碍门窗的启闭；应避免通过电动机、配电盘、仪表盘的上空；应不妨碍设备、管件、阀门和人孔的操作和检修；应不妨碍吊车的工作。

(11) 管道通过人行横道时，与地面净距不应小于2m；横过公路时，不得小于4.5m；横过铁路时，与铁轨面净距不得小于6m。

(12) 管道和阀门的重量不宜支撑在设备上，应设支、吊架。保温管道的支架上应设管托。

(13) 以焊接为主要连接方式的管道，应设置足够数量的法兰连接；以螺纹连接为主的管道，应设置足够数量的活接头（特别是阀门附近），以便于安装、拆卸和检修。

(14) 管道的焊缝位置一般应布置在施工方便和受力较小的地方。焊缝不得位于支架处。焊缝与支架的距离不应小于管径，至少不得小于200mm。两焊口的距离不应小于200mm。穿过墙壁和楼板的管段不得有焊缝。

2. 风管支架设计

风管支架的设计按照国家建筑标准设计图集《风管支吊架》03K132和《通风管道技术规程》JGJ 141—2004执行。

斜撑型钢支架的设计要求如下：

（1）玻璃钢风管水平安装横担选用如表5-31所示规格的角钢或槽钢。

玻璃钢风管水平安装横担规格　表5-31

管径(mm)	≤630	≤1000
角钢横担	∟25×3	∟40×4
槽钢横担	⊏40×20×1.5	⊏40×20×1.5

（2）玻璃钢风管水平安装支吊架最大间距应符合表5-32的规定。

玻璃钢风管水平安装支吊架间距　表5-32

管径(mm)	≤400	≤1000
最大间距(mm)	≤4000	≤3000

（3）支吊架均避开风口、阀门、检查门和其他操作部位，距离风口或插接管不宜小于200mm。

（4）风管垂直支架间距应小于或等于3000mm，每根垂直风管不应小于2个支架。

（5）风管的托座和抱箍所采用的扁钢不应小于30×4，托座和抱箍的圆弧应均匀且与风管的外径一致，托架的弧长应大于风管外周长的1/3；抱箍支架的紧固折角应平直，抱箍应箍紧风管。

（6）风管安装后，支、吊架受力应均匀，且无明显变形，吊架的横担挠度应小于9mm。

（7）每20m至少设置一个防止风管摆动的固定支架。

3. 管径选择

要使得管道系统设计经济合理，必须选择适当的流速，使投资和运行最为经济，并防止磨损、噪声和粉尘沉降和堵塞。在已知除臭风量和预先选取流速时，管道内径可按式（5-15）计算。

$$d=18.8\sqrt{\frac{V}{v}} \tag{5-15}$$

式中　d——管径，mm；

V——体积流量，m^3/h；

v——管内平均流速，m/s。

管径的选择主要在于选取合适的流速，使其技术经济合理。

一般的恶臭气体收集管道不需要考虑粉尘沉降问题，其风速可按表5-33选定。

一般通风系统风管内风速（m/s） 表 5-33

风管类型	塑料风管	砖及混凝土风道
干管	6～14	4～12
支管	2～8	2～6

4. 管内压力损失计算

恶臭气体的流动一般可视为单相流，单相流管道系统内的流体总压力损失可按式（5-16）～式（5-20）计算。

$$\Delta p=\Delta p_H+\Delta p_v+\Delta p_l+\Delta p_m+\sum\Delta p_i \quad (5\text{-}16)$$

$$\Delta p_H=(H_2-H_1)\rho g \quad (5\text{-}17)$$

$$\Delta p_v=\frac{\rho v_0^2}{2} \quad (5\text{-}18)$$

$$\Delta p_l=l\frac{\lambda}{4R}\cdot\frac{\rho v^2}{2}=lR_l \quad (5\text{-}19)$$

$$\Delta p_m=\zeta\frac{\rho v^2}{2} \quad (5\text{-}20)$$

式中 Δp——管道系统内的总压力损失；

Δp_H——上升管静压压力损失；

Δp_v——加速度压力损失，或称自由水头；

Δp_l——摩擦压力损失，或称沿程压力损失；

Δp_m——局部压力损失；

$\Sigma\Delta p_i$——各种设备压力损失之和，包括净化设备和集气罩等；

H_1——管道始端的标高，m；

H_2——管道终端的标高，m；

g——9.81m/s^2；

R_l——单位长度（m）管道的摩擦压力损失，Pa/m；

λ——摩擦压损系数，需要计算或查图表；

v——管道内流体的断面平均流速，m/s；

R——管道的水力半径，m，$R=\frac{A}{x}$；

A——流体断面积，m^2；

x——湿周，m；

ζ——局部阻力系数。

因为气体密度很小，所以 Δp_H 和 Δp_v 值皆很小可忽略不计。

5. 风管系统设计

由于管路较长、管配件较多，恶臭气体在经过各管道输送时会不可避免地产生压力损失，因此，各并联支管间有必要进行阻力平衡计算，使各并联支路间的压力差不超过15%。

5.6.2 动力设备系统

1. 动力设备的选择

根据输送气体的性质和风量范围，确定所选通风机的类型。输送清洁空气时可选用一般通风机，在城市污水处理厂除臭系统中，恶臭气体含有一定的腐蚀性，应选用防腐蚀通风机。

通风机类型确定后，可以根据管道系统的除臭风量和总压力损失确定选择通风机时所需的风量和风压。

选择通风机的风量应按式（5-21）计算：

$$Q_0=(1+K_1)Q \tag{5-21}$$

式中 Q_0——通风机风量，m^3/h；

Q——管道系统总除臭风量，m^3/h；

K_1——考虑系统漏风所采用的安全系数，一般管道系统取 0～0.1。

通风机的风压按式（5-22）计算：

$$\Delta p_0=(1+K_2)\Delta p\frac{\rho_0}{\rho}=(1+K_2)\Delta p\frac{Tp_0}{T_0p} \tag{5-22}$$

式中 Δp_0——通风机风压，Pa；

Δp——管道系统的总压力损失，Pa；

K_2——考虑管道系统压损计算误差等所采用的安全系数，一般管道取 0.1～0.15；

ρ_0，p_0，T_0——通风机性能表中给出的空气密度、压力和温度；

ρ，p，T——运行工况下管道系统总压力损失计算中采用的气体密度、压力和温度。

计算出 Q_0 和 p_0 后，可按通风机产品给出的性能曲线或表格选择所需通风机的型号。

所需电动机的功率可按式（5-23）计算。

$$N_e=\frac{Q_0\Delta p_0K}{3600\times1000\eta_1\eta_2} \tag{5-23}$$

式中 N_e——电动机功率，kW；

K——电动机备用系数，对于通风机，电动机功率为 2～5kW 时取 1.2，大于 5kW 时取 1.3；对于引风机取 1.3；取值详见表 5-34；

η_1——通风机全压功率，可从通风机样本查得，一般为 0.5～0.7；

η_2——机械传动效率，对于直联传动为 1，联轴器直接传动为 0.98，三角皮带传动（滚动轴承）为 0.95。

通风机电机容量备用系数 **表 5-34**

轴功率	电机容量备用系数 K	轴功率	电机容量备用系数 K
<0.5	1.5	2～5	1.2
0.5～1	1.4	>5	1.15
1～2	1.3		

由于污水处理构筑物内的污水具有一定的温度，溢散恶臭气体一般认为是水蒸气饱和气体。其次恶臭气体在输送过程中的压缩作用，易产生水珠，如进风机口前不安装除雾或除水

器，则易造成风机进水，影响风机的正常运行。因此，风机进口前应安装除雾或除水设备。

风机底部一般需设隔振基座，若风机为户外型，同时还需设置隔声箱以防止噪声，根据《工业企业设计卫生标准》GBZ 1—2010，噪声不应超过 85dB。

2. 风机位置选择

(1) 前置风机

对恶臭进行完全收集是有效控制恶臭的前提。一般来说，常用的恶臭收集方法是在覆盖以后由通风机将外部空气打入内部，通过强制排风，将恶臭气体送入后续处理构筑物或高空排放。该方法的缺点是：①对收集系统、处理系统和相应管路系统的密封性要求高，否则恶臭气体容易从缝隙处外溢，以污水收集系统常见的致臭物质 H_2S 为例，其嗅阈值仅为0.0005mg/L，只要有少量的恶臭物质泄露，必然会引起恶臭问题；②通风量大，造成后续处理构筑物体积庞大，投资增加，运行费用也高。

(2) 后置风机

覆盖以后，在后置通风机的抽吸下，污水液位上部形成一定程度的微负压，恶臭气体不仅无法外溢，外面的空气反而受内外压差的作用从预留呼吸阀处进入覆盖板下面，这样，恶臭不可能向外泄露。

5.7 恶臭气体处理

恶臭气体的处理一般有燃烧除臭、化学氧化除臭、洗涤除臭、吸附除臭、生物除臭和其他物化除臭等技术。

5.7.1 燃烧除臭

燃烧除臭有直接燃烧法和催化燃烧法两种。

1. 直接燃烧法

直接燃烧一般将燃料气和恶臭气体充分混合，在 600～1000℃下实现完全燃烧，最终产物为 CO_2 和水蒸气，使用本法时要保证完全燃烧，否则部分氧化可能会增加臭味。进行直接燃烧必须具备三个条件：

(1) 恶臭物质和高温燃烧气在瞬间内进行充分的混合。

(2) 保持恶臭气体所必须的燃烧温度（700～800℃）。

(3) 保证恶臭气体全部分解所需的停留时间（0.3～0.5s）。

直接燃烧法适于处理气量不太大、浓度高、温度高的恶臭气体，其处理效果比较理想，同时燃烧时产生的大量热还可通过热交换器进行废热的有效利用，但是它的不足是消耗一定的燃料。

2. 催化燃烧法

使用催化剂，恶臭气体与燃烧气的混合气体在 200～400℃ 发生氧化反应去除恶臭气体，催化燃烧法的特点是装置容积小，装置材料及热膨胀问题容易解决，操作温度低，节约燃料，不会引起二次污染等。缺点是只能处理低浓度恶臭气体，催化剂易中毒和老化等。

图 5-30 所示是常见的燃烧除臭塔。

图 5-30　燃烧除臭塔

5.7.2　化学氧化除臭

直接燃烧法和催化燃烧法均属于空气氧化法，而化学氧化法则是利用氧化剂如臭氧、高锰酸钾、次氯酸盐、氯气等物质氧化恶臭物质，使之变成无臭或少臭的物质。

恶臭物质氨、三甲胺、硫化氢等采用臭氧处理和水洗处理可除去恶臭气体 85%，但氨只能去除 50%左右，因此仅用臭氧处理还不够，还必须进行水洗处理才能达到良好的效果。

图 5-31 为化学氧化法原理示意和反应器外形图。

5.7.3　洗涤除臭

1. 洗涤除臭原理

洗涤法的原理是通过气液接触使气相中的污染物成分转移到液相中，传质效率主要由气液两相之间的亨利常数和两者间的接触时间而定，使用洗涤法去除气体中的含硫污染物（如 H_2S、CH_3SH）时，可在水中加入碱性物质以提高洗涤液的 pH 值或加入氧化剂以增加污染物在液相中的溶解度，洗涤过程通常在填充塔中进行以增加气液接触机会，化学洗涤器的主要设计是通过气、水和化学物（视需要）的接触对恶臭气体物质进行氧化或截获。主要的形式有单级反向流填料塔、反向流喷射吸收器、交叉流洗脱器。在大多数的单级洗脱器中，洗脱液通常循环使用。常用的氧化洗脱液有次氯酸钠、高锰酸钾和过氧化氢溶液。由于安全和操作问题，一般氯气不太常用。当恶臭气体中的硫化氢浓度比较高时，氢氧化钠也被用作洗脱液。

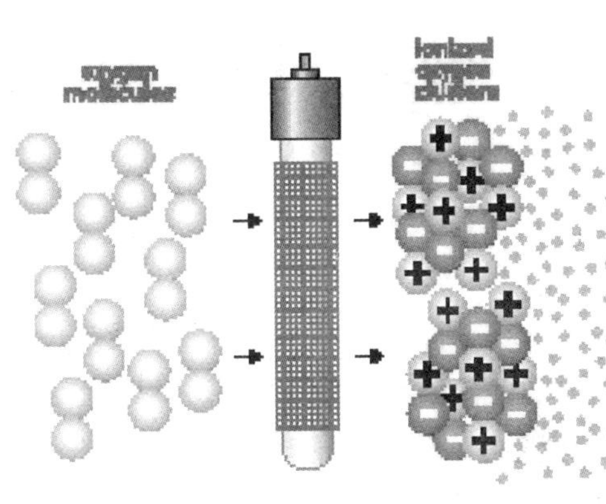

图 5-31　化学氧化法原理示意和反应器外形

根据洗涤液的种类，洗涤法可分成碱液洗涤、氧化洗涤和催化洗涤等几种。

(1) 碱液洗涤

当臭气中的污染物成分主要为硫化氢时，该法十分有效，硫化氢溶入液相中发生如式

(5-24) 和式 (5-25) 所示的反应：

$$H_2S+H_2O \longrightarrow HS^- +H_3O^+ \qquad p\hat{Ka}=7.04 \quad (25°C) \tag{5-24}$$

$$HS^- +H_2O \longrightarrow S^{2-} +H_3O^+ \qquad p\hat{Ka}=11.96 \quad (25°C) \tag{5-25}$$

由 $p\hat{Ka}$值可看出，当 pH=8～11 时，大部分反应如式 (5-24) 所示，当 pH 值继续升高到 11 以上时，则式 (5-25) 的反应占优势，本法同样可用于硫醇的去除，当 pH 值大于 11 时，甲基硫醇将发生式 (5-26) 所示的反应：

$$CH_3SH+H_2O \longrightarrow CH_3S^- +H_3O^+ \qquad p\hat{Ka}=9.70 \quad (25°C) \tag{5-26}$$

但当气体中的二氧化碳浓度较高时，会发生式 (5-27) 和式 (5-28) 的副反应，导致处理成本增高：

$$H_2CO_3 \longrightarrow HCO_3^- +H^+ \tag{5-27}$$

$$HCO_3^- \longrightarrow CO_3^{2-} +H^+ \qquad p\hat{Ka}=10.25 \quad (25°C) \tag{5-28}$$

Mansfield 研究指出，碱液洗涤法去除气体中的硫化氢时，由于空气中二氧化碳存在的关系，真正用于去除硫化氢的碱液只有 44%，本法还有一个缺点，当 pH 值大于 10 时，会在洗涤液中形成碳酸钙和碳酸镁沉淀物造成洗涤塔滤料和喷嘴的堵塞。

(2) 氧化洗涤

氧化洗涤液主要为次氯酸盐，随着水中 pH 值的不同，会形成次氯酸盐 (ClO^-，pH>6)、次氯酸 (HClO，pH=2～6)、氯 (Cl_2，pH<2) 等形式，以 pH=9～10 为例，硫化氢会发生式 (5-29) 和式 (5-30) 所示的反应：

$$H_2S+4NaOCl \longrightarrow 4NaCl+H_2SO_4 \tag{5-29}$$

$$H_2S+NaOCl \longrightarrow NaCl+H_2O+S \tag{5-30}$$

本法的洗涤液的 pH 值需控制在 9 以下，基本上没有上述因二氧化碳溶入液相而导致的沉淀问题，由于次氯酸具有很强的氧化性，可同时去除其他一些有机污染物。

对高锰酸钾会发生式 (5-31) 和式 (5-32) 所示的反应：

$$3H_2S+2KMnO_4 \longrightarrow 3S+2KOH+2MnO_2+2H_2O \quad (\text{酸性 pH}) \tag{5-31}$$

$$3H_2S+8KMnO_4 \longrightarrow 3K_2SO_4+2KOH+8MnO_2+2H_2O \quad (\text{基本 pH}) \tag{5-32}$$

对过氧化氢会发生式 (5-33) 所示的反应：

$$H_2S+H_2O_2 \longrightarrow S\downarrow+2H_2O \quad (pH<8.5) \tag{5-33}$$

在式 (5-29) 中，每 1mg/L 硫化氢需要 8.74mg/L 的次氯酸钠，如果硫化氢以硫表示，则为 9.29mg/L。另外，每 1mg/L 硫化氢还需 2.35mg/L 的氢氧化钠补偿反应消耗的碱度。在实际操作中，按式 (5-29) 反应所需的次氯酸钠投加量为去除每 1mg/L 硫化氢需 8～10mg/L。按式 (5-30) 反应所需的次氯酸钠投加量为去除每 1mg/L 硫化氢需 2.19mg/L。

当采用高锰酸钾时，反应通常按照式 (5-31) 和式 (5-32) 进行。其反应产物根据处理污水的成分包括元素硫、硫酸盐、硫代硫酸盐、连二硫酸盐和硫化锰等。对于式 (5-31) 和式 (5-32) 去除每 1mg/L 硫化氢分别需要 2.8mg/L 和 11.1mg/L 的高锰酸钾。在实际操作中，氧化每 1mg/L 硫化氢分别需要 6～7mg/L 的高锰酸钾。因为其价格较贵，高锰酸钾通常用在小规模的场合。

在式（5-33）的反应中，去除每 1mg/L 硫化氢需要 1.0mg/L 的过氧化氢。在实际操作中，过氧化氢的投加量为每 1mg/L 硫化氢需要 1～4mg/L 的过氧化氢。

（3）催化洗涤

一般空气中的硫化氢溶入水中后，会被水中的溶解氧氧化，但若没有催化剂存在，上述反应速率极慢。本法主要是在催化剂（如 Fe^{3+}）存在的情况下，利用氧气将硫化氢氧化，Mansfield 等在其研究中使用的洗涤液，铁离子以类似于 EDTA 有机螯合物的形态存在，加速将硫化氢氧化成硫，反应如式（5-34）和式（5-35）所示：

$$H_2S + 2[Fe^{3+}] \longrightarrow S + 2[Fe^{2+}] + 2H^+ \tag{5-34}$$

$$2[Fe^{2+}] + 0.5O_2 + 2H^+ \longrightarrow 2[Fe^{3+}] + H_2O \tag{5-35}$$

药剂可使用 $Fe_2(SO_4)_3$，以其研究结果为例，当硫化氢浓度在（20～190）$\times 10^{-6}$（20～190mg/L）时，水中最适 pH 值为 8.5～9.0，铁离子浓度在（200～250）$\times 10^{-6}$（200～250mg/L）时，本法的去除率可达 96%，去除 1kg 硫化氢所需化学药剂的成本只需 0.96ECU，成本远低于其他两种洗涤法。

由于上述各个反应的复杂性，特别是有竞争反应存在时，实际的投加量应通过试验确定。

当恶臭气体中的其他气体很少时，次氯酸钠洗涤器能有效去除可氧化的恶臭气体。表 5-35 是单级洗涤塔的典型恶臭气体去除率。当洗涤塔的出气浓度高于期望值时，可采用多级系统。为了减少洗涤塔中的沉淀，补偿水的硬度应小于 50mg/L（以 $CaCO_3$ 计）。

次氯酸钠洗涤塔对恶臭气体的去除效果　　表 5-35

气体名称	去除效率(%)	气体名称	去除效率(%)
硫化氢	98	硫醇	90
氨气	98	其他可氧化物	70～90
二氧化硫	95		

2. 洗涤除臭反应器

典型的洗涤除臭反应器如图 5-32 所示。

洗涤除臭反应器一般设计成填料塔的形式。填料塔内充以某种特定形状的固体物填料，以构成填料层，填料层是塔内实现气、液接触的有效部位。填料层的空隙体积所占比例颇大，气体在填料间隙所形成的曲折通道中流过，提高了湍动程度；单位体积填料层内有大量的固体表面，液体分布于填料表面呈膜状流下，增大了气液之间的接触面积。

图 5-32　洗涤除臭反应器

填料塔内的气、液两相流动方式，原则上可为逆流也可为并流。一般情况下塔内液体作为分散相，总是靠重力作用自上而下地流动；气体靠压强差的作用流经全塔，逆流时气体自塔底进入而自塔顶排出，并流时则相反。在对等的条件下，逆流方式可获得较大的平均推动力，因而能有效的提高过程速率。从另一方面来讲，逆流时，降至塔底的液体恰好与刚进塔的混合气体接触，有利于提高出塔吸收液的浓度，从而减小吸收剂的耗用量；升至塔顶的气体恰好与刚刚进塔的吸收剂相接触，有利于降低出塔气体的浓度，从而提高溶质的吸收率。所以，吸收塔通常都采用逆流操作。

吸收塔的工艺计算，在选定吸收剂的基础上确定吸收剂用量，继而计算塔的主要工艺尺寸，包括塔径和塔的有效段高度。根据气液传质设备内的流体力学问题，确定适宜的空塔气速。

在逆流操作的填料塔内，液体从塔顶喷淋下来，依靠重力在填料表面作膜状流动，液膜与填料表面的摩擦及液膜与上升气体的摩擦构成了液膜流动的阻力。因此液膜的厚度取决于液体和气体的流动。液体流量越大，液膜越厚；当液体流量一定时，上升气体的流量越大，液膜也越厚。液膜的厚度直接影响到气体通过填料层的压强降、液泛速度及塔内液体的持液量等流体力学性能。

3. 洗涤除臭反应器设计参数

气液比和气体停留时间（Gas Resistant Time，GRT）是影响水洗效果的两个关键因素。

洗涤吸附效率由平衡条件所限制。液气流量比率是重要因素，因为增加液气流量比率将减少传递单元设备。气流速度受液流速度限制，取决于气体和洗涤塔的物理性能，通常最佳气速约为50％～70％的液流速。洗涤设计的一个最重要参数是气液接触面积。

通常使用的洗涤液为：

（1）硫组分：碱溶液（NaOH）或更佳的碱氧化液；

（2）氮组分：酸溶液或更佳的酸氧化液；

（3）醛、酸和酮：碱的氧化液或有时是弱碱和还原溶液（二硫化钠）。

恶臭气体在不同温度下在水中的溶解度如表5-36所示。

恶臭气体在不同温度下在水中的溶解度 **表5-36**

温度(℃)	氨	硫化氢	二氧化硫
0	85.6	0.7066	22.83
4	79.6	0.6201	19.98
8	72.0	0.5466	17.40
12	65.1	0.4814	15.09
16	58.7	0.4287	13.05
20	53.1	0.3846	11.28
24	48.2	0.3463	9.76
26			9.06
28	44.0	0.3130	8.43
30			7.80

注：溶解度为100g水中气体溶解克数，压力为1个大气压。

填料塔压力降为1.5～3.3cmH_2O/m填料时，液体流速为120～180cm/s。

在填料塔中的气液传递效率取决于臭气的性能和浓度，主要设计参数为：

（1）液体在填料塔中的雾化程度；

（2）填料的接触面积，通常为 100～200m^2/m^3；

（3）填料的数量，特别是填料的高度，一般为 1～2m；

（4）气体停留时间（0.5～4s/塔）和气体流速；

（5）液体与被处理气体的流量关系，约 1～5L 液体/Nm^3 气体；

（6）洗涤液 pH 值（用酸或碱连续调节）和氧化还原电位（通常用氧化剂连续调节）。

5.7.4　吸附除臭

1. 吸附除臭原理

吸附除臭法就是依据多孔固体吸附剂的化学特性和物理特性使恶臭物质积聚或凝缩在其表面上而达到分离的一种除臭方法。吸附除臭在环境工程领域的应用非常广泛，其技术关键在于吸附剂应具有较大的吸附容量和较快的吸附速率。吸附除臭法可以分为物理吸附和化学吸附。

目前国内外最广泛应用的吸附剂是活性炭。因为活性炭有很大的比表面积，对恶臭物质有较大的平衡吸附量，当待处理气体的相对湿度超过 50%时，气体中的水分将大大降低活性炭对恶臭气体的吸附能力，而且由于有竞争性吸附现象，对混合恶臭气体的吸附不彻底。为了克服传统活性炭吸附在进气湿度和吸附容量方面的缺陷，研究发现利用化学吸附作用或通过加注微量其他气体的途径可以提高去除效率。前者的特点是再生性能好，容量大，可以根据应用场合的特点和要求生产出合适的吸附剂，例如浸渍碱（NaOH）可提高 H_2S 和甲硫醇的吸附能力；浸渍磷酸可提高氨和三甲胺的净化性能和吸附效果。注加氨气可提高活性炭床对 H_2S 和甲硫醇的吸附能力，而 CO_2 则可以提高对三甲胺等氨类的去除效果。采用碱液浸渍活性炭曾出现过着火燃烧的情况，原因是新鲜浸渍活性炭的活性很高，在某些情况下，会发出很大的吸附和反应热，造成局部温度过高。

活性炭纤维由于其微孔直接面向气流，表现出良好的吸附性能，因而可采用较短的吸附脱附周期。

设计活性炭吸附除臭系统时，应注意以下几个问题：

（1）活性炭类型：要求对所需脱臭物质有较高的吸附能力，吸附速率快，阻力损失少；

（2）吸附床形式：易再生，价格低廉；

（3）恶臭气体预处理：当恶臭气体的浓度较高，成分较为复杂，或恶臭气体中含有粉尘、气溶胶等杂质时，为了保证除臭效果，必须对气体进行预处理；

（4）吸附温度：一般控制温度在 40℃以下；

（5）吸附热。

迄今活性炭吸附仍然被认为是最有效的脱臭方法之一。其特点是对进气流量和浓度的变化适应性强，设备简单，维护管理方便，脱臭效果好，且投资不高，尤其适用于低浓度恶臭气体的处理。一般多用于复合恶臭的末级净化。在污水处理厂也可用作初级控制系统，其后可设置其他的方法或者工序进一步处理。对于一些只是间断运行的排气源恶臭气体，活性炭可以用来提高过滤器的缓冲能力，从而在设计上大大降低填料的容积需求。

但是由于活性炭价格昂贵，处理成本成为限制其广泛应用的主要因素，而且它还有不适宜于处理高浓度恶臭气体，每隔一段时间需要进行吸附剂再生的缺点。

在一般所使用的吸附剂中（如硅胶、活性炭、沸石、活性氧化铝、合成树脂），活性炭较常用来吸附气体中的含硫污染物，根据 Turk 的研究，活性炭对于硫化氢的吸附容量约为 $10kg/m^3$；硫化氢被吸附在活性炭表面以后，会发生化学氧化，且活性炭也具有催化功能，从而加强对硫化氢的吸附能力。

GAC（颗粒活性炭）对 NH_3 的吸附过程如式（5-36）所示。

$$t=\left(\frac{N_0}{C_0V}\right)X-\frac{1}{KC_0}\ln\left(\frac{C_0}{C_e}-1\right) \tag{5-36}$$

式中 t——运行时间，h；

N_0——吸附能力，mg/L；

C_0——进口 NH_3 浓度，mg/L；

V——水力负荷，cm/h；

X——床层深度，cm；

K——吸附速率常数，L/(mg·h)；

C_e——在泄露时期望 NH_3 浓度，mg/L。

根据 Turk 等人的研究，他们所用的颗粒活性炭的吸附能力为 0.6mgN/g 干 GAC。

2. 吸附除臭反应器

常用的吸附除臭反应器如图 5-33 所示。

图 5-33 吸附除臭反应器

活性炭吸附装置的特征：交换型活性炭吸附装置结构简单、操作容易，而且由于这种方式能够适应的对象非常多，所以实际使用的数量从一开始就多到其他方法无法比较的程度。

（1）吸附除臭反应器的优点

1）对常温下的低浓度恶臭气体，活性炭吸附法最适用；

2）装置的规模不受限制；

3）当进气浓度变化较大时，处理效率受到的影响不大；

4）装置结构简单，操作容易；

5）安全性好，基本上不产生二次污染；

6）使用的活性炭通过再生可以反复使用；

7）通过把送风机设置在活性炭吸附塔进风一侧的方法，活性炭层能够起到消声器的作用，可以大幅度地抑制噪声。

（2）吸附除臭反应器的注意事项

1）由于应用的气体成分往往在浓度极低的水平上进行，因此实际上求平衡吸附量非常困难；

2）恶臭几乎都不是由单一成分所产生，而是由多种气味物质所构成的复合恶臭气体产生，文献中的单品阈值只能作参考；

3）脱臭技术与工业过程的分离、精制等不同，多数场合含有粉尘、粘附物、湿度等妨碍活性炭吸附的物质，需要进行前处理；

4）恶臭气体湿度高的场合（相对湿度 80%以上），活性炭的吸附能力明显下降。一旦结露便几乎失去除臭效果，这时需要除湿或过热以提高露点；

5）活性炭所能吸附的容量有限，处理风量、恶臭气体物质的浓度与所需要的活性炭量成正比例关系，若选择不当，脱臭设备就没有实际意义；

6）活性炭一旦达到吸附饱和状态就需要更换；

7）随污染物的成分不同，活性炭有时起催化作用而生成过氧化物，有时发生化学反应生成妨碍吸附的成分，因此，在设计前需要对污染物成分有所了解。

3. 活性炭的种类和吸附性能

（1）一般活性炭

一般活性炭是指未经特殊处理的活性炭，图 5-34 所示是椰子壳活性炭对各种有机溶剂的穿透吸附量。

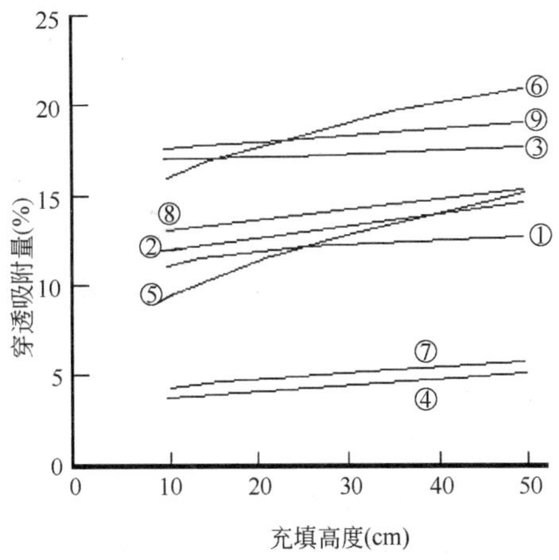

图 5-34 椰子壳活性炭对各种有机溶剂的穿透吸附量

①—苯；②—甲苯；③—二甲苯；④—丙酮；⑤—丁酮；⑥—甲基异丁基酮；⑦—乙酸丁酯；⑧—乙酸异丙酯；⑨—乙酸异戊酯

（气体空塔速度 0.3m/s）

（2）添载活性炭

活性炭对氨等碱性物质和硫化氢、甲硫醚、醛类等的吸附保持能力小。为了吸附去除这些物质就需要大量的活性炭或者频繁更换活性炭，这种做法缺乏现实性。通过在活性炭上添加化学药剂，以增强与物理吸附量少的物质之间的化学结合力，或者通过所具有的触媒作用而提高吸附能力。

添载活性炭在恶臭物质浓度极低的领域能显著增加物理吸附，它对氨和硫化氢的平衡吸附量增加到几十倍。随着恶臭气体成分的不同，有时需要设计成由这种特殊活性炭组合而成的装置。与普通活性炭相比，添载活性炭的价格大致高 1.5～2 倍，因此怎样组合脱臭装置，需要根据恶臭气体的特性进行综合判断。表 5-37 中列出了添载活性炭的种类，图 5-35 表示添载活性炭对有代表性的恶臭气体成分的平衡吸附量。

添载活性炭的种类 **表 5-37**

活性炭种类	吸附成分	备注
碱性气体用活性炭	氨、三甲胺	在活性炭上添加酸或者用酸进行处理，附加了离子交换基的特殊活性炭
酸性气体用活性炭	硫化氢、甲硫醇	添加碱或者卤素系金属盐等，增加了触媒作用的特殊活性炭
中性气体用活性炭	甲硫醚、二甲硫醚	添加卤素系金属盐等化合物，附加了触媒作用的特殊活性炭

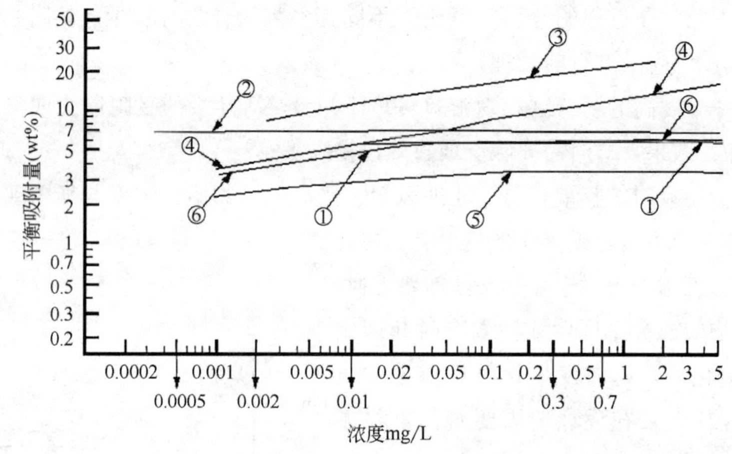

	①	②	③	④	⑤	⑥
吸附剂名称	碱性气体用活性炭		酸性气体用活性炭		中性气体用活性炭	
吸附气体名称	氨	三甲胺	硫化氢	甲硫醇	甲硫醚	二甲硫醚

图 5-35 添载活性炭的平衡吸附量

4. 除臭装置的结构

除臭装置的基本形状如图 5-36～图 5-38 所示。在选择脱臭装置时，要对活性炭的更换频率、操作的方便性、设置位置等进行综合判断。标准的设计数值如下：

(1) 活性炭填充层厚度：0.2～0.5m；

(2) 气体表观接触时间：0.5～2.0s；

(3) 气体的通气速度：0.2～0.4m/s；

(4) 通气压力损失：150mmH_2O以下。

提高气体的通气速度时，压力损失急增。通气速度超过 0.4m/s 时，有时会发生活性炭的流动，应该注意。

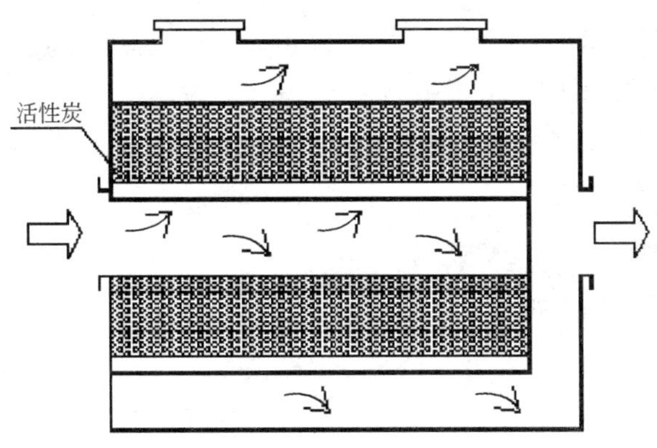

图 5-36　卧式填充反应器

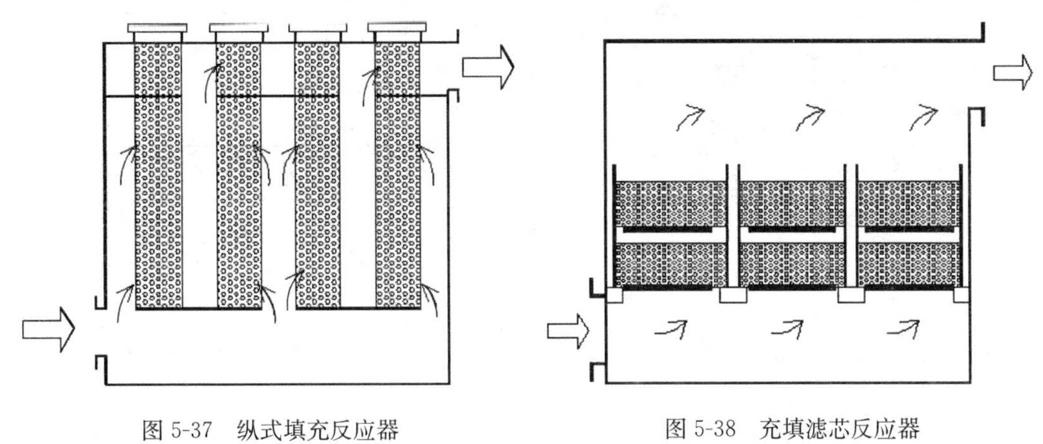

图 5-37　纵式填充反应器

图 5-38　充填滤芯反应器

5. 吸附除臭设计关键点

(1) 接触顺序

同时去除含硫酸性气体、含氮碱性气体和含硫中性气体的场合，从添载活性炭的安装顺序来说，经常按照“处理酸性气体用活性炭—处理碱性气体用活性炭—处理中性气体用活性炭”的顺序，另外还有“未添载活性炭—添载活性炭”的安装顺序。

(2) 除臭塔的设计

为了确保一定的使用年限，用饱和带加吸附带计算出各种吸附剂所需要的数量。饱和带从平衡吸附量求得，吸附带从线速度和穿透浓度等求得。更重要的是要使用与实际操作中相同的条件（浓度、温度、湿度及吸附速度等）下测定的速度进行设计。

(3) 存在问题和对策

恶臭气体成分中，含有硫化氢等腐蚀性气体，而且除臭反应过程中往往会生成强酸性物质，因此要格外注意耐腐蚀问题。为了有效的使用活性炭，必须防止偏流和短流，让待处理气体与活性炭能够均匀接触。一般而言恶臭气体成分的总浓度应该控制在 1000mg/L 以下，否则有可能发生由于反应热导致着火和降低活性炭性能等热故障。由于添载活性炭添加了化学药品，人体与其接触时有必要配备防护用品。

6. 除臭的设计方法

(1) 恶臭物质的平衡吸附量

如图 5-39 所示是几种活性炭对各种恶臭物质的吸附等温线。恶臭物质以多种成分形式存在的场合，要求能够同时去除。

(2) 压力损失的确定

除臭用活性炭的压力损失如图 5-40 所示。

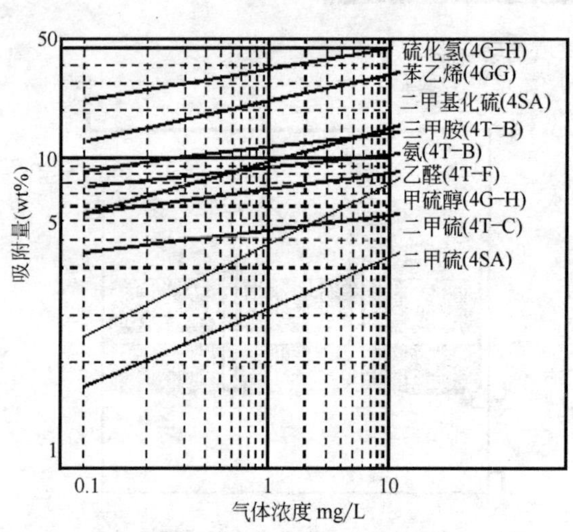

图 5-39 活性炭对恶臭物质的吸附等温线（25℃）

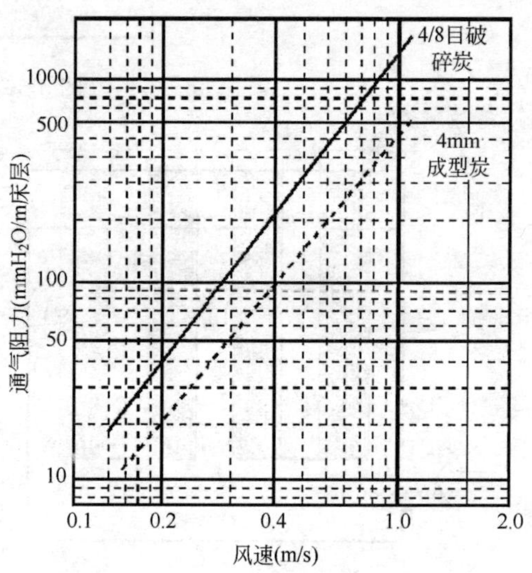

图 5-40 除臭用活性炭的压力损失

压力损失受活性炭的颗粒形状、充填状态等影响，可以用式（5-37）计算：

$$\Delta p = kZU^{1.5} \tag{5-37}$$

式中 Δp——压力损失，mmH_2O；

Z——活性炭充填层高度，cm；

U——气体的空塔速度，cm/s；

k——常数，10^{-2} s/mm。

(3) 平衡吸附量

在一定的浓度范围内，平衡吸附量可以用式（5-38）计算：

$$X_i = A \cdot C_i^B \tag{5-38}$$

式中 X_i——每 100g 吸附剂的平衡吸附量，g；

C_i——气体浓度，mg/L；

A，B——常数。

从图 5-39 中求得的对各种气体的试验结果如式（5-39）～式（5-46）所示：

1）硫化氢：$$X_i=34.0C_i^{0.126} \tag{5-39}$$

2）氨：$$X_i=8.3C_i^{0.063} \tag{5-40}$$

3）三甲胺：$$X_i=11.0C_i^{0.079} \tag{5-41}$$

4）甲硫醇：$$X_i=2.8\times C_i^{0.355} \tag{5-42}$$

5）甲硫醚：$$X_i=3.4\times C_i^{0.091},X_i=1.1\times C_i^{0.310} \tag{5-43}$$

6）二甲硫醚：$$X_i=8.8\times C_i^{0.199} \tag{5-44}$$

7）苯乙烯：$$X_i=21.4\times C_i^{0.150} \tag{5-45}$$

8）乙醛：$$X_i=6.0\times C_i^{0.086} \tag{5-46}$$

（4）设计计算

除臭用活性炭的吸附，多数场合利用化学反应。因此，穿透带比通常的物理吸附短，可以使用下面的简单方法进行脱除塔的设计计算。

1）恶臭气体成分量与活性炭的需要量如式（5-47）所示。

$$B=W_1+W_2 \tag{5-47}$$

式中　B——活性炭需要量，kg；

W_1——根据吸附平衡所需活性炭量，kg；

W_2——根据吸附带长度所需活性炭量，kg。

2）各种恶臭气体成分所需活性炭量如式（5-48）所示。

$$U_i=\frac{W_i}{P} \tag{5-48}$$

式中　U_i——吸附各种恶臭气体所需活性炭量，m^3；

P——活性炭的充填密度，kg/m^3。

3）吸附带长度所需活性炭量 V_i 如式（5-49）所示。

$$V_i=Z\times S \tag{5-49}$$

式中　V_i——吸附带长度所需活性炭量，m^3；

Z——吸附带长度，$Z=LV$（m/s）×（0.3～0.8）s，m；

S——活性炭层断面积，m^2。

4）所需要的活性炭总量 $U_{总}$ 如式（5-50）所示。

$$U_{总}=(U_1+V_1)+(U_2+V_2)+(U_3+V_3) \tag{5-50}$$

式中　$U_{总}$——需要的活性炭总量，m^3；

U_1——吸附酸性恶臭气体所需活性炭量，m^3；

U_2——吸附碱性恶臭气体所需活性炭量，m^3；

U_3——吸附中性恶臭气体所需活性炭量，m^3；

V_1——酸性恶臭气体所需吸附带长度的活性炭量，m^3；

V_2——碱性恶臭气体所需吸附带长度的活性炭量，m^3；

V_3——中性恶臭气体所需吸附带长度的活性炭量，m^3。

$U_{总}$ 是活性炭的最少需要量，根据具体情况，再乘以安全系数 1.1～1.3，就可以求出活性炭的最终需要量。

5.7.5 生物除臭

1. 生物除臭原理

国外学者从 20 世纪 50 年代就开始致力于生物氧化方法处理恶臭物质的研究，而在工业上最早应用是美国的 R. D. Pomeoy 进行的，他在 1957 年申请了利用土壤处理硫化氢的专利，自 20 世纪 80 年代以来，各国都十分重视生物除臭技术及其原理的研究，并且该研究已成为大气污染控制领域的一个热点课题。

生物除臭是利用固相和固液相反应器中微生物的生命活动降解气流中所携带的恶臭成分，将其转化为臭气浓度比较低或无臭的简单无机物质（如二氧化碳、水和无机盐等）和生物质。生物除臭系统与自然过程较为相似，通常在常温常压下进行，运行时仅需消耗使恶臭物质和微生物相接触的动力费用和少量的调整营养环境的药剂费用，属于资源节约和环境友好的净化技术，总体能耗较低、运行维护费用较少，较少出现二次污染和跨介质污染转移的问题。

就恶臭物质的降解过程而言，气体中的恶臭物质不能直接被微生物所利用，必须先溶解于水才能被微生物吸附和吸收，再通过其代谢活动被降解。因此，生物除臭必须在有水的条件下进行，恶臭气体首先与水或其他液体接触，气态的恶臭物质溶解于液相之中，再被微生物降解。通常，生物法处理恶臭气体包括了气体溶解和生物降解两个过程，生物除臭效率与气体的溶解度密切相关。就生物膜法来说填料上长满了生物膜，膜内栖息着大量的微生物，微生物在其生命活动中可以将恶臭气体中的有机成分转化为简单的无机物，同时也组成自身细胞繁衍生命。生物化学反应的过程不是简单的相界转移，而是将污染物降解，转化为无害的物质，其环境效益显而易见。

但是生物膜降解气相中有机污染物的过程十分复杂，其过程机理也在探索之中。1986 年荷兰的 Ottengraf 教授提出了生物膜—双膜理论。根据该理论，生物膜法净化硫化氢、甲苯等恶臭气体的过程是伴有生化反应的吸收过程。一般认为生物膜法除臭可以概括为三个步骤：

（1）恶臭气体首先同水接触并溶于水中，即由气膜扩散进入液膜；

（2）溶解于液膜中的恶臭成分在浓度差的推动下进一步扩散至生物膜，进而被其中的微生物吸附并吸收；

（3）进入微生物体内的恶臭污染物在其自身的代谢过程中被作为能源和营养物质分解，经生物化学反应最终转化为无害的化合物，如 CO_2 和 H_2O。生物膜—双膜理论示意图如图 5-41 所示。

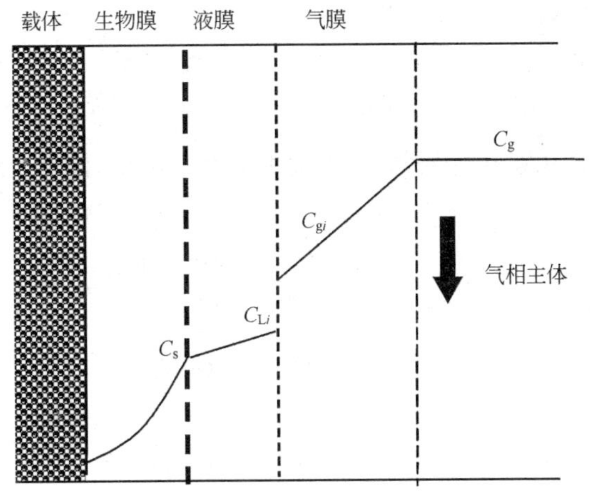

图 5-41　生物膜—双膜理论示意

C_g—废气中的污染物浓度；C_{gi}—相界面上污染物的气相浓度；
C_{Li}—相界面上与气象浓度相平衡的液相浓度；C_s—进入生物膜的污染物液相浓度

Pederson 等人认为，恶臭气体中的恶臭污染物的浓度都是很低的，恶臭物质由气膜通过界面进入液膜而溶于水的过程遵循亨利定律。溶于水的恶臭物质被生物膜分解的过程实质上是污水的生物处理过程，如当甲苯的浓度在 500～1000mg/m^3 以下时生化反应为一级反应，该过程可用米—门公式来表示。此反应在生物膜表面液膜中的某一反应面上进行，当生化反应速率极快时，甚至在气液相界面处完成。污染物在液膜上的生化反应极大地减少了液相中的溶质浓度，增加了由气相转入液相的推动力，吸收速率成倍提高，因此生物法除臭是高效的。生物膜反应器对气流中的有机污染物去除过程机理还有待于大量、深入的实验研究，确立亨利定律与米—门公式之间的内在联系，使生物膜—双膜理论得以完善。

生物除臭利用微生物的代谢活动降解恶臭物质，使之氧化为最终产物。恶臭气体成分不同，微生物种类不同，分解代谢的产物均不一样，对常见的恶臭成分的生物降解转化过程概述如下：

当恶臭气体为氨时，氨先溶于水，然后在有氧条件下，经亚硝酸菌和硝酸菌的硝化作用转化为硝酸，在兼性厌氧的条件下，硝酸盐反硝化细菌将硝酸盐还原为氮气。

硝化反应如式（5-51）和式（5-52）所示。

$$NH_3+O_2 \rightarrow HNO_2+H_2O \tag{5-51}$$

$$HNO_2+O_2 \rightarrow HNO_3+H_2O \tag{5-52}$$

反硝化反应如式（5-53）所示。

$$\begin{array}{c} HNO_3 \rightarrow HNO_2 \rightarrow HNO \rightarrow N_2 \\ \downarrow \\ N_2O \rightarrow N_2 \end{array} \tag{5-53}$$

当恶臭气体为 H_2S 时，专性的自养型硫氧化菌会在一定条件下将 H_2S 氧化成硫酸根；当恶臭气体为有机硫如甲硫醇时，则首先需要异养型微生物将有机硫转化成 H_2S，然后 H_2S 再由自养型微生物氧化成硫酸根，其反应如式（5-54）和式（5-55）所示。

$$H_2S+O_2+自氧硫化细菌+CO_2 \rightarrow 合成细胞物质+SO_4^{2-}+H_2O \tag{5-54}$$

$$CH_3SH \rightarrow CH_4+H_2S \rightarrow CO_2+H_2O+SO_4^{2-} \tag{5-55}$$

当恶臭气体为硫醇等有机硫化物时，首先被相应的微生物分解产生硫化氢，再进一步转化为 SO_4^{2-}。以甲硫醇为例，其分解转化为硫化氢的反应如式（5-56）所示。

$$2CH_3SH+3O_2 \rightarrow 2CO_2+2H_2O+2H_2S \tag{5-56}$$

当恶臭物质为胺类时，在有氧的条件下首先氧化成有机酸，此时臭味已经降低很多，只要提供一定的环境条件，有机酸还可以进一步氧化分解成 CO_2 和 H_2O。

2. 除臭微生物

除臭微生物的研究主要是为了提高恶臭生物处理效率，除了常规微生物以外，目前已有新开发的优势菌种应用于生物除臭器中并取得了较好的效果。

在生物除臭研究中，应用最多的是自养硫杆菌属细菌，常见的有排硫硫杆菌（Thiobacillus thioparus）、那不勒斯硫杆菌（Thiobacillus neapolitanus）、氧化硫硫杆菌（Thiobacillus thiooxidans）、脱氮硫杆菌（Thiobacillus denitrificans）、氧化亚铁硫杆菌（Thiobacillus ferrooxidans）、新型硫杆菌（Thiobacillus novellus）、中间硫杆菌（Thiobacillus intermedius）、代谢不完全硫杆菌（Thiobacillus perometabolis）8 种，大多数为专性好氧菌，适宜在中性和弱酸性环境中生长，但适应范围较宽。

就其他复杂恶臭污染物质降解的优势菌种的研究而言，Cho 等人指出 Hyphomicrobium，Thiobacillus 和 Xanthomonas 在生物滤池中的混合培养物能够高效地处理含硫化合物甲烷(MT)、DMS、H_2S。Ying-Chien Chung 等人通过研究发现，Arthrobacter oxydans CH8 在去除氨气方面非常有效，Pseudomonas putida CH11 适于去除 H_2S，因此他们选用这两种微生物复合接种 BAC 生物滴滤池。表 5-38 总结了从泥炭中分离出的硫氧化菌的降解特性。

从泥炭中分离出的硫氧化菌及其降解特性　　表 5-38

脱臭细菌	来源	恶臭物质				活性 pH 值
		H_2S	MM	DMS	DMDS	
T. thiooxicans PT81	污水处理厂泥炭生物过滤器	▲	×	×	×	酸性
Fungus MF11	适应 MM 的泥炭	▲	▲	▲	N. D	
Fungus SF1	适应 DMS 的泥炭	▲	▲	▲	N. D	
T. intermedius 031	适应 H_2S 的泥炭	▲	N. D	N. D	N. D	弱酸性
Thiobacillus sp. HA43	适应 H_2S 的泥炭	▲	▽	×	×	
T. thioparus DW44	适应 DMDS 的泥炭	▲	▲	▲	▲	中性
X. anthomonas sp. DY44	适应 DMDS 的泥炭	▲	▽	×	×	
Hyphomicrobium sp. 155	DMSO 培养	▲	▲	▲	▲	
P. acidovorans DNR-11	DMS 培养	▽	×	▲	×	
Arthrobacter sp. OGR-M1	DMS 培养	N. D	N. D	▲	N. D	

注：▲—可降解；▽—降解效率低；×—不降解；N. D—未研究。

3. 生物除臭工艺

生物除臭工艺目前主要由土壤除臭法和填充塔型生物除臭法等组成，土壤除臭法是利用土壤中的微生物分解恶臭气体成分而达到除臭目的。如图 5-42 所示，土壤除臭法就是将恶臭气体送入土壤层，并经由溶解作用、土壤的表面吸附作用和化学反应而转移进入土壤中，被土壤中的微生物所降解。土壤除臭的效率与土壤的土质、土壤层的构造、恶臭气体的浓度、温度、湿度、通气速率、土壤微生物的量及活性等因素有关。

用作除臭的土壤必须有能降解恶臭的土壤菌种，并为其提供繁殖和驯化的环境条件。为此土壤应具有适度的腐殖质。一般来说多孔、持水性和缓冲性能较好的火山性腐殖质土壤较好。其次则为含水率在 20%～78%之间的纤维质泥土。通常认为，25℃的土壤温度，湿度在50%～70%之间，pH 值在 6～8 之间可以为获得良好的除臭效果创造条件。

土壤床对 NH_3、H_2S 能实现有效的控制，设备简单、运转费用低、维护管理方便，但是由于土壤中微生物降解能力相对较低，导致土壤床层所需空间较大，下雨时土壤通气性能降低，阻碍了土壤床的应用。

图 5-42　土壤除臭

填充塔型生物除臭法是恶臭气体在活性高的微生物中通过透气好的载体填充塔而达到除臭目的。生物除臭反应器的形式目前基本可以分为三大类，如表 5-39 所示。

三类典型的生物除臭反应器优缺点比较　　表 5-39

生物滤池	生物滴滤池	生物洗涤器
优点		
操作简便； 投资少； 运行费用低； 对水溶性低的污染物有一定的去除效果； 适合于去除恶臭类污染物	操作简便； 投资少； 运行费用低； 适合于中等浓度污染气体的净化； 可控制 pH 值； 能投加营养物质	操作控制弹性强； 传质好； 适合于高浓度污染气体的净化； 操作稳定性好； 便于进行过程模拟； 便于投加营养物质

续表

生物滤池	生物滴滤池	生物洗涤器
缺点		
污染气体的体积负荷低； 只适合于低浓度气体的处理； 工艺过程无法控制； 滤料中易形成气体短流； 滤床有一定的寿命期限； 过剩生物质无法去除	有限的工艺控制手段； 可能会形成气流短流； 滤床会由于过剩生物质较难去除而堵塞失效	投资费用高； 运行费用高； 过剩生物质量可能较大； 需处置废水； 吸附设备可能会堵塞， 只适合处理可溶性气体

三类生物除臭反应器中，一类是生物滤池，填料采用树叶、树皮、木屑、土壤、泥炭等，恶臭气体一般需要预湿化，特点是占地面积大；另一类是生物滴滤池，填料为各种多孔、比表面积大的惰性物质，由于富集的微生物量多，因此占地面积小；第三类是生物洗涤器，恶臭物质吸收到液相后再由微生物转化。

在实际应用的报道中，以堆肥和木片为介质的生物滤池为主，通常采用过滤气速为50～200m/h，介质高度为1～1.5m，气体停留时间为20～90s，对 H_2S 的去除率为90%～99%，NH_3 去除率为84%～99.4%，臭气浓度去除率为72%～93%，系统的压降从原先的400Pa逐渐增加到2000Pa以上。

就生物除臭技术的应用情况而言，生物法尤其适用于处理气量较大的场合，其投资费用通常要低于现有其他类型的处理设施，而运行费用低则是该类设备最突出的优点之一。在欧洲和日本，生物过滤技术是最为常用的恶臭控制技术，截至2000年至少有500座生物过滤池在欧洲运转，美国约为50座，在德国用来处理污水处理厂恶臭问题的除臭装置中，生物滤池占到50%。

(1) 生物滤池

生物滤池反应器的形式是固体填料床，微生物在填料表面附着生长形成生物膜，气体流经反应器，污染物质转移到生物膜内部进而被微生物所降解。在正常操作下，VOCs等污染物质完全矿化形成二氧化碳、水、微生物和无机盐等。生物滤池以木片、泥炭、堆肥或无机介质作填料，污染物和氧气均传递到填料表面的生物膜上，然后被微生物代谢降解。首先要进行接种，天然材料如泥炭、堆肥含有能够降解一些VOCs的微生物，也可用污水处理厂的污泥接种，微生物生长所需要的水分来自于对进气进行预湿处理，偶尔对滤池浇灌。传统生物滤池有敞口和封闭结构，床体内不存在连续的液相，依靠载体材料本身的持水性供水，水分的维持是依靠对气体的预湿和定期的喷洒水。不额外供给微生物赖以生长的营养物质，以防止微生物的过度繁殖。需要时可以补充碳酸钙以控制系统的pH平衡。当污染物浓度较低、气体流量较大时，传统生物滤池具有经济上的竞争力。尽管原理简单，操作方便，传统生物滤池也有许多缺点，如污染物去除率低，体积大，对难生物降解物质的处理能力差，pH值控制不方便等。限制生物滤池应用的还有：缺少运行控制的预测工具，由于滤料的分解和压缩导致必须定期更换滤料。国内外进行了大量数学模型研究，以预测生物滤池对含臭化合物如 H_2S、DMS和VOCs

的去除情况以及针对不同填料情况的数学模型分析。滤料需要选择具有一定的吸附性能、（酸碱）缓冲能力强、压降低、孔结构良好、不随时间压实并具有良好的生物学特性的种类。目前只有那些具有良好的可生物降解性的滤料才被选作填料，如泥炭、堆肥、土壤、鸡粪等，运行优化除了生物滤池的技术改进外，填料的优化也很重要。几家生物滤池专业厂家已经针对这些问题提供了人造填料和混合填料。近年来，这一技术正在被快速接受。生物滤池除臭反应器如图 5-43 所示。

（2）生物滴滤池

目前对生物滤池最重要的改进是生物滴滤池。生物滴滤池使用无机非孔固体填料，如塑料或陶瓷，微生物在其表面固定生长。液体以污染气体流向的顺向或逆向通过柱体循环，流动液相的存在为微生物提供营养物质和 pH 值控制，这是维持滴滤池处于最佳运行条件的关键。

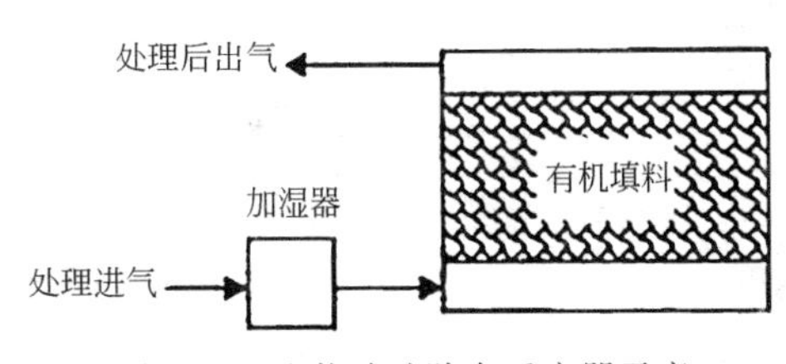

图 5-43 生物滤池除臭反应器示意

就污染物浓度、物理性质和污染物的处理成本而言，生物滤池和生物滴滤池是恶臭气体处理中最可行的技术。典型的恶臭气体生物处理包含两个步骤：首先污染物从气相转移到液膜，并吸附到固相载体上，然后污染物被生长在液相或固相载体上的微生物降解。因此操作条件、载体材料、微生物接种是生物滴滤池运行控制的重要参数。在较大除臭风量条件下，对于低浓度的污染物而言，这种生物处理技术已证明是经济有效的。生物滴滤池除臭反应器如图 5-44 所示。

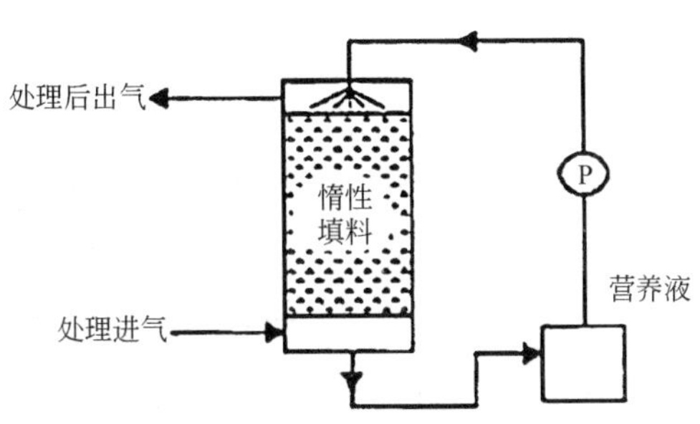

图 5-44 生物滴滤池除臭反应器示意

（3）生物洗涤器

生物洗涤法（也称生物吸收法）是生物法净化恶臭气体的又一途径。生物洗涤器有鼓泡式和喷淋式两类。喷淋式洗涤器与生物滴滤池的结构相仿，区别在于洗涤器中的微生物主要存在于液相中，而生物滴滤池中的微生物主要存在于滤料介质的表面。鼓泡式生物吸收装置则由吸收和废水处理两个互连的反应器构成。恶臭气体首先进入吸收单元，将气体通过鼓泡的方式与富含微生物的生物悬浊液相逆流接触，恶臭气体中的污染物由气相转移到液相而得到净化，净化后的废气从吸收器顶部排除。后续为生物降解单元，亦即将两个过程结合，惰性介质吸附单元，其内污染物质转移至液面；基于活性污泥原理的生物反应器，其内污染物质被多种微生物氧化。实际中也可将两个反应器合并成一个整体运行。在这类装置中采用活性炭作为填料时能有效地增加污染物从气相的去除速率。这种形式适合于负荷较高、污染物水溶性较大的情况，过程的控制也更为方便。生物洗涤除臭反应器如图 5-45 所示。

生物洗涤器主要适用于处理可溶性气体，通常需要较长的驯化期，鼓泡式洗涤器还存在表

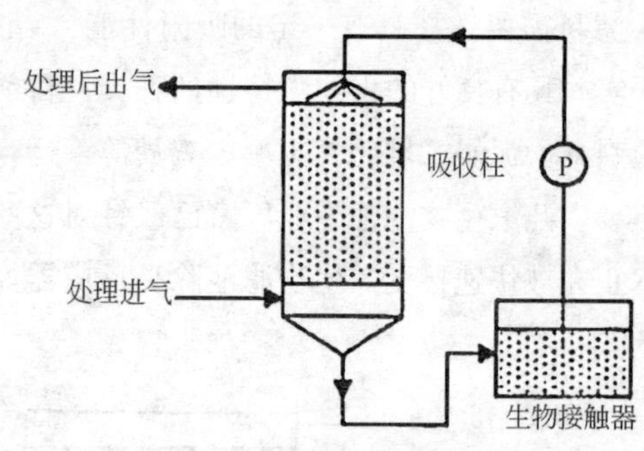

图 5-45 生物洗涤除臭反应器示意

观气速低运行费用高等缺点，有关研究和报道也不多。

4. 生物载体

载体对生物滴滤池和生物滤池的运行操作起决定性作用，填料的选择也成为滤池设计中的决定因素。填料类型决定生物滤池尺寸、制造和操作成本，以及运行生命周期，也可以决定是否需要供给营养物质、对 pH 进行缓冲、水分控制以及是否需要定期反冲洗或者清理。影响其运行和处理效率的与载体（也称填料）有关的主要因素有：持水能力、空隙率、微生物活性、营养来源、pH 缓冲能力、比表面积和机械性能。分别简述如下。

(1) 水分是维持生物膜活性的主要因素之一。对堆肥填料生物滤池而言当含水率低至一定水平时会导致去除能力下降，最高的生物滤池处理效率需要最佳的含水率，土壤和堆肥的持水能力过高会导致结块，而人工合成材料的持水能力过低，需要不断地从外部供给水分。

(2) 空隙率是决定气体流动性能的主要因素。空隙率大则气体阻力小，可有效降低能耗，而且为微生物的生长提供了足够的空间；空隙率小容易引起堵塞并增加能耗。土壤最先被选用作载体，正是由于空隙率低，易于短路和堵塞限制了其有效运行；而另一种被广泛使用的载体材料是堆肥，尽管它具有良好的持水性、丰富的微生物、适宜的有机物含量，但是长期运行后会老化、分解、变质，随后便由于空隙率衰减产生短路、堵塞问题，由此也降低了其长期有效性，而且为了防止堆肥的压实，堆肥床体的高度也受到很大的限制，通常小于 1.5m，仅适宜于处理污染物浓度低的气体，不适于处理含有高浓度有机化合物的气体。

(3) 载体主要是为微生物提供附着生长的媒介，因此填料必须适合微生物的附着和生长，然而，目前许多填料不是专门为生物滤池所设计的，例如聚乙烯或聚丙烯材料具有疏水性的同时它们的非孔结构不能够提供足够的生物膜附着：①大孔生长，为生物膜提供锚定支撑；②表面物理吸附；③生物膜的多聚糖和填料表面化学基团的化学键合，因此这种填料经常用于废气的液体吸收。土壤和堆肥长期以来受到青睐的一个重要原因就是它们本身含有较为丰富的土著细菌，不需要另外接种微生物。目前的合成填料本身没有水分控制能力，生物膜的附着表面少，生物膜繁殖时间长，很难产生较厚的生物膜，微生物对进气湿度（干燥）波动的适应性差。因此采取相应的工程控制手段非常重要，一般需要接种来自于活性污泥或油田土壤或其他地点的菌种，当条件控制适宜时，细菌将会附着在填料表面以生物活性膜的形式生长。为了快速获得最大的生物滤池处理能力，一般需要对生物膜进行驯化。

(4) 填料内部 pH 值会随着微生物降解转化的过程而变化，这又进而影响底物利用速率。硝化作用会产生酸等价物并导致 pH 值下降；反硝化作用会消耗酸等价物并导致 pH 值上升。二氧化碳的产生和利用也会导致化学平衡的变动。同时，生长速率和底物利用速率也依赖于 pH 值。一些生物滤池需要提供足够的缓冲能力，通过控制主体 pH 值可获得最大的微生物生长速率，模拟表明较强的缓冲强度可减小 pH 值变化。合成填料本身不具备 pH 值缓冲能力，需要通过工程手段进行缓冲。在生物滤池中，国外在工程中经常采用白垩、石灰和牡蛎壳作为缓冲材料。相对于生物滤池而言，生物滴滤池在控制 pH 值和营养底物方面具有一定的优势，它可以采用在循环液中加入缓冲剂和营养物质的形式非常方便的实现。

在生物滤池和滴滤池中，其他因素如机械性能、填料的重量、比表面积和价格等也往往决定着该材料是否会被最终采用。填料的机械性能和重量决定了滤池的建造规模和能够支撑的高度，受污染气体与生物膜间的界面面积直接影响污染物的通量，进而影响生物滴滤池的去除能力，生物滴滤池所处理的气体流量一般较高，因此填料成本直接影响到该技术的经济性。活性炭已经被广泛应用于污水处理中，它具有良好的结构、抗挤压、不易破碎、具有足够的持水能力、提供足够的表面积供微生物附着，因此，它是生物滴滤池处理废气的极好的载体材料，但价格比较昂贵；陶瓷填料也常用于废水处理中，但体密度较大；金属填料过于昂贵；而人工合成材料与上述天然生物活性填料相比具有很多重要的优势，最重要的是人工材料可以专门设计尺寸、表面性质、体密度等，人工合成填料一般体密度小，加上生物膜重量后的总重量易于在滤池柱内支撑，可以填充较高的高度，同时人工填料比表面积大，微生物的附着性较好、制造成本低，相对而言具有一定的优势。

几种典型的填料性质如表 5-40 所示。对填料的选择依赖于污染物的性质，有时，个人喜好和专家意见对填料及相应滤池的选择起重要作用。欧洲研究者倾向于使用堆肥填料，混合人工合成聚合材料，而美国研究者对人工合成材料情有独钟。

各种类型填料的一般性质 **表 5-40**

填料	持水能力	空隙率	营养物含量	微生物种群	pH 缓冲能力	吸附能力	机械性能
土壤	高	小	丰富	丰富	有	有	差
堆肥	中等	中等	丰富	丰富	弱	有	差
泥炭	中等	中等	贫乏	中等	弱	有	一般
合成材料	低	大	无	无	无	无	良好
颗粒活性炭	中等	大	无	无	无	极强	良好

5.7.6 其他除臭技术

1. 电离除臭技术

电离除臭技术实际上属于前述化学氧化除臭技术中以臭氧为氧化剂的一种变型技术。由于臭氧是一种必须现场生成的氧化剂，它的浓度取决于恶臭物质的种类和浓度。在恶臭物质浓度很高时，臭氧不能完全氧化这些污染物。另外，过量的残余臭氧本身会产生二次污染。

其技术原理是利用高压静电的特殊脉冲放电方式，发射管每秒钟发射上千亿个高能离子，形成非平衡态低温等离子体、新生态氢、活性氧和羟基氧等活性基团，这些基团迅速与有机分子碰撞，激活有机分子，并直接将其破坏；或者高能基团激活空气中的氧分子产生二次活性氧，与有机分子发生一系列链式反应，并利用自身反应产生的能量维持氧化反应，而进一步氧化有机物质，生成二氧化碳和水及其他小分子，从而达到除臭的目的。

其工艺流程如图 5-46 所示。

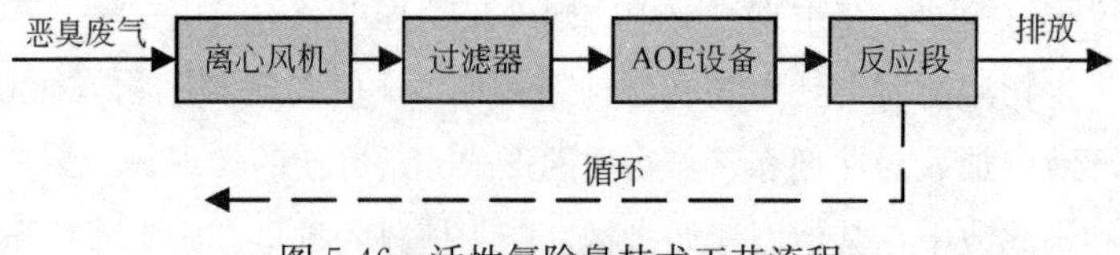

图 5-46 活性氧除臭技术工艺流程

与其他除臭技术相比，该装置具有体积小、操作方便、处理效果好、运行费用低和兼具广谱杀菌等特点。该装置已形成室内、公共卫生场所、污（雨）水泵站、大楼地下室、家禽饲养场等场所的恶臭处理系列化产品。

2. 天然植物提取液除臭技术

天然植物提取液的原材料是天然植物，经过先进的微乳化技术乳化，使得它可以与水相溶，形成透明的水溶液。天然植物提取液具有无毒性、无爆炸性、无燃烧性、无刺激性等特点。

利用天然植物提取液进行除臭是一种广泛使用的安全有效的方法。人们在日常生活中，用姜或柠檬去除鱼的腥味就是一个很好的例子。天然植物提取液分解臭气分子的机理可以表述如下：

（1）经过天然植物提取液除臭设备雾化，天然植物提取液形成雾状，在空间扩散液滴的半径≤0.04mm。液滴具有很大的比表面积，具有很大的表面能，平均每摩尔约为几十千卡。这个数量级的能量已是许多元素中键能的 1/3～1/2。溶液的表面不仅能有效地吸附空气中的异味分子，同时也能使被吸附的异味分子的立体构型发生改变，削弱了异味分子中的化合键，使得异味分子的不稳定性增加，容易与其他分子进行化学反应。

（2）天然植物提取液中所含的有效分子来自于植物的提取液，它们大多含有多个共轭双键体系，具有较强的提供电子对的能力，这样又增加了异味分子的反应活性。

吸附在天然植物提取液表面的异味分子与空气中的氧气接触，此时的异味分子因上述两种原因使得它的反应活性增强，改变了与氧气反应的机理，从而可以在常温下与氧气发生反应。

天然植物提取液与异味分子的反应可以作如下表述：

（1）酸碱反应。如天然植物提取液中含有生物碱，它可以和硫化氢等酸性的臭气分子反应。与一般酸碱反应不同的是，一般的碱是有毒的、不可食用的、不能生物降解的，而天然植物提取液能生物降解且无毒。

（2）催化氧化反应。如硫化氢在一般情况下，不能与空气中的氧气进行反应，但在天然植物提取液的催化作用下，可以与空气中的氧气发生反应。

以硫化氢的反应为例，如式（5-57）～式（5-59）所示：

$$R-NH_2+H_2S \longrightarrow R-NH_3^+ + HS^- \tag{5-57}$$

$$R-NH_2+HS^- + O_2 + H_2O \longrightarrow R-NH_3^+ + SO_4^{2-} + OH^- \tag{5-58}$$

$$R-NH_3^+ + OH^- \longrightarrow R-NH_2 + H_2O \tag{5-59}$$

（3）路易斯酸碱反应。在有机化学中，能吸收电子云的分子或原子团称为路易斯酸，在有机硫的化合物中，硫原子的外层有空轨道，可以接受外来的电子云，因此可称这类有机硫的化合物为路易斯酸。相反，能提供电子云的分子或原子团称为路易斯碱。一般带负电荷的原子团，含氮的有机物属于路易斯碱。

例如，苯硫醚与天然植物提取液的反应，属于这一类。苯硫醚是一个路易斯酸，天然植物提取液中的含氮化合物属路易斯碱，两者可以反应。

(4) 从热力学角度来分析。经过雾化的天然植物提取液液滴，其直径为 0.04mm，在这种情况下，液滴的表面能已达到一些有机化合物键能的 1/3～1/2。足以破坏臭气分子中的键，使它们不稳定，易分解。

(5) 氧化还原反应。例如，甲醛具有氧化性，在天然植物提取液中有的有效分子具有还原性，它们可以直接进行反应。

与甲醛、氨的反应，如式 (5-60) 和式 (5-61) 所示：

$$HR-NH_2^+ + HCHO \longrightarrow R-NH_2 + H-C \longrightarrow CO_2 + H_2O \tag{5-60}$$

$$R-NH_2 + NH_3 \longrightarrow R-NH_2 + N_2 + H_2O \tag{5-61}$$

综上所述，空气中异味分子被分散在空间的天然植物提取液液滴吸附，在常温常压下发生催化氧化反应生成无味无毒的分子，如氮气、水、无机盐等。需要指出的是，天然植物提取液除臭技术属于掩蔽法除臭技术的一种，不宜作为单独的除臭技术使用。

5.7.7 常用除臭技术评估

各种除臭技术的相对运行成本和一次性投资比较如图 5-47 所示。总体而言，每种技术都存在其优点和不足，需要根据臭气特性的不同，因地制宜地选择某一种或多种技术的组合才能达到技术经济的最优化。

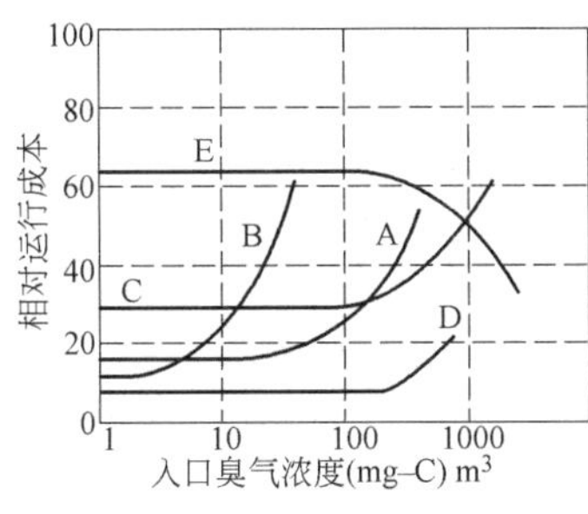

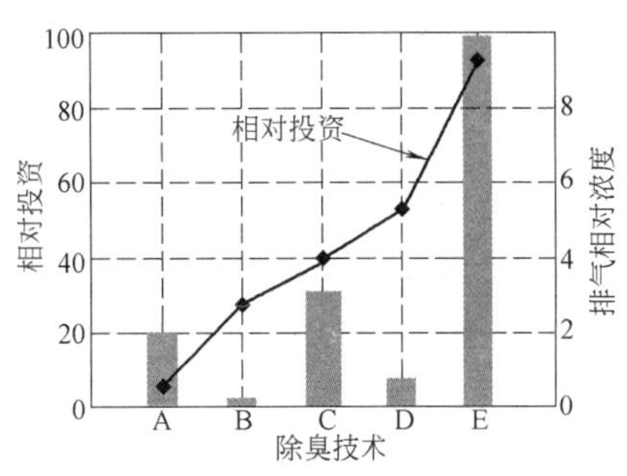

图 5-47　几种常用除臭技术经济对比曲线

A—化学洗涤；B—再生型吸附；C—电离、臭氧技术；D—生物除臭（含土壤）；E—催化燃烧

除臭技术既需要满足国家相关标准的规定，也代表了污水处理厂的公众形象，既是一个环境问题，也是一个经济和社会问题。现有臭气处理技术基本上由工业废气处理演化而来，污水处理厂臭气与工业废气的最大区别是气量大、浓度低、成分复杂。欧洲学者 José M. Estrada 等人对世界上不同国家的五种常用技术，包括生物滤池、生物滴滤池、活性炭吸附、化学洗涤和生物滴滤活性炭吸附复合技术，从技术（设计参数）、经济（投资和运行成本）等多角度进行了系统比较，根据所处地理位置的不同，统计以 20 年为周期每种技术的净现值，统计进气波动和事故状态下对设备的影响。

图 5-48 是常用除臭技术运行成本构成比较，从总运行成本比较，由低到高依次为生物滴滤池、生物滤池、生物滴滤池＋活性炭吸附复合技术、化学洗涤、活性炭吸附。运行成本主要由水耗、能耗、填料、人工和药耗五部分构成。图 5-49 是空床停留时间（Empty Bed Resi-

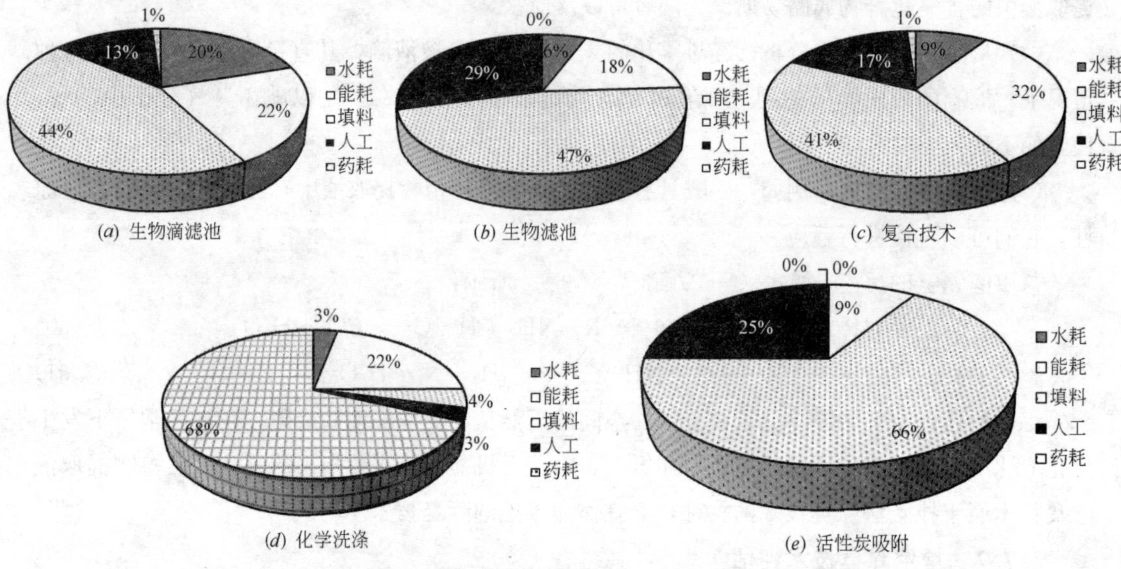

图 5-48 常用除臭技术运行成本构成

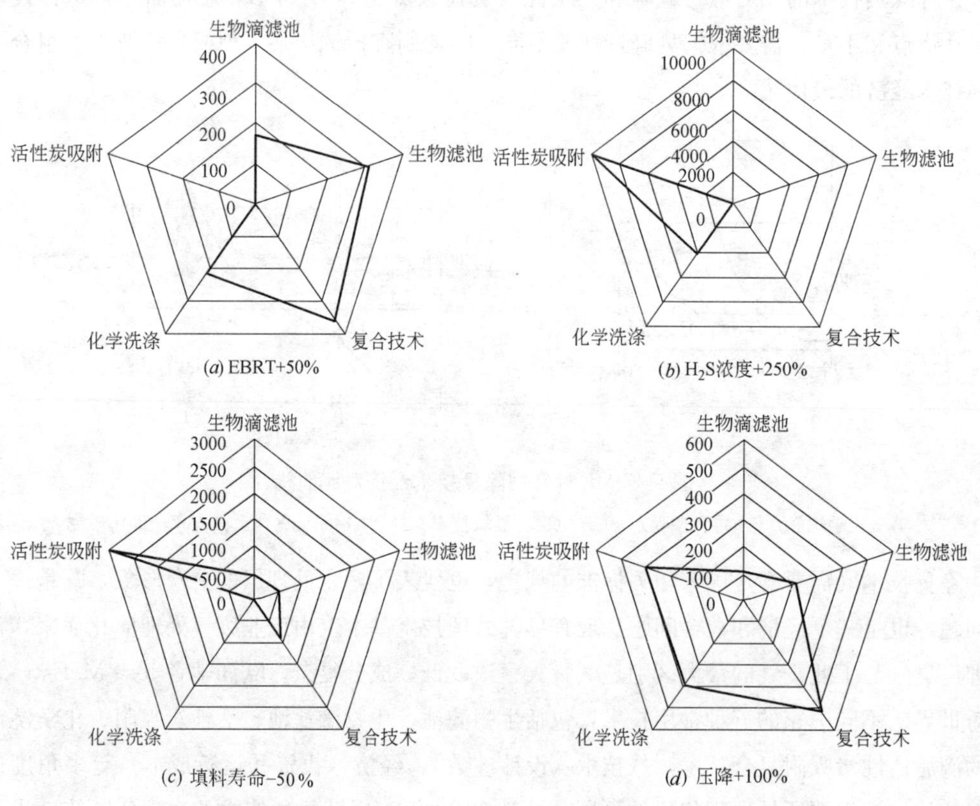

图 5-49 设计参数变化对常用除臭技术净现值（NPV20）的影响

dence Time，EBRT）、硫化氢浓度、填料使用寿命、压降变化对常用除臭技术净现值（NPV20）的影响。图 5-50 是填料、人工、电价、水费等价格上涨因素对常用除臭技术净现值（NPV20）的影响。总体而言，生物除臭技术的运行成本对参数变化、价格上涨的敏感性最低，其中生物滴滤池工艺最低。水价对年运行成本的影响较大，使用回用水或二沉池出水能将生物滴滤池工艺的 NPV20 降低 50%。物化技术（化学洗涤、活性炭吸附）受硫化氢浓度的影响很大，当进气浓度波动大时技术缺点明显；其中活性炭的价格和使用寿命占活性炭吸附技术总成本的 66%，化学药剂消耗占化学洗涤技术总成本的 69%左右。

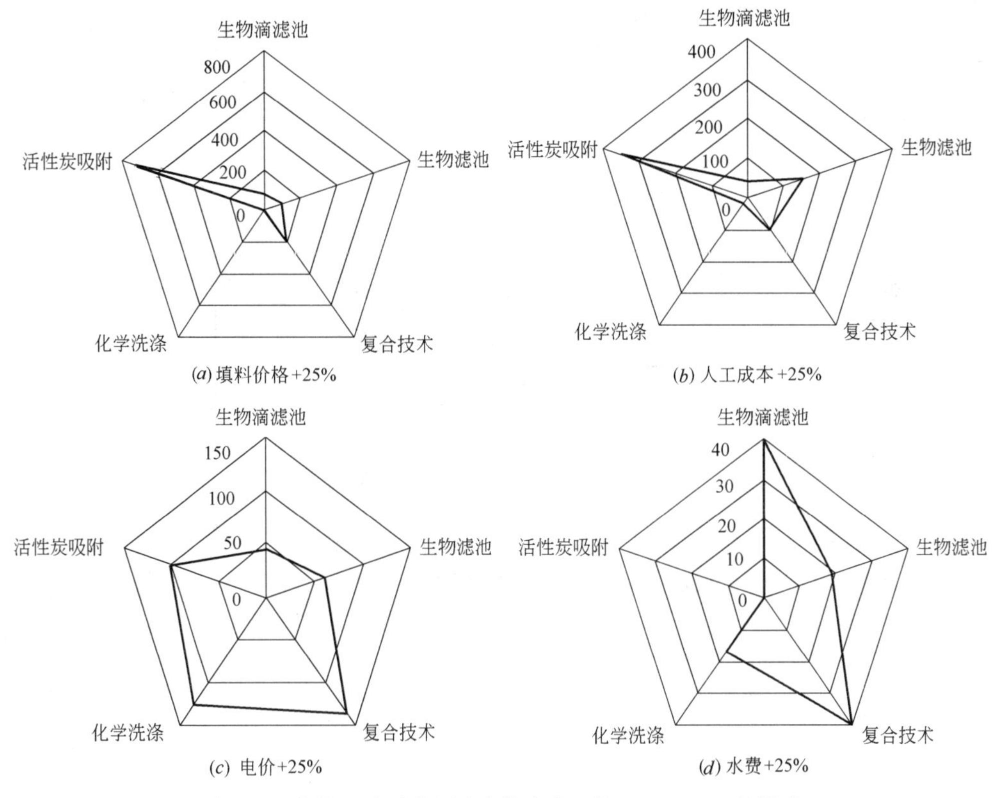

图 5-50　价格上涨对常用除臭技术净现值（NPV20）的影响

5.8　除臭工程监测

监测是评价工程设计、运行情况的重要手段，对总结设计运行经验、评价处理效率起着重要的作用。污水处理厂的除臭工程所涉及的监测指标一般分为运行控制指标和污染物指标。运行控制指标如风压、风速、风量、温度、湿度和 pH 值等；主要的污染物指标有恶臭气体浓度、硫化氢浓度、氨气浓度和其他一些主要的有机污染物浓度，如硫醇等。

5.8.1　除臭工程的运行控制指标

1. 风压

用 U 型压力计测全压和静压时，一端与大气相通，压力计上的读数即为风道内的气体压力与大气压力的压差，如图 5-51 所示。

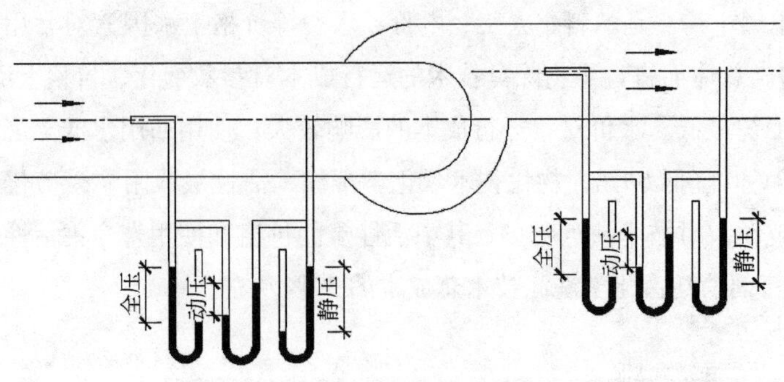

图 5-51 风管测压原理

测定仪器：

(1) 标准皮托管；

(2) 倾斜式微压计，如图 5-52 所示。

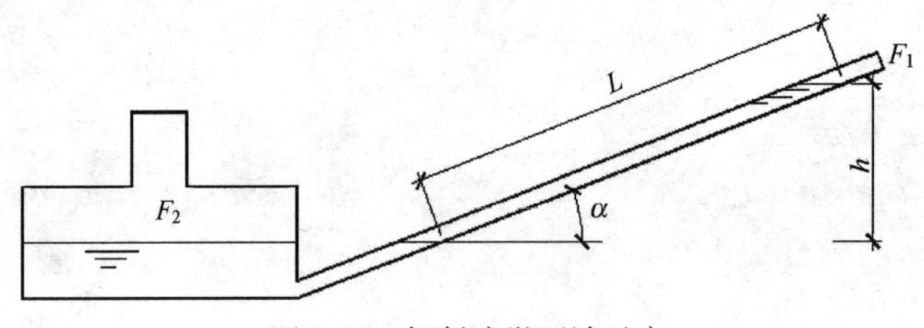

图 5-52 倾斜式微压计示意

测压时，将微压计容器开口与测定系统中压力较高的一端相连，斜管与系统中压力较低的一端相连，根据作用于两个液面上的压力差按式（5-62）计算。

$$P=L\left(\sin\alpha\cdot\frac{F_1}{F_2}\right)\rho_g \tag{5-62}$$

式中 P——压力，Pa；

L——斜管内液柱长度，mm；

α——斜管与水平面夹角，°；

F_1——斜管截面积，mm^2；

F_2——容器截面积，mm^2；

ρ_g——测压液体密度，kg/m^3。

2. 风速

先测得管内某点动压 P_d，再用式（5-63）计算该点的流速 v。

$$v=\sqrt{\frac{2P_d}{\rho}} \tag{5-63}$$

式中 v——测试点的流速，m/s；

P_d——测点的动压值，Pa；

ρ——管道内空气的密度，kg/m^3。

平均流速 v_p 是断面上各测点流速的平均值，此法虽较繁琐，但精度较高。

3. 风量

平均流速 v_p 确定以后，可按式（5-64）计算管道内的风量 Q。

$$Q=v_p \cdot F \tag{5-64}$$

式中　Q——管道内的风量，m^3/s；

v_p——断面平均流速，m/s；

F——管道断面积，m^2。

气体在管道内的流速、流量与大气压力、气流温度有关，当管道内输送非常温气体时，应同时给出气流温度和大气压力。

5.8.2　除臭工程的污染物指标

恶臭治理工程中主要的污染物包括硫化氢、氨气和臭气等，其测试方法和仪器设备见表 5-41。

恶臭治理工程中主要测试指标及方法　　表 5-41

测试项目	测 试 方 法	仪 器 设 备
温度、湿度	仪器分析	水银温度计、干湿两用温度计、芬兰 VAISALAHM34 温湿度仪
pH 值	仪器分析	ModelAB15 精密酸度计、pH 试纸、pHK 中文智能在线监测仪
压强降	仪器分析	U 型压力计
臭气浓度	三点比较式臭气袋法	配套器皿、合格嗅辨员 6 名以上
氨气	气相色谱法，次氯酸钠-水杨酸分光光度法（稀硫酸溶液吸收）、仪器分析	气相色谱仪、GS-ⅢB 大气采样器、分光光度计、MultiRAE Plus PGM-50 复合式气体检测仪
硫化氢	气相色谱法，亚甲基蓝比色法（氢氧化镉-聚乙烯醇磷酸铵吸收）、仪器分析	气相色谱仪、GS-ⅢB 大气采样器、分光光度计、MultiRAE Plus PGM-50 复合式气体检测仪
VOCs	仪器分析	MultiRAE Plus PGM-50 复合式气体检测仪
硫醇、硫醚	气相色谱法	气相色谱仪
有机气体分布	气相色谱—质谱	气相色谱仪、质谱仪
填料含水率	重量法（105℃烘干恒重）	恒温干燥箱

第 6 章　电气和自控改扩建设计

6.1　电气改扩建设计

6.1.1　改扩建负荷变化

按城镇发展的要求，污水处理厂改扩建中的扩建一般指处理水量的增加，改建一般指工艺流程为适应脱氮除磷等标准要求，增加深度处理和污泥处理设施等。

处理水量的增加，可以在原有厂平面布置中预留的场地单独扩建，使污水处理厂完全融合在一起，也有在原污水处理厂地块相邻的地块进行征地扩建。处理水量增加的扩建工程，新建处理构筑物较多，新增负荷相对集中，但其中的进水泵房、出水泵房、脱水机房和鼓风机房等建筑物在原有工程中已经预留，通过土建的扩建改造能满足条件，往往会充分利用原有建构筑物进行，包括更换原有设备、增加设备数量等。

处理深度的提高，由于工艺水平不断升级，负荷的增加不固定，位置变化也较大，总平面布置相对较分散，需改造的厂内原有构筑物就会较多。

污泥处理设施的改扩建，其位置相对集中，因此处理泥量增加的改扩建工程地块与原设施较为接近，一般在同一地块内，国内污泥处理的工艺目前相对较为薄弱，由于污泥处理深度的提高，增加的负荷容量会较大。国内较为常见的是污泥浓缩、污泥脱水、污泥消化、污泥干化和焚烧等。由于污泥处理设施的位置一般较紧凑，所以负荷较为集中。

除了处理水量和处理深度的变化，随着国家对污水处理要求日益提高，排放标准也在不断提高，水资源短缺需要增加污水的回用和雨水的利用等，这些因素使部分改扩建工程还包括增加消毒设施、再生水回用设施等改扩建内容，这些设施改扩建增加的负荷量相对较小，位置也较集中。

6.1.2　供配电系统现状

1. 供电电源

按现行规范，污水处理厂多属于二级负荷，供电要求为两路电源供电或一路专线电源，同时尽可能保证厂内重要负荷的供电连续性。

大部分污水处理厂能满足两路电源的供电要求，但也常会碰到一些特殊情况，如：

（1）一些已建污水处理厂建设年代较早，或受当时地区电网规划和供电能力的限制，仅有一路电源供电。

(2) 有些污水处理厂虽然有两路电源供电，但其中一路常用电源能承担100%的负荷，另一路备用电源只能承担一部分重要负荷的供电，供电的可靠性较低，若发生一路常用电源失电，污水处理厂必须减量运行。

(3) 有些污水处理厂实际运行中由于各种原因负荷长期未达到设计值，电业部门有可能将余量已分配其他用户，改扩建时即使负荷增加未突破原用电申请值，外线仍可能无法满足要求。

(4) 有些污水处理厂原规模小，借用附近其他排水泵站或污水处理厂的变配电系统高压或低压供电。

常见污水处理厂内部配电电源的电压等级为10kV或6kV；外线电源电压等级多为10kV或6kV，大型污水处理厂也有35kV供电，极少数由于地处偏远，附近电网电压等级单一的污水处理厂有采用110kV供电。

2. 变配电设施

(1) 变压器供电能力

按规范要求，污水处理厂内变配电系统宜设两台变压器，容量宜相同，一台常用、一台备用或两台互为备用，当采用一用一备时，变压器备用率的设计取值为100%，当采用互为备用时，变压器备用率的设计取值为60%～70%。

目前运行的污水处理厂较为常见的是两台变压器的变配电系统，但存在备用率偏高或偏低的现象，这是由于经过多年运行后，污水处理厂运行管理成熟、原设计参数变化、自行技改和小型改造等因素引起的负荷变化，尤其是建设年代较早的污水处理厂，负荷和系统与原设计时相比变化较大。一些污水处理厂的部分变配电系统中设单变压器的情况也时有存在。

(2) 变配电系统

经过多年运行，污水处理厂内会发生变压器负载率或事故保证率与原设计出入较大的情况，变配电系统中元器件变化也会较大，有时竣工图资料与现场开关柜的出线回路、元器件数量、甚至开关柜数量都不能吻合，尤其是一些大容量电动机，由于各种原因引起的运行不佳，管理方自行改造，增加或改造一些元器件来改善和稳定电机的运行，如增加或拆除变频器、降压启动器、控制继电器等。

(3) 变配电间

近几年来国家在市政建设上的投入力度大、发展速度快，新建的污水处理厂设计时通常会考虑远期扩建的可能，变配电设计时往往预留一定空间。但建设年代较早的污水处理厂，没有预计到污水处理发展之快，因此厂内的变配电系统很少考虑远期扩建的空间，设备的扩展接口也未预留，给改扩建的电气系统设计带来较大的难度。

如果厂区总平面布置空间足够的话，可以考虑改造变配电所的土建设施；厂区总平面上较难找到合适的空间扩展和设置新增变配电所时，也会给变配电所的电气设计带来较大的设计难度。

(4) 电气线路和配电等级

厂内一次建成的供配电线路一般较为完整，同一电压系统的配电等级一般不会超过二级。但是当污水处理厂经历几次改扩建后，厂内电气系统的线路就会较为凌乱，有的会出现绕远路、倒送电等情况，配电系统等级存在超过二级的可能。

3. 电气设备

不同地区污水处理厂电气设备的选用略有不同。由于污水处理厂运行中产生的硫化氢气体浓度较高，对电气设备的腐蚀较大，因此一般近七八年内建设的污水处理厂的电气设备尚可利用，而运行时间超过10年的污水处理厂电气设备应在现场查勘、听取管理单位的意见、并进行经济比较后才能确定设备更换与否。

早期建成和较偏远地区污水处理厂中运行的电气设备较陈旧，有的属于淘汰产品，有的属于升级替换产品，有的生产管理及其不方便。如上海几家老污水处理厂的改造项目中，原变压器采用油浸式，每年需要吊芯检查，管理维护工作量较大，影响正常生产；上海金山石化总厂污水处理厂四期改造时，其原有的35kV设备还是间隔敞开式的，操作相当繁琐，也较危险；有的污水处理厂10/0.4kV变压器进出线采用的还是裸导体的连接形式；有的直流屏采用的还是普通电解液电池组，需要定期更换电解液，维护不方便，设备不够环保。

大部分近年建成的污水处理厂，设备相对新颖，运行较稳定。有的污水处理厂为政府贷款项目，电气设备采购采用国际招投标形式，采用国外进口著名品牌，一般运行情况较好。

4. 电力监控和设备控制

较早建成的污水处理厂，设计时电气设备运行的监视和故障报警等都是通过信号屏、继保屏等设备实现，没有设置计算机管理系统。

国内污水处理厂的规模越来越大，设备也越来越多，为方便管理，全厂运行的自动化程度也随之提高。很多污水处理厂都设置了摄像监视系统、红外线周界报警系统、电子巡视系统等。改扩建工程中较为常见的是原有厂内自动化程度不高，很多设备需要人工开停，有的是设计时没有考虑，有的是检测仪表的问题引起自控系统无法正常运行，若是原设计没有考虑，增加这些自控接口就意味着所有的电机控制回路需要大规模地改造。

6.1.3 改扩建设计

1. 主要原则

(1) 掌握厂内原电气系统各阶段建设时的竣工资料，在熟悉竣工资料的基础上现场踏勘，核对实际运行情况和历年主要运行参数。

(2) 根据改扩建工程中新增负荷，统计全厂的新老负荷总容量，落实外线电源，收集外线供电容量、电压等级、路数和工况等参数。

(3) 厂内新设的变配电系统与原有电气系统要结合为一个安全和可靠的整体。

(4) 厂内配电线路要新老系统兼顾，灵活分配，合理分布，同时改扩建时应尽量少停电，以避免影响污水处理厂的正常运行。

(5) 新老电气系统的运行方式尽可能全厂统一。

(6) 电气系统的配电级数不宜过多，一般宜在二三级范围内。

(7) 变配电所宜根据新增和改造负荷情况设计，在总平面布置图上不宜过于密集。

(8) 原有电气设备运行情况良好，且临时电源可以解决停电期间的供电时，尽量对原设备“挖潜改造”进行利用。

2. 外线电源方案

污水处理厂改扩建，需根据负荷的变化和当地供电规则，确定增容或升级电源。当地电业部门同意且系统经济合理，也可单独申请电源或申请第三路电源。外线电源的确定将对电气系统的设计有直接和根本的作用，对改扩建工程电气专业的投资影响极大。近年来电业在电网上的改造和扩展较大，系统变化大，因此外线扩容将影响电业对供电外线电压等级的选择。设计应先计算全厂负荷，同时在方案设计阶段提请并配合业主或建设方及时与电业部门沟通，落实电源，保证工程的顺利进行。

我国现行采用的供电电压为 110kV、35kV、10kV、380/220V，各级电压线路的送电能力如表 6-1 所示。

各级电压线路的送电能力　　**表 6-1**

标称电压(kV)	线路种类	送电容量(MW)	供电距离(km)
10	架空线	0.2～2	20～6
	电缆	5	6 以下
35	架空线	2～8	50～20
	电缆	15	20 以下

注：表中数字的计算依据如下：

1. 架空线和 6～10kV 电缆截面最大为 240mm²，35kV 电缆截面最大为 240mm²，电压损失≤5%；
2. 导线的实际工作温度：架空线为 55℃，6～10kV 电缆为 90℃，35kV 电缆为 80℃；
3. 导线间的几何均距：6～10kV 为 1.25m，35kV 为 3m，功率因数均为 0.85。

通常各地电力部门根据用户负荷容量确定供电电压等级，如上海地区供电电压等级按表 6-2划分。

用户的供电电压　　**表 6-2**

供电电压	用户受电设备总容量	供电电压	用户受电设备总容量
10kV	250～6300kVA(含 6300kVA)	110kV 及以上	40000kVA 及以上
35kV	6300～40000kVA		

原一路电源供电的污水处理厂应申请增加一路电源，成为两路电源的供电形式，若不能满足，则需要考虑至少申请一路专线电源。同时与工艺专业协商，当这路专线电源停电时的工艺措施，若不能满足工艺要求，则需要另外申请或设计备用电源，如采用柴油发电机、EPS 等来满足紧急情况下厂内最重要负荷的电源和需要维持的供电时间，这些负荷的容量和台数由工艺专业确定，供电时间应根据外线电源停电时间长短确定。

3. 厂内 10 (6) kV 供电方案

对于改扩建工程首先要了解原有外线电源和厂内变配电系统的情况，收集原有负荷的设计值、实际运行工况等，结合工艺新增负荷的计算结果，对供电方案进行比较论证，最终推荐一个适当的供电方案。污水处理厂新增的变配电系统应该满足我国有关规范的规定，以及当地电力部门对用户站的要求，同时与原有电气系统结合为一个完整的整体，使全厂的供配电系统能够满足“安全、可靠、灵活、经济”的设计原则，避免不必要的浪费。

原厂规模较小系统较简单，而扩建工程的规模远大于原厂时，可以将原变配电系统作为厂内一个分变电所，厂内重新规划高压配电系统，电源外线引入新高压配电装置，新配电系统建成后，原系统逐步切入，可保证在改扩建过程中，对原厂的正常运行影响最小。

厂内新老工程规模相差不大，新旧负荷相当时，需要根据技术经济比较和允许停电时间的长短、原设备的利用价值等，经方案比较确定高压配电系统改造扩建和新设高压配电装置等方案，若改造方案涉及变配电所土建改造时，应做好原电气设备的维护。

当厂内建有35/10（6.3）kV或110/10（6.3）kV总降压站时，扩建应充分考虑原降压站的供电能力，尽可能地挖潜改造，如：

(1) 改变原有主变的运行方式，将原一用一备改为两常用，可增加50%变压器容量的供电能力，且基本无须对原设备改造，但运行方式的改变需与电业协商并得到其认可。

(2) 当需要增加的10（6）kV供电回路较少，而总变配电站的土建具有一定的扩展空间时，可增加总变配电站的10（6）kV馈线柜。

(3) 若总变配电站的建筑面积较小，没有备用10（6）kV馈线回路，或需要增加较多10（6）kV供电回路，远期还有发展的需求时，可在厂内新建第二级10（6）kV配电所（开关站），该配电所宜与新增的变配电所结合，通过调整厂区供电网络，将部分原变配电所改由新建配电所供电，从而使总变配电站能够为新建配电所、变电所供电，以达到减少原总变配电站改造工程量，同时，由于在改扩建设计中统筹考虑了厂区新旧供电网络，可以使厂区供电网络更加合理。特别对于已经过多次改扩建的污水处理厂，理顺厂区供配电网络可增加供电可靠性，减少配电损耗，方便今后的维护管理，因此在方案比较中应充分考虑这些因素。

以上各种不同的供电方案应根据实际情况，对系统的合理性、投资、改造的难度，特别是由此引起的停电时间和次数等多方面因素进行比较论证后确定。

4. 10（6）/0.4kV变配电系统

(1) 新增变配电所

新增变配电所和总降压站应根据需要设置，如污水处理厂内有几个采用高压电动机的构筑物且距离相隔较远时，总降压站直接馈电至该构筑物后可以设置二级配电设施和配电间，以减少供电电缆，方便控制和保护。污水处理厂水处理构筑物占地较多，低压用电负荷较大时，应根据负荷分布划分低压供电的区域，每个区域内设置变配电所，为该区域内低压用电负荷提供交流380/220V电源，变配电所应该设置在各个区域的负荷中心，污水处理厂的低压负荷一般集中在采用低压电动机的进水泵房、提升泵房和出水泵房以及滤池冲洗泵房、污泥脱水机房、鼓风机房等单机容量较大的建筑物内，变配电所可以附设在这些建筑物旁。

任何新建的变配电设施中均应考虑以后再扩建的可能，建筑空间考虑以后增加设备的位置，同时预留设备接口，方便以后的发展。如近期开关柜设备布置在靠建筑物深处或离开大门的一侧，留出大门附近的位置，方便以后增加设备的运输；电缆沟尽量连通；变配电所内设备预留孔考虑远期电缆安装空间，近期用盖板封住；低压开关柜设计时多一些大小搭配的备用回路，同时进线可设在母线当中，充分利用母线载流量为远期扩展提供条件；尤其远期工程时间间隔较短，变压器可采用近期一用一备，远期改为两常用的运行方式来较简单地解决电气供电能力的扩展。

(2) 原有变配电所改扩建

需收集原有变配电系统的竣工资料，对原有变配电所的改扩建可以从变压器、高低压柜、辅助屏、土建改造等方面考虑，由于一般污水处理厂改扩建不允许长时间停运，因此现有变配电所不宜进行大规模改造。

1) 变压器

可以通过改变变压器运行方式，将原一用一备的运行方式改为两常用，另外调整变电所供电范围，将距变电所较远的原有负荷改由其他新建变配电所供电，如污泥处理设施、厂前区、紫外线消毒设施等负荷较为集中的单体，从而减轻原变电所的负荷承载力，均可提高其就近新增负荷的供电能力，从而起到不更换变压器或更换变压器但对开关柜和土建等影响较小的目的。

2) 高低压开关柜

在增加回路不多、变压器容量不变的情况下，尽可能利用原有开关柜内的备用回路，通过调换部分元器件等来适应新增负荷。如调换高压柜内的电流互感器，调换低压柜内的出线断路器、电流互感器、少量补偿电容器等。

在增加回路较多、建筑面积足够、变压器容量不变的情况下，可采用增加几台馈线开关柜的方式。

改造过程中对原有开关柜扩展时需要增加开关柜，原开关柜位置有变动时，应重新进行排列，使需要移动的开关柜尽量少，必要时可通过短段母线槽进行连接，以减少停电时间。

3) 辅助屏

辅助屏一般包括直流屏、信号屏、交流屏、主变保护屏、调压控制屏、电力监控系统等。

直流屏和交流屏用于提供直流和交流电源作为高压设备的二次电源，当系统电压等级、系统接线等没有较大的改动，运行情况又较好时，尽可能利用原有设备。

主变保护屏、调压控制屏均随变压器和开关柜配套提供，除非调换主设备，一般尽量利用。

信号屏、电力监控系统均作为变配电系统中提供信号集中显示和报警作用的辅助屏，需要根据原系统改造的情况分析是相应改造还是重新设置更节省投资。

4) 土建改造

变配电所的土建改造应尽可能对原结构破坏小，可通过增加、拆除和移动原建筑物砖墙，延伸电缆沟长度，在建筑物外部适当位置采用轻型材料搭建一间房间，调整原建筑物门窗的位置等方法，方案考虑时应与土建专业多沟通、协商。

6.1.4 改扩建工程实例

随着国家对污水处理政策和规范标准的不断更新和完善，近几年改扩建污水处理厂工程相当多，以上海市白龙港城市污水处理厂和徐州污水处理厂扩建工程为例进行介绍。

1. 上海市白龙港城市污水处理厂升级改造工程

上海市白龙港城市污水处理厂是一座特大型的污水处理厂，附近电网只能提供 35kV 电压等级的电源。从建成以来经过两次较大规模的改扩建。第一次是在 2000～2002 年，主要改扩建内容是将处理深度从预处理提高到一级强化处理，提高标准的水量为 $120\times10^4m^3/d$，如此大的水量，即使仅为一级强化处理，负荷容量增加仍然很多。第二次是 2006～2008 年，主要改扩建内容是将厂内水处理深度由一级强化处理提高为二级处理，水量达到 $200\times10^4m^3/d$；污泥处理规模随之增加，同时实施污泥的消化和干化处理；远期要求达到 $340\times10^4m^3/d$ 的处理水量，仅从水量就可以预测全厂的负荷容量将是数量级的增加，远超现有电气系统的承受能力。

(1) 上海市白龙港城市污水处理厂第一次改扩建

当时厂内已建有预处理站和出水泵房等设施，在出水泵房已建有 1 座 35/6.3kV 总降压站，2 台 6300kVA 的主变，运行方式为两台常用，互为备用。35kV 系统采用的是全桥接线，单母线分段带母联。6kV 系统采用单母线分段带母联的接线形式。原设计负荷为二级负荷，外线为两路 35kV 电源供电。6kV 馈线柜已没有多余的回路，土建空间只能多安装 2 台 6kV 开关柜。

第一次改扩建时，厂内分区实施新建构筑物，新增负荷基本上都在新的地块内，与原有电气系统相隔较远，增加的总负荷计算容量约为 2532kW，新建 3 座 6/0.4kV 分变电所，分别为污泥处理设施（2 号变电所）、高效沉淀池及加药间（1 号变电所）、再生水回用设施（3 号变电所）三部分负荷供电。根据设计资料和历年运行分析，原厂内的设计负荷计算容量达 5744kW，实际出现的最大运行负荷为 4844kW；另外厂内与本次改扩建工程同时建设的还有污泥码头和污泥填埋场两个工程，容量分别为 300kW 和 100kW，均设有单独的变配电系统；并预留 100kW 容量作为厂内以后除臭设施的负荷容量。因此全厂总计算容量为 8074kW，如表 6-3 所示。

负荷计算容量　　**表 6-3**

建设状态	工程名称	计算容量(kW)	备　注
已建	原出口泵房计算容量	5300	原出口泵房 35/6.3kV 降压站供电
已建	预处理厂计算容量	444	
新建	污水处理厂计算容量	2532	
新建	污泥填埋场计算容量	100	
新建	污泥码头负荷计算容量	300	
预留	除臭设施计算容量	100	
	同期系数	0.92	
	总计容量	8074	

根据以上计算，可以看到原 35/6.3kV 总降 2 台主变压器的余量较大，因此拟利用两台主变的供电能力，经过补偿后两台主变承担厂内所有新旧负荷，其负载率为 70%，事故保证率为 72%，变压器容量能够满足本厂原有和本次扩建所需的负荷且满足污水处理厂对供电可靠

性的要求。但原总降压站内 6kV 开关柜无预留馈线回路，厂区总平面布置如图 6-1 所示。

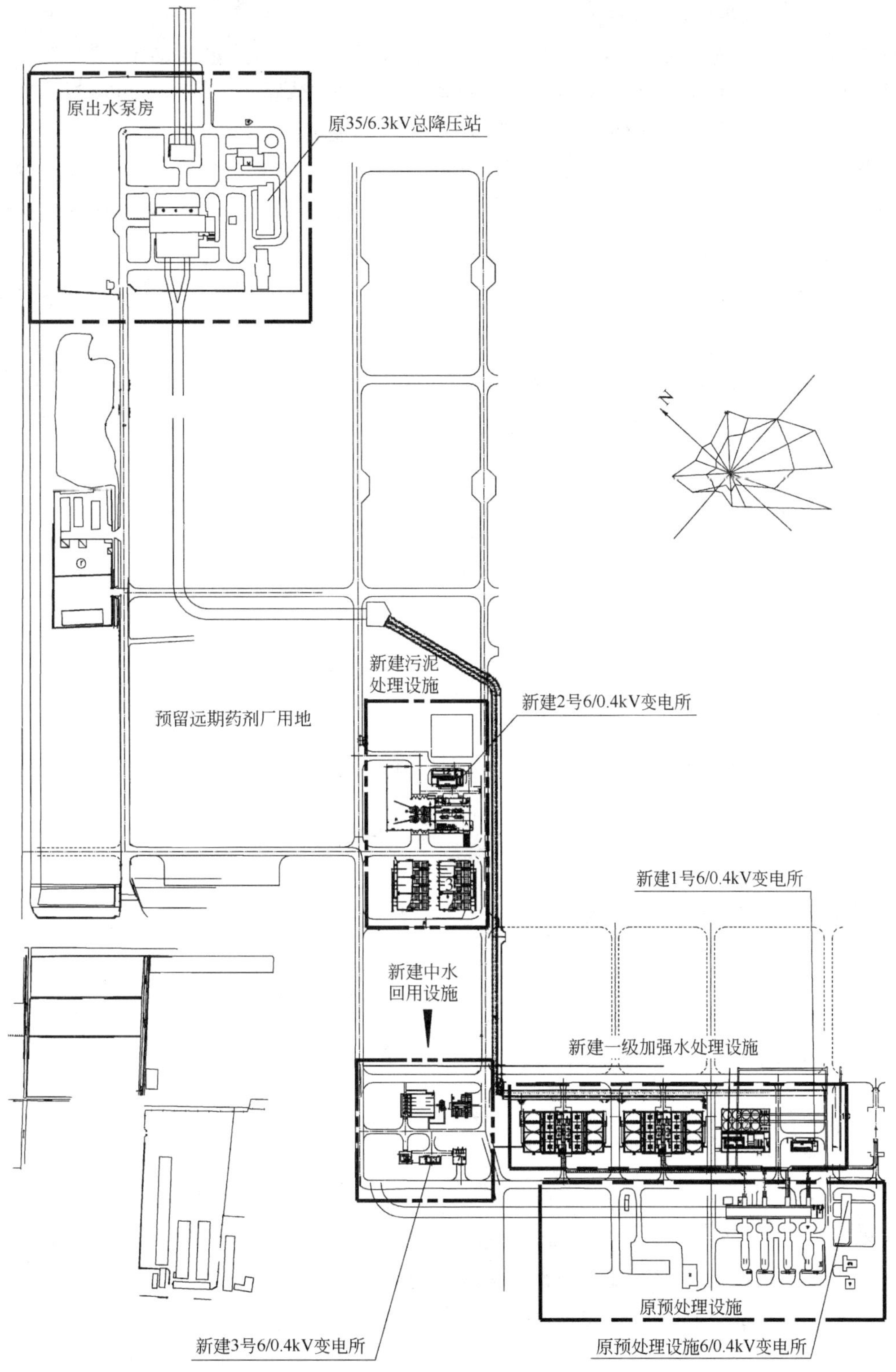

图 6-1　厂区变配电设施平面布置

从图 6-1 可以看到，原总降压站位于厂区北侧，外线从东北方向引入总降压站降为 6kV 等级在全厂放射式送电，6kV 馈线共六路，分别引至 6kV 电机配电系统、雨水泵站变电所和预处理设施变电所。6kV 电机配电系统和雨水泵站变电所均位于总降压站内，预处理设施变电所则距离总降压站较远，位于厂内大门处的西南侧附近，单回线路长度达到 1.6km 以上。图中分别标出了新建 1 号～3 号 6/0.4kV 变电所的位置。

新建 3 座变电所需要六路 6kV 电源，总降无法提供，且受场地限制，较难扩展。经过比选后确定了如下改造方案：在新建的 2 号变电所增设 1 座 6kV 配电间，设置第二级 6kV 配电系统，将总降压站中引至预处理设施变电所的两路 6kV 电源改为引至新建的 6kV 电机配电系统，再转供预处理设施变电所，同时提供本次新建 3 座变电所的六路 6kV 电源。变配电系统如图 6-2所示。

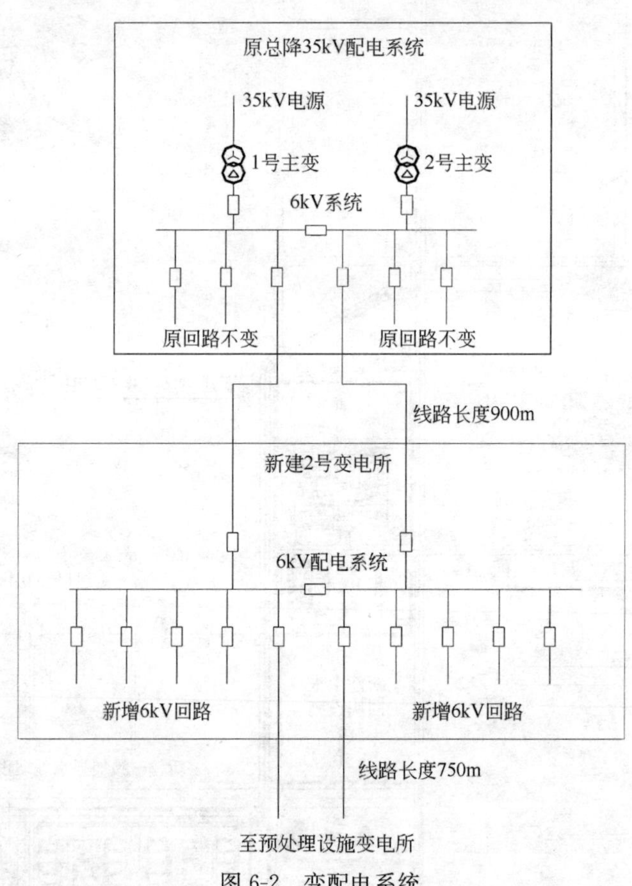

图 6-2 变配电系统

方案充分利用了原总降压站的供电能力，对原总降压站的改造工作量较小，只需调换两台 6kV 馈线开关柜的出线电流互感器、调整继电保护整定值，即可满足本次扩建工程的需求。本此改扩建工程中充分利用原变电站，统筹考虑新旧供配电网络，合理分配 6kV 送电线路，确定的供电方案较为合理，节省了工程投资，缩短了施工周期，对原厂的影响也较小。

第一次扩建工程时在 2 号变电所内设置一台 PLC 作为新建 6kV 配电系统和 6/0.4kV 变电所的电力监控后台。电力监控 PLC 通过五条 Profibus 总线连接五座 6/0.4kV 变电所，1 号和 2

号变电所各敷设一根 Profibus 通信电缆，3 号变电所、码头和污泥填埋变电所各敷设一根光缆，连接电力监控 PLC 和开关柜的数据接口。

（2）上海市白龙港城市污水处理厂第二次改扩建

白龙港污水处理厂经过五六年运行后，需要进一步大规模改造和扩建，原 $120\times10^4 m^3/d$ 的一级强化处理需要升级改造为二级处理，同时扩建 $80\times10^4 m^3/d$ 规模的二级处理，使全厂达到 $200\times10^4 m^3/d$ 的二级处理规模；同步建设污泥处理工程；远期根据规划规模，还预留 $140\times10^4 m^3/d$ 的处理能力。

由于第二次改扩建的规模远超过原厂处理水量，全厂近远期的负荷总计算容量约达到 48270kW，负荷计算容量如表 6-4 所示。

负荷计算容量　　**表 6-4**

建设状态	工程名称	计算容量(kW)	备注
已建	原出口泵房计算容量	4400(与新建出水泵房合并使用①)	原已建 35/6.3kV 总降压站负荷
	污水处理厂计算容量	2711(原有 2532kW，增设 179kW 负荷)	
	预处理厂计算容量	415(原有 444kW，移出 100kW② 和新增 71kW)	
	污泥填埋场计算容量	100	
	污泥码头负荷和除臭计算容量	400	
	同期系数	0.9	
	现有负荷总计	7223	
拟建	近期污泥处理工程	6800	新增负荷
	$120\times10^4 m^3/d$ 污水处理升级改造	7095	
	$80\times10^4 m^3/d$ 二级污水处理扩建	10882	
	同期系数	0.9	
	新增负荷总计	22299	
远期	远期负荷估算	20831	远期负荷
	同期系数	0.9	
	新增负荷总计	18748	
	全厂总计	48270	

① 由于扩建项目中增设了一座出水泵房，两座泵房同时运行时，原出水泵房的六台 900kW 水泵最大运行方式下只开四台，因此比原运行方式少开一台，容量相差 900kW；

② 原预处理设施变电所内的一台照明屏原为原综合楼提供照明电源，本次工程动力照明分开计量后将该屏移入新建 4 号变电所供电范围，容量约为 100kW。

从表中可以看出，现有负荷 7223kW，改扩建后，将增加至 29522kW，远期更将达到 48270kW，是现有负荷的 6 倍多，远远超出了现有供电能力，根据负荷计算，首先需确定外线电源的供电方案。经过了解，原两路 35kV 外线分别引自上级 220kV 唐镇变电站（线路长度 15km）和 220kV 周海变电站（线路长度 18km）。目前唐镇站 35kV 外线线路负载率达 90%，周海线虽略有富裕，但两个变电站馈线回路已满，无法提供两路新 35kV 用电，附近另有 1 座 220kV 王港变电站正在建设中，距离本厂约 12km，其建设周期可满足本厂建设需要。根据当地供配电规则，35kV 电源的供电能力为 40MVA（两路 20MVA 电源），白龙港污水处理厂区周边除了 35kV 电源外，还有 110kV 电源。

经与电业部门协商，原两路外线无法进行扩容改造，必须新建两路 35kV 外线，拟由建设中的王港站提供 35kV 电源。

其次确定厂内的供配电系统，升级改造和扩建工程的负荷增加远大于原有负荷，原总降压站的主变压器、6kV 开关柜、配电间面积、变压器室承重均不能满足需要，原地改扩建或重建，将引起原污水处理厂大规模、长时间停运。因此考虑在厂内新设 1 座 35/6.3kV 总降压站，申请的两路 35kV 电源引入新建总降压站。新建站近期规模为两台 20MVA 的常用主变，6kV 单母线分段的接线形式，远期扩展为“三电源、三变压器、四分段”的接线形式。新总降压站建成后，原 35kV 总降压站改为配电站，35kV 配电设施和主变均停运，6kV 配电系统的电源改由新建总降供电，馈电回路基本保持不变。

根据上级 220kV 变电所的位置，新电源外线将由厂区西南方向引入，新建总降由此设置在厂区西南部升级改造和扩建工程的负荷中心。另外 $120\times10^4m^3/d$ 的升级改造工程还新建 1 座 6kV 配电间和 5 座 6/0.4kV 变电所；$80\times10^4m^3/d$ 的扩建工程新建两座 6kV 配电间和 6 座 6/0.4kV 变电所，厂区总平面布置如图 6-3 所示。

由总平面图 6-3 可以看出，新建总降压站后，厂区 6kV 供电系统将由北向南供电改为由南向北供电。因此有必要对厂内 6kV 线路进行梳理和调整，为今后管理方便，厂内原有负荷尽可能从新建总降压站放射式取电，同时，兼顾现有供电网络，减少工程量，全厂共设新旧 5 座第二级的 6kV 配电系统，各从新建总降压站取得两路常用电源。5 座 6kV 配电系统分别为：原总降压站的 6kV 配电系统，承担原出水泵房的负荷；原 2 号变电所的 6kV 配电系统，承担污泥处理设施的负荷；升级改造工程新建鼓风机房 6kV 配电系统，承担鼓风机房和生物反应池的负荷；扩建工程新建鼓风机房 6kV 配电系统，承担鼓风机房和生物反应池的负荷；扩建工程新建 15 号变电所 6kV 配电系统，承担出水泵房和 15 号变电所的负荷。原由已建 2 号变电所 6kV 系统供电的 1 号～3 号 6/0.4kV 变电所、预处理设施 6/0.4kV 变电所由于靠近总降压站，改为从总降压站直接引电。

在原预处理设施和一级强化设施中增加了少量的 0.4kV 负荷，将通过对原 1 号 6/0.4kV 变电所和预处理设施 6/0.4kV 变电所“挖潜改造”，利用原备用回路和变压器富裕的供电能力解决 0.4kV 电源。

通过以上电气系统的改造，新建 1 座 35/6.3kV 总降压站，对厂内的老负荷、近期和远期负荷作了供电规划和调整，解决了近期大量新增负荷和原有负荷相差巨大的问题，兼顾了远期还将增加的大量负荷，为远期的扩展预留了较大的发展空间，方便了远期工程的扩展设计。同时通过 6kV 线路的合理调整，理顺了厂内多次系统改扩建后较为复杂的接线，为厂内今后的管理运行提供了较为方便易行的操作运行模式，变配电系统如图 6-4 所示

第二次升级改造和扩建工程中在新建 35/6.3kV 站内设置 1 套变电所计算机管理系统，采集总降压站和各变电所的各种电气信号，并可在监控计算机上进行设定、监测和控制。监测范围到第二级 6kV 配电系统，监控范围到第一级 6kV 配电系统。

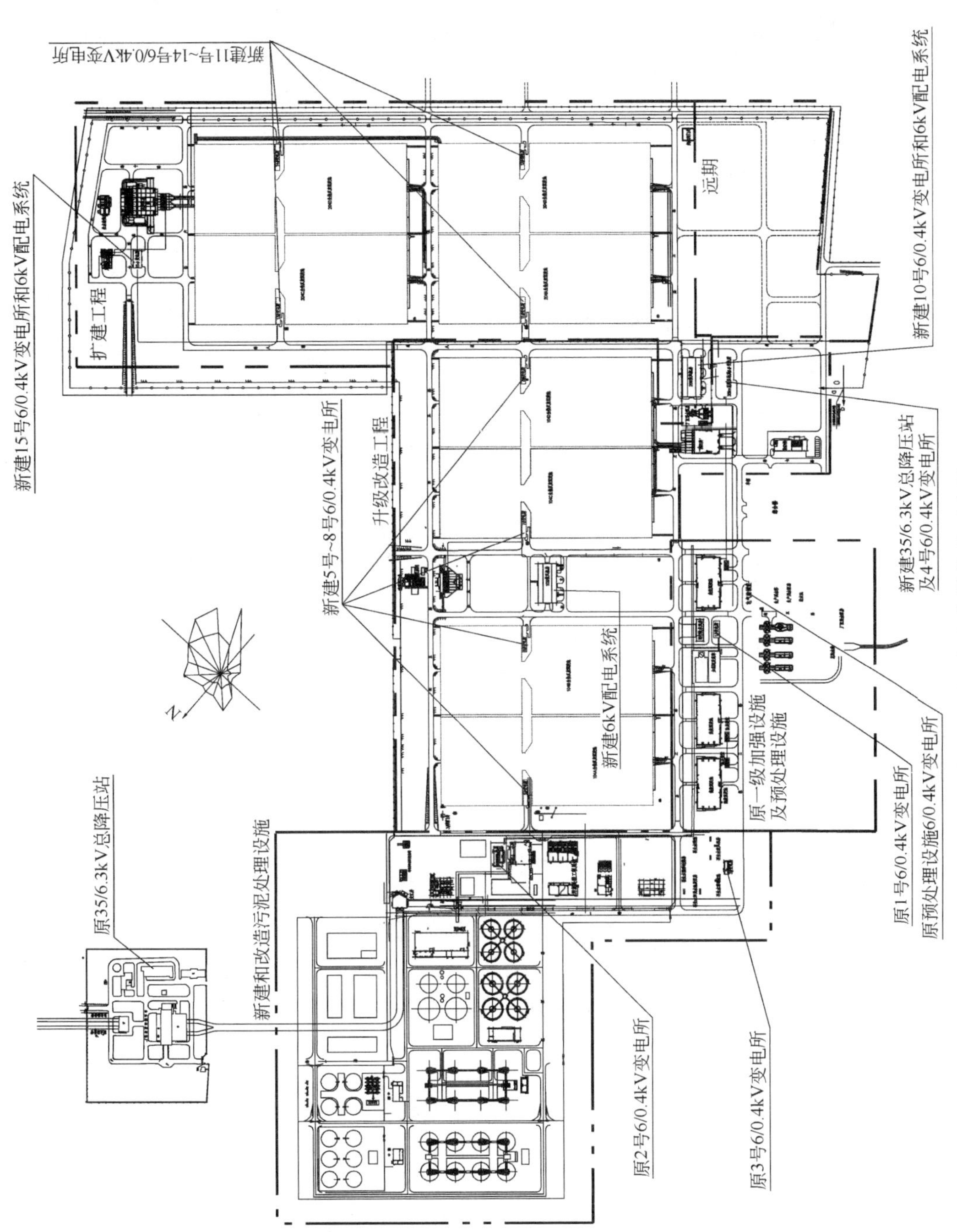

图 6-3 厂区变配电设施平面布置

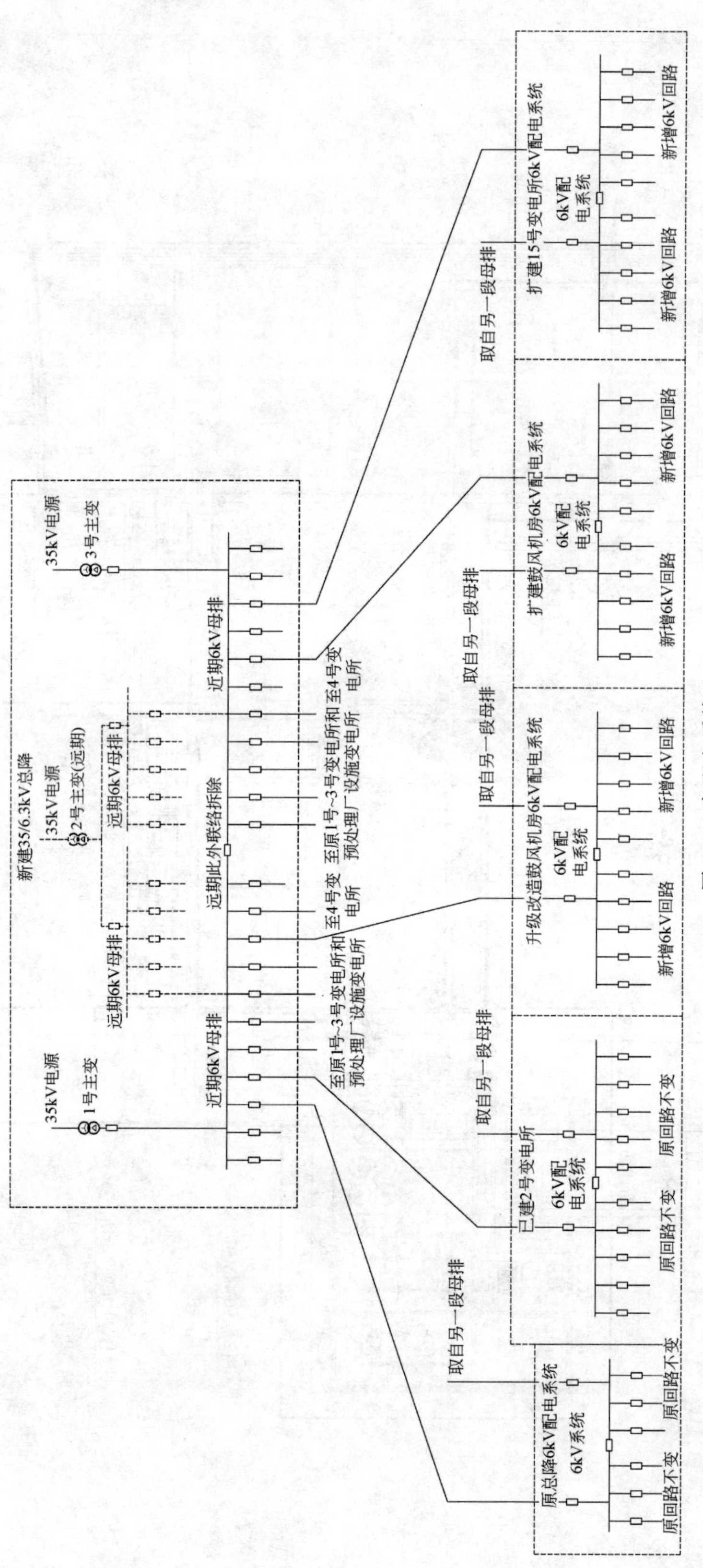
新建35/6.3kV总降
35kV电源
1号主变
35kV电源
2号主变(远期)
35kV电源
3号主变
近期6kV母排
远期6kV母排
远期6kV母排
近期此处联络拆除
近期6kV母排
至原1号~3号变电所和预处理厂设施变电所
至4号变电所
至原1号~3号变电所和预处理厂设施变电所
至4号变电所
取自另一段母排
原总降6kV配电系统
6kV系统
原回路不变
原回路不变
取自另一段母排
已建2号变电所
6kV配电系统
原回路不变
原回路不变
取自另一段母排
升级改造鼓风机房6kV配电系统
6kV配电系统
新增6kV回路
新增6kV回路
取自另一段母排
扩建鼓风机房6kV配电系统
6kV配电系统
新增6kV回路
新增6kV回路
取自另一段母排
扩建15号变电所6kV配电系统
6kV配电系统
新增6kV回路
新增6kV回路

图 6-4 变配电系统

变电所计算机管理系统利用全厂控制系统工业以太网B网将数据上传至位于新建集控楼内的中央控制室进行遥测，不遥控。新建总降压站的各电气信号由站内的计算机管理系统直接采集，第二级6kV配电系统的信号送至就近的PLC，并通过自控系统100M以太网光纤环网B网（原已建工程为A网，$120\times10^4m^3/d$升级改造工程和$80\times10^4m^3/d$扩建工程为B网)，将各种信号、数据汇总至新建总降压站内变电所计算机管理系统。厂内已建的电力监控站仍将通过已建自控系统100M以太网光纤环网A网送至新建总降压站内变电所计算机管理系统。

2. 徐州市污水处理厂扩建工程

徐州市污水处理厂扩建工程是1997～1998年实施扩建的项目，虽然相隔时间较长，但电气扩建设计较有特点，因此在本书中作为实例介绍。

该污水处理厂原为二级处理深度，扩建处理深度不变，仅水量从原$10\times10^4m^3/d$扩建成$16.5\times10^4m^3/d$。工程当初实施时为国外政府贷款项目，厂区低压配电设备由德国公司提供，为Modan6000型抽屉式开关柜，均设计成MCC形式。全厂原建有两座变配电所。1号变配电所与高配间合建，两台变压器容量为630kVA；2号变配电所两台变压器容量为1000kVA。

扩建后主要新增负荷基本分布在原有单体构筑物内，厂内若再新增变电所，则变电所的数量过多，不利于厂内管理，而且扩建是利用原有污水处理厂用地，厂区面积有限，较难新增变电所。因此主要设计思路还是扩建改造原有变配电所。按此原则设计碰到的最大问题是原外方提供的0.4kV开关柜对本厂远期的扩建均未考虑预留备用回路，配电间土建预留面积也非常小，若要增加开关柜势必要改动土建，对原厂生产和现有电气设备影响大，实施难度高。查阅原外方资料后，发现原低压MCC柜虽无备用回路，但柜内留有一些空舱位，本次扩建可加以利用。这样土建面积虽小，但充分利用这些空舱位后，在工厂内按设计图要求加工抽屉后，运至现场，增加一些二次接插件就可安装。这样可以不增加低压柜就满足新增负荷的供电及控制，而不必再改造土建。

另外，根据负荷计算，两座变电所内的变压器容量均需增容一档才能满足现有新老负荷，这样相应低压柜内母排、进线开关及其电流互感器等相应需作调换，带来的施工停电周期较长，不能满足厂内现有生产要求。但从开关柜的结构和接线形式分析，原0.4kV进线位于每段母排的中间，也就是每段母排只承担了部分负荷电流，约为变压器额定容量的1/2～2/3；而且Modan6000型开关柜内的母线为C形母排，其不规则的外形使其母排表面积较大，载流量较相同截面的方形母线大，散热条件也较优越。经分析后，向德国金钟默勒公司咨询，并经其确认，变压器容量放大一档该套开关柜内的馈线母排可以不更换，只需更换进线柜的母排。

通过以上精细化设计，使电气扩建工程量大大减少。施工周期短，对原生产影响小，与原电气系统结合紧凑，控制和接线形式统一。开关柜没有增加。图6-5为厂内其中1座变配电所低压开关柜MCC2的接线图，图中粗实线为原空舱位增加或需要改造的回路，细虚线为原有回路不变。

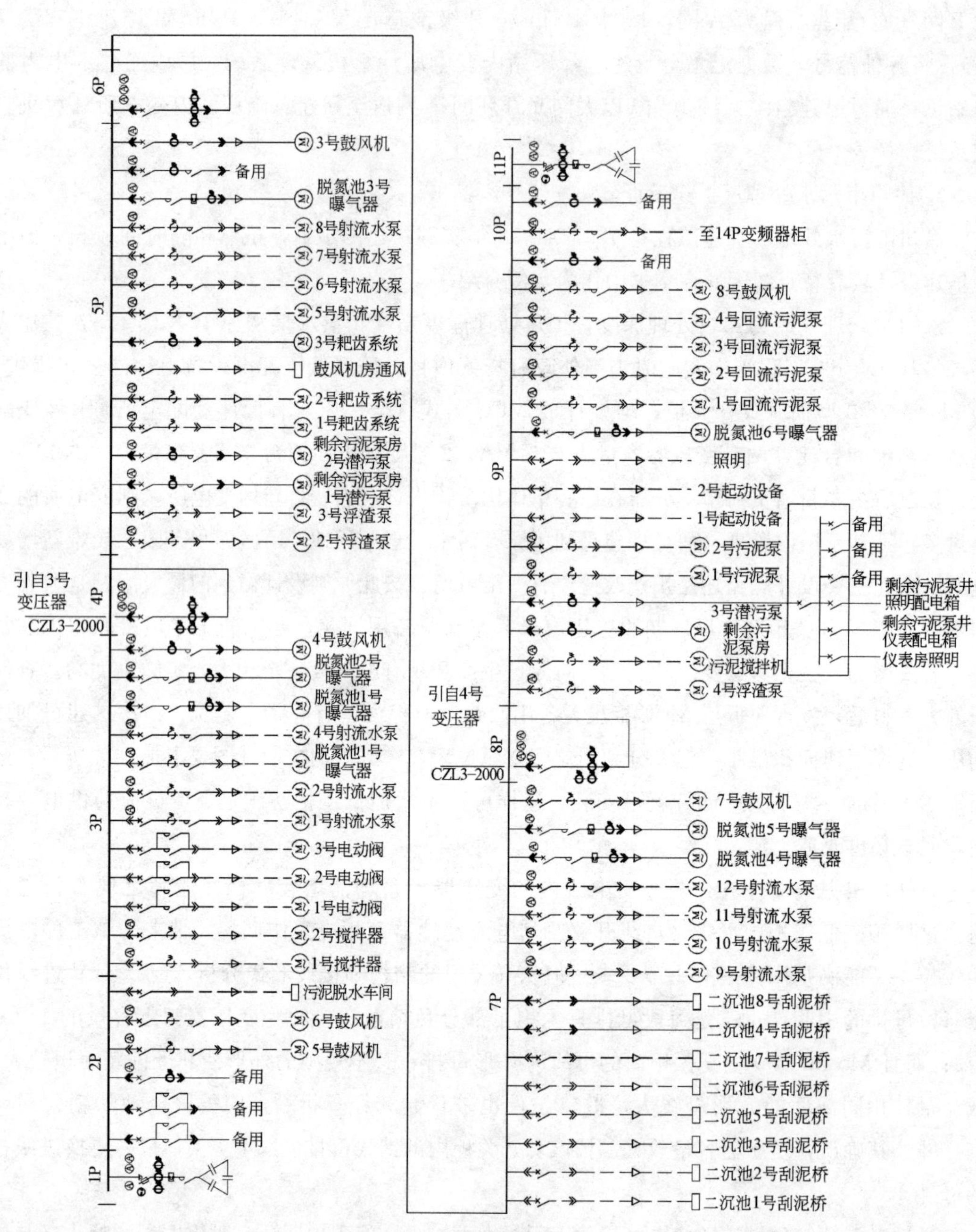

6P
3号鼓风机
备用
脱氮池3号曝气器
8号射流水泵
7号射流水泵
6号射流水泵
5P
5号射流水泵
3号耙齿系统
鼓风机房通风
2号耙齿系统
1号耙齿系统
剩余污泥泵房2号潜污泵
剩余污泥泵房1号潜污泵
3号浮渣泵
2号浮渣泵
引自3号变压器
CZL3-2000
4P
4号鼓风机
脱氮池2号曝气器
脱氮池1号曝气器
4号射流水泵
脱氮池1号曝气器
2号射流水泵
3P
1号射流水泵
3号电动阀
2号电动阀
1号电动阀
2号搅拌器
1号搅拌器
污泥脱水车间
6号鼓风机
5号鼓风机
2P
备用
备用
备用
1P
11P
备用
10P
至14P变频器柜
备用
8号鼓风机
4号回流污泥泵
3号回流污泥泵
2号回流污泥泵
1号回流污泥泵
脱氮池6号曝气器
9P
照明
2号起动设备
1号起动设备
2号污泥泵
1号污泥泵
3号潜污泵
剩余污泥泵房
污泥搅拌机
4号浮渣泵
备用
备用
备用
剩余污泥泵井照明配电箱
剩余污泥泵井仪表配电箱
仪表房照明
引自4号变压器
8P
CZL3-2000
7号鼓风机
脱氮池5号曝气器
脱氮池4号曝气器
12号射流水泵
11号射流水泵
10号射流水泵
9号射流水泵
7P
二沉池8号刮泥桥
二沉池4号刮泥桥
二沉池7号刮泥桥
二沉池6号刮泥桥
二沉池5号刮泥桥
二沉池3号刮泥桥
二沉池2号刮泥桥
二沉池1号刮泥桥

图 6-5 变配电接线

6.2　自控改扩建设计

随着我国国民经济的发展，人们环保意识的不断提高，新的国家出水排放标准的实施，一方面要求增加污水污泥处理能力，另一方面要求提高出水水质标准，现有污水处理厂处理规模和处理工艺流程已不能满足要求，因此大量的污水处理厂需要改建和扩建。

现阶段污水处理厂进行改建和扩建从工艺流程上来说可以分为四部分：

(1) 增加污水处理量，主要是增加生物处理构筑物，如A/A/O反应池、氧化沟等；

(2) 增加污水生物处理构筑物，以达到脱氮除磷目的；

(3) 增加污水处理深度，主要是增加深度处理构筑物，如高效沉淀池、滤池等；

(4) 增加污泥处理量和处理程度，主要是增加污泥处理构筑物，如污泥脱水机房、污泥消化池等。

污水处理厂改扩建工程工艺流程有三个特点：

(1) 污水处理厂改扩建工程一般充分利用原有构筑物和设施，使其适应改造后污水、污泥处理工艺的要求，因此仪表和自控设计时要考虑新老结合的要求；

(2) 新增生物处理构筑物一般与原来的构筑物相同，因此在新增处理构筑物设计中应参考原有构筑物检测仪表和控制设备布置要求；

(3) 总平面上新增的处理构筑物一般组团布置，利于分期、分阶段实施，因此新增现场控制站应充分考虑就近控制的原则，尽量设置在控制需求的中心位置。

6.2.1　仪表自控系统现状

1. 中央控制室

污水处理厂中央控制室一般设于综合楼内，有少数污水处理厂中央控制室与变配电所合建。

中央控制室主要对全厂数据实行集中管理和调度，并与管理信息系统和其他周边系统连接。它集中各现场控制单元送来的信息，进行分析、研究、打印、存储，为确定生产计划、生产调度提供依据，并通过监视和操作，将操作和命令下送至现场控制站。中央控制室计算机系统主要由操作站（监控计算机）和外部设备如打印机、投影仪系统等组成。

早期污水处理厂计算机系统设置较为简单，一般采用双机热备的操作员站计算机作为数据采集、存储、设备监控运行核心。

近期大中型污水处理厂一般采用C/S（客户/服务）模式设置计算机系统，将功能分散到独立的计算机上，设置数据服务器、操作员站、工程师站等功能性计算机。数据服务器作为污水处理厂控制的核心，实时采集全厂监控数据和工况进行存储和处理，并能生成各种表格，以便管理局域网和其他网上授权的计算机进行调用、查询、检索和打印。操作员站作为客户端，通过局域网与数据服务器连接，提供动态的工艺监控图形及友好的人机界面。在控制图形上通过鼠标和键盘对工艺参数进行修改，对工艺过程和控制设备进行控制和调节；在设备及工艺过程中发生故障时发出警报，显示故障点和故障状态，按照报警等级作出相关反应，记录故障的信息；可设立不同的安全操作等级，针对不同的操作者设置相应的加密等级，记录操作员及其操作信息。操作员站通常配置两台以上。工程师站具有与操作员站一样的人机界面，能进行实时数据、历史运行数据、故障的记录、查询和显示，能对 PLC 和上位机应用软件，管理软件等进行在线编辑、调试，同时可以在网上对 PLC 进行在线诊断。中央控制室 C/S 模式计算机系统如图 6-6 所示。

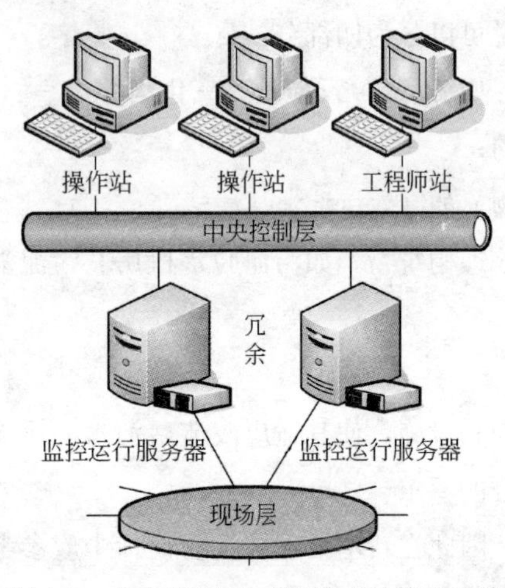

图 6-6　中央控制室 C/S 模式计算机系统

中央控制室大屏显示系统通常有模拟屏、正投幕显示设备、背投影显示墙系统等不同种类。

早期污水处理厂一般采用模拟屏，模拟屏一般为一块大型马赛克拼屏，根据工艺流程和控制系统绘制好全厂的生产流程，在关键部位嵌入 LED 或者数字显示模块以显示所需提供的状态。显示系统由智能控制箱进行控制，控制箱与上位控制计算机之间用通信线进行连接。模拟屏的优点在于显示清晰明了，效果较好，而且建造和维护的成本都较低。其缺点是灵活性差，显示信息为预先设定，无法随时变化，扩展性差，目前在污水处理厂设计中已很少选用。在改扩建工程中一般用投影系统来替换原有的模拟屏。

近期污水处理厂一般采用正投幕显示系统或背投影显示墙系统。正投幕显示系统一般采用专业投影仪结合投影屏幕组成，其优点是构造简单，成本低。但具有显示质量一般，环境亮度要求高等缺点。因此该种设置方案常常用于投资控制较紧或小型污水处理厂。背投影显示墙系统一般由采用 DLP 投影技术显示屏（或等离子/液晶显示器等）拼接而成，常规拼屏结构可采用 2×3、2×4、2×5 等不同形式，屏尺寸一般为 50 英寸、67 英寸、84 英寸，甚至是 100 英寸，具体工程应根据管理需要（包括视频显示）确定所需屏幕的数量、屏的大小，并决定符合人体工程学的中心控制室的建筑尺寸、平面布置。各个 DLP 屏之间由专用的视频处理系统进行控制，使图像保持同步，达到很好的显示效果，DLP 屏的亮度高，显示效果非常好，但是 DLP 屏设备相对昂贵，安装要求和环境要求较高，正常运行维护费用较高，因此设计时需根据管理需要、资金情况确定。由于液晶显示器具有寿命长、亮度高的优点，且拼缝大的缺点已被不断改善，因此近年来液晶显示器拼接显示系统在污水处理行业得到了广泛运用，有逐步取代 DLP 屏的趋势。

为了便于改扩建工程仪表和自控系统的设计，对原有中央控制室改扩建应了解以下几方面的内容：

(1) 计算机硬件系统

需要了解计算机配置，如 CPU 运算速度、内存及硬盘容量等。由于计算机技术发展非常快，硬件更新非常快，如果污水处理厂计算机硬件系统已经使用了 4～5 年，建议更换计算机硬件系统。

(2) 软件系统

需要了解软件版本，软件生产厂家，是否可以升级等情况，部分厂家的组态软件不能在老版本上升级，只能用新版本的软件，在确定方案时应充分考虑这些因素。

(3) 大屏显示系统

需要了解污水处理厂中央控制室采用的大屏显示系统，是模拟屏、正投幕显示设备还是背投影显示墙系统，一般20世纪90年代以前的污水处理厂均采用模拟屏，近年来的污水处理厂采用正投幕显示设备、背投影显示墙系统，如果前期工程采用模拟屏的话，建议更换模拟屏，如果前期工程采用正投幕显示设备、背投影显示墙系统的话，则可以继续使用。

2. 现场控制站PLC系统

现场控制站主要完成现场设备和检测仪表的数据采集及控制。采集过程控制数据，进行数据的转换、处理和存储。实施顺序逻辑控制的运算和输出控制，并实现数据的上传及接收。现场控制层主要由PLC、远程I/O、控制柜、UPS等组成。

污水处理厂主要工艺流程一般包括预处理、生物处理、污泥处理三大部分，常规现场PLC站点设置应根据污水处理厂工艺流程的要求、厂区内工艺和变配电系统布局进行布置，设置原则为：首先以相对独立完整的工艺环节作为1个控制主站的范围；其次以设备相对集中的场所设置现场控制站。小型污水处理厂可合并现场控制站功能，全厂只设1～2个现场控制站。大型污水处理厂为了分散风险，可按照工艺流程增设现场控制站。

现场控制站点有主站和子站之分，主要是以现场控制层网络拓扑结构上存在的上下层或前后层的关联性进行划分。常常以起主要协调作用的环节作为主站，其他附属辅助环节作为子站。主站和子站往往控制点数存在着较大差异，因此设备的配置也对应存在档次差别或子站仅为远程I/O的形式。

现场控制站设置于环境较为恶劣的现场，特别有些污水处理厂将PLC控制柜设于进水泵房、污泥脱水机房等硫化氢腐蚀较为严重的地方，往往才投入运行了几年，部分元器件损害严重，影响到PLC的运行，因此在改扩建工程中新增的现场控制站尽量设于控制室内，原有设于现场的PLC控制柜在有可能的情况下，也应移至控制室内。

为了便于改扩建工程仪表和自控系统的设计，对原有现场控制站应了解以下几个方面的内容：

(1) PLC

需要了解PLC型号、生产厂家，是否可以扩展等情况。部分厂家的某些PLC型号只能有1块扩展模块。

(2) PLC控制柜

需要了解PLC控制柜尺寸、柜内布置等情况。

3. 网络通信系统

监控系统的各层通过通信网络连接起来，常规污水处理厂通信网络分为三级：管理级、监控级和数据传输级。

第一级为管理级，此通信网络连接管理信息层与中央控制层。早期的污水处理厂没有此通信网络，只是近年来随着计算机技术及管理信息技术发展，而逐步发展起来的。它是采用星形拓扑结构形式的10M/100M/1000M以太网网络。由管理信息层管理计算机、办公数据网络、数据服务器及中央控制层操作站、工程师站、打印机通过以太网交换机连接起来，它们之间用超5类以上的非屏蔽双绞线相连。

第二级为监控级，此通信网络连接中央控制层与现场控制层。早期的污水处理厂采用的是总线形式的通信网络，通信协议为PROFIBUS-DP、CONTROLNET-LINK、TCP/IP工业以太网等，采用物理连接为通信电缆或同轴电缆。近年来的污水处理厂均采用工业以太网光纤环网，通信协议为TCP/IP工业以太网，采用物理连接为通信光缆。

第三级为数据传输级，连接现场控制层和设备层。早期的污水处理厂没有此通信网络，只是近年来随着计算机技术及网络技术发展，而逐步发展起来的。此网络可选择基于IEC61158标准现场总线，如Profibus总线、FF总线等，或常规I/O连接以及两者结合的方式，组成星形、树形和总线形式结构。由现场控制层PLC、现场设备控制箱、MCC、检测仪表等组成。

随着以太网的越来越普及，污水处理厂的通信网络可采用“一网到底”或者“透明网络”的方式（即数据传输级的网络采用以太网通信，由此全厂通信网络均为以太网），这将是污水处理厂通信网络发展的趋势。

为了便于改扩建工程仪表和自控系统的设计，对原有通信网络系统应了解以下几个方面的内容：

(1) 通信协议

需要了解原有通信网络采用何种通信协议，如PROFIBUS-DP、CONTROLL-LINK、TCP/IP工业以太网等。

(2) 网络拓扑

需要了解原有通信网络拓扑结构，星形连接、环形连接、总线连接，以及冗余方式等。

4. 检测仪表系统

污水处理厂为了保证安全生产，实现现代化科学管理，提高污水处理厂的经济效益和社会效益，采用先进的过程检测和控制仪表系统，来实现生产过程的自动化。污水处理厂检测仪表应根据工艺流程和工艺要求进行设置。早期的污水处理厂检测仪表设置较为简单，主要设置液位、流量等常规仪表，近年来随着自动化程度的提高，检测仪表种类及数量有了很大的提高。

在污水处理厂工艺过程中设置检测仪表的作用有以下几方面：

(1) 提供设备的利用率，保证出水达标。仪表能连续检测各种工艺参数，根据这些数据可对设备进行手动或自动控制，协调各种设备及设施的联系，提高设备利用率，同时检测仪表与给定值进行连续比较，发生偏差时，立即调整，从而保证出水水质。

(2) 节省日常运行费用。可根据仪表检测的参数，自动调节和控制风机、水泵机组、药剂的投加量的合理运行，使管理更加科学，达到经济运行的目的。

（3）使运行安全可靠。由于仪表具有连续检测、越限报警的功能，因此便于及时处理事故。对于高温、噪声、恶臭、腐蚀的环境均可通过仪表自动检测来取代现场观测，从而减少对操作人员的危害。

（4）节省人力、减轻劳动强度。设置过程检测仪表后，工艺参数的测量、记录可以在中央控制室集中显示，减少值班人员、减轻劳动强度。

（5）为 PID 调节控制创造条件。过程检测仪表是监控系统控制的前提，只有仪表测量现场数据后，才能运用控制系统将工艺检测参数通过数学模型运算后发出指令驱动执行器完成控制命令。

为了便于改扩建工程自控系统的设计，对原有检测仪表系统应了解以下几个方面的内容：

（1）种类

需要了解原有仪表的种类，特别是与改扩建工程有关的仪表，如流量计（超声波、电磁等）、水质分析仪表等。

（2）品牌

需要了解原有仪表的生产厂家，改扩建工程宜选用与原有仪表相同的生产厂家，以便于维护及备品备件的更换。

6.2.2　设计要点

1. 设计原则

（1）协调性，已建工程、改扩建工程系统设置应统筹考虑，主要检测仪表、控制设备选型尽量统一。

（2）实用性，选择性价比高，实用性强的检测仪表、自动控制系统设备。

（3）先进性，系统设计要有一定的超前意识，设备的选择要符合技术发展趋势，选择主流产品。

（4）经济性，在满足技术和功能的前提下，系统应简单实用，并具有良好性能价格比。

（5）易用性，系统操作简便、直观，利于各个层次的工作人员使用。

（6）可靠性，根据污水处理厂的重要程度，控制系统故障对生产所造成的影响程度，应采取必要的保全和备用措施，必要时对控制系统关键设备进行冗余设计。

（7）可管理性，仪表和控制系统的硬件和软件的选用应重视可管理性和可维护性。

（8）开放性，应采用符合国际标准和国家标准的方案，保证系统具有开放性特点。

2. 设计步骤

污水处理厂改扩建工程的仪表和自控系统在设计过程中应考虑以下几方面的内容：

（1）应收集原有工程仪表和自控系统的资料，包括施工图纸、竣工资料等。

（2）应与运营或业主单位沟通，了解原有仪表及自控系统在运行过程中出现过的问题和对改扩建工程的要求。

（3）制定改扩建工程的设计方案，该方案可从检测仪表、自动控制系统两方面入手，酌情参考前期工程设计方案，取其优点，去其劣处，将已建工程、改扩建工程仪表和自控系统作为一个整体，统筹考虑。

6.2.3 仪表和自控系统设计

在改扩建工程中一般只考虑本期工程范围内检测仪表的设置，前期工程检测仪表系统不作变动，除非业主要求或前期工程的仪表已损坏，并影响到改扩建工程工艺检测要求，才更换前期工程检测仪表。

1. 常用仪表的分类

目前污水处理厂工程中常用的在线检测仪表一般可分为两大类。

(1) 热工量仪表

主要包括流量、压力、液位、温度等参数的检测仪表。

1) 流量仪表

根据被测参数的要求，流量仪表可分为容积式流量仪和质量流量仪两种。质量流量仪除测量容积流量外还能检测相关介质的密度、浓度等参数。容积式流量仪根据管路特性分为明渠流量仪和管道式流量仪。明渠流量仪一般采用堰式或文丘里槽流量仪。管道式流量仪根据测量原理又可分为电磁流量仪、超声波流量仪、涡街流量仪、差压式流量仪、热式流量仪等不同形式；根据安装方式分为管段式、插入式、外夹式等多种形式。

2) 压力仪表

污水处理厂常用压力仪表有机械式压力表和电动式压力（差压）变送器。机械式压力表主要有弹簧管式、波纹管式、膜片式三种；电动式压力（差压）变送器主要有电容式、扩散硅式等。

3) 液位仪表

污水处理厂中常用液位仪表根据仪表结构、测量原理可分为超声波式、雷达式、浮筒（球）式、差压式、投入式、静电电容式等几种主要形式。

4) 温度仪表

温度仪表由测温元件和温度变送器组成。测温元件根据金属丝自身电阻随温度改变的特性常分为铜热电阻 Cu50 和铂热电阻 Pt100。温度变送器与不同特性的测温元件配合将电阻变化转换为 4～20mA 标准信号。

(2) 物性和成分量仪表

主要包括 pH/ORP（氧化还原电位）、电导率、溶解氧、固体悬浮物/污泥浓度（SS/MLSS）、COD（化学需氧量）、NH_4^+-N（氨氮）、NO_3（硝氮）、TP（总磷）、TN（总氮）、H_2S（硫化氢）、CH_4（沼气）等。

1) pH/ORP（氧化还原电位）测量仪采用电化学电位分析法测量原理；

2) 溶解氧测量仪通常采用荧光法、覆膜式电流测量法、固态电极法等测量原理；

3) 固体悬浮物/污泥浓度（SS/MLSS）采用散射光或反射光测量原理；

4) COD 测量仪采用重铬酸钾法测量原理或 UV 测量原理；

5) NH_4^+-N、NO_3 测量仪采用离子选择电极法或比色法等测量原理；

6）TP、TN测量仪采用比色法测量原理；

7）H_2S测量仪采用电化学测量原理；

8）CH_4测量仪采用催化燃烧法或红外光学法测量原理。

检测仪表的好坏直接关系到污水处理自动化的效果，即使是进口产品由于产地、制造工艺等影响，在精度、稳定性等方面存在着较大的差别。因此在工程设计过程中，必须从仪表的性能、质量、价格、维护工作量、备件情况、售后服务、工程实例等方面进行反复比较，再予以选择。

2. 检测仪表常用配置

改扩建工程检测仪表应根据工艺流程及检测与控制要求进行配置，预处理部分、生物处理部分、深度处理部分和污泥处理部分的常规检测仪表配置如表6-5～表6-8所示。

预处理常规检测仪表配置 **表6-5**

构筑物	检 测 项 目	备　注
粗格栅	格栅液位差	该单体一般与进水泵房合建
	硫化氢浓度	
进水泵房	液位	
	硫化氢浓度测量、报警	
	水泵泵后压力	可选
	水泵电机、泵轴温度	可由水泵厂家提供
	水泵泵前压力、单泵流量	需单泵性能考核时选用
	水泵及电机振动	中大型水泵诊断选用
细格栅	格栅液位差	该单体一般与沉砂池合建
	硫化氢浓度测量、报警	
	进水水质：pH值、温度、电导率、NH_4^+-N、COD、TP等	有时设于进水泵房，全国各地的环保部门要求有所差异，其中NH_4^+-N、COD一般为必测项目
沉砂池	进水流量	设于沉砂池出水管上，有时设于进水泵房出水渠上

生物处理常规检测仪表配置 **表6-6**

构筑物	检 测 项 目	备　注
初次沉淀池	污泥界面	
	初沉污泥流量	
生物反应池	水质：溶解氧、氨氮、ORP、MLSS、NO_3、COD等	
	内回流液、外回流液流量	
	曝气管气体流量	
二次沉淀池	污泥界面	
回流及剩余污泥泵房	液位	
	回流污泥流量	
	剩余污泥流量	

续表

构筑物	检测项目	备注
鼓风机房	空气流量	
	空气压力	
	空气温度	
紫外线消毒池/加氯接触池	出厂水流量	目前采用紫外线消毒池为多
	出水水质：pH 值、温度、SS、NH_4^+-N、COD、TP 等	全国各地的环保部门要求有所差异，其中 NH_4^+-N、COD 一般为必测项目
	余氯（二氧化氯）	仅加氯接触池有

深度处理常规检测仪表配置 **表 6-7**

构筑物	检测项目	备注
提升泵房	液位	
高效沉淀池	污泥界面	
	pH 值	
	SS	
V 型滤池	水头损失	
	液位	
	流量	
反冲洗废水池	液位	
	SS	

污泥处理常规检测仪表配置 **表 6-8**

构筑物	检测项目	备注
储泥池（贮泥池）	液位	
污泥脱水（浓缩）机房	进泥流量	
	加药流量	
	污泥浓度	
	硫化氢浓度	
消化池	泥位	
	温度	
	压力	
操作楼（热交换器）	进出水温度、进出泥温度	
	进出泥流量	
	硫化氢浓度测量、报警	
	沼气浓度测量、报警	
沼气柜	高度	
	沼气浓度测量、报警	

6.2.4 自动控制系统设计

改扩建工程仪表和自控系统设计应采用与原已建工程自控系统相结合的方式，按照前期自控系统确定的配置原则进行扩建。主要内容为中央控制室软硬件升级扩容，现场控制站增容改造和扩建。

1. 系统结构

常用污水处理厂自控系统结构通常按DCS系统构架组成，包括中央控制层（中央控制室）、现场控制层、现场设备层等。该结构一般在前期工程中完成，改扩建工程应在前期工程的基础上进行扩展，加以完善。

2. 系统设置

（1）中央控制层（中央控制室）

中央控制层一般在原有工程中建成，改扩建工程主要内容为计算机软件系统的扩容、升级、完善，中央控制层选用的软件应具有通用性、灵活性、易用性、扩展性、人性化等特点，并且软件配置需和系统硬件构架密切配合，在设计过程中要通盘考虑。软件一般分为系统通用软件和应用开发软件，系统软件由硬件供应商配置，应用软件由工程公司根据工艺控制和管理要求进行开发，其基本要求是具有管理、控制、通信、工艺控制显示、事件驱动和报警、操作窗口、实时数据库管理、历史数据管理、事件处理、工艺参数设定、报表输出、出错处理、故障处理专家系统等功能。

计算机硬件系统应根据已建工程计算机系统配置情况和自控系统需求，在满足功能需求的条件下，尽可能利用原有计算机，或者合理的增加或更换操作站、服务器等硬件设备。

原有工程中控制室屏幕显示系统采用的是正投幕显示设备或背投影显示墙系统的话，应尽可能利用原有设备；若是采用的模拟屏的话，建议废除，并根据工程特点和投资情况等诸多因素在正投幕显示设备、DLP屏、等离子屏、液晶屏等不同类型中选用。

（2）现场控制层

现场控制层由分散在各主要构筑物内的现场控制主站，子站、专用通信网络组成。

现场控制层为改扩建工程自控系统设计重点，一般应根据工艺流程增加现场控制站，并对原有现场控制站进行扩容。

（3）原有控制站扩容

改扩建工程中部分单体为增加受控设备和检测仪表，在设计过程中相关的原有现场控制站应进行扩容。原有现场控制站扩容设计时应注意以下几点：

1）自控设备更新换代较快，当原有PLC模块已经不生产时，需将原有PLC系统全部废除重新设计所有PLC模块，否则无法扩容。

2）当原有PLC柜受腐蚀，PLC模块及元器件损坏严重时，需将损坏的PLC模块废除，并增加相应的PLC模块。

3）当原有PLC柜无法放置新增的PLC模块及相关元器件时，应增加PLC柜，或将原有PLC柜废除，新设置一个大尺寸的控制柜。

(4) 新建现场控制站

改扩建工程新设置的PLC站点设置应根据污水处理厂的工艺流程要求、厂平面内工艺及配电系统布局进行布置。

在常规处理工艺中（如A/A/O工艺），一般在以下环节设置主站：

1) 预处理部分中的进水泵房控制室；

2) 生物处理部分中的鼓风机房控制室；

3) 污泥处理部分中的污泥脱水机房控制室；

4) 深度处理部分中的高效沉淀池控制室；

5) 深度处理部分中的滤池控制室

6) 可在加氯间、加药间、配电间等处设置二级子站点，通过通信连入上级主站。

由于污水处理厂工艺流程千差万别，因此上述站点的设置仅供参考，具体应根据实际需要配置。

在现场控制站布置上，一般可在工艺构筑物内单独设置控制室用于设备的安放。有时控制室也兼作现场值班室。当现场控制站按无人值守的管理模式设置时，可不考虑设置专用控制室以减少构筑物的建筑面积。设备通常可与配电设备或设备控制柜（MCC）并列布置，但需做好抗电磁屏蔽等防护措施。

3. 现场控制层网络

一般来说，在现场控制层的网络以往常根据PLC设备的品牌选择来确定其对应的网络形式，其中有CONTROLNET/PROFIBUS-DP/MB+/GENIUS等各种网络，近年来现场控制层网络越来越多采用以太网通信方式。

其他辅助设备：

为保证在系统断电的情况下维持现场控制站的正常运行，需设置UPS设备，其供电时间一般要求不小于1h，具体容量根据实际需要确定。

需配置若干电源、信号及通信用的过电压和抗干扰保护装置。

可酌情根据维护人员需要，配置现场人机接口用于正常巡检及维护。当控制站无人值守时，可选择触摸屏等内置人机接口；当控制站有人值守时，也可采用外置接口（操作计算机）。

4. 现场设备层

设备层由现场运行设备、检测仪表、高低压电气柜上智能单元、专用工艺设备附带的智能控制器以及现场总线网络等组成。现场总线连接有有线方式或无线方式两种，有时需进行相关的协议转换。改扩建工程现场设备层的通信规约尽量与原有工程相同，可保证接进原有控制系统。

目前，电气系统的电量参数检测、保护单元及变频器、软启动器等电气设备一般带有现场总线的通信接口。因此在设计中可应用现场总线传送信息，但应注意通信速率及通信协议对系统响应时间的影响。特别是在应用一些较早开发的总线协议时，比如MODBUS-RTU协议，在总线内接有受控设备的情况下，需计算通信时间及控制同一条总线下的通信节点的数量，避免过大的时延或信息阻塞等故障产生。

5. 自控系统的通信网络

监控系统的各层通过通信网络连接起来。通信网络分为三级：管理级、监控级、数据传输级。其中监控级为改扩建工程重点内容，此通信网络连接中央控制层与现场控制层。

在改扩建工程通信网络设计过程中应了解原有通信网络的协议及拓扑结构。

当原有通信网络设计采用现场总线（CONTROLNET/PROFIBUS-DP/MB＋/GENIUS）协议时，宜在改扩建工程改成工业以太网光纤环网。

当原有通信网络设计采用同轴电缆总线式工业以太网时，宜在改扩建工程改成工业以太网光纤环网。

当原有通信网络设计采用工业以太网光纤环网时，若改扩建工程增加的现场控制站数量不多时，应将新增的现场控制站挂接在原有光纤环网上；若改扩建工程增加的现场控制站数量较多时，应考虑新设一组工业以太网光纤环网，将新增的现场控制站挂接在新设光纤环网上，形成双网结构。

6.2.5 仪表和自控设计工程实例

1. 上海市白龙港污水处理厂升级改造工程

（1）项目背景

白龙港城市污水处理厂于1999年建成旱流处理规模$172\times10^4m^3/d$的预处理厂，并在2004年续建了$120\times10^4m^3/d$的一级强化高效沉淀设施，通过混凝沉淀物化法工艺去除大部分有机污染物和除磷，然后经出水泵房提升后排放。由于目前实际旱流污水量已达（150～180）$\times10^4m^3/d$，超过设计处理能力，必须对其进行扩建。2007年1月，白龙港污水处理厂升级改造工程正式立项，通过两年半的建设在2009年6月底前投入运行。

与本工程同时进行的工程有：上海市白龙港城市污水处理厂扩建工程、上海市白龙港城市污水处理厂污泥处理工程，其中上海市白龙港城市污水处理厂扩建工程控制系统与本工程共用一个控制系统，上海市白龙港城市污水处理厂污泥处理工程控制系统单独建设。

（2）已建工程内容

1）工艺流程

已建工程建设时以除磷为主要目标，因此严格控制出水指标中的磷，对BOD、SS、氨氮等未作严格要求，拟通过长江大水体的巨大稀释及自净能力去除，采用了物化法处理工艺，污水处理主体构筑物采用高效沉淀池，通过投加化学药剂实现除磷和去除部分有机物。

2）控制系统

前期工程分为两期建设：2000年建成的预处理设施，主要构筑物为格栅沉砂池、调配井、出水泵房、出水高位井等。建成2座区域控制站；2004年建成的一级强化处理设施，主要构筑物为高效沉淀池、加药间、储泥池、污泥脱水机房等。建成7座现场控制站及1座中央控制室。

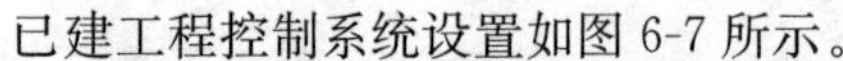
已建工程控制系统设置如图 6-7 所示。

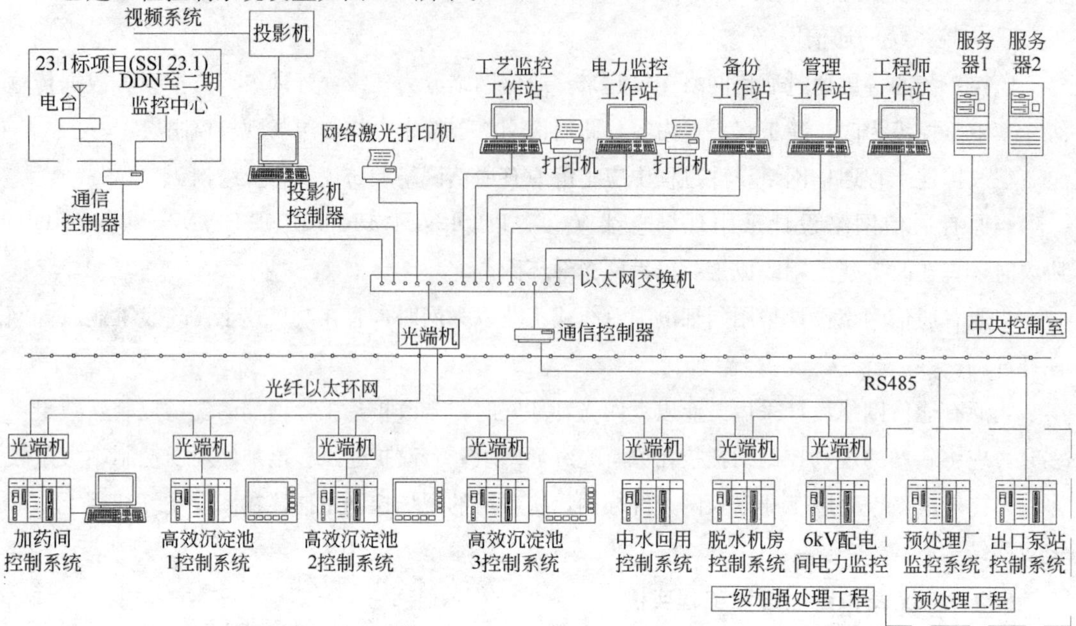

图 6-7 已建工程控制系统拓扑图

(3) 升级改造工程工艺流程

上海市白龙港城市污水处理厂升级改造工程处理规模为 $120\times10^4 m^3/d$，升级改造后达到国家二级标准，通过出口泵房、高位井深水排放，工艺流程如图 6-8 所示。

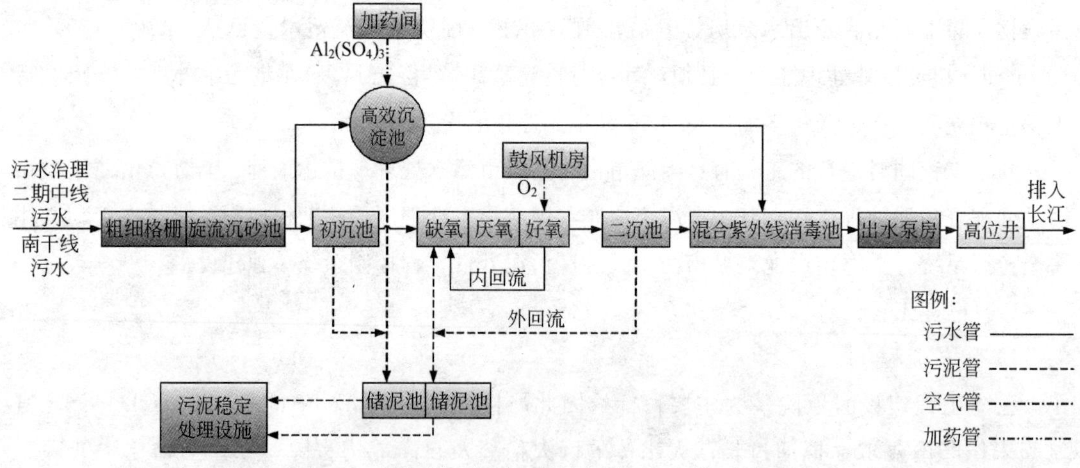

图 6-8 白龙港污水处理厂升级改造工程工艺流程

(4) 升级改造工程设计要点

自控系统设计采用与原已建工程自控系统相结合的方式，若原 PLC 现场站有新增设备时，则对已建工程 PLC 站进行增容改造。同时在本次新增二级处理主要工艺控制区域新增若干个 PLC 现场控制站。

由于原有中控室较为低矮，且房间过于狭长，改造较为困难，因此拟考虑原有中央控制室取消，在厂前区附近新建 1 个中央控制室来改善这一状况，中央控制室软硬件将重新设置，系统配置将考虑已建工程、升级改造工程、扩建工程、污泥处理工程等所有白龙港污水处理厂各子项的控制需要，并预留远期接口。

通信网络采用工业以太网光纤环网。由于新增现场控制站数量较多（升级改造工程有9个现场站，扩建工程有10个现场站），考虑到通信速率及可靠性要求，本工程拟采用双环网结构，分为A、B双网，已建工程的现场控制站PLC挂接在A网上，本次工程不作变动，升级改造工程、扩建工程的现场控制站PLC挂接在新设的B网上，可通过冗余结构的光端交换机进行交换数据。其中任何一个网络的故障不会影响到另一个网络。

(5) 控制系统升级改造

上海市白龙港城市污水处理厂升级改造工程控制系统按工艺流程和工艺特点制定，从工程实际情况和生产管理要求出发，采用集中管理、分散控制的模式，设置数据采集和监控系统，如图6-9所示，同时兼顾扩建工程内容。中央控制室计算机系统重新设立，现场控制站新增9个现场站，生物反应沉淀池分为8组，每组设1座PLC现场控制站；鼓风机房设1座PLC现场控制站。另外对原有预处理现场控制站、高效沉淀池控制站进行改造扩容。

工程数据通信网络拟采用双环网结构，分为A、B双网，已建工程的现场控制站PLC挂接在A网上，升级改造工程和扩建工程的现场控制站PLC挂接在新设的B网上。

(6) 中央控制室

升级改造工程考虑原中央控制室取消，在原综合楼附近新建1幢三层集中控制楼，新增中央控制室设于集中控制楼的二楼，面积约250m^2，净高近5m。原有自控设备（如计算机、投影仪等）尽量利用，用于会议室和化验室，控制台按需分区布设，中央控制室布置如图6-10所示。

中控室采用防静电铝合金活动地板，高度250mm，地板下敷设各类强弱电线缆，吊平顶采用消声多孔天花板，避免声、光反射，空间高度满足嵌入式日光灯安装及布线要求，门窗结构能有效地隔声、隔热，监控室和机房的一面外墙可开窗，加装铝合金百叶窗或窗帘，防止阳光直射设备。门的尺寸应保证最大设备的进出。

中控室照明以白色光灯为主，屏幕前方基本照度≥250lx，设备用房安装乳白色不透明遮光板避免光点在显示屏面上的反射，中控室还设有应急照明。

设备间、主控室设置在中央控制室的前部，用玻璃隔断隔开，为独立空间，并设置独立空调，以保证设备的最佳工作环境。中央大厅设置大屏幕DLP背投影系统，18只67英寸背投影显示器以3×6阵列布置。

(7) 检测仪表

配合自控系统的运行，根据工艺要求在本次新增的二级处理构筑物内设置与工艺流程相适应的在线监测和分析仪表。主要有液位计、流量计、水质分析仪、压力计等检测仪表，仪表流程如图6-11所示。

2. 青岛市娄山河污水处理厂一期出水标准升级及回用工程

(1) 项目背景

青岛市娄山河污水处理厂位于娄山河下游入胶州湾口处，2006年底开始建设，设计规模为$10\times10^4m^3/d$，于2008年7月通水运行，出水水质达到国家《城镇污水处理厂污染物排放标准》GB 18918—2002二级标准。

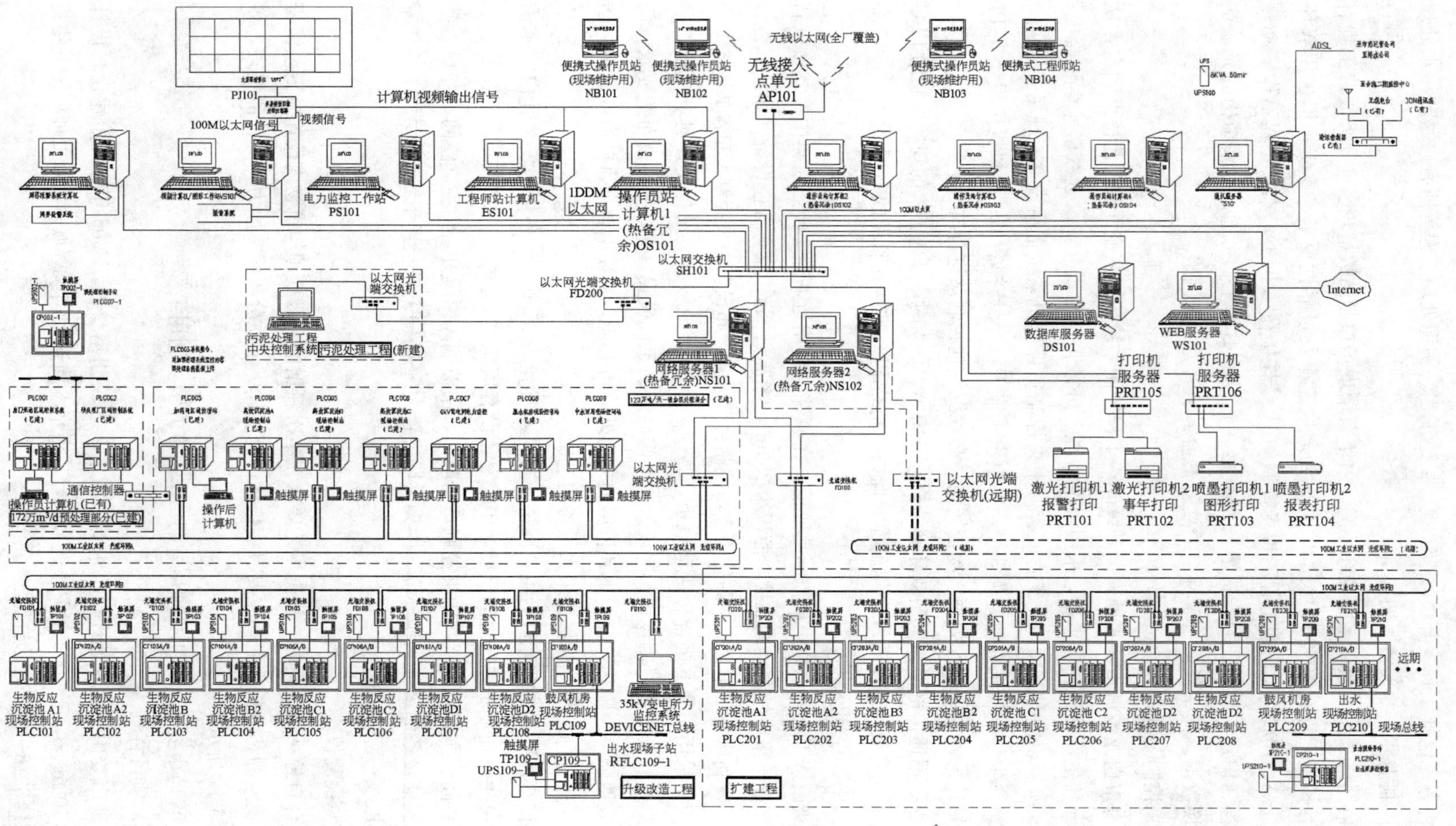

图 6-9 升级改造工程控制系统拓扑图

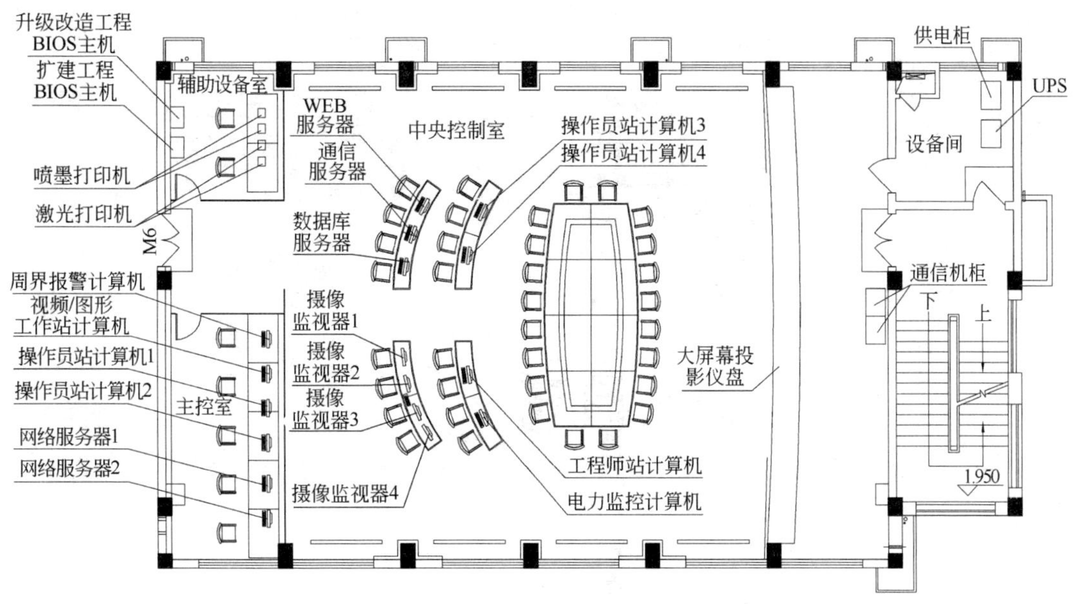

图 6-10 中央控制室布置

随着《城镇污水处理厂污染物排放标准》GB 18918-2002 的实施，国家对环保要求的越来越高，各个流域分别出台地方标准。为确保流域水环境安全，青岛市政府在 2009 年 8 月 14 日召开了青岛市节能减排专项会议，会议要求所有处理后水排入胶州湾的城镇污水处理厂，均全部执行《城镇污水处理厂污染物排放标准》GB 18918-2002 一级标准的 A 标准。

由于娄山河污水处理厂尾水排放不能达到新的要求，因此对娄山河污水处理厂进行升级改造，处理后尾水执行《城镇污水处理厂污染物排放标准》GB 18918-2002 一级标准的 A 标准。出水标准升级及回用工程在 2009 年底开工，于 2011 年 6 月完工。

(2) 已建工程内容

1) 工艺流程

一期工程污水处理采用分点进水倒置 A/A/O 工艺，污泥处理采用浓缩脱水后外运处置，设计出水水质执行《城镇污水处理厂污染物排放标准》GB 18918-2002 二级标准的要求。一期工程污水处理工艺见图 6-12。

2) 控制系统

一期工程监控系统采用以西门子 S7-400 系列 PLC 控制为基础的集散型控制系统（DCS）。整个控制系统分为四层：全厂管理信息系统（MIS）、中央控制室计算机监控系统、PLC 现场控制层、设备监控层，如图 6-13 所示。全厂管理信息系统（MIS）设于综合楼，包括 5 套管理计算机、3 台喷墨打印机、1 套 WEB 服务器；中央控制室设有 2 个操作员站、1 套数据及网络服务器、1 套视频计算机、1 套电力监控计算机及 1 个投影仪；PLC 现场控制层有 3 个现场站；设备监控层主要有 6 个现场子站（设备配套 PLC 或远程 I/O）及硬接线连接的仪表及设备控制箱。管理级、监控级通信网络多用快速工业以太网总线，通信介质采用同轴电缆，通信速率为 100Mbit/s；现场控制级通信网络采用现场总线电缆，现场总线通信速率不小于 128kbit/s。

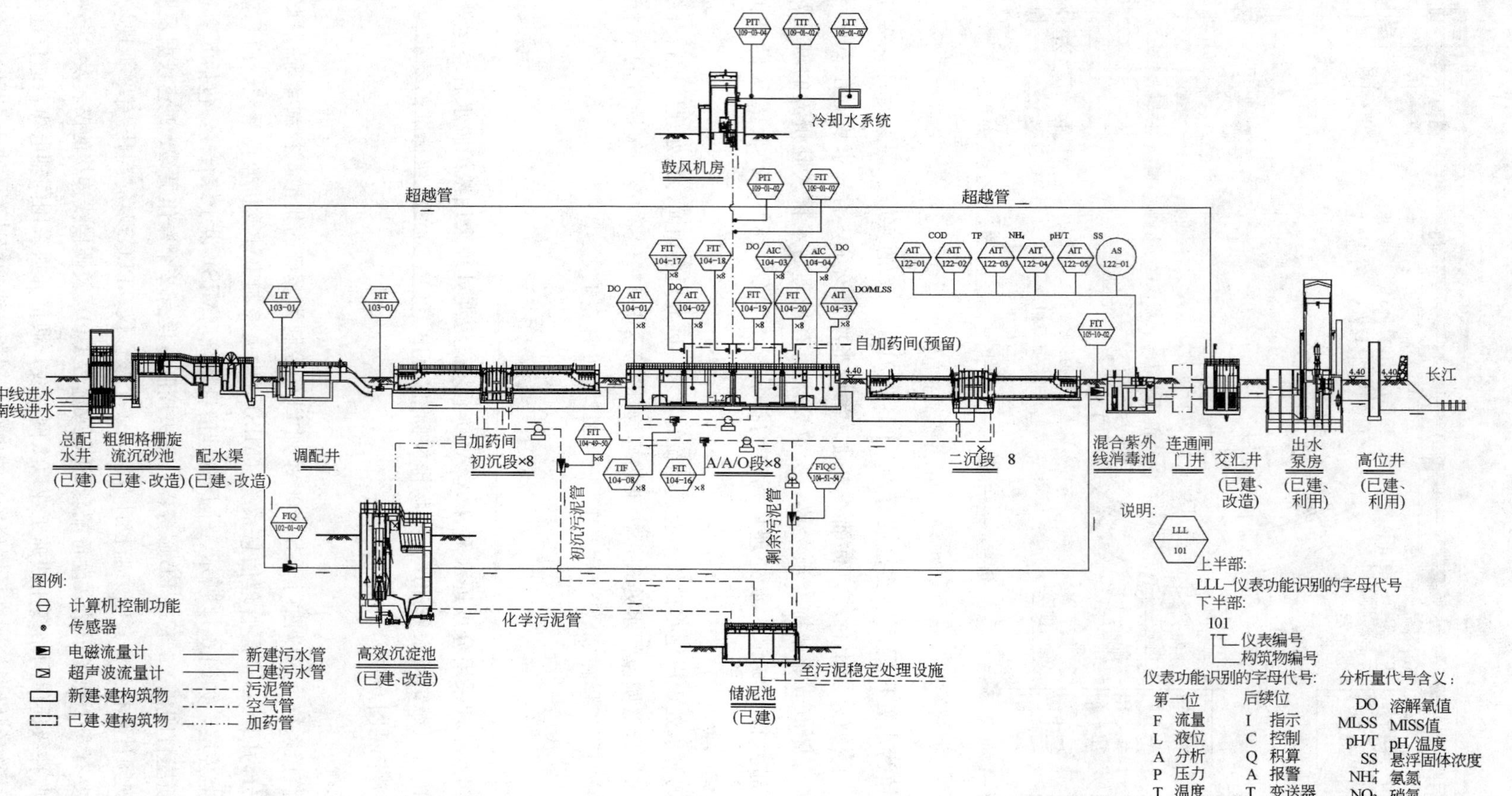

图 6-11 升级改造工程检测仪表流程

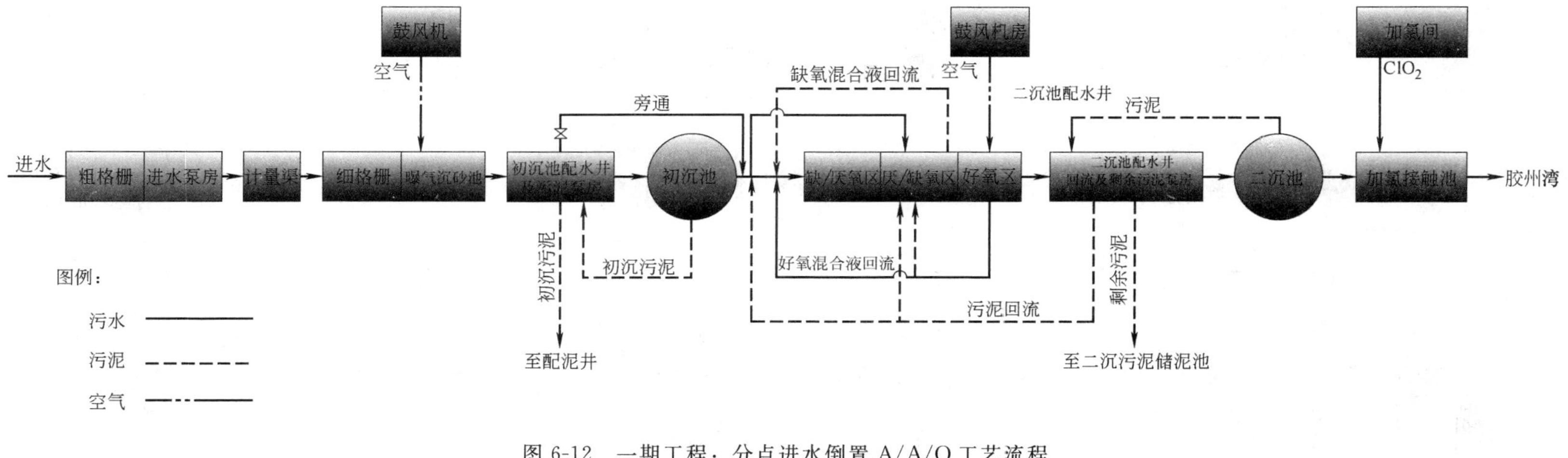

图 6-12　一期工程：分点进水倒置 A/A/O 工艺流程

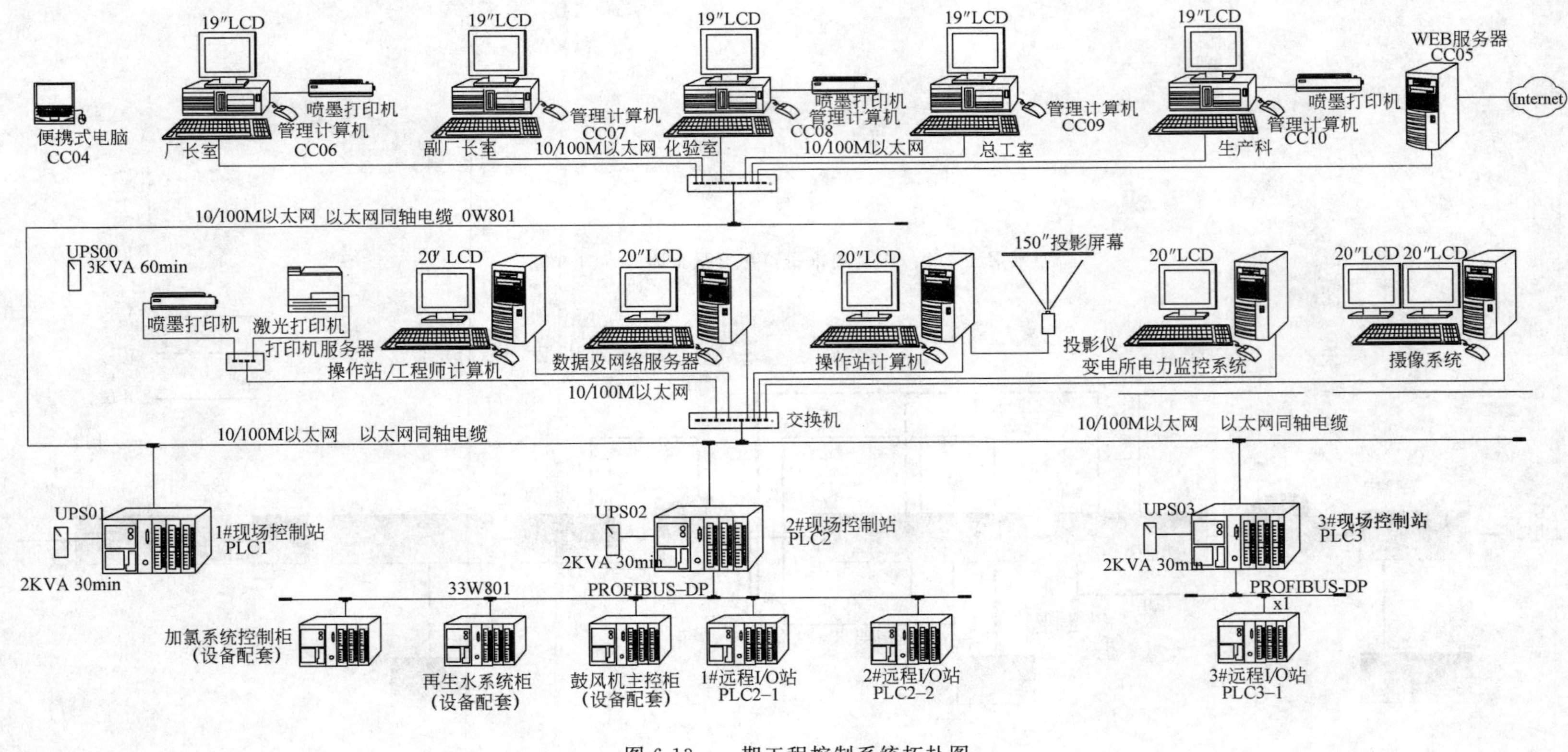

图 6-13 一期工程控制系统拓扑图

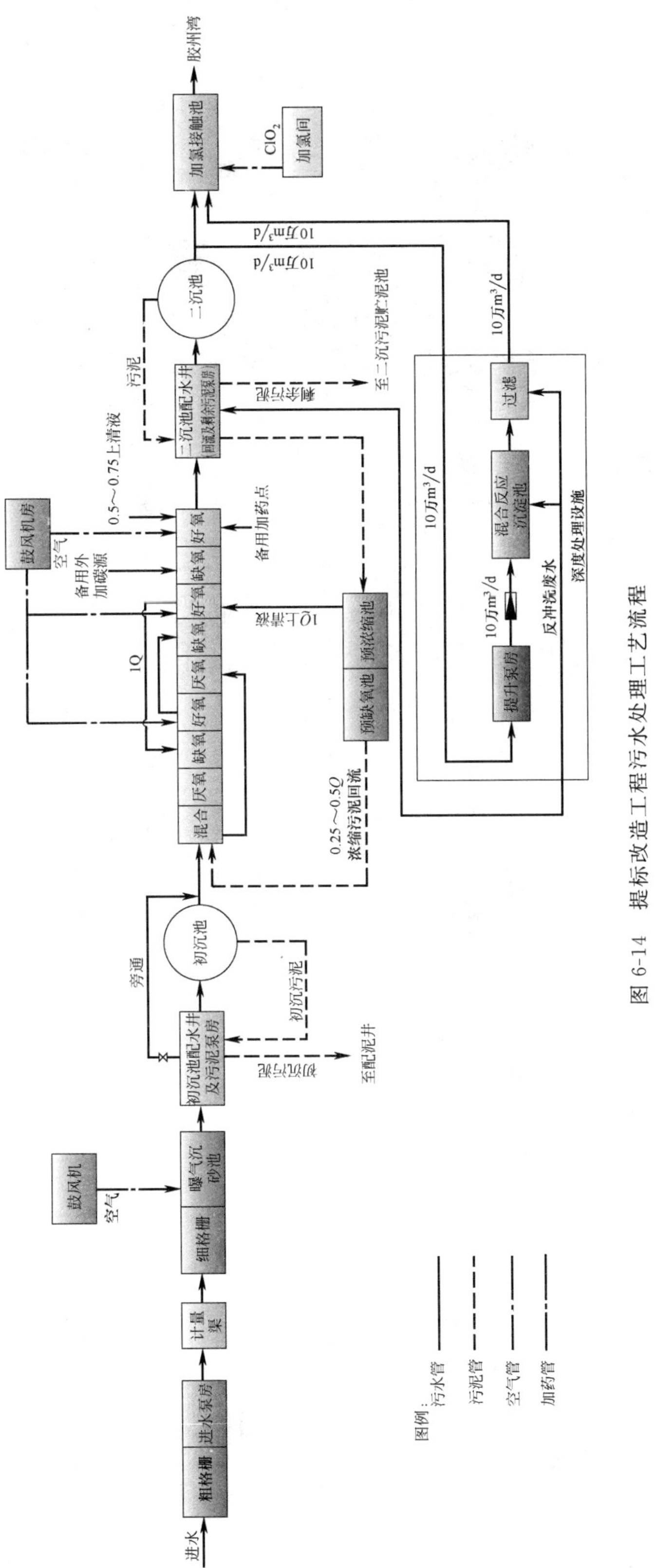

图 6-14　提标改造工程污水处理工艺流程

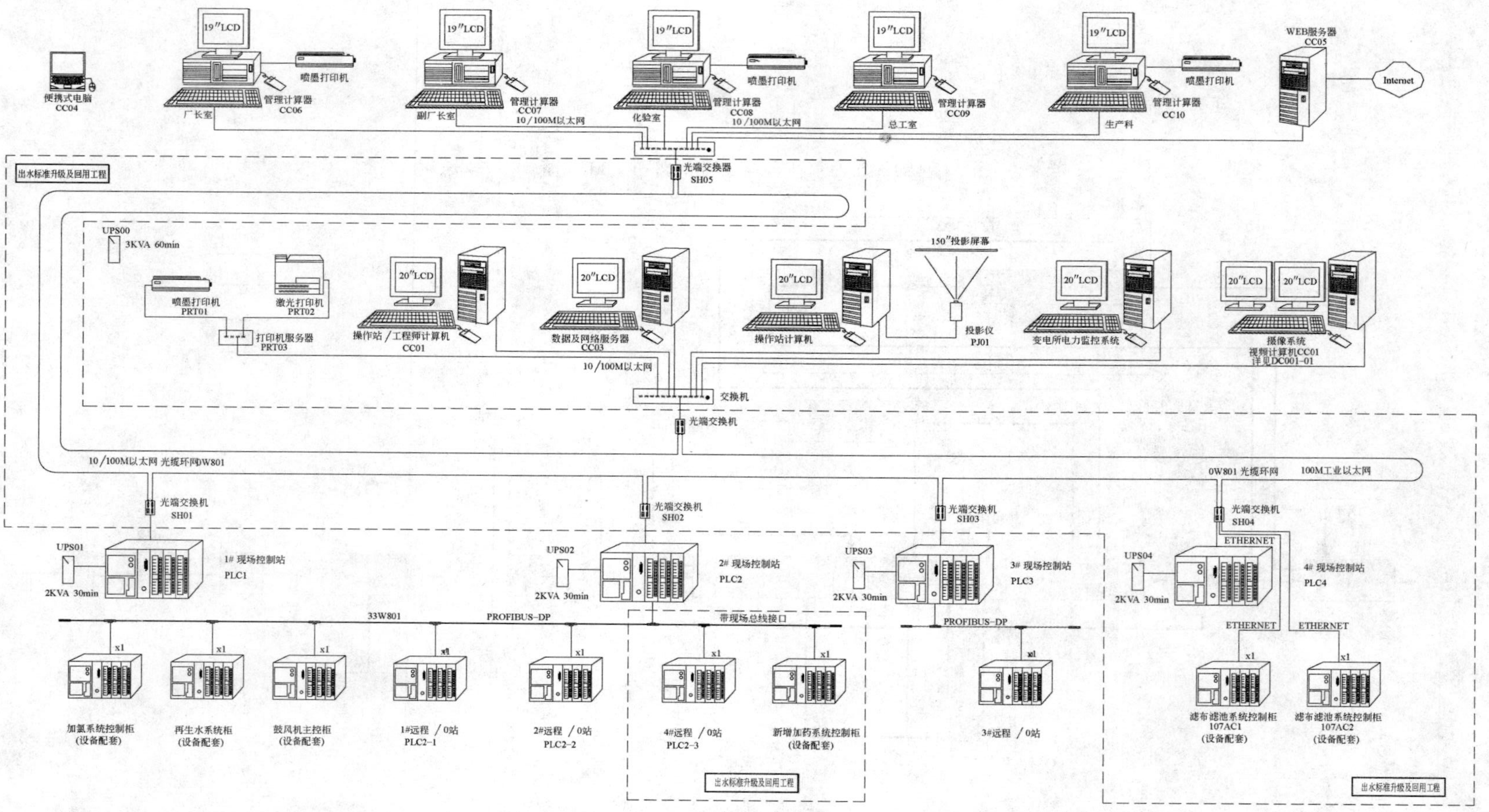

图 6-15 出水标准升级及回用工程控制系统拓扑图

(3) 出水标准升级及回用工程工艺流程

根据现状工艺条件、进出水水质要求、现有用地情况、气象环境条件及技术管理水平、工程地质等因素，经过多方面的比较，确定改扩建工程采用多段缺氧/好氧工艺，深度处理采用反应沉淀＋过滤的方式，升级改造后处理流程详见图 6-14。

(4) 出水标准升级及回用工程设计要点

1) 中控室刚建成不久，硬件系统不作变动，仅对软件进行升级扩容。

2) 现场控制站采用与原已建工程相结合的方式，主要在本次新增工艺控制区域新增 PLC 现场控制站及现场子站。

3) 一期工程自控系统采用工业以太网通信总线电缆连接现场控制站与中央控制室。提标改造工程通信网络将改为光纤环网，前期工程现场控制站、中控室、综合楼增加光端交换机，通过光缆连接，形成光纤环网，本次新增的现场控制站也挂接在光纤环网上。

4) 已建工程检测仪表系统不作变动，本次设计仅考虑出水标准升级及回用工程新增的构筑物内检测仪表系统配置。

(5) 出水标准升级及回用工程控制系统

一期工程自控系统采用集中管理、分散控制的模式，设 1 个中央控制站、3 个现场控制站、6 个远程 I/O 站及设备配套控制系统。出水标准升级及回用工程在此基础上将增设 1 个现场控制站及 1 个远程 I/O 站，中控系统不作变动，通信网络改为光纤环网，如图 6-15 所示。

(6) 出水标准升级及回用工程中央控制室

中央控制室计算机监控系统的硬件设备由操作员站、服务器、以太网交换设备、打印机及投影仪组成，采用星形 100M 以太网方式连接。本次工程中计算机系统硬件不作变动，仅对原有计算机系统自控软件进行升级扩容，如图 6-16 所示。

(7) 出水标准升级及回用工程检测仪表

配合自控系统的运行，根据工艺要求在本次新增的二级处理构筑物内及污泥处理部分设置与工艺流程相适应的在线监测和分析仪表。主要有液位计、流量计、水质分析仪、压力计等检测仪表，检测仪表流程如图 6-17 所示。

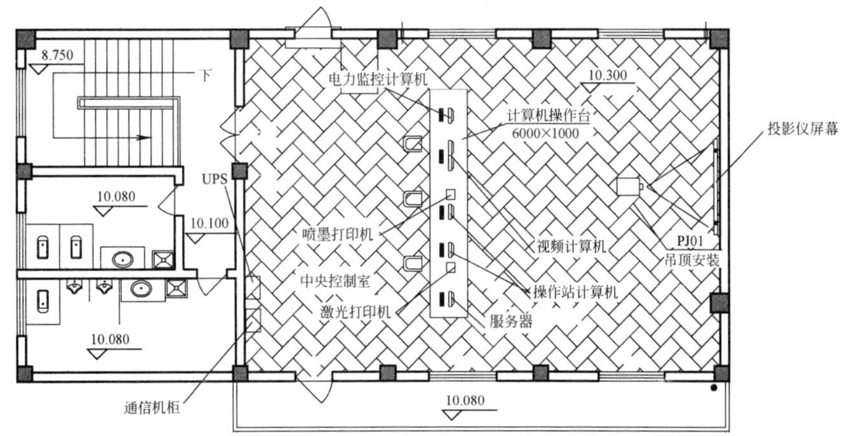

图 6-16　一期工程控制系统拓扑图

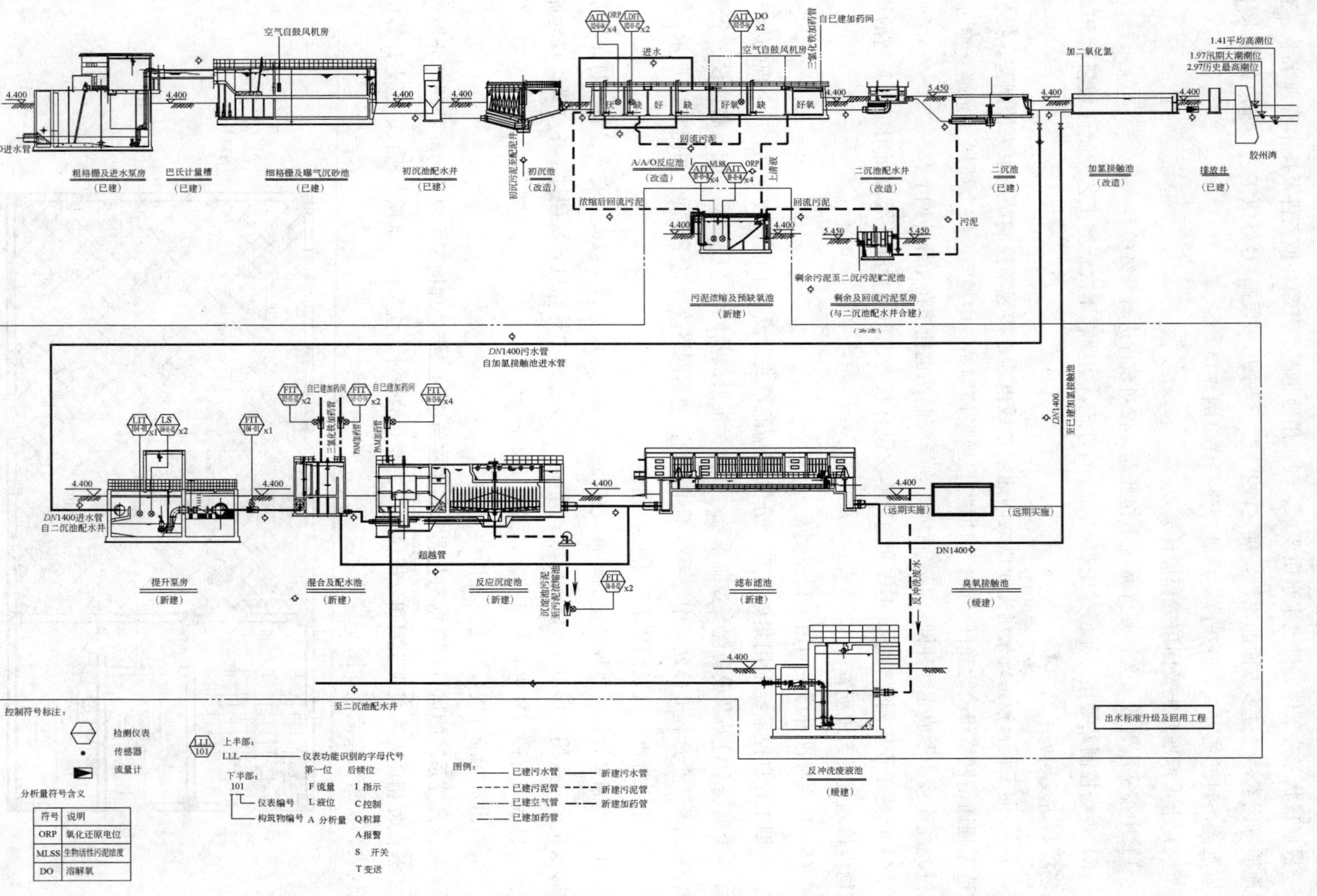

图 6-17 出水标准升级及回用工程检测仪表流程

下篇

污水处理厂改扩建工程实例

第7章　国外污水处理厂改扩建工程实例

7.1　奥地利Strass污水处理厂

7.1.1　污水处理厂介绍

奥地利Strass污水处理厂（见图7-1）位于奥地利Strass，建成于1999年，服务区域包括因斯布鲁克（Innsbruck）东面的Zillertal和Achental流域的31个社区。服务人口夏季大约6万人，冬季为旅游旺季，服务人口达25万人，冬季高峰期污水处理厂的流量为37850m³/d。

图7-1　Strass污水处理厂鸟瞰图

污水处理厂原设计采用两段式生物处理工艺进行生物脱氮，并采用化学除磷。高负荷的生物处理A段采用一个中间沉淀池和独立的污泥回流系统，能够去除55%～65%的有机负荷，A段的污泥停留时间（SRT）是0.5d；而生物处理B段采用低负荷运行，SRT大约10d，通过前置反硝化，年均总氮去除率约为80%，最大出水氨氮浓度为5mg/L。所有的活性污泥反应池都可根据需要以好氧条件运行，曝气量和曝气周期通过在线氨氮测量仪控制；剩余污泥处理工艺为浓缩、厌氧消化和脱水。两段式生物处理方法的特点是A段因为SRT较短，污水中的有机化合物主要通过吸附作用去除，转化为污泥后经浓缩和消化，将有机物质转化为沼气，沼气通过热电联产发电供污水处理厂利用。脱水上清液采用SBR工艺进行脱氮处理后回流至污水的工艺流程。污水处理厂工艺流程如图7-2所示。

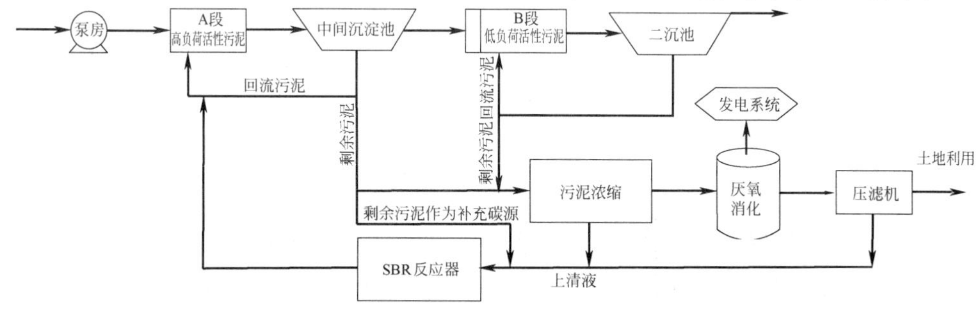

图7-2　污水处理厂工艺流程

7.1.2 污水处理厂改扩建方案

污水处理厂建成运行后，采用先进的监测和控制设备，管理人员及时收集污水处理过程中的碳氮物料变化和各工艺单元的能耗情况，并通过软件分析工艺优化的最佳工况，计算进行工艺改进的投资和回报。自1997年以来，污水处理厂经历了一系列的工艺优化和改造：

(1) 提高A段生物吸附的产泥率。通过控制A段泥龄，尽可能提高A段生物吸附有机物的去除率，同时污泥尽快排出后进行机械浓缩，保证有机物及时进入厌氧消化池进行厌氧消化产生沼气。

(2) 通过在线监测出水氨氮控制间歇曝气。B段生物工艺的供氧主要满足硝化要求，缺氧区域则不需要供应空气。Strass污水处理厂B段反应池设置专门区域，可根据需要按好氧或缺氧模式交替运行，从而减少供氧，降低能耗。好氧区的容积根据瞬时的实际负荷调整，在确保硝化所需反应池体积下使反硝化区体积最大化。好氧/缺氧交替区间歇曝气由两个在线氨氮控制器控制运行，如果氨氮的浓度增加到最大阈值，此时所有的交替区域全部进行曝气而不是反硝化。这种控制策略可以达到稳定的去除氨氮和出水硝酸盐浓度的效果。

(3) 热电联产系统更新。2001年，污水处理厂更新安装了一套高效、八缸热电联产发动机，新的热电联产单元的平均转换效率为38%，可提供340kW电力。

(4) 脱水上清液处理工艺更新。脱水上清液原来采用SBR工艺进行硝化/反硝化处理，需要利用部分A段剩余污泥作为碳源。2004年，Strass污水处理厂实施了DEMON®工艺进行全程自养脱氮，不需要补充碳源。

7.1.3 运行效果

经过连续的优化，Strass污水处理厂处理成本和能耗明显减少，污水处理厂生产的电能超过了运行所需的电能，成为一个能源自给的污水处理厂。具体优化后结果如下：

(1) 污泥浓缩的化学药剂成本减少了50%；

(2) 污泥脱水成本减少了33%；

(3) 通过溶解氧控制并将曝气系统从传统的微气泡曝气更改为超高效的条式曝气设备，供氧能耗从2003年的每去除1kg氨氮大约6.5欧元，减少至2007/2008年的2.9欧元；

(4) 通过实施DEMON®工艺，上清液处理电耗从350kWh/d降至196kWh/d，同时反硝化所需要的A段剩余污泥可以进入厌氧消化池内转换为沼气，由此沼气的甲烷含量由59%提高到62%，同时污水处理厂的总能耗降低了12%；

(5) 通过提高沼气产量和利用率，采用新型热电联产机组，用电效率从33%提高至38%（转换率提高了20%），并且沼气总的利用效率从2.05kWh/m^3提高至2.3kWh/m^3。如图7-3所示，2005年，Strass污水处理厂的年平均电耗为7860kWh/d，发电量达到8490kWh/d，污水处理厂能源自给率从1996年的49%稳步提升至2005年的108%。

Strass污水处理厂运营团队用以下方法取得了能源优化的成功：

(1) 员工受过高等教育，薪资较好

操作工人都是有经验的技工（电工、水管工），或获得化学、生物或化工学位的大学毕业

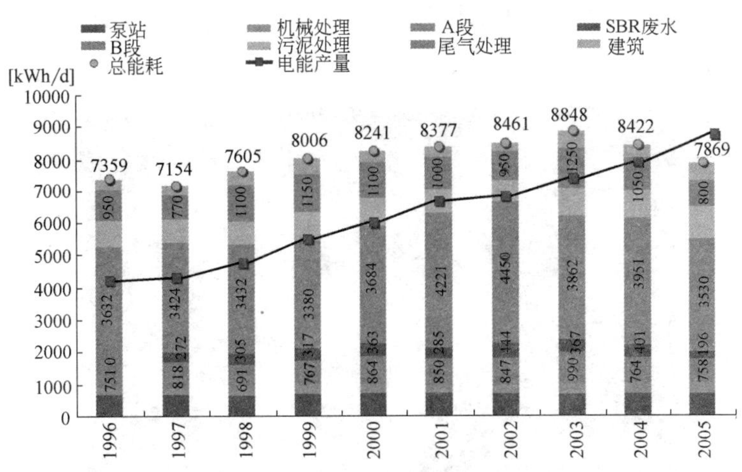

图 7-3　污水处理厂 1996～2005 年用电量和发电量平衡图

生。每个操作工人在他自己的专业领域内负责污水处理厂的检查维护。污水处理厂主管是一位具有工程博士学历的注册工程师。污水处理厂的运行团队专注于污水处理厂运行，同时监督维护人员，并且外包一些非核心业务，保证了污水处理厂运行及时高效，同时节约了成本。

（2）高度自动化

一批高素质的操作人员，经过培训后熟练使用自动化控制技术，使得运营团队更小、更专业。

（3）先进的过程分析工具

通过应用先进的工艺分析软件，对污水处理厂运行中的氮、碳物料平衡和能源消耗进行实时监测，快速确定工艺优化的最佳环节，并且估算所需投资和回报周期。

（4）对过程风险的容忍

操作工人的高学历使他们能够理解污水处理厂的每一个处理流程。因此，污水处理厂可以动态的运营，在满足必要的处理水平下使能耗最小化。通过运用知识和分析工具，运营者和管理团队可以减轻因工艺控制策略造成运营安全系数变小的风险。

（5）量化收益

这是优化工作成功的关键因素。污水处理厂使用了大量的分路电表（包括便携式电表或临时电表），可根据需要实时监测所需工艺或设备的电耗以及优化改造措施的效果。

7.2　美国威斯康星州 De Pere 污水处理厂

7.2.1　污水处理厂介绍

De Pere 污水处理厂（见图 7-4）服务于 De Pere 市、Ashwaubenon 市的部分村庄以及 Lawrence、Belleview 和 Hobart 部分镇。

De Pere 污水处理厂初建于 20 世纪 30 年代中期，最初只有初级处理和污泥消化；1964 年升级改造为活性污泥工艺，并采用加氯消毒。20 世纪 70 年代末，污水处理厂进行了一次重要的升级改造，包括两段式活性污泥工艺和生物除磷、三级过滤（重力砂滤池）、污泥脱水焚烧、液氯消毒等。

图 7-4 De Pere 污水处理厂鸟瞰图

1997 年以后，污水处理厂又进行了一系列的升级改造，包括用紫外线（UV）消毒代替液氯消毒系统，液氯消毒系统保留作为污水处理厂的备用消毒系统。将进水粗格栅替换为细格栅，将三级过滤系统的多介质滤池改造为单介质多段气冲的滤池，污泥处理升级改造包括安装 2 套重力带式浓缩机，取代溶气浮选池，并新增 2 台压滤机。

De Pere 污水处理厂设计最大处理能力为 54000m^3/d，设计平均日流量 36000m^3/d，总变化系数为 1.5。2009 年污水处理厂实际进水数据如表 7-1 所示，工艺流程如图 7-5 所示。

De Pere 污水处理厂进水数据（2009 年） **表 7-1**

参数	日平均值
流量(m^3/d)	30280
BOD(kg/d)	13186
TSS(kg/d)	8431
磷(kg/d)	139.5

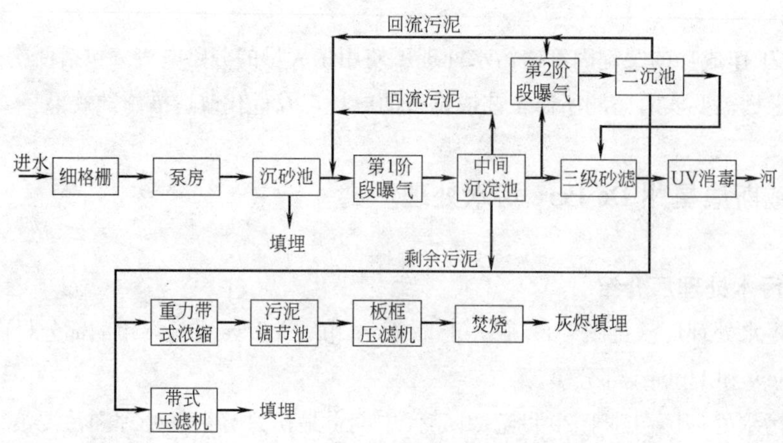

图 7-5 De Pere 污水处理厂工艺流程

污水处理厂进水先经过细格栅，随后泵送到预处理设施进行除砂、除油，筛渣和预处理去除的砂砾、油、脂均采用填埋处理。

生物处理分两段进行，每段包括一个 4164m³ 的厌氧区（为了除 P）和一个 8328m³ 的好氧曝气区。曝气区的污泥混合液回流比大约为 100%。第 1 阶段采用 5 台 330kW 的多级离心鼓风机曝气，第 2 阶段则采用 3 台 180kW 的多级离心鼓风机曝气。

第 1 阶段生物处理后是 2 个中间沉淀池，每个池子直径 30m，水深 4.2m。第 1 阶段生物处理出水经沉淀处理后进入第 2 阶段进行进一步的生物处理。第 2 阶段生物处理后是 3 个最终沉淀池，每个池子直径 38m，水深 3.3m。最终沉淀池出水经三级砂滤和紫外线消毒后排放。在高峰流量时，液氯消毒用来辅助 UV 消毒。根据实际运行情况和政府的排放标准，目前所有的污水只需在第 1 阶段进行生物处理，第 2 阶段的生物处理无需启用。

剩余活性污泥分两部分进行处理。大约 75%的剩余活性污泥进行浓缩，采用 2 套带长 2m 的重力带式浓缩机，投加石灰和氯化铁进行化学调节；污泥脱水采用板框压滤机，共 2 套，板框尺寸为 1.5m×2m、污泥焚烧采用多炉膛焚烧炉，焚烧炉直径为 5.7m，共 7 个炉床，总焚烧能力为 3400kg/h。焚烧后的灰烬进行填埋处理。其余 25%的剩余活性污泥在进行化学调节后直接进入 2 套带宽 2m 的带式浓缩机脱水，脱水污泥进行填埋处理。污泥浓缩和脱水的上清液混合液返回到生物处理的第 1 阶段。

7.2.2 污水处理厂改扩建方案

2004 年 10 月，De Pere 污水处理厂实施节能设施改造，把污水处理厂第 1 阶段的多级离心鼓风机更换为高速磁悬浮离心鼓风机。这在美国是第一次安装这种新的节能技术。由于第 2 阶段的曝气系统目前没有使用，因此仅第 1 阶段的鼓风机被替换。

污水处理厂原有的 5 台多级离心鼓风机已经达到使用寿命，全面的维护和零配件替换价格昂贵。经过污水处理厂管理者和工程师评价后，决定采用 6 台新型的高速磁悬浮离心鼓风机，单台功率为 240kW，替换现有的多级离心鼓风机，新鼓风机主要具有以下优点：

（1）增加曝气系统的曝气效率并减少能耗成本；

（2）减少曝气系统正常维护的需求；

（3）鼓风机曝气能力与曝气需求更加匹配，降低运行成本；

（4）在风量变化运行中均能保持高效；

（5）相比于多级离心鼓风机（100dB），磁悬浮离心鼓风机运行时噪声很低（75dB），无振动，为操作工人提供了较舒适的工作环境；

（6）磁悬浮鼓风机的空气冷却排气可以循环用于建筑供热系统，节约了辅助热源消耗。

7.2.3 运行效果

De Pere 污水处理厂曝气系统改造项目实施前后电能的消费和节约情况如表 7-2 所示。

实施改造项目除了带来能耗节约外，还有以下好处：

（1）人力方面

旧系统维护包括润滑离心鼓风机发动机，鼓风机轴承润滑系统油箱内油水平的监控和注油，更换进气过滤器、密封材料，以及每周的振动分析，维护工作人力需求较高；另外，操作上，当供气量需要变化较大，尤其是多台鼓风机同时运行时，会造成鼓风机冲击，导致供氧系统无法自动控制，需要操作人员每天多次手动控制改变鼓风机的输出。新的磁悬浮离心鼓风机通过电脑监控自动化系统控制，使运行全自动化，减少了操作工人对曝气过程的监视。

De Pere 污水处理厂 ECM 实施前后电耗及节约情况 表 7-2

年份	年度电耗	电费成本	
		电费	年度成本
2003	4325700kWh	0.0393 美元/kWh	17 万美元
2005	2181725kWh	0.0487 美元/kWh	10.6 万美元
节约比例	50%		38%

（2）维护方面

磁悬浮鼓风机的日常维护量较小，风机的进气过滤器一般一年更换一次，除非外部环境非常脏。新鼓风机房的位置远离污水处理厂其他工艺区域，有利于减少空气进气过滤器的维护。此外，没有任何磨损部件的存在（轴承、齿轮等），无需维修，也不需要进行振动分析。

鼓风机改造项目总投资为 85 万美元，包括污水处理厂电力系统改造，电压系统由原来的 2400V 改造成和新鼓风机兼容的 480V，项目实施后每年节约的电费为 63758 美元，项目的静态投资回报期是 13.3 年。同时更换鼓风机节约了能源，实现了曝气过程的全自动化，并且保证高质量的出水，提高了污水处理厂运行设备的可靠性。

7.3 美国威斯康星州 Sheboygan 污水处理厂

7.3.1 污水处理厂介绍

Sheboygan 污水处理厂（见图 7-6）服务区域包括希博伊根市、Kohler 村、希博伊根镇，服务人口约 68000 人。污水处理厂最初建设于 1982 年，采用常规活性污泥处理工艺，曝气采用叶轮曝气机，带有环式分布器。1990 年，污水处理厂进行升级改造，包括微气泡扩散系统，并且更换了鼓风机。1997～1999 年，污水处理厂再次实施了一系列改造，包括对生物处理的脱氮除磷、粗格栅、除砂设施、剩余污泥储存池、初沉池和二沉池的改造。目前，污水处理厂处理能力为 69650m^3/d，平均日流量 44668m^3/d，总变化系数为 1.56。处理单元包括细格栅、沉砂池、初沉池、生物脱氮除磷系统、好氧活性污泥系统、二沉池、消毒、污泥厌氧消化、重力带式浓缩机、污泥储存池（6%污泥含量）。表 7-3 列出了污水处理厂 2009 年日均进水数据，污水处理厂的工艺流程如图 7-7 所示。

污水处理厂进水数据（2009 年） 表 7-3

参数	日平均值
进水流量(m^3/d)	44668
BOD(mg/L)	175
TSS(mg/L)	203
氨氮(mg/L)	未检测
磷(mg/L)	5.7

图 7-6　Sheboygan 污水处理厂鸟瞰图

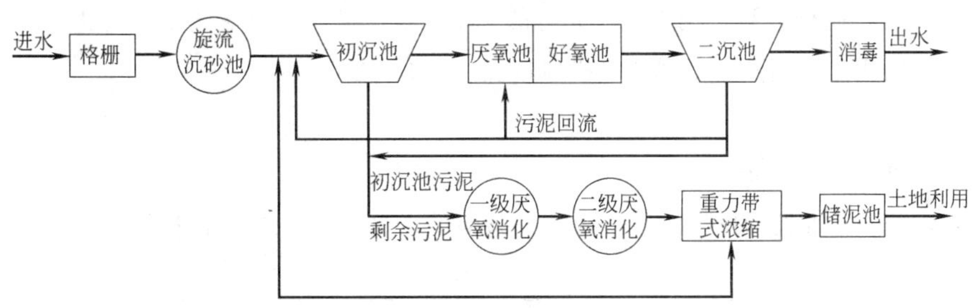

图 7-7　Sheboygan 污水处理厂工艺流程

污水处理厂进水先经过 2 道自动清洗细格栅，1 座直径为 6m 的旋流分离沉砂池，然后是 4 座初沉池。二级生物处理共分为 6 座，前 2 座是厌氧除磷池，配置“N”型挡板，其余 4 座为好氧池，使用 2 台涡轮曝气机。好氧工艺后面是 4 座二沉池。回流活性污泥从二沉池一部分回到厌氧区域，另一部分回流到初沉池前端。污水处理厂出水经氯消毒，再进行脱氯后排放至密歇根湖。

初沉池和二沉池的混合剩余污泥被送到 3 座一级厌氧消化池和 1 座二级厌氧消化池。消化池产生的沼气用来为消化池提供热量，同时作为 10 台 30kW 的燃气涡轮发动机的燃料，为污水处理厂提供电能。2 台重力带式浓缩机，一台带宽为 2m，另一台带宽为 3m，将消化后污泥的含固率从 2.5%提高到 6%。消化、压滤后的污泥被储存在 2 座储存池内，然后进行土地利用。

7.3.2　污水处理厂改扩建方案

Sheboygan 污水处理厂实施曝气系统改造是为了提供更好的 DO 控制并且更换风机设备。升级主要包含以下方面：

(1) 淘汰 4 台 186kW 的容积式鼓风机，更换为 2 台 260kW 的单级离心鼓风机，带有入口导流叶片和变量出口导流叶片；

（2）更换鼓风机 DO 控制单元；

（3）升级电脑监控自动化（SCADA）系统；

（4）在每个曝气池前端安装空气控制阀门；

（5）升级鼓风机的 PLC 编制程序。

2005 年以前，Sheboygan 污水处理厂的曝气系统使用的是 4 台 186kW 的容积式鼓风机（1990 年安装）。在夏季，利用 2 台鼓风机提供充足的曝气，剩下的 2 台备用。在 2005 年，其中的 1 台鼓风机无法启动，这促使运行管理人员对剩余的 3 台鼓风机进行调查，结果显示剩余的 3 台也需要全面检修。由此，污水处理厂管理者决定引进 2 台大风量的高效鼓风机，1 用 1 备。

新的鼓风机试运行后，污水处理厂运营者经历了单个曝气池 DO 控制困难的问题。在冬季的晚上，DO 高达 6mg/L，浪费了鼓风机的风量和电能。在 2009 年春季，污水处理厂在每座曝气池前端安装了空气流量控制阀门用以控制 DO，以匹配曝气需求并减少鼓风机输出浪费和能耗。PLC 编制程序同样升级，用以提供先进的 DO 控制水平，保证空气流量阀和鼓风机根据实际 DO 需求自动调整阀门开启度和鼓风机风量。

7.3.3 运行效果

（1）污水处理厂进出水水质

表 7-4 显示了污水处理厂曝气系统改造实施前后污水处理厂进出水水质。

污水处理厂进出水水质（月平均） **表 7-4**

参数		2003 年(mg/L)	2009 年(mg/L)
BOD/CBOD[1]	进水	246	175[1]
	出水	12	3.1[1]
	排放限值①	30	25[1]
TSS	进水	244	203
	出水	6.1	4.4
	排放限值	30	30
NH_3-N[2]	进水	未检测	未检测
	出水	2.4	2.86
	排放限值	N/A	23
P	进水	5.96	4.7
	出水	0.75	0.6
	排放限值	1.0	1.0

① 在 2005 年 10 月 1 日，出水 BOD 限值改变为 CBOD 限值；2-NH_3-N 限值从 2009 年 4 月 1 日起有效，每周检测一次。

（2）成本节约

表 7-5 所示为 2006～2008 年曝气系统升级改造实施后的电能节约效果。由表可知，更新鼓风机后，平均每年减少电耗 358000kWh，平均能源成本减少 25644 美元/a。2009 年空气控制

阀的实施进一步减少了能耗，当年节约用电459000kWh，相当于节约电费约38245美元。

曝气系统升级改造实施前后电耗比较 表7-5

年份	能源消耗		能源成本	
	用电量(kWh)	年节约电量(kWh)	电价(美元/kWh)	节约费用(美元)
2004	2760000		0.0538	
2006	2402000	358000(13%)	0.0665	23807
2007	2402000	358000(13%)	0.0720	25776
2008	2402000	358000(13%)	0.0764	27350
2009	1943000	817000(30%)	0.0782	63889

除了能源成本的节约，升级改造还带来以下好处：

(1) 劳动力方面

使用自动空气流量控制，污水处理厂运营者不再需要对每个单独的曝气池曝气系统阀门进行季节性调整。此外，在冬季和夏季开始时，进水温度产生变化，污水处理厂运行人员每年2次需要花费额外的时间去调整阀门。当鼓风机每年一次轮换时，运行者还要再次调整阀门，以维持曝气池中适当的溶解氧。每年调整阀门大约需要90人·h，约2250美元/a。

(2) 维护方面

使用新的鼓风机后，空气管道系统维护量减少。以前的容积式鼓风机对空气管道系统产成“锤击”影响，造成管道系统需要频繁维护。每年由此造成的维护成本需要30人·h，大约750美元/a。

(3) 获得能源补助

在实施鼓风机更新过程中，污水处理厂得到了威斯康星州政府机构为鼓励节能发放的能源补助资金17000美元。

由此，根据污水处理厂负责人估计，鼓风机改造项目的投资回报周期是14年，而空气控制阀改造的投资回报周期少于4年。

7.4 美国加州Oxnard污水处理厂

7.4.1 污水处理厂介绍

Oxnard污水处理厂（见图7-8）服务区域为加州Oxnard市，服务人口约为20万人。污水处理厂初建于19世纪70年代早期，1977年安装了生物滤池，1989年污水处理厂升级改造为生物滤池—活性污泥系统，处理能力也由92750m^3/d提高至120000m^3/d。Oxnard污水处理厂现在的进水数据如表7-6所示，工艺流程如图7-9所示。

进水经格栅后进入初沉池，初沉池出水分配进入2座采用塑料填料的生物滤池，其中一座滤池直径为30m，深8m，另一座直径为12m，深8m。通常条件下，只使用大的滤池。滤池出水进入曝气阶段，共2座曝气池，每座池子分为3格，每格尺寸为137m×8.2m×4.6m。2座曝气池大小相同，但只运行一座。每格水池内安装 3 套独立的曝气网格，配置陶瓷曝气器，并相应配置 1 个溶解氧测量仪、1 个空气流量测量仪和 1 套自动控制阀门，用于供氧自动控制。最初的设计采用专利的（Turblex 公司）溶解氧自动控制系统搭配 5 台 257kW 的 Turblex 鼓风机的运行方式，每台鼓风机最大流量为 196m^3/min。曝气池出水经过二沉池、加氯消毒接触池，最终脱氯后排入太平洋。

图 7-8 Oxnard 污水处理厂鸟瞰图

Oxnard 污水处理厂进水数据 **表 7-6**

参数	平均日	最大日
流量(m^3/d)	84800	101800
BOD(mg/L)	328	369
TSS(mg/L)	265	788

初沉污泥进入重力浓缩池进行浓缩至含固率为 4.8%，二沉池污泥进入气浮池（DAF）浓缩至含固率为 6.2%，然后初沉污泥和二沉污泥混合进入 2 座中温厌氧消化池。厌氧消化池产生的沼气用来发电，共有 3 台燃气发电机（2 用 1 备），每台 500kW。消化后的污泥用带式压滤机脱水，含固率提高至 20%，进行土地填埋。

7.4.2 污水处理厂改扩建方案

Oxnard 污水处理厂从 2002 年开始实施改造项目，对活性污泥系统和曝气系统进行如下改造：

(1) 安装 2 台在线 TSS 测量仪。一台安装在混合液回流槽内，另一台安装在回流污泥井内，用来检测曝气池混合液和回流活性污泥的悬浮污泥浓度，作为改造工艺优化控制的基础数据；

(2) 将过时的 GLI 溶解氧测量仪替换为新型光学感应溶氧仪；

(3) 安装 SRTmaster™软件提供实时的 SRT 控制。该软件采用基于控制算法和多层数据过滤的生物工艺模型，可以保证在 TSS 或流量测量仪失灵情况下，不会导致错误控制操作和工艺混乱。软件会及时提醒测量仪故障、工艺 BOD 负荷变化和污泥流失进入沉淀池等情况，

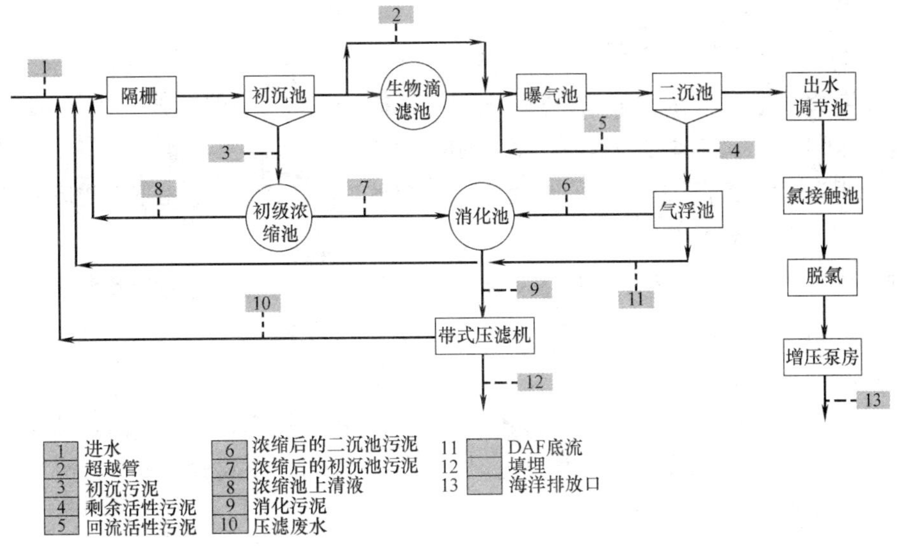

图 7-9　Oxnard 污水处理厂工艺流程

从而保证剩余污泥 SRT 值的变化范围控制在 1d 以内，使污泥浓缩性能得到明显的改善；

(4) 使用 DOmaster™替代目前鼓风机基于风压的控制软件。DOmaster™采用基于活性污泥的模型，并结合数据挖掘算法进行 DO 控制，保证最低的鼓风机能耗。利用这些模型可以精确控制每座曝气池分格内的 DO，减少曝气系统波动，使鼓风机的能耗最小。DOmaster™使用多层数据过滤以保证自动化控制的实现，即使一个控制元素（测量仪或制动器）失灵，也不影响正常控制；

(5) 使用 OPTImaster™软件优化 SRT 以及每个曝气系统网格的 DO 设定值。

SRTmaster™从 2003 年开始在 Oxnard 污水处理厂实施，控制鼓风机的 DOmaster™在 2004 年开始实施，OPTImaster™实施于 2005 年。

7.4.3　运行效果

(1) 污水处理厂进出水水质

Oxnard 污水处理厂提供了该厂实施曝气系统改造前（2002 年）和改造后（2009 年）的进出水数据，如表 7-7 所示，改造后污水厂的出水水质和污泥性能均得到了改善。

Oxnard 污水处理厂进出水数据（月平均值）　　表 7-7

参数		2002 年	2009 年
BOD	进水(mg/L)	262	328①
	出水(mg/L)	17	17
	月限值(mg/L)	30	30
TSS	进水(mg/L)	221	265[1]
	出水(mg/L)	5	5
	月限值(mg/L)	30	30
SVI	平均值(mL/g)	165	130
	最大值(mL/g)	385	170

① 2009 年进水样品中包含回流液。

(2) 能耗节约

随着污水处理厂改造项目的实施，鼓风机平均能耗由 2002 年的 175kW 降低至 2009 年的 140kW（小时能耗），每年减少电耗 306600kWh，能源节约达到 20%。按 2009 年的平均电费 0.088 美元/kWh 计，实施改造项目后，年节约电费 26980 美元。

同时，根据污水处理厂记录，由于污泥沉降性能改善，污泥浓缩所用聚合物用量减少，每年化学药品消耗大约减少 7500 美元。

改进后的工艺监控和运行的自动化，取消了人工采样、频繁地实地测量和手动调节，使运行者的操作时间每天至少减少了 1h。劳动力成本节约大约为 18250 美元/a。三项合计每年总的节约为 52730 美元。

改造项目总投资 135000 美元（包括软件费用、仪表费用和安装费用），如果只考虑电能的节约的话，静态投资回报期是 5 年，如果包含化学药品成本节约和劳动力成本节约，投资回报期将减少至大约 2.5 年。

除了成本的节约，还带来的主要好处是改进了工艺的稳定性，污泥体积指数（SVI）平均降低了 20%以上，因此在 2009 年，出水水质从没超过国家污染物排放限制标准。另外，以前运行中定期会出现的泡沫问题也没有再出现。

7.5 美国罗得岛州 Bucklin Point 污水处理厂

7.5.1 污水处理厂介绍

Bucklin Point 污水处理厂（见图 7-10）服务人口大约 13 万人。目前，Bucklin Point 污水处理厂设计旱季处理能力为 $17.4\times10^4 m^3/d$，雨季为 $43.9\times10^4 m^3/d$，平均日流量为 $9\times10^4 m^3/d$ 。

图 7-10 Bucklin Point 污水处理厂鸟瞰图

Bucklin Point 污水处理厂初建于 1950 年，经历了 4 次主要的升级改造。最近一次全面升级改造完成于 2006 年，把传统的活性污泥曝气工艺改造成具有脱氮效果的 MLE 工艺。MLE 生物处理工艺配置了 4 个平行的序列，每个序列由 3 个缺氧区和 4 个好氧区组成，好氧曝气由 3 台单级离心鼓风机提供，每台 450kW，供气能力为 $340m^3/min$；同时将原来的机械曝气系统升级改造为微气泡扩散系统，增加光学 DO 探测器和电动蝶阀，并安装流量传感器用于测量每个区域的实际供氧流量。

Bucklin Point 污水处理厂进水数据如表 7-8 所示。工艺流程如图 7-11 所示。

Bucklin Point 污水处理厂进水数据（2009 年）　表 7-8

参数	日平均值
流量（$\times 10^4 m^3/d$）	9
BOD(mg/L)	155
TSS(mg/L)	147
氨氮(mg/L)	15.4
TKN(mg/L)	25.7
磷(mg/L)	4.2

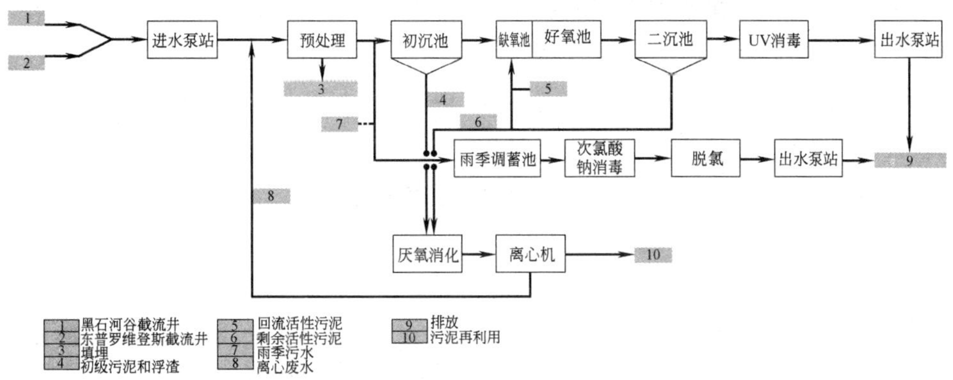

图 7-11　Bucklin Point 污水处理厂工艺流程

污水处理厂进水泵站配置 3 台螺旋泵，每台 75kW，6100m^3/h，提升后进行预处理。预处理包括 4 组格栅和旋流沉砂池，沉砂池直径为 6m，栅渣和沉砂进行土地填埋处理。初沉池处理能力为 $17.4\times10^4 m^3/d$，采用 3 座圆形沉淀池，每座直径为 31m，水深为 4.3m。雨季，超出初沉池处理能力的流量进入 2 座总容积为 9500m^3 的调蓄池，当降雨停止后，调蓄池中的水再送至初沉处理和二级处理。超过调蓄池储水能力的污水直接经氯消毒和脱氯后排放。

初沉出水进入 4 组 MLE 工艺生物反应池，每组包括 3 个连续的缺氧区，每区容积为 2233m^3，4 个连续的好氧区，每区容积为 8630m^3；二沉池共 6 座，每座直径为 34m，水深为 3.4m。内回流将硝酸盐从好氧区回流至厌氧区进行反硝化脱氮，二沉池污泥回流至缺氧区。二沉池出水使用 UV 消毒后排放。

初沉污泥和二沉池的剩余污泥经过厌氧消化、离心脱水，然后进行堆肥，最终应用于非农业土地利用。

7.5.2　污水处理厂改扩建方案

污水处理厂 2006 年升级改造中，曝气/鼓风机控制设计采用常规的单独 PID 循环控制每个

MLE 好氧区的 DO 和空气流量。DO/鼓风机控制系统使用阀门开度最大化（MOV）逻辑确定排放风压，根据好氧区的 DO 值控制空气传输系统的压力设定值，通过开启和关闭空气分配系统至 16 个好氧区的分流管阀门，使鼓风机能耗最小。

但是在 MLE 工艺试运行过程中，污水处理厂的除氮效果很不稳定，分析认为，基于曝气/鼓风机控制系统的恒压控制不能及时适应工艺条件的变化和维持曝气池适当的 DO 浓度，导致氨氮向硝酸盐转化不充分。

基于恒压的控制系统不能维持曝气池内的 DO 水平和设定点接近 1.0mg/L 以内，这个问题在雨季会更加严重。MOV 控制不能稳定的使系统排放风压最小，导致能源浪费。DO/鼓风机系统控制的不稳定反过来会造成如下问题：

（1）由于内回流混合液的 DO 较高，生物脱氮被抑制；

（2）能源消耗和成本超出预期；

（3）污水处理厂员工在曝气/鼓风机系统的运行中被迫手动干预。

因此，为了保证污水处理厂在规定的季节（5～10 月）出水总氮水平低于 8.5mg/L（月平均），同时在雨季的变流量时期，能够提供持续的硝化和反硝化，污水处理厂决定于 2006 年底实施 DO/鼓风机控制系统改造，改造内容包括以下方面：

（1）将 PID 控制循环替换为专利的 DO/鼓风机控制算法；

（2）将原鼓风机系统压力控制替换为直接空气流量控制；

（3）区域空气流量控制基于 MOV 逻辑。

根据新的控制系统，当 DO 与设置值变化时，所需空气流量的变化可通过同时调节曝气分流管和鼓风机流量实现。阀门最大开度（MOV）逻辑直接控制池内的空气流量控制阀的开启度，确保至少一个阀门始终处于最大开启度，从而在不使用压力设置点的情况下使系统压力最小。新的控制系统不仅降低了控制的复杂程度，同时使曝气系统的运行更加稳定和准确。

控制系统改造实施后，起到了如下的效果：

（1）内回流混合液的 DO 得到稳定控制，不再抑制缺氧区的反硝化；

（2）曝气系统的能源消耗和成本低于原来的预测；

（3）MOV 逻辑有效控制鼓风机排放风压为最小化；

（4）运行人员不再需要对曝气系统进行手动控制，从而使出水达标。

7.5.3 运行效果

（1）污水处理厂进出水水质

Bucklin Point 污水处理厂实施控制系统改造前后进出水水质如表 7-9 所示。

（2）成本节约

Bucklin Point 污水处理厂实施曝气控制系统改造前后电能消耗情况如表 7-10 所示。

除了能源电耗成本节约之外，实施曝气控制系统改造后，消除了实地采样、测试曝气池 DO 和手动操纵供氧分流管阀门的人力成本，减少了碳酸氢钠的投加，出水碱度及系统运行更加稳定。系统改造投资（包括控制系统采购、安装及调试）约 200000 美元，计算静态投资回报期约 1.5 年。

Bucklin Point 污水处理厂实施控制系统改造前后进出水水质情况（月平均） 表 7-9

参数		2004 年(mg/L)	2009 年(mg/L)
BOD	进水	232	155
	出水	14	4
	限值	30	30
TSS	进水	143	147
	出水	15	7
	限值	30	30
NH_3-N	进水	14.8	15.4
	出水	11.5	0.69
	限值	无限值	15(5～10 月)
TKN	进水	23.6	25.7
	出水	14.4	2.1
	限值	无限值	无限值
TN	出水	15.6	7.95
	限值	无限值	8.5(5～10 月)
P	进水	5.0	4.17
	出水	1.9	2.0
	限值	无限值	无限值

Bucklin Point 污水处理厂电能消耗情况 表 7-10

年份	污水处理量 (m^3/d)	月用电量 (kWh/月)	年节约用电 (kWh/a)	平均电价 (美元/kWh)	年度电费节约 (美元/a)
2006		864612		0.099	
2007	77000	775553	1068700	0.108	115880
2008	83100	742547	1464800	0.106	155457
2009	82000	763980	1207600	0.113	136022

7.6 美国马里兰州 Western Branch 污水处理厂

7.6.1 污水处理厂介绍

Western Branch 污水处理厂（见图 7-12）最初建成于 1966 年，处理能力为 $1.9\times10^4 m^3/d$，污水处理采用二级处理，污泥经厌氧消化和真空过滤后土地利用。目前污水处理厂处理能力为 $11.4\times10^4 m^3/d$，平均日流量为 $8.2\times10^4 m^3/d$。

自从 1966 年建成运行以来，为了适应服务人口的增加和满足日益严格的出水水质标准，Western Branch 污水处理厂经历了几次重大升级改造。1974 年扩建处理能力为 $5.7\times10^4 m^3/d$，

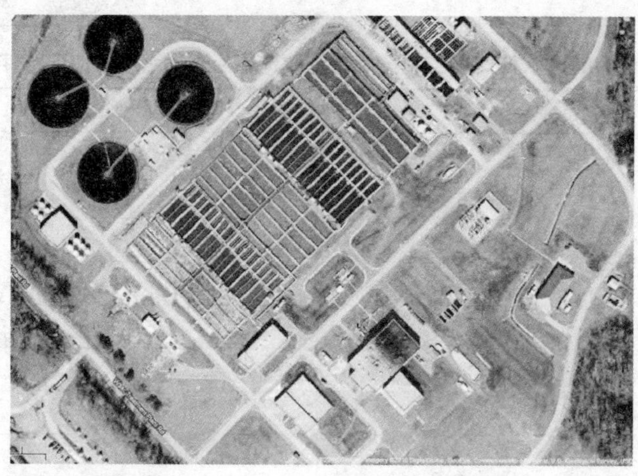

图 7-12 Western Branch 污水处理厂鸟瞰图

并达到硝化功能，还建成了污泥焚烧设施。1977 年，另一组处理能力为 $5.7\times10^4 m^3/d$ 具有硝化功能的处理设施建成。1989 年，为了使出水氮浓度符合季节性（夏季）限值（NH_3-N 小于 1.5mg/L 和 TKN 小于 3.0mg/L），污水处理厂实施了一个使用甲醇作为反硝化碳源的反硝化活性污泥工艺。污水处理厂工艺流程如图 7-13 所示。

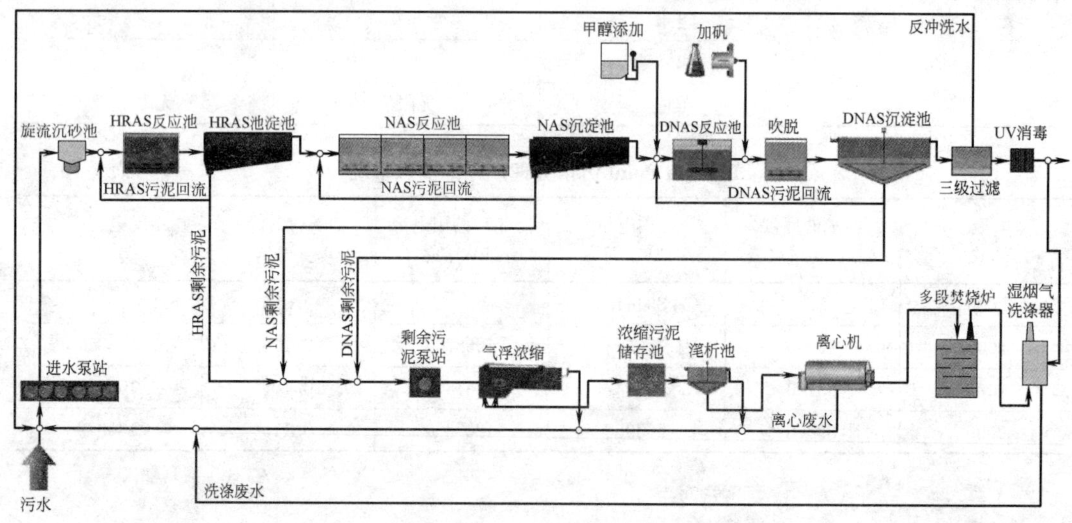

图 7-13 Western Branch 污水处理厂工艺流程

污水经格栅和旋流沉砂池处理后，进入高负荷活性污泥反应池和沉淀池，沉淀出水进入硝化活性污泥反应池和沉淀池，沉淀池污泥回流至高负荷活性污泥反应池前端，硝化活性污泥反应池内分为缺氧区和好氧区。硝化沉淀出水再进入反硝化活性污泥反应池，并采用外加甲醇为碳源。反硝化出水经氮吹脱后进入沉淀池，沉淀出水进入滤池进行三级处理，污泥回流至反硝化活性污泥系统前端，过滤出水经紫外线（UV）消毒后，部分排放，另一部分作为多段焚烧炉的洗涤用水。污泥浓缩脱水上清液、滤池反冲洗水和焚烧炉洗涤排放水重新返回到进水泵站进行处理。

各段沉淀池的剩余污泥通过污泥泵站混合后进入气浮浓缩池进行浓缩，浓缩后的污泥进入污泥储存池，储存池后面是滗析池，经滗析后污泥进入离心机脱水，脱水后污泥被送入多段炉进行焚烧。

7.6.2　污水处理厂改扩建方案

Western Branch 污水处理厂实施的改造内容涉及污泥的多段焚烧炉（MHFs）的升级改造。多段焚烧炉于 1974 年开始运行，设计每天焚烧能力为 26t 干污泥。1996 年，为了增加多段焚烧炉的能力，更换了离心风机，但到 2001 年，为了满足新颁布的污泥处理标准和焚烧污染物排放法案，多段焚烧炉的处理能力减少至 12t 干污泥/d，同时为了减少可见物排放，增加了外置助燃装置。

在多段焚烧炉工艺中，污泥从顶部进入炉膛，炉床上端也是燃烧气体的排放点。冷污泥进入后，接触到热的炉膛，释放出挥发性碳氢化合物，这些挥发性碳氢化合物在炉膛内没有充分的停留时间，也没有足够的高温进行完全氧化就排出焚烧炉，导致排气碳氢化合物含量高，呈浓烟状并有异味。通过提高炉膛上部的运行温度，或使用外置式助燃装置增加排放气流的温度和停留时间，可以改善尾气排放污染物浓度，但这种运行模式导致天然气消耗量增加，而且炉膛运行温度较高时，会产生炉内飞灰结渣，增加维护和除渣成本。另外，热的多段炉排放气流进入湿式除尘器进行冷却和处理，排放气体的剩余热量没有有效利用。

针对上述问题，Western Branch 污水处理厂于 2008 年开始对多段焚烧炉实施如下的节能改造：

（1）增设燃气再循环系统

新增的燃气再循环系统收集焚烧炉顶部炉膛的排放尾气，并重新注入炉膛下端。燃料气体再循环可以使炉膛顶部的未燃蒸气和排放气体再次进入到焚烧炉内的燃烧区域，通过充足的接触时间和温度完成碳氢化合物的氧化过程；同时，循环空气能使上面热的炉膛降温，减少熔渣，并且帮助加热下面较冷的干燥炉，稳定焚烧炉的运行；高浓度水蒸气的再循环气流（从干燥区域排放的），减少了燃烧炉膛内 NO_X 的产生。

（2）排放废气的热量回收

在焚烧炉的尾气排放口和冷却管及湿式洗涤器（除尘器）之间，增设一套空气热交换器，用于回收焚烧炉排放尾气的热量。回收的热量用来预热进入焚烧炉的助燃空气，减少燃气的消耗。另外，中心轴冷却空气尾气（经加热的空气）也经热交换器预热后作为助燃空气返回到焚烧炉内。

（3）增设狭缝型喷嘴圆环

该圆环设置在每个炉膛顶端，环上分布多个狭缝型喷嘴，该环和焚烧炉中心轴同心，直径约为焚烧炉直径的一半。预热后的助燃空气通过分布的狭缝型喷嘴向下注入炉膛内，在每个炉膛内创造一个碰撞区域和双重环形漩涡，这增大了湍流和空气—燃料的混合程度。同时，一小部分常温空气进入炉膛的底部，冷却焚烧产生的灰烬。这种改建加强了对流和湍流，增加了干燥区域的干燥速率，以及燃烧区域的燃烧速率。Western Branch 污水处理厂多段焚烧炉改造后工艺如图 7-14 所示。

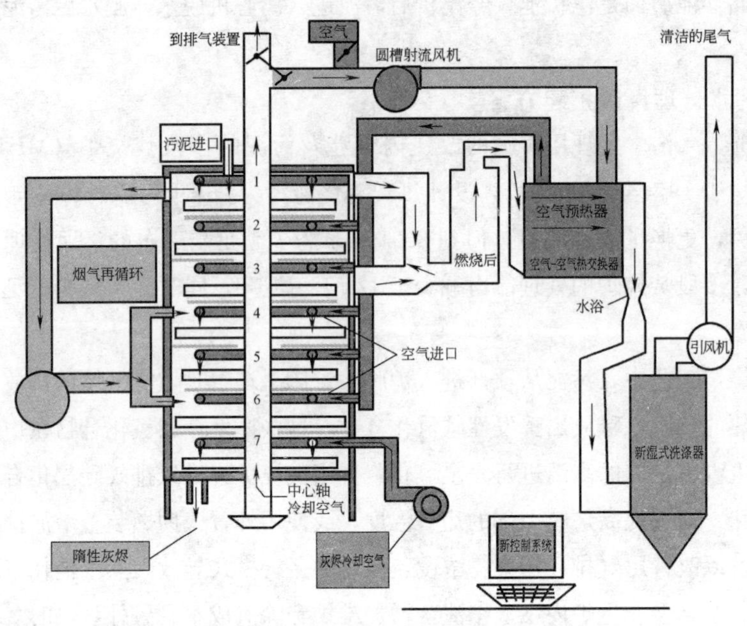

图 7-14 改造后的多段焚烧炉工艺

7.6.3 运行效果

(1) 改造后效果

2009 年，Western Branch 污水处理厂完成对其中一个多段炉进行上述改造，包括燃气再循环、尾气热回收、增设狭缝型喷嘴圆环、改进燃料效率和焚烧能力。2010 年，第二个多段炉也被同样改造。同时，对进入焚烧炉的燃料也开始实施单独计量。改造后，主要效果如下：

1) 显著减少了焚烧所需的天然气用量；

2) 排放尾气满足空气排放要求；

3) 增加了焚烧炉的焚烧能力，由原来的 12t 干污泥/d 增加至 17～19t 干污泥/d，焚烧能力增加了 42%～58%；

4) 减少了 NO_X 的排放，满足最佳技术解决方案的管理要求。

(2) 成本节约

Western Branch 污水处理厂多段焚烧炉改造前后的能源消耗和改造达到的综合能源节约如表 7-11 所示。基于 2 个多段炉改造后前 6 个月的运行情况，Western Branch 污水处理厂污泥焚烧运行预测每年度减少 320000kcal 的天然气（减少了 76%），年度燃气支出节约了 400000 美元。

天然气成本和节约 表 7-11

年份	天然气消耗(kcal/a)	天然气费率(美元/kcal)	能源成本(美元/a)
2005(改造前)	420000	1.25	525000
2009(改造后)	100000	1.25	125000
节约	320000		400000

实施多段炉改造总成本为 4500000 美元，而每年节约的天然气燃料成本为 400000 美元，可计算得出项目静态投资回报期为 11.3 年。另外，如果考虑污泥应急运输费的节约（10 万~20 万美元），项目投资回报期在 7.5~9 年。另外，项目实施后不需要再额外建设焚烧设施，节省了一大笔投资。

7.7　美国加州 San Jose 污水处理厂

7.7.1　污水处理厂介绍

San Jose 污水处理厂（见图 7-15）始建于 1956 年，1964 年升级成为二级污水处理厂，1979 年再次升级，增加了两段式硝化和过滤工艺。1995 年实施多点进水生物脱氮（BNR），减少了曝气能耗和成本，强化了膨胀控制，并增加了污水处理厂的处理能力。目前，污水处理厂处理能力为 63.2×10⁴m³/d，平均日流量 40×10⁴m³/d。大约 10%的污水处理厂出水被回用，作为循环用水用于厂区灌溉和冷却塔的补充用水。污水处理厂进水数据如表 7-12 所示。污水处理厂工艺流程如图 7-16 所示。

图 7-15　San Jose 污水处理厂鸟瞰图

污水处理厂进水数据（2009 年）　　表 7-12

参数	平均值	日最大值
流量（$\times10^4m^3/d$）	40	63.2
BOD(mg/L)	298	512
TSS(mg/L)	241	797
氨氮(mg/L)	31	54

进水经格栅、沉砂池和初沉池处理后，进入 2 套平行的生物脱氮除磷（BNR）系统。每座生物反应曝气池分为 4 格，第 1 格在厌氧条件下运行，第 2 和第 4 格在好氧条件下运行，第 3 格在缺氧条件下运行。大约 60%的进水和 100%的回流污泥进入第 1 格厌氧区，其余 40%的进水进入第 3 格，在缺氧条件下运行。为了保持缺氧/厌氧区污泥的悬浮状态，采用原有的粗气泡扩散器进行供气搅拌，供气量为 $28m^3/min$。

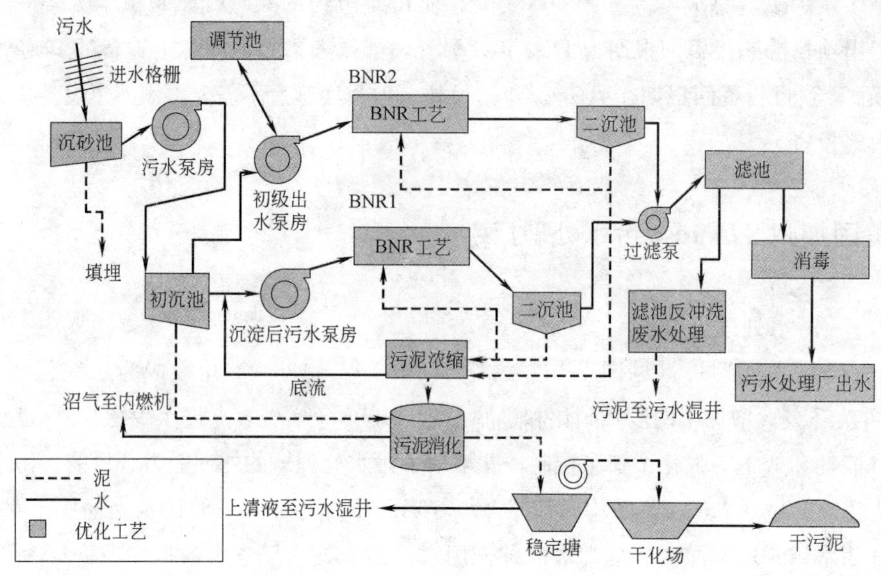

图 7-16 San Jose 污水处理厂工艺流程

一组曝气池的供氧由内燃机驱动鼓风机供应，以厌氧消化池混合物、垃圾、天然气为燃料。内燃机运行冷却产生的热水被用作厌氧消化池加热。另一组曝气池供氧采用电机驱动鼓风机供应。生物脱氮除磷出水经过滤、加氯消毒并脱氯后排放。

生物处理产生的剩余污泥通过气浮浓缩池浓缩，浓缩后的污泥和初沉污泥混合进入中温厌氧消化池，消化后的污泥储存在污泥稳定塘内，储存 3 年后从稳定塘内疏浚出来的污泥进行太阳能干化。干化后的污泥被运至附近的填埋场作为填埋场覆土。

7.7.2 污水处理厂改扩建方案

在过去的多年中，San Jose 污水处理厂一直致力于实施节能改造项目，同时保证出水水质达标。2008 年，San Jose 污水处理厂获得加州政府的废水工艺优化项目资助，再次实施了以下节能改造：

(1) 泵系统优化

San Jose 污水处理厂目前共有 3 座污水提升泵站，主要参数如表 7-13 所示。

提升泵站主要参数 **表 7-13**

泵站位置	平均流量($\times10^4 m^3/d$)	水泵数量	变频电机数量	用电量(kWh/d)
格栅后	42.8	7	3	282
初沉池后	41.3	4	4	384
二沉池后	40.9	5	5	570

污水处理厂新增一套计算机系统，通过采集泵站流量、泵排放压力、湿井水位和水泵电耗等实时数据，由软件程序根据流量计算确定开泵的数量和变频泵转速的最佳组合，保证该组合能耗最低，并将相应的组合参数纳入污水处理厂分散式控制系统（DCS）。此外，根据对最低安全要求的再评估，泵站排放压力和湿井水位参数也进行了优化。

同时，通过对实测数据与水泵厂商提供数据的比较，可以及时了解水泵的运行性能情况，用来作为水泵设备更新或零部件替换的判别依据。

(2) 污水处理曝气优化

污水处理厂生物脱氮除磷工艺中缺氧/厌氧段和混合液回流渠原来均采用连续的空气搅拌模式来保证污水和污泥的混合悬浮状态，改造时将连续供气改为脉冲供气，包括安装新的阀门、制动器、空气管道、用电设施和相应的控制系统程序。

通过现场试验，确定了脉冲空气搅拌系统的空气流量和启闭时间顺序，保证维持污泥悬浮状态的同时保持DO浓度足够低（0.2mg/L或更低），以免影响厌氧/缺氧工艺正常运行。脉冲空气搅拌系统充分混合的效果可以由厌氧/缺氧区底部和表面的污泥浓度相等证实。

在脉冲空气搅拌控制实施期间，现场工程师们发现如果同时为多个生物反应池提供脉冲空气会导致鼓风机输出发生振荡，于是工程师们开发了一个专门的编程程序，使各反应池按顺序依次进行脉冲曝气，而不是同时给所有的池子进行脉冲曝气，从而避免了控制系统振荡。

(3) 污泥气浮浓缩工艺优化

气浮工艺的优化主要是通过减少溶气增压泵的能耗来实现。优化前，每个气浮池都在恒定空气流量条件下运行，这个流量大大高于所需流量。优化后的控制系统根据实际运行气浮池的数量和进入的污泥负荷来对气浮供气量进行自动调整，保证在所有的运行和进水条件下都能维持相同的空气污泥比。同时，新的控制系统为每座气浮池提供了一个全天运行近似相等的污泥负荷。通过现场试验可以确定所需的最小空气污泥比，目前空气污泥比为0.005。另外，气浮工艺用电分项计量也作为改造内容。

7.7.3　运行效果

(1) 污水处理厂进出水水质

San Jose污水处理厂节能改造实施前后的主要进出水水质如表7-14所示。

San Jose污水处理厂进出水水质（月平均）　　**表7-14**

参数		改造前(mg/L)	改造后(mg/L)
BOD	进水	332	363
	出水	3.1	3.7
	月限值	10	10
TSS	进水	291	293
	出水	1.5	1.5
	月限值	10	10
NH_3-N	进水	27.9	31
	出水	0.5	0.6
	月限值	3	3

(2) 成本节约

泵站优化使能耗减少17%～23.5%，每年节约电费244858美元（按0.11美元/kWh计），另外因为泵的运行接近最佳效率点，泵的使用寿命预计也会增加。

脉冲曝气优化后年节约用电 1.4×10^6 kWh，折合电费 154000 美元；每年节约用气 1.2×10^{11} BTU，折合燃气费 581275 美元。

污泥气浮浓缩工艺优化后，每年节约用电 1603030kWh，折合电费 176339 美元。

而污水处理厂实施上述 3 项改造的投资分别为 43678 美元、181592 美元和 44209 美元，合计为 269569 美元（包括所有数据收集、数据验证、电表安装和软件成本等）。由此计算，该投资的静态投资回收期为 3 个月。

7.8 美国德克萨斯州 WMARSS 污水处理厂

7.8.1 污水处理厂介绍

WMARSS 污水处理厂（见图 7-17）服务人口约 175000 人，初建于 19 世纪 70 年代早期，采用滴滤池工艺，1985 年，改造为活性污泥工艺，处理能力扩建至 $17.2\times10^4 m^3/d$。1995 年，污水处理厂再次进行升级改造，改成单级硝化工艺。目前，污水处理厂处理能力为 $17.2\times10^4 m^3/d$，日平均流量为 $10.4\times10^4 m^3/d$，工艺流程如图 7-18 所示。

图 7-17 WMARSS 污水处理厂鸟瞰图

进水经格栅处理后，进入初沉池。初沉池出水分配到 5 座曝气池，曝气池以推流模式运行，回流活性污泥进入曝气池的头部。高峰进水流量时，曝气池按多点进水模式运行。每座曝气池尺寸为 76.5m×15m，水深为 5.5m，每座曝气池前 15m 为缺氧区，二沉池回流的活性污泥进入缺氧区。曝气采用微孔曝气，共采用 7 台多级离心鼓风机，其中 5 台功率为 184kW，风量为 $170m^3/min$；2 台功率为 478kW，风量为 $354m^3/min$。二沉池共 4 座，二沉池部分出水（根据实际需要调整水量）泵送至砂滤池，砂滤池出水和其他未经过滤的二沉池出水混合，然后经氯消毒和脱氯后再利用或排放。

初级污泥经过两段式浓缩（重力浓缩和转鼓浓缩）后进行厌氧消化。二沉池剩余污泥在转鼓式浓缩机中浓缩后进行厌氧消化。转鼓浓缩上清液和重力浓缩上清液混合，进行旁流处理，并采用剩余污泥为旁流处理的 MLSS 接种。污泥脱水后的滤液进行旁流处理或直接返回到污水

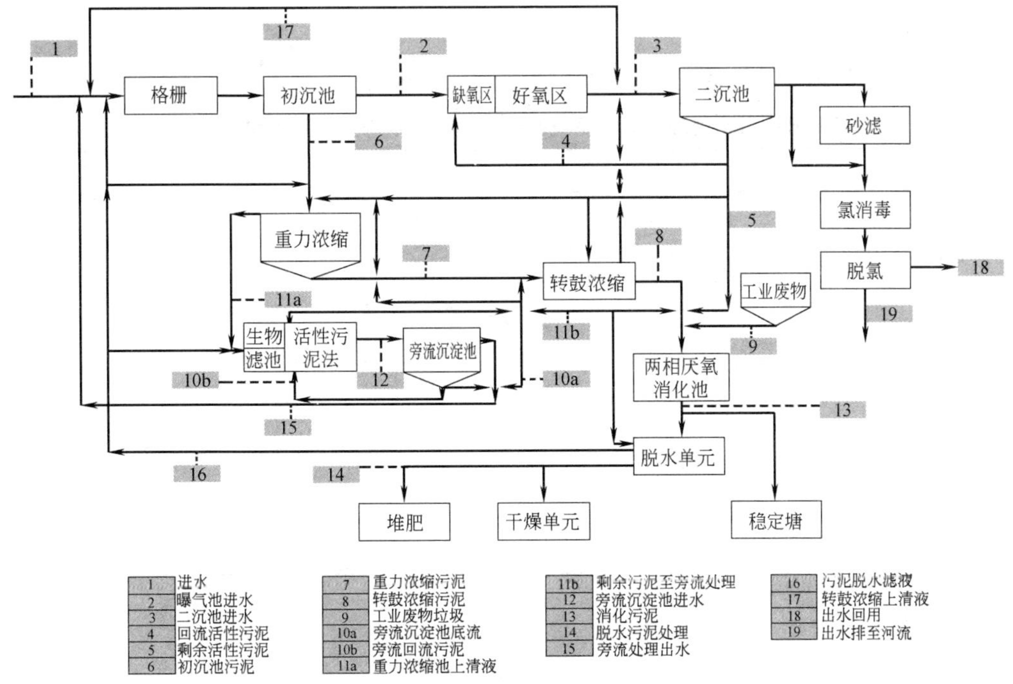

图 7-18　WMARSS 污水处理厂工艺流程

处理厂进水处。旁流处理产生的污泥也需要经过浓缩（重力浓缩或转鼓浓缩）后进行厌氧消化。一部分旁流处理终沉池底流返回到旁流处理工艺的缺氧段。旁流处理出水被返回到污水处理厂进水处。污水处理厂有 4 座中温厌氧消化池，可以以系列、平行、完全混合或者作为一个初级/二级消化池组合等形式运行。WMARSS 污水处理厂还接纳处理当地食品加工厂的废弃物，如血液、污泥、动物油脂等，处理量平均为 49.2m^3/d。这些工业废弃物与初沉和二级污泥共同进行厌氧消化处理。消化后的污泥采用带式压滤机脱水或者送至污泥稳定塘，脱水后污泥进行干化造粒，将来进行堆肥。

7.8.2　污水处理厂改扩建方案

在实际运行中，WMARSS 污水处理厂发现，使用现有的空气扩散系统无法满足单级硝化供氧要求，现有微孔曝气器实际空气流量超出了设计值，导致产生的是粗气泡而不是微气泡；另外曝气器数量也不够。因此，WMARSS 污水处理厂决定对曝气系统实施改造，具体内容包含如下方面：

（1）增加曝气池内的曝气器数量，每个曝气池内的曝气器从 2800 个增加至 3500 个；

（2）在每个曝气池的 3 个区域内分别安装 DO 探测器，第一和第二个曝气区安装在池中部，第三个曝气区安装在池末端；

（3）实施污水处理厂鼓风机和曝气系统自动控制。采用控制软件，根据曝气池的 DO 值，通过污水处理厂的 PLC 系统，实现以下自动控制：①控制鼓风机的开关；②进行鼓风机入口阀门调节；③进行曝气系统分支管阀门调节。

整个升级改造工程于 2003 年 2 月完成。

7.8.3 运行效果

（1）污水处理厂进出水水质

WMARSS 污水处理厂曝气系统升级改造前后的进出水水质如表 7-15 所示。

WMARSS 污水处理厂曝气系统改造前后进出水水质（月平均） **表 7-15**

参数		2002 年月(mg/L)	2009 年(mg/L)
BOD	进水	322.58	251
	出水	2.81	2.31
	限值	10	10
TSS	进水	419.56	300
	出水	3.06	1.2
	限值	15	15
NH_3-N	进水	15.78	31.5
	出水	1.446	0.33
	限值	3	3

（2）成本节约

WMARSS 污水处理厂曝气系统改造实施前后电能消耗和成本如表 7-16 所示。

WMARSS 污水处理厂曝气系统改造实施前后电耗和预计节约 **表 7-16**

年份	平均日流量 ($\times 10^4 m^3/d$)	年总电耗(kWh)	年节约能耗 (kWh)	平均电费 (美元/kWh)	电耗成本节约 (美元)
2002	10	14076530		0.043	
2003	9.2	11624105	2452425	0.053	131695.2
2004	10.9	11006112	3070418	0.650	199577.17
2005	9.3	9201249	4875281	0.0689	335906.86
2006	8.2	7969924	6106606	0.0897	547762.56
2007	10.4	7851481	6225049	0.115	715880.64
2008	8.7	8949861	5126669	0.1187	608535.61

从上表可知，随着电费的逐年提高，改造完成后污水处理厂每年可以节约相当数量的电费。同时，除了能源节约外，改造实施后还具有以下优点：

1）减少人工成本

在曝气过程实现自动化控制之前，操作人员每小时需要手动检查一次每个曝气池的 DO 浓度，根据 DO 读数调整空气支管阀门，以及确定所需鼓风机台数。污水处理厂实现曝气过程自动控制后，每天大约节约 3h 的人工（1095h/a），每年节约 21900 美元。

2）减少化学品用量

曝气系统改造实施之前，按平均日流量约为 $9.5\times 10^4 m^3/d$ 计，日最大加氯量约需要 2722kg/d。曝气系统改造后，出水氨氮减少，同时完全硝化后出水的硝酸盐氮大幅降低，使出水氯需求量降低。目前，以平均日流量约为 $8.5\times 10^4 m^3/d$ 计，日平均加氯量为 363～544kg/d。

整个WMARSS污水处理厂曝气系统改造项目共投资397708美元，根据计算，投资回报期为2.4年。

7.9 葡萄牙Amarante污水处理厂

7.9.1 污水处理厂介绍

Amarante污水处理厂位于葡萄牙阿玛兰特市靠近塔梅加河右河岸的torrao大坝内，污水处理厂平均处理规模为$5400m^3/d$，最大设计流量为$10454m^3/d$，占地$2000m^2$。主要处理阿玛兰特市产生的生活污水，出水排入塔梅加河。

现有污水处理厂工艺包含以下部分：格栅、沉砂、初次沉淀、生物处理和二次沉淀，污泥采用厌氧消化和机械脱水。生物处理工艺为缺氧/好氧活性污泥法。缺氧区体积为$636m^3$，好氧区体积为$656m^3$，总体积为$1292m^3$。生物处理系统分为2个序列，每个序列为$28.2m\times9m$，有效水深为2.65m，生物反应池的水力停留时间为5.83h，污泥负荷高达$0.5kgCBOD_5/(m^3\cdot d)$；曝气系统由3台鼓风机组成，每台功率为15kW，总最大供氧量约为$2099kgO_2/d$；生物反应池混合液回流采用3台潜水泵（2用1备），单泵流量为$180m^3/h$，回流比达到250%；活性污泥回流泵2台，单泵流量为$86m^3/h$，回流比为100%。二沉池为圆形，直径为21m，有效体积为$799.76m^3$，水力表面负荷为$1.25m^3/(m^2\cdot h)$。污水处理工艺中没有考虑除磷的技术措施。

在实际运行中，Amarante污水处理厂出水经常不能达标。经分析，造成出水不达标的原因有以下几个方面：

首先，由于设计没有考虑到流动人口的影响（夏季旅游高峰期人口大幅增加），同时，运行期间污水处理厂服务范围不断扩大，接纳了来自几个郊区的污水，导致污水处理厂的进水量大大超出设计值。

其次，污水处理工艺BOD_5负荷偏高，缺氧和好氧区体积分配的不合理，缺氧区体积过大使得污水处理厂达不到硝化/反硝化效果，同时二沉池表面负荷偏高，污泥沉降效果较差。

同时，塔梅加河torrao大坝段是一个水质敏感区域，周期性的富营养化导致一系列环境问题和社会影响。污水处理厂的不达标加剧了富营养化的现象，尤其是污水处理厂出水中氮和磷的浓度超标。因此，为了保护塔梅加河流域水体环境，必须对Amarante污水处理厂进行升级改造。

7.9.2 污水处理厂改扩建方案

1. 污水处理厂改扩建原则和设计水质

为了使Amarante污水处理厂出水水质达到排放要求，Amarante污水处理厂对其处理工艺进行了重新设计和升级改造。升级改造的原则是利用污水处理厂现有场地，并尽可能利用现有构筑物。最终，从成本、满足更严格的排放标准和充分利用原有构筑物等多方面考虑，选择了缺氧＋好氧＋MBR工艺对现有生物处理工艺进行升级改造。

污水处理厂的进出水设计水质如表 7-17 所示。

Amarante 污水处理厂设计进出水水质参数 **表 7-17**

参数	设计进水水质	设计出水水质	排放标准
pH 值			7.0～9.0
BOD_5(20℃)(mg/L)	450	25	25
TSS(mg/L)	450	25	35
TKN(mg/L)	60	10	10
TN(mgN/L)		15	15
TP(mg P/L)	15	2	2
粪大肠菌群(NMP/100mL)	2×10^7		100

2. 生物处理工艺改造方案

改造后 Amarante 污水处理厂处理能力为 7000m^3/d。原初沉池被改造成新的缺氧池，原生物反应池（缺氧+好氧）改造成好氧池，原二沉池改造成 MBR 池。

（1）初沉池改造

原初沉池为圆形，直径为 17m，有效高度为 2.65m，改造保持原初沉池尺寸不变，主要修改如下：①拆除原初沉池的中央入水口和出水收集渠；②整平原初沉池底部，废除圆锥区域；③在进水口对面新建出水口，并提高出水口标高，增加初沉池有效容积；④建设中央分离墙，将改造后的缺氧池分为两条独立的处理流程。改造后，单元的有效容积将会从原来的 601.5m^3 增加至 795m^3，并可隔离为 2 个 397.5m^3 的缺氧区。

（2）生物反应池改造

原生物反应池有效容积为 1288m^3，被分为 2 个独立的处理流程，对原有生物反应池进行扩容，使有效水深从 2.65m 增加至 2.85m，有效容积增加至 1386m^3。

（3）二沉池改造

原有二沉池为圆形，直径 21m，以类似初沉池的方式进行改造：①拆除原二沉池的中央入水口和出水收集渠；②整平二沉池底部，废除圆锥区域；③在进水口对面新建出水口，并提高出水口标高，增加有效容积；④建设中央分离墙，将改造后的二沉池分为两条独立的处理流程。改造后，单元的有效容积从 799.8m^3 增加至 919m^3，可分离为 2 个 459.5m^3 的区域。

（4）新建 MBR 池

MBR 池为新建，总体积为 400m^3。

由此，升级改造后的污水处理厂生物处理单元以 2 个并列的流程运行。其中缺氧区为 795m^3，曝气区为 2705m^3，总体积为 3500m^3。

生物反应池设计参数如表 7-18 所示。

（5）搅拌和供氧

缺氧池设置 2 台水下搅拌器，每台搅拌器搅拌速度为 8W/m^3，对应功率为 3.3kW。还安装一套测量氧化还原电位的探测仪用于控制反硝化过程。

生物反应池设计参数　　**表 7-18**

参数	总计
进水 BOD_5 量	3150kg/d
进水 BOD_5 浓度	285mg/L
出口最大 BOD_5 浓度	25mg/L
BOD_5 负荷	0.1kgBOD_5/(kgVSS·d)
反应池 MLSS 浓度	12000mg/L
VSS 浓度	9000mg/L
活性污泥挥发物	75%
容积负荷(容积流量)	0.9kgBOD_5/(m^3·d)
平均流量时停留时间	12h
最大流量时停留时间	5h
活性污泥龄	13.3d
VSS 产量	0.6kg/kg 去除的 BOD_5
MLSS 产量	1.0kg /kg 去除的 BOD_5
混合液回流比	400%
硝化增长速率(12℃)	0.18d^{-1}
反硝化速率(12℃)	1.37mgN-NO_3/(gVSS·h)

曝气池供氧采用微孔膜片曝气，经计算，平均日 O_2 需求量为 11826.3kgO_2/d，最大流量时 O_2 需求量为 640kgO_2/h。每片曝气膜的最大流量为 5.6Nm^3/（m·h），确认曝气膜片数量为 1327 个，每个膜片的扩散范围为 0.9m×0.9m。空气由 3 台鼓风机提供（2 用 1 备），每台鼓风机空气流量为 3700Nm^3/h，压力为 0.04MPa，功率为 45kW。

（6）超滤膜系统

为了将混合液泵送至超滤装置，在曝气反应池出口设置了混合液接收井，尺寸为 6m×2m，有效高度为 3.5m，该井兼具脱气作用，同时作为超滤膜进水系统的泵井。

超滤膜系统采用浸没式运行，膜组件浸没在反应池中，通过使用渗透泵，从膜的头部抽吸。处理后的水经真空作用穿过中空纤维膜，过滤出水直接消毒或排放。膜组件顶端可间歇运行产生湍流扰动，用于清洁中空纤维膜外表，使污泥固体远离膜表面。超滤单元设计参数如表 7-19 所示。

超滤单元设计参数　　**表 7-19**

参数		数值
滤速	平均流量	11.5L/(m·h)
	最大流量	31.6L/(m·h)
膜系列		4
每个系列安装的套数		5
每套组件的模块数		40
MLSS		10000～12000mg/L

7.9.3 运行效果

Amarante 污水处理厂升级改造后，出水水质完全满足排放要求。

7.10 奥地利 Hohenems 污水处理厂

7.10.1 污水处理厂介绍

Hohenems 污水处理厂建造于 1979～1981 年，位于奥地利福拉尔格州（Vorarlberg）的霍恩埃姆斯市（Hohenems），霍恩埃姆斯市处于康斯坦茨湖流域。污水处理厂设计人口当量（PE）为 150000，设计平均日处理水量为 24000m³/d，进水的 2/3 为工业废水（主要为纺织业），污水处理厂最初的平面布置如图 7-19 所示。

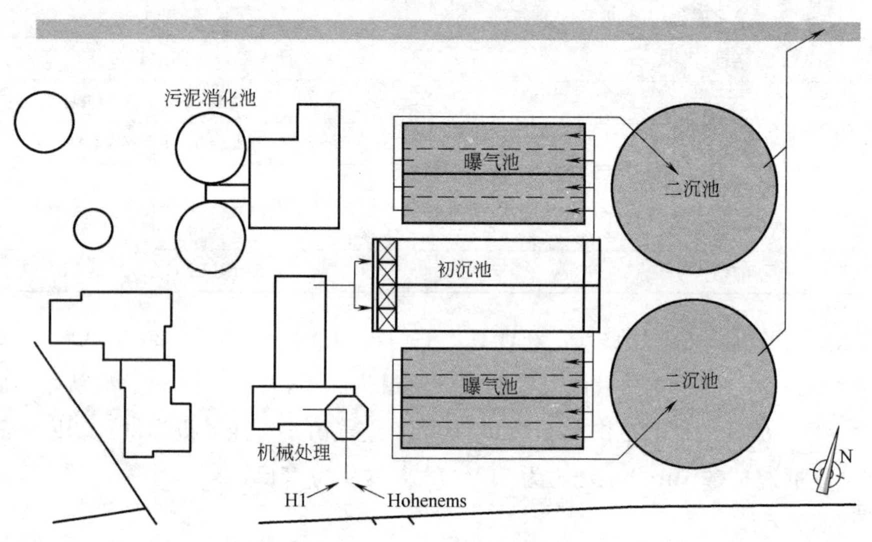

图 7-19 hohenems 污水处理厂平面布置

Hohenems 污水处理厂物理处理阶段包括格栅、曝气沉砂池和初沉池（HRT＝3h）；生物处理阶段包括 2 座矩形曝气池，每座曝气池包括 2 条平行的流程，进水原先采用多点进水方式，后来由于发生严重的污泥膨胀改为曝气池头部进水，并增设了好氧选择池；二沉池为圆形，产生的污泥经厌氧消化后进入厢式压滤机脱水。污水处理工艺仅考虑去除有机物和磷。

随着奥地利新的排放标准对污水处理厂出水中氮含量的严格限制，Hohenems 污水处理厂进行提标改造是十分必要的。2002 年，经过对污水处理厂是否关闭、合并等多方案比较后，污水处理厂选中 HYBRID® 工艺的两段式活性污泥工艺作为最优改造方案，采用该工艺的一个主要原因是污水处理厂内场地非常紧张，没有可供新建或扩建其他处理设施的场地，而该工艺能够保证出水水质满足新标准的要求，并且，除了需要新建一个混合液硝化池外，不需要再建造其他额外的反应池。

污水处理厂相关设计数据和实际运行数据如表 7-20 所示。

污水处理厂相关设计和运行数据　　表 7-20

参数	1977 年设计数据			2002 年运行数据		
	设计负荷	出水限值	去除率	进水负荷	出水指标	去除率
Q_d(m³/d)	24000			17355		
Q_{max}(L/s)	470			351(年最大平均)、800(最大)		
BOD_5	9000kg/d	15mg/L	93%	9400kg/d	7mg/L	98%
COD	12000kg/d	60mg/L		20800kg/d	36mg/L	96%
TP		0.30mg/L	95%	258kg/d	0.24mg/L	97%

7.10.2　污水处理厂改扩建方案

为了实现 HYBRID® 两段式活性污泥法，主要采取以下改扩建步骤：

（1）将现有曝气池体积的 25%隔离出来，作为第一阶段的高负荷曝气区域。加高本段曝气池池壁以抬高水位；沉砂池出水直接进入第一段高负荷曝气池，利用现有沉砂池和原初沉池之间的水力高度调节第一段曝气池的水力损失；在第一阶段曝气池顶新建一座鼓风机房。

（2）初沉池改造为中间沉淀池，并安装第一段活性污泥系统的污泥回流泵站。

（3）现有曝气池的其余部分作为第二阶段的低负荷区域，用于硝化和反硝化，这部分曝气池的水位不变；原曝气池中分离墙被拆除，建造一个新的导流墙（分水渠），实现各构筑物的串联。

（4）现有二沉池不做改变，作为第二阶段的沉淀池，用浸没式穿孔出水管代替了原来的出水三角堰。

（5）新建一座圆柱形水池，体积为 440m³，作为污泥脱水过滤液外部硝化池。

改扩建后，Hohenems 污水处理厂工艺流程如图 7-20 所示，污水处理厂设计参数如表 7-21 所示。

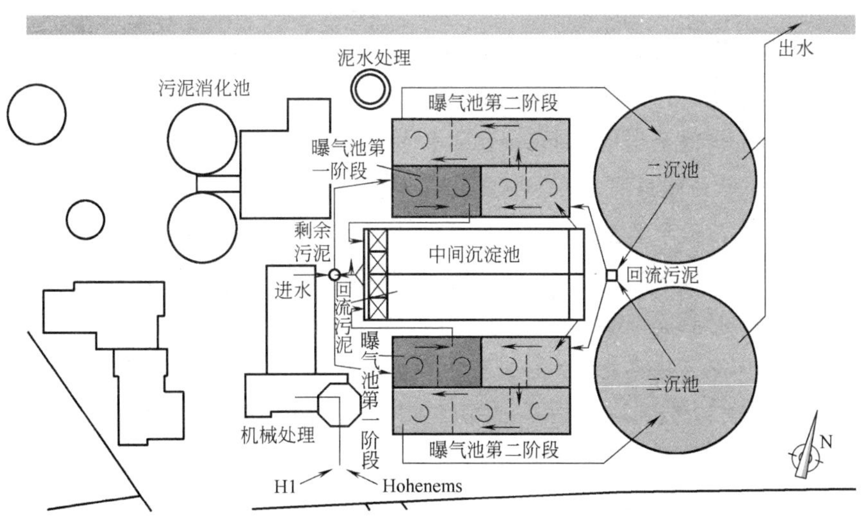

图 7-20　改扩建后的 Hohenems 污水处理厂工艺流程

污水处理厂改建设计数据 表 7-21

参数	设计负荷	出水限值	去除率
$Q_d(m^3/d)$	24000		
$Q_{max}(L/s)$	600		
BOD_5	10300kg/d	15mg/L	95%
COD	22700kg/d	60mg/L	90%
TP	210kg/d	0.5mg/L	95%
NH_3-N	780kg/d	5mg/L	
TN			70%

7.10.3 运行效果

Hohenems 污水处理厂改扩建后，原有单级曝气池变成两级好氧活性污泥法，好氧阶段的体积比改造前多了 800m^3。该工艺对营养物质有较高的去除率，同时对构筑物体积要求小，并能明显改进污泥性能。

总之，Hohenems 污水处理厂改扩建后达到了如下效果：

(1) 出水水质满足新的更严格的出水标准；

(2) 最大限度的利用了现有构筑物；

(3) 在污水处理厂区域有限的情况下，达到了扩建要求。

7.11 美国纽约州 Walton 污水处理厂

7.11.1 污水处理厂介绍

Walton 污水处理厂位于纽约州沃尔顿镇，平均日流量为 4700m^3/d 。污水主要来源于住宅小区和工业废水，其中当地的一个乳品厂排放的废水占整个污水处理厂污水量的 40%和约 80%的有机负荷，进水平均 BOD 高达 350mg/L。污水处理流程包括均质调节池、沉砂池、延时曝气、二次沉淀、PAC 强化、三级过滤、氯消毒和硫代硫酸钠脱氯。剩余污泥先进入好氧消化池，后经带式压滤机脱水后外运填埋。

污水处理厂出水排放至当地 Cannonsville 水库的支流特拉华河，Cannonsville 水库为超过 900 万纽约州居民的饮用水水源之一。根据美国《地表水处理条例》，纽约州的公共供水系统需要新建一座投资高达数十亿美元的饮用水过滤水厂，纽约市地方环保局要求当地排入供水水源地的所有污水处理厂出水均采用三级过滤处理，并且由纽约市环保局提供三级过滤处理系统所需的建设费用和平时的运行维护费用，这些内容在 1997 年以法律条文形式得以落实。

随后，纽约市环保局开展了相关的研究，并确认采用上流式连续回流双重砂滤（continuously backwashed upflowdual sand filter ，CBUDSF）的三级过滤系统能够满足上述法律所规定的水域水质，纽约市环保局还对该工艺和微滤工艺进行了对比试验，根据试验结果，纽约市环保局、纽约州卫生部和美国环保局一致同意 CBUDSF 三级过滤系统的效果等同于微滤系统。2003 年 1 月，Walton 污水处理厂升级改造工程开始实施 CBUDSF 三级过滤系统。

7.11.2　污水处理厂改扩建方案

目前，在 Walton 污水处理厂运行的 CBUDSF 系统（见图 7-21）采用上向流砂滤设计，由 5 个过滤模块组成，每个模块包含 4 个两段式过滤单元。第一阶段采用 2m 深的 1.3mm 石英砂，第二阶段采用 1m 深的 0.9mm 粒径砂粒。设计水力负荷为 2.44m^3/(m^2 · h)。运行的单元总数随处理流量的变化而变化，每个单元定期轮流运行。污水处理厂二级出水通过配水系统直接进入过滤单元，并保证有足够的水头进行重力流经过滤单元。混凝剂和次氯酸钠直接注入第一阶段每个过滤单元的进水中。

次氯酸钠的投加量需维持余氯的浓度范围为 1.0～2.0mg/L，滤池的滤速应保证有适当的消毒接触时间。氯作为主要的消毒剂，可以防止生物膜在过滤单元中的累积，并可有效氧化有机物质，促进絮凝作用。采用自动加氯系统保证过滤出水余氯控制在预期余氯值范围内，一旦超出预设范围值，系统将自动报警。

混凝剂投加系统使用 PAC 自动投加系统，并通过出水浊度反馈自动控制 PAC 投加量，如果系统参数超过预先设置范围，系统会启动自带的报警系统。混凝剂有助于颗粒的絮凝，反过来会加强滤池载体对颗粒的捕获效率。

污水处理厂二级出水通过一个中心管进入 CBUDSF 系统首段，在滤床底部布水后污水向上流经砂滤床，到达可调的溢流堰，然后依靠重力进入第二段 CBUDSF 系统。污水流经每个滤池均是自下而上，伴随着滤床的持续下行，同时完成连续的砂洗，污水中的污染颗粒物质集中在滤池底部的砂粒中，落入滤床圆锥底部的气提管道中。压缩空气注入管道底部，接着空气上升，不断带走少量的砂粒/污染颗粒到气提管道中。砂粒/污染颗粒混合物在气提管道上升过程中，由于空气湍流和回流作用，使污染颗粒从砂粒中分离出来。一旦砂粒和污染悬浮物到达管道顶部，流入洗砂室，利用少量的滤后水将污染颗粒从砂粒中洗出来，并将清洁后的砂粒落回到下移式砂滤床。反冲洗废水则在此处回流。出水溢流堰设置比反冲洗废水回流堰高，从而提供一个有效的水力梯度来保障过滤的完整性。通过气提管空气流量控制砂柱的循环时间，完整的滤床流动时间约为 4～7h。洗砂反冲洗废水量通常为滤池流量的 10%。过滤系统第二阶段的洗砂水回流到过滤系统第一阶段的进水端，过滤第一阶段的洗砂水返回到污水处理厂进水端。

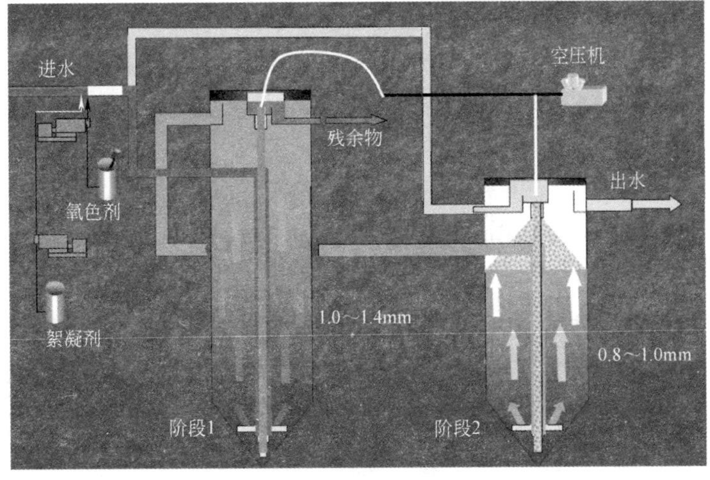

图 7-21　CBUDSF 系统示意

7.11.3 运行效果

(1) 总悬浮颗粒的去除效果

Walton 污水处理厂出水 TSS 允许限值是月平均 10mg/L。安装 CBUDSF 系统后，出水中 TSS 浓度相比升级前的 TSS 浓度降低了 99.95%。污水处理厂平均进水 TSS 浓度为 168mg/L，最低浓度和最高浓度分别为 70mg/L 和 438mg/L；污水处理厂升级之前出水平均 TSS 浓度为 13.8mg/L，最低浓度和最高浓度分别为 2mg/L 和 90mg/L；升级后出水平均 TSS 浓度为 0.66mg/L，最低浓度和最高浓度分别为 0.2mg/L 和 2.8mg/L。

(2) 浊度的去除

Walton 污水处理厂出水浊度允许限值是 0.5NTU（95%的检测率），即时测量最大限值为 5NTU。安装 CBUDSF 系统后，出水中浊度减少了 99.99%。升级前出水平均浊度为 7.9NTU，最低和最高浊度值分别为 1.6NTU 和 60NTU，升级后出水平均浊度为 0.3NTU，最低和最高浊度值分别为 0.1NTU 和 1.4NTU。

(3) 磷的去除

Walton 污水处理厂出水中 TP 的允许限值是月平均 0.2mg/L。升级后 TP 的去除率达到了 99.98%。升级前出水平均 TP 浓度为 0.828mg/L，最低和最高值分别为 0mg/L 和 5.98mg/L，升级后出水平均 TP 浓度为 0.014mg/L，最低和最高值分别为 0mg/L 和 0.43mg/L。

(4) 大肠菌群的灭活

Walton 污水处理厂出水中大肠菌群允许限值是 30d 平均值为 200cfu/100mL，7d 平均值为 400cfu/100mL。升级前出水平均大肠菌群为 598cfu/100mL，最小和最大值分别为 0cfu/100mL 和 12800cfu/100mL。升级改造后出水平均大肠菌群为 1.1cfu/100mL，最小和最大值分别为 1.1cfu/100mL 和 10cfu/100mL，降低达 99.99%。

(5) 剩余污泥量的增加

2003～2008 年间，CBUDSF 系统投加必要的聚合物占总污泥量的 4%～6%。当聚合物重量计算在内时，污水处理厂污泥量增加率为 30%。残余物增加的惟一来源就是 CBUDSF 系统第一阶段的洗砂废水，这些废水重新排放到污水处理厂的进水。

CBUDSF 系统运行相对简单，适应水质水量变化能力强，并且不容易出故障，在适当的维护和更换配套设备情况下，CBUDSF 预期寿命是 40～50 年。Walton 污水处理厂 2003 年 1 月安装该系统后，出水浊度、TSS、TP 和大肠菌群明显降低，污水处理厂出水完全满足排放标准的要求，改善了 Walton 污水处理厂下游的水质。同时，其他排放至特拉华河西部支流的污水处理厂也跟着进行了升级改造。

7.12 美国华盛顿州 Post Point 污水处理厂

7.12.1 污水处理厂介绍

Post Point 污水处理厂位于华盛顿州贝灵汉市，建成于 1974 年，主要处理贝灵汉市区和郊区排放的生活污水。建成初期，Post Point 污水处理厂只进行初级处理，1993 年 Post Point 污水处理厂花费 5500 万美元建成了二级处理系统。二级处理采用高纯氧曝气活性污泥法（HPO 工艺），工艺流程如图 7-22 所示，HPO 工艺的工艺参数如表 7-22 所示。

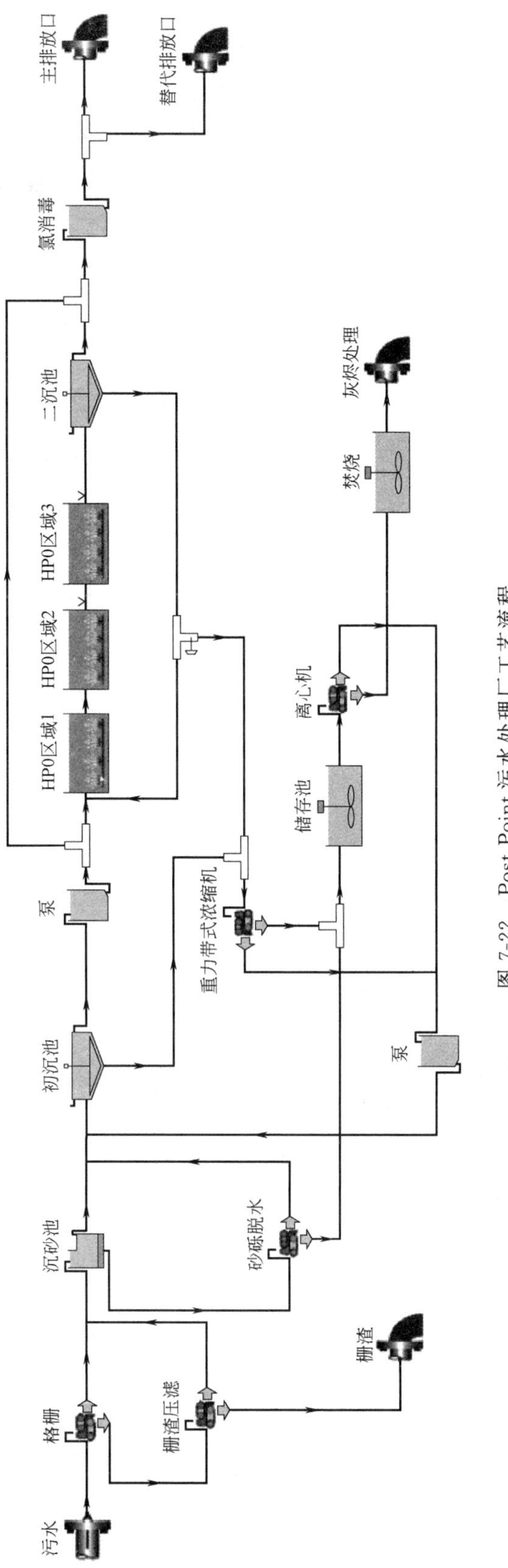

图 7-22　Post Point 污水处理厂工艺流程

Post Point 污水处理厂 HPO 工艺设计参数 表 7-22

设计参数		数值
设计流量和负荷	最大月平均流量(m^3/d)	82135
	高峰小时流量(m^3/d)	140000
	初沉污水 BOD(mg/L)	105
	初沉出水 TSS(mg/L)	78
HPO 反应池	反应池序列数	2
	每个序列的反应池数量	3
	反应池序列长度(m)	45
	反应池宽度(m)	15
	反应池水深(m)	4.5
	每序列反应池体积(m^3)	3180
	最大月平均流量下的水力停留时间(h)	1.85
供氧系统	能力(kg/h)	417
	空压机类型	往复式
	数量	2
	单台功率(kW)	224
辐流式二沉池	数量	3
	直径(m)	36
	边缘水深(m)	4.5
	高峰流量溢流速率[$m^3/(m^2 \cdot h)$]	1.85

Post Point 污水处理厂建成运行超过 30 年，其 HPO 工艺和能耗控制技术采用的也是 20 年前的技术。随着今天污水处理厂对工艺和能源效率控制的日益重视，传统的 HPO 污水处理厂工艺和能耗控制技术已经不再适合。2006 年，Post Point 污水处理厂对其 HPO 工艺进行了升级改造。

7.12.2 污水处理厂改扩建方案

Post Point 污水处理厂 HPO 工艺流程由 2 组平行序列组成，每组序列包括 3 座大小相同的曝气池。日常运行中，该工艺主要控制氧气纯度和供氧压力。表面曝气机以恒定的速度将氧气传递到工艺各个阶段的污水中，当负荷增加导致氧气需求量增加时，氧气供应线路上的压力传感器就会控制氧气的供应速率。

在 Post Point 污水处理厂升级改造中，对其工艺作了 3 个重要改造：

(1) 将 HPO 工艺第 1 阶段从好氧运行条件改造成厌氧运行条件；

(2) 替换现有曝气机，改为更大的、更高效节能的曝气设备；

(3) 为每个曝气设备安装变速驱动器。

这次升级改造的整体效果是，污泥沉降性能提高超过 20%，氧气消耗量降低约 10%，整体电耗降低超过 30%。

(1) 厌氧运行的改造

Post Point 污水处理厂污泥沉降性能一直处于变化之中。2001～2006 年的监测结果显示，平均污泥容积指数 SVI 为 170mL/g。2004 年对 Post Point 污水处理厂的活性污泥进行了显微镜调查，显示了奈瑟氏菌-阳性细胞团的存在，表明有聚磷菌（PAO）存在。尽管污水处理厂 HPO 工艺的所有阶段都在供氧充足条件下运行，但在峰值负荷时期，进水第 1 阶段的溶解氧浓度经常接近零。这个结果表明将部分好氧反应池改造为厌氧选择器是可行的，这样有利于污泥沉降性能的控制。研究表明，使用厌氧选择器成功控制沉降性能的一个关键是维持充足的细胞平均停留时间（MCRT），保持聚磷菌（PAO）不从系统中流出。

改造前，Post Point 污水处理厂采用 BioWin® 工艺模拟软件进行了一系列模拟，以评估菌群朝向更有利于 PAO 生长方向偏移的可能性，并且为初沉出水中非丝状菌群厌氧吸收挥发性脂肪酸（VFA）提供一个机制。通过对不设厌氧选择器、将第 1 阶段改造为厌氧选择器和使用一个外部的不同体积的厌氧选择器等多种方案的模拟，一系列模拟结果如图 7-23 所示。结果表明，即使没有厌氧选择器，因为第 1 阶段的 DO 较低，大量的 PAO 菌群也将会存在。对 HPO 反应池混合液中取出的样品进行微生物检验，也证实了这一结果。模拟结果表明，将 HPO 反应池的第 1 阶段改造成厌氧条件有利于 PAO 菌群的生长，PAO 相关菌群从占总异养微生物量的约 25%提高至 50%以上。

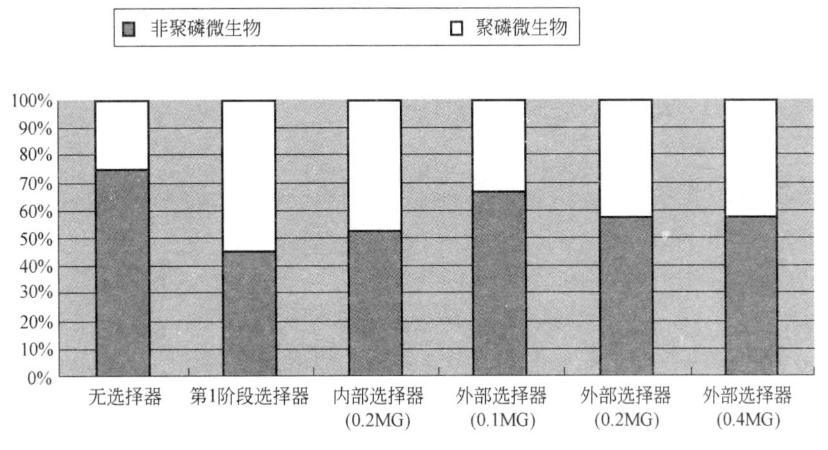

图 7-23　有机菌群的软件模拟结果

Post Point 污水处理厂 HPO 反应池在 2006 年 12 月升级改造为厌氧选择器运行。根据升级改造前 2 年和升级改造后 2 年 HPO 反应池 SVI 参数的监测数据，升级改造前 Post Point 污水处理厂 HPO 反应池 SVI 平均为 157mL/g，升级之后 SVI 平均为 127mL/g。沉降性能总体改进超过 20%，改进效果非常明显。

（2）曝气机更换

曝气机的更换是整体升级改造的重要组成部分。在本次升级改造中，Post Point 污水处理厂将 HPO 反应池中的曝气机全部替换成新一代曝气推进器。在新型曝气机安装之前，进行了氧气传递效率现场测试。现场测试证明，HPO 反应池 1、2、3 阶段新型曝气机的标准曝气效率（SAE）分别达到 1.97kg/kWh、2.41kg/kWh 和 2.16kg/kWh，而且第 1 阶段反应池内的曝气设备还能按高速和低速两种工况运行；而原有曝气机的标准曝气效率（SAE）为 1.97kg/kWh。因此，新曝气机的氧气传递效率比原有设备提高了 15%以上。

（3）采用变速驱动器

HPO 反应池升级改造前 2 年，Post Point 污水处理厂 HPO 反应池的出水 DO 平均接近 13mg/L。常规测量的 HPO 反应池氧气利用比速率（Specific oxygen uptake rates，SOUR）值在 8～20mg/(gVSS·h) 范围内，平均值为 12.2mg/(gVSS·h)。有关研究表明，当 SOUR 少于 20mg/(gVSS·h) 时，为了防止丝状菌膨胀，DO 浓度大约为 4.0mg/L。为了减少氧气的浪费，Post Point 污水处理厂在 HPO 反应池的三个阶段都安装了变速驱动器，并将第 2 阶段反应池的 DO 值和第 3 阶段反应池的 DO 值分别控制在 6.0～8.0mg/L 和 4.0mg/L 左右。由此每天大约可以节约 0.3t 氧气，约为整个氧气生成量的 4%。另外，使用变速驱动器产生的另一个更积极的效果是曝气机的运行功率从 162kW 下降至平均 96kW，节约超过 50%。

7.12.3 运行效果

Post Point 污水处理厂升级改造后，单位耗氧量下降了 7%，污泥沉降性能改进了 24%，总能耗下降了 30%。

第 8 章　国内污水处理厂改扩建工程实例

8.1　上海市白龙港城市污水处理厂改扩建工程

8.1.1　污水处理厂介绍

1. 项目建设背景

上海市白龙港城市污水处理厂位于浦东新区合庆镇境内，东濒长江主航道出海口，是上海市污水治理二期工程的末端污水处理厂，主要解决浦西中心城区黄浦、卢湾和徐汇等区的合流污水，以及浦东新区赵家沟以南、川杨河以北大部分地区的生活污水和工业废水的排放出路。

已经建成的污水治理二期工程主体由龙东大道上的中线东段、中线西段工程，罗山路连接管、罗山路以西的南线西段、南支线、SA、SB 和 M1、M2 中途提升泵站，白龙港污水处理厂和排放管等组成，还包括浦西截流设施、截流支管、截流干管和龙华机场南线过江管等工程。

白龙港区域内的污水输送干管由南线和中线组成。中线包括中线东段、中线西段和南干线，当时的设计旱季平均污水量合计为 $172.1\times10^4m^3/d$。南线包括南线东段和南线西段，先建成南线西段，并通过罗山路延长线上南线和中线连通管由中线 M2 泵站提升后输送至白龙港污水处理厂，2014 年南线东段建成后，南线污水可直接由 SB 泵站送至白龙港污水处理厂。

根据当时的长江口水域环境规划，长江上海段入海口为排污区，污水经简单拦渣沉砂预处理后直接深水排入 $2km^2$ 的混合区。

2002 年为减少长江口赤潮频发情况，在预处理厂基础上，利用世界银行贷款续建了 $120\times10^4m^3/d$ 白龙港一级强化设施，采用高效沉淀池为主体的物化法处理工艺，以除磷为主要目标，通过改变 N、P 比例减少赤潮发生的几率。污水处理厂建成后，污水经高效沉淀池处理的出水均达到设计指标，接近国家二级排放标准，削减了大量直排长江的污染物，有效地保护了长江口的水域环境，为上海市的环境保护起到积极的作用。

随着污水量的迅速增加，2007 年实际进水量稳定在 $(160\sim180)\times10^4m^3/d$，高峰流量超过 $200\times10^4m^3/d$，远超出设计能力，且出水只以除磷为目的，达不到《城镇污水处理厂污染物排放标准》GB 18918—2002 二级排放标准的要求。因此 2007 年起对该厂进行升级改造和扩容，并列入上海市第三轮环保三年行动计划，其中升级改造工程规模为 $120\times10^4m^3/d$，扩建工程规模为 $80\times10^4m^3/d$，全厂总规模达到 $200\times10^4m^3/d$。2008 年 9 月底，白龙港污水处理厂升级改造和扩建工程建成投运，日最高处理量超过 $200\times10^4m^3/d$。

根据规划和水量增长情况预测，2015 年白龙港片区污水量可达 $280\times10^4m^3/d$，远期 2020 年规划污水量为 $350\times10^4m^3/d$。因此，在白龙港污水处理厂升级改造和扩建工程投运后，上海市再次启动白龙港污水处理厂扩建二期工程建设，2012 年底扩建二期工程建成，2013 年 2 月正式通水运行，工程规模为 $80\times10^4m^3/d$。

2. 改造前污水处理厂现状

上海市白龙港污水处理厂始建于 1999 年，原为与污水治理二期工程配套的预处理厂，建有粗、细格栅及旋流沉砂池等预处理设施，并配套有规模为 $29.67m^3/s$ 的出口排江泵站和深水排放管。

白龙港污水处理厂 2002 年开始对预处理厂进行改造建设一级强化厂，2004 年 10 月正式投运，采用一级强化化学除磷工艺，以除磷为主要目标，并保留二级处理升级改造的可能，当时的设计规模为旱季平均流量 $120\times10^4m^3/d$，旱季高峰流量 $18.06m^3/s$，雨季高峰流量 $21.85m^3/s$。设计进出水水质如表 8-1 所示。

处理厂设计进出水水质（mg/L） **表 8-1**

项目	COD_{Cr}	BOD_5	SS	NH_3-N	PO_4-P
设计进水水质	320	130	170	30	5
设计出水水质	180	70	40	30	1

污水处理厂在原向阳圩上围堰吹填而成，设计地面标高为 4.40m，四周由内外两道堤和其他滩涂相隔，堤顶标高约 8.00m。整个厂可分为预处理厂、物化法处理区和出口泵站三个部分。

预处理厂包括总配水井、计量井、粗格栅、细格栅和旋流沉砂池，沉砂后的污水汇入出水总渠，流向一级强化处理构筑物。

一级强化物化法处理区即白龙港污水处理厂一期工程建设的设施，主要有 3 座高效沉淀池，1 座加药间和药库，1 座储泥池，1 座污泥脱水机房，1 座除臭房和 $2500m^3/d$ 再生水回用设施。

出口泵站位于预处理厂东北侧，长江边上，占地 $3.6hm^2$，有独立的围墙与外界相隔，并有专门道路可与预处理厂相连，泵站内设有雨水和出口泵房各 1 座，出口高位井 1 座，综合楼 1 座，来自交汇井的污水经泵提升后通过高位井和直径 4200mm 排海管排入长江。

一期工程建设时以除磷为主要目标，因此严格控制出水指标中的磷，对 BOD、SS、氨氮等未作严格要求。

污泥处理采用高干度离心脱水机，脱水后污泥含水率为 75%后进行卫生填埋。厂内设有 $27hm^2$ 污泥填埋场，总占地约 $30hm^2$。将白龙港和竹园等污水处理厂的污泥集中填埋处理，自然堆置一段时间后作为垃圾覆盖土和城市绿化用土，污水污泥处理工艺流程如图 8-1 所示。

白龙港一级强化厂进水来自污水治理二期工程的中线和南干线，另有部分污水通过南线西段和中线的连通管纳入中线。中线南线主要收集来自中心城区的合流污水，由于中心城区大量工厂的外迁和长距离运输，在沿途汇集了较多的地下水入渗后，水质浓度较中心城区老污水处

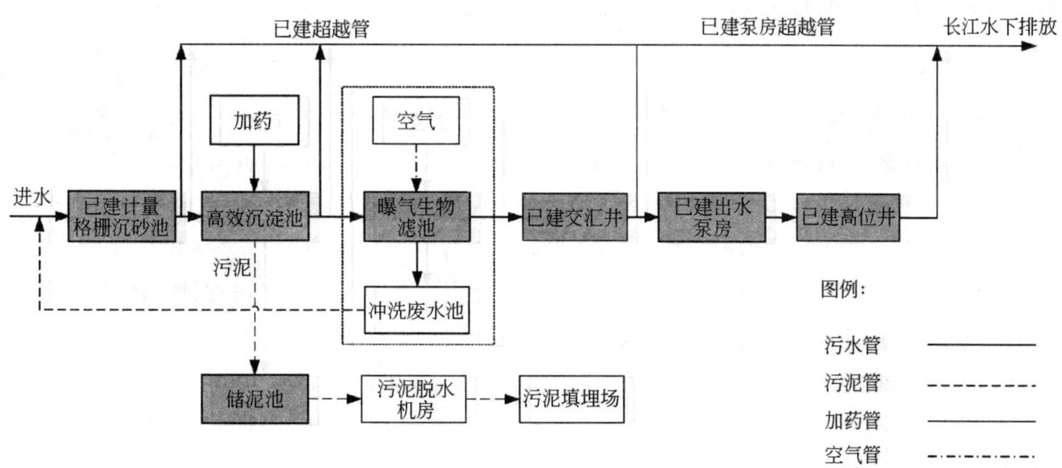

图 8-1　白龙港污水处理厂现有工艺流程

理厂低，一般 BOD 小于 100mg/L，NH_3-N 小于 25mg/L，SS 小于 80mg/L，受雨天冲刷的影响，雨天初期径流的水质变化较大，有时浓度甚至高于旱季合流污水。南干线沿途收集大量浦东新区的污水，其中有大量工业废水，水质指标较高，色度也较高，而且不同时段颜色变化无常，经实测和调查，南干线污水浓度较中线高出 40%～50%，NH_3-N 甚至高达 50mg/L 以上，有时 COD_{Cr} 最高大于 1000mg/L，其中 5 号泵站纳入的王港工业区污水水质恶劣，有机污染物浓度高，TP 变化范围为 5～10mg/L。根据白龙港污水处理厂的运行资料，改造前处理厂的实际进水量稳定在（160～180）$\times 10^4 m^3/d$，高峰时污水量超过 $200\times 10^4 m^3/d$，已超过白龙港一级强化处理厂的设计规模。

8.1.2　污水处理厂改扩建方案

1. 上海市白龙港污水处理厂升级改造工程

（1）工程规模

白龙港污水处理厂升级改造工程的对象为现有一级强化厂，处理规模为旱季平均流量 $120\times 10^4 m^3/d$，旱季高峰流量的总变化系数为 1.3。升级改造工程雨季高峰流量仍按 29.67m^3/s 设计。超出 $120\times 10^4 m^3/d$ 的 $80\times 10^4 m^3/d$ 污水纳入扩建工程，污泥处理列入白龙港污水处理厂污泥处理处置工程。

（2）设计进出水水质

进水水质按 1997～2006 年历年水质 80%频率统计分析后确定，出水水质执行《城镇污水处理厂污染物排放标准》GB 18918—2002 二级排放标准，如表 8-2 所示。

升级改造工程设计出水水质　　**表 8-2**

项目	COD_{Cr} (mg/L)	BOD_5 (mg/L)	SS (mg/L)	NH_3-N (mg/L)	TP (mg/L)	pH 值	LAS (mg/L)	石油类 (mg/L)	类大肠菌群数
出水	≤100	≤30	≤30	≤25(30)	≤3	6～9	≤2	≤5	$\leq 10^4$

注：括号内数值为水温<12℃时的控制指标，LAS、油类需对源头控制。

（3）改造工程内容

改造工程主要包括现有 $120\times10^4m^3/d$ 一级强化处理工艺的升级，以及与升级改造工艺相关的现有预处理厂和一级强化处理段生产设施和设备的改造，新建生物处理设施，完善全厂公用工程、配套设施和优化自动控制及全厂水、气、泥监测计量仪表监控等，使全厂控制系统统一完整。

新建构筑物设计时考虑到本工程达到特大型的处理规模，如果采用传统的设计思路和模式，构筑物数量众多，分布松散，构筑物之间联系管道复杂，不利于厂区巡检和管理。因此采用组团的布置方式，即以 $30\times10^4m^3/d$ 规模为一个组团，集中布置初次沉淀池、A/A/O 生物反应池、二次沉淀池和回流污泥剩余污泥泵房等。

（4）工艺流程

改造工程充分利用高效沉淀池等既有设施，预处理后污水分别引入新建的 A/A/O 生物反应池和一级强化高效沉淀池处理，处理出水再合并进入紫外线消毒池，达到国家二级标准后接入原有交汇井，通过出水泵房、高位井深水排放。污水处理工艺流程如图 8-2 所示。

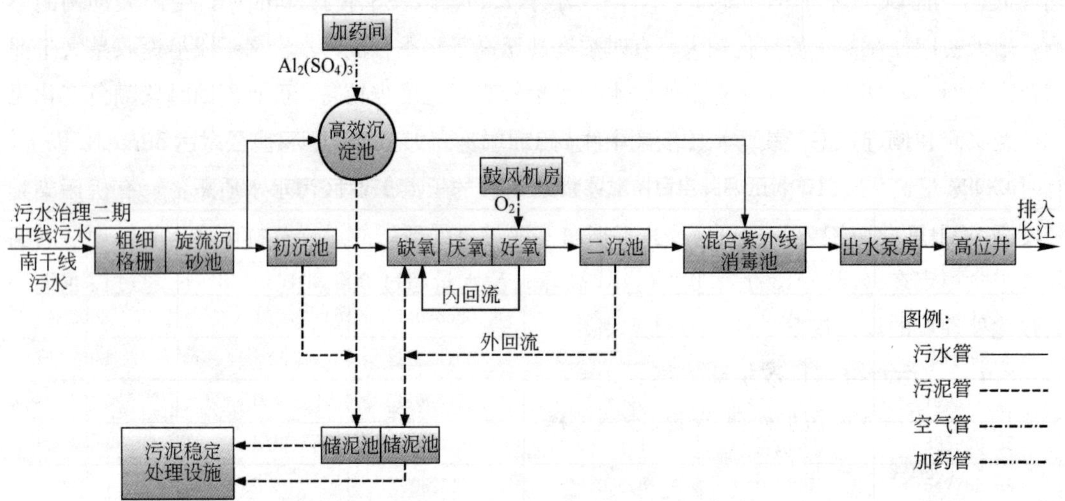

图 8-2 白龙港污水处理厂升级改造工艺流程

污水生物处理采用多模式 A/A/O 工艺，可根据需要和季节变化以正置或倒置 A/A/O 模式运行，还可根据进水水质和处理要求按脱氮除磷或仅除磷模式运行，流程如图 8-3 所示。

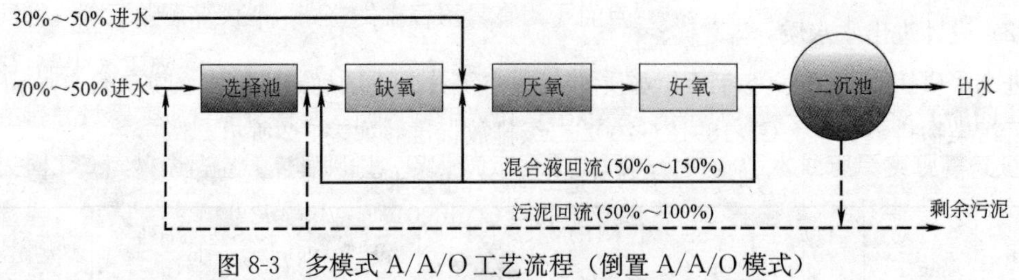

图 8-3 多模式 A/A/O 工艺流程（倒置 A/A/O 模式）

在该种运行模式下，进水分两点进水，选择区进水量为 70%～50%，厌氧区进水量为 30%～50%，该分配比例根据出水的含磷量高低进行调整。如除磷效果需加强，则将更多的进水进入厌氧区前端，将更多的有机碳源给予除磷菌，反之亦然。

内回流渠将出水的硝酸盐送至缺氧段起端，提供反硝化的原料。外回流渠将二次沉淀池浓缩后的活性污泥送至选择区和缺氧区，选择区可有效地抑制丝状菌的过量繁殖，从而防止污泥膨胀。

（5）主要处理构筑物设计

1）已建粗细格栅和旋流沉砂池改造

本工程设置有粗细格栅和旋流沉砂池共 4 座，每座 2 格。污水经进水泵房提升后进入粗细格栅和旋流沉砂池进行预处理。粗格栅采用悬挂移动耙斗式粗格栅除污机，每座设置 1 台，共 4 台；细格栅的形式有两种，其中 7 格采用回转式细格栅除污机，每格 1 台，共 7 台；另外 1 格采用 2 台转鼓型细格栅除污机。

实际运行中，悬挂移动耙斗式粗格栅除污机和转鼓型细格栅除污机运行情况良好，而回转式细格栅除污机在运行中存在问题，无法有效地将拦截杂物捞除，导致后续处理困难，影响污水处理厂正常运行，因此将原有的 7 台回转式细格栅更换。在原有 2.8m 宽的渠道中将每台回转式细格栅除污机更换为 2 台双联阶梯式细格栅除污机，共 14 台。单台格栅宽度为 1300mm，栅条间隙为 6mm。

同时，阶梯式细格栅除污机采用密闭式，栅前设不锈钢或阳光板面板，对格栅前渠道敞开段加设与渠平的低盖，设通风管除臭。对现有螺旋输送机拆移，使阶梯式细格栅除污机落料口与螺旋输送机接口接合，防止臭气溢出。

2）已建配水渠改造

本工程原有配水渠 1 座，位于旋流沉砂池后，原配水渠出水通过堰板将旋流沉砂池出水分配至 3 座高效沉淀池，并在雨季时将溢流污水通过溢流箱涵排至原交汇井。配水渠中有一道 100m 长的折形堰，堰顶标高为 6.02m，来自旋流沉砂池的水经堰跌落后配向 3 座高效沉淀池，但由于配水渠至各高效沉淀池的距离各不相同，因此各高效沉淀池的进水量不平衡，由于堰后的水还有一部分要向配水渠端部溢流，堰后无法加设中隔墙。

为了使升级改造生物处理段有足够的水头，开展了实验研究，建立了数学模型和物理模型，在此基础上将总配水渠中水位抬高至 6.25m，进厂的 $200\times10^4m^3/d$ 的污水中除去进入高效沉淀池的 $60\times10^4m^3/d$，其余 $140\times10^4m^3/d$ 污水通过原折形堰从左到右流至新建的出水渠，水头损失约 12cm。由于前后水位已定造成现可利用水头非常紧张，将折形堰凿除。为了达到配水效果，将原 3 座高效沉淀池的进水插板闸更换为 3000mm×1000mm 的电动调节堰门，其堰顶高度可根据高效沉淀池进水渠道流量信号进行调节。总进水量低于 $200\times10^4m^3/d$ 时，调节该堰门以保持配水渠水位恒定为 6.25m；总进水量高于 $200\times10^4m^3/d$ 时，调节该堰门以保持高效沉淀池进水量恒定为 $60\times10^4m^3/d$。在原有配水渠南侧增加 13.0m×11.5m 的出水井，引出 2 孔 4000mm×3000mm 出水箱涵至新建调配井，并设置手电两用双吊点铸铁镶铜闸门 2 套，其配水渠工艺设计如图 8-4 所示。

3）已建高效沉淀池改造

本工程已有高效沉淀池 3 座，每座平面尺寸为 71.0m×36.0m，目前高效沉淀池水面部分

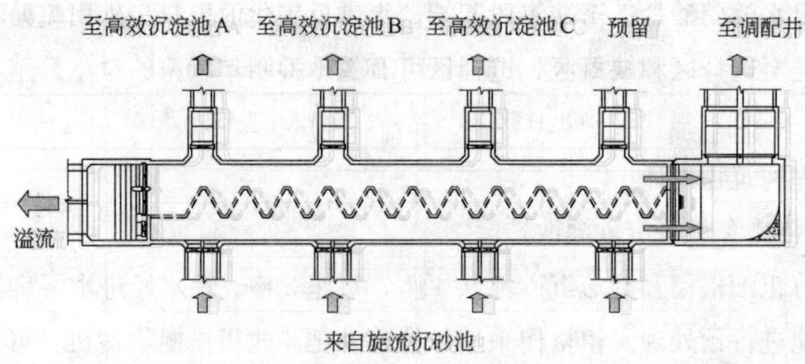

图 8-4 配水渠引水工艺设计

均敞开，散发出的臭气对环境造成很大影响，故对其加盖除臭，单座加盖面积为1502m^2，采用玻璃钢内衬钢肋盖板加盖方式，需观测部分采用可滑动式盖板，不需观测部分采用固定式盖板。

4）已建交汇井改造

现有交汇井共1座，设有3个进口1个出口，现1个进口用于接纳来自预处理厂的超越污水，另1个用于接纳来自一级强化段的污水，本工程将二级生物处理后的达标尾水接入预留的1个接口。

由于经生物处理后的水位比一级强化出水和超越水低1～3m，为防止下游出水不畅时高水窜入低水，导致二次沉淀池回水，需将两股水隔断，因此在交汇井中加设中隔墙和连通闸门4套，利用现有的双孔箱涵和出水泵站2格独立分仓将高低水隔断。隔断后交汇井至出水泵站形成2套独立的系统，每套有3台泵，根据配泵能力和实际运行情况，总排水能力为14.8m^3/s，可以满足120×10^{4}m^3/d升级改造的排放，同时雨天的溢流水可充分利用高水位排放的优势节省能耗。

5）新建调配井

为了保证污水分配的均匀性及实现升级改造工程和扩建工程水量灵活调配，本工程新建调配井1座，共分2格，每格设4条分配渠，调配井外形尺寸为35.8m×16.0m。

污水自升级改造工程总配水渠或扩建工程曝气沉砂池出水进入调配井，通过8条独立的堰渠配水，每条渠设堰长约50m的固定堰，最大流量时堰上水深为0.12m。渠后设手电两用调节闸门，将污水均匀分配进入生物反应沉淀池。在调配井和生物反应沉淀池相连的8根箱涵处各安装了8套超声波流量计，其可根据流量信号对闸门开启度进行调节以控制水量分配。

每台进水闸门前均设置了叠梁闸插槽，可在闸门检修时切断水流。

调配井中污水将产生大量的H_2S，对混凝土池壁造成较大的腐蚀，故调配井内考虑涂料防腐通风除臭。

6）新建生物反应沉淀池

生物反应沉淀池共2座，每座分2组，每组处理水量为15×10^{4}m^3/d，总处理水量为60×10^{4}m^3/d。本生物反应沉淀池由三段组成：初沉段、A/A/O段、二沉段，工艺设计如图8-5所示。

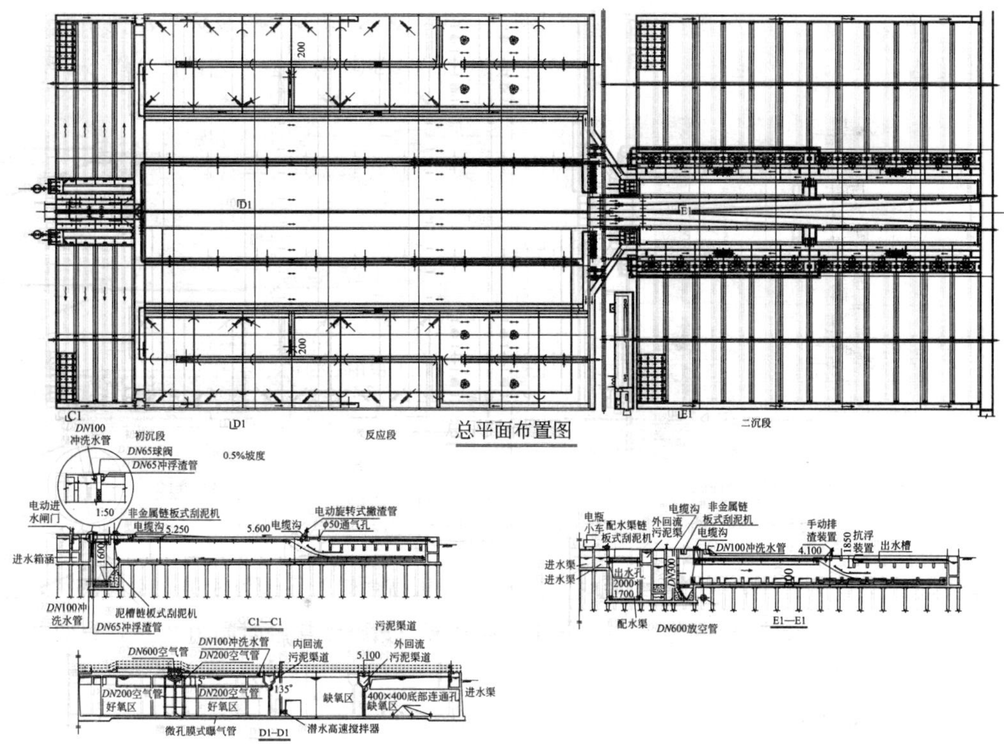

图 8-5　生物反应沉淀池工艺设计

其中初沉段 2 座，每座分 2 组，每组分 8 池，设计高峰表面负荷为 $3.2m^3/(m^2 \cdot h)$，设计平均表面负荷为 $2.5m^3/(m^2 \cdot h)$。A/A/O 段 2 座，每座分 2 组，每组分 2 条，单条流量 $7.5\times10^4m^3/d$，每条由 4 个廊道组成，其中好氧区 2 个廊道，另 2 个廊道布置选择区、厌氧区、缺氧区和交替区，有效水深为 6m，选择区停留时间为 0.45h，厌氧区停留时间为 1.8h，缺氧区停留时间为 3.15h，交替区停留时间为 1.8h，好氧区停留时间为 8.8h，好氧区污泥负荷为 $0.11kgBOD_5/kgMLSS$，污泥浓度为 2.5g/L，污泥产率为 0.6kgDS/kgBOD，好氧区泥龄为 14.7d，气水比为 4.8∶1，总剩余污泥量为 37440kg/d。充氧设备采用微孔膜式曝气管，交替区设置立式搅拌器，厌、缺氧区设置高速潜水搅拌器。二沉段共 2 座，每座分 2 组，每组分 24 池。由 96 格宽为 9m，长为 43.8m，深为 4m 的平流式沉淀池组成，有效水深为 3.5m。采用链板式刮泥机，沉泥先通过链板式刮泥机刮至进水端附近的沉泥斗，然后通过排泥闸门将沉泥斗中的污泥排入污泥渠中，污泥渠末端的外回流污泥泵将回流污泥输送至 A/A/O 段进水端，剩余污泥由放置于其中的 3 台剩余污泥泵提升至污泥处理设施处理。

二沉段配水采用变截面配水渠和小阻力廊道，采用孔口流至每格二次沉淀池进水端后，通过挡板和配水花格墙均匀进入池中，为改善二次沉淀池泥水分离效果，在进水处设置上挡板。

由于初次沉淀池、A/A/O 生物反应池和二次沉淀池采用合建形式，单池长度接近 300m，宽度接近 250m，为便于日常巡检和设备吊装维修，在池上设电瓶车道，并与地面道路连通。

7）新建混合紫外线消毒池

本工程新建混合紫外线消毒池 1 座，平面尺寸为 42.0m×31.6m，设计规模为 120×

$10^4m^3/d$，包含 $60\times10^4m^3/d$ 的高效沉淀池出水和 $60\times10^4m^3/d$ 的生物反应沉淀池出水。在前端设置超越闸门，进水可通过该闸门直接超越至出水端，紫外消毒池工艺设计如图 8-6 所示。

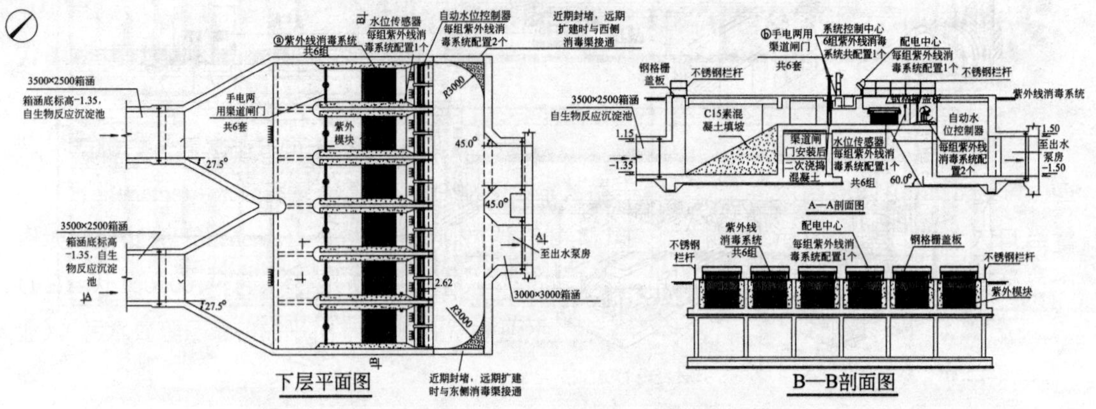

图 8-6 紫外消毒池工艺设计

紫外消毒装置共 8 套，共 200 组模块，1600 根低压高强灯管。紫外线透光率＞55%，灯管寿命＞12000h，出水粪大肠菌群数≤10^4 个/L，高峰流量紫外线接触时间为 2.5s，有效紫外剂量为 18.3mW/cm^2。

8）新建鼓风机房

新建鼓风机房外形尺寸为 54.24m×26.34m，共设有 6 台单级离心鼓风机，4 用 2 备，单台风量为 625m^3/min，风压为 0.07MPa，电机功率为 970kW，鼓风机配有隔声罩，机外噪声小于 80dB。鼓风机房工艺设计如图 8-7 所示。

机房内设置进风廊道，外设粗过滤器和进风百叶，可减少风机自带进口过滤器的清洗频率，同时降低进风温度，进风廊壁加隔水层防潮，可降低进口空气的湿度，鼓风机房内壁和屋顶采用吸声材料，玻璃窗采用双层真空隔声。

按最不利情况配置，设计需氧量为 6482kgO_2/h，近期实际需氧量为 5151kgO_2/h。

9）新建连通闸门井

新建连通闸门井位于新建混合紫外消毒池东侧，一端通向预处理厂已建交汇井，另一端与扩建工程的交汇井相连，既可将尾水引至现有出口泵站排江，也可将尾水引至扩建工程新建出口泵站排江，实现本工程和扩建工程出水泵站的互为备用。

由于交汇井汇集有进厂总配水井超越管，最高液位可达 7.35m，排放水体长江百年一遇水位为 5.78m，出口泵站溢流标高为 5.80m。为了节省投资，混合紫外线消毒池和二次沉淀池的池顶标高设为 5.80m。当厂内出口泵站突然断电且适逢高潮位时，污水将通过连通闸门井倒流，因此在连通混合紫外线消毒池的接口处加设速闭闸，防止上游溢水。每套闸门前均设置有铝合金叠梁门插槽，用于闸门检修使用。

2. 扩建工程

(1) 工程规模

白龙港污水处理厂扩建工程的设计规模如下：

旱季平均流量：$80\times10^4m^3/d$；

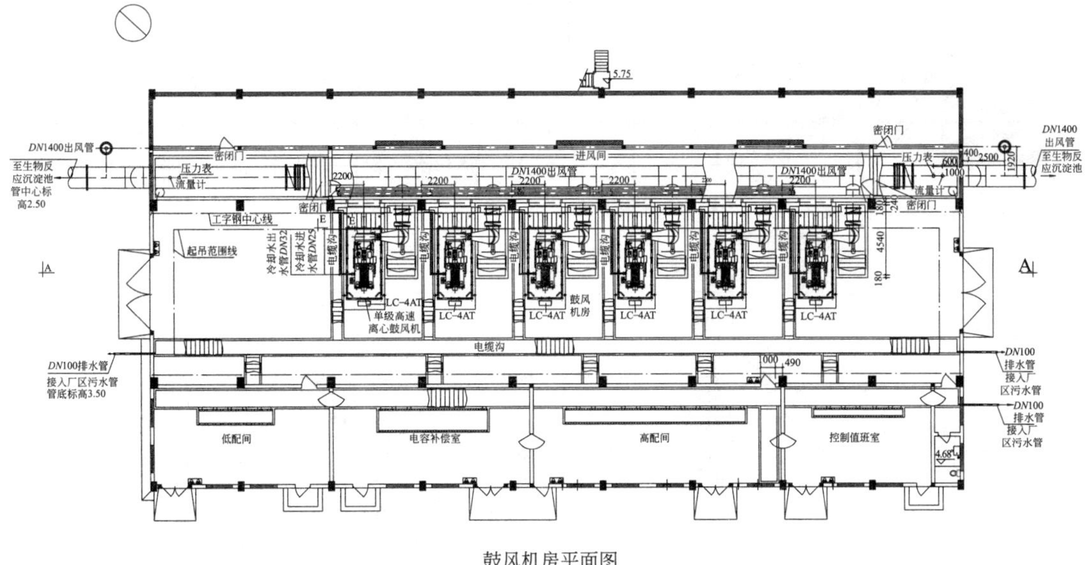

鼓风机房平面图

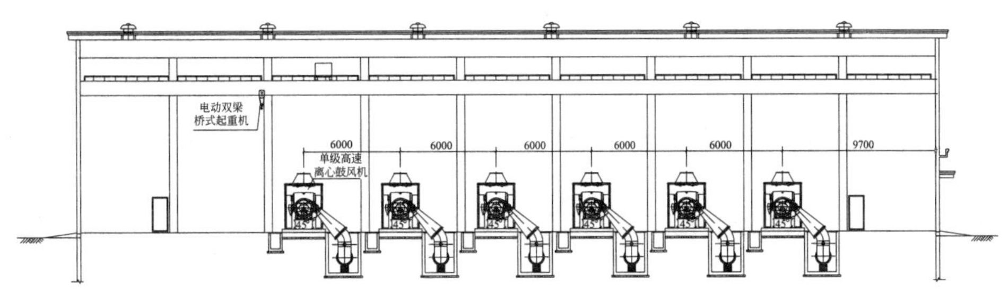

A—A剖面图

图 8-7　鼓风机房工艺设计

旱季高峰流量：12.03m³/s；

其中旱季高峰流量的总变化系数为 1.3。

(2) 进出水水质

扩建工程出水水质达到《城镇污水处理厂污染物排放标准》GB 18918—2002 二级排放标准，并按校核指标复核，设计进出水水质如表 8-3 所示。

扩建工程设计进出水水质（mg/L）　　**表 8-3**

项　目	COD_{Cr}	BOD_5	SS	NH_3-N	TP
设计进水水质	340	150	170	30	6
设计校核范围	250～400	100～200	120～200	25～35	4～7
设计出水水质	100	30	30	25	3

(3) 工艺流程

扩建工程采用与升级改造工程相同的多模式倒置 A/A/O 脱氮除磷工艺，来自南线的污水先进入粗格栅和进水泵房，提升后依次流经细格栅和旋流沉砂池、配水井、A/A/O 生物反应池，在二沉池泥水分离后流入紫外线消毒池，经出水泵房、高位井和深水排放管排入长江，工艺流程如图 8-8 所示。

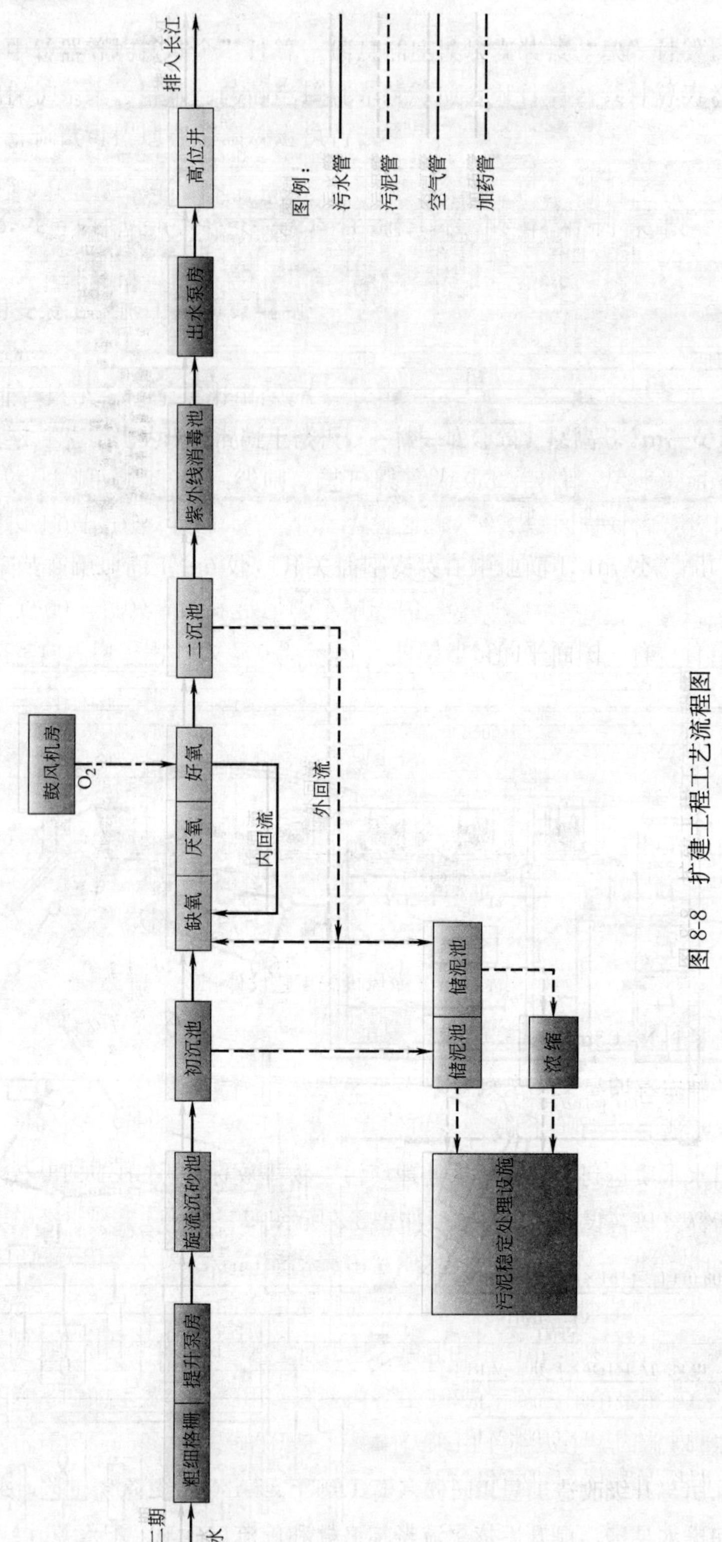

图 8-8 扩建工程工艺流程图

(4) 主要处理构筑物设计

1) 生物反应沉淀池

本工程设计采用多模式 A/A/O 工艺，可根据需要和季节变化以正置或倒置 A/A/O 模式运行，还可根据进水水质和处理要求按脱氮除磷或仅除磷模式运行。

生物反应沉淀池共 2 座，每座分 2 组，每座外形尺寸为 303.1m×246.9m，每组处理水量为 $20\times10^4m^3/d$，总处理水量为 $80\times10^4m^3/d$。本生物反应沉淀池由三段组成：初沉段、A/A/O 段、二沉段。主要设计参数如下：

设计规模(旱流平均)：　$80\times10^4m^3/d$

(旱流高峰)：　$43333m^3/h$

时变化系数：　1.3

① 初沉段（2 座，每座分 2 组，每组分 8 池）

每池规模：　$1042m^3/h$

单池尺寸：　53.3m×6m×3.5m

设计高峰表面负荷：　$4.3m^3/(m^2\cdot h)$

设计平均表面负荷：　$3.3m^3/(m^2\cdot h)$

停留时间：　0.83h

② A/A/O 段（2 座，每座分 2 组）

每组规模：　$8333m^3/h$

每组有效容积：　$1\times10^5m^3$

处理 $20\times10^4m^3/d$ 停留时间：　12h

有效水深：　6m

选择区停留时间：　0.3h

厌氧区停留时间：　1.3h

缺氧区停留时间：　2.4h

交替区停留时间：　1.3h

好氧区停留时间：　6.7h

好氧区污泥负荷：　$0.12kgBOD_5/kgMLSS$

污泥浓度：　2.5g/L

污泥产率：　0.6kgDS/kgBOD

好氧区泥龄：　13.4d

需 氧 量：　$6482kgO_2/h$

气 水 比：　4.5∶1

总剩余污泥量：　49920 kg/d

③ 二沉池（2 座，每座分 2 组，每组分 24 池）

每池规模：　$348m^3/h$

单池尺寸： 43.8m×9m×3.5m

设计高峰表面负荷： 1.15m^3/(m^2·h)

设计平均表面负荷： 0.88m^3/(m^2·h)

高峰停留时间： 3.1h

生物反应沉淀池的主要功能、尺寸和设备配置如下所述：

① 初沉段

本工程初沉段由32格宽为6m、长为53.3m的平流式初沉池组成，水深为3.5m。刮泥设备采用链板式刮泥机，沉泥先通过竖向刮泥机刮至进水端附近的沉泥斗，然后通过横向刮泥机将4格沉泥斗中的污泥刮至池旁的污泥池中，由放置于其中的3台初沉污泥泵提升至污泥处理设施处理。

主要设备（总数量）：

链板式刮泥机：

数　量： 32套

参　数： 单台宽为6m，长为53.3m

设备功率： 0.55kW

泥槽链板式刮泥机：

数　量： 8套

参　数： 单台宽为2.5m，长为24.6m

设备功率： 0.37kW

初沉污泥泵（潜水泵）：

数　量： 24台（16用8备）

参　数： 单台流量为35m^3/h（4h运行），扬程为20m

设备功率： 5.5kW

② A/A/O段

本工程A/A/O段宽为122.45m，长为142.05m，水深为6m。可按单条10×10^{4}m^3/d运行，每条由4个廊道组成，其中好氧区2个廊道，另2个廊道布置选择区、厌氧区、缺氧区和交替区。

主要设备（总数量）：

内回流污泥泵（潜水轴流泵）：

数　量： 32台（24用8备，其中8台变频）

参　数： 单台流量为2084m^3/h，扬程为0.8m

设备功率： 12kW

充氧设备：

类　型： 微孔膜式曝气管

数　量： 18750根

参　　数：　　　　单根气量为 $8m^3/h$

搅拌设备：

类　　型：　　　　立式搅拌器（交替区）

数　　量：　　　　32 只

设备功率：　　　　5.5kW

类　　型：　　　　水下搅拌器（厌、缺氧区）

数　　量：　　　　96 只

设备功率：　　　　7.5kW

③ 二沉段

本工程二沉段由 96 格宽为 9m、长为 43.8m 的平流式初沉池组成，水深为 3.5m。采用链板式刮泥机。沉泥先通过链板式刮泥机刮至进水端附近的沉泥斗，然后通过排泥闸门将沉泥斗中的污泥排入污泥渠中，污泥渠末端的外回流污泥泵将回流污泥输送至 A/A/O 段进水端，剩余污泥由放置于其中的 3 台剩余污泥泵提升至污泥处理设施处理。

二沉段配水采用变截面配水渠和小阻力廊道，采用孔口流至每格二沉池进水端后，通过挡板和配水花格墙均匀进入池中。此布水方式的优点是水头损失小，但投资较大，由于小阻力廊道中流速低，部分活性污泥会沉积于池中，同时表面还会有浮泥产生，因此在廊道中加设非金属链板式刮泥机，下刮积泥上刮浮泥。

主要设备（总数量）：

横向链板式刮泥机：

数　　量：　　　　96 套

参　　数：　　　　单台宽为 8.5m，长为 43.8m

设备功率：　　　　0.55kW

配水渠链板式刮泥机：

数　　量：　　　　16 套

参　　数：　　　　单台宽为 5m，长为 55m

设备功率：　　　　0.55kW

2）紫外线消毒池

本工程新建紫外线消毒池 1 座，平面尺寸为 26.70m×20.08m，设计规模为 $80\times10^4m^3/d$。本构筑物共设置了 8 套紫外消毒装置，共 132 组模块，1056 根灯管。

① 主要设计参数：

日处理量：　　　　$80\times10^4m^3/d$

峰值流量：　　　　$43333m^3/h$

BOD_5：　　　　30mg/L

SS：　　　　30mg/L

进水粪大肠菌群数：　　　　$>10^7$ 个/L

紫外线透光率@253.7nm： >55％

灯管寿命： >12000h

出水粪大肠菌群数： ≤10^4 个/L

灯管类型： 低压高强

有效紫外剂量： 18.3mW/cm^2

② 主要设备（总数量）：

灯管数： 1056根

单根灯管输出功率： 125W

3）鼓风机房

扩建工程新建鼓风机房1座，外形尺寸为54.24m×26.34m。共设有6台单级离心鼓风机，4用2备。单台风量为625m^3/min，风压为0.07MPa，电机功率为930kW。鼓风机配置有隔声罩，机外噪声小于80dB。为适应夏季高温环境运行，采用水冷却方式，屋顶加设冷却塔循环利用。

为减少风机自带进口过滤器的清洗频率，同时降低进风温度，设置进风廊道，外设粗过滤器和进风百叶，为降低进口空气的湿度，进风廊壁加隔水层防潮。

鼓风机房内壁和屋顶采用吸声材料，玻璃窗采用双层真空隔声。

4）出水泵房

出水泵站包括进水前池、主泵房、出水压力井、泵房、控制室、值班室、配电间，其他如供电系统、附属设施、生活设施均由污水处理厂统筹布置。

① 设计流量和扬程

出水泵站是南线系统的配套泵站，因此设计规模与南线相匹配，近期考虑中线系统升级改造工程和扩建工程生物处理后低水位尾水的排放需要。泵站设计流量采用31.98m^3/s，配泵为设计流量的120％即为38.4m^3/s。

长江潮位一般在0～4.5m范围内，工程采用五年一遇潮位5.18m作为设计标准，即当长江潮位为5.18m时，雨季高峰流量的污水能通过扩散管排入长江，当潮位超过5.18m时，部分污水将通过排放口高位井溢流堰流入岸边排放管作岸边排放。

排放口扩散管的总水头损失按远期最不利情况6台泵全部投入运行时水头损失确定，至高位井水位标高为8.90m，溢流水头为1.8m，高位井最高控制水位为10.7m。

② 水泵选择

由于长江潮位和污水流量变化幅度均较大，故要求水泵的效率曲线较平坦，高度范围要求宽些，当工作点变化时，仍能得到较高效率，另外在泵房内设置2台变频调速泵，以减少水泵开停次数和节约能耗。

设备数量： 近期安装4台，远期6台

单泵流量： 6.4m^3/s

单泵扬程： 8.5m

单泵电机功率：　900kW

其运行工况主要有三种：旱季正常运行工况，开2台泵，旱季高峰流量为12.8m^3/s；雨季正常运行工况，开3台泵，雨季高峰流量为19.2m^3/s；已建排水泵房互为备用时的工况，开4台泵运行。

③ 泵站设计

泵房下部平面尺寸为56.60m×37.10m，地下深度为9.6m。

近期泵房内设有4台立式混流泵，雨季高峰流量时3用1备，远期增加2台，雨季高峰流量时5用1备，配电系统近期按4台全开考虑，远期按6台全开考虑。

在每台水泵出水管出口处设置*DN*2000不锈钢浮箱拍门，开泵时拍门自动打开，水泵停止后门体自动复位，以防止出水倒灌而引起叶轮的倒转。水泵出水管设置*DN*1600电动蝶阀，用于拍门检修时阻止水流倒灌入泵体。

泵房内装有32T/5T的电动双梁桥式起重机，并设置大面积的工作平台，以便吊装水泵、阀门。

泵房内设存水槽，内设2台潜水泵，单台流量为100m^3/h，扬程为7.5m。泵房内设有通风装置，换气次数不小于8次/h，主泵房内地坪标高为6.50m。

水泵冷却用水接自厂区给水管网，并设置辅助水系统水箱，容积为60m^3，水泵调节装置冷却用水、电机冷却用水等均采用潜水泵取自水箱。立式混流泵的电机通过风管由设置在墙体上的冷却风机进行冷却。

泵房内设值班、控制和配电间，建筑面积为800m^2，其他生活、办公、附属设施均由污水处理厂一并考虑。泵站室外地坪设计标高为4.40m。

5）排放口工程

新建排放口设计规模为南线规划规模，雨季截流污水量为31.98m^3/s。设计排放水位为五年一遇潮位5.18m，排放口工程施工采用顶管法，工程包括高位井1座、2根3.5m深水排放管和1根近岸紧急排放管。

3. 扩建二期工程

（1）设计规模

扩建二期工程利用升级改造和扩建工程远期空地预留的2个组团建设，位于扩建工程南侧，建设规模旱季为80×$10^4$$m^3$/d，其中进水泵房等部分设施土建与南线配套，按远期43.71m^3/s建设，设备按雨季流量32m^3/s配置。

（2）设计进出水水质

扩建二期工程进水水质按历年统计值80%累积频率结合南线水质的特点确定，出水执行《城镇污水处理厂污染物排放标准》GB 18918—2002一级B标准，如表8-4所示。

（3）工艺流程

已建成的升级改造和扩建工程运行情况表明，现有多模式A/A/O脱氮除磷工艺出水总氮和总磷尚无法满足一级B排放标准，需强化反硝化脱氮和除磷，控制TN、TP值。鉴于进水优质碳源较少，碳氮比较低，采用的工艺宜首先满足脱氮要求。

扩建二期工程进出水水质 表 8-4

项目	COD_{Cr} (mg/L)	BOD_5 (mg/L)	SS (mg/L)	NH_3-N (mg/L)	TN (mg/L)	TP (mg/L)	pH 值	LAS (mg/L)	油类 (mg/L)	类大肠菌群数 (个/L)
设计进水	350	150	170	30	40	5.0	6～9	—	15	10^6～10^7
设计出水	≤60	≤20	≤20	≤8(15)	≤20	≤1.0	6～9	≤1.0	≤3	≤10000

已建成的升级改造和扩建工程，均为大组团的布置模式，采用多模式 A/A/O 处理工艺运行稳定，扩建二期可以延用以维持全厂工艺的统一性，也便于以后运营和管理。

由于进水碳源较少，TP 浓度过高，超过了生物除磷的极限，TP 达标保证率较低。

因此扩建二期处理工艺采用 A/A/O 脱氮＋辅助化学除磷工艺，混凝剂采用 $Al_2(SO_4)_3 \cdot 18H_2O$，投加摩尔比为 1.5∶1，投加量为 75m³/d。利用已建一级强化加药设施增加辅助化学除磷工艺，将混凝剂直接加入生物反应池末端，先通过生物合成排泥去除部分磷，余下的磷采用二沉池同步化学沉析法去除。同时对多模式 A/A/O 处理工艺设计参数进行调整，适当延长反硝化时间强化脱氮，处理尾水经消毒后通过出水泵房深水排入长江。

来自南线的污水沿 2 根直径 4m 顶管流入粗格栅，经进水泵房提升后依次流经细格栅、平流沉砂池、调流闸门井、初沉池、A/A/O 生物反应池，在二沉池泥水分离后由扩建工程预留接口进入紫外线消毒池，经出水泵房、高位井和深水排放管排入长江，扩建二期工程流程如图 8-9 所示。

(4) 主要处理构筑物设计

由于处理标准提高但用地和平面布置不变，因此通过加深池深增加反应池停留时间，确保处理效果。在扩建工程南侧布置 2 座生物反应沉淀池，另外还有粗格栅和进水泵房、细格栅及平流沉砂池、鼓风机房、紫外消毒池、污泥浓缩池、污泥浓缩机房、变配电间等建筑物。

1) 粗格栅和进水泵房

扩建二期工程新建 1 座粗格栅和进水泵房，位于扩建工程所占用地的西侧，集控楼的南侧。

采用粗格栅和进水泵房分开、中间用管道连接的方式，从管道上分设进水流道，直接与泵吸入口相连。由于没有大体积前池，长距离输送过程中积聚的砂砾不易沉积，且粗格栅井和进水泵房可分别采用沉井和地下连续墙开挖施工，减少投资。粗格栅井和泵站间连接管道采用直径 3.5m 的顶管，粗格栅井兼作顶管接受井，进水泵房作为顶管工作井。

粗格栅和进水泵房包括格栅井、主泵房、泵后汇水池、控制室、值班室、配电间。

泵站土建设计规模为 43.71m³/s，设备按近期雨季流量 32m³/s 配置。

来自南线的污水经过 SB 泵站提升后，通过全程顶管的压力管道输送至白龙港污水处理厂，其进厂水位标高与各阶段通过水量有关，进厂水位标高与水量的关系如表 8-5 所示。

南线污水进厂水位标高 表 8-5

阶段	远期旱季平均流量	远期旱季高峰流量	远期雨季最大流量	部分管段事故检修
进厂水位标高(m)	1.30	−0.46	−2.11	−4.40

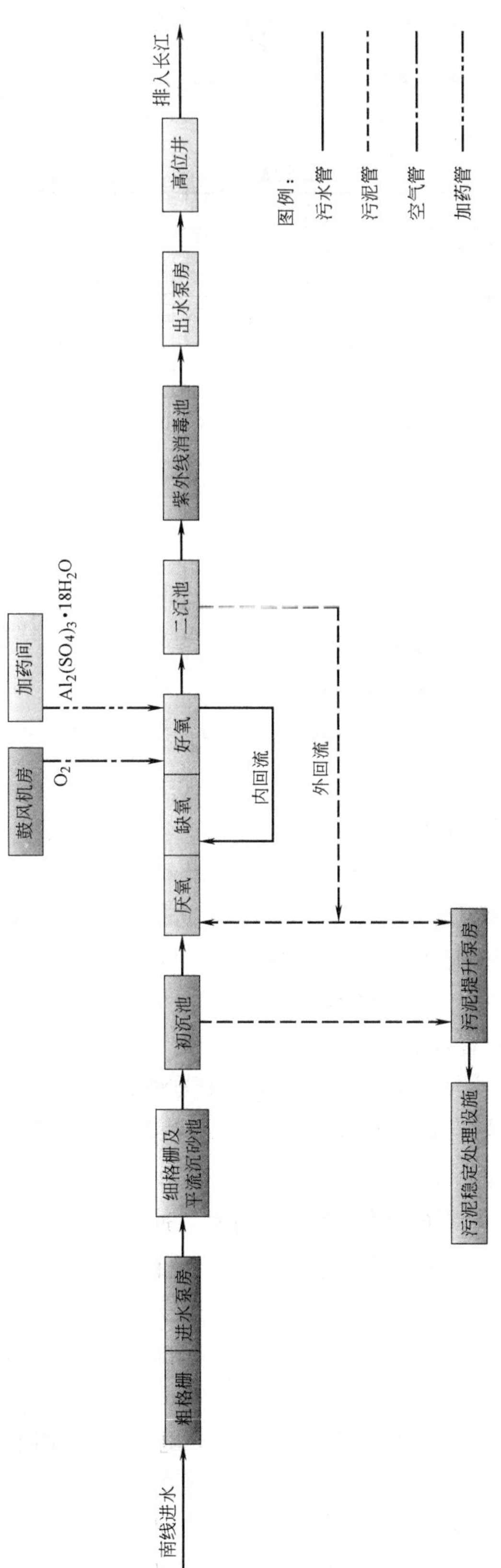

图 8-9　扩建二期工程工艺流程

每台水泵均配备了独立的进水管和出水管，管道水头损失只与单泵运行流量有关，无需考虑并联工况。正常运行时，泵后汇水井水位为 8.0m。因此确定水泵各阶段的静扬程和水头损失如表 8-6 所示。

水泵扬程计算 **表 8-6**

阶段	远期旱季平均流量	远期旱季高峰流量	远期雨季最大流量	部分管段事故检修
设计水泵扬程(m)	8.40	10.30	12.20	14.30

由于南线进厂水位变化幅度较大，故要求水泵的效率曲线平坦，扬程范围要求宽，当工作点变化时，仍能得到较高效率。

设备数量：近期安装 6 台，远期 8 台

单泵流量：6.4～7.3m^3/s

单泵扬程：8.4～14.3m

单泵电机功率：1250kW

其运行工况主要有三种：近期旱季正常运行，开 4 台泵；

近期雨季和远期旱季正常运行，开 5 台泵；

远期雨季正常运行，开 6 台泵。

考虑到实际进厂水位受 SB 泵站开泵情况的影响，很难按照理想状态时刻控制开泵数量，为了减少水泵的频繁启停，使水泵在变化范围内高效运行，设置 2 台变频调速泵，调整设计与实际工况点的偏差，并减少水泵开停次数，节约能耗。

格栅井外形尺寸为 45.0m×25.0m。南线 2 根 *DN*4000mm 钢筋混凝土管通过顶管方式进入格栅井，格栅井内前池通过中隔墙分隔成两仓，中隔墙上安装了 4000mm×3000mm 手电两用铸铁闸门互为连通和切换，可半仓独立运行。格栅井内共设置了 8 台抓斗式粗格栅，粗格栅前后均设置有闸门和叠梁门，分别用于检修粗格栅和闸门。

为防止砂砾沉积，在井中设置不锈钢穿孔曝气管，同时可以吹脱合流污水产生的 H_2S，保护后续设备。井上有除臭集气罩，对臭气和吹脱空气进行收集除臭。

经过粗格栅除渣的污水通过 4 根 *DN*3500 管道进入泵房后，每根 *DN*3500 管分成 2 根 *DN*2000 污水管接入水泵吸水口，8 根 *DN*2000 进水管分别对应 8 台水泵。泵房为圆形结构，内径为 59.2m，埋深为 20.1m，在直径方向共设置 8 个泵位，近期安装 6 台，远期再安装 2 台。根据工程水量和扬程的特点，进水泵采用了立式蜗壳式混流污水泵，采用双基座电机，泵房设计为三层：地面层、电机层和水泵层。

地面层布置控制室、配电间；电机层设置液压系统及电机通风、检修设施；水泵层设置检修平台和管道闸门等。

水泵层和电机层高度为 7.2m，从而控制轴长小于 15m，电机和水泵间采用万向节连接。

进水泵房剖面如图 8-10 所示。

所有水泵出水管均安装了电动闸阀和液压式速闭阀。液压式速闭阀用作止回阀，有 2 套液压系统，每仓设一套，互为备用，一旦水泵由于突发故障而停止运行，液压式速闭阀可通过两

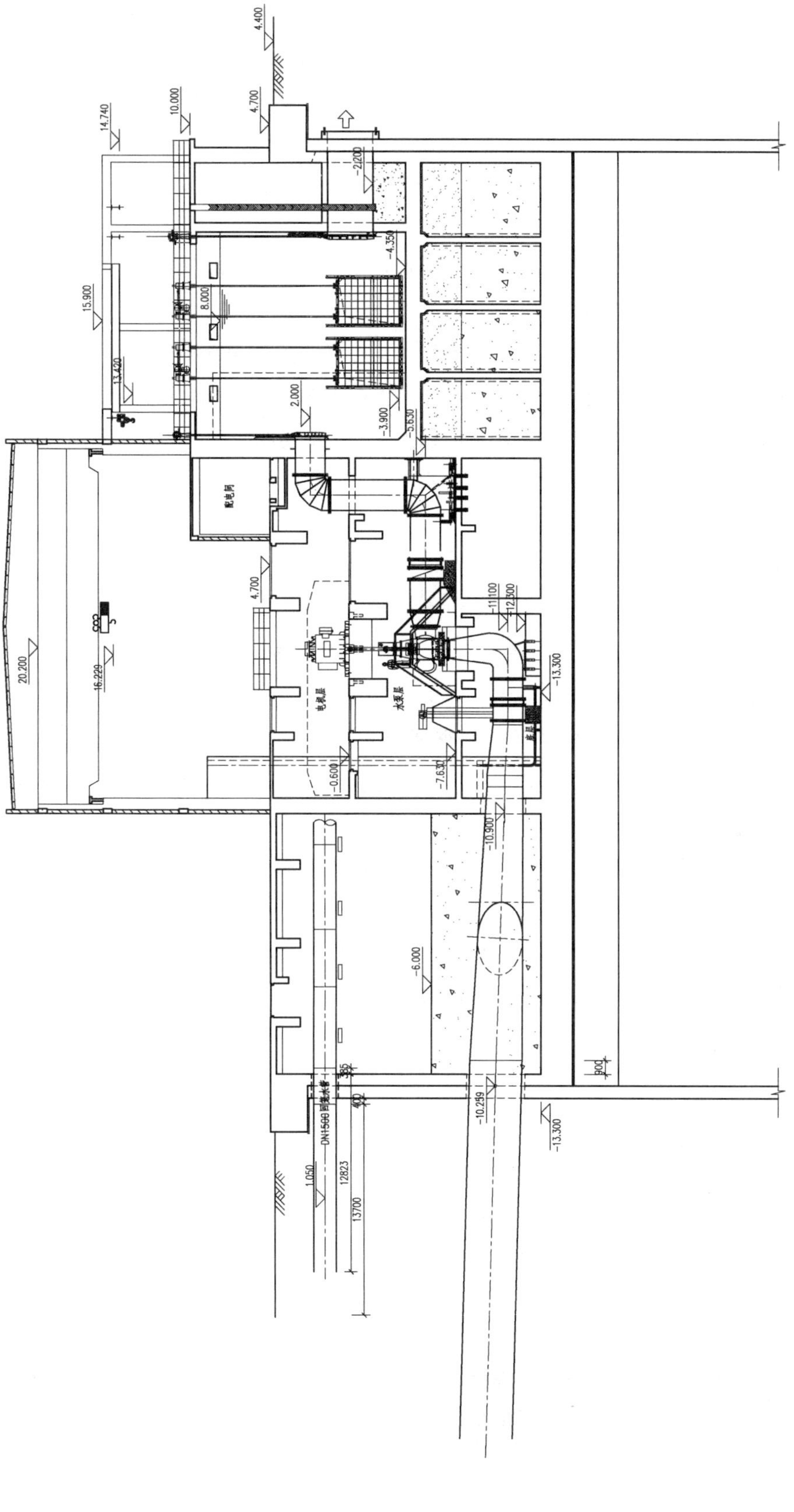

图 8-10　进水泵房剖面图

段方式关闭，首先在5～10s内将阀门关闭80%，然后在余下20s内关闭剩下的20%，从而将水压力卸除，防止出水倒灌而引起叶轮和电机长时间的倒转。

水泵出水管伸至接近地面标高后水平接入泵后汇水池。水泵出水管口均设置有1台*DN*2000手电两用铸铁闸门，用于水泵检修使用。

泵房内装有32T/5T的电动双梁桥式起重机，并设置较大面积的工作平台，以便吊装水泵、阀门。

水泵冷却用水接自厂区再生水管网，并设置辅助水系统水箱，主泵的电机通过风管由设置在墙体上的冷却风机进行冷却。

汇水池正常设计水位为8.00m，为了保证水泵检修不会影响到泵房运行，汇水池也设置了中隔墙分为2仓，仓间通过闸门相连。汇水池出水进入细格栅及平流沉砂池处理。

泵房内设值班、控制和配电间，建筑面积为900m^2，其他生活、办公、附属设施均由污水处理厂一并考虑。泵站室外地坪设计标高为4.40m。

2）细格栅及平流沉砂池

本工程沉砂池去除目的为：

颗粒直径＞0.21mm，密度＞2600kg/m^3，去除率＞100%；

颗粒直径＞0.15mm，密度＞2600kg/m^3，去除率＞90%。

因此，设计砂粒沉速为0.85m/min。

近期雨季高峰流量为32m^3/s，远期雨季高峰流量为43.7m^3/s，土建按远期规模设计，按近期流量校核，因此共设2座细格栅及平流沉砂池，每座2池，单座规模21.85m^3/s，近期实施1座。

细格栅采用转鼓细格栅，共4池，每池设2套直径为3000mm，栅条间隙为8mm的转鼓细格栅，共16套，安装角度为35°，电机功率为3kW。

平流沉砂池每座设16条廊道，廊道长为36m，宽为4m，深为1.8m。

为实现均匀配水，采用对称方式布水，共4道，每道均采用一配二的形式，最后均匀分配到16个廊道。设计水平速度近期为0.28m/s，远期为0.19m/s，设计沉砂量按0.03L/m^{3}污水计，则旱流时沉砂量为54 m^3，密度1500kg/m^3，含水率60%。

考虑到平流沉砂池沉砂较易发臭，设置4套洗砂装置，两侧布置，采用砂泵压力进料，砂泵共8套，4用4备。洗砂后经砂水分离有机物回流至水中，沉砂外运处置。

沉砂池每条渠道出水设置调节堰门，可适应近远期不同流量变化。

沉砂池上设加盖除臭系统，臭气收集后进行生物除臭。

池上所有金属材料均采用不锈钢材质，电气设备防护等级采用IP65。

3）生物反应沉淀池

本工程设计生物反应沉淀池共2座，每座分2池，每座外形尺寸为300.15m×249.90m，每座处理水量为40×10^{4}m^3/d，总处理水量为80×10^{4}m^3/d。

扩建二期工程生物反应沉淀池进水来自本工程新建配水井。

生物反应沉淀池由三段组成：初沉段、A/A/O 段和二沉段。来自新建配水井的污水首先进入初沉段，在初沉段污水中的大颗粒悬浮物得到去除，出水流至 A/A/O 段的选择池中，在该池中，污水和二沉池回流来的污泥充分混合，在该池中的首段和末段均设置有外回流污泥入口，不同时段回流来的污泥均可以充分混合，使外回流污泥中的优势菌种得到进一步的加强。

① 初沉段

本工程初沉段由 32 格长为 53.6m，宽为 6m 的平流式初沉池组成，有效水深为 3.5m。刮泥设备采用链板式刮泥机。沉泥先通过竖向刮泥机刮至进水端附近的沉泥斗，然后通过横向刮泥机将 4 格沉泥斗中的污泥刮至池旁的污泥池中，由放置于其中的 2 台初沉污泥泵提升至污泥处理设施处理。

a. 主要设计参数：

表面负荷（高峰时段）：　4.2$m^3/(m^2 \cdot h)$

表面负荷（平均时段）：　3.2$m^3/(m^2 \cdot h)$

停留时间：　0.83h

污泥量：　54400kg/d

含水率：　97.5%

b. 主要设备（总数量）：

链板式刮泥机：

数　　量：　32 套

参　　数：　单台宽为 6m，长为 53.6m

设备功率：　0.55kW

初沉污泥泵（潜水泵）：

数　　量：　24 台（16 用 8 备）

参　　数：　单台流量为 35m^3/h（4h 运行），扬程为 10m

设备功率：　3.7kW

② A/A/O 段

本工程 A/A/O 段共有 4 组，每组宽为 122.15m，长为 142.10m，有效水深为 7m。由选择区、厌氧区、缺氧区、好氧区、交替区组成。选择区、缺氧区、厌氧区均安装高速潜水搅拌器。好氧区安装管式微孔曝气器。交替区内安装立式涡轮搅拌器。

a. 主要设计参数：

总停留时间：　14.12h

选择区停留时间：　0.39h

厌氧区停留时间：　1.17h

缺氧区停留时间：　3.1h

好氧区停留时间：　7.9h

交替区停留时间：　1.56h

污泥浓度： 2.8g/L

好氧区污泥负荷： 0.122 $kgBOD_5/kgMLSS$

污泥产率： 0.55kgDS/kgBOD

好氧区泥龄： 14.7d

气水比： 5∶1

b. 主要设备（总数量）：

外回流污泥泵（潜水轴流泵）：

数　量： 48台（32用16备，其中16台变频）

参　数： 单台流量为1050m^3/h，扬程为3m

设备功率： 16kW

内回流污泥泵（潜水轴流泵）：

数　量： 32台（24用8备，其中8台变频）

参　数： 单台流量为2084m^3/h，扬程为1.2m

设备功率： 14kW

剩余污泥泵（潜水离心泵）：

数　量： 24台（16用8备）

参　数： 单台流量为150m^3/h，扬程为20m

设备功率： 18.5kW

充氧设备：

类　型： 微孔曝气管

数　量： 14000根

参　数： 单根长度为1m

搅拌设备：

类　型： 潜水搅拌器

数　量： 96台

设备功率： 9kW

类　型： 立式涡轮搅拌器

数　量： 32台

设备功率： 6.5kW

③ 二沉段

本工程二沉段由96格宽为9m，长为45.8m，深为4m的平流式二沉池组成，采用链板式刮泥机。沉泥先通过链板式刮泥机刮至进水端附近的沉泥斗，然后通过排泥堰门将沉泥斗中的污泥排入污泥渠中，污泥渠末端的外回流污泥泵将回流污泥输送至A/A/O段进水端，剩余污泥由放置于其中的3台剩余污泥泵提升至污泥处理设施处理。

a. 主要设计参数：

表面负荷（高峰时段）：　1.1$m^3/(m^2 \cdot h)$

表面负荷（平均时段）：　0.84$m^3/(m^2 \cdot h)$

高峰停留时间：　3.5h

污泥量：　49920kg/d

含水率：　99.5%

b. 主要设备（总数量）：

链板式刮泥机：

数　　量：　96 套

参　　数：　单台宽为 8.5m，长为 43.8m

设备功率：　0.55kW

4）调流井

为了实现南线和中线水量灵活调配，本工程新建调流井 1 座，共分 2 格，调流井外形尺寸为 20m×20m。

调流井与预处理连通箱涵相连，以调流井为界，南侧为扩建二期和远期配水，北侧为升级改造和扩建工程及预处理厂输配水。

调流井共有 4 个接口，每个接口都设有 4m×3m 球铁闸门和检修断流用叠梁门。南北两侧的箱涵上设有多通道超声波流量计，配套有在线调流系统，可对中线和南线流量进行调节。

5）配水井

为了保证调流后污水均匀分配至生物反应沉淀池，工程新建配水井 1 座，共分 2 格，每格设 4 条分配渠，配水井外形尺寸为 35.80m×16.0m。

污水自调流井出水进入配水井，通过 8 条独立的堰渠配水，每条渠设堰长为 50m 的固定堰，最大流量时堰上水深为 0.12m。渠后设手电两用调节闸门，将污水均匀分配进入生物反应沉淀池。在配水井和生物反应沉淀池相连的 8 根箱涵处各安装 8 套超声波流量计，根据流量信号对闸门开启度进行调节以控制水量分配。

每台进水闸门前设置叠梁闸插槽，可在闸门检修时切断水流。

配水井井壁采用防腐涂料，并设置通风除臭。

6）鼓风机房

扩建二期工程新建鼓风机房 1 座，外形尺寸为 54.24m×27.24m。共设有 6 台单级离心鼓风机，4 用 2 备。单台风量为 700m^3/min，风压为 0.08MPa，电机功率为 1350kW。鼓风机配置有隔声罩，采用强制冷却方式。每台鼓风机均配套有电动蝶阀、空气过滤器、静电过滤器、电动放空阀和消声器。

鼓风机房主要设备参数：

① 离心鼓风机性能参数

风　　量：　700m^3/min

风　　压：　0.08MPa

功　　率：　　　　　　　　1350kW

数　　量：　　　　　　　　6台（4用2备）

② 电动蝶阀性能参数

直　　径：　　　　　　　　1000mm

功　　率：　　　　　　　　2.2kW

数　　量：　　　　　　　　6套（与鼓风机配套提供）

（5）再生水系统

扩建二期工程新建2500m^3/d再生水回用设施，再生水作为冲洗、绿化、溶药用。扩建二期工程确定的再生水水质如表8-7所示。

再生水出水指标　　　　**表8-7**

项目	TP (mg/L)	BOD_5 (mg/L)	TSS (mg/L)	NH_3-N (mg/L)	pH值	臭	大肠杆菌 (个/L)
指标值	1	10	1000	10	6.5～9.0	无不快感	2000

新建再生水处理系统采用膜处理工艺，工艺流程如图8-11所示。

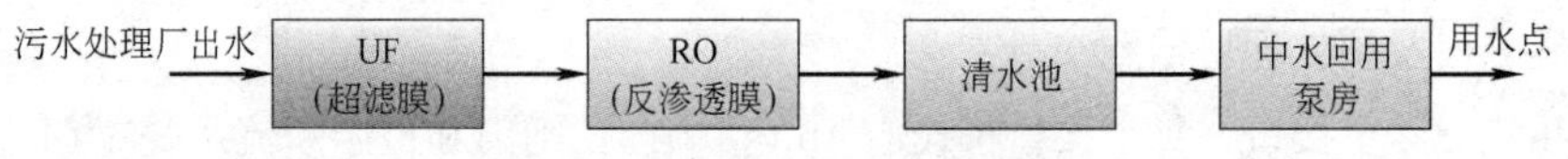

图8-11　再生水处理工艺流程

（6）原有构筑物改造

扩建二期工程在现有白龙港污水处理厂内建设，通过对现有设施的适当改造可充分加以利用，减少工程投资。改造单体包括预处理厂总配水井、扩建工程出水泵房、雨水泵房和污泥处理厂。

4. 白龙港污水处理厂改扩建特点和关键点

（1）白龙港污水处理厂特点

白龙港城市污水处理厂作为一座特大型污水处理厂，配套外管网的分期配套和出水标准的不断提高，全厂经历了从预处理到一级强化、二级标准和一级B标准多次提标改造和扩建。对全厂的进出水水质判断、平面布局、管线排布和总体规划要求非常高。

1）规模大、水质水量变化大，系统复杂。

白龙港污水处理厂处理的对象是合流制污水，水质水量变化很大，共设有中线、南干线和南线三路进水系统，不同的进水系统水质差异也很大，如何应对水量和水质的变化是需要解决的首要问题；其次，白龙港污水处理厂超大的规模对水力流态、池型布置、设备选择提出了更高的要求，几乎没有以往的经验可以借鉴。

2）长距离输送的合流污水优质碳源低，不利于反硝化和除磷。

合流污水在长距离输送过程中，部分快速可生物降解有机物已被消耗，因此污水的硝化和反硝化速率及进水碳氮比远低于其他污水处理厂，反硝化反应需要大量碳源，优质碳源不足时只能通过外加碳源来解决，但这大幅提高了运行费用。另外，白龙港污水处理厂进水输送管道过长导致进水水温过低，对出水 NH_3-N 造成很大影响。

3）受现有污水处理厂布局和占地的影响，新建构筑物布置困难。

白龙港污水处理厂规模大，受环境条件限制，提标改造用地非常紧张。由于全厂处理流程采用自西向东的平行布置方式，最终通过出水泵站提升排入长江，要在流程中增加处理构筑物非常困难；而且构筑物之间均采用大口径箱涵连接，管路改造难度很大。

（2）改扩建思路

1）采用频率统计法确定进厂水质，并设定校核水质，为提标创造条件

经统计对比，从 1997～2014 年，由于截污纳管、管网的普及和纳管标准的变化，导致白龙港污水处理厂进水水质出现了逐年的增加，逐渐偏离当初的设计水质指标。因此改扩建工程采用频率统计法确定进厂水质，并根据服务范围特点、市民用水习惯的变化趋势和收集管网情况综合分析，设定校核水质，适当留有余量，以应对今后再次的提标。

2）采用安全可靠的成熟工艺，确保大型污水处理厂的稳定运行

大型污水处理厂首先要考虑运行的安全性、稳定性，还要考虑运行的经济性，实现真正意义上的建得好用得好。工艺方案确定时采用了分层比选的方式优化推荐方案，近、远期结合，最终实现全部旱流污水生物处理及雨水一级强化处理的目标，工程采用多模式倒置 A/A/O 活性污泥工艺，可在不同的阶段根据不同的外部环境条件和处理要求灵活运行，实现经济和效益的最优。

3）根据上期的运行情况核定现有设施处理能力，确定下阶段改造参数

白龙港污水处理厂进水水质和水量变化大，对设计参数的取值造成不确定性。为此设置厂内模拟器，在实际进水条件下同步运行模拟不同工况的处理效果；采用基于活性污泥二号模型的智能运算系统，预测运行控制参数，同时对海量的运行数据进行分析，比对设计参数，从而为下阶段的优化提供科学依据，节省工程投资。

4）一次规划，分阶段实施

采用一次规划，分阶段实施的施工策略，对于远期需接入处均设置预留接入口，目前用砖和钢筋混凝土双道暂封，并设闸门隔断。因此远期接入只需将闸门关闭即可实施改造，不会引起断水。

5）合理利用设施，实现合流污水全部处理排江

上海市的排水体制是合流制和分流制并存，虽然政府投入大量资金对黄浦江和苏州河沿线的大部分排江泵站进行了截污，但由于排水系统的不完善和雨污混接等原因，仍有大量的污染物在雨天随泵站排入河道中，对黄浦江、苏州河等内河水系有较大的污染。为了不使超出生物处理能力的雨天溢流污水污染物转移至长江排放，改扩建工程利用生物反应池的峰值余量和已建的高效沉淀池对雨天溢流污水进行处理。实现旱流污水生物处理，雨天溢流污水一级强化处理的全处理排放。

6）设计时充分考虑不停水实施方案

在污水处理厂改造时，如何选择合理的方案，采取有效的措施，避免改造过程造成现有设

施停运，或者尽可能少停水是改造工程是否可行的关键。白龙港污水处理厂是整个污水治理二期工程和南干线污水的最终出口，一旦因改造停水，将对上游服务区内的居民和企事业单位生产生活造成很大影响。因此新老现浇设施连接时，均针对相应情况并考虑到新老结构的不均匀沉降问题，采用“新建一接通”的方式建设，使新老构筑物接通，缩短断水时间。在接口处均设置止水带伸缩缝。建于原有结构上的伸缩缝接头采用植筋方式与原有结构连接，在新老结构连接部位施工完毕后，再在原有结构侧壁上按工艺尺寸要求凿孔连通。

（3）设计特点

白龙港污水处理厂改扩建工程以“生态、低碳、绿色、环保”为指导思想，在工程中大量采用节能环保和科技创新的理念，充分应用集成科技创新成果形成的技术体系，形成了一个有机的技术体系，使整体技术达到国际先进水平。

1）白龙港污水处理厂的设计，在达到污染物削减和排放标准的基础上，充分利用现有设施，节省投资降低造价，选择安全稳妥、成熟可靠，低运行成本的处理工艺，综合考虑输送干线和污水处理厂的匹配，充分考虑中心城区最后一块可建污水处理厂的用地情况，一次规划，分期实施，实现旱流污水二级生物处理，逐步实施初期雨水一级强化处理后排江的目标。

2）设置短时初次沉淀池和生物选择池，晴天时可稳定水质，撇除油脂，保证生物处理的运行稳定可靠；既能处理大体积可沉降物又能保留碳源。

3）集约化布置，预留进一步发展用地。由于本工程处理规模大，如果采用传统的设计思路和模式，构筑物数量众多，分布松散，构筑物之间联系管道众多，不利于厂区巡检和管理。因此采用组团集约化布置方式，即以 $40\times10^4m^3/d$ 规模为一个组团，集中布置初沉池、A/A/O 生物反应池、二沉池、回流污泥剩余污泥泵房等，节省占地，预留进一步发展用地。

4）由于厂区范围广、构筑物单体大，为便于管理设置全厂机动巡检通道，管理人员可驾驶机动车直接上池进行巡视。

5）针对项目特点，开展了“稳定分流”、“比例配水”和“均匀混合”等大量的科研课题，在厂内设置生产性装置连续跟踪调试，取得大量数据支撑优化设计。同时请资深国外公司对设计方案和选用的参数做计算机模拟运行，同步验算不同设计工况下的处理效果，为设计提供可靠的科学依据。

5. 改扩建完成后情况

上海市白龙港污水处理厂历经多次改扩建，已形成了 2004 年建成的 $120\times10^4m^3/d$ 一级强化处理设施，2008 年建成的（160～200）$\times10^4m^3/d$ 二级排放标准生化处理设施，2010 年建成的二期污泥处理处置设施，2012 年建成的污泥应急处理处置设施和新建成的 $80\times10^4m^3/d$ 一级 B 出水标准的处理设施。至今，白龙港污水处理厂生化处理规模为 $280\times10^4m^3/d$，居全世界第四，亚洲第一。

其中处理能力为 $80\times10^4m^3/d$ 的扩建二期工程自 2013 年 4 月开始调试，除与南线配套的进水泵房和预处理外，其余系统均已稳定运行，出水达到《城镇污水处理厂污染物排放标准》GB 18918—2002 一级 B 标准。

白龙港污水处理厂已建工程按工程时间、规模、实施内容、主要工艺列于表 8-8 中。

白龙港污水处理厂历年工程简介　表 8-8

序号	工程简称	建成时间	规模	建设标准	采用工艺
1	预处理	1999	$172\times10^4m^3/d$	去除栅渣和沉砂后排入长江	粗细格栅＋沉砂池＋出水提升泵站＋深海排放
2	一级强化	2004	$120\times10^4m^3/d$	优于一级	高效沉淀池
3	升级改造	2008	$120\times10^4m^3/d$	生化处理优于二级标准	A/A/O 工艺
4	扩建	2008	$80\times10^4m^3/d$	二级标准排放	A/A/O 工艺
5	污泥处理	2010	204tDs/d 消化，70tDs/d 干化	污泥浓缩、消化、干化，含水率<80%	重力/机械浓缩、厌氧消化、流化床干化
6	扩建二期	2012	$80\times10^4m^3/d$	一级 B 标准	A/A/O 工艺＋辅助化学除磷
7	污泥应急	2012	300tDs/d	污泥含水率<60%	稀释＋调理＋板框＋外运

（1）总平面布置

白龙港污水处理厂经过升级改造工程、扩建工程、扩建二期工程和污泥处理处置工程的建设已基本形成了四大区域。包括污泥填埋场，全厂占地约 $2km^2$。

第一区域为最北侧的污泥处理处置厂，占地约 $39.05hm^2$；第二区域为厂区中部的升级改造区，占地约 $29.36hm^2$，内有预处理、一级强化处理、升级改造的 2 座新建生物反应沉淀池、再生水回用、生活区和污泥填埋场；第三区域为南侧的扩建工程，由扩建工程新建的生物反应沉淀区、出水排放区组成；第四区域为最南侧的扩建二期工程，由南线预处理区、生物反应沉淀区、配套设施区构成，如图 8-12 所示。

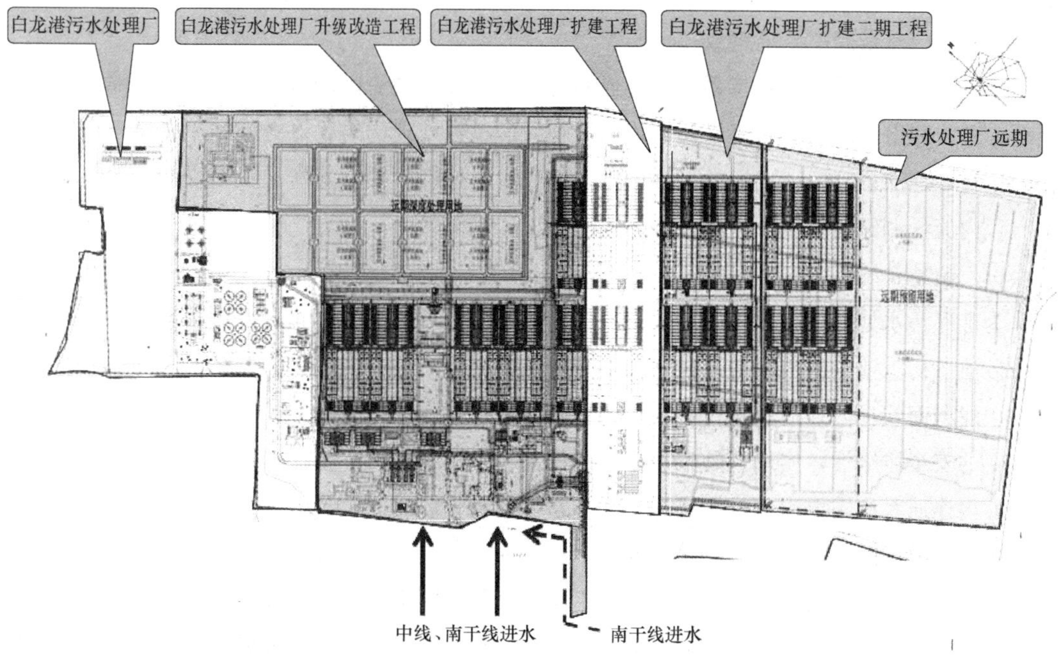

图 8-12　白龙港污水处理厂平面布局

（2）构筑物分组

由于污水处理厂的规模非常大，必须进行合理的分组，以减少设备的数量和投资，又便于检修维护，不至影响整厂的正常运行。白龙港污水处理厂采用组团集约化布置，按每座 $40\times10^4m^3/d$ 规模布置，每座分成独立的 2 组，每组规模为 $20\times10^4m^3/d$，可按 $10\times10^4m^3/d$ 单独运行，一旦单池检修对整体处理能力影响很小。升级改造和扩建工程共建有 4 个组团，扩建二期工程建有 2 个组团。

6. 厂内流量调配

大型污水处理厂配水非常关键，合流制污水处理厂水量变化幅度大，稳定水量可减少对生化处理工艺的冲击，确保达标排放。

（1）输送系统流量调配

白龙港污水处理厂进水来自中线、南干线和南线 3 个系统。中线和南线既有联系又互相独立，目前南线西段水量通过罗山路延长线（原建平路）连通管从中线进入白龙港污水处理厂，部分转输中线污水待南线建成后需改从南线进入。

本工程建成后白龙港污水处理厂将形成中线和南线 2 根进厂总管，厂内 2 块预处理区，1 个一级强化区，6 个生化处理组团，2 个出口排放区的格局。南线东延伸段建成后，通过中线进厂的旱流水量为 $(80\sim100)\times10^4m^3/d$，雨季高峰流量为 $16m^3/s$；南线进厂的旱流水量为 $(160\sim180)\times10^4m^3/d$ 左右，雨季高峰流量为 $32m^3/s$。

已建白龙港污水处理厂预处理和出口泵站、排放管规模为 $29.67m^3/s$，因此需设置厂内调配系统，通过水量调配既可使中线和南线水量均衡，又可充分利用预处理厂和出口泵站富裕能力。

（2）厂内流量调配系统组成

厂内流量调配系统由超越系统和连通系统及流量计、调流闸门构成。其主要功能是将来自南线、中线和南干线的不同流量污水均匀分配到厂里各处理构筑物，合理利用现有资源，同时稳定生物处理流量，保证良好的处理效果，保障污水处理厂安全运行。

厂内流量调配系统包括超越系统、连通系统和调流。

（3）超越系统

为确保污水处理厂某一构筑物或设备设施检修时全厂仍能正常运行，设置超越系统。可超越沉砂池、初沉池、出水泵房甚至全部处理构筑物。

中线和南线厂内连通系统可以使厂内设施充分发挥作用，各功能构筑物能够互为备用，提高运行的安全可靠性，实现厂外输送系统的厂内流量调配。

厂内连通系统主要由预处理连通管和出水连通管构成。

（4）流量调配

由于中线、南干线和南线旱流水量各不相同，与 6 座生物反应沉淀池处理能力不一致，与 2 座出水泵站的排江能力也不匹配，因此须进行厂内流量调配。调配可采取预处理前调配和预处理后调配。还包括近期和远期、雨季和旱季不同时段不同季节的流量调配。

近期旱流流量调配如图 8-13 所示，近期雨季流量调配如图 8-14 所示。

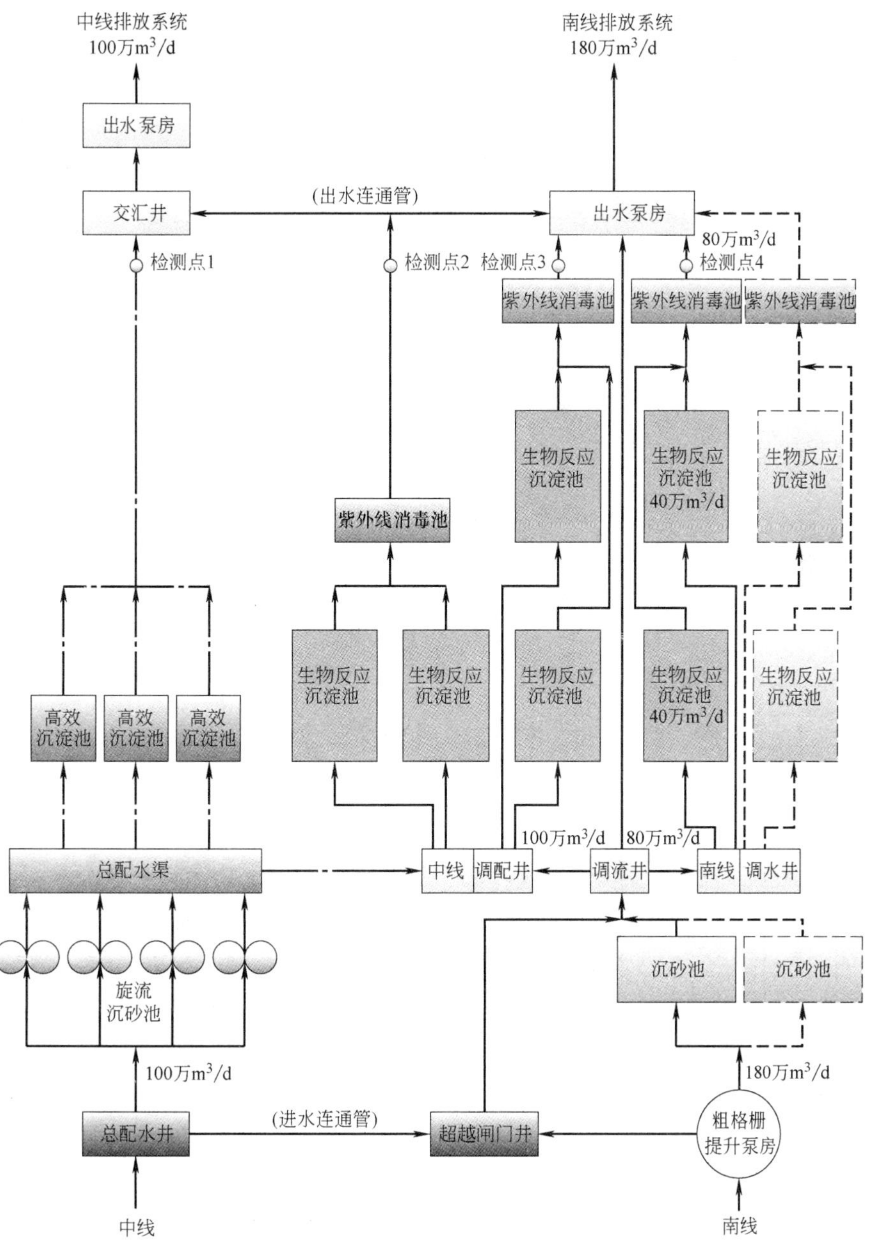

图 8-13　近期旱流流量调配

为了稳定进入生物处理的水量，3 座高效沉淀池作为辅助流量调节措施，调校好开启度的闸门，在其他流量时不作频繁调节，确保生物处理的流量相对稳定，减少对生物处理的冲击。

8.1.3　运行效果

白龙港污水处理厂升级改造和扩建工程于 2008 年 9 月建成投运，扩建二期工程也已于

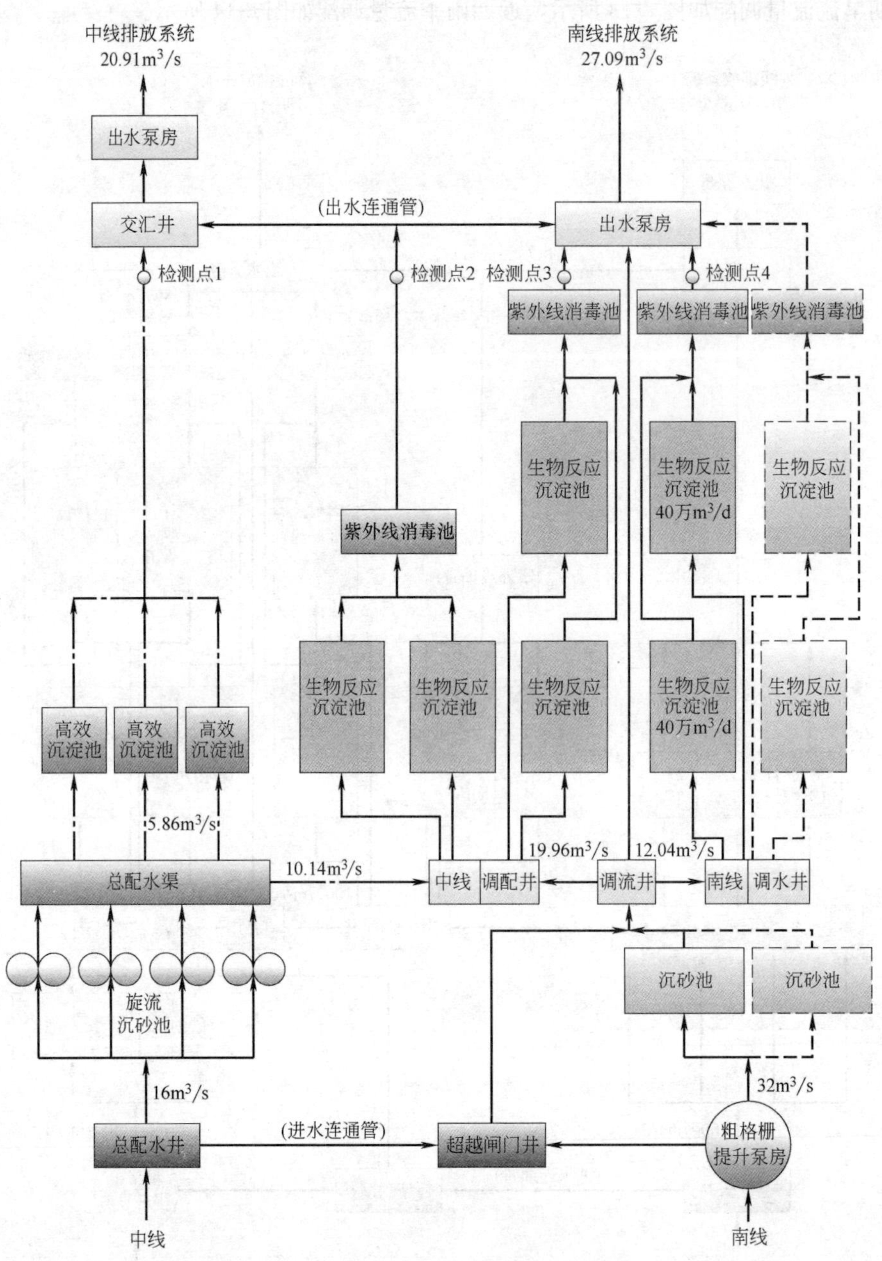

图 8-14 近期雨季流量调配

2013 年 4 月投入试运行，由于南线没有通水，扩建二期进水接受来自中线系统污水。每天处理的污水量约 (200～240)×10^4 m^3，生物反应系统试运行一年多以来，已全部实现了一级 B 达标排放，取得了良好的社会和环境效益。

污水处理厂 2011 年 5 月—2014 年 6 月期间的一级强化处理、升级扩建生物处理、扩建二期生物处理和总处理量日变化平均数据情况如图 8-15 所示。

2009 年 1 月—2014 年 6 月期间的处理情况统计如表 8-9 所示。

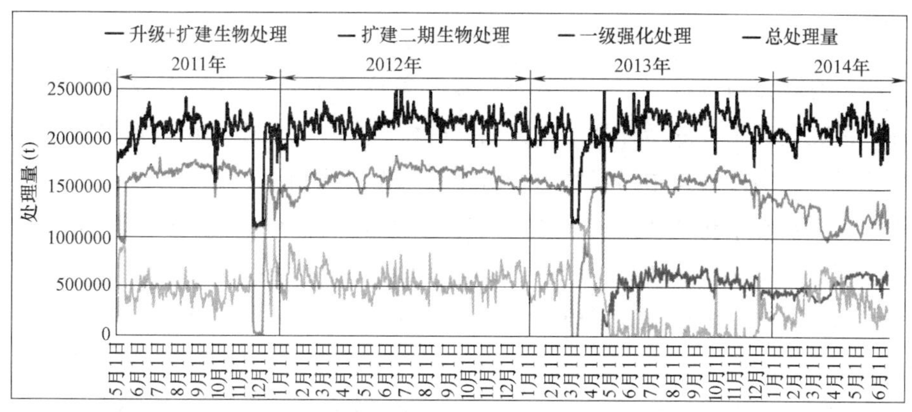

图 8-15　进水量日变化情况

白龙港污水处理厂污染物去除情况（mg/L）　　　　表 8-9

项目/历年	BOD_5			COD_{Cr}			SS			NH_3-N			TP			TN		
	进水	出水	去除率	进水	出水	去除率	进水	出水	去除率	进水	出水	去除率	进水	出水	去除率	进水	出水	去除率
设计值	130	30	76.9	320	100	68.8	170	30	82.4	30	25	16.7	5	3	40.0	—	—	—
2009 年平均	129	8	93.9	280	35	87.7	104	14	86.9	29	8	73.1	3.6	0.4	88.9	32	16	48.0
2010 年平均	134	8	94.4	295	32	89.1	105	11	89.2	31	10	67.2	3.2	0.3	90.6	36	19	47.3
2011 年平均	143	9	93.7	320	33	89.7	135	13	91.1	30	13	56.7	3.8	0.9	76.3	35	22	37.1
2012 年平均	123	8	93.5	267	30	88.8	115	11	90.4	32	15	53.1	3.2	1.0	68.8	38	23	39.5
2013 年平均	127	9	93.0	277	35	87.5	111	12	89.5	34	9	74.1	3	1	70.6	39	19	50.8
2014 年平均	112	7	93.5	258	28	89.3	110	10	91.2	24	6	73.9	3	1	83.6	29	15	47.8
最高值	382	88		824	89		325	82		82.3	34.9		12.4	2.9		85.1	41.4	
最低值	14	3.5		3.5	10		44	5		10.2	0.05		0.4	0.0		13.8	7.1	

8.2　上海市石洞口污水处理厂污泥处理完善工程

8.2.1　污水处理厂介绍

上海市石洞口污水处理厂是上海市苏州河环境综合整治一期工程的一个重要子项。工程位于宝山区长江边原西区污水总管出口处，设计污水处理规模为 $40\times10^4 m^3/d$，污水处理采用一体化活性污泥法工艺；设计污泥处理规模为 64t Ds/d，污泥处理采用机械浓缩＋脱水＋干化焚烧工艺。

污水处理厂的污水处理工程于 1999 年 12 月动工兴建，2002 年底调试运行；污泥处理工程建成了国内第一套处理城市污水处理厂污泥的干化焚烧装置，于 2003 年 7 月动工兴建，2004 年 11 月投入运行。工程已稳定运行多年，为上海市的环境保护和污染物减排作出了贡献，通过多年的实际运行，积累了许多宝贵经验和教训。

上海城投污水处理有限公司（石洞口污水处理厂运营单位）和上海市政工程设计研究总院（集团）有限公司（石洞口污水处理厂设计单位）于2009年3月联合开展了石洞口污水处理厂污泥处理工程的后评估工作。根据后评估报告，由于石洞口污水处理厂污泥泥质特性的原因，在实际运行中污泥脱水后的含水率无法达到原设计值，且污泥干化装置的规格偏小，现有污泥干化焚烧处理设施的实际处理能力仅为22～24tDs/d，无法满足污水处理厂的污泥处理需求。此外，《上海市城镇排水污泥处理处置规划》要求石洞口污泥处理工程除处理本厂产生的污泥外，尚需接纳和处理石洞口区域内其他城镇污水处理厂的脱水污泥。

为了彻底解决石洞口污水处理厂和石洞口区域其他污水处理厂的污泥出路问题，筹建石洞口污水处理厂污泥处理完善工程提上议事日程。

8.2.2 污水处理厂改扩建方案

1. 工程规模和处理工艺选择

(1) 工程规模

综合考虑污泥处理处置规划和石洞口区域污水处理厂的污泥处理现状，污泥处理完善工程近期的工程服务范围包括已建的石洞口、吴淞、桃浦3座污水处理厂，远期（2020年）增加计划建设的泰和污水处理厂。本次工程为近期工程，在总平面布置中预留了远期工程的建设和发展用地。

石洞口、吴淞、桃浦3座污水处理厂近期的预测污泥产量合计为71.37t Ds/d。因此，本次完善工程的近期建设规模确定为72t Ds/d，其中现有系统改造22t Ds/d，扩容新建系统50t Ds/d。以脱水污泥含水率80%计，污泥处理完善工程的建设规模为360 t/d脱水污泥。

本工程包括对现有污泥处理设施进行改造和扩容新建污泥脱水、干化焚烧设施两部分内容。工程建设分两步走，先建设扩容新建污泥脱水、干化焚烧设施，投入运行后再对现有污泥处理设施进行改造，更换部分老旧部件并进行局部优化。

(2) 处理工艺选择

根据《上海市城镇排水污泥处理处置规划》，上海污泥潜在的最终出路主要为焚烧后建材利用、土地利用和卫生填埋三个方面。其中，中心城区石洞口区域污泥以集约化处理为主，规划的污泥处理处置方式为“脱水＋干化＋焚烧＋建材利用”。此外，在建材利用形成稳定出路之前，污泥焚烧后的灰渣可外运至老港填埋场填埋。

石洞口污水处理厂现有污泥处理设施的工艺路线为：机械浓缩（螺压式污泥浓缩机）＋机械脱水（污泥脱水机）＋污泥干化（流化床干燥机）＋污泥焚烧（流化床焚烧炉）。焚烧灰渣外运填埋，烟气采用半干法喷淋＋布袋除尘工艺。

结合污泥处理处置规划和石洞口污水处理厂现状情况，本次工程总体工艺方案如下：石洞口本厂的污泥从生物反应池排出后，经过浓缩脱水，含水率降至80%，而后进行干化焚烧处理。吴淞、桃浦两座污水处理厂的污泥在各自污水处理厂内进行浓缩脱水处理，而后车运至石洞口污水处理厂进行干化焚烧处理。焚烧灰渣用于制作建材或运至填埋场填埋。污泥处理所需用水取自石洞口污水处理厂生物反应池出水并经过滤处理，污、废水回流至污水处理厂处理。污泥焚烧产生的烟气经处理后排入大气。工艺流程如图 8-16 所示。

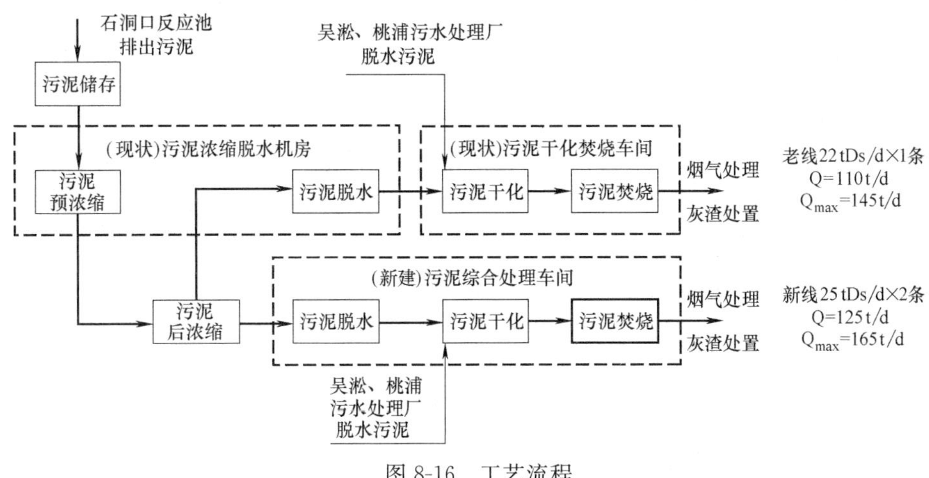

图 8-16　工艺流程

2. 改扩建标准确定

（1）进泥泥质

进入本项目干化焚烧段的污泥需满足《城镇污水处理厂污泥处置 单独焚烧用泥质》GB/T 24602—2009 的要求。

（2）出泥标准

污水处理厂污泥处理必须达到《城镇污水处理厂污染物排放标准》GB 18918—2002 的排放要求。

（3）烟气标准

本工程焚烧产生的烟气排放执行《生活垃圾焚烧污染控制标准》GB 18485—2001，镍和氟化氢执行《大气污染物综合排放标准》GB 16297—1996 二级标准，氨、硫化氢执行《恶臭污染物排放标准》GB 14554—1993 排放标准限值，二恶英应达到欧盟标准限值 0.1ng/m^3（毒性当量）。

（4）臭气标准

臭气浓度执行《恶臭污染物排放标准》GB 14554—93 排放标准限值。厂界废气达到《城镇污水处理厂污染物排放标准》GB 18918—2002 和《大气污染物综合排放标准》GB 16297—1996 中相关的排放浓度限值。

（5）噪声标准

边界噪声执行《工业企业厂界环境噪声排放标准》GB 12348—2008 中的 3 类标准。

（6）固废标准

各类固体废物分类收集，按固废法和上海市有关规定要求分别妥善处置。含油废物、布袋除尘器截留粉尘和废弃布袋等废物应委托有资质的单位处置。

(7) 废水标准

本工程实行雨污分流。其中污、废水回流至石洞口污水处理厂处理。

3. 具体设计

(1) 改扩建主要内容

1) 污泥预浓缩系统改造

保留现有机械浓缩系统处理线（螺压式污泥浓缩机）6套成套设备，包括浓缩机和进泥、出泥、储存、加药等装置，5用1备。对部分长期使用后磨损、老化的部件进行更换。更换出泥螺杆泵。

机械浓缩系统的设计进泥量：7500m^3/d；

机械浓缩系统的进泥含水率：99.2%；

机械浓缩系统的出泥含水率：≤98%；

机械浓缩系统单线处理量：100m^3/h。

2) 新建污泥后浓缩系统

新建2座重力浓缩池，用于污泥后浓缩处理。新建污泥泵房1座，将浓缩后的污泥泵送至后续处理设施。为避免臭气影响，浓缩池加盖除臭。

重力浓缩系统的设计进泥量：3000m^3/d；

重力浓缩系统的进泥含水率：≤98%；

重力浓缩系统的出泥含水率：≤97%；

单池尺寸：直径Φ28m；

固体负荷：49kg/(m^2·d)。

3) 改造和新建污泥脱水系统

充分利用现有的2台离心式脱水机，开展检修提高效率，新增离心式污泥脱水机（含配套设备）4套，用于污泥完善工程的污泥脱水。保留现有的4台板框压滤机进行科研课题研究和需要污泥深度脱水的工况，增加工程的安全性。取消现有的带式污泥脱水机。形成6套脱水系统处理线成套设备，包括脱水机和进泥、出泥、加药等装置，5用1备。

脱水系统的设计进泥量：2000m^3/d；

脱水系统的进泥含水率：≤97%；

脱水系统的出泥含水率：80%；

脱水系统单线处理量：40m^3/h。

4) 新建污泥接收储运系统

采用料仓储存+螺杆泵输送。新增2座30m^3污泥地下接收仓和4座400m^3污泥料仓。

5) 改造和新建污泥干化系统

对现有的1套干化装置进行改造，并新增2条干化生产线，每条生产线对应有干化机2台。

干化系统的进泥含水率：80%；

干化系统单线平均污泥处理量：110t/d（现有设施改造），125t/d（新建扩容）；

干化系统单线全年运行时间：7200h；

考虑运行时间后的干化系统单线处理能力（以 100%负荷计）：145t/d（现有设施改造），165t/d（新建扩容）。

6）改造和新建污泥焚烧系统

采用鼓泡床焚烧炉焚烧工艺，对现有的 1 套焚烧装置进行改造，并新增 2 套焚烧装置。

焚烧系统单线平均污泥处理量：110t/d（现有设施改造），125t/d（新建扩容）；

焚烧系统单线全年运行时间：7200h；

考虑运行时间后的焚烧系统单线处理能力（以 100%负荷计）：145t/d（现有设施改造），165t/d（新建扩容）。

7）烟气处理系统

采用旋风除尘＋半干法喷淋＋布袋除尘＋脱酸洗涤工艺，对现有的 1 套烟气净化装置进行改造，并新增 2 套烟气净化装置。

（2）主要构筑物设计

1）污泥浓缩池

本工程新建 2 座污泥浓缩池，采用重力浓缩的方法将污泥含水率由 98%降低至≤97%，同时起调蓄、匀质作用。

污泥浓缩池采用钢筋混凝土结构，直径为 Φ28m，有效泥深为 4m，如图 8-17、图 8-18 所示。按进泥量 3000m^3/d 计，设计停留时间为 39.4h，设计固体负荷为 49kg/(m^2·d)。

2）污泥泵房

本工程新建污泥泵房 1 座，污泥浓缩池出泥通过泵房分别泵送至现有污泥脱水系统（现有污泥浓缩脱水机房中的储料罐）和新建污泥脱水系统（新建污泥综合处理车间中脱水机房吸泥井）。

污泥泵房设置螺杆泵 7 台（5 用 1 备，另库备 1 台），单泵流量为 40m^3/h、扬程为 30m，每台泵的工作时间为 10h。6 台泵的出泥管用一根 *DN*250 的管道连通，在连通管两端各设置一个出口，分别接至新老脱水系统。在连通管上设置相应阀门，可实现污泥在新线和老线之间的灵活调配，如图 8-19、图 8-20 所示。

3）污泥综合处理车间

本工程新建的污泥脱水、干化、焚烧和烟气处理系统合建于一座污泥综合处理车间内。由污泥脱水区、脱水污泥料仓储存区、干化区、焚烧和烟气处理区以及变配电、自控系统和水处理等辅助功能区组成。车间平面尺寸为 146m×40m，最高处高度约为 23m。如图 8-21～图8-23 所示。

脱水区位于车间的最北侧，为双层布置，污泥离心脱水机位于夹层之上，并列布置 4 台污泥脱水机。

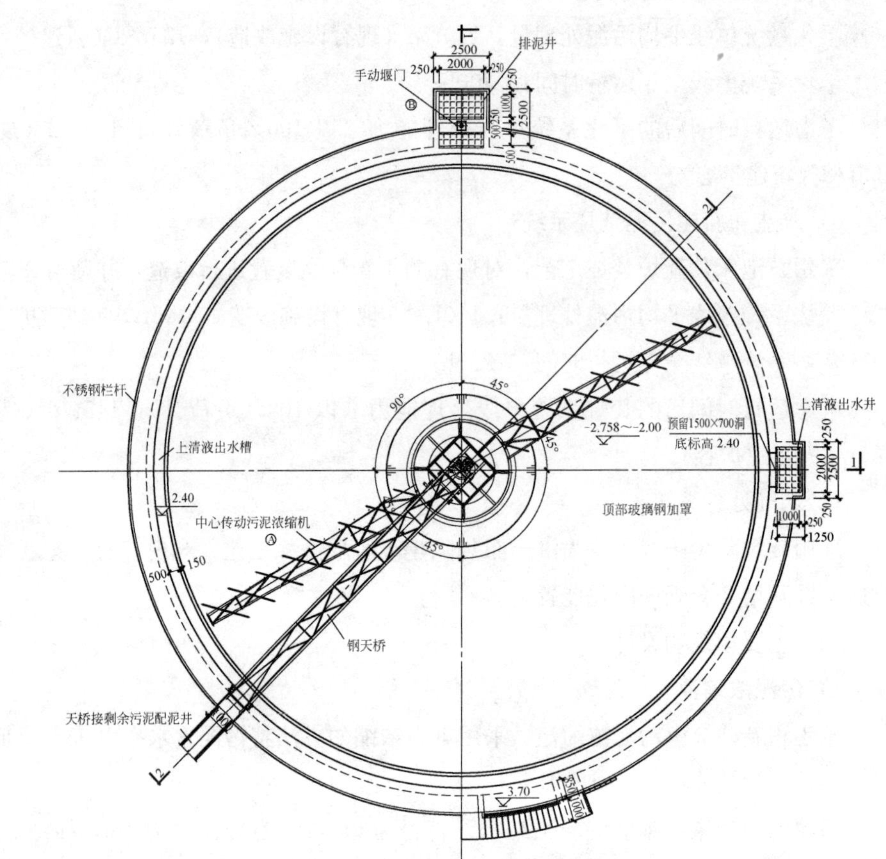

图 8-17 污泥浓缩池平面图

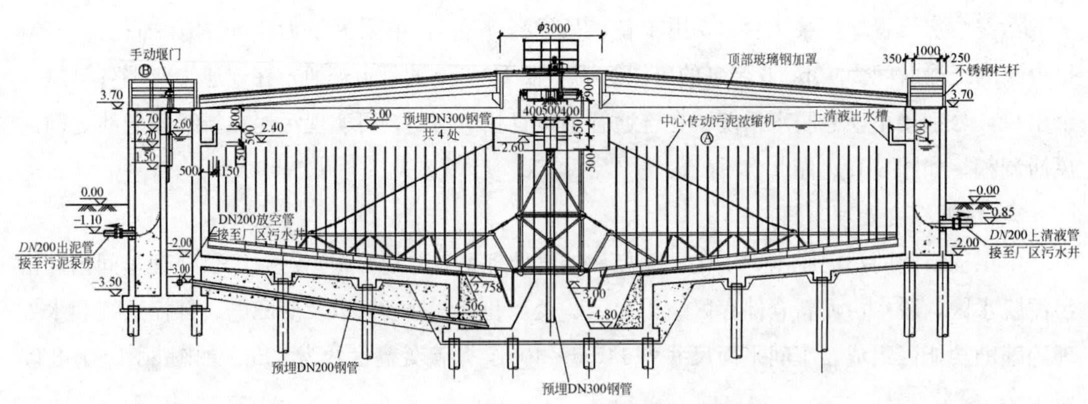

图 8-18 污泥浓缩池剖面图

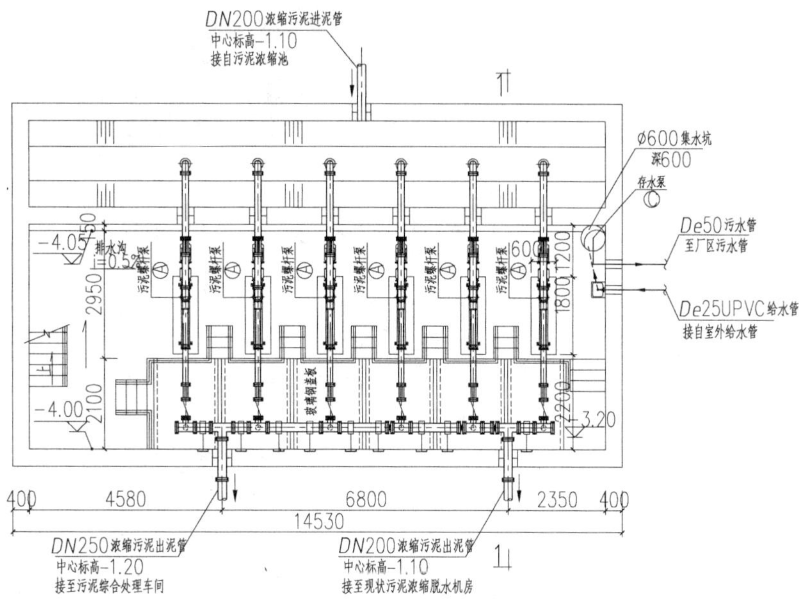

图 8-19　污泥泵房平面图

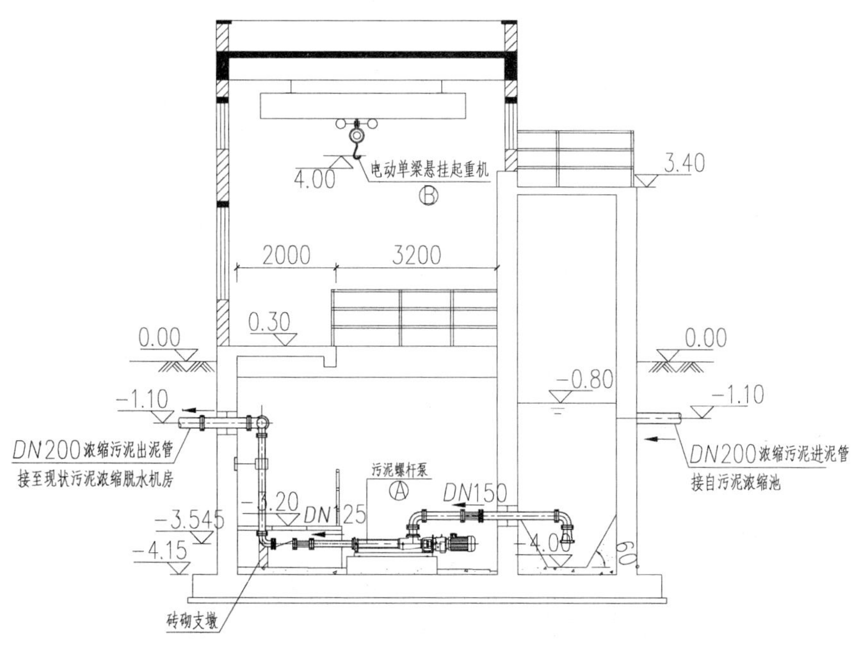

图 8-20　污泥泵房剖面图

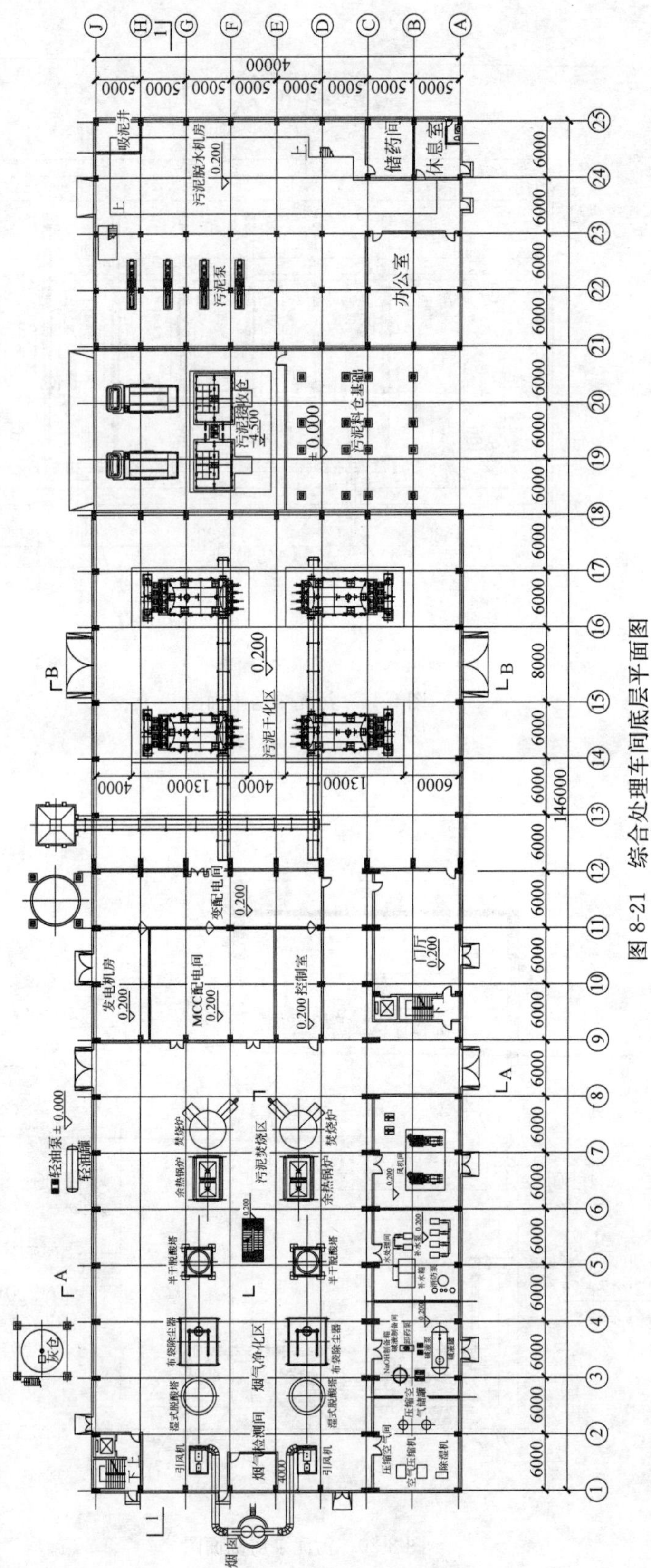

图 8-21 综合处理车间底层平面图

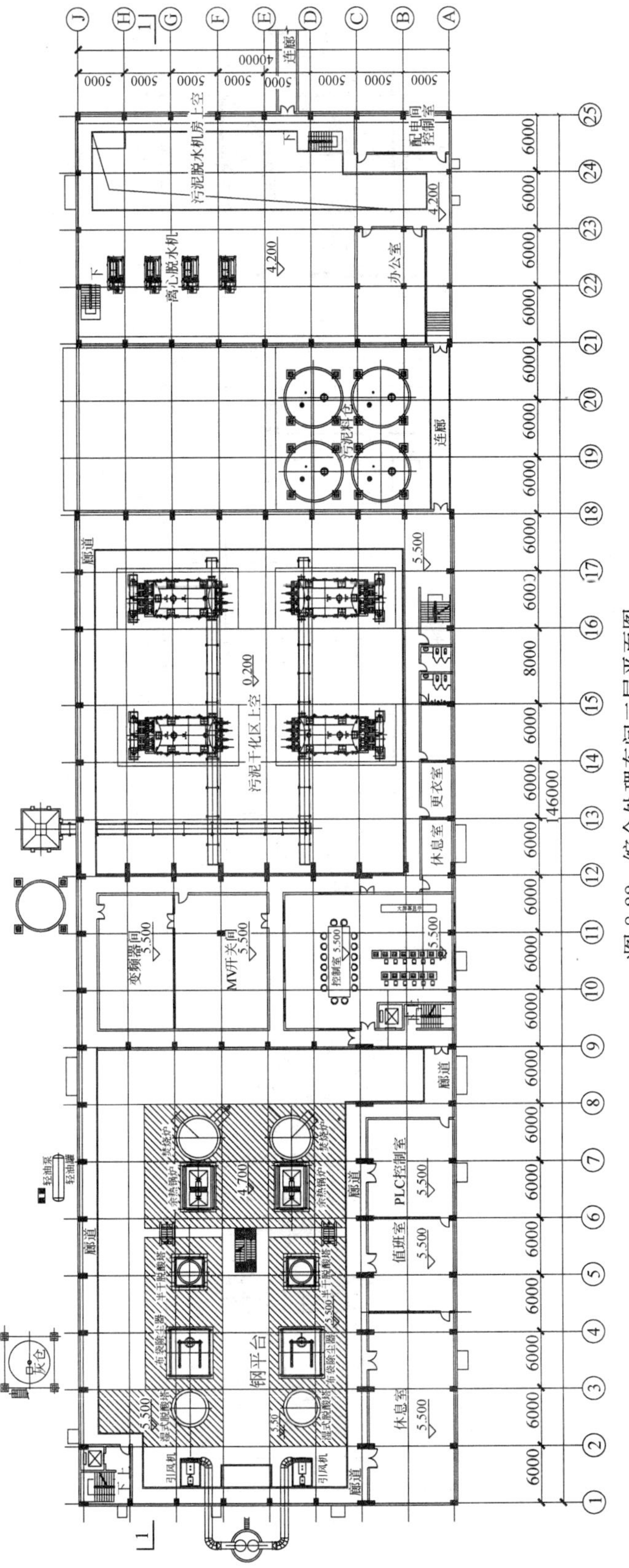

图 8-22　综合处理车间二层平面图

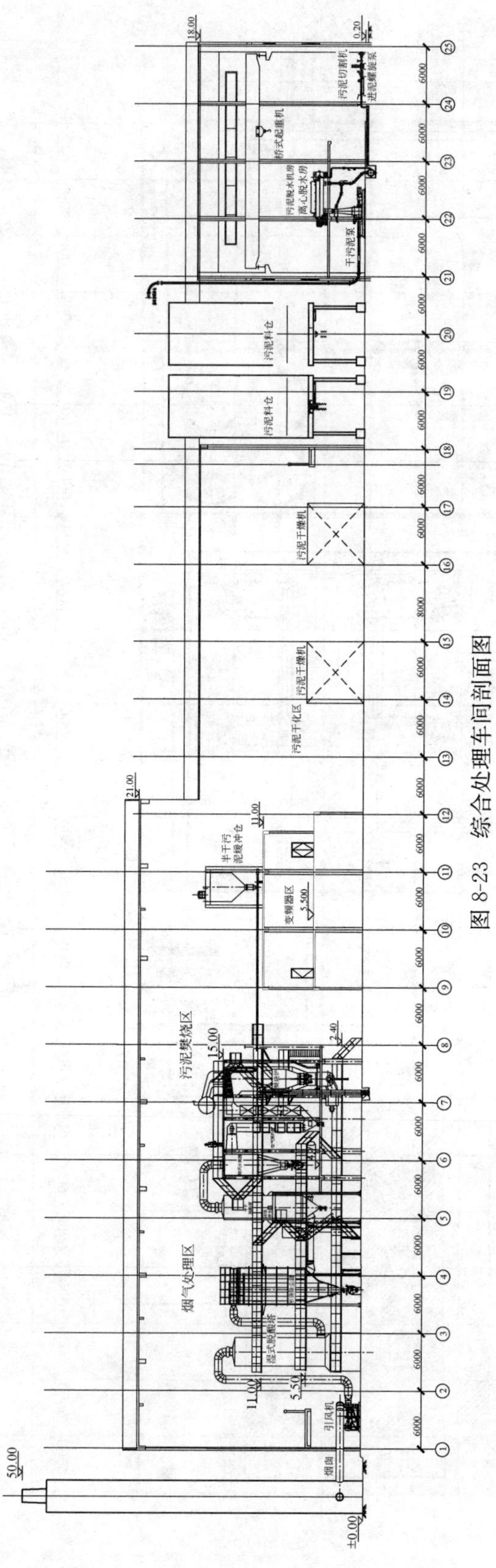

图 8-23 综合处理车间剖面图

储存区北侧紧邻脱水区，主要设置了4座湿污泥料仓和2座污泥接收仓，区域东侧和西侧设置大门，满足污泥转运需要。

干化区北侧紧邻储存区，干化区设备为单层布置，局部设有钢制走道板和检修平台，布置4台干燥机，干燥机周围布置废蒸汽处理设备（如洗涤塔和热交换器等），厂房东侧和西侧均设有大门，满足不同设备的检修和转运要求。

焚烧和烟气处理区位于污泥综合处理车间南侧，东西平行布置两条焚烧和烟气处理线，自北向南分别布置焚烧炉、余热锅炉、空气预热器、旋风除尘器、半干脱酸塔、布袋除尘器、湿式脱酸塔和引风机等主要工艺设备。为便于运行管理和维护，焚烧和烟气处理区主要设备之间设有多层钢制走道板和检修平台。

辅助功能区分两部分，一部分位于干化区、焚烧和烟气处理区之间，为两层结构，主要有工具间、柴油发电机房、变配电间、MV开关间和控制室等；另一部分位于干化区、焚烧和烟气处理区东侧，均为两层结构，主要有风机间、碱液制备间、压缩空气间、水处理间、消防泵房、休息间、值班室和洗手间等。

各处理区之间通过环形走廊连通。

（3）总平面布置

污泥处理完善工程位于现状污水处理厂一体化生物反应池的西北侧，可分为现有设施改造和新建扩容工程两部分。新建扩容工程位于现有改造区域的西南侧。本工程将新建的污泥脱水、储存、干化焚烧、烟气处理和配套设施、污泥区中控室和办公室等环节合并考虑，建设污泥综合处理车间。新建综合处理车间和现有污泥干化焚烧车间之间通过连廊连接。总平面布置如图8-24所示。

新建污泥后浓缩系统相关的构筑物集中布置于现状污泥干化焚烧车间的西北侧，贴近现状污泥浓缩脱水机房和新建污泥综合处理车间，以减少脱水污泥的运距。

本次工程为近期工程，在总平面布置中预留了远期工程的建设用地和发展用地。

整个污泥处理完善工程的占地面积约为4.12hm^2，其中新建扩容区约为1.95hm^2。新增建（构）筑物和用地情况如表8-10所示。

新增建（构）筑物和用地情况　　**表8-10**

序号	名　称	数量	单位	备　注
1	总占地面积	41200	m^2	
2	新建扩容区占地面积	19500	m^2	
3	新增建(构)筑物占地面积	8500	m^2	
4	新建道路面积	2730	m^2	
5	新增绿化面积	8270	m^2	
6	新增建筑面积	9418	m^2	另有设备检修钢平台面积约2000m^2

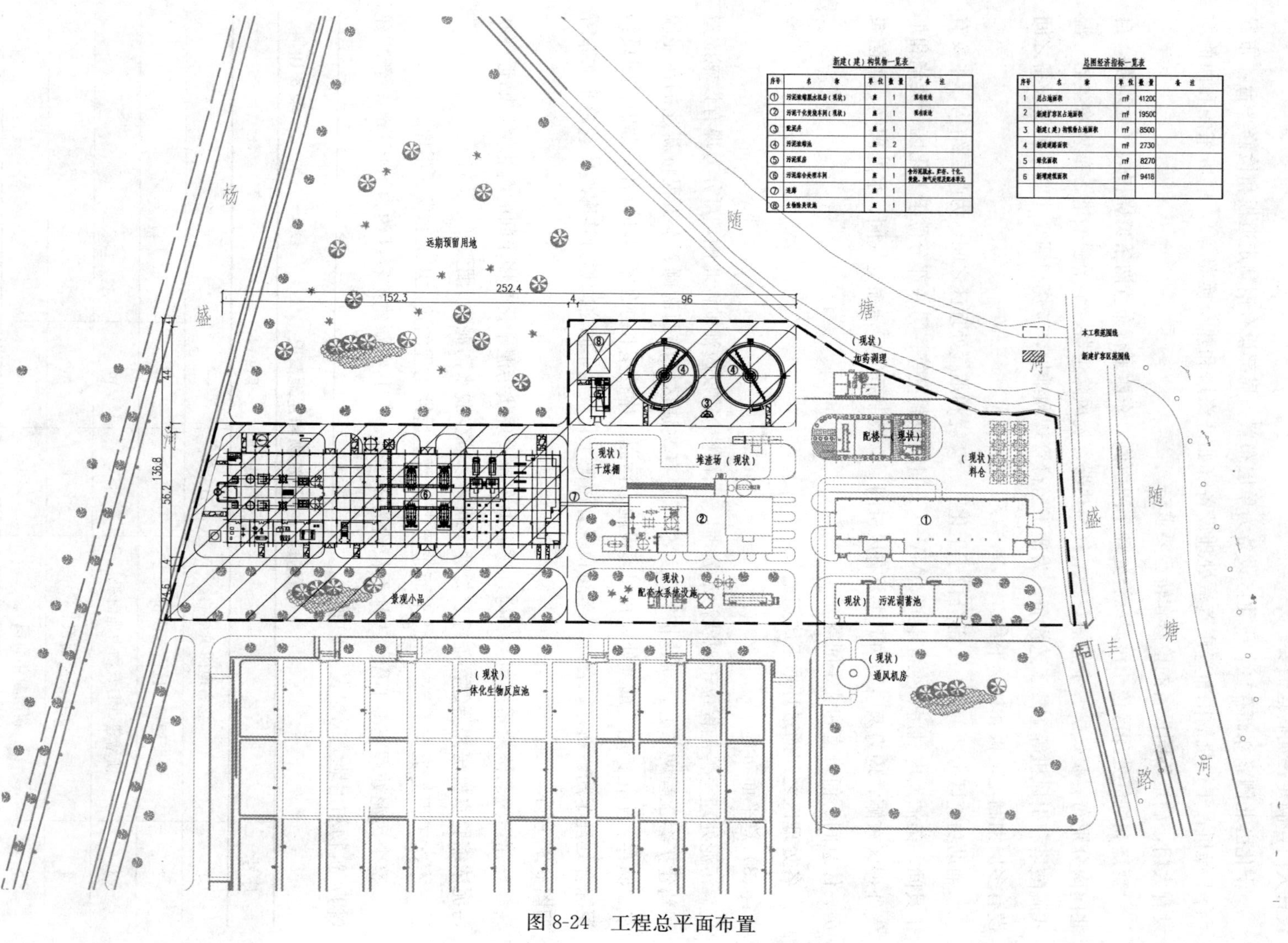

新建(建)构筑物一览表

序号	名称	单位	数量	备注
①	污泥浓缩脱水机房(现状)	座	1	现有改造
②	污泥干化焚烧车间(现状)	座	1	现有改造
③	配泥井	座	1	
④	污泥浓缩池	座	2	
⑤	污泥泵房	座	1	
⑥	污泥综合处理车间	座	1	含污泥脱水、贮存、干化、焚烧、烟气处理及配套单元
⑦	连廊	座	1	
⑧	生物除臭设施	座	1	

总图经济指标一览表

序号	名称	单位	数量	备注
1	总占地面积	㎡	41200	
2	新建扩容区占地面积	㎡	19500	
3	新建(建)构筑物占地面积	㎡	8500	
4	新建道路面积	㎡	2730	
5	绿化面积	㎡	8270	
6	新增建筑面积	㎡	9418	

图 8-24 工程总平面布置

8.3　郑州市王新庄污水处理厂改造工程

8.3.1　污水处理厂介绍

1. 项目建设背景

郑州市是河南省省会和中原城市群首位城市，位于郑—汴—洛城市工业走廊和新—郑—漯（京广）产业发展带的交点上，是全省政治、经济、文化、金融、科教中心，是全国重要的铁路、航空、高速公路、电力、邮政、电信主枢纽城市，未来郑州将成为全国普通铁路和高速铁路网中唯一的双十字中心，也是中原城市群“大十字”形骨架的核心城市，具有优越而重要的区位条件。

郑州市区气候属暖温带大陆型季风气候，特征为夏季炎热，冬季寒冷，四季分明，气候干燥，受季风影响明显。年平均气温为 14.2℃，极端最低气温为－17.9℃，极端最高气温为 43℃；年平均降雨量为 636.7mm，全年主导风向和夏季主导风向均为东南风；地震基本烈度为七度。

郑州市区的地表水属淮河流域、沙颍河水系，流经该市的天然河流主要有索须河、贾鲁河、贾鲁河的支流、东风渠、金水河、熊耳河、七里河、潮河。郑州市王新庄污水处理厂处理后的尾水排入七里河。

郑州市污水管网除老市区部分为合流制外，其他均为分流制排水系统。污水系统按照污水最终流向，建成区污水管网可划分为王新庄、五龙口、马头岗和高新、须水片区以及陈三桥五大排水系统。截至 2010 年底，市区已修建排水管涵约 3200km（郑州市统计局统计数据）。

其中王新庄排水系统收集桐柏路、金水河以东，南四环、南水北调中线以北，107 辅道以西，金水路、东风渠以南的生活污水和工业废水。目前区内污水主要来自老城区、郑东新区、郑州经济技术开发区、二七区侯寨镇和管城区十八里河镇等镇区村庄污水，现状服务区域总面积约 $176km^2$。

2000 年底，王新庄二级处理厂一期规模为 $40\times10^4m^3/d$ 的污水处理工程已经正式投入运行，该区域的污水除部分沿熊耳河，少量沿七里河排入东风渠外，大部分污水经污水管道收集后，排入王新庄二级污水处理厂，污水经处理后最终排至七里河。

王新庄污水处理厂设计规模近期为 $40\times10^4m^3/d$，远期将达到 $80\times10^4m^3/d$，污水处理采用 A/O 工艺，原设计出水水质标准为《污水综合排放标准》GB 8978—1996 的二级标准，部分指标严于二级标准。污水处理厂服务范围包括：老城区、郑东新区、郑州市经济技术开发区、熊耳河和七里河。污泥采用二级厌氧中温消化，离心脱水后外运填埋。目前实际处理水量约为 $43\times10^4m^3/d$。

五龙口污水处理厂规模为日处理污水 $20\times10^4m^3$、回用水 $5\times10^4m^3$，分两期建设，其中一期工程 $10\times10^4m^3/d$，处理工艺采用改良氧化沟工艺，回用水工艺采用常规处理工艺。出水水质达到《污水综合排放标准》GB 8978—1996 二级标准的要求。于 2010 年进行了升级改造，改造后出水执行一级B标准。

五龙口污水处理厂二期工程的污水来源主要为高新区和须水片区现状污水，建设规模为$10\times10^4m^3/d$，设计出水水质为一级A。五龙口污水处理厂污泥一部分运往八岗污泥处置厂，另外一部分运往郑州市垃圾处理厂作填埋土。

马头岗污水处理厂服务范围大致是市区金水路以北、京广铁路以东、中州大道以西、大河路以南区域，服务面积约$123km^2$。该厂设计规模近期为$30\times10^4m^3/d$，选用前置缺氧A/A/O处理工艺，出水水质达到《城镇污水处理厂污染物排放标准》GB 18918—2002二级标准的要求。马头岗污水处理厂于2010年进行了升级改造，改造后出水执行一级B标准。目前已和荥阳国电集团签订再生水供应协议，日供应再生水$6\times10^4m^3$。污水处理厂污泥一部分运往八岗污泥处置厂，另外一部分运往郑州市垃圾处理厂作填埋土。

马头岗污水处理厂一期工程2008年9月实现通水试运行。马头岗污水处理厂二期工程设计规模$30\times10^4m^3/d$正在建设中，预计于2014年竣工投产。

2. 污水处理厂现状

王新庄污水处理厂位于郑州市东郊，东风渠和七里河交汇处。污水处理厂于2000年12月28日建成通水，设计规模为$40\times10^4m^3/d$，污水采用厌氧/好氧二级生化处理工艺，处理后的尾水排入七里河。污泥采用二级中温厌氧消化工艺，离心浓缩脱水。2004年10月15日开始实施污泥浓缩脱水系统改造工程，并于2005年1月20日竣工。原设计出水标准执行《污水综合排放标准》GB 8978—1996中二级排放标准，其中COD值严于二级标准。原设计进出水水质如表8-11所示，现状处理工艺流程如图8-25所示。污水处理厂西侧为厂前区和池塘，东侧为污水和污泥处理区，污泥消化区位于污水处理厂东北角，总占地面积为$0.33km^2$。

原设计进出水水质 **表8-11**

项　目	COD_{Cr} (mg/L)	BOD_5 (mg/L)	SS (mg/L)	NH_3-N (mg/L)	TP (mg/L)
设计进水水质	350	150	220	30	4
设计出水水质	≤80	≤20	≤30	≤25	≤1
GB 8978—1996二级标准	≤120	≤30	≤30	≤25	≤1

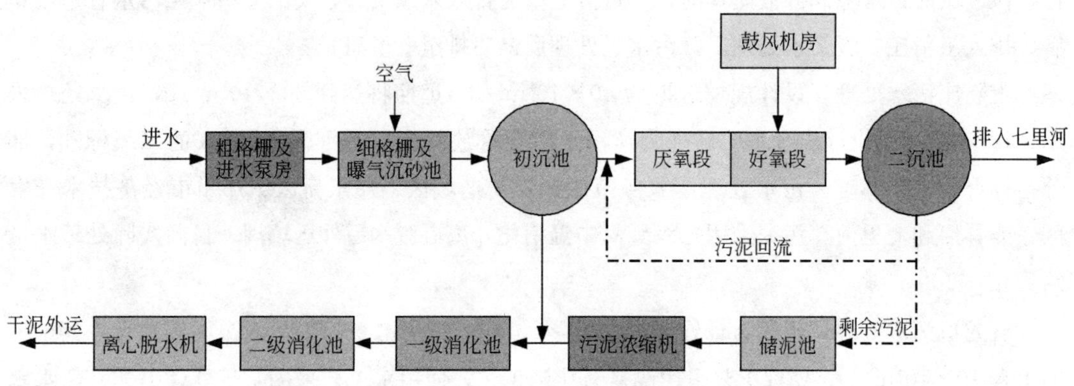

图8-25 污水处理厂现状处理工艺流程

王新庄污水处理厂自 2000 年建成投产以来，处理水量逐渐增加，至 2005 年污水处理量已达 $32\times10^4m^3/d$ 左右。

王新庄污水处理厂进水中工业废水占 45%，郑州市又是个严重缺水的城市，污水处理厂投产运行至今，实际进水水质和设计进水水质相差较大，2002～2005 年实际进出水水质如表 8-12、表 8-13 所示。

2002～2005 年进水水质　　表 8-12

项　目	COD_{Cr} (mg/L)	BOD_5 (mg/L)	SS (mg/L)	NH_3-N (mg/L)	TP (mg/L)
2002 全年平均	494.0	195.2	338.5	40.6	9.4
2003 全年平均	521.5	204.2	380.8	45.8	8.0
2004 全年平均	476.0	215.5	321.1	52.6	9.6
2005 全年平均	397.79	164.92	299.38	45.57	7.94

2002～2005 年出水水质　　表 8-13

项　目	COD_{Cr} (mg/L)	BOD_5 (mg/L)	SS (mg/L)	NH_3-N (mg/L)	TP (mg/L)
2002 全年平均	63.5	8.5	13.5	43.6	5.1
2003 全年平均	42.5	6.2	13.8	33.2	1.6
2004 全年平均	51.7	10.8	13.6	33.0	3.1
2005 全年平均	42.68	7.80	13.30	35.84	1.66

由表 8-12 和表 8-13 可以看出，王新庄污水处理厂进水水质中 COD_{Cr}、BOD_5、SS、NH_3-N、TP 的年平均值均明显高于设计值，2003～2004 年 BOD_5、NH_3-N 和 TP 有逐年递增的趋势，而 2005 年 BOD_5 下降明显，其余指标略有下降。由于进水 COD_{Cr}、BOD_5、SS 均高于设计值，导致处理后出水全年 NH_3-N 和 TP 出水平均值均超出排放标准，但 COD_{Cr}、BOD_5 和 SS 除部分月份 COD_{Cr}超标外全年出水平均值均达到了设计出水标准。

由于现状实际进水水质高于设计值，致使污水处理过程中产生的剩余污泥量高于设计值，导致污泥浓缩和脱水设备的能力不足，为此，王新庄污水处理厂于 2004 年 10 月开始实施的污泥浓缩脱水系统改造工程，新增污泥浓缩机 2 台，单机处理能力为 $100m^3/h$；新增污泥脱水机 1 台，单机处理能力为 $50m^3/h$。

8.3.2　污水处理厂改扩建方案

1. 改扩建标准的确定

按照国家环保总局颁布的《城镇污水处理厂污染物排放标准》GB 18918—2002 二级标准要求，为改善城市环境，减少污染，提高居民生活质量和水平，确保郑州市和下游水域及地下水质免受污染，促进经济可持续发展，必须对王新庄污水处理厂进行改造。

经过对污水处理厂运行情况的了解和分析，在充分利用现有设施和设备的前提下，需要对新建部分污水处理和污泥处理设施，增加污水消毒设施，并对现有机电设备、自控系统等进行扩容改造，出水水质应达到《城镇污水处理厂污染物排放标准》GB 18918—2002 二级标准要求，并在进行新建构筑物设计时考虑污水处理厂出水回用的可能性。

根据现状进出水水质，对原设计进水水质进行了调整，同时根据环保主管部门要求，确定了新的出水水质标准。改造工程设计进出水水质标准如表 8-14 所示。

改造工程设计进出水水质 表 8-14

项目	COD_{Cr} (mg/L)	BOD_5 (mg/L)	SS (mg/L)	NH_3-N (mg/L)	TP (mg/L)
设计进水水质	480	240	320	55	10
设计出水水质	≤80	≤20	≤30	≤20	≤3.0
GB 18918—2002 二级标准	≤100	≤30	≤30	≤25(30)	≤3.0

注：括号外数值为水温>12℃时的控制指标，括号内数值为水温≤12℃时的控制指标。

2. 改扩建内容

本次改造工程充分利用原有污水污泥处理构筑物和已建的各种辅助建筑物（包括综合楼、食堂、仓库、机修间、车库等），改造曝气沉砂池、A/O 反应池、鼓风机房、污泥脱水机房、沼气锅炉房和出水井，同时新建初次沉淀池、前置缺氧段 A/A/O 反应池、鼓风机房、加药间、二次沉淀池和二次沉淀池配水井、回流和剩余污泥泵房、紫外消毒池等污水处理设施，新建污泥浓缩机房、一级消化池、操作间、沼气锅炉房、脱硫塔、污泥脱水机房和除磷池等污泥处理构筑物。根据现有的污水处理厂总平面布置，在污水处理厂东侧围墙外，新征用地 7.714hm^2，新征用地南部为污水处理区，北部为污泥处理区，污泥消化区为易燃易爆区，设单独的围墙将消化区和其他区域分开，以方便管理，污水处理厂改造后的平面布置如图 8-26 所示。

3. 处理工艺选择

从王新庄污水处理厂近年的进水水质可以看出，2004 年开始王新庄污水处理厂的进水水质中 BOD_5、COD_{Cr}、SS 浓度下降明显，而 NH_3-N、TP 浓度变化较小，由于 BOD_5/TN、BOD_5/TP 偏低，不利于生物脱氮除磷。本工程出水水质要求出水 TP≤3mg/L，因此设计采用带前置缺氧段的 A/A/O 工艺作为本次改扩建设计的污水处理工艺，其工艺流程如图 8-27 所示。

设置前置缺氧段，其目的主要是去除回流污泥中的硝酸盐，使厌氧区内的厌氧环境得到保证，从而确保生物除磷效果。内回流中的硝酸盐在厌氧段后设置的缺氧段中进行反硝化，避免过量的硝酸盐进入二次沉淀池，在二次沉淀池内进行反硝化引起污泥上浮，同时回收氧和碱度，节约能量。在前置缺氧段和厌氧段设两个进水点，以保证前置缺氧段反硝化和厌氧段生物除磷所需的碳源，同时在生物反应池的设计中考虑可以根据进水水质、水温的变化采用不同的运行方式。当进水碳源严重不足时，设置了可超越初次沉淀池的旁通管，同时还可将污泥离心脱水机滤液经除磷池处理后的上清液直接进入生物反应池。本工程还设置了加药设备作为备用，一旦水质波动或其他因素出现造成水质变化，可通过投加化学药剂除磷以确保出水水质达标。

本次设计考虑适当增加新建生化处理构筑物硝化段和反硝化段的停留时间，降低出水 NH_3-N 和 TN 浓度，为将来王新庄污水处理厂出水回用采用深度处理工艺创造有利条件。并

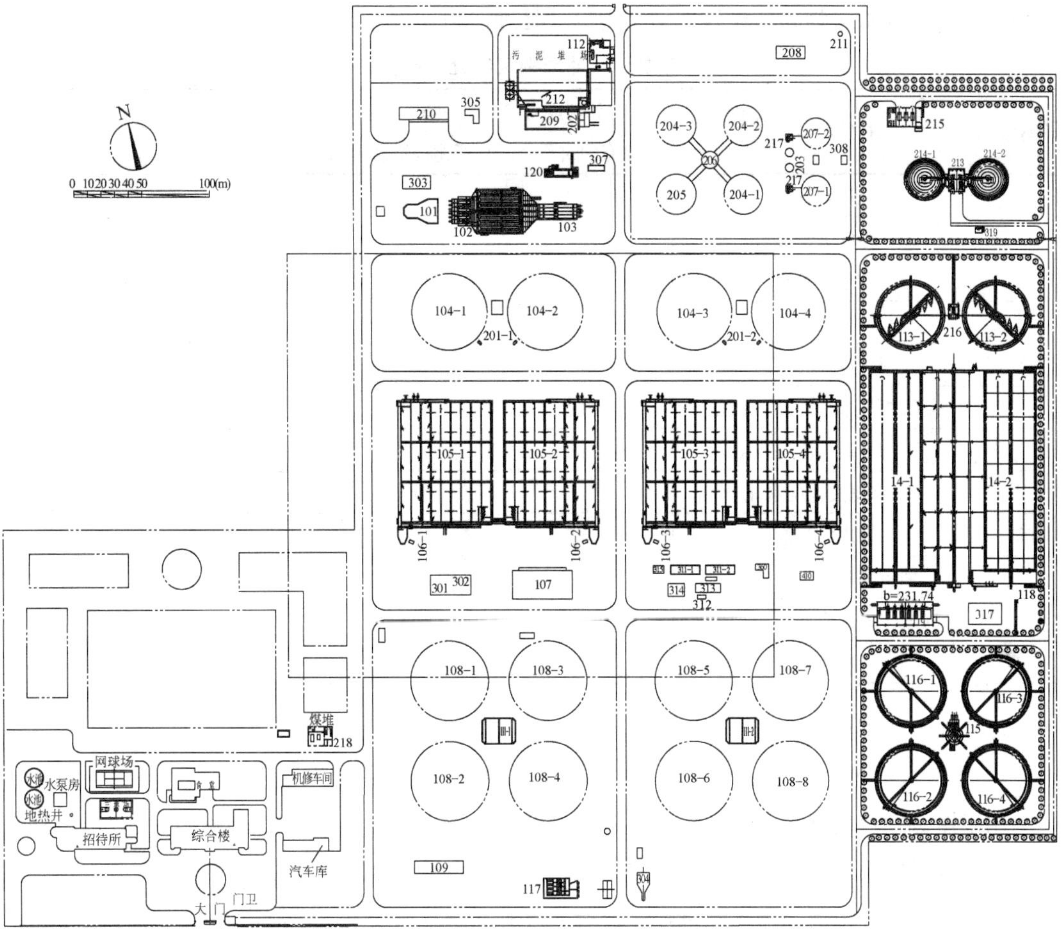

图 8-26　王新庄污水处理厂改造后平面布置

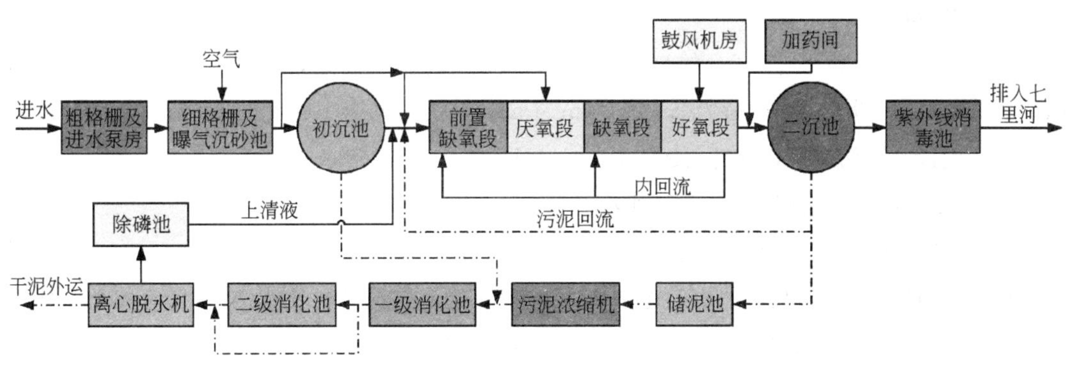

图 8-27　前置缺氧段 A/A/O 工艺流程

且增加除磷池，消化池上清液和离心脱水机滤液进入除磷池，投加硫酸铝进行化学除磷，以避免高浓度的消化池上清液和离心脱水机滤液进入污水处理系统，对污水处理系统造成冲击，使出水 TP 超标。

4. 主要处理构筑物设计

根据确定的工艺流程，污水处理厂在充分利用已建处理构筑物的同时，需新建部分处理构筑物。已建处理构筑物和新建处理构筑物设计处理能力如表 8-15 所示。

主要污水处理构筑物处理能力 **表 8-15**

编号	构筑物名称	处理能力（$\times10^4m^3/d$）		备 注
		原有构筑物	新建构筑物	
1	进水泵房	40		
2	曝气沉砂池	40		
3	配水计量槽	24		新建构筑物用电磁流量计计量
4	初次沉淀池	24	16	
5	初沉污泥泵房	24	16	
6	前置缺氧段 A/A/O 反应池	24	16	
7	脱气池	24		
8	二次沉淀池配水井		16	
9	二次沉淀池	24	16	
10	回流和剩余污泥泵房	24	16	
11	紫外消毒池		40	
12	加药间		40	

（1）污水处理构筑物

1）曝气沉砂池

用于输送细格栅栅渣的皮带输送机故障率较高，能力不够，更换螺旋输送机 2 台，因曝气沉砂池集水渠内两个集砂斗集砂量相差较大，其中 1 台砂泵使用频率较高，损坏较严重，且能力不足，本次设计拟更换潜水砂泵，并新增 1 台潜水砂泵。曝气沉砂池出水部分新增固定出水堰两套，新增 1 座出水井和 1 根 *DN*1800 出水管至新建初次沉淀池配水井。

2）初次沉淀池

利用已建的 4 座直径为 55m 的初次沉淀池，新建 2 座辐流式初次沉淀池，直径为 48m，有效水深为 4.0m，设计表面负荷为 $2.39m^3/(m^2\cdot h)$，沉淀时间为 1.67h。配套新建 1 座初沉污泥泵房，内设 2 套污泥泵，泵每天运行时间为 14h。

初次沉淀池的工艺设计如图 8-28 所示。

3）前置缺氧段 A/A/O 反应池

前置缺氧段 A/A/O 反应池由已建 A/O 反应池改建为前置缺氧段 A/A/O 反应池和新建前置缺氧段 A/A/O 反应池组成。

已建 4 座 A/O 反应池，分为 9 个廊道。本次改造拟将每池的前 3 个廊道改为前置缺氧段、厌氧段、缺氧段，第 4 个廊道增加 3 套潜水搅拌器，同时更换原有的曝气器，后 5 个廊道作为好氧段，而第 4 个廊道可作为交替段，好氧段的出水堰维持不变。每池增加 3 台内回流泵，另设 2 台备用。曝气池西侧池壁新增 *DN*1000 内回流污泥管，内回流管分为两根，一根内回流管进入第 3 廊道后半部缺氧段，上设手动闸阀，另一根内回流管进入原污泥回流渠的巴氏计量槽内，与回流污泥一道进入前置缺氧段前端，上设手动闸阀。内回流总管上设流量计计量内回流

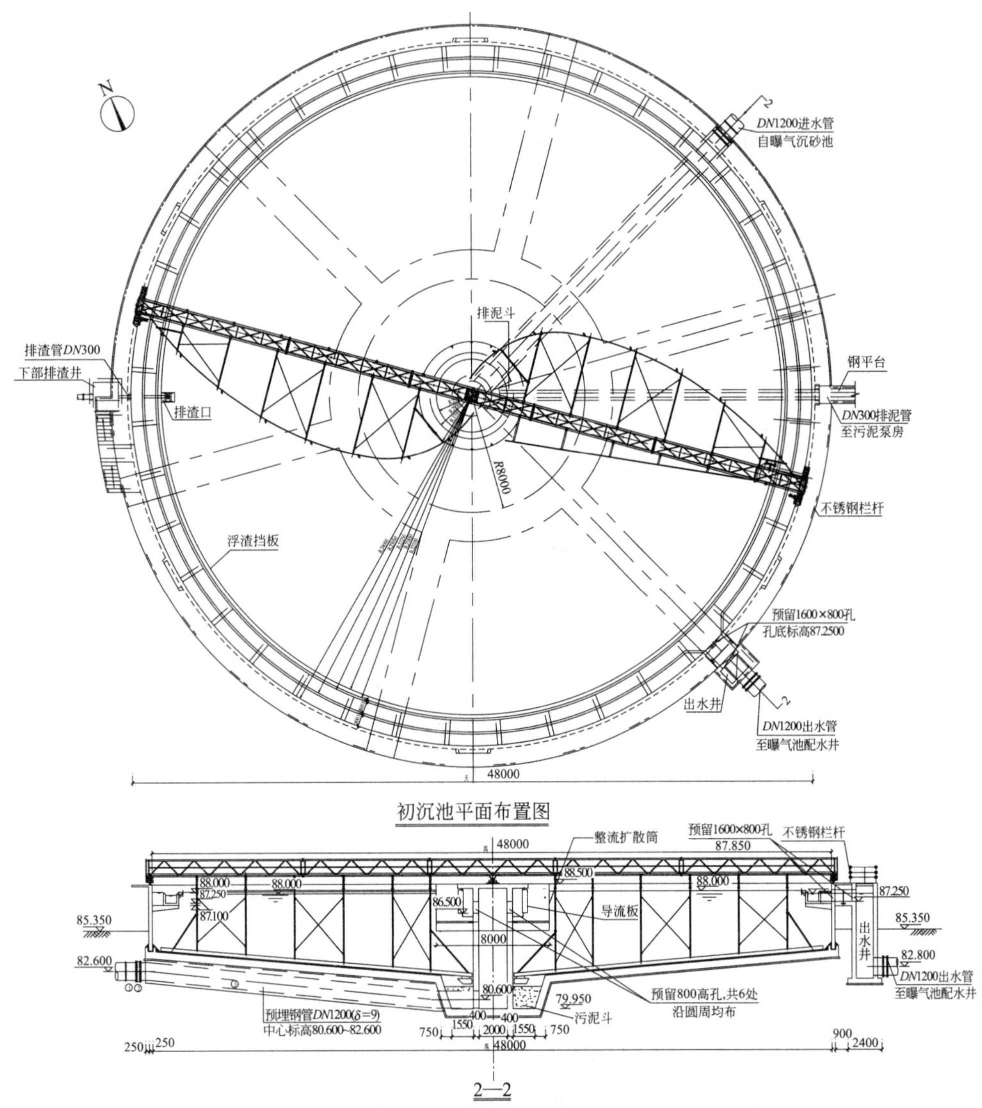

图 8-28　初次沉淀池工艺设计

量。第 1 廊道和第 3 廊道东端头增设调节堰门，分配和调节进入前置缺氧段和厌氧段的污水量。

在已建前置缺氧段 A/A/O 反应池出水端设置加药管，当进水水质发生较大变化时，可以投加硫酸铝，以确保去除污水中尚未达标的剩余磷。由于目前已建 A/O 反应池曝气头堵塞较为严重，本工程拟彻底更换曝气池中曝气头，更换并新增曝气头总数为 36312 个，为避免空气流速过高可能引起的噪声污染，同时减少阻力损失，降低能耗，将原有空气管道全部更换。改建的 A/A/O 反应池如图 8-29 所示。

新建 1 座 2 池前置缺氧段 A/A/O 反应池，有效容积为 110330m^3，有效水深为 6m，混合液浓度为 3.5g/L，污泥负荷为 0.075kgBOD_5/(kgMLSS · d)，剩余污泥产率为 0.8kgDS/kg-BOD_5，设计水力停留时间为 16.55h。第 1、2 廊道为前置缺氧段、厌氧段和缺氧段，每池设置

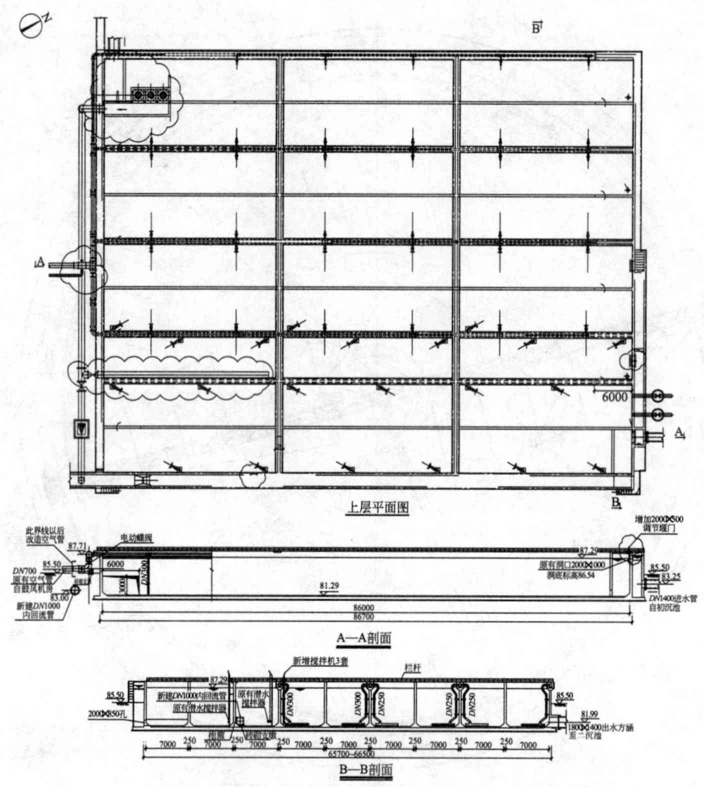

图 8-29 改建的 A/A/O 反应池工艺设计

16 套潜水搅拌器，促使池内污水搅动，避免污泥沉积，第 3 个廊道底同时设有搅拌器和曝气器，为交替段，其余 3 个廊道为好氧段，好氧段底部均布微孔曝气器，为微生物生长提供氧气，同时确保池内混合液呈悬浮状态。每池好氧段出水处设置 4 台内回流泵，另设 1 台仓库备用。通过第 1 和第 2 个廊道之间的内回流渠，将内回流污泥送至缺氧段。内回流渠上设明渠流量计计量内回流量。前置缺氧段和厌氧段进水端设调节堰门，调节污水的进入量。

同样，在新建前置缺氧段 A/A/O 反应池出水端设置加药管，当进水水质发生较大变化时可以投加硫酸铝，以确保去除污水中尚未达标的剩余磷，新建的 A/A/O 反应池如图 8-30 所示。

4）二次沉淀池

利用已建 8 座采用中心进水、周边出水辐流式二次沉淀池，直径为 57m，池边水深为 4.2m，设计表面水力负荷为 $0.64m^3/(m^2 \cdot h)$。新建 1 座圆形二次沉淀池配水井和 4 座采用周边进水、周边出水辐流式二次沉淀池。配水井将来自新建前置缺氧段 A/A/O 反应池的污水均匀分配至 4 座新建二次沉淀池，内设 4 套双吊点调节堰门。二次沉淀池高峰流量时设计表面负荷为 $1.20m^3/(m^2 \cdot h)$，直径为 48m，池边水深为 4.6m，沉淀时间为 3.83h。新建 1 座回流和剩余污泥泵房，并与二次沉淀池配水井合建。泵房内设 4 套回流污泥泵，同时在仓库内设置 1 套备用泵。设 3 套剩余污泥泵，2 用 1 备；设计最大回流污泥比为 150%。

二次沉淀池的工艺设计图如图 8-31 所示。

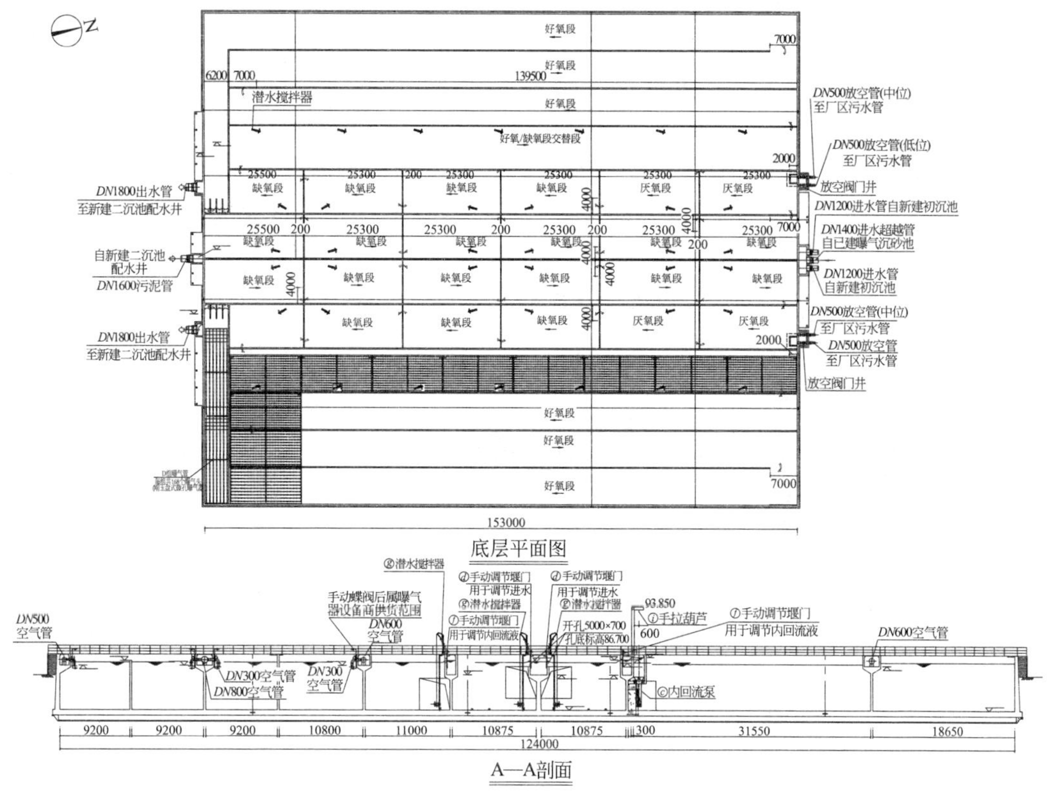

图 8-30　新建的 A/A/O 反应池工艺设计

5）脱气池

原设计 2 座脱气池对应 4 组二次沉淀池，脱气池中间用隔墙连通，为增加运转的灵活性，本次设计将脱气池中间隔墙凿通，增设 1500mm×1500mm 手电两用方闸门，共 2 套。

6）鼓风机房

利用已建鼓风机房原有离心风机 7 台，其中 5 台为电动鼓风机，2 台为沼气驱动鼓风机作为备用风机。已建鼓风机房未设置空气粗过滤器，为此本次改造工程在总进风廊道内增加自动卷绕式空气过滤器。

新建鼓风机房 1 座，平面尺寸为 20m×45m，增加电动鼓风机 6 套，单机风量 Q 为 $300m^3/min$，风压 H 为 7.3m，其中 1 套作为备用风机。出风管接至位于其北侧的新建前置缺氧段 A/A/O反应池，同时与已建鼓风机房出风总管接通。新建鼓风机房总进风廊道内也设置 2 套自动卷绕式空气过滤器。

鼓风机房平面布置如图 8-32 所示。

7）紫外线消毒池

新建紫外线消毒池 1 座，对二次沉淀池尾水进行消毒处理，共 4 条渠道，安装 4 个模块组，每个模块组含有 18 个模块，共 576 根紫外线消毒灯管，接触时间为 6s，紫外线消毒系统包括紫外线灯模块组、系统控制中心、配电中心、灯组支架和水位控制系统。

紫外线消毒装置采用模块式结构，使用低压高强度紫外灯管，使用多级变功电子镇流器，

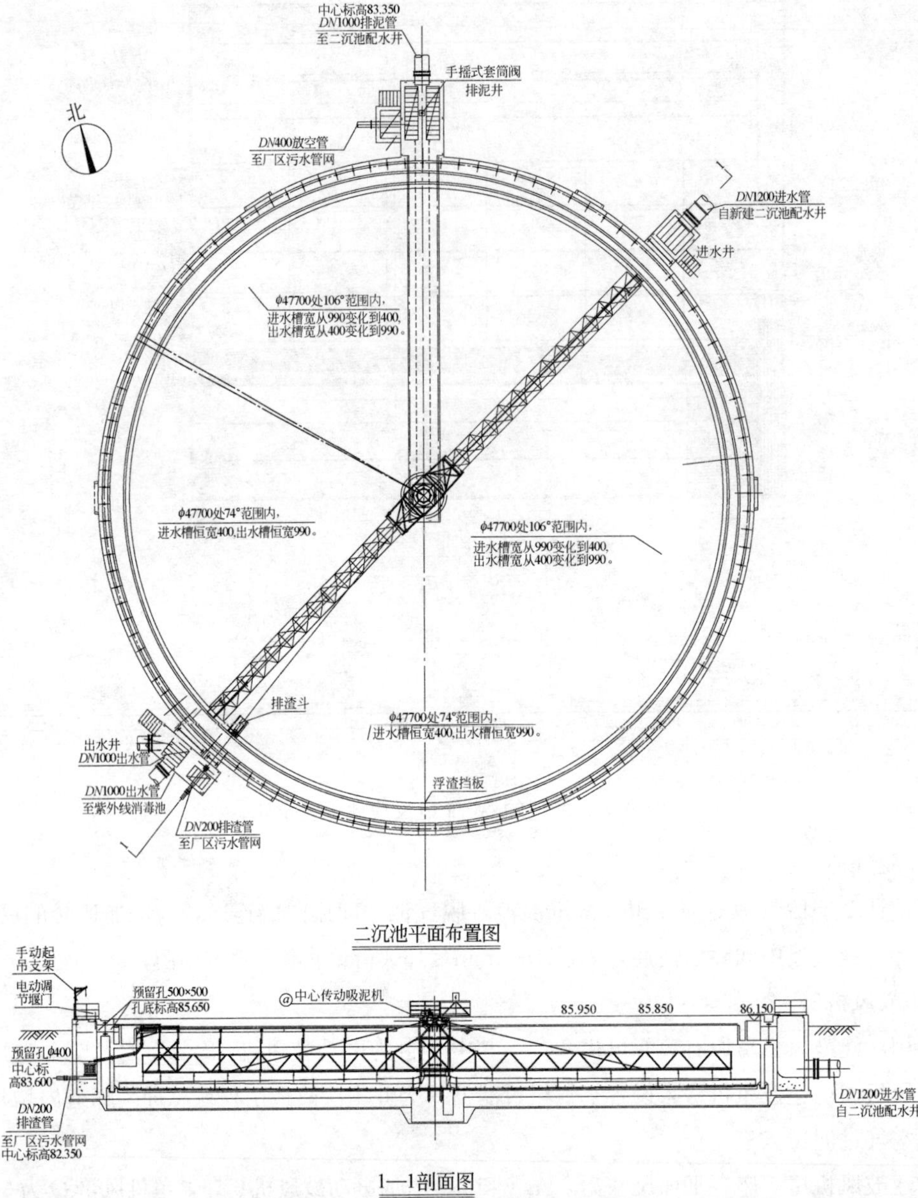

图 8-31 二次沉淀池的工艺设计

带机械或化学式自动清洗系统。自动清洗系统在清洗过程中不会对系统运行产生干扰，模块可以正常工作。

在紫外线消毒的进水廊道处设置不锈钢渠道闸门，用于切断水流作检修设备用。

紫外消毒渠平面布置如图 8-33 所示。

8）加药间

新建加药间 1 座，用以制备化学除磷所需的混凝剂溶液和絮凝剂溶液。投加的化学药剂为固态硫酸铝，投加量为 16628～24052kg/d，可根据进水水质情况间歇投加。加药间内设置 2 套硫酸铝制备系统，单套制备能力 Q 为 0.7t/h。硫酸铝由给料机进行精确计量后通过倾斜式螺

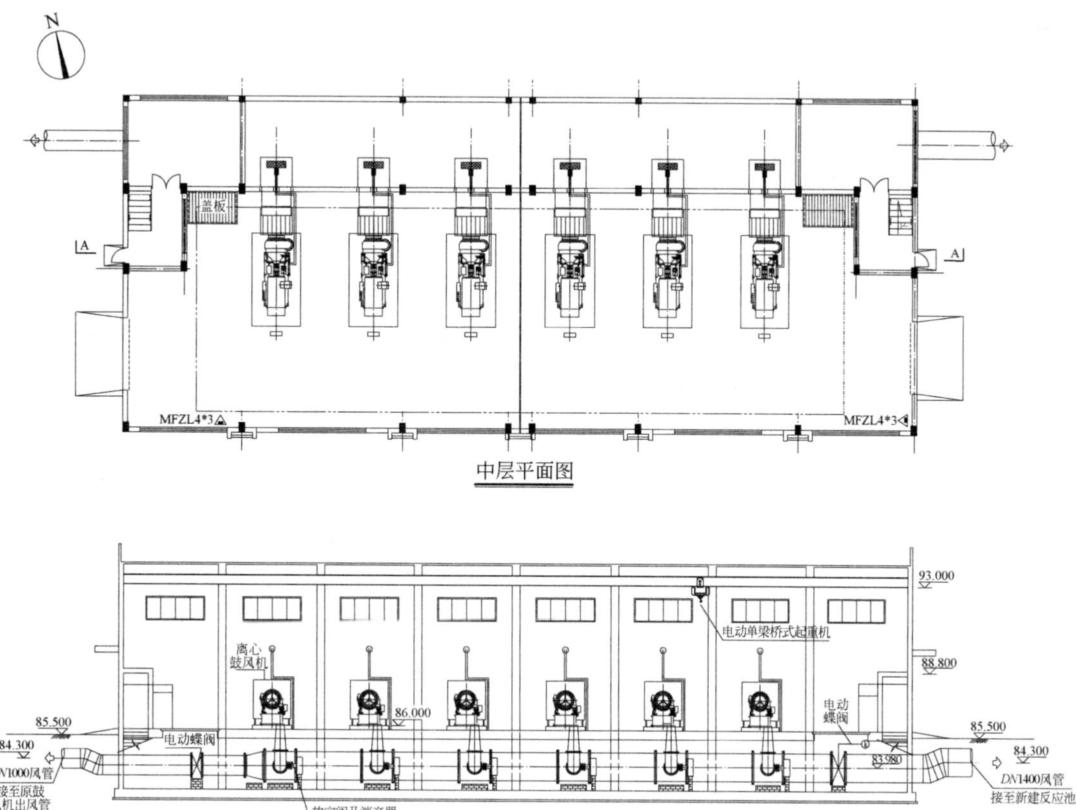

图 8-32　鼓风机房平面布置

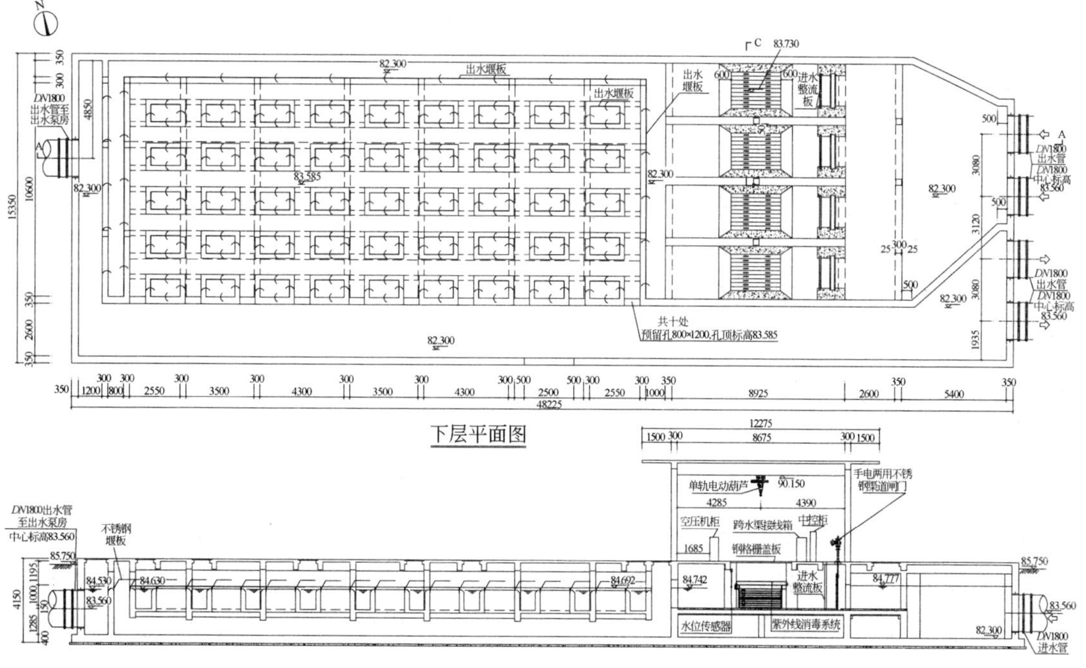

图 8-33　紫外消毒渠平面布置

旋输送器送至溶药罐与溶解水混合溶解到浓度为15%，最后通过计量泵输送至投加点。加药泵数量为10台，其中8台（6用2备）用于前置缺氧段A/A/O反应池出水加药，2台（1用1备）用于除磷池加药，加药间药库储存药剂天数为15d。

加药间平面布置如图8-34所示。

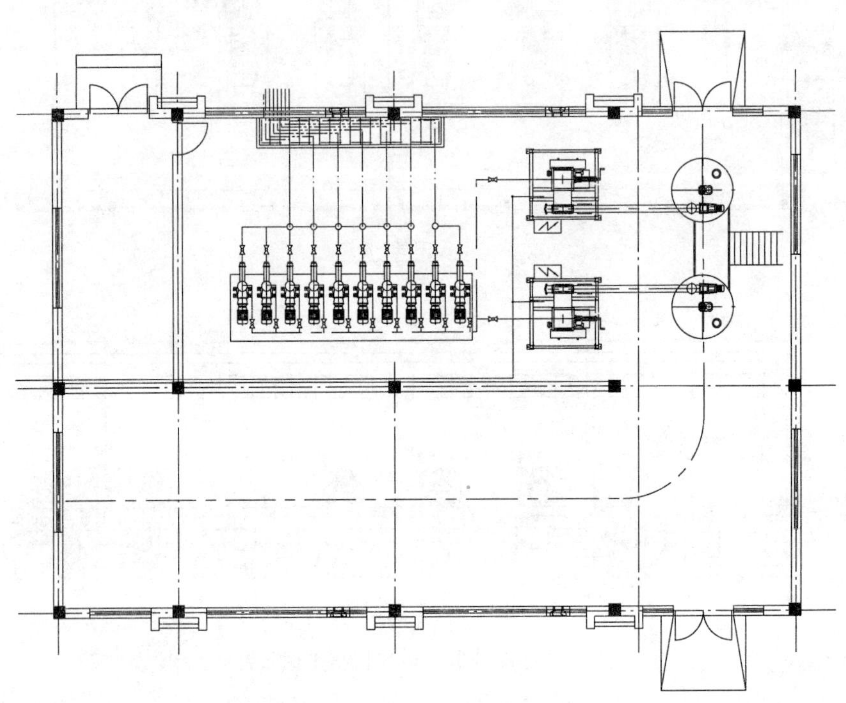

图8-34 加药间平面布置

（2）污泥处理构筑物设计

污泥处理工艺不变，但是由于污水处理工艺的改造，使产生的污泥量和污泥性质发生了改变。需要增加部分污泥处理设施。污泥由两部分组成，一部分为生物处理产生的剩余污泥，另一部分为投加硫酸铝产生的化学污泥。两部分污泥由剩余污泥泵提升进入原有储泥池，然后经污泥泵提升进入污泥浓缩机浓缩，浓缩后的剩余污泥进入均质池（与储泥池合建）与初沉污泥进行混合均质，由污泥泵提升后进入消化池进行中温厌氧消化，消化后的污泥进入污泥离心脱水机脱水，脱水后的污泥进入新建的候寨垃圾综合处理厂处理。

1）污泥浓缩机房

污泥浓缩机房原有污泥浓缩机6套，其中单套处理能力为45m^3/h的浓缩机4套，单套处理能力为100m^3/h的浓缩机2套，本次改造新建污泥浓缩机房，增加2套处理能力为100m^3/h的污泥浓缩机，1套处理能力为45m^3/h和1套处理能力为100m^3/h的污泥浓缩机将作为备用，提高设备备用率。污泥浓缩机运行时间为20h，经浓缩后污泥含水率为96%，污泥量为1482m^3/d。

新增自动配制絮凝剂系统1套，用于本次新增离心浓缩机和脱水机的絮凝剂制备，干粉制

备能力 Q 为 10～16kg/h，药剂浓度为 0.5%。新增絮凝剂添加泵采用隔膜计量泵 2 台，用于本次新增离心浓缩机絮凝剂溶液的投加，单台流量 Q 为 0.2～1.5m^3/h，扬程 H 为 30m，单台电机功率 N 为 0.55kW。污泥进泥泵前设置 2 台污泥切割机，用于切割进泥中的杂质，避免损坏设备。污泥缓冲罐设置在 2 台离心式污泥浓缩机出料口的下方，用于储存浓缩污泥。浓缩机的冲洗采用厂区回用水系统。

污泥浓缩机房平面布置如图 8-35 所示。

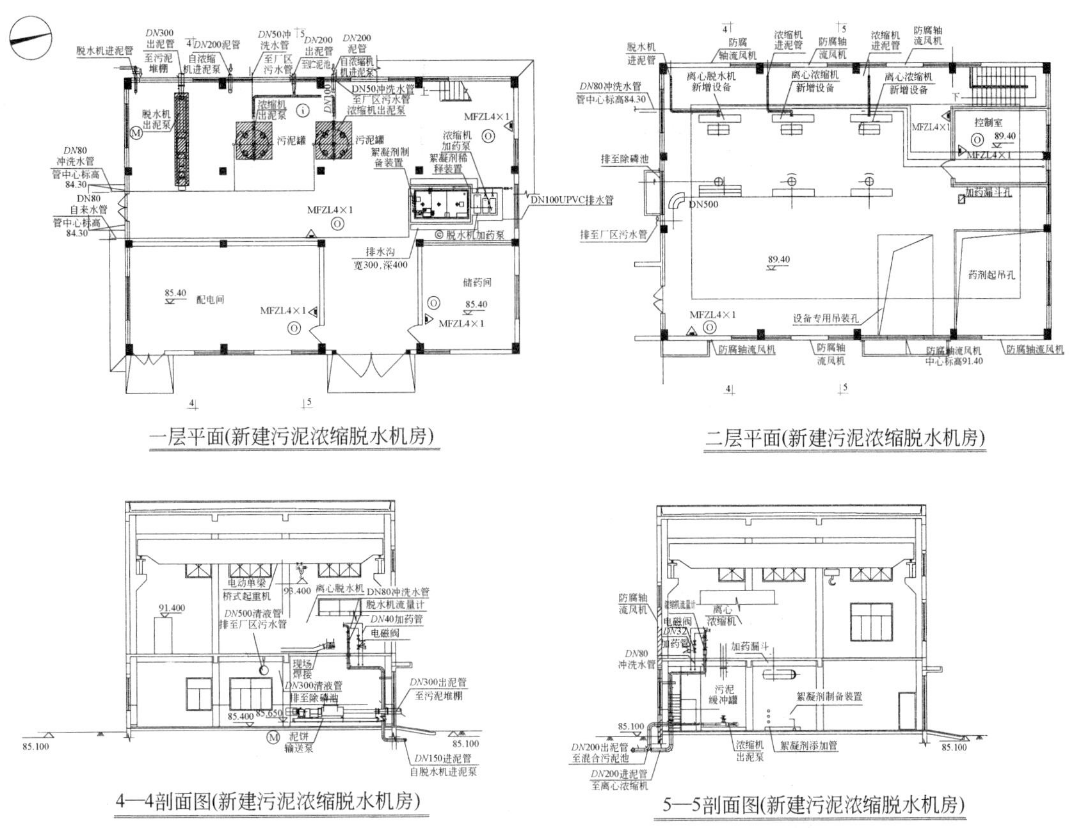

图 8-35　污泥浓缩机房平面布置

2）污泥消化池和操作间

本次改造工程初沉污泥干泥量为 64000kg/d，含水率为 95%，污泥流量为 1280m^3/d。剩余和化学污泥干泥量为 59290kg/d，经机械浓缩后含水率为 96%，污泥流量为 1482m^3/d。总污泥量为 2762m^3/d。

已建 3 座一级消化池和 1 座二级消化池，新增 2 座圆柱形一级消化池，每座池单池有效容积为 14000m^3，污泥停留时间为 21d。采用中温消化，工作温度为 33～35℃。污泥搅拌采用沼气搅拌方式。每座消化池配置 1 套设置在池顶的沼气分配盘，沼气搅拌管由沼气分配盘引出，由池中心均匀分配，利用沼气压缩机将沼气送入消化池对池内污泥进行搅拌混合。设置 2 套沼气流量显示器，用于监控和显示沼气量。安全阀设置在消化池顶部，避免池体超压运行，沼气密封罐设置在消化池内壁的顶部，直径和池内壁配合，拱形结构，下部内圈高度低于溢流管约

300mm，主要作消化池顶部密封用。每座消化池设置2台套筒阀，通过内套管高度的调节，控制液面排渣高度。

新增的污泥消化池工艺设计如图8-36所示。

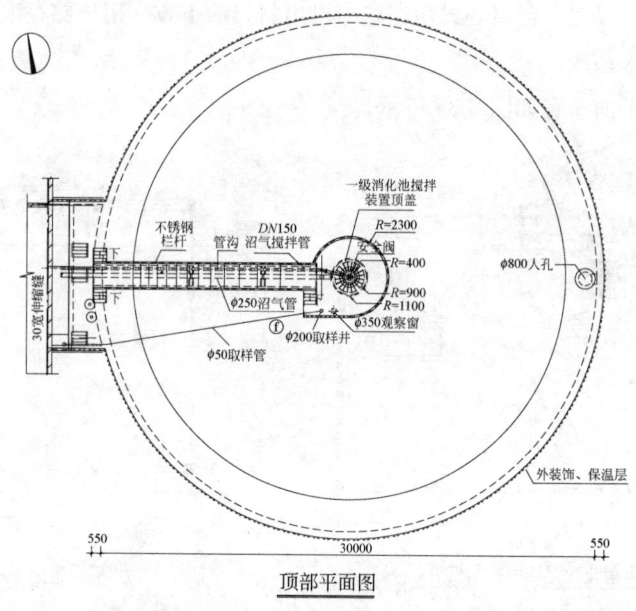

顶部平面图

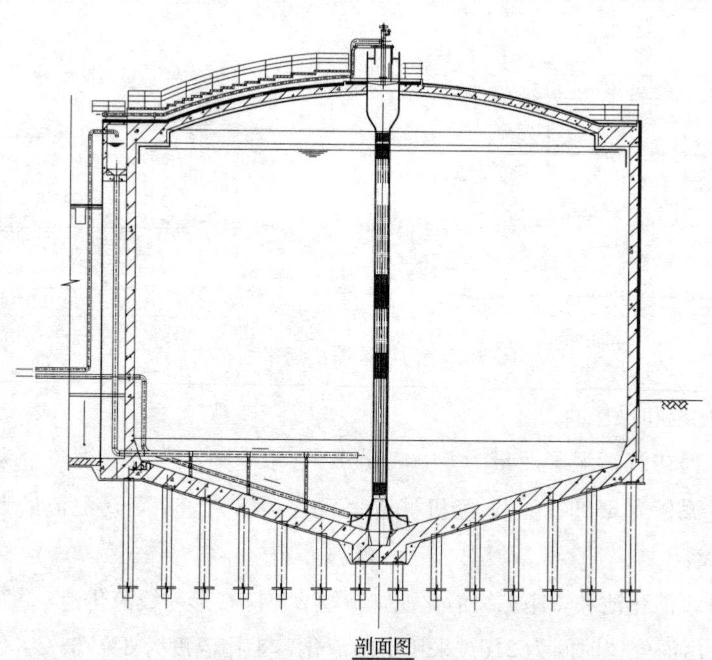

剖面图

图8-36 新增的污泥消化池工艺设计

新建操作间位于2座消化池中间。操作间和消化池顶部通过走道板连通，底部通过管廊连通。已建储泥池出泥由消化池进泥泵提升进入消化池，消化池循环污泥经污泥循环泵提升，熟污泥与生污泥之比约为5。热交换器选用套管式热交换器，采用2组，热交换器中污泥和污水逆向传热，内管流污泥，外管流热水，传热系数约为 600kcal/(m^2·h)。热水取自 3 台热水型沼气锅炉，2 用 1 备，锅炉和热交换器之间的冷热水循环分配通过一台热水分配器进行。热水分配器中热水则由热水循环泵提升进入热交换器。消化池产生的沼气通过池顶沼气管汇集后，沿操作间沼气管道井下行至沼气粗滤器，以过滤沼气中所含杂物。沼气粗滤后至脱硫塔进行脱硫处理。在沼气粗滤器填料清洗期间，沼气管直接旁通入脱硫塔。为了满足消防要求，在每座消化池顶和操作间内均设有消火栓，并由给水管道泵增压供水。

新建一级消化池出泥可直接至脱水机房进行污泥脱水，也可自流进入原有二级消化池进一步消化后脱水。

3）沼气锅炉房

原有 1 座沼气锅炉房改建，新建 1 座沼气锅炉房，内设 3 套沼气锅炉，2 用 1 备，每台锅炉的产热量为 200kW。锅炉进水是经离子交换器处理后的软化水，软化水通过软水管道泵提升入锅炉，锅炉热水由热水泵提升进入热水分配器。

4）脱硫塔

本次工程沼气产量为 29432m^3/d，平均小时产气量为 1226m^3，原有干法脱硫塔系统设计处理能力为 350m^3/h，需新增 2 套干法脱硫塔，单套设计处理能力为 450m^3/h。

5）污泥脱水机房和污泥堆棚

利用已建污泥脱水机房和原有 4 台污泥脱水机，并在原有污泥脱水机房的预留位置增加 1 套污泥脱水系统，处理能力为 50m^3/h，作为备用。脱水机房处理能力增至 140m^3/h，每天运行时间为 20h。新增絮凝剂添加泵位于新建污泥浓缩脱水机房。污泥进泥泵前设置 2 台污泥切割机，用于切割进泥中的杂质，避免损坏设备。污泥脱水机配套螺旋输送机 1 台。

因污泥量的增加，原有 3 台消化池进泥泵不能满足要求，本次更换消化池进泥泵 3 台。

因污泥堆棚内污泥输送用单螺杆泵故障率较高，能力不足，原有污泥堆棚内新增 2 台出泥设备，单台流量 Q 为 30m^3/h，新增螺旋输送机 2 台，用于污泥的转运。

脱水后污泥含水率按 75%计，污泥量为 375m^3/d。

6）除磷池

为避免污泥离心脱水机滤液中高浓度的磷酸盐进入污水系统对生物除磷系统造成冲击，降低污水处理系统生物除磷的效果，设除磷池 1 座，除磷池设计处理能力为 100m^3/h，前设反应段，除磷池出水井内设置 3 台离心式潜水污水泵（2 用 1 备），在生物处理系统进水碳源不足时，将除磷池出水送入前置缺氧段 A/A/O 反应池。

新增的除磷池工艺设计如图 8-37 所示。

（3）电气和仪表自控改造设计

对原两路 10kV 进线电源进行扩容申请，引入厂内新建的 10kV 配电间内，再转供原 10kV 配电系统。已建第一分变电站进行扩容改造，利用原有低压柜改造后承担已建曝气池、脱气池新增负荷。第二分变电站已无扩容余地，直接利用。新建 10kV 配电间，第三、四分变电站和脱水机房变电站。新建 10kV 配电间与第三分变电站合建，为户内变电站，第四分变电站与第

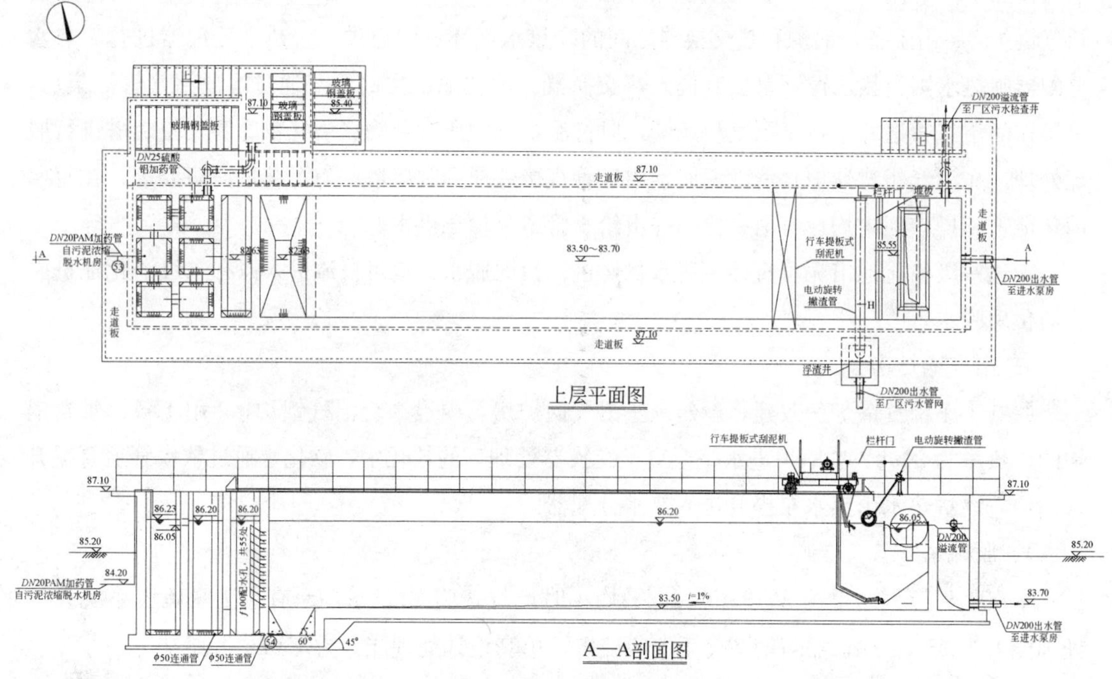

图 8-37 新增除磷池工艺设计

三分控室合建，为户内变电站，脱水机房变电站设置在脱水机房内。

原有 10kV、0.4kV 配电系统的运行方式不变。新增 10kV 配电系统采用双电源进线，单母线分段的接线方式。正常运行时，每路电源承担各自母排的负荷；当一路电源因故停电时，手/自动断开该路电源进线开关并合上母联，由另一路电源承担二段母排负荷。第三分变电站两路 10kV 电源供电，设 2 台 500kVA 常用变压器，二常用，互为备用，不能并列运行。第四分变电站 10kV 侧采用电源变压器组的接线方式，0.4kV 采用低压两侧进线，单母线不分段的运行方式，变压器为一用一备。污泥脱水变电站 10kV 为电源变压器组的接线方式，设 1 台 500kVA 变压器。0.4kV 采用单母线的接线方式。全厂总功率补偿：新增 10kV 鼓风机采用就地补偿的方式；0.4kV 低压侧采用设集中自动补偿的方法；补偿后功率因数均达 0.9 以上。

自控系统按分散控制、集中管理的原则设置，采用与原已建工程自控系统相结合的方式，对已建工程 4 个现场控制站进行改造，增设 2 个现场控制站和 2 个控制子站。利用已建的中央控制室，中央控制站原设有 2 个操作员站、1 个工程师站和 1 个模拟屏。本次改造工程中将原有 2 个操作员站、1 个工程师站废除，新增 1 台操作员计算机、1 台工程师站计算机、1 台服务器和相应的组态、数据库软件，同时对原有计算机系统自控软件进行升级扩容。考虑到将来综合楼会采用管理信息系统，本次设计设置 1 套无线以太网接入单元，建立无线以太网局域网，可将服务器内的数据与管理信息系统计算机共享。模拟屏进行改造，同时增加 1 套投影仪带 150in（英寸）电动投影屏幕，可动态演示全厂流程。

在变电所设 1 套变电所计算机监控系统管理站，作为厂区变电所监控中心，对 10kV、0.4kV 高低压综合继电保护和测量装置传输来的各种电量信号、断路器状态和故障信号进行处理、计算及实时微机监控。

在新增的处理构筑物内，根据工艺流程新增液位、压力、水质分析等检测仪表，完善原已建工程范围内检测仪表。同时增加新建构筑物的网络通信系统、摄像系统、红外线周界报警系统和防雷接地等。

8.3.3　运行效果

1. 近三年的运行数据

2011～2013 年的污水处理量资料如表 8-16 所示。

2011～2013 年污水处理量　　表 8-16

月份	2011 年		2012 年		2013 年	
	总水量（$\times10^4 m^3/d$）	日均值（$\times10^4 m^3/d$）	总水量（$\times10^4 m^3/d$）	日均值（$\times10^4 m^3/d$）	总水量（$\times10^4 m^3/d$）	日均值（$\times10^4 m^3/d$）
1	1303.24	42.04	1212.05	39.10	1337.21	43.14
2	1204.66	38.86	1183.09	38.16	1296.59	41.83
3	1121.18	40.04	1092.89	37.69	1258.85	44.96
4	1273.52	41.08	1294.11	41.75	1404.18	45.30
5	1241.26	41.38	1409.66	46.99	1282.55	42.75
6	1381.47	44.56	1559.12	50.29	1557.38	50.24
7	1269.79	42.33	1478.48	49.28	1487.12	49.57
8	1486.62	47.96	1608.33	51.88	1585.15	51.13
9	1485.72	47.93	1621.13	52.29	1568.62	50.60
10	1211.69	40.39	1509.67	50.32	1478.24	49.27
11	1368.90	44.16	1504.27	48.52	1509.93	48.71
12	1294.75	43.16	1421.15	47.37	1378.20	45.94
最大值	1486.62	47.96	1621.13	52.29	1585.15	51.13
平均值	1303.57	42.82	1407.83	46.14	1428.67	46.95
最小值	1121.18	38.86	1092.89	37.69	1258.85	41.83

2011～2013 年的进出水水质如表 8-17 所示。

2011～2013 年进出水水质　　表 8-17

日期	BOD_5(mg/L)		COD_{Cr}(mg/L)		SS(mg/L)		NH_3-N(mg/L)		TP(mg/L)	
	进水	出水	进水	出水	进水	出水	进水	出水	进水	出水
2011 年 1 月	237.58	13.72	432.39	27.07	295.19	9.91	56.10	8.20	5.87	1.49
2011 年 2 月	195.97	12.32	433.42	27.54	293.39	10.56	52.36	6.17	5.51	1.93
2011 年 3 月	239.50	14.14	502.46	28.43	305.75	12.06	55.10	8.61	6.79	0.94
2011 年 4 月	228.52	13.91	491.87	36.49	347.13	11.77	55.57	8.48	7.06	0.71
2011 年 5 月	208.40	12.23	443.73	31.47	306.00	11.17	47.79	5.13	5.73	0.97
2011 年 6 月	182.58	12.87	362.71	31.44	301.97	12.08	45.51	6.49	5.53	1.54
2011 年 7 月	163.52	12.58	352.13	29.81	313.57	12.10	46.57	9.98	5.14	0.73

续表

日期	BOD_5(mg/L)		COD_{Cr}(mg/L)		SS(mg/L)		NH_3-N(mg/L)		TP(mg/L)	
	进水	出水	进水	出水	进水	出水	进水	出水	进水	出水
2011年8月	174.23	7.23	347.00	20.79	318.23	8.67	38.05	1.73	4.26	0.70
2011年9月	152.61	6.90	317.39	23.68	295.94	10.34	41.78	5.63	3.68	0.58
2011年10月	158.60	9.58	319.53	22.42	242.10	9.95	45.16	5.67	4.13	0.77
2011年11月	200.87	9.14	342.32	24.21	335.10	11.22	47.10	4.56	4.65	1.14
2011年12月	175.17	8.76	404.53	21.70	329.30	9.78	49.27	5.55	4.84	0.42
2012年1月	219.79	12.51	493.84	25.24	309.23	9.64	53.65	13.67	5.64	0.21
2012年2月	210.61	13.47	444.87	25.88	311.32	9.82	55.12	15.19	5.22	0.40
2012年3月	268.70	15.01	543.52	28.60	359.17	10.32	58.28	14.17	5.88	0.40
2012年4月	317.77	13.94	548.74	29.86	404.52	9.85	60.30	12.68	6.25	0.40
2012年5月	230.97	14.71	400.37	27.02	364.97	11.23	46.06	7.37	5.23	0.29
2012年6月	193.07	10.51	388.13	23.77	385.16	10.92	45.69	7.91	4.91	0.24
2012年7月	170.77	7.98	347.20	21.74	310.40	9.39	45.94	4.81	4.16	0.46
2012年8月	127.10	6.09	252.06	23.99	205.45	9.97	44.24	1.71	3.67	1.53
2012年9月	123.35	5.27	233.84	18.66	190.97	9.70	39.88	1.19	3.80	1.53
2012年10月	132.79	4.33	247.33	19.86	178.13	10.00	45.05	1.43	4.49	2.13
2012年11月	152.04	7.02	295.77	24.51	232.15	13.79	47.26	4.06	4.70	2.18
2012年12月	203.90	12.62	327.67	30.82	245.87	15.68	50.43	6.25	4.68	1.81
2013年1月	194.39	14.91	388.10	32.22	313.10	12.26	53.80	10.67	4.60	0.66
2013年2月	180.77	13.59	308.90	30.95	239.26	11.76	47.61	7.23	4.34	1.17
2013年3月	218.04	12.34	461.43	35.26	339.25	12.65	56.82	6.42	5.68	0.43
2013年4月	217.48	13.75	409.68	33.32	324.74	10.42	60.71	8.69	5.19	0.41
2013年5月	161.34	14.15	341.50	35.99	284.47	11.34	55.31	9.74	5.14	0.54
2013年6月	124.77	9.64	262.31	26.65	251.81	13.08	47.73	6.12	4.95	1.61
2013年7月	132.65	8.69	253.79	23.18	264.10	11.75	45.69	2.64	4.69	1.79
2013年8月	110.10	5.11	250.00	23.41	241.42	10.53	45.86	2.80	4.12	1.89
2013年9月	120.11	3.04	275.87	25.23	185.45	8.82	47.33	2.74	4.68	1.79
2013年10月	127.90	3.92	318.27	27.87	218.07	8.73	53.53	4.71	6.22	1.71
2013年11月	133.34	4.45	316.42	30.33	256.13	9.40	49.05	5.16	4.19	1.67
2013年12月	129.54	7.23	328.37	37.09	262.00	9.94	49.06	10.68	4.60	1.68
最大值	317.77	15.01	548.74	37.09	404.52	15.68	60.71	15.19	7.06	2.18
平均值	181.08	10.21	366.32	27.40	287.80	10.85	49.58	6.78	5.01	1.08
最小值	110.10	3.04	233.84	18.66	178.13	8.67	38.05	1.19	3.67	0.21

由以上数据可以看出，王新庄污水处理厂处理水量已达到设计规模，且超负荷运行，最大月平均流量已达 $52\times10^4m^3/d$，实际进水水质平均值接近设计进水水质，并且有较多月份的进水水质高于设计进水水质，王新庄污水处理厂在超负荷运行的情况下，出水水质优于设计标

准，基本达到《城镇污水处理厂污染物排放标准》GB 18918—2002一级B标准的要求。

2. 再生水回用

王新庄污水处理厂出水水质基本达到《城市污水再生利用 工业用水水质》GB/T 19923—2005中敞开式循环冷却水系统补充水水质要求，尾水除厂内回用外，约$10\times10^4m^3/d$回用于郑州市裕中能源有限责任公司作为电厂冷却水补充水，其余尾水排入七里河，回用水量占总处理量的25%。

3. 污泥气综合利用

污泥消化产生的污泥气除满足污水处理厂需要外，并入城市燃气管网，日供污泥气量约为$1.0\times10^4m^3$。

8.3.4　设计特点

（1）针对进水水质现状和出水排放要求，采用前置缺氧段A/A/O污水处理工艺，可根据进水条件按多种模式运行，同时考虑除磷加药设备，确保满足出水要求；参数选择还考虑了再生水回用的可能性。

（2）污泥处理采用消化工艺，充分利用沼气，同时对污泥上清液进行单独的加药除磷，防止对污水处理系统产生影响。

（3）总图布置紧凑，维持原厂功能区划。根据厂内实际情况，考虑运输、管理和改造对邻近构筑物的影响等因素，新增或改建构筑物充分考虑现有管线状况，合理利用现有管线，避免重复改造或管线迂回。

（4）充分利用原有构建筑物和设备，节约工程投资。

（5）采用微孔曝气器、高效的单机离心鼓风机、周边进水周边出水二次沉淀池、紫外线消毒等节能、节地新技术，降低工程投资。

8.4　昆明市第五污水处理厂改扩建工程

8.4.1　污水处理厂介绍

1. 项目建设背景

昆明市是云南省的省会，中国西南地区重要的中心城市之一，国家历史文化名城，我国重要的旅游、商贸城市。昆明市历史悠久，是滇文化的发源地，全国首批24个历史文化名城之一。以特有的四季如春的气候条件，被誉为“春城”，闻名全国。

昆明市地处云南省中部，金沙江、珠江、红河三大流域分水岭地带。昆明市区主城东、西、北三面环山，南临滇池，主城中心区平均海拔1891m（黄海高程）。昆明市的核心地带是滇池流域，四周群山环抱，地势西高东低、北高南低。东北方向主要有三尖山、麦来山、大五山；东南方向有向阳山、梁王山、猫鼻子山；西北面及西面为老鸦山、野猫山、大青山等。周围群山海拔在2200～2800m之间，中部为滇池盆地，海拔在1888～1950m之间，盆地中汇集水源形成了滇池，滇池分为内海、外海两部分，外海即滇池的主体，内海又称草海。昆明主城区属低纬度高海拔亚热带高原型湿润季风气候区，具有夏无酷暑、冬无严寒、干湿分明、四季如春的特征，气候垂直变化显著。市区多年平均气温 14.7℃，常年风向西南风偏多，多年平均降雨量 1005.9mm。

滇池是我国第六大淡水湖泊，被誉为云贵高原“明珠”，湖岸线长 163km，在水位 1886.5m 时，平均水深 4.4m，湖面面积 300km^2，湖容为 12.9×10^8m^3。滇池是一个半封闭的宽浅型湖泊，缺乏充足的洁净水对湖泊水体进行置换，水资源污染和供需矛盾十分突出，制约了昆明的可持续发展。因此，加大滇池保护和治理的力度，事关昆明和云南人民的切身利益。

第五污水处理厂位于昆明市城北片区北郊金刀营，盘龙江东岸，金色西路西侧，金色大道北侧，金实西区南侧，服务范围为长虫山以东、北二环路以北、穿金路以西、茨坝镇松花坝水库以南，规划汇水面积约 58.3km^2。城北片区属于昆明市相对比较新的建设区域，发展速度较快。本地区排水体制规划采用分流制。

2. 污水处理厂现状

第五污水处理厂一期工程为世界银行贷款项目，于 2001 年 11 月建成，设计处理规模为 8.5×10^4m^3/d，占地 8.07hm^2，尾水经盘龙江排入滇池外海。一期工程现状如图 8-38 所示。

一期工程的主要构筑物有粗格栅、进水泵房、细格栅、旋流沉砂池、生物反应池、二沉池、储泥池、脱水机房和鼓风机房等，辅助建筑物包括综合楼、仓库、车库、门卫、宿舍等，辅助建筑物建设时已考虑了扩建的需求。

图 8-38 第五污水处理厂一期工程现状

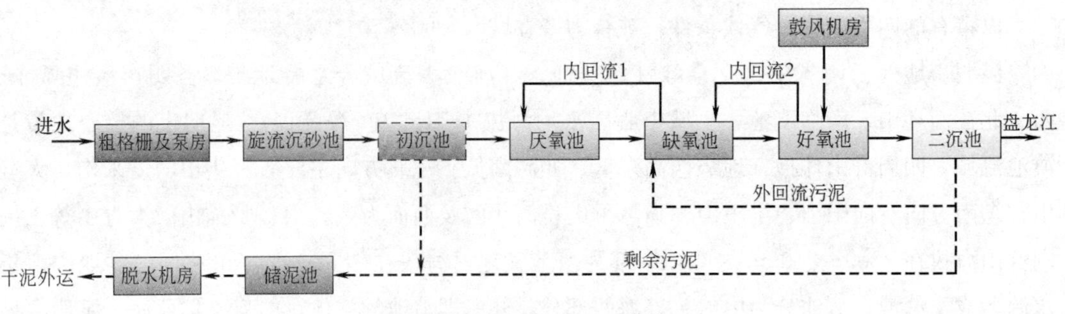

图 8-39 一期工程处理工艺流程

一期工程污水处理工艺采用 UCT 工艺，污水先经粗格栅、进水泵房提升后进入旋流沉砂池，经沉砂处理，进入生物反应池，然后进入二沉池，经沉淀处理后，排入盘龙江，出水标准达到《城镇污水处理厂污染物排放标准》GB 18918—2002 一级 B 标准。污泥经浓缩脱水后，外运至东郊垃圾填埋场卫生填埋。一期工程处理工艺流程如图 8-39 所示。

2004～2006 年实际进水水质如表 8-18 所示，实际出水水质如表 8-19 所示。从表中可以看出，2004～2006 年，污水处理厂出水年平均值基本可以达到一级 A 标准，但是一期工程出水没有消毒设施，并且出水指标不能稳定达标。根据 2004～2006 年每日处理量统计表，现状处理水量在 (7～8)×$10^4 m^3/d$ 左右，基本达到设计规模，由于城北片区开发建设速度较快，大量新建小区正在兴起，随之而来的污水量也急剧增加；此外，城北片区合流制地区超过第四污水处理厂处理能力的旱季污水和部分合流污水，也将输送到第五污水处理厂，因此污水处理厂扩建需求非常迫切。

2004～2006 年实际进水水质平均值（mg/L） **表 8-18**

指标	COD_{Cr}	BOD_5	SS	TN	TP
2004 年	221.23	126.17	229.17	23.34	4.21
2005 年	365.20	188.27	371.42	25.78	6.36
2006 年(1～7 月)	553.35	217.23	505.31	39.73	9.63

2004～2006 年实际出水水质平均值（mg/L） **表 8-19**

指标	COD_{Cr}	BOD_5	SS	TN	TP
2004 年	18.22	7.89	6.36	9.13	0.58
2005 年	23.71	7.61	12.63	6.77	0.49
2006 年(1～7 月)	24.44	7.27	9.58	8.06	0.45

8.4.2 污水处理厂改扩建方案

1. 改扩建标准的确定

按照国家环保总局颁布的《城镇污水处理厂污染物排放标准》GB 18918—2002 和本工程环评报告结论要求，为改善城市环境，减少污染，提高居民生活质量和水平，确保滇池水质免受污染，促进经济可持续发展，必须对第五污水处理厂进行改造和扩建，出水达到《城镇污水处理厂污染物排放标准》GB 18918—2002 一级 A 标准（24h 混合样）。改扩建工程设计进出水指标如表 8-20 所示。

改扩建工程设计进出水指标（mg/L） **表 8-20**

指标	COD_{Cr}	BOD_5	SS	TN	NH_3-N	TP
进水	400	180	250	40	24	4.3
出水	50	10	10	15	5	0.5

2. 改扩建工程内容

经过对污水处理厂运行情况分析，在充分利用现有设施和设备的前提下，需要对已建一期工程的部分设备进行更换、扩建二期工程 ，同时对一、二期工程进行深度处理，扩建二期工

程设计规模为 $8.5\times10^4m^3/d$，深度处理设计规模为 $17\times10^4m^3/d$。

第五污水处理厂已建一期工程占地 $8.07hm^2$，并在一期工程的东侧预留了 $3.65hm^2$ 二期用地。第五污水处理厂改扩建位置结合一期工程用地和二期预留地进行设计，总控制用地未考虑全厂的深度处理构筑物用地，因此扩建工程用地紧张，需要采用集约化、节省用地的构筑物形式，满足扩建规模和水质提标的需要。污水处理厂平面布置如图 8-40 所示。

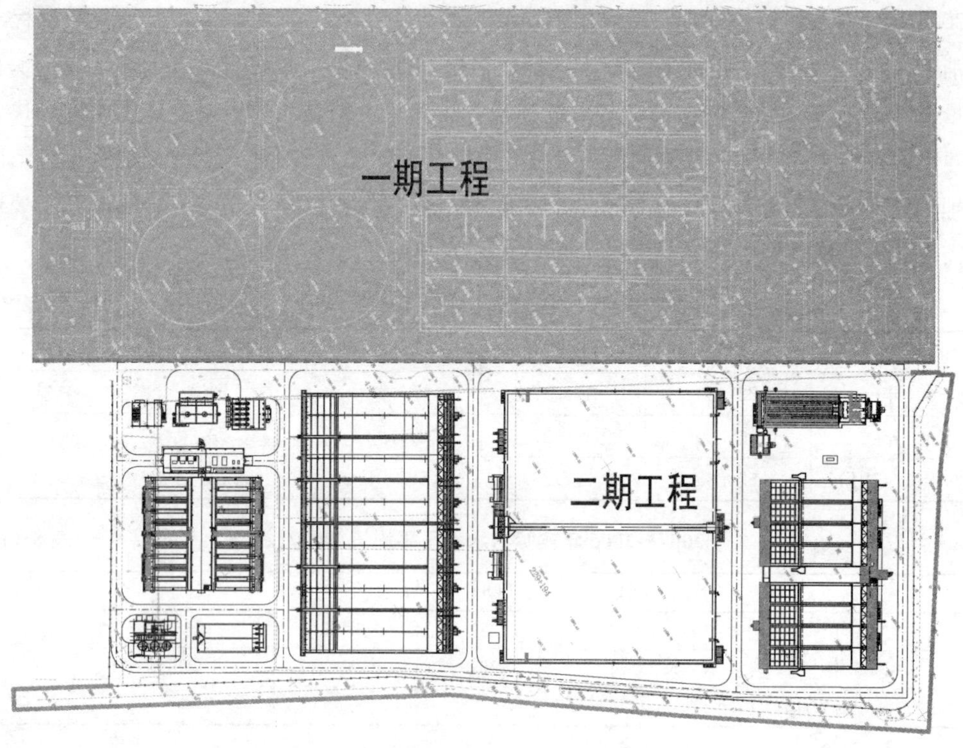

图 8-40 污水处理厂改扩建后平面布置

3. 处理工艺选择

一期工程采用的处理工艺为 UCT 工艺，为避免因回流污泥中的 NO_3^--N 回流至厌氧段，干扰磷的厌氧释放，回流污泥首先进入缺氧段，缺氧段部分出流混合液再回流至厌氧段。当入流污水的 BOD_5/TKN 或 BOD_5/TP 较低时，较适用 UCT 工艺，根据现状水质，一期工程实际运行时仅把回流污泥回流到缺氧段，缺氧段回流到厌氧段并未运行，因此扩建工程不再推荐 UCT 工艺。考虑到本改扩建工程规模较大，所采用的工艺必须成熟可靠，同时又要方便管理。常规的 A/A/O 工艺有运行稳定可靠的特点，并且国内有很多成功的实例，结合现状水质，推荐采用 A/A/O 生物脱氮除磷处理和化学深度除磷工艺，在保证工艺可靠性的基础上，提高处理效果。

深度处理工艺采用混凝沉淀＋V 型滤池＋紫外消毒工艺。

4. 主要处理构筑物设计

根据确定的工艺流程，污水处理厂在充分利用已建处理构筑物的同时，需新建扩建部分处理构筑物。改造和新建处理构筑物如表 8-21 所示。

改造和新建处理构筑物 表 8-21

序号	(建)构筑物名称	单位	尺寸(长×宽)(m)	新建数量	改造数量	备注
1	粗格栅及进水泵房	座	直径 20m		1	增加设备
2	细格栅及曝气沉砂池	座	41.95×11.10	2		新建
3	混合池	座	7.0×7.0	1		新建
4	初沉池	座	48.70×33.70	2		新建
5	生物反应池	座	84.00×99.40	1		新建
6	回流和剩余污泥泵房	座	10.50×3.00			新建
7	二沉池	座	60.80×50.35	2		新建
8	深度处理提升泵房	座	13.30×11.00	1		新建
9	混合配水池	座	17.15×12.20	1		新建
10	V型滤池	座	44.85×46.00	1		新建
11	反冲洗废液池	座	27.45×11.05	1		新建
12	加药间	座	17.4×13.5	1		新建
13	配电间	座		1		新建
14	紫外线消毒池	座	22.20×8.34	1		新建
15	储泥池	座	18.6×9.6	1		新建
16	鼓风机房	座	20.50×19.70		1	增加设备
17	脱水机房	座	54.5×21.5		1	增加设备
18	除臭装置	套	6.0×3.0	3		增加设备

(1) 污水处理构筑物设计

1) 粗格栅及进水泵房

粗格栅及进水泵房土建已按二期规模建成，安装了一期设备，并预留了二期设备位置，粗格栅与泵房合建，泵房直径为 20m，深度为 10m，已安装 2 台格栅除污机，单台宽度为 1400mm，已安装潜污泵 4 台，3 用 1 备，单台流量 Q 为 2000m^3/h，扬程 H 为 13.5m。经调查第五污水处理厂最近几年的实际进水量，目前旱季进水量为 7×10^4m^3/d 左右，雨季接近 12×10^4m^3/d，多余的水量本期拟输送至二期处理。经计算进水泵房新增设备主要设计参数，设计流量为 6.8×10^4m^3/d，设备采用潜污泵，设备数量 2 台，旱季 1 用 1 备，其中 1 台变频，雨季 2 用。潜污泵流量为 1400m^3/h，潜污泵扬程为 14m，单台设备功率为 75kW。

2) 细格栅及曝气沉砂池

一期已建 1 座细格栅间及旋流沉砂池，已安装细格栅除污机 2 台，单台宽度为 3.0m，旋流沉砂机 2 台，单台直径为 4.88m。因本期工程扩建规模较大，原一期预留的沉砂池位置相对较小，并且一期已建的沉砂池沉砂效果不理想，本期沉砂形式改为曝气沉砂池，位于厂区的东北。新增细格栅间及曝气沉砂池合建，两路进水，分别来自张官营泵站和一期进水泵房，雨季设计规模为 38×10^4m^3/d，细格栅间 1 座 2 池，通过细格栅可以进一步去除污水中的漂浮物和颗粒直径大于 10mm 的污物，保证后续生物处理系统正常运行。曝气沉砂池流态为旋流推进式，垂直隔板下设栅条，起到稳流和截污的效果。经过砂水分离后的砂粒储存在砂筒内，定期外运。

细格栅采用回转式固液分离机，设计流量为 $38\times10^4 m^3/d$，考虑了合流制区域张官营泵站进来的部分合流污水，设备数量为 2 台，单台格栅设计流量为 $7916m^3/h$，栅渠宽度为 2600mm，设备宽度为 2500mm，设计过栅流速为 0.6m/s，栅前水深为 2.3m，栅条间隙为 10mm，单台设备功率为 2.2kW，栅渣输送机采用无轴螺旋输送机，设备长度为 9.4m，设备数量为 1 台，单台输送量为 $5m^3/h$，单台设备功率为 2.2kW。曝气沉砂池设计参数，停留时间为 6min，池数为 2 池，单池设计流量为 $7916m^3/h$，池长为 41.95m，池宽为 11.1m，有效水深为 4000mm，链板式刮泥机 2 套，配备罗茨鼓风机 2 台，1 用 1 备，单台风量为 $10.5m^3/min$，风压为 0.04MPa，功率为 18.5kW。

3）混合池

经曝气沉砂后的污水和来自加药间的混凝剂一起进入混合池进行混合反应，然后自流进入初沉池沉淀。

混合池主要设计参数，平面尺寸为 7m×7m，有效水深为 6.5m，停留时间为 1.21min，混合方式为机械搅拌，搅拌器台数 1 台，搅拌器直径为 2m，功率为 1.6kW。

4）初沉池

为节省用地，初沉池采用平流式沉淀池，将污水中较易沉淀的悬浮固体沉淀下来，以污泥的形式通过刮泥机排入污泥斗中，降低污水中污染负荷。平流式沉淀池由进水配水槽、控制闸门、污泥斗、出水槽和桥式刮泥机组成。在每座沉淀池出水渠内设置溢流堰，雨季合流污水经一级加强处理超越后续构筑物排入盘龙江。

主要设计参数，初沉池共 2 座，单池尺寸长为 40m，净宽为 32m，分 4 格，每格池宽为 8m，水深为 3.5m，旱季表面负荷为 $1.83m^3/(m^2\cdot h)$，雨季表面负荷为 $6.18m^3/(m^2\cdot h)$，旱季沉淀时间为 1.92h，雨季沉淀时间为 0.57h，污泥量为 30400kg/d，含水率为 97%。链板式刮泥机共 8 套，单台宽为 8.0m，设备功率为 0.55kW，泥槽链板式刮泥机 2 套，单台宽为 0.8m。初沉池污泥泵数量为 3 台（2 用 1 备），单台流量为 $85m^3/h$（6h 运行），扬程为 15m。

5）A/A/O 生物反应池及污泥泵房

来自初沉池的污水由配水渠进入 A/A/O 生物反应池，污水先进入厌氧区，为厌氧池中的聚磷菌提供碳源，然后至缺氧区，经硝化的污水用内回流泵打入缺氧区，进行反硝化脱氮，污水在好氧池内去除有机物和硝化，NH_4^+-N 氧化成 NO_2^- 和 NO_3^-。反应池设计规模为 $8.5\times10^4 m^3/d$，共 1 座 2 池，受场地限制，为了合理布置扩建的各构筑物，反应池有效水深由原设计的 6m 增大到 7.5m，减少占地面积，生物反应池平面尺寸为 84m×99.4m，其中厌氧区 2 格，缺氧区 4 格，好氧区 6 格，另有缺氧区和好氧区之间设有缺氧（厌氧）/好氧交替段，可根据不同季节和水质按缺氧或好氧方式运转。生物反应池在缺氧和厌氧及缺氧/好氧交替区设有立式搅拌器，其中厌氧区采用低转速搅拌器；好氧区设有可变微孔曝气器，按流程分不同密度布置；污泥泵房与生物反应池合建。

生物反应池总容积为62620m^3，总停留时间为17.7h，其中厌氧段容积为6550m^3，停留时间为1.9h；缺氧段容积为22430m^3，停留时间为6.3h；好氧段容积为33640m^3，停留时间为9.5h。混合液浓度为3.0g/L，进入A/A/O池BOD_5浓度为144mg/L，污泥负荷为0.067kgBOD_5/(kgMLSS·d)，剩余污泥产率为0.5kgDS/kgBOD，剩余污泥量为5187kgDS/d，污泥龄为14.3d，含水率为99.3%，供氧量为1661kg/h，曝气器充氧效率为25%，需气量为375m^3/min，气水比为6.3，回流比为100%，内回流比R_1为100%～150%，回流污泥泵4台（3用1备），单台流量为1180m^3/h，扬程为4m。内回流污泥泵6台（4用2备），单台流量为1330m^3/h，扬程为1.5m。剩余污泥泵2台（1用1备），单台流量为108m^3/h，扬程为15m。充氧设备采用盘式微孔曝气器，数量13400只，直径为DN225，曝气量为2～3m^3/h，搅拌设备采用立式搅拌器，厌氧段10台，直径为2.5m，缺氧段20台，直径为2.0m，交替段4台，直径为2.3m。

6）二沉池

二沉池采用平流式沉淀池，污泥通过刮泥机排入污泥斗，污泥回流至反应池边污泥泵房集泥井，通过潜水泵将回流污泥输送至厌氧区，剩余污泥通过污泥泵排至浓缩机房。沉淀池由进水配水槽、控制闸门、污泥斗、出水槽和链板式刮泥机组成。沉淀池设计规模为8.5×10^4m^3/d，K_Z为1.32。池数2座，单池设计流量为2330m^3/h，单池尺寸长为52.5m，宽为48m，分6格，每格宽8m，水深为3.5m，表面负荷为10.9m^3/(m^2·h)，沉淀时间为3.8h，链板式刮泥机12套，单台宽为8m，设备功率为0.55kW。

7）鼓风机房

鼓风机房土建一期已按二期规模建成，平面尺寸为20.5m×19.7m。一期已安装4台单级高速离心鼓风机，3用1备，并为二期预留4台鼓风机的位置，已建风机单台流量为125m^3/min，风压为0.068MPa。本期新增4台鼓风机，3用1备，采用磁悬浮离心鼓风机，单台流量为125m^3/min，风压为0.085MPa，设备功率为200kW。

（2）污泥处理构筑物设计

污泥处理工艺不变，但是由于污水处理规模的增大，使产生的污泥量发生了改变。需要增加部分污泥处理设施。污泥由两部分组成，一部分为生物处理产生的剩余污泥，另一部分为投加氯化铁后产生的化学污泥。两部分污泥由剩余污泥泵提升进入原有储泥池，然后经污泥泵提升进入脱水机房，脱水后污泥运至东郊垃圾填埋场。由于本工程部分进水来自二环路内合流制区域的张官营泵站，旱季和雨季污泥量不同，脱水设备需要保证旱季和雨季均能满足需求。

旱季污泥主要指标，初沉污泥量为10650kgDS/d，初沉污泥含水率为97%，初沉污泥体积为355m^3/d，剩余污泥量为5187kgDS/d，剩余污泥含水率为99.4%，剩余污泥体积为864m^3/d，总的污泥量为15837kgDS/d。雨季污泥主要指标，初沉污泥量为36980kgDS/d（其中化学污泥量为6580kg/d），初沉污泥含水率为97%，初沉污泥体积为1232m^3/d；剩余污泥量为5187kgDS/d，剩余污泥含水率为99.4%，剩余污泥体积为864m^3/d，总的污泥量为42167kgDS/d。

1）储泥池

一期已建储泥池2座，圆形，直径为14m，有效水深为3.0m。经计算，已建2座圆形储泥池可以满足一、二期剩余污泥储存9h，考虑雨季初沉池泥量较大，设计在原预留沉砂池位置新建1座矩形储泥池，储存初沉污泥，考虑了初沉污泥和剩余污泥含水率不同，为方便脱水机运行，剩余污泥处理采用浓缩脱水一体机，初沉污泥直接进行离心脱水。考虑到储泥池的异味散发，把新建的1座储泥池和已建的2座储泥池加盖处理。新建储泥池设计参数，平面尺寸为16m×8m，有效水深为3.0m，搅拌机2台，采用立式搅拌机，直径为2m。

2）脱水机房

污泥堆棚与脱水机房合建，污泥堆棚和脱水机房土建一期已按总规模建成，平面尺寸为54.5m×21.5m。一期已安装2台带式浓缩脱水一体机，1用1备，并为二期预留了脱水机的位置。已建带式脱水机单台带宽度为2.2m，水力负荷为80m³/h。根据以上污泥量计算，本工程需新增污泥设备，新增离心脱水机4套，流量为50m³/h，功率为100kW，螺杆式污泥进泥泵2台，流量为10～50m³/h，扬程为20m，功率为15kW，加药设备1套，脱水机均按16h运行设计，污泥脱水至含水率78%左右，脱水后污泥由二级倾斜式的螺旋输送机提升至污泥运输车进料口。脱水机房旱季日产污泥量为144m³，雨季日产污泥量为215m³。一期工程已有污泥车4辆，需增加5辆同类型的污泥车。

（3）深度处理构筑物设计

1）深度处理提升泵房

一、二期工程二级处理尾水排至深度处理提升泵房，通过泵房提升后进入混合配水池，泵房设计规模为17×10⁴m³/d，K_Z为1.3。新建提升泵房设计参数，平面尺寸为13.3m×11m，泵房地下深度为5.45m，潜污泵5台，4用1备，单泵流量为2303m³/h，扬程为10.5m。

2）混合絮凝池

污水经泵提升后与来自加药间的混凝剂一起进入混合池进行混合，混合配水池1座2池。混合配水池设计参数，平面净尺寸为6.5m×6.5m，有效水深为3.7m，停留时间为2.0min，混合方式为机械搅拌混合，立式搅拌器直径为3.15m。

3）V型滤池

滤池设计规模为17×10⁴m³/d，共1座，滤池一端设反冲洗泵、鼓风机和动力空压机房等，设计采用均质滤料滤池5组，每组滤池分2格，共10格，单格过滤面积为91.26m²，单格尺寸为13.5m×6.76m。设计滤速为7.76m/h，砂层上水深为1.1m。滤料采用石英砂均质滤料，有效粒径d_{10}为0.95～1.34mm，不均匀系数K_{80}≤1.35，厚度为1.20m；采用ABS长柄滤头及混凝土滤板。滤池反冲洗方式：水冲—气水同冲，同时表面扫洗，每格滤池24h反冲洗一次或根据液位差强制反冲洗；反冲洗历时：单独水冲为3～6min，气水同时反冲为2～4min，表面扫洗为5～10min；反冲洗强度：水冲洗强度为17m³/(m²·h)，气水同时冲洗强度气冲为55m³/(m²·h)，水冲为9m³/(m²·h)，表扫水冲洗强度为8m³/(m²·h)。反冲洗按每组滤池轮序进行，若同时要求反冲洗，则按PLC程序控制轮序进行。滤池主要阀门均考虑采用进口气动阀门。反冲洗水泵（离心泵）3台，2用1备，单泵流量为790m^3/h，扬程为12m。罗茨鼓风机2台，1用1备，单台流量为5020m^3/h，扬程为5m。柜式空压机2台，单台流量为40～45m^3/h，扬程为7m。

4）加药间

加药间1座，平面尺寸为17.4m×13.5m，本工程加药点共2处，一处位于初沉池前端的混合池，设计加药量为20mg/L；另一处位于滤池前的混合配水池，设计加药量为30mg/L，混凝剂采用$FeCl_3$，助凝剂聚丙烯酰胺PAM的加药量为0.5mg/L，实际药剂投加量需根据生产性试验确定。加药间包括加药、药库、值班、控制室等，药库和药剂制备投药间内配置电动葫芦1套，便于固体药剂的进出和配置。同时为改善工作环境，在药库和投药间配置6套轴流风机。混凝剂溶液由槽车外运，存放入混凝剂储罐内。混凝剂储罐3套，单个罐体直径为3.6m，高为3m，混凝剂进料泵2台，1用1备，单台流量为100m^3/h，扬程为10m。混凝剂加药泵2台，1用1备，用于初沉池投加，单台流量为550L/h，扬程为30m。混凝剂加药泵2台，1用1备，用于滤池前投加，单台流量为130L/h，扬程为30m。稀释水泵2台，1用1备，用于初沉池投加，单台流量为2200L/h，扬程为30m。稀释水泵2台，1用1备，用于滤池前投加，单台流量为520L/h，扬程为30m。絮凝剂制备系统1套，制备能力为5kg/h，变频控制，絮凝剂加药泵2用1备，单台流量为1900L/h，扬程为30m。

5）反冲洗废液池

滤池反冲洗水排入废液池中，反冲洗废液池1座，平面尺寸为27.45m×11.05m，有效水深为2.6m，容积约为620m^3，分两格，每格设2台潜水泵，流量为360m^3/h，扬程为15m，1用1备，废水经提升送至第五污水处理厂进水泵房。潜污泵4台，2用2备，单台流量为140m^3/h，扬程为11m。

6）紫外线消毒池

设计规模为17×$10^4$$m^3$/d，$K_Z$为1.3，平面尺寸为22.20m×8.34m，共3个渠道，其中1个为超越渠道。消毒池后设置*DN*300管道，自流至消防泵房集水池。紫外线穿透率为65%，出水粪大肠杆菌数低于1000个/L，进水悬浮物含量6～10mg/L。每条消毒渠的渠长为15.6m，渠宽为2.52m，渠深为1.8m，沿水流方向各安装一个模块组，共2组，每组14个模块，灯管总数336根，功率为107.5kW。

（4）除臭设计

根据第五污水处理厂一期已建和二期扩建的主要构筑物的实际情况，需除臭的构筑物有已建一期进水泵房前粗格栅间、旋流沉砂池前的细格栅间和脱水机房、新建细格栅间、曝气沉砂池和初沉池。根据除臭构筑物的布置形式，设计采用以下除臭方式：已建粗格栅间、细格栅间、新建细格栅间、曝气沉砂池、初沉池采用活性氧除臭技术；脱水机房采用植物液除臭技术。根据已建和新建需除臭构筑物的位置，以及风管的布置方式，分组布置除臭设备，共分3组，一期进水泵房前粗格栅间、旋流沉砂池前的细格栅间为一组，布置1套活性氧除臭设备和风管；新建细格栅间、曝气沉砂池和初沉池为一组，布置1套活性氧除臭设备和风管；脱水机

房除臭为一组，布置1套植物液除臭设备。活性氧除臭技术将采用在以上构筑物加罩方式进行封闭，并通过抽风机将罩内的臭源等异味引至高能离子除臭装置进行除臭处理。已建进水泵房前粗格栅间、旋流沉砂池配套除臭设备的处理风量为6000m³/h，系统配套电机功率为1.6kW。细格栅间、曝气沉砂池和初沉池配套除臭设备的处理风量为29500m³/h，系统配套电机功率为20kW。为改善工人的工作环境，已建脱水机房除臭布置1套植物液除臭设备。在污泥脱水机房主要工作区域范围，按照现场的实际情况，安装一套植物液除臭设备，16套喷嘴雾化装置。每个喷嘴雾化装置系统间的间距为3.5～4.5m，对脱水机、污泥传送带和污泥堆放区域工作时不断散发出来的臭气予以分解消除。根据现场实际情况，随时调节控制器的操作参数，以达到最佳效果。

经过以上设备处理后，在正常工况和常温气象条件下，除臭标准按照《城镇污水处理厂污染物排放标准》GB 18918—2002中的大气污染物排放标准执行。

8.4.3 运行效果

1. 进出水水质

改扩建工程自2009年10月开始运行至今，各项指标均优于《城镇污水处理厂污染物排放标准》GB 18918—2002一级A标准，2011～2013年实际进出水水质指标如表8-22～表8-24所示。

2011年实际进出水水质月平均值（mg/L） **表8-22**

月份	处理水量（×10⁴m³/d）	BOD_5		COD_{Cr}		SS		TN		TP		NH_3-N	
		进水	出水	进水	出水	进水	出水	进水	出水	进水	出水	进水	出水
1	17.91	136.90	2.47	243.74	23.38	145.52	4.52	33.78	12.16	4.10	0.22	24.29	4.22
2	15.76	267.57	2.51	386.00	20.56	339.80	4.28	43.73	13.95	6.97	0.17	24.98	1.74
3	16.77	169.57	2.05	292.26	22.25	226.58	4.13	40.64	11.41	5.07	0.20	26.65	1.40
4	16.95	274.81	2.49	431.23	22.86	391.00	4.23	39.35	10.65	7.61	0.20	25.66	3.74
5	17.60	170.02	1.15	293.84	20.33	313.39	4.19	34.01	9.77	5.25	0.22	25.00	0.77
6	20.97	193.77	1.09	331.97	20.40	336.50	4.37	33.04	8.55	6.11	0.19	21.81	0.25
7	21.74	156.13	0.79	261.55	19.37	301.87	4.03	26.22	8.51	5.32	0.18	17.77	0.18
8	18.46	125.29	0.88	213.19	19.51	234.29	4.29	26.97	9.23	4.46	0.26	21.27	0.23
9	20.17	121.31	1.11	231.79	20.94	247.68	4.14	27.30	8.79	3.82	0.22	21.08	0.37
10	16.78	179.12	0.83	285.78	19.60	300.43	4.39	34.52	11.50	4.85	0.33	24.50	0.35
11	16.53	263.04	1.38	380.42	24.20	394.38	8.43	37.08	11.05	6.48	0.40	27.44	0.24
12	15.10	250.41	2.31	374.90	22.99	314.74	5.58	42.04	13.11	5.92	0.43	31.16	2.35
最高值	21.74	274.81	2.51	431.23	24.20	394.38	8.43	43.73	13.95	7.61	0.43	31.16	4.22
最低值	15.10	121.31	0.79	213.19	19.37	145.52	4.03	26.22	8.51	3.82	0.17	17.77	0.18
平均值	17.89	192.33	1.59	310.56	21.36	295.51	4.72	34.89	10.72	5.50	0.25	24.30	1.32

2012年实际进出水水质月平均值（mg/L） **表8-23**

月份	处理水量（×10⁴m³/d）	BOD_5		COD_{Cr}		SS		TN		TP		NH_3-N	
		进水	出水	进水	出水	进水	出水	进水	出水	进水	出水	进水	出水
1	14.70	126.28	1.89	242.58	21.88	194.52	4.35	35.45	10.96	3.84	0.27	28.56	0.62
2	13.12	174.52	1.37	276.07	23.17	245.34	4.83	40.95	11.57	5.47	0.33	31.50	1.27
3	12.99	173.19	1.26	274.74	25.44	215.84	5.13	39.30	11.36	4.77	0.22	31.72	1.04
4	12.19	218.62	1.79	411.13	26.89	394.00	5.70	42.75	10.73	7.57	0.35	31.70	0.95

（续）

月份	处理水量（$\times10^4m^3$/d）	BOD_5		COD_{Cr}		SS		TN		TP		NH_3-N	
		进水	出水	进水	出水	进水	出水	进水	出水	进水	出水	进水	出水
5	14.33	246.64	1.22	471.65	30.17	447.42	6.00	43.33	11.07	8.78	0.33	27.52	1.26
6	17.72	108.03	1.04	231.33	27.31	218.33	5.07	32.59	10.64	3.81	0.25	24.25	0.56
7	17.34	271.05	1.12	408.71	23.73	485.10	5.87	38.52	9.80	9.01	0.14	20.75	0.63
8	21.85	215.89	0.94	330.32	23.70	453.55	4.39	28.20	8.40	7.07	0.15	15.46	0.45
9	22.44	222.97	0.82	321.66	24.43	399.17	4.53	27.67	9.11	5.45	0.24	16.39	0.54
10	18.29	116.03	1.26	233.27	24.81	245.03	5.77	30.75	11.58	3.94	0.35	21.56	0.64
11	14.87	162.90	1.43	346.97	20.97	355.53	6.00	39.27	12.82	6.27	0.28	25.94	1.86
12	13.79	135.58	1.89	286.81	14.36	282.45	7.16	37.21	11.88	4.38	0.30	26.53	1.14
最高值	22.44	271.05	1.89	471.65	30.17	485.10	7.16	43.33	12.82	9.01	0.36	31.72	1.86
最低值	12.19	108.03	0.82	231.33	14.36	194.52	4.35	27.67	8.40	3.81	0.14	15.46	0.45
平均值	16.14	180.98	1.34	319.60	23.90	328.02	5.40	36.33	10.83	5.86	0.27	25.16	0.91

2013 年实际进出水水质月平均值（mg/L）　　表 8-24

月份	处理水量（$\times10^4m^3$/d）	BOD_5		COD_{Cr}		SS		TN		TP		NH_3-N	
		进水	出水	进水	出水	进水	出水	进水	出水	进水	出水	进水	出水
1	14.97	206.45	2.67	399.03	13.96	403.81	9.65	47.16	11.16	7.13	0.18	23.42	2.19
2	13.20	211.13	1.36	360.07	12.80	333.18	6.61	46.75	10.76	7.66	0.19	23.28	1.25
3	13.15	228.19	1.63	382.10	14.35	335.97	6.29	55.02	11.47	7.71	0.11	29.81	1.81
4	12.84	202.17	1.75	356.07	16.12	288.83	6.33	54.64	12.93	6.85	0.10	33.66	2.83
5	14.80	201.21	2.27	333.73	15.35	291.87	7.00	39.42	9.59	6.27	0.10	28.47	2.20
6	18.44	226.00	0.80	387.93	14.93	377.50	6.57	39.00	8.93	8.35	0.09	25.75	0.24
7	17.90	198.00	0.98	327.66	12.77	360.22	6.30	31.92	8.30	8.13	0.14	18.39	0.15
8	21.97	138.36	1.04	228.92	12.32	274.19	6.71	20.39	6.84	4.42	0.06	12.06	0.33
9	21.52	150.61	1.05	251.95	13.16	288.10	6.17	29.35	7.88	5.69	0.05	18.58	0.08
10	22.39	128.21	1.49	211.26	13.61	222.52	6.71	33.69	7.45	4.43	0.05	17.70	0.31
11	20.03	206.93	1.39	342.93	14.04	314.17	7.23	39.77	10.52	7.41	0.18	24.10	0.22
12	20.19	259.58	1.82	463.90	14.46	407.68	9.52	40.73	10.22	8.97	0.25	24.25	0.74
最高值	22.39	259.58	2.67	463.90	16.12	407.68	9.65	55.02	12.93	8.97	0.25	33.66	2.83
最低值	12.84	128.21	0.80	211.26	12.32	222.52	6.17	20.39	6.84	4.42	0.05	12.06	0.08
平均值	17.62	196.40	1.52	337.13	13.99	324.84	7.09	39.82	9.67	6.92	0.13	23.29	1.03

2. 水量、水质数据原因分析

改扩建工程完成后，第五污水处理厂的总规模达到 $17\times10^4m^3$/d，从 2011～2013 年的实测进水量分析，2011 年最大处理量为 $21\times10^4m^3$/d，最小处理量为 $15\times10^4m^3$/d，平均为 $17.5\times10^4m^3$/d。2012 年最大处理量为 $22\times10^4m^3$/d，最小处理量为 $12\times10^4m^3$/d，平均为 $16\times10^4m^3$/d。2013 年最大处理量为 $22\times10^4m^3$/d，最小处理量为 $13\times10^4m^3$/d，平均为 $17.5\times10^4m^3$/d。经以上数据分析，2011～2013 年，第五污水处理厂改扩建后处理水量与设计规模 $17\times10^4m^3$/d 基本一致。

2011～2013 年实际进出水指标与设计值对比（mg/L） **表 8-25**

项目	BOD_5		COD_{Cr}		SS		TN		TP		NH_3-N	
	进水	出水	进水	出水	进水	出水	进水	出水	进水	出水	进水	出水
设计值	180	10	400	50	250	10	40	15	4.3	0.5	24	5
2011 年平均值	192.33	1.59	310.56	21.36	295.51	4.72	34.89	10.72	5.50	0.25	24.30	1.32
2012 年平均值	180.98	1.34	319.60	23.90	328.02	5.40	36.33	10.83	5.86	0.27	25.16	0.91
2013 年平均值	196.40	1.52	337.13	13.99	324.84	7.09	39.82	9.67	6.92	0.13	23.29	1.03

2011～2013 年实际进出水指标如表 8-25 所示，经与设计进出水指标对比分析，进水 BOD_5 为 180～196mg/L，基本与设计一致，出水指标远优于设计值。进水 COD_{Cr} 为 310～337mg/L，小于设计的 400mg/L，出水指标远优于设计值。进水 SS 为 295～328mg/L，大于设计的 250mg/L，出水指标远优于设计值。进水 TN 为 34～39mg/L，与设计进水 40mg/L 基本一致，出水指标优于设计值。进水 TP 为 5.5～6.9mg/L，大于设计的 4.3mg/L，出水指标优于设计值。进水 NH_3-N 为 23～25mg/L，基本与设计进水 24mg/L 一致，出水指标远优于设计值。

3. 建造和运行过程中的改进措施

（1）本改扩建工程一期已建有进水泵房，由于第四污水处理厂无法扩建，超量污水需要由厂外张官营泵站提升至第五污水处理厂扩建部分，在建造过程中应注意一期工程和改扩建工程在进水方面要能互相切换，满足部分设备检修停水的需要。

（2）本工程深度处理采用了 V 型滤池，原设计把反冲洗废液就近排至厂区污水管，自流至进水泵房，由于雨季厂外管网雨污水分流不彻底，造成进水泵房高水位运行，反冲洗水不能自流排至进水泵房，造成雨季 V 型滤池运行受影响，实际运行中把反冲洗水经提升排至反应池的出水口，根据目前运行情况，此改造措施保证了雨季 V 型滤池的正常运行。

（3）本改扩建工程考虑到雨季部分合流污水通过张官营泵站进入，为了进一步削减雨季污染物的负荷，在反应池前增加初沉池，雨季超量合流污水经过一级加强处理后可以超越二级生化处理排放，根据近三年的运行情况，初沉池一级加强处理水质指标在未经过环保部门同意的情况下无法超越运行，不能最大限度地起到削减雨季合流污水污染物负荷的目的。

8.5 广州市大坦沙污水处理厂三期扩建工程

8.5.1 污水处理厂介绍

1. 项目建设背景

广州市是广东省省会，广东省政治、经济、科技、教育和文化中心。广州市地处广东省的中南部，珠江三角洲的北缘，接近珠江流域下游入海口，东连惠州市，西邻佛山市的三水、南海和顺德市，北靠清远市和韶关市，南接东莞市和中山市，隔海与香港、澳门特别行政区相望。目前，广州市区分为荔湾、越秀、东山、海珠、天河、白云、黄埔、芳村、番禺和花都十个行政区。根据第五次全国人口普查统计，广州市八区（不包括番禺和花都）人口约为 618.1

万人，市区日平均流动人口约为 182 万人。

根据最新国家标准《中国地震动参数区划图》GB 18306—2001，广州地震动峰值加速度为 0.1，地震的反应谱特征周期为 0.65s。

珠江广州河道为感潮河流，潮汐类型属不规则半日潮，广州河道除遇较大洪水外，基本受潮流控制，即使在汛期，潮流影响仍很显著。

广州市地处南亚热带，属亚热带季风气候。由于背山靠海，海洋性气候特别显著，具有温暖多雨、光热充足、温差较小、夏季长、霜期短等气候特征。多年平均气温为 21.8℃，最高气温为 38.7℃，最低气温为 0.0℃；多年平均降雨量为 1620.4mm；市区常见主导风向为北风，频率为 16%，平均风速为 1.9m/s，广州在 7、8、9 月份常遭受六级以上的大风袭击或影响。

广州属珠江水系，流经广州市区自老鸦岗至虎门出海的水道，习惯上称为珠江正干道，由老鸦岗起至白鹅潭一段为西航道，西航道在白鹅潭处改向东流，分成前后航道。石井河位于广州市中心区西北部，干流起点在白海面清湖水闸，在增步桥处汇入珠江的沙贝海河段，石井河流域分布着多条支涌，主要有新市涌、景泰涌、马务涌、蚬坑河、卫生河。

1996～2000 年珠江广州河段水质总体水平为中度污染。9 个监测断面中，鸦岗断面为轻度污染，其余断面均为中度污染。猎德和黄沙断面污染最重，鸦岗断面最清洁。最主要的污染指标是石油类、总磷、溶解氧和非离子氨。全河段和各断面水质较 1997 年有所好转。广州市区有 19 条河涌，1996～2000 年的监测数据表明，均劣于Ⅴ类水体，其中车陂涌、西濠涌、沙坝涌和沙河涌属严重污染，其余 15 条河涌属重度污染。在所有河涌中，车陂涌污染程度最重，水口水（河名）污染程度最轻，主要的污染物为石油类、氨氮、生化需氧量、化学需氧量和挥发酚。

广州市现有 8 座生活用水水厂，其中西村水厂、江村水厂和石门水厂取水水源为流溪河和西航道，3 座水厂水量约占广州市区总供水量的 70%，流溪河和西航道的水质污染将影响广州市 70%供水量的安全。

2001 年城市生活污水量平均约为 186×10^4 m^3/d。据统计，这些污水约 36.4%排入西航道，48.3%排入前航道，11.3%排入后航道，4%排入黄埔航道。

广州市的排水设施包括污水处理厂（站）、防洪排涝闸、雨水泵站、污水泵站和排水收集系统，按其所属性质可分为市政排水设施和专用排水设施两类，主要集中于旧城区，芳村、天河和黄埔区也有少部分。20 世纪 80 年代前建设的排水管道大部分采用雨污水合流制，污水就近排入流经市区的 19 条河涌，再由河涌排入珠江，只有靠近珠江边一带才直接由水渠排入珠江，近几年建设的新城区和生活小区，原则上排水体制采用分流制。

广州市属市政设施的污水处理厂 3 座，总处理水量为 58×10^4 m^3/d，其中大坦沙污水处理厂一期工程规模为 15×10^4 m^3/d，二期工程规模为 15×10^4 m^3/d，挖潜改造能力为 3×10^4 m^3/d，广州经济技术开发区污水处理厂工程规模为 3×10^4 m^3/d，猎德污水处理厂工程规模为 22×

$10^4m^3/d$，相对于2001年总污水量$186\times10^4m^3/d$，污水处理率为31.2%。另外，还有多个属于专用排水设施的污水处理厂（站），绝大部分为二级处理，但由于规模较小及其他各种原因，大部分运转不正常，对污水处理率的贡献和对整个市区大环境的改善也极有限。

根据《广州市总体规划》和《广州市市区污水治理总体规划》，2000年以后西航道水质达到《国家地面水环境质量标准》GBZB 1—1999Ⅱ～Ⅲ类标准，前航道、后航道达到III～IV类标准，黄埔航道达到Ⅳ～Ⅴ类标准。

根据2001年版的《广州市污水处理系统分区规划方案》，城市污水处理系统分为8个系统，大坦沙污水处理系统、猎德污水处理系统、西朗污水处理系统、沥窖污水处理系统、黄沙围污水处理系统、大沙地污水处理系统、云埔污水处理系统和广州经济技术开发区污水处理系统，共计有9座污水处理厂，其中大坦沙系统包括大坦沙污水处理厂和横沙污水处理厂，各污水处理厂的规划水量如表8-26所示。

广州市各污水处理厂规划规模 表8-26

序号	污水处理厂	规划规模($\times10^4m^3/d$)	现状($\times10^4m^3/d$)
1	大坦沙污水处理厂	55	33
2	横沙污水处理厂	30.5	
3	猎德污水处理厂	75	22(二期在建22)
4	西朗污水处理厂	40	(在建20)
5	沥窖污水处理厂	73	
6	黄沙围污水处理厂	35	
7	大沙地污水处理厂	40	
8	云埔污水处理厂	20	
9	广州经济开发区污水处理厂	9	3
10	总计	377.5	58

2. 污水处理厂现状

广州市大坦沙污水处理系统的收集范围主要包括司马涌流域、荔湾涌流域、石井河流域，旧城区为合流制排水体制，而新城区为分流制排水体制，大坦沙污水处理厂目前所收集的污水主要为旧城区中荔湾涌、司马涌的合流污水。

广州市大坦沙污水处理厂位于广州市大坦沙岛内，是广州市第一座污水处理厂。它采用生物脱氮除磷活性污泥法的处理工艺，分三期工程建设，一期工程处理量为$15\times10^4m^3/d$，于1989年投产运行，在一期工程基础上，该厂利用厂区原有$4hm^2$预留用地，进行了二期工程扩建，规模为$15\times10^4m^3/d$，扩建工程于1996年投入运行，形成处理规模为$30\times10^4m^3/d$的大型污水处理厂，2000年又完成了处理能力为$3\times10^4m^3/d$的挖潜改造工程。一、二期工程总处理规模已达到$33\times10^4m^3/d$，排放口设置在大坦沙岛西侧，珠江西航道的大坦沙尾。

大坦沙一、二期污水处理系统用地面积$14hm^2$，主要处理广州荔湾区、越秀区、白云区的部分城市污水，包括石井河、荔湾涌、驷马涌、澳口涌等重要河涌流域范围内的污水，这一流域的管道系统多为合流制，在雨季，污水流量大，污染物浓度低，在枯水期，污染物浓度会明显升高。

一、二期工程设计进水水质如表 8-27 所示。

一、二期工程设计进水水质（mg/L）　表 8-27

项　目	BOD_5	SS	TN	TP	NH_3-N
一期设计进水水质	200	250	40	5	30
二期设计进水水质	120	150	30	3.5	

大坦沙污水处理厂自通水运行以来，由于进水有机负荷低，通常污水超越初次沉淀池直接进入反应池，内回流比降为 100%，外回流比降为 50%，气水比控制在（2～3）：1，反应池各段停留时间控制在 1：2：5 等工艺参数调整后，基本解决了进水有机负荷较低的矛盾。目前污水处理厂运转情况良好，运行数据如表 8-28 所示，从表可见，一、二期工程出水主要水质指标均达到排放标准，BOD_5、NH_3-N、COD 等指标均只有排放标准浓度的一半，明显优于排放标准。

大坦沙污水处理厂一、二期工程运行数据　表 8-28

时间	水量 （$\times10^4m^3/d$）	COD_{Cr} (mg/L)		BOD_5 (mg/L)		SS (mg/L)		NH_3-N (mg/L)		TP (mg/L)	
		进水	出水	进水	出水	进水	出水	进水	出水	进水	出水
2001 年 1 月	25.3	190	33	104	11	152	16	28.5	7.7	3.35	0.72
2001 年 2 月	26.7	168	26	107	12	123	14	23	7.7	3.28	0.74
2001 年 3 月	26.8	150	24	80	12	191	12	25	7.2	3.24	0.76
2001 年 4 月	29.0	138	19	65	7	184	13	22	2.7	3.05	0.74
2001 年 5 月	30.7	127	16	50	4	103	13	19.3	2.6	2.53	0.71
2001 年 6 月	33.1	84	11	37	3.6	93	9	15.2	2.03	1.95	0.57

由于污水处理厂生产运行稳定，处理效果良好，有效地减少了珠江广州河段的污染负荷，使广州西航道水质有所改善，对广州市西村自来水厂的饮用水水源起到一定的保护作用。

大坦沙污水处理厂每天共产生含水率约为 78%～80%的剩余污泥 160t，使用污泥运输车运送到污泥码头，污泥脱水产生的渗滤液由厂内提升泵房提升到沉砂池中。厂内提升泵房共设 3 台泵，每台泵的流量为 140m^3/h，2 用 1 备，通常情况下运行 1 台泵即可。

8.5.2　污水处理厂改扩建方案

1. 改扩建标准确定

按规划大坦沙污水处理厂的处理规模为 $55\times10^4m^3/d$，尚有石井河流域一带污水还没有纳入处理。目前，石井河流域一带污染严重，已经影响到广州市人民的生活用水水源健康，因此进行污水处理势在必行。

根据大坦沙污水处理厂三期工程服务范围内的生活污水量和工业废水量，三期工程的设计规模为 $22\times10^4m^3/d$。另外，确定在三期厂区内建设设计规模为 $10\times10^4m^3$/月（即 3333m^3/d），峰值变化系数 K 为 1.2 的再生水处理系统。根据广州市政府要求，本项目建设期为 3 年，2002 年 9 月完成工程的前期工作，2003 年底新建污水处理厂将建成并投入运营。

按环境影响评价要求，大坦沙污水处理厂三期工程出水排入珠江西航道（一、二期污水处理厂出水口位置），污水处理厂所处西航道规划为《地表水环境质量标准》GHZB 1-1999Ⅲ类标准，且已由广州市人民政府划定的生活饮用水源二级保护区，其出水水质须同时满足以下几个排放标准的要求：国家标准《城镇污水处理厂污染物综合排放标准》GB 8978—1996、广东省地方标准《广州市污水排放标准》DB 4437—1990和广东省地方标准《水污染物排放限值》DB 44/26—2001的一级标准，确定大坦沙污水处理厂扩建（三期）工程的出水水质为：BOD_5≤20mg/L，COD_{Cr}≤40mg/L，SS≤20mg/L，氨氮（NH_3-N）≤10mg/L，磷酸盐（以P计）≤0.5mg/L。

根据《城市污水回用设计规范》CECS 61—1994和《生活杂用水水质标准》CJ 25.1—1989，并结合本工程的实际情况，设计确定再生水处理的出水水质如表8-29所示。

再生水处理设计出水水质 **表8-29**

BOD_5	10mg/L	pH值	6.5～9.0
COD_{Cr}	40mg/L	细菌总数	100个/mL
SS	10mg/L	总大肠菌群数	3个/L
NH_3-N	10mg/L		

大坦沙污水处理厂三期工程的污泥处理，近期经浓缩脱水处理后，与一、二期污水处理厂产生的污泥一起用船外运至番禺江殴围垦填海区填埋。

2. 改造工程内容

根据大坦沙污水处理厂三期工程服务范围内的生活污水量和工业废水量，三期工程的设计规模定为$22\times10^4m^3/d$。本次污水处理厂工程改扩建包括污水处理（设计规模为$22\times10^4m^3/d$）、再生水处理（设计规模为$10\times10^4m^3$/月）、污泥处理、附加化学污水处理、截流污水处理、通风除臭处理和排放口等工程内容。

根据环评，大坦沙污水处理厂扩建（三期）工程规划选址在广州市白云区大坦沙岛内，大坦沙污水处理厂一、二期工程的东侧，珠江大桥双桥路南侧，属于广州市白云区石井镇。污水经处理后排入西航道。征用现大坦沙污水处理厂东北面红楼游泳场西的用地，规划局批出的红线总征地面积为$109556m^2$，其中污水处理厂用地面积$97259m^2$（包括供电局变电所用地$2470m^2$），市政道路面积$12297m^2$，高压走廊部分面积约$2.19hm^2$，剩下可用于污水处理厂的用地为$7.54hm^2$。该厂址紧靠变电站，供电电源近，水源可由大坦沙污水处理厂连接，厂址现状标高约为5.4～7.4m，设计高程为8.20m。

大坦沙污水处理厂三期工程排放口设于一、二期工程现有排放口处，即大坦沙岛西侧，珠江西航道的大坦沙尾，紧邻一、二期工程排放口，距大坦沙北端约3000m，距上游石门水厂吸水点约8750m，距西村水厂吸水点约5250m，下游距鹤洞水厂4000m。考虑到大坦沙本岛和大坦沙污水处理厂厂内污水的自排能力和污水处理厂运行的事故工况，在大坦沙岛东侧（沙贝海）设置污水处理厂厂内污水泵房的应急排放口。

在总平面设计中按照区域功能、进出水方向和处理工艺要求；将污水处理厂分为三大块六个功能区，具体为：高压走廊西块，包括厂前区、预留中水区和处理尾水区；高压走廊东块，包括污水处理区和中水处理区；旧厂区块，包括污泥处理区，污水处理厂平面布置如图8-41所示。

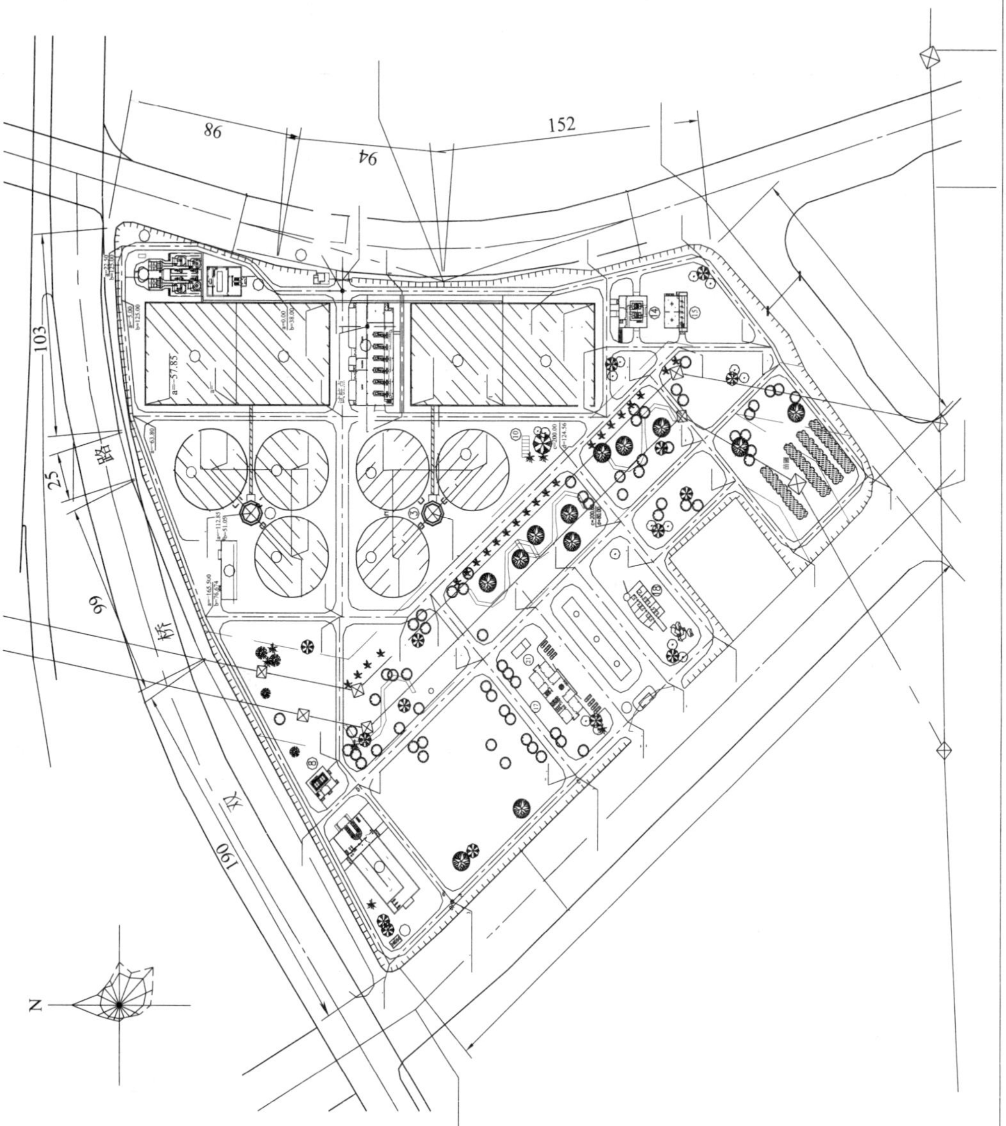

图 8-41 大坦沙污水处理厂三期扩建平面布置

为了加强大坦沙污水处理厂一、二、三期工程的统一管理，三期工程的污泥处理系统将建在原厂区内，以有利于和一、二期工程的污泥处理系统的统一管理。另外，三期工程的自动控制也与原一、二期工程的中央控制室合建，以便于管理和监控。

大坦沙污水处理厂一、二期工程所收集的污水主要为旧城区中荔湾涌、司马涌的合流污水，而新建的三期工程主要收集石井河流域、机场路、新广从路一带的污水，该区域的污水管道系统以分流制为主，所以三期工程的进水水质会比一、二期工程的水质有所提高，设计采用的进出水水质如表 8-30 所示。

大坦沙污水处理厂三期工程进出水水质（mg/L） **表 8-30**

项目	COD_{Cr}	BOD_5	SS	TN	TP
进水	250	120	150	35	4
出水	<40	<20	<20	NH_3-N <10	<0.5

扩建工程建设项目总投资为 48209.19 万元，其中第一部分工程费用为 23507.29 万元，建筑工程为 10416.29 万元，安装工程为 2143.51 万元，设备和工器具购置费为 10947.49 万元，其他费用为 24701.90 万元。年经营费用为 3904.00 万元，单位处理运行成本为 0.486 元/m^3；年总成本为 6245.47 万元，单位处理成本为 0.778 元/m^3。

3. 处理工艺选择

按照污水处理厂进、出水水质要求，污水处理厂扩建（三期）工程推荐采用分点进水倒置 A/A/O 生物脱氮除磷处理工艺，为控制和确保污水处理厂处理尾水磷酸盐（以 P 计）达标排放，增设附加化学除磷工艺，化学药剂推荐选用碱式氯化铝；为控制和确保污水处理厂处理尾水 COD_{Cr}达标排放，增设附加化学氧化工艺，化学氧化剂推荐选用液氯。污泥处理工艺采用污泥重力浓缩和污泥机械脱水，污泥外运与城市污泥集中处理处置，预留远期污泥稳定处理的工

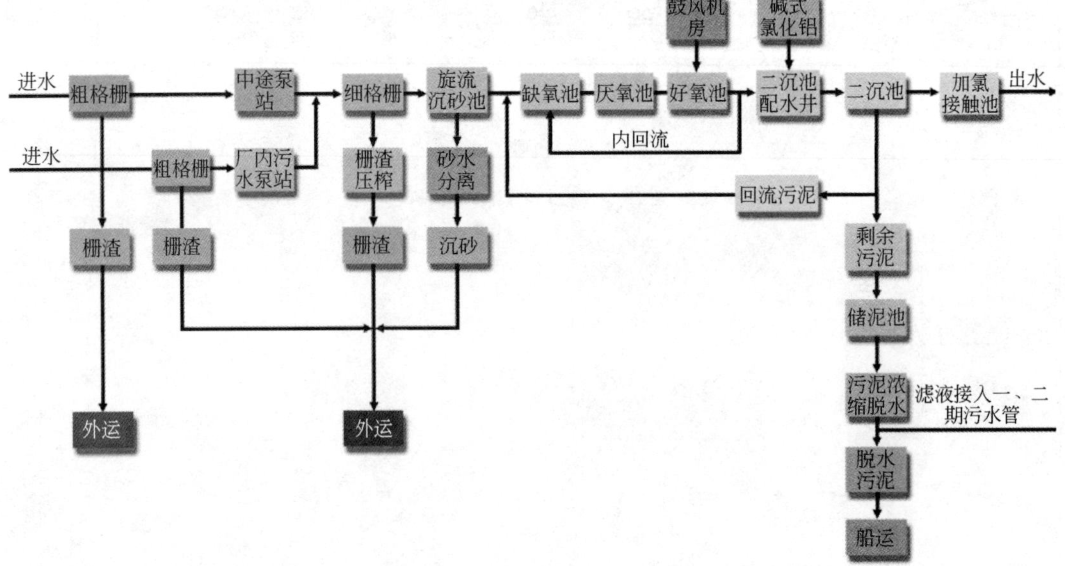

图 8-42 大坦沙污水处理厂扩建（三期）污水处理工艺流程

艺，为污泥干化方案，即污泥重力浓缩、污泥机械脱水、污泥干化、污泥外运和城市污泥集中处置或综合利用。

再生水处理工艺采用混凝反应、过滤和加氯消毒。处理后的再生水主要是供给大坦沙污水处理厂一、二、三期工程自身用水，也可供城市市政用水。污水处理和再生水处理流程如图 8-42 和图 8-43 所示。

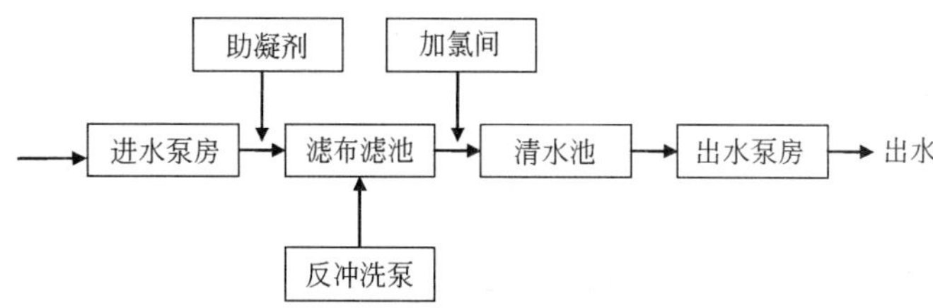

图 8-43 大坦沙污水处理厂扩建（三期）再生水处理工艺流程

为适应污水进水水质和水量不断变化的要求，适应维修、养护和事故工况并增强污水处理厂运行管理的调控能力和灵活性，本工程处理构筑物分成 4 组，每组规模为 $5.5\times10^4m^3/d$，每 $11\times10^4m^3/d$ 为一个组团。

4. 主要构筑物设计

(1) 细格栅和旋流沉砂池

细格栅和旋流沉砂池 1 座，分 4 组，每组处理能力为 $5.5\times10^4m^3/d$，每 2 组合建，形成 $22\times10^4m^3/d$ 的处理规模。细格栅和旋流沉砂池进行加罩通风除臭处理，单独设置 1 组除臭处理装置。

设计平均流量为 $2.54m^3/s$，高峰流量为 $3.31m^3/s$，配转鼓式格栅 4 台，转鼓直径为 1800mm，栅条间隙为 6mm，栅前水深为 1m，过栅流速为 0.9m/s，安装角度为 35°；旋流沉砂池直径为 5m，水力停留时间为 25.8s，有效水深为 1.09m。

细格栅和旋流沉砂池的工艺设计如图 8-44 所示。

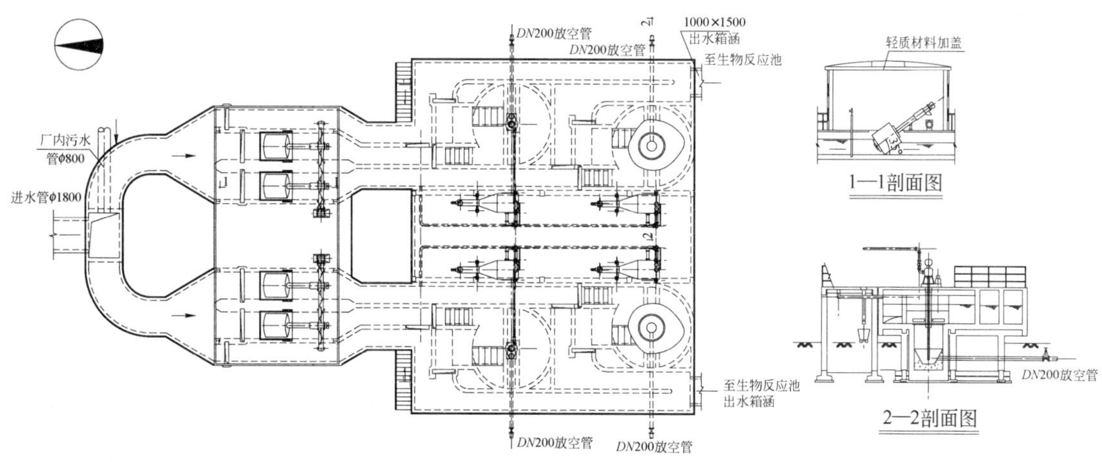

图 8-44 细格栅和旋流沉砂池工艺设计

(2) 生物反应池

生物反应池为矩形钢筋混凝土结构，共 2 池，每池分 2 组，每组规模为 $5.5\times10^4 m^3/d$，可单独运行。

每组池由缺氧段、厌氧段和好氧段组成，其中缺氧段 6 池，厌氧段 4 池，每池设 1 台立式搅拌器使池内污泥保持悬浮状态，并且与进水充分混合。每组池好氧段分为 4 个廊道，沿池底敷设微孔管式曝气管，曝气管布置方式按三个廊道数量分别为 45%、35%和 20%递减布置。另外，在空气主干管上设电动空气调节阀，根据各管道的 DO 值，调节曝气量，实现节能目的。

每组池设一条单独进水渠，在缺氧区和厌氧区各设置多个进水点，配置可调堰门，可根据各种不同的情况，合理分配进水量，同时满足脱氧和除磷对碳源的要求。

每组池设一条混合液配水渠，在第 1 缺氧池和第 5 缺氧池各设一进水点，分别称第 1 进水点和第 5 进水点，配置可调堰门，当关闭第 5 进水点时，混合液自第 1 进水点进水，生物反应池按倒置 A/A/O 工艺运行，如图 8-45 所示；当关闭第 1 进水点时，混合液自第 5 进水点进水，生物反应池按常规 A/A/O 工艺运行，如图 8-46 所示。运行方式灵活多变，可合理选择污水进水点和混合液进水点，实现不同的工况和不同的处理工艺。

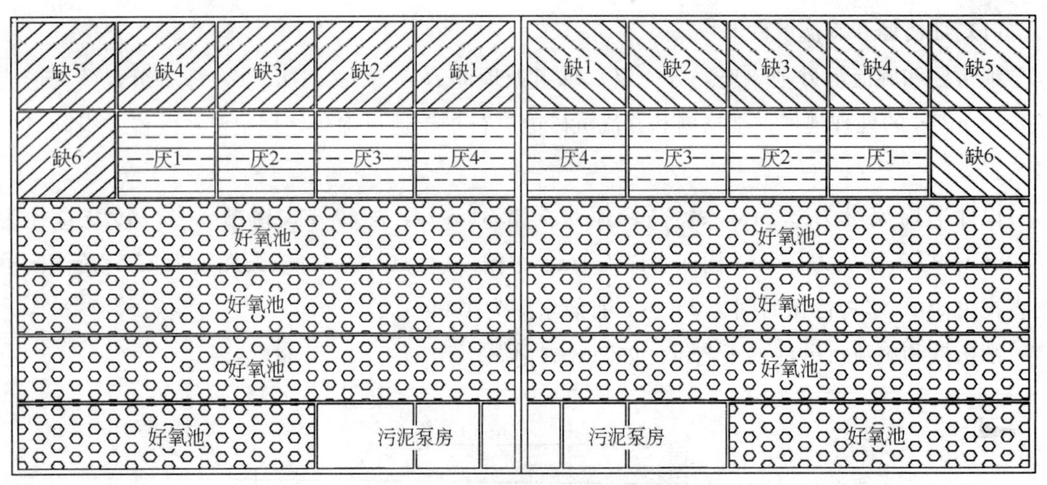

图 8-45 生物反应池倒置 A/A/O 工艺运行模式

设回流污泥和剩余污泥泵房 4 组，与生物反应池合建，位于反应池出水端，混合液内回流泵直接设置于生物反应池出水端的反应池内。

生物反应池进行加盖加罩通风除臭处理，其中厌、缺氧区加盖，好氧区加罩，每座生物反应池单独设置 1 组除臭处理装置，共 2 组。

生物反应池的工艺设计如图 8-47 所示。

主要设计参数，平均设计流量为 $9167m^3/h$（即 $220000m^3/d$）；池数共 2 组，每组分 2 池；最高水温为 25℃，最低水温为 15℃，设计污泥龄为 9.6d，污泥负荷为 $0.105kgBOD_5/(kgMLSS\cdot d)$；污泥产率为 1.20kgDs/去除 $kgBOD_5$，进入缺氧池流量的百分比为 30%～50%，进入厌氧池流量的百分比为 70%～50%，池总有效容积为 $74437.5m^3$，有效水深为 7.5m；总

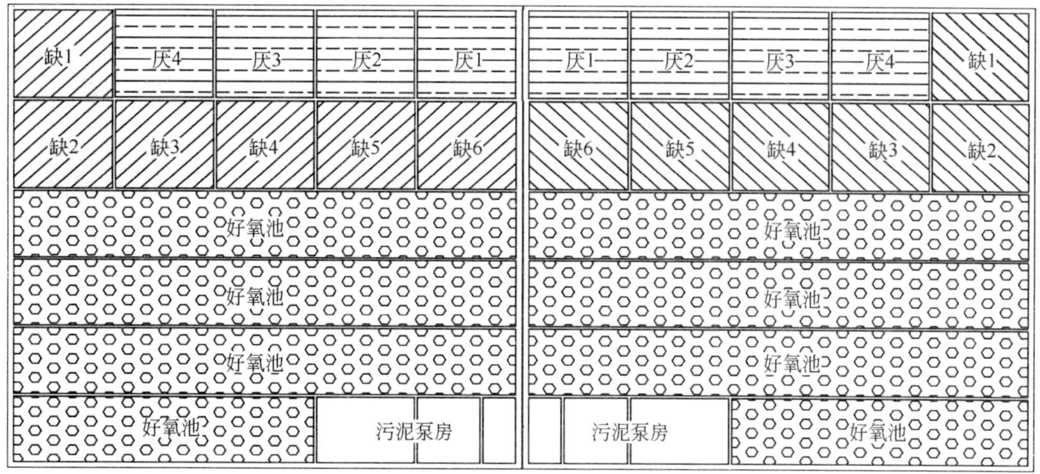

图 8-46　生物反应池常规 A/A/O 工艺运行模式

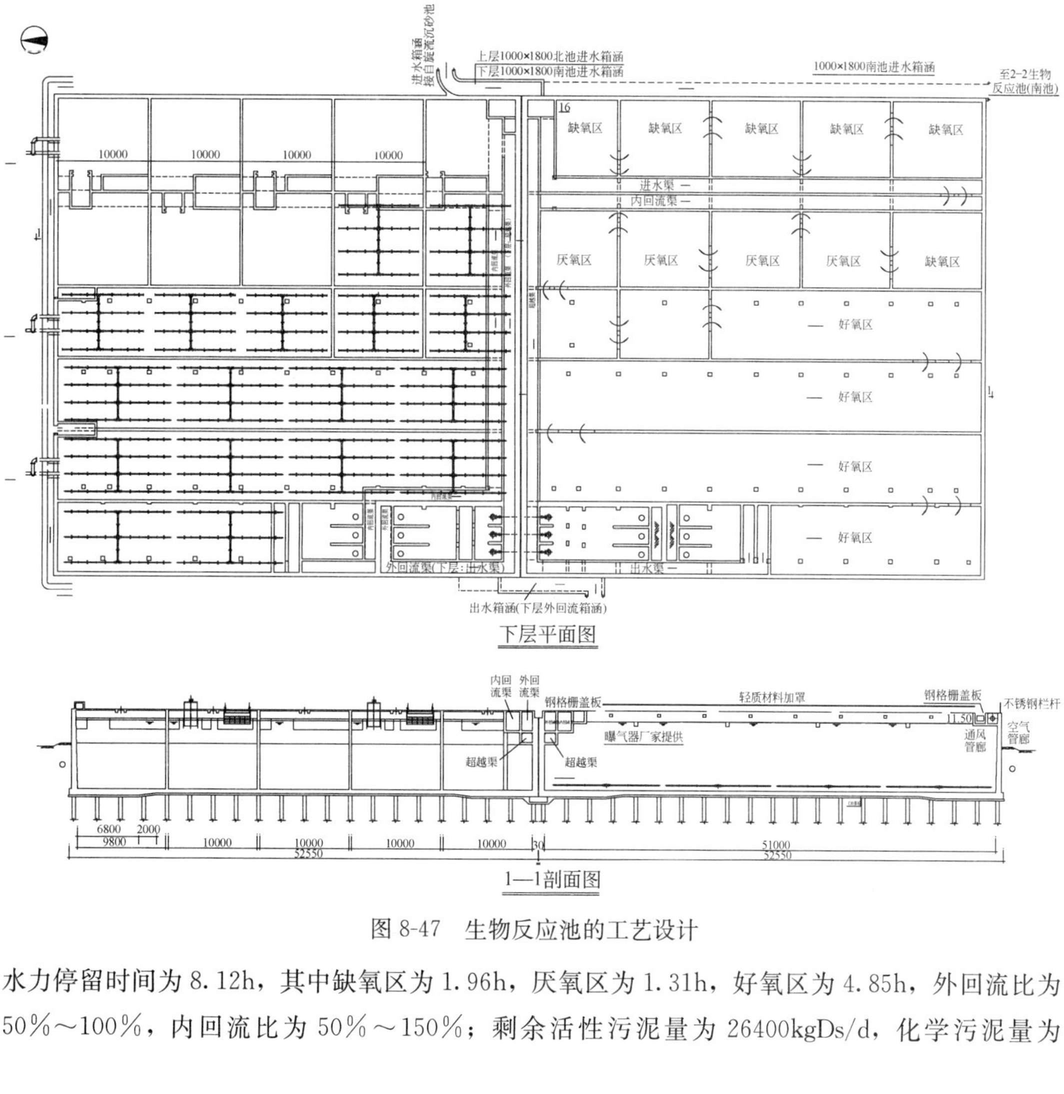

图 8-47　生物反应池的工艺设计

水力停留时间为 8.12h，其中缺氧区为 1.96h，厌氧区为 1.31h，好氧区为 4.85h，外回流比为 50％～100％，内回流比为 50％～150％；剩余活性污泥量为 26400kgDs/d，化学污泥量为

1130kg/d，剩余污泥含水率为99.25%。

(3) 二次沉淀池和配水井

配水井2座，每座内径为12.9m，以中隔墙一分为二，前半仓为碱式氯化铝溶液加药点，机械搅拌混合，后半仓设3套配水堰分别配水至二次沉淀池。

二次沉淀池采用周边进水、周边出水辐流式沉淀池6座，分2组，每组3池，每池内净直径为42m，有效水深为4.0m，设计最大流量为11917m^3/h，峰值流量表面负荷为1.43m^3/(m^2·h)，污泥固体通量为7.50kg/(m^2·h)，外回流比为100%。

二次沉淀池的工艺设计如图8-48所示。

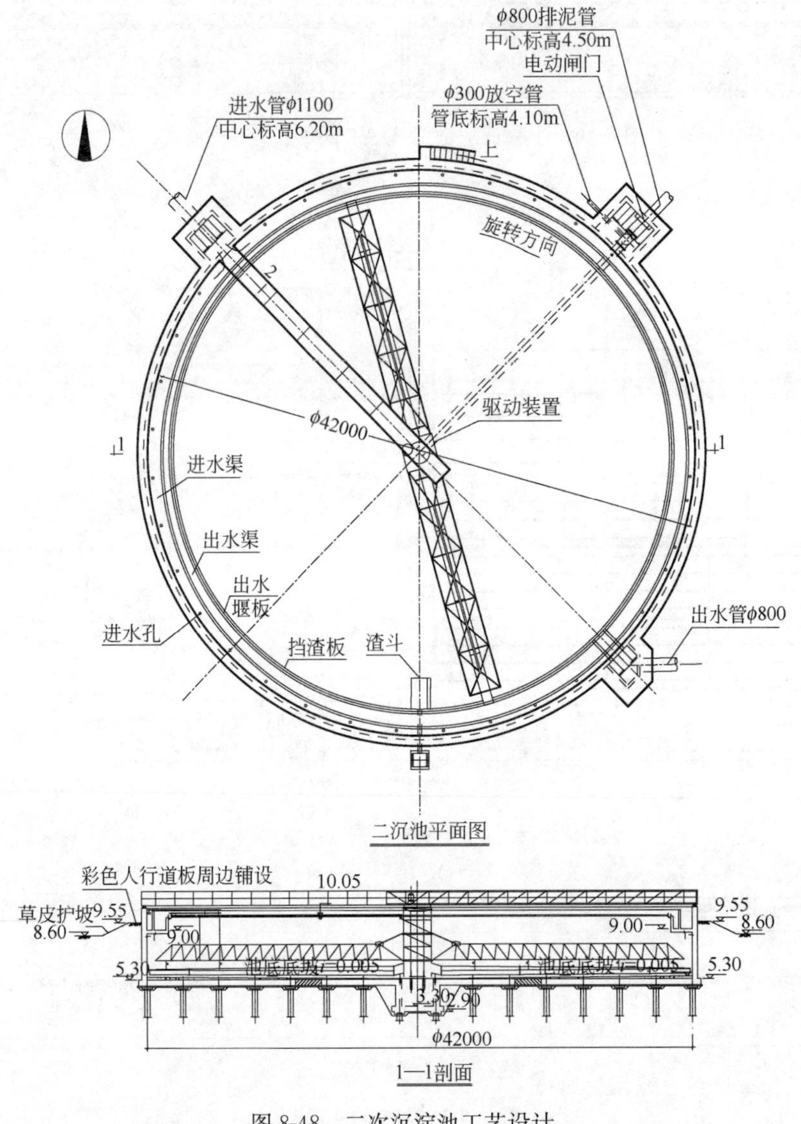

图8-48 二次沉淀池工艺设计

(4) 加氯间和加氯接触池

加氯接触池1座，为矩形钢筋混凝土结构，上部为加氯间，设自动加氯装置1套，加氯能力为 120kg/h，设计平均流量为 9167m^3/h，加氯接触时间为 30min，设计加氯量为 10～30mg/L，其中附加化学氧化剂量为 5～20mg/L，消毒剂量为 5～10mg/L。考虑到广州市地处南方，气温较高，微生物容易繁殖，工程采用季节性（3～6 个月）加氯消毒。

加氯间和加氯接触池的工艺设计如图 8-49 所示。

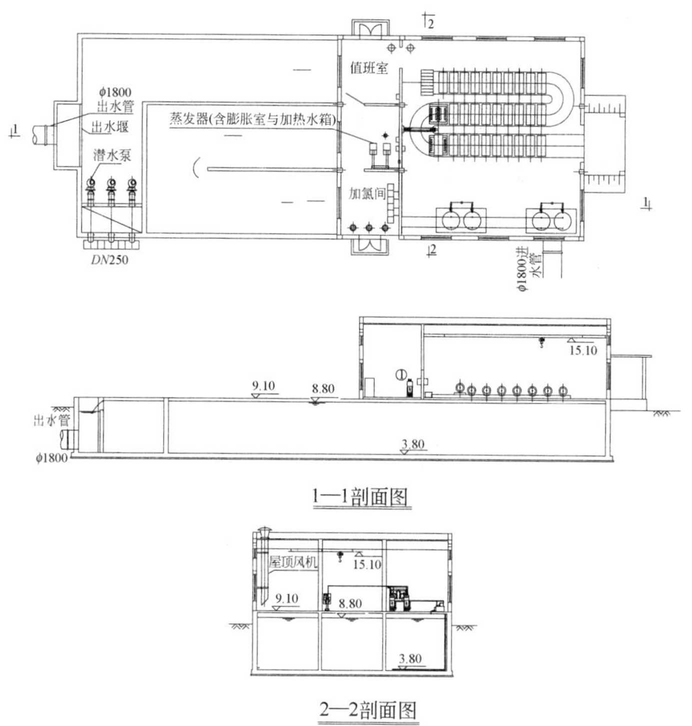

图 8-49　加氯间和加氯接触池工艺设计

（5）鼓风机房

鼓风机房 1 座，与高压配电间合建，机房内设置单级高速离心鼓风机 6 台（4 用 2 备），由 10kV 高压电机驱动，单台供气量为 225m^3/min，出口风压为 8.5mH_2O，气水比为 5.89∶1。

离心鼓风机有进风和出风口可调导叶，MCP 主控制器根据生物池 DO 值，自动控制鼓风机开启台数，自动调节鼓风机进出风导叶角度，控制空气量的输出，每台鼓风机的供气量调节范围为 45%～100%。

鼓风机进风采用混凝土风道，风道共分三层，上层为冷却风道，鼓风机冷却风经冷却风道排出室外；中层为进风道，一侧与室外相通，一侧与鼓风机吸风口相连，下层为出风管管廊，风机整体采用消声罩密封，噪声小于 80dB（A）。

鼓风机房的工艺设计如图 8-50 所示。

（6）碱式氯化铝加药间

当出水 PO_4^{3-}-P>0.5mg/L 时，需投加碱式氯化铝除磷，将出水 PO_4^{3-}-P 降至 0.5mg/L 以下，投加点为二次沉淀池配水井前仓，以生物出水 PO_4^{3-}-P 为 1mg/L 计，每日除 PO_4^{3-}-P 为 110kg，投加碱式氯化铝，Al/P 摩尔比为 2∶1，药液投加浓度为 5%。

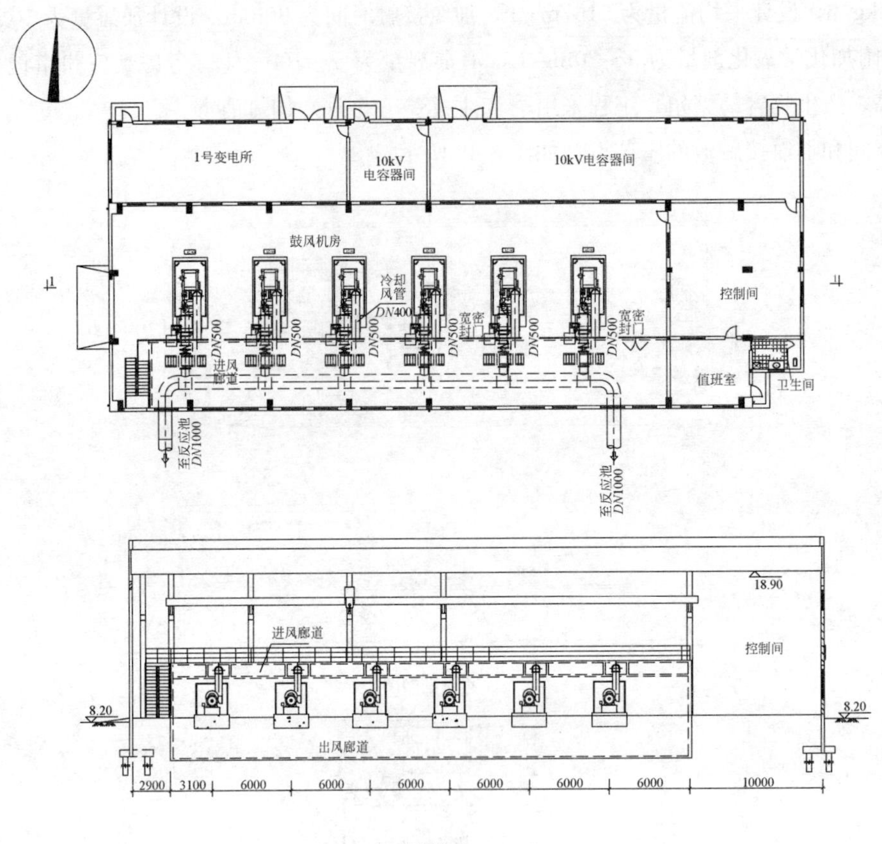

1—1剖面图

图 8-50 鼓风机房工艺设计

(7) 污泥浓缩池

采用污泥重力浓缩池降低二次沉淀池剩余污泥含水率，达到污泥减量化目的，为避免污泥重力浓缩池中臭气的外溢，污泥重力浓缩池上部进行了加罩密闭处理，浓缩池内设有污泥浓缩刮泥机。

污泥体积为3671m^3/d，设计重力浓缩池 4 座，内净直径为 16m，池边有效水深为 4.0m，浓缩前污泥浓度为 7.5kg/m^3，浓缩后污泥浓度为 25kg/m^3，浓缩池污泥固体负荷为 34.25kgDs/(m^2 · d)，污泥停留时间为 21.0h。

(8) 污泥脱水机房和污泥料仓

脱水机房分两层，上层为机器间，下层为值班室、控制室、药库和进泥泵间等。

机房内设 3 台离心脱水机（2 用 1 备），出泥由 2 台（1 用 1 备）无轴螺旋输送机收集、输送至固体输送泵的接料斗，由固体输送泵送至污泥码头装船。污泥离心脱水机为全封闭设备，污泥脱水机房内考虑通风除臭设施。机房内设有絮凝剂投加装置 2 套，采用干粉聚丙烯酰胺高分子絮凝剂配制成药液，再将药液稀释至 1‰浓度后投加至进泥泵出泥管，与污泥混合后进入污泥离心脱水机。

污泥干固量包括剩余活性污泥为 26400kg/d，化学污泥为 1130kg/d，脱水机脱水能力（按干污泥量）为 573.5kgDs/(h·台)，工作时间 24h，脱水后污泥含水率为 78%～80%，絮凝剂投加量为 3～3.5g/kgDs。

污泥料仓用于储存脱水污泥。采用污泥料仓 2 座，每座污泥料仓体积为 $250m^3$，有效容积为 $200m^3$，最大储泥时间为 3～3.5d。

污泥脱水机房和污泥料仓工艺设计如图 8-51 和 8-52 所示。

(9) 附属建筑

考虑到现有大坦沙污水处理厂一、二期的现状情况，三期工程附属建筑物的设计只考虑综合楼、仓库、变配电所和传达室。综合楼分办公楼及厂外泵站管理室和值班宿舍两部分。为便于统一管理，一、二、三期中央控制室合建，集中设置于三期工程的办公楼中央控制室内；办公楼的设计考虑了一、二、三期工程的办公要求，但不考虑新建化验室，一、二、三期工程的化验室集中设置在一、二期办公楼内，并需考虑增加、更新和升级大坦沙污水处理厂部分化验设备。

污水处理厂附属建筑物及其面积分别为办公楼 $2080m^2$，厂外泵站管理室和值班宿舍 $490m^2$，仓库 $270m^2$，1 号变配电所 $380m^2$（与鼓风机房合建），2 号变配电所 $52m^2$，传达室 $40m^2$ 和 $30m^2$ 各一座。

(10) 再生水处理构筑物

本工程再生水处理工艺采用过滤消毒工艺，为了提高过滤效果，采用投加助凝剂提高过滤效果，在滤池进水管上设置管道混合器进行混凝反应，停留时间为 10～20s。滤池形式根据再生水处理的特点和本工程的处理规模，采用比较先进的滤布滤池。

滤布滤池共 2 座，并排布置，单池规模为 $1667m^3/d$，峰值规模为 $2000m^3/d$，变化系数 K 为 1.2，过滤滤速为 6～8m/h，单格过滤面积约为 3.2m×3.2m，排泥间隔时间为 6h，反冲洗间隔时间为 6h。

滤布滤池的工艺设计如图 8-53 所示。

再生水蓄水池调节容量按 10%计，共 2 座，有效水深为 3.5m，有效容积约 $426m^3$。再生水加氯消毒设备、处理水加氯消毒设备和尾水加氯化学氧化设备一起统筹布置，均布置在处理水加氯接触池上部的加氯间内。

(11) 排放口

排放口设计流量为 $22\times10^4m^3/d$，峰值变化系数 K 为 1.3，最高设计水位为百年一遇高水位 7.79m，最低设计水位为历史最低水位 3.64m，抗震烈度为 7 度，地震加速度为 0.1。

正常排放口位置布置在大坦沙西测（白沙河），距岸边约 70m 处，即原大坦沙污水处理厂一、二期尾水排放口附近；应急排放口的位置布置在大坦沙东侧（沙贝海），即大坦沙污水处理厂三期工程处，距离大坦沙东侧（沙贝海）岸边约 100m。

排放口工程包括连接井 1 座、正常排放管 1 根、应急排放管 1 根、正常排放管出口消力池 1 座，排放管施工过程中还需对堤岸结构进行加固。

排放管采用岸边淹没式排放，排放管管径为 $DN1800$，相应管内最大流速为 1.3m/s，出口

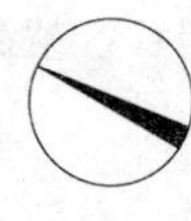

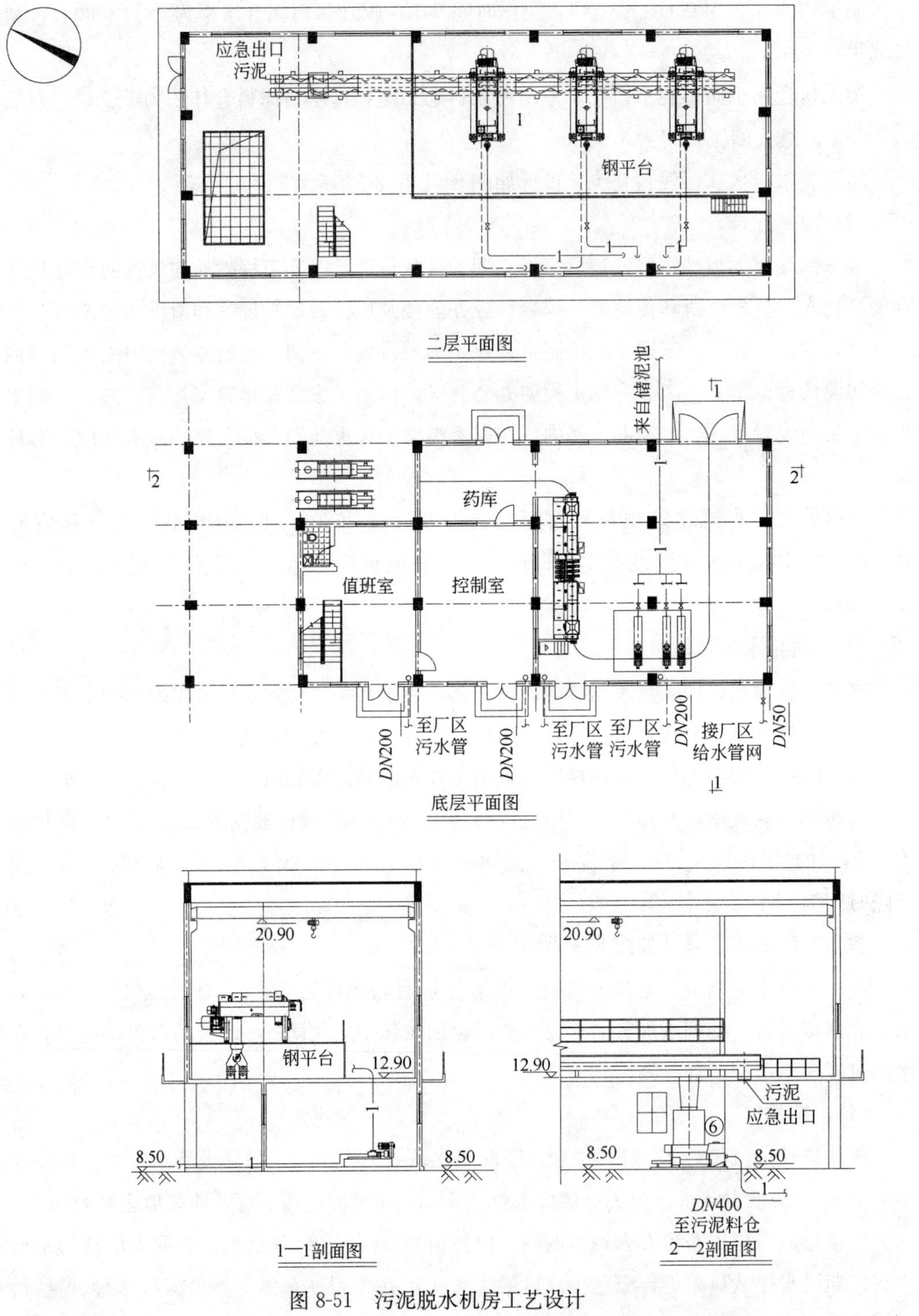

二层平面图

底层平面图

1—1剖面图

2—2剖面图

图 8-51 污泥脱水机房工艺设计

管中心高程为 2.40～5.70m。为了防止和减轻污水排放时对防洪堤堤脚和岸滩的冲刷，排放管出口处设置钢筋混凝土消力池 1 座。

应急排放管排放形式采用岸边单点排入，管径为 $DN1800$，出口管中心高程为2.40～

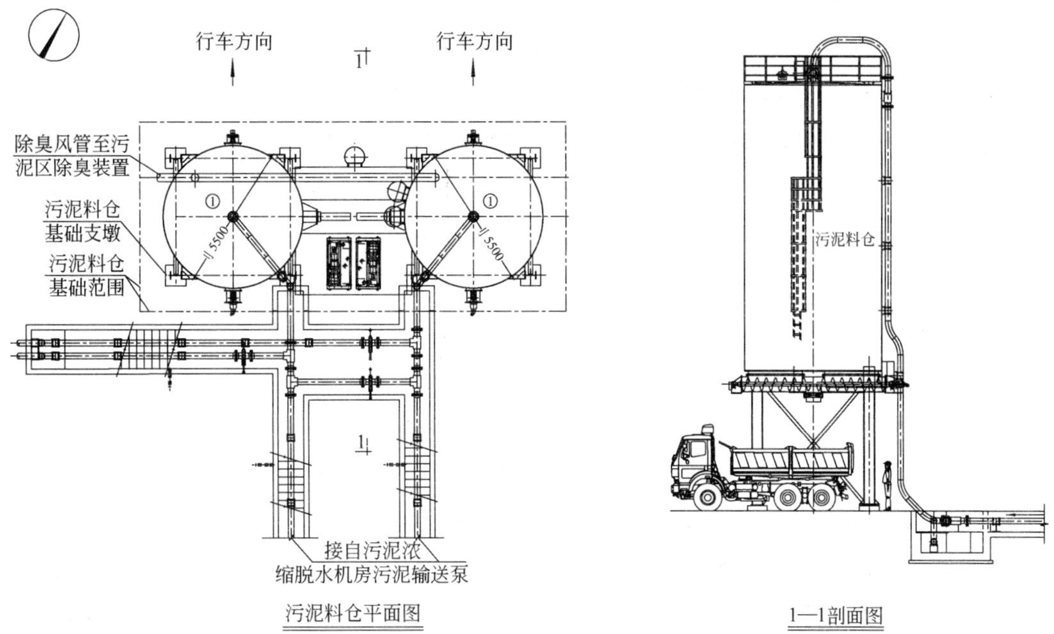

图 8-52　污泥料仓工艺设计

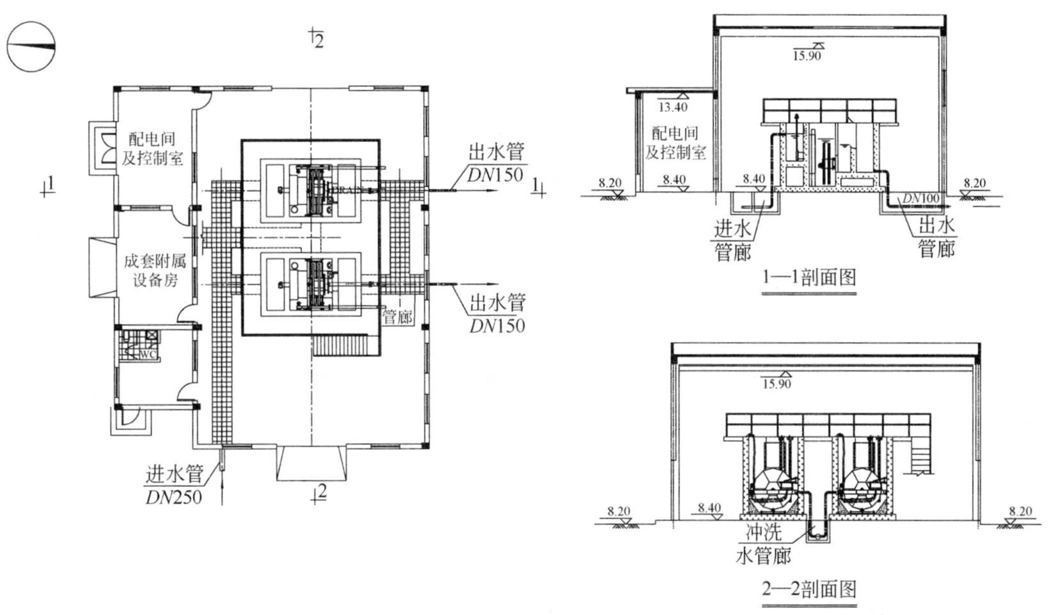

图 8-53　滤布滤池工艺设计

5.70m，自连接井出水室至大堤外，为防止大堤受到冲刷，同时考虑到应急排放口是在特殊情况下排放，在应急排放管出口处四周抛填块石混合料和理砌块石来保护防洪堤堤脚。

5. 建议和问题

（1）设计特点

1）大坦沙污水处理厂三期扩建工程作为改扩建项目和广东省重大市政工程项目，工程建设标准高，出水标准严，设计难度大，建设周期短。工程设计中十分注重与一、二期工程的连通和衔接，并充分借鉴一、二期工程的实际运行经验，完善和提高三期工程的设计，同时在工程设计中充分考虑了三期工程建设不影响一、二期工程正常运行的工程措施。

2）根据污水处理厂占地小，用地紧张等特点，采用了集约化的布置形式。通过将预处理构筑物（细格栅和旋流沉砂池等）、生物反应池（生物反应池、回流泵房和剩余污泥泵房）、消毒处理构筑物（加氯间、氯库、加氯接触池和中水提升泵房）、再生水处理构筑物（滤布滤池车间、中水蓄水池与中水增压泵房）等进行合建；同时污泥处理采用机械脱水和污泥料仓；采用渠道输、配水和超越系统，渠道同构筑物合建，构筑物间多采用多孔叠合式输水箱涵；采用高效、可靠的圆形周进周出沉淀池等措施，节约用地，减少了构、建筑物间相互连接的工程量和能量损耗，污水处理厂构、建筑物也易于进行建筑和美化处理，易于进行加盖通风除臭处理，同时缩短人流线路，便于污水处理厂的运行和管理。

3）生物处理工艺采用多点进水倒置 A/A/O 工艺。在倒置 A/A/O 工艺的基础上进行优化，通过多点进水，解决了生物反应池缺氧、厌氧段碳源分配不均的问题；通过增加内回流，增强了污水处理厂实际运行管理的调控能力和灵活性，加强了反硝化，从而降低供氧量。可以按多种模式运行，如单点进水常规 A/A/O 工艺、分点进水常规 A/A/O 工艺、有内回流的单点进水倒置 A/A/O 工艺、有内回流的分点进水倒置 A/A/O 工艺、无内回流的单点进水倒置 A/A/O 工艺和常规好氧活性污泥工艺等，适应各种运行工况。

4）为保证出水磷酸盐（以 P 计）<0.5mg/L 的处理要求，在二次沉淀池配水井增加化学除磷设施，采用碱式氯化铝作为附加化学除磷药剂进行协同沉淀，并且在污水处理厂设计中采用加氯（加液氯）化学氧化的深度处理工艺，以确保最终的 COD_{Cr} 出水指标达标。

5）污水处理厂全系统大规模采用轻质材料加低罩的恶臭污染物加盖处理，臭气收集后按不同区域分别采用生物除臭装置进行处理。

6）采用转鼓式细格栅、进口单级高效鼓风机、聚乙烯管式曝气器、单管式吸泥机、高效污水污泥提升泵、污泥密封料仓和玻璃钢夹砂管等先进的设备和材料。

7）采用先进、安全和可靠的仪表与自控技术，集中管理、分散控制系统由一个中央控制站和三个现场控制站及所属分控站、高速数据通道组成，保证了污水处理厂的运行控制灵活、可调、简便和稳定、可靠；为全厂生产监控设置一套闭路彩色电视监视系统，为全厂安全保卫工作设置一套黑白电视监视系统，方便工程的运行管理；污水处理厂进、出水仪表小屋的设置，既方便进行在线监测数据的采集，又方便进行监测数据的分析、反馈和调控；污水处理厂地处多雷区，设置一套完整有效的防感应雷系统。

（2）其他改造内容

为更好地改善作为饮用水水源的西航道的水质，应对大坦沙排水系统内的合流制系统，进行雨季初期雨水截流，由于目前大坦沙排水分区的系统管网和泵站的设计并未考虑雨季的截流污水量，因此在系统管网和泵站改造以前，只能适时利用旱流污水峰值系数的余量，进行旧城区内雨季污水和初期雨水的截流。

污水处理厂根据最高日峰值流量设计，大坦沙污水处理厂完全有能力对雨季不大于旱流污水峰值流量部分的截流污水量进行二级处理并达标排放。只要收集系统条件允许，污水处理厂有能力在雨季提高处理规模，即可处理略大于旱流污水峰值流量部分的截流污水量，相应提高雨季截流倍数，进一步提高雨季排水系统的截污能力，加大污染物的削减力度。

为使远期合流制地区的污水截流改造留有余地，本工程在进行污水处理厂平面布置时，为远期截流污水的一级处理或一级强化处理预留了建设用地，具体布置于三期污水处理厂厂区东南部的角状区域内，紧邻现状厂外道路。

考虑扩建工程的特点，做到与一、二期工程合理衔接，便于统一管理，统一调度，充分发挥污水处理厂的整体效益，扩建工程还针对以下问题进行了改进设计。

1）一、二、三期工程重力浓缩池上清液的集中处理

大坦沙一、二、三期工程污水处理均采用生物脱氮除磷工艺，污泥处理均采用重力式污泥浓缩池，由于在重力浓缩池的厌、缺氧状态下停留时间较长，通过A/A/O生物除磷的富磷污泥会在浓缩池部分释放，虽然浓缩池中碳源不足，特别是快速降解COD较少，且上清液有饱和度，浓缩池释磷有限，但是为降低系统的磷负荷，避免重复除磷，大坦沙污水处理厂需要增设化学除磷设施控制浓缩池上清液的磷酸盐（以P计）含量，又称旁流化学除磷。

附加化学除磷工艺处理流程是通过投加铝盐、铁盐或高分子聚合物等化学药剂，经混合、反应和沉淀，达到除磷目的。

新建的加药间布置在原一期工程厂区西大门南侧，新建化学除磷池布置在原一期工程污泥脱水机房北侧，靠近厂内北侧围墙，加药间建筑平面尺寸为12.6m×12.0m，包括加药房、配电间、仓库和值班室。化学除磷池（即旁流化学除磷池）平面净尺寸为23.79m×5.1m，包括上清液提升泵房和混合、反应、沉淀池等。

2）一、二期工程厂内污水泵房改造

大坦沙污水处理厂一、二期工程厂内污水泵房建于一期工程，从目前的运行情况来看，厂内污水泵房已到超负荷运行状态。由于三期工程污泥区建于一、二期污水处理厂西南侧，一、二期消毒池以南，毗邻污泥码头，因此污泥浓缩脱水后的上清液将流入一、二期污水处理厂的污水管道，现有厂内污水泵房将不堪重负，设计在一、二期污水处理厂西南侧，三期工程污泥区东部，新建1座厂内污水泵房。经计算污泥浓缩脱水所产生的上清液约为4500m^3/d，考虑到现有厂内污水泵房的超负荷情况，初步确定新建的厂内污水泵房的设计规模为6000m^3/d，采用潜水污水泵房方案。

3）一、二期与三期工程的地下隧道连通设施

大坦沙污水处理厂一、二期与三期工程的连通设施主要考虑的是人行、车行和各管道线路的连通，但经现场踏勘和调研，目前一、二期厂区内无车行连通的空间，故本设计方案只考虑人行和各管道线路的连通。考虑到广州市规划局对城市总体规划控制的要求，综合分析设计方案和工程投资，一、二期与三期工程的连通工程采用地下隧道连接。地下隧道的断面净尺寸宽（B）×高（H）为3.5m×3.0m，隧道顶板外壁覆土约为3.0m，隧道总长度约为80m

（包括地下隧道两端进、出通道），隧道内除考虑人行、照明、通风、监测和排水设施外，还布置有给水管、再生水管、污泥管、通信电缆和仪表电缆等各类公用管线和处理管线。

4）一、二期与三期工程的联通工程

原设计中已包含有大坦沙污水处理厂一、二期与三期工程给水系统、再生水系统、通信和监控系统的联通设计，电力系统原设计中供电方式已为双电源供电，不再考虑联通。因此需对一、二期与三期工程排水系统进行联通。

由于大坦沙污水处理厂一、二期与三期工程均由厂外污水中途泵站（即荔湾泵站、澳口泵站和5号污水中途泵站）提升后通过压力管道进厂，因此与普通重力进厂的情况相比，联通的难度高，工程的投资较大。

排水工程的联通主要涉及三部分：

① 一、二期与三期工程压力进水管道联通设施，包括设置进水联通管和联通阀门等；

② 一、二期与三期工程进水联通、切换和分配设施，包括增设一、二期和三期工程各自的进水高位井及进水联通、切换和分配堰门（即上开式闸门）等；

③ 原有一、二期进厂管道改造。

从本工程的实际情况出发，通过初步现场踏勘和调研分析，排水工程的联通条件并不十分成熟，如要实施尚需作进一步调查分析，尽量减少施工期对污水处理厂运行的影响，并确保工程效益。

（3）探讨和建议

1）经二级生物脱氮除磷处理后的尾水，已达到国家和广州市规定的排放标准，可以作为水资源予以利用，本工程中仅考虑了大坦沙污水处理厂一、二、三期工程厂区生活和生产性回用水。

目前，再生水回用是污水处理厂工程设计的一大趋势，具有可持续发展效应，建议本工程处理尾水经再生水处理后回用，取得经验后逐步加以推广。

2）本工程为大型市政项目，在引进国外先进设备的同时，应引进一系列先进的工艺技术，包括控制技术，即传统所说的在引进硬件设备的同时，引进软件。现采用的分点进水倒置A/A/O工艺、圆形周边进水周边出水沉淀池技术和再生水处理滤布滤池工艺等，就是引进的先进工艺技术。同时，建议引进必要的控制技术和管理技术。可以通过招投标的形式，将国外的管理技术和国内的人力资源相结合，通过若干年的合作，最终达到提高国内管理水平的目的，采用社会化服务，也是我国污水处理厂的发展方向。

3）大坦沙污水处理厂服务范围内的合流制地区雨季污水截流问题有待进一步的研究，以提高污水的收集和处理效率，最大限度地发挥污水处理设施的作用。

4）大坦沙污水处理厂扩建三期工程的污水处理厂用地范围应进一步明确，目前的污水处理厂厂址的土地利用率低、用地紧，不利于工程的建设。

5）为保证污水处理厂的正常运行，建议有关职能部门加强管理，对于要排入市政污水系统的污染源，其排放标准必须符合《污水排入城市下水道水质标准》CJ 343—2010的规定，对于短期超标的污染源，坚持清污分流、源内治理的原则，在内部进行完全处理后，达标排放。

6）尽快落实广州市污水处理厂污泥集中处理处置方案。

8.5.3　运行效果

1. 近三年的运行数据

2011～2013 年的污水处理量如表 8-31 所示。

2011～2013 年的污水处理量　　**表 8-31**

月份	2011 年		2012 年		2013 年	
	总水量（$\times10^4m^3/d$）	日均值（$\times10^4m^3/d$）	总水量（$\times10^4m^3/d$）	日均值（$\times10^4m^3/d$）	总水量（$\times10^4m^3/d$）	日均值（$\times10^4m^3/d$）
1	545.26	17.59	739.60	23.86	683.92	22.06
2	579.94	20.71	716.03	25.57	698.30	24.94
3	597.45	19.27	641.55	20.70	786.43	25.37
4	645.47	21.52	732.65	24.42	826.73	27.56
5	714.25	23.04	780.85	25.19	756.10	24.39
6	678.23	22.61	727.98	24.27	878.98	29.30
7	839.43	27.08	808.01	26.06	925.21	29.85
8	735.81	23.74	552.56	17.82	939.63	30.31
9	706.83	25.24	742.72	23.96	891.23	29.71
10	738.07	23.81	246.00	7.94	777.09	25.07
11	690.49	23.02	489.32	16.31	689.21	22.97
12	811.30	26.17	717.96	23.16	788.70	25.44
最大值	839.43	27.08	808.01	26.06	939.63	30.31
平均值	690.21	22.82	657.94	21.60	803.46	26.41
最小值	545.26	17.59	246.00	7.94	683.92	22.06

2011～2013 年的进出水水质如表 8-32 所示。

2011～2013 年的进出水水质（mg/L）　　**表 8-32**

日期	BOD_5		COD		NH_3-N		TN		TP		SS	
	进水	出水	进水	出水	进水	出水	进水	出水	进水	出水	进水	出水
2011 年 1 月	85.4	9.1	157	22.9	31.33	1.07	37.43	17.08	2.55	0.56	107.8	13.66
2011 年 2 月	72.6	11.7	146	25.7	31.74	1.49	33.78	17.06	2.43	0.56	157.3	14.35
2011 年 3 月	93.9	9.2	174	22.9	31.57	0.78	36.21	15.71	2.82	0.54	128.3	13.36
2011 年 4 月	92.5	7.9	199	20.0	34.90	0.80	37.33	15.46	2.98	0.49	145.0	9.93
2011 年 5 月	96.6	9.2	187	21.4	31.06	0.88	33.58	15.28	2.65	0.52	102.9	8.77
2011 年 6 月	103.1	7.7	205	19.7	29.68	0.47	32.23	14.85	2.85	0.49	110.0	9.57
2011 年 7 月	88.6	7.1	193	20.3	34.79	1.58	37.07	15.37	2.51	0.42	126.0	10.42
2011 年 8 月	86.2	8.6	161	20.0	33.41	1.50	36.11	16.74	2.55	0.45	109.8	11.84
2011 年 9 月	89.2	7.5	169	20.3	25.81	0.70	28.57	14.63	2.47	0.39	108.7	11.21

续表

日期	BOD_5		COD		NH_3-N		TN		TP		SS	
	进水	出水	进水	出水	进水	出水	进水	出水	进水	出水	进水	出水
2011年10月	92.9	7.4	169	20.2	31.07	0.73	33.44	15.53	2.50	0.50	103.5	11.03
2011年11月	126.7	8.7	243	21.7	34.44	2.28	37.38	16.57	2.90	0.51	130.0	13.20
2011年12月	133.8	8.8	267	21.2	32.72	1.28	35.49	16.68	3.16	0.56	141.1	14.58
最大值	133.8	11.7	267	25.7	34.90	2.28	37.43	17.08	3.16	0.56	157.3	14.58
平均值	96.8	8.6	189	21.4	31.88	1.13	34.89	15.91	2.70	0.50	122.5	11.83
最小值	72.6	7.1	146	19.7	25.81	0.47	28.57	14.63	2.43	0.39	102.9	8.77
2012年1月	113.4	8.5	219	21.5	30.30	0.95	34.12	15.49	2.92	0.40	145.1	11.17
2012年2月	91.3	9.2	188	25.9	32.50	2.54	37.45	17.22	2.81	0.49	114.7	15.72
2012年3月	110.7	10.7	235	30.6	35.87	3.10	38.36	17.28	2.84	0.43	107.4	15.56
2012年4月	99.9	9.7	216	26.0	36.81	0.89	39.40	17.79	2.81	0.38	126.7	13.77
2012年5月	99.0	8.2	212	21.5	30.31	0.62	32.90	16.14	2.61	0.36	120.3	12.90
2012年6月	89.6	7.0	190	20.1	30.69	0.60	32.47	14.84	2.48	0.37	111.0	11.53
2012年7月	84.8	6.7	184	18.7	28.38	0.45	30.49	14.09	2.46	0.17	95.6	11.52
2012年8月	101.1	6.8	209	20.1	28.91	0.45	30.61	13.46	2.69	0.17	104.6	11.83
2012年9月	107.1	7.7	223	22.4	33.42	0.36	35.34	13.62	2.48	0.12	110.7	11.91
2012年10月	103.4	12.0	212	34.6	32.17	0.50	34.35	14.06	2.24	0.18	101.7	12.22
2012年11月	116.5	6.7	249	20.1	25.44	1.10	28.60	12.72	3.10	0.28	186.1	11.58
2012年12月	91.7	6.4	196	19.6	27.83	0.39	30.73	14.35	2.95	0.36	97.96	11.14
最大值	116.5	12.0	249	34.6	36.81	3.10	39.40	17.79	3.10	0.49	186.1	15.72
平均值	100.7	8.3	211	23.4	31.05	1.00	33.74	15.09	2.70	0.31	118.5	12.57
最小值	84.8	6.4	184	18.7	25.44	0.36	28.60	12.72	2.24	0.12	95.6	11.14
2013年1月	106.3	7.7	220	22.6	31.18	0.89	34.95	16.75	2.77	0.44	107.4	12.86
2013年2月	90.9	6.2	192	18.8	24.61	0.61	27.83	12.66	2.40	0.29	104.2	12.91
2013年3月	104.1	7.3	218	22.4	26.89	0.50	29.90	13.90	2.73	0.27	102.1	13.97
2013年4月	93.3	7.2	199	21.5	23.92	0.48	26.86	13.07	2.42	0.19	105.2	13.76
2013年5月	91.8	6.6	193	19.3	24.17	0.40	26.30	12.42	2.41	0.22	101.5	13.75
2013年6月	91.3	6.8	187	20.3	24.67	0.44	28.12	13.92	2.37	0.18	103.8	12.46
2013年7月	94.4	6.5	194	19.1	20.04	0.15	25.04	13.44	2.24	0.12	95.5	12.25
2013年8月	91.3	6.3	187	17.1	19.49	0.20	25.04	13.43	2.30	0.13	117.3	12.60
2013年9月	82.8	6.6	178	18.5	22.07	0.14	29.67	14.88	2.53	0.21	117.2	12.72

续表

日期	BOD_5		COD		NH_3-N		TN		TP		SS	
	进水	出水	进水	出水	进水	出水	进水	出水	进水	出水	进水	出水
2013 年 10 月	85.8	7.5	182	19.7	27.53	0.23	37.50	16.23	2.71	0.36	91.5	12.42
2013 年 11 月	94.3	8.0	203	23.0	26.79	0.29	35.66	15.63	2.63	0.36	106.4	12.28
2013 年 12 月	86.3	7.3	179	20.5	26.98	1.06	31.74	14.75	2.66	0.38	93.3	12.93
最大值	106.3	8.0	220	23.0	31.18	1.06	37.50	16.75	2.77	0.44	117.3	13.97
平均值	92.7	7.0	194	20.2	24.86	0.45	29.88	14.26	2.51	0.26	103.8	12.91
最小值	82.8	6.2	178	17.1	19.49	0.14	25.04	12.42	2.24	0.12	91.5	12.25
三年最大值	133.8	12.0	267	34.6	36.81	3.10	39.40	17.79	3.16	0.56	186.1	15.72
三年平均值	96.7	8.0	198	21.7	29.26	0.86	32.83	15.09	2.64	0.36	114.9	12.44
三年最小值	72.6	6.2	146	17.1	19.49	0.14	25.04	12.42	2.24	0.12	91.51	8.77

2. 运行情况评价

从 2011～2013 年水量报表看，大坦沙污水处理厂三期扩建工程处理水量已达到设计规模，且有超负荷运行现象。最大月平均流量已达 $30\times10^4m^3/d$，月平均流量为 $23.6\times10^4m^3/d$，月平均水量为设计水量 $22\times10^4m^3/d$ 的 107.3%。

根据大坦沙污水处理厂三期扩建工程 2011～2013 年进、出水水质数据，实际进水水质平均值接近设计进水水质，除 TP 的月平均进水水质约为设计水质的 65.5%以外，BOD、COD、SS、TN 的月平均进水水质约为设计水质的 76%～93%，并且 BOD、COD、SS 部分月份的进水水质高于设计进水水质，大坦沙污水处理厂三期扩建工程在超负荷运行的情况下，出水水质达到甚至优于设计标准。三年平均月出水水质中，BOD、COD、TN、NH_3-N、TP 基本达到《城镇污水处理厂污染物排放标准》GB 18918—2002 一级 A 标准的要求。

8.6　常州市城北污水处理厂提标改造工程

8.6.1　污水处理厂介绍

1. 项目建设背景

常州市是长江三角洲地区重要的中心城市之一，也是现代制造业基地、文化旅游名城。地处长江三角洲平原，位于沪宁铁路中段，东距上海 160km，西离南京 140km，沪宁铁路、312 国道、沪宁高速公路、京杭大运河穿境而过。市区北临长江，南濒滆湖，东南滨太湖。

常州市的气候属北亚热带气候，全年温和湿润，四季分明，有明显的季风特征，年平均气温为 15℃，年平均降水量约 1061mm，极端最高气温为 38.5℃（1992 年 7 月），极端最低气温为－11.2℃（1991 年 12 月），多年平均蒸发量为 914mm，常年主导风向为东南风。

常州市北面约 20km 处为长江，南面为滆湖，太湖位于市区的东南面；境内水网纵横交叉，密集的水网将长江、运河、太湖和滆湖交接在一起，运河市区长 23km，在新市桥和水门桥之间分为 2 支，南支仍称为运河，北支称为关河，城北污水处理厂的出水进入藻港河，根据规划为Ⅳ类水体。

常州市新建地区排水体制均为雨污分流制，老城区的合流制大部分已经过旧城改造，形成了分流制。常州市目前有6座污水处理厂建成运行，分别为城北污水处理厂、清潭污水处理厂、丽华污水处理厂、湖塘污水处理厂、戚墅堰污水处理厂和江边污水处理厂，设计规模分别为15×10⁴m³/d、3×10⁴m³/d、2×10⁴m³/d、8.0×10⁴m³/d和30×10⁴m³/d，除湖塘污水处理厂处理工艺为氧化沟外，其他各厂的污水处理均为A/A/O工艺，污泥经重力浓缩、机械脱水后外运焚烧。

根据城市总体规划和现有污水系统布局，结合污水尾水实行达标排江、排河，资源化利用，以排江为主的战略设想，城市主城区设置江边、城北、戚墅堰、湖塘、牛塘、武南、武南南七座污水处理厂，随着排江系统的建立和完善，市区原有清潭、丽华两座污水处理厂停运，改为污水提升泵站。

按位置和尾水排放条件，实行镇镇组合，在适当位置建设污水处理厂，达标尾水就近排河，规划建设奔牛、湟里、漕桥、横山桥、焦溪五座污水处理厂。

常州市区水体污染以有机物为主，有机污染物主要来自生活污染和工业污染，目前运河水系水环境污染较为严重，与功能要求差距越来越大。根据《2006年常州市区环境状况公报》，常州市区主要河流为长江、京杭运河及其支流，监测表明41个地表水水质监测断面中，8个断面符合Ⅴ类水体要求，占20%；12个断面符合Ⅳ类水体要求，占29%；2个断面符合Ⅲ类水体要求，占5%，长江和运河干流常州段水质总体较好，但运河下游及其支流污染仍比较严重，尤以大通河和北塘河为最重，时有黑臭现象出现。市区主要湖泊滆湖水质较上年大有改善，但仍然表现为中度富营养化。市区地表水体主要污染指标为氨氮、生化需氧量、溶解氧、总磷、挥发酚和石油类。

2. 污水处理厂现状

常州市城北污水处理厂始建于1992年，经过三期工程建设，每期建设规模均为5×10⁴m³/d，设计处理规模为15×10⁴m³/d。

城北污水处理厂一期工程设计工艺为普通活性污泥法，后改造为A/A/O工艺，二、三期工程设计污水处理工艺为A/A/O工艺，设计出水水质为《污水综合排放标准》GB 8978—1996一级标准，目前的出水水质指标达到《城镇污水处理厂污染物排放标准》GB 18918—2002一级B标准。污泥处理工艺为重力浓缩池后带式脱水机脱水，因带式脱水机故障率较高，处理能力不能满足要求。

污水处理厂一期工程位于柴支浜南侧，二期和三期工程位于柴支浜北侧。污水处理区由西向东布置，全厂预处理区位于一期工程西侧，由南向北依次布置了粗格栅间、进水提升泵房、细格栅间和沉砂池。一、二、三期工程污水处理区由西向东依次布置了初次沉淀池、生化反应池、二次沉淀池、加氯接触池，出水排入藻江河。一期工程污泥处理区位于一期工程东北部，由南向北依次布置了污泥浓缩池和污泥脱水机房，二、三期工程的污泥浓缩池位于柴支浜北侧，污泥脱水机房为一、二、三期共用，污水处理厂的综合楼和生活楼位于厂区的西南角，厂区现状平面图如图8-54所示。

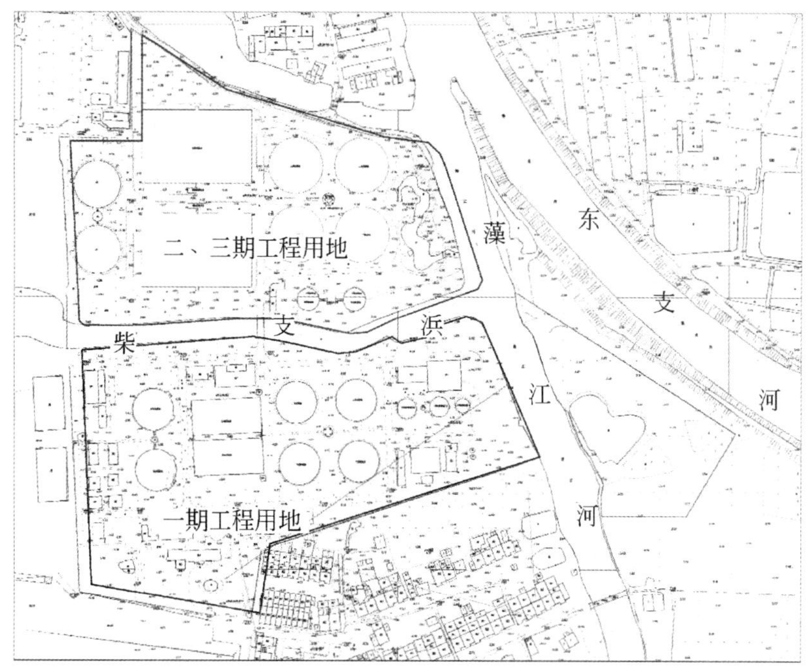

图 8-54　污水处理厂现状平面图

污水处理厂设计进出水水质情况如表 8-33 所示。

城北污水处理厂设计进出水水质　　表 8-33

项目	COD_{Cr} (mg/L)	BOD_5 (mg/L)	SS (mg/L)	NH_3-N (mg/L)	TP (mg/L)
进水水质	500	200	250	30	4
出水水质	≤60	≤20	≤20	≤15	≤0.5

污水处理厂处理工艺流程如图 8-55 所示，其中仅在一期工程中建有加氯接触池和加氯间，但未投入使用。

目前，污水处理厂实际处理水量约为 $13\times10^4m^3/d$，且呈不断上升趋势，2005～2007 年实际处理水量如表 8-34 所示。

2005～2007 年污水处理厂实际处理水量情况　　表 8-34

年份	一期年均值 (m^3/d)	二、三期年均值 (m^3/d)	合计 (m^3/d)
2005 年	27975	85401	113376
2006 年	35656	88835	124491
2007 年	39157	89314	128471

2005～2007 年的实际进水水质如表 8-35 所示。

可以看出，城北污水处理厂进水水质 TP 略高于设计值，COD_{Cr}、SS、NH_3-N 和 BOD_5 的年平均值均低于设计进水水质，同时 SS 和 BOD_5 浓度有逐年下降的趋势。

2005～2007 年的实际出水水水质如表 8-36 所示。

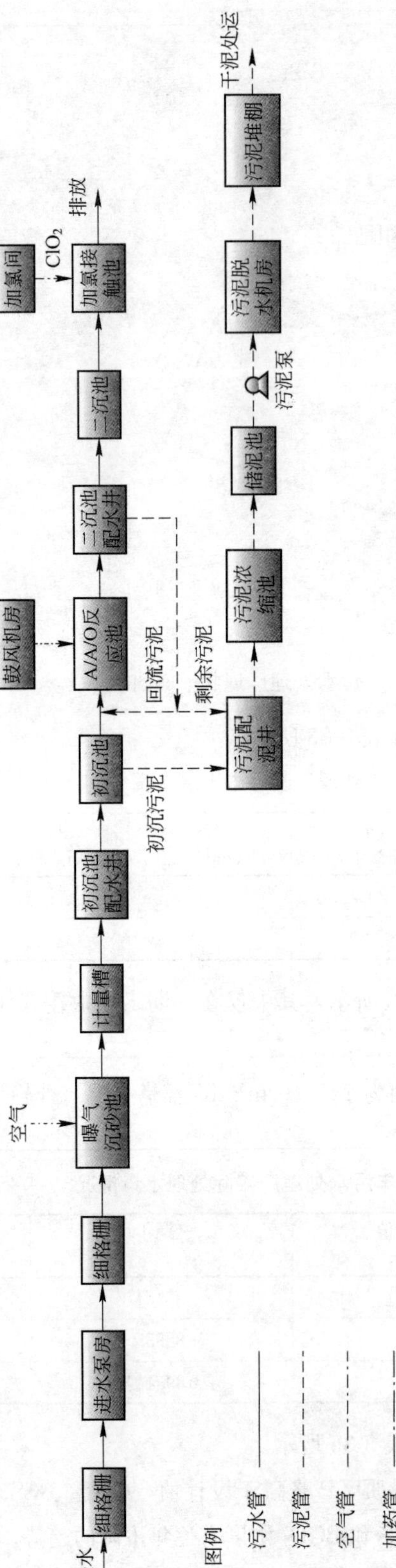

图 8-55 现状污水处理工艺流程

2005～2007 年污水处理厂实际进水水质情况　　表 8-35

时间	COD_{Cr} (mg/L)	BOD_5 (mg/L)	SS (mg/L)	NH_3-N (mgL)	TP (mg/L)
2005 年最大值	571	200	298	29.4	6.41
2005 年最小值	300	113	160	20.0	3.17
2005 年平均值	392	140	225	26.1	4.32
2006 年最大值	454	159	271	36.8	4.90
2006 年最小值	281	106	170	22.1	4.19
2006 年平均值	366	134	206	28.7	4.51
2007 年最大值	475	160	241	33.1	4.86
2007 年最小值	297	113	163	24.1	3.90
2007 年平均值	378	134	205	27.2	4.39

2005～2007 年污水处理厂实际出水水质情况　　表 8-36

时间	COD_{Cr} (mg/L)		BOD_5 (mg/L)		SS (mg/L)		NH_3-N (mg/L)		TP (mg/L)	
	一期出水	二、三期出水	一期出水	二、三期出水	一期出水	二、三期出水	一期出水	二、三期出水	一期出水	二、三期出水
2005 年最大值	42.1	44.4	7.79	6.56	14	14	3.19	2.03	1.17	0.29
2005 年最小值	30.2	28.0	5.06	4.99	13	12	1.72	0.87	0.21	0.16
2005 年平均值	36.5	39.6	6.01	5.96	14	13	2.29	1.46	0.49	0.20
2006 年最大值	43.2	44.4	9.77	9.45	15	14	3.29	4.05	0.63	0.43
2006 年最小值	34.3	37.8	6.66	7.47	12	12	0.94	0.90	0.40	0.25
2006 年平均值	38.8	41.0	7.96	8.32	13	13	2.03	2.34	0.55	0.33
2007 年最大值	42.1	42.1	8.06	8.02	13	13	1.75	2.03	0.49	0.36
2007 年最小值	37.5	36.7	6.73	6.68	11	11	0.91	1.08	0.35	0.28
2007 年平均值	39.9	39.2	7.52	7.43	12	12	1.28	1.48	0.41	0.32

为确定进水水质中的 TN 浓度，2006 年 6 月 22 日～7 月 3 日，常州市城北污水处理厂对进出水中的 TN 进行了连续 12d 的测试，其结果如表 8-37 所示。

进出水 TN 浓度测定结果（mg/L）　　表 8-37

时间	6 月 22 日	6 月 23 日	6 月 24 日	6 月 25 日	6 月 26 日	6 月 27 日	6 月 28 日	6 月 29 日	6 月 30 日	7 月 1 日	7 月 2 日	7 月 3 日	平均值
进水 TN	38.4	46.0	43.9	39.1	41.8	38.5	45.6	31.7	47.3	39.1	41.8	34.1	40.6
进水 NH_3-N	26.1	25.8	28.6	26.3	25.2	29.1	30.2	27.6	38.7	27.9	27.7	18.3	27.6
TN/NH_3-N	1.47	1.78	1.53	1.48	1.66	1.32	1.51	1.15	1.22	1.40	1.51	1.86	1.5
一期出水 TN	19.8	16.5	17.0	19.0	18.3	12.9	14.5	13.3	16.1	16.6	18.8	15.3	16.5
二期出水 TN	20.2	18.1	18.7	20.2	22.9	16.6	16.4	14.6	17.9	19.1	17.2	19.2	18.4

可以看出，除部分时间 TP 超标外，其余指标均可达到设计出水水质标准，但 SS、TN、TP 不能达到《城镇污水处理厂污染物排放标准》GB 18918—2002 一级 A 标准的要求。

8.6.2 污水处理厂改扩建方案

1. 改扩建标准确定

2007 年 5 月，太湖流域蓝藻暴发，导致太湖周边地区饮用水水源受到严重破坏，危及当地人民的生活和生命安全，当地的旅游产业和生态环境也遭受重创，为控制太湖水的富营养化，维护生态平衡，保障人体健康，促进沿太湖地区社会经济和环境的协调发展，江苏省环境保护厅联合江苏省质量技术监督局根据国家法律法规和江苏省地方规定，于 2007 年 7 月发布了《太湖地区城镇污水处理厂及重点工业行业主要水污染物排放限值》DB 32/1072—2007 的全文强制性地方标准，2008 年 1 月 1 日起实施。标准规定太湖地区指无锡、常州、苏州市辖区，南京市溧水县、高淳县，镇江市丹阳市和句容市，标准对城镇污水处理厂根据接纳工业废水量的不同分成 3 类，分别执行相应的排放标准。

根据常州市环境保护局常环表［2007］71 号及《常州市城北污水处理厂提标改造工程项目环境影响评价报告表》的要求，城北污水处理厂出水主要污染物需达到《太湖地区城镇污水处理厂及重点工业行业主要水污染物排放限值》DB 32/1072—2007 表 2 的要求，其他污染因子执行《城镇污水处理厂污染物排放标准》GB 18918—2002 中一级 A 标准的要求。《太湖地区城镇污水处理厂及重点工业行业主要水污染物排放限值》DB 32/1072—2007 表 2 中的污染物限值等同于《城镇污水处理厂污染物排放标准》GB 18918—2002 一级 A 的污染物限值，即城北污水处理厂设计出水水质需达到《城镇污水处理厂污染物排放标准》GB 18918—2002 一级 A 的要求，城北污水处理厂提标改造工程的设计进出水水质主要指标如表 8-38 所示。

城北污水处理厂提标改造工程设计进出水水质　　表 8-38

项目	COD_{Cr} (mg/L)	BOD_5 (mg/L)	SS (mg/L)	TN (mg/L)	NH_3-N (mg/L)	总磷 (mg/L)	粪大肠菌群数(个/L)
进水	500	180	300	45	30	6	
出水	≤50	≤10	≤10	≤15	≤5(8)	≤0.5	1000
去除率(%)	≥90	≥94.4	≥96.7	≥66.7	≥83.3(73.3)	≥91.7	

2. 改造工程内容

本次提标改造工程的处理规模仍为 $15\times10^4 m^3/d$，根据新的排放标准要求，生物处理仍采用 A/A/O 工艺，但需拆除原有 2 座初次沉淀池，保留 2 座初次沉淀池，在原有初次沉淀池的位置上新建生物反应池，并新建鼓风机房、污泥离心脱水机房和出水消毒设施，另新建规模为 $15\times10^4 m^3/d$ 的深度处理设施，包括高效沉淀池、均质滤料滤池和加药间等，同时结合改造工艺的要求，对现有机械、电气和自控设备进行更新改造。

城北污水处理厂原有厂区内可用地面积较少，本次在南围墙外新征用地 $1.99hm^2$（合 29.85 亩），用于布置深度处理构筑物。

城北污水处理厂东面毗邻藻江河，北面为成片鱼塘，西面和南面均为居民区。污水处理厂原有污水处理构筑物按水力流程由西向东布置，考虑污水处理厂东南围墙外地块毗邻藻江河，尾水排放条件较好，水力流程顺畅，根据规划要求，将其作为新建厂区用于布置深度处理构筑物。深度处理构筑物按流程由西向东布置，出水进入藻江河。

拆除一期工程北面 1 座初次沉淀池，一期工程新建生物处理构筑物建于原来拆除初次沉淀池位置上，充分利用现有二期工程初次沉淀池南面空地，新建 5 号变电所；拆除二期工程南面 1 座初次沉淀池，二期工程新建生物处理构筑物建于拆除初次沉淀池位置上，充分利用二期工程鼓风机房北面空地，新建鼓风机房。

反冲洗废液池建于一期工程车库东面的空地上，拆除原有一期工程药库和加氯间等，新建加氯接触池和加氯间及中间提升泵房。

根据污水处理厂现状，改造后污水处理厂可充分利用原厂已建各种辅助建筑物，不再新建综合楼、食堂、仓库、机修间、车库等辅助设施，污水处理厂改造平面布置如图 8-56 所示。

3. 处理工艺选择

生物处理仍采用 A/A/O 工艺，调整部分工艺参数，增加生物反应池的水力停留时间，深度处理采用混凝沉淀后过滤工艺，全厂工艺处理流程见图 8-57。

4. 主要污水处理构筑物设计

（1）污水处理构筑物设计

1）一期工程生物反应池改造

拆除原有一期工程 1 座初次沉淀池，在一期工程初次沉淀池位置新增 1 座生物反应池，生物反应池分为缺氧段和好氧段，与已建厌氧地、缺氧池及好氧池组成 A/A/O 反应池。

新增缺氧段停留时间为 4.1h，有效容积为 8542m^3，缺氧段设立式涡轮搅拌器，每台电机功率为 5.5kW，共 12 套，促使池内混合液搅动混合，避免污泥沉积，缺氧段有效水深为 8.0m。好氧段停留时间为 2.4h，有效容积为 5000m^3，设微孔曝气器 1870 套，每套流量为 2.5m^3/h，好氧段有效水深为 5.50m。

改造后总水力停留时间为 17.1h，其中厌氧段为 1.4h，缺氧段为 6.9h，好氧段为 8.8h，污泥浓度为 3.5g/L，污泥负荷为 0.072kgBOD_5/(kgMLSS·d)，总污泥龄为 18.8d，气水比为 8.4∶1，内回流比为 200%，污泥回流比为 100%。

原有一期工程厌缺氧池单池有效容积为 4375m^3，设有潜水搅拌器 3 台，单台电机功率为 5kW，输入功率偏小，池底有积泥现象，本次设计新增潜水搅拌器 6 台，单台电机功率为 5.5kW。将原有一期工程厌缺氧池和好氧池内的进水提升泵房内的潜水离心泵更换为潜水轴流泵 3 台（其中 1 台变频），2 用 1 备。将原有一期工程厌缺氧池和好氧池回流污泥泵房内的潜水离心泵更换为潜水轴流泵 3 台（其中 1 台变频），2 用 1 备，单台流量为 1041m^3/h，扬程为 5.0m，电机功率为 30kW。

一期工程原有回流和剩余污泥泵房共 2 座，每座内设 3 台潜水离心泵。本次设计将原有污泥回流泵更换，设计污泥回流比为 100%。每座污泥回流泵井内设污泥回流泵 3 台（其中 1 台变频），2 用 1 备，单台流量为 570m^3/h，扬程为 3.5m，电机功率为 11kW。

原有一期工程好氧池进水管为 *DN*800，进水管内流速为 2.47m/s，水头损失较大，本次设计将其进水管更换为 *DN*1300，同时需对进水井进行改造。

一期工程的生物反应池构筑物工艺设计如图 8-58 所示。

图 8-56 常州市城北污水处理厂改造后平面布置

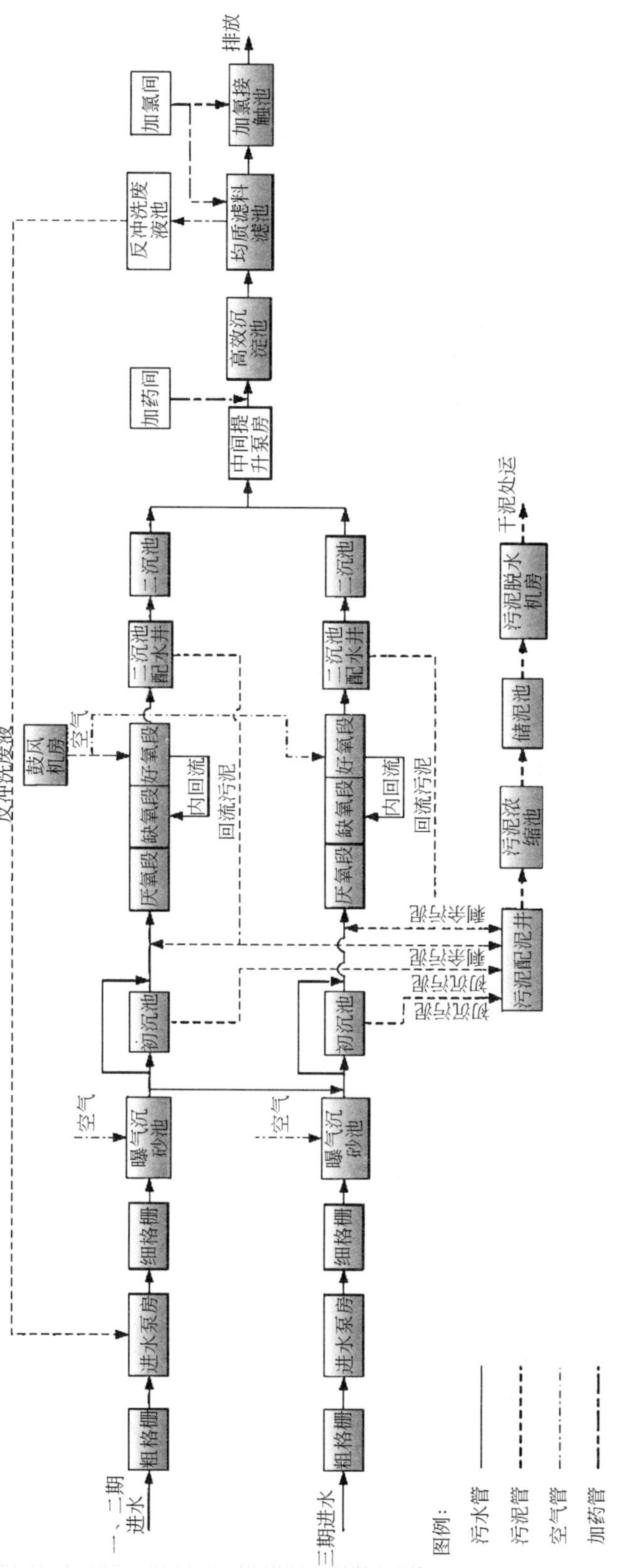

图 8-57　改造工艺处理流程

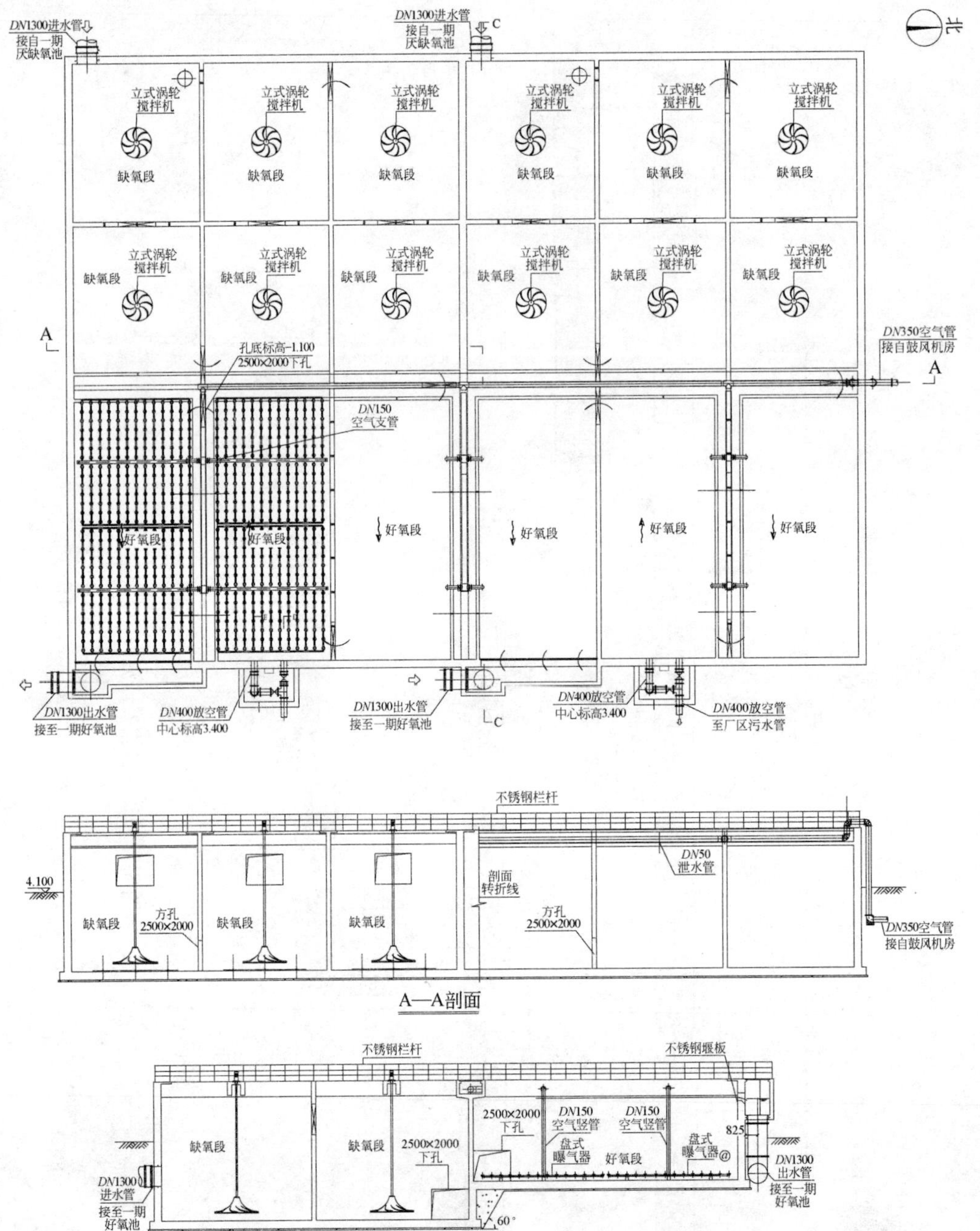

图 8-58 一期工程新增生物反应池工艺设计

2）二、三期生化处理构筑物改造

拆除原有二、三期工程 1 座初次沉淀池，在其位置上新建二期生化处理构筑物，新建生化处理构筑物为 1 座 2 池。

新建生物反应池主要包括进水提升泵井、厌缺氧段生物反应池。

进水提升泵井内设潜水轴流泵 6 台，4 用 2 备，其中 2 台变频，单台流量为 1354m^3/h，扬程为 3.5m，电机功率为 30kW。

新增厌氧池水力停留时间为 1h，有效容积为 4167m^3，新增缺氧池水力停留时间为 4.5h，有效容积为 18750m^3，厌缺氧段内的每个分格内设潜水搅拌器，电机功率为 5.5kW，促使池内污水搅动混合，避免污泥沉积。

将原有二、三期工程 A/A/O 反应池厌缺氧段中的部分容积为 7500m^3，水力停留时间为 1.8h，调整为好氧缺氧交替段，需增加曝气器 3200 套，每套流量为 2.5m^3/h，保留其中的潜水搅拌器。

改造后总水力停留时间为 16.7h，其中厌氧段为 1.0h，缺氧段为 6.9h，好氧段为 8.8h，污泥浓度为 3.5g/L，污泥负荷为 0.059kgBOD_5/(kgMLSS・d)，总污泥龄为 18.8d，气水比为 8.4∶1。

原有二期工程内回流泵和外回流泵的扬程均不能满足要求，本次设计更换原有内回流污泥泵和外回流污泥泵。

更换内回流污泥泵 12 台，8 用 4 备，其中 4 台变频，单台流量为 1044m^3/h，扬程为 8.0m，电机功率为 60kW；更换外回流泵 8 台，6 用 2 备，其中 4 台变频，单台流量为 1044m^3/h，扬程为 8.0m，电机功率为 60kW。同时需对回流污泥泵的出水管方向进行调整。原有 1 台电动葫芦起重量为 1t，本次设计考虑更换电动葫芦起重量为 2t，起升高度为 12m。

新建二期生化处理构筑物工艺设计如图 8-59 所示。

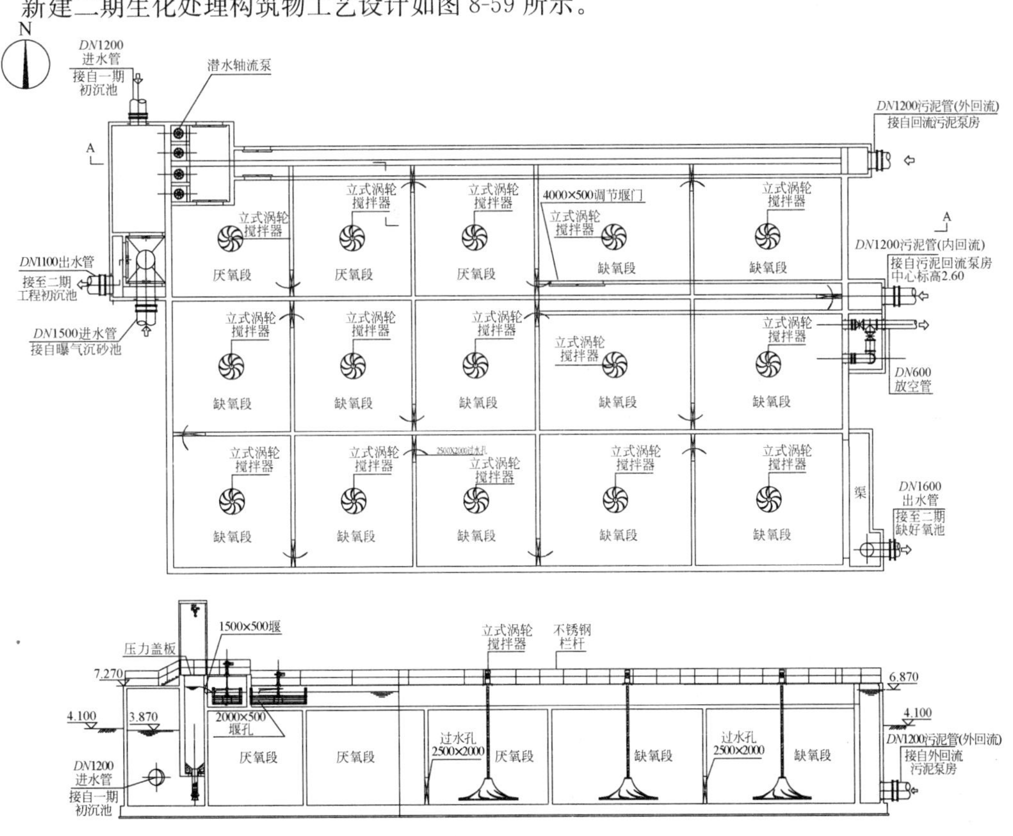

图 8-59　新建二期生化处理构筑物工艺设计

3）鼓风机房

新建鼓风机房1座，面积为280m²，内设3台（2用1备）风机，单台风机流量为125m³/min，风压为0.07MPa，电机功率为200kW；电动单梁悬挂式起重机1台，用于鼓风机的检修，起重机起重量为5t，起升高度为6m；鼓风机风廊内增设粗过滤器，功率为0.55kW，共2台，单台粗过滤器风量为9750m³/h。

4）中间提升泵房

新建中间提升泵房1座，用于将一期和二、三期工程二次沉淀池出水提升进入均质滤料气水反冲洗滤池，内设潜污泵5台，4用1备，其中2台变频，单台流量为1201～2032m³/h，扬程为8.0～11.2m，电机功率为90kW，还设电动葫芦1台，起重量为3t，起升高度为12m，用于潜污泵的检修。

5）高效沉淀池

新建高效沉淀池分为两组，每组处理流量为7.5×10^4m³/d，每组沉淀池尺寸为37.1m×34.4m，池总深为8.4m，有效水深为7.8m，每组可单独运行，每格沉淀池由5个过程区组成，即混合区、絮凝区、污泥分离沉淀区、污泥浓缩区和出水区。

混合区采用机械混合，混合要求转速120r/min以上，混合池G值为500～1000s^{-1}，混合时间为2.75min。

絮凝区采用机械絮凝和水力絮凝相结合，絮凝搅拌机速度可调，设置不锈钢导流筒，叶轮外缘转速宜为1～2m/s左右，机械絮凝出水后，采用隔板水力絮凝，然后进入斜管沉淀池沉淀，絮凝池停留时间为21.5min。

污泥分离沉淀区上部为出水区、中部为斜管污泥分离沉淀区、下部为污泥浓缩区，池有效表面负荷为7.93m³/(m²·h)，池有效水深为7.0m，超高为0.5m，内设斜管，斜管孔径为80mm，斜长为1.5m，斜管采用聚丙烯斜管，斜管下采用不锈钢扁钢支撑，上部采用压条，斜管沉淀池出水采用不锈钢出水堰板。

污泥浓缩区下设浓缩刮泥机，刮泥机直径为16.0m，采用不锈钢制作。

高效沉淀池的工艺设计如图8-60所示。

6）均质滤料气水反冲洗滤池

新建均质滤料气水反冲洗滤池1座，分为12格，滤速为7.45m/h，强制滤速为8.93m/h，单格有效面积为91.26m²。

反冲洗分气水同时反冲洗和单水反冲两个阶段，同时全过程伴有表面扫洗。反冲洗设备间、控制室与滤池合建，内置与滤池配套的反洗水泵和反洗风机，其中反洗水泵3台，2用1备，单台流量为790m³/h，扬程为10m，电机功率为137kW；反洗风机2台，1用1备，单台流量为83.3m³/min，升压$\triangle P$为50kPa，电机功率为110kW；潜水排污泵1台，流量为15m³/h，扬程为10m，电机功率为1.5kW，用于排除泵房积水。

均质滤料气水反冲洗滤池的工艺设计如图8-61所示。

7）加药间

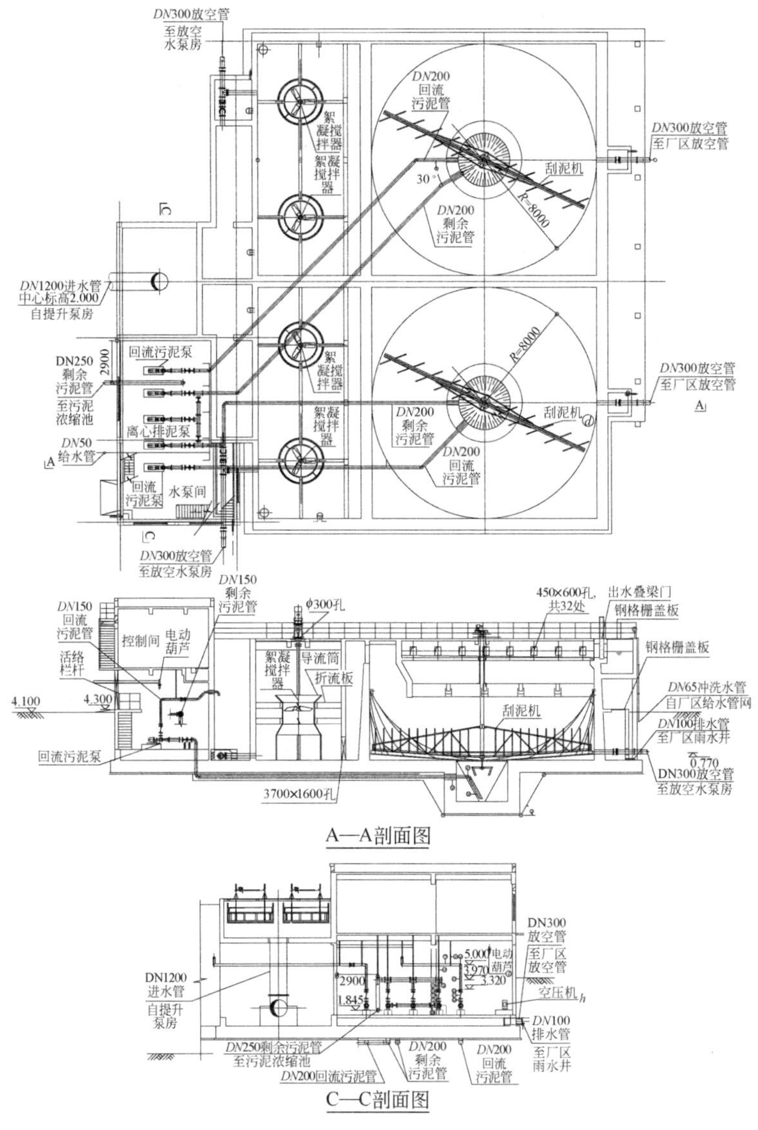

图 8-60　高效沉淀池工艺设计

新建加药间 1 座，用于向污水处理系统投加混凝剂和助凝剂。混凝剂采用液态聚合铝，其 Al_2O_3 含量不小于 10%，液态聚合铝投加量为 10～30mg/L，助凝剂采用固态聚丙烯酰胺，投加量为 0.5～1.0mg/L，实际投加量根据生产性试验确定。加药间内设混凝剂储罐，有效容积为 30m^3，共 2 座，轮换使用；混凝剂储罐内设搅拌器，功率为 2.0kW；混凝剂储罐配套进料泵 2 台，单台流量为 100m^3/h，扬程为 10m，功率为 5.5kW，用于向储罐内输送液体混凝剂；混凝剂投加泵 3 台，2 用 1 备，单台流量为 100～250L/h，扬程为 30m，电机功率为 0.75kW；设稀释水泵 3 台，2 用 1 备，单台流量为 1.5～3m^3/h，扬程为 30m，电机功率为 2.2kW。

加药间内设助凝剂配置装置 1 套，制备能力为 5～10kg/h，用于制备浓度为 0.5%的高分子助凝剂，助凝剂制备装置附设助凝剂计量泵 3 台，2 用 1 备，单台流量为 0.6～1m^3/h，扬程

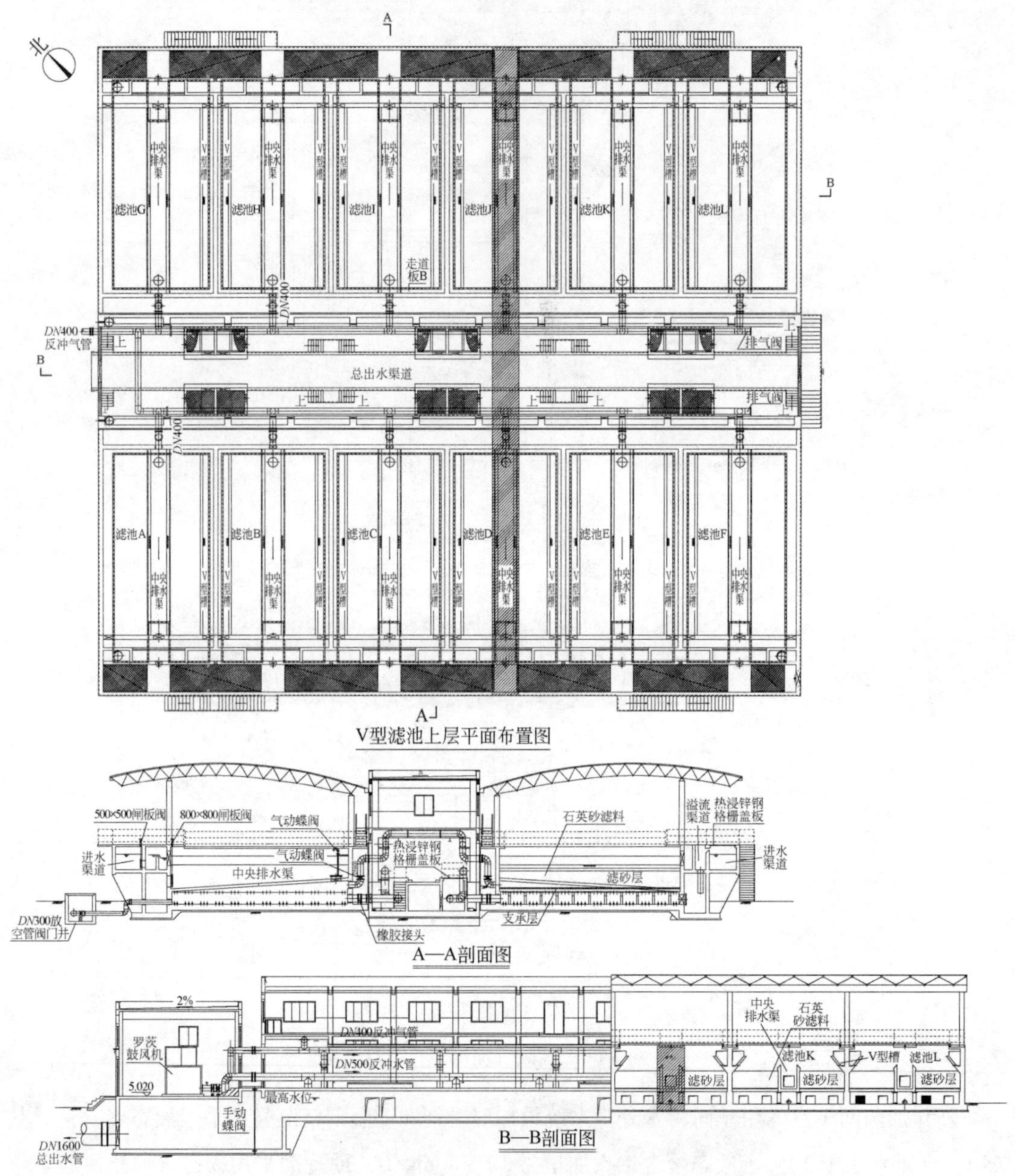

图 8-61 均质滤料气水反冲洗滤池工艺设计

为 40m，电机功率为 1.1kW，附设在线稀释装置 1 套。

加药间的工艺设计如图 8-62 所示。

8）加氯接触池和加氯间

新建加氯接触池和加氯间 1 座，加氯间位于加氯接触池上部，用于滤前和滤后水的加氯处理，投加量为 10mg/L，加氯接触时间为 30min，加氯接触池有效容积为 4070m^3，加氯接触池内设回用水泵 2 台，1 用 1 备，单台流量为 150m^3/h，扬程为 30m，电机功率为 30kW。

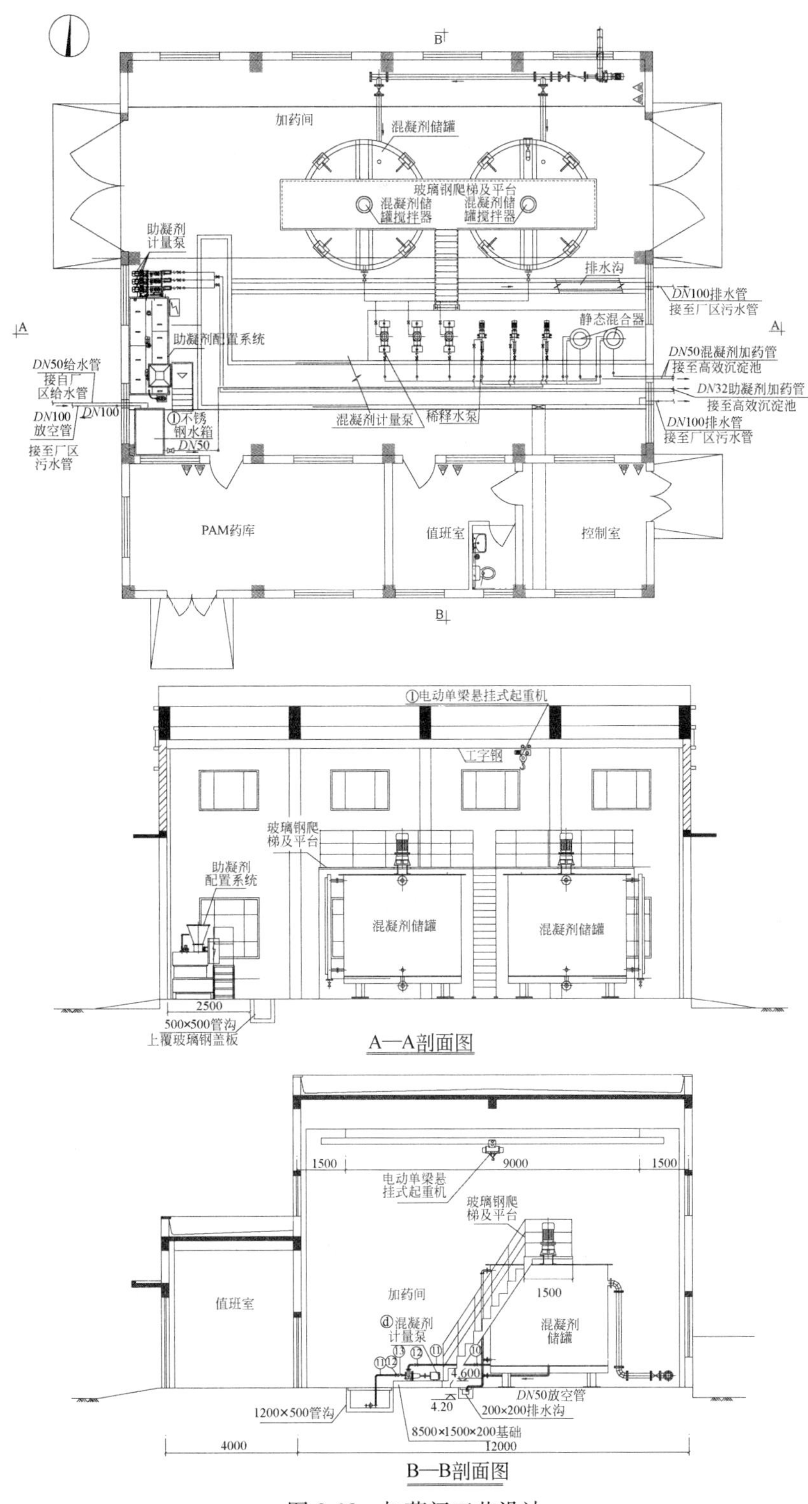

图 8-62　加药间工艺设计

加氯间内设氯酸钠化料器（200kg/次）1 套，氯酸钠储罐容积为 15m^3，氯酸钠化料泵 1 台，流量为 4m^3/h，扬程为 12m，电机功率为 3kW；盐酸储罐 1 只，容积为 15m^3；盐酸卸料泵1台，流量为20m³/h，电机功率为2.2kW；二氧化氯发生器4台，单台流量为20kg/h；隔膜泵8台，单台流量为50L/h，扬程为0.3MPa；二氧化氯发生器配套水射器4套，负压投加；与水射器配套的动力泵2台，单台流量为150m³/h，扬程为40m，电机功率为30kW。

为安全起见，加氯间内安装二氧化氯检测仪，当出现二氧化氯泄漏时，发出报警。

加氯接触池和加氯间的工艺设计如图8-63和图8-64所示。

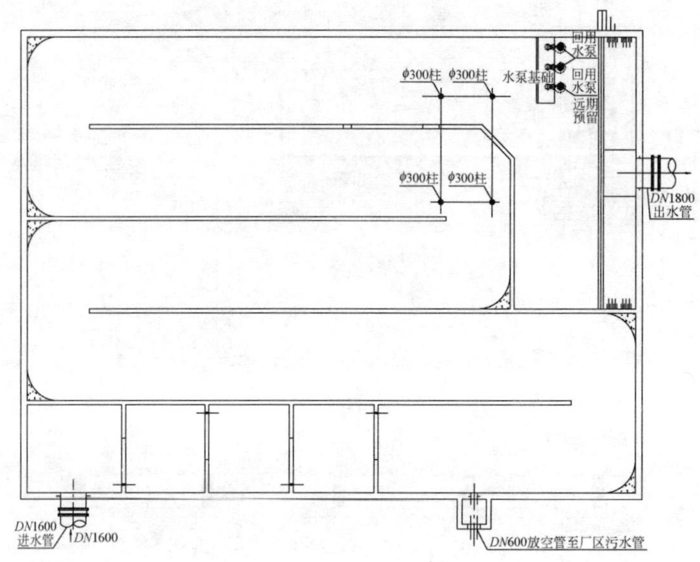

图8-63 加氯接触池工艺设计

9）反冲洗废水池

新建反冲洗废水池1座，用于储存反冲洗时产生的废水，以避免滤池反冲洗产生的废水对污水处理系统进水量造成较大的冲击；反冲洗废水池有效容积为480m³，废水池共2格，储存一个反冲洗周期内的废水；反冲洗废水池内设潜污泵3台，2用1备，单台流量为200m³/h，扬程为11.5m，电机功率为15kW，用于将反冲洗废水均匀送至进水泵房。

（2）污泥处理构筑物设计

原有一、二、三期的污泥浓缩池和污泥储泥池均利用，原有污泥脱水机房采用带式压滤机，故障率较高，因此本次新建脱水机房1座，建筑面积为650m²，内设离心脱水机2台，单台处理能力为20～40m³/h，转鼓直径为530mm；污泥进料泵2台，单台流量为20～40m³/h，扬程为20m，电机功率为7.5kW；污泥切割机2台，单台流量为40m³/h，电机功率为1.5kW；泥饼输送泵2台，单台流量为3～8m³/h，扬程为1.5～2.0MPa，电机功率为18.5kW；电动单梁起重机1台，起重量为5t，起升高度为9m，便于设备的吊装和维修。

（3）电气和仪表自控设计

1）电气设计

污水处理厂现状为一路10kV电源进线，短段电缆引入一期已建1号10/0.4kV变电所。1号10/0.4kV变电所内设10kV配电间1间、低压配电间1间、变压器室2间和控制室1间，位于一期鼓风机房旁，设2台800kVA变压器，负荷率较高，已满负荷运行。原0.4kV配电装置

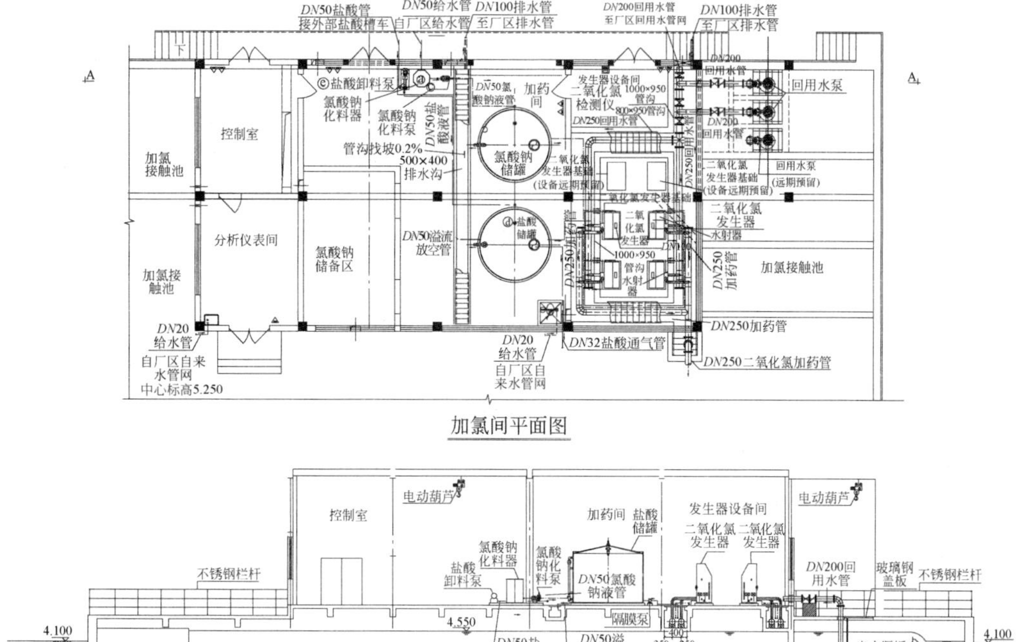

加氯间平面图

A—A剖面图

图 8-64　加氯间工艺设计

为全进口开关柜，备用馈线回路较少。10kV 系统已无备用馈线回路，土建约有 2 个柜位的扩展空间。原 10kV 配电装置为全进口开关柜，配电设备运行情况良好。10kV 辅助直流屏采用的是需经常换液的电池，维护工作量大；二、三期工程时增加了一座 3 号 10/0.4kV 变电所和一座 2 号低压配电间，3 号变电所位于二、三期鼓风机房旁，内设 1 台 1000kVA 变压器，一路 10kV 电源引自 1 号变电所高压开关柜，负责二、三期鼓风机房和一、二期进水泵房及沉砂池电气设备供电；2 号低压配电间位于厂区河北侧，两路 0.4kV 电源引自 1 号变电所低压开关柜，负责厂区河北区二、三期 A/A/O 池和二次沉淀池、污泥浓缩池的设备供电。3 号变电所中 0.4kV 柜基本无备用回路，土建也无扩展空间。

本次改造采用两路 10kV 电源进线，一路原有外线扩容，并新申请一路 10kV 外线，两路电源为常用，互为备用。考虑厂内 1 号变电所配电装置状况较佳，因此本工程尽可能利用原配电装置，挖潜改造，对原 10kV 变配电系统进行电气和土建改造，10kV 配电间向控制室扩展一定土建空间，在原 10kV 配电装置中增加馈电开关柜，更换部分 10kV 元器件来满足厂内新设变电所 10kV 电源的需求。

原 1 号变电所 10/0.4kV 变压器更新为 2 台 1600kVA 干式变压器，两常用。对 10kV 系统进行改造，并增加 10kV 出线柜。由于扩建后用电负荷增加，原高压柜部分元器件不满足扩建后的要求，故进行更新。低压配电间土建扩建，新增低压配电柜通过母线槽与原设备相连，负责新建的鼓风机房、新建一期生物反应池用电设备的配电。

在新建中间提升泵房旁新建1座4号10/0.4kV变电所，内设变配电间1间，控制值班室1间。负责新建的中间提升泵房、加氯间、滤池、高效沉淀池、反冲洗废液池、脱水机房和加药间用电设备的配电，10kV电源引自1号变电所。

在新建二期反应池附近新建1座5号10/0.4kV变电所，内设变配电间1间，控制值班室1间。负责原二期A/A/O反应池和新建反应池的配电和控制，10kV电源引自1号变电所。

2）仪表自控设计

已建中央控制室及3个现场控制主站和1个现场控制子站均利用。

本次改造增加新建处理构筑物所需的液位、压力、流量和水质测定等仪表；新建中央控制室1座，在中央控制室新增2套监控计算机、1套网络服务器、1套150英寸大屏幕电动投影仪、1套A3激光打印机、1套A4黑白打印机、1套打印服务器、1个不间断电源（UPS）和防雷电保护装置。新建中央控制站通过以太网直接读取原监控系统数据库数据，以便统一管理、调度和打印报表。

新增3个现场控制主站、16个现场控制子站、2个远程I/O站。新增现场控制主站位于1号配电所（PLC1）、新建5号变电所（PLC2）和新建4号变配电所控制室（PLC3）；12个现场控制子站分别对应12格滤池，另4个现场控制子站分别随鼓风机、加药设备、加氯设备和脱水机设备配套提供；2个远程I/O设于高效沉淀池旁。各现场控制主站与中央控制室之间通过工业以太网进行数据通信。

8.6.3 运行效果

1. 近三年的运行数据

2011～2013年的污水处理量如表8-39所示。

2011～2013年污水处理量 **表8-39**

月份	2011年		2012年		2013年	
	总处理量（m^3）	日均处理量（m^3/d）	总处理量（m^3）	日均处理量（m^3/d）	总处理量（m^3）	日均处理量（m^3/d）
1	4345785	140187	4190103	135165	4528386	146077
2	3717508	132768	4470656	154161	3610646	128952
3	4549546	146760	4964152	160134	4067700	131216
4	4399065	146636	4487300	149577	4384822	146161
5	4600260	148395	4755325	153398	4869683	157087
6	4840408	161347	4780806	159360	4192718	139757
7	5165070	166615	5073634	163666	5075419	163723
8	5204899	167900	5112254	164911	5043356	162689
9	5030969	167699	5049788	168326	4731610	157720
10	4511139	145521	4889507	157726	4956948	159902
11	4334668	144489	4754279	158476	4493038	149768

续表

月份	2011 年		2012 年		2013 年	
	总处理量（m^3）	日均处理量（m^3/d）	总处理量（m^3）	日均处理量（m^3/d）	总处理量（m^3）	日均处理量（m^3/d）
12	4618159	148973	4901974	158128	4513394	145593
最大值	5204899	167900	5112254	168326	5075419	163723
平均值	4609790	151441	4785815	156919	4538977	149054
最小值	3717508	132768	4190103	135165	3610646	128952

2011～2013 年进出水水质如表 8-40 所示。

2011～2013 年进出水水质　　表 8-40

时间	COD_{Cr}(mg/L)		BOD_5(mg/L)		SS(mg/L)		NH_3-N(mg/L)		TN(mg/L)		TP(mg/L)	
	进水	总出水	进水	总出水	进水	总出水	进水	总出水	进水	总出水	进水	总出水
2011 年 1 月	270	14.1	93.7		122	<5	30.9	0.46	41.6	12.2	3.54	0.24
2011 年 2 月	274	14.0	89.1	<2	117	<5	30.8	0.17	42.9	13.5	3.40	0.25
2011 年 3 月	291	14.8	90.8	<2	117	<5	31.6	0.22	43.6	11.9	3.65	0.18
2011 年 4 月	300	15.1	118.0	2.35	150	<5	32.9	0.25	43.3	13.2	3.81	0.18
2011 年 5 月	286	13.8	109.0	2.78	134	<5	30.9	0.40	41.7	13.6	3.95	0.26
2011 年 6 月	224	11.7	80.8	<2	102	<5	23.5	0.16	36.0	12.2	2.92	0.26
2011 年 7 月	193	11.2	63.4	<2	93	<5	23.0	0.24	30.3	10.2	2.57	0.14
2011 年 8 月	150	9.61	54.5	<2	93	<5	18.7	0.18	27.3	9.9	2.20	0.10
2011 年 9 月	194	11.4	63.5	<2	93	<5	24.7	0.16	32.2	11.6	2.97	0.15
2011 年 10 月	240	11.0	75.8	<2	105	<5	31.5	0.54	39.1	12.7	3.54	0.27
2011 年 11 月	252	12.7	87.4	<2	111	<5	33.3	0.60	42.0	13.0	3.59	0.27
2011 年 12 月	261	12.7	93.6	<2	128	<5	33.1	0.26	43.3	12.3	3.58	0.22
2012 年 1 月	327	13.8	114.0	<2	127	<5	33.7	0.46	49.1	13.8	3.87	0.12
2012 年 2 月	291	15.5	108.0	<2	135	<5	32.4	0.80	44.6	14.4	3.65	0.20
2012 年 3 月	274	19.0	92.4	<2	110	<5	29.1	4.77	38.2	13.9	3.36	0.26
2012 年 4 月	331	17.7	109.0	<2	144	<5	31.9	3.72	40.4	14.4	3.81	0.10
2012 年 5 月	261	15.0	96.4	<2	117	<5	27.9	0.64	34.8	13.7	3.37	0.19
2012 年 6 月	198	11.7	71.2	<2	88	<5	27.5	0.20	36.4	13.1	3.11	0.15
2012 年 7 月	174	12.6	60.9	<2	95	<5	25.3	0.47	33.8	12.9	2.88	0.21
2012 年 8 月	157	11.4	69.1	<2	76	<5	22.6	0.24	29.6	11.9	2.71	0.23
2012 年 9 月	188	12.3	71.2	<2	86	<5	27.5	0.21	32.9	12.5	3.02	0.24
2012 年 10 月	206	13.6	90.3	<2	98	<5	28.3	0.16	35.3	14.1	3.32	0.25
2012 年 11 月	212	13.6	85.2	<2	115	<5	29.0	0.15	35.2	11.5	3.33	0.27
2012 年 12 月	221	13.6	98.3	<2	108	<5	29.0	0.19	35.1	12.0	3.41	0.17
2013 年 1 月	248	19.3	108.0	2.00	94	<5	29.8	1.30	37.3	11.8	3.47	0.26
2013 年 2 月	223	19.7	96.4	2.00	95	<5	25.2	1.02	33.4	9.3	3.12	0.23

续表

时间	COD_{Cr}(mg/L)		BOD_5(mg/L)		SS(mg/L)		NH_3-N(mg/L)		TN(mg/L)		TP(mg/L)	
	进水	总出水	进水	总出水	进水	总出水	进水	总出水	进水	总出水	进水	总出水
2013 年 3 月	261	24.6	113.0	2.00	102	<5	29.9	1.77	38.0	8.2	3.55	0.15
2013 年 4 月	279	23.6	114.0	2.43	121	<5	30.7	1.48	37.2	8.9	3.70	0.12
2013 年 5 月	257	23.9	106.0	5.12	117	<5	28.7	1.30	34.4	9.7	3.54	0.16
2013 年 6 月	203	16.0	88.6	3.33	109	<5	25.2	4.27	31.8	13.7	3.29	0.21
2013 年 7 月	203	12.4	75.9	2.00	100	<5	27.5	0.15	31.5	11.0	3.08	0.13
2013 年 8 月	192	12.3	71.6	2.00	84	<5	28.7	0.15	32.3	11.9	3.02	0.24
2013 年 9 月	200	11.7	73.2	2.00	93	<5	30.0	0.56	35.3	12.3	3.15	0.26
2013 年 10 月	254	12.8	112.0	2.00	108	<5	26.1	0.41	35.2	11.4	3.17	0.25
2013 年 11 月	290	15.0	115.0	2.00	111	<5	31.3	0.65	38.3	13.8	3.66	0.24
2013 年 12 月	304	15.4	111.0	2.00	129	<5	33.3	0.22	41.4	11.9	3.6	0.24
最大值	331	24.6	118.0	5.12	150	<5	33.7	4.77	49.1	14.4	3.95	0.27
平均值	241	14.7	90.8	2.43	109	<5	28.8	0.80	37.1	12.2	3.33	0.21
最小值	150	9.6	54.5	<2	76	<5	18.7	0.15	27.3	8.2	2.20	0.10

由表 8-39 可以看出，城北污水处理厂已满负荷运行，部分月份超负荷运行。

由表 8-40 可以看出，城北污水处理厂的设计进水水质中 COD_{Cr}、BOD_5、TP 低于设计值，而 NH_3-N 和 TN 与设计值基本相符，C/N 比较低。分析其主要原因是常州市近年来进行产业结构调整，城北污水处理厂服务范围内工业企业转型升级和部分企业外迁，进入城北污水处理厂的工业废水量逐年减少，导致其 COD_{Cr}、BOD_5 浓度降低。

由表 8-40 可以看出，在满负荷或超负荷运行的情况下，城北污水处理厂出水水质均达到并优于《城镇污水处理厂污染物排放标准》GB 18918—2002 的一级 A 标准。

2. 再生水回用

城北污水处理厂提标改造工程 2009 年 4 月建成投产，运行 5 年来出水水质稳定达到一级 A 标准。尾水回用至厂内离心机冲洗、二氧化氯投加的动力水、道路冲洗及浇洒、构筑物冲洗、绿化用水量等，其余尾水全部输送至常州市天宁开发区工业水源地补充工业水，实现了污水的全部资源化。

3. 污泥处理处置

城北污水处理厂污泥采用重力浓缩＋离心脱水＋污泥料仓工艺，送至常州市广源热电有限公司进行焚烧，实现了污泥的安全处理处置。

8.7 上海市松江污水处理厂三期扩建工程

8.7.1 污水处理厂介绍

1. 项目建设背景

上海市松江区位于上海市西南，地处黄浦江上游，离市中心约 40km，工程项目位于松江区中心城区，服务范围东到洞泾港，西至沈泾塘（沪杭高速公路以北）、三新路（沪杭高速公路以北）、秀春塘，南到黄浦江，北至张家浜，总服务面积约为 50km^2，至 2020 年，服务人口为 35 万人，规划污水量为 13.8×10^{4}m^3/d。

项目服务区内排水体制为分流制，已建有松江污水处理厂一、二期工程，处理能力为 6.8×10^{4}m^3/d，主要服务于松江中心城区，属于黄浦江上游水源保护区和一级饮用水源保护区，而松江中心城区现状污水量已达 8.0×10^{4}m^3/d，目前还在以每年 30%左右速度不断增长，扩建工程势在必行。服务范围内存在部分雨、污混接现象，旱流污水通过雨水泵站排入附近水体，导致水体污染，也急需得到改善。根据上海市环境保护局和上海市水务局的要求，尾水排入黄浦江上游米市渡河段，属水源保护区范围内，污水处理厂处理出水必须达到《城镇污水处理厂污染物排放标准》GB 18918—2002 的一级 A 标准，在 2005 年底前完成达标改造工程。松江污水处理厂一、二期工程现有工艺无法满足这一要求，改造工程摆上议事日程。因此，尽快完成污水处理厂一、二期工程改造工作并扩建三期工程对改善服务区内的水体环境，促进经济的发展，保护黄浦江水源具有十分重要的意义。

一、二期改造工程设计水量为 6.8×10^{4}m^3/d，三期扩建工程设计水量为 7×10^{4}m^3/d，设计进水水质如表 8-41 所示。

污水处理厂设计进水水质　　表 8-41

序号	基本项目	进水水质
1	COD_{Cr}	500mg/L
2	BOD_5	220mg/L
3	SS	300mg/L
4	动植物油	1～2.5mg/L
5	石油类	1mg/L
6	阴离子表面活性剂	0.5mg/L
7	TN	50mg/L
8	NH_3-N	30mg/L
9	TP	6mg/L
10	浊度	250NTU
11	pH 值	6～9
12	粪大肠菌群数	10^6 个/L

2. 污水厂现状

松江污水处理厂一期工程于 1985 年建成投产，原设计处理能力为 2.7×10^{4}m^3/d，采用常规活性污泥法，出水无脱氮要求，尾水经 4.0km 长的管道排入黄浦江米市渡河段，出水井水位高程为 8.0m。

2000 年 4 月，松江污水处理厂二期工程建成投产，处理工艺为 A/O 脱氮工艺，处理规模为 5×10^{4}m^3/d，处理后尾水通过一期已建管道排出，出水高程为 5.3m。

2002 年，松江污水处理厂对一期工程的处理工艺进行了改造，改为具有脱氮功能的 A/O

工艺，经技术核定，处理规模由原来的 $2.7\times10^4m^3/d$ 改为 $1.8\times10^4m^3/d$。

因此，已建松江污水处理厂一、二期工程处理规模为 $6.8\times10^4m^3/d$。

目前，实际进入松江污水处理厂的污水量已达 $6.3\times10^4m^3/d$，已接近满负荷运行。

污水处理厂一、二期工程建有污泥消化处理设施，产生的沼气未进行能源综合利用，而是通过燃烧塔燃烧后向空中排放，按满负荷运行计算，每天产生的沼气量约为 $3100m^3$。

根据松江污水处理厂一、二期工程运行统计资料，2002 年，实际进入松江污水处理厂的污水量为 $6.1\times10^4m^3/d$，2003 年和 2004 年实际进入松江污水厂的污水量为 $6.3\times10^4m^3/d$，这主要是因为受厂外管道输送系统存在瓶颈所致，同时污水处理厂处理能力已接近满负荷，城区内的污水不能顺利输送进厂。

8.7.2 污水处理厂改扩建方案

1. 改扩建标准确定

（1）出水标准

出水水质要求达到《城镇污水处理厂污染物排放标准》GB 18918—2002 的一级 A 标准，具体如表 8-42 所示。

污水处理厂设计出水水质标准 **表 8-42**

序号	基本控制项目	出水水质	去除率
1	COD_{Cr}	≤50mg/L	90%
2	BOD_5	≤10mg/L	95%
3	SS	≤10mg/L	97%
4	动植物油	≤1mg/L	60%
5	石油类	≤1mg/L	0
6	阴离子表面活性剂	≤0.5mg/L	0
7	TN	≤15mg/L	70%
8	NH_3-N	≤5(8)mg/L	83%
9	TP	≤0.5mg/L	92%
10	浊度	≤30NTU	88%
11	pH 值	≤6～9	—
12	粪大肠菌群数	≤10^3 个/L	—

注：括号外数据为水温＞12℃时的控制指标，括号内数据为水温≤12℃时的控制指标。

（2）污泥处理标准

《城镇污水处理厂污染物排放标准》GB 18918—2002 中规定，城镇污水处理厂的污泥应进行稳定化处理，经稳定化处理后应达到表 8-43 的规定。

（3）臭气控制标准

根据国家的有关规范标准和环评审批意见的要求，本工程除臭标准采用《城镇污水处理厂污染物排放标准》GB 18918—2002 中厂界（防护带边缘）废气排放最高允许浓度二级标准）。

污泥稳定化控制指标　表 8-43

稳定化方法	控制项目	控制指标
厌氧消化	有机物降解率(%)	>40
好氧消化	有机物降解率(%)	>40
好氧堆肥	含水率(%)	<65
	有机物降解率(%)	>50
	蠕虫卵死亡率(%)	>95
	粪大肠菌群菌值	>0.01

即：氨：　1.5mg/m³

硫化氢：　0.06mg/m³

臭气浓度：　20（无量纲）

甲烷：　1%（厂区最高体积分数）

本工程臭气控制距离为 25m。

(4) 噪声控制标准

根据国家的有关规范标准和环评审批意见的要求，本工程污水处理厂边界噪声达到《工业企业厂界噪声标准》GB 12348—1990 的Ⅱ类标准。

2. 改造工程内容

松江污水处理厂位于松江区莫家库，已建一、二期工程设计规模共计为 $6.8\times10^4 m^3/d$，占地面积为 $13.7hm^2$。

一、二期工程建设时，已为三期工程预留了部分用地。因本工程尾水执行一级 A 排放标准，相对松江区其他二级污水处理厂来说，本工程需设二级出水深度处理装置。另外，本工程污泥要进行无害化、资源化处置。这两部分用地在一、二期建设时均没有预留，因此三期扩建工程污水处理厂需在污水处理厂围墙旁边新征两块用地，总面积为 $1.74hm^2$。

3. 工艺选择

(1) 生物过程智能优化系统

通过对松江污水处理厂一、二期工程的实际污水水量和水质的调查，发现有以下特点：

1) 进水水量昼夜变化幅度较大。8：00～22：00 污水处理厂进水流量达到 $7\times10^4 m^3/d$ 以上，0：00～8：00，进厂水量不到 $6\times10^4 m^3/d$。

2) 污染物浓度变化大。2004 年，松江污水处理厂会同有关单位连续数月对进厂污水的污染物浓度进行了监测分析，发现其变化范围较大。以 TN 为例，2004 年 6 月～7 月的数据显示，进水 TN 的平均浓度为 86mg/L，其中最高为 165mg/L，最低为 33mg/L。进水污染物浓度（以氨氮计）在 18：00～24：00，经常出现峰值，在 6：00 左右出现低谷。污染物浓度之高，变化之大和不规则等情况，都会对活性污泥生物处理系统造成冲击，影响出水水质达标排放。

污水水量和污染物浓度的大幅度变化都会冲击活性污泥系统，对出水水质的达标排放造成影响。为解决水量水质变化对污水处理系统处理效果的影响，保证污水处理厂的尾水达标排放，并尽可能地节省运行成本，本工程拟在 A/A/O 生物反应池内设置 1 套建立在活性污泥模型基础上的生物过程智能优化系统（BIOS 系统）。该系统可定量描述生物反应池中微生物的生长、代谢、污染物降解等机理，能完整描述污染物在生物反应池内的降解步骤和过程，并根据采集到的进水水量水质资料，提出生物反应池的控制方案，如曝气池的 DO 控制方案、鼓风机控制方案、内回流控制方案、甚至活性污泥的排泥方案等，确保尾水达标排放。该系统与鼓风曝气控制方案一起，能起到最大量地节省能耗的目的。

BIOS 系统主要由硬件系统和软件系统两部分组成，其中硬件系统主要由工业计算机和 PLC 系统组成，并附属生物池在线仪表，软件系统需根据污水处理厂的水质和活性污泥特征量身定做，达到降低电耗、提高工艺可控性和稳定性、预警系统和工艺恢复帮助的目的，同时 BIOS 系统能依据进水负荷判断污水处理厂的处理工艺何时会受影响，从而能让管理人员提早作出相应的安排。

BIOS 系统主要包括下述功能：

① 根据进水流量和浓度实时优化好氧区溶解氧的浓度级分布，以保证适度的硝化反应，降低曝气能耗和运行成本；防止过量曝气造成磷的过早释放；防止硝酸盐浓度过高，抑制生物除磷。

② 根据混合液浓度，进出水流量和污泥性质实时优化排泥。泥龄过长会抑制生物除磷，泥龄过短，硝化菌浓度降低，优化泥龄是优化生物除磷脱氮的重要手段。

③ 根据系统中氨氮和硝酸盐的浓度，确定内回流比，降低曝气能耗和运行成本，去除硝酸盐对生物除磷的抑制，充分利于污水中的挥发性脂肪酸，实现生物除磷。

④ 通过 BIOS 系统设置最佳的回流比有利于充分发挥 NO_3^- 中的氧，去除 BOD，从而节省曝气量，降低能耗。

⑤ 最佳的回流比还可消耗氢离子，产生大量的碱度，从而有利于生物反应器中硝化反应的进行。

⑥ 根据系统中氨氮和硝酸盐的浓度，确定污泥回流点和分配比例。

（2）化学除磷

根据污水处理目标，一、二、三期工程排放的尾水中，TP 的排放标准较高，要求≤0.5 mg/L。

本项目三期扩建工程污水处理采用 A/A/O 工艺，正常运行情况下，出水磷可降至 1.0mg/L左右。要确保磷达标排放，必须辅以其他措施进一步除磷。工程中考虑在滤池进水端投加少量化学药剂形成微絮凝沉淀物，通过过滤达到进一步除磷的目的。

本项目一、二期工程采用的是 A/O 脱氮工艺，未考虑生物除磷，因此二次沉淀池出水 TP 较高，约为 3～4mg/L，靠后续滤池进一步除磷，难以确保出水磷达标，并且会影响滤池的正常运行。因此，需对一、二期工程的污水处理工艺进行改造，使一、二期二次沉淀池出水的 TP 降至 1mg/L 左右。改造方案有两个，方案一：将 A/O 工艺改为 A/A/O 工艺；方案二：维持 A/O 工艺运行，在生物处理段增加化学除磷设施。

方案一工程投资较大，施工周期长，除磷效果受水质水量和供氧量等因素的影响较大，实施起来也有一定难度。方案二工程投资省，除磷效果较好，也比较稳定。因此，一、二期工程除磷改造推荐方案二，即采用化学除磷。

另外，一、二期工程污泥消化区回流液中的磷浓度比较高，达40～80mg/L，这部分污水直接排入厂区污水管会造成污水处理厂进水TP波动较大，影响A/A/O池的正常运行，因此，需对这部分高含磷的上清液进行除磷处理，比较合适的方法是采用化学除磷。

综上所述，本工程需要通过投加化学药剂进行除磷的地方包括4处，分别为一期曝气池末端，二期曝气池末端，污泥上清液处置装置和滤池的进水端。通过投加适量化学药剂，一、二、三期二次沉淀池出水TP可降至1.0mg/L左右，然后通过滤池的微絮凝过滤作用，达到进一步除磷的目的，使出水的磷浓度低于0.5mg/L。

(3) 工艺流程

松江污水处理厂三期扩建工程污水处理厂部分工程内容为：

新建三期工程，规模为$7\times10^4m^3/d$，近期处理构筑物分成2组，每组为$3.5\times10^4m^3/d$，污水处理采用倒置A/A/O鼓风曝气生物脱氮除磷工艺，深度处理采用高效滤池；污泥处理采用机械浓缩脱水，然后进行堆肥。

一、二期工程$6.8\times10^4m^3/d$进行达标改造，二期工程A/O池增加污泥内回流泵强化脱氮效果，在一、二期工程A/O池的末端投加化学药剂（PAC）强化除磷效果，深度处理采用高效滤池，与三期工程合建。污泥经脱水后，利用一、二期工程消化池产生的沼气对之进行半干化，然后再进行好氧堆肥。

一、二期工程尾水达标后仍由原米市渡排放口排放，三期工程尾水排至洞泾港。

工艺流程如图8-65所示。

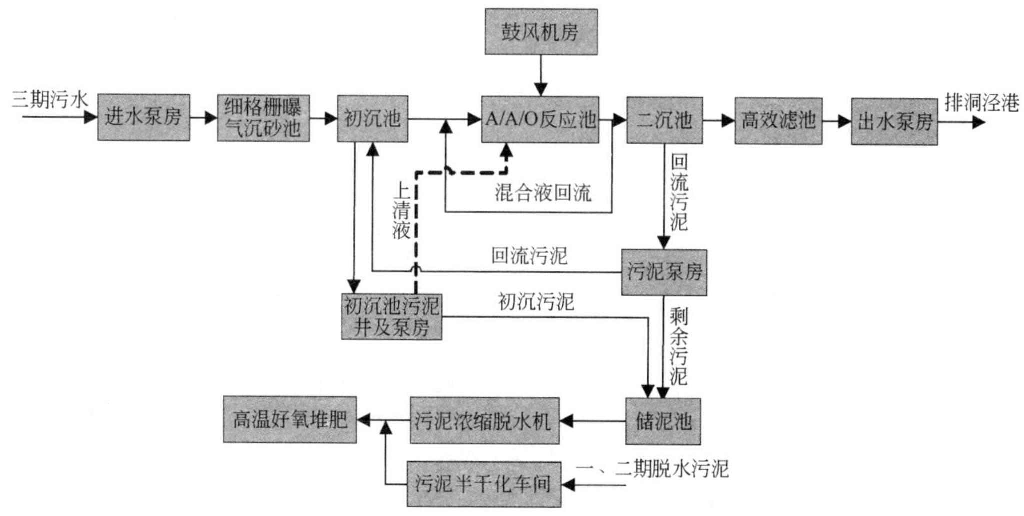

图8-65　污水处理和污泥处理工艺流程

4. 主要构筑物设计

(1) 总平面布置

松江污水处理厂三期工程基本上布置在二期工程预留地上，并在厂区东北侧和西南侧新增

1.74hm² 用地。三期工程规划用地面积 5.45hm²。原污水处理厂在西北方向设有一座大门，三期工程拟在厂区北面新建一座大门，这样，人员和运泥车辆可分门进出。

在总平面设计中按照进出水水流方向和处理工艺要求，并结合二期工程已建构（建）筑物的布局，三期工程按功能分为三大区域，分别为厂前区、污水处理区和污泥处理处置区。

三期工程厂前区和二期工程厂前区紧邻，在二期厂前区的南侧，处于全年的上风向。因二期工程进水泵房布置在厂区最北端，并已预留三期工程进水泵的土建位置，故三期工程水处理构筑物按水力流程的需要从北向南依次布置在二期构筑物的东面，构筑物之间的道路基本与二期工程道路齐平。

三期工程污泥处理区和二期工程污泥区靠拢，布置在厂区东南角。污泥半干化、堆肥处理设施位于厂区东部原污泥处理区和新征地块，主要包括半干化车间（含锅炉房）、堆肥车间（含混合间、发酵间、制肥间、原料和成品仓库等）。

污水处理厂平面布置如图 8-66 所示。

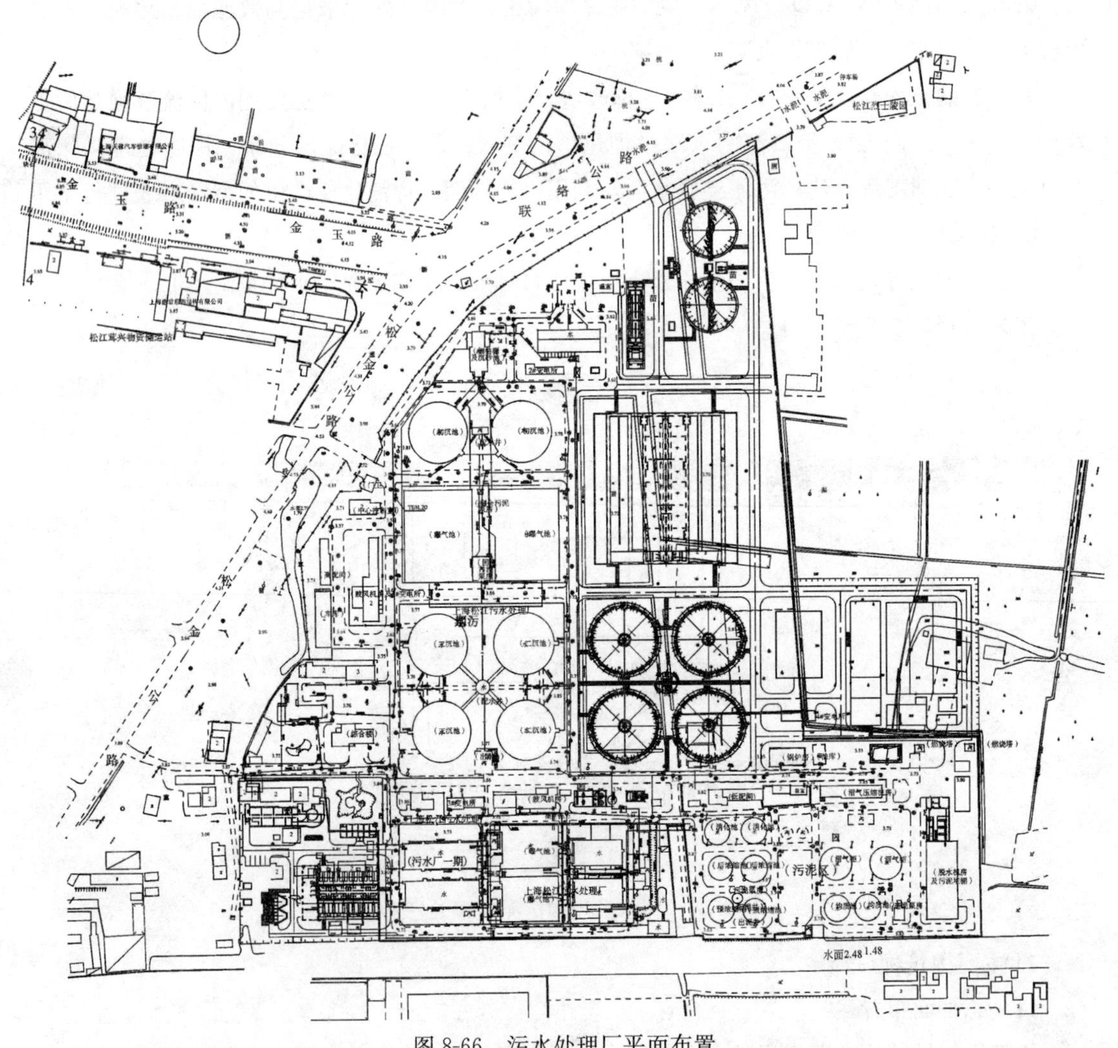

图 8-66 污水处理厂平面布置

（2）污水处理构筑物设计

1）进水泵房

一、二期工程已建集水池和泵房均已考虑三期工程的水量，泵房内现有流量为 $760m^3/h$ 的立式污水泵 5 台，流量为 $267m^3/h$ 的立式污水泵 5 台，并预留了 5 台水泵的土建位置，因此三期工程不再新建进水泵房，在一、二期已建进水泵房内新增 5 台立式污水泵，水泵吸水管上设电动闸阀，出水管上设止回阀和电动闸阀。

新增设备：立式污水泵

数量：5 台（4 用 1 备）

单泵性能参数：

流量：263L/s

扬程：12.6m

功率：55kW

2）细格栅

数量：2 套

栅条间隙：6mm

过栅流速：0.6～0.9m/s

栅宽：1600mm

安装角度：55°

过栅损失：H_{max} 为 200～300mm

3）曝气沉砂池

因一级 A 标准对出水石油类含量要求很高，故选用曝气沉砂池，利用曝气的气浮作用将污水中的油脂类物质升至水面形成浮渣而去除。根据《室外排水设计规范》曝气沉砂最大流量时停留时间为 2min 以上，根据国内各污水处理厂的实践，在如此短的停留时间内，对砂的去除率较低，尤其是在不设初次沉淀池的情况下，会有大量小无机颗粒带入后续处理工艺，影响设备的运行。从几个设有曝气沉砂池的 A/A/O 工艺运行情况和试验数据分析，几分钟的大气泡曝气后对后续厌氧除磷并没有明显的副作用，所以设计曝气沉砂池停留时间适当延长至 5min。沉砂池加盖通风除臭。

数量：2 池

设计流量：Q_{max} 为 $3792m^3/h$

单池尺寸：$L \times B \times H$ 为 30m×3.9m×4.8m

设计参数：有效水深为 3.0m

水力停留时间为 5min

曝气量为 $0.2m^3$ 空气/m^3 水

曝气沉砂池的工艺设计如图 8-67 所示。

4）初次沉淀池

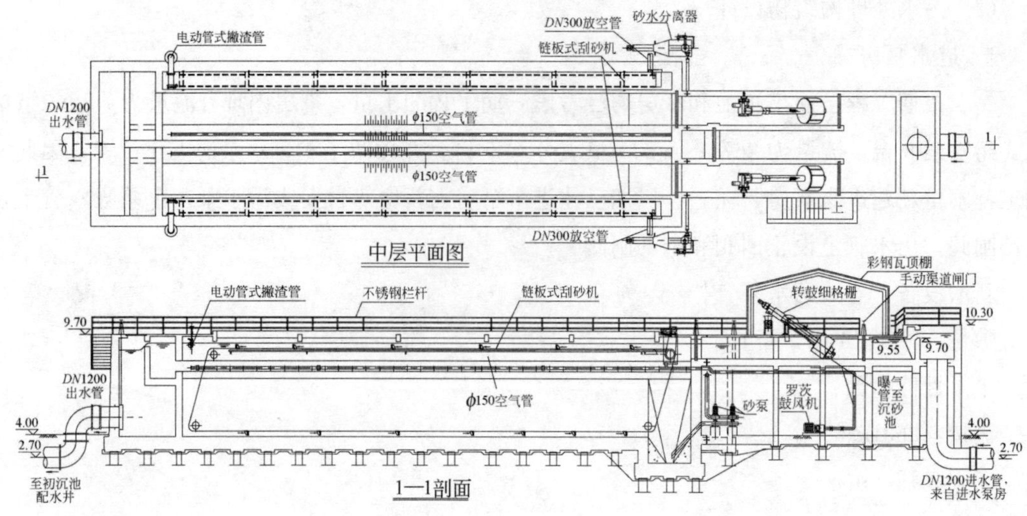

图 8-67 曝气沉砂池工艺设计

类型：钢筋混凝土辐流式初次沉淀池

数量：2 座

直径：30m

面积：1413m^2

设计参数：单池流量 Q_{max}＝1896m^3/h

表面负荷 q_{max}＝2.68m^3/(m^2 · h)

q_{ave}＝2.06m^3/(m^2 · h)

池边有效水深：3.3m

设计流量停留时间：2.5h

平均流量停留时间：3.2h

运行方式：2 座二次沉淀池为一组，由 1 座配水井配水，二次沉淀池设备连续运行。

初次沉淀池的工艺设计如图 8-68 所示。

5）A/A/O 生物反应池

类型：钢筋混凝土矩形水池

数量：1 座分 2 池

净尺寸：$L×B×H$ 为 5m×86.9m×7.5m

设计参数：设计流量： 7×10^{4}m^3/d

池数： 2 池，每池 3.5×10^{4}m^3/d，可单独运行

最低水温： 12℃

最高水温： 25℃

设计泥龄： 12d

污泥负荷： 0.084kgBOD$_5$/(kgMLSS · d)

容积负荷： 0.294kgBOD$_5$/(m^3 · d)

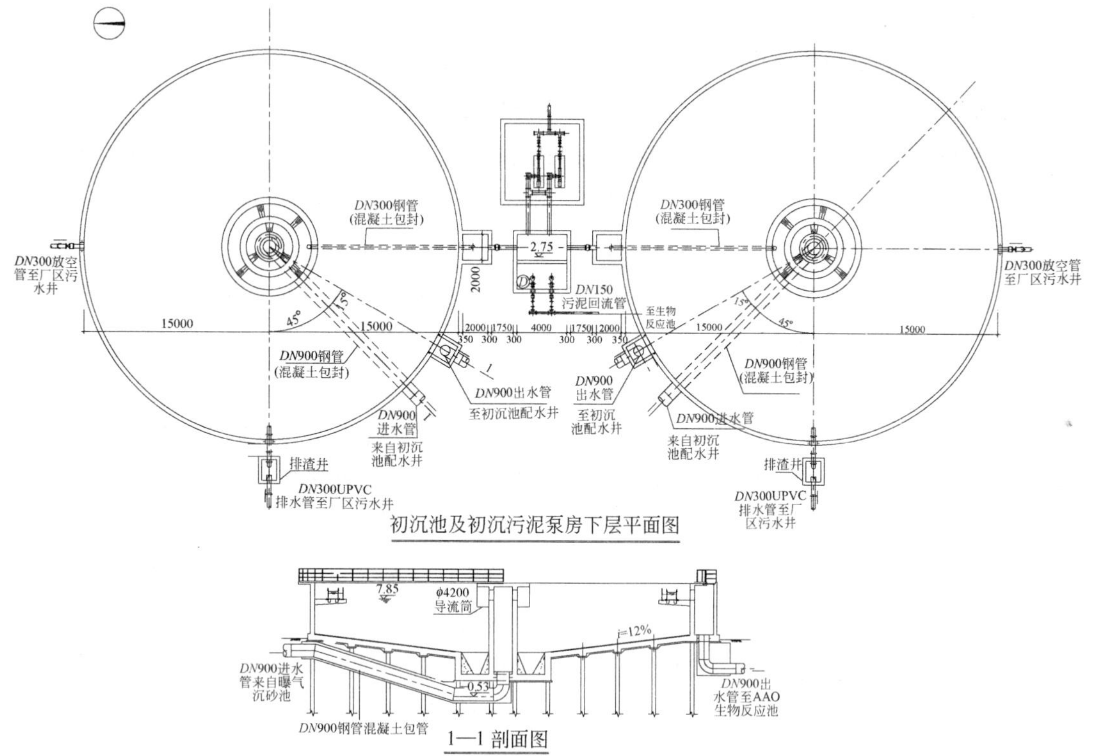

图 8-68　初次沉淀池工艺设计

MLSS：	3.5g/L
MLVSS：	2.45g/L
剩余污泥产泥率：	0.55kgDs/kgBOD$_5$
有效总池容积：	43750m^3
有效水深：	6.5m
厌氧池有效容积：	4375m^3
厌氧池停留时间：	1.5h
缺氧池有效容积：	18375m^3
缺氧池停留时间：	6.3h
好氧池有效容积：	21000m^3
好氧池停留时间：	7.2h
总水力停留时间：	15h
高峰时供气量（计算值）：	360m^3/min
平均流量时供气量：	300m^3/min
平均时气水比：	6.2∶1
污泥外回流比：	50%～100%
剩余污泥量：	6006kgDs/d

剩余污泥含水率： 99.3%

剩余污泥体积： 858m³/d

鼓风机按平均时配置2台，备用1台，高峰时全用，最大供气量为450 m³/min。

每池由缺氧段、厌氧段和好氧段组成，其中厌氧段2池，缺氧段4池，每池长为13m，宽为13m，深为6.5m，每池设1台立式搅拌器，单台电机功率为5.5kW，使池内污泥保持悬浮状态，并且与进水充分混合。另外，沿水流方向的第一条廊道和第二条廊道的1/3段设计为缺氧段和好氧段的交替区，内设曝气管和水下搅拌器，确保缺氧区的设计水力停留时间为6.3h。

每组池好氧段（含缺氧、好氧切换区）分成4个廊道，每廊宽为6.8m，有效水深为6.5m，沿池底敷设微孔管式曝气管，在空气主干管上设空气电动调节蝶阀。根据采集到的进水水量水质资料，通过生物过程智能优化系统（BIOS系统）提出生物反应池的控制方案，如曝气池的DO控制方案、鼓风机控制方案、内回流控制方案和活性污泥的排泥方案等，确保尾水达标排放，并降低能耗，节省运行费用。

每池设一条混合液配水渠，配水渠上布置巴氏计量槽计量混合液污泥量。在第一缺氧池和第三、第五缺氧池各设一内回流进水点，配置可调堰门。

每池设单独外回流污泥渠，渠上布置巴氏计量槽计量外回流污泥量。

混合液回流泵布置在生物反应池的出水端。单池设3台混合液回流泵，单泵流量为270L/s，扬程为2.3m，电机功率为11kW，内回流比为200%，另外库存备用1台水泵，泵型为潜水轴流泵。

因污水进水点、混合液进水点的合理布置，可合理选择污水进水点和混合液进水点，实现不同的工况和不同的处理工艺，运行方式灵活多变，生物反应池布置简洁，分区明确，池数适中，对称布置，配水、配泥、配气灵活均匀，水渠、泥渠互不重叠，总体布置合理清晰，便于维护管理。

A/A/O生物反应池的工艺设计如图8-69所示。

6）二次沉淀池

类型：钢筋混凝土辐流式二次沉淀池

数量：4座

直径：40m

面积：1256m²（单池）

设计参数：单池流量： Q_{max}=1354 m³/h

表面负荷： q_{max}=0.78m³/(m²·h)

q_{ave}=0.58m³/(m²·h)

池边有效水深： 4.0m

设计流量停留时间： 5.3h

平均流量停留时间： 6.9h

回流污泥浓度： 7.0g/L

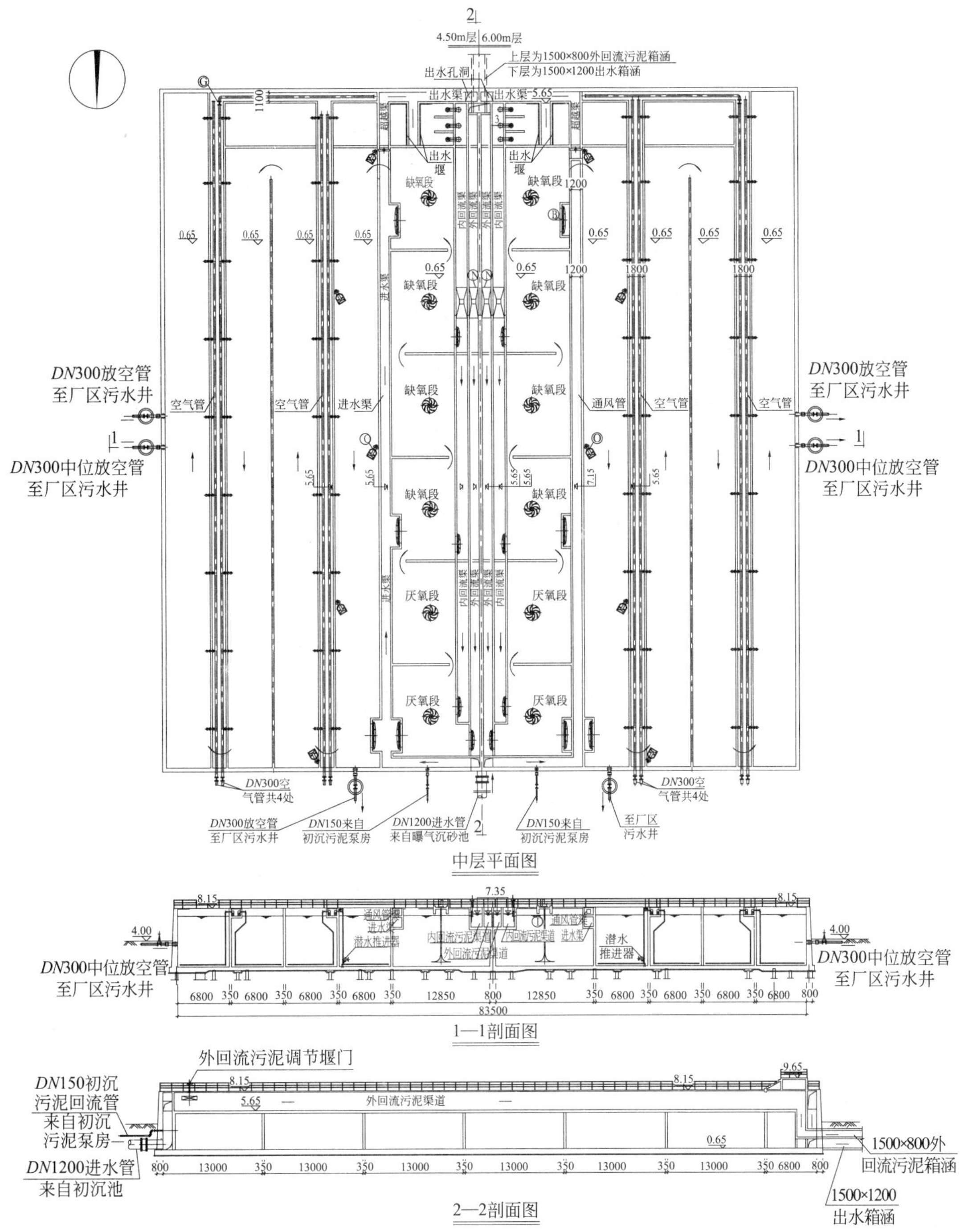

图 8-69　A/A/O 生物反应池工艺设计

运行方式：4 座二次沉淀池为一组，由一座配水井配水，二次沉淀池设备连续运行。

二次沉淀池的工艺设计如图 8-70 所示。

7）高效滤池

为便于全厂二次沉淀池出水深度处理的统一管理，并节省滤池占地面积，减少反冲洗水

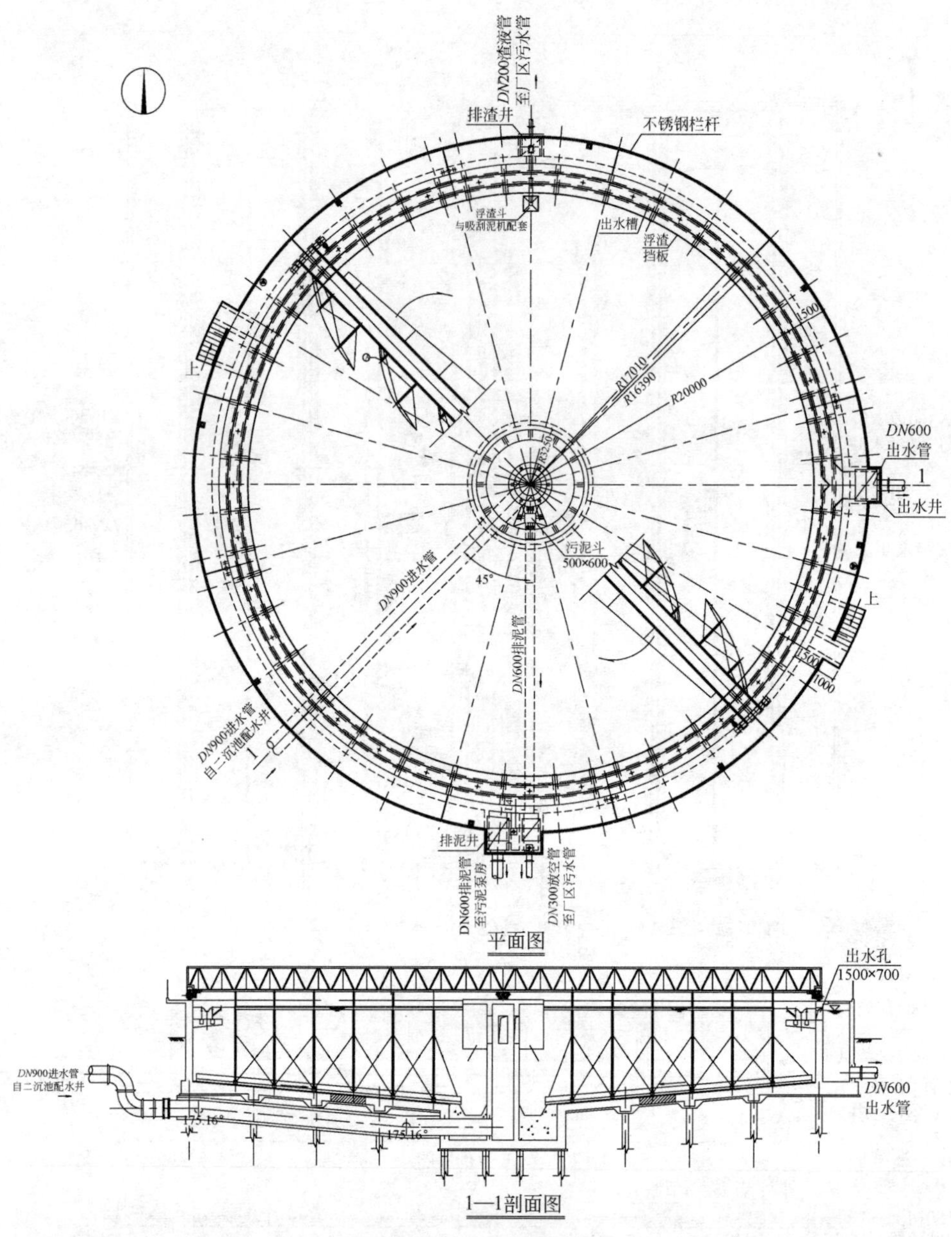

图 8-70　二次沉淀池工艺设计

泵、风机等设备数量，本设计将一、二、三期的二次沉淀池出水集中后统一进入高效滤池进行过滤处理。

数量：　　1 座 12 格

设计水量：　　$13.8\times10^4m^3/d$

滤速：　　21～27m/h

空气冲洗强度：　　$216m^3/(m^2\cdot h)$

反冲水强度：　　$28.8m^3/(m^2\cdot h)$

滤池分为 12 格，双排布置，单格面积为 24.2m²，采用纤维滤料，反冲洗方式为气水反冲，布水布气系统采用 ABS 长柄滤头，反冲水由冲洗水泵提供，反冲气源由鼓风机提供。

高效滤池的工艺设计如图 8-71 所示。

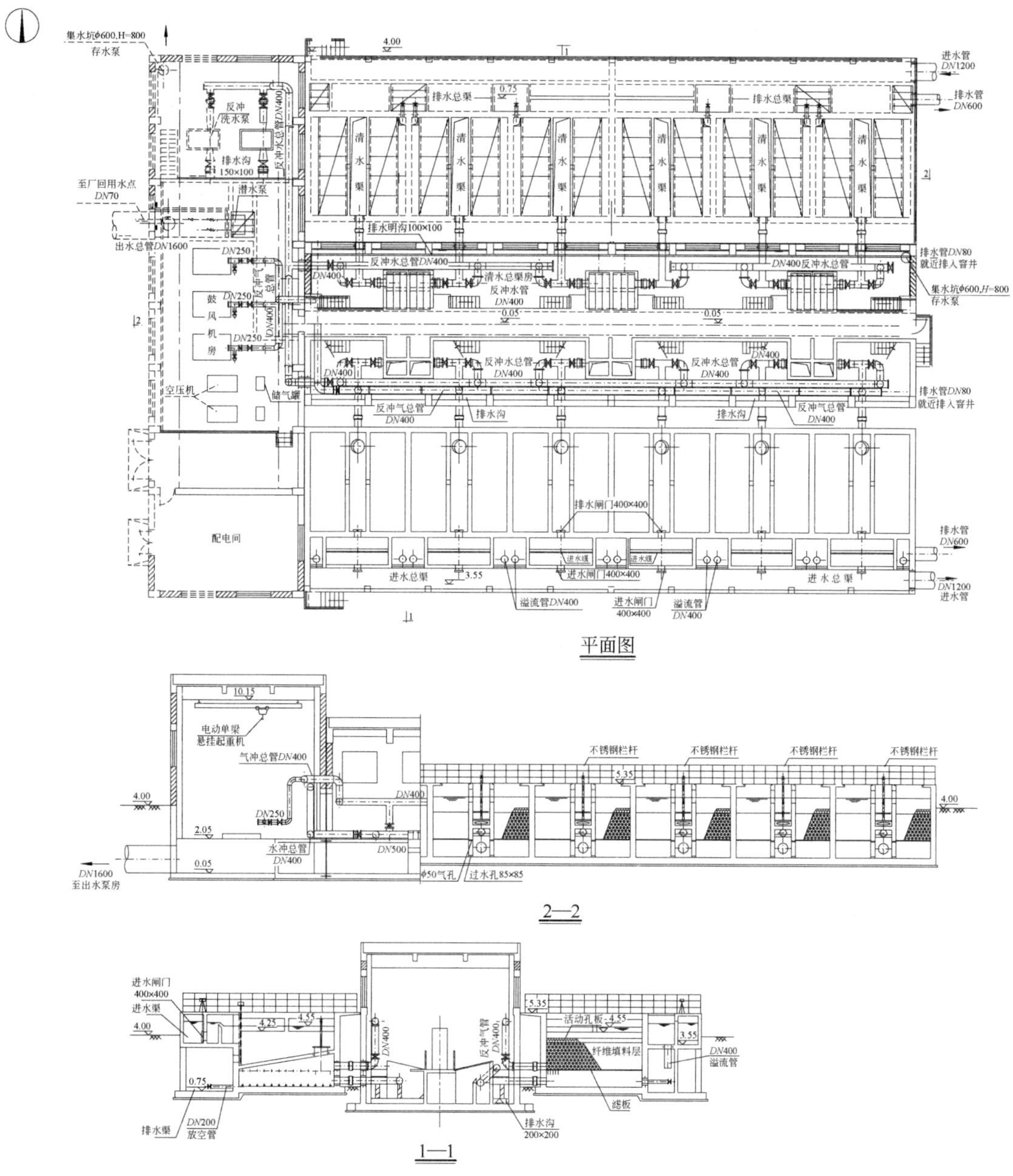

图 8-71　高效滤池工艺设计

8）出水泵房

一、二、三期工程出水泵房合建，一、二期工程尾水排入黄浦江米市渡口，三期工程尾水排入洞泾港。黄浦江米市渡段两年一遇水位为 3.48m，平均高潮位为 2.71m，平均潮位为 2.24m，平均低潮位为 1.67m，最低低潮位为 0.64m。洞泾港未建闸前最高潮位为 3.73m，最低潮位为1.63m，常水位为2.50m，建闸后，洞泾港水位低于黄浦江水位。

9）鼓风机房

数量：1座

尺寸：轴线尺寸$L\times B$为37.8m×7.75m

层高：6.4m

三期鼓风机房利用一期工程鼓风机房，该鼓风机房内现有2台供一期曝气池用的单级高速离心风机，单机最大风量为125m³/min，风压为6.8mH_2O，单台电机功率为185kW，1用1备。考虑到该设备使用年限已达20年，而且一期曝气池已改为微孔曝气管，现有风机风压略不足，本工程拟更换。

本工程鼓风机房内三期工程设双级高速离心鼓风机3台，一期工程设双级高速离心鼓风机2台，1用1备。

设计参数：

① 三期工程

鼓风机台数： 3台（按平均流量配2台，高峰时使用3台）

单台供气量： 150m^3/min

出口风压： 7.5mH_2O

供气量调节： 45%～100%

电机功率： 230kW

② 一期工程

鼓风机台数： 2台（1用1备）

单台供气量： 110m^3/min

出口风压： 7.1mH_2O

供气量调节： 45%～100%

电机功率： 160kW

三期工程鼓风机的布置如图8-72所示。

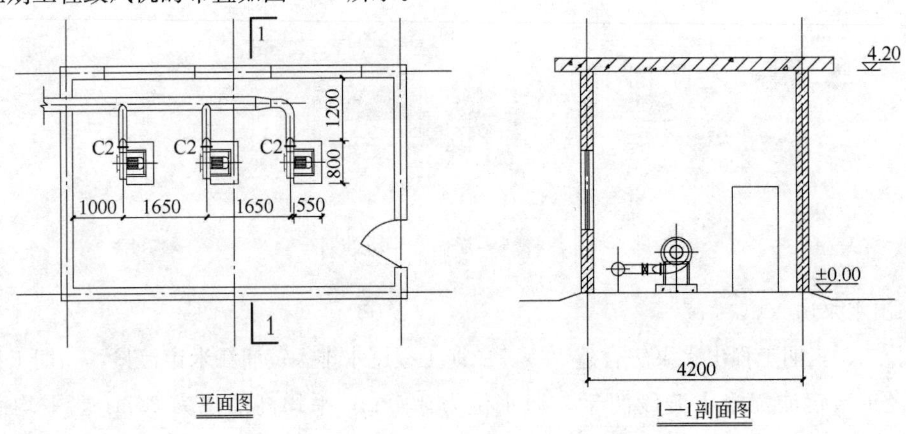

图8-72 三期工程鼓风机布置工艺设计

10）加氯和加药间

为防止滤池生物阻塞，并保证排放口处大肠菌群数小于1000个/L，处理水在进入滤池前进行消毒，消毒采用二氧化氯作为消毒剂。此外，一、二期工程无生物除磷功能，需进行化学除磷，三期工程虽已按生物脱氮除磷设计，考虑到进水水质的变化等因素，为保证出水水质，设置投加除磷剂的加药系统作为保障措施。消毒和加药设备合建，因场地紧张，利用一期工程已废弃的进水泵房，将下部沉井结构回填，上部原有建筑拆除后重建，即利用原有进水泵房的基础。

加氯加药间一、二、三期合建，建筑面积为166m^2，分成两部分，一部分为加氯间，一部分为加药间。加氯间内设10m^3盐酸储罐和10m^3氯酸钠储罐各1只，二氧化氯发生器3台，2用1备，单台电机功率为9kW，每台二氧化氯制备能力为20kg/h。

本工程共有4处加药点：

①污泥区上清液2340m^3/dTP浓度由32mg/L降至6mg/L，43%浓度聚合氯化铝（PAC）干粉投加量为350kg/d，16h工作。

②一期工程1.8×10^4m^3/d尾水TP浓度由6mg/L降至0.5mg/L，43%浓度聚合氯化铝（PAC）干粉投加量为569kg/d，24h工作。

③二期工程5×10^4m^3/d尾水TP浓度由6mg/L降至0.5mg/L，43%浓度聚合氯化铝（PAC）干粉投加量为1580kg/d，24h工作。

④三期工程7×10^4m^3/d尾水TP浓度由1.5mg/L降至0.5mg/L，43%浓度聚合氯化铝（PAC）干粉投加量为630kg/d，24h工作。

加药间内设不锈钢料仓系统2套，用于PAC干粉的投入，同时配置PAC制配单元2套，每套电机功率为5kW，溶液投加单元8套，每套电机功率为0.37kW，采用直接加干粉至絮凝剂制备装置，稀释至12%后投加。

三期工程尾水管总长为3.2km，设计管径为*DN*1200，高峰流量时尾水在管内流行时间为63min；二期工程尾水管总长为4.0km，管径为*DN*1200，高峰流量时尾水在管内流行时间为74min，均超过30min，故本工程不设加氯接触池。

加氯加药间的工艺设计如图8-73所示。

（3）污泥处理构（建）筑物

1）储泥池

本工程初沉污泥量为8400kg/d，含水率为97%，污泥体积为280m^3/d；剩余污泥量为6006kg/d，含水率为99.3%，污泥体积为858m^3/d；在储泥池内混合后，混合污泥量为14406kg/d，含水率为98.7%，污泥体积为1138m^3/d。

功能：储存一定量污泥，保证浓缩脱水装置正常运行。

类型：半地下式钢筋混凝土结构

数量：1座

尺寸：$L\times B\times H\times$格数为8m×8m×4.1m×2格

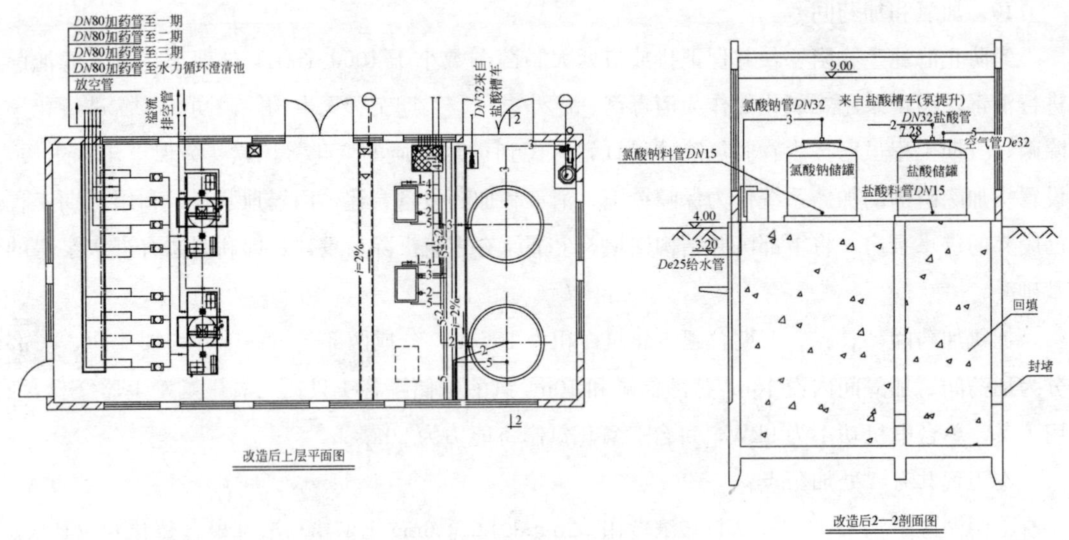

图 8-73 加氯加药间工艺设计

有效水深：3.5m

设计参数：污泥总量： 14406kgDs/d

储泥池有效容积： 448m³

污泥体积： 1138m³/d

停留时间： 9.5h

2）污泥浓缩脱水机房

功能：降低污泥含水率，减小污泥体积。

类型：地上式框架结构，内设于污水处理厂原有脱水机房和污泥堆棚的北侧，共用1座污泥堆棚。

数量：1座

尺寸：25.0m×13.50m

层高：8.9m

设计参数：污泥量： 14406kgDs/d

进泥含水率： 99.3%

进泥体积： 1138m³/d

出泥含固率： ≥20%

出泥体积： ≤72m³/d

加药种类： PAM（聚丙烯酰胺）

加药量： 2～5g/kgDS污泥

三期工程污泥浓缩脱水机房的污泥用螺旋输送机送至污泥堆棚，转至封闭式皮带输送机送至好氧堆肥车间，一、二期原有污泥脱水机房内脱水污泥同样在污泥堆棚由封闭式皮带输送机转送至污泥半干化车间。

污泥浓缩脱水机房的工艺设计如图 8-74 所示。

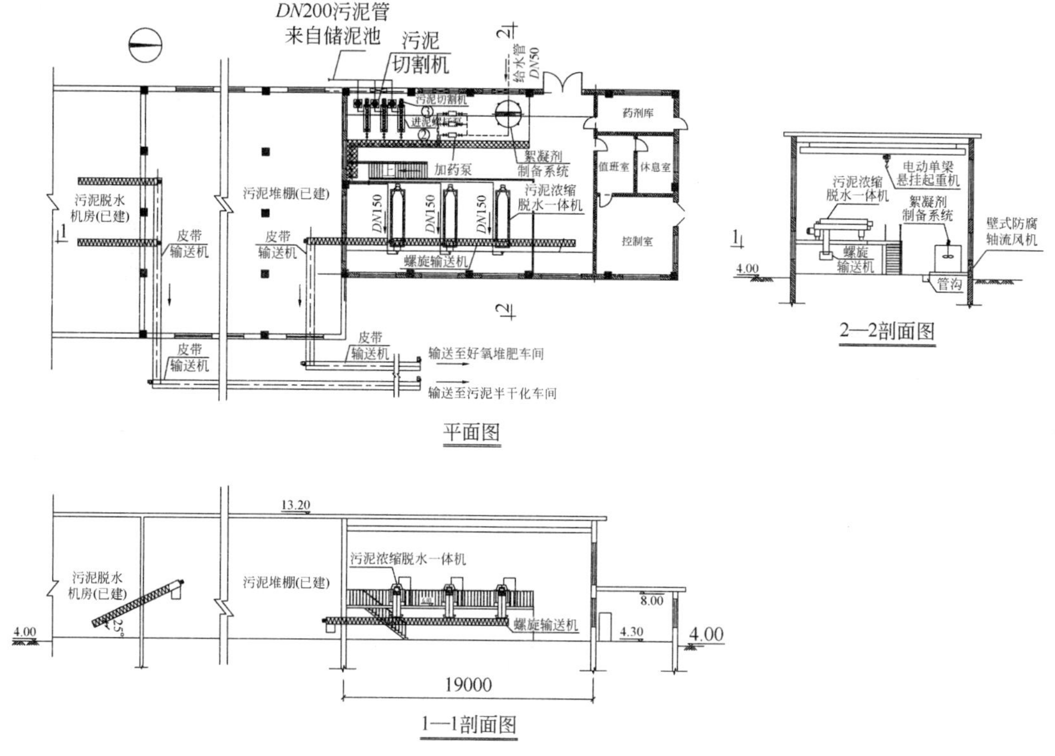

图 8-74　污泥浓缩脱水机房工艺设计

3）水力循环澄清池

处理水量为 160m³/h，圆形结构，池内径为 DN8.4m。

水力循环澄清池化学药剂投加量为 350kg/d。

（4）污泥处置设计

本设计针对上海松江污水处理厂的三期扩建工程，该工程将一、二期的厌氧消化后脱水污泥，与三期的脱水污泥进行无害化处理和资源化处置，是为该厂达标改造和妥善解决脱水污泥出路而设计的。

1）污泥量

目前一、二期污水处理能力共为 $6.8\times10^4 m^3/d$；一、二期总干污泥量为 14857kg/d，污泥处理采用前浓缩、消化、后浓缩、脱水工艺，消化后干污泥量为 9544kg/d，污泥经过机械浓缩脱水后含水率为 78%，脱水污泥量为 $43.38m^3/d$。

三期扩建工程规模为 $7\times10^4 m^3/d$，干污泥量为 14406kg/d，初沉污泥和二次沉淀池剩余污泥均排入储泥池，污泥经机械浓缩脱水后含水率为 80%，脱水污泥量为 $72.03m^3/d$。

2）污泥堆肥工艺流程设计

采用污泥半干化、高温好氧堆肥方案，主要构筑物如下。

① 半干化车间

利用一、二期污泥厌氧消化产生的沼气为能源，对一、二期消化脱水污泥进行半干化处理。满负荷运行可产生的沼气量为3100m^3/d，沼气热值为20.4MJ/m^3。根据热平衡计算，用足现有的沼气量，将一、二期污泥半干化至含水率为61%，半干化后污泥量为24.47m^3/d。

半干化车间采用轻钢夹芯彩板结构，厂房跨度为9m，柱距为4m，柱顶标高为9m，其建筑尺寸$L\times B$为20.5m×9.5m，数量1座。

污泥半干化车间的平面工艺设计如图8-75所示。

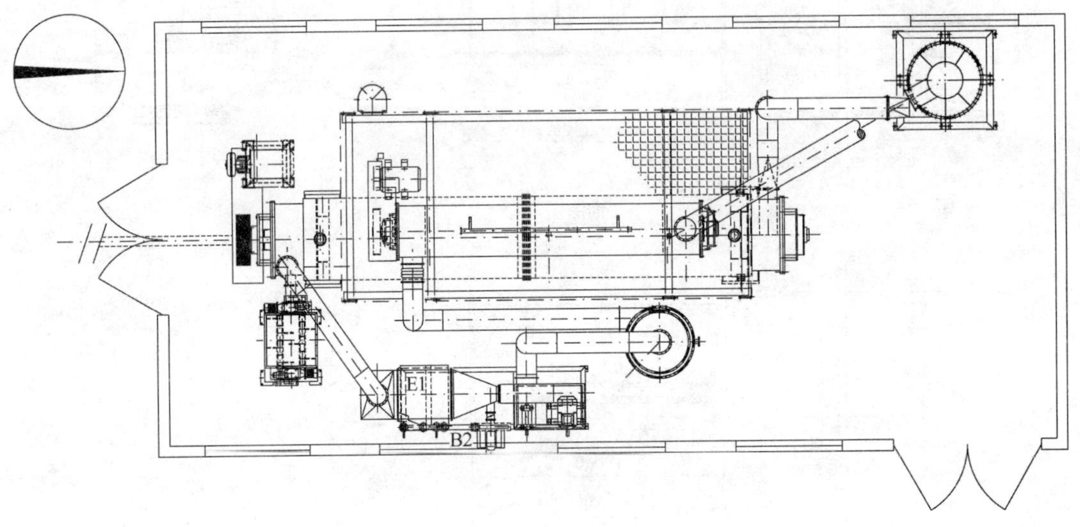

图8-75 污泥半干化车间的平面工艺设计

② 导热油炉间

导热油在涡轮干燥机的外套内循环，以热传导方式进行换热，同时流经热交换器对工艺气体进行加热。松江污水处理厂使用污泥厌氧消化产生的沼气作为燃料，可用沼气量为3100m^3/d，沼气热值为20.4MJ/m^3，因此导热油炉选用燃气式的，根据热量计算，选用立式燃气加热炉，加热功率为850kW。

导热油炉间采用砖混结构，其建筑尺寸$L\times B$为9.25m×6.25m，顶标高为6m，数量1座。

③ 混合间

本工程一、二期污泥半干化后含水率为61%，污泥量为24.47m^3/d。三期干污泥量为14406kg/d，污泥经过机械浓缩脱水后含水率为80%，脱水污泥量为72.03m^3/d。根据工艺计算，按设计比例添加返料量为64.56t/d，秸秆粉量为8.49t/d，VT菌液量为0.34t/d，混合物料的体积为254m^3/d，混合物料水分含量为57%。

设计中考虑到运行时没有足够的干物料，运行过程中可能出现污泥含水率超过设计值的情况，为此配置了粉煤灰储仓，作为此时调整工艺的措施。

混合间采用轻钢夹芯彩板结构，混合厂房跨度为12m，柱距为4m，柱顶标高为5m，其建筑尺寸$L\times B$为24.5m×12.5m。

污泥混合间的工艺设计如图8-76所示。

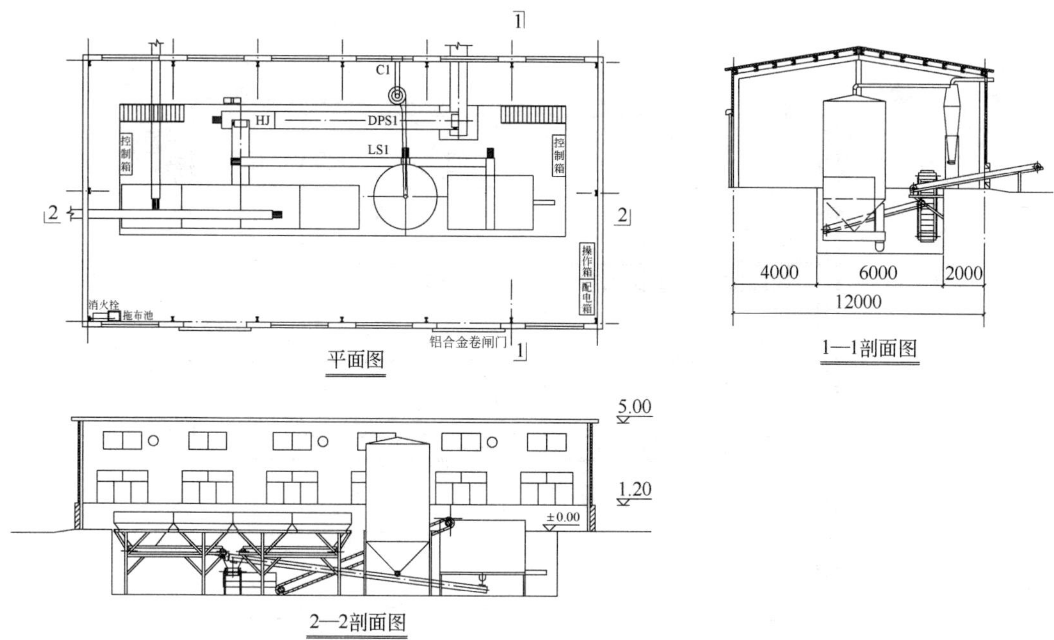

图 8-76　污泥混合间工艺设计

④ 发酵间

发酵间为三连栋阳光棚结构，设有 6 个发酵槽，每个发酵槽长×宽×深为 47m×6m×1.8m。发酵间采用镀锌方钢管立柱，镀锌钢三角屋架，墙壁 1.2m 以下为砖墙，1.2m 以上为厚度 10mm 的聚碳酸酯（PC）采光板；屋顶也为厚度 10mm 的聚碳酸酯（PC）采光板，单栋厂房跨度为 14m，柱距为 4m，柱顶标高为 4m，发酵间建筑尺寸 $L \times B$ 为 53.3m×42.3m，数量 1 座。

发酵间安装的主要设备有布料皮带机、全自动推进翻堆机、移行机等。

污泥发酵间的工艺设计如图 8-77 所示。

⑤ 二次发酵间

在二次发酵间中由装载机进行堆肥的堆垛、翻堆等操作，最后装卸到出料地斗中。

二次发酵间采用轻钢夹芯彩板结构，二次发酵厂房跨度为 18m，柱距为 4m，柱顶标高为 5m，其建筑尺寸 L×B 为 44.25m×18.5m，数量 1 座。

二次发酵间的操作包括由装载机进行堆肥的堆垛、翻堆等，配备装载机 2 辆。

二次发酵间的工艺设计如图 8-78 所示。

⑥ 筛分厂房

发酵物料经过皮带输送机进入滚筒筛筛分分级，筛上物运送返回到混合间配料，筛下颗粒部分直接包装，筛下粉状部分由运输车运送。

筛分厂房采用轻钢夹芯彩板结构，筛分厂房跨度为 18m，柱距为 4m，柱顶标高为 5m，其建筑尺寸 $L \times B$ 为 12m×18.5m，数量 1 座。

筛分厂房内安装的主要设备有上料皮带输送机、滚筒筛、返料螺旋输送机、斗式提升机、定量包装秤等。

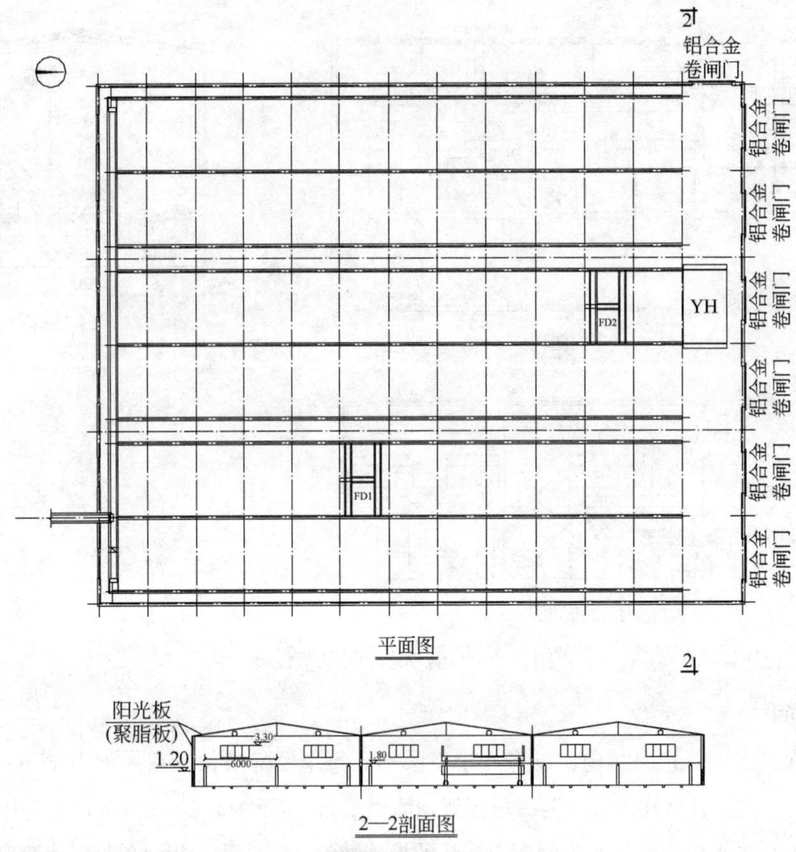

图 8-77 污泥发酵间工艺设计

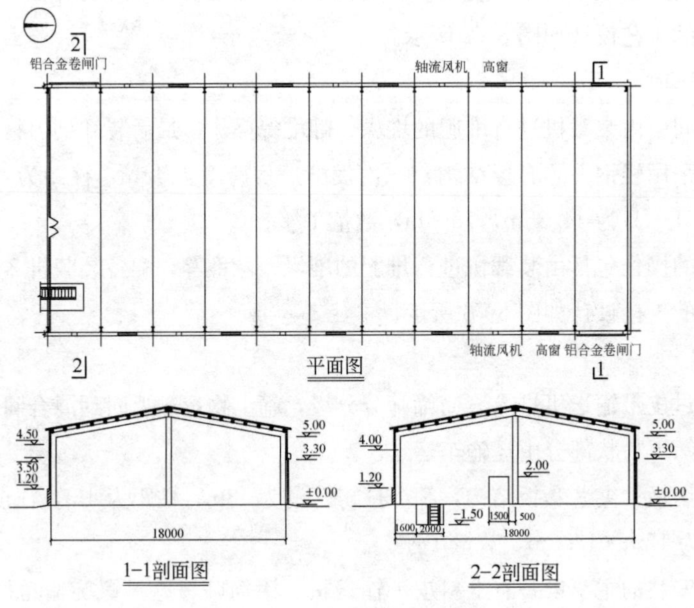

图 8-78 二次发酵间工艺设计

筛分厂房的工艺设计如图 8-79 所示。

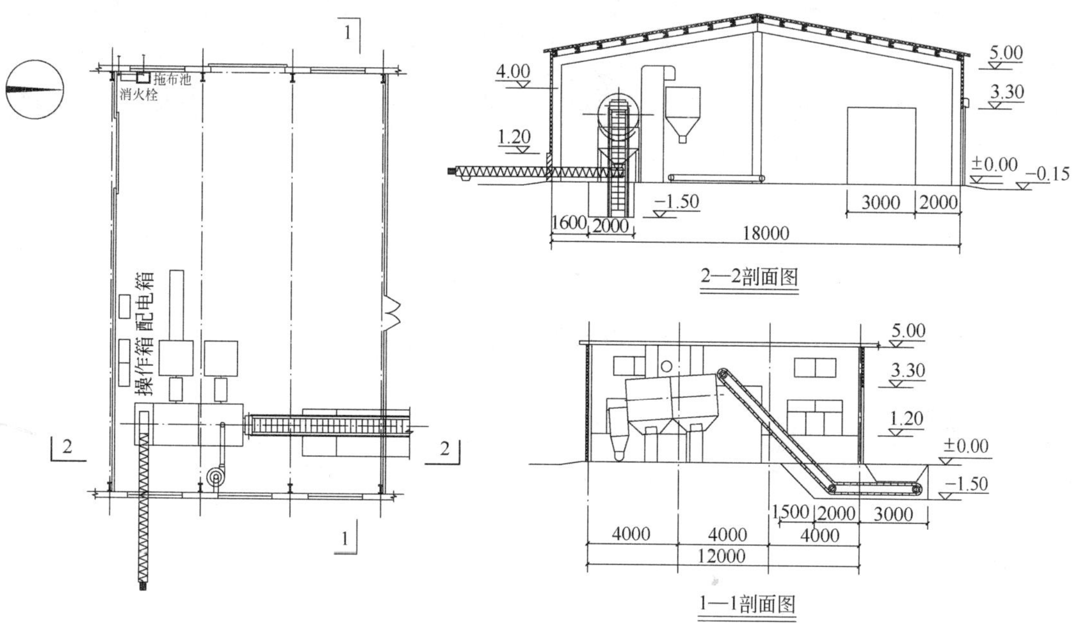

图 8-79　筛分厂房工艺设计

⑦ 仓储间

用于储存辅料、VT 微生物菌剂。

仓储间采用轻钢夹芯彩板结构，仓储间跨度为 18m，柱距为 4m，柱顶标高为 5m，其建筑尺寸 $L \times B$ 为 16.25m×18.5m，数量 1 座。

仓储间安装的主要设备有辅料螺旋输送机等，配备运送工程翻斗车 1 辆。

⑧ 鼓风机房

鼓风机房采用砖混结构，其建筑尺寸 $L \times B$ 为 6.85m×4.45m，顶标高为 4m，数量 1 座。内设鼓风机 3 台，单台风量为 3619m^3/h，风压为 5080Pa，电机功率为 11kW。

⑨ 原材料消耗

污泥半干化按 43.38t/d，含水率为 78%计算，沼气消耗量为 3100m^3/d，热值为 20.4MJ/m^3，热效率为 85%。

污泥堆肥按湿污泥量 72.03t/d（含水率 80%）和半干污泥量 24.47t/d（含水率 61%）计算，辅助材料消耗量为秸秆粉 8.49t/d，VT 菌液 0.34t/d。

3）平面布置

三期扩建工程污泥处置区为一规则矩形，南北长 77.2m，东西宽 69.5m，由于污泥半干化处理量小，而污泥堆肥处理量大，因此将污泥堆肥处理区布置在以上的矩形地块内，而将污泥半干化处理区布置在三期脱水机房的东侧或一、二期脱水机房的东侧，使其尽可能靠近一、二期的脱水机房，便于污泥输送。

污泥堆肥处理区中混合间布置在南侧中间；发酵间布置在混合间的北侧；二次发酵间、筛分间和仓储间为一体式厂房，布置在发酵间的西侧；生物滤池放在发酵间的东南部；操作室布置在混合间的东侧。污泥堆肥处理区四周有环形道路，各主要厂房靠道路一侧有物料输送出入的大门。

污泥半干化处理区中半干化间布置在南侧，其南侧应开有大门和一块空地便于设备检修；导热油炉间布置在半干化间的北侧。

(5) 除臭设计

根据环评报告书的审批要求，本工程污水处理厂要求对格栅井、沉砂池、储泥池、脱水机房和污泥堆棚进行封闭、除臭。本工程选择生物法除臭处理工艺系列中应用最为广泛，且在国内外工程实例最多，效果最为稳定的生物滤池除臭处理工艺进行工程方案设计。

1) 工程内容

粗格栅采用密闭式，水面加玻璃钢盖板，池面下设风管；细格栅除污机上方加轻质罩；曝气沉砂池池面加玻璃钢盖板密闭，池面下设风管。

粗格栅：除臭空间为 310m^3；

换气量：3 次/h；

除臭风量：930m^3/h；

进水泵房前池：除臭空间为 840m^3；

换气量：3 次/h；

除臭风量：2820m^3/h；

细格栅和曝气沉砂池：除臭空间为 100m^3；

换气量：3 次/h；

除臭风量：300m^3/h；

除臭设备设于细格栅渠边。

对储泥池和污泥好氧堆肥车间中发酵间进行加盖通风除臭。

储泥池：除臭空间为 280m^3；

换气量：3 次/h；

除臭风量：840m^3/h；

污泥半干化车间臭气量：4000m^3/h；

污泥好氧堆肥车间中发酵间臭气量：16000m^3/h；

除臭设备置于污泥好氧堆肥车间内。

2) 设计参数

臭气进气源流量和浓度如表 8-44 所示。

臭气进气源流量和浓度参数 **表 8-44**

序号	系统划分	换气次数（次/h）	生物滤池装置数量	设计风量 [m^3/(套·h)]	臭气浓度（无量纲）
1	预处理区除臭设施	3	1套	4050	500～1000
2	污泥处理区	3	1套	16840	1000～2000

本工程方案设计中污染源臭气进气浓度暂定为 500～2000。

国内外研究和实践使用表明，生物填料在使用过程中会不断被压实，系统压降和能耗会随之加大。所以过高的表面负荷会导致填料压降增加过快，能耗增大，填料寿命缩短；表面负荷过低又会使填料成本和设备成本增加。

一个合理的表面负荷，不仅可以使填料压降变化减小，而且也可在较大范围内抵抗臭气浓度变化的冲击，同时也较好的控制了投资成本。根据实际工程经验，对于市政污水处理厂的臭气处理，表面负荷宜为 100～200$m^3/(m^2 \cdot h)$，不宜大于 250$m^3/(m^2 \cdot h)$。

生物除臭成套设备如表 8-45 和表 8-46 所示。

预处理区、污泥处置区生物除臭设施成套设备（共 2 套）　表 8-45

序号	设备名称	技术参数、规格	数量
1	离心风机	Q=4050m^3/h，P=5.5kW，全压 2000Pa	1 台
2	连接风管	400×500，δ=5mm	3m
3	一体化生物滤池（5m×5m×1.8m）		
3.1	预洗池	5m×1m×1.8m	1 座
3.2	循环水泵	Q=7.5m^3/h，P=2.2kW，H=25m	1 台
3.3	化工填料	DN50，填料高度 0.5m	2.5m^3
3.4	滤池顶盖	5m×5m×0.5m	1 套
3.5	填料支撑		25m^2
3.6	生物填料和菌种	填料高度 1m，寿命≥5 年	25m^3
3.7	自动喷淋系统	含输送管道、阀门、电磁阀、喷头、压力表、水表等	1 套
3.8	温控系统	温度传感器、风管式加热器、报警系统等	1 套
4	电控柜	含相关电器元件（断路器、接触器、热继电器、中间继电器、转换开关、按钮、指示灯等），设备总配电功率 8kW，IP55，AC380/220V，50Hz	1 个
5	其他必需的附件	包括其他连接管、阀门、管件、设备固定螺栓、支撑等	1 批

污泥处理区生物除臭设施成套设备（共 1 套）　表 8-46

序号	设备名称	技术参数、规格	数量
1	离心风机（含隔声罩）	Q=17000m^3/h，P=15kW，全压 2000Pa	1 台
2	连接风管	630×630，δ=8mm	3m
3	一体化生物滤池（10m×10m×2m）		
3.1	预洗池	10m×1m×2m	1 座
3.2	循环水泵	Q=15m^3/h，P=3kW，H=20m	1 台
3.3	化工填料	DN50，填料高度 0.7m	7m^3
3.4	滤池顶盖	10m×10m×0.5m	1 套
3.5	填料支撑		100m^2
3.6	生物填料和菌种	填料高度 1.0m，寿命≥5 年	100m^3
3.7	自动喷淋系统	含输送管道、阀门、电磁阀、喷头、压力表、水表等	1 套
3.8	温控系统	温度传感器、风管式加热器、报警系统等	1 套

续表

序号	设备名称	技术参数、规格	数量
4	电控柜	含相关电器元件(断路器、接触器、热继电器、中间继电器、转换开关、按钮、指示灯等),设备总配电功率18kW,IP55,AC380/220V、50Hz	1个
5	其他必需的附件	包括其他连接管、阀门、管件、设备固定螺栓、支撑等	1批

8.7.3 运行效果

1. 实际运行数据

三期扩建工程建成运行至今,各项指标均优于《城镇污水处理厂污染物排放标准》GB 18918—2002的一级A标准,2012～2013年实际进出水水质指标如表8-47、表8-48所示。

2012年实际进出水水质 **表8-47**

月份		1	2	3	4	5	6	7	8	9	10	11	12
COD_{Cr} (mg/L)	进水	449.2	541.6	426.9	463.7	429.9	373.6	427.6	383.9	341.4	408.4	405.4	415.2
	出水	27.5	27.9	32.0	31.6	28.9	28.3	28.0	29.8	2.8	28.0	28.2	27.9
BOD_5 (mg/L)	进水	149.5	156.2	154.9	172.6	179.2	155.5	215.0	165.7	156.9	179.2	188.7	187.6
	出水	3.0	3.4	3.6	4.2	4.2	3.9	4.8	3.9	2.7	4.2	3.1	5.3
SS (mg/L)	进水	209.4	297.2	209.5	194.1	178.1	160.0	252.0	184.4	168.3	208.3	222.4	224.6
	出水	3.6	3.9	4.9	6.6	6.7	6.4	7.5	7.2	7.4	6.4	6.0	6.6
TN (mg/L)	进水	35.0	34.5	34.8	41.1	40.7	33.5	38.1	36.9	34.4	40.2	33.6	33.8
	出水	17.3	18.3	16.0	14.6	13.1	10.9	11.0	11.0	11.5	13.7	13.1	15.1
NH_3-N (mg/L)	进水	26.2	29.6	29.6	34.8	33.0	25.9	29.2	27.8	29.3	33.6	26.7	26.4
	出水	3.00	5.50	3.20	2.70	2.00	1.30	0.98	0.68	0.35	1.30	0.60	1.10
TP (mg/L)	进水	5.7	6.9	5.4	5.9	4.8	4.2	4.6	5.1	4.8	5.6	5.9	5.6
	出水	0.19	0.19	0.24	0.36	0.35	0.22	0.22	0.25	0.28	0.44	0.28	0.28
日平均水量(m^3)		94651	99612	102854	106794	109979	126709	119719	120933	121724	114087	118671	109111

2013年实际进出水水质 **表8-48**

月份		1	2	3	4	5	6	7	8	9	10	11	12
COD_{Cr} (mg/L)	进水	495.3	413.8	579.6	510.3	572.4	498.8	437.9	510.5	496.5	408.4	446.8	451.6
	出水	28.5	28.6	27.3	27.2	26.6	28.4	28.0	26.9	27.0	28.0	27.0	27.9
BOD_5 (mg/L)	进水	239.9	204.8	242.2	228.6	211.4	171.8	155.2	161.4	158.6	179.2	193.2	175.0
	出水	3.8	3.5	4.6	4.7	4.8	4.4	4.3	2.6	2.9	4.2	3.1	3.9
SS (mg/L)	进水	268.5	213.8	327.0	271.5	311.5	260.4	243.4	273.7	271.0	208.3	160.9	165.9
	出水	6.5	7.3	7.0	7.0	6.8	7.0	4.8	5.2	4.6	6.4	6.3	6.3
TN (mg/L)	进水	36.0	32.3	41.8	39.9	41.9	38.8	34.4	39.9	38.1	40.2	45.1	41.1
	出水	16.0	14.9	15.1	14.8	12.7	12.3	11.1	11.7	11.4	13.7	13.6	15.7
NH_3-N (mg/L)	进水	28.9	25.6	30.1	31.8	27.5	24.6	24.8	26.8	24.9	33.6	28.5	26.0
	出水	2.00	1.00	2.40	1.90	1.40	2.10	1.10	0.76	0.55	1.30	0.86	1.20

续表

月份		1	2	3	4	5	6	7	8	9	10	11	12
TP (mg/L)	进水	5.6	4.9	6.2	5.2	6.6	6.2	4.8	7.6	7.1	5.6	5.1	5.1
	出水	0.20	0.29	0.23	0.18	0.12	0.14	0.14	0.24	0.26	0.44	0.28	0.22
日平均水量(m^3)		101188	101551	107211	114961	123089	129275	121529	112828	121887	123712	117397	111992

2. 水量、水质数据原因分析

三期扩建工程建成后，松江污水处理厂的总规模达到 $13.8\times10^4m^3/d$，从 2012～2013 年的实测进水量分析，2012 年最大处理量为 $12.7\times10^4m^3/d$，最小处理量为 $9.5\times10^4m^3/d$，平均为 $11.2\times10^4m^3/d$；2013 年最大处理量为 $12.9\times10^4m^3/d$，最小处理量为 $10.1\times10^4m^3/d$，平均为 $11.6\times10^4m^3/d$。根据以上数据分析，2012～2013 年三期扩建工程建成后，处理水量基本达到设计规模。

2012～2013 年实际进出水指标与设计值对比　　表 8-49

项目	COD_{Cr}		BOD_5		SS		NH_3-N		TN		TP	
	进水	出水	进水	出水	进水	出水	进水	出水	进水	出水	进水	出水
设计值	500	50	220	10	300	10	30	5	50	15	6	0.5
2012 年平均值	422	28.8	172	3.9	209	6.1	29	1.9	36	13.8	5.4	0.3
2013 年平均值	485	27.6	193	3.9	248	6.3	28	1.4	39	13.6	5.8	0.2

2012～2013 年实际进出水指标和设计值对比如表 8-49 所示。经分析，进水 COD_{Cr} 为 422～485mg/L，与设计值 500mg/L 基本一致，出水指标远优于设计值。进水 BOD_5 为 172～193mg/L，小于设计值 220mg/L，出水指标远优于设计值。进水 SS 为 209～248mg/L，小于设计值 300mg/L，出水指标远优于设计值。进水 NH_3-N 为 28～29mg/L，与设计值 30mg/L 基本一致，出水指标远优于设计值。进水 TN 为 36～39mg/L，小于设计值 50mg/L，出水指标优于设计值。进水 TP 为 5.4～5.8mg/L，与设计值 6mg/L 基本一致，出水指标优于设计值。

8.8　唐山市西郊污水处理厂改造工程

8.8.1　污水处理厂概况

1. 项目建设背景

唐山市位于河北省东部，是一座具有百年历史的沿海重工业城市。地处环渤海湾中心地带，南临渤海，北依燕山，东与秦皇岛市接壤，西与北京、天津毗邻；是连接华北、东北两大地区的咽喉要地和走廊。辖区总面积为 $13472km^2$，人口为 719.1 万人。市区面积为 $3874km^2$，人口为 301.2 万人；其中建成区面积为 $152km^2$，人口为 150 万人，是全国较大城市之一。

唐山市区总体工程地质条件良好，对城市建设无重大影响，但就局部来说，仍然存在一些不良的工程地质现象，这主要是局部地区的岩溶塌陷、采煤塌陷和软弱地基。根据有关地震区划资料，唐山市地震区划分为 9、10、11 度烈度分布区三个区。按国家有关规定，唐山市地震设防按 8 度设防。

唐山气候属于暖温带半湿润季风型大陆性气候。风向随季节变化的规律性很明显。多年年平均气温为10～11.3℃。全市1月平均气温为－6.4℃，7月平均气温为25.2℃。唐山市降水量充沛，各县（市）年平均降水量为620～750mm，主要集中在7～8月，占全年总降水量的60%左右，各地最大冻土深度为60～100cm。

唐山地区有大小河流约80多条，分属滦河水系、沙陡河水系和蓟运河水系。滦河水系：滦河是河北省第二条大河流，每年外来客水入境量为$35.99\times10^8m^3$。沙陡河水系：沙陡河水系由12条独流入海的河流组成，流域面积超过$200km^2$的有陡河、溯河、小青龙河和沙河。青龙河由于城市中心区西部地区的大量工业废水和生活污水的排入，受到了严重污染。蓟运河水系：每年客水入境量为$1.04\times10^8m^3$。

唐山市中心城区分为三个片区，分别为中心片区、开平片区和丰南片区；共有9座自来水厂、2座取水泵站；水源为陡河水库和地下水。

市区现状排水系统为雨污分流制。污水系统大致以建设路、北新道为界分为东、西、北三个污水排放区。

西区为原机场路以南、建设路以西地区，污水集中至西郊污水处理厂，处理后的尾水排入青龙河。

东区为建设南路以东、建华道以南地区，该区居住区分散、老企业较多，主要分布在陡河两岸，生活污水和达到排入城市管网标准的工业废水集中至东郊污水处理厂，处理后的尾水排入陡河。

北区为建设北路以东、北新道以北地区，污水汇入北郊污水处理厂，处理后的尾水排入陡河。

唐山市区现状污水处理厂情况如表8-50所示。

唐山市区现状污水处理厂情况（2010年） **表8-50**

厂名	处理能力（$\times10^4m^3/d$）	占地（hm^2）	处理工艺	投产时间（年）	备注
东郊污水处理厂	15.0	6.84	氧化沟	1997	
北郊污水处理厂	15.0	10.8	氧化沟	2001	
西郊污水处理厂	3.6	4.53		1985	停产
西郊污水处理二厂	12.0	14.27	A/O	2005	
合计	45.6				

根据当地环保部门要求，结合水污染控制指标，唐山市对辖区内各污水处理厂分别进行提标改造。同时根据水量变化，相应进行扩建工程。

2. 污水处理厂现状

唐山市西郊污水处理厂始建于1981年，1985年投产运行，处理规模为$3.6\times10^4m^3/d$。1996～2005年利用世行贷款在西郊污水处理厂的南侧建成西郊污水处理二厂工程，处理规模

为 $12\times10^4m^3/d$，原设计出水水质为国家二级出水水质。二厂建成投产后，规模为 $3.6\times10^4m^3/d$ 的西郊污水处理厂全部停产。

唐山市西郊污水处理二厂原设计进出水水质及处理程度如表 8-51 所示。

唐山市西郊污水处理二厂原设计进出水水质　表 8-51

指　标	设计进水水质	设计出水水质	去除率
COD_{Cr}(mg/L)	425	≤120	71.7%
BOD_5(mg/L)	225	≤30	86%
SS(mg/L)	300	≤30	90%
pH 值	6～9	6.5～8.5	—

唐山市西郊污水处理二厂再生水回用工程设计规模为 $6\times10^4m^3/d$，于 2008 年初建成投产。再生水回用的主要用户为华润热电有限公司，供水规模为 $6\times10^4m^3/d$。根据唐山市污水处理有限公司和华润热电有限公司就再生水回用达成的协议，西郊污水处理二厂再生水设计出水水质如表 8-52 所示。

唐山市西郊污水处理二厂再生水设计出水水质　表 8-52

序号	项　目	设计出水水质	序号	项　目	设计出水水质
1	pH 值	7.0～9.0	10	总碱度(以 $CaCO_3$ 计)(mg/L)	≤250
2	SS(mg/L)	≤4	11	NH_3-N(mg/L)	≤5
3	浊度(NTU)	≤2	12	总磷(以 P 计)(mg/L)	≤0.4
4	BOD_5(mg/L)	≤10	13	溶解性总固体(mg/L)	≤800
5	COD_{Cr}(mg/L)	≤30	14	游离余氯(mg/L)	末端 0.1～0.2
6	铁(mg/L)	≤0.3	15	粪大肠菌群(个/L)	≤800
7	锰(mg/L)	≤0.1	16	SO_4^{2-}(SO_4^{2-}与 Cl 之和)(mg/L)	≤240
8	Cl(mg/L)	≤150	17	硅酸(mg/L)	≤60
9	总硬度(以 $CaCO_3$ 计)(mg/L)	≤350	18	石油类(mg/L)	≤2

现状唐山市西郊污水处理二厂污水处理采用 A/O 工艺，尾水排入青龙河。污泥处理采用重力浓缩＋机械脱水。污水、污泥处理工艺流程如图 8-80 所示。

再生水处理工艺流程如图 8-81 所示。

目前西郊污水处理二厂运行情况良好，进水量接近设计流量。其中 A/O 生物反应池共 2 座，每座设计处理流量为 $6\times10^4m^3/d$。单座生物反应池有效容积为 $24750m^3$，有效水深为 6.0m。厌缺氧池水力停留时间为 2.45h；好氧池水力停留时间为 7.45h。生物反应池内、外污泥回流比均为 50%～100%。2 座生物反应池各类设备运行良好，实际处理水量约 $(8\sim10)\times10^4m^3/d$，出水水质达到且优于原设计标准。

改造前的唐山市西郊污水处理二厂的实际进出水水质如表 8-53 所示。

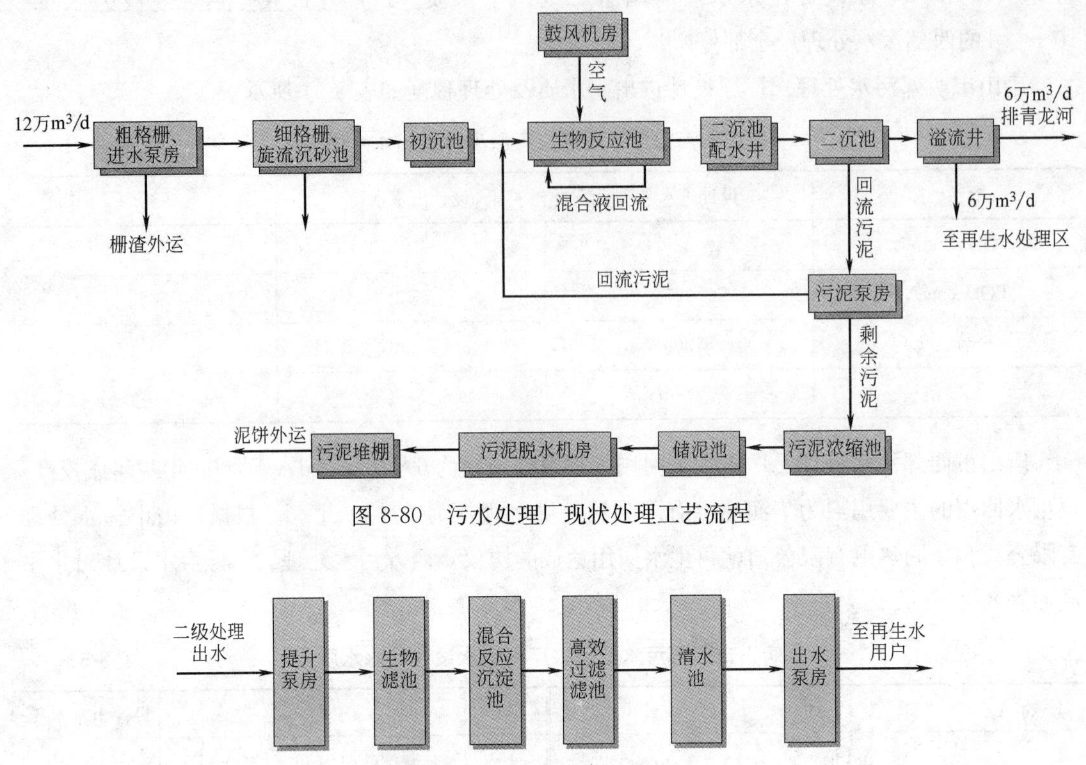

图 8-80 污水处理厂现状处理工艺流程

图 8-81 现状再生水处理工艺流程

唐山市西郊污水处理二厂改造前实际进出水水质（2010 年） 表 8-53

日期	进水(mg/L)						出水(mg/L)					
	COD	BOD_5	SS	TP	TN	NH_3-N	COD	BOD_5	SS	TP	TN	NH_3-N
2010 年 01 月	420.4	256.6	277.5	7.9	44.4	29.9	36.4	13.0	13.6	2.6	20.0	7.5
2010 年 02 月	389.2	238.9	283.9	7.5	43.2	31.1	38.5	14.0	13.6	1.5	27.1	12.1
2010 年 03 月	453.8	249.6	278.5	10.3	41.4	34.7	43.9	14.0	12.7	1.5	28.2	16.8
2010 年 04 月	452.1	263.0	286.6	11.1	41.9	37.5	39.5	14.0	12.9	1.4	30.9	19.0
2010 年 05 月	433.3	256.7	291.0	11.0	45.7	45.2	40.9	14.3	12.5	1.3	33.6	15.6
2010 年 06 月	472.9	274.6	319.9	10.7	50.5	47.1	41.3	14.2	12.7	2.3	17.1	4.2
2010 年 07 月	466.0	267.8	330.2	9.4	48.5	46.6	38.2	13.7	11.7	3.1	29.5	4.4
2010 年 08 月	500.5	270.7	316.6	8.5	46.4	41.5	33.7	13.0	11.0	2.8	19.0	2.7
2010 年 09 月	509.9	300.2	326.7	9.7	47.1	43.4	35.8	13.3	11.0	1.9	19.6	6.5
2010 年 10 月	523.2	292.2	326.4	7.5	47.7	45.3	40.3	13.8	10.8	2.1	23.9	9.3
2010 年 11 月	524.7	300.4	348.0	7.7	50.9	40.9	52.0	14.8	12.5	3.3	19.5	2.6
2010 年 12 月	583.6	322.2	350.6	8.8	60.4	45.5	53.3	16.2	13.0	2.2	19.2	3.7
平均值	494.5	278.8	334.3	9.0	50.5	43.1	40.0	14.4	12.4	2.1	23.2	8.2

8.8.2　污水处理厂改扩建方案

1. 改扩建标准确定

（1）工程规模

西郊污水处理厂现状水量约为 $10\times10^4m^3/d$，根据水量预测，西郊污水处理厂远期（2020 年）水量约为 $16\times10^4m^3/d$，考虑到水量的增长需要一定的时间和过程，本次改扩建工程针对西郊污水处理规模进行分期建设，近期处理能力为 $12\times10^4m^3/d$，远期总处理能力为 $16\times10^4m^3/d$。

（2）进、出水水质

根据规划情况，并结合现状进水水质水量分析，确定本次西郊污水处理厂改造工程设计进水水质，如表 8-54 所示。

西郊污水处理厂改造工程设计进水水质　　表 8-54

序　号	项　目	单　位	设计进水水质
1	pH 值	—	6.0～9.0
2	COD_{Cr}	mg/L	550
3	BOD_5	mg/L	320
4	SS	mg/L	400
5	总氮(以 N 计)	mg/L	60
6	氨氮(以 N 计)	mg/L	50
7	总磷(以 P 计)	mg/L	8
8	粪大肠菌群数	个/L	10^6～10^7

根据国家和唐山市的水污染控制要求及环评报告要求，唐山西郊污水处理厂出水水质执行《城镇污水处理厂污染物排放标准》GB 18918—2002 的一级 A 标准，如表 8-55 所示。

西郊污水处理厂改造工程设计出水水质　　表 8-55

序号	指　标	设计出水水质(mg/L)	序号	指　标	设计出水水质(mg/L)
1	悬浮物(SS)	10	5	氨氮(NH_3-N)	5(8)
2	生化需氧量(BOD_5)	10	6	总磷(TP)	0.5
3	化学需氧量(COD_{Cr})	50	7	pH 值	6.0～9.0
4	总氮(TN)	15	8	粪大肠菌群数	$\leqslant10^3$ 个/L

注：氨氮指标中，括号外数值为水温>12℃时的控制指标，括号内数值为水温≤12℃时的控制指标。

（3）污泥处置

由于西郊污水处理厂紧邻西郊污水处理二厂，因此对两座污水处理厂的脱水污泥进行统一处理。目前，西郊污水处理二厂对其脱水污泥进行处理，制成颗粒肥料，该项技术已经通过国家有关部门的鉴定，并且产品销路很好。由于西郊地区污水以生活污水为主，工业主要是一些食品加工工业，其产生的污泥比较适合用作肥料，故近期对西郊污水处理厂产生的污泥同样处置。

西郊污水处理厂近期部分污泥输送至二厂已建污泥堆肥制粒车间进行处置，其余污泥送至填埋场进行卫生填埋。

根据《唐山市城市污水治理总体规划修编》，本工程污泥远期最终出路为，经减量化处理后，运送至南部污泥处置中心进行集中处置。

(4) 臭气处理标准

厂界处恶臭污染物 H_2S 和 NH_3 浓度满足《城镇污水处理厂污染物排放标准》GB 18918—2002 表 4 中二级标准要求。

2. 改造工程内容

本次改造工程主要包括对现状二厂部分单体进行改造、新建部分构筑物，增加 $4\times10^4m^3/d$ 污水处理能力，同时增加 $6\times10^4m^3/d$ 规模的滤池等污水深度处理设施，土建按 $10\times10^4m^3/d$ 规模建设，设备按 $6\times10^4m^3/d$ 规模配置，使全厂近期达到设计规模 $12\times10^4m^3/d$ 的处理能力，出水满足《城镇污水处理厂污染物排放标准》GB 18918—2002 中的一级 A 出水标准，尾水排入青龙河。

具体改造工程内容包括：

(1) 对现状二厂污水处理设施进行改造利用，使其能够在设计进水水质时处理 $8\times10^4m^3/d$ 规模污水，满足一级 A 出水标准所需的生物处理要求。

(2) 对目前停产的西郊老厂的二级生物处理设施进行改造利用，新增提升泵房，使其能够在设计进水水质时处理 $4\times10^4m^3/d$ 规模污水，满足一级 A 出水标准所需的生物处理要求。

(3) 新建 $6\times10^4m^3/d$ 处理规模（土建按 $10\times10^4m^3/d$ 一次建设）的深度处理设施，与原有的 $6\times10^4m^3/d$ 规模再生水处理设施一并使用，近期达到 $12\times10^4m^3/d$ 规模的深度处理能力。

(4) 对污泥处理设施进行改造，在西郊老厂内新建浓缩池、脱水机房内增加料仓，满足污泥处置需求。

唐山市西郊污水处理厂平面布置如图 8-82 所示。

3. 处理工艺选择

(1) 预处理和一级处理工艺

唐山市西郊污水处理厂现有预处理构筑物包括粗格栅、进水泵房、细格栅、旋流沉砂池合建的四联体。四联体原设计土建规模为 $20\times10^4m^3/d$，设备安装按 $12\times10^4m^3/d$ 配置。现状四联体已经能满足近期水量 $12\times10^4m^3/d$ 的运行负荷要求，因此，近期可考虑原有利用。一级处理方面，西郊污水处理厂现有 2 座直径 45m 初沉池在运行。处理污水量为 $12\times10^4m^3/d$ 时，初沉池表面负荷为 $2.04m^3/(m^2\cdot h)$（高峰流量），停留时间为 2.5h（平均流量）；当处理水量增至 $16\times10^4m^3/d$ 时，初沉池表面负荷为 $2.72m^3/(m^2\cdot h)$（高峰流量），停留时间为 1.9h（平均流量），均能满足设计要求。

(2) 二级生物处理工艺

根据进水水质，本工程采用脱氮除磷污水二级处理工艺。因为唐山市西郊污水处理二厂现

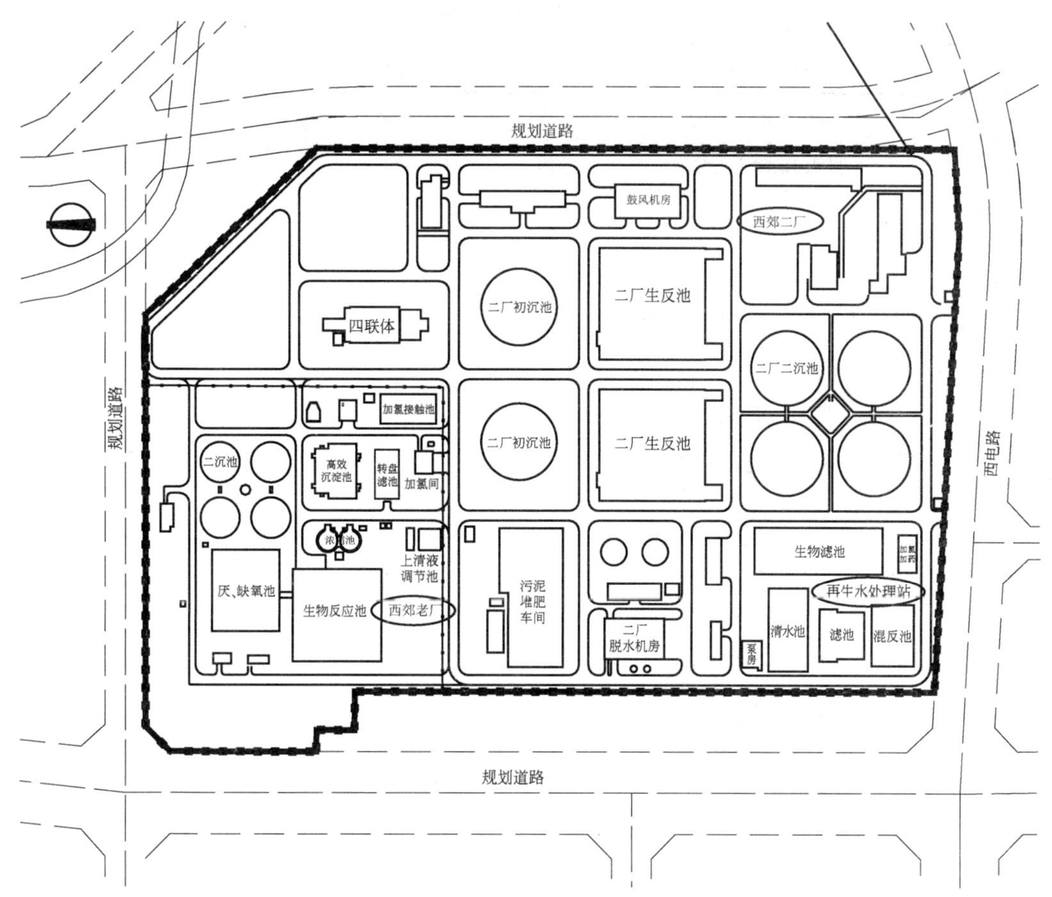

图 8-82　唐山市西郊污水处理厂平面布置

状处理工艺为 A/O 工艺，现有生物反应池的池型接近 A/A/O 工艺，本着技术可行、经济合理的原则，二级处理工艺推荐改造为 A/A/O 工艺。根据改造工程建设要求，分别对现状西郊污水处理二厂和西郊老厂进行分析。

二厂现状生物反应池共 2 座，每座处理量为 $6\times10^4m^3/d$。单座生物反应池有效容积为 $24750m^3$，有效水深为 6.0m。缺氧池分 4 格，单格平面尺寸为 16m×16m，水力停留时间为 2.45h，采用潜水搅拌器搅拌；好氧池分 8 条廊道，每条廊道平面尺寸为 65m×6m，水力停留时间为 7.45h，采用鼓风机曝气，管式微孔曝气器。生物反应池内、外污泥回流比均为 50%～100%，端头设内、外污泥回流泵房各 1 座，设外回流污泥泵 3 台，2 用 1 备，内回流污泥泵 3 台，2 用 1 备。

本工程的设计进、出水水质与原设计值发生了一定变化，进水水质浓度有所提高，排放标准更加严格。根据设计进、出水水质，通过分析计算，当污泥浓度（MLSS）维持在 3.5g/L 时，现状 2 座生物反应池一共仅能处理约 $8\times10^4m^3/d$ 污水，水力停留时间为 15h。若要利用现有生物反应池处理 $12\times10^4m^3/d$ 污水达标排放，则 MLSS 必须达到 6g/L 以上。通过计算，现状生物反应池不同污泥浓度下的处理水量和具体设计参数如表 8-56 所示。

生物反应池设计参数 表 8-56

类　别	设计参数 1	设计参数 2
处理水量(m^3/d)	80000	120000
进水 BOD_5(mg/L)	240	240
进水 TN(mg/L)	60	60
污泥浓度(g/L)	3.5	6
系统污泥 BOD_5 负荷[kgBOD_5/(kgMLSS·d)]	0.11	0.09
好氧区污泥 BOD_5 负荷[kgBOD_5/(kgMLSS·d)]	0.20	0.18
产泥率(kgMLSS/kgBOD_5 去除)	0.6	0.6
剩余污泥量(kg/d)	11040	16560
系统泥龄(d)	15.6	19.6
好氧泥龄(d)	8.0	8.0
厌氧区容积(m^3)	3072	3072
厌氧区 HRT(h)	0.92	0.61
缺氧区容积(m^3)	20100	20100
缺氧区 HRT(h)	6.0	4.0
好氧区容积(m^3)	26600	26600
好氧区 HRT(h)	8.0	5.3
生物反应池总体积(m^3)	49772	49772
总水力停留时间(h)	14.92	9.91

根据以上计算分析结果，从便于施工、不影响污水处理厂正常运行、节省投资等角度出发，并结合污水处理厂实际进水水量以及另外 1 条 $4\times10^4 m^3/d$ 生产线即将建成投产的情况，推荐本项目生物反应池技术改造方案如下。

近期二厂生物反应池处理水量核定为 $8\times10^4 m^3/d$，出水执行一级 A 标准，近期另外 $4\times10^4 m^3/d$ 污水由老厂改造后进行处理。当远期污水处理厂进水超过 $12\times10^4 m^3/d$ 时，对二厂的生物反应池和再生水处理设施进行挖潜改造，使得其处理能力达到 $12\times10^4 m^3/d$。对二厂的生物反应池和再生水处理设施的挖潜可以考虑通过以下措施实现：将二厂二级处理段分为两条处理线，每条线处理能力为 $6\times10^4 m^3/d$：一条线通过后续衔接生物滤池（再生水处理设施）的方式进一步去除有机污染物，从而达到再生水出水要求；另一条线通过对生物反应池投加填料的方式进行挖潜，使 MLSS 提高至 6g/L 以上，从而在停留时间较低的情况下满足二级处理的要求。

西郊老厂原先的处理工艺为曝气活性生物污泥法，但是曝气池的大小有限，有效体积仅为 $8000m^3$，折合 $4\times10^4 m^3/d$ 污水设计规模的停留时间为 4.8h，远远不够满足脱氮除磷所需的停留时间。为了节约投资，减少拆迁和重复建设，本工程尽量利用现有污水处理构筑物，对现有曝气池进行利用。考虑几种生物脱氮除磷工艺，A/A/O池型最具有可行性，可考虑将现有曝气池改造为厌缺氧池，并在边上另建一个生物反应池，以满足生物处理所需的停留时间。

（3）深度处理工艺

西郊污水处理二厂已建再生水回用工程规模为$6\times10^4m^3/d$，因此，本项目近期深度处理设施规模为$6\times10^4m^3/d$，变化系数为1.3，远期增至$10\times10^4m^3/d$。为了使近远期工程建设能够有机结合，深度处理土建按远期$10\times10^4m^3/d$规模实施，设备按近期$6\times10^4m^3/d$规模配置。化学除磷加药主要有预沉、同步沉淀和二沉后化学除磷三种加药方式。考虑到本工程进水中TP浓度较高，加药量较大，为了节省加药量，保证出水磷达标，宜采用二次沉淀后化学除磷，因此考虑设置絮凝沉淀构筑物。本工程推荐采用工艺较为成熟、占地较小的高效沉淀池作为絮凝沉淀构筑物。在高效沉淀池混凝段可以使药剂和污水有效混合，并形成絮凝体，并在沉淀池内实现分离，使尾水中的悬浮物质和有机污染物质及总磷等得到进一步的去除。

高效沉淀池的设置还可有效减轻后续过滤单元的负荷，使滤池出水更稳定。

滤池方面，结合本工程用地紧张的实际情况，综合考虑运行成本等多方因素，推荐采用滤布过滤滤池作为深度处理工艺，进一步去除出水中的SS、COD_{Cr}、BOD_5和TP。

（4）消毒工艺

考虑到唐山市再生水需求量大，消毒工艺应更多考虑再生水的要求。为了满足再生水水质要求，保证再生水含一定量的余氯，本工程采用复合式二氧化氯消毒。

（5）污泥处理工艺

根据西郊污水处理二厂已建污泥处理设施情况，本工程污泥处理采用重力浓缩＋机械脱水形式。如图8-83所示。

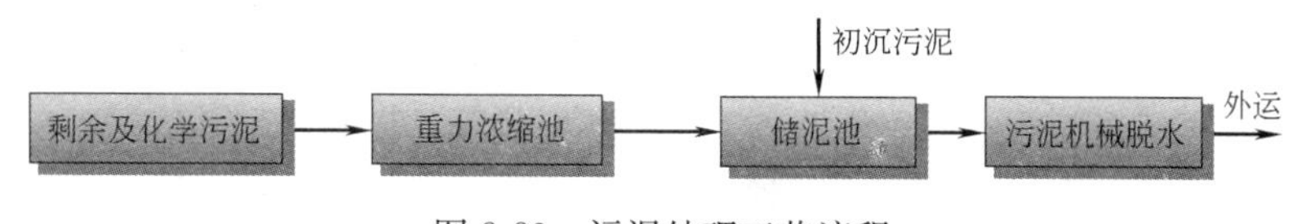

图8-83　污泥处理工艺流程

（6）除臭工艺

综合考虑本工程的地理位置、用地情况、构筑物所产生的臭气的特点及数量、投资、工艺适应性、运行管理成本、设备适宜温度等因素后，本项目四联体、污泥浓缩池、储泥池、污泥脱水机房采用离子法除臭工艺，污泥堆棚采用植物提取液喷淋除臭工艺。

（7）改造工程工艺流程

改造工程工艺流程如图8-84所示。

4. 主要构筑物设计

西郊污水处理厂总处理规模为$16\times10^4m^3/d$，近期处理规模为$12\times10^4m^3/d$，其中土建工程一次性实施，主要设备分期配置。

污水处理厂内主要构、建筑物如表8-57所示。

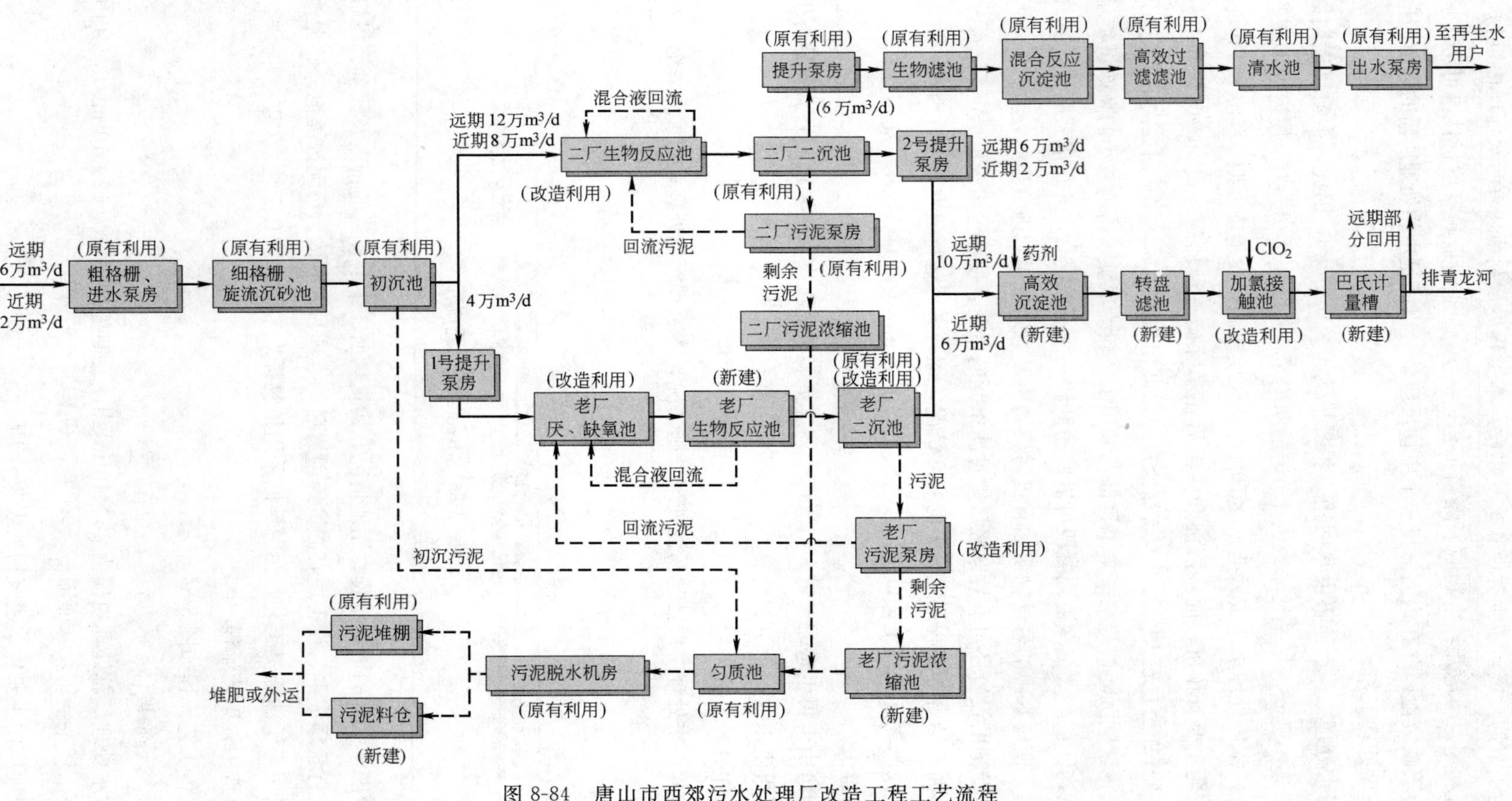

图 8-84 唐山市西郊污水处理厂改造工程工艺流程

污水处理厂主要构、建筑物　　**表 8-57**

编号	名称	单位	数量	平面尺寸(内径)或建筑面积(单座)	处理能力(m^3/d)	备注
二厂污水处理部分						
1	四联体	座	1	65.2m×21m	近期 12 万,远期 16 万	原有利用
2	初沉池及污泥泵房	座	2	Φ45m	近期 12 万,远期 16 万	原有利用
3	生物反应池及回流污泥、剩余污泥泵房	座	2	75.6m ×66.4m	近期 8 万,远期 12 万	改造利用
4	二沉池配水井	座	1	Φ8.8m	12 万	原有利用
5	二沉池	座	1	Φ45m	12 万	原有利用
6	鼓风机房	座	1	48m×20.7m	12 万	原有利用
再生水处理站部分						
1	提升泵房	座	1	6.0m×8.5m	6 万	原有利用
2	生物滤池	座	1	78.6m×27.3m	6 万	原有利用
3	混合反应沉淀池	座	2	23.5m×14.4m	6 万	原有利用
4	高效过滤滤池	座	1	27.9m×17.7m	6 万	原有利用
5	清水池	座	2	23.4m×23.4m	6 万	原有利用
6	出水泵房	座	1	5.2m×7.6m	6 万	原有利用
7	加氯加药间	座	1	22.5m×11.0m	6 万	原有利用
老厂污水处理部分						
1	1 号提升泵房	座	1	10.4m×5.4m	4 万	新建
2	厌、缺氧池	座	1	48.5m×41.3m	4 万	改造利用
3	生物反应池	座	1	56.1m×53.0m	4 万	新建
4	二沉池配水井	座	1	Φ5.5m	4 万	改造利用
5	二沉池	座	4	DN24m	4 万	改造利用
6	2 号提升泵房	座	1	10.4m×7.3m	土建 6 万,设备 2 万	新建
7	高效沉淀池	座	1	34.5m×23.6m	6 万	新建
8	转盘滤池	座	1	28.3m×13.5m	土建 10 万,设备 6 万	新建
9	加氯接触池	座	1	65.6m×10.0m	10 万	改造利用
10	加氯加药间	座	1	18.0m×10.8m	10 万	新建
11	巴氏计量槽	座	1	18.2×2.0m	10 万	新建
污泥处理部分						
1	老厂剩余及回流污泥泵房	座	1	16.5m×7.5m	4 万	改造利用
2	二厂污泥浓缩池	座	2	Φ16m	12 万	原有利用
3	老厂污泥浓缩池	座	2	Φ12m	4 万	新建
4	储泥池	座	1	33.1m×8.0m	16 万	原有利用
5	污泥脱水机房及污泥堆棚	幢	1	37.1m×24.0m	4 万	增加料仓

续表

编号	名称	单位	数量	平面尺寸(内径)或建筑面积(单座)	处理能力(m^3/d)	备注
辅助构建筑物						
1	综合楼	座	1	1856m^2		原有利用
2	餐厅浴室	座	1	448m^2		原有利用
3	高压配电间及1号变电所	座	1	396m^2		原有利用
4	鼓风机房及2号变电所	座	1	976m^2		原有利用
5	3号变电所	座	1	137m^2		原有利用
6	机修车间及仓库	座	1	687m^2		原有利用
7	门卫间	座	2	40m^2		原有利用
8	配电间	座	1	40m^2		新建
9	出水区仪表小屋	座	1	10m^2		新建
11	除臭装置	套	2			新建

(1) 污水处理构筑物

1) 四联体（原有利用）

四联体为粗格栅、进水泵房、细格栅、旋流沉砂池的合建体，设计规模为$12\times10^4m^3/d$，变化系数K为1.30，现状土建和设备能够满足工程要求。格栅渠内配置2台粗格栅，进水泵房共安装潜污水泵4台，3用1备，单台设计流量为600L/s。细格栅渠4条，渠宽为1840mm。目前使用的螺旋细格栅为3台，栅条间隙为6mm，安装角度为35°。旋流沉砂池分2池，单池直径为6.1m，水力停留时间>30s。

2) 二厂初沉池（原有利用）

现有的初沉池为辐流式沉淀池，2座，直径为45m，可单独运行。单座近期高峰流量Q_{max}为3250m^3/h，表面负荷（近期）q_{max}为2.04$m^3/(m^2\cdot h)$，q_{ave}为1.57$m^3/(m^2\cdot h)$。有效水深为4.0m，近期高峰停留时间为2.54h，近期平均停留时间为2.93h。

3) 二厂生物反应池（土建利用，局部设备改造）

现状二厂两座生物反应池采用A/O工艺，经改造后，成为A/A/O工艺，两座生物反应池近期处理规模为$8\times10^4m^3/d$，远期处理规模为$12\times10^4m^3/d$。

近期阶段生物反应池改造主要包括以下内容：

① 更换6台内回流污泥泵，设计参数由原来的流量为347L/s，扬程为4m，功率为31kW调整至流量为700L/s，扬程为4.0m，功率为5kW，4用2备，远期可6常用1库备。

② 拆除8条廊道（单池）的曝气管，在6条廊道（单池）内重新敷设曝气管，一共敷设曝气管3340根，单根长度为1000mm，通气量为8$m^3/(根\cdot h)$。

③ 第1、2条廊道由原设计的好氧段改造为缺氧段，内设潜水推流器，共4台，功率为4.5kW/台。

④ 近期改造后单座生物反应池处理能力为 $4\times10^4 m^3/d$，总水力停留时间为 14.92h，其中厌氧为 0.92h，缺氧为 6h，好氧为 8h，系统污泥负荷为 $0.11kgBOD_5/(kgMLSS\cdot d)$，系统设计泥龄为 15.6d。

远期处理方案：

远期将二厂二级处理段分为两条处理线，每条处理线处理能力为 $6\times10^4 m^3/d$：一条处理线拟充分利用再生水处理区的生物滤池的富余能力，出水对点进入再生水处理构筑物，在生物滤池进一步去除有机污染物，从而达到再生水出水要求；二厂另外一组生物反应池考虑通过投加填料的方式挖潜至 $6\times10^4 m^3/d$ 的处理能力。

填料在生物反应器中的作用主要有三方面：

① 填料的主要作用是容纳附着微生物，是微生物生长的载体，为微生物提供栖息和繁殖的稳定环境，其丰富的内表面为微生物提供附着的表面和内部空间，使反应器尽可能保持较多的微生物量。一般来说，填料比表面积越大，附着的微生物量越多。

② 填料是反应器中生物膜与污水接触的场所，而且对水流有强制性的紊动作用，使水流能够重新分布，改变其流动方向，从而使水流在反应器横截面上分布更为均匀；同时水流在填料内部形成交叉流动混合，为污水与生物体的接触创造了良好的水力条件；并且，填料对好氧反应器中的气泡有重复切割作用，使水中的溶解氧浓度提高，从而强化了微生物、有机体和溶解氧三者之间的传质，使出水中悬浮物的浓度大大减少。

③ 填料对水中的悬浮物有一定的截留作用，由于反应器中有填料的存在，使出水中悬浮物的浓度大大减小。而填料对悬浮物的截留作用是通过对污水中悬浮物的拦截、沉淀、惯性、扩散、水动力等诸多因素来实现的。

投加填料考虑采用多孔泡沫填料：材质多为聚氨酯泡沫块，密度小于水，形状为小方块，填料呈多孔状，表向和内部均长满微生物，既可以生物膜法为主独立运行，也可投加到活性污泥处理池以提高处理效率。

二厂生物反应池改造工艺设计如图 8-85 所示。

4）二沉池（原有利用）

二厂现状二沉池为辐流式沉淀池，4 座，直径为 45m。改造工程对其原有利用，设计规模为 $12\times10^4 m^3/d$，近期按 $8\times10^4 m^3/d$ 运行。达到 $12\times10^4 m^3/d$ 规模时运行参数：最大表面负荷 q_{max} 为 $1.02m^3/(m^2\cdot h)$，平均表面负荷 q_{ave} 为 $0.78m^3/(m^2\cdot h)$，平均停留时间为 4.45h。近期运行参数：最大表面负荷 q_{max} 为 $0.68m^3/(m^2\cdot h)$，平均表面负荷 q_{ave} 为 $0.52m^3/(m^2\cdot h)$，平均停留时间为 6.67h。

二厂二沉池改造工艺设计如图 8-86 所示。

5）鼓风机房（原有利用）

二厂原有鼓风机房及设备进行利用，包括 6 台单级离心鼓风机，流量为 $210m^3/min$，扬程为 7.3m，功率为 355kW，4 用 2 备，气水比为 7.8∶1。

6）老厂 1 号提升泵房（新建）

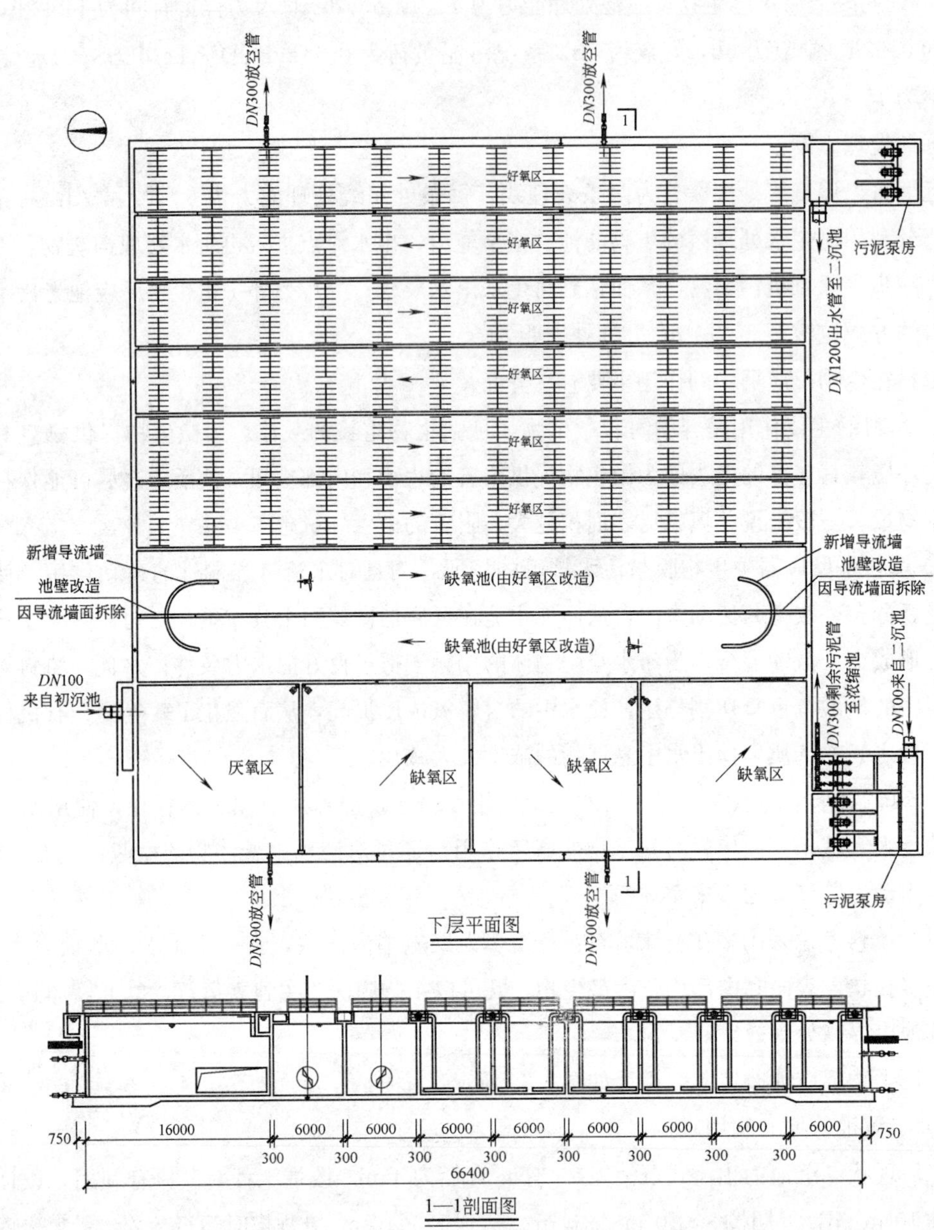

图 8-85 二厂生物反应池改造工艺设计

主要用于将二厂预处理后部分污水提升后进入老厂生物反应池。设计规模为 $4.0\times10^4 m^3/d$。提升泵房内净尺寸为 10.4m×5.4m，深为 5.6m。泵房内设 Q 为 300L/s，H 为 4.5m，P 为 30kW 的轴流泵 3 台（2 用 1 备）。

7）老厂厌、缺氧池（改造利用）

将停用的老厂曝气池改造成为厌、缺氧池。设计流量为 $4\times10^4 m^3/d$，厌氧池停留时间为 1.3h，缺氧池停留时间为 4.2h。

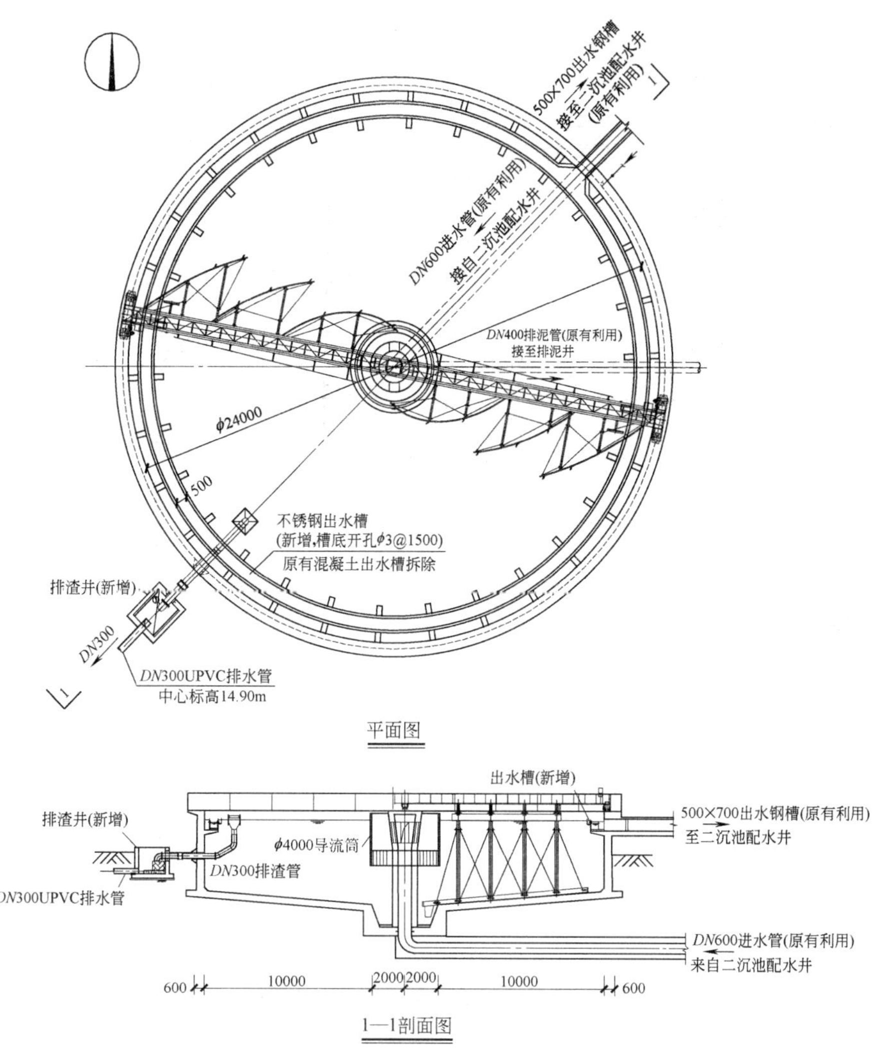

图 8-86　二厂二沉池改造工艺设计

厌、缺氧池共 8 条廊道，原设计分为 4 组并联池，现改为串联方式流动，进水点和污泥回流点设置在池体西北部（第一组廊道）。在原池体增加导流墙并设置水流出入孔，使池体流态呈 4 组完全混合式，水流相继流过 4 格完全混合式池体，第一格作为厌氧区，第二、三、四格作为缺氧区，在第二格设置内回流进水管。

厌、缺氧区与新建的生物反应池组成一个完整的 A/A/O 工艺。

厌、缺氧池有效水深为 4.1m，设计水位为 19.3m，原有池顶标高为 19.6m，水池超高不满足设计要求，池顶需加高 0.2m。

厌、缺氧区内设置直径为 1800mm，功率为 2.5kW 的潜水推流器 8 套。

老厂厌、缺氧池改造工艺设计如图 8-87 所示。

8）老厂生物反应池（新建）

在老厂内新建生物反应池，与老厂曝气池改造而成的厌、缺氧池一起形成完整的 A/A/O

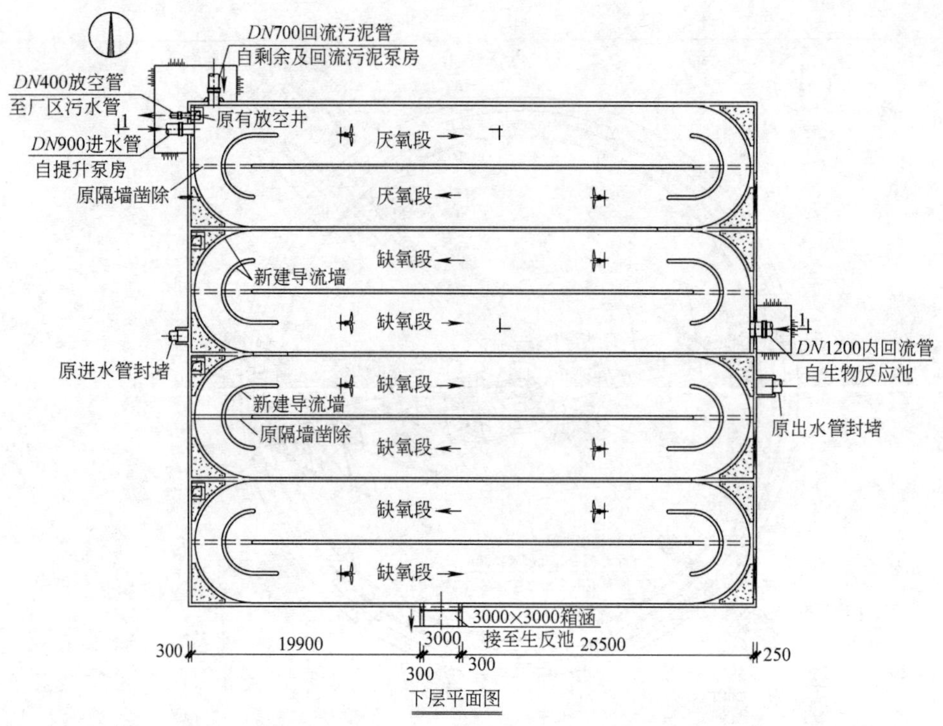

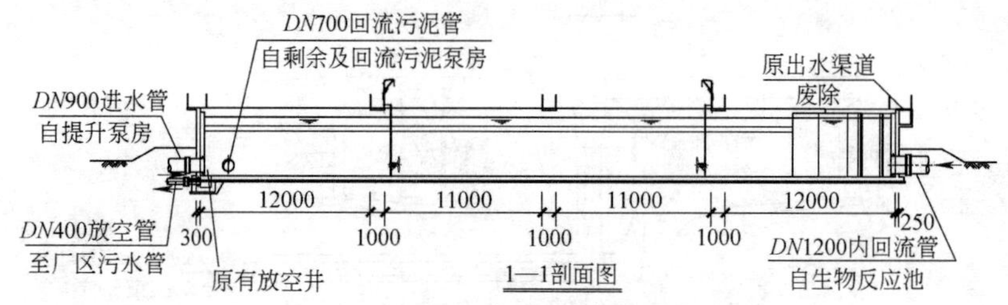

图 8-87 老厂厌、缺氧池改造工艺设计

工艺流程。新建生物反应池设计流量为 $4\times10^4m^3/d$，有效水深为 6m，缺氧区停留时间为 2.8h，好氧区停留时间为 8.1h。

厌、缺氧区与新建生物反应池形成的 A/A/O 工艺整体设计参数：处理能力为 $4\times10^4m^3/d$，总水力停留时间为 15.3h，其中厌氧为 1.3h，缺氧为 6h，好氧为 8h，系统污泥负荷为 0.103kgBOD$_5$/(kgMLSS·d)，系统设计泥龄为 16.2d。

老厂新建生物反应池工艺设计如图 8-88 所示。

9）老厂二沉池（土建原有利用，增加设备）

老厂原有二沉池为直径 24m 的辐流式沉淀池，共 4 座。考虑土建原有利用，因设备已锈蚀无法使用，因此增加吸泥机设备。改造后设计处理规模为 $4\times10^4m^3/d$，最大表面负荷 q_{max} 为 $1.2m^3/(m^2\cdot h)$，平均表面负荷 q_{ave} 为 $0.92m^3/(m^2\cdot h)$，平均停留时间为 3.8h。

10）高效沉淀池（新建）

老厂内新建高效沉淀池，土建按 $10\times10^4m^3/d$ 建设，设备按 $6\times10^4m^3/d$ 配置。高效沉淀

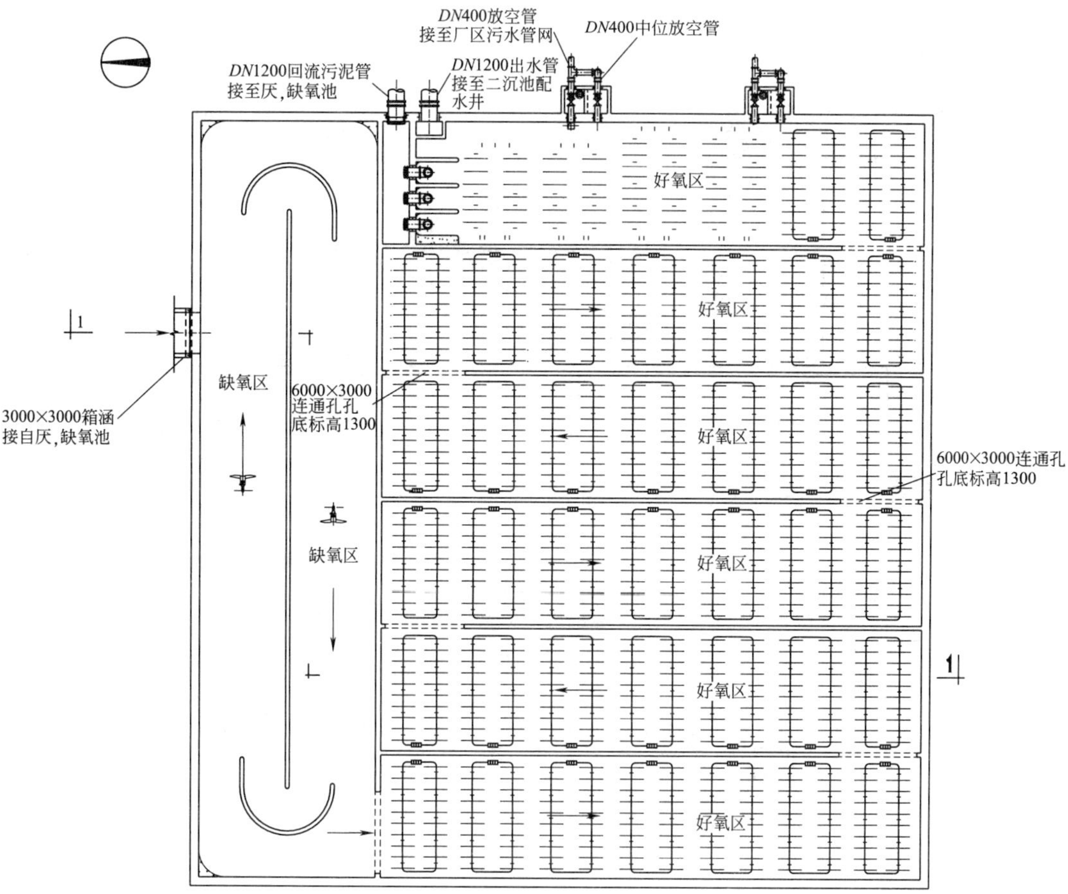

下层平面图

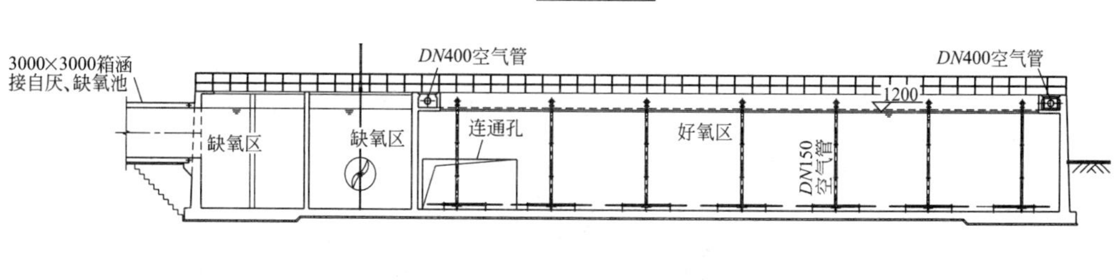

1-1 剖面图

图 8-88　老厂新建生物反应池工艺设计

池共 1 座，分 2 组，设备仅上 1 组。絮凝池停留时间为 16.1min（近期平均时段）和 12.4 min（近期高峰时段），沉淀池表面负荷为 16.6$m^3/(m^2 \cdot h)$（近期高峰时段）、12.8$m^3/(m^2 \cdot h)$（近期平均时段）、13.8$m^3/(m^2 \cdot h)$（远期高峰时段）和 10.6$m^3/(m^2 \cdot h)$（远期平均时段）。沉淀池刮泥机直径为 13.5m。

高效沉淀池进水共两部分，一部分为老厂二级处理出水（$4\times10^4 m^3/d$），一部分为二厂二级出水（近期 $2\times10^4 m^3/d$，远期 $6\times10^4 m^3/d$）。其余二级出水进入现状的再生水处理站进行深度处理。

老厂新建高效沉淀池工艺设计如图 8-89 所示。

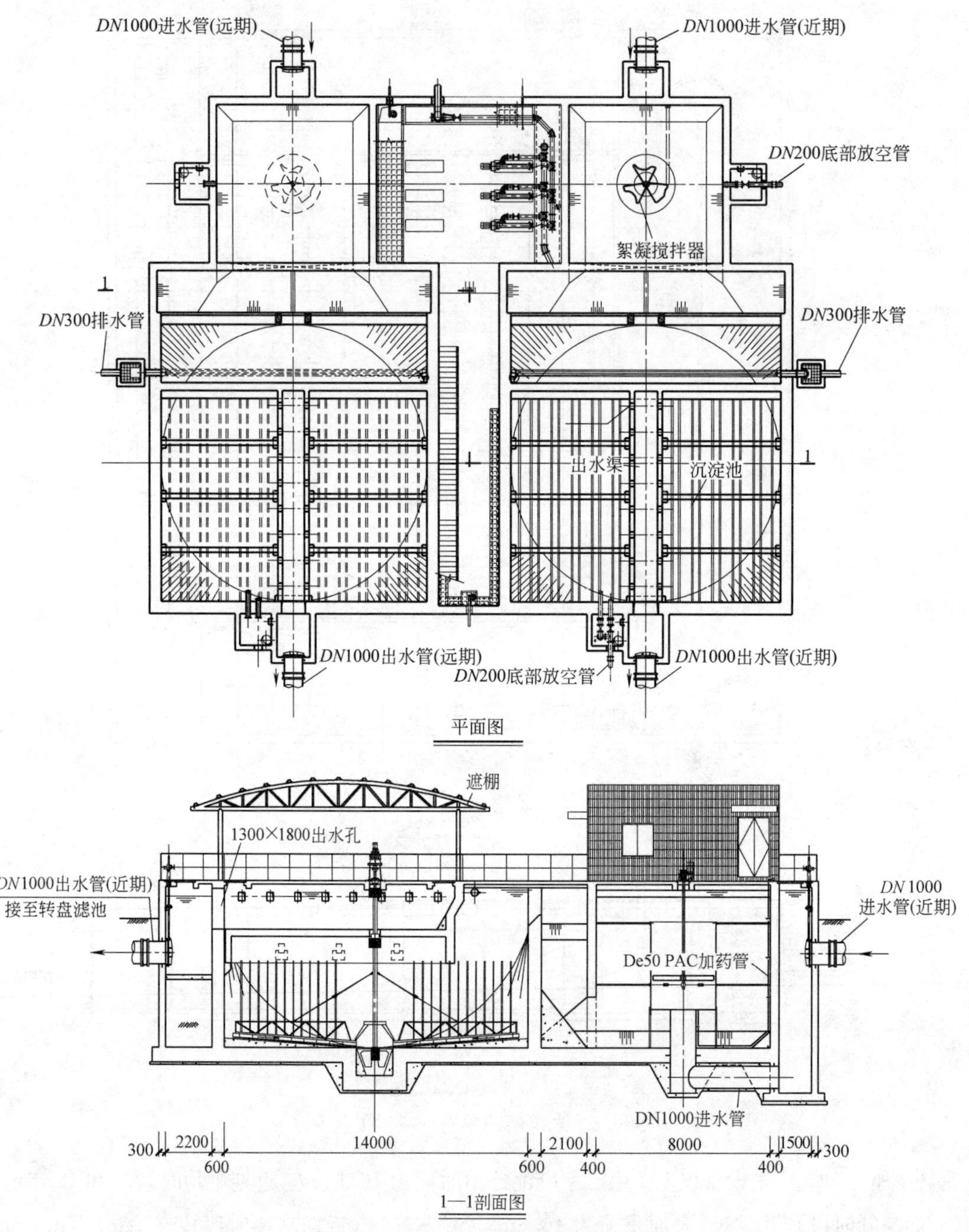

图 8-89 新建高效沉淀池工艺设计

11）转盘滤池（新建）

老厂内新建转盘滤池，对高效沉淀池出水进行过滤，以进一步去除 SS 和附着在 SS 上的 TP、BOD_5、COD_{Cr}等污染物。

转盘滤池共 1 座，分 4 组，土建按远期 $10\times10^4m^3/d$ 实施，设备按近期 $6\times10^4m^3/d$ 配置。设计滤速<15m/h，过滤网孔≤10μm，滤盘直径为 3000mm，滤盘数量为 12 片/组。

老厂新建转盘滤池工艺设计如图 8-90 所示。

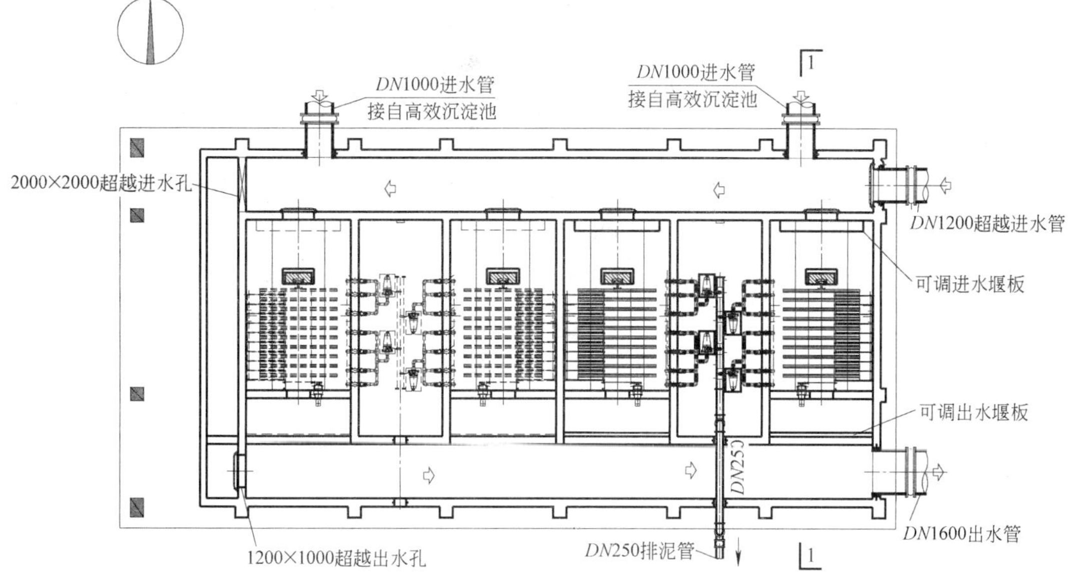

下层平面图

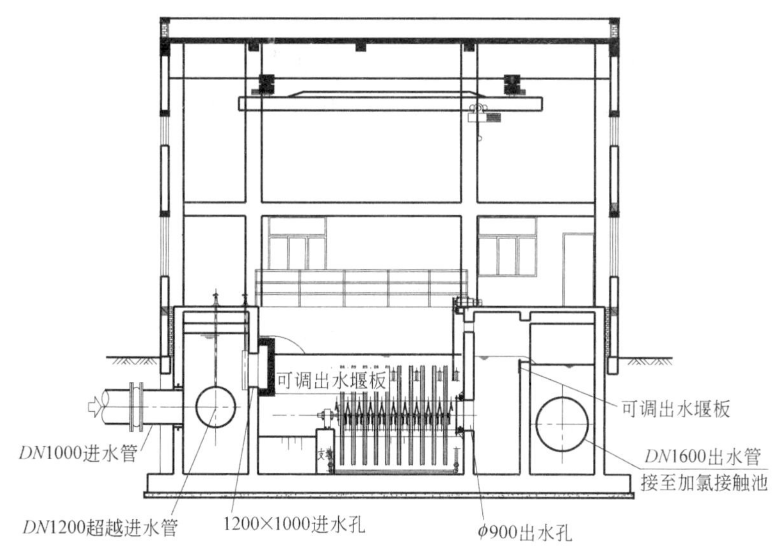

1—1剖面图

图 8-90 新建转盘滤池工艺设计

12）加氯接触池（由蓄水调节池改造）

将厂区东南角的现状蓄水调节池经过改造后作为加氯接触池运行，接触池有效体积为 $2700m^3$，加氯接触时间为 65min（近期）和 39min（远期）。

对蓄水调节池的改造内容主要为增设出水堰和出水管，在池体东南部增加 6.5m×1.0m 的出水堰，在堰后接出水管，接至后续巴氏计量槽。

13）加氯加药间（新建）

新建 1 座加氯加药间，用于高效沉淀池絮凝段化学除磷，协同沉淀；加氯至加氯接触池，消毒出水。

加药参数：除磷药剂（PAC）投加浓度为 6.2mg/L，投加量为 375kg/d。溶液池、溶解池搅拌机各 2 台，加药计量泵 5 台，近期 3 用 2 备，远期 4 用 1 备。

加氯参数：二氧化氯投加浓度为 10mg/L，二氧化氯溶液投加量为 600kg/ d（近期）和 1000 kg/d（远期），配置 20kg/h 复合 ClO_2 发生器 3 台，2 用 1 备。

14）生物滤池（改造利用）

二厂再生水处理站原有生物滤池 2 座，总处理规模为 $6\times10^4m^3/d$，水力负荷为 $2.12m^3/(m^2\cdot h)$，NH_3-N 填料负荷为 0.38kgNH_3-N/m^3，滤池格数每座 6 格，单格滤池面积为 $108m^2$，每座生物滤池内配置回流水泵 3 台（2 用 1 备），回流水泵单泵流量为 $600m^3/h$，扬程为 6m，功率为 17.5kW。

本次改造工程主要为新增 3 台罗茨鼓风机，并且与现有管路系统接顺。

（2）污泥处理构筑物

1）二厂污泥浓缩池（原有利用）

二厂原有污泥浓缩池 2 座，直径为 16m，有效水深为 4m。

设计参数：二厂剩余污泥量为 17960kgDs/d，进泥含水率为 99.30%，进泥体积为 $2566m^3/d$，出泥含水率为 97.5%，出泥体积为 $718m^3/d$，固体通量为 $45kgDs/(m^2\cdot d)$。

2）老厂污泥浓缩池（新建）

在老厂内新建污泥浓缩池 2 座，直径为 12m，有效水深为 4m。

设计参数：老厂剩余污泥量为 6100kgDs/d，进泥含水率为 99.30%，进泥体积为 $871m^3/d$，出泥含水率为 97.5%，出泥体积为 $244m^3/d$，固体通量为 $27kgDs/(m^2\cdot d)$。

每座浓缩池内设置 1 台 *DN*12000 的悬挂式中心传动刮泥机；由于浓缩池和现状储泥池距离较远，考虑采用污泥泵进行传输，在浓缩后污泥出水管处设置污泥螺杆泵 2 台，1 用 1 备。

老厂新建污泥浓缩池工艺设计如图 8-91 所示。

3）储泥池（原有利用）

利用原有储泥池，1 座，分 4 格，单格尺寸为 8m×8m，有效水深为 3.5m。停留时间为 13h（近期）和 9.9h（远期）。

4）污泥脱水机房及污泥堆棚（原有利用）

本次改造工程近期污泥总量为 37340kgDs/d，污泥由二厂原有的污泥脱水机房进行脱水。二厂原有脱水机房共有 5 台带式污泥脱水机，带宽为 2m，脱水能力为 $21m^3/h$，工作时间为 20h/d，能够满足近期脱水要求，远期在预留脱水机位增加脱水机 2 台，加药量为 2.5～5kg PAM/tDs 污泥。

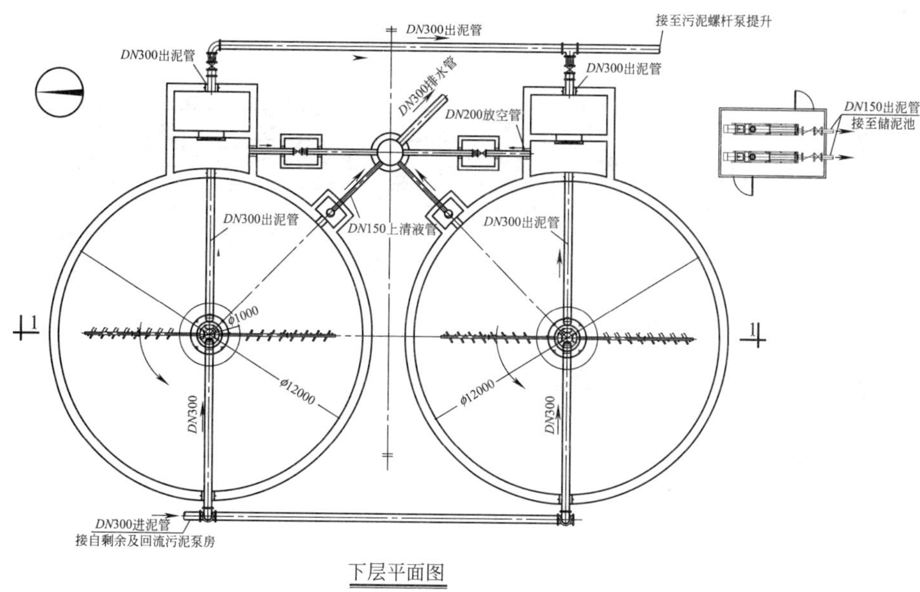

下层平面图

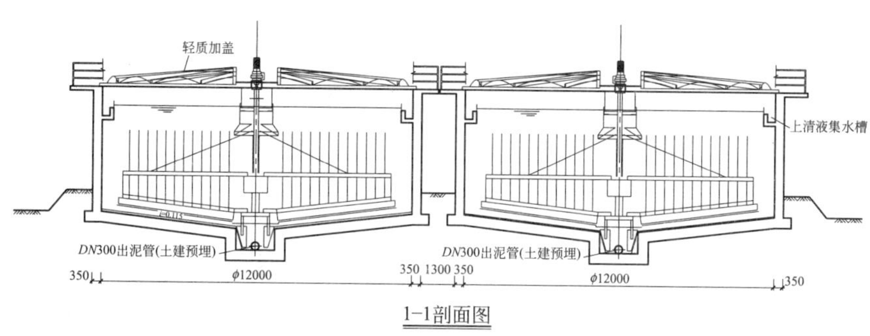

1-1剖面图

图 8-91　老厂新建污泥浓缩池工艺设计

二厂污泥脱水机房及污泥料仓工艺设计如图 8-92 所示。

5）污泥料仓（新建）

二沉脱水机房旁新建污泥料仓 2 座，用于储存脱水污泥。料仓采用高架圆筒式料仓，单座料仓体积为 200m^3，储存时间为 2d。

5. 建议和问题

（1）唐山市西郊污水处理厂改造工程难度较大，现状分为两座厂，建成时间间隔长，工艺不一致，土建构筑物分散，设备情况复杂。而且本工程不再新增用地，只能利用原厂区极少的预留用地，平面布置困难。为了降低投资成本，减少占地，设计需充分考虑利用现状构筑物和设施。本工程对现状生物反应池进行详细调研和核算，将原有构筑物进行了完全利用，实现水质水量的升级需求。将现状废弃的蓄水调节池改造为占地较多的加氯接触池，解决了用地问题，也节省了部分土建投资。

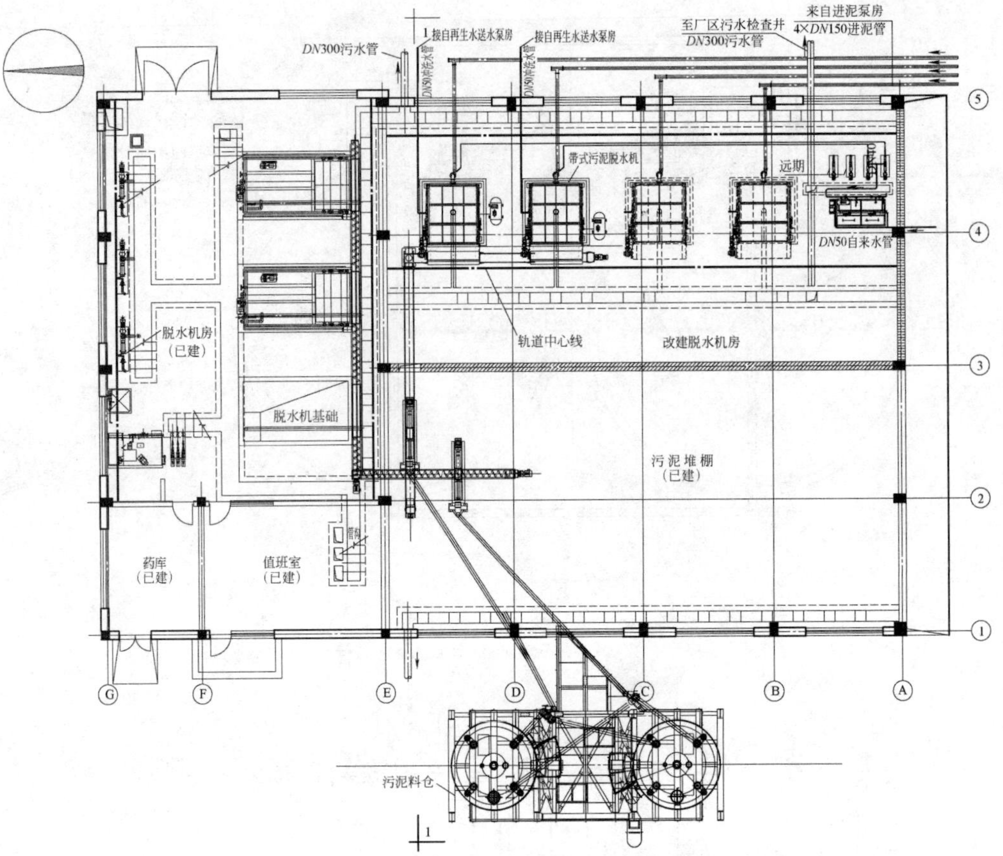

DN300污水管
1 接自再生水送水泵房
DN50冲洗水管
接自再生水送水泵房
至厂区污水检查井
DN300污水管
来自进泥泵房
4×DN150进泥管
带式污泥脱水机
远期
DN50自来水管
脱水机房
（已建）
脱水机基础
轨道中心线
改建脱水机房
污泥堆棚
（已建）
药库
（已建）
值班室
（已建）
污泥料仓
5 4 3 2 1
G F E D C B A

污泥脱水机房平面图

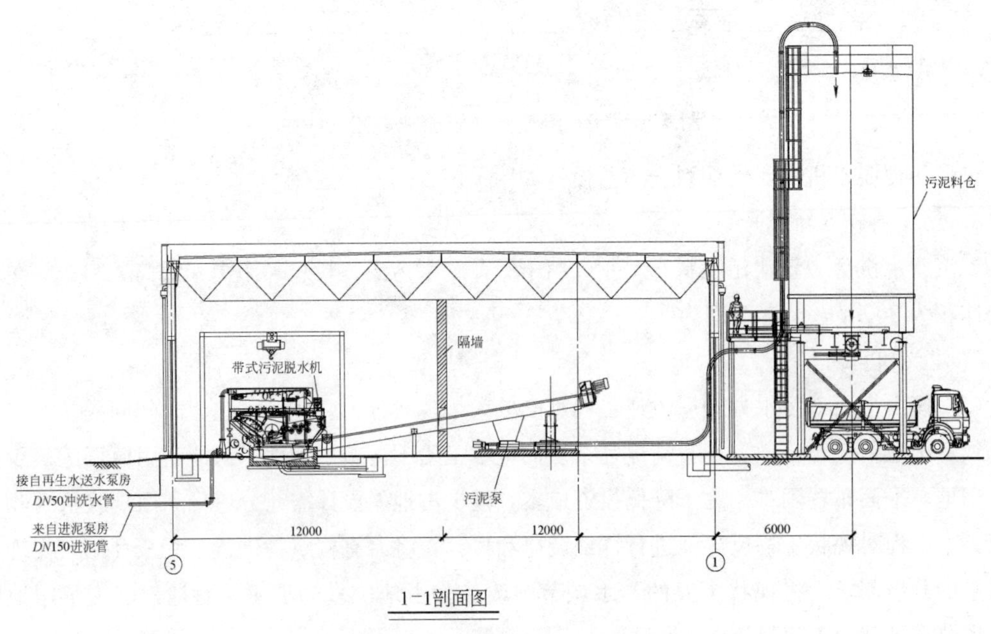

1-1剖面图

图 8-92 脱水机房及污泥料仓工艺设计

（2）目前现状西郊污水处理厂实际运行中，冬季还存在一定的污泥膨胀现象，影响了出水水质。建议调研唐山市其他污水处理厂运行情况，分析包括进水水质、处理工艺、温度等各种因素，分析污泥膨胀原因，采取相应措施减缓污泥膨胀现象。

8.9　深圳市光明污水处理厂工程

8.9.1　污水处理厂介绍

1. 项目建设背景

深圳市光明污水处理厂主要收集光明高新产业园区、光明街道和公明街道南部区域的污水，同时通过对沿河排污口的截污，将合流管道内或漏失到雨水管道内的污水截流进行处理，服务面积约为 58.7km^2。

公明街道和光明街道位于茅洲河流域的公明盆地，地形地貌以低山丘陵为主，地势总趋势为南、北高，中间低。公明光明片区属亚热带海洋季风气候，全年气温偏高，湿度大，雨量充沛，但年际变化较大，年降雨分布不均，80％的雨量集中在 4～9 月，片区属茅洲河流域，茅洲河属雨源型河流，其径流量、流量、洪峰流量均与降雨量密切相关，年径流量分配基本与雨量分配一致，冬、春枯水季节径流量很小。

公明街道现有自来水厂 5 座，总供水能力为 $22.2\times10^4m^3/d$；光明街道现有自来水厂 3 座，总供水能力为 $3.6\times10^4m^3/d$，3 座水厂的供水管网自成系统，互不连通，分片独立供水，规划光明自来水厂近期规模为 $10\times10^4m^3/d$，远期规模为 $20\times10^4m^3/d$。

目前公明街道和光明街道内现状排水管道为雨、污合流，公明街道镇内主要道路（红花北路、别墅东路、华发北路、南环大道、建设路、长春中路）下增设共同沟、污水管，由于目前镇内没有完善的污水收集系统，完工后并未实施雨、污分流，公明镇除上述 7 条路下设有污水管道外，其余路段均无污水管道；光明片区内除华夏路南段已铺设 *DN*400～*DN*600 污水管道，光明大道观光路以东段已设计 *DN*400～*DN*600 污水管道，公园路东北段已敷设 *DN*300～*DN*500 污水管道外，其余路段均无完善的污水管。

目前现状排水管道主要集中在几个村内的道路上，雨污水管道混接严重，由于污水管道没有形成系统，几乎所有的污水管道直接接到现状道路边沟、茅洲河支流中，最终汇入茅洲河，是造成茅洲河水质严重污染的主要原因之一。

2. 污水处理厂现状

通过现状调查，光明街道和公明街道污水现状存在如下一些问题。

（1）区内污水管网建设极不完善，建有污水干管的区域占全镇面积比例较低，且因污水支干管建设滞后不完善，污水干管只能接纳干管两侧污水，远未达到设计能力。

（2）区内缺乏有效的污水处理设施。

（3）大多数新建住宅小区已建成了分流制排水系统，但因为附近没有建设市政污水收集处理系统，故污水最终排入茅洲河。

综上所述，特区外光明街道和公明街道的排水系统建设严重滞后，大部分现状城市道路没有将排水管网纳入统一建设，光明街道和公明街道流域范围内没有长期稳定运行的污水处理设施，所有的生活污水、工业废水未经处理都直接排入了茅洲河，这是造成茅洲河严重污染的最主要原因。

《深圳市宝安区污水系统专项规划（2005～2020）》于2006年11月编制完成，并通过了专家评审，该规划对茅洲河流域污水系统的布局规划要点如下：整个茅洲河流域内污水分散处理，茅洲河在宝安境内共设3座污水处理厂，即光明污水处理厂、燕川污水处理厂、沙井污水处理厂。光明污水处理厂服务区域为光明街道、公明街道北部区域，光明污水处理厂近期规模为$15\times10^4m^3/d$，远期为$25\times10^4m^3/d$。

整个流域范围内新规划区域采用分流制排水系统，建成区合流制部分近期通过截流将污水截流至污水处理厂，有效截流合流制系统的污水和雨季时部分初期雨水。远期通过管网改造和完善，最终达到彻底分流制，茅洲河流域的截流倍数为1～2倍。

另根据《深圳市西部高新组团规划（2004～2020）》，本组团规划包括公明、光明、石岩三个街道办事处现状辖区范围，其中与光明污水处理厂服务区相关的片区包括公明中心片区、光明中心片区、玉田居住片区和光明高新片区，光明污水处理厂2010年建设规模为$15\times10^4m^3/d$，2020年控制用地规模为$25\times10^4m^3/d$，占地为$15.7hm^2$。

8.9.2 污水处理厂改扩建方案

1. 改扩建标准确定

根据国家和深圳市的水污染控制要求及排放水体的接纳能力，光明污水处理厂出水水质执行《城镇污水处理厂污染物排放标准》GB 18918—2002的一级A标准。其主要指标如表8-58所示。

光明污水处理厂设计出水主要水质指标（mg/L） **表8-58**

项目	COD_{Cr}	BOD_5	SS	TN	NH_3-N	TP	粪大肠菌群数
标准限值	≤50	≤10	≤10	≤15	≤5	≤0.5	≤10^3个/L

结合《深圳特区的污泥处置规划》，确定本次光明污水处理厂工程的污泥处理目标为：污泥处理以减量化为主，污泥经浓缩脱水处理后使污泥含水率<80%，泥饼外运。

根据环境评价报告，光明污水处理厂的废气排放标准执行《城镇污水处理厂污染物排放标准》GB 18918—2002中大气污染物排放的一级标准。污水处理厂作为环保工程，设计中应尽量减少污水处理厂本身对环境的负面影响，如气味、噪声、固体废弃物等均应达到《环境空气质量标准》GB 3095—1996和《工业企业厂界噪声标准》GB 12348—1990等标准的要求。

2. 处理工艺选择

根据污水专业规划，光明污水处理厂近期建设规模为$15\times10^4m^3/d$，远期建设规模为$25\times10^4m^3/d$。污水处理厂构筑物按$5\times10^4m^3/d$一组，近期分3组，远期再增加2组，污水处理厂总变化系数K为1.3，近期旱季高峰流量为$2.26m^3/s$。

由于污水处理厂服务范围内现状雨污混接现象严重，部分老城区仍为合流制排水，光明污水处理厂需考虑雨季老城区的截流污水量，截流倍数 n_0 为 2，其近期雨季设计流量为 $3m^3/s$，远期待条件成熟时再逐步改造为完全分流制系统。

针对污水进水低碳高氮磷和出水水质需达到一级 A 排放标准的特点，本工程需选择有针对性的污水处理工艺，其中碳源的合理分配和氮（包括 TN 和 NH_3-N）、磷的有效去除是设计的关键。因 TN 无法通过三级深度处理达标，只有通过生物处理才能达标，故设计采用以强化脱氮为主的改良 A/A/O 二级处理和深度处理工艺路线，保证出水达标。深度处理采用混凝过滤自动反冲洗滤池（ABF）工艺，污水消毒工艺采用紫外线消毒技术。

根据规划和工程分析要求，光明污水处理厂的污泥先进行浓缩，再脱水处理后外运，脱水后污泥含水率应小于 80%，为远期的污泥后续处理处置创造条件，本工程污泥脱水后送至老虎坑垃圾处理厂进行焚烧。

为了避免污泥中磷的释放，本工程设计采用污泥机械浓缩脱水，采用污泥机械浓缩脱水可以大大缩短污泥的停留时间，减少和避免污泥中磷的释放。同时从污泥处理技术发展方向和污泥处理设施对环境影响等方面考虑，采用污泥机械浓缩脱水，可以大大减小臭气源的大气接触面积，减小对大气的影响和污染。

光明污水处理厂工艺流程如图 8-93 所示。

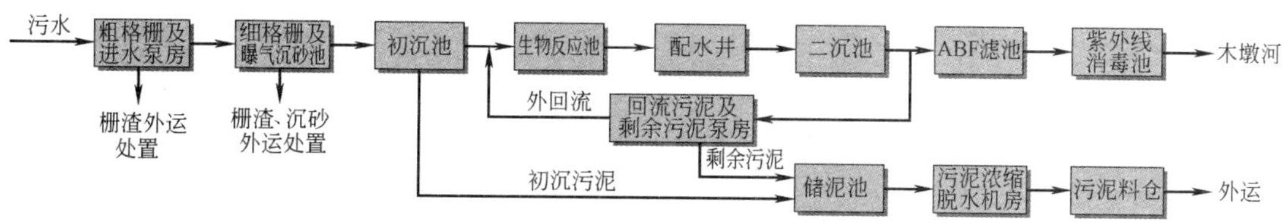

图 8-93　光明污水处理厂工艺流程

强化脱氮改良 A/A/O 工艺是根据国际先进的 O/A 理念而提出的新工艺，O/A 理念由 OXIC（好氧）/ANOXIC（缺氧）两段组成，该理念应用后置反硝化，并吸收传统多点进水 A/A/O 工艺（Step Feeding）的优点，对进水碳源进行合理分配，使整个系统的 TN 去除达到最佳，根据国外文献和实际业绩，该工艺可使 TN 达到 10mg/L 以下或更低，强化脱氮改良 A/A/O 工艺流程如图 8-94 所示。

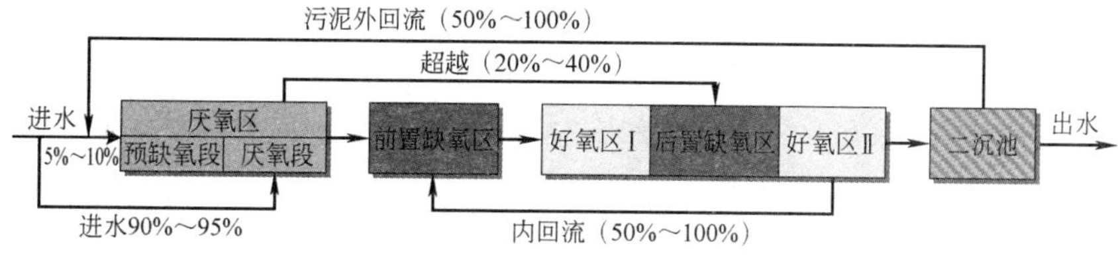

图 8-94　强化脱氮改良 A/A/O 工艺流程

工艺由厌氧区、前置缺氧区、好氧区Ⅰ、后置缺氧区、好氧区Ⅱ组成，进水分两部分进入生物反应池厌氧区，为了克服回流污泥中硝酸盐对除磷效果的影响，在厌氧区前段设一个回流污泥反硝化池（预缺氧段）用于去除回流污泥中富含的硝酸盐，以降低或消除硝酸盐对厌氧区释放磷的影响，从而保证系统除磷效果。一小部分进水（5%～10%）进入预缺氧段，大部分进水（90%～95%）进入厌氧段，污泥在厌氧区进行释磷反应后，大部分（60%～80%）进入前置缺氧区，利用污水中碳源对内回流中的硝基氮进行反硝化，然后进入好氧区进行有机物降解、硝化和磷的吸收，小部分（20%～40%）污水超越进入后置缺氧区，为反硝化提供碳源。后段的好氧区Ⅱ主要用于强化整个系统的硝化效果，由前段的好氧区Ⅰ至后置缺氧区的出水为反硝化提供硝基氮，后置缺氧区出水进入后段好氧区Ⅱ以去除后置反硝化剩余的有机物和保证氨氮的完全硝化，并吹除氮气，以保证污泥在二次沉淀池中的沉淀效果。好氧区Ⅱ出水部分内回流至前置缺氧区。强化脱氮改良 A/A/O 工艺可针对国内南方城市污水低碳高氮磷的特点，满足高标准要求，达到高效脱氮除磷的目的。

其工艺优化之处是继续保留了 A/A/O 工艺所有污水进入厌氧池的理念，从而充分利用了碳源，并保留了 A/A/O 的基本特色，一碳二用理念得以实现，一碳吸附于聚磷菌中，从而实现了碳源（PHB）降解，这是采用硝酸盐中的氧源来完成的，也即这一碳源同时完成磷的吸附和硝酸盐的反硝化。为使有限的反应体积和有限的碳源得到充分有效的利用，采用后置反硝化充分利用兼氧菌基体内源降解进行反硝化，解决了低浓度污水碳源不足的问题，采用厌氧池碳源分流技术和回流污泥预缺氧反硝化技术，以提高脱氮除磷的效果，可节省碳源，缓解脱氮除磷的碳源竞争，并通过后置反硝化可大大减少内回流量，代之以利用吸附于聚磷菌中的碳源和厌氧池部分超越（0.2～0.4Q）的碳源，提供反硝化碳源，有效避免了大量的内回流（约300%）对缺氧区反硝化环境的影响，并节约了运行成本。

当进水水质较淡时，多点进水碳源合理分配，一碳二用充分利用碳源，强化生物脱氮，辅以化学除磷。后置缺氧池可缓解工业废水对反硝化的影响，保证出水稳定达标；当进水水质较浓时，减少或取消内回流量，大大增加污水实际停留时间，并通过调整内回流点，减少前置缺氧区容积，相应增加厌氧区容积，利用充足碳源，提高除磷功能，减少后续深度处理加药量，节省运行费用。也可根据进水水质的实际情况，灵活掌握好氧区Ⅰ和后置缺氧区的停留时间分配和前后位置，达到处理目的。

综上所述，由于强化脱氮改良 A/A/O 工艺增加生物反应池实际停留时间，有了应对进水水质变化的余地。具有较强的抗进水水质变化的能力，适合光明污水处理厂的进水条件。

本工程雨季截留污水量约 3m^3/s，生物处理构筑物的处理能力 Q_{max} 为 2.26m^3/s，多出了 0.74m^3/s 的截流污水，若将该部分污水超越排放河道，将大大加重河道的污染程度，失去了敷设截流污水管网系统的作用，若该部分污水直接进入 A/A/O 生物反应池，则会造成系统中的活性污泥包括硝化菌、反硝化菌、聚磷菌被大量的进水冲走，加重二次沉淀池的污泥负担，给系统的正常运行带来危害，减少了反应池活性菌种总量，破坏了系统的正常脱氮除磷功能，强化脱氮改良 A/A/O 工艺设置了前后两段好氧区，在雨季合流污水量超过设计旱季污水量时，其超出部分直接超越至后段好氧区Ⅱ，进行好氧曝气，并进入二次沉淀池沉淀，该部分的合流污水量也经历了完整的三级处理，使雨季出水大大改善，更好地保护了水环境。同时，该部分污水直接进入后段好氧区Ⅱ，减少内回流量，避免了对厌氧区、前置缺氧区、好氧区Ⅰ、后置缺氧区的冲击，维持了硝化菌、反硝化菌、聚磷菌的总量，维护系统的稳定性，其工艺流程如图 8-95 所示。

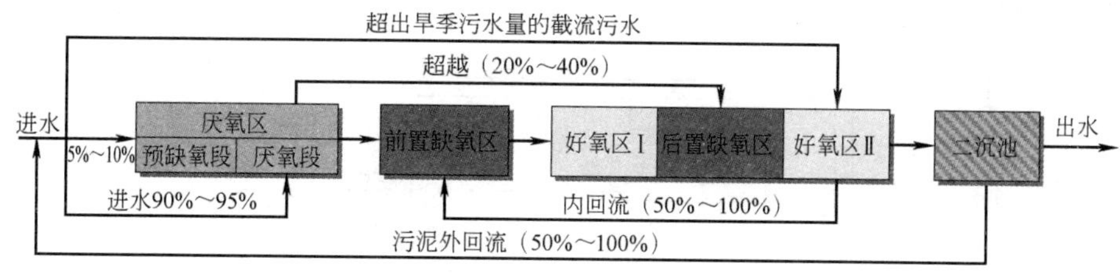

图 8-95　雨季合流污水工况时的工艺流程

3. 主要构筑物设计

(1) 污水处理构筑物

1) 粗格栅和进水泵房

粗格栅和进水泵房 1 座，土建按远期规模 $25\times10^4m^3/d$ 设计，设备按近期雨季合流污水量 $3m^3/s$ 配置，上部建筑加盖除臭。

粗格栅与进水泵房合建，平面尺寸为 21m×16.6m，地下埋深为 14.1m。粗格栅采用宽度为 1800mm 的格栅 4 套，栅隙为 20mm，安装角度为 75°，电机功率为 3.0kW。机械粗格栅配备无轴螺旋输送机 2 台，供输送栅渣之用。无轴螺旋输送机有效长度为 7000mm，电机功率为 2.2kW。进水泵房设 6 台潜水离心泵，5 用 1 备，远期再增加 1 台仓库备用，水泵单台流量为 752L/s，扬程为 17m，电机功率为 150kW。

粗格栅和进水泵房的工艺设计如图 8-96 所示。

2) 细格栅和曝气沉砂池

设计规模为 $25\times10^4m^3/d$，细格栅和曝气沉砂池合建，平面尺寸为 49.90m×18.2m。

细格栅 4 套，每套格栅宽为 2.0m，栅隙为 6mm，安装角度为 30°，电机功率为 2.5kW。根据格栅前后液位差，由 PLC 自动控制，也可按时间定时控制，与无轴螺旋输送机联动。细格栅敞开渠道上方采用轻质材料加盖，下部设收集风管至除臭装置。

曝气沉砂池共 4 格，单格净宽为 4.0m，设计水深为 3.0m。沉砂池近期旱季污水停留时间为 9.6min（高峰流量），近期雨季合流污水停留时间为 7.2min（高峰流量），远期停留时间为 5.7min（高峰流量），曝气量按 $0.2m^3$ 空气/m^3 污水配置，在细格栅的架空渠道下设鼓风机房间，内设 4 台罗茨鼓风机，3 用 1 备，单机风量为 $900m^3/h$，风压为 4.5m，电机功率为 15kW，每格曝气沉砂池中分别安装 Φ350mm 管式撇渣机 1 台和宽为 1000mm 的链板式刮砂机 1 台。

细格栅和曝气沉砂池的工艺设计如图 8-97 所示。

3) 初次沉淀池

初次沉淀池采用平流式沉淀池的形式，初次沉淀池和生物反应池合建，集约化布置。设计规模为 $15\times10^4m^3/d$，每 $5\times10^4m^3/d$ 一组，共 3 组，每组 2 池，每池可单独运行。雨季合流污水量时表面负荷为 $5.3m^3/(m^2\cdot h)$，旱季高峰流量下表面负荷为 $4.0m^3/(m^2\cdot h)$，旱季平均流量下表面负荷为 $3.1m^3/(m^2\cdot h)$，有效水深为 3.0m，初沉污泥含水率为 97%，每池配置 2 套 5m 宽的链板式刮泥机，池长为 28m，初沉排泥斗内的污泥通过排泥管流至集泥槽，集泥槽内污泥经链板式刮泥机排至初沉污泥泵房，每池设污泥泵 1 台，每台污泥泵流量为 12L/s，扬程

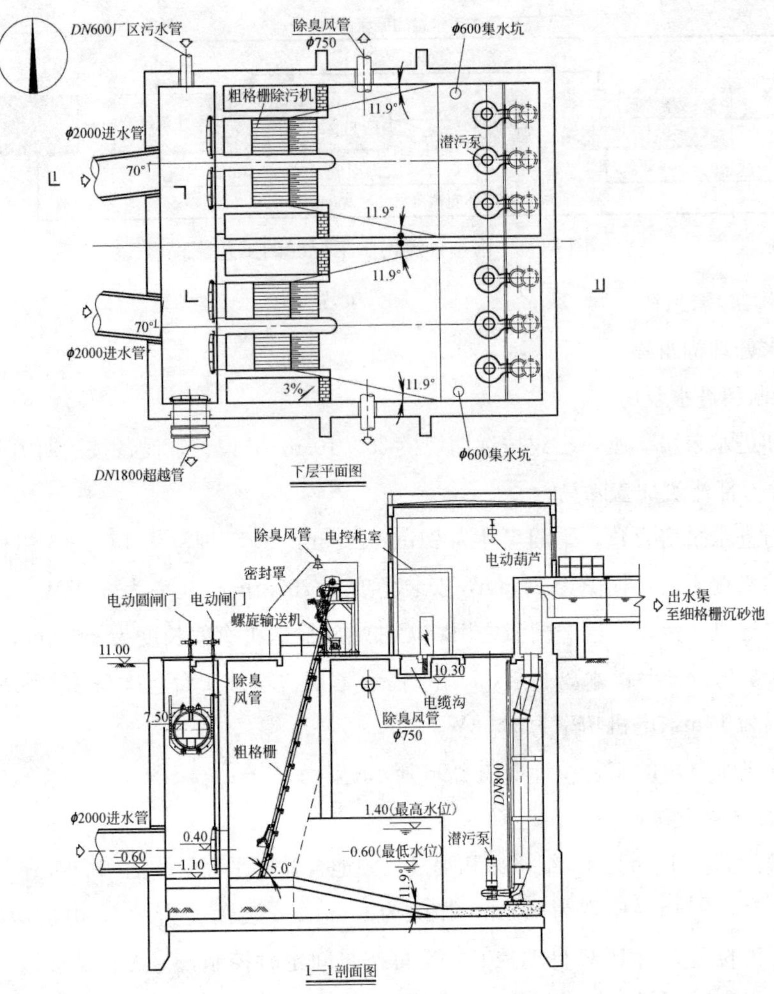

图 8-96 粗格栅和进水泵房工艺设计

为 8.5m，电机功率为 2kW。

4）强化脱氮改良 A/A/O 生物反应池

生物反应池设计规模为 $15\times10^4m^3/d$，每 $5\times10^4m^3/d$ 一组，每组 2 池，A/A/O 生物反应池 2 池总平面尺寸为 75.2m×57.2m×8.3m，其中每座 A/A/O 池中预缺氧区、厌氧区、缺氧区、好氧区共 7 个廊道，每廊道宽为 8.0m，其中预缺氧区、厌氧区廊道宽为 7.0m，池长为 37m，设计有效水深为 7.0m，设计泥龄为 11.2d，全池污泥负荷为 0.08kgBOD_5 去除/(kgMLSS·d)，好氧区污泥负荷为 0.12kgBOD_5 去除/(kgMLSS·d)，污泥浓度 MLSS 为 3.0g/L，总水力停留时间为 13.7h，其中预缺氧段为 0.45h，厌氧段为 1.25h，前置缺氧区为 1.0h，后置缺氧区为 2.0h，好氧区Ⅰ为 5.0h，好氧区Ⅱ为 4.0h，气水比为 6∶1，污泥外回流比为 50%～100%，混合液内回流比为 50%～100%，剩余污泥含水率为 99.3%。

前置缺氧区、好氧区Ⅰ、后置缺氧区和好氧区Ⅱ的水力停留时间通过曝气器和搅拌器的优化布置和运行状况的交替变换、灵活调节，满足污水处理厂的实际进水水质的变化，达标排放，在预缺氧区、缺氧区和厌氧区分别安装有水下搅拌器，曝气器采用微孔曝气。

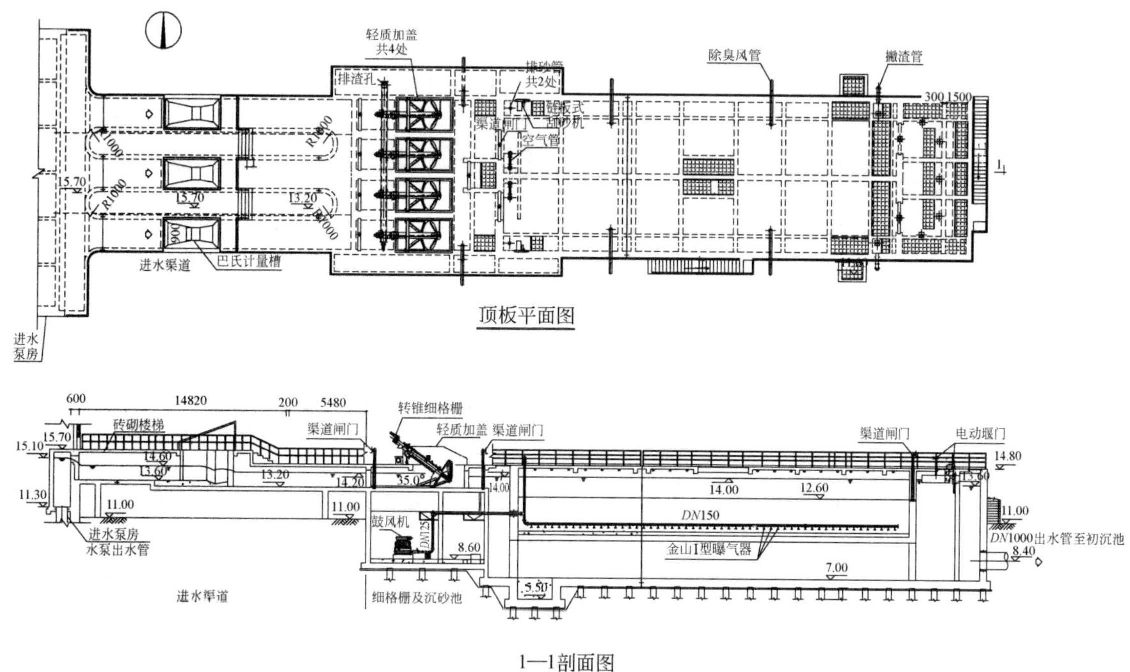

图 8-97　细格栅和曝气沉砂池工艺设计

初次沉淀池和改良 A/A/O 生物反应池集约化布置的工艺设计如图 8-98 所示。

5）二次沉淀池和污泥泵房

二次沉淀池设计规模为 $15\times10^4m^3/d$，每 $5\times10^4m^3/d$ 一组，每组共 2 座二次沉淀池。二次沉淀池采用周边进水周边出水辐流式，直径为 38m，池边水深为 4.5m，雨季最大表面负荷为 $1.59m^3/(m^2\cdot h)$，旱季最大表面负荷为 $1.19m^3/(m^2\cdot h)$，旱季平均表面负荷为 $0.92m^3/(m^2\cdot h)$，每座二次沉淀池安装有水平管式吸泥机一套，电机功率为 0.37kW。

二次沉淀池污泥泵房按 $15\times10^4m^3/d$ 规模设计，近期 3 座，每 2 座二次沉淀池设污泥泵房一座，污泥泵房内安装剩余污泥泵 2 台，采用变频潜水排污泵，单泵流量为 48L/s，扬程为 7.5m，二次沉淀池采用间歇排泥，每天 3 班，每班 4h；污泥泵房内还安装外回流污泥泵 2 台，配泵按回流比 100％计，选用变频潜水轴流泵，单泵流量为 145～290L/s，扬程为 4.0m。

二次沉淀池的工艺设计如图 8-99 所示。

6）鼓风机房

鼓风机房平面尺寸为 44m×15m，土建按 $25\times10^4m^3/d$ 规模设计，设备近期按 $15\times10^4m^3/d$ 规模配置。

鼓风机房内近期安装可调叶片单级离心风机 4 台，3 用 1 备，单台风机风量为 $210m^3/min$，风压为 $8.3mH_2O$，电机功率为 380kW。离心鼓风机有进风口和出风口可调导叶，MCP 主控制器根据生物池 DO 值，自动控制鼓风机开启台数，自动调节鼓风机进出风导叶角度，控制空气量的输出，每台鼓风机的供气量调节范围为 45％～100％，在溶解氧较高或处理量较小时可减少风量，降低风机能耗。

鼓风机房的工艺设计如图 8-100 所示。

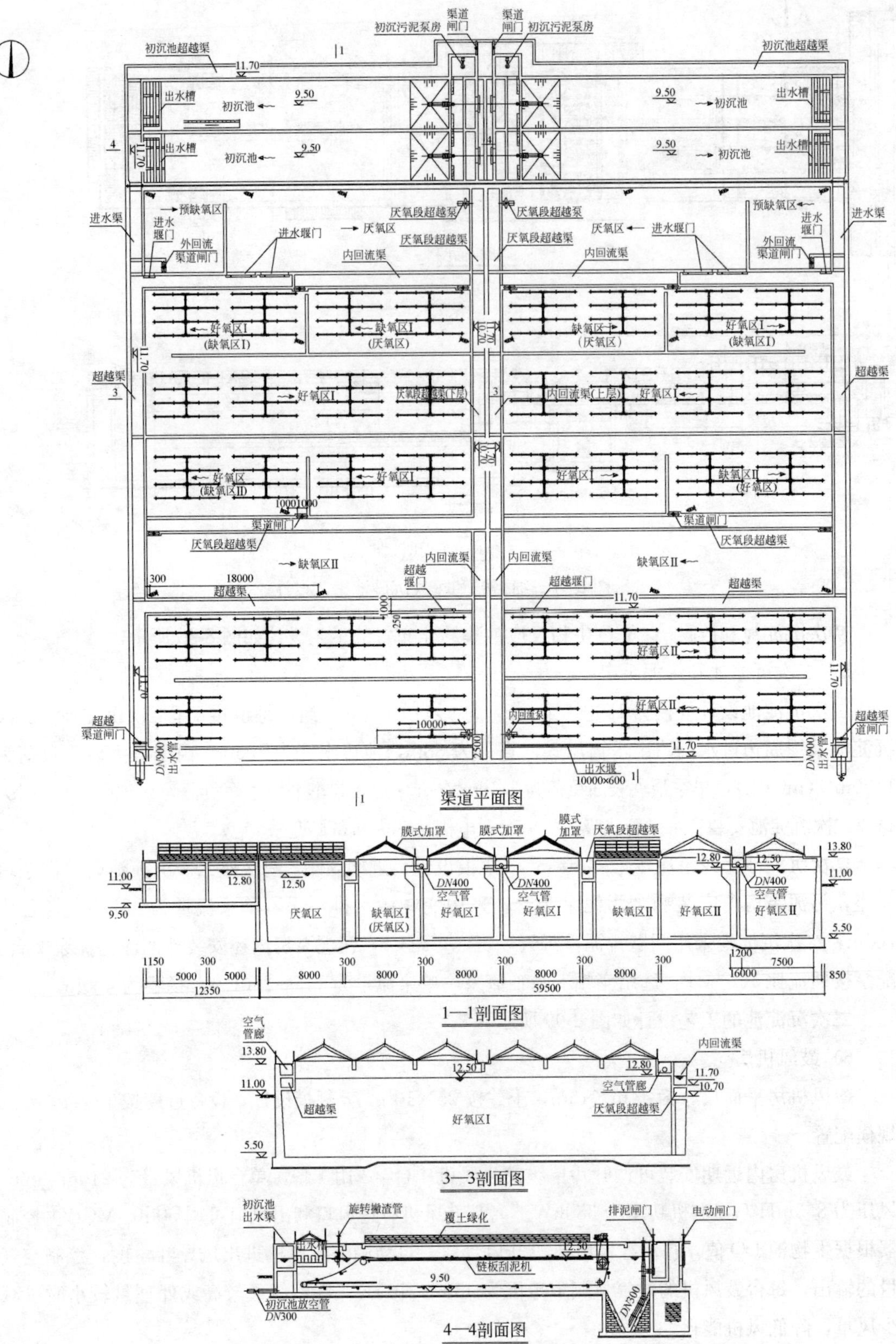

图 8-98 初次沉淀池和改良 A/A/O 生物反应池布置工艺设计

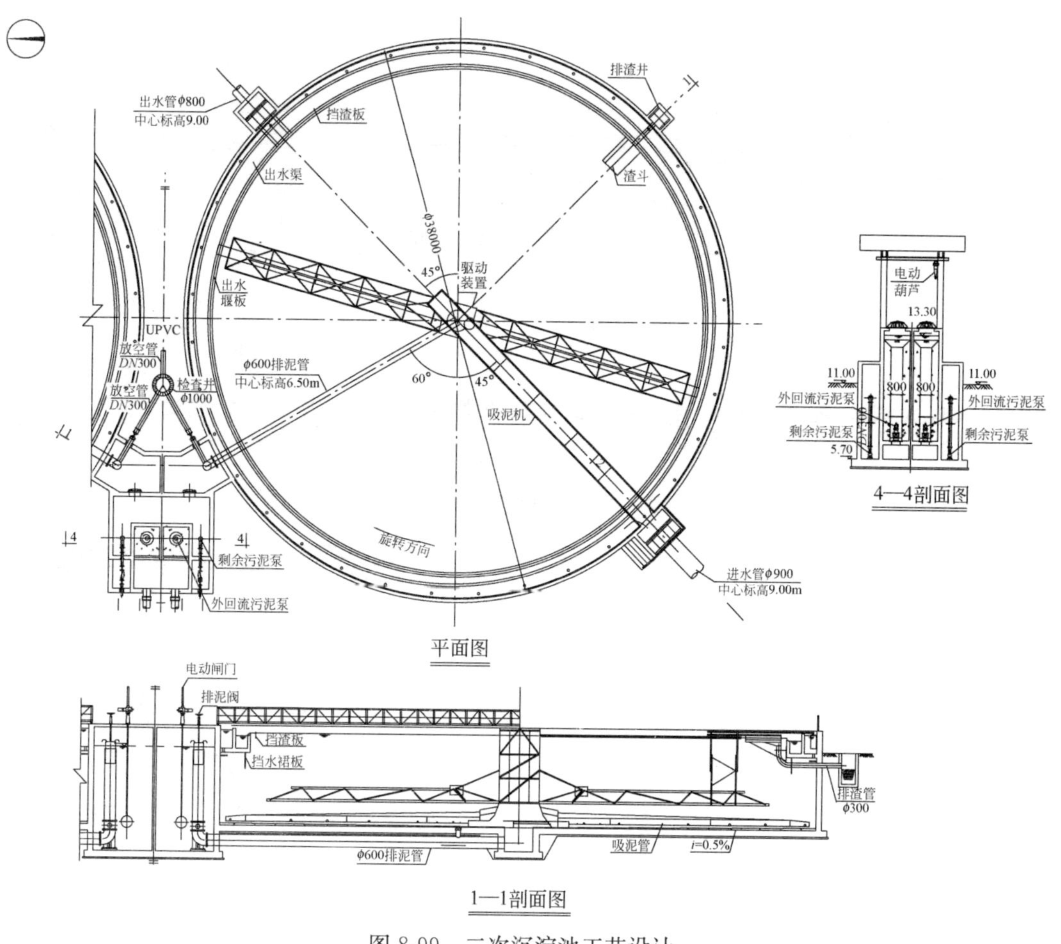

图 8-99 二次沉淀池工艺设计

7）加药间

加药间平面尺寸为 14m×10m，上层为溶解池，下层为储液池。土建按远期 $25\times10^4m^3/d$ 规模设计，设备按近期 $15\times10^4m^3/d$ 规模配置。用于二级出水投加碱式氯化铝（PAC）除磷，确保污水处理厂的出水能达到一级 A 排放标准，碱式氯化铝加药浓度为 5%，储液池存储时间为 14d，安装加药装置 1 套。

8）ABF 自动反冲洗滤池

ABF 自动反冲洗滤池（含絮凝反应池）1 座，设计规模为 $15\times10^4m^3/d$，单池面积为 $169.4m^2$。

原水与混凝剂充分混合后进入絮凝池进行反应。絮凝反应池共 1 座，分 2 组，每组 3 格，第一格为快速搅拌池，平面尺寸为 5m×4m，有效水深为 4m，反应时间为 1.2min，后面 2 格为慢速搅拌池，平面尺寸为 9m×4m，有效水深为 4m，单格反应时间为 3.8min，絮凝反应池与自动反冲洗滤池合建。

絮凝反应池出水进入自动反冲洗滤池进行过滤，自动反冲洗滤池为连续运行的完整过滤系统。其过滤原理与普通快滤池相似：源水自进水渠配水孔自上而下进入过滤区，滤料为双层滤

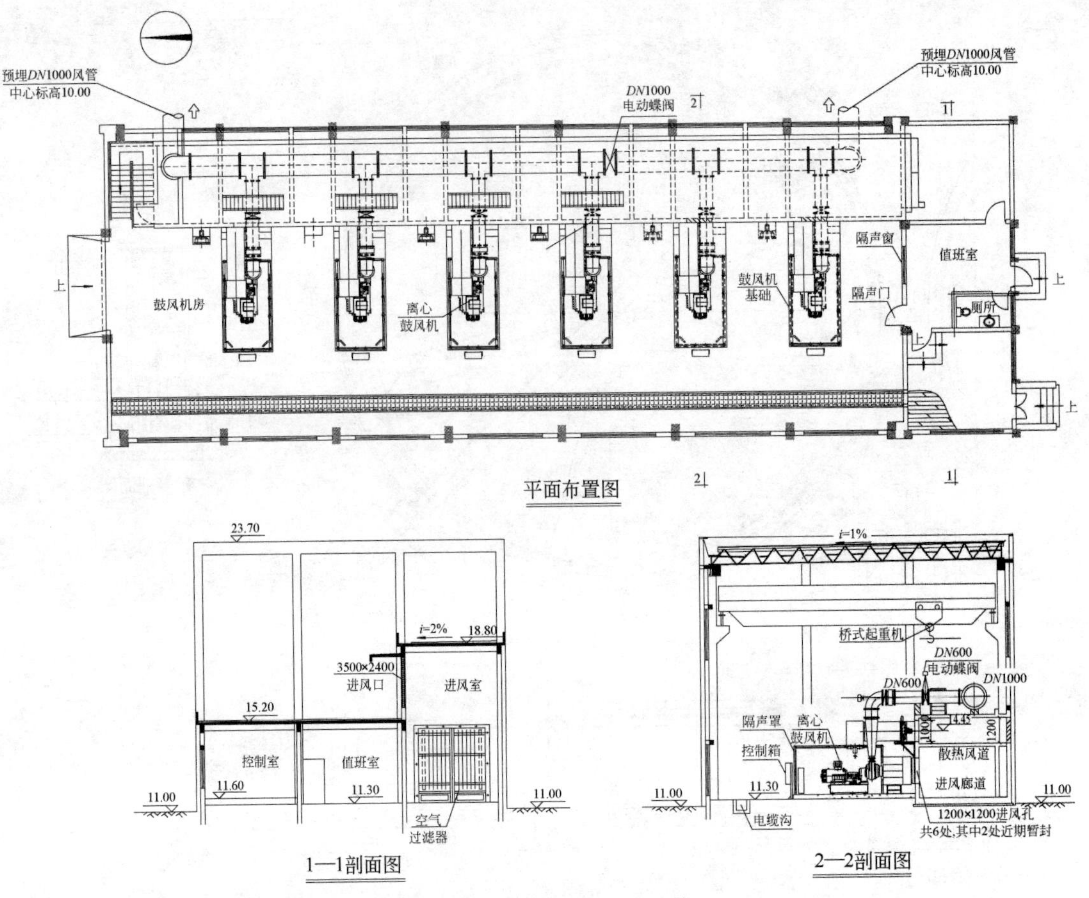

图 8-100　鼓风机房工艺设计

料，过滤区分为一格格过滤单元，每一单元设单独的进水孔和出水孔。杂质被截留在滤料表面，出水通过渠底收集系统收集后汇至出水渠。设计旱季平均滤速为 4.6m/h，设计旱季高峰滤速为 6.0m/h，设计雨季滤速为 8.0m/h，反冲洗速率为 40.9m/h，反冲洗水量为 1.02m^3/min。

ABF 自动反冲洗滤池的工艺设计如图 8-101 所示。

9）紫外线消毒池

紫外线消毒池按 15×$10^4$$m^3$/d 规模设计，近期 1 座。

紫外线消毒池平面尺寸为 11.12m×11.0m，共设 3 个紫外线消毒廊道和 1 个超越廊道，每廊道宽为 2.4m，消毒池内设低压高强紫外线灯管 264 根，接触时间为 6s，运行功率为 82kW，设计旱季出水粪大肠菌群数＜10^3 个/L，雨季出水粪大肠菌群数＜10^4 个/L。

紫外线消毒池的工艺设计如图 8-102 所示。

10）储泥池

储泥池按 25×$10^4$$m^3$/d 规模设计，共 1 座，分为 2 格，主要作用为保证脱水装置稳定运行，单格尺寸 $L×B×H$ 为 10m×10m×4.2m，池中设潜水搅拌器，近期停留时间为 4.9h。

11）污泥浓缩脱水机房和污泥料仓

污泥浓缩脱水机房土建按 25×$10^4$$m^3$/d 规模设计，设备按 15×$10^4$$m^3$/d 规模配置，机房内

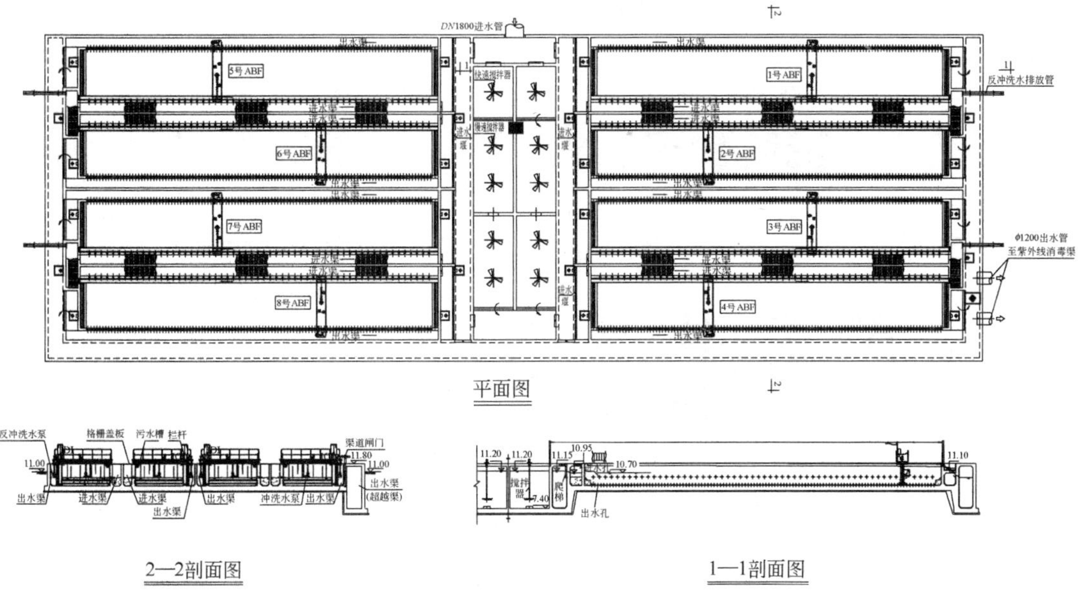

图 8-101　ABF 自动反冲洗滤池工艺设计

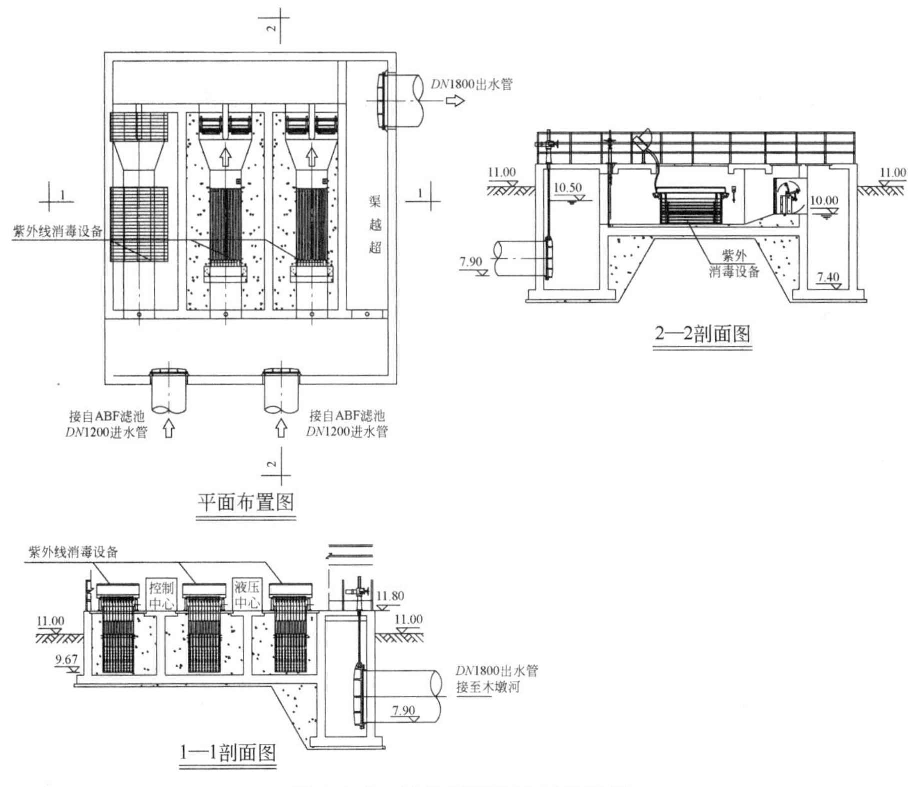

图 8-102　紫外线消毒池工艺设计

近期安装离心污泥浓缩脱水一体机 4 台，3 用 1 备，单机能力为 80m³/h，近期每天工作 13.5h。药剂采用 PAM（聚丙烯酰胺），加药量为 5kg PAM/tDS 污泥，出泥含固率≥20%。

污泥料仓共 2 座，单座容积为 300m³，近期储泥时间为 5d。

污泥浓缩脱水机房和污泥料仓的工艺设计如图 8-103 所示。

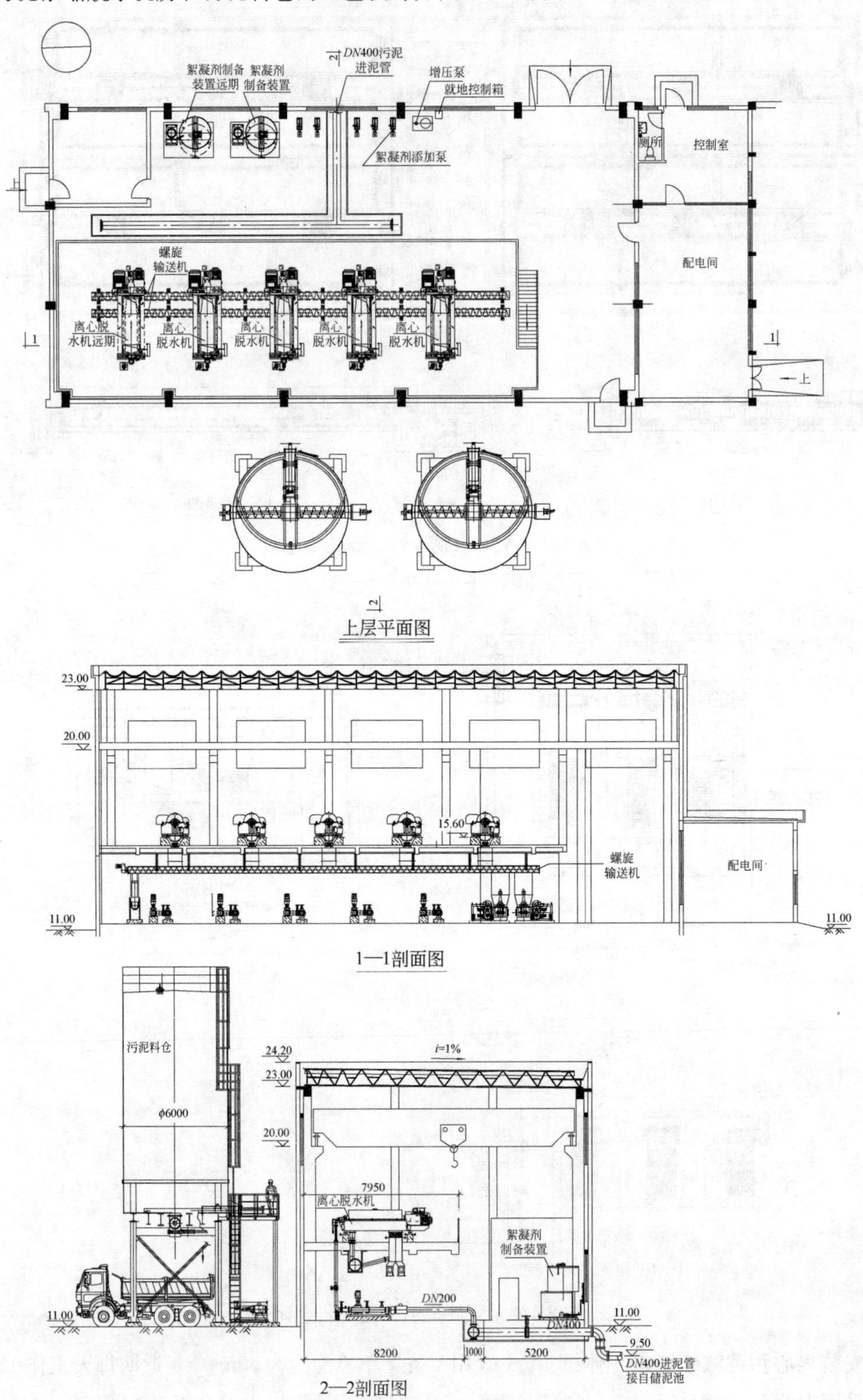

图 8-103 污泥浓缩脱水机房和污泥料仓工艺设计

（2）总平面布置

光明污水处理厂位于茅洲河以东、龙大路以西、别墅大道以南、双明大道以北的地块，规划用地面积为 15.70hm²，实际用地面积为 14.45hm²，近期用地面积为 8.10hm²，光明污水处理厂用地范围南侧有 1 座现状学校（民众学校），北侧为现状工业区，拟建场地中现状木墩河由东向西斜向从地块中间穿过，根据总图布置需要，对木墩河进行改道重建，重建后的木墩河满足防洪排水要求，且与茅洲河综合整治相协调，光明污水处理厂以改线后的木墩河为界，以北为近期用地范围，以南为远期用地范围。

光明污水处理厂近期工程根据功能可分为厂前生产管理区、预处理区、污水处理区、深度处理区、污泥处理区和绿化隔离带六个区域。

厂前生产管理区布置在厂区的西南部，靠近新木墩河，使办公楼有良好的外部景观环境，并且位于近远期工程之间，便于整个污水处理厂的运行管理和维护。

预处理区和污泥处理区都布置在污水处理厂的中部，距离学校和工业区较远，并且在厂区南部和北侧都布置了大片绿化隔离带，减少了对周边环境的影响，使得污水处理厂能与周边环境更好地融为一体。

各功能区具体分布如图 8-104 和表 8-59 所示。

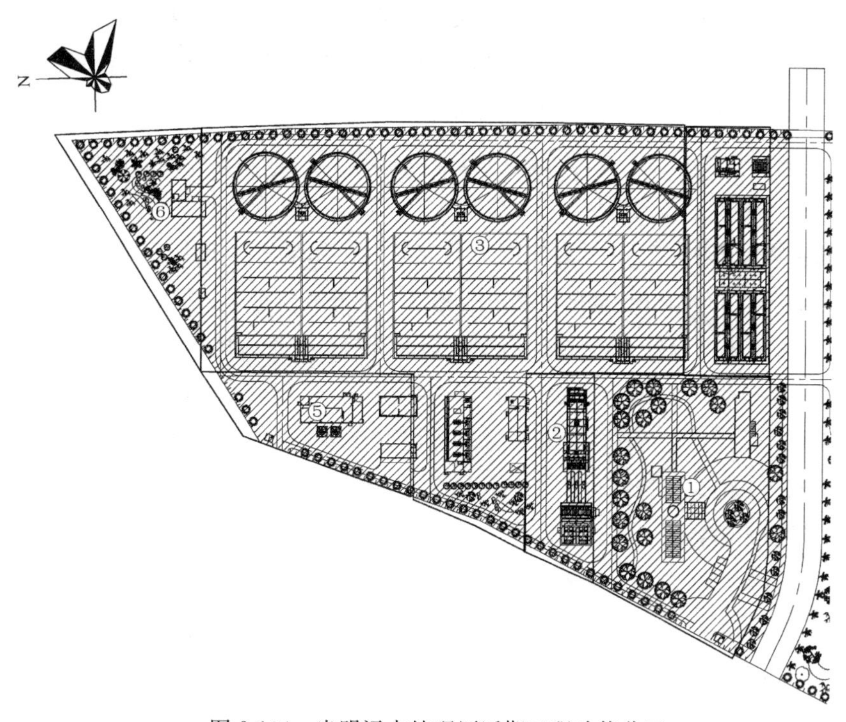

图 8-104　光明污水处理厂近期工程功能分区

光明污水处理厂近期工程功能分区　　**表 8-59**

分区号	功 能 分 区	分区面积(hm²)	分区号	功 能 分 区	分区面积(hm²)
①	厂前生产管理区	1.41	⑤	污泥处理区	0.57
②	预处理区	0.44	⑥	绿化隔离带	0.59
③	污水处理区	4.37		合计	8.10
④	深度处理区	0.72			

(3) 电气和仪表自控设计

1) 电气设计

本污水处理厂工程属二类负荷，由当地供电部门提供两路10kV电源（1用1备），每路电源负责100%负荷，采用电缆进线方式直埋敷设至变电所高配间高压进线柜。考虑2009～2010年间即将进行扩建，避免远期扩建时更换设备重复投资，近期建设范围内变电所内的变压器容量按远期容量配置，高低压开关柜中预留远期设备配电回路。

设置变电所一座，变电所设置在用电负荷集中的鼓风机房和进水泵房之间，供电半径为200m。设置高配间、低配间以及控制室各一间，变压器室两间。变电所高压配电间设鼓风机馈线柜，鼓风机选用10kV高压鼓风机。

2) 仪表自控设计

根据工艺流程、设备运行要求配置必要的液位、流量、水质分析和过程控制检测仪表，相关信号送PLC控制室显示，根据设备运行要求，设置自动控制或自动调节装置。

按集中处理、分散控制的原则建立中央控制系统，并根据工艺流程在主要工艺控制区域设置PLC现场控制站。根据污水处理厂工艺构筑物的平面布置、工艺流程和电气MCC的设置地点，共设置6个现场控制站，分别为：进水仪表小屋内设置一套现场控制站（PLC01），负责粗格栅和进水泵房、细格栅和曝气沉砂池及进水仪表小屋；1号生物反应池设置一套现场控制站（PLC02），负责1号初次沉淀池和生物反应池，1、2号二次沉淀池，1号污泥泵房和甲醇加药间；2号生物反应池设置一套现场控制站（PLC03），负责2号初次沉淀池和生物反应池，3、4号二次沉淀池和2号污泥泵房；3号生物反应池设置一套现场控制站（PLC04），负责3号初次沉淀池和生物反应池，5、6号二次沉淀池和3号污泥泵房；出水仪表小屋内设置一套现场控制站（PLC05），负责ABF全自动反冲洗滤池、紫外线消毒渠、加药间、出水计量井和出水仪表小屋；1号变电所设置一套现场控制站（PLC06），负责鼓风机房、储泥池、脱水机房、污泥料仓、除臭构筑物。中央控制室直接控制关系到全厂运行调度的设备，如配水闸门、超越管、紧急排放等，并进行运行调度、参数分配和信息管理。中央控制室向各工艺单体控制系统分配所在单体或节点的运行控制目标，命令某组工艺设备投入或退出运行。对于中央控制室允许投入运行的设备或设备组，其具体的控制过程由所在单体控制系统管理；对于被中央控制室禁止投入运行的设备或设备组，由所在单体控制系统控制其退出运行，并被标记为不可用设备，不再对其启动。中控室设置C/S（客户机/服务器）结构形式的计算机网络，以一台网络交换机为核心，构成100M交换式局域网络。数据库服务器和监控工作站冗余配置，以提高数据安全性。中央控制室和厂内的各单体PLC控制系统采用冗余路由的光纤环网连接，网络形式为工业以太网，传输速率为10/100M。2台操作工作站中，一台主要用于工艺监控，另一台作为备用设备，随时可以代替故障设备。

另外，自控设计还包括电话和通信系统、闭路电视监视系统和周界报警系统。

8.9.3 运行效果

1. 实际运行数据

光明污水处理厂工程自 2010 年 3 月建成运行至今，各项指标均优于《城镇污水处理厂污染物排放标准》GB 18918—2002 的一级 A 标准，2012～2013 年实际进出水水质指标如表 8-60 和表 8-61 所示。

2012 年实际进出水水质　　表 8-60

月份	日处理水量 (m^3/d)	BOD (mg/L)		COD_{Cr} (mg/L)		SS (mg/L)		TP (mg/L)		NH_3-N (mg/L)		TN (mg/L)	
		进水	出水	进水	出水	进水	出水	进水	出水	进水	出水	进水	出水
1	49685	66.4	2.1	223	18.2	253	5	5.00	0.10	22.42	4.56	34.20	13.95
2	47638	102.0	2.1	284	16.9	294	5	6.88	0.18	21.15	1.20	38.60	11.76
3	40763	102.0	2.1	280	18.6	289	5	6.72	0.28	23.01	1.90	36.20	11.24
4	58467	80.4	2.0	238	14.7	391	5	5.95	0.15	14.89	1.38	24.60	8.89
5	65644	44.1	2.0	150	15.8	191	6	3.57	0.20	13.40	1.29	21.04	12.47
6	94921	53.5	2.0	194	17.6	222	5	4.20	0.28	16.89	1.90	24.84	11.60
7	108654	40.3	2.0	147	13.7	133	5	3.41	0.27	12.93	0.72	21.79	10.96
8	135369	41.5	2.0	141	13.9	152	5	2.97	0.30	12.19	0.54	20.13	9.21
9	120954	48.8	2.0	159	14.1	141	5	3.64	0.38	14.27	0.39	23.44	11.62
10	92600	62.2	2.0	175	16.0	139	5	4.57	0.36	17.65	0.42	31.77	13.37
11	95593	76.7	2.0	190	15.7	163	5	5.73	0.36	18.45	0.42	32.84	12.75
12	98257	65.8	2.1	193	16.5	156	5	5.27	0.36	19.79	0.69	42.27	13.19

2013 年实际进出水水质　　表 8-61

月份	日处理水量 (m^3/d)	BOD (mg/L)		COD_{Cr} (mg/L)		SS (mg/L)		TP (mg/L)		NH_3-N (mg/L)		TN (mg/L)	
		进水	出水	进水	出水	进水	出水	进水	出水	进水	出水	进水	出水
1	86095.29	257.65	16.77	100.97	2.03	221.10	5.00	7.96	0.36	21.93	0.44	36.57	11.62
2	86643.43	170.66	18.62	64.75	2.33	130.61	5.50	5.09	0.41	20.17	0.51	33.56	13.01
3	91636	274	30	116	5	252	7	9	0	25	1	43	12
4	124399.87	177.60	22.56	84.00	2.60	212.47	5.33	5.83	0.34	15.86	0.50	27.40	11.59
5	134019	150	17	62	2	177	5	5	0	11	0	22	12
6	143585	170	16	46	2	171	5	5	0	10	1	21	10
7	133684	154	17	43	2	155	5	4	0	12	1	20	9
8	150736	113	13	40	2	116	5	3	0	9	0	16	10
9	137090	123	14	50	2	129	5	3	0	10	0	19	11
10	118008	179	15	73	2	162	5	5	0	17	0	27	13
11	111790	226	17	94	2	177	5	6	0	19	0	29	11
12	110370	313	21	116	2	308	6	8	0	20	1	35	11

2. 水量、水质数据原因分析

光明污水处理厂设计规模为 $15\times10^4m^3/d$，从 2012～2013 年的实测进水量分析，2012 年最

大处理量为 $13.5\times10^4m^3/d$，最小处理量为 $4.1\times10^4m^3/d$，平均为 $8.4\times10^4m^3/d$；2013 年最大处理量为 $15.1\times10^4m^3/d$，最小处理量为 $8.6\times10^4m^3/d$，平均为 $12\times10^4m^3/d$，根据以上数据分析，2012～2013 年光明污水处理厂建成后，处理水量基本达到设计规模。

2012～2013 年实际进出水指标与设计值对比（mg/L） **表 8-62**

项　目	BOD_5		COD_{Cr}		SS		NH_3-N		TN		TP	
	进水	出水	进水	出水	进水	出水	进水	出水	进水	出水	进水	出水
设计值	150	10	300	50	200	10	40	5	45	15	4.5	0.5
2012 年平均值	65	2	197	16	210	5	17	1.3	29	12	4.8	0.30
2013 年平均值	74	2	192	18	184	5	16	0.6	28	11	5.6	0.35

2012～2013 年实际进出水指标与设计进出水指标对比如表 8-62 所示。进水 BOD_5 为 65～74mg/L，小于设计值 150mg/L，出水指标远优于设计值。进水 COD_{Cr} 为 192～197mg/L，小于设计值 300mg/L，出水指标远优于设计值。进水 SS 为 184～210mg/L，与设计值 200mg/L 基本一致，出水指标远优于设计值。进水 NH_3-N 为 16～17mg/L，小于设计值 40mg/L，出水指标远优于设计值。进水 TN 为 28～29mg/L，小于设计值 45mg/L，出水指标优于设计值。进水 TP 为 4.8～5.6mg/L，大于设计值 4.5mg/L，出水指标优于设计值。

8.10 重庆市鸡冠石污水处理厂二期工程

8.10.1 污水处理厂介绍

1. 项目建设背景

重庆是世界著名的山城。重庆市主城区处于嘉陵江和长江交汇处，现状面积约 $175km^2$。规划范围东起铜锣山，西至中梁山，北起井口、人和镇、唐家沱，南至小南、道角镇，2020 年规划面积 $315km^2$。自 2003 年 6 月三峡开始成库后，三峡库区的水体自净能力有所下降，因此库区范围内的污染物排放如得不到有效控制，必将导致环境污染和水质下降，因此城市污水经处理达标排放是十分必要的。

鸡冠石污水处理厂位于重庆主城南岸区，鸡冠石镇，如图 8-105 所示。本工程主要对来自主城区沿长江和嘉陵江的截流管所收集的污水进行生物二级处理，对处理过程中产生的污泥进行妥善处理处置和综合利用，并对污泥处理过程中产生的污泥气进行综合利用。

由于鸡冠石污水处理厂规模较大，所以考虑分期建设，分期建设规模如下：

一期工程：旱季 $60\times10^4m^3/d$，雨季 $135\times10^4m^3/d$，预处理工艺。该工程于 2004 年开工建设，2005 年投入运行。

二期工程：在一期工程的基础上完成旱季 $60\times10^4m^3/d$ 的二级生物处理，雨季 $135\times10^4m^3/d$ 的一级处理和污泥处理。该工程于 2005 年开工建设，2006 年年中投入运行。

三期工程：旱季增加 $20\times10^4m^3/d$ 的二级生物处理，总规模达到 $80\times10^4m^3/d$，雨季增加 $30\times10^4m^3/d$ 的一级处理，总规模达到 $165\times10^4m^3/d$，以及相应的污泥处理。该工程于 2010

年开工建设，2012年投入运行。

鸡冠石污水处理厂一期工程用地13.9hm²，二期工程用地25.6hm²，三期工程用地7.2hm²，共占地46.7hm²。

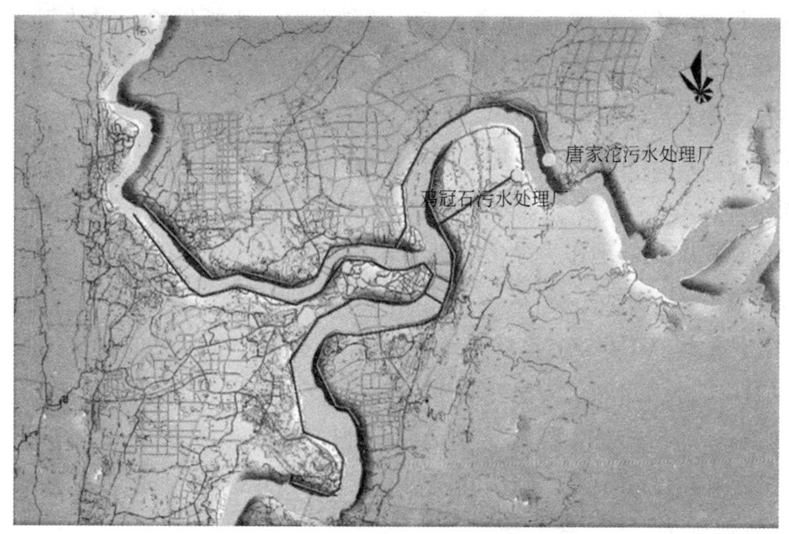

图8-105　鸡冠石污水处理厂位置示意

2. 污水处理厂现状

鸡冠石污水处理厂位于重庆主城南岸区鸡冠石镇，一期工程设计规模为旱季$60\times10^4m^3/d$，雨季$135\times10^4m^3/d$的预处理工程。一期工程中的辅助建筑物包括：综合楼、机修车间、食堂、仓库、车库、门卫、单身宿舍。

(1) 工艺流程

鸡冠石污水处理厂一期工程工艺流程如图8-106所示。污水经粗、细格栅处理后，大量漂浮物被截留，减少了进入长江的漂浮物，通过污水泵提升后进入沉砂池，经沉砂处理，可以减少后续处理设备的磨损。然后通过排放管将尾水送至长江排放，由于污水仅经过了预处理，所以根据环境评价，尾水将被输送至距污水处理厂长江下游约750m处，采取江心扩散排放方式。

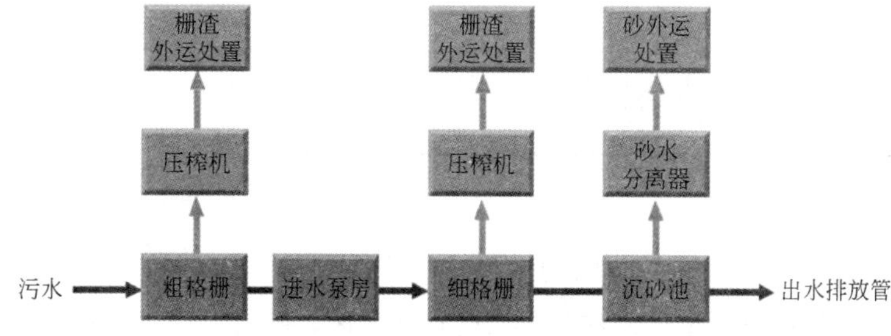

图8-106　鸡冠石污水处理厂一期工程工艺流程

(2) 平面布置

污水从西南方向的鸡冠石隧洞引入，从西向南依次经过粗格栅井、提升泵房、细格栅和沉砂池，通过2根3.5m×3.5m排放管进入长江。污水处理厂厂前区布置在厂区的西南角。

处理厂内部公共工程包括道路、给水排水、通信、绿化等。

道路：设宽为7.0m的道路，并构成环状，便于设备、管道的安装和维修养护，路面采用混凝土结构，道路与构筑物间用人行道板相连。

给水排水：厂内给水接自城市给水管，即由弹纳公路给水管供给，同时考虑消防用水量；厂内雨水集中后就近排入厂内外防洪沟，厂内污水和冲洗水池的污水通过污水管道进入进水井，与城市污水一起处理。

通信：根据生产管理和国家有关规范的规定，污水处理厂一期工程通信设施设有自动电话、电视监视系统、无线监控系统、火灾自动报警和消防联动控制等。并接自城市通信网络。

绿化：总面积30%的场地作为绿化用地，美化环境。

(3) 高程布置

一期工程原地形标高190.00～220.00m，根据污水处理厂全厂土方平衡，厂前区设计标高为210.00m左右，进水泵房和沉砂池处设计标高为198.00m。

污水经3.5m×3.5m进水管流入进水井，管底标高为176.50m。污水经泵提升至198.50m，经沉砂池后标高为197.80m，最终由2根3.5m×3.5m排放管输送至长江。

8.10.2 污水处理厂改扩建方案

1. 设计进出水水质

鸡冠石污水处理厂二期工程的排水标准为根据国家环保局环监（1992）054号文《关于长江三峡水利枢纽环境影响报告书审批意见的复函》，要求三峡库区总体水质标准执行国家地表水环境质量标准二类水质标准。所以鸡冠石污水处理厂最终尾水排放必须达到《污水综合排放标准》GB 8978-1996中的一级排放标准。设计进出水水质指标见表8-63。

设计进出水水质（mg/L） **表8-63**

指标	设计进水水质	设计出水水质
COD_{Cr}	360	≤60
BOD_5	180	≤20
SS	250	≤20
TN	45	
NH_3-N		≤15
TP	5	≤0.5

2. 处理工艺选择

本工程是一座大型污水处理厂，所采用的工艺必须成熟可靠，同时具有先进性。因此，本工程采用A/A/O生物脱氮除磷处理和化学深度除磷工艺，同时采取工程措施，使污水处理工艺也可以按分点进水倒置A/A/O法运行，在保证工艺可靠性的基础上，提高处理效果。该工艺流程如图8-107所示。

为避免传统A/A/O工艺回流硝酸盐对厌氧池放磷的影响，通过吸收改良A/A/O工艺的优点，将缺氧池置于厌氧池前面，来自二沉池的回流污泥和30%～50%的进水、50%～150%

的混合液回流进入缺氧段，停留时间为 1～3h。回流污泥与混合液在缺氧池内进行反硝化，去除硝态氮，再进入厌氧段，保证了厌氧池的厌氧状态，强化除磷效果。由于污泥回流至缺氧段，缺氧段污泥浓度比好氧段高出 50%。单位池容的反硝化速率明显提高，反硝化作用能够得到有效保证。再根据不同进水水质，不同季节情况下，生物脱氮和生物除磷所需碳源的变化，调节分配至缺氧段和厌氧段的进水比例，反硝化作用能够得到有效保证，系统中的除磷效果也有保证，因此，本工艺与其他除磷脱氮工艺相比，具有一定的适宜性和优越性。

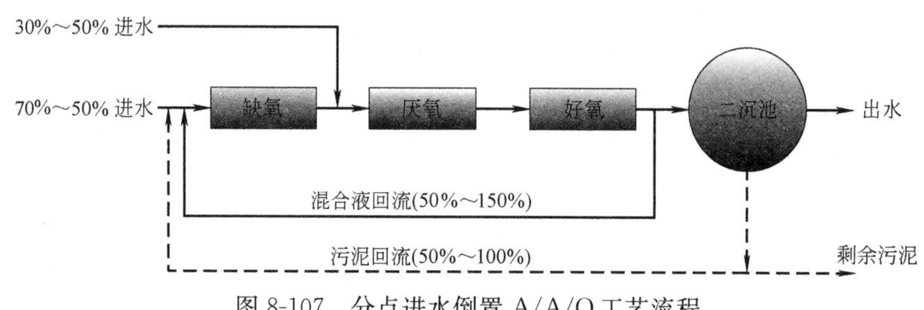

图 8-107 分点进水倒置 A/A/O 工艺流程

分点进水倒置 A/A/O 工艺采用矩形生物池，设缺氧段、厌氧段和好氧段，用隔墙分开，水流为推流式。缺氧段、厌氧段设置水下搅拌器，好氧段设置微孔曝气系统。为能达到硝化作用，需选择合理的污泥龄。为使出水磷酸盐（以 P 计）⩽0.5mg/L，在生物除磷的基础上，另外投加化学除磷药剂。由于投加除磷药剂，剩余污泥即时排至脱水机房进行浓缩脱水，也能防止污泥中磷的厌氧释放重新回到系统内。

3. 处理工艺流程

二期工程污水处理和污泥处理工艺流程如图 8-108、图 8-109 所示。

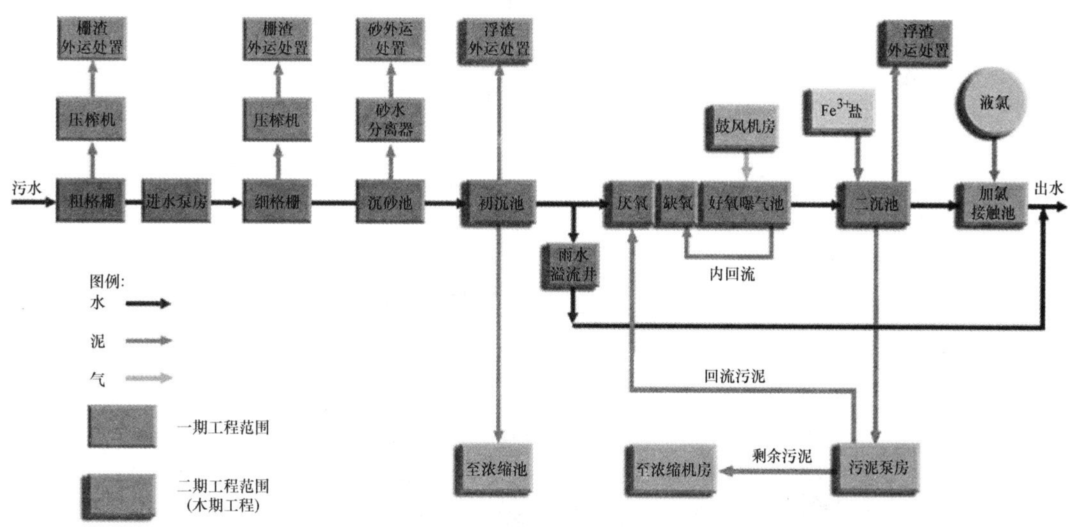

图 8-108 鸡冠石污水处理厂二期工程污水处理工艺流程

本工程总平面如图 8-110 所示，其中水处理构筑物按从西向东排列，利用现状地形坡度，处理后尾水直接排入长江。污泥处理构筑物利用厂区内现状的一块高地进行布置，污泥处理区和污水处理区、管理区界线分明，充分利用现状地形，减少埋深，降低土建投资。

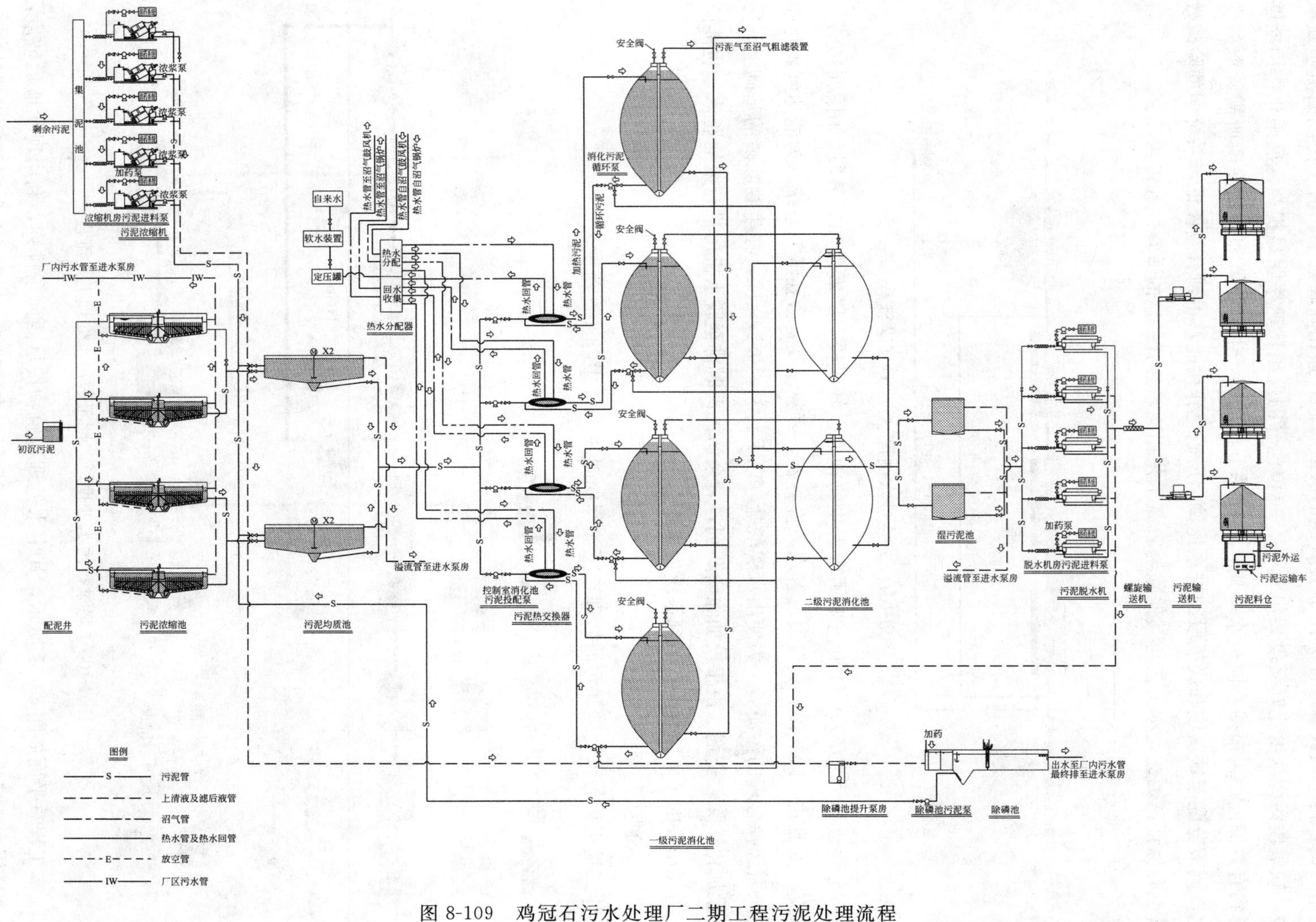

图 8-109 鸡冠石污水处理厂二期工程污泥处理流程

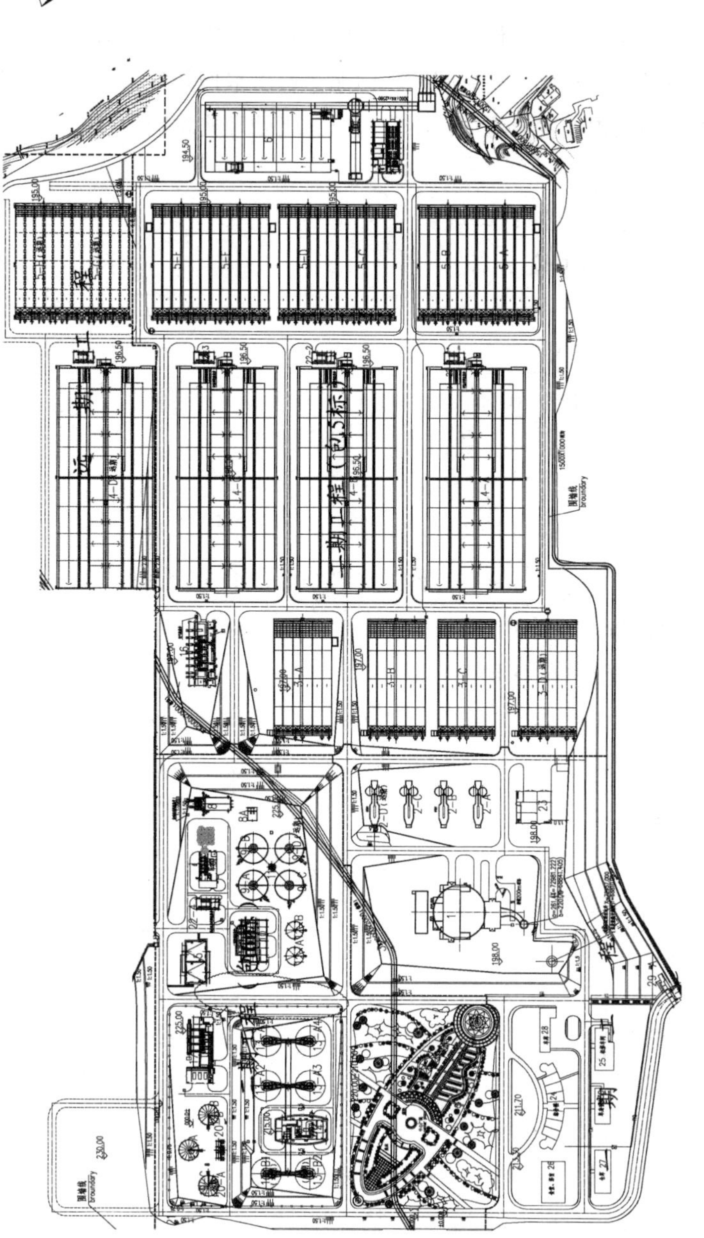

图 8-110 鸡冠石污水处理厂二期工程平面图

4. 主要污水处理构筑物设计

本工程主要污水处理构筑物有初次沉淀池、A/A/O反应池、二次沉淀池、加氯接触池和尾水排放管。进水泵房、细格栅沉砂池为一期建设构筑物，此处不再介绍。

(1) 初次沉淀池

二期工程初次沉淀池采用平流式沉淀池，如图8-111所示，将污水中较易沉淀的悬浮固体沉淀下来，以污泥的形式通过刮泥机排入污泥斗中，降低水中污染负荷。

平流式沉淀池由进水配水槽、控制闸门、污泥斗、出水槽和桥式刮泥机组成。

在每座沉淀池出水渠内设置溢流堰，雨季超出二级处理构筑物处理能力的合流污水超越后续构筑物直接排入长江。

初沉池污染物去除率：BOD_5：25%

COD_{Cr}：30%

SS：50%

TN：20%

TP：10%

池数：3座

1) 主要设计参数

每座设计流量：18750m^3/h

单池尺寸：长90m，净宽48m（分6格，每格8m），水深4.0m

旱季表面负荷：2.48m^3/(m^2·h)

雨季表面负荷：4.29m^3/(m^2·h)

旱季沉淀时间：1.61h

雨季沉淀时间：0.93h

污泥量：75000kg/d

含水率：97%

2) 主要设备（总数量）

① 链板式刮泥机

数量：18套

参数：单台宽为16.8m

设备功率：0.55kW

② 初沉污泥泵（潜水泵）

数量：9台（6用3备）

参数：单台流量为39m^3/h（12h运行），扬程为35m

设备功率：15kW

(2) A/A/O反应池

本工程A/A/O反应池设计规模二期为60×$10^4$$m^3$/d，分3座池，每座池由2组水池组成，每组10×$10^4$$m^3$/d，如图8-112所示。

本工程每座 A/A/O 反应池进水设计为三点、内回流进泥设计为两点，可使反应池按常规 A/A/O 法和倒置 A/A/O 法不同模式运行，增加反应池运行的灵活性，提高处理效果。

每组 A/A/O 反应池处理规模为 $10\times10^4m^3/d$，技术参数如下：

1）反应池容积

水池总容积：$43693m^3$

总停留时间：10.49h

厌氧段容积：$6155m^3$

停留时间：1.48h

缺氧段容积：$9233m^3$

停留时间：2.22h

好氧段容积：$28305m^3$

停留时间：6.79h

2）混合液

混合液浓度：3.3g/L

进入 A/A/O 池 BOD_5 浓度：135mg/L

污泥负荷：$0.094kgBOD_5/(kgMLSS\cdot d)$

3）剩余污泥

剩余污泥产率：0.5kgDS/kgBOD

剩余污泥量：6750kgDS/d（总量 40500kgDS/d）

含水率：99.3%

4）污泥龄

污泥龄：21.4d

5）供氧

供氧量：1661kg/h

曝气器充氧效率：25%

需气量：$382m^3/min$

供气量：$405m^3/min$

气水比：5.83∶1

6）回流

回流比：100%

内回流比：150%

① 回流污泥泵（潜水泵）

数量：12 台（9 用 3 备）

参数：单台流量为 $2778m^3/h$，扬程为 3m

设备功率：45kW

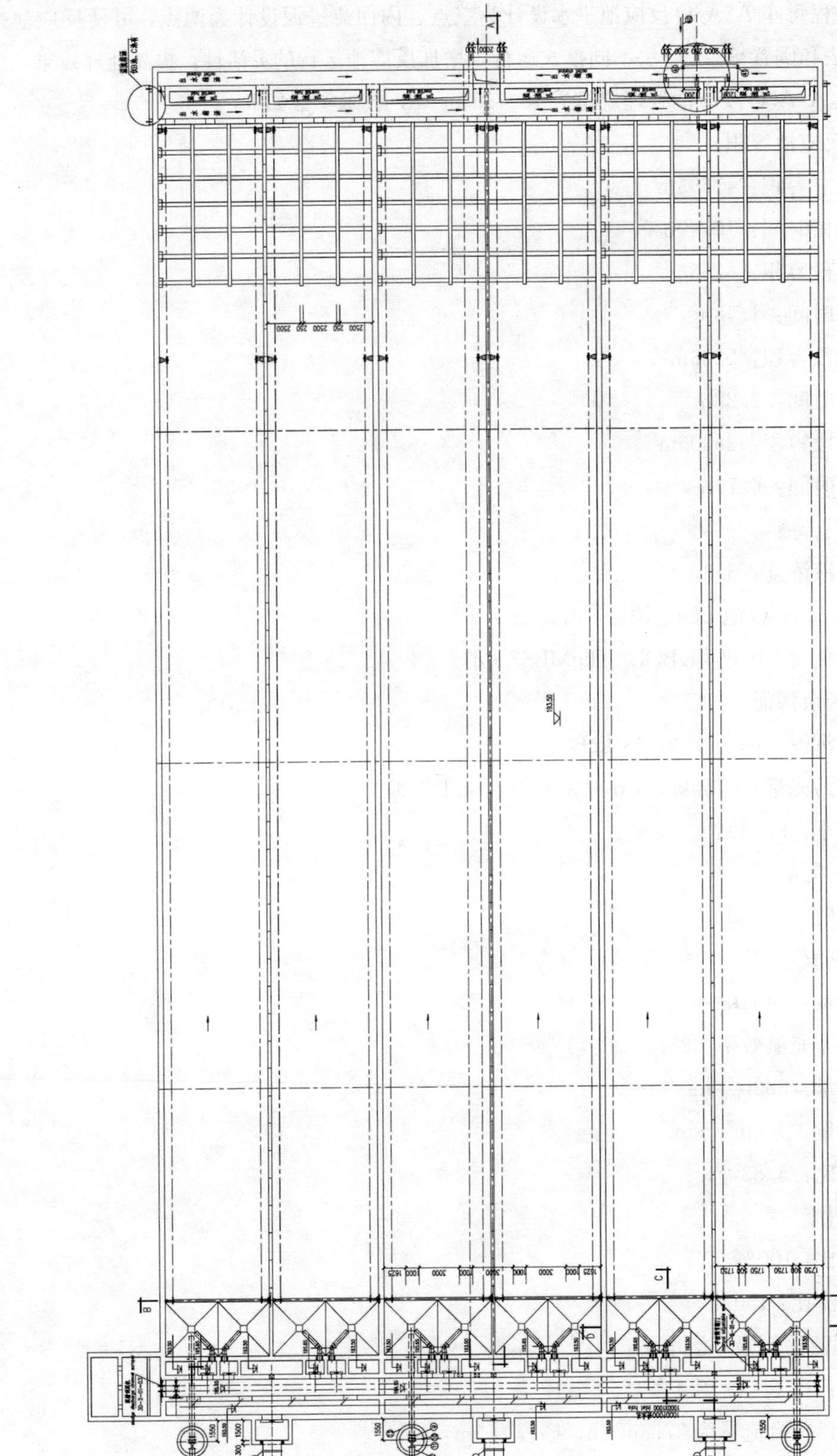

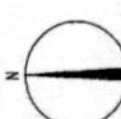

图 8-111 初次沉淀池设计

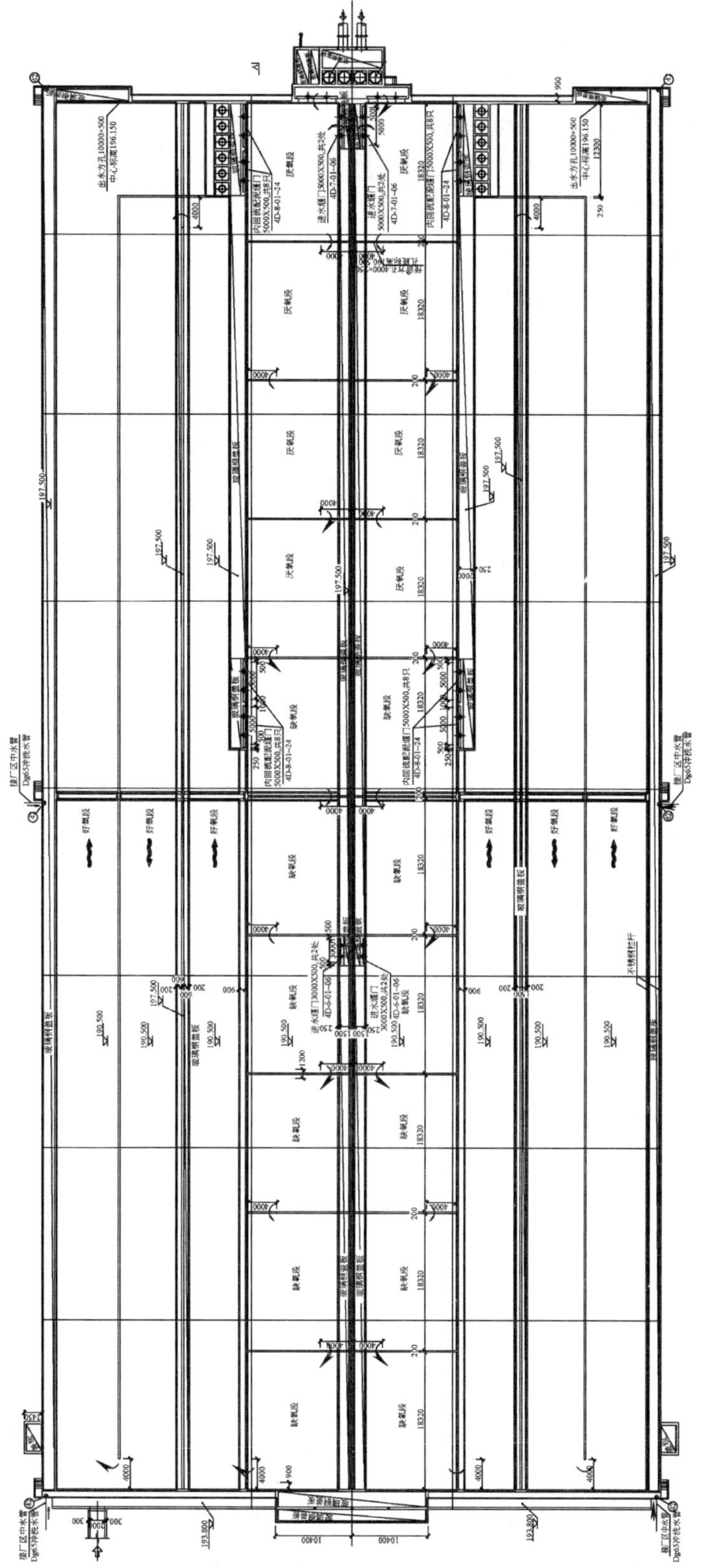

图 8-112　A/A/O反应池

② 内回流污泥泵（潜水泵）

数量：18 台（12 用 6 备）

参数：单台流量为 3125m^3/h，扬程为 1.5m

设备功率：30kW

③ 剩余污泥泵（潜水泵）

数量：9 台（6 用 3 备）

参数：单台流量为 45m^3/h，扬程为 40m

设备功率：15kW

7）充氧设备

类型：橡胶膜式微孔曝气器

数量：31752 只

参数：直径 ϕ300mm

8）搅拌设备

类型：浮筒立式搅拌器

数量：60 只

设备功率：10kW

（3）二次沉淀池

二次沉淀池采用平流式沉淀池，如图 8-113 所示，污泥通过刮泥机排入污泥斗中，污泥回流至 A/A/O 反应池边污泥泵房集泥井，通过潜水泵将回流污泥输至厌氧区，剩余污泥通过污泥泵排至浓缩机房。

平流式沉淀池由进水配水槽、控制闸门、污泥斗、出水槽和链板式刮泥机组成。

二次沉淀池按旱季高峰流量设计，Q_{max}为 32500m^3/h。

池数：6 座

1）主要设计参数

单池设计流量：5417m^3/h

单池尺寸：长 110m，宽 48m（分 2 组，每组 3 格，每格 8m），水深 3.5m

表面负荷：1.03m^3/（m^2・h）

沉淀时间：3.4h

2）主要设备

链板式刮泥机

数量：36 套

参数：单台宽为 8m

设备功率：0.55kW

（4）加氯接触池

加氯接触池按远期旱季高峰流量设计，Q_{max}为 43333m^3/h，本工程考虑投加液氯，加氯量为 5mg/L，为季节性加氯。加氯接触池出水槽设巴氏计量槽。

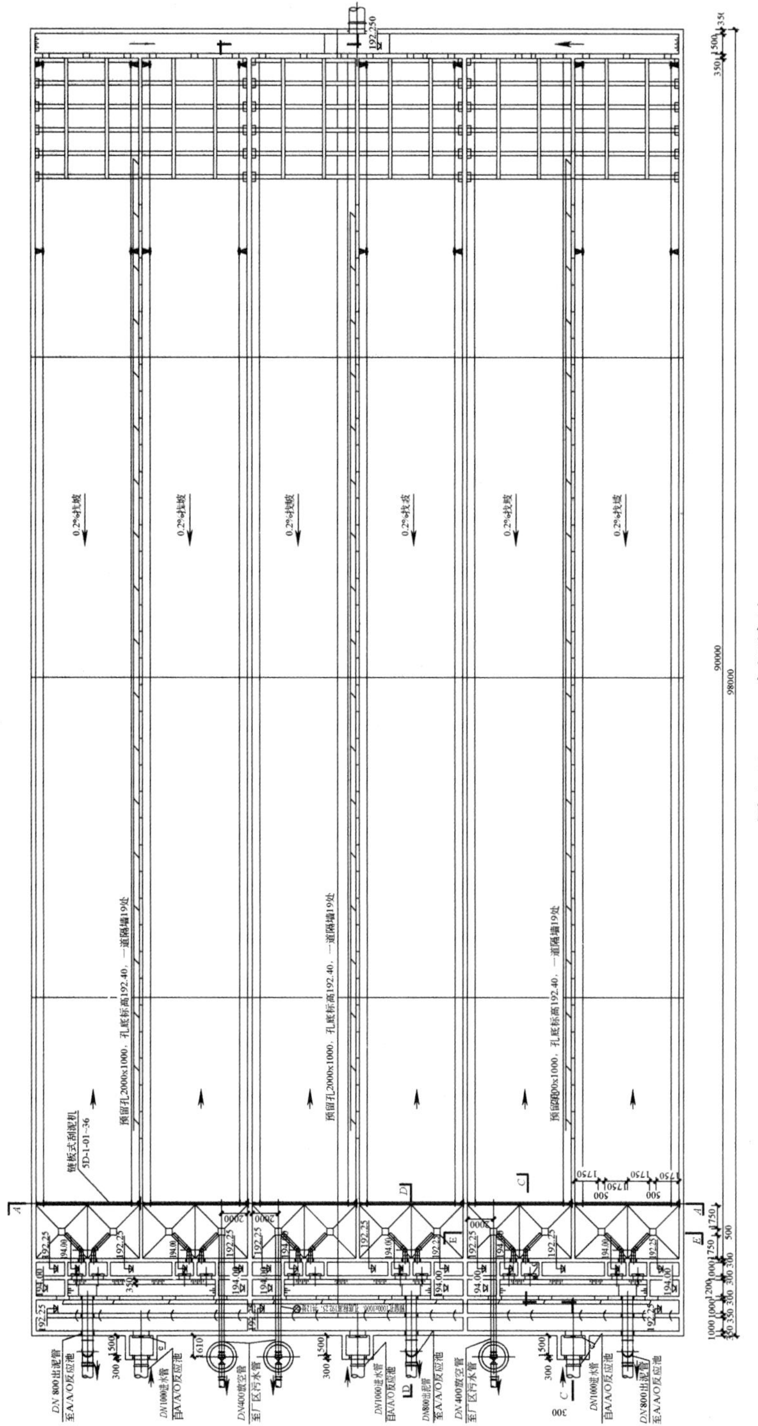
0.2%找坡
预留孔2000×1000，孔底标高192.40，一道隔墙19处
链板式刮泥机
DN800出泥管 至A/A/O反应池
DN1000进水管 自A/A/O反应池
DN400放空管 至厂区污水管
90000
98000

图 8-113　二次沉淀池

池数：1座

单池设计流量：43333m^3/h

单座尺寸：长108m，宽59m，水深4.0m

停留时间：0.5h

（5）加氯间和加药间

为污水季节性消毒和处理后污水进一步除磷，将加氯和加药间合并建设，平面尺寸为42.34m×23.74m，除考虑起重、通风和消防外，还考虑安全防毒设施。

1）加氯间主要设计参数

加氯量：3000kg/d（按5mg/L计）

加氯时间：3个月/年

氯库储存量：15d

2）加氯间主要设备

自动加氯机：4套，加注量为53kg/h

电子地衡：2套，称重为3000kg

离心泵：4台，单台流量为40m^3/h，扬程为50m，电机功率为6.8kW

氯气中和装置：1套，流量为1000kg/h，电机功率为15kW

电动单梁悬挂起重机：1套，起重量3t，起吊高度为6m，电机功率为6.5kW

3）加药间主要设计参数

加药间设有化学除磷投加设备，投加的化学药剂暂按固态$FeCl_3$。投加量为Fe^{3+}和磷的摩尔比采用1.5∶1，该工程需投加液态$FeCl_3$4mg/L，约2500kg/d，采用4台加药泵。设计中采用4只2m×2m×2m的溶解池和4只3.5m×3.5m×2m的溶液池，药库可以储存30d的药剂量。

4）加药间主要设备

溶液池反应搅拌器：4套，ϕ1800mm，电机功率为0.5kW

溶解池反应搅拌器：4套，ϕ1200mm，电机功率为0.37kW

加药泵：4台，单台流量为0.69L/s，扬程为24m，电机功率为0.21kW

（6）电动鼓风机房

为生物反应池提供氧气，保证生物处理系统正常运行，生化处理系统所需最大空气量为2290m^3/min，近期设置5台离心鼓风机，远期增加1台。

建筑物：

数量：1座

尺寸：54m×10.8m

设备类型：电动离心鼓风机

设备数量：5台

性能：单台流量为486m^3/min，风压为0.068MPa

设备功率：650kW

5. 主要污泥处理构筑物设计

(1) 二期工程产泥量

1) 旱季

旱季初沉污泥量：75000kgDS/d

初沉污泥含水率：97%

初沉污泥体积：2500m^3/d

剩余污泥量：42600kgDS/d（其中化学污泥量 2100 kgDS/d）

剩余污泥含水率：99.3%

剩余污泥体积：6085m^3/d

总的污泥量：117600kgDS/d

2) 雨季

雨季初沉污泥量：82500kgDS/d（约为晴天时的 1.1 倍）

初沉污泥含水率：97%

初沉污泥体积：2750m^3/d

剩余污泥量：42600kgDS/d（其中化学污泥量为 2100kg/d）

剩余污泥含水率：99.3%

剩余污泥体积：6085m^3/d

总的污泥量：125100kgDS/d

为了提高进入消化池污泥的含固率，减少污泥消化池体积，鸡冠石污水处理厂二期工程污泥浓缩后含固率采用 5%DS。

(2) 初沉污泥浓缩（按雨季污泥量设计）

初沉污泥利用重力式污泥浓缩池浓缩，设计参数如下：

浓缩池数量：3 座

单座污泥量：27500kgDS/d

污泥体积：917m^3/d

池直径：ϕ25m

固体负荷：56kgDS/(m^2·d)

周边驱动浓缩机：3 台，电机功率为 0.75kW

(3) 剩余污泥浓缩

二沉池剩余污泥浓缩采用螺压浓缩机，设污泥浓缩机房一座，平面尺寸为 36.48m×21.48m。螺压浓缩机选用 4 台（3 用 1 备），并设有絮凝剂制备和投加系统 2 套。

浓缩机技术参数如下：

剩余污泥量：42600kgDS/d

剩余污泥体积：6086m^3/d

螺压浓缩机数量：4 台

单台螺压浓缩机流量：2029m^3/d（84.5m^3/h）

螺压浓缩机能力：100m^3/h

设备功率：4.4kW

加药量：0.0015kgPAM/kgDS

（4）污泥均质池

经两种不同浓缩方式的污泥进入消化池前需混合，以起到均质的作用，均质池按雨季污泥量设计，共 2 座。每座尺寸为直径为 15m，有效水深为 3m。池内设有水下搅拌器 2 台。设计参数如下：

数量：2 座

单座污泥量：62550kgDS/d

污泥体积：1251m^3/d

池直径：ϕ15m

停留时间：12.0h

水下搅拌器（带导流圈）：2 台

设备功率：7.5kW

（5）污泥消化池

将污泥进行厌氧中温消化，使污泥中的有机物转变为腐殖质，同时减少污泥体积，改变污泥性质，使污泥容易脱水，破坏和控制致病微生物。与此同时可获得污泥气，用于带动鼓风机和污泥消化过程中所需的热量。鸡冠石污水处理厂二期工程采用二级消化，二期设置 4 座一级蛋形消化池（三期再增加 2 座二级消化池），消化池采用机械搅拌。

1）主要设计参数

污泥量：117600kgDS/d（旱季）；125100kgDS/d（雨季）

污泥含水率：95%

污泥体积：2352m^3/d（旱季）；2502m^3/d（雨季）

挥发性固体含量：50%

挥发性固体量：58800kgVSS/d（旱季）

污泥消化温度：33～35℃

污泥消化时间：20d（旱季）；18d（雨季）

污泥投配率：5%（旱季）；5.6%（雨季）

消化池总容积：47222m^3

挥发性固体负荷：1.25kgVSS/(m^3 · d)（旱季）

挥发性有机物 VSS 降解率：50%

总降解率：25%

消化后污泥量：88200kgDS/d

污泥消化后含水率：96%

污泥体积：2205m^3/d

沼气产率：0.884m^3 气/kgVSS

沼气产率：11.04 m^3 气/m^3 泥

沼气量：26000 m^3/d

2）主要设备

设备类型：污泥机械搅拌机

数量：4套

设备功率：24.2kW

设备类型：消化池超压保护安全释放系统

数量：4套

参数：池内污泥气临界压力±0.004MPa

（6）消化池操作楼

为了保证污泥消化系统安全可靠的运行，在4座消化池之间建一座消化池操作楼，平面尺寸为33.02m×16.00m。操作楼内设两层工作层，地下层为消化池进泥泵、污泥循环泵；地面层为污泥加热系统。操作楼内共设4套进泥和污泥加热系统，与4座一级消化池相对应。操作楼与消化池用天桥和管廊相连接，内设各种污泥和污泥气管道（各种设备按雨季污泥量配置）。

主要设备如下：

1）消化池进泥泵

类型：偏心螺杆泵，手动无级调速

数量：5台（4用1库备）

工作方式：连续进泥

性能：流量为27m^3/h，扬程为45m

设备功率：11kW

2）循环污泥泵

类型：偏心螺杆泵，手动无级调速

数量：5台（4用1库备）

工作方式：连续

性能：流量为54m^3/h，扬程为15m

设备功率：15kW

3）热交换器

类型：圆盘式

数量：4组

新鲜污泥投配温度：12℃（冬季）

消化温度：33℃

热水进水温度：75℃

热水出水温度：65℃

控制方式：根据热交换器进出口温度调节热水温度，由 PLC 进行控制

4）热水循环泵

类型：变频离心泵

数量：5 台（4 用 1 备）

工作方式：连续

性能：流量为 66.14m^3/h，扬程为 11m

设备功率：5.5kW

5）沼气粗过滤器

数量：2 套

（7）污泥气净化、储存

1）沼气脱硫装置

功能：降低污泥气中硫化氢含量，减少对后续处理设备的腐蚀。

设备类型：干式脱硫塔和脱硫再生系统

数量：2 套

性能：流量为 600m^3/h

2）储气柜

功能：调节产气量的不平衡，使沼气带动鼓风机和沼气锅炉加热系统能正常连续运行。

设备类型：湿式气柜

数量：2

容量：2000m^3

工作压力：0.004MPa

停留时间：6h

监测设备：柜压力和柜顶位置监测系统

数量：2 套

3）余气燃烧塔

功能：事故时将污泥气燃烧释放，保证厂区安全

设备类型：内燃式沼气火炬

数量：1

最大排气量：200m^3/h

设备：带自动点火和安全保护装置的火炬

控制方式：据储气柜顶的压力表信号，自动点火

（8）污泥脱水机房

功能：污泥通过脱水机进一步脱水，降低含水率，以减少污泥体积，便于污泥储存、运输和综合利用。脱水机房内设有絮凝剂制备设备和投加系统 1 套。污泥脱水机房设备按雨季污泥量配置。

1）建筑物

数量：1 座

平面尺寸：24.24m×15.24m

2）设计参数

消化后污泥量：93825kgDS/d

污泥含水率：96%

污泥体积：2346m^3/d

设备类型：离心脱水机

设备台数：4 台（3 用 1 备）

3）单台离心脱水机设计参数

脱水前污泥量：31275kg/d

脱水前污泥体积：782m^3/d（32.6m^3/h）

单台脱水机能力：35m^3/h

加药量：0.003kgPAN/kgDS

4）脱水污泥储存料仓

体积：500m^3

数量：4 套

（9）除磷池

鸡冠石污水处理厂经脱水后的污泥水中含有大量的有机物，特别是磷酸盐，由于该部分污泥水水量不大，但浓度特别高，因此考虑采用化学方法加以处理，除磷池按最终规模设计，采用穿孔旋流反应沉淀池形式。

1）设计参数

设计流量：3000m^3/d

进水 TP：20～50mg/L

数量：1 座

单格尺寸：23.95m×5.80m

有效水深：3.18m

反应时间：0.5h

停留时间：3.3h（二期）；2.5h（最终规模）

2）主要设备

① 桁车式刮泥机

数量：1 台

参数：单台宽 5.4m

设备功率：0.37kW

② 污泥泵（潜水泵）

数量：1 台（库备 1 台）

参数：流量为 $5m^3/h$（12h 运行），扬程为 15m

设备功率：0.75kW

③ 立式搅拌机

数量：4 台

设备功率：0.75kW

④ 静态混合器

数量：1 套

参数：直径 φ300mm

6. 污水处理厂特点

鸡冠石污水处理厂属特大型规模，为了提高设计质量，提高工程的投资效益，在能达到稳定可靠处理效果的前提下，采用了新技术和新工艺，使得该厂不仅在规模上，而且在总体水平上均能达到国际先进水平，力争把鸡冠石污水处理厂建成精品工程。

（1）采用先进灵活的污水处理工艺

在可行性研究所论证的污水、污泥处理工艺基础上，对 A/A/O 反应池布置了三处不同位置的进水点，两处不同位置的进泥点，增强了工艺的灵活性，既可按常规 A/A/O 反应池（厌氧、缺氧、好氧）的工艺运行，灵活分配碳源，又可按倒置 A/A/O 反应池（缺氧、厌氧、好氧）的工艺运行。倒置 A/A/O 法是一种可以提高生物脱氮除磷效率的脱氮除磷工艺。

（2）采用物化法深度除磷

根据可行性研究论证的进出水水质条件，磷酸盐指标从 5mg/L 降到 0.5mg/L，采用生物脱氮除磷和化学深度除磷相结合工艺，是最经济有效的。该工艺在国内外均有成功的经验，能有效地控制污水中磷的排放量，减少水体富营养化和赤潮发生的可能，同时对污泥水加药除磷，使磷从系统中能全部去除，保证除磷效果。

（3）污泥处置综合利用

在对国内外各种污泥处置方式分析比较的基础上，根据重庆市特点，提出了充分利用稳定化处理后污泥作为城市绿化介质土、多余污泥进行干化、过渡期多余污泥外运填埋的污泥综合利用方案，有效地解决了污泥处置问题。

（4）先进的加药装置

充分发挥大型水厂设计优势，紧跟国际上加药反应的潮流，采用先进的模糊控制理论设计加药装置，使全厂的自动化程度达到一级水准，同时，可大大减少加药量。采用模糊理论控制加药量后，其加药量比常规加药法的加药量减少 20％～30％。

（5）污泥消化池的预应力设计新技术

污泥消化池预应力采用高效、节能的预应力钢筋混凝土蛋形消化池。经国内外大量调研，并在上海市政总院于 1992 年首次设计的国内第一座容积约为 10500m^3 济南污水处理厂的有粘结预应力钢筋混凝土蛋形消化池和近几年兄弟设计院设计的类似容量的无粘结预应力钢筋混凝土蛋形消化池的经验基础上。本工程设计采用以瑞士 vessl 预应力公司首创国际国内成熟的最新 PT-plus 真空灌浆的有粘结预应力钢筋混凝土新技术，采用增强塑料波纹管代替传统有粘结预应力体系中的金属波纹管，运用真空灌浆新技术，可大大提高孔道灌浆的密实度。有粘结比无粘结预应力技术具有更可靠的安全度，并由于减少预应力损失值，可节约钢材、降低工程成本。

(6) 污泥消化池的基础设计新特色

本工程蛋形污泥消化池结构支承改变常用的下部是池壳厚体块体加群桩支承的结构体系，充分利用拟建场地的岩石地基，按工艺流程合理地将蛋形污泥消化池埋置于中风化岩基。既可大大减少预应力筋的配置，方便施工又降低工程投资。

(7) 大型盛水构筑物预应力技术

1) A/A/O 反应池

平面尺寸较大，池深较高，采用预应力新技术可减薄池壁和底板的厚度。当池壁周围为岩石时采用水平向预应力技术，同样也可减少混凝土温度收缩裂缝，提高结构抗裂度和减少伸缩缝。

2) 初沉池、二沉池

平面尺寸较大，采用水平向预应力技术，可减少混凝土温度收缩裂缝，提高结构抗裂度和减少伸缩缝。

(8) 先进的仪表设备

1) 本工程在 10kV 配电系统中采用微机综合继电器装置。

2) 在各车间变电所 0.4kV 的低压总进线处设置带总线通信口的综合测量仪表。

3) 对在各车间变低压柜上控制的电机设备选用新型智能型带通信口的发动机保护和控制装置。

8.10.3 运行效果

1. 实际运行数据

重庆市鸡冠石污水处理厂工程自 2005 年 6 月建成运行至今，各项指标均优于当初的《污水综合排放标准》GB 8978-1996 中的一级标准，2008～2010 年实际进出水水质指标如表 8-64 所示。

2. 水质数据原因分析

鸡冠石污水处理厂二期工程设计规模为 $60\times10^4 m^3/d$，从 2008～2010 年的实测进出水水质来分析，进水指标中除 TP 平均值略高于设计值之外，其余平均值均低于设计值。出水指标平均值均达到了当时的一级排放标准。

实测进出水水质（2008～2010年） **表 8-64**

日期	BOD_5		COD		SS		pH值		TP		TN		NH_3-N		粪大肠菌
	入口	出口	入口	出口	入口	出口	入口	出口	入口	出口	入口	出口	入口	出口	出口
	mg/L	mg/L	mg/L	mg/L	mg/L	mg/L			mg/L	mg/L	mg/L	mg/L	mg/L	mg/L	个/L
2008年01月	153.0	2.3	314.1	22.8	343.0	7.8	7.6	7.2	4.9	0.4	40.4	18.3	27.1	4.9	271
2008年02月	159.6	3.1	375.4	22.8	381.9	10.7	7.6	7.0	6.0	0.5	42.5	18.3	26.4	2.2	584
2008年03月	88.0	2.7	222.9	23.5	242.6	13.0	7.4	7.1	3.6	0.5	33.7	15.3	21.1	1.6	614
2008年04月	109.0	3.2	295.5	19.5	338.0	7.0	7.5	7.1	5.1	0.5	38.5	14.9	23.5	0.3	828
2008年05月	126.0	4.1	276.0	19.0	309.8	8.1	7.5	7.1	4.6	0.5	36.0	17.5	24.5	1.3	511
2008年06月	97.7	4.8	234.0	17.1	362.6	7.3	7.5	7.1	3.7	0.4	29.6	16.2	18.3	1.3	460
2008年07月	90.0	5.7	199.0	17.3	382.4	7.0	7.6	7.2	3.9	0.4	29.9	17.9	22.8	1.9	1003
2008年08月	90.0	6.8	237.6	15.7	555.2	6.0	7.6	7.2	4.5	0.2	29.2	16.5	18.8	1.6	313
2008年09月	108.7	5.6	302.7	16.8	694.0	7.0	7.6	7.2	5.7	0.4	32.5	16.5	20.1	2.1	604
2008年10月	117.7	4.5	294.2	17.7	515.8	6.9	7.5	7.2	4.8	0.5	34.1	16.0	22.6	1.8	601
2008年11月	113.9	2.9	286.8	16.9	668.3	6.4	7.6	7.2	4.6	0.3	29.1	16.9	17.7	2.1	832
2008年12月	136.8	2.6	317.0	20.8	529.3	8.0	7.6	7.2	5.9	0.4	40.2	15.5	24.0	3.0	374
2009年01月	110.0	2.9	239.7	24.5	257.5	9.0	7.5	7.2	3.6	0.3	36.2	15.1	22.8	3.8	113
2009年02月	157.7	2.0	392.8	24.3	346.6	11.0	7.5	7.1	4.0	0.3	39.3	15.4	25.8	2.5	406
2009年03月	124.6	4.2	274.6	27.1	290.8	10.1	7.6	7.3	3.8	0.5	40.0	16.0	30.4	2.3	1745
2009年04月	192.3	3.6	507.5	22.7	617.3	9.3	7.5	7.1	7.1	0.3	44.1	14.2	22.6	2.8	670
2009年05月	162.3	4.1	449.5	21.6	638.0	7.2	7.5	7.2	7.2	0.4	42.3	14.1	22.3	1.9	950
2009年06月	161.8	4.9	489.5	18.6	785.9	6.5	7.5	7.2	9.0	0.4	42.4	12.5	18.4	1.8	1403
2009年07月	152.3	6.1	542.0	19.2	1235.1	6.0	7.6	7.4	10.2	0.4	42.3	15.7	17.4	1.4	160
2009年08月	106.3	5.4	292.6	19.0	722.3	5.0	7.5	7.3	5.1	0.3	28.3	13.9	14.3	1.2	330
2009年09月	143.1	5.0	336.9	16.5	995.4	5.6	7.4	7.2	6.3	0.5	34.6	15.2	18.3	1.8	160
2009年10月	101.2	4.5	244.9	17.6	425.7	5.4	7.3	7.0	4.2	0.6	35.5	15.8	20.7	2.3	140
2009年11月	115.2	3.0	308.0	17.7	493.2	4.8	7.4	7.1	4.8	0.7	37.0	15.4	21.3	2.1	140
2009年12月	235.2	3.0	453.7	22.7	389.5	6.4	7.4	7.1	12.0	0.6	56.1	13.5	24.0	4.0	430
2010年01月	155.2	4.3	325.3	22.6	325.4	8.5	7.6	7.2	5.6	0.7	35.2	13.6	23.3	2.8	640
2010年02月	143.8	6.0	267.0	22.5	304.6	10.3	7.8	7.5	3.7	0.7	38.1	13.5	26.8	3.0	760
2010年03月	144.3	7.3	259.9	21.0	434.6	11.0	7.7	7.4	3.6	0.8	38.5	13.5	26.6	3.3	1500

续表

日期	BOD_5		COD		SS		pH 值		TP		TN		NH_3-N		粪大肠菌
	入口	出口	入口	出口	入口	出口	入口	出口	入口	出口	入口	出口	入口	出口	出口
	mg/L	mg/L	mg/L	mg/L	mg/L	mg/L			mg/L	mg/L	mg/L	mg/L	mg/L	mg/L	个/L
2010 年 04 月	91.6	3.4	187.2	20.6	299.6	9.6	7.5	7.2	2.6	0.8	31.6	13.7	20.2	1.9	1400
2010 年 05 月	104.6	4.3	202.5	21.8	314.1	6.9	7.4	7.1	2.8	0.8	32.4	13.4	22.6	3.0	380
2010 年 06 月	94.6	3.3	189.3	18.3	381.7	6.9	7.5	7.1	2.4	0.8	25.8	12.1	16.9	0.6	800
2010 年 07 月	123.2	4.2	289.4	18.8	693.1	6.5	7.4	7.2	3.4	0.7	25.7	12.0	16.5	1.0	310
2010 年 08 月	152.5	3.8	320.7	15.2	780.9	6.0	7.3	7.2	7.0	0.7	32.9	12.3	21.7	1.8	440
2010 年 09 月	133.6	3.0	312.1	15.9	640.2	6.4	7.2	7.2	6.8	0.7	37.3	12.2	23.5	1.6	80
平均	130.2	4.1	310.3	20.0	505.9	7.7	7.5	7.2	5.2	0.5	36.1	14.9	21.9	2.1	604.6

8.11　上海市天山污水处理厂提标改造工程

8.11.1　污水处理厂介绍

1. 项目建设背景

上海市天山污水处理厂位于上海中心城区西部，于 20 世纪 80 年代建成投产，原设计规模为 $7.5\times10^4m^3/d$，采用常规活性污泥法处理工艺，去除城市生活污水中以 BOD_5 和 COD_{Cr} 为主的有机污染物。经多年运行，处理出水水质达到或超过原设计出水标准。随着新的环境法规的颁布和施行，原有的处理设施已无法满足新的城市污水排放标准，经市政府有关部门的批准，决定对天山污水处理厂进行深度处理改造。

2. 污水处理厂现状

天山污水处理厂的前身是上海最早的污水处理厂之一——西区污水处理厂，建于 1926 年，位于上海市西端苏州河上游北新泾东首。当时主要对河南路以西黄浦、静安、普陀、长宁区内公寓大厦内的生活污水和部分工业废水进行处理。随着城市建设的不断发展和市区人口的不断增加，接入西区污水处理厂的污水量相应增加，厂内超负荷运行和供气量不足，使处理水质下降，不能达到排放标准。为改变这种状况，经上海市建委批准，1982 年在原西区污水处理厂南面征地建造天山污水处理厂，由上海市政总院设计，1984 年初开工，1986 年底竣工，1987 年 10 月正式投入运行，设计处理流量为 $7.5\times10^4m^3/d$。天山污水处理厂建成以来，污水处理厂原设计服务范围也有所变化。目前，天山污水处理厂服务范围为东起中山西路、沪杭铁路；西至威宁路、新泾港、新泾 7 村；北以苏州河为界；南达虹桥机场铁路支线，总服务面积为 $670hm^2$，服务区域如图 8-114 所示。

经市政排水系统格局的调整，目前将污水输送到天山污水处理厂的沿途泵站共有 5 座，其输送流程如图 8-115 所示。

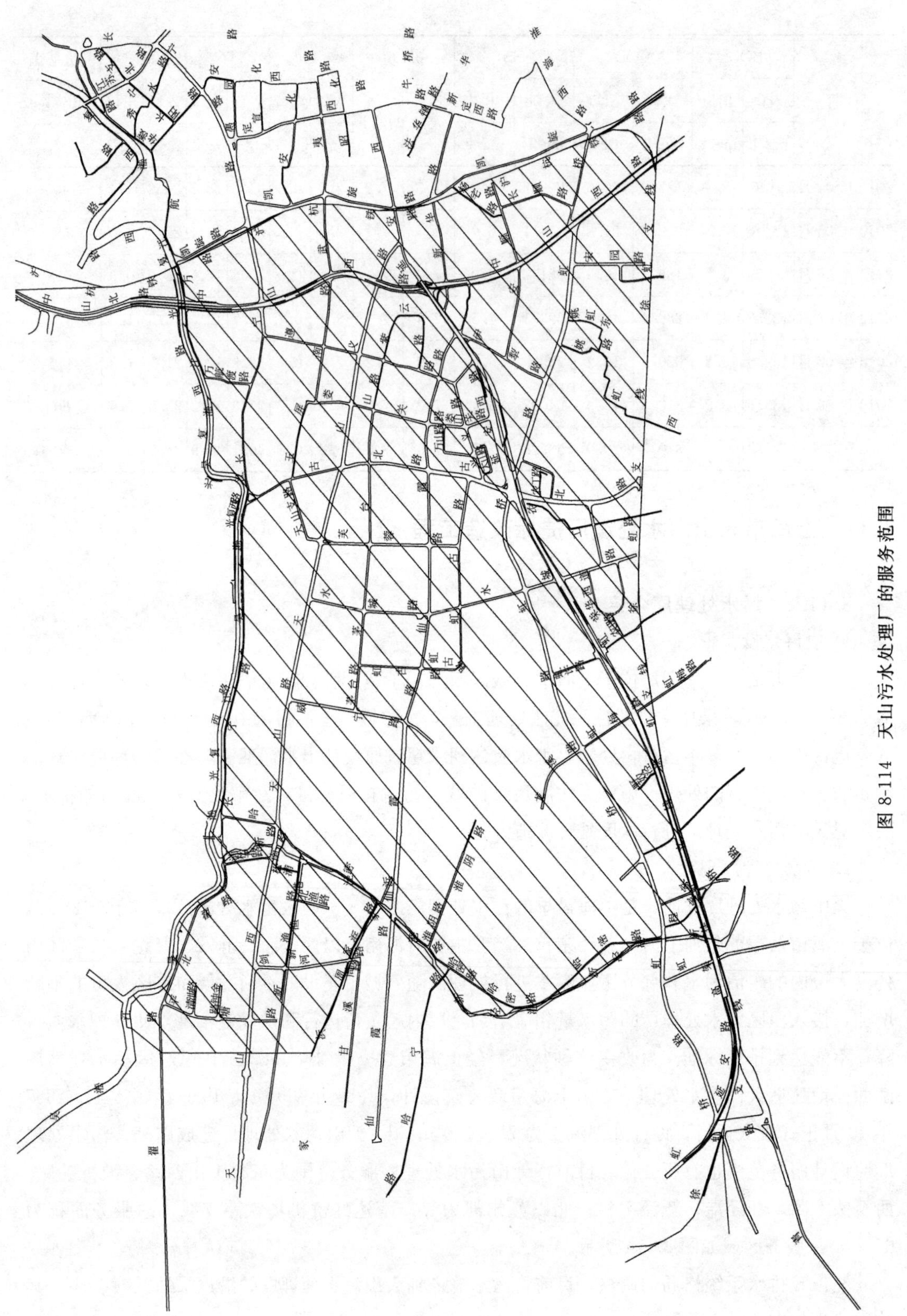

图 8-114 天山污水处理厂的服务范围

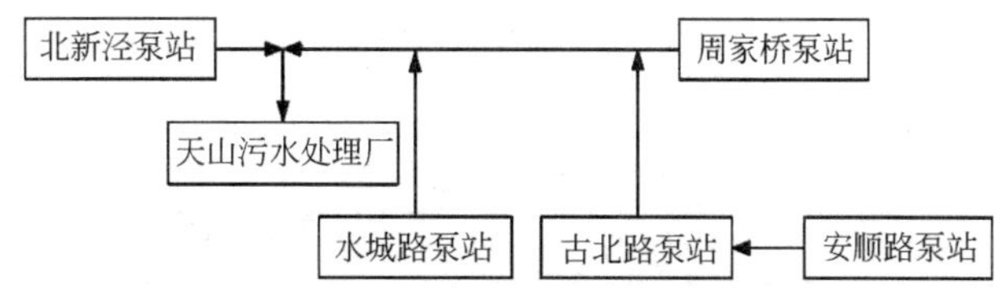

图 8-115　输送到天山污水处理厂的污水泵站流程

天山污水处理厂采用二级生物处理，即鼓风曝气活性污泥法处理工艺，处理构筑物有机械格栅井 1 座（2 格）、进水泵房 1 座、曝气沉砂池 1 座（2 格）、初次沉淀池 3 座、曝气池 3 座（每座 4 条）、二次沉淀池 6 座、回流污泥泵房 1 座、鼓风机房 1 座、污泥泵房 1 座、储泥池 2 座、湿污泥池 3 座，厂内设备设施基本上能正常运行，出水水质能达到原设计标准。

天山污水处理厂自 1987 年 10 月运转以来，经过近几年的旧区改造和周边地区房产的蓬勃兴起，以及厂外市政污水管网的不断完善，污水处理量连年上升，目前处理能力已达到污水处理厂原设计的 7.5×10^4 m^3/d 污水量，近年来的处理流量如表 8-65 所示。

天山污水处理厂近年处理能力　　**表 8-65**

时 间	2001 年 9 月	2001 年 10 月	2001 年 11 月	2001 年 12 月	2002 年 1 月	2002 年 2 月
平均流量（m^3/d）	71656	71740	78368	73034	72640	72472
时间	2002 年 3 月	2002 年 4 月	2002 年 5 月	2002 年 6 月	2002 年 7 月	2002 年 8 月
平均流量（m^3/d）	73048	71910	73220	70841	77860	77788

根据天山污水处理厂的原设计和北新泾、北虹地区的规划，天山污水处理厂的规划流量如表 8-66 所示。

天山污水处理厂规划接纳污水量　　**表 8-66**

项目	规划流量	实际情况	今后措施和预计
天山污水处理厂服务范围	7.5×10^4 m^3/d	5×10^4 m^3/d(包括北新泾东块 1600m^3/d)	根据调查报告管道改造后可达 7.5×10^4 m^3/d
北新泾东块	3×10^4 m^3/d	1600m^3/d	中途泵站至厂的管道整理后可增大流量
北虹地区	3.32×10^4 m^3/d	即将建设	中途泵站建成后将有水量，但数量较难预计
合计	13.82×10^4 m^3/d		

由于接纳水量的逐年增加而产生的超流量问题将由规划另行安排解决。

进水水质情况如表 8-67 和表 8-68 所示。

由表 8-68 可以看出，2000 年以后 COD_{Cr}和 BOD_5 等指标较高，经调查其原因是储泥池上清液回流至污水处理流程，造成进水污染负荷高于设计值。

天山污水处理厂采用常规活性污泥法处理工艺，其工艺流程如图 8-116 所示。

1994～1999 年流量及进水水质 **表 8-67**

年份	流量($\times 10^4 m^3/d$)	BOD_5(mg/L)	SS(mg/L)	NH_3-N(mg/L)
1994	3.36	147.8	196.5	
1995	3.29	162.5	190.1	
1996	3.58	149.0	189.7	
1997	3.91	145.8	165.8	30.3
1998	4.16	165.0	173.2	23.1
1999	5.01	152.9	152.1	25.1

2000～2002 年流量及进水水质 **表 8-68**

年份	流量($\times 10^4 m^3/d$)	BOD_5(mg/L)	COD_{Cr}(mg/L)	SS(mg/L)	NH_3-N(mg/L)	TN(mg/L)	TP(mg/L)	磷酸盐(mg/L)	LAS(mg/L)
2000	6.94	339.5	704.1	373.9	22.5	47.9	5.6		
2001	7.33	396.6	790.8	369.6	28.0	52.8	6.5	8.7	3.8
2002	7.40	394.7	823.5	330.2	28.3	53.3	5.5	8.7	5.2

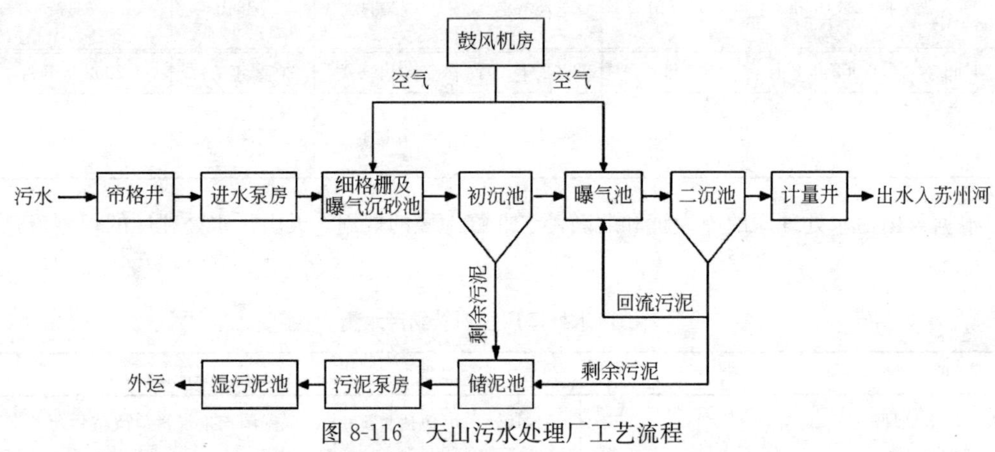

图 8-116 天山污水处理厂工艺流程

天山污水处理厂的主要构筑物如表 8-69 所示。

天山污水处理厂主要处理构筑物 **表 8-69**

构筑物名称	建造年代(年)	单位面积尺寸(m)	有效深度(m)	数量(只)
帘格井	1984	1.8×1.8	6.15	2
集水井	1984	1.32×1.8	7.8	1
曝气沉砂池	1984	3×10	3.6	2
初次沉淀池	1984	Φ30	4.87	3
曝气池	1984	45×24	6	3
二次沉淀池	1984	Φ30	3.97	6
储泥池	1984	Φ7.5	3.5	2
湿污泥池	1988	33×16	2.3	3

3. 目前运行存在问题

（1）格栅井粗格栅除污机共 2 台，其中一台虽已更新，但使用效果并不理想，另一台年久失修，已无法使用；

（2）进水泵使用年代久，效率下降，易堵塞；

（3）沉砂池刮砂机导轨磨损，锈蚀损坏，效率下降；

（4）初次沉淀池、二次沉淀池刮泥机中心转盘轴承磨损厉害，漏油严重，水下部分锈蚀严重；

（5）初次沉淀池、二次沉淀池三角堰板锈蚀严重；由于初次沉淀池和曝气池高差太小以及连接管道容量的缘故，造成高峰流量时初次沉淀池出水不畅；

（6）鼓风机漏油严重，设备无备品备件，难以长期维持；

（7）高压配电柜老化，使用不安全；

（8）供气系统空气管路和配件损坏，漏气严重；

（9）污泥泵效率低；

（10）回流污泥螺旋泵漏油严重，轴承摆动；

（11）污泥缺乏脱水处理设施，污泥虽经湿污泥池浓缩撇水后由船外运，但污泥含水率高，体积庞大，外运困难。同时污泥出路已成问题，急需脱水后外运至填埋场；

（12）目前处理厂尾水未经任何消毒灭菌处理，不能满足排放标准对尾水中病菌数量的严格规定。

随着城市建设的不断发展，天山污水处理厂周边地区逐渐形成密集的商住综合区，污水处理厂日常生产过程中排放的臭气对周围地区生产生活和城市形象造成了一定程度的影响。

8.11.2 污水处理厂改扩建方案

1. 改扩建标准确定

根据进水水质指标分析，本工程设计进水水质指标基本位于实际负荷区间内，或略小于实际负荷，并适当留有余量。

天山污水处理厂的进出水水质指标如表 8-70 所示，要求污水处理厂不但要硝化而且要反硝化。

进出水水质主要指标 **表 8-70**

项目	COD_{Cr} (mg/L)	BOD_5 (mg/L)	SS (mg/L)	NH_3-N (mg/L)	TN (mg/L)	磷酸盐 (mg/L)	TP (mg/L)	LAS (mg/L)	大肠菌群数
进水	360	180	180	30	45		6.7	2.5	>238000
出水	≤100	≤30	≤30	≤10	建议 30	1.0	≤3	≤2	≤10000

通过对设计出水水质指标的分析，COD_{Cr}、BOD_5、SS、TP 和大肠菌群数符合国家标准《城镇污水处理厂污染物排放标准》GB 18918—2002 中二级标准的规定；由于 NH_3-N 和磷酸盐极易造成水体的富营养化，因此 NH_3-N 和磷酸盐符合上海市地方标准《污水综合排放标准》DB 31/199—1997 第二类污染物排放浓度中的二级标准的规定。

2. 改造工程内容

污水处理厂改造的主要内容包括如下几个方面：

(1) 增设厌氧池1座；

(2) 3组曝气池中1组改为一段曝气池，由厌氧池出水直接进入1组曝气池；

(3) 3座初次沉淀池改为中间沉淀池，一段曝气池用泵提升后进入3座中间沉淀池；

(4) 3座中间沉淀池自流入另2组曝气池，该曝气池作为二段曝气池；

(5) 二段曝气池自流入原有6座二次沉淀池，处理后出水经紫外线消毒达标排放；

(6) 最终沉淀池和中间沉淀池，另配置回流污泥泵，各自回流；

(7) 最终沉淀池出水回流到一段曝气池，与一段和二段曝气池混合液回流，另配置水泵；

(8) 鼓风机房另行配置风机；

(9) 本工程新建污泥浓缩脱水机房1座，污泥脱水后外运处置；

(10) 为减少污水、污泥处理过程中对周围环境的影响，对处理构筑物进行加盖，并通过风管收集后送往除臭装置进行生物除臭；

(11) 根据天山污水处理厂目前设施设备的使用和维护状况，结合改造工艺的要求，酌情对现有机械、电气和自控设备进行更新改造，满足污水处理厂生产设施高效运转的要求。

3. 处理工艺选择

(1) 污水处理工艺

工程采用Hybrid工艺作为天山污水处理厂改造工程实施方案，工艺流程如图8-117所示。

根据近年来欧洲对老污水处理厂的改造经验，一种基于传统两段活性污泥法的生物处理工艺Hybrid正在得到逐步推广和应用。在奥地利，由于国家立法进一步加强了对污水处理厂排放尾水中营养物质（N、P）排放的限制，因此大批已建仅具除碳功能的污水处理厂被重新改造，许多改造成深度处理的污水处理厂采用Hybrid工艺。

Hybrid处理工艺主要通过对溶解氧浓度的控制实现对曝气池运行方式的控制，溶氧仪安装在曝气池出水堰附近，并于控制系统设定某特定值，溶氧仪测定值反馈至控制系统，通过与设定值的比较，继而控制空气管路上电动蝶阀的启闭，实现对生物反应池曝气程度的控制。

二段曝气池中另外安装NH_3-N仪以实现对曝气池的控制，NH_3-N仪安装于曝气池出水槽，测定值反馈至控制系统，通过与设定值的比较，控制生物反应池曝气程度以实现特定的硝化要求。

(2) 污泥处理工艺

本工程污泥处理采用深度脱水工艺，工艺流程如图8-118所示。

污水处理过程中产生的污泥先通过机械浓缩使污泥含水率降低至95%，浓缩后污泥排至污泥调理池，通过向调理池投加药剂，充分搅拌、混合，再通过深度脱水系统的进料螺杆泵输送至隔膜压滤机进行挤压、脱水，污泥含水率降至60%左右。

隔膜采用循环水泵进行水力挤压，设调节水箱1个，水源采用厂区回用水。深度脱水滤液、隔膜压滤机上清液排至厂区污水管道。

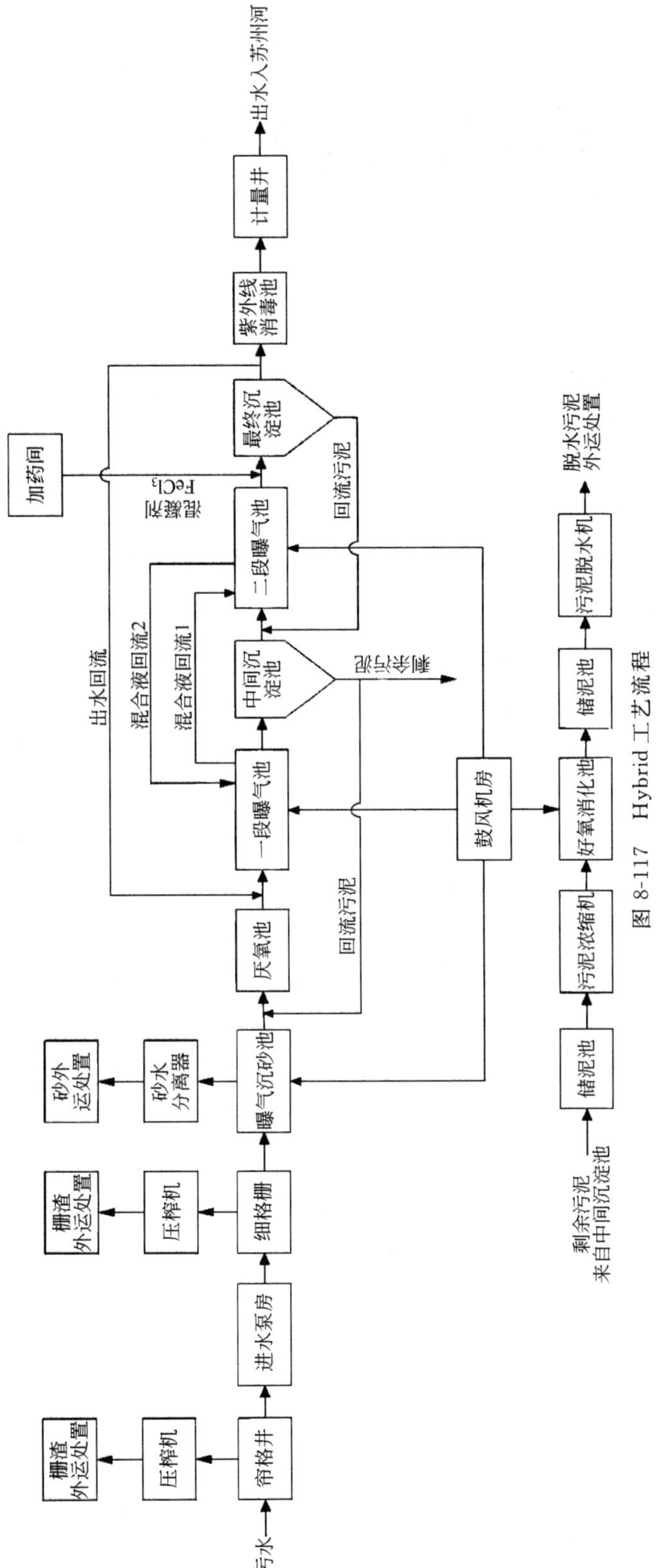

图 8-117　Hybrid 工艺流程

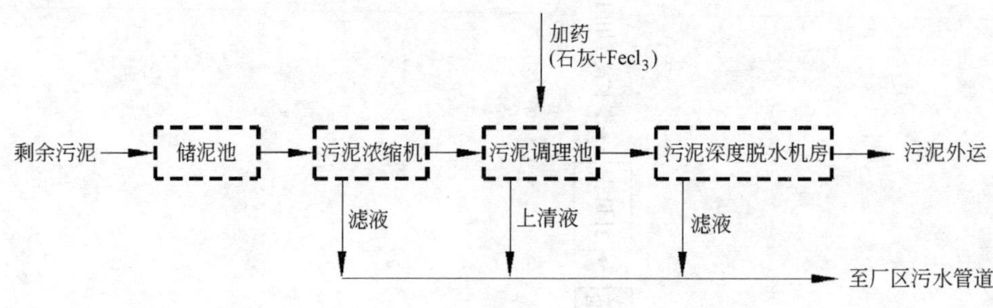

图 8-118 污泥深度脱水工艺流程

4. 主要处理构筑物设计

(1) 污水处理构筑物

1) 粗格栅井

粗格栅井在原构筑物基础上改建，主要改造部分为设备更新，并增加除臭排风装置。

粗格栅井土建平面尺寸为 3.9m×10.0m，每格平面尺寸为 1.8m×8.5m，井深为 6.35m，原安装有 2 台栅条间距为 25mm 的粗格栅除污机，受到进水中粗大杂物的冲撞，尼龙齿耙断齿现象严重。原已更新 1 台，但使用效果不理想，本次改造将更新 2 台链传动多刮板格栅除污机，以满足截取粗大杂物的使用要求，减轻后续处理设施的负荷。

粗格栅井宽为 1800mm，格栅宽度为 1200mm，垂直高度为 6m，栅条有效间隙为 20mm，安装角度为 75°，单机电机功率为 1.5kW。

原粗格栅除污机已配置有 2 套皮带输送机用以传输栅渣，但输送机为敞开式，易散发臭气，且操作管理条件较差。本次改造更换为无轴螺旋输送机，用以将 2 台粗格栅除污机截取的栅渣输送至螺旋压榨机进行挤压脱水。

无轴螺旋输送机数量为 1 台，输送能力为 $2m^3/h$，输送长度为 5000mm，电机功率为 1.5kW。

原有的螺旋压榨机系进口设备，至今使用效果良好。本次改造仍维持原有设备，不予更换。

螺旋压榨机处理能力为 $2m^3/h$，电机功率为 2.2kW。

粗格栅井和设备敞开部分加装卡普隆盖板用以集气排风，玻璃钢风管安装于集水井上部，并送往 2 号除臭装置集中处理臭气。

2) 进水泵房

进水泵房为原构筑物改建，主要改造部分为设备更新，并增加除臭排风装置。

原进水泵房平面尺寸为 11m×27m，泵房底标高为－7.8m，为自灌式泵房。原安装有 6 台立式污水泵，并预留 2 台空位，单台水泵流量为 $900m^3/h$，扬程为 12m，单机电机功率为 55kW。泵房地面建筑设有配电间和休息室。

原水泵型号陈旧，流量不匹配，易堵塞，经常年使用，效率已显著下降。本次改造，原有污水泵宜全部更新。

目前，许多污水泵房的改建往往采用改造为潜水污水泵房的形式，潜水污水泵近年来在国内的污水处理行业已得到了广泛的运用。潜水泵效率高，安装使用方便，维护保养简易。在许多干式泵房改建工程中得到了推广运用。

本工程改造方案应兼顾污水处理厂正常运转，若改建为潜水泵房，需要对原泵房的土建工程作大幅度的改建，难以满足不停水施工的需要，鉴于以上考虑，本工程仍维持原干式泵房的结构形式，仅对重要设备进行更新，达到既满足改建后污水处理厂对高效率设备的要求，又尽可能维持施工期间污水处理厂的正常运转。

改造方案为拆除原进水泵房内 PWL 型立式污水泵，更新为 5 台立式污水泵，4 用 1 备。单泵流量为 1000m^3/h，扬程为 11m，电机功率为 55kW。

水力流程经过重新核算，进水泵房水泵扬程可调整为 11m。

原有水泵进出水管道配件应尽可能充分利用，以节省工程投资，维持污水处理厂改造施工期间的正常运行。

进水泵房内的设备安装和维修依靠原安装的 1 套单轨吊车和电动葫芦，起重量为 3t，本次改造起重设备不作更新。

泵房集水池敞开部分加装卡普隆盖板用以集气排风，玻璃钢风管安装于集水井上部，并送往 2 号除臭装置集中处理臭气。

进水泵房的工艺改造如图 8-119 所示。

3）细格栅和曝气沉砂池

细格栅和曝气沉砂池为新建。

① 细格栅

沉砂池前端渠道内安装 2 台回转式细格栅除污机，用以截取进水中的较细小的垃圾等杂物。细格栅渠宽为 1300mm，设备宽度为 1200mm，栅条有效间隙为 6mm，细格栅垂直高度为 2200mm，安装角为 75°。

回转式固液分离机数量为 2 台，每台电机功率为 1.5kW。

② 曝气沉砂池

原曝气沉砂池分 2 格，每格平面尺寸为 3m×10m，水深为 3.6m，水力停留时间为 2.8min。

近年国内外污水处理厂的设计和运行经验表明，曝气沉砂池的水力停留时间宜适当延长，以确保沉砂池的运行效果。如德国设计规范（ATV，1997）规定，曝气沉砂池的水力停留时间宜为 5～10min，可确保大于 0.2mm 粒径的砂粒去除率可达到 85%。沉砂池适当延长水力停留时间，也可达到较佳的除油效果。污水处理厂实际运行数据显示，原沉砂池使用效果一般，且主要的机械设备链式刮砂板损毁情况严重，应进行彻底改造。

沉砂池分 2 格，每格平面尺寸为 25m×4.65m，有效水深为 2m，水力停留时间为 7min，空气管设于沉砂池一侧，供气量为 534m^3/h，在空气管同侧池底，设有宽为 1.2m 的集砂槽，用链式机械刮砂板将沉砂送至池端顶部，排入储砂斗后，经砂水分离后外运处置。

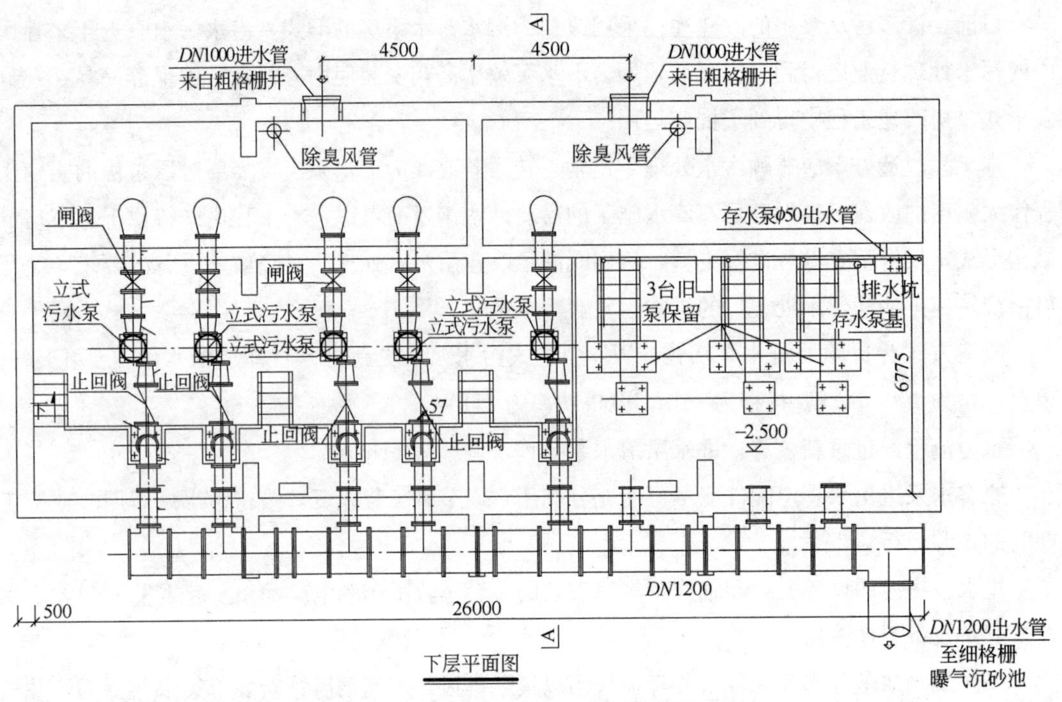

下层平面图

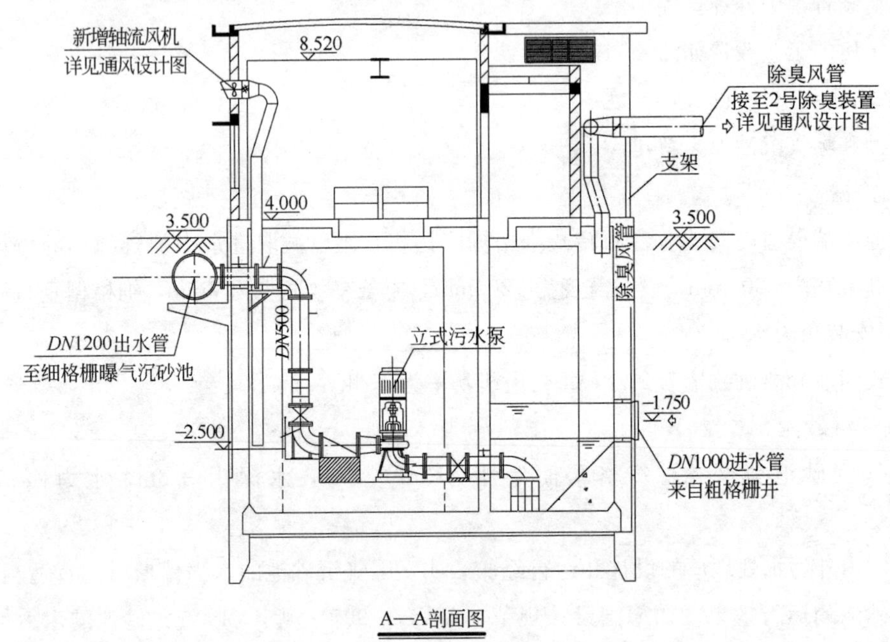

A—A剖面图

图 8-119 进水泵房工艺改造

曝气沉砂池内设置 2 台链板式刮砂机，通过链传动和刮板将沉积于池底的沉积砂以 30°坡度向上输送，抵达池顶平台时，由卸料口将提升的沉积砂由输砂管卸至垃圾储存箱，由人工定期外运，刮板返程时，应将液面浮渣撇向电动旋转式撇渣管。

设备技术参数：

刮板宽度：1200mm；

水平段长度：25m；

爬升角度：30°；

刮板速度：0.6m/min；

单台电机功率：0.37kW；

数量：2 台。

随着近年来服务范围内餐饮等第三产业的迅猛发展，进入天山污水处理厂的含油废水大量增加，导致二次沉淀池表面漂浮着厚重的油层，影响了出水水质，也给日常的清理和维护工作带来了极大的不便，本次工程在沉砂池内增加除油功能。

与空气管相对一侧设置集油和撇渣区，通过一道静止格栅与沉砂区相隔，收集的浮油经撇渣管外排。

静止格栅宽度为 2m，高度为 1.5m，格栅间隙为 3mm，数量共计 26 套，全部采用不锈钢制造。

沉砂池的出水处设置 1 台电动旋转式撇渣管，通过时间继电器自动定时进行液面浮油浮渣的撇除。

电动旋转式撇渣管的管径为 400mm，总长度为 10m，材料为不锈钢，电机功率为 0.37kW。

细格栅和曝气沉砂池的工艺设计如图 8-120 所示。

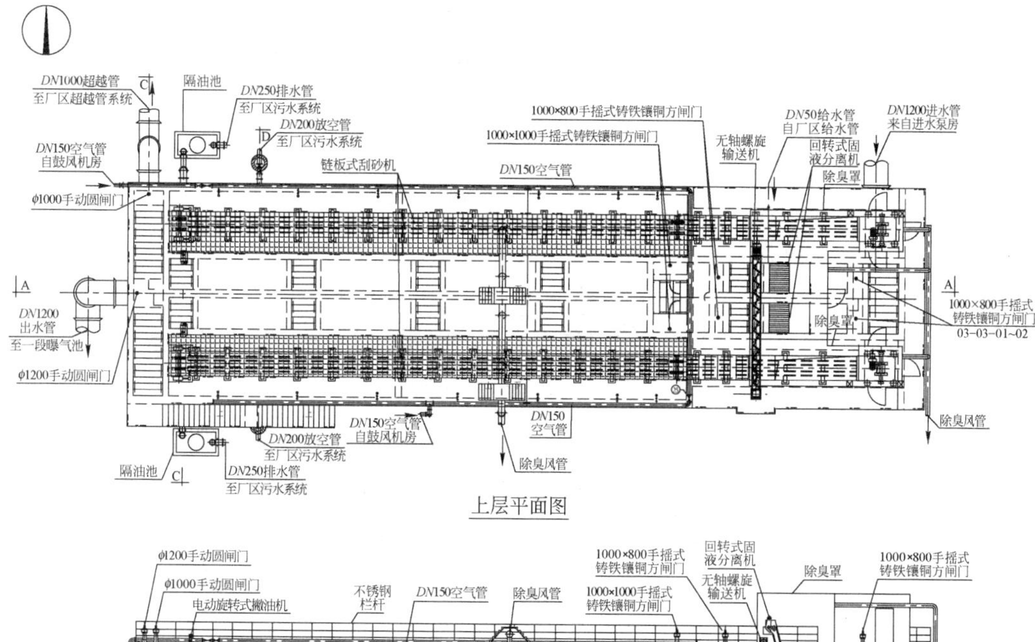

图 8-120　细格栅和曝气沉砂池工艺设计

4）厌氧池

新建厌氧池1座，在厌氧阶段污水中厌氧细菌大量放磷，为下阶段好氧吸磷创造条件。

厌氧池设置于已建初次沉淀池南侧，平面尺寸为33.8m×16.5m，有效水深为6m，水力停留时间为1.07h。厌氧池分3格，每格平面尺寸为16.5m×11.0m。

每格设置1台潜水搅拌机，通过叶轮旋转促使池内污水搅动，避免污泥沉积。

潜水搅拌机采用潜水电机和搅拌叶轮为一体的结构形式，搅拌机的角度调整通过上部转盘转动完成，同时可通过设置在上部支架的起升设备将搅拌机沿导杆提升或放下。

潜水搅拌机采用的电机为F级绝缘，防护等级为IP68，单台电机功率为3.1kW，设备数量共计3台。

中间沉淀池回流污泥泵房与厌氧池合建，自中间沉淀池泵送活性污泥至厌氧池，污泥回流比为38%。泵房平面尺寸为5.1m×4.6m，安装潜水轴流泵3台，2用1备，单台流量为600m^3/h，扬程为2.5m，电机功率为11kW。

厌氧池构筑物敞开部分上覆卡普隆集气罩用以集气排风，臭气经收集后通过玻璃钢风管排送至2号除臭装置集中处理。

5）一段曝气池

一段曝气池主要用于去除污水中大量以COD计的有机污染物，同时TN的去除也主要在该阶段中完成。另外，一段曝气池还兼具部分硝化和除磷功能。

一段曝气池在原曝气池的基础上改建，根据水力流程和平面布置，将目前3座曝气池最南端的一座改建为一段曝气池。

原曝气池每池4槽，槽长为45m，槽宽和水深均为6m，每组曝气池处理能力为2.5×10^4m^3/d，平均水力停留时间为6.2h。原设计采用穿孔管鼓风曝气，推流运行，池内混合液浓度为2.5g/L，污泥负荷为0.3kgBOD/(kgMLSS・d)。

新建一段曝气池基本维持原池的土建结构，仅对进出水管和池内流态进行调整。一段曝气池，混合液浓度为1.5g/L，污泥负荷为1.39kgBOD_5/(kgMLSS・d)，标准供氧量为776kgO_2/h，最大供气量为172.4m^3/min。

原进水位于曝气池中部，采用多点进水的形式。现改为北侧廊道的东端进水，进水管管径为DN1400。同时在该位置设置二段曝气池混合液回流管和最终沉淀池出水回流管，促进一段曝气池的硝化和反硝化功能。在全部改造工程完工后，原进水管和回流污泥管应予以封堵。

污水经一段曝气池反应后，于南侧廊道的东端出水，出水端设置堰口，出水管管径为DN1400，出水经泵送至中间沉淀池作泥水分离。

由于推流形态变化，原有隔墙上开设的3处4000mm×3000mm导流孔应予以封堵，在对应位置重新开设3处4000mm×3000mm导流孔。

采用鼓风曝气对曝气池全池进行供氧，微孔曝气器均布于全池。根据工艺要求，50%的曝气池可切换为缺氧段运行，因此，一部分曝气池容积需安装搅拌设备以确保厌氧状态下池内污泥呈悬浮状态。

盘式微孔曝气器均布于曝气池底部，为生物反应供氧，同时确保池内混合液呈悬浮状态。微孔曝气器的数量为 2040 套。

曝气器单个供气量约为 $5m^3/h$，充氧效率为 25%，除膜片采用三元乙丙胶外，其余空气支管等配套附件均采用 UPVC 塑料管，微孔膜式曝气器的成套范围应包括安装支架等附件。

当北侧 2 条廊道的曝气系统被切断时，50% 的曝气池可以被切换为厌氧池使用，以强化一段曝气池的反硝化功能。为防止曝气池污泥沉积，2 条廊道内分别设置 1 台潜水搅拌机，提高泥水混合效果，搅拌输入功率为 $3\sim5W/m^3$。

潜水搅拌机采用潜水电机和搅拌叶轮为一体的结构形式，搅拌机的角度调整通过上部转盘转动完成，同时可通过设置在上部支架的起升机构将搅拌机沿导杆提升或放下。

潜水搅拌机采用的电机为 F 级绝缘，防护等级为 IP68，单台电机功率为 3.5kW，设备数量共计 2 台。

一段曝气池敞开部分上覆卡普隆集气罩用以集气排风，臭气经收集后通过玻璃钢风管排送至 1 号除臭装置集中处理。

一段曝气池的工艺设计如图 8-121 所示。

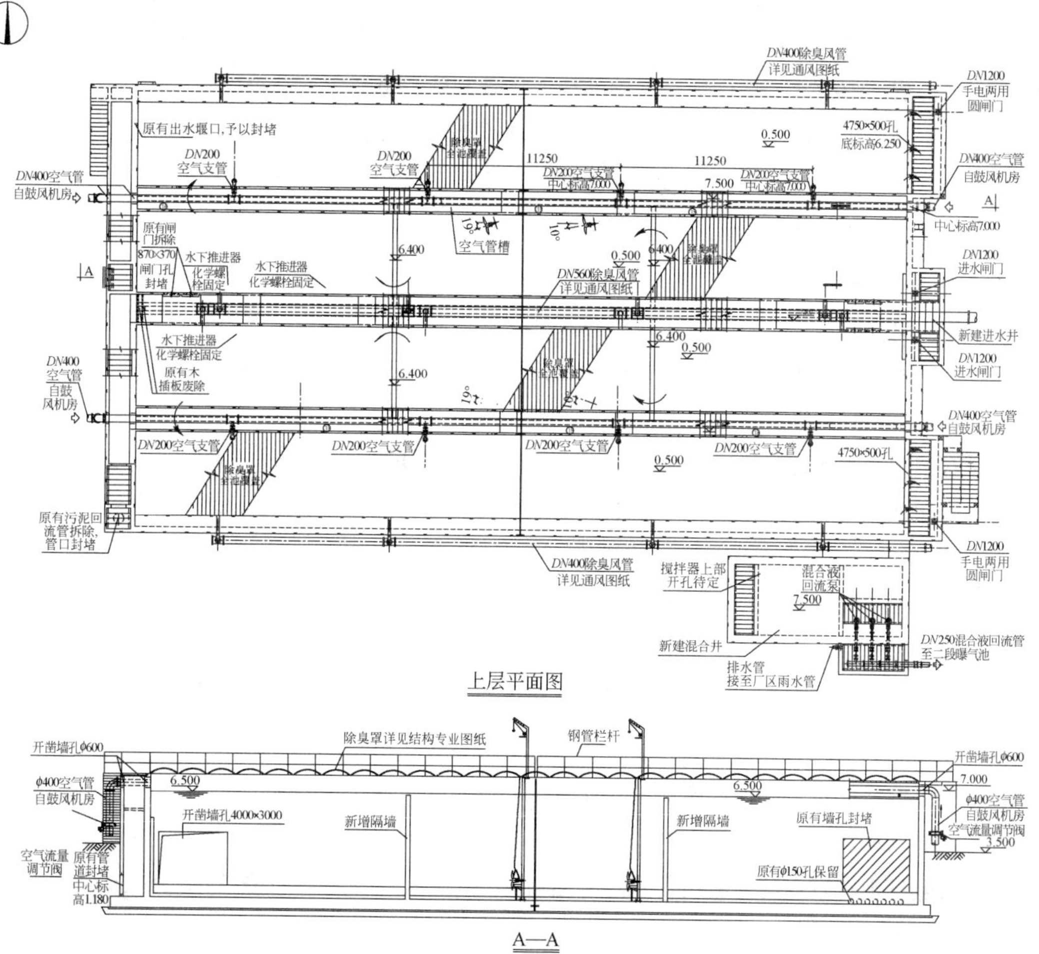

图 8-121　一段曝气池工艺设计

6）中间沉淀池

中间沉淀池用于对一段曝气池出流的混合液进行泥水分离，中间沉淀池充分利用原厂初次沉淀池的土建结构，并对相关连接管道和机械设备作合理改造。

原初次沉淀池为中心进水、周边出水的辐流式沉淀池，共3座，池径为30m，有效水深为4.87m，水力停留时间为2.54h，表面负荷为1.88$m^3/(m^2 \cdot h)$，池内设中心传动刮泥机，污泥通过集泥槽依靠重力排出。

设计中间沉淀池基本维持原初次沉淀池土建结构，池数3座，池径为30m，有效水深为4.87m，设计表面负荷为2.47$m^3/(m^2 \cdot h)$。

原初次沉淀池和曝气池之间采用管道连接，由于构筑物不均匀沉降和管道常年使用造成的结垢等原因，造成初次沉淀池和曝气池之间在高峰流量时水流不畅。本次改造工程中，由于最终沉淀池出水回流造成中间沉淀池水力负荷约增加40%，因此，拟抬高中间沉淀池出水堰标高约10cm，适当减少沉淀池超高，使沉淀池运行水位恢复至原设计标高。经水力计算，改造后的水力高程可满足设计要求。

原初次沉淀池刮泥机经常年使用后，除不久前更换的1台铝合金桥架刮泥机至今使用效果较好外，其余2台中心转盘轴承磨损严重，大量漏油，已不堪使用，本次改造将剩余2台刮泥机拆除进行更换，改造工程包括将锈蚀的中心柱管割除并更换成不锈钢柱管。

刮泥机为周边传动半跨桥架形式，设备全部采用防腐蚀材料，以增加材料的抗腐蚀性能和延长使用寿命，新配置的刮泥机包括撇渣和排渣系统。

中间沉淀池周边传动刮泥机更新数量共计2台，刮泥机周边线速度为2～2.5m/min，单台电机功率为0.55kW。

设备的更新改造应结合土建工程一并实施，其内容包括沉淀池池顶标高找平和池顶平台的外挑，为使周边刮泥机端梁外侧和平台栏杆有一定的安全通道，沉淀池平台外挑至1.2～1.3m宽。

原有钢制出水堰板已严重锈蚀，本次改造予以全部更换，出水堰板采用不锈钢材料制造，其高度为250mm，厚为3mm，单池双出水堰的周边总长度约为180m，出水堰板具有上下约30mm的调节余量，以确保经调节后各堰口可均匀出水。

中间沉淀池回流污泥经污泥泵房提升至厌氧池，以保持厌氧池和一段曝气池的混合液浓度。生物处理系统的剩余污泥全部从中间沉淀池排出，依靠重力进入储泥池。

中间沉淀池敞开部分上覆卡普隆集气罩用以集气排风，臭气经收集后通过玻璃钢风管排送至1号除臭装置集中处理。

中间沉淀池的工艺设计如图8-122所示。

7）二段曝气池

二段曝气池在较低的污泥负荷状态下运行，主要承担着生物处理系统的硝化功能，同时兼顾一部分反硝化的功能。

与一段曝气池一样，二段曝气池也在原曝气池的基础上改建。根据水力流程和平面布置，

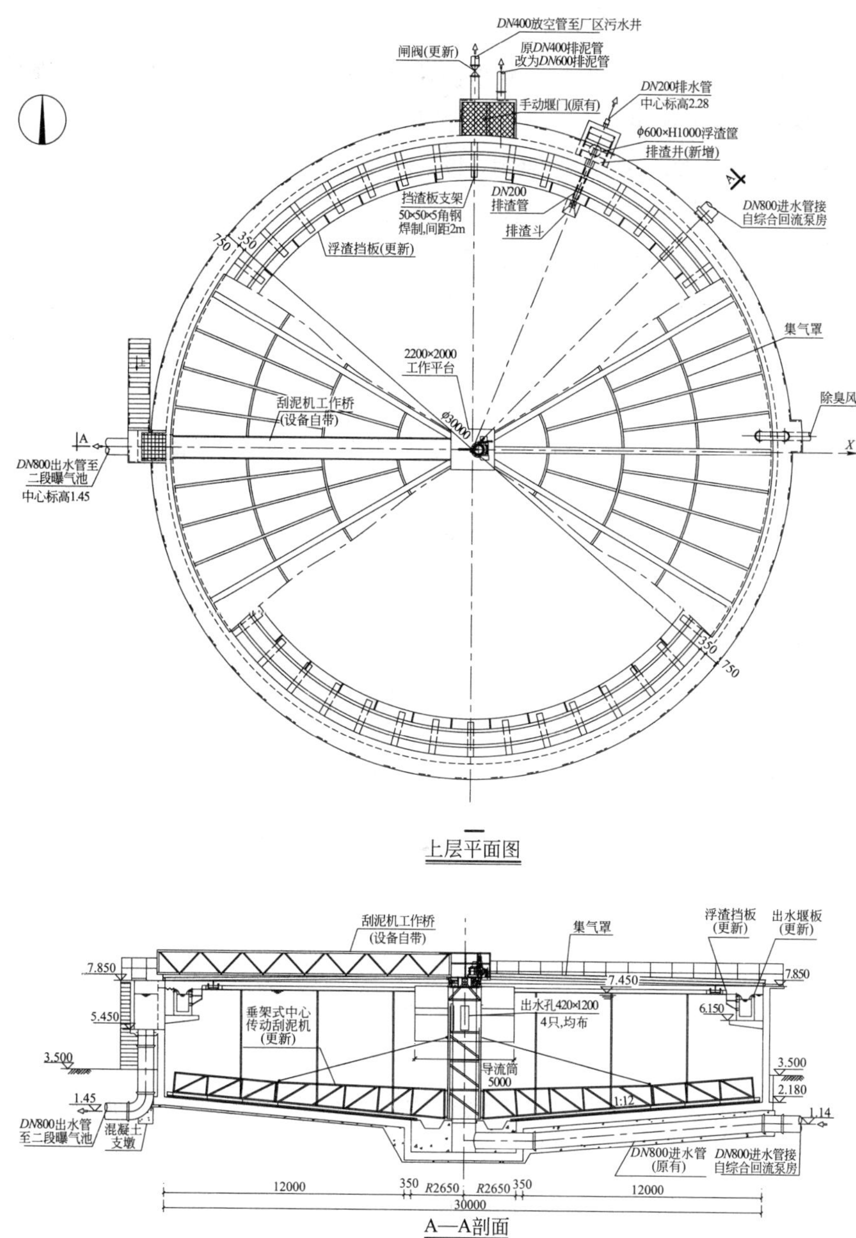

图 8-122　中间沉淀池工艺设计

宜将目前 3 座曝气池北面的 2 座改建为二段曝气池。

新建二段曝气池基本维持原池的土建结构，仅对进出水管和池内流态进行调整，二段曝气池单池平面尺寸为 45m × 24m，有效水深为 6m，混合液浓度为 3.3g/L，污泥负荷为 0.13kgBOD_5/(kgMLSS・d)，标准供氧量为 1294kgO_2/h，最大供气量为 287.6m^3/min。

原进水位于曝气池中部，采用多点进水的形式。现改为于南侧廊道的东端进水，进水管管径为 *DN*1000。同时在进水端设置一段曝气池混合液回流管，加强二段曝气池的反硝化功能。最终沉淀池至二段曝气池的回流污泥管仍利用原二次沉淀池回流污泥管，管径为 *DN*600。在全部改造工程完成后，原进水管应予以封堵。

污水经二段曝气池反应后，于北侧廊道的西端出水，出水端设置堰口，出水管管径为 $DN1000$，出水至最终沉淀池作泥水分离。

在二段曝气池出水端投加 $FeCl_3$ 混凝剂，以去除经生物处理后污水中的剩余磷，化学除磷作为生物除磷的辅助手段，视生物除磷的效果灵活运用。

由于推流形态变化，原有隔墙上重新开设 4 处 4500mm×5600mm 宽导流孔。

采用鼓风曝气对曝气池全池进行供氧，微孔曝气器均布于全池。根据工艺要求，50%的曝气池可切换为缺氧段运行，因此，一部分曝气池容积需安装搅拌设备以确保厌氧状态下池内污泥呈悬浮状态。

盘式微孔曝气器均布于曝气池底部，为生物反应供氧，同时确保池内混合液呈悬浮状态。微孔曝气器的数量为 3456 套。曝气器单个供气量为 $5m^3/h$，充氧效率为 25%。

当曝气池内的曝气系统被切断时，50%的曝气池可以被切换作为厌氧池使用，以强化二段曝气池的反硝化功能。为防止污泥沉积，并提高泥水混合效果，在曝气池内设置 16 套潜水搅拌机，每池 8 套，潜水搅拌机单台电机功率为 1.6kW。

每座曝气池内安装 2 台内回流泵，增强混合液循环效果，提高二段曝气池去除 TN 能力。

内回流泵总数量共计 4 台，单台流量为 $3150m^3/h$，扬程为 0.5m，电机功率为 10kW。

二段曝气池敞开部分上覆卡普隆集气罩用以集气排风，臭气经收集后通过玻璃钢风管排送至 1 号除臭装置集中处理。

二段曝气池的工艺设计如图 8-123 所示。

8）最终沉淀池

污水进入最终沉淀池对二段曝气池出流的混合液进行泥水分离。最终沉淀池充分利用原二次沉淀池的土建结构，并对相关连接管道和机械设备作合理改造。

原二次沉淀池采用辐流式，池径为 30m，池边水深为 3.97m，共 6 座，水力停留时间为 4.1h，表面负荷为 $0.94m^3/(m^2 \cdot h)$，池内设中心传动吸泥机，原二次沉淀池出水直接排入苏州河。

经改造后的最终沉淀池共 6 座，设计表面负荷为 $1.23m^3/(m^2 \cdot h)$。

经最终沉淀池泥水分离后，污泥经泵房提升回流至二段曝气池，以维持二段曝气池混合液浓度，回流比为 75%～100%。

经多年使用后，原二次沉淀池吸泥机中心转盘轴承磨损严重，大量漏油，水下部分锈蚀严重，已不堪使用，本次改造将全部 6 台刮泥机拆除进行更换，包括将锈蚀的中心柱管割除并更换成不锈钢柱管。

刮泥机为周边传动半跨桥架形式，设备全部采用防腐蚀材料，以增加材料的抗腐蚀性能和延长使用寿命。新配置的刮泥机包括撇渣和排渣系统。

最终沉淀池周边传动刮泥机更新数量共计 6 台，刮泥机周边线速度为 2～2.5m/min，单台电机功率为 0.55kW。

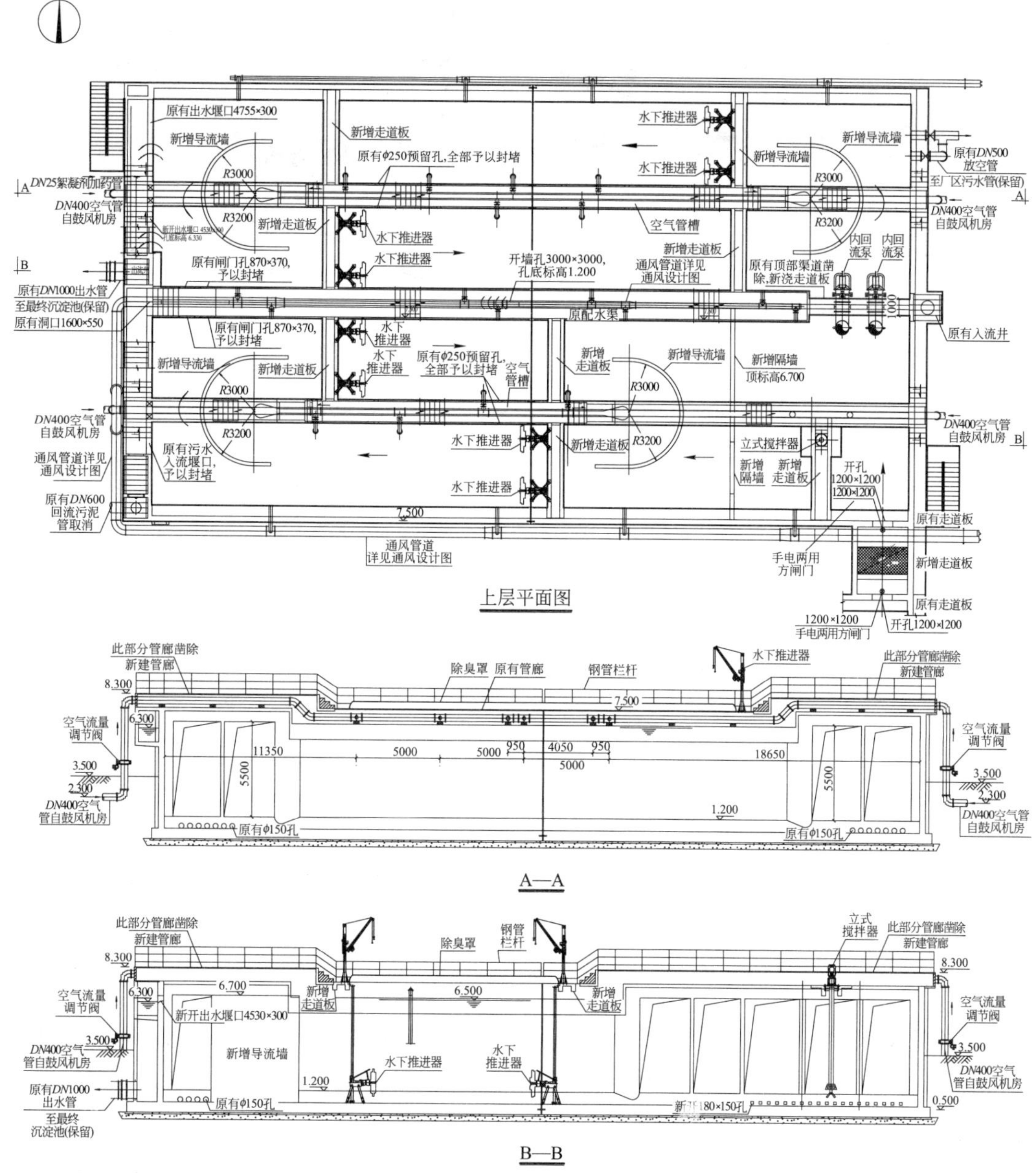

图 8-123　二段曝气池工艺设计

由于原有钢制出水堰板已严重锈蚀，本次改造全部更新为不锈钢出水堰板，出水堰板高度为 250mm，厚度为 3mm，出水堰板具有上下约 30mm 的调节余量，以确保均匀出水。

为避免系统剩余污泥全部从中间沉淀池排出而造成负荷较大，最终沉淀池也设置了污泥排放管，提供紧急情况下的污泥应急排放。

最终沉淀池的工艺设计如图 8-124 所示。

9）鼓风机房

鼓风机房为原构筑物改建，拟充分利用原土建结构，并对风机等主要设备进行更新。

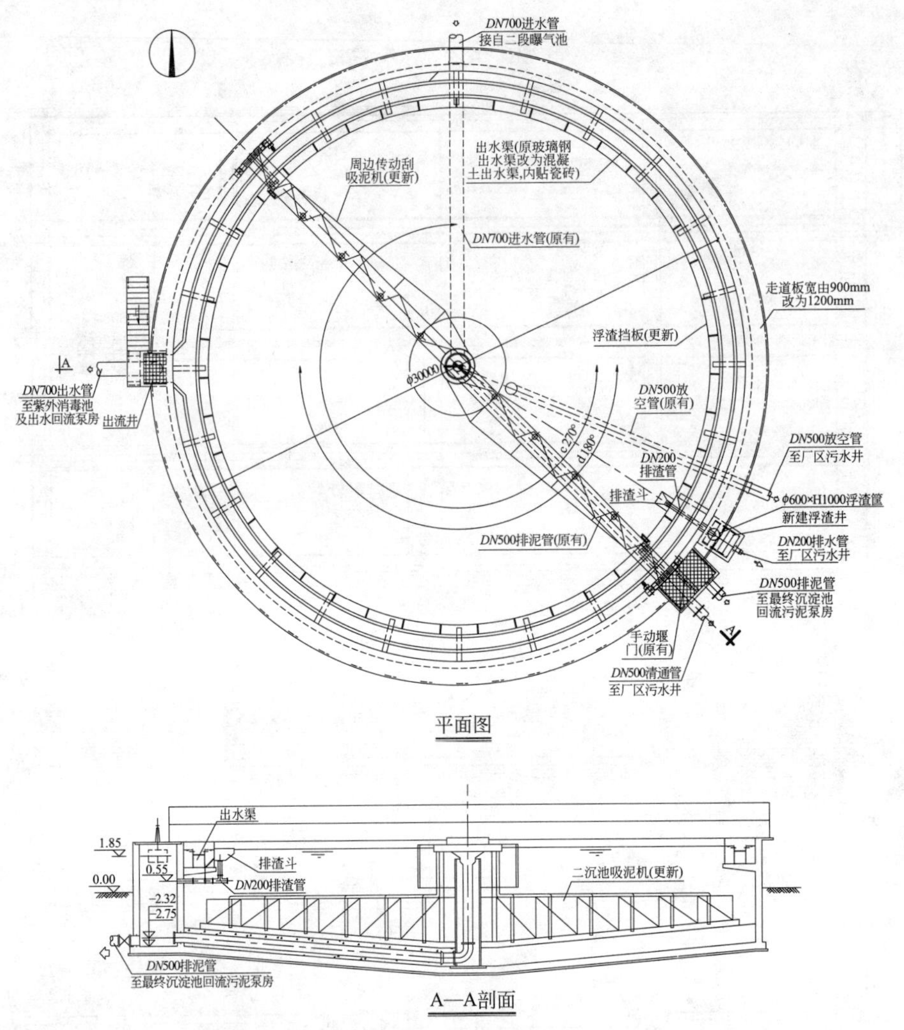

图 8-124 最终沉淀池的工艺设计

已建鼓风机房平面尺寸为 12m×36m，另设 4.5m×36m 的变配电间、配电间、仪表间和空气过滤室。鼓风机房内原配置多级离心鼓风机 4 台，风量为 250m^3/min，风压为 0.065MPa，电机功率为 440kW，机房内另设手动双梁起重机 1 台，起重量为 1.6t。

鼓风机为污水处理厂核心设备，原有鼓风机属淘汰产品，经多年使用后，漏油严重，噪声大，维修保养的备品备件缺乏，难以长期维持。本次改造对所有鼓风机进行更新。

鼓风机采用单级离心式，共 2 种规格，分别用于曝气池和污泥好氧消化池的供氧，用于曝气池供氧的鼓风机共 4 台，3 用 1 备，单台风机风量为 154m^3/min，风压为 0.07MPa，电机功率为 250kW。鼓风机采用风冷机构形式，其配套设备应包括过滤器、消声设备、阀门和控制系统。

作为好氧稳定池供氧的鼓风机数量为 1 台，与曝气池供气风机共用备用风机，鼓风机单台风量为 130m^3/min，风压为 0.07MPa，电机功率为 200kW。鼓风机采用风冷机构形式，其配套设备应包括过滤器、消声设备、阀门和控制系统。

为保证鼓风机正常操作，减少噪声，设置空气除尘装置和消声装置。鼓风机外加隔声罩，使噪声降低至 80dB 以下。

根据设备安装的需要，鼓风机房内新建进风室，进出风等管配件需作相应更新。

鼓风机房内的设备安装和维修依靠原安装的 1 台手动双梁起重机，起重量为 16t，本次改造起重设备不作更新。

10）一段曝气池提升泵房、回流泵房和二段曝气池回流泵房

根据全厂总平面布置的需要，为节省用地，简化管线铺设，一段曝气池提升泵房、回流泵房和二段曝气池回流泵房拟为合建式泵房。

为充分利用已建构筑物，根据水力流程设计，一段曝气池出水由水泵提升至中间沉淀池进行泥水分离。

一段曝气池回流泵房和二段曝气池回流泵房分别承担两段曝气池之间的混合液回流，主要用于提供二段曝气池反硝化反应所需的碳源和提供一段曝气池硝化细菌，回流率均为进水流量的 3%～5%。

合建式泵房建于一段曝气池南侧，平面尺寸为 14.1m×5.6m。

①一段曝气池提升泵房

泵房平面尺寸为 7.3m×5.6m，设置 4 台潜水轴流泵，3 用 1 备。潜水轴流泵单台流量为 1860m^3/h，扬程为 3.0m，电机功率为 40kW。

②一段曝气池回流泵房

泵房平面尺寸为 3.2m×5.6m，设置潜水离心泵 3 台，2 用 1 备。潜水离心泵单台流量为 80m^3/h，扬程为 2m，电机功率为 4kW。

③二段曝气池回流泵房

泵房平面尺寸为 3.3m×5.6m，设置潜水离心泵 3 台，2 用 1 备。潜水离心泵单台流量为 90m^3/h，扬程为 2m，电机功率为 4kW。

11）最终沉淀池回流污泥泵房

拆除原二次沉淀池回流污泥泵房，并于原地新建最终沉淀池回流污泥泵房，泵送污泥至二段曝气池，以维持曝气池混合液浓度，回流比为 66%～100%。

原二次沉淀池回流污泥泵房为螺旋泵房，平面尺寸为 14m×6m，设 Φ1000mm 螺旋泵 4 台，每台流量为 660m^3/h，提升高度为 3m，电机功率为 11kW。经过多年使用后，螺旋泵漏油严重，轴承摆动。本次改造工程拟拆除重建。

国内 20 世纪 80 年代和 90 年代初建设的污水处理厂，受到设备来源的限制，大多采用螺旋泵作为污泥回流提升泵。实际使用经验表明，螺旋泵扬程固定，易散发臭气，操作条件较差，运行过程中会对混合液充氧，不利于污泥回流至缺氧段和厌氧段，同时，土建占地面积较大，施工困难。

鉴于原泵房改造困难，工程投资较大，本工程新建污泥回流泵房 1 座，平面尺寸为 9.85m×7.3m。

回流污泥泵采用潜水离心泵，数量 4 台，3 用 1 备。潜水离心泵单台流量为 1042m^3/h，扬程为 3m，电机功率为 22kW。

12）紫外线消毒池和出水回流泵房

新建紫外线消毒池和出水回流泵房 1 座，位于 6 组最终沉淀池北侧，已建出水计量井西侧，为节省用地，紫外线消毒池与出水回流泵房合建。

① 紫外线消毒池

消毒池由 2 组出水渠组成，分别安装 1 套紫外线消毒系统，对二次沉淀池尾水进行消毒处理。

单渠平面尺寸为 7.25m×1.7m，有效水深为 1.1m。

紫外线消毒系统包括紫外线灯模块组、系统控制中心、配电中心、灯组支架和水位控制系统。

紫外线消毒装置采用模块式结构，使用低压高强度紫外灯管，使用多级变功电子镇流器，带机械或化学式自动清洗系统，自动清洗系统在清洗过程中不会对系统运行产生干扰，模块可以正常工作，消毒后尾水通过液位控制堰门排放。

紫外线消毒模块的数量共计 1 套 2 组，每组模块的灯管数量约为 128 根，单只灯管输出功率为 150W，系统输出总功率约为 46kW。

水位控制器安放在水渠末端的排水口，监控系统包括低水位传感器，以保证在设计时维持一个最低水位和最小水位变化，在此变化范围内保持灯管全部被淹没。

水位控制器主要采用不锈钢和其他抗腐蚀材料制造，数量共计 2 套。

在紫外线消毒池的进水廊道处设置 2 台规格为 1700mm×1600mm 手摇式不锈钢渠道闸门，用于切断水流作检修设备用。

②出水回流泵房

出水回流泵房与紫外线消毒池合建，将部分二次沉淀池出水回流至一段曝气池，提供大量的硝酸盐用于反硝化，承担生物脱氮系统主要的反硝化功能。出水回流比为 40%。

泵房平面尺寸为 7.14m×6.2m，安装潜水轴流泵 3 台，2 用 1 备。潜水轴流泵单台流量为 625m^3/h，扬程为 4.5m，电机功率为 25kW。

紫外线消毒池和出水回流泵房的工艺设计如图 8-125 所示。

13）加药间

新建加药间 1 座，用以制备化学除磷所需的混凝剂溶液。

加药间平面尺寸为 6m×5m，设计投加化学药剂类型为固态 $FeCl_3$，投加量为 10mg/L，混凝剂总耗用量为 750kg/d。

采用成套药剂制备系统，包括溶解系统和稀释系统。主要设备包括：

加药泵 2 台，1 用 1 备，单泵流量为 390L/h，扬程为 16m，电机功率为 1.6kW；

溶解系统 1 套，电机功率为 3kW；

电动葫芦 1 套，起重量为 1t，起升高度为 6m，电机功率为 1.5kW；

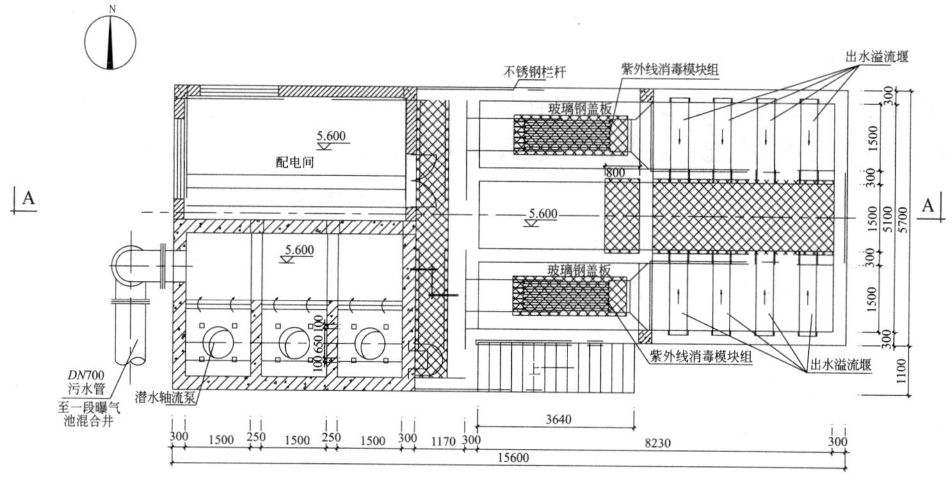

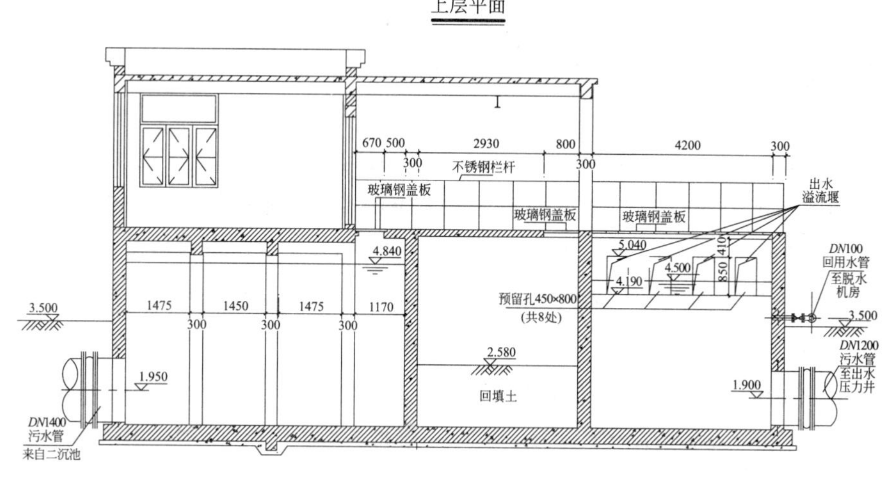

图 8-125　紫外线消毒池和出水回流泵房工艺设计

壁式轴流风机 2 套，排风量为 1200m^3/h。

（2）污泥处理构筑物设计

本次改造工程污泥处理构筑物全部设置于厂区东南部。污泥处理构筑物主要包括储泥池、污泥调理池、污泥浓缩脱水机房。

1）储泥池

储泥池利用原湿污泥池改建，原湿污泥池直径为 8.5m，有效水深为 3.5m，共 2 座，其中一座湿污泥池分 2 格，其中一格作为污泥脱水前储泥池，另一格作为浓缩前储泥池；另一座湿污泥池也作为污泥浓缩前储泥池。储泥池充分利用原湿污泥池土建结构，并更新改造相关连接管线和机械设备。

生物处理系统排出的剩余污泥依靠重力排入储泥池，停留后进行污泥浓缩。剩余污泥量为 1.3×10^4 kgDS/d，污泥含水率为 99%～99.13%，污泥流量为 1300～1494m^3/d。

储泥池直径为8.5m，有效水深为3.5m，水力停留时间为5～6h。

2）污泥调理池

储泥池污泥经水泵提升后进入污泥浓缩机进行浓缩，浓缩后的污泥进入污泥调理池，在调理池内投加熟石灰和三氯化铁混合搅拌调理。调理池共1座，分3格，每格尺寸为6.0m×6.0m，有效水深4.0m，污泥量为1.3×10^4kgDS/d，经过浓缩后的污泥含水率为95%，污泥体积为355.5m^3/d（含最大30%DS石灰乳和10%DS铁盐调理剂体积，石灰乳投加浓度为5%，铁盐投加浓度为35%，相对密度为1），每格调理池内设立式涡轮搅拌机1台，功率为2.2kW，同时配置石灰料仓1套，储料体积为60m^3，相对密度0.5，储料时间>5d，消石灰纯度为85%。计量螺旋输送机1套，双向螺旋输送机1套。

3）污泥浓缩脱水机房

经调理后的污泥经过污泥泵提升后进入板框压滤机进行深度脱水，脱水机房与浓缩机房合建，污泥浓缩系统，利用新购的1台离心浓缩机将污泥含水率降至95%。当离心浓缩机故障时，经调理后的污泥直接进入板框脱水机实现深度脱水。

污泥深度脱水系统，设计隔膜压滤机及相应设备按2台设置。深度脱水污泥由皮带输送机输送至污泥堆棚装车外运处置。进入污泥浓缩机的干泥量为1.3×10^4kgDS/d，进泥含水率为99%～99.13%，出泥含水率为95%，每天工作时间为24h，絮凝剂投加量为0.003kg/kgDS，浓缩后污泥体积为260m^3/d。污泥深度脱水系统调理后污泥量为355.5m^3/d（含30%DS消石灰和10%DS铁盐调理剂体积，消石灰药剂浓度为5%，铁盐药剂浓度为35%，相对密度为1），压滤机进泥含水率为94.7%，出泥含固率≥40%，有效工作时间为16h。

污泥离心浓缩机1套，流量为40～80m^3/h，电机功率为（95+11）kW。

隔膜压滤机2台，每批次进泥量为44.4～125m^3（相对密度为1），过滤面积为450m^2，过滤压力≤1.2MPa，隔膜压榨压力≤1.8MPa，每批次最大出料为7m^3，电机功率为15kW。

进料螺杆泵2台（变频），流量为40～100m^3/h，压力为0.4MPa，电机功率为37kW；保压螺杆泵2台（变频），流量为16～40m^3/h，压力为0.8MPa，电机功率为18.5kW；挤压螺杆泵2台（变频），流量为0～18m^3/h，压力为1.5MPa，电机功率为22kW；挤压储水箱1套，储水体积为5m^3；空压机2套，流量为3.5m^3/min，压力为1.8MPa，电机功率为22kW；储气罐4套，储气容积为1m^3/只（2个），储气容积为10m^3/只（1个），储气容积为1.5m^3/只（1个）；水平皮带输送机（全封闭）2套；倾斜皮带输送机（全封闭）2套；桥式起重机1套；污泥装卸料斗（电动双开门）2套，有效容积为8m^3，安装高度为2.55m，电机功率为1.5kW。

污泥浓缩脱水机房的平面布置如图8-126所示。

（3）除臭构筑物设计

新建臭气集中处理装置2套，根据浓度的不同，对有关构筑物排放的臭气分别进行集中处理，其中1号除臭装置用于处理曝气池和中间沉淀池所排放的臭气，2号除臭装置用于处理浓度较高的污水预处理部分和污泥处理部分的臭气。2套装置处理风量分别为$4.1\times10^4m^3/h$和$2.8\times10^4m^3/h$。

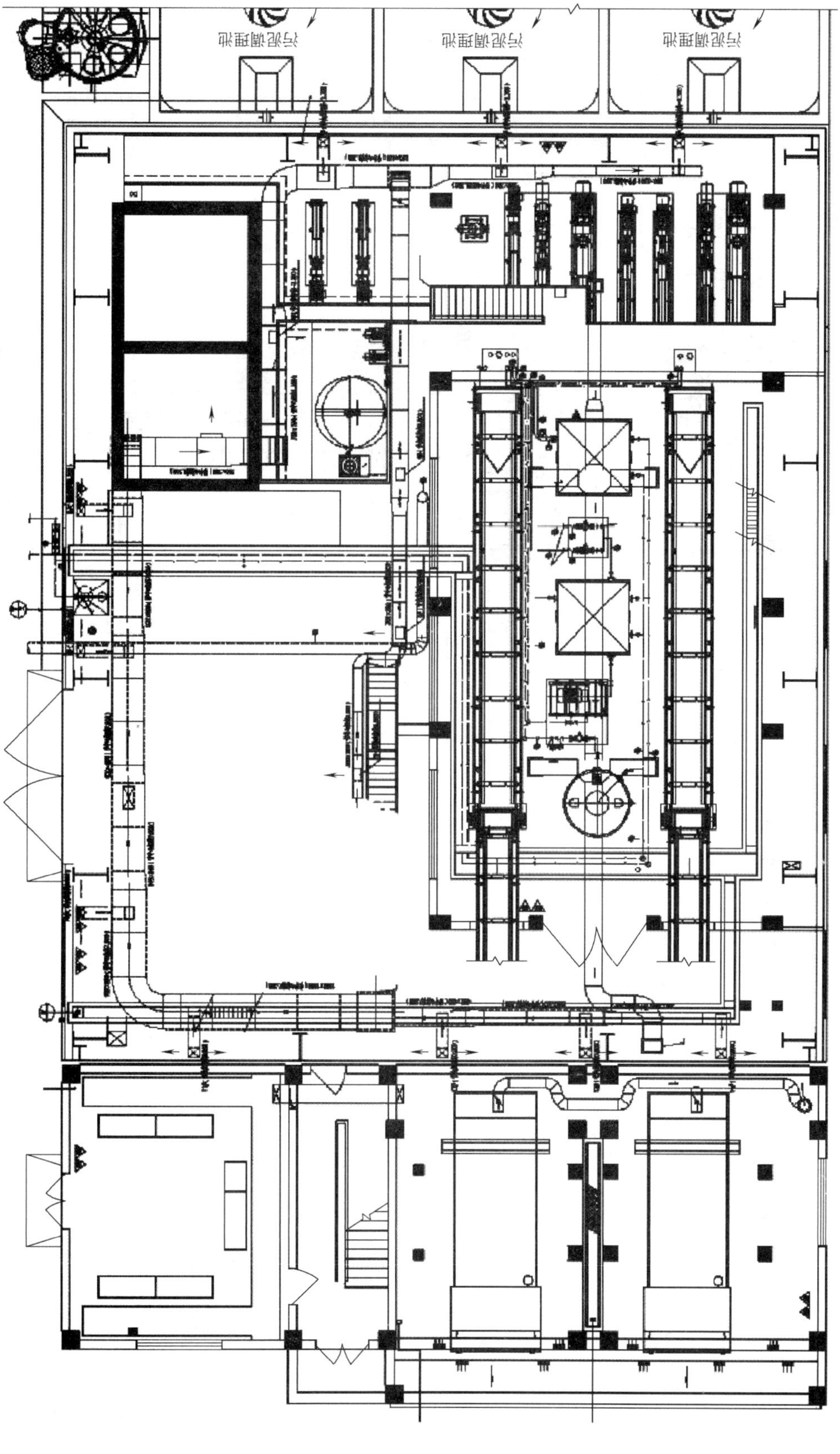

图 8-126　污泥浓缩脱水机房布置

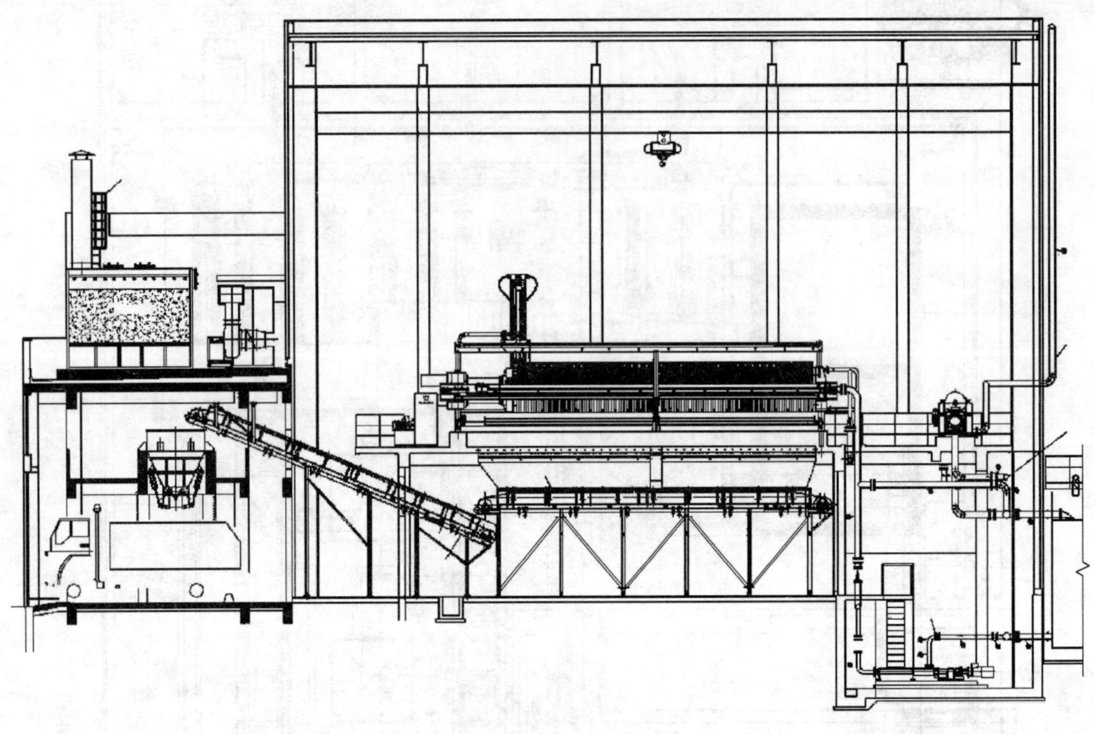

图 8-126 污泥浓缩脱水机房布置（续）

1 号除臭装置设置于粗格栅井东侧，2 号除臭装置设置于污泥处理部分。

除臭装置采用生物滤池，异味去除率＞95％。

平面尺寸：16.08m×13.5m 和 13.0m×8.08m。

1 号除臭装置滤料体积为 390m^3，配置机械设备包括：

风机 1 套，风量为 4.1×$10^4$$m^3$/h，电机功率为 30kW；

循环水泵 1 台，电机功率为 2.2kW；

加热器 1 台，电机功率为 3kW。

2 号除臭装置滤料体积为 172m^3，配置机械设备包括：

风机 1 套，风量为 2.8×$10^4$$m^3$/h，电机功率为 11kW；

循环水泵 1 台，电机功率为 2.2kW；

加热器 1 套，电机功率为 3kW。

(4) 总平面设计

1) 平面布置原则

按照功能不同，分区布置，新建污水、污泥处理构筑物尽可能布置在已建生产区内，与生活设施保持一定距离，并用绿化带隔开。

污水、污泥处理构筑物尽可能分别集中布置，处理构筑物间布置紧凑、合理，并满足各构筑物的施工、设备安装和埋设各类管道及养护管理的要求。

本工程属于老厂改造项目，充分利用现有的构建筑物；新增构筑物或改建的构筑物充分考虑现在的管线状况，尽可能利用原有管线，避免管线重复设置、管线迂回的情况发生。

污泥处理构筑物应尽可能布置成单独的组合，标准安全，并方便管理。

在改造工程中，安排充分的绿化地带，绿化面积不少于现有天山污水处理厂厂区的绿化率。

设置通往各处理构筑物和建筑物的必要通道，设置事故排放管和超越管，各构筑物均可重力放空。

污水处理构筑物应尽可能在目前厂区围墙范围内妥善布置，达到尽可能减少占地面积和土地征用的目的。

2）总平面布置

根据推荐工艺流程，天山污水处理厂改造工程中污水处理构筑物除厌氧池和回流泵房等外基本利用原有水处理构筑物，污泥处理部分为新建构筑物。

根据厂区可用地现状，新增污水处理构筑物可全部布置在目前污水处理厂围墙范围内。新增污水处理构筑物主要包括曝气沉砂池、厌氧池、一段曝气池提升泵房、回流泵房和二段曝气池回流泵房、紫外线消毒池和出水回流泵房、最终沉淀池回流污泥泵房和加药间等。其中，曝气沉砂池和最终沉淀池回流污泥泵房均为拆除原有构筑物后，在原位置重建。

厌氧池是新增的较大型构筑物，原初次沉淀池南侧有一块空闲场地，现状为绿化，可用于设置厌氧池。厌氧池设置于该处也和水力流程中相邻构筑物距离较近，有利于保证水流通畅。

其余新建水处理构筑物主要为各类泵房和加药间，占地面积较小，拟靠近各功能中心布置。为减小占地面积，简化管线敷设，各构筑单体设计中也应充分考虑采用各种合建式池型。

污泥处理构筑物主要包括储泥池、污泥浓缩脱水机房和污泥调理池等，除储泥池为原有构筑物利用外，多数为新建。污泥处理区拟设置在污水处理厂东南角，即曝气沉砂池以南，中间沉淀池和厌氧池以西的矩形地块内，面积约为3500m^2。原厂的污泥处理构筑物也建于此，包括储泥池和污泥泵房。其余部分为绿化用地。

原污泥泵房用于泵送湿污泥至天山污水处理厂老厂，根据改建后的工艺流程，该污泥泵房可予以废除，拆除后所余场地用于新建污泥浓缩脱水机房。污泥调理池设置于脱水机房南侧。

采用该方案设置污泥处理区，污泥处理构筑物远离厂前生活区。污泥处理区布置较为紧凑，可用绿化带隔离成单独的污泥处理区，便于集中管理。同时，污泥区紧邻污水预处理构筑物，散发的高浓度臭气和预处理部分一并集中处理。

污泥处理区的设置方案充分利用原厂可用场地，额外征地面积仅为800m^2，减少了征地费用和征地难度，也使改造后各区域功能明确，厂区范围更为整齐。

除臭装置占地面积较大，具有一定的重量，为节省土建工程造价，不宜叠加在其他构筑物上。原厂污水预处理区和污泥区尚留有一部分空余场地可用于设置除臭装置，且靠近臭气发散中心，便于就近除臭，减少通风管道铺设。

根据建设部标准和老厂状况，改造后污水处理厂可充分利用原厂已建各种辅助建筑物，包括综合楼、值班休息室、食堂、仓库、机修间、车库、场地管理间等，总建筑面积为 1536m^2。

厂内新建中心控制室 1 座。中心控制室宜单独设置。中心控制室位于厂前区，靠近综合楼，便于整个污水处理厂的集中控制管理。

污水处理厂的总平面布置如图 8-127 所示。

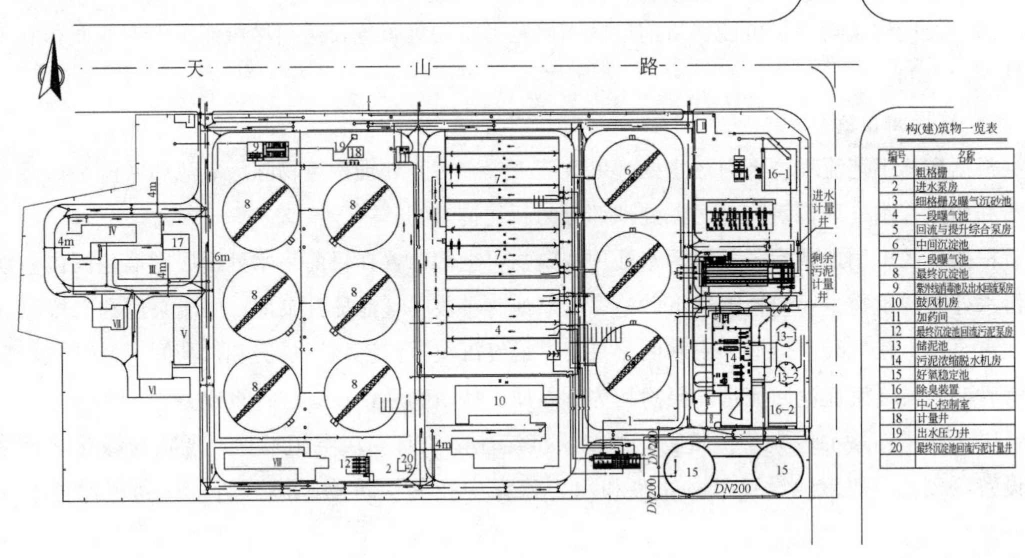

图 8-127 污水处理厂总平面布置

8.11.3 运行效果

1. 水量水质

2009～2012 年水量水质情况见表 8-71～表 8-74。

2. 问题和建议

由于原常规的活性污泥法改造成为 Hybrid 两段法处理工艺，相应的初沉池改造成为中间沉淀池，在反应池前面没有经过预处理沉淀，活性污泥和原废水中的纤维状悬浮物极易结合在一起，容易造成后续污泥处理设施的缠绕而影响其使用寿命，建议增加污泥过滤装置。

8.12 厦门市筼筜污水处理厂后续完善工程

8.12.1 污水处理厂介绍

1. 筼筜污水处理厂简介

筼筜污水处理厂于 1996 年建成投入运行（原为厦门第二污水处理厂），2004～2006 年，厦门第二污水处理厂进行了扩建改造，2008 年 9 月接纳废除的厦门市污水处理厂污水和湖里寨上区污水，并更名为筼筜污水处理厂。

2009 年水量水质情况汇总 **表 8-71**

日期	水量（$\times 10^4 m^3/d$）	BOD_5(mg/L)		COD_{Cr}(mg/L)		SS(mg/L)		NH_3-N(mg/L)		TN(mg/L)		TP(mg/L)	
		进水	出水	进水	出水	进水	出水	进水	出水	进水	出水	进水	出水
2009 年 1 月	7.67	129.04	9.27	285.33	34.33	111.58	10.63	27.64	1.60	36.10	21.44	3.94	0.93
2009 年 2 月	6.45	184.11	9.11	415.45	34.45	146.05	10.98	29.62	1.14	39.05	16.83	4.89	0.83
2009 年 3 月	7.20	129.45	8.85	291.13	33.98	110.83	10.21	29.73	1.77	40.08	16.83	3.59	0.67
2009 年 4 月	7.79	147.53	8.45	326.37	31.88	127.96	10.64	28.17	4.43	36.40	18.48	3.83	0.85
2009 年 5 月	8.06	171.66	9.52	388.25	34.18	163.65	11.22	31.93	7.49	43.80	18.60	4.78	1.21
2009 年 6 月	7.88	143.40	8.03	324.33	31.19	121.44	11.73	33.49	2.94	44.85	21.38	4.20	1.08
2009 年 7 月	7.35	135.86	8.58	304.83	32.64	118.13	11.50	29.78	2.26	40.36	17.92	3.40	1.04
2009 年 8 月	8.22	138.92	8.88	302.41	31.87	126.19	10.80	28.81	3.84	38.13	16.28	4.00	1.50
2009 年 9 月	8.15	137.44	8.51	307.07	31.70	111.29	10.98	31.58	5.80	44.52	15.22	4.10	1.36
2009 年 10 月	8.16	129.07	8.56	282.84	31.59	102.44	10.46	26.49	3.19	35.60	12.83	3.42	0.97
2009 年 11 月	7.08	287.67	8.10	624.88	33.05	215.33	10.85	32.01	5.14	40.55	19.55	7.11	1.12
2009 年 12 月	7.49	143.05	9.49	310.99	33.71	122.36	10.75	26.84	5.13	36.44	18.24	4.10	0.93

2010 年水量水质情况汇总 **表 8-72**

日期	水量（$\times 10^4 m^3/d$）	BOD_5(mg/L)		COD_{Cr}(mg/L)		SS(mg/L)		NH_3-N(mg/L)		TN(mg/L)		TP(mg/L)	
		进水	出水	进水	出水	进水	出水	进水	出水	进水	出水	进水	出水
2010 年 1 月	7.65	133.86	8.29	288.80	33.12	110.54	11.42	34.03	10.69	46.33	20.00	3.65	0.90
2010 年 2 月	7.85	122.29	8.85	278.09	33.50	110.08	11.53	29.13	11.16	38.03	18.23	3.50	0.92
2010 年 3 月	8.19	127.12	8.68	279.45	33.27	103.14	11.12	33.81	8.64	40.75	16.15	3.41	0.98
2010 年 4 月	7.58	121.75	8.30	274.11	31.46	105.59	10.39	30.66	9.83	40.34	19.76	3.55	1.36
2010 年 5 月	7.55	136.38	8.85	301.73	31.96	122.03	11.40	34.51	13.25	39.13	18.45	3.64	1.07
2010 年 6 月	7.62	122.24	8.59	268.08	31.91	102.02	11.73	35.46	12.79	43.30	23.36	3.67	0.96
2010 年 7 月	7.88	108.87	7.99	252.87	31.14	101.85	10.10	30.74	12.76	39.78	20.88	3.66	1.10
2010 年 8 月	7.90	126.02	8.23	279.36	32.51	106.97	11.04	31.09	8.23	39.45	16.85	3.82	1.20
2010 年 9 月	8.11	127.07	8.48	283.46	31.67	96.43	11.16	33.90	9.01	45.50	17.90	3.38	1.12
2010 年 10 月	7.91	148.25	9.14	322.59	33.68	118.67	11.23	31.45	7.36	41.90	16.78	3.92	0.97
2010 年 11 月	7.30	182.77	9.20	408.20	33.06	155.08	11.32	30.77	9.44	41.53	16.78	4.74	0.98
2010 年 12 月	7.74	173.62	9.41	380.33	33.11	143.27	12.58	32.85	15.15	43.02	23.70	5.40	1.23

2011 年水量水质情况汇总 **表 8-73**

日期	水量 ($\times10^4m^3/d$)	BOD_5(mg/L)		COD_{Cr}(mg/L)		SS(mg/L)		NH_3-N(mg/L)		TN(mg/L)		TP(mg/L)	
		进水	出水	进水	出水	进水	出水	进水	出水	进水	出水	进水	出水
2011 年 1 月	4.75	149.68	8.74	340.63	33.28	122.33	12.26	37.39	10.09	44.90	22.43	4.32	1.14
2011 年 2 月	7.76	164.02	9.10	365.15	32.83	137.39	10.75	36.15	9.79	48.82	22.06	4.28	1.04
2011 年 3 月	7.98	152.90	9.64	342.33	37.37	122.97	11.57	34.56	15.37	42.78	20.03	4.29	1.31
2011 年 4 月	7.82	159.26	8.82	359.15	33.68	142.41	11.51	27.61	7.93	35.85	13.38	4.65	1.36
2011 年 5 月	7.69	188.48	8.53	414.82	32.40	174.16	11.36	38.57	10.78	64.63	19.28	5.38	1.13
2011 年 6 月	8.07	134.72	8.73	299.31	33.29	110.54	10.78	33.06	9.31	42.42	15.80	3.85	0.92
2011 年 7 月	7.48	132.19	9.54	298.27	32.36	113.46	11.54	36.52	6.38	47.03	13.68	3.79	0.96
2011 年 8 月	7.79	157.44	8.47	345.15	31.68	129.45	11.19	38.97	9.83	47.23	16.23	4.29	0.95
2011 年 9 月	7.96	123.29	8.40	282.74	29.94	126.73	10.51	37.69	8.42	48.32	14.24	4.21	0.94
2011 年 10 月	7.54	123.05	8.65	270.34	31.52	104.8	10.69	36.21	5.78	56.45	10.50	3.67	0.98
2011 年 11 月	6.45	123.20	8.21	280.99	31.32	116.09	11.02	25.53	3.97	35.30	12.00	3.71	0.88
2011 年 12 月	4.79	172.10	8.68	382.01	31.24	143.88	11.22	32.59	10.41	41.58	16.88	4.96	0.92

2012 年水量水质情况汇总 **表 8-74**

日期	水量 ($\times10^4m^3/d$)	BOD_5(mg/L)		COD_{Cr}(mg/L)		SS(mg/L)		NH_3-N(mg/L)		TN(mg/L)		TP(mg/L)	
		进水	出水	进水	出水	进水	出水	进水	出水	进水	出水	进水	出水
2012 年 1 月	6.60	125.30	8.46	269.10	29.31	115.64	10.55	34.09	9.24	37.20	13.60	3.76	0.42
2012 年 2 月	7.34	129.10	8.80	289.70	32.10	110.30	11.30	29.70	7.10	40.80	12.10	3.80	0.80
2012 年 3 月	7.55	138.00	9.00	319.00	32.20	148.30	10.80	28.40	5.90	34.50	9.00	4.00	0.70
2012 年 4 月	7.82	117.20	7.80	255.00	29.40	107.80	11.50	25.30	2.80	32.20	7.40	3.60	0.70
2012 年 5 月	7.81	125.70	7.90	281.40	29.90	112.50	10.70	30.20	4.40	42.80	10.20	3.60	0.80
2012 年 6 月	7.77	117.77	8.81	261.81	30.86	119.26	11.06	38.03	6.55	48.85	11.10	3.55	0.75
2012 年 7 月	7.67	121.50	8.50	273.80	32.50	105.90	11.70	32.50	3.70	42.10	12.20	3.50	0.70
2012 年 8 月	7.34	115.00	8.20	260.20	30.10	118.60	10.70	31.40	3.80	41.20	13.00	3.10	0.90
2012 年 9 月	7.42	133.10	8.40	298.90	32.80	117.60	11.10	29.90	7.40	41.20	13.00	3.50	1.00
2012 年 10 月	7.67	134.80	8.60	303.60	32.20	137.50	11.50	33.30	8.60	60.90	20.20	3.80	0.80
2012 年 11 月	7.81	136.90	8.90	303.30	32.30	126.00	11.70	39.20	8.00	50.80	13.80	3.70	0.90
2012 年 12 月	7.79	131.00	8.10	300.90	31.20	135.10	10.80	32.50	5.40	41.70	10.70	3.70	0.90

筼筜污水处理厂位于厦门市本岛西堤外侧，服务范围为厦门市本岛西排水分区，设计规模为 $30\times10^4m^3/d$，变化系数为 1.3，处理工艺采用组合式高效沉淀池＋前置反硝化（BIOFOR）生物滤池，出水达到《城镇污水处理厂污染物排放标准》GB 18918—2002 中的一级 B 标准，处理出水排入厦门西海域，污泥经机械脱水后外运处置，工艺流程如图 8-128 所示，设计进出水水质如表 8-75 所示。

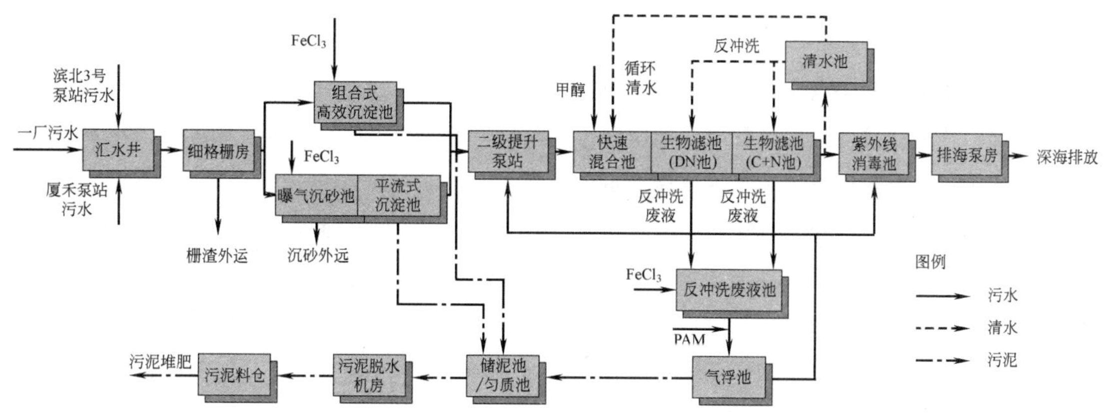

图 8-128　筼筜污水处理厂现状工艺流程

筼筜污水处理厂设计进出水水质　表 8-75

序号	项目	单位	设计进水水质	设计出水水质
1	COD_{Cr}	mg/L	300	≤60
2	BOD_5	mg/L	130	≤20
3	SS	mg/L	180	≤20
4	TN	mg/L	35	≤20
5	NH_3-N	mg/L		≤8
6	TP	mg/L	3.5	≤1.5
7	粪大肠菌群数	个/L		$\leqslant10^4$

2. 污水处理厂存在的问题

(1) 雨季进水碳源不足，TN 出水不稳定

筼筜污水处理厂服务范围为城区西南部，其中筼筜湖南岸，湖中路以西基本为合流制，湖中路以东虽规划为分流制，但在实施过程中由于种种原因，没能完全按规划进行，区域内污水系统分流和合流混杂。根据厦门市政府要求，环筼筜湖排水沟口需 100%截污，随着近年筼筜湖北岸 1 号、2 号、3 号、4 号、6 号、7 号、8 号、11 号涵和南岸 9 号沟及松柏湖长青路、侨岳路排水口污水截流的开展，越来越多的初期雨水进入污水管网，使得雨季进厂污水污染物浓度偏低。

每年雨季进水的 BOD_5 水质指标均较低，与设计值 130mg/L 有较大差距，而 TN 基本相同，导致反硝化去除 TN 时碳源不足，极端情况下夏季进水 BOD_5 甚至只有 70mg/L 左右，

C/N仅为2.4，进入生物滤池时BOD_5的浓度更低，碳源严重不足使污水处理厂TN出水不稳定，需对原有甲醇投加系统进行完善扩容。

（2）组合式高效沉淀池除渣效果受水量变化影响大

当进水量较低时，组合式高效沉淀池的水位较低，浮渣高度在电动除油撇渣器运行标高以下，无法有效去除，此时浮渣将会随时间有一定的累积。当水量变大时，水位增高，累积的浮渣将超过电动除油撇渣器顶进入后续工艺，对生物处理、紫外线消毒效果及出水SS都有一定的影响。

同时由于汇水井不具备调配水量的功能，因此无法在水量较小时将来水在不同的一级处理系列（细格栅＋组合式高效沉淀池、细格栅＋曝气沉砂池＋初沉池）间进行调配，无法保证组合式高效沉淀池有足够的进水水量以保证水位。

（3）BIOFOR生物滤池内藻类生长造成填料堵塞，且清理操作难度和工作量巨大

由于BIOFOR生物滤池所有过滤单元均为敞开式布置，在阳光直射下会有藻类生长，造成滤料堵塞，对生物滤池的正常运行带来不利影响。同时，由于滤池数量多，体积大，工作人员反应在实际清理工作过程中操作难度较大且工作量巨大。

（4）污泥消化处理设施未同步实施，实际需脱水的污泥量较原设计有较大增加

污水处理厂原设计污泥处理设置有污泥消化部分，2003年估算工程费用约为1.5亿元，因故未同步实施，污泥未经过减量化稳定化，致使实际污泥量大于原设计污泥量，污泥浓缩脱水能力不足，原脱水机房的建筑空间又远远不能满足设备扩容的要求。

根据厦门市污泥处置总体规划，厦门市城市污泥处置以生物制肥、焚烧为主，应急填埋为辅，厦门水务集团正进行污泥生物制肥项目建设，为符合污泥生物制肥，污泥消化系统已不宜建设。

为解决污泥消化系统不再建设后污泥量增加使现有污泥浓缩脱水机房处理能力不足、建筑空间不适应离心机运行要求的情况，需要对现有离心脱水机房进行扩容改造，同时为解决改造期间的污泥出路问题和近期应急填埋对出泥含固率的要求，也必须先进行污泥深度脱水系统的建设。

（5）紫外线消毒效果不稳定

造成紫外线消毒效果不稳定的原因有两个，分别为气浮池出水带来的浊度和穿透率降低及进水中盐分含量较高带来的灯管上晶体板结。

原设计气浮池出水为进入二级提升泵站提升再处理或与生物滤池出水混合排放，但实际运行中气浮池出水若进入二级提升泵站与进水混合后峰值流量增高会对BIOFOR生物滤池处理效果有较大影响，出水水质有一定的波动，由于气浮池出水水质已基本达到一级B标准，故实际运行时将气浮池出水与生物滤池出水混合排放。但气浮池出水的Fe盐浓度较大，Fe盐对紫外线有一定的吸收作用，影响紫外线消毒效率，气浮池出水与生物滤池处理出水混合也无法完全消除对紫外线消毒的影响，导致污水处理厂出水粪大肠杆菌指标不稳定。

同时，篔筜污水处理厂管网系统紧邻西海域和篔筜湖，管网系统存在不同程度地下水渗

漏，特别是环湖排洪沟早期建设为条石砌筑，大量筼筜湖水渗入沟内，筼筜湖为咸水湖，随着环筼筜湖污水截流的逐步展开，大量盐分进入了污水处理厂。进水盐度不影响污水处理厂生物处理，但盐晶易在紫外线消毒灯管上板结，而现有设备不具有自动酸洗功能，无法及时清除板结盐晶，使消毒设备处理能力下降，导致消毒效果降低。

(6) 排海泵房提升泵能力不足且排海泵房和排海管不具备停水改造条件

排海泵房现提升泵系根据 $20\times10^4m^3/d$ 规模设计，目前已达到最大负荷，根据环评批复2010年起筼筜污水处理厂尾水排放为 $20\times10^4m^3/d$ 深海排放、$10\times10^4m^3/d$ 再生水回用，因再生水回用配套管网项目建设进度较缓，近期内无法达到规划回用水量，污水处理厂处理出水出路仍将以深海排放为主，当污水处理厂处理水量进一步增大时，现有排海泵房提升泵将无法将污水处理厂出水全部排入厦门西海域，因此需对排海泵房扩容改造（包括排海管和泵房）。而筼筜污水处理厂服务范围为厦门市本岛西排水分区，由于污水处理厂服务性质和排海泵房现有设施情况，排海泵房和排海管目前不具备停水改造条件；同时一旦排海泵房和排海管出现问题或需要检修时，全厂将被迫陷入停产状态，这给污水处理厂的运行带来极大的隐患。

(7) 周边居民对除臭的要求

筼筜污水处理厂位于厦门市的市区，景观很好，紧邻海湾公园，周边居民区较多，由于预处理、一级处理构筑物、生物滤池提升泵房、气浮池、厦禾泵站等未进行加盖除臭，运行过程中产生的臭气对周边环境有一定的负面影响。

8.12.2 污水处理厂扩建方案

根据污水处理厂实际运行中的问题，确定污水处理厂改造工艺流程如图8-129所示，平面布置如图8-130所示。

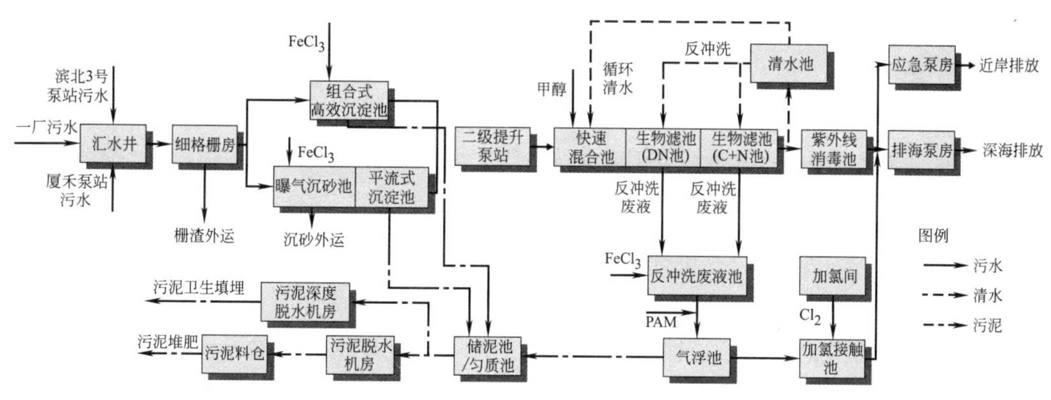

图8-129 筼筜污水处理厂改造工艺流程

1. 汇水井改造方案

由于组合式高效沉淀池池体复杂，改造难度大且需长时间停水，因此不具备改造条件，为解决组合式高效沉淀池除渣问题，只能对汇水井进行改造以获得水量调配功能，以控制进入组合式高效沉淀池的水量，使组合式高效沉淀池池内水位恒定。

本工程在汇水井内增设进水堰门用于一级处理区水量分配，取消原有进水闸门，在原有进

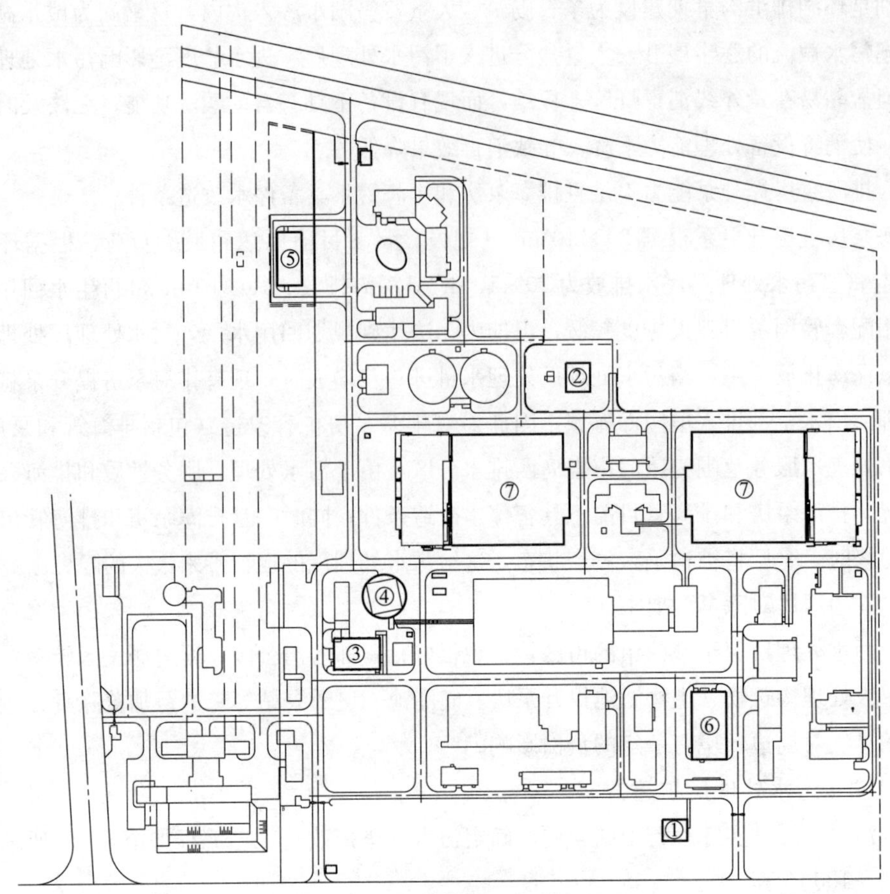

图 8-130 筼筜污水处理厂改造平面图

①—汇水井；②—甲醇储罐；③—加氯间和加氯接触池；④—排海泵房；⑤—应急排放泵房；⑥—脱水机房；⑦—生物滤池

水闸门位置的上方设电动进水堰门，汇水井改造工艺方案如图 8-131 所示。

2. 甲醇加药间改造方案

由于雨季进水水质中 BOD_5 浓度低于原设计值，导致 DN 生物滤池反硝化缺少碳源，为确保 BIOFOR 生物滤池正常运行，需常态投加甲醇以保证 TN 去除效果。而原甲醇加药间仅考虑偶尔出现的反硝化碳源不足情况，投加能力和储罐容量均不能满足实际碳源补充的需求，因此需对甲醇加药间储罐和加药泵系统进行完善改造，甲醇加药间工艺设计如图 8-132 所示。

完善方案具体如下：

(1) 为减少甲醇槽罐运输车运输甲醇对沿线环境的不利影响，增加污水处理厂的甲醇储量。将原有 1 座 12m^3 的甲醇储罐改造为 3 座 30m^3 的甲醇储罐。

(2) 将目前额定流量为 85L/h 的 3 台加药计量泵，提高至 350L/h，额定压力为 0.7MPa，计量泵防爆型电机功率为 1kW。

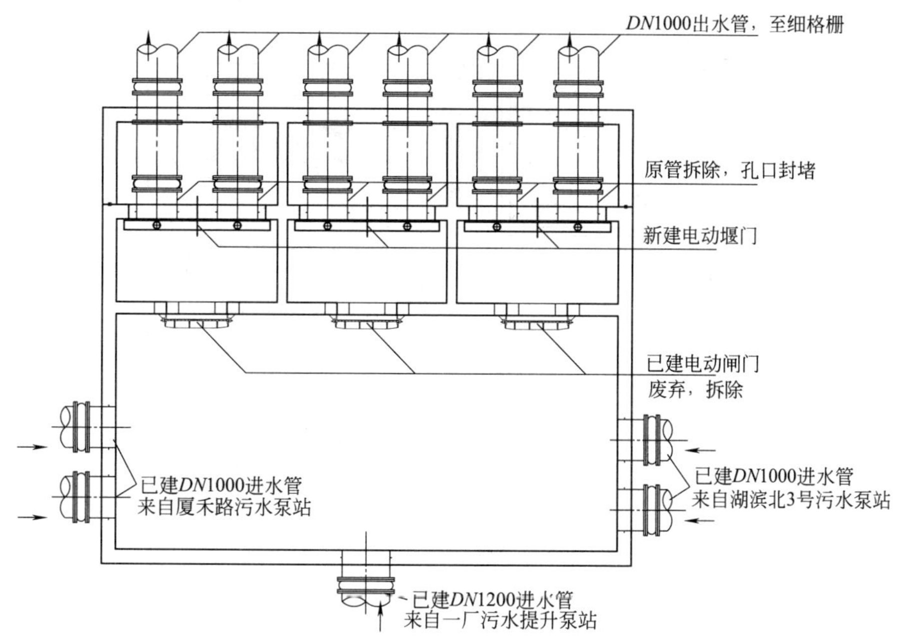

平面图

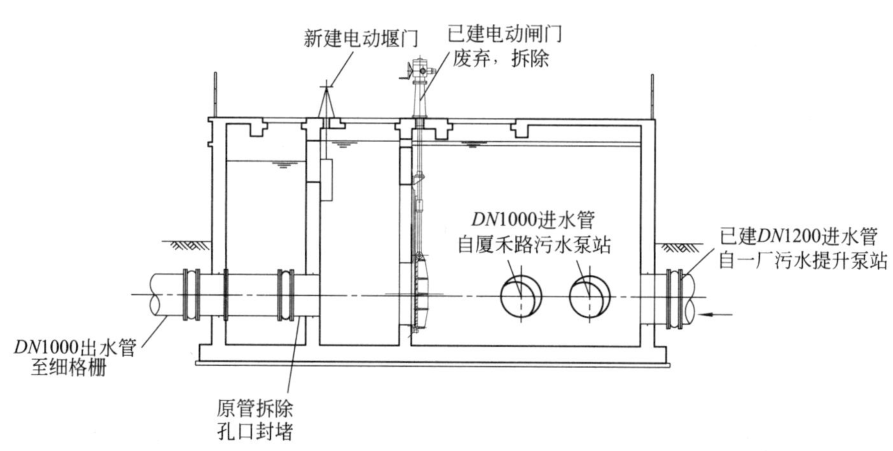

剖面图

图 8-131　汇水井工艺设计

3. 新建气浮池出水处理设施

根据目前气浮池的进出水水质情况，为降低生物滤池负荷，保证出水稳定达标排放，需将气浮池出水单独处理。

由于气浮池出水紫外线穿透率低，采用紫外线消毒效果差，本工程采用新建加氯接触池和加氯间单独用于气浮池出水消毒，消毒后出水直接接入排海泵房或应急排放泵房。加氯间和加氯接触池工艺设计如图 8-133 所示。

加氯接触池设计停留时间大于 30min。在出水区设 2 台 $50m^3/h$，H=45m，P=11kW 的加

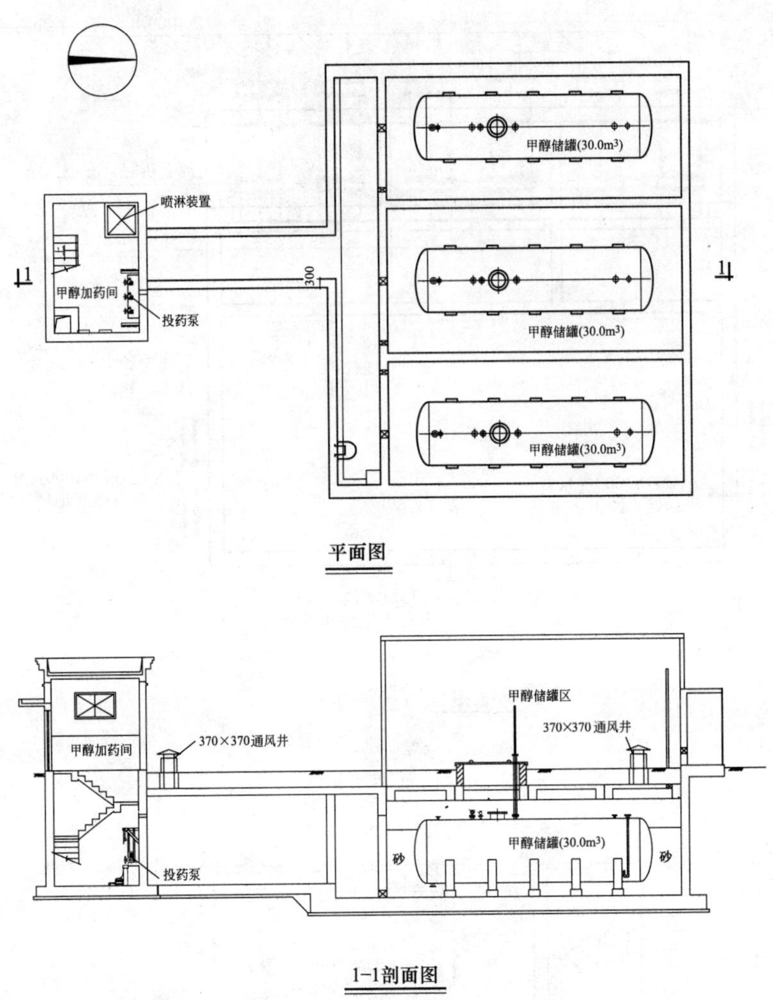

图 8-132 甲醇加药间工艺设计

压泵用于加氯间供水。

4. 新建和改建出水设施

由于排海泵房只有 $20\times10^4m^3/d$ 规模的提升能力，必须对原有提升泵房进行扩容改建。目前排海泵房已接近满负荷运行，在高潮位时需经排海泵房提升后才能排放，而现阶段污水处理厂不能停水改造。因此，拟新建 1 座应急排放泵房将处理达标后的污水提升后近岸排放至西海域，待应急排放泵房建成使用后再对现排海泵房进行改造。排海泵房改造工艺设计如图 8-134 所示，应急排放泵房工艺设计如图 8-135 所示。

为减少工程投资，排海管仍利用原 *DN*1800 深海排放管，因排海流量增加，排海泵房水泵扬程需相应提高。排海泵房现有潜水离心泵已达到满负荷运行，待应急排放泵房建成投入使用后，将现有潜水离心泵更换为新潜水离心泵 6 台（5 用 1 库备），单台流量为 1020L/s，扬程为 7.0m，电机功率为 110kW。

考虑到应急排放泵房主要为现有泵房改造、检修和排海管检修时使用，应急排放泵房选用潜水离心泵 6 台（5 用 1 库备），单台流量为 891L/s，扬程为 5.0m，电机功率为 75kW，出水由新建 2 根 *DN*1800 应急排放管沿南侧围墙外侧排放至筼筜湖排涝泵站 6 孔 3000mm×2000mm 的出水箱涵内。同时考虑到今后污水处理厂提标达到一级 A 排放标准时，需增设混凝反应池、高效沉淀池、滤布滤池、紫外线消毒池等工艺，水头损失将增加，按一级 A 运行水位预留应急排海泵房的土建尺寸，远期实施提标改造时更换较高扬程的潜水离心泵，调整运行工况为单台流量为 752L/s，扬程为 6.0m，并增加至 8 台潜水离心泵（6 用 2 备）。

筼筜污水处理厂设计出水水质为一级 B 排放标准，部分水质已达到《城市污水再生利用景观环境用水水质》GB 18921—2002 标准，近岸排放对出口水域不会造成明显影响，因此在以下情况时应急排放泵房和近岸排放管启用：

（1）排海泵房或排海管检修时；

（2）排海泵房扩容前，排放规模超出排海泵房提升能力时；

（3）排放水域水位标高超过设计高潮位，而排放水量又达到最大设计流量时。

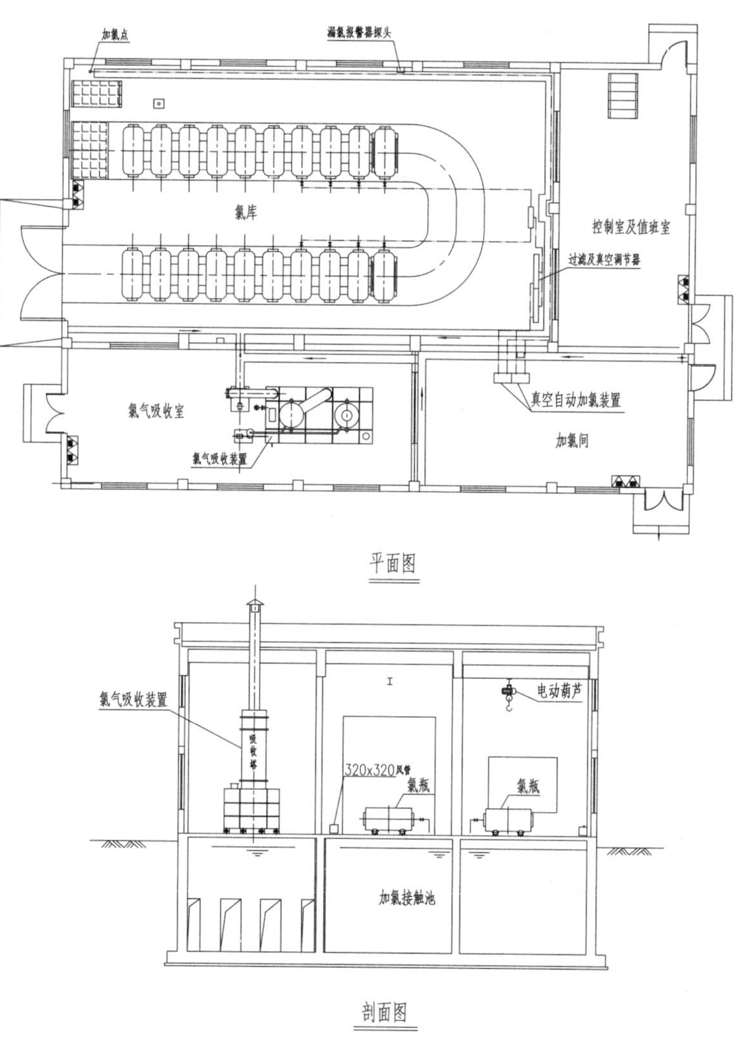

图 8-133 加氯间和加氯接触池工艺设计

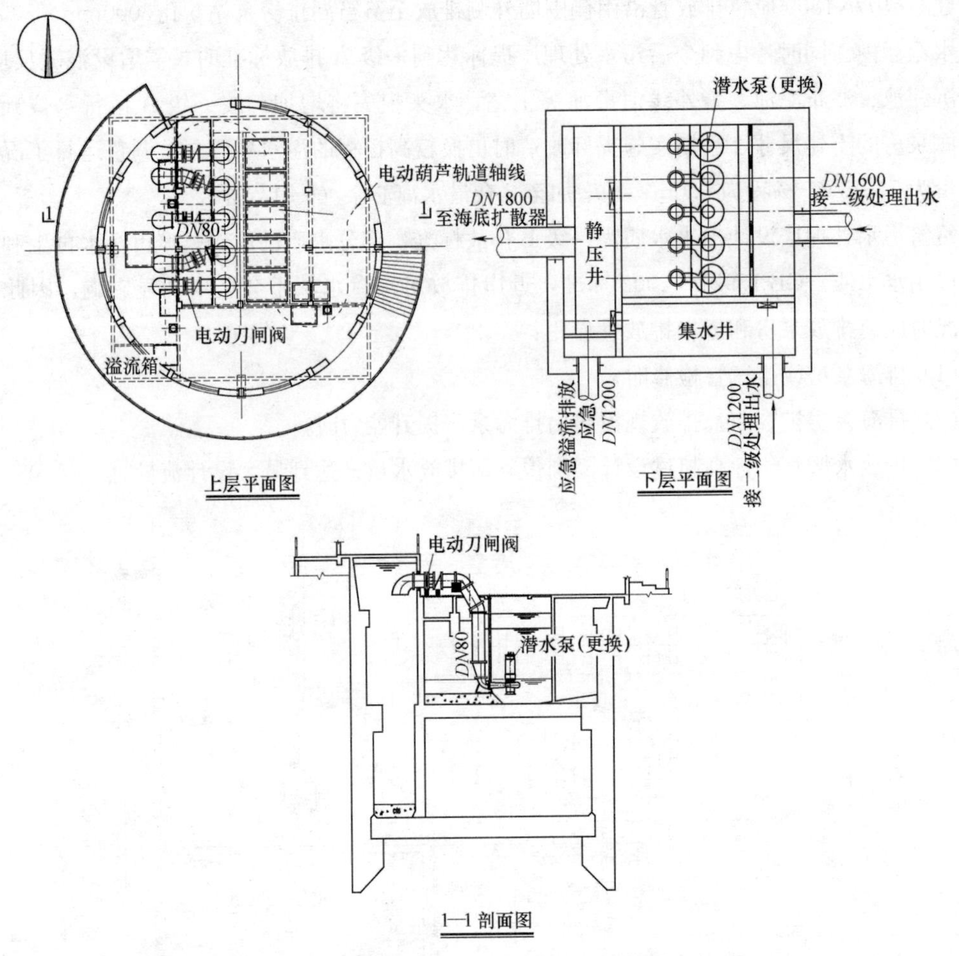

图 8-134 排海泵房改造工艺设计

5. 新建污泥深度脱水机房和对原脱水机房进行改建

由于筼筜污水处理厂的污泥消化池没有同步实施，污泥量较原设计有较大增加，$30\times10^4m^3/d$处理规模时污泥量将达到$3200m^3/d$（含水率98%），原脱水机房无法满足处理需求，土建无空间增加脱水机，必须对脱水机房进行改建，该脱水机房处理后的脱水污泥可用于堆肥。脱水机房工艺设计如图 8-136 所示。

由于当时堆肥厂未建成，污泥必须去填埋场填埋，含水率要求达到60%左右，因此需同时建一座污泥深度脱水机房，目前能够达到此含水率的脱水机只有自动板框压滤机。

污泥深度脱水机房采用板框压滤机 5 台，每台过滤面积为$600m^2$，每个周期为 3～4h，处理能力为$140m^3$，4 用 1 备。板框压滤机采用全自动控制系统，并具有液压翻板装置、自动冲洗装置、自动浸泡装置、自动卸泥装置等。板框压滤机设置于二层，污泥经板框压滤机脱水后输送至污泥堆棚堆放进一步自然风干后外运填埋处置。板框压滤机滤液回流至厦禾路污水泵站与进水混合后一并处理。污泥深度脱水机房布置在再生水回用系统预留用地，原污泥消化预留

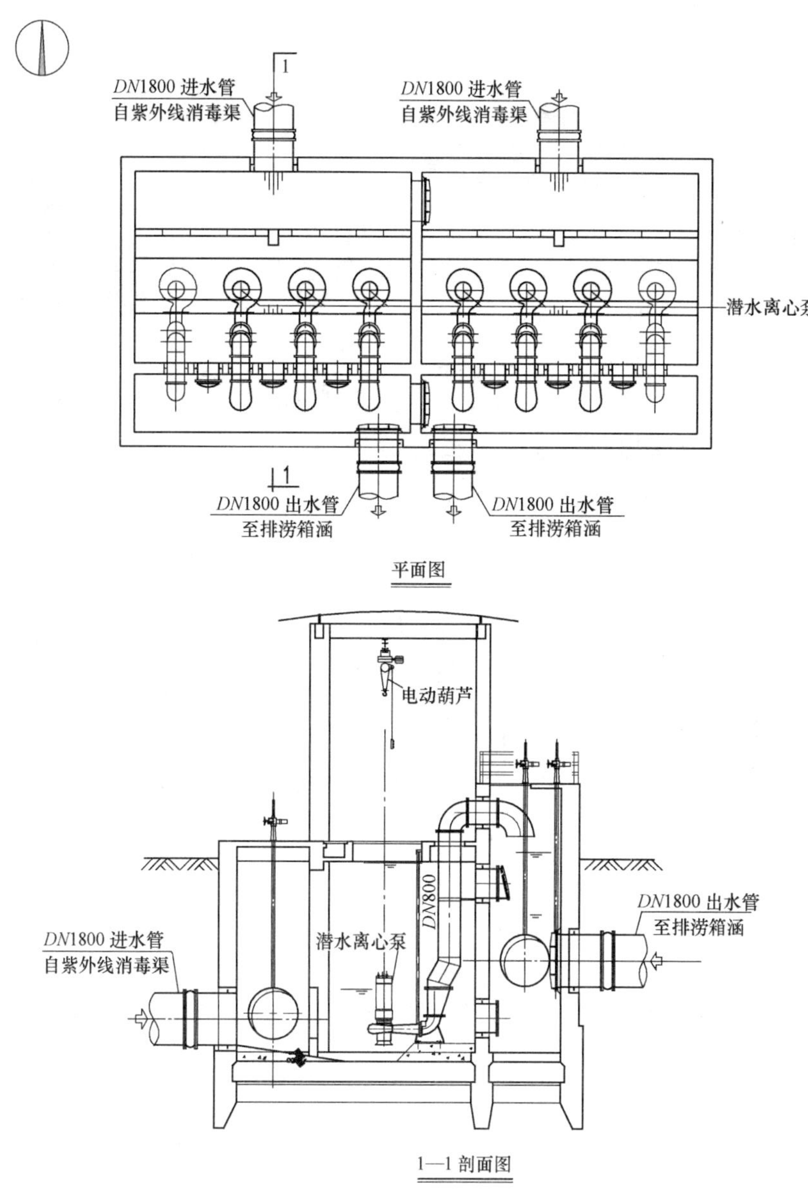

图 8-135　应急排放泵房工艺设计

用地调整为再生水回用系统预留用地。

改建的污泥脱水机房采用离心脱水机 5 台，每台处理能力为 $60m^3/h$，即 1.5×10^4kgDS/h，4 用 1 备。离心脱水污泥外运堆肥处置。由于堆肥厂建设尚未完成，本次安装利用现有的 3 台离心脱水机，并新增 2 台新的离心脱水机，机房增设 2 台干污泥泵将脱水后污泥输送至污泥料仓（已建）后全封闭储存。

6. 新建 BIOFOR 生物滤池顶棚

由于 BIOFOR 生物滤池内藻类生长造成滤料堵塞，而充足的阳光是藻类生长的重要因素，故在 BIOFOR 生物滤池顶部增设遮光顶棚，隔断滤池内阳光直射。

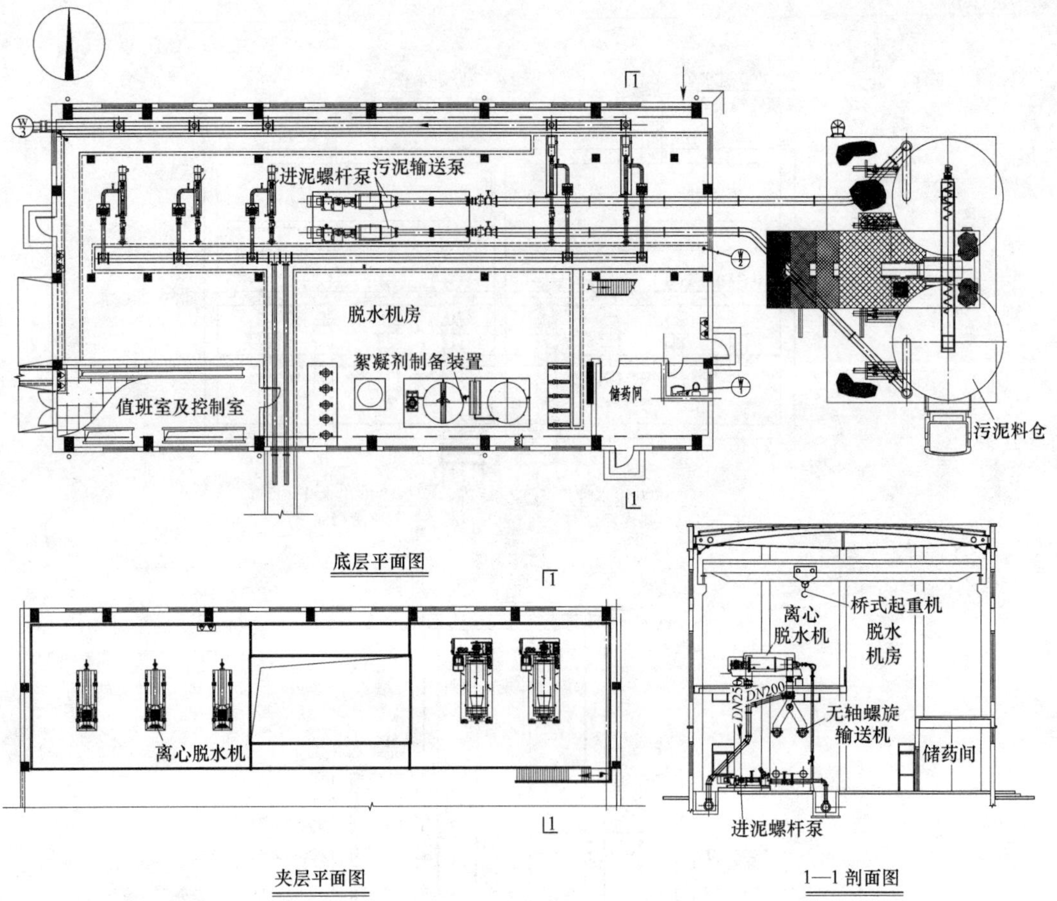

底层平面图

夹层平面图

1—1 剖面图

图 8-136 脱水机房工艺设计

为便于生物滤池内滤料的更换和必要的设备维护，遮光顶棚高度高于走道 2.5m，在原池上采用轻钢骨架和彩钢板屋面，顶棚总面积为 3000m^2。生物滤池加盖设计如图 8-137 所示。

7. 新建除臭设施

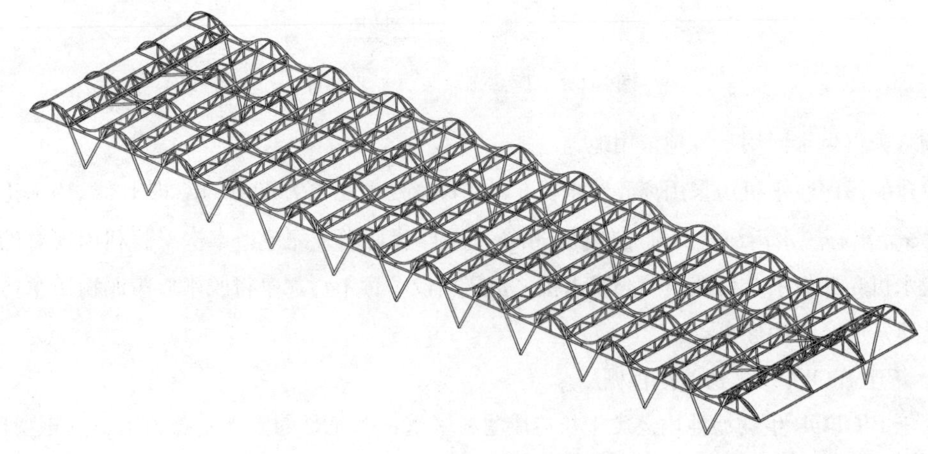

图 8-137 生物滤池加盖设计

为减少污水处理厂在运行过程中对周边环境的影响，对厂内以下有臭气的构筑物进行加盖除臭：细格栅间（3 座）、曝气沉砂池、平流式沉淀池、二次提升泵房、气浮池、污泥脱水机房、污泥深度脱水机房和厦禾路污水泵站。

细格栅间（3 座）、曝气沉砂池、二次提升泵房、气浮池和厦禾路污水泵站采用轻质加盖并用风管收集的方式，将臭气收集后采用生物滤池工艺进行除臭。

平流式沉淀池进水区和出水区采用轻质加盖并用风管收集的方式，将臭气收集后采用生物滤池工艺进行除臭。

污泥脱水机房、污泥深度脱水机房除臭系统在本次建设时一并实施，臭气收集后采用生物滤池工艺进行除臭。

以上各单体的臭气量如表 8-76 所示。

污水处理厂新建除臭设施除臭风量　　表 8-76

编号	单体名称	除臭风量(m^3/h)	备注
1	高效沉淀池、细格栅	9000	加盖改造，共 2 座，原有 $5000m^3/h$ 设备搬至厦禾路污水泵站使用
2	曝气沉砂池、细格栅、平流式沉淀池泥斗区	10000	加盖改造
3	二次提升泵房	3500	加盖改造
4	平流式沉淀池出水区	1000	加盖改造
5	气浮池	3500	加盖改造
6	污泥脱水机房	2000	离心脱水机加罩收集
7	污泥深度脱水机房	75000	新建(未纳入本次工程)
8	厦禾路污水泵站	5000	加盖改造，设备为现有高效沉淀池设备

8.12.3　运行效果

筼筜污水处理厂 2012～2013 年运行数据如表 8-77 所示。

从表 8-77 可以看到，筼筜污水处理厂目前偶有超标的污染物主要是 TP 和粪大肠菌群数。其主要原因在于目前气浮池出水消毒系统尚未完成，为提高紫外线消毒效率，实际运行过程中 $FeCl_3$ 加药量并未按设计加药量投加而是适当减少，提高了紫外线消毒效率，避免了粪大肠菌群数长期超标排放。但同时由于加药量减少，TP 去除率下降，导致 TP 出水不够稳定。本次后续完善工程消毒系统实施后，加药量能按设计加药量投加，TP 和粪大肠菌群数均能得到控制。

贫篙污水处理厂 2012～2013 年进出水水质 表 8-77

日期	处理水量（$\times10^4m^3$）		进出水水质	COD(mg/L)		BOD_5(mg/L)		SS(mg/L)		NH_3-N(mg/L)		TN(mg/L)		TP(mg/L)		出水粪大肠菌群数(个/L)
				进水	出水	进水	出水	进水	出水	进水	出水	进水	出水	进水	出水	
2012 年 1 月	累计值	723.51	平均值	390.9	32.2	206.6	9.3	254.7	11.3	30.5	2.3	47.5	17.9	6.0	1.1	
	日均值	23.3	最高值	671.0	46.0	356.0	18.0	518.0	19.0	37.3	4.9	60.4	24.1	9.9	1.5	3200
			最低值	65.0	16.0	58.0	2.0	46.0	5.0	20.6	0.8	28.8	14.0	2.4	0.7	290
2012 年 2 月	累计值	677.67	平均值	430.9	30.2	241.9	9.8	219.4	8.8	33.2	2.0	49.1	17.0	6.0	1.0	
	日均值	21.9	最高值	920.0	40.0	409.0	19.0	442.0	18.0	43.4	4.3	69.2	20.4	9.0	1.3	12000
			最低值	176.0	20.0	94.0	3.0	73.0	5.0	24.7	1.3	31.1	13.3	2.9	0.7	100
2012 年 3 月	累计值	724.34	平均值	400.1	31.8	268.7	11.6	189.8	8.3	30.9	3.0	47.0	20.1	5.9	1.0	
	日均值	25.0	最高值	618.0	41.0	458.0	20.0	358.0	15.0	37.8	5.5	78.8	27.2	8.2	1.3	3700
			最低值	285.0	23.0	138.0	5.0	76.0	5.0	18.0	1.1	36.6	12.6	4.4	0.7	100
2012 年 4 月	累计值	730.55	平均值	449.1	29.7	258.3	8.7	306.6	9.3	32.0	1.5	47.7	17.4	6.7	1.2	
	日均值	23.6	最高值	671.0	46.0	470.0	16.0	451.0	17.0	40.2	2.9	53.9	21.4	11.7	1.4	2600
			最低值	239.0	17.0	127.0	3.0	178.0	5.0	25.5	0.7	39.6	13.9	3.2	0.8	100
2012 年 5 月	累计值	838.46	平均值	274.9	26.2	139.8	7.4	210.9	12.0	24.6	1.2	36.5	16.2	4.3	1.1	
	日均值	27.9	最高值	431.0	38.0	205.0	17.0	323.0	15.0	32.6	2.3	46.9	19.2	6.6	1.6	2100
			最低值	189.0	15.0	85.0	4.0	109.0	6.0	15.5	0.2	25.2	12.9	1.7	0.3	510
2012 年 6 月	累计值	859.63	平均值	219.5	23.9	101.2	5.8	179.3	10.5	24.0	1.4	32.6	14.1	3.7	1.1	
	日均值	27.7	最高值	332.0	32.0	174.0	10.0	357.0	15.0	33.4	2.7	40.0	16.8	5.5	1.4	1800
			最低值	119.0	15.0	43.0	4.0	117.0	5.0	13.8	0.4	21.1	8.2	2.3	0.7	100
2012 年 7 月	累计值	818.02	平均值	218.8	24.7	128.8	6.0	122.4	7.8	25.9	1.4	36.1	15.3	3.9	1.2	
	日均值	27.3	最高值	342.0	36.0	261.0	9.0	220.0	11.0	30.0	2.4	45.8	18.4	6.0	1.5	1300
			最低值	138.0	17.0	70.0	3.0	56.0	6.0	15.2	0.8	23.4	8.2	2.4	0.9	130
2012 年 8 月	累计值	872.81	平均值	254.8	27.7	156.3	5.4	126.3	7.5	27.3	1.6	38.0	15.7	4.2	1.3	
	日均值	28.2	最高值	325.0	35.0	266.0	14.0	236.0	14.0	42.6	2.6	52.4	18.6	5.8	1.8	1200
			最低值	187.0	19.0	81.0	2.0	82.0	6.0	20.8	0.0	28.6	12.3	3.1	1.0	160

续表

日期	处理水量（$\times10^4m^3$）		进出水水质	COD(mg/L)		BOD_5(mg/L)		SS(mg/L)		NH_3-N(mg/L)		TN(mg/L)		TP(mg/L)		出水粪大肠菌群数(个/L)
				进水	出水	进水	出水	进水	出水	进水	出水	进水	出水	进水	出水	
2012年9月	累计值	796.83	平均值	293.9	25.8	174.4	7.1	169.3	7.4	26.8	1.6	40.2	16.1	5.0	1.3	
	日均值	25.7	最高值	430.0	34.0	330.0	19.0	284.0	12.0	30.8	3.0	47.3	18.6	6.1	2.0	2900
			最低值	201.0	16.0	83.0	2.0	111.0	6.0	23.0	0.9	34.1	12.6	3.8	1.0	200
2012年10月	累计值	688.58	平均值	310.8	29.5	147.5	6.5	167.2	9.6	31.6	1.3	42.3	15.0	5.3	1.2	
	日均值	23.0	最高值	500.0	36.0	267.0	13.0	296.0	15.0	44.8	2.6	69.8	18.7	8.7	1.6	6600
			最低值	198.0	23.0	89.0	4.0	99.0	6.0	26.2	0.8	26.4	9.5	4.1	0.9	230
2012年11月	累计值	718.56	平均值	334.0	24.7	160.9	5.0	186.6	9.7	34.4	1.6	45.8	17.0	5.4	1.2	
	日均值	23.2	最高值	513.0	34.0	253.0	9.0	306.0	15.0	45.0	3.0	54.7	19.9	6.8	1.5	4300
			最低值	251.0	20.0	103.0	2.0	83.0	7.0	19.8	0.5	30.8	8.1	4.7	1.0	100
2012年12月	累计值	737.28	平均值	494.5	25.0	234.2	4.9	484.9	8.7	29.5	2.4	43.3	17.1	7.1	1.0	
	日均值	24.6	最高值	847.0	32.0	470.0	12.0	994.0	11.0	39.3	5.1	60.9	19.8	11.9	1.4	6800
			最低值	221.0	18.0	88.0	2.0	144.0	6.0	13.2	0.4	20.0	12.2	2.8	0.7	1200
2013年1月	累计值	668.14	平均值	637.5	26.4	308.1	5.6	545.7	7.1	31.9	2.4	50.0	16.8	7.4	1.1	
	日均值	21.6	最高值	941.0	40.0	540.0	11.0	934.0	11.0	39.5	3.5	57.7	21.0	9.3	1.4	9100
			最低值	348.0	13.0	144.0	2.0	202.0	5.0	25.7	1.1	42.9	13.5	5.2	0.8	100
2013年2月	累计值	590.96	平均值	354.9	28.2	174.8	6.6	196.8	6.3	31.1	2.7	42.8	16.2	5.2	1.1	
	日均值	19.1	最高值	681.0	43.0	434.0	16.0	376.0	10.0	44.1	5.3	60.8	20.0	7.3	1.4	7800
			最低值	236.0	20.0	100.0	2.0	86.0	5.0	23.6	0.5	35.5	10.2	3.8	0.9	260
2013年3月	累计值	582.02	平均值	387.4	31.8	194.2	9.3	276.6	6.3	32.2	5.3	44.9	16.9	6.3	1.2	
	日均值	20.8	最高值	501.0	57.0	332.0	18.0	401.0	11.0	37.3	19.7	50.6	22.7	10.6	1.8	5400
			最低值	234.0	20.0	91.0	4.0	151.0	5.0	27.7	0.6	38.5	11.9	5.0	1.0	170
2013年4月	累计值	823.09	平均值	396.9	28.5	177.0	6.1	310.1	10.2	24.2	3.9	38.7	15.0	5.8	1.0	
	日均值	26.6	最高值	575.0	38.0	266.0	14.0	502.0	14.0	32.9	12.7	57.6	22.3	8.4	1.3	1400
			最低值	193.0	10.0	82.0	2.0	162.0	5.0	11.6	0.6	21.9	8.1	3.1	0.6	240

续表

日期	处理水量（×10⁴m³）		进出水水质	COD(mg/L)		BOD$_5$(mg/L)		SS(mg/L)		NH$_3$-N(mg/L)		TN(mg/L)		TP(mg/L)		出水粪大肠菌群数(个/L)
				进水	出水	进水	出水	进水	出水	进水	出水	进水	出水	进水	出水	
2013年5月	累计值	838.55	平均值	252.3	31.1	124.5	5.3	213.6	11.6	21.2	3.3	30.9	13.4	4.1	1.0	
	日均值	28.0	最高值	448.0	44.0	279.0	13.0	401.0	16.0	30.4	7.3	47.6	17.4	6.5	1.3	460
			最低值	81.0	17.0	37.0	3.0	83.0	6.0	8.0	0.4	16.0	7.7	1.6	0.6	100
2013年6月	累计值	929.52	平均值	163.9	25.2	74.0	6.1	123.3	9.3	18.5	2.5	24.8	12.9	3.4	1.1	
	日均值	30.0	最高值	248.0	48.0	118.0	18.0	184.0	12.0	26.2	6.9	35.2	18.2	5.9	1.4	2300
			最低值	96.0	16.0	36.0	2.0	80.0	5.0	9.6	0.7	14.6	9.5	1.7	0.9	100
2013年7月	累计值	883.60	平均值	176.9	25.0	87.6	6.4	110.2	7.9	17.9	1.8	25.0	12.6	3.1	1.1	
	日均值	29.5	最高值	328.0	37.0	199.0	15.0	242.0	11.0	27.2	3.7	34.1	15.5	4.5	1.6	2400
			最低值	56.0	14.0	20.0	2.0	76.0	6.0	0.5	0.0	12.7	8.6	1.9	0.7	105
2013年8月	累计值	916.90	平均值	227.4	29.7	115.6	7.5	111.1	7.1	23.6	2.5	30.6	13.5	3.5	1.1	
	日均值	29.6	最高值	309.0	43.0	185.0	14.0	260.0	12.0	33.0	4.8	42.1	15.1	4.6	1.4	7100
			最低值	159.0	19.0	62.0	2.0	51.0	6.0	12.4	1.2	19.4	10.8	2.0	0.8	2300
2013年9月	累计值	892.44	平均值	222.5	28.5	117.4	10.5	122.1	6.7	21.4	2.3	30.0	13.9	3.7	1.1	
	日均值	28.8	最高值	370.0	42.0	313.0	17.0	194.0	10.0	29.0	3.8	41.1	16.9	4.5	1.4	2500
			最低值	151.0	16.0	58.0	2.0	73.0	6.0	12.3	0.8	19.5	11.7	2.7	0.8	140
2013年10月	累计值	801.88	平均值	270.8	32.0	125.6	7.7	158.5	10.2	23.2	2.0	34.1	14.9	4.6	1.2	
	日均值	26.7	最高值	433.0	45.0	258.0	16.0	300.0	17.0	34.2	3.9	43.1	18.6	5.4	1.5	8200
			最低值	168.0	17.0	74.0	3.0	124.0	6.0	16.2	0.9	23.8	11.2	3.5	0.9	1100
2013年11月	累计值	797.35	平均值	307.4	33.5	132.7	5.1	189.5	12.6	27.2	2.4	40.7	15.7	5.4	1.1	
	日均值	25.7	最高值	499.0	43.0	208.0	8.0	302.0	17.0	38.1	3.7	55.4	18.9	6.6	1.5	2600
			最低值	209.0	23.0	87.0	3.0	124.0	8.0	20.3	1.1	32.7	12.6	3.9	0.4	840
2013年12月	累计值	762.12	平均值	295.5	28.3	135.6	3.9	184.6	10.4	27.6	2.1	38.7	15.6	4.8	0.9	
	日均值	25.4	最高值	414.0	40.0	247.0	7.0	285.0	16.0	40.2	5.2	51.2	19.7	7.5	1.3	1400
			最低值	178.0	16.0	80.0	2.0	101.0	6.0	14.2	0.6	19.3	10.0	2.6	0.4	200

注：1. 月度数据统计周期为前一月25日至当月24日；

2. 粪大肠菌群数为抽样测定，并非每日采样测定。

8.13　杭州市七格污水处理厂三期加盖除臭工程

8.13.1　污水处理厂介绍

七格污水处理厂位于浙江省杭州市东北角江干区下沙乡七格村，紧邻钱塘江下游段，距下沙开发区 1km，距杭州市区 19km。东侧为杭州经济技术开发区，西侧为四格排灌站和月雅河。规划总建设规模为 $150 \times 10^4 m^3/d$。一、二期工程污水处理工艺均采用 A/A/O 工艺；污泥处理采用浓缩、脱水工艺，脱水后经料仓储存后外运。

本除臭工程是三期扩建工程的配套工程。三期工程的污水处理规模为 $60 \times 10^4 m^3/d$，位于现状七格污水处理厂一、二期工程的东侧和北侧的预留地位置。污水处理工艺采用改良的 A/A/O 工艺，污泥处理部分采用污泥浓缩脱水一体化设备。设计出水水质达到《城镇污水处理厂污染物排放标准》GB 18918—2002 的一级 B 标准，污水经处理后排入钱塘江七格段。

七格污水处理厂三期工艺流程如图 8-138 所示，在厌氧段前设置回流污泥反硝化段，可从回流污泥反硝化段和厌氧段两处进水，并在缺氧段和好氧段之间设置了交替段。交替段内安装了水下推进器和曝气器，可根据运行需要切换为缺氧或好氧状态。三期工程于 2010 年 7 月建成并投入调试运行，8 月份逐步实现出水指标的稳定。

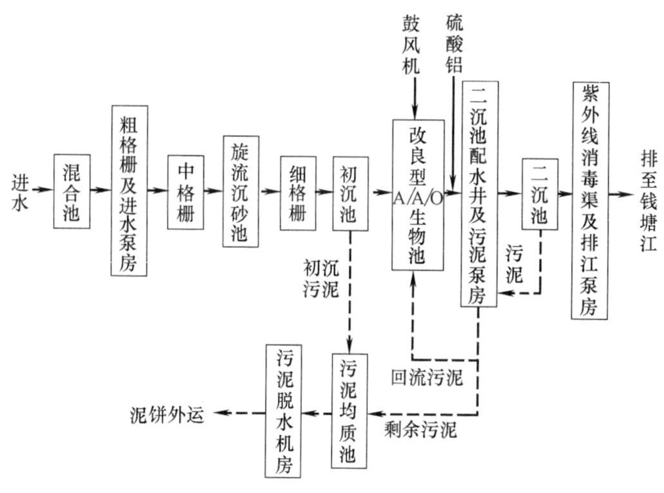

图 8-138　七格污水处理厂三期工艺流程

现场环境和气候条件如下：

（1）温度

年平均温度：16.27℃；

年最高温度：42.1℃；

年最低温度：−10.50℃。

（2）风向和风速

夏天以东风和东北风为主，冬天以西北风为主，平均风速为 2.0m/s，最大风速为 2.4m/s（3 月）。

（3）降雨

年平均：1452.6mm；

年最高：2356.1mm；

年最低：954.6mm。

暴雨主要出现月份：5～7 月的梅雨和 8～9 月的台风季节。

（4）蒸发量

年平均：1235.3mm。

（5）日照时间

年平均：1899.9h。

（6）霜冻

年无霜期：250d。

8.13.2 污水处理厂改扩建方案

七格污水处理厂除臭的主要内容是对污水、污泥处理过程中产生的臭气进行收集和除臭处理，在正常工况和常规气象条件下，确保厂界臭气浓度能满足《城市污水处理厂污染物排放标准》GB 18918—2002 中厂界废气排放二级标准，根据本工程各构筑物的特点，设计臭气量和排放标准如表 8-78 和表 8-79 所示。

臭气处理量 **表 8-78**

序号	臭源分区	数量	臭气处理量(m^3/h)
1	预处理区：进水泵房、混合井、粗细格栅、旋流沉砂池	1	25000
2	生物处理区：含初沉池和生物池	6	33500
3	污泥处理区：储泥池、脱水机房	1	10000
合计			236000

污水处理厂厂界废气量最高允许浓度 **表 8-79**

控制项目	排放指标
氨	1.5mg/m^3
硫化氢	0.06mg/m^3
臭气浓度（无量纲）	20

1. 臭源加盖设计

（1）加盖原则

1）在满足工艺要求设观测窗的前提下，尽可能降低加盖后净空高度，减小有效空气容积，以利通风换气设计，同时有利于户外运行管理，体现以人为本的设计思想。

2）结构形式按美观轻巧的要求选用；加盖材料从经济、耐久、抗腐等多方面综合比选。

3）加盖工程的实施尽可能有利于或少影响主体构筑物结构本身。

(2) 加盖方案

膜结构是空间结构中最新发展起来的一种类型，它以性能优良的织物为材料，利用柔性钢索成刚性骨架将膜面绷紧，从而形成具有一定刚度并能覆盖大跨度的结构体系，是一种全新的建筑结构形式，集建筑学、结构学、精细化工、计算机技术于一体，具有很高的技术含量。并且与传统方案相比，其重量大大减轻，仅为一般屋盖重量的 1/30～1/10，对支撑体系的要求也大大降低。具有艺术性、经济性、大跨度、自洁性、工期短、抗腐性等优点。钢支承反吊氟碳纤膜结构是专门针对污水池加盖开发的新型结构形式。本工程选用了耐腐蚀的氟碳纤膜作为覆盖材，并通过反吊的形式来适应污水池的腐蚀性环境。

钢支承反吊氟碳纤膜结构的巧妙之处在于反吊，采用了抗腐蚀能力很强的氟碳纤膜把废气罩住，钢结构在外侧将氟碳纤膜悬吊。这样既充分发挥了氟碳纤膜的抗腐蚀性能，又从根本上解决了钢结构与腐蚀性气体接触带来的腐蚀问题，因而钢构件可以按普通建筑结构等级考虑，具有 50 年的使用寿命，充分发挥了钢支承的结构性能，实现了结构骨架和覆盖材性能的完美结合。

杭州市七格污水处理厂三期工程初沉池和生物反应池共 3 座，每座平面尺寸为 165m×125m。根据已有设计，初沉池和生物反应池的厌缺氧段以混凝土加盖为主，其上覆土植被；本次加盖除臭重点是 6 条宽 10m 长约 134m 的好氧段。

设计上既考虑换气好氧和观测曝气效果的要求，又考虑检修维护通道的要求，采用半混凝土半膜结构的加盖形式，该方案具有以下优点：

1）有效减少膜工程量，降低工程造价。结构上采用曝气风管下回流渠液面上设混凝土梁，用以支撑混凝土加盖部分和架设膜结构的撑杆，膜结构设为斜向造型，以便较高侧设置换气和观测需要的窗洞。

2）采用部分混凝土部分膜的形式，曝气池上部较为开阔，便于曝气池上设备维护。

3）膜加盖后，不需要设置栏杆，有效减少栏杆费用。

4）采用侧向开玻璃窗的形式，便于观察池内情况。

加盖后鸟瞰效果如图 8-139 所示。

图 8-139　生物池加盖效果

(3) 工程结构设计

本工程实施后除臭效果明显，得益于项目各参与方的共同努力。主要工程特点可以概括为以下几个方面：

1）加盖除臭理念提前部署，土建设计即早介入

在主体设计阶段，负责本项目的设计监理单位提出应为后期加盖工程预留基础插筋，并考虑其可能增加的荷载。业主采纳了该意见并最终在主体设计图纸中落实，为后期的加盖工程预留了合理的池顶基础，大大减少了加盖工程的改造加固工作量。并且由于前期预留的均为一次浇筑的钢筋混凝土支墩，相比较后期加固形成的基础在水汽腐蚀环境下，有效地提升了加盖工程的主体结构耐久性。

设计单位在选择除臭加盖方案时，考虑到在工程实施过程中，尽可能减少对原有设施的破坏，并充分利用原构筑物预留插筋，在确保安全性的前提下尽可能节约成本。

2）加盖建筑工艺设计

① 根据使用要求，尽可能降低屋面高度，减小有效空气容积，以利通风换气设计。同时有利于户外运行管理，体现以人为本的设计思想。保证操作维护人员的安全，并将对操作维护人员身体健康的影响程度尽可能地减少到最小。

② 针对运行维护的需要，尽可能多考虑设备维护、检修、更换的方便。

③ 根据环境条件，确保加盖加罩设计美观大方，并与现有布局协调。

3）加盖结构设计

① 膜结构骨架和原池壁连接处理

当膜结构的骨架与原水池壁的连接处没有预留基础支墩时，就需要考虑如何以较小的改动加固原有池壁，以满足承载和工艺检修要求，加固处理是本工程的难点。

a. 情况一：部分膜结构支架支撑于水池内部的250mm厚导流墙端部上，根据工艺要求，在膜结构四周均需设置走道板，以利于在今后的污水处理厂运行过程中，便于运行管理、设备维护。

b. 情况二：部分膜结构支架支撑于水渠池壁上，此次设计膜结构增加的荷载对原水渠结构产生的不利影响，需对原水渠结构进行加固。

对于以上两种情况，采用的设计方案如图8-140所示。

a. 情况一：凿除导流墙端部部分池壁，露出池壁主筋，与新增走道板主筋焊接。

b. 情况二：采用结构计算软件对原水渠结构进行计算，得出结果，需采用Φ50mm钢管，间距1000mm，对原水渠结构进行加固，确保原结构安全。

② 膜结构设计

本工程大型水池（如曝气池）均选用膜结构加盖：普通碳钢骨架（外侧）＋氟碳纤膜（反吊）。该结构具有重量轻、耐腐蚀性能较好、对地基要求低、对原水池结构增加的荷载很小、跨度大的优点。适用于大跨度构筑物，现场施工周期较短，施工期间对原污水处理厂运行影响较小。

a. 膜结构防腐性能良好，其钢结构支承系统选择设在膜的外侧，避免与臭气接触，以增加钢结构的耐久性，膜连接件采用不锈钢材料。

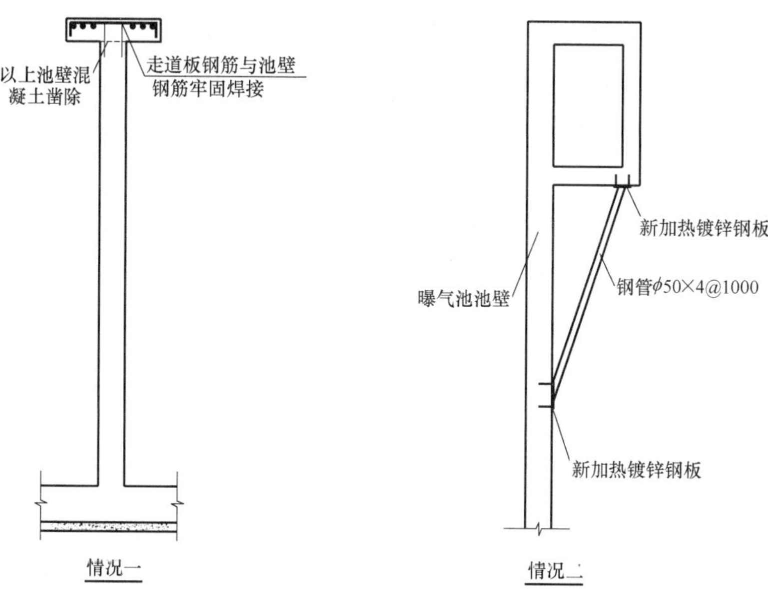

图 8-140　加盖结构设计

b. 钢结构构件均涂重度防腐涂料。

c. 由于水池池壁对增加的水平荷载更为敏感，本工程创新性地引入了拉索设计，通过拉索预张紧设计，抵消膜结构产生的水平荷载，从而使膜结构钢骨架传导至基础处的荷载接近为纯竖向荷载。

钢索采用高强镀锌钢丝，破断强度为 1670MPa，符合《塑料护套半平行钢丝拉索》CJ/T 3058—1996 之规定。钢索两端加热铸锚具，锚具材质为 Q345B 或 40Cr 钢，螺杆和销轴材质为 45 号钢，符合铸钢 ZG 310-570 之规定。本工程采用拉索规格为：钢丝绳直径＋PE 后直径：12PE15，拉索最小破断力（钢丝绳和锁具之间的抗拉力）为 7.33t。

现场加盖后实景如图 8-141 所示。

图 8-141　生物池加盖实景

2. 臭气收集输送管设计

(1) 集气管设计原则

1) 尽量利用原有池体结构，在可能的情况下使用混凝土风道；

2) 由于池体渠道狭长，所有集气管道设计为均匀排风系统；

3) 通过并联管路的阻力平衡计算，确保工作条件下各吸气口的实际风量与设计风量一致。

(2) 风管布置

生物池好氧段排气风管沿池长方向将原管廊改造为断面尺寸为1000mm×630mm的风道，沿风道一侧开不同尺寸的6孔；缺氧段沿池长方向设1500mm×600mm的风道，风道两侧壁每隔25m设不同尺寸的排气孔共计6处；每座生物池（共6座）的4条风道以有机玻璃钢风管汇总至管廊中的*DN*800玻璃钢风管，该风管一端通过初沉池1400mm×900mm风道与1号风机相连，另一端通过1400mm×900mm风道与2号风机相连。

该方案的优点：

1) 充分利用原有混凝土走道板下的廊道作为风道，有效减少管道数量和合理利用投资；

2) 混凝土风道断面面积较大，有效减少风系统的阻力，降低能耗，并可实现对狭长空间（生物池反应渠道）的均匀排风；

3) 吸风口位置较高，使曝气池表面的浮沫不进入风道，便于运行维护。

(3) 风管支架

风管支架按照《风管支吊架》（国家建筑标准设计图集）（03K132）和《通风管道技术规程》JGJ 141—2004制作，穿越道路的风管采用桥架形式，沿地面敷设时采用支墩。

3. 臭气处理设备设计

(1) 臭气处理工艺

臭气处理的方法主要有化学洗脱器、活性炭吸附、热处理工艺、常规生物处理工艺和土壤处理等。对于大型城市污水处理厂臭气处理而言，目前90%以上的处理方法采用以生物处理为主的处理方法，生物除臭方法是目前我国污水处理厂普遍采用的处理方法。

七格污水处理厂三期工程除臭以生物滴滤池处理为主，同时辅以水洗和活性炭吸附相结合的处理方法。该方法在常规生物处理的基础上，再辅以水洗和活性炭吸附，是较为稳妥的处理方法。

设备由气体洗涤、生物反应和吸附区组合成一体。设备中设置了气体洗涤系统、改进型的生物滴滤处理系统、生物吸附系统、循环液系统。设备具备同时高效净化亲水性和疏水性恶臭气体成分，同时高效净化碱性和酸性恶臭气体成分的性能。污水处理厂恶臭污染物的浓度范围波动很大，而嗅阈值一般很低，因此处理装置要保证稳定的处理效果，必须适应恶臭污染物的上述多种物化特性。为进一步稳定处理效果以适应更高的环境要求，并可去除剩余疏水性污染物，兼有除雾功能，除臭设备的末端设有吸附层；根据进气特性和排放要求，本装置的空床停留时间为20～30s。整个设备内部采用一体化、集约化设计，与其他类型的生物脱臭设备相比，具有效率高、运行稳定、设备阻力小、能耗低、运行费用少、操作管理方便的特点。核心的生物段形式为生物滴滤池，该种反应器的关键之处在于循环水的供给，生物滴滤池的洒水一般为连续喷洒，其根本目的是为微生物提供稳定的生存环境，对填料持水能力的要求大幅降低，除臭微生物的生态环境极易人工控制。

（2）技术特点

三期工程除臭装置具有以下特点：

1）三种除臭工艺相复合

采用复合式除臭工艺，集洗涤、生物氧化和过滤、生物吸附于一体，可针对不同的进气物质的特点进行有针对性的处理。结合三种除臭技术优化组合，处理臭气化合物的浓度范围广，可适应各类处理排放要求，抗冲击负荷能力强。

2）两种填料相结合

采用两种生物填料相结合，根据臭气中不同成分的特点，由不同性质的填料提供不同菌种的生长环境。表现为：①所采用的生物填料本身对臭气成分具有较佳的吸附能力，启动和挂膜速度快；②比表面积大，提供生物生长的亲和环境，并具有一定的持水能力；③惰性材料，并具有一定的机械性能，不随时间腐烂，遇水膨胀和缩水，不会随运行时间的变化而压实变形进而导致空隙率改变。长期使用无需更换，使用寿命在 15 年以上。

3）多样化的菌种富集技术

根据臭气中存在有亲水性和疏水性成分、碱性和酸性成分，分别在不同位置设置不同性质的填料，以适合不同菌种的生长和不同成分气体的去除，具有广谱性特点。

（3）除臭装置的主要参数

1）系统组成

生物除臭系统由以下几部分组成：①臭气管道收集系统和处理后排放系统；②风机：通常位于生物滤池前面；③空气分配系统；④采用多层填料，适合不同性质的气体；⑤喷洒系统，保证填料表面维持适当的水分；⑥填料水收集系统，通常部分回流到进水进行喷洒，但需要适当排除部分以防止盐分和有毒物质的积累；⑦配电和自动控制系统。

2）主要设计参数

① 1 号除臭装置

1 号除臭装置除臭风量为 $2.5\times10^4m^3/h$，位于预处理区混合井北侧，用于处理预处理区收集的臭气，除臭装置主体采用钢筋混凝土结构。

生物滤池滤速按 180m/h 设计，有生物除臭装置 1 套，平面尺寸为 21.8m×7.9m，其中装置具有水洗、生物滤池和生物吸附三项功能。滤料采用两种滤料，上层活性滤料厚度为 0.4m，体积为 $51m^3$，接触时间为 7.2s；下层惰性滤料厚度为 1.1m，有效体积为 $144m^3$，接触时间为 19.8s，共 27s。

配置机械设备包括：风机 2 套，风量为 $1.25\times10^4m^3/h$，风压为 3000Pa，电机功率为 22kW，采用变频控制，户外型，设隔声箱。水洗系统配置 SMP375 喷嘴（120°）8 只，压力为 20m，水洗泵 2 台（1 用 1 备），单台流量为 $40m^3/h$，扬程为 20m，电机功率为 3kW。pH 在线监测系统，监测填料出水中的 pH 值。

装置需要 *DN*50 补充水管一根，水量为 0～8m^3/h，水压为 20m，生物除臭系统分两层，下层配制 SMP125 喷嘴（120°）32 只，压力为 20m，补水采用水厂回用水（过滤后）。

② 2 号除臭装置

2 号除臭装置总设计除臭风量为 20.1×$10^4m^3/h$，分为独立运行的 6 套，每套装置设计除臭风量为 3.35×$10^4m^3/h$，位于生物池初沉池的北侧，用于处理生物处理区收集的臭气，除臭装置主体采用钢筋混凝土结构。

由于初沉池和生物池风量较大，臭气浓度较低，臭气生物滤池滤速按 200m/h 设计，每套装置平面尺寸为 25.4m×7.9m，其中装置具有水洗、生物滤池、生物吸附功能。滤料采用两种滤料，上层滤料厚度为 0.3m，体积为 44m^3，接触时间为 5.4s；下层滤料厚度为 1.0m，有效体积为 168m^3，接触时间为 18.0s，共 23.4s。

配置机械设备包括：风机 12 台，风量为 1.65×$10^4m^3/h$，风压为 3000Pa，电机功率为 22kW，采用变频控制，户外型，设隔声箱。水洗系统配置 SMP375 喷嘴（120°）8 只，压力为 20m，水洗泵 2 台（1 用 1 备），单台流量为 40m^3/h，扬程为 20m，电机功率为 3kW。pH 在线监测系统，监测填料出水中的 pH 值。

装置配备 *DN*50 补充水管一根，水量为 0～8m^3/h，水压为 20m，生物除臭系统分两层，下层配制 SMP125 喷嘴（120°）32 只，压力为 20m，补水采用水厂回用水。

③ 3 号除臭装置

3 号除臭装置用于处理污泥处理部分收集的臭气，主要包括储泥池和脱水机房所发散的臭气，位于储泥池北侧，设计除臭风量为 1×$10^4m^3/h$，除臭装置主体采用钢筋混凝土结构。

生物滤池滤速按 150m/h 设计，有生物除臭装置 1 套，平面尺寸为 11.0m×7.9m，其中装置具有水洗、生物滤池和生物吸附三项功能。滤料采用两种滤料，上层滤料厚度为 0.4m，体积为 26m^3，接触时间为 7.2s，下层滤料厚度为 1.1m，有效体积为 72m^3，接触时间为 19.8s，共 27s。

配置机械设备包括：风机 1 台，风量为 1×$10^4m^3/h$，风压为 3000Pa，电机功率为 10kW，采用变频控制，户外型，设隔声箱。水洗系统配置 SMP375 喷嘴（120°）4 只，压力为 20m，水洗泵 2 台（1 用 1 备），单台流量为 20m^3/h，扬程为 20m，电机功率为 1.5kW。pH 在线监测系统，监测填料出水中的 pH 值。

装置需要 *DN*40 补充水管一根，水量为 0～3m^3/h，水压为 20m，生物除臭系统分两层，下层配制 SMP125 喷嘴（120°）12 只，压力为 20m，补水采用水厂回用水。

④ 装置排气筒高度

臭气处理装置排气筒越高，所允许的排放浓度越大，市中心污水处理厂，设置高排气筒将影响到污水处理厂的美观和附近居民的反应，本工程排气筒高度为 6m，主要以污水处理厂厂界达标作为验收标准。

⑤ 微生物生长的条件控制

生物滤池内，微生物通过自然生长即可达到预期的效果。生物滤池运行正常的关键是保持生物池内适宜的温度、湿度、酸碱度、载体和营养物质。其中循环水是主要的工程控制手段。

本装置所采用的核心的生物段形式为生物滴滤池，该种反应器不同于生物滤池的关键之处在于循环水的供给方式：生物滤池的供水周期很长，一般为一个月甚至半年以上洒水一次，洒水的目的仅为填料增湿或多余微生物的冲刷，因此所采用的填料必须具备较高的持水能力；而生物滴滤池的洒水频率较高，一般为连续喷洒或间歇喷洒，即使间歇喷洒其供水周期也很短，其根本目的是为微生物提供稳定的生存环境。

除臭设备的供水是该设备正常运行的关键，自来水一般含有余氯，会对除臭微生物产生灭活或抑制作用，因此，供水一般采用厂内未加氯的回用水，图 8-142 是根据再生水压力（不小于 20m）充足或不足时所分别采用的工艺流程，杭州市七格污水处理厂三期工程除臭设备即采用该流程，当再生水压力不能满足要求时，应当增设二次提升泵以保证除臭设备的供水压力。

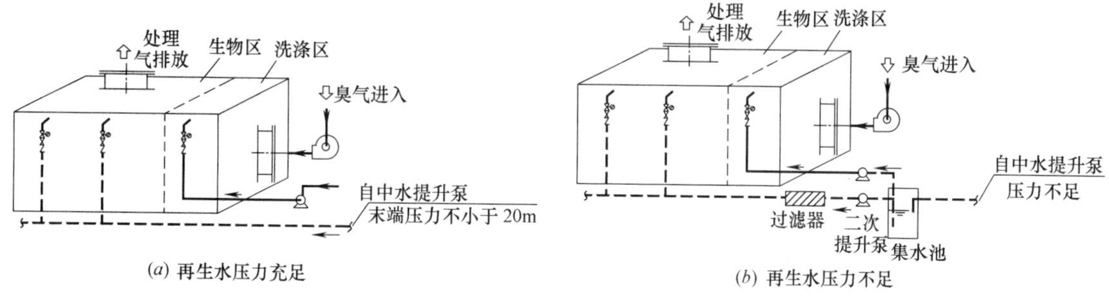

(*a*) 再生水压力充足　　(*b*) 再生水压力不足

图 8-142　生物除臭装置供水流程

8.13.3　运行效果

生物除臭装置实景如图 8-143 所示。除臭系统建成运行后，众多环境监测单位对该 8 套除臭设备的排气筒的臭气浓度进行了定期监测，根据监测结果进行大气扩散模拟分析，当风速为 1.0m/s，大气稳定度为 A 级时，结果如图 8-144 所示，厂界臭气可满足国家二级排放标准的要求（在该气象条件下也满足一级排放标准）。当然该模拟图仅考虑七格污水处理厂三期工程臭气源对厂界的影响，而实际情况往往是许多臭气源共同影响的结果，因此在实际评测时也需要进一步具体分析。

图 8-143　生物除臭装置实景

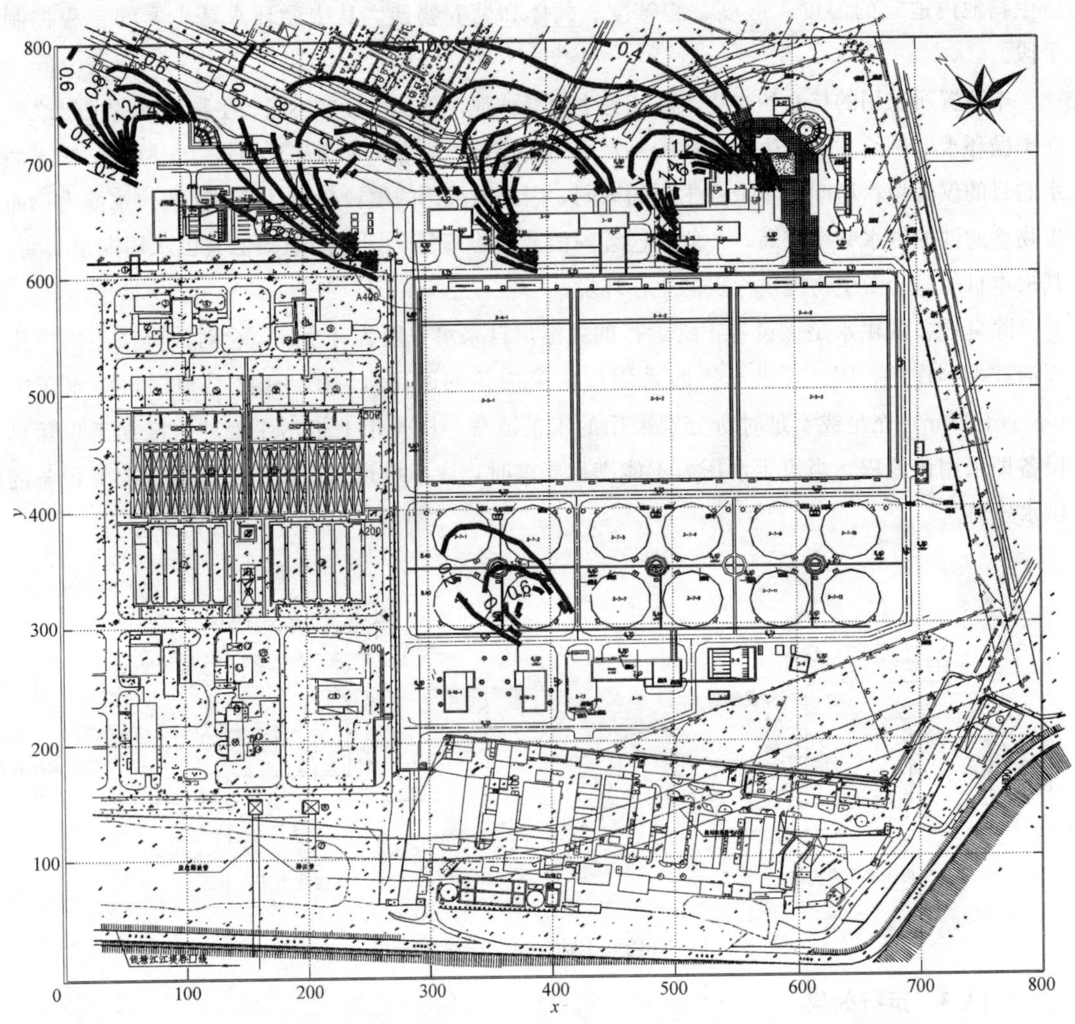

图 8-144 七格污水处理厂三期工程臭气影响情况（臭气浓度（无量纲））

8.14 上海市白龙港污水处理厂污泥应急工程

8.14.1 污水处理厂介绍

白龙港污水处理厂位于浦东新区合庆镇，东临长江，西至随塘河，北以原南干线排放干渠为界。白龙港污水处理厂旱季平均处理规模为 $200\times10^4m^3/d$，虽然现有的污泥处理工艺采用重力浓缩＋离心机械浓缩＋中温厌氧消化＋离心脱水＋部分脱水污泥流化床干化的处理工艺，但外运填埋处置的污泥含水率仍较高（＞60％），不符合进入填埋场的要求；此外，上海市中心城区的 14 座污水处理厂外运填埋处置的污泥含水率也不符合进入填埋场的要求。

为保障近期（2012～2014 年）白龙港污水处理厂和中心城区污水处理厂污泥的安全处理处置，需建设污泥处理应急工程，使处理后污泥满足近期进入填埋场处置的泥质要求，即含水率＜60％，剪切强度≥$25N/m^2$，同时尽可能在体积上减量。为此，上海市实施白龙港污水处理厂深度脱水应急工程。该工程服务范围近期为白龙港、闵行、龙华、长桥、莘庄和竹园第一等污水处理厂，远期为白龙港片区内的污水处理厂，即白龙港、闵行、龙华、长桥和莘庄污水处理厂。处理对象分为两类：一是白龙港污水处理厂污泥约150tDS/d，包括浓缩污泥、未稳定污泥（剩余污泥和一级强化化学污泥）、消化污泥，含水率约95%；二是闵行等其他污水处理厂外运来的污泥约150tDS/d，主要是含水率约80%的脱水污泥，均为未稳定污泥（剩余污泥和初沉污泥）。本工程处理后的脱水污泥含水率不大于60%，并通过污泥车外运至老港填埋场进行填埋处理。

本工程选址于白龙港污水处理厂已建污泥处理设施北侧，总占地面积26729m^2，工程总投资为26135.75万元，采用EPC模式设计建造，从开始立项到投入运行仅用了6个月时间，充分体现了应急工程的特点。工程于2012年6月竣工，现已投入运行约3年时间，工程处理规模和处理效果均达到或优于设计要求。

8.14.2　污水处理厂改扩建方案

污泥处理采用混合调理—化学调理—隔膜压滤的处理工艺，工艺流程如图8-145所示。

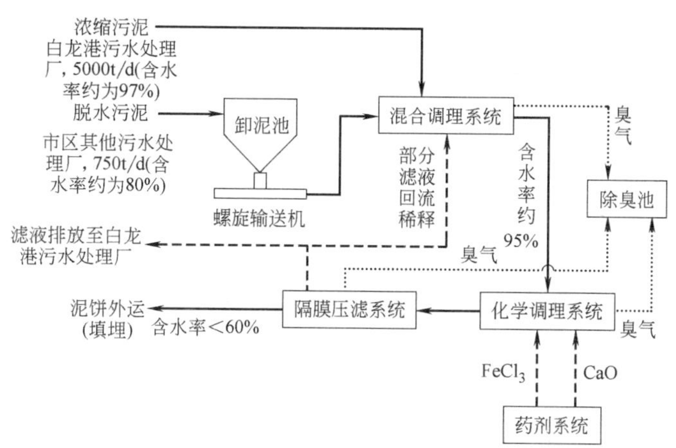

图8-145　污泥深度脱水工艺流程

白龙港污泥深度脱水厂位于白龙港污水处理厂已建污泥区北侧，占地面积约26729m^2，其总平面布置如图8-146所示。按照功能不同，厂内分区布置，生产管理建筑物和生活设施集中布置，与污泥处理区保持一定距离，处理构筑物间布置紧凑、合理，满足各构筑物的施工、设备安装和埋设各类管道的要求。

污泥深度脱水应急工程主要由五部分组成：

（1）混合调理系统

混合调理系统包括卸料池、混合稀释池和稀释储泥池等。采用压滤后的上清液作为稀释水对浓缩污泥和脱水污泥进行混合稀释调理。将市区其他污水处理厂的脱水污泥卸入卸料池，并通过无轴螺旋输送机输送至混合稀释池，与通过管道输送的白龙港污水处理厂浓缩污泥进行定量混合，并根据具体情况加入稀释水，混合后污泥的含水率控制在95%左右，便于加药化学调理和污泥输送。具体设计参数如下：

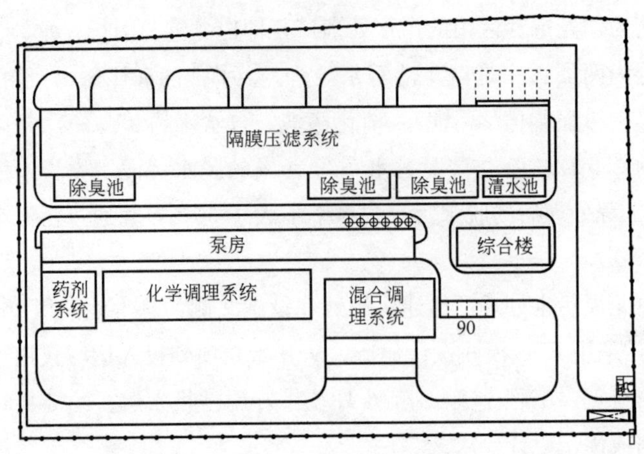

图 8-146 白龙港污泥深度脱水厂总平面布置

1）卸料池

设卸料池 8 座，每座有效容积为 25m^3。在每个卸料池下设置螺旋输送机 1 台，长度为 11.5m，单台流量为 10m^3/h，α 为 25°，电机功率为 5.5kW，螺旋输送机将污泥输送至污泥混合稀释池。

2）混合稀释池

设混合稀释池 8 座，每座净尺寸为 2.5m×2.5m×1.9m，有效容积为 6.25m^3，有效停留时间为 3.2min。每池设快速搅拌机 1 台，电机功率为 2.2kW，转速为 100r/min。稀释后的污泥溢流进入稀释储泥池。

3）稀释储泥池

设稀释储泥池 4 座，每座净尺寸为 8.0m×7.0m×4.7m，有效容积为 200m^3。每座稀释储泥池设立式搅拌机 1 台，电机功率为 5.5kW，转速为 20r/min。稀释储泥池污泥通过离心泵提升进入调理池。

(2) 药剂系统

药剂系统包括 $FeCl_3$ 加药系统和石灰乳加药系统。采用商品 $FeCl_3$ 溶液和现场配制的石灰乳溶液为污泥调理药剂。$FeCl_3$ 药剂储存在 $FeCl_3$ 储药池中，石灰乳药剂由成套设备进行现场配制。散装生石灰粉由气力输入料仓储存，配制石灰乳时，由下料系统带动下料振荡器使石灰粉料流至定量给料机，并均匀定量地送入消解罐，与泵送来的压滤滤液混合，配制浓度为10%的石灰乳药剂，充分消解后的石灰乳流入石灰储存罐储存备用。两种药剂可通过不同的螺杆泵送至化学调理池以供化学调理使用。

1）$FeCl_3$ 加药系统

设 $FeCl_3$ 储药池 2 座，每座净尺寸为 16.3m×7.2m×2.5m，有效容积为 270m^3。储药池用来存放液体 $FeCl_3$，采用泵回流水力搅拌。药剂储存期为 6 d。设 $FeCl_3$ 投加泵 4 台，单台流量

为 $11m^3/h$，压力为 0.2MPa，电机功率为 2.2kW；$FeCl_3$ 卸料泵 2 台，1 用 1 备，单台流量为 $50m^3/h$，扬程为 14m，电机功率为 4kW。

2）石灰乳加药系统

石灰乳加药系统采用成套设备，以保证各设备运行性能参数的匹配性，保障后续运行的稳定性。石灰料仓分 2 套，每套有效容积为 $150m^3$，每套料仓直径为 4.6m，高度为 15m。设计 CaO 的投加量为干泥量的 20%，每天的投加量为 60t，石灰密度按 $1.2t/m^3$ 计，则每天消耗石灰的体积为 $50m^3$，石灰储存期为 6d。

石灰乳加药系统设配套石灰螺旋输送机 2 台，Φ300mm×5000mm，电机功率为 3kW；设石灰消解系统 2 套，Φ3200mm×4500mm，搅拌机功率为 5.5kW；设石灰乳储存系统 2 套，Φ3600mm×4000mm，搅拌机功率为 7.5kW；设石灰乳投加泵 4 台，单台流量为 $80m^3/h$，输送压力为 0.2MPa，电机功率为 11kW。

（3）化学调理系统

化学调理系统包括化学调理池、储泥池、稀释水池等。通过先后对稀释后的污泥定量投加 $FeCl_3$ 药剂和石灰乳药剂进行化学调理，改善其脱水性能。稀释混合后的污泥用泵送至化学调理池，在池中加入 $FeCl_3$ 药剂和石灰乳药剂等化学调理剂，混合搅拌使其充分反应，将浓缩污泥中的毛细水和吸附水变为自由水，使污泥的 pH 值和温度升高（pH 值必须升高至 10 以上），破坏微生物的细胞膜，释放细胞内的结合水，从而提高污泥脱水效果。此外，加入的化学调理剂具有钝化重金属和杀菌除臭的作用。经过现场同步试验研究，确定加药量的上限，即 $FeCl_3$ 投加量为干泥量的 8%，CaO 的投加量为干泥量的 20%。

1）化学调理池

设化学调理池 8 座，每座净尺寸为 8.0m×7.2m×3.0m，有效容积为 $150m^3$。每座设置立式搅拌器 1 台，电机功率为 5.5kW，转速为 20r/min。

2）储泥池

设储泥池 4 座，每座净尺寸为 16.3m×7.2m×4.0m，有效容积为 $230m^3$。用于储存调理好的污泥。每座设置立式搅拌器 2 台，电机功率为 2.2kW，转速为 10r/min。

3）稀释水池

设稀释水池 1 座，净尺寸为 32.9m×7.2m×2.5m，有效容积为 $450m^3$。污泥稀释水池用来接收生产用水作为短暂储存或接收并储存隔膜压滤机压榨后的滤液，作为污泥稀释调理的稀释用水。

（4）隔膜压滤系统

隔膜压滤系统主要由压滤机车间和压滤设备构成。利用隔膜压滤机的两次压榨（低压、高压）作用对化学调理后的污泥进行深度脱水，使污泥的含水率降至 60%以下。系统采用成套隔膜压滤设备，保证系统运行的稳定性。经化学调理池调理好的污泥由污泥提升泵注入隔膜压滤机中，快速实现泥水分离，进泥最大压力为 1.2MPa，进泥时间一般为 1.5～2h。停止进泥后，通过隔膜挤压泵对厢式压滤机中的隔膜加压以实现对污泥进行强力挤压脱水，压力为

1.5MPa，压滤时间一般为10～20min。然后利用高压空气吹脱压滤机中心进泥管中的污泥和空腔内的滤液，时间约为1min。最后松开压滤机滤板，排尽剩余滤液。压滤结束后，卸除滤板内的泥饼至卸料斗，并经过两次螺旋输送机输送至污泥车外运。

1）压滤机车间

压滤机车间平面尺寸为168.68m×21.48m，为两层工业厂房，其中第二层楼板为设备操作层，主体结构采用现浇钢筋混凝土排架结构。

2）隔膜压滤机

选用隔膜压滤机26套（22用4备）。其中国内设备20套，2m×2m的PP隔膜板采用整体式结构，压榨压力不小于1.5MPa，中心反吹的空气压力为10kg/cm^2，单台处理能力不小于15tDS/d，每批次时间不大于4.0h；进口设备6套，S45C的压滤板为双膜片结构，压榨压力不小于1.5～1.6MPa，单台处理能力为20 tDS/d，每批次时间不大于2.0h。

3）压滤机进泥系统

设泵房1座，半地下式结构，平面尺寸为124.04m×10.24m。泵房内集中布置稀释水提升泵、压滤机的一级污泥提升泵、二级污泥提升泵和空压机和冷干机。近压滤机房一侧布置压滤机控制柜等电气设备。泵房内各种管线集中布置在管沟和线沟内，便于管理和维护。

隔膜压滤机分两级进泥，一级为大流量低压力进泥，二级为低流量高压力进泥。进泥管从储泥池接出，每个储泥池对应1组脱水机进泥泵，每组脱水机能力为75tDS/d，共4组。

低压污泥进料泵（与2000mm×2000mm压滤机配套）22台，处理流量为120m^3/h，最大工作压力为0.6MPa，电机功率为30kW；高压污泥进料泵（与2000mm×2000mm压滤机配套）22台，处理流量为27m^3/h，最大工作压力为1.2MPa，电机功率为22kW；高压污泥进料泵（与1500mm×1500mm压滤机配套）4台，处理流量为55m^3/h，最大工作压力为1.2MPa，电机功率为30kW。

4）压榨泵

采用26台多级离心泵作为压榨泵，单台流量为35m^3/h，最大工作压力为2.0MPa，电机功率为37kW。

5）污泥出料设备

脱水污泥出料设备由污泥斗和倾斜螺旋输送机组成。设污泥斗13套，单套有效容积为30m^3，储存时间为8h；设倾斜螺旋输送机26套，单套长为14m，输送量为10m^3/h，倾斜角为10°。

(5）除臭系统

厂区设除臭设备3套，收集各系统产生的臭气集中处理，单套净尺寸为20m×7m×3.5m，除臭风量为2.5×10^{4}m^3/h，设备材质为有机玻璃钢。每套除臭设备配置2台风机，单台风量为1.3×10^{4}m^3/h，风压为3000Pa，轴功率为22kW，采用变频控制。生物除臭采用封闭形式，经生物除臭后的气体进入排放管排放。生物除臭系统由臭气收集管道和处理后的排放管道、风机、空气分配设备、填料、喷洒设备、填料水收集、配电和自动控制等部分组成。

8.14.3　运行效果

白龙港污泥深度脱水厂实际处理量和进泥泥质如表 8-80 所示。

污泥深度脱水厂进泥情况　**表 8-80**

污泥指标	白龙港污水处理厂浓缩污泥	其他污水处理厂脱水污泥
进泥量(m^3)	4134	597
含水率(%)	96	76
污泥干固量(tDS)	159	143

2012 年 9 月，白龙港污泥深度脱水厂污泥处理量和出泥含水率状况如图 8-147 所示。数据表明，白龙港污泥深度脱水厂处理的浓缩污泥干固量与脱水污泥干固量相当，平均分别为 158.94tDS/d 和 152.09tDS/d；实际处理污泥干固量基本维持在 300tDS/d 以上，平均为 311.03tDS/d，满足并超过了设计处理规模。脱水处理后污泥的含水率均低于 60%，完全符合污泥填埋处置标准要求。

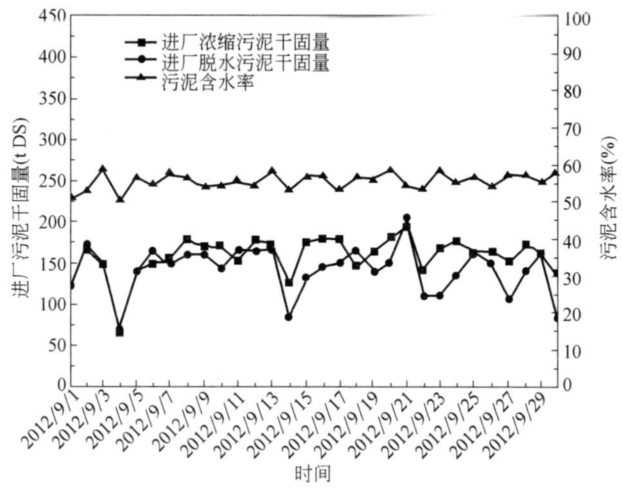

图 8-147　白龙港污泥深度脱水厂处理污泥的干固量和含水率

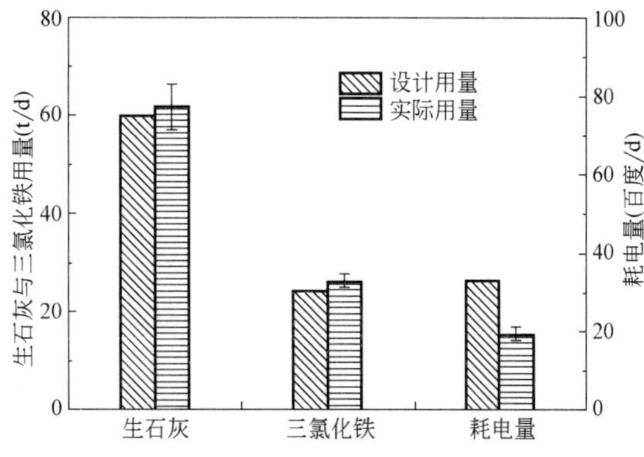

图 8-148　白龙港污泥深度脱水厂的运行能耗水平

白龙港污泥深度脱水厂 2012 年 9 月运行的日平均能耗如图 8-148 所示。与设计用量相比，生石灰和三氯化铁的实际用量略有增加，这是由于实际处理规模超出设计值而造成的，实际处理平均耗电量为 15257kWh/d，远小于设计耗电量（26548kWh/d），节能效果显著。

8.15 宁波市南区污水处理厂二期工程

8.15.1 污水处理厂介绍

宁波市位于浙江省东北部，杭州湾南岸，是浙江省第二大城市，我国东南沿海重要的港口城市、长江三角洲南翼经济中心、国家历史文化名城。

宁波市南区污水处理厂是宁波市重点工程和第一个世界银行贷款城建项目，承担着海曙区（部分）、江东部分区域、鄞州中心城区同三高速以西等区域的污水处理任务。

南区污水处理厂总设计规模 $40\times10^4m^3/d$，一期工程规模 $16\times10^4m^3/d$，采用多模式 A/A/O 工艺。

随着宁波市城市化进程的不断加快和经济社会的高速发展，宁波市的人口不断增多，区域污水量也大大增加，南区污水处理厂一期已满负荷运营，实施二期工程项目将有效缓解一期工程的运营压力，保护宁波环境，促进经济发展，改善人民生活质量，有利于实现宁波市水污染物削减控制目标。

8.15.2 污水处理厂改扩建方案

1. 污水进水水质和处理目标

（1）污水进水水质

经分析论证，宁波市南区污水处理厂二期工程的设计污水进水水质为：

化学需氧量（COD_{Cr}）：320mg/L

生化需氧量（BOD_5）：150mg/L

悬浮物（SS）：180mg/L

总氮（以 N 计）：45mg/L

氨氮（以 N 计）：30mg/L

总磷（以 P 计）：5mg/L

pH 值：6～9

（2）污水处理目标

根据环评意见，依据《宁波市甬江流域水污染防治规划》和《城镇污水处理厂污染物排放标准》GB 18918—2002 的规定，为确保甬江流域各控制断面能够满足水环境功能区划的要求，执行国家一级 B 排放标准。

宁波市南区污水处理厂二期工程设计主要出水水质为：

化学需氧量（COD_{Cr}）$\leqslant$60mg/L

生化需氧量（BOD_5）$\leqslant$20mg/L

悬浮物（SS）≤20mg/L

氨氮（以 N 计）≤8mg/L

总氮（以 N 计）≤20mg/L

总磷（以 P 计）≤1mg/L

色度（稀释倍数）≤30

pH 值：6～9

实际工程设计中，总氮和氨氮的设计出水水质按的一级 A 控制。

2. 污泥处理目标

污泥处理的目的是稳定化、减量化、无害化和资源化。

本工程污泥处理先进行浓缩、脱水，脱水至污泥含水率小于 80%，运往宁波明州热电有限公司进行掺煤焚烧。

3. 环境保护目标

污水处理厂作为一项市政环保型建设工程，应防治污水处理过程中产生的污泥、废渣、臭气和噪声对周围环境造成二次污染。

4. 再生水处理进水水质和处理目标

（1）再生水处理设计进水水质

本工程再生水进水原水来自污水处理厂二级处理后尾水，进水水质与污水处理厂二级处理出水水质相同。南区污水处理厂二级处理出水水质按照奉化江的目标水质要求执行一级 B 标准，因此再生水处理的设计进水水质指标如表 8-81 所示。

再生水设计进水水质　　表 8-81

序号	指标	污水出水水质指标(mg/L)
1	悬浮物(SS)	20
2	生化需氧量(BOD_5)	20
3	化学需氧量(COD_{Cr})	60
4	总氮(TN)	20
5	氨氮(NH_3-N)	8
6	总磷(TP)	1
7	pH 值	6.0～9.0(无量纲)

注：实际工程设计中，总氮和氨氮的设计进水水质按一级 A 标准（二级处理出水标准）设计。

（2）再生水处理目标

本工程中再生水处理出水按一级 A 标准执行，如表 8-82 所示。

再生水出水水质　　表 8-82

序号	指标	污水出水水质指标(mg/L)
1	悬浮物(SS)	10
2	生化需氧量(BOD_5)	10

续表

序号	指标	污水出水水质指标(mg/L)
3	化学需氧量(COD_{Cr})	50
4	总氮(TN)	15
5	氨氮(以N计)	5
6	总磷(TP)	0.5
7	pH值	6.0～9.0(无量纲)

5. 工程规模

南区污水处理厂二期工程建设规模为$8\times10^4m^3/d$，其中：

(1) 污水处理工程：考虑到污水量的增长趋势和区域发展的环保要求，土建规模按$16\times10^4m^3/d$一次建设，设备规模按$8\times10^4m^3/d$分期配置。

(2) 再生水回用工程：土建规模按$4\times10^4m^3/d$一次建设，设备规模按$2\times10^4m^3/d$分期配置。

(3) 尾水排放管工程：二期工程污水处理尾水排入奉化江，土建规模按$24\times10^4m^3/d$一次建成。

6. 污水处理工艺的选择

(1) 设计水质和去除率

设计水质和去除率如表8-83所示。

设计水质和去除率 **表8-83**

项目	设计进水水质(mg/L)	设计出水水质(mg/L)	去除率(%)
悬浮物(SS)	180	20	≥88.9
生化需氧量(BOD_5)	150	20	≥86.7
化学需氧量(COD_{Cr})	320	60	≥81.3
总氮(以N计)	45	20	≥55.6
氨氮(以N计)	30	8	名义去除率≥73.3
总磷(以P计)	5	1	≥80
pH值	6.0～9.0	6.0～9.0	—

注：实际工程设计中，总氮和氨氮的设计出水水质按一级A标准控制。

(2) 工艺流程

为能更好地汇集A/A/O处理工艺系列中各工艺的优点，满足污水处理工程实际运行中先进性、稳定性、多样性和安全性的要求，本工程采用多模式A/A/O生物脱氮除磷处理工艺，使污水处理工艺可以根据进水水量、水质特性和环境条件的变化，灵活调整运行模式，既可按常规A/A/O处理工艺运行，也可按改良A/A/O、倒置A/A/O和其他处理工艺运行模式运行，保证出水水质，在提高处理效果的基础上，保证工艺可靠性。工艺流程如图 8-149 所示，多模式 A/A/O 处理工艺功能区布置如图 8-150 所示，多模式 A/A/O 处理工艺各模式时段分配如图 8-151 所示。

污泥处理推荐采用机械浓缩脱水工艺。

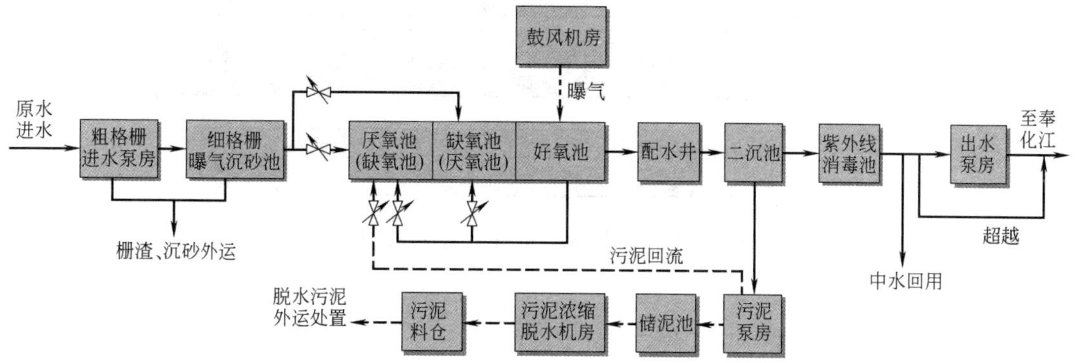

图 8-149 工艺流程

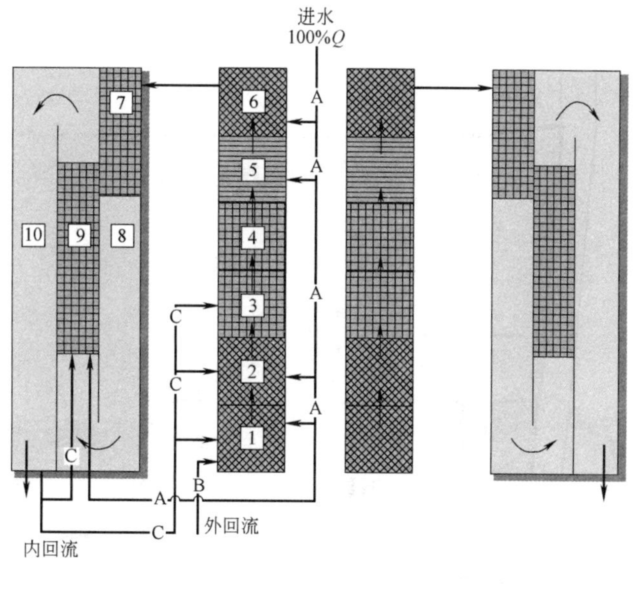

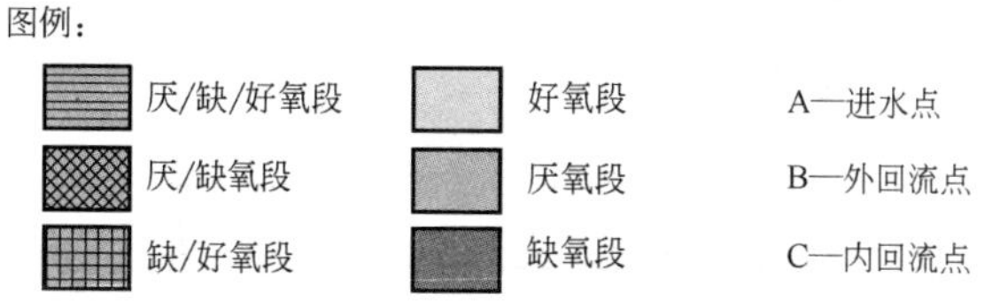

图 8-150 多模式 A/A/O 处理工艺功能区布置

(3) 流程分组

本工程主要处理构筑物分成 4 组，每组 $4\times10^4 m^3/d$，事故保障率为 75%。

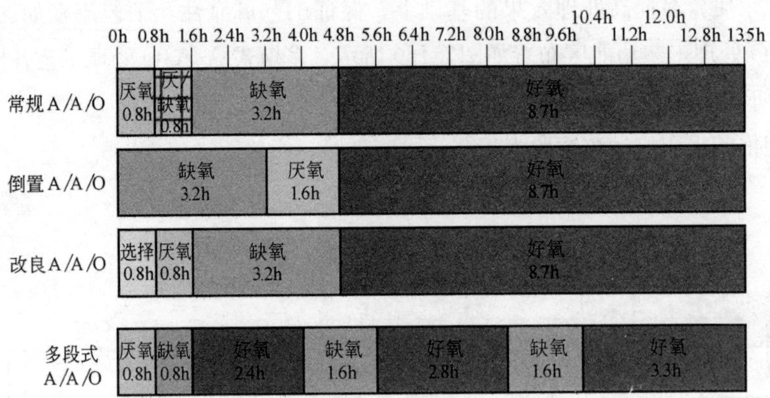

图 8-151 多模式 A/A/O 处理工艺各模式时段分配

(4) 总平面设计

本工程的总平面布置在一期工程的基础上进行了优化，如图 8-152 所示。

二期工程污水处理厂总平面设计中在满足大气环境防护区域要求和南侧规划道路退界 50m 要求的前提下，精心布局，在满足功能、大气防护距离要求的同时，结合景观设计，使二期工

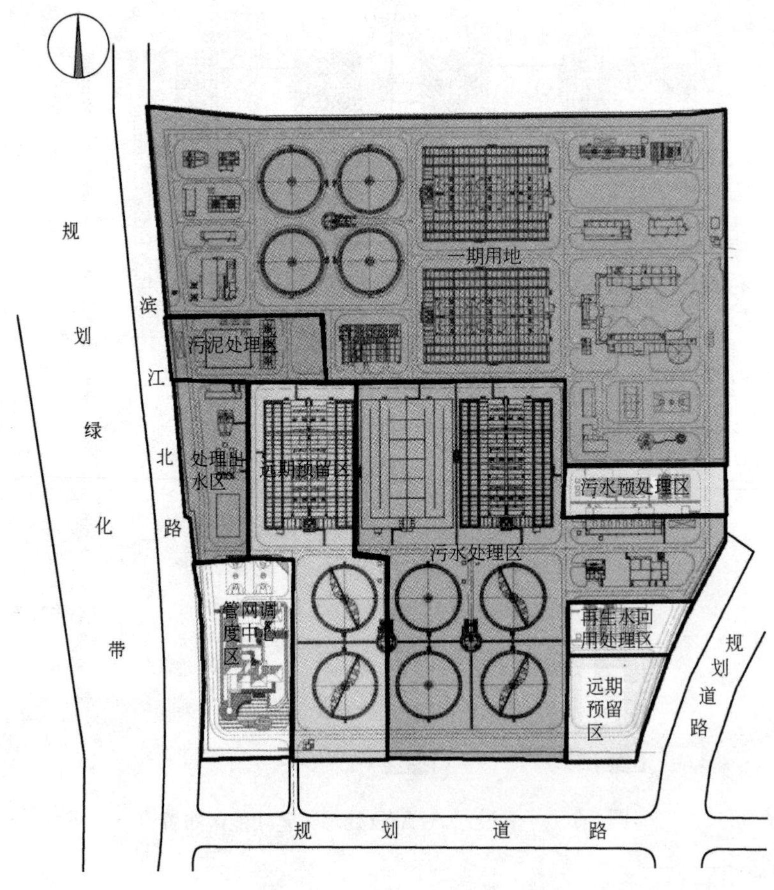

图 8-152 二期工程分区方案

程的总平面布置更人性化和合理化。共分为 7 个功能区，依次为污水预处理区、污水处理区、处理出水区、污泥处理区、再生水回用处理区、远期预留区和管网调度中心区。以上区域除污泥处理区位于一期厂区内，其余位于二期厂区内，厂前区和一期统筹考虑。

（5）高程设计

综合考虑厂区防洪要求、施工和构筑物埋深等因素，根据土方平衡结果和一期工程的设计地面标高 3.2m，结合环境景观设计，将二期工程的厂区高程分为三个层次。

第一层次：管网调度中心区和远期预留区，设计地面标高 4.7～6.2m，人员主要活动场所，环境优美，功能齐全，与生产区从空间上隔离；

第二层次：二沉池处理区，设计地面标高 4.4～4.7m，亲水场所；

第三层次：其余区域，设计地面标高 2.9～4.4m，过渡区域，与一期厂区、周边环境平稳衔接等。

通过三个层次的高程设计，将厂区内多余土方有效利用，减少土方外运费用，节省工程投资，同时美化环境，提升周边环境品质。如图 8-153 所示。

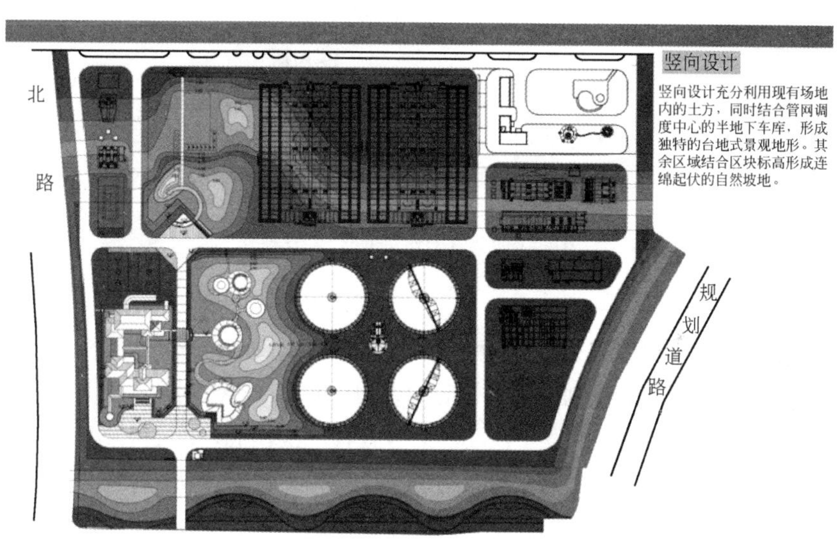

图 8-153　二期工程竖向设计

受纳水体奉化江年平均高潮位为 1.2m，20 年一遇水位为 3.20m，百年一遇高潮位为 3.40m。出口泵房前池控制水位为 2.90m，与一期高程保持一致。经计算，当洪水位低于 2.60m 时，设计高峰流量时污水处理厂出水能依靠重力排入奉化江。当洪水位超过 2.60m 时需通过出口泵房提升后排入奉化江，水泵扬程按百年一遇高潮位 3.40m 设计。

通过本厂污水处理工艺流程所需的水头损失计算，确定细格栅的栅前水位为 6.4m。处理构筑物总水头损失为 3.5m。

7. 再生水回用工程

（1）设计水质和去除率

再生水回用工程设计水质和去除率如表 8-84 所示。

设计水质和去除率 表 8-84

项目	设计进水水质(mg/L)	设计出水水质(mg/L)	去除率(%)
悬浮物(SS)	20	10	≥50.0
生化需氧量(BOD_5)	20	10	≥50.0
化学需氧量(COD_{Cr})	60	50	≥16.7
总氮(以N计)	20	15	≥25
氨氮(以N计)	8	5	名义去除率≥37.5
总磷(以P计)	1	0.5	≥50
pH值	6.0～9.0	6.0～9.0	—

注：实际工程设计中，总氮和氨氮的设计进水水质按一级A标准（二级处理出水标准）设计。

(2) 工艺流程

南区污水处理厂二期工程再生水处理推荐采用微絮凝＋转盘过滤＋二氧化氯消毒工艺。

工艺流程如图 8-154 所示。

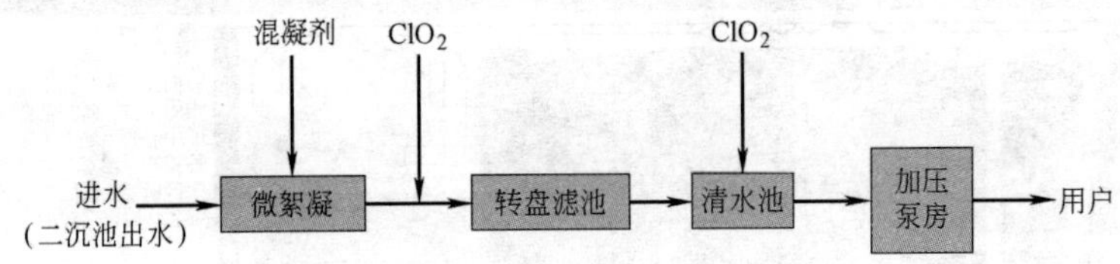

图 8-154 再生水处理工艺流程

8. 尾水排放管工程

目前一期工程已建有规模为 $16\times10^4m^3/d$ 的出水泵房、尾水排放管和排放口。

宁波市南区污水处理厂的规划控制规模为 $40\times10^4m^3/d$，考虑用地、经济性和合理性，本次二期工程的尾水排放管和排放口按 $24\times10^4m^3/d$ 规模一次建成，总变化系数为 1.3。

本工程污水处理厂处理尾水采用近岸排放方式，综合考虑通航和污水扩散要求，排放管管径 *DN*2200mm，管长约 176m，其中陆域段 150m，江域段 26m，根据环评要求，整个出水井需位于十年一遇最低水位以下，出水井排放口需位于百年一遇最低水位以下。距离一期工程排放口约 200m。

9. 主要构、建筑物

主要构、建筑物如表 8-85 所示。

主要构、建筑物 表 8-85

编号	名称	单位	数量	平面尺寸或建筑面积(单座)	备注
污水处理构、建筑物					
1	粗格栅和进水泵房	座	1	24.6m×18.2m	土建按 $24\times10^4m^3/d$
2	细格栅和曝气沉砂池	座	1	50m×13.9m	土建按 $24\times10^4m^3/d$
3	进水计量井	座	3	3.5m×3.5m	

续表

编号	名称	单位	数量	平面尺寸或建筑面积(单座)	备注
污水处理构、建筑物					
4	生物反应池	座	2	100.05m×73.9m	
5	二沉池配水井和污泥泵房	座	1	*DN*14.2m+9.2m×8.7m	
6	外回流污泥计量井	座	2	3.5m×3.5m	
7	剩余污泥计量井	座	1	2.1m×2.1m	
8	二沉池	座	4	*DN*52m	
9	紫外线消毒渠	座	1	16m×13.8m	土建按 $24\times10^4m^3/d$
10	出水计量井	座	3	3.5m×3.5m	
11	出水泵房	座	1	20m×13.2m	土建按 $24\times10^4m^3/d$
12	鼓风机房和 3 号变电所	幢	1	60m×15.24m	土建按 $24\times10^4m^3/d$
13	空气计量井	座	2	3.0m×2.5m	
14	加药间	幢	1	15.0m×14.45m	土建按 $40\times10^4m^3/d$
15	除臭装置	座	4		
污泥处理构、建筑物					
16	储泥池	座	1	37.2m×12.6m	土建按 $24\times10^4m^3/d$
17	污泥浓缩脱水机房和堆棚、料仓	幢	1	36.0m×30.0m	土建按 $24\times10^4m^3/d$
再生水工程					
18	再生水回用处理池	座	1	47.75m×28.95m	土建按 $4\times10^4m^3/d$
19	再生水计量井	座	1	3.5m×3.5m	
尾水排放管工程					
20	尾水排放管和排放口	座	1	*DN*2200	土建按 24 万 m^3/d
辅助建筑物					
21	进水仪表间	幢	1	$25m^2$	土建按 24 万 m^3/d
22	生反池控制室	幢	2	$15m^2$	土建按 16 万 m^3/d
23	出水仪表间	幢	1	$25m^2$	土建按 24 万 m^3/d
24	门卫	幢	1	$25m^2$	

10. 平衡设计

(1) 一、二期工程的高程平衡设计

二期工程处理构筑物的水位基本与一期工程保持一致，并将一、二期工程的工艺管线、污泥管线、尾水排放管连通，便于全厂的统一运行和管理。

由于二期工程的构筑物布置（按南一北轴线布置）与一期工程（按东一西轴线布置）有所不同，二期工程的管线连接要长于一期工程，为确保一、二期工程的高程一致，通过调整管径等工程措施加以解决，主要表现在：

1）曝气沉砂池至生物反应池管路由 *DN*1200 改为 1300mm×1300mm 箱涵，三孔共壁，节省地下空间用地和水头损失；

2）生物反应池至二沉池管路由1500mm×1200mm改为1500mm×1500mm箱涵，节省水头损失；

3）二沉池至紫外线消毒渠的出水总管管径按$24\times10^4m^3/d$规模设计，流速控制在0.6～0.95m/s之间。

（2）一、二期工程的有效衔接

一、二期工程的进水总管和工艺管线中将设置多处连通管和阀门，便于一、二期工程的统一管理和安全运行。

1）一期和二期的进水总管连通，统一配水，一、二期的流量可根据开泵情况进行分配；

2）生物反应池进水管连通，便于灵活运行，事故备用率高；

3）出水管连通，排放口互为备用；

4）污泥区靠近一期污泥区布置，污泥料仓集中布置，便于污泥的运输；

5）厂区雨水管、污水管、给水管、再生水管均连通，便于管理和检修；

6）采取围护等工程措施，减少二期工程施工时对一期工程的影响；

7）一、二期工程水流、人流、物流和信息流的有机衔接。

（3）一、二期工程和后续工程的完整性

宁波市南区污水处理厂的规划控制规模为$40\times10^4m^3/d$，一期工程已建规模为$16\times10^4m^3/d$。

本次二期工程的建设规模为$8\times10^4m^3/d$（土建规模$16\times10^4m^3/d$，设备规模$8\times10^4m^3/d$），后续工程分别有三期工程（设备规模$8\times10^4m^3/d$）和四期工程（土建和设备规模均为$8\times10^4m^3/d$）。因用地紧张，在二期工程中和后续三、四期工程统筹考虑，合理预留。

1）总平面布置中按远期$24\times10^4m^3/d$统筹考虑，为四期工程预留用地，部分构筑物和全部建筑物按土建规模$24\times10^4m^3/d$一次建成，节省用地，避免重复和废弃工程；

2）构、建筑物内为三、四期工程预埋管件和预留设备位置，便于远期扩建。厂区内三、四期的工艺管线等和二期工程同步预埋，减少远期工程施工时对二期工程的影响；

3）总平面合理布局，为远期全厂的出水提标预留深化处理用地，满足环境容量要求，提升周边环境品质；

4）预留污泥干化用地，为污泥处理处置的多样化提供条件；

5）为远期的土建施工考虑围护等工程措施，避免对既有的一期工程和二期工程的影响。

8.15.3 运行效果

宁波市南区污水处理厂二期工程于2012年2月基本建成并投入试运行。

1. 污水处理厂实际运行数据

（1）2012～2013年水量监测数据

2012～2013年宁波市南区污水处理厂日均处理水量、污泥量和泥饼产量如表8-86所示，一期工程2012～2013年日平均污水处理量变化如图8-155所示，二期工程2012～2013年日平均污水处理量变化如图8-156所示。

宁波市南区污水处理厂 2012～2013 年处理量　表 8-86

年份	日平均污水处理量(m^3)			日平均污泥处理量	日平均泥饼量
	一期	二期	总计	(m^3)	(t)
2012	157002	57448	214450	1092.0	73.5
2013	146141	76057	222198	1220.6	79.5

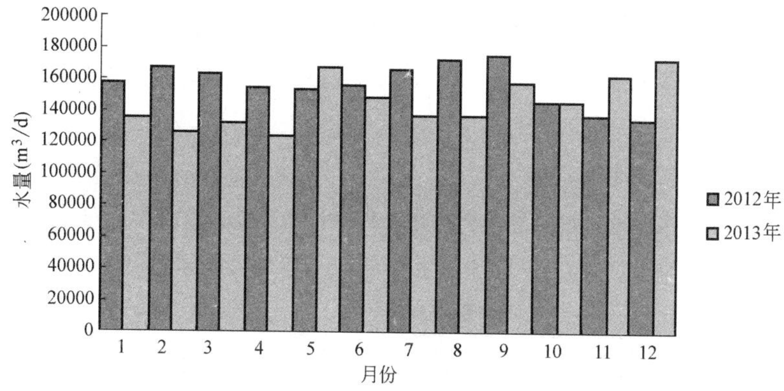

图 8-155　一期工程 2012～2013 年日平均污水处理量变化情况

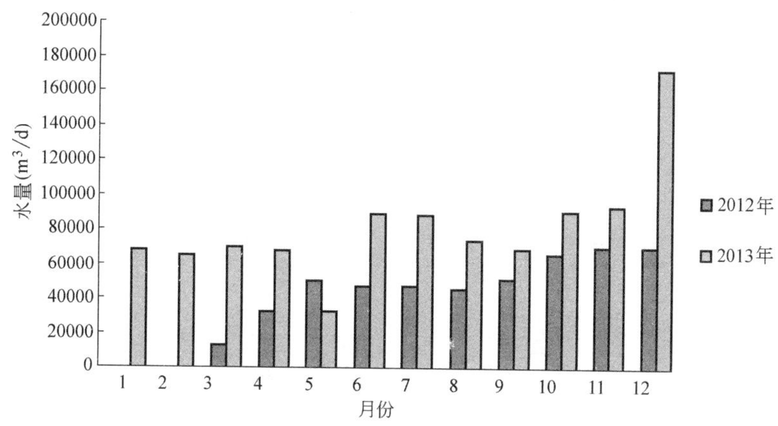

图 8-156　二期工程 2012～2013 年日平均污水处理量变化情况

(2) 2012～2013 年进出水水质监测数据

根据对 2012～2013 年进出水水质监测数据的统计，一期工程和二期工程 2012～2013 年进出水水质指标汇总分别如表 8-87、表 8-88 所示。其中二期工程从 2012 年 4 月正式运行。

一期工程 2012～2013 年进出水水质指标　表 8-87

年份	COD_{Cr}(mg/L)		BOD_5(mg/L)		SS(mg/L)		NH_3-N(mg/L)		TN(mg/L)		TP(mg/L)	
	进水	出水	进水	出水	进水	出水	进水	出水	进水	出水	进水	出水
2012	216	25	79	7	137	10	18.93	2.72	29	16	3.01	0.49
2013	226	22	86	6	144	8	18.01	1.76	28	14	3.64	0.46

二期工程2012～2013年进出水水质指标 表8-88

年份	COD_{Cr}(mg/L)		BOD_5(mg/L)		SS(mg/L)		NH_3-N(mg/L)		TN(mg/L)		TP(mg/L)	
	进水	出水	进水	出水	进水	出水	进水	出水	进水	出水	进水	出水
2012	229	24	81	8	118	9	19.87	1.39	26	15	3.26	0.73
2013	237	19	83	4	124	8	17.79	0.53	25	13	2.75	0.39

2. 运行情况评价

从2013年水量报表看，宁波市南区污水处理厂一、二期工程基本已满负荷运行。其中一期平均处理水量约$14.6\times10^4m^3/d$，接近设计水量$16\times10^4m^3/d$；二期平均处理水量$7.6\times10^4m^3/d$，基本达到设计水量$8\times10^4m^3/d$。一、二期实际总水量$22.22\times10^4m^3/d$，已达总设计水量$24\times10^4m^3/d$的92.6%。

根据宁波市南区污水处理厂提供的运行进水、出水水质数据，进行累计概率分布统计，一、二期COD_{Cr}、BOD_5、SS、NH_3-N、TN、TP六类指标的85%置信浓度分别如表8-89、表8-90所示。

一期不同水质指标进出水85%置信浓度 表8-89

指标	类别	设计	2011年	2012年	2013年
COD_{Cr}(mg/L)	进水	240	310	270	370
	出水	60	38	32	26
BOD_5(mg/L)	进水	120	135	110	150
	出水	20	11	9.5	7
SS(mg/L)	进水	150	190	170	275
	出水	20	16	12	10
NH_3-N(mg/L)	进水	30	25.5	22.5	23
	出水	8(15)	7	4.8	2.25
TN(mg/L)	进水	45	39	30.5	36
	出水	20	20	18.5	16
TP(mg/L)	进水	4	3.9	3.6	6.8
	出水	1	0.7	0.8	0.6

二期不同水质指标进出水85%置信浓度 表8-90

指标	类别	设计	2012年	2013年
COD_{Cr}(mg/L)	进水	320	330	310
	出水	60	32	27
BOD_5(mg/L)	进水	150	120	120
	出水	20	10	7
SS(mg/L)	进水	180	180	170
	出水	20	13	12
NH_3-N(mg/L)	进水	30	27	24
	出水	8(15)	2.5	1.5
TN(mg/L)	进水	45	33.5	33.5
	出水	20	16	17
TP(mg/L)	进水	5	4	3.5
	出水	1	1	0.75

从表 8-89 中不难看出，与设计进水水质相比，一期进水中 COD_{Cr}、BOD_5、SS、TP 的 85%置信浓度均存在一定的超标，表明一期的实际进水水质超出设计水质的情况客观存在，而且超标次数相对比较多（≥15%），不容忽视。在此背景下，一期工程的出水比较稳定，85%的置信浓度下各指标均能满足一级 B 标准的要求。这表明一期工程运行总体稳定，但是进水水质的浓度波动存在一定的风险。

从表 8-90 则可以看出，二期工程实际进水水质在 85%的置信水平下基本满足设计进水水质，仅 COD_{Cr}指标与设计进水水质基本持平甚至超出，总体情况良好。对于出水水质而言，COD_{Cr}、BOD_5、SS、TP、NH_3-N、TN 六项指标在 85%的置信水平下均能满足设计的一级 B 标准。

8.16　苏州市中心城区福星污水处理厂提标改造工程

8.16.1　污水处理厂介绍

1. 项目建设背景

苏州市中心城区福星污水处理厂一期工程设计规模为 $8\times10^4m^3/d$，2001 年建成投运，出水执行《污水综合排放标准》GB 8978—1996 二级标准，二期扩建工程 2009 年投产后，设计规模达到 $18\times10^4m^3/d$，出水全面执行《城镇污水处理厂污染物排放标准》GB 18918—2002 一级 B 标准。

福星污水处理厂一期工程环评确定的卫生防护距离为 300m，二期工程环评批复恶臭污染物排放执行《城镇污水处理厂污染物排放标准》GB 18918—2002 表 4 二级标准，福星污水处理厂周边卫生防护距离按 350m 控制；一期和二期工程按照此要求执行并实施了部分除臭工程。由于规划的调整，福运路以东已经规划成商业住宅区，难以保证 350m 的卫生防护距离。按环保部门提出的要求，福星污水处理厂须全封闭加盖除臭，福运路以恶臭污染源距东侧厂界确保 200m 卫生防护距离。因此须重新考虑结合构筑物全面加盖进行综合改造和除臭。

福星污水处理厂一期工程已完成一期的曝气沉砂池、进水泵房、污泥浓缩池、储泥池和污泥脱水机房等处加盖和土壤生物滤池除臭。二期工程完善实施了二期曝气沉砂池的加罩除臭，并针对一、二期交替式生物反应池采用植物提取液方法设计安装了应急除臭工程。但鉴于投资的限制并未考虑一期和二期交替式反应池的加盖。

2. 污水处理厂现状

福星污水处理厂一期工程利用日本协力银行贷款，设计规模为 $8\times10^4m^3/d$，建设了粗格栅和进水泵房、细格栅和曝气沉砂池、交替式生物反应池、配泥井、污泥浓缩池、污泥脱水机房、变配电和综合楼、机修间等。2005 年 7 月顺利通过了国家环保总局组织的验收。

福星污水处理厂二期工程是苏州市水环境综合整治的子项目，利用世界银行贷款。二期采用改良型交替式反应池工艺，通过一期核心反应池减量至 $5.5\times10^4m^3/d$，二期生物反应池扩建至 $12.5\times10^4m^3/d$，使设计出水水质全面达到《城镇污水处理厂污染物排放标准》GB

18918—2002一级B标准，尾水排入京杭大运河。2009年通过江苏省环保局组织的验收。现状工艺流程如图8-157所示。

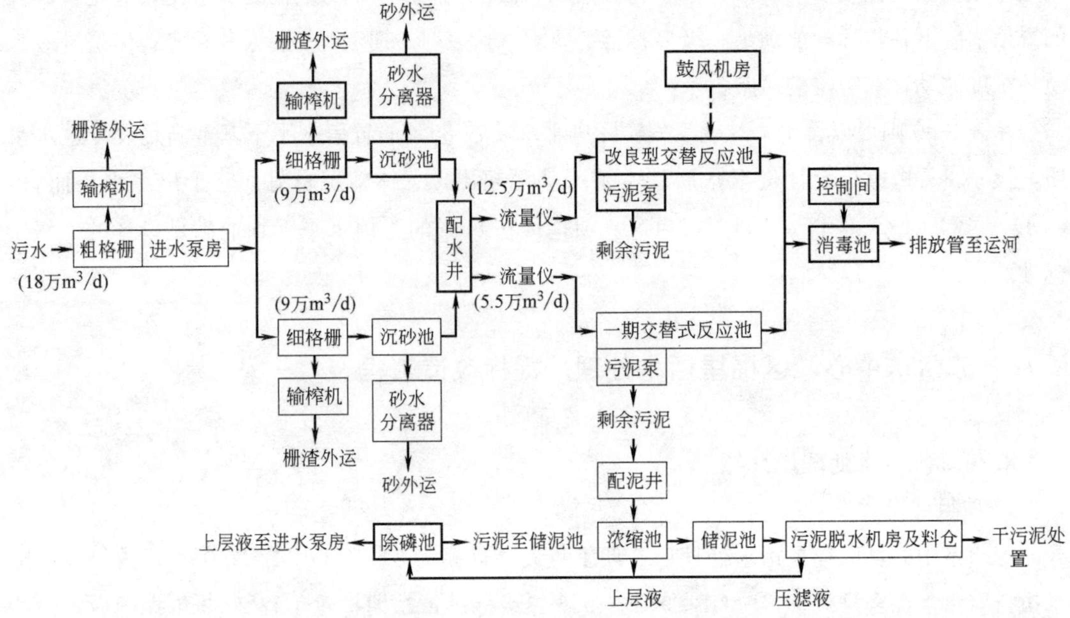

图8-157 福星污水处理厂现状工艺流程

8.16.2 污水处理厂改扩建方案

提标改造工程维持总规模不变，出水执行《城镇污水处理厂污染物排放标准》GB 18918—2002一级A标准，其中TN指标执行《太湖地区城镇污水处理厂和重点工业行业主要水污染物排放限值》DB 32/1072—2007表1限值标准（TN≤20mg/L）。按照规划，福星污水处理厂远期全面执行《城镇污水处理厂污染物排放标准》GB 18918—2002一级A标准。福星污水处理厂提标改造包含水质提标和全面加盖除臭两方面内容，工程实施阶段按照提标改造和加盖除臭为主的综合改造两阶段完成。

1. 提标改造标准

福星污水处理厂提标改造工程在立足一级B标准的基础上，设计进出水水质和处理程度如表8-91所示。

进出水水质和去除率 表8-91

项　目	COD_{Cr}(mg/L)	BOD_5(mg/L)	SS(mg/L)	TN(mg/L)	NH_3-N(mg/L)	TP(mg/L)	粪大肠菌群数(个/L)
一、二期设计进水	360	180	250	50	35	4.0	
提标改造设计进水(一级B出水)	60	20	20	20	8(15)	1.0	10000
设计出水	50	10	10	20	5(8)	0.2	1000
提标去除率(%)	16.7	50	50	0	37.5(46.7)	50	

提标改造需进一步去除的污染物主要是 COD_{Cr}、BOD_5、SS、TP、NH_3-N 和粪大肠菌群。

2. 提标改造内容

提标改造总体策略是通过加强前段的生物处理，延长好氧、缺氧反应时间，强化脱氮和硝化作用，实现 TN、NH_3-N 的全面达标，即降低现有生物反应池负荷，远期扩建生物反应池脱氮，对现有构筑物的影响小。近阶段能充分利用水量尚未达到设计规模的反应池余量，在 TN 执行一级 B 标准情况下可以缓建生物反应池达到提标要求。出水提标后增加尾水排入九曲港作为河道补充用水。提标改造工艺流程如图 8-158 所示。

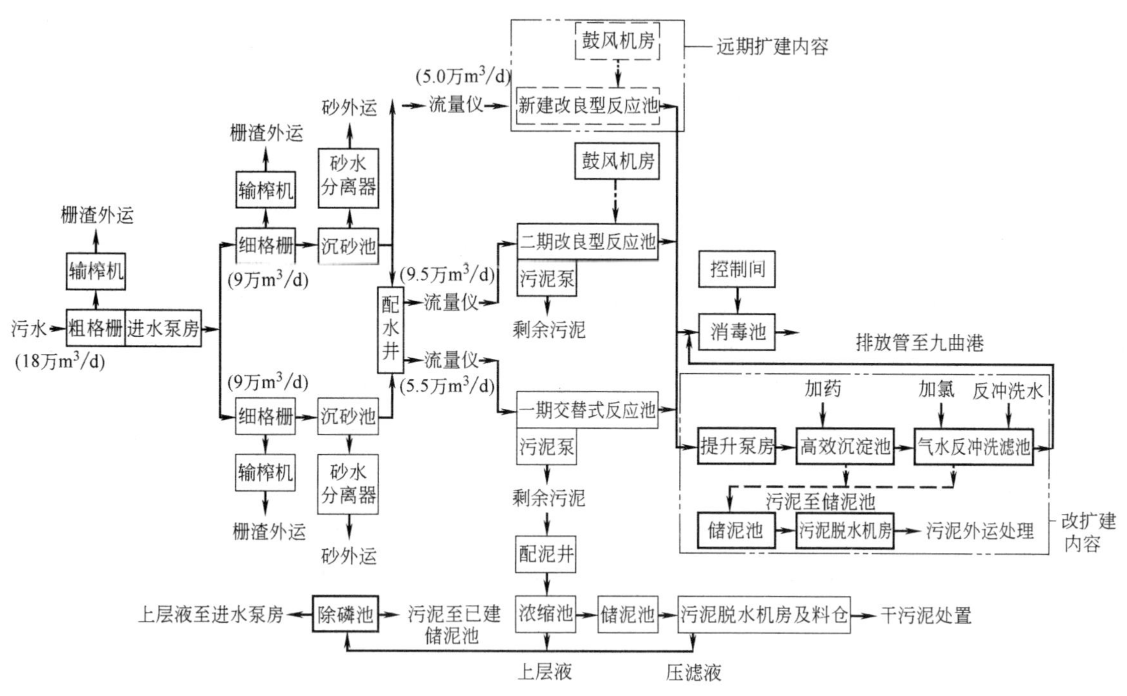

图 8-158　提标改造工艺流程

3. 提标改造处理工艺选择

经二级处理的尾水采用混凝沉淀过滤的深度处理工艺。一、二期生物反应池处理后达到设计标准后的污水先进入提升泵房，提升后进入高效沉淀池依次流经混合、絮凝反应池和沉淀池进行泥水分离后，出水进入气水反冲洗滤池过滤，最后流入紫外线消毒池消毒后排入九曲港和京杭大运河。污泥经泵提升后进入储泥池和污泥脱水机房，离心脱水后外运处置。提标改造的深度处理流程如图 8-159 所示。

4. 提标改造主要处理构筑物设计

(1) 中间提升泵房

提标改造工程设计 1 座中间提升泵房提升生物反应池出水，考虑一、二期交替式反应池出水的不均匀性，泵房前池考虑 30min 的调节容积，平面尺寸为 27.0m×20.2m，池深约 7.0m。设计变化系数为 1.3，采用变频控制。提升泵单台设计流量为 9750m³/h，扬程为 9.0m，4 用 1

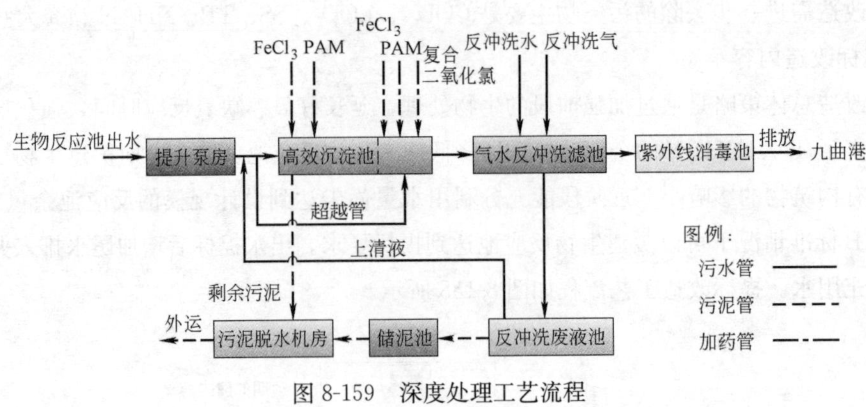

图 8-159 深度处理工艺流程

备，功率为 90kW。

(2) 高效沉淀池

为保证提标后出水的稳定性，生物反应池出水先进入高效沉淀池经化学沉淀处理后再进入滤池过滤，以减轻进入气水反冲洗滤池的负荷。二级处理出水加药进行混合后进入絮凝区、沉淀区，实现泥水分离。高效沉淀池设计 1 座 4 组，平面尺寸为 65.16m×35.3m，池深为 8.0m，沿流程分混合池、絮凝反应区和沉淀区三部分。

进水由调节池分配入 4 格混合池，与来自加药间的混凝剂一起进行混合，混合池平面净尺寸为 3m×3m，有效水深为 7.7m，高峰流量时停留时间为 1.75min，平均流量时停留时间为 2.27min，采用机械混合方式，每格 1 台混合搅拌器，单台功率为 11kW。

经混合的污水和来自沉淀区的回流污泥混合后对应流入 4 组絮凝反应区，絮凝反应区设有中心筒，污水自下而上在絮凝反应区循环，体积循环次数不少于 10 次，絮体充分接触碰撞。絮凝反应区平面尺寸为 16m×6m，池深为 7.6m，高峰流量时停留时间为 18min，平均流量时停留时间为 23.4min，絮凝搅拌器单台功率为 2.2kW，每池 2 台。

絮凝反应后污水经推流区翻入沉淀区，单组沉淀区平面尺寸为 16m×16m，池深为 7.5m，平面呈圆形，包括下部的浓缩区和装有斜板的澄清区，有效水深为 6m，每池设 Φ16m 浓缩刮泥机 1 台。絮凝体下沉经浓缩后一部分通过循环泵进入絮凝区再利用，另一部分通过污泥泵排出。回流污泥流量按 1%～4%控制。

污水经池中悬浮泥渣层的拦截、吸附、过滤后在斜板区澄清。单池斜板面积为 185m^2。沉淀区高峰流量时表面负荷为 12.1m^3/(m^2 · h)，总停留时间为 0.5h。

(3) 气水反冲洗滤池

气水反冲洗滤池通过砂滤层进一步截污，滤料采用石英砂均质滤料，粒径 d_{10} 为 1.2mm，不均匀系数 K_{80}≤1.35，厚度为 1.4m；提标改造工程设计气水反冲洗滤池 1 座 14 组，平面尺寸为 63m×44.29m，每组考虑 5%的反冲洗水量后规模为 1.35×10^{4}m^3/d，每组单格过滤面积为 91m^2。设计平均滤速为 6.18m/h，砂层上水深为 1.6m。滤池反冲洗方式为气水反冲和表面扫洗，每格滤池 24h 反冲洗一次或根据液位差强制反冲洗。滤池出水采用 2 套变频卧式离心泵，1 用 1 备，单台流量为 150m^3/h，扬程为 40m，电机功率为 30kW，实现全厂的再生水回用。

为保证滤池长效稳定工作和防止滤层板结，提标改造设计有加氯间补充二氧化氯消毒，二氧化氯消毒剂量按照不少于 3mg/L 控制。

（4）紫外线消毒池

由于一、二期已建紫外线消毒池距离提标改造新增用地和排放口较远，提标改造工程在新征用地范围内新建紫外线消毒池 1 座，平面尺寸为 11.4m×10.42m，设置 3 条廊道，其中 2 条廊道将二期紫外线设备搬迁来，新增 1 组设备，确保尾水粪大肠菌群数＜10^3 个/L。紫外线采用低压高强灯管，有效生物验定剂量不小于 15MJ/s，接触时间为 6s，穿透率为 65%，灯管寿命＞12000h。

（5）反冲洗废液池

提标改造设计 1 座 2 格反冲洗废液池实现反冲洗废水的初步分离，上清液提升后进入高效沉淀池处理，污泥提升后进入储泥池。反冲洗废液池平面尺寸为 33.4m×13.1m，反冲洗废水量为 $453m^3$/格，每天总水量为 $5441m^3$。

（6）污泥处理构筑物

提标改造设计储泥池 1 座，分 3 格，单格平面尺寸为 4m×4m，池深为 4.7m，污泥量为 6770kgDs/d，含水率为 98%，污泥体积为 $338.5m^3/d$，总停留时间为 9.07h。新建污泥浓缩脱水机房 1 座，平面尺寸为 42.4m×12.240m，脱水出泥含固率为 20%，体积为 $34m^3/d$，离心脱水机 2 台，单台处理能力为 30～$70m^3/h$，1 用 1 备，固体负荷为 600kgDS/h，电机功率为（75＋11）kW。

5. 综合改造标准

综合改造工程在充分利用现有设施和二期改良型交替式反应池工艺的基础上拆建一期表曝模式的交替式反应池为集约化封闭型 A/A/O 综合反应池。改造后臭气无组织排放须满足《城镇污水处理厂污染物排放标准》GB 18918—2002 和《恶臭污染物排放标准》GB 14554—93 规定的厂界（防护带边缘）二级标准；厂区内采用的集中除臭设备，执行有组织排放标准，排气筒高度不小于 15m。

6. 综合改造内容

按规划一级 A 脱氮标准拆建一期交替式反应池，考虑加盖除臭，改造二期改良型交替式反应池实现封闭除臭，改造污泥脱水机房，将带式脱水机更换成离心式浓缩脱水一体机，控制恶臭污染源的散发并予以除臭。同时对污水预处理区的加盖除臭设施进行更新，引臭气和二期交替式反应池北半侧合并建设除臭生物滤池实现除臭，尾气烟囱远离福运路围墙 200m 以上。综合改造完成后的工艺流程如图 8-160 所示。

7. 综合改造处理工艺选择

一期现状交替反应池由于采用表面曝气方式运行，难以实现全封闭除臭的需要，综合改造设计将其拆建成集约型一体化综合反应池。集中考虑了一期 $6\times10^4m^3/d$ 的初沉池、生物反应池、二沉池、鼓风机房和控制室。一期二级处理工艺采用分点进水倒置 A/A/O 工艺。一期初

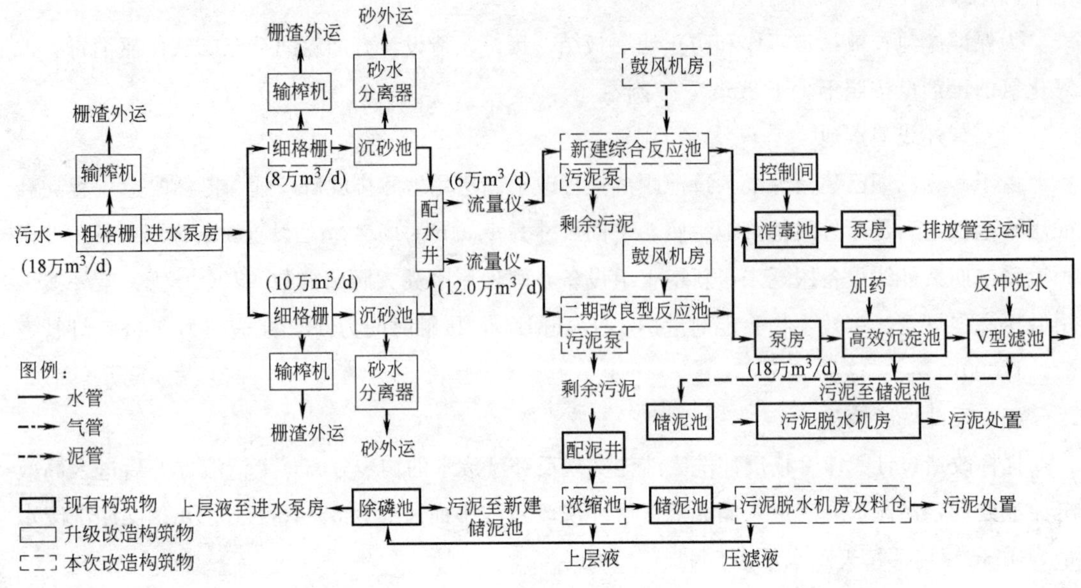

图 8-160 综合改造工艺流程

沉池和生物反应池加盖封闭后利用生物反应池上方空间建设土壤生物滤池除臭，同步兼顾上部景观绿化。

二期改良型交替式反应池增加混凝盖板后实现抽风除臭，利用北侧和南侧绿化带空地建设2座生物滤池，北侧生物滤池1座2池同步解决污水预处理区加盖除臭翻建后的抽风除臭。原一、二期生物反应池拆除的植物液除臭装置本次恢复用于一期初沉池、二沉池配水渠、二期生物反应池出水敞开处等恶臭污染源比较严重的地方。

8. 综合改造主要处理构筑物设计

(1) 综合反应池

1) 初沉池

建设1座平流式初沉池，沉淀区平面尺寸为36.65m×8m，池边水深为3.5m。1座分2组，每组可按$3.0\times10^4m^3/d$单独运行，高峰流量设计表面负荷为$5.54m^3/(m^2\cdot h)$，停留时间为0.63h。初沉池按BOD_5去除率为10%，SS去除率为5%考虑，兼顾进一步除砂和撇渣。

2) 生物反应池

建设1座分点进水倒置A/A/O生物反应池，1座2池，平面尺寸为72m×84m，有效水深为7.5m，总有效容积为$45360m^3$。每池3条廊道，第1廊道净宽为14.1m，第2～3廊道净宽为14.0m。第1廊道为缺氧段和厌氧段，第2廊道前2格为厌氧/好氧交替区。每池设置8套潜水搅拌器，共16台，其中14台电机功率为10.0kW，2台电机功率为2.5kW；微孔曝气器选用*DN*63管式曝气器。生物反应池设计污泥负荷为$0.067kgBOD_5/(kgMLSS\cdot d)$，污泥浓度为$3.2kg/m^3$，剩余污泥产泥率为$0.9kgSS/kgBOD_5$，设计水力停留时间为18.14h。设计气水比为6.5∶1，总通气量为$270m^3/min$。

每组池好氧段出水处设置3台（2用1备）内回流泵（共6台），单泵流量为$1250m^3/h$，扬程为3.5m。内回流渠设有多处出水口，以便于生物反应池倒置A/A/O模式能切换为正置A/A/O状态运行。

3）二沉池

建设1座平流式二沉池，沉淀区平面尺寸为72m×40m，有效水深为3.5m。1座分2组，每组可按$3.0\times10^4m^3/d$单独运行。高峰流量设计表面负荷为$1.13m^3/(m^2\cdot h)$，停留时间为3.54h。每组二沉池设置4台链板式刮泥机，设备跨度为8.0m，池长度为40m，设外回流污泥泵5台（4用1库备），回流率为100%～150%，单泵流量为$938m^3/h$，扬程为5.0m。

剩余污泥通过转子泵提升至配泥井，剩余污泥泵单泵流量为$120m^3/h$，扬程为9m，1用1备。

（2）鼓风机房

为新建综合反应池建设鼓风机房1座，平面尺寸为20.7m×13.5m。设置单级高速磁悬浮离心鼓风机3台（2用1备），单台风机风量为$135m^3/min$，风压为0.086MPa，功率为240kW。

（3）二期改良型交替式生物反应池改造

二期改良型交替式生物反应池共4组，原设计处理能力为$12.5\times10^4m^3/d$，每组单独运行，处理能力为$3.125\times10^4m^3/d$，每组高峰流量为$1693m^3/h$。每组分隔成厌氧、缺氧、好氧、序批池四个不同的区域。每池平面尺寸为89.85m×44.85m，有效水深均为7.5m，反应池总容积为$118750m^3$。平均水力停留时间为22.8h。总污泥负荷为$0.056kgBOD_5/(kgMLSS\cdot d)$。综合改造调整其规模为$12.0\times10^4m^3/d$，平均水力停留时间调整为23.7h，总污泥负荷调整为$0.054kgBOD_5/(kgMLSS\cdot d)$。经过一年多的实际运行检验，按照$(10\sim12)\times10^4m^3/d$运行基本能够达到一级A标准的脱氮能力。单组每格尺寸如下：

厌氧池1格，$L\times B\times H=15.5m\times14.25m\times7.5m$，HRT=1.32h；

缺氧池1格，$L\times B\times H=60.5m\times15.5m\times7.5m$，HRT=5.625h；

好氧池1格，$L\times B\times H=44.85m\times12.5m\times7.5m$，HRT=3.36h；

序批池2格，$L\times B\times H=77.05m\times14.5m\times7.5m$，HRT=13.41h。

厌氧和缺氧、好氧和序批池之间的隔墙底部开孔水力连通。进水通过设在四组池中间的配水渠道配水，通过2000mm×600mm电动调节堰门按运行顺序配入每组厌氧池。好氧池为连续曝气，缺氧池至好氧池、序批池、厌氧池之间设强制回流泵分别保证混合液回流和污泥回流。剩余污泥由序批池两侧布置的剩余污泥泵定期排放。

为保证加盖封闭的严密性和防腐蚀，二期交替式反应池考虑紧贴池面加混凝土盖。现有设备设施在改造过程中受到影响的一并改造更新。

为方便结构加盖，缺氧池增加3道内隔墙，划分为每格净尺寸为15.0m×15.55m的4单元；现有缺氧池搅拌器移位，增加缺氧池搅拌器8台，单台功率为10kW。序批池为排泥均匀，增加剩余污泥泵8台，单台能力为$80m^3/h$，扬程为5m，电机功率为4.5kW。

（4）污泥处理改造

一、二期工程生物污泥脱水后产量为31680.6kgDS/d，折合75%含水率湿污泥量为126.7m^3/d。改造后的脱水系统设计规模为6480m^3/d。

综合改造完成后，一、二期污水二级处理过程中产生的污泥量如表8-92所示。

一、二期污水二级处理过程中产生的污泥量 **表8-92**

项目	干污泥	湿污泥
一期初沉池污泥量	3000kgDS/d	150m^3/d(含水率98%)
一期剩余污泥量	8748kgDS/d	1836m^3/d(含水率99.4%)
二期剩余污泥量	21600kgDS/d	3086m^3/d(含水率99.4%)
污泥脱水前污泥量	33348kgDS/d	5071m^3/d
污泥脱水后污泥量	31680.6kgDS/d	126.7m^3/d(25%DS)
污泥上清液产泥量	625kgDS/d	31.25m^3/d

9. 除臭设计

(1) 土壤生物滤池

新建的综合反应池中生物反应池分2组6廊道，在生物反应池上方设计土壤生物滤池6套，缺氧池和初沉池组成2套，每套风量为8100m^3/h，风机总功率为11kW；中间两条好氧廊道组成4套土壤生物滤池，风量为1.3×$10^4$$m^3$/h，风机总功率为15kW。土壤生物滤池采用火山岩滤料，除臭气体流经滤体停留时间按不少于30s设计。

(2) 除臭生物滤池

本次工程为二期改良型交替式反应池共设2组除臭生物滤池（北侧半池和南侧半池各1组），布置在二期改良型交替式反应池西南面和北面的空地上。每组风量为3.6×$10^4$$m^3$/h，每组总功率为56.25kW。另外，由于污水预处理区距离福运路较近，加盖设施修复后增设收集风管引至二期改良型交替式反应池北侧的除臭生物滤池合并建设1座风量为2.28×$10^4$$m^3$/h的除臭生物滤池，功率为40kW，二期改良型交替式反应池南北2座3组除臭生物滤池均采用竹炭滤料，除臭气体流经滤体停留时间按不少于30s设计。

8.16.3 运行效果

(1) 福星污水处理厂两阶段改造均在不间断生产的前提下于2013年全面竣工，2012～2013年的进水水质统计分析如表8-93所示，统计值与设计值基本吻合，BOD_5、SS、TN、NH_3-N与85%～90%统计频率基本接近，COD_{Cr}指标取值偏高，TP指标取值偏低。

福星污水处理厂2012～2013年进水水质 **表8-93**

统计频率	处理水量(×$10^4$$m^3$/d)	COD_{Cr}(mg/L)	BOD_5(mg/L)	SS(mg/L)	TN(mg/L)	NH_3-N(mg/L)	TP(mg/L)
90%频率	13.6	464	176	264	35.5	50.7	5.8
85%频率	13.0	447	160	242	34.1	48.5	5.3
75%频率	12.0	414	141	213	31.8	45.0	4.6
65%频率	11.5	384	131	193	30.0	42.3	4.2
50%频率	11.0	335	114	169	27.7	38.1	3.7
平均值	11.1	343	120	179	27.8	38.9	4.0
最小值	1.2	105	34	27	6.8	12.3	1.2

(2) 出水在运行 75%以上的负荷条件下实现全部指标达标排放，如表 8-94 所示，夏季最高峰 17.5×10^4m^3/d 也实现了平稳运行。

福星污水处理厂 2012～2013 年出水水质　表 8-94

统计频率	处理水量 (×10^4m^3/d)	COD_{Cr} (mg/L)	BOD_5 (mg/L)	SS (mg/L)	TN (mg/L)	NH_3-N (mg/L)	TP (mg/L)
90%频率	13.6	30.0	4.8	8.0	14.8	4.3	0.39
85%频率	13.0	29.4	4.2	8.0	14.4	3.9	0.37
75%频率	12.0	28.6	3.4	7.0	13.8	3.3	0.34
65%频率	11.5	28.2	2.7	7.0	13.2	2.8	0.32
50%频率	11.0	27.4	2.1	7.0	12.1	1.9	0.27
平均值	11.1	27.4	2.6	6.8	11.9	2.2	0.27
最小值	1.2	0.6	0.3	4.0	4.0	0.0	0.04

(3) 一、二期加盖除臭为主的综合改造完成后，臭气整治、景观改造均达到了理想的效果，免除了居民的投诉。

8.17　青岛市海泊河污水处理厂改扩建工程

8.17.1　污水处理厂介绍

1. 项目建设背景

青岛市是我国沿海开放城市，是全国十五个经济中心城市、六个计划单列城市和十六个副省级城市之一。1994 年 5 月青岛市委市政府对城市区域进行了调整，现下辖莱西、平度、即墨、胶州、胶南五个县级市和市南、市北、四方、李沧、崂山、城阳和黄岛七个区。

根据青岛市城市总体规划，到 2020 年把青岛市建设成为经济发达高效、社会高度文明、资源有效利用、生态良性循环、环境洁净优美、人与自然和谐，具有现代化海滨城市特色的生态城市。2020 年城市污水处理率达到 90%，污水再生利用率达到 35%。

根据青岛市城市总体规划和污水规划，青岛市市内四个区按自然地势形成团岛、麦岛、海泊河、李村河、娄山河五大污水系统，并规划建设团岛污水处理厂（10×10^4m^3/d）、麦岛污水处理厂（14×10^4m^3/d）、海泊河污水处理厂（14×10^4m^3/d）、李村河污水处理厂（17×10^4m^3/d）和娄山河污水处理厂（20×10^4m^3/d）。

2. 污水处理厂现状

青岛市海泊河污水处理厂位于海泊河下游南岸入胶州湾口处，由围海造地建成，地势平坦，整个厂区分为南北两个分区。主导风向夏季为东南风，冬季为西北风。污水处理厂一期工程处理规模为 8×10^4m^3/d，于 1993 年建成投产。

一期工程污水采用 A/B 法处理工艺，污泥采用中温厌氧消化脱水后外运处置。整个厂区分为厂前区、污水处理区、污泥处理区和生活区。

厂前区设在厂区东南侧；污水处理区在北区沿海泊河由东向西布置，处理后出水排入胶州湾；污泥处理区位于厂区西南侧；生活区位于快速公路南面。

附属建筑物主要有综合楼、仓库、修理间、沼气锅炉房、汽车库、仓库和生活服务楼等。

污水处理构筑物主要有格栅间、曝气沉砂池及进水泵房、A段曝气池、中间沉淀池、B段曝气池、终沉池、接触池、加氯间和鼓风机房等。

污泥处理构筑物主要有预浓缩池及泵房、污泥消化池、污泥消化车间、后浓缩池及泵房、污泥脱水机房、沼气罐和沼气火炬等。

（1）进水水量和水质

青岛市海泊河污水处理厂一期工程规模为$8\times10^4m^3/d$。一期工程自1993年建成投产以来，污水量呈逐年上升的趋势，根据污水处理厂提供的资料，现状污水量已超过污水处理厂处理能力，多余污水通过溢流管排入海泊河。2000～2007年进水量如表8-95所示，原设计进出水水质如表8-96所示。

2000～2007年进水量（$\times10^4m^3/d$） **表8-95**

年份	2000	2001	2002	2003	2004	2005	2006	2007
月平均值	7.82	7.52	7.31	6.95	8.23	7.57	7.35	7.48

原设计进出水水质（mg/L） **表8-96**

项目	COD_{Cr}	BOD_5	SS	NH_3-N	TP
设计进水水质	1500	800	1100	100	8
设计出水水质	≤150	≤40	≤40	≤25	≤3

一期工程自1993年投产以来，实际进水水质与原设计进水水质有较大的差异。实际进水水质如表8-97所示。由表可以看出，实际进水水质中大部分指标比原设计值低，改扩建工程的设计进水水质将充分考虑现状的水质情况。

2000～2008年实际进水水质（年平均值）（mg/L） **表8-97**

年　份	BOD_5	COD_{Cr}	SS	NH_3-N	TP	TN
2000	384.04	715.89	412.46	85.91	18.18	130.94
2001	364.12	776.15	301.57	62.80	9.26	114.50
2002	263.82	630.56	252.66	66.12	7.94	
2003	269.11	885.72	346.31	91.57	10.62	
2004	308.51	944.38	367.89	90.05	9.17	
2005	414.50	1144.16	602.20	91.86	12.64	
2006	333.70	831.75	457.30	57.54	8.61	81.77
2007	299.77	722.56	351.12	53.58	7.80	73.21
2008	281.16	713.41	312.75	55.58	7.73	70.84

由表8-97可以看出，实际进水水质除TP比设计值高外，其他指标均比设计值低，并且呈逐年降低趋势，可能与近年引黄入青后青岛市用水量情况日趋好转，水质浓度降低及工业企业外迁有关。实际出水水质如表8-98所示。

2000～2007年实际出水水质（年平均值）（mg/L） **表8-98**

年　份	BOD_5	COD_{Cr}	SS	NH_3-N	TP	TN
2000	22.20	63.28	15.70	33.19	8.16	39.18
2001	22.50	101.45	15.46	43.86	3.45	60.44
2002	22.69	100.58	10.60	54.32	2.23	
2003	22.69	105.22	11.62	48.79	2.50	
2004	23.67	107.41	12.29	39.23	2.95	
2005	31.70	126.90	24.00	51.19	2.97	

续表

年　份	BOD_5	COD_{Cr}	SS	NH_3-N	TP	TN
2006	49.49	106.56	24.03	37.18	4.98	60.51
2007	27.52	74.29	21.03	47.58	4.48	—

从上表可以看出，除 TP 外，污水处理厂处理后出水其他指标基本能达到原设计标准，但所有指标均无法达到国家新的排放标准要求。

(2) 处理工艺

青岛市海泊河污水处理厂一期工程采用 A/B 污水处理工艺，污泥采用重力浓缩＋厌氧消化＋带式压滤脱水后外运处置。污水、污泥工艺流程如图 8-161 所示。

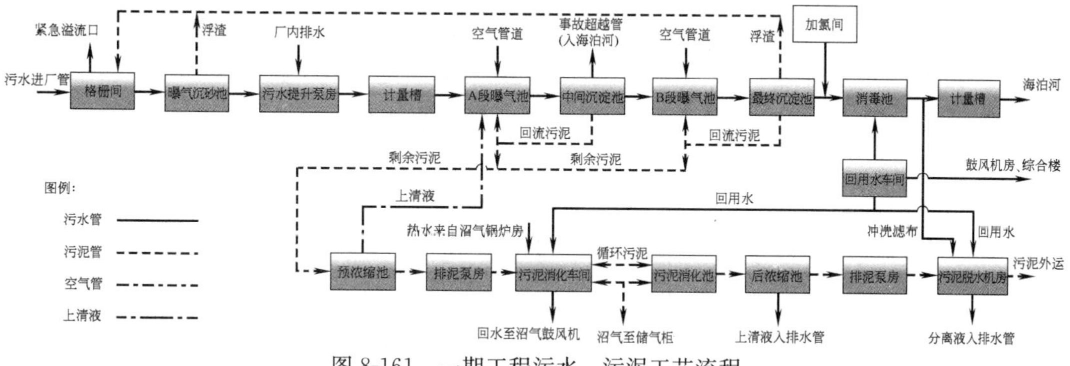

图 8-161　一期工程污水、污泥工艺流程

8.17.2　污水处理厂改扩建方案

1. 改扩建标准的确定

为尽快恢复山东省半岛流域各主要河流生态功能，确保流域水环境安全，结合山东半岛流域实际情况，制定了《山东省半岛流域水污染物综合排放标准》DB 37/676—2007，海泊河污水处理厂处理后尾水排入胶州湾，该海域段为工业用水功能区，其水质执行国家海水水质标准中的Ⅲ类海域标准；同时 2009 年 8 月青岛市政府下发“关于做好污染减排和模范城迎检和排水管网工程建设工作的会议纪要”精神（[2009] 第 101 号)，海泊河污水处理厂处理后尾水执行《城镇污水处理厂污染物排放标准》GB 18918—2002 一级 A 标准。

同时随着城市规模和城市人口的不断增长和工业的不断发展，居民生活污水量和工业废水量的增加，现有污水处理厂的处理能力已不能满足日益增长污水量处理的要求，为此，对海泊河污水处理厂进行升级改造和扩建，使现有处理厂尾水达到新的排放水质指标要求，同时对处理规模进行扩建，将进一步减少排入胶州湾的污染物，减少对胶州湾的污染，有利于胶州湾环境保护规划目标的实现，为树立青岛市在环保和生态方面的形象起到积极的作用。

2. 改扩建内容

青岛市海泊河污水处理厂改扩建工程，包括对已建处理构筑物进行升级改造，并新建污水处理构筑物，处理规模从 $8\times10^4m^3/d$ 提高到 $16\times10^4m^3/d$。

根据青岛市污水规划和一期工程初步设计，海泊河污水处理厂总规划用地为 $12.80hm^2$，并已办理征用手续，其中杭州支路北侧面积 $11.33hm^2$，杭州支路南侧面积 $1.47hm^2$。污水处理厂总体布置如图 8-162 所示。

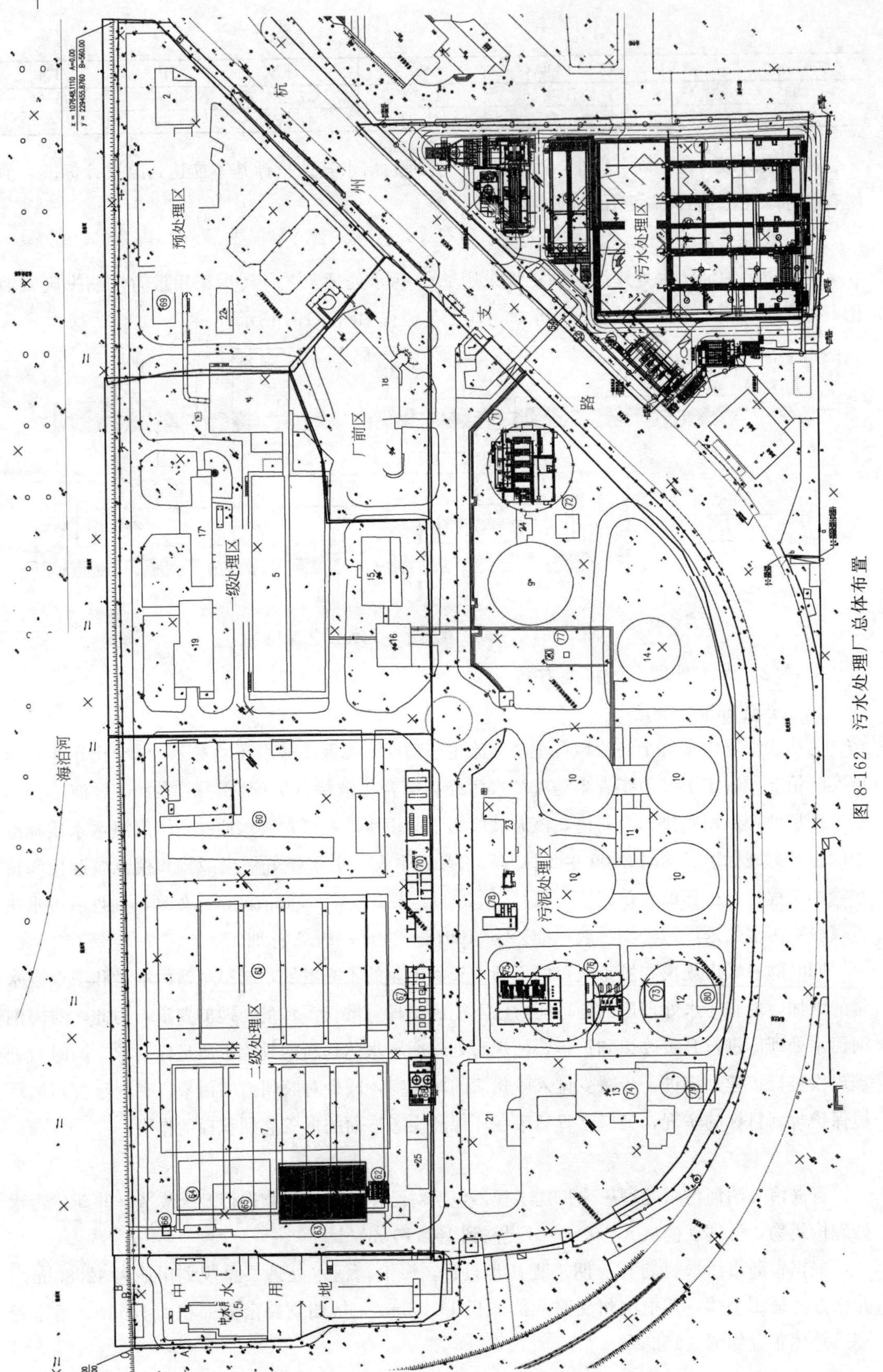

图 8-162 污水处理厂总体布置

3. 处理工艺选择

为最大限度发挥土地利用率，本改扩建工程污水处理采用集约化布置的 MSBR 工艺。受场地限制污水处理构筑物分两组布置：一组布置在南侧厂区，杭州支路南侧预留三角地，处理规模为 $5\times10^4 m^3/d$；另一组布置在北侧厂区，已建 B 段曝气池和附近预留地，处理规模为 $11\times10^4 m^3/d$。污水工艺流程如图 8-163 所示。

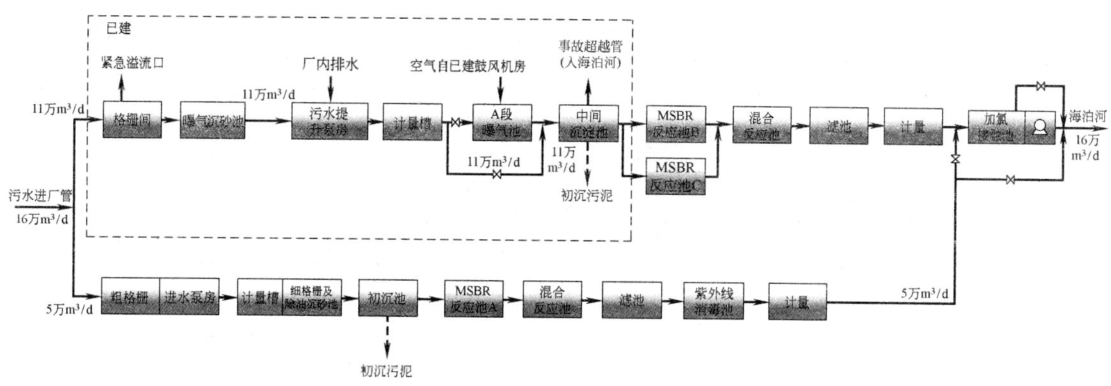

图 8-163 改扩建工程污水工艺流程

其中北区处理流程利用一期已建预处理和一级处理构筑物，并新建二级处理以后的构筑物，利用已建构筑物包括：格栅间、曝气沉砂池、提升泵房、中间沉淀池；新建构筑物有：2 座 MSBR 反应池、混合反应池、连续流砂滤池、加氯接触池、加氯间、鼓风机房、加药间等。

南区处理流程新建构筑物，包括粗格栅和进水泵房、细格栅和曝气沉砂池、初沉池和初沉污泥泵房、MSBR 反应池、混合反应池、转盘滤池、紫外线消毒池、鼓风机房、加药间等。

改扩建工程实施后，MSBR 反应池产生的剩余污泥排入新建污泥浓缩机房进行机械浓缩，初沉池污泥利用已建预浓缩池进行重力浓缩。浓缩后污泥在新建污泥混合池混合均匀后，通过已建污泥泵房提升至污泥消化池处理，消化池搅拌方式改为机械搅拌，消化后污泥排入已建后浓缩池，经脱气、冷却后进入已建污泥脱水机房进行污泥脱水，原有脱水设备更新为离心脱水机。改造后污泥处理工艺流程如图 8-164 所示。

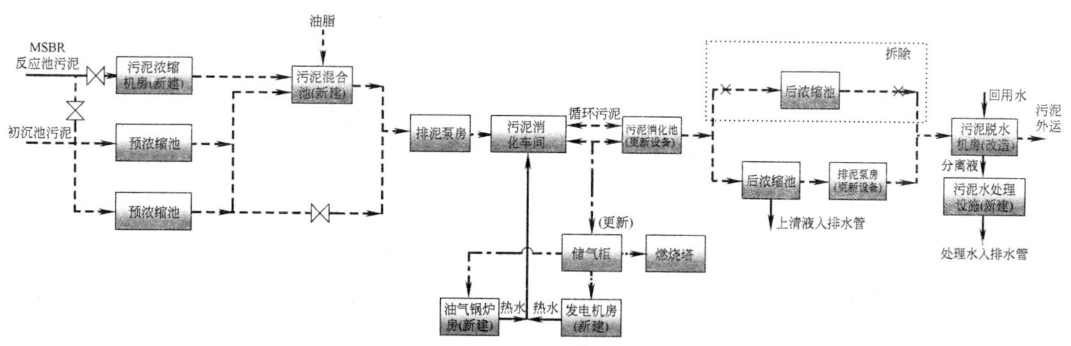

图 8-164 改扩建工程污泥工艺流程

污泥流程主要工程内容如下：预浓缩池（已建）、污泥浓缩机房（新建）、污泥混合池（新建)、消化池进泥泵房（已建)、污泥消化池（已建)、消化池控制间（已建)、后浓缩池（已建)、脱水机房进泥泵房（已建)、污泥脱水机房（改造)、锅炉房和发电机房（新建)、污泥水处理设施（新建）等。

4. 主要处理构筑物设计

根据确定的工艺流程，污水处理厂在充分利用已建处理构筑物的同时，需新建部分处理构筑物。污水处理构筑物分两个区域布置，每个区域分成独立的2组运行。主要构筑物如表8-99所示。

主要处理构筑物分组 **表 8-99**

序号	构筑物名称	单位	数量	备注
北区工程				
1	粗格栅间(已建)	座	1	1座3格,每格可独立运行
2	曝气沉砂池(已建)	座	1	1座2格,每格可独立运行
3	提升泵房(已建)	座	1	
4	细格栅间(新建)	座	1	1座3格,每格可独立运行
5	中间沉淀池(已建)	座	1	1座4格,每格可独立运行
6	MSBR反应池(新建)	座	2	2座3组,每组可独立运行
7	混合反应池(新建)	座	1	1座2格,每格可独立运行
8	连续流砂滤池(新建)	座	1	1座14格,每格可独立运行
9	加氯接触池(新建)	座	1	
南区工程				
10	粗格栅和进水泵房	座	1	
11	细格栅和曝气沉砂池	座	1	1座2格,每格可独立运行
12	初沉池	座	1	1座2格,每格可独立运行
13	MSBR反应池	座	1	1座2池,每池可独立运行
14	混合反应池	座	1	1座2格,每格可独立运行
15	转盘滤池	座	1	1座3格,每格可独立运行
16	紫外线消毒池	座	1	1渠1旁通

(1) 污水处理构筑物

1) 细格栅和曝气沉砂池

南区新建细格栅和曝气沉砂池1座2池，每池可独立运行。设计规模为$5\times10^4m^3/d$，单池平面尺寸为22.0m×4.8m，有效水深为3.25m。峰值停留时间为15.2min，空气量为$0.2m^3$空气/m^3水。配置2套阶梯式格栅除污机，宽度为1500mm，栅条间隙为6mm；2套链板式刮砂机，宽度为1200mm，刮砂机水平长度为22m；两池中间设置撇油区，配置1套撇油机，1机2槽，宽度为3700mm。

北区利用已建曝气沉砂池，1座2池，每池可独立运行。设计规模为$11\times10^4m^3/d$，单池平面尺寸为52.0m×2.8m，有效水深为4.1m。峰值停留时间为12min。

2) 初次沉淀池

南区新建短时初沉池1座2池，每池可独立运行。设计规模为$5\times10^4m^3/d$，单池平面尺寸为46m×8m，有效水深为3.5m。峰值表面负荷为$3.68m^3/(m^2\cdot h)$、平均表面负荷为$2.83m^3/(m^2\cdot h)$、停留时间为1.24h。配置桁车式刮泥机2台，宽度为6.475m。

北区利用已建中间沉淀池，改造为初沉池，1座2组、每组2格，每格可独立运行。设计规模为$11\times10^4m^3/d$，单格平面尺寸为93m×7m，有效水深为2.5m。峰值表面负荷为$2.29m^3/(m^2\cdot h)$、平均表面负荷为 1.76m^3/(m^2 · h)、停留时间为 1.09h。

3）MSBR 反应池

MSBR 反应池为集约式布置，包含生物反应和沉淀出水的功能，由 7 个单元构成，单元 1 和单元 7 是 SBR 池，单元 2 是污泥浓缩池（泥水分离池），单元 3 是预缺氧池，单元 4 是厌氧池，单元 5 是缺氧池，单元 6 是主曝气好氧池，系统流程如图 8-165 所示。

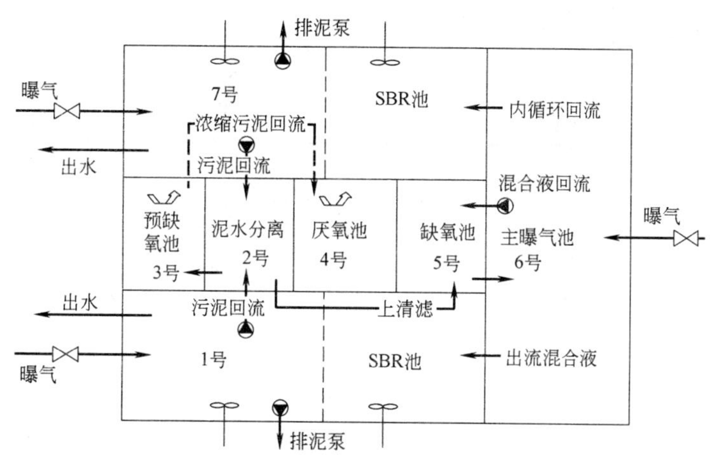

图 8-165　MSBR 系统流程

MSBR 工艺强化了各反应区的功能，为各优势菌种创造了更优越的环境和水力条件，厌氧区还可作为系统的厌氧酸化段，对进水中的高分子难降解有机物起到厌氧水解作用，聚磷菌释磷过程中释放的能量，可供聚磷菌主动吸收乙酸、H^+ 和 e^-，使之以 PHB 形式储存在菌体内，从而促进有机物的酸化过程，提高污水的可生化性和好氧过程的反应速率，厌氧、缺氧和好氧过程的交替进行使厌氧区同时起到优化选择器的作用。

MSBR 将运行过程分为不同的时间段，在同一周期的不同时段内，一些单元采用不同的运转方式，以便完成不同的处理目的。

典型 MSBR 将一个运转周期分为 6 个时段（具体运行时根据冬季或夏季气温变化，会有所变化，可自动设置调整），由 3 个时段组成一个半周期。在两个相邻的半周期内，除序批池的运转方式不同外，其余各单元的运转方式完全一样。一般各时段的持续时间如下：时段 1：30min；时段 2：60min；时段 3：30min；时段 4：30min；时段 5：60min；时段 6：30min。

其中时段 1、2、3 为第一个半周期，时段 4、5、6 为第二个半周期。原污水由 MSBR 的单元 4 进入，在各个时段内的流向如表 8-100 所示。

各运行时段污水流向　　**表 8-100**

时 段	进水单元	流经单元	出水单元
时段 1	单元 4	单元 5、单元 6	单元 7
时段 2	单元 4	单元 5、单元 6	单元 7
时段 3	单元 4	单元 5、单元 6	单元 7
时段 4	单元 4	单元 5、单元 6	单元 1
时段 5	单元 4	单元 5、单元 6	单元 1
时段 6	单元 4	单元 5、单元 6	单元 1

在第一个半周期内，单元7起沉淀池的作用，而在第二个半周期内单元1起沉淀池的作用。MSBR系统的回流由污泥回流和混合液回流两部分组成。一组序批池作为沉淀池出水，则另一组序批池首先进行缺氧反应，再进行好氧反应，或交替进行缺氧、好氧反应。在缺氧、好氧反应阶段，序批池的混合液通过回流泵回流到泥水分离池，分离池上清液进入缺氧池，沉淀污泥进入预缺氧池，经内源缺氧反硝化脱氮后提升进入厌氧池与进水混合释磷，依次循环。

不同时段MSBR各单元的工作状态如表8-101所示。

不同时段各单元的运行状态 **表8-101**

时段	单元1	单元2	单元3	单元4	单元5	单元6	单元7
时段1	搅拌	浓缩	搅拌	搅拌	搅拌	曝气	沉淀
时段2	曝气	浓缩	搅拌	搅拌	搅拌	曝气	沉淀
时段3	预沉	浓缩	搅拌	搅拌	搅拌	曝气	沉淀
时段4	沉淀	浓缩	搅拌	搅拌	搅拌	曝气	搅拌
时段5	沉淀	浓缩	搅拌	搅拌	搅拌	曝气	曝气
时段6	沉淀	浓缩	搅拌	搅拌	搅拌	曝气	预沉

为强化冬季条件下的总氮去除率，冬季可采用多段缺氧、曝气周期运行，从而使系统有充分的硝化反硝化反应，总时段增加至10段，保证出水达标。

在SBR池的设计中采用了最先进的中间挡板流态设计，当SBR池处于澄清出水状态时，曝气池的混合液经过底部的污泥层进行了污泥过滤澄清，底部挡流板可以防止冲击水力负荷对出水堰口污泥层的破坏，此时污泥层在中间挡流板附近部分悬浮物被带起，中间挡流板形成的倒向推流使得带起的悬浮物有了二次沉淀效应，保证出水水质。与此同时，MSBR系统的设计将空间和时间的控制概念有效结合起来，利用了时间控制概念，MSBR系统在夏季将温度上升所带来的额外反应停留时间转化为悬浮物沉淀时间。当周期时间缩短时，预沉时间的不变造成了沉淀澄清时间所占的比例上升，其结果是当冲击水量将悬浮物在挡板处带起时，推流的时间差使得含有悬浮物的水流接近出水堰口前即已作了周期的切换，防止出水带出悬浮物，这是MSBR系统在大水力负荷冲击时仍能保证低悬浮物出水的最重要原因。

MSBR系统的SBR池在沉淀澄清时段并无回流，这样实际的水力负荷和污泥负荷均减少了一半（一般情况下A/A/O或改良A/A/O均有100%Q的回流），大大稳定了澄清时段的水流状态，特别对污泥层效应的稳定起到了很大的作用。本项目的实际SBR名义停留时间为3h，在水力负荷增加至3倍情况时，实际停留时间仍有1h（无回流状态），在此情况下（一般仅发生在夏季），系统仍能利用时间差缩短运行周期，来防止悬浮物被带出水体。

受场地限制，污水处理厂内共建设3座MSBR反应池，其中南区1座，处理能力为$5\times10^4m^3/d$；北区2座，处理能力分别为$4\times10^4m^3/d$、$7\times10^4m^3/d$；反应池设计有效水深为8.8m，设计污泥浓度为3.8g/L，设计气水比为8.5：1，停留时间为26.7h。反应池平面布置如图8-166所示。

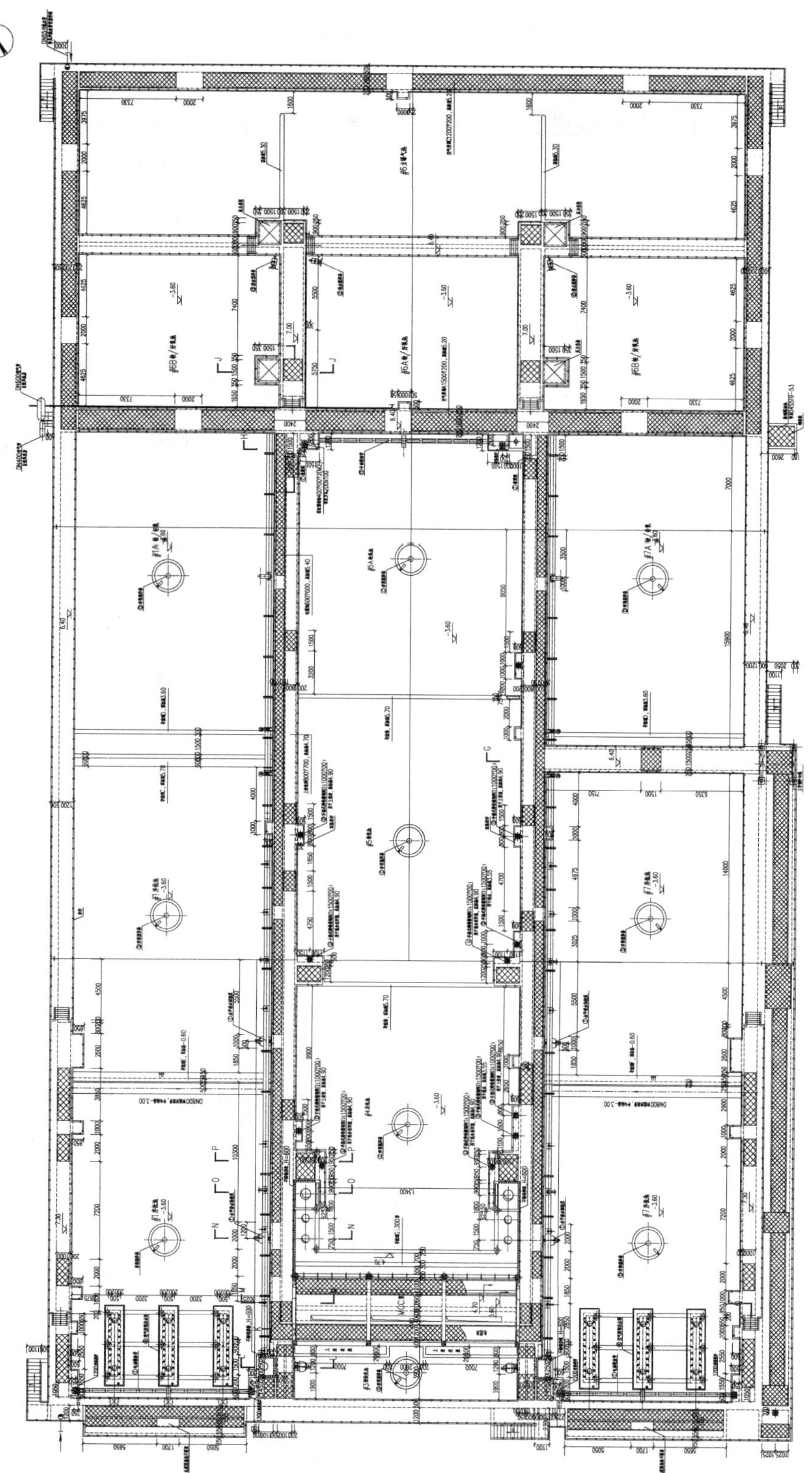

图 8-166　MSBR 反应池平面布置

4）过滤单元

受场地限制，南区过滤方式采用转盘滤池，进行过滤。1座3组，每组26套，设计规模为$5\times10^4m^3/d$，峰值滤速为6.28m/h，平均滤速为4.82m/h。

北区过滤方式采用连续流砂滤池，连续流砂滤池是一种新型、基于逆流原理的连续过滤工艺，不需要停池反冲洗。集混凝、过滤和反冲洗于一体，过滤的同时进行滤料的清洗、絮凝、沉淀，过滤时滤料一直处于流动状态，根据进水情况随时调整反冲洗水强度，确保出水水质。其原理如图8-167所示。

污水通过进水管进入过滤器内，由底部辐射式的布水器均匀进入滤床，逆流向上与滤料充分接触，所含污染物被截留在滤床上，处理后清水由顶部的出水堰溢流排放。污水向上过程中被过滤，水中污染物含量降低，同时石英砂滤料中污染物含量增加并且下层滤料层的污染物含量高于上层滤料。位于过滤装置中央的空气提升泵在空压机的作用下将底层的石英砂滤料提至过滤装置顶部的洗砂器中清洗。滤砂清洗后返回滤床，同时将清洗所产生的污染物外排。

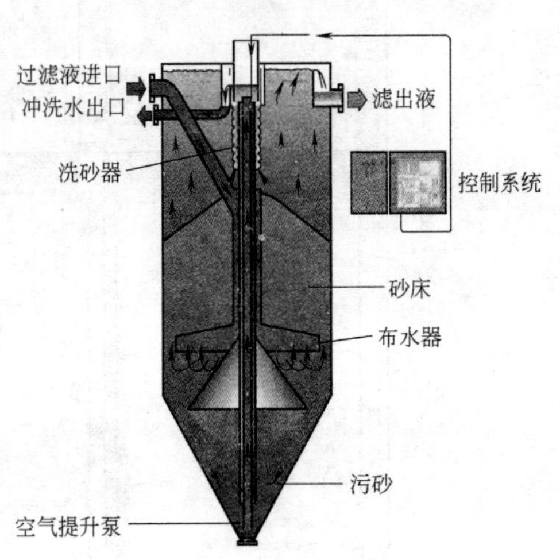

图8-167 连续流砂过滤器原理

该过滤器集混凝、澄清和过滤于一体，通过滤层的截留作用，去除水中的悬浮物和其他颗粒杂质。采用单一均质滤料，过滤和洗砂同时进行，可连续自动运行，无需停机反冲洗。

北区连续流砂滤池1座18组，单组平面尺寸为9.79m×4.9m，设计规模为$11\times10^4m^3/d$，过滤器数量144套，峰值滤速为6.90m/h，平均滤速为5.30m/h，连续流砂滤池平面布置如图8-168所示。

5）鼓风机房

南北区各新建鼓风机房1座，鼓风机房安装供氧鼓风机。为保证鼓风机正常操作，减少噪声，设置空气除尘装置和消声装置。配套设备包括过滤器、消声设备、阀门和控制系统。鼓风机外加隔声罩，使噪声降低至80dB以下。

北区鼓风机高峰供气量为$650m^3/min$，设置4台悬浮鼓风机，3用1备；南区鼓风机高峰供气量为$295m^3/min$，设置4台悬浮鼓风机，3用1备。鼓风机房平面布置如图8-169所示。

（2）污泥处理构筑物设计

初沉池污泥利用已建预浓缩池进行重力浓缩，剩余污泥排入新建污泥浓缩机房进行机械浓缩，浓缩后污泥在新建污泥混合池混合均匀后，通过已建污泥泵房提升至污泥消化池处理，消化后污泥排入已建后浓缩池，经脱气、冷却后排至脱水机房进行污泥脱水。

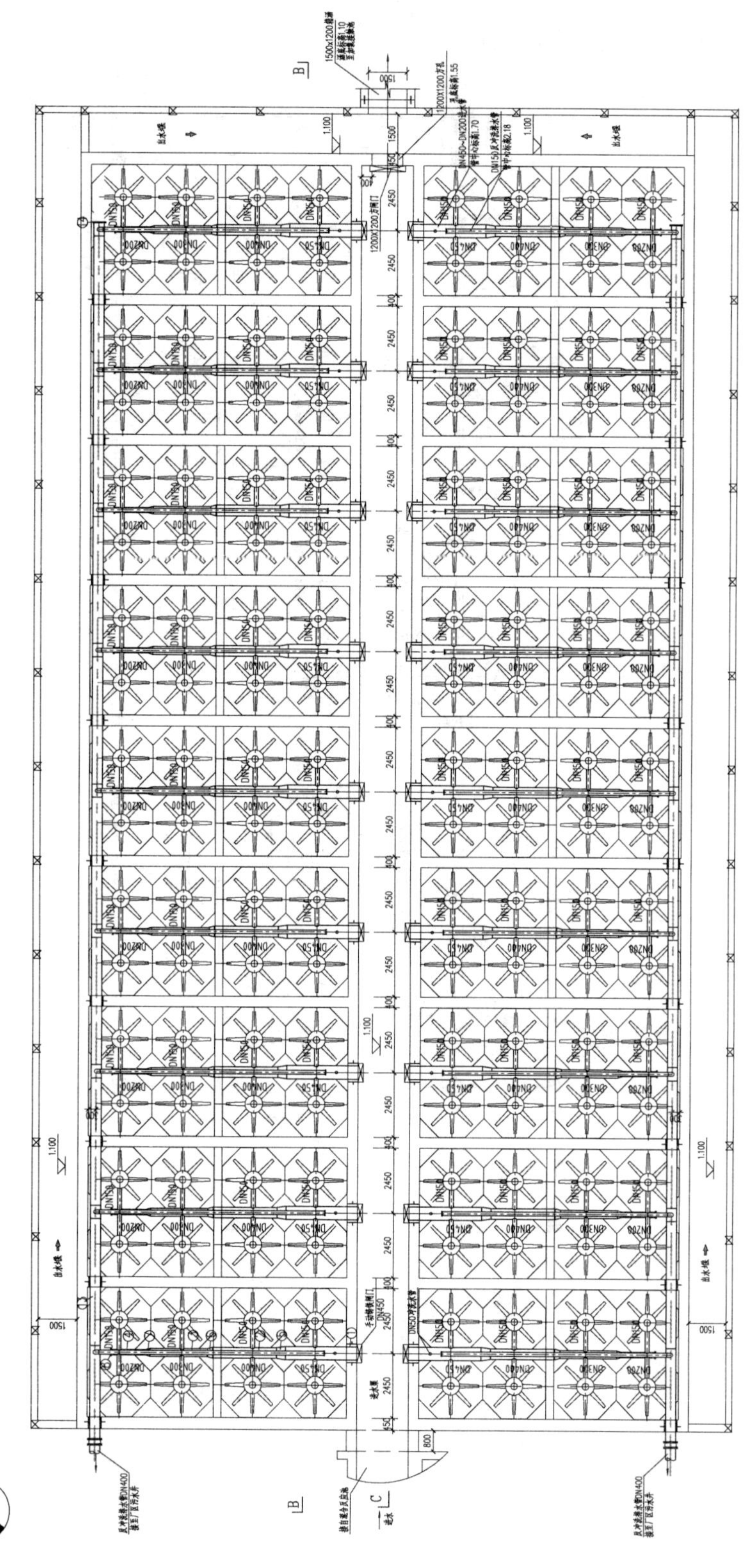

图 8-168　连续流砂滤池平面布置

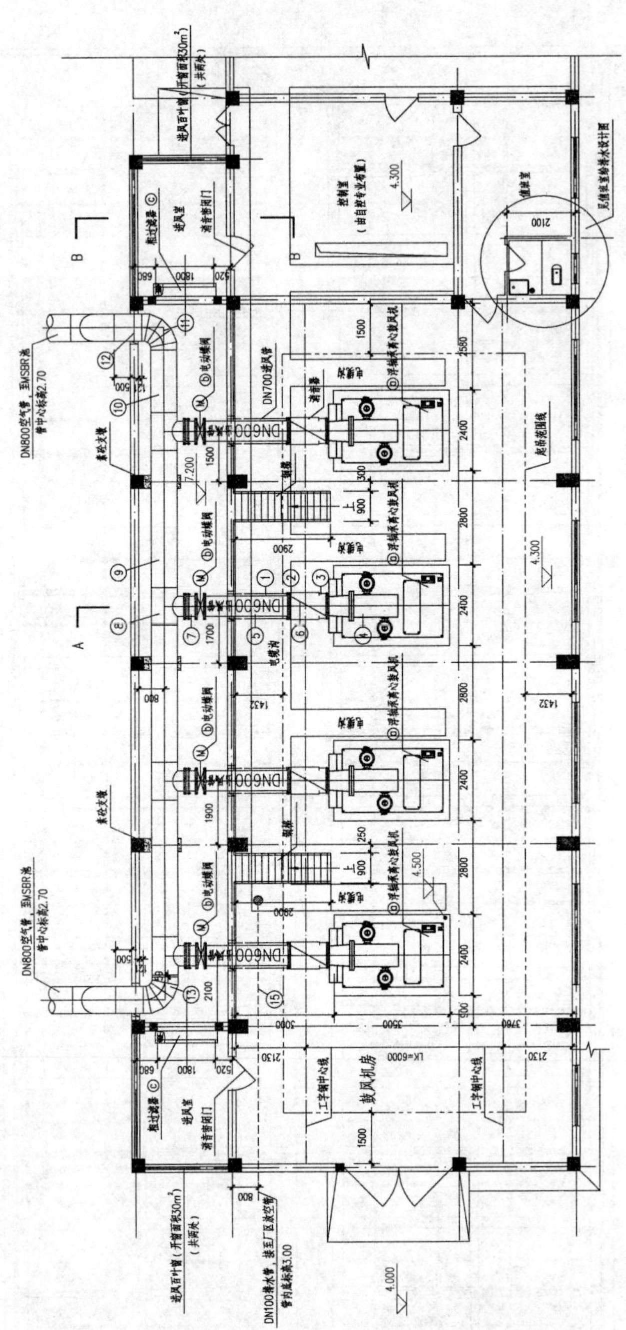

图 8-169 鼓风机房平面布置

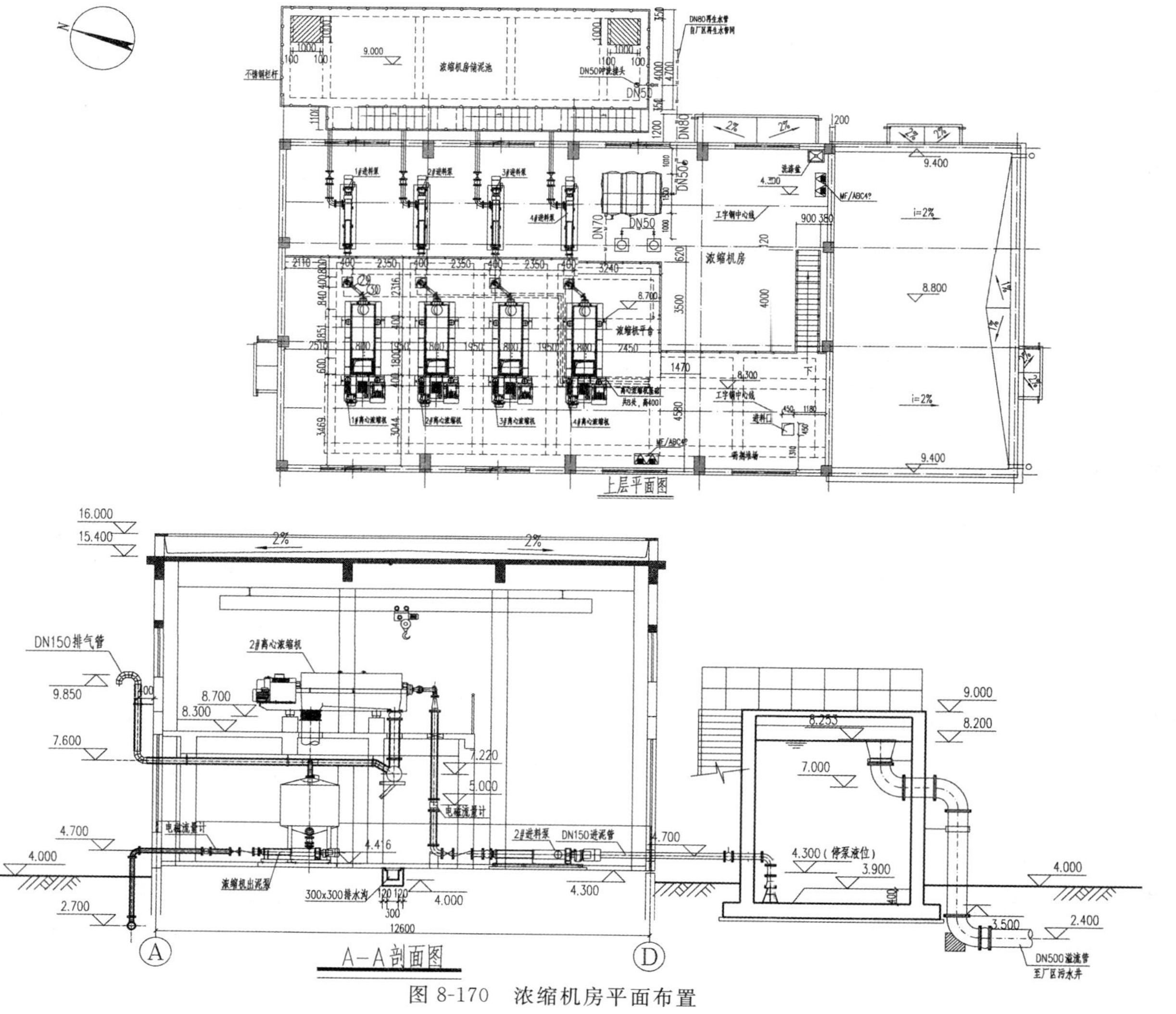

图 8-170　浓缩机房平面布置

1）预浓缩池（已建）

一期已建2座预浓缩池，改扩建工程予以利用，用于浓缩初沉污泥和中间沉淀池污泥。土建和设备均能满足改扩建工程规模的要求。

主要设计参数：污泥量为3.2×10^4kgDS/d，预浓缩池直径为34m，有效水深为4m，浓缩后污泥含水率为96%，浓缩后流量为800m^3/d，浓缩时间为109h，固体负荷为17.6kg/(m^2·d)。

2）污泥浓缩机房（新建）

本次改造新建污泥浓缩机房1座，对MSBR反应池产生的剩余污泥进行机械浓缩处理，降低污泥含水率，进一步消减污泥体积，以利于后续消化污泥处理。

主要设计参数：4套80m^3/h的污泥浓缩机，污泥量为45762kgDS/d，浓缩后含水率为95%，浓缩后污泥流量为915m^3/d，加药量为2.0g/kgDS污泥。浓缩机房平面布置如图8-170所示。

3）污泥消化池（已建）

污泥稳定化处理采用中温消化，沼气搅拌。本次改造污泥稳定仍采用污泥中温厌氧消化。由于沼气搅拌操作管理要求比较高，运行费用比较贵，本次将消化池的搅拌方式由沼气搅拌改为机械搅拌。

本次改造工程初沉污泥干泥量为3.2×10^4kg/d，含水率为96%，污泥流量为800m^3/d。剩余污泥干泥量为45762kg/d，经机械浓缩后含水率为95%，污泥流量为915m^3/d。总污泥量为1715m^3/d。沼气产量为16524Nm^3/d。

已建4座消化池，直径为28m，单池有效容积为11847m^3，污泥停留时间为27.6d。采用中温消化，工作温度为33～35℃。每座消化池在顶部新增1套污泥搅拌器，用于污泥搅拌。同时每座消化池增加1套一体化消化池顶盖，具有收集沼气、避免池体超压运行的安全阀和观察消化池内运行情况的观察窗等功能。污泥消化池布置如图8-171所示。

4）沼气罐（已建、更新）

已建沼气罐为浮动式钢结构，2座，容积分别为5000m^{3}和1000m^3，占地面积大，维护费用较高，本次改造予以拆除。新建1座双膜沼气罐，具有简洁、美观、运行管理方便等特点，容积为3000m^3。沼气罐布置如图8-172所示。

5）污泥脱水机房和污泥堆棚

原污水处理厂污泥脱水采用带式压滤脱水，从目前运行的效果看，效果不是十分理想，脱水后污泥含水率在80%以上，为了满足脱水后污泥含水率小于80%的要求，本改扩建工程将对脱水设备进行更换，改为工作环境好、脱水效果更好的离心脱水机。

脱水后的污泥经螺旋输送机提升到污泥车进料口，污泥车接满后沿指定外运路线运至污泥处置中心，卸料后清洗，返回污水处理厂重新装运。为防止运输途中污泥外溢污染环境，采用密闭罐装污泥车运输。

主要设计参数：污泥量为58320kgDS/d，污泥流量为1715m^3/d，采用4套35m^3/h的污泥脱水机，加药量为4.0g/kgDS污泥。脱水机房布置如图8-173所示。

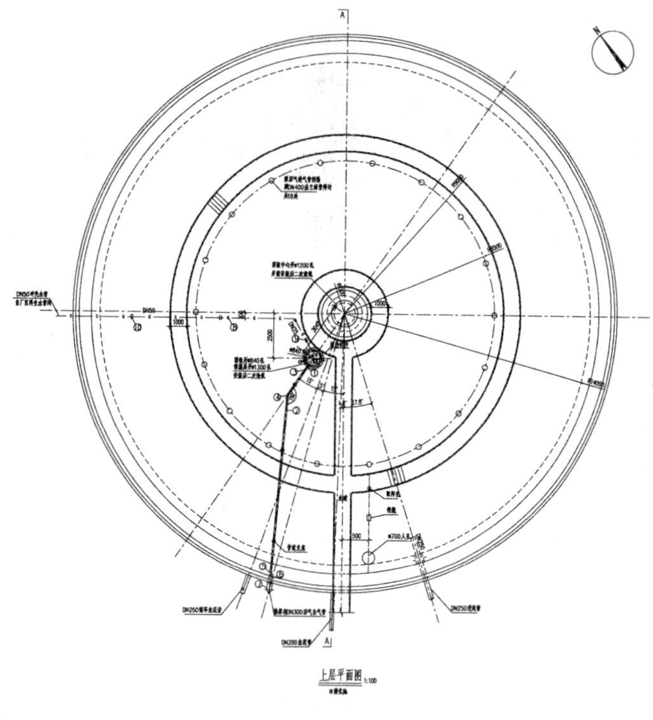

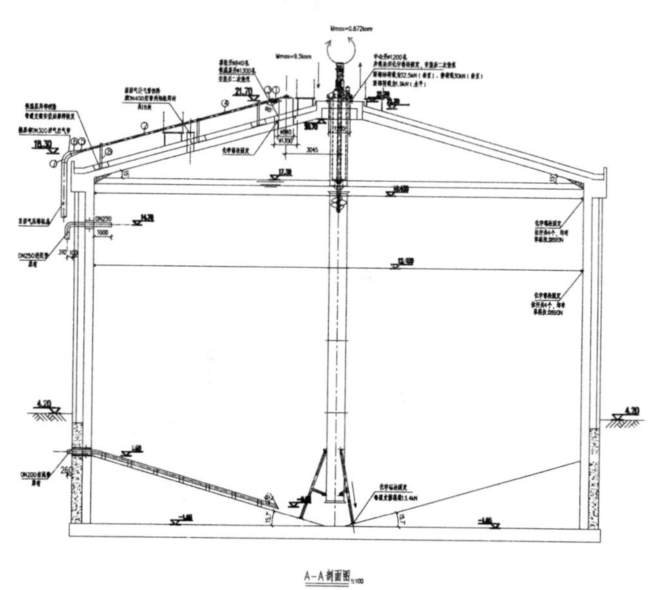

图 8-171　污泥消化池布置

6）发电机房

污泥消化过程中产生的沼气优先用于发电，发电机产生的余热用于污泥消化所需热量，实现热电联产。本工程新建发电机房 1 座，沼气在燃烧过程中 34%的能量转化为电能用于厂内供电，同时回收 34%的热能用于污泥消化池加热，实现能量综合回收利用最大化。

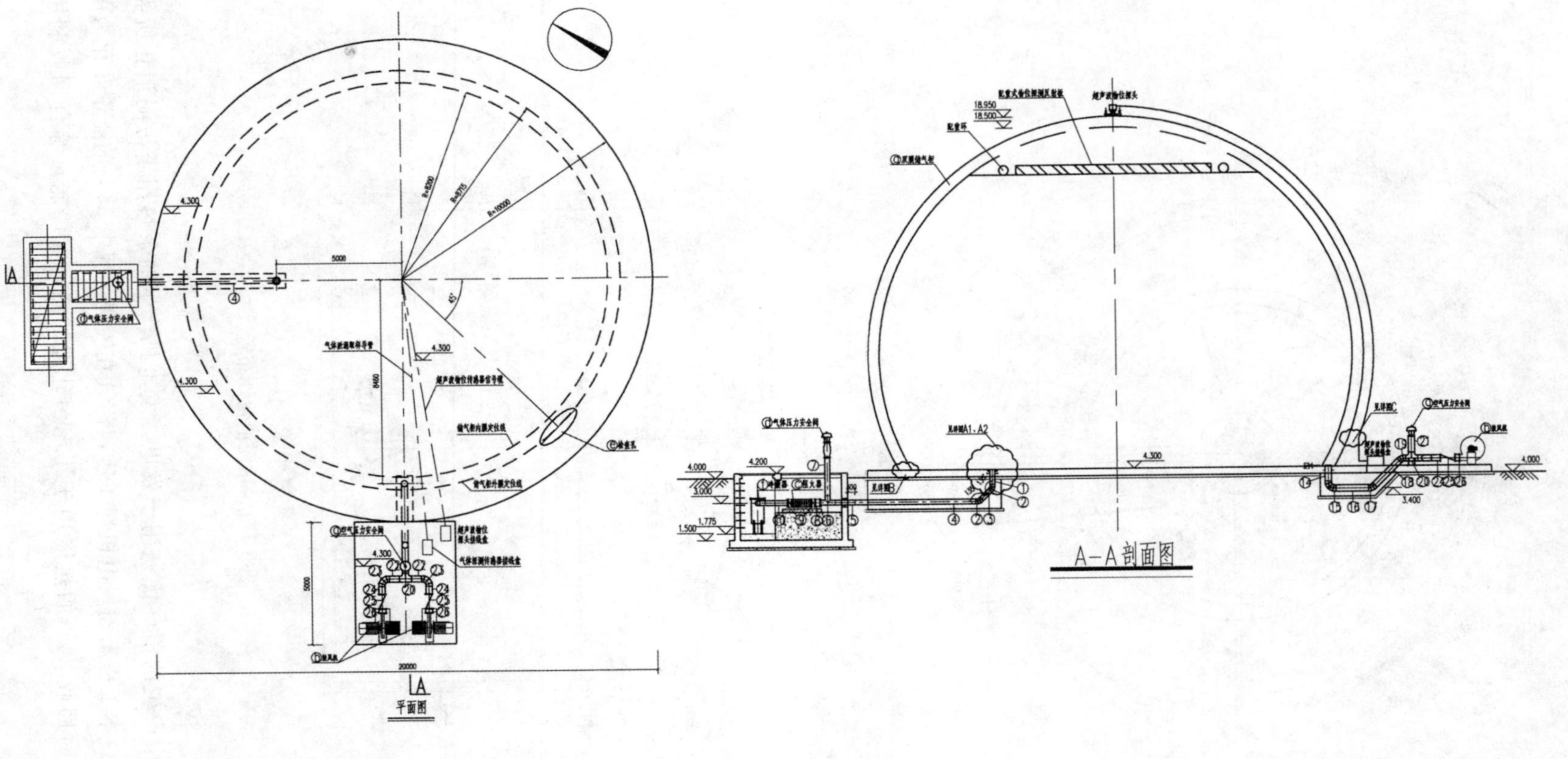

图 8-172 沼气罐布置

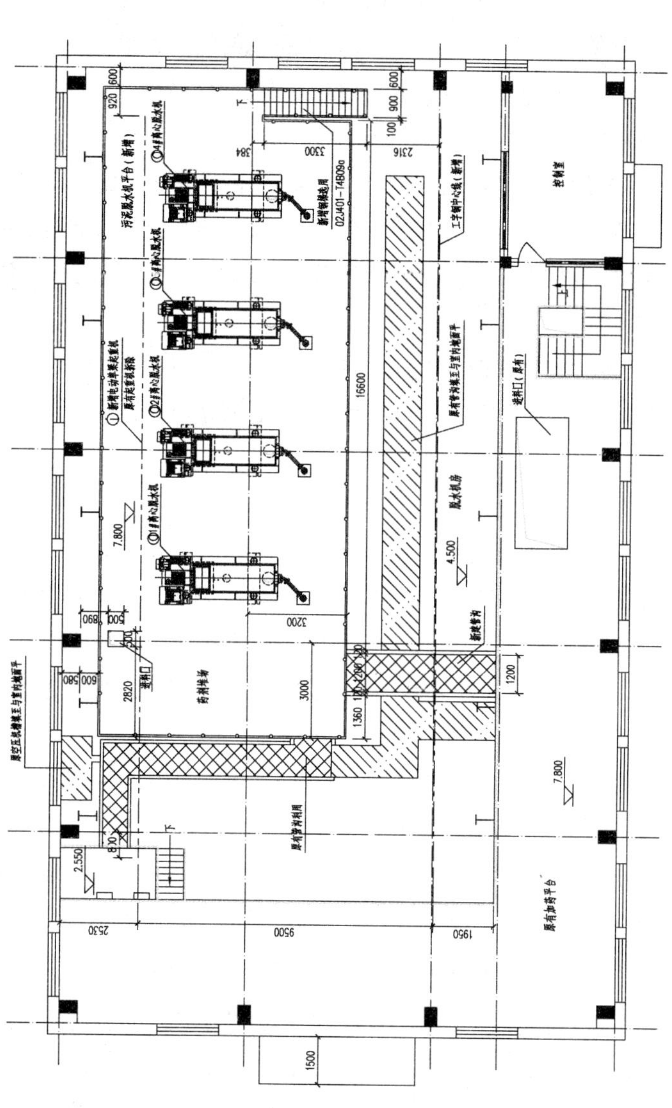

图 8-173　脱水机房布置

发电机房包括4套发电机组，每套机组额定功率为500kW，沼气用量为170.8m^3/h，沼气发电每年可提供1190万度电能，并能稳定地回收热能提供消化池所需热量。每套发电机备有1套热回收单元，包括冷却水回路和尾气回路，同时回收烟道出口烟气和高温水的热量，这两部分回收热量能为热交换器的进口端每年提供1190×10^4kW的热功率，能够满足消化池污泥加热和池体保温所需的最大需热量。

5. 问题和建议

(1) 设计特点

1) 污水处理工艺采用多单元组合的改良SBR工艺，通过强化各反应区的功能，为各优势菌种创造了更优越的环境和水力条件，提高了系统的脱氮除磷功能。

2) 采用较为新颖的连续流砂滤池过滤，具有表面负荷大，占地面积小、操作简单等特点；水头损失较传统砂滤池减少50%。

3) 污泥气优先用于发电，发电机产生的余热用于污泥消化所需热量，实现热电联产。污泥气发电每年可提供1190万度电能，并能稳定地回收热能提供消化池所需热量。

4) 充分利用原有构建筑物，同时采用节省占地的处理工艺，占地面积为12.80 hm^2（含再生水用地0.55 hm^2）。

5) 已建消化池搅拌方式改为机械搅拌，运行管理方便，更加安全可靠，节省能耗。

6) 工程中申请一种顶板结构和一种用于沉砂池的排渣装置两项专利技术，并已获得授权。

(2) 问题和建议

1) 本改造工程还需对已建预处理和污泥处理构筑物进行加盖除臭处理，根据已建曝气沉砂池、预浓缩池和后浓缩池布置和现状，尽快实施．减少对周边环境的影响。

2) 本次改造工程完成后，对已建A段曝气池进行超越，建议以后正常运行中对该构筑物予以利用，进行一些生产性试验，从前端去除部分污染物，降低运行成本。

8.17.3 运行效果

海泊河污水处理厂改扩建工程投产后，污水处理能力逐渐达到设计规模，平均处理水量为14.9×10^4 m^3/d，其中最高日处理水量为17.0×10^4 m^3/d，已经超过最大设计规模。

投产运行以来实际进水水质的变化较大，经处理后出水水质比较稳定，所有指标绝大部分时间达到设计出水标准。各污染物的进出水水质变化如图8-174、图8-175所示。

通过对污水处理厂进出水水质分析，进出水水质统计如表8-102所示。

进出水水质（mg/L） **表8-102**

指标	COD_{Cr}	BOD_5	SS	TN	NH_3-N	TP（以P计）
平均进水水质	781	310	334	81.1	64.7	7.8
平均出水水质	34	6.7	5.5	13.6	4.5	0.38
设计出水水质	50	10	10	15	5	0.5
最大/最小进水水质	1401/324	671/143	860/130	149.1/34.2	128.4/27.4	19.2/3.3
最大/最小出水水质	59/7.8	12/1	26/2	24.9/5.5	13.4/0.1	3.0/0.1

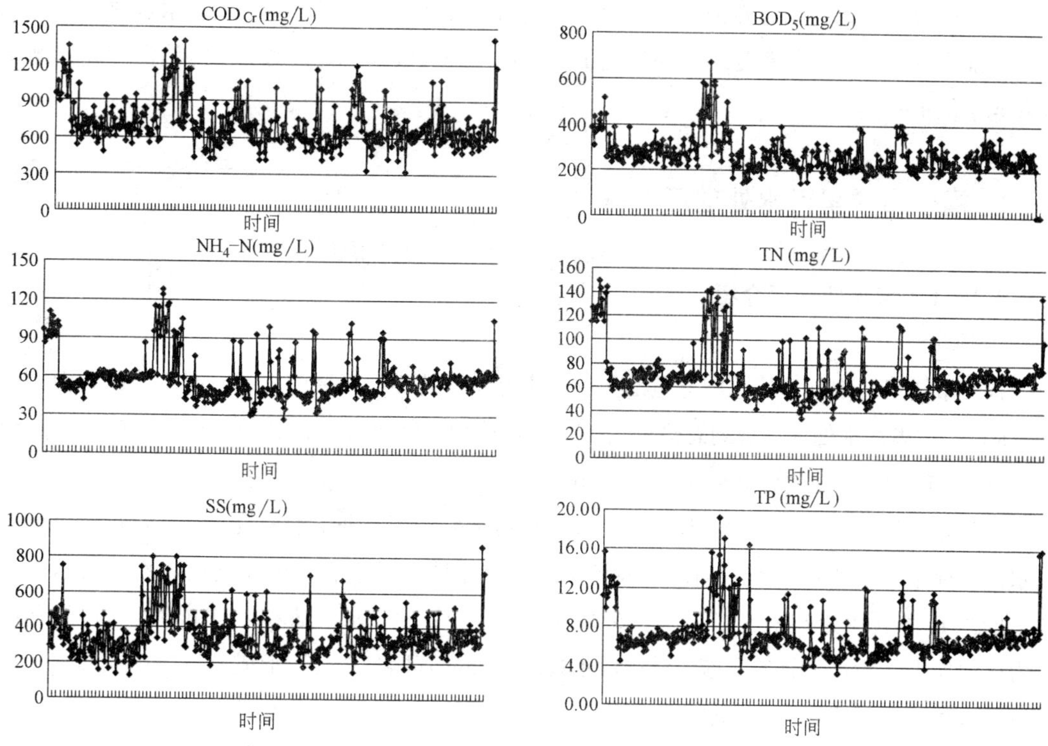

图 8-174 各污染物实际进水水质变化

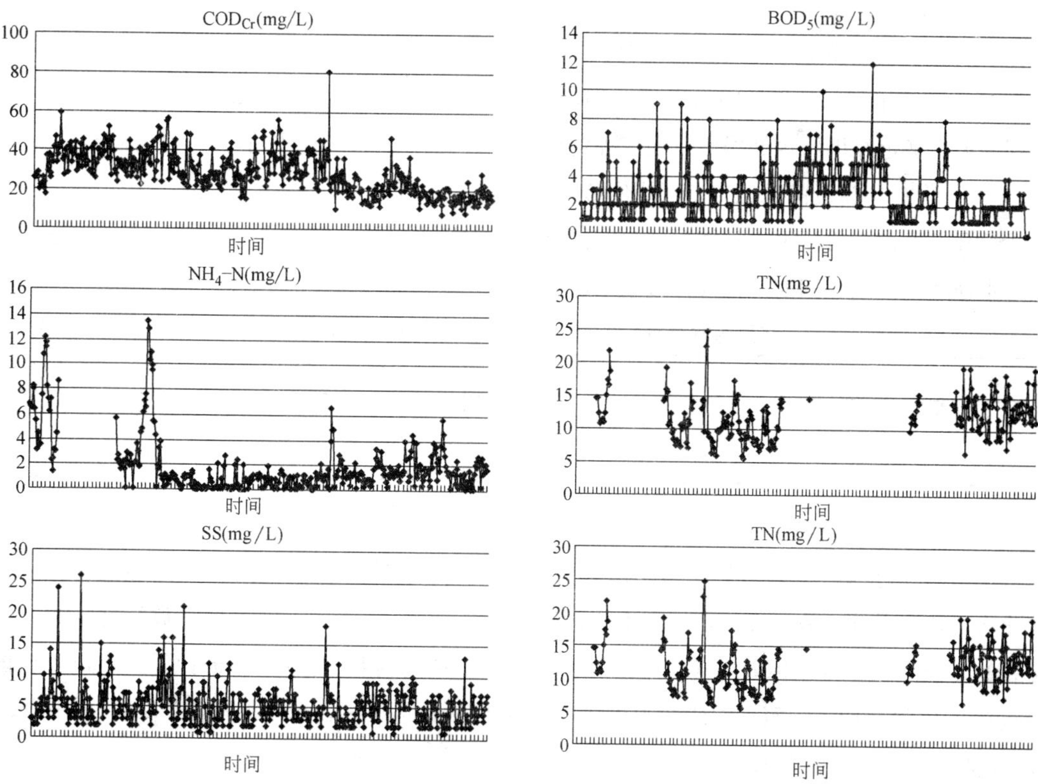

图 8-175 各污染物实际出水水质变化

从运行效果可以看出，在部分指标进水水质超过设计水质情况下，平均出水水质全部达到设计标准，各处理构筑物和处理设备均能正常运行，处理效果良好，对保护海泊河和胶州湾水体起到了保护作用。

8.18 福州市洋里污水处理厂工程

8.18.1 污水处理厂介绍

1. 项目建设背景

福州市洋里污水处理厂总服务范围为福州市整个江北中心城区的东区、西区，服务面积为76.1km^2。洋里污水处理厂规划总规模为60×$10^4m^3/d$，已建有一、二期工程，一期建设规模为20×$10^4m^3/d$，二期建设规模为10×$10^4m^3/d$。

随着祥坂污水处理厂扩建工程的完成和洋里污水处理厂二期工程的投入运行，福州市城市污水的处理率已达到68.8%。福州市的排水状况有了明显的改善，但还远远达不到污水规划要求的2015年污水处理率达到95%、2020年达到100%的要求。随着福州市近年城市管网改造力度的加大，污水干管的实施，洋里污水处理厂外部管网骨架已经形成，目前正在加大力度进行支管和接户管的建设，污水收集率将有较大幅度的提高，随之将会带来污水量的增加，需要建设与之适应的污水处理能力。为了使城市建设发展与环境保护的步伐一致，洋里污水处理厂扩建工程的建设已刻不容缓。

根据污水量预测结论，近期2015年进入洋里污水处理厂的污水量为55.3×$10^4m^3/d$，远期2020年进入洋里污水处理厂的污水量为61.2×$10^4m^3/d$。为及时解决江北片区不断增加的污水处理需求，确定洋里污水处理厂三期工程建设规模为10×$10^4m^3/d$，四期工程建设规模为20×$10^4m^3/d$。在三期建设的基础上，同步实施四期工程。

综合考虑福州市污水实际情况并参照同类城市的污水水质，并在设计上留有适当余地，洋里污水处理厂三期和四期工程设计进水水质指标如表8-103所示。

洋里污水处理厂三期、四期工程设计进水水质指标 表8-103

指标	COD_{Cr}	BOD_5	SS	TN	NH_3-N	TP	pH值	水温
单位	mg/L	mg/L	mg/L	mg/L	mg/L	mg/L		℃
设计值	≤300	≤150	≤200	≤40	≤25	≤4	6～9	15～25

2. 污水处理厂现状

洋里污水处理厂一期规模为20×$10^4m^3/d$，自1998年开始建设，于2002年底投产，采用氧化沟工艺，设计排放标准执行《污水综合排放标准》GB 8978—1996一级排放标准。为了满足新的国家一级B排放标准要求，洋里污水处理厂一期构筑物于2007年进行了改造，改造内容包括：① 将一期工程氧化沟改造为化学加强A/C氧化沟工艺，采用加药化学除磷协同沉淀；② 增加紫外线污水消毒设施。

洋里污水处理厂二期规模为10×$10^4m^3/d$，于2006年开始建设，2007年底建成通水，采用A/A/O工艺，出水水质执行《城镇污水处理厂污染物排放标准》GB 18918—2002一级B排放标准。

洋里污水处理厂一、二期工程设计进水水质指标如表8-104所示。

洋里污水厂一期、二期工程设计进水水质指标表　　表8-104

指标	COD_{Cr}	BOD_5	SS	TN	NH_3-N	TP	pH值	水温
单位	mg/L	mg/L	mg/L	mg/L	mg/L	mg/L		℃
设计值	≤300	≤150	≤200	≤45	≤25	≤4	6～9	15～25

洋里污水处理厂一、二期工程工艺流程分别如图8-176、图8-177所示。

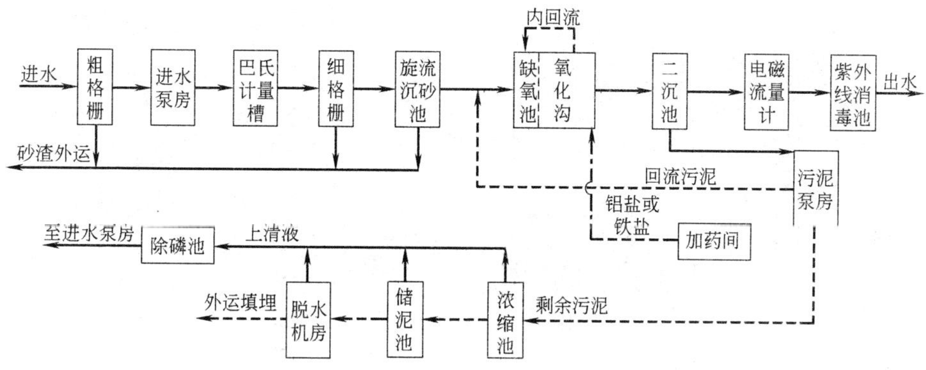

图8-176　洋里污水处理厂一期工艺流程

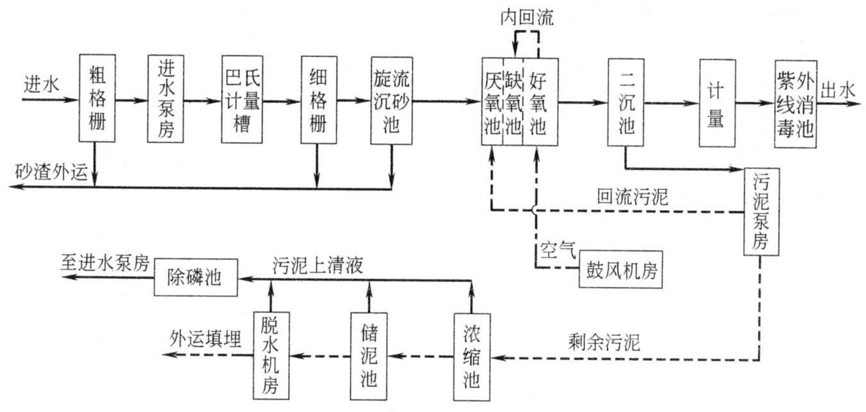

图8-177　洋里污水处理厂二期工艺流程

洋里污水处理厂一、二期工程主要构建筑物如图8-178所示。

8.18.2　污水处理厂改扩建方案

1. 改扩建标准确定

洋里污水处理厂三期和四期工程的尾水和现状一、二期工程的尾水一并通过光明港排入闽江，根据光明港水质监测资料，水体水质较功能规划要求有一定差距。为了改善光明港的水质，根据环评批复意见，洋里污水处理厂三期工程出水水质执行《城镇污水处理厂污染物排放标准》GB 18918—2002中的一级B排放标准，后续四期工程出水水质执行《城镇污水处理厂

(a) 一期氧化沟　　(b) 一期二沉池

(c) 一期沉砂池　　(d) 一期污泥脱水机房

(e) 二期生物反应池　　(f) 二期污泥浓缩池

图 8-178 洋里污水处理厂一、二期工程主要构建筑物

污染物排放标准》GB 18918—2002 中的一级 A 排放标准，分别如表 8-105、表 8-106 所示。

洋里污水处理厂三期工程设计出水水质　　表 8-105

指标	COD_{Cr}	BOD_5	SS	TN	NH_3-N	TP	粪大肠菌群数
单位	mg/L	mg/L	mg/L	mg/L	mg/L	mg/L	个/L
设计值	≤60	≤20	≤20	≤20	≤8(15)	≤1	$\leqslant 10^4$

洋里污水处理厂四期工程设计出水水质　　表 8-106

指标	COD_{Cr}	BOD_5	SS	TN	NH_3-N	TP	粪大肠菌群数
单位	mg/L	mg/L	mg/L	mg/L	mg/L	mg/L	个/L
设计值	≤50	≤10	≤10	≤15	≤5(8)	≤0.5	$\leqslant 10^3$

结合工作场所环境、设备运行的稳定可靠性、工程投资、经常费用和运行维护等，确定洋里污水处理厂三期和四期工程的污泥处理目标为：污泥处理以减量化为主，污泥经浓缩脱水处理后使污泥含水率<80%，泥饼外运进行综合处置。

2. 处理工艺选择

随着厂外管网的不断完善和社会的发展，进水水量和水质会随之发生变化，也需要考虑工艺的先进性、运行的稳定性、调整的多样性和出水的安全性，针对洋里污水处理厂三期工程出水需要达到一级 B 排放标准的要求，设计采用多模式 A/A/O 生物脱氮除磷处理工艺，可以根据进水水量、水质特性和环境条件的变化，灵活调整运行模式，既可按常规 A/A/O 工艺运行，也可按改良 A/A/O 工艺或倒置 A/A/O 工艺模式运行，在提高处理效果的基础上，保证工艺可靠性。

针对洋里污水处理厂四期工程出水需要达到一级 A 排放标准的要求，同时考虑福州市可用土地越来越紧张，因此四期工程设计采用占地较小、对周围环境影响较小、出水水质较好的 MBR 工艺。

根据规划和工程分析要求，洋里污水处理厂三期和四期工程的污泥先进行浓缩、脱水处理后外运，脱水后污泥含水率小于 80%。结合工作场所环境、设备运行的稳定可靠性、工程投资、经常费用和运行维护等，设计采用重力浓缩池和离心脱水机方案。

综合考虑污水消毒工艺的适用性，工程应用的成熟性、安全性、可靠性，操作运转的简单易行和处理费用的经济性等因素，洋里污水处理厂三期和四期工程尾水消毒采用与一、二期工艺相同的新型低压高强紫外线消毒技术。

综合考虑本工程的地理位置、用地情况、构筑物所产生的臭气的特点和数量、投资、工艺适应性、运行管理成本等因素后，本项目的 MBR 生物反应池采用生物法除臭工艺。

洋里污水处理厂三期工程工艺流程如图 8-179 所示。

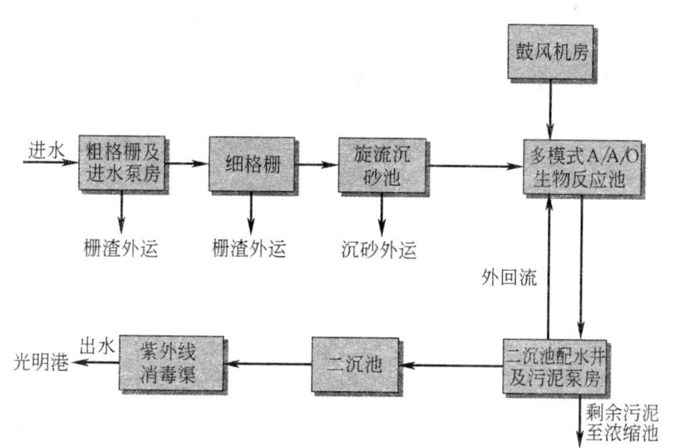

图 8-179　洋里污水处理厂三期工艺流程

洋里污水处理厂四期工程工艺流程如图 8-180 所示。

3. 主要构筑物设计

(1) 粗格栅和进水泵房（三、四期合建）

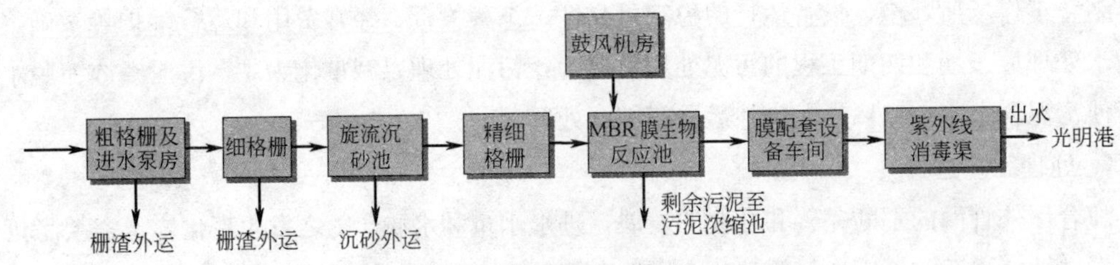

图 8-180 洋里污水处理厂四期工艺流程

粗格栅和进水泵房1座，设计规模为$30\times10^4m^3/d$，上部设建筑加盖除臭。

粗格栅与进水泵房合建，平面尺寸为25.4m×22.6m，粗格栅宽为1.8m，共4套，栅隙为20mm，安装角度为75°，电机功率为3.0kW。进水泵房设8台潜水离心泵，6用2备，水泵单台流量为750L/s，扬程为16.1m，电机功率为172kW。

粗格栅和进水泵房的工艺设计如图8-181所示。

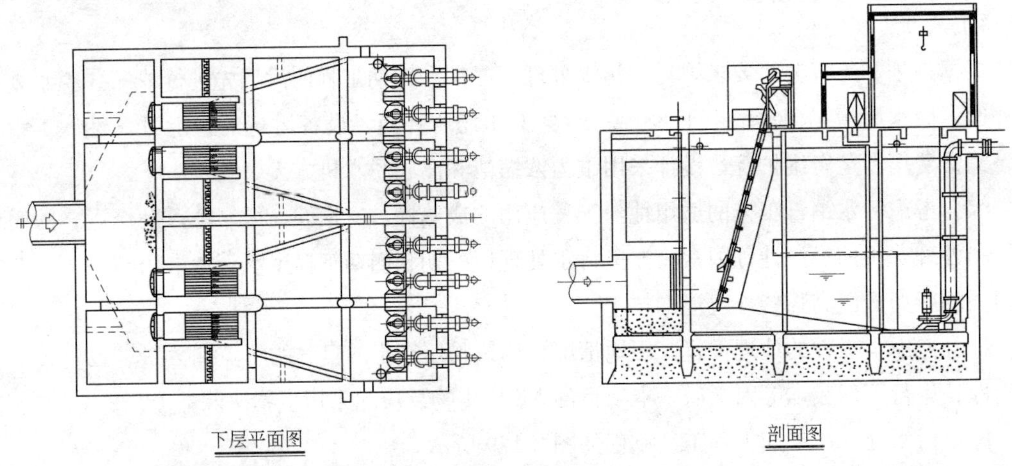

图 8-181 粗格栅和进水泵房工艺设计

(2) 细格栅和旋流沉砂池（三、四期合建）

设计规模为$30\times10^4m^3/d$，细格栅与旋流沉砂池合建，平面尺寸为43.77m×24.6m。

细格栅共6套，每套格栅宽为1.8m，栅隙为6mm，安装角度为30°，电机功率为2.2kW。根据格栅前后液位差，由PLC自动控制，也可按时间定时控制，与无轴螺旋输送机联动。细格栅敞开渠道上方采用轻质材料加盖，下部设收集风管至除臭装置。

旋流沉砂池共6组，单组直径为5.0m，设计水深为2.1m，水力停留时间>30s。每组旋流沉砂池设立式叶轮搅拌器1套，叶轮直径为1.6m，电机功率为1.5kW；除砂采用空气提升系统，设罗茨鼓风机9台，6用3备，每台风量为$2.07m^3/min$，电机功率为7.5kW；每组旋流沉砂池设1台砂水分离器，每台流量为$2m^3/h$,，电机功率为0.75kW。

细格栅和旋流沉砂池的工艺设计如图8-182所示。

(3) A/A/O生物反应池（三期）

三期A/A/O生物反应池设计规模为$10\times10^4m^3/d$，共1座，分为2池，每池为$5\times10^4m^3/$

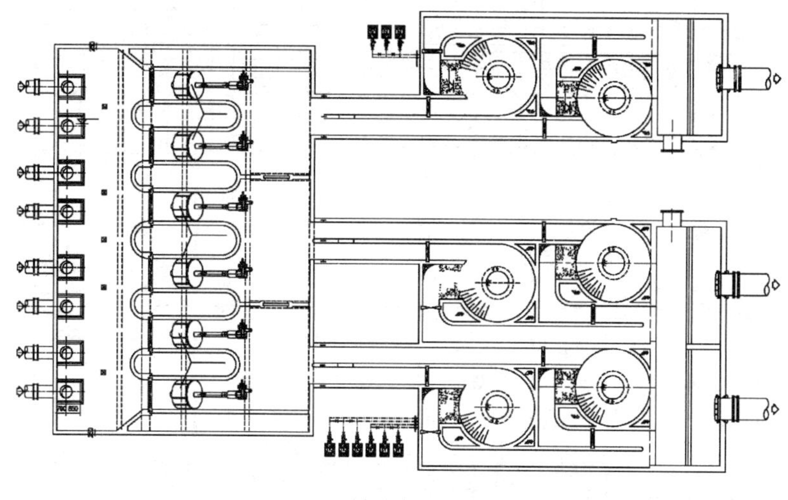

图 8-182　细格栅和旋流沉砂池工艺设计

d，可单独运行。A/A/O 生物反应池平面尺寸为 86.8m×81.4m，设计泥龄为 11.5d，污泥负荷为 0.08kgBOD_5/(kgMLSS·d)，容积负荷为 0.28kgBOD_5/(m^3·d)，设计污泥浓度 MLSS 为 3.5g/L，污泥生成系数为 1.0kgMLSS /(kgBOD_5·d)，设计有效水深为 7.0m。生物反应池总水力停留时间为 11.0h，其中选择池停留时间为 0.75h，厌氧池停留时间为 0.75h，缺氧池停留时间为 3.0h，好氧池停留时间为 6.5h。气水比为 5：1，污泥外回流比为 50%～100%，混合液内回流比为 100%～200%，剩余污泥含水率为 99.3%。

在选择池、厌氧池和缺氧池内分别安装立式搅拌器，曝气器采用微孔曝气。

三期 A/A/O 生物反应池工艺设计如图 8-183 所示。

(4) MBR 生物反应池和膜设备车间（四期）

四期 MBR 生物反应池设计规模为 $20\times10^4 m^3/d$，共 2 座，每座分 2 池，每池 $5\times10^4 m^3/d$，可单独运行，与膜设备车间合建。MBR 生物反应池平面尺寸为 86.55m×94.14m，系统设计泥龄为 16.4d，系统污泥负荷为 0.064kgBOD_5/(kgMLSS·d)，设计污泥浓度 MLSS 厌氧池为 3.2g/L，缺氧池为 4.8g/L，好氧池为 6.0g/L，膜池为 8.0g/L。污泥生成系数为 0.8kgMLSS/

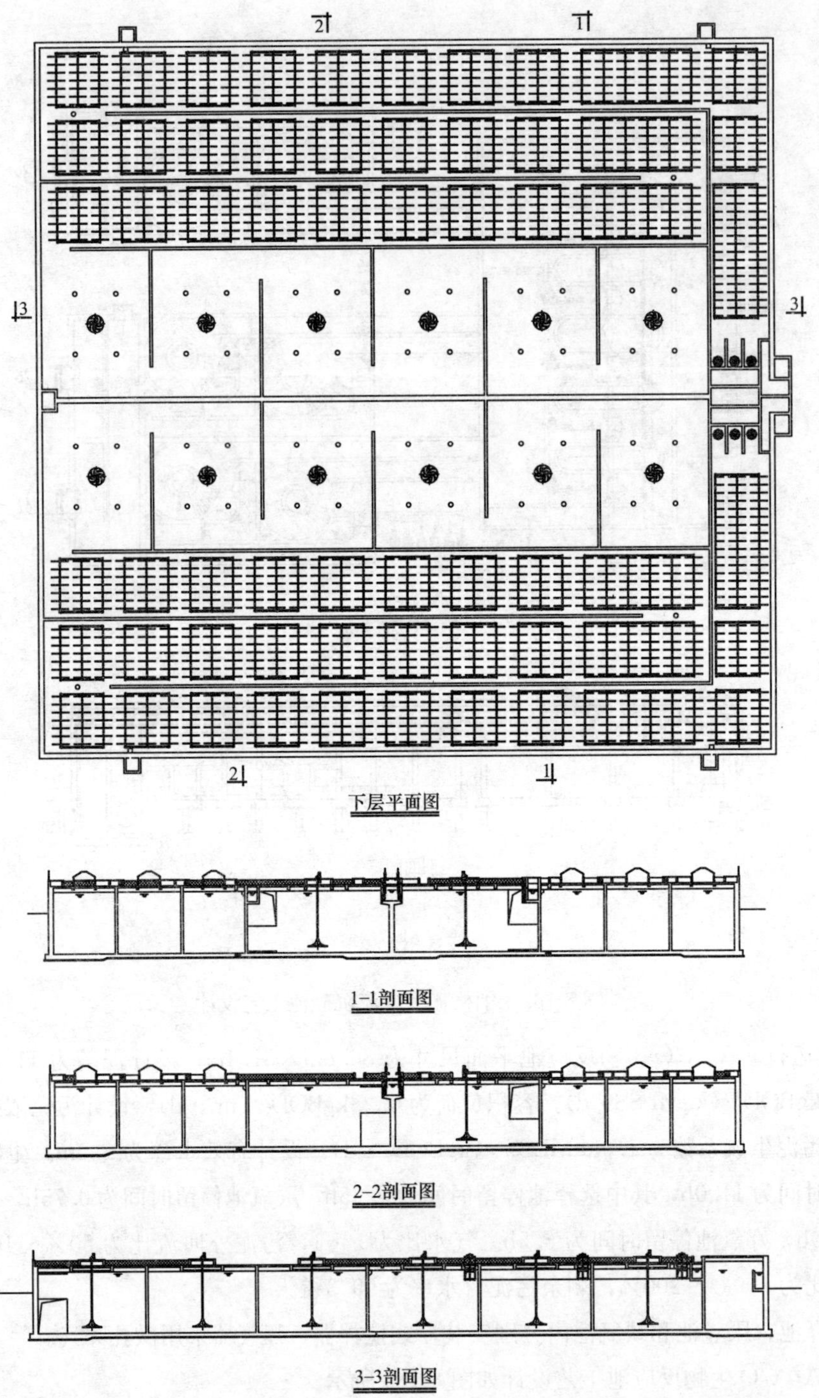

图 8-183 三期 A/A/O生物反应池工艺设计

$(kgBOD_5 \cdot d)$，厌氧池、缺氧池、好氧池设计有效水深为 7.0m，膜池设计有效水深为 4.3m。MBR生物反应池总水力停留时间为 9.5h，其中厌氧池停留时间为 1.4h，缺氧池停留时间为 3.0h，好氧池停留时间为 4.5h，膜池停留时间为 0.6h。好氧池曝气气水比为 5.1∶1。膜池吹扫气水比为 5.7∶1。回流比：膜池至好氧池为 300%，好氧池至缺氧池为 400%，缺氧池至厌氧池为 200%。剩余污泥含水率为 99.2%。

在厌氧池、缺氧池分别安装有潜水推流器，好氧池曝气器采用微孔曝气。MBR 膜片设计采用 PVDF 材质帘式膜，孔径<0.1μm，每组设 192 个膜组件，每个膜组件设计膜面积为 1600m²。膜组件浸没在膜池的混合液中，在产水泵产生的负压条件下，生化处理过的处理水透过膜汇集到集水管，全部污泥和绝大部分游离细菌被膜截留，实现泥水分离过程。被截留的活性污泥经过混合液回流泵回流到厌氧和缺氧生化区，剩余污泥由泵提升至污泥脱水系统。每组 MBR 膜区由 24 组独立控制产水单元组成，水力流程上又分为两套独立系统运行，便于一套检修时，另一套正常工作。

四期 MBR 生物反应池工艺设计如图 8-184 所示。

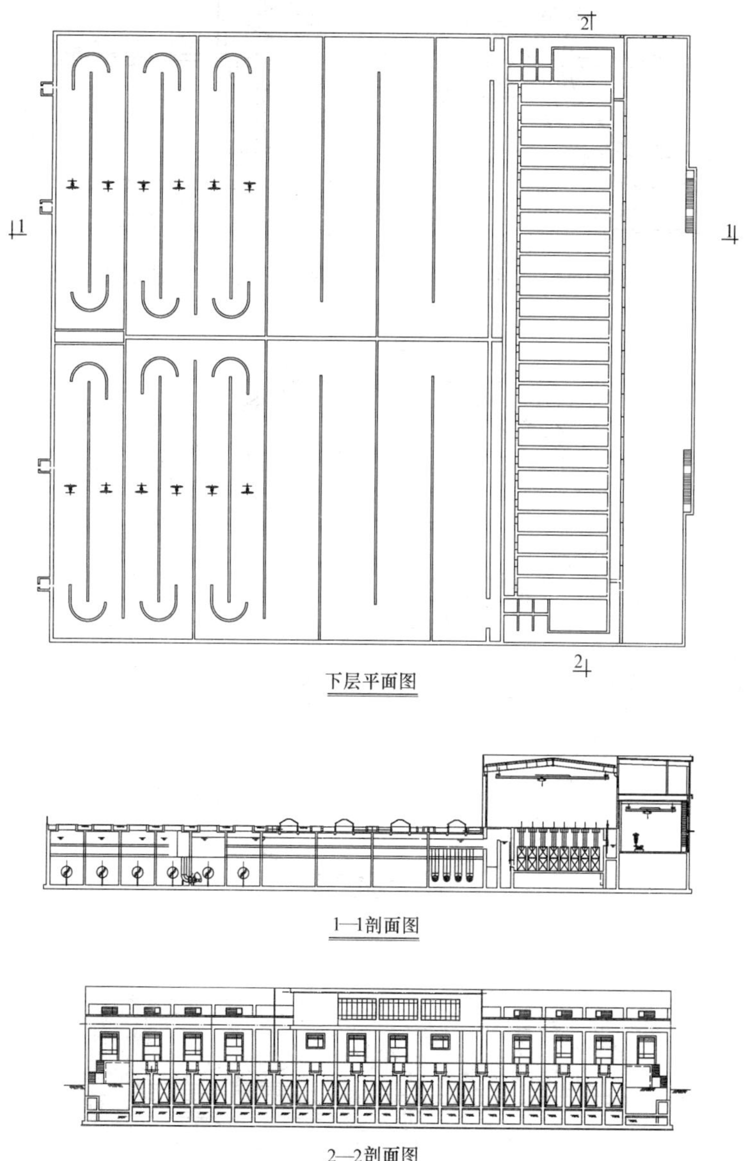

图 8-184　四期 MBR 生物反应池工艺设计

(5) 二沉池配水井和污泥泵房（三期）

二沉池配水井和污泥泵房设计规模为 $10\times10^4 m^3/d$，共1座。圆形部分内径为13.3m，分两环，内环进水、配水，外环收集回流污泥。方形部分尺寸为7.3m×3.3m，安装4台外回流污泥泵，配泵按回流比为100%计，选用变频潜水轴流泵，单泵流量为145～290L/s，扬程为4.0m；右侧方形部分尺寸为4.0m×5.1 m，安装3台剩余污泥泵，2用1备，采用潜水排污泵，单泵流量为40L/s，扬程为10m。

二沉池配水井和污泥泵房的工艺设计如图8-185所示。

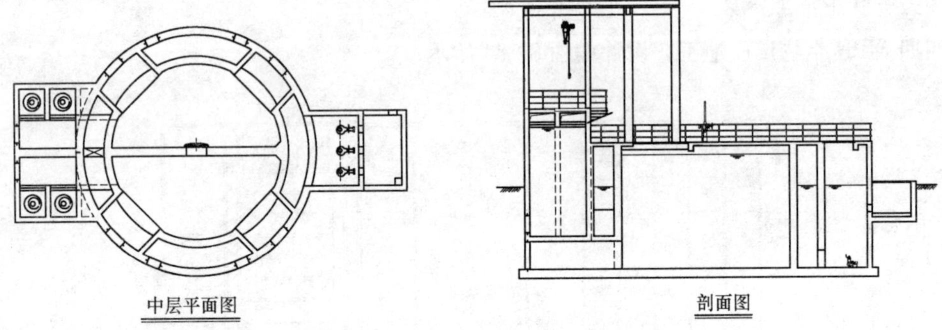

图8-185 二沉池配水井和污泥泵房（三期）工艺设计

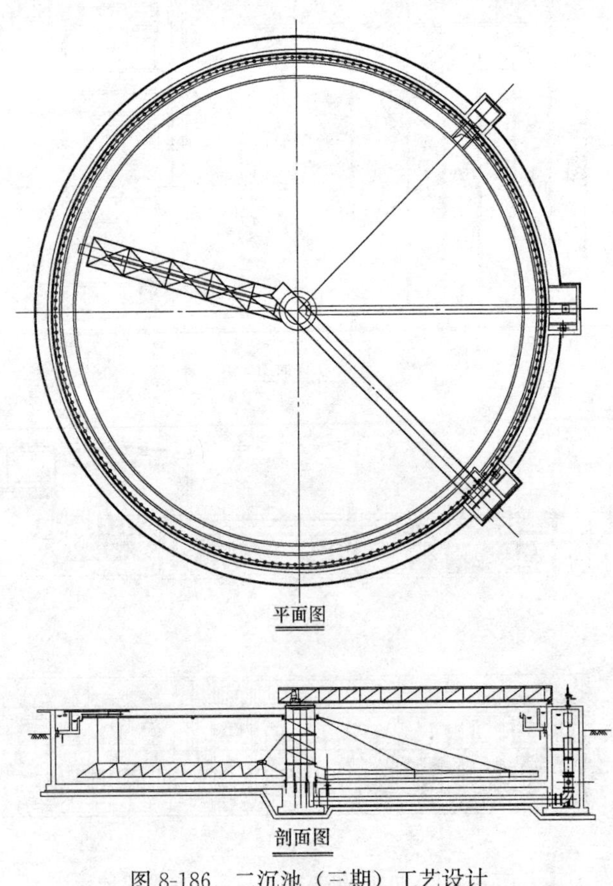

图8-186 二沉池（三期）工艺设计

（6）二沉池（三期）

二沉池设计规模为 $10\times10^4 m^3/d$，共 4 座。二沉池采用周边进水周边出水辐流式，直径为 36m，池边水深为 4.5m，最大表面负荷为 $1.33m^3/(m^2 \cdot h)$，平均表面负荷为 $1.02m^3/(m^2 \cdot h)$，每座二次沉淀池安装有水平管式吸泥机 1 套，电机功率为 0.75kW。

二沉池的工艺设计如图 8-186 所示。

（7）紫外线消毒渠（三、四期合建）

平面图

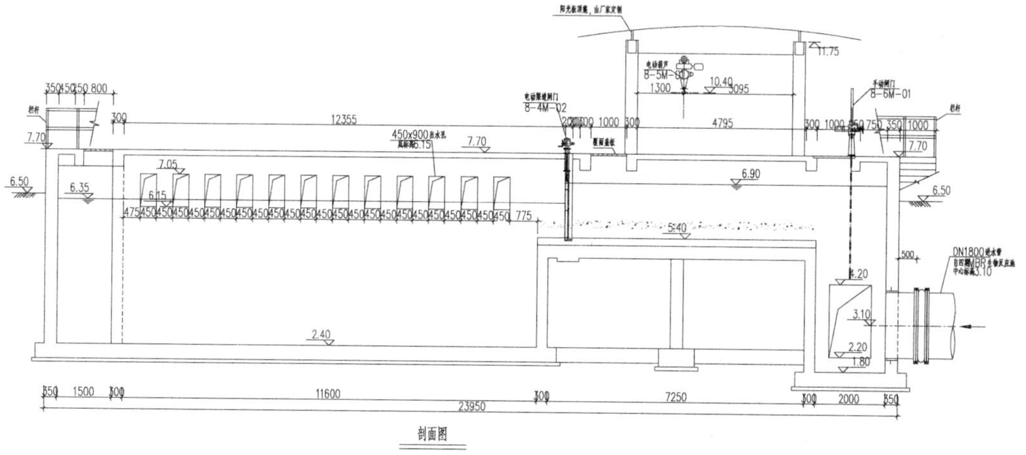

剖面图

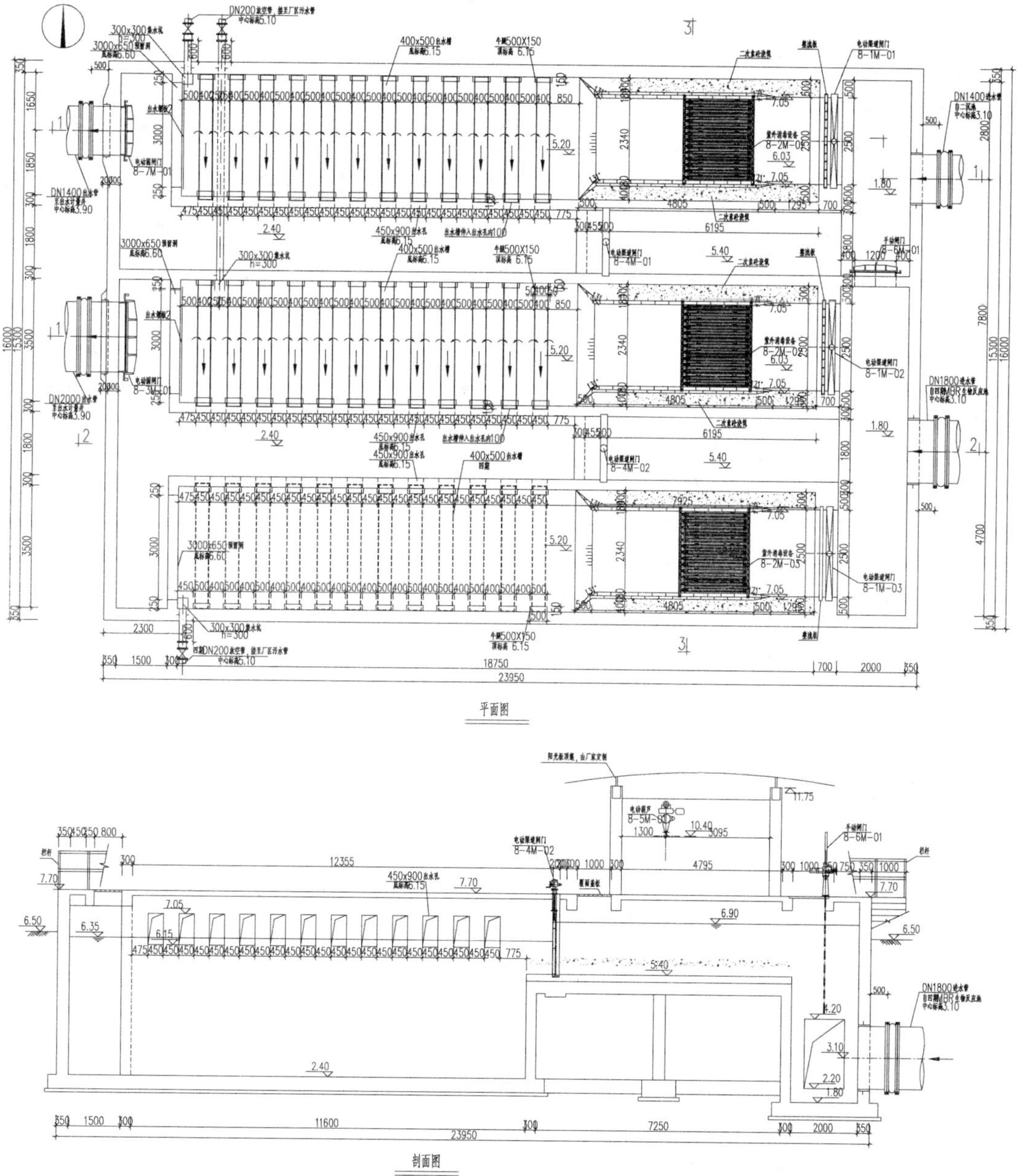

图 8-187　紫外线消毒渠（三、四期合建）工艺设计

紫外线消毒渠设计规模为 $30\times10^4 m^3/d$，共 1 座，平面尺寸为 23.25m×15.3m，共设 3 条

紫外线消毒廊道和2条超越廊道，其中1条廊道为三期工程，按一级B标准设计，出水粪大肠菌群数<10^4个/L，消毒池内设低压高强紫外线灯管192根，接触时间为6s，运行功率为85kW；2条廊道为四期工程，按一级A标准设计，出水粪大肠菌群数<10^3个/L，消毒池内设低压高强紫外线灯管192根，接触时间为6s，运行功率为85kW。

紫外线消毒渠的工艺设计如图8-187所示。

(8) 鼓风机房（三、四期合建）

鼓风机房设计规模为$30\times10^4m^3/d$，平面尺寸为87m×15.2m。鼓风机房内安装单级离心风机（三、四期好氧池曝气）6台，单台风机风量为$175m^3/min$，风压为8.3mH_2O，电机功率为315kW；安装单级离心风机（四期膜池吹扫）5台，4用1备，单台风机风量为$200m^3/min$，风压为4.5mH_2O，电机功率为250kW。

离心鼓风机有进风口和出风口可调导叶，MCP主控制器根据生物池DO值，自动控制鼓风机开启台数，自动调节鼓风机进出风导叶角度，控制空气量的输出，每台鼓风机的供气量调节范围为45%～100%，在溶解氧较高或处理量较小时可减少风量，降低风机能耗。

鼓风机房的工艺设计如图8-188所示。

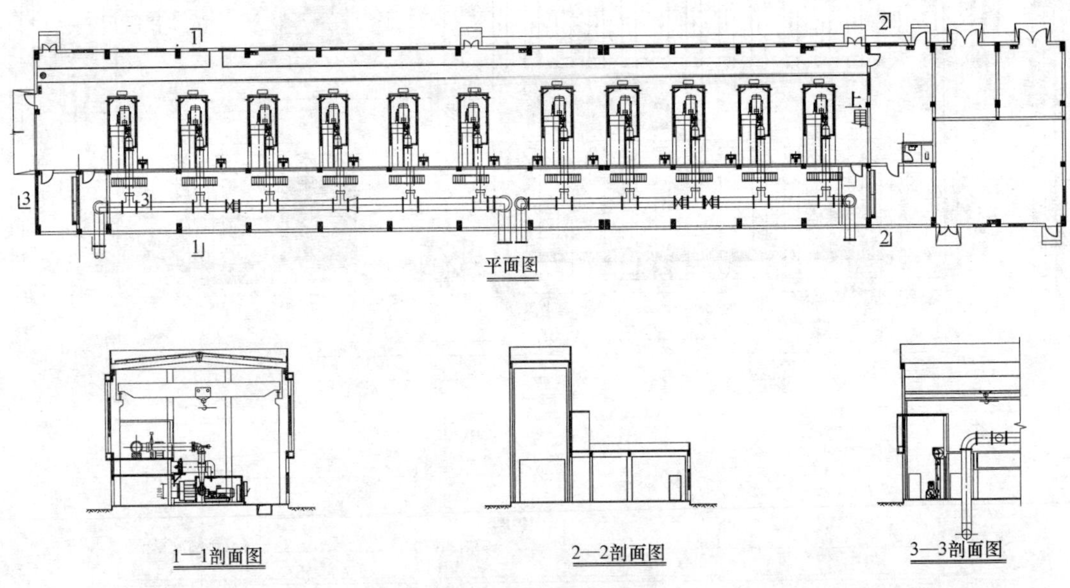

图8-188 鼓风机房工艺设计

(9) 污泥浓缩池（三、四期合建）

污泥浓缩池设计规模为$30\times10^4m^3/d$，共3座，每座直径为21m，池边水深为4.0m，每座污泥浓缩池安装有污泥浓缩机1套，电机功率为0.55kW。

污泥浓缩池的工艺设计如图8-189所示。

(10) 储泥池（一、二、三、四期合建）

储泥池设计规模为$60\times10^4m^3/d$，共1座，分为2格，主要作用为保证脱水装置稳定运行，单格尺为12m×12m，池中设潜水搅拌器，停留时间为6.2h。

储泥池的工艺设计如图8-190所示。

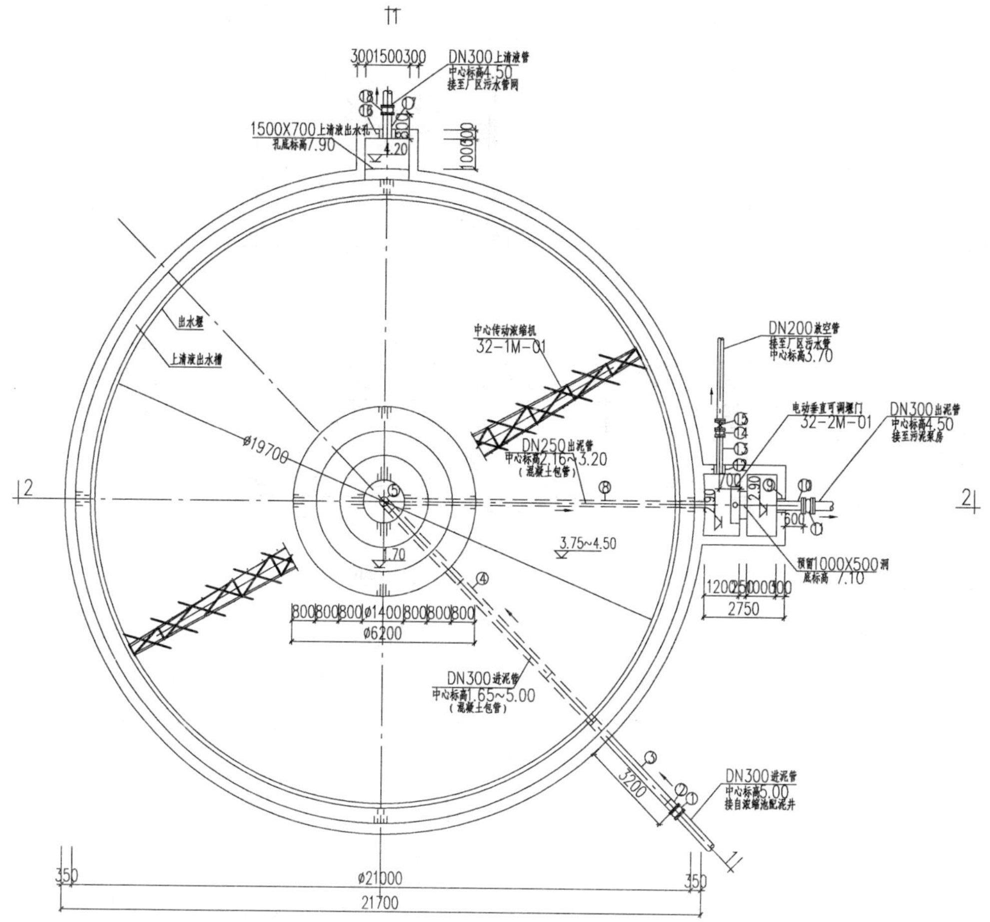

1500X700上清液出水孔
孔底标高7.90
DN300上清液管
中心标高4.50
接至厂区污水管网
出水堰
上清液出水槽
中心传动浓缩机
32-1M-01
DN200放空管
接至厂区污水管
中心标高3.70
电动垂直可调堰门
32-2M-01
DN300出泥管
中心标高4.50
接至污泥泵房
DN250出泥管
中心标高2.16~3.20
（混凝土包管）
ø19700
3.75~4.50
预留1000X500洞
底标高 7.10
2750
ø6200
DN300进泥管
中心标高1.65~5.00
（混凝土包管）
DN300进泥管
中心标高5.00
接自浓缩池配泥井
ø21000
21700

下层平面图

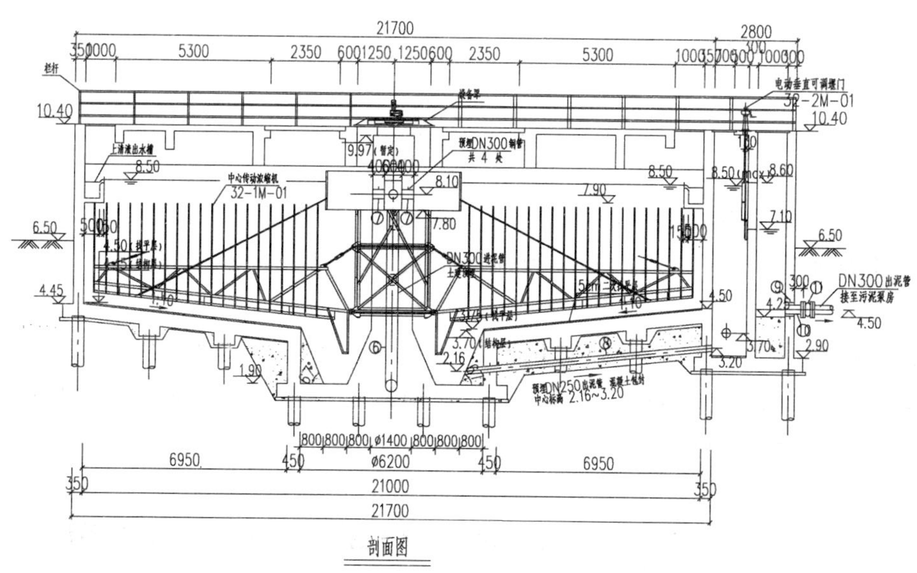

剖面图

图 8-189　污泥浓缩池工艺设计

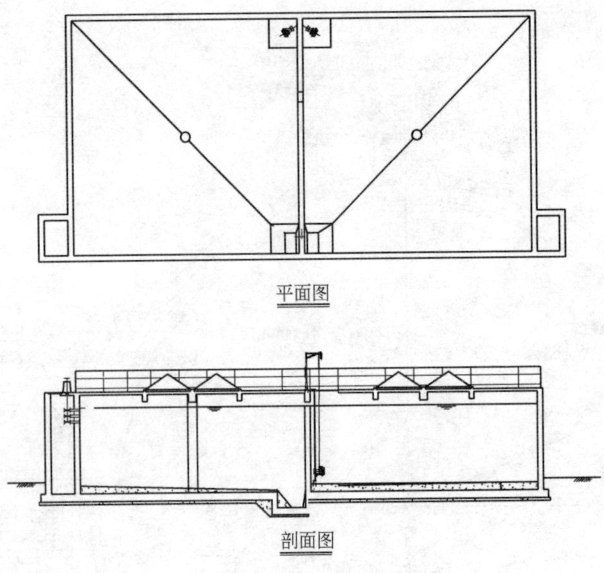

图 8-190 储泥池工艺设计

(11) 污泥脱水机房和污泥料仓(一、二、三、四期合建)

污泥浓缩脱水机房设计规模为 $60\times10^4m^3/d$,共 1 座,安装离心污泥脱水机 6 台,4 用 2 备,单机能力为 $60m^3/h$。药剂采用 PAM(聚丙烯酰胺),加药量为 5 kgPAM/tDS 污泥,出泥含固率≥20%。

污泥料仓共 4 座,单座容积为 $300m^3$,储泥时间为 2.7d。

污泥脱水机房和污泥料仓的工艺设计如图 8-191 所示。

4. 总平面布置

洋里污水处理厂位于福州市区的东南角,在鼓山脚下、铁路西侧的洋里村,厂址西侧即为闽江支流光明港。以洋里河为界,分为南北两个区域,洋里河以南为已建一、二期工程,洋里河以北为新建三、四期工程。

(1) 一、二期工程

洋里污水处理厂一、二期工程平面根据功能可分为以下区域。

1) 预处理区

预处理区位于一、二期工程用地的西北部,由西至东依次布置进水闸门井(一、二期合建)、粗格栅和进水泵房(一、二期合建)及细格栅和旋流沉砂池(一、二期合建)。

2) 污水处理区

污水处理区位于一、二期工程用地的中部,污水处理区主要构筑物有:氧化沟(一期)、A/A/O 生物反应池(二期)、二沉池(二期)、紫外线消毒渠(一、二期合建)、鼓风机房(二期)、变电所(一、二期合建)等。

3) 污泥处理区

污泥处理区位于一、二期工程用地的东北部,主要布置污泥浓缩池、储泥池和污泥脱水机房。

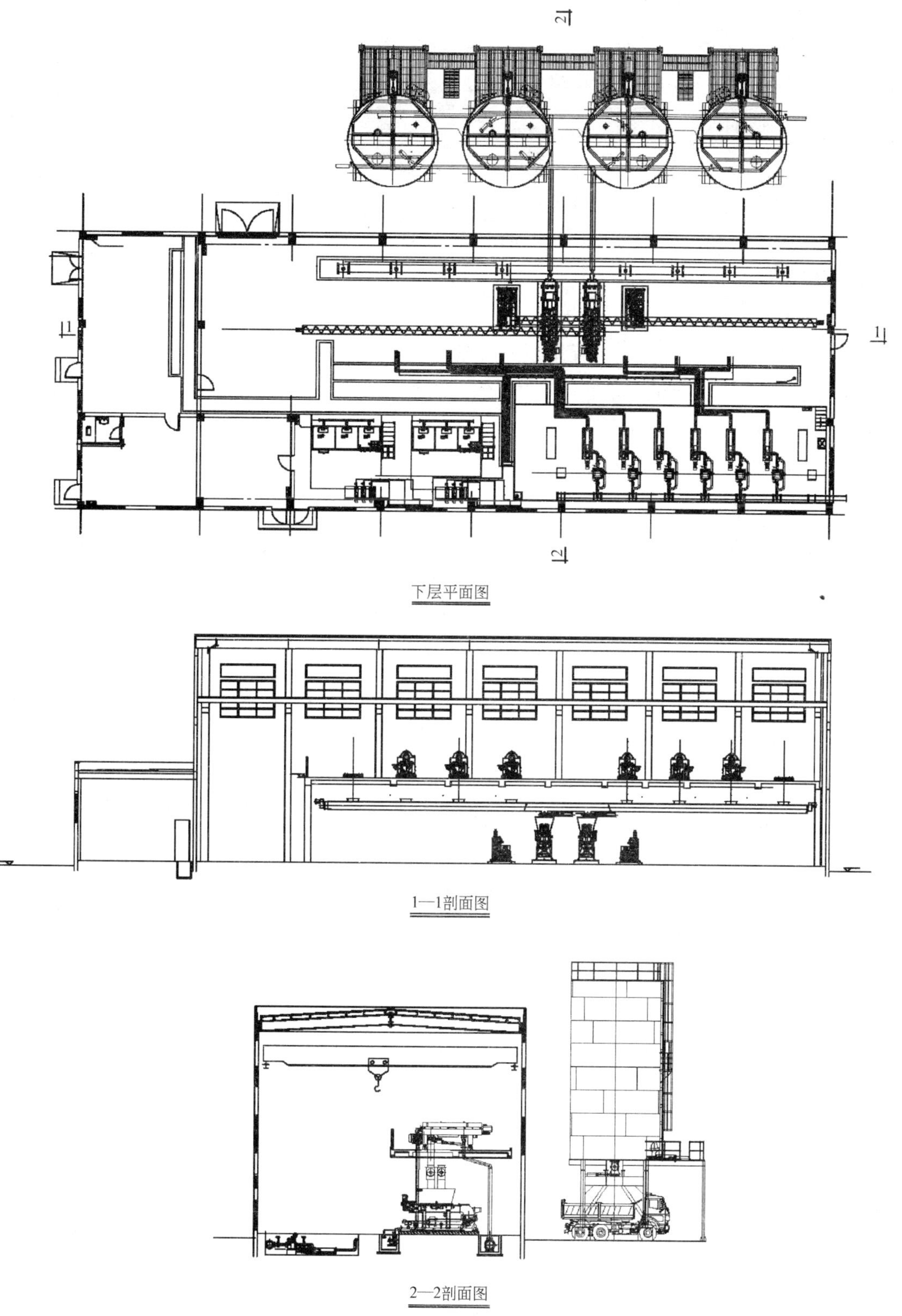

图 8-191　污泥脱水机房和污泥料仓工艺设计

4）生产管理区

生产管理区位于一、二期工程用地的西南部，主要布置综合楼和生活楼。生产管理区靠近市政道路，并远离对周边环境影响较大的预处理区和污泥处理区。

（2）三、四期工程

洋里污水处理厂三、四期工程平面根据功能可分为以下区域。

1）预处理区

预处理区位于三、四期工程用地的西北部，由西至东依次布置进水闸门井（三、四期合建）、粗格栅和进水泵房（三、四期合建）及细格栅和旋流沉砂池（三、四期合建）。

2）污水处理区

污水处理区位于三、四期工程用地的西部和中部，污水处理区主要构筑物有：A/A/O生物反应池（三期）、二沉池配水井和污泥泵房（三期）、二沉池（三期）、MBR生物反应池和膜车间（四期）、紫外线消毒渠（三、四期合建）、鼓风机房（三、四期合建）、加药间（三、四期合建）、变电所（三、四期合建）等。

3）污泥处理区

污泥处理区位于三、四期工程用地的东南部和一、二期工程用地的东北部，主要布置浓缩池配泥井、污泥浓缩池、储泥池、污泥脱水机房和污泥料仓。

4）生产管理区

一、二期厂前区距离三期较远，因此考虑在三期用地范围内增加生产管理区。生产管理区位于三、四期工程用地的东北部，主要布置现场控制中心。生产管理区靠近市政道路，并远离对周边环境影响较大的预处理区和污泥处理区。

5）深度处理预留用地

深度处理预留用地位于本工程规划用地的南部，近期可作为绿化用地，减少污水处理厂对周边环境的影响。

洋里污水处理厂的平面布置如图8-192所示。

8.18.3 运行效果

1. 实际运行数据

一、二期工程自2007年底二期工程建成运行至今，各项指标均优于《城镇污水处理厂污染物排放标准》GB 18918—2002的一级B标准，一、二期工程2011～2013年实际进出水水质指标如表8-107～表8-109所示。

2. 水量、水质数据原因分析

二期工程建成后，洋里污水处理厂的总规模达到$30\times10^4m^3/d$，从2011～2013年的实测进水量分析，2011年最大处理量为$34\times10^4m^3/d$，最小处理量为$28\times10^4m^3/d$，平均为$32\times10^4m^3/d$；2012年最大处理量为$34\times10^4m^3/d$，最小处理量为$28\times10^4m^3/d$，平均为$32\times10^4m^3/d$；2013年最大处理量为$35\times10^4m^3/d$，最小处理量为$32\times10^4m^3/d$，平均为$34\times10^4m^3/d$。根据以上数据分析，2011～2013年二期工程建成后，处理水量与设计规模$30\times10^4m^3/d$基本一致。

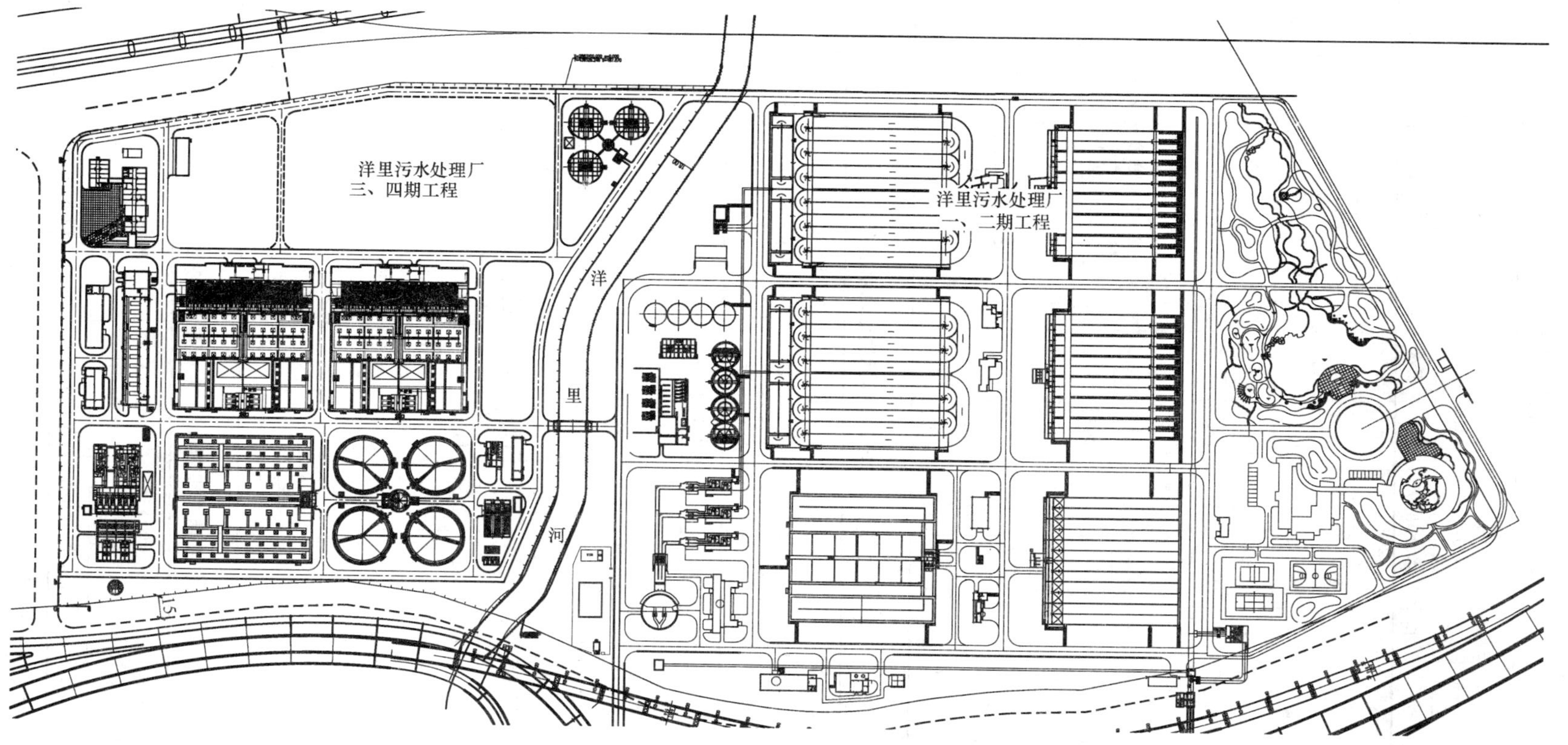

图 8-192　洋里污水处理厂平面布置

一、二期工程 2011 年实际进出水水质 表 8-107

月份	日均处理量 (m^3/d)	BOD_5 (mg/L)		COD_{Cr} (mg/L)		SS (mg/L)		NH_3-N (mg/L)		TN (mg/L)		TP (mg/L)	
		进水	出水	进水	出水	进水	出水	进水	出水	进水	出水	进水	出水
1月	284544	110.1	4.7	201.9	25.8	136.3	7.7	22.06	2.90	29.88	15.13	3.26	1.10
2月	282064	123.8	3.2	212.4	17.9	139.1	6.9	22.24	2.90	29.47	12.07	3.26	0.85
3月	300653	155.8	7.3	249.6	32.1	128.3	7.5	21.59	2.80	29.60	12.80	4.13	0.83
4月	294794	137.2	8.2	245.2	27.3	173.7	9.3	21.75	3.70	32.90	11.13	4.47	0.91
5月	331977	120.1	6.4	218.2	23.7	198.0	9.0	18.53	3.20	26.74	10.35	4.63	0.79
6月	335962	101.8	6.7	199.0	24.6	139.0	9.0	18.36	3.30	26.48	11.82	3.77	1.25
7月	341418	85.1	5.9	175.7	23.9	128.3	12.9	15.19	2.80	19.30	7.99	2.80	1.00
8月	341816	84.7	8.2	172.9	23.7	136.5	7.3	15.01	2.90	21.15	9.43	2.75	0.98
9月	344365	67.1	6.1	141.4	20.5	110.3	6.6	14.15	2.06	19.16	8.43	2.35	0.88
10月	338437	63.0	5.3	122.7	20.9	155.8	6.7	17.99	2.54	21.86	10.10	2.19	0.81
11月	332581	60.2	3.8	125.5	17.2	95.2	7.7	15.53	1.40	20.49	9.76	2.16	0.91
12月	329658	70.2	3.2	136.4	14.2	109.8	6.6	19.13	2.83	23.36	11.23	2.30	0.69

一、二期工程 2012 年实际进出水水质 表 8-108

月份	日均处理量 (m^3/d)	BOD_5 (mg/L)		COD_{Cr} (mg/L)		SS (mg/L)		NH_3-N (mg/L)		TN (mg/L)		TP (mg/L)	
		进水	出水	进水	出水	进水	出水	进水	出水	进水	出水	进水	出水
1月	284544	73.1	2.9	147.6	16.0	99.8	6.6	15.58	1.29	20.08	9.66	2.38	0.91
2月	282064	73.0	3.6	156.4	15.1	108.7	6.0	14.54	1.09	20.91	9.29	2.38	0.84
3月	300653	82.1	4.0	172.4	16.9	150.0	9.0	17.40	2.76	22.45	9.45	2.39	0.56
4月	294794	89.8	3.8	199.3	19.6	118.9	6.9	15.35	2.34	22.38	7.60	2.74	0.39
5月	331977	74.3	4.9	172.0	20.9	145.5	8.0	14.90	2.27	20.03	8.07	2.40	0.55
6月	335962	66.7	4.8	146.0	17.4	133.0	7.0	13.76	1.78	19.28	8.76	2.07	0.48
7月	341418	67.8	4.3	134.0	18.4	149.0	7.0	15.34	3.52	22.06	10.10	2.25	0.51
8月	341816	64.3	3.9	145.4	17.8	102.0	6.0	14.44	2.13	19.78	8.17	2.17	0.42
9月	344365	56.6	2.9	118.0	15.6	53.0	6.0	15.96	2.28	20.43	9.17	1.95	0.46
10月	338437	62.0	3.5	128.5	14.5	90.2	6.4	18.47	2.31	22.59	9.66	2.23	0.36
11月	332581	76.1	3.1	153.0	16.3	126.0	8.0	18.20	1.57	23.30	10.92	2.32	0.65
12月	329658	67.6	3.0	156.0	16.8	100.0	7.0	18.50	2.51	22.90	11.67	2.16	0.53

一、二期工程 2013 年实际进出水水质 表 8-109

月份	日均处理量 (m^3/d)	BOD_5 (mg/L)		COD_{Cr} (mg/L)		SS (mg/L)		NH_3-N (mg/L)		TN (mg/L)		TP (mg/L)	
		进水	出水	进水	出水	进水	出水	进水	出水	进水	出水	进水	出水
1月	317169	69.5	4.3	157.0	19.7	104.0	9.0	16.70	2.30	24.56	13.00	2.27	1.21

续表

月份	日均处理量 (m^3/d)	BOD_5 (mg/L)		COD_{Cr} (mg/L)		SS (mg/L)		NH_3-N (mg/L)		TN (mg/L)		TP (mg/L)	
		进水	出水	进水	出水	进水	出水	进水	出水	进水	出水	进水	出水
2 月	327174	59.2	2.9	132.0	15.5	149.0	10.0	15.30	3.00	21.70	11.60	2.18	0.77
3 月	333635	67.7	3.0	153.0	15.7	122.0	8.0	16.50	2.90	22.90	11.00	2.37	0.64
4 月	336452	62.6	4.4	148.0	18.3	109.0	8.0	15.00	1.51	20.70	8.60	2.37	0.47
5 月	337997	57.9	3.3	137.0	13.9	95.0	7.0	15.00	1.28	17.80	7.88	2.05	0.55
6 月	338231	60.8	3.1	150.0	18.2	87.0	7.0	14.60	1.22	18.80	8.30	2.00	0.37
7 月	340326	64.0	3.8	128.0	15.3	110.0	7.0	17.00	1.84	20.80	8.35	2.10	0.18
8 月	340379	58.9	4.1	144.0	21.7	95.0	8.0	14.10	1.88	19.40	8.11	2.02	0.32
9 月	346249	60.9	4.6	151.0	20.1	76.0	6.0	16.50	1.65	22.20	9.37	2.23	0.57
10 月	351706	60.8	5.6	133.0	17.0	71.0	6.0	17.00	1.60	21.90	10.60	2.13	0.73
11 月	346529	64.9	2.8	140.0	17.2	106.0	6.0	18.30	2.04	22.20	12.50	2.27	0.74

2011～2013 年实际进出水水质指标与设计值对比（mg/L）　　表 8-110

项目	BOD_5		COD_{Cr}		SS		NH_3-N		TN		TP	
	进水	出水	进水	出水	进水	出水	进水	出水	进水	出水	进水	出水
设计值	150	20	300	60	200	20	25	8	45	20	4	1
2011 年平均值	98.3	5.8	183.4	22.7	137.5	8.1	18.5	2.8	25.0	10.9	3.2	0.9
2012 年平均值	71.1	3.7	152.4	17.1	114.7	7.0	16.0	2.2	21.3	9.4	2.3	0.6
2013 年平均值	62.5	3.8	143.0	17.5	102.2	7.5	16.0	1.9	21.2	9.9	2.2	0.6

2011～2013 年实际进出水水质指标与设计值对比如表 8-110 所示。进水 BOD_5 为 62～98mg/L，小于设计值 150mg/L，出水指标远优于设计值。进水 COD_{Cr}为 143～183mg/L，小于设计值 300mg/L，出水指标远优于设计值。进水 SS 为 102～138mg/L，小于设计值 200mg/L，出水指标远优于设计值。进水 NH_3-N 为 16～19mg/L，小于设计值 25mg/L，出水指标远优于设计值。进水 TN 为 21～25mg/L，小于设计值 45mg/L，出水指标优于设计值。进水 TP 为 2.2～3.2mg/L，小于设计值 4mg/L，出水指标优于设计值。

8.19　兰州市西固污水处理厂工程

8.19.1　污水处理厂介绍

1. 项目建设背景

兰州市西固污水处理厂的主要服务区域包括兰州市西固区黄河道以南、南山公路以北范围内及河口区域、崔家大滩区域内的工业废水和生活污水，预计流域内服务人口 29.5 万人，面积 28.4km^2。

兰州市位于黄河中上游黄土高原，是一个东西长（约 50km）、南北窄（约 2～8km）的连续河谷盆地中的沿河带状城市，为地震高烈度区，基本烈度 8 度，属全国重点抗震城市之一。兰州市大部分地面为黄土覆盖，黄土丘陵是主要的地貌类型。

兰州市属大陆性干旱气候，市区夏无酷暑，冬无严寒。主要自然条件如下：

气　温：年平均 9.1℃；最高 39.1℃；最低－21.7℃。

地　温：年平均 1.4℃；7 月平均 26.8℃；1 月平均－7.4℃。

降水量：年平均 324.84mm；最大 474.8mm；最小 210.8mm。

蒸发量：年平均 1468.0mm；最大 1883.9mm；7～9 月占全年 61%。

日　照：年平均 2446.4h；最大 2940.1h。

湿　度：年平均（相对）58%；最大 69%；最小 47%。

气　压：年平均 847.1mbar；最大 852.3mbar；最小 840.8mbar。

风　向：常年偏东风较多，年平均风速 0.9m/s，一般风速较小。

冻土厚度：最大 0.78～0.85m。

兰州市城市用水 90%以上来自黄河地表水，而黄河兰州段的水质在各功能区，除水源地水质达Ⅱ类标准外，其他流域水质还未达到规定的Ⅲ类标准。由于黄河兰州段沿岸工业集中，人口稠密，大量工业废水、生活污水和垃圾废弃物排入黄河，造成黄河水体污染。

西固污水处理厂服务范围内的排水体制目前以合流制为主。由于排水体系不完善，排水管网建设滞后、管径小，排污能力低的问题显得更加突出，尤其是 20 世纪 50 年代末建成的 30km 长的兰石化油污干管超期服役，横穿城市中心区，经过半个多世纪的运行，近几年事故频发，存在严重的安全隐患。随着经济社会的发展，城市污水和工业废水的排放量逐年增加，目前污水集中处理率为 50%。城市大部分雨水利用管道就近排入沟洪道和黄河，在未铺设雨水管地区，则利用道路边沟或污水管就近排入沟洪道和黄河。一部分城市污水利用管道排入污水处理厂进行处理后排入黄河，受污水处理能力所限，另一部分城市污水利用污水管或就近排入沟洪道和黄河。

由于黄河兰州段不仅是兰州市全市工业和生活用水的主要水源，也是兰州市全市城市污水唯一的接纳水域，为健全污水收集处理设施，提高城市污水处理率，保护水体环境，根据兰州市中心城区城市污水处理建设目标，兰州市西固污水处理厂工程是其中重要的一项内容。

2. 污水处理厂现状

兰州市西固区现有的 2 座污水处理厂，在处理能力、处理状况、污泥处置和对周围环境影响程度方面都存在若干问题，主要问题如下：

(1) 兰化动力厂污水车间位于西固区陈官营，处理能力为 $5\times10^4 m^3/d$，采用二级生化处理工艺，承担除兰炼之外的西固地区大多数企业生产废水、生活污水的处理任务。按照兰州市总体规划该厂需进行扩建，但现为企业污水处理厂，其扩建能力十分有限；现有的处理工艺出水按最新排放标准很难做到达标排放；污泥目前与企业废弃物一并处理，因此该厂已不适宜作为城市污水处理厂。

(2) 兰炼厂前生活污水处理厂，也为企业污水处理厂，设计处理能力为 $2\times10^4m^3/d$，为二级污水处理厂，主要处理对象是厂区生活污水。同时兰炼对生产排放的含油、含硫等废水，经过污水处理装置进行处理，然后排入油污干管。其处境和兰化动力厂污水车间相同，也不适宜作为城市污水处理厂。

鉴于以上情况，兰州市对西固区污水处理厂进行整合，新建西固污水处理厂，处理服务范围内的城市生活污水和部分工业企业排放的废水。

8.19.2　污水处理厂改扩建方案

1. 改扩建标准确定

西固污水处理厂出水水质分季节执行不同排放标准。根据总体规划目标和环评批复，在补充水季节，西固污水处理厂处理尾水作为兰州市西固南河道和南河道湿地补充水源，执行《城镇污水处理厂污染物排放标准》GB 18918—2002 一级 A 标准；在非补充水季节（如冬季）污水处理厂处理尾水通过南河道排入黄河，执行《城镇污水处理厂污染物排放标准》GB 18918—2002 一级 B 标准。

污泥处理目标为：污泥处理以减量化为主，污泥经浓缩脱水处理后（污泥含水率<80%），泥饼外运。

根据环境影响评价报告，西固污水处理厂的废气排放标准执行《城镇污水处理厂污染物排放标准》GB 18918—2002 中大气污染物排放的二级标准。

2. 处理工艺选择

兰州市西固污水处理厂工程近期建设规模为 $10\times10^4m^3/d$，远期建设规模为 $20\times10^4m^3/d$；总变化系数 K 为 1.3，近期旱季高峰流量为 $1.5m^3/s$。

根据附近正在运行的污水处理厂水质情况，并参考周边类似地区水质指标，西固污水处理厂的设计进水水质如下：

化学需氧量（COD_{Cr}）：450mg/L

生化需氧量（BOD_5）：180mg/L

悬浮物（SS）：250mg/L

总氮（TN）：45mg/L

氨氮（NH_3-N）：40mg/L

总磷（TP）：4mg/L

西固污水处理厂工程设计过程中应充分考虑本项目的以下特点：

(1) 污水处理厂出水水质分季节执行不同排放标准。

(2) 近、远期和旱、雨季污水进水水量和水质变化较大。

由于西固污水处理厂厂外收集管网系统的建设尚不完善，污水接管率较低，因此西固污水处理厂在建成投产后，其运行处理水量会有一个逐步递增的过程。

此外，由于目前西固污水处理厂服务范围内的排水体制以合流制为主，要达到规划要求的分流制排水体制尚需较长的过渡期，故西固污水处理厂在建成投产后的一段时期内，其实际处理的水量和水质会随旱季和雨季有明显的变化。

(3) 西固污水处理厂地理位置特殊。

由于西固污水处理厂海拔高度在 1500m 以上，因此污水处理厂所在地的气压较低，氧分压的压力修正值仅为零海拔的 83%～85%。

由于兰州市冬季室内均采用供暖系统取暖，因此虽然室外极端最低气温将达－16℃，但是污水最低月平均水温并不低。

(4) B/C 较低，需对有限碳源进行合理分配，解决生物反应池进水碳源可能较低的问题。

(5) 雨季合流制污水 SS 值和含砂量较高，应采取相应对策。

经综合分析比选，西固污水处理厂工程各处理环节采用的主要工艺方案有：

(1) 预处理工艺：采用曝气沉砂池；

(2) 污水处理工艺：采用初沉池＋多模式 A/A/O 生物反应池＋二沉池工艺；

(3) 深度处理工艺：采用滤布滤池；

(4) 污泥处理工艺：采用重力浓缩池＋带式污泥脱水一体机工艺；

(5) 消毒工艺：采用二氧化氯消毒；

(6) 除臭工艺：采用植物液喷淋除臭。

兰州市西固污水处理厂工艺流程如图 8-193 所示。

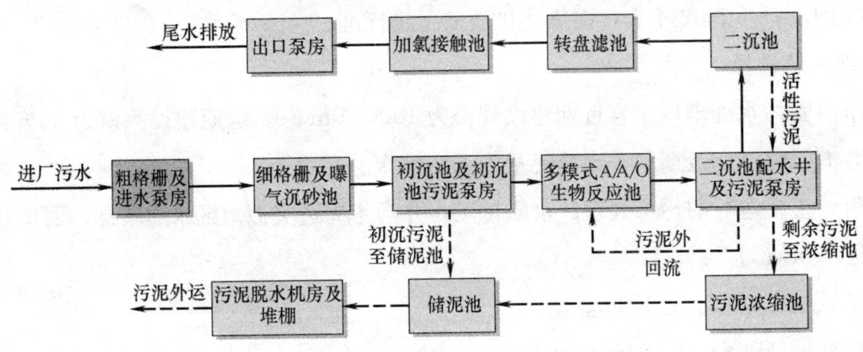

图 8-193 西固污水处理厂工艺流程

西固污水处理厂是一座较大规模的污水处理厂，所采用的工艺必须是成熟、可靠的，同时也要考虑工艺的先进性、运行的稳定性、调整的多样性和出水的安全性。本工程采用的多模式 A/A/O 生物脱氮除磷处理工艺，可以根据进水水量、水质特性和环境条件的变化，灵活调整运行模式，既可按常规 A/A/O 工艺运行，也可按改良 A/A/O 工艺或倒置 A/A/O 工艺模式运行，在提高处理效果的基础上，保证工艺可靠性。本工程推荐采用的多模式 A/A/O 生物脱氮除磷处理工艺功能分区布置如图 8-194 所示。

本工程多模式 A/A/O 工艺可以根据进水水质的变化，运用不同运行模式来保证处理效果，提高污水处理的稳定性，具有以下技术特点。

(1) 通过污水和混合液进水的合理布点，可以合理选择污水进水点和混合液回流点，实现不同运行工况。

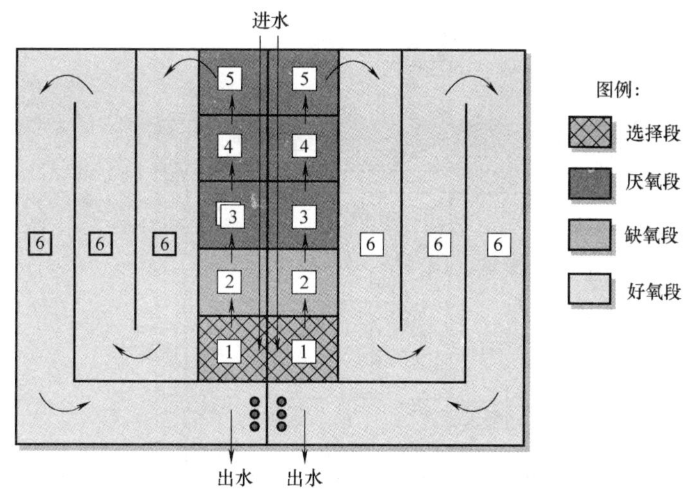

图 8-194　多模式 A/A/O 功能分区布置

(2) 根据进水水质、水量的变化，通过调整实现不同运行工况，充分发挥各种处理工艺的特点，对污水进行有针对性的处理。

(3) 整个生物反应池布置简洁，分区明确，池数适中。对称布置，配水、配泥、配气灵活、均匀，水渠、泥渠互不重叠，总体布置合理清晰，便于维护管理。

3. 主要构筑物设计

(1) 污水处理构筑物

1) 粗格栅和进水泵房

粗格栅和进水泵房 1 座，土建按远期规模 $20\times10^4m^3/d$ 设计，设备按近期 $10\times10^4m^3/d$ 配置；为确保设备冬季正常运行，设上部建筑。

粗格栅与进水泵房合建，平面尺寸为 23.7m×22.6m，地下埋深为 11.9m。粗格栅采用宽度为 1600mm 的格栅 4 套，栅隙为 20mm，安装角度为 70°，电机功率为 2.2kW。机械粗格栅配备无轴螺旋输送压榨一体机 1 台，供输送压榨栅渣之用。无轴螺旋输送机有效长度为 6000mm，电机功率为 3.0kW。进水泵房设 4 台潜水离心泵，3 用 1 备，其中 2 台变频，远期再增加 4 台。水泵单台流量为 502L/s，扬程为 13.5m，电机功率为 110kW。

粗格栅和进水泵房的工艺设计如图 8-195 所示。

2) 细格栅和曝气沉砂池

设计规模为 $10\times10^4m^3/d$，细格栅与曝气沉砂池合建，平面尺寸为 42.3m×10.8m，细格栅上部设建筑。

细格栅 3 套，每套格栅宽为 1.7m，栅隙为 6mm，安装角度为 35°，电机功率为 1.5kW。根据格栅前后液位差，由 PLC 自动控制，也可按时间定时控制，与无轴螺旋输送机联动。细格栅配密封罩，敞开渠道上方采用轻质材料加盖，下部设收集风管至除臭装置。

曝气沉砂池共 2 格，单格净宽为 4.15m，设计水深为 2.7m。沉砂池污水停留时间为 5.0min

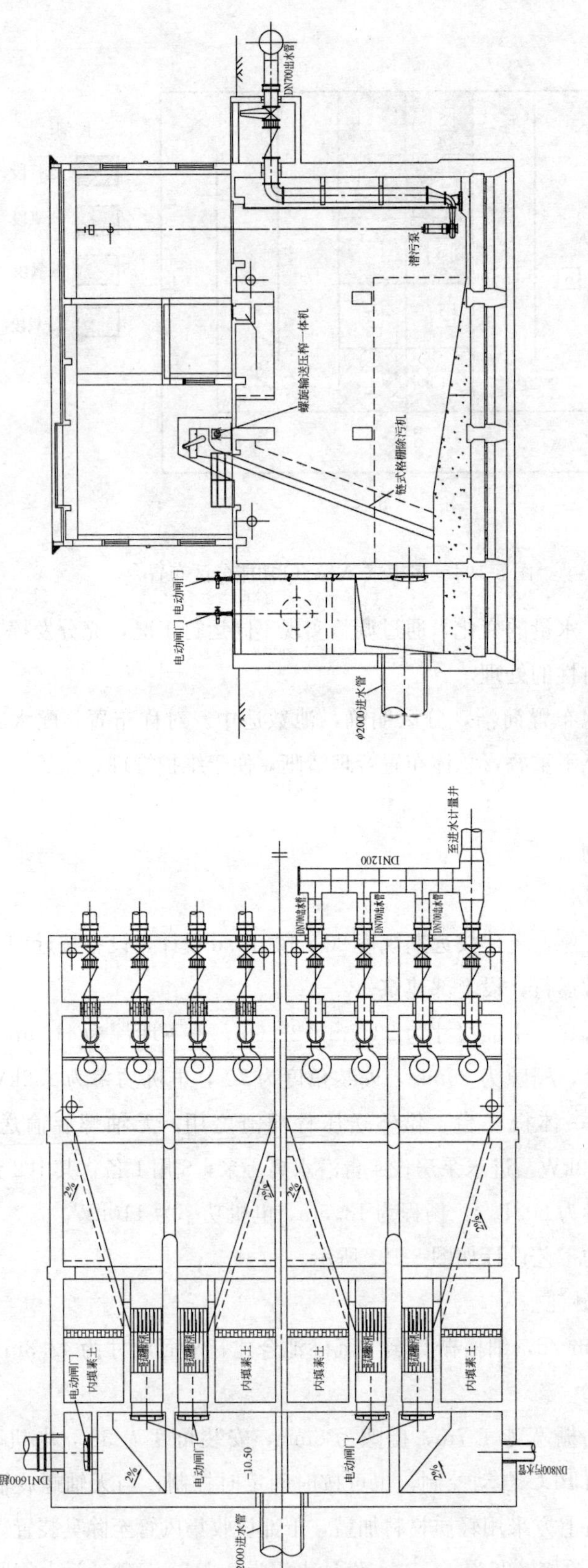

图 8-195 粗格栅和进水泵房工艺设计

（高峰流量），曝气量按0.2m³空气/m³污水配置，在细格栅的架空渠道下设鼓风机房间，内设3台罗茨鼓风机，2用1备，单机风量为550m³/h，风压为4.5m，电机功率为15kW，每格曝气沉砂池中分别安装Φ350管式撇渣机1台和宽为1000mm的链板式刮砂机1台。

细格栅和曝气沉砂池的工艺设计如图8-196所示。

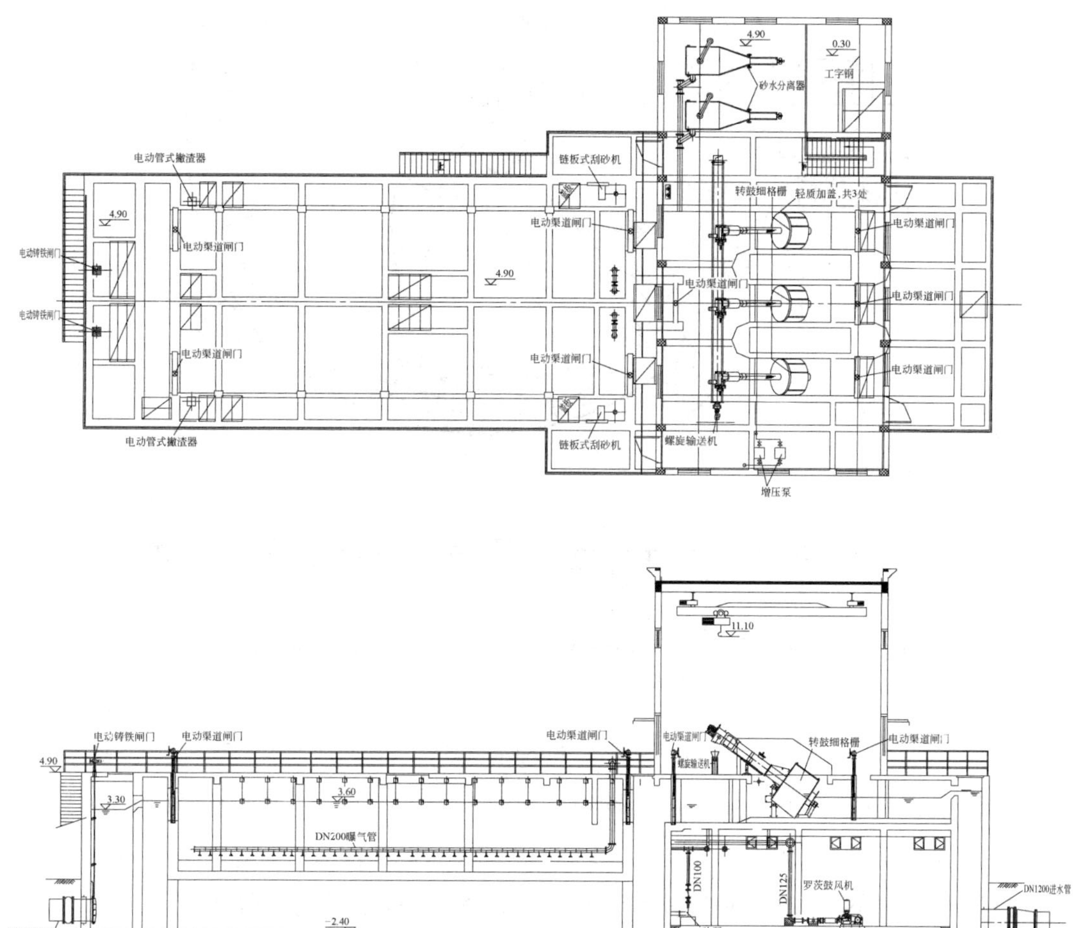

图8-196 细格栅和曝气沉砂池工艺设计

3）初次沉淀池

初次沉淀池采用中心进水辐流式沉淀池的形式，共2座，每座设计规模为5×10^4m³/d，可单独运行。初沉池直径为32m，高峰流量下表面负荷为3.4m³/(m²·h)，平均流量下表面负荷为2.6m³/(m²·h)，有效水深为3.0m，初沉污泥含水率为97%。初沉池每池配置半桥式刮泥机，排泥斗内的污泥通过排泥管流至初沉污泥泵房。初沉污泥泵房附于初沉池旁，内设污泥泵2台，1用1备，每台污泥泵流量为30L/s，扬程为10m，电机功率为5.5kW。

初次沉淀池工艺设计如图8-197所示。

4）多模式A/A/O生物反应池

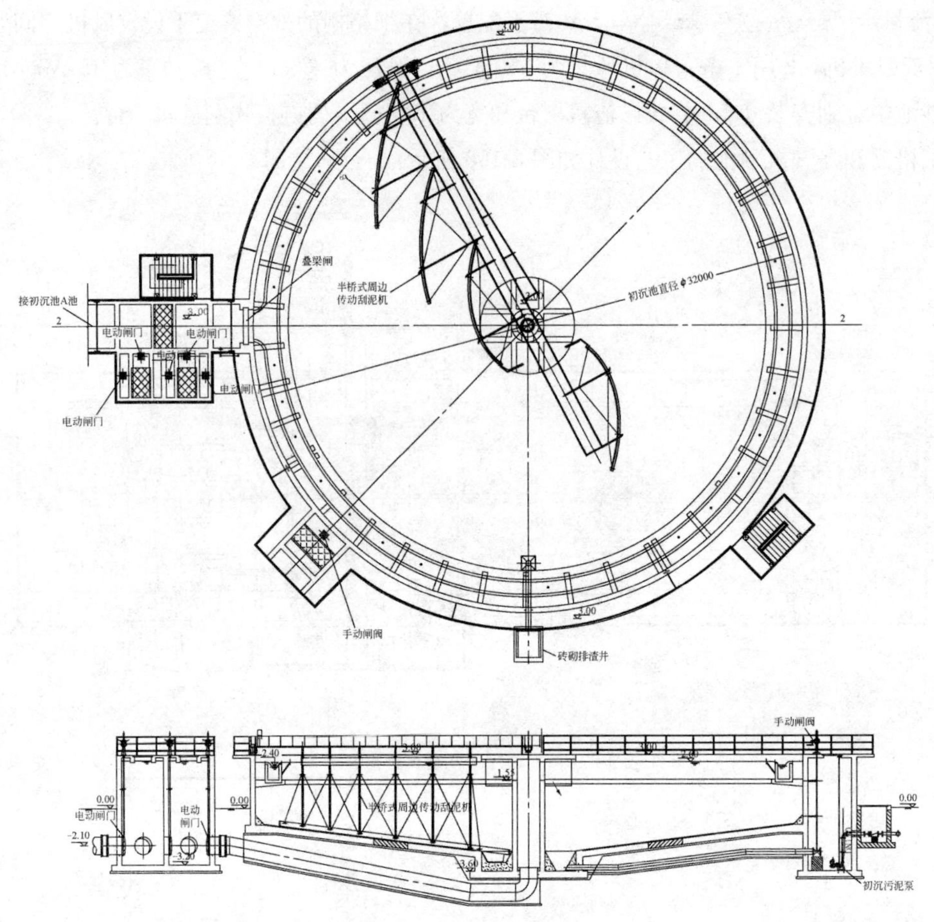

图 8-197 初沉池工艺设计

多模式 A/A/O 生物反应池设计规模为 $10\times10^4m^3/d$，共 1 座，分为 2 组，每组规模为 $5\times10^4m^3/d$。A/A/O 生物反应池平面尺寸为 90.05m×94.9m，池深为 7.5m。生物反应池中选择区、厌氧区、缺氧区、好氧区停留时间比例为 1∶1∶3∶7.8，总水力停留时间为 12.8h。选择区、厌氧区、缺氧区每格尺寸为 16.0m×20.0m，共 5 格；好氧区廊道宽度为 8.8m，有效水深为 6.5m，设计泥龄为 11.5d，全池污泥负荷为 0.08kgBOD_5 去除/(kgMLSS·d)，污泥浓度 MLSS 为 3200mg/L，气水比为 6∶1，污泥外回流比为 50%～100%，混合液内回流比为 100%～200%，剩余污泥含水率为 99.3%。

生物反应池通过调节进水和内回流等实现优化布置和运行状况的交替变换、灵活调节，满足污水处理厂实际进水水质的变化，达标排放。在选择区、缺氧区和厌氧区分别安装有立式涡轮搅拌器，曝气器采用管式微孔曝气器。

多模式 A/A/O 生物反应池工艺设计如图 8-198 所示。

5）二次沉淀池配水井和污泥泵房

二次沉淀池配水井和污泥泵房合建，共 1 座。配水井为圆形，将来自初沉池的污水按比例分配给 4 座二沉池。污泥泵房内设外回流和剩余污泥泵，用于向曝气池进行污泥回流和排放生

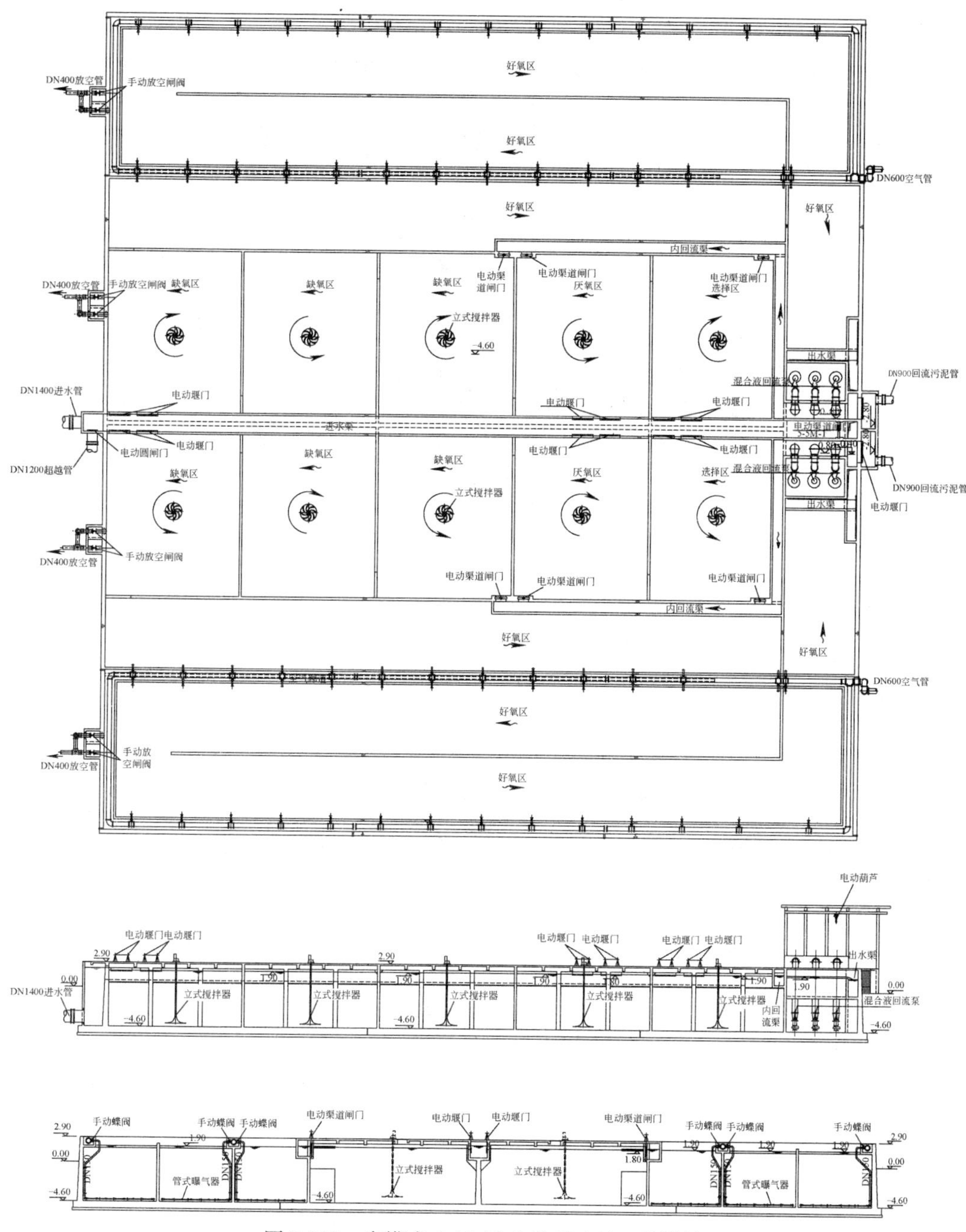

图 8-198　多模式 A/A/O 生物反应池工艺设计

物处理过程中的剩余污泥。

污泥泵房按 $10\times10^4m^3/d$ 规模设计。污泥泵房内安装外回流污泥泵 6 台，4 用 2 备，配泵按回流比 115%计，选用潜水轴流泵，单泵流量为 335L/s，扬程为 3.2m，电机功率为 15kW。污泥泵房内还安装剩余污泥泵 3 台，单泵流量为 30L/s，扬程为 7.4m，电机功率为 4.9kW；二次沉淀池采用间歇排泥，每天 3 班。

二次沉淀池配水井和污泥泵房的工艺设计如图 8-199 所示。

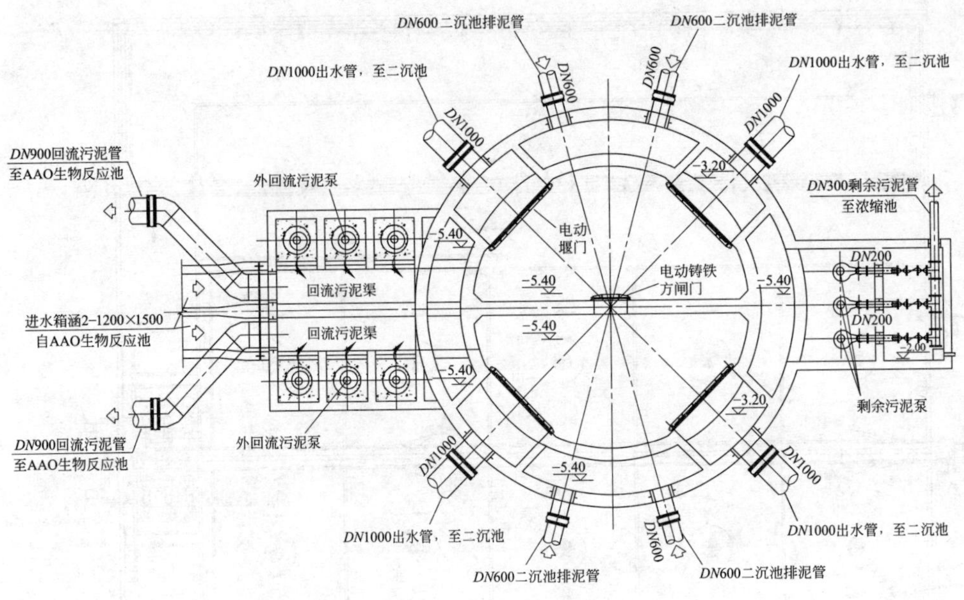

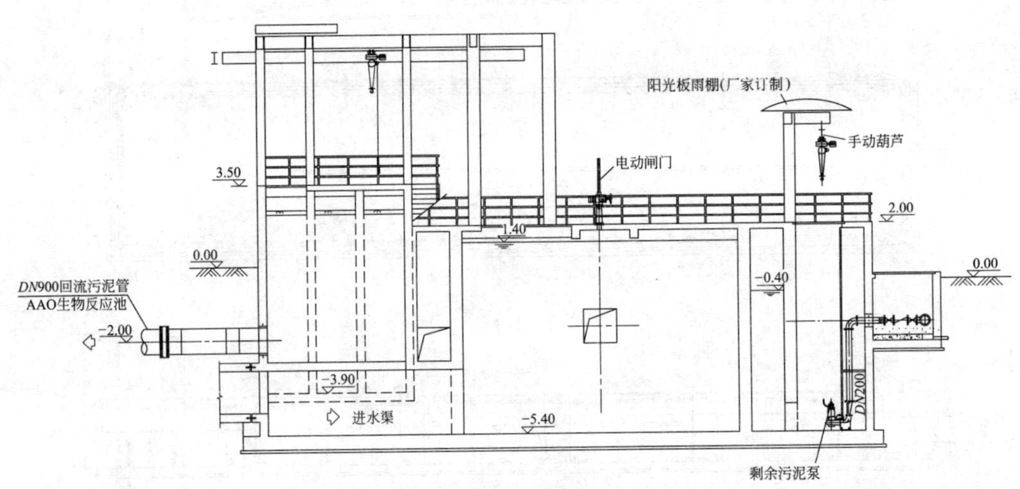

图 8-199 二次沉淀池配水井和污泥泵房工艺设计

6）二次沉淀池

二次沉淀池设计规模为 $10\times10^4 m^3/d$，共 4 座，每座规模为 $2.5\times10^4 m^3/d$。二次沉淀池采用中心进水周边出水辐流式，直径为 42m，池边水深为 4.5m，最大表面负荷为 $1.0m^3/(m^2\cdot h)$，平均表面负荷为 $0.77m^3/(m^2\cdot h)$，每座二次沉淀池安装有全桥式吸刮泥机 1 套，电机功率为 0.55kW。

二次沉淀池的工艺设计如图 8-200 所示。

7）转盘滤布滤池

本工程污水深度处理采用过滤消毒工艺，为了提高过滤效果，采用投加助凝剂的方式，在滤池进水管上设置管道混合器进行混凝反应。滤池采用内进外出半浸没式的滤布滤池。

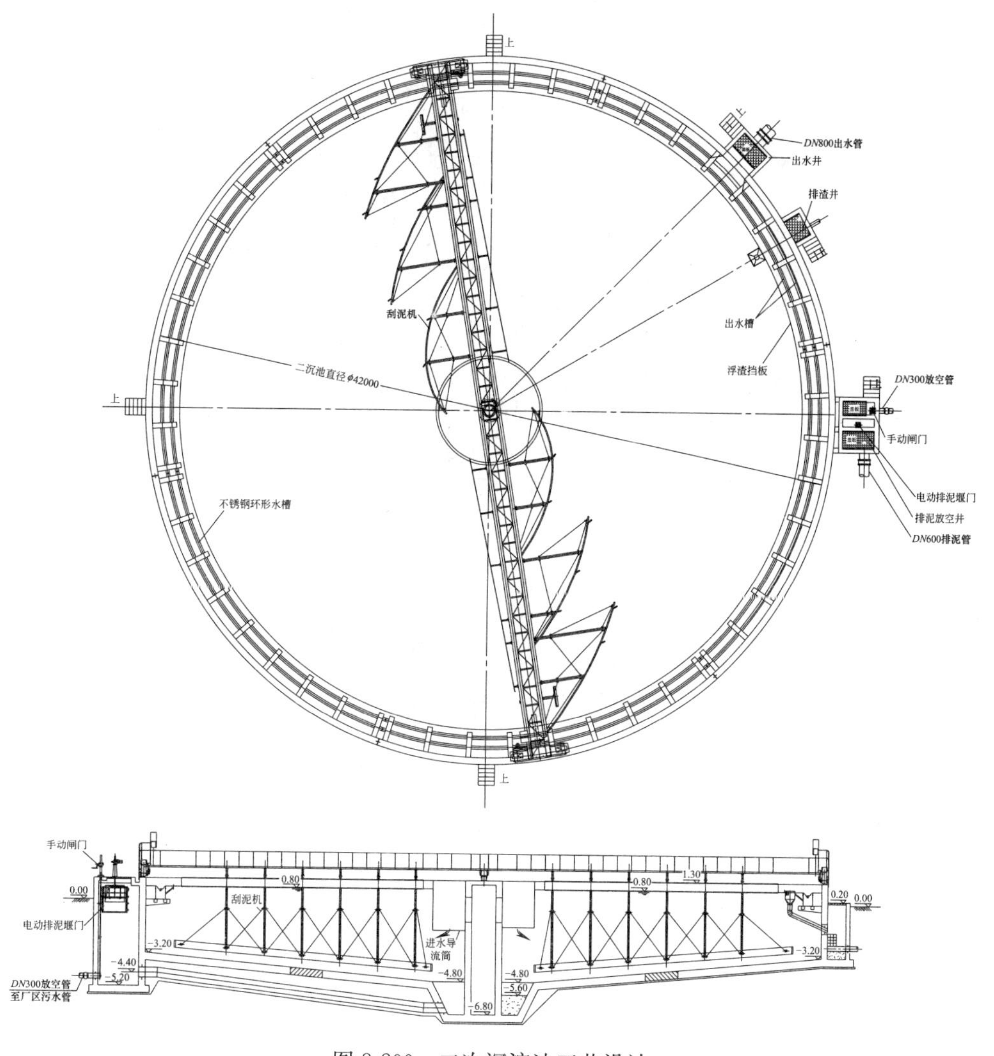

图 8-200 二次沉淀池工艺设计

转盘滤布滤池共1座，置于室内，共分4组，单组处理规模为2.5×10^4 m^3/d，变化系数为1.3。滤布网孔直径为10μm；每台过滤设备滤盘数量为24个，滤盘直径为2.4m，单台设备有效过滤面积为135.4m^2。

转盘滤布滤池的工艺设计如图8-201所示。

8）加氯接触池

加氯接触池停留时间为30min，有效容积为2700m^3，分4条廊道，有效水深为4.2m。加氯接触池内设潜水泵2台，供加氯间二氧化氯发生器使用，单台流量为100m^3/h，扬程为45m，电机功率为30kW。另设变频气压自动给水设备1套，供厂区再生水回用。

加氯接触池工艺设计如图8-202所示。

9）鼓风机房

鼓风机房平面尺寸为44m×15.05m，土建按20×10^4 m^3/d规模设计，设备近期按10×

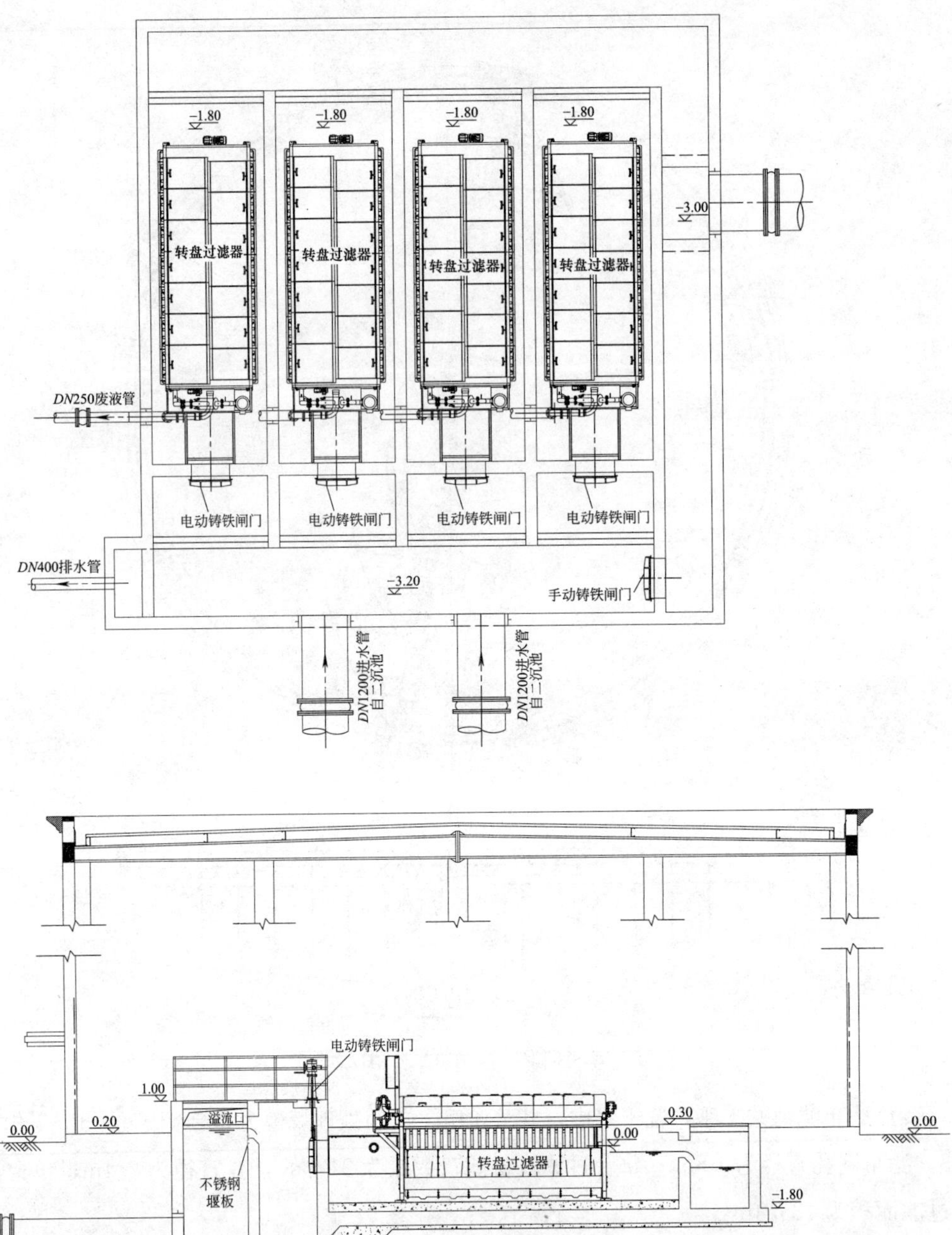

图 8-201 转盘滤布滤池工艺设计

$10^4 m^3/d$ 规模配置。

鼓风机房内近期安装磁悬浮离心风机 4 台，3 用 1 备，单台风机风量为 $140m^3/min$，风压为 $7.8mH_2O$，电机功率为 280kW。鼓风机通过变频调节，MCP 主控制器根据生物池 DO 值，自动控制鼓风机开启台数，自动调节鼓风机转速，控制空气量的输出，每台鼓风机的供气量调节范围为 50%～100%，在溶解氧较高或处理量较小时可减少风量，降低风机能耗。

鼓风机房的工艺设计如图 8-203 所示。

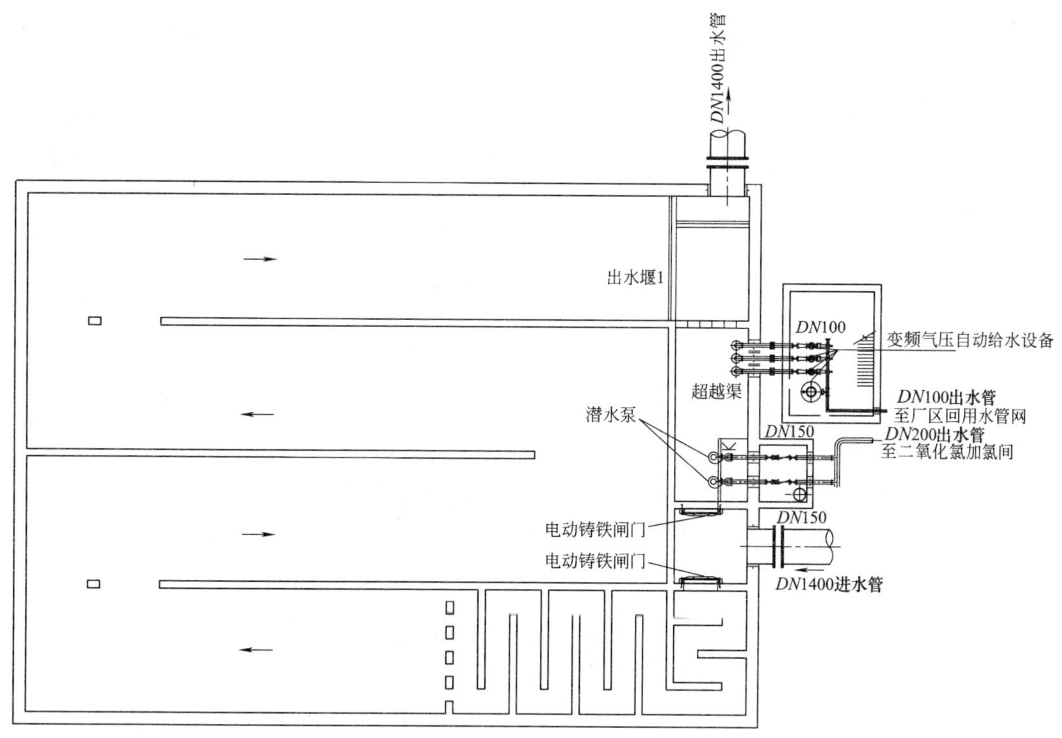

图 8-202　加氯接触池工艺设计

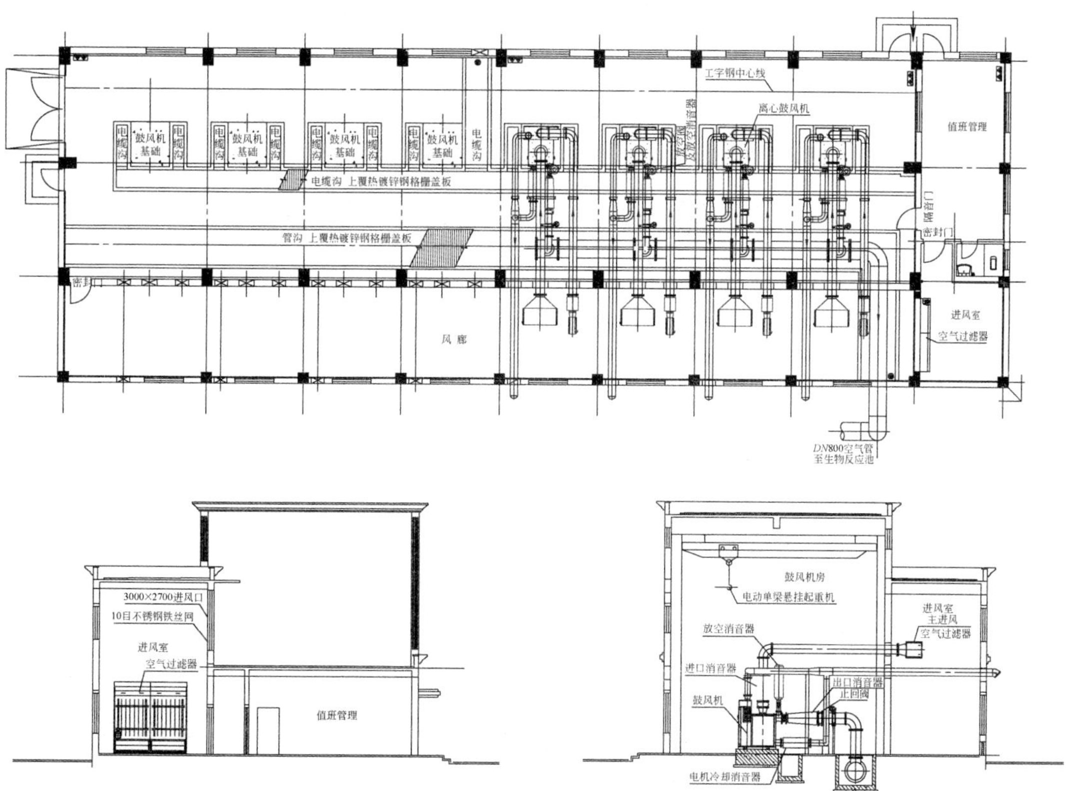

图 8-203　鼓风机房工艺设计

10）加药间

加药间平面尺寸为 11m×10m，上层为溶解池，下层为储液池。土建按远期 $20\times10^4m^3/d$ 规模设计，设备按近期 $10\times10^4m^3/d$ 规模配置。用于二级出水和上清液除磷池投加碱式氯化铝（PAC）除磷，确保污水处理厂的出水能稳定达到一级 A 排放标准，碱式氯化铝加药浓度按 5%计，储液池存储时间为 14d。

加药间的工艺设计如图 8-204 所示。

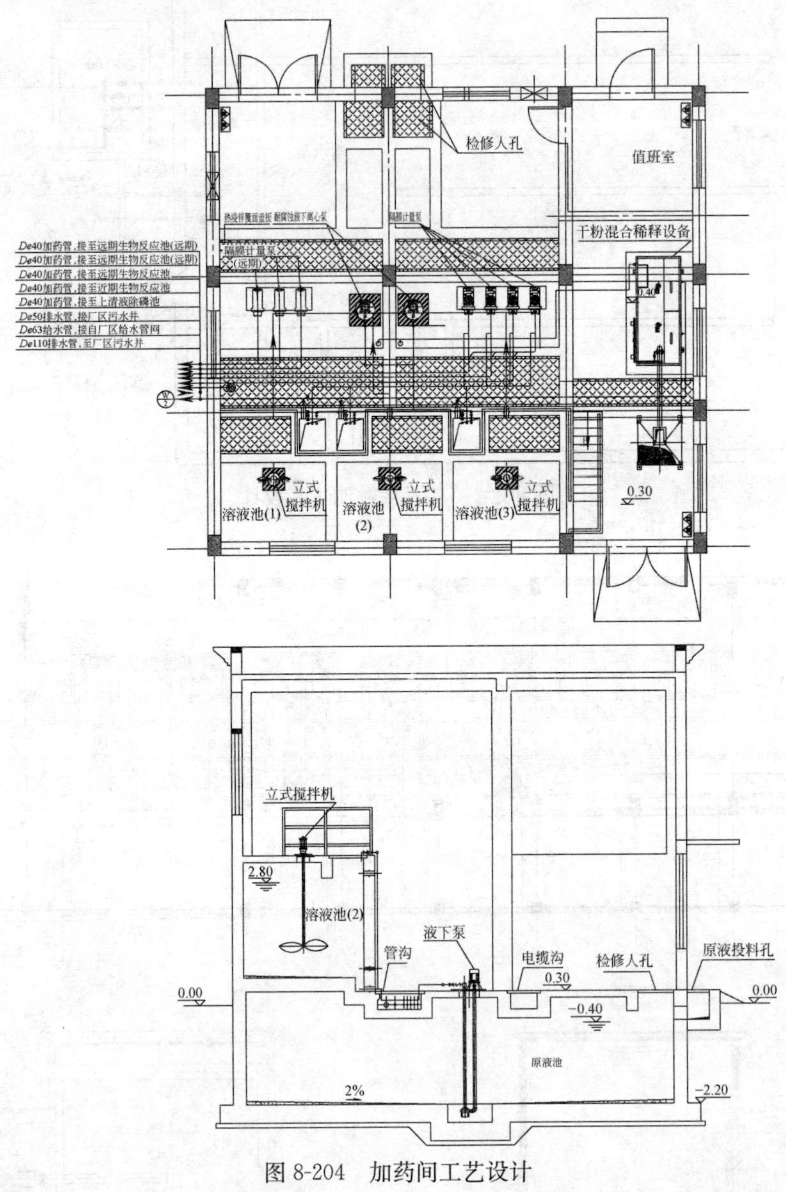

图 8-204 加药间工艺设计

11）加氯间

加氯间平面尺寸为 13.2m×10.8m，土建按远期 $20\times10^4m^3/d$ 规模设计，设备按近期 $10\times10^4m^3/d$ 规模配置，用于尾水消毒和滤池杀藻。加氯间内近期设复合二氧化氯发生器 3 台，2 用 1 备，单台加氯量为 20kg/h；设氯酸钠化料器（200kg/次）1 套，氯酸钠储罐和盐酸储罐各

1 只，容积均为 $10m^3$；二氧化氯发生器配套水射器 3 套，负压投加；水射器配套动力泵 2 台，单台流量为 $100m^3/h$，扬程为 45m，电机功率为 30kW。

作为安全措施，加氯间内安装二氧化氯检测仪，当出现二氧化氯泄漏时，发出报警；配套安全喷淋装置等。

加氯间的工艺设计如图 8-205 所示。

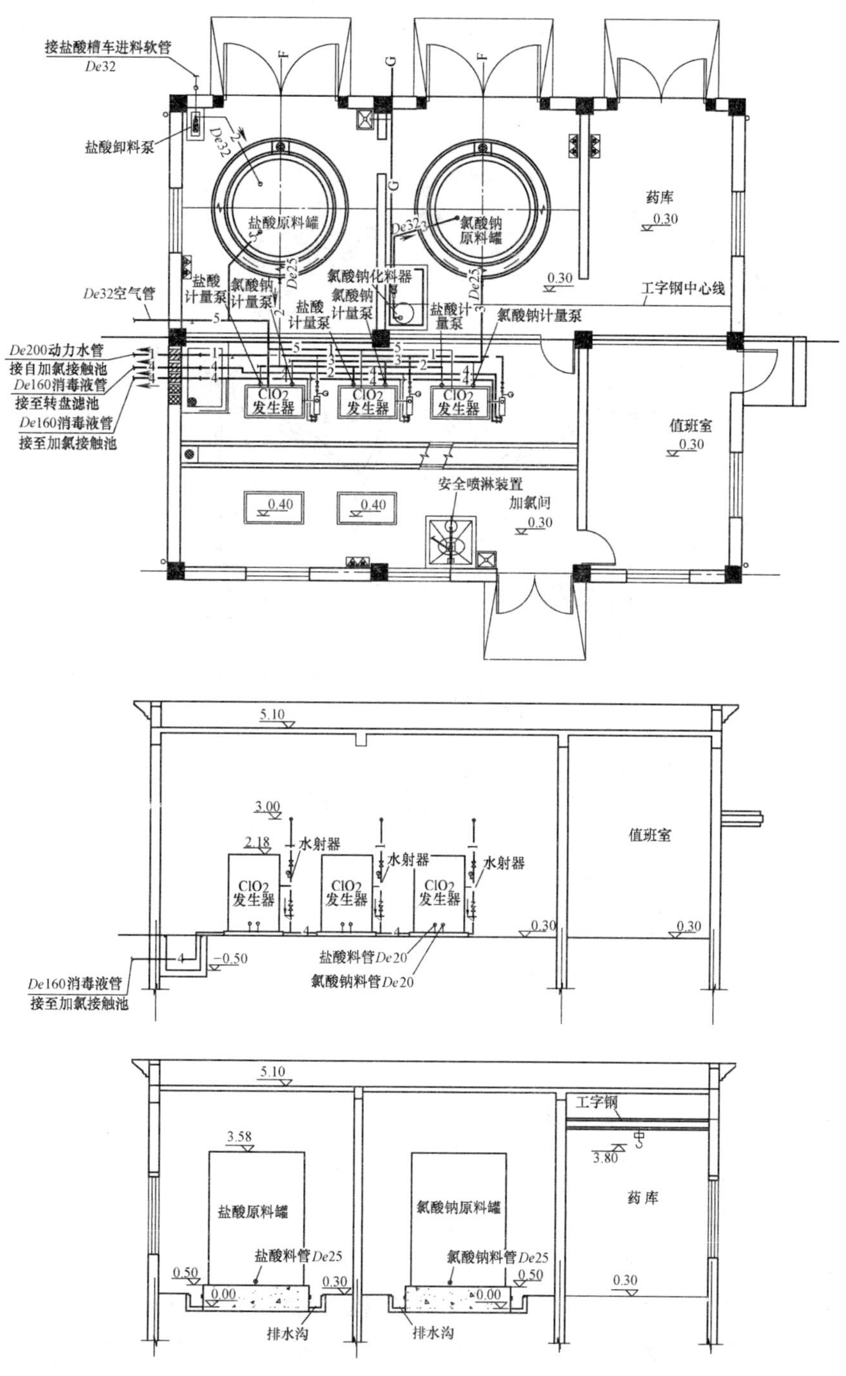

图 8-205　加氯间工艺设计

12）污泥浓缩池

从二次沉淀池污泥泵房排出的剩余污泥输送至污泥浓缩池进行浓缩，总设计规模为 $20\times10^4m^3/d$，共 2 座。浓缩池直径为 16m，池边水深为 4m，污泥停留时间为 10.8h，设计污泥固体负荷为 $55kg/(m^2\cdot d)$。每池配置 1 台中心传动浓缩机，浓缩机工作桥为钢结构，横跨于全池。浓缩后的污泥被污泥浓缩机挤压至池底中心集泥井后，由静水压力通过排泥管将污泥排至池边的排泥井，经 1000mm×1500mm 可调节堰门控制流入储泥池。浓缩后污泥含水率为 98%。

污泥浓缩池的工艺设计如图 8-206 所示。

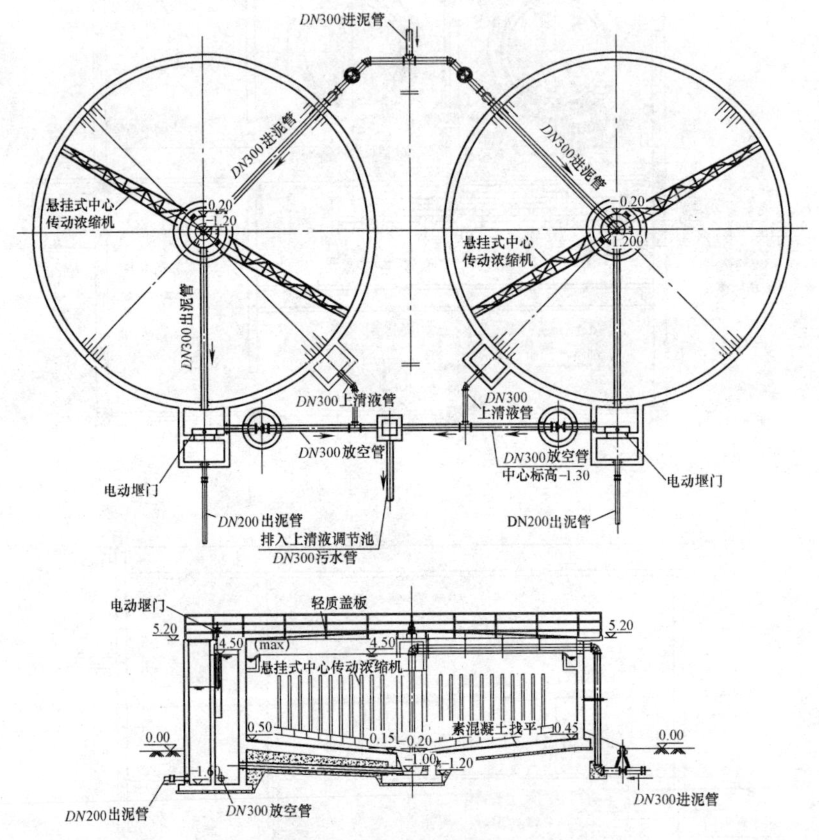

图 8-206 污泥浓缩池工艺设计

13）储泥池

储泥池按 $20\times10^4m^3/d$ 规模设计，共 1 座，分为 2 格，主要作用为接收初沉污泥和浓缩后的剩余污泥，保证脱水装置稳定运行，单格平面尺寸为 8.0m×8.0m，池深为 4.0m，池中设潜水搅拌器，停留时间为 5.75h。

14）污泥浓缩脱水机房和堆棚

污泥浓缩脱水机房土建按 $20\times10^4m^3/d$ 规模设计，设备按 $10\times10^4m^3/d$ 规模配置，机房内近期安装带式污泥浓缩脱水一体机 4 台，3 用 1 备，单机能力为 600kgDS/h，每天工作时间为 12h。药剂采用 PAM（聚丙烯酰胺），加药量为 5kgPAM/tDS 污泥，出泥含固率≥20%。

污泥浓缩脱水机房和堆棚的工艺设计如图 8-207 所示。

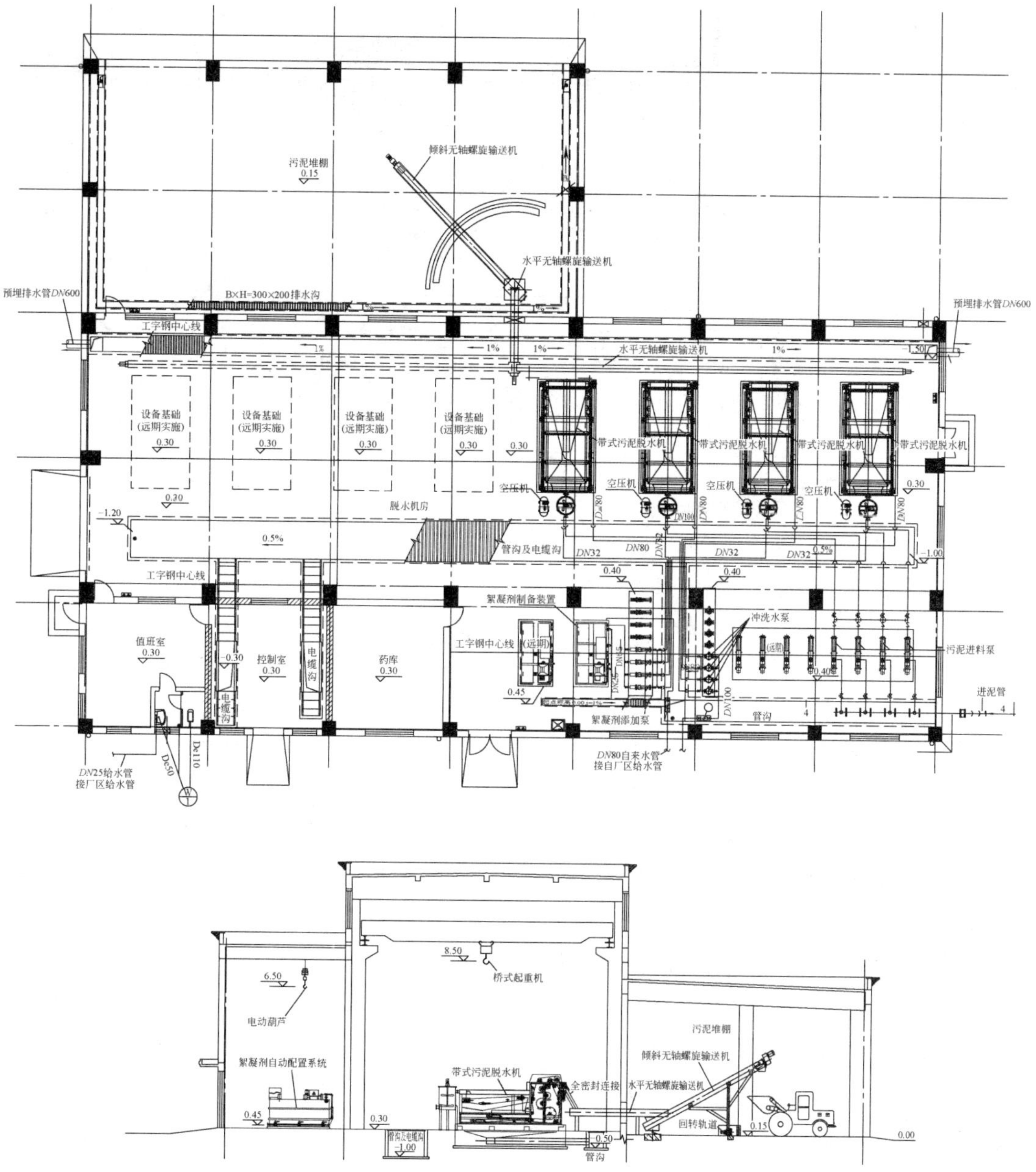

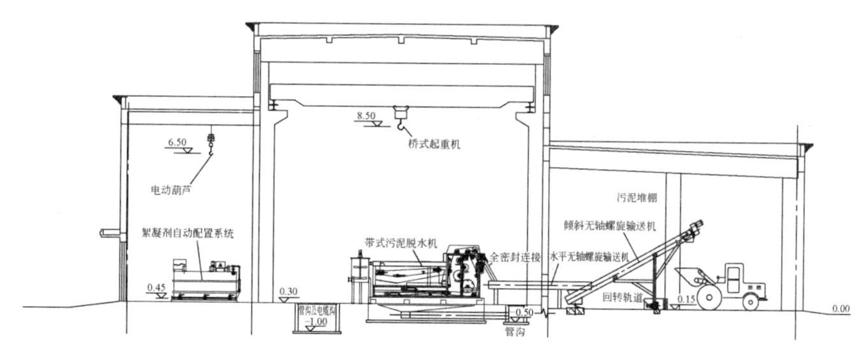

图 8-207　污泥浓缩脱水机房和堆棚工艺设计

15）上清液调节池

上清液调节池共 1 座，设计规模为 $20\times10^4m^3/d$，主要接收污泥浓缩池上清液和污泥脱水机房滤液，调节水量，确保上清液除磷池稳定运行。单格平面尺寸为 12.0m×12.0m，池深为 4.0m，池中近期安装潜污泵 2 台用于提升上清液，远期增加 1 台；同时设潜水搅拌器 1 台。

上清液调节池的工艺设计如图 8-208 所示。

16）上清液除磷池

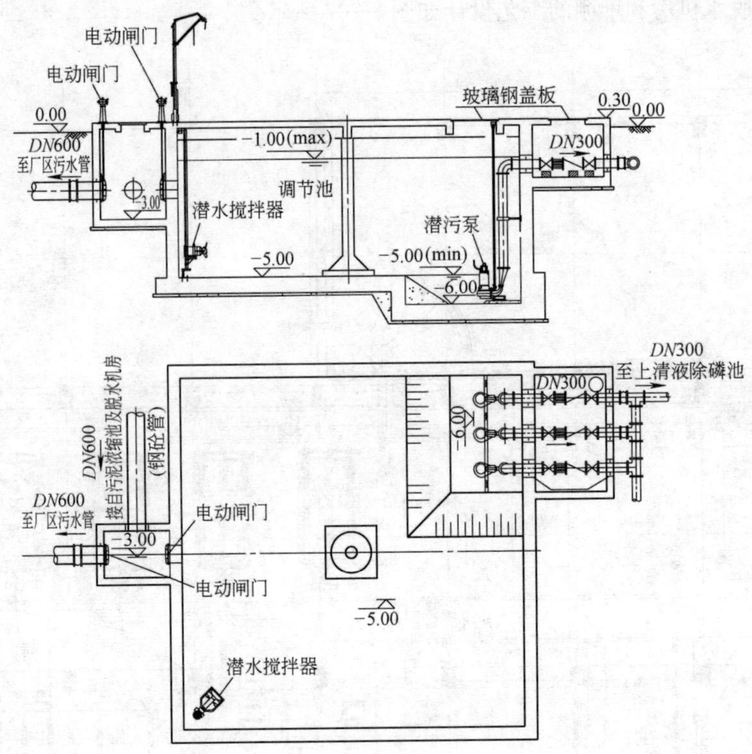

图 8-208 上清液调节池工艺设计

上清液除磷池共 1 座，设计规模为 $20\times10^4m^3/d$，分 2 组。总平面尺寸为 13.15m×10.45m，采用机械搅拌反应和斜管沉淀，反应停留时间为 20min，沉淀区表面负荷为 $11.3m^3/(m^2\cdot h)$，对污泥浓缩池上清液和污泥脱水机房滤液进行加药处理，去除总磷。上清液除磷池下部近期设化学排泥泵 2 台，1 用 1 备，每台污泥泵流量为 $50m^3/h$，扬程为 10m，电机功率为 3.0kW。

上清液除磷池的工艺设计如图 8-209 所示。

(2) 总平面布置

兰州市西固污水处理厂位于规划 S063 号路以西、规划 S047 号路以北的三角形区域，规划用地面积为 $14.81hm^2$，近期用地面积为 $8.51hm^2$。污水处理厂进厂总管位于厂区东南角，而最近的排放点亦位于东南角，故根据环境地形条件和工艺要求在总平面设计上将全厂分为两大区域，即厂前区和生产区。在总体设计中同时进行环境设计，在满足工艺流程和方便管理、处理好人流、车流和工艺流程的同时，努力创造优美、宁静的厂区环境，使厂区布局合理、工艺流程顺畅、体现以人为本的宗旨，达到社会效益、环境效益和经济效益的最佳统一。

西固污水处理厂近期工程根据功能可分为厂前生产管理区、预处理区、污水处理区、污泥处理区和辅助设施区五个区域。污水处理厂总平面布置如图 8-210 所示。

(3) 电气和仪表自控设计

1) 电气设计

西固污水处理厂工程属二级负荷，拟由供电部门提供两路 10kV 常用电源供电，每路电源

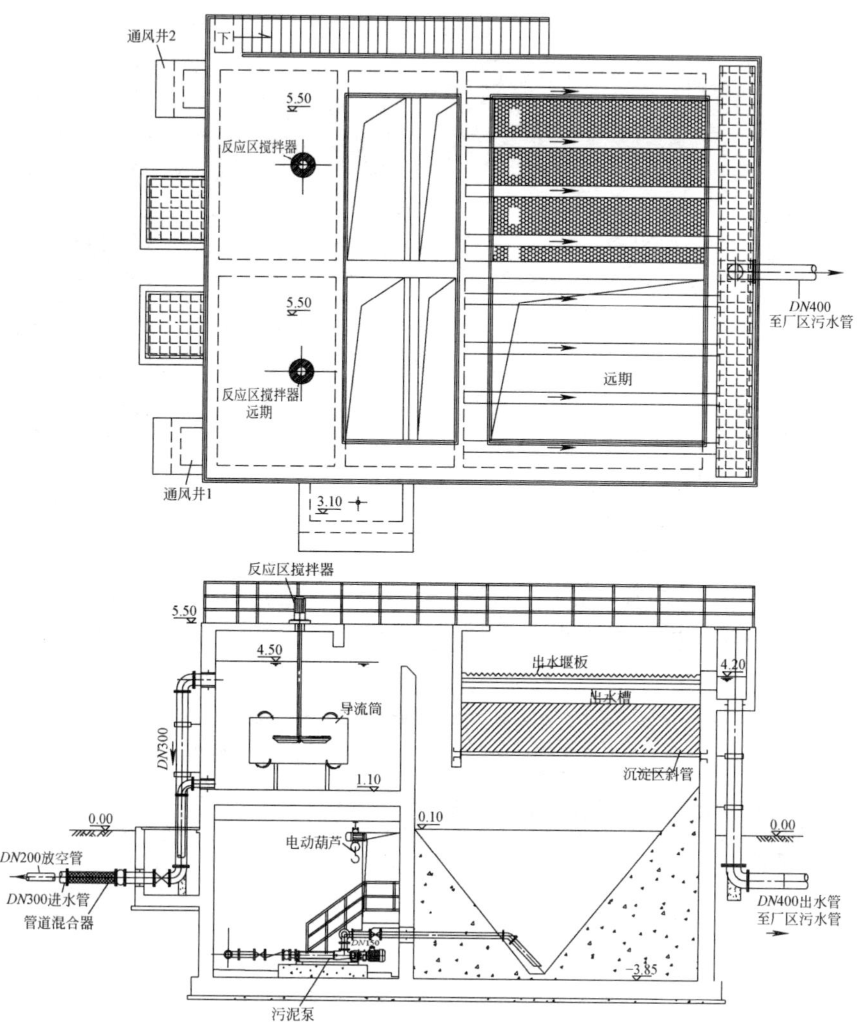

图 8-209　上清液除磷池工艺设计

负责全厂 100%负荷。电源进线采用电缆直埋进户方式，两路电源电缆分别引至污水处理厂 1 号变电所高压进线柜。

根据负荷分布，本工程共设置两座变电所，变电所在总平面上深入负荷中心。

1 号变电所设在负荷集中的鼓风机房附近，为独立式变配电所，面积为 275m²。变电所由高配间、低配间、控制室组成。高配间内设 15 台高压开关柜；2 台 500kVA 变压器附 IP3X 外壳和低压开关柜并排安装于低配电间内；计量屏和高压辅助屏安装在控制室内。1 号变电所主要为鼓风机房、厂前区、二沉池、污泥泵房、加药间、加氯间、自动反冲洗滤池等构筑物配电。

2 号变电所设在负荷集中的水处理区域，为独立式成套户内变配电所，面积为 167m²。2 台高压进线隔离开关柜、2 台 630kVA 变压器附 IP3X 外壳和低压开关柜并排安装。2 号变电所负责进水泵房、细格栅、生物反应池、初沉池和污泥浓缩脱水机房等构筑物配电。

2）仪表自控设计

根据工艺流程需要配置污水处理厂中央计算机控制系统和管理系统、各现场分站、监控系

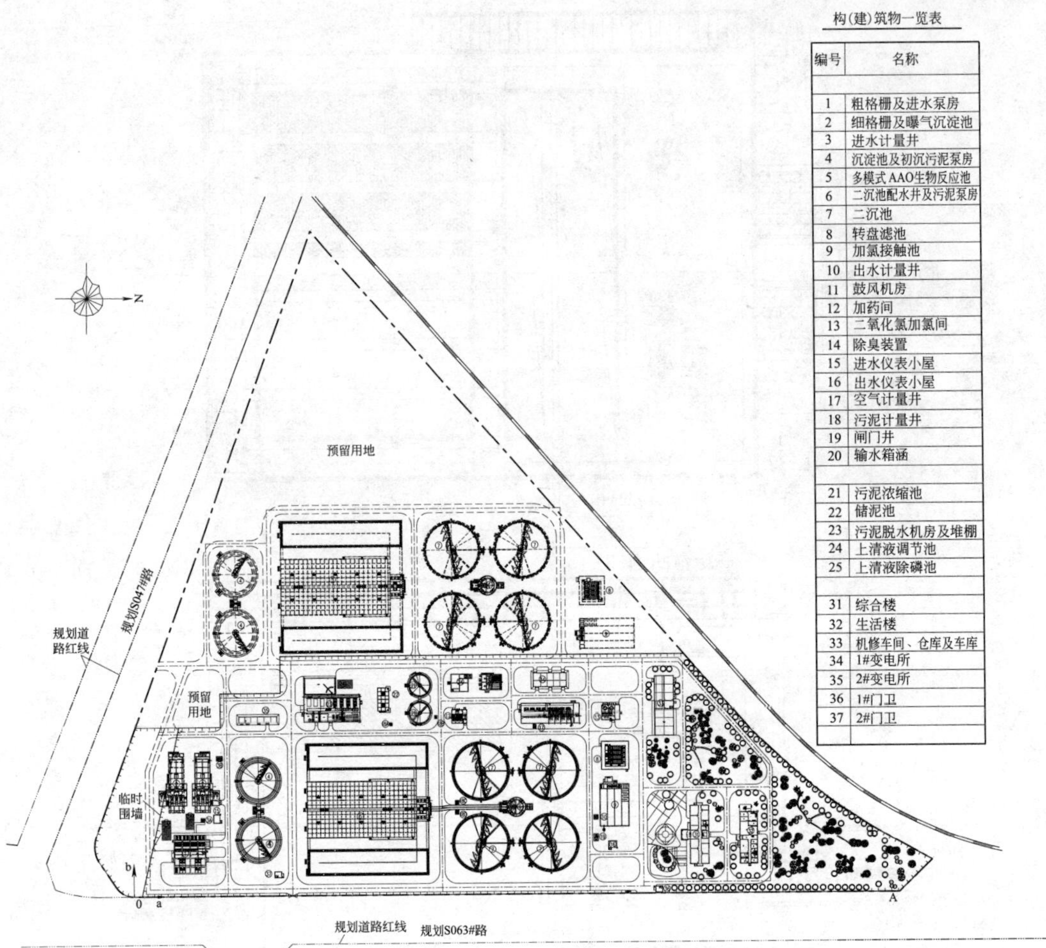

图 8-210　西固污水处理厂总平面布置

统、在线检测仪表、视频监视系统，具体包括：

① 根据工艺流程配置必要的液位、流量、压力和水质分析等检测仪表；

② 所有检测仪表信号的传送和显示；

③ 根据设备运行要求，设置自动控制装置或自动调节回路；

④ 按集中处理、分散控制的原则建立中央计算机控制系统和管理系统，合理采用现场总线新技术；

⑤ 设置 CCTV 电视监控系统；

⑥ 厂区的电话和通信系统的设计。

8.19.3　运行效果

兰州市西固污水处理厂于 2012 年中开始试运行。污水处理厂试运行初期，进水流量约 $3.5\times10^4 m^3/d$，进水水质波动很大，但除氨氮外出水其余指标均达标；氨氮去除效果很差，进水氨氮约 30～47mg/L，出水氨氮维持在 30mg/L 左右。经过分析，可能与污泥活性（初始接种的是附近兰化污水处理厂的污泥）和碳源不足有关。通过重新接种城市生活污水处理厂新鲜活性污泥、合理调整碳源分配等措施，使得出水氨氮逐步达标。

目前污水处理厂运行状况良好，2013年1月～2014年4月的运行数据如表8-111所示。

西固污水处理厂2013年1月～2014年4月进出水水质　　表8-111

日期	进水水质平均值(mg/L)					出水水质平均值(mg/L)				
	COD	BOD	SS	NH_3-N	TP	COD	BOD	SS	NH_3-N	TP
2013年1月	720.9	184.3	462.9	38.0	11.3	47.8	16.5	14.4	4.6	1.3
2013年2月	759.4	210.9	451.0	38.7	11.9	42.3	13.3	13.8	3.0	2.2
2013年3月	691.3	254.4	340.6	39.4	11.3	41.5	12.5	13.3	3.0	2.0
2013年4月	812.5	292.5	430.1	35.3	13.5	49.4	12.6	14.5	3.6	2.1
2013年5月	839.1	406.1	444.7	37.8	12.3	46.8	12.6	13.2	2.7	1.9
2013年6月	742.1	315.2	385.8	35.3	13.9	48.8	11.7	12.5	2.7	2.1
2013年7月	621.7	296.8	327.4	35.8	12.4	49.1	11.6	12.8	1.7	2.1
2013年8月	610.6	302.3	313.0	36.6	11.8	43.8	10.5	8.4	1.2	2.4
2013年9月	391.3	185.5	220.3	34.0	6.6	43.4	10.1	7.2	1.2	2.5
2013年10月	491.4	247.3	285.1	37.5	7.9	49.8	12.2	9.6	1.7	2.2
2013年11月	487.5	251.7	275.5	38.4	7.6	44.7	11.6	10.1	1.5	1.2
2013年12月	482.5	198.1	256.2	36.4	9.2	42.7	10.4	7.3	3.9	0.6
2014年1月	479.5	162.5	255.5	36.5	8.8	40.2	9.4	8.7	2.4	0.8
2014年2月	509.9	198.8	289.6	39.0	8.4	38.1	10.5	9.0	1.6	0.8
2014年3月	490.9	204.9	281.0	38.8	8.8	33.9	9.5	8.5	0.8	0.8
2014年4月	510.9	186.8	240.2	39.4	7.4	38.6	9.7	9.2	1.3	0.7
平均	602.6	243.6	328.7	37.3	10.2	43.8	11.5	10.8	2.3	1.6

8.20　即墨市污水处理厂升级改造工程

8.20.1　污水处理厂介绍

1. 项目建设背景

即墨市污水处理厂位于青岛市即墨市城区南部孙家庄附近，总处理规模为$12\times10^4m^3/d$。一期工程于2005年建成并投入运行，处理规模为$6\times10^4m^3/d$；二期工程于2008年建成并投入运行，处理规模为$6\times10^4m^3/d$；一、二期工程采用A/A/C氧化沟处理工艺，出水水质达到《城镇污水处理厂污染物排放标准》GB 18918—2002中的二级排放标准。

随着即墨市工业的飞速发展，经济水平大幅提高，污水量也随之增长。到2009年，即墨市污水处理厂已无法满足日益增长的污水量的处理要求，污水处理厂的实际进水量已达到$15\times10^4m^3/d$，如不进行扩建，势必有部分污水排放不达标或未经处理直接排入墨水河，对环境造成很大污染。

此外，随着国家对环保的要求越来越高，各个流域分别出台地方标准。为尽快恢复山东省半岛流域各主要河流生态功能，确保流域水环境安全，结合山东半岛流域实际，山东省环保局制定了《山东省半岛流域水污染物综合排放标准》DB 37/676—2007，规定要求排向Ⅲ类水域（划定的保护区和游泳区除外）的城镇污水处理厂，执行《城镇污水处理厂污染物排放标准》GB 18918—2002 一级标准的A标准；排向Ⅳ、Ⅴ类水域及山东省地面水环境功能区划中排污控制区和Ⅱ、Ⅲ、Ⅳ类海域的城镇污水处理厂，执行《城镇污水处理厂污染物排放标准》GB 18918—2002 一级标准的B标准；同时青岛市人民政府办公厅发送的《关于做好污染减排和模范城迎检及排水管网工程建设工作的会议纪要》，要求即墨市要确保辖区污水处理厂排水色度达标。即墨市污水处理厂出水排入墨水河，根据山东省排放标准的要求，出水水质需执行《城镇污水处理厂污染物排放标准》GB 18918—2002 一级标准的A标准。即墨市污水处理厂原设计出水水质为二级标准，不能满足新的出水标准要求。

为了满足水量增长、水质提升的要求，对污水处理厂进行升级改造已势在必行。

2. 污水处理厂现状

（1）设计进出水水质

污水处理厂现状设计进出水水质如表 8-112 所示。

设计进出水水质（mg/L）　　表 8-112

指标	COD_{Cr}	BOD_5	SS	TN	NH_3-N	TP(以P计)	粪大肠菌群（个/L）
设计进水水质	≤500	≤200	≤320	≤50	≤35	≤6	
设计出水水质	≤100	≤30	≤30	—	≤25(30)	≤3	$\leqslant 10^4$

注：括号外数值为水温大于 12℃时的控制指标。

（2）平面布局

根据整个工程平面布置和工艺流程，整个厂区划分成厂前区、预处理区、污水处理区、污泥处理区、尾水消毒区等功能区。污水处理厂平面布置如图 8-211 所示。

厂前区：厂前区设置在厂区西北角，污水处理厂主大门也位于此，大门朝西，与围墙外道路相接，便于污水处理厂和外界联系。

预处理区（包括进水泵房、沉砂池、高效沉淀池）：位于厂区东北角，便于厂外进水管道的接入。

污水处理区：位于厂区中部，由北向南布置，构筑物依次为氧化沟、二沉池，处理后尾水进入加氯接触池。

污泥处理区：设置在厂区东部，包括储泥池、均质池和污泥泵房、污泥浓缩脱水机房和污泥堆棚。

尾水消毒区：位于厂区东南角，经加氯消毒后排入墨水河。

（3）工艺流程

一、二期工程污水处理采用A/A/C氧化沟工艺，污泥采用机械浓缩＋机械脱水后外运处置。污水、污泥处理工艺流程分别如图 8-212、图 8-213 所示。

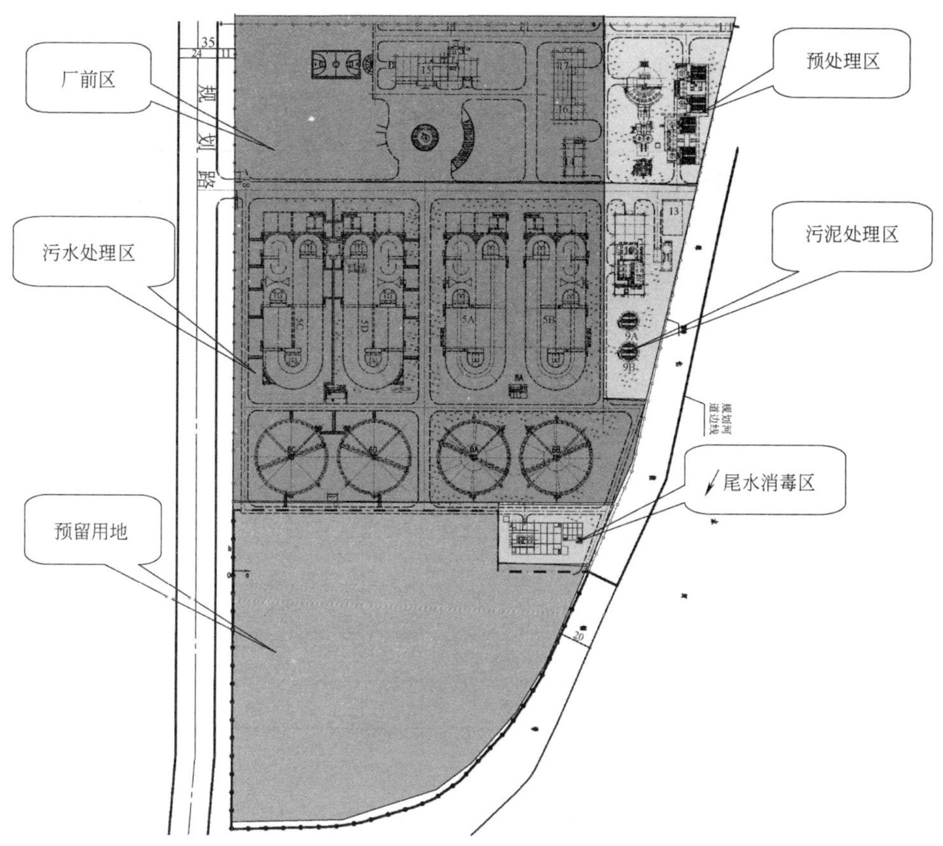

图 8-211　一、二期污水处理厂平面布置

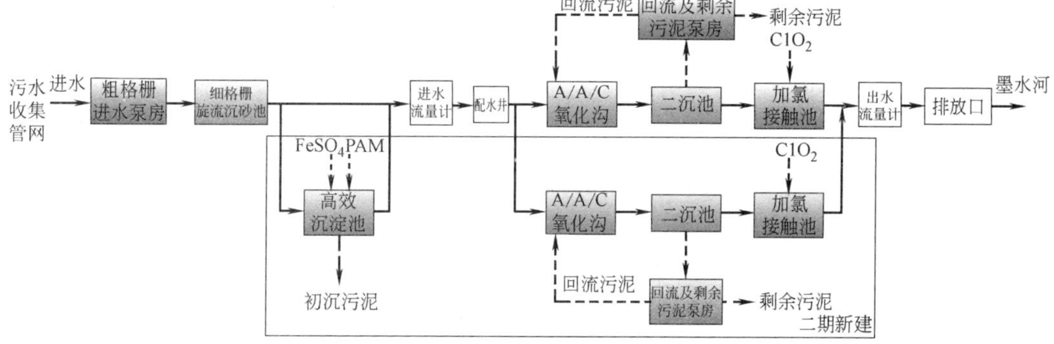

图 8-212　一、二期污水处理工艺流程

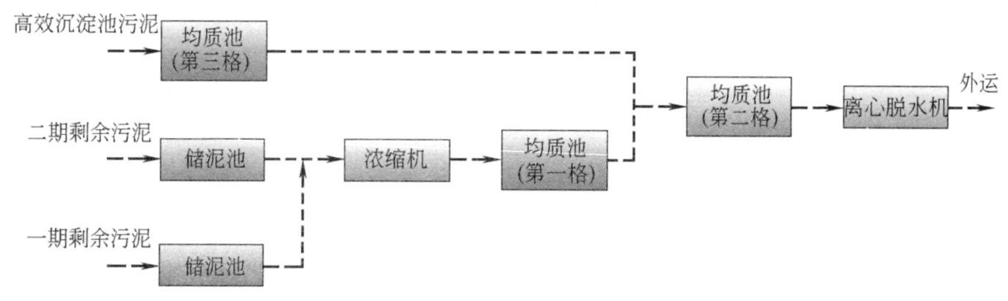

图 8-213　一、二期污泥处理工艺流程

（4）现状主要处理构筑物

现状工程主要已建构筑物如表 8-113 所示。

已建构筑物 **表 8-113**

序号	构筑物名称	单位	数量	备注
1	粗格栅和进水泵房	座	1	
2	细格栅和旋流沉砂池	座	1	
3	高效沉淀池	座	1	
4	配水井	座	1	
5	A/A/C 氧化沟	座	4	
6	二沉池	座	4	
7	加氯间和加氯接触池	座	1	
8	回流和剩余污泥泵房	座	2	
9	储泥池	座	2	
10	均质池和污泥泵房	座	1	
11	污泥浓缩脱水机房和污泥堆棚	座	1	

3. 主要问题

自污水处理厂建成以来，运行情况良好，基本能稳定达到设计标准。因污水处理厂进水中工业废水（尤其是印染废水）比重较高（约占总进水量的 60%），污水中不可生化 COD_{Cr}、色度等指标偏高（进水色度达 250 倍左右，一级 A 出水标准为 30 倍），扩建升级工程需要有针对性的处理。

8.20.2 污水处理厂改扩建方案

1. 改扩建标准确定

根据《山东省半岛流域水污染物综合排放标准》DB 37/676—2007 和青岛市相关文件，要求即墨市污水处理厂改造后，执行《城镇污水处理厂污染物排放标准》GB 18918—2002 一级标准的 A 标准，根据此要求，本工程设计进出水水质如表 8-114 所示。

设计进出水水质（mg/L） **表 8-114**

指标	COD_{Cr} (mg/L)	BOD_5 (mg/L)	SS (mg/L)	TN (mg/L)	NH_3-N (mg/L)	TP (以 P 计) (mg/L)	色度 (稀释倍数)	粪大肠菌群 (个/L)
进水水质	≤500	≤200	≤320	≤50	≤35	≤6	≤250	—
出水水质	≤50	≤10	≤10	≤15	≤5(8)	≤0.5	≤30	≤10^3

注：括号外数值为水温大于 12℃时的控制指标。

2. 改扩建内容

本工程扩建规模为 $3\times10^4 m^3/d$，并完成全厂 $15\times10^4 m^3/d$ 由二级标准到一级 A 标准的升级。

3. 工程特点

(1) 占地小

根据《城市污水处理工程项目建设标准》，完成 $3\times10^4m^3/d$ 扩建和全厂 $15\times10^4m^3/d$ 升级需用地 5.30～5.85hm^2，而本工程改扩建可用地面积约 3.50hm^2，较《城市污水处理工程项目建设标准》所要求的深度处理最小用地少 1.80hm^2。

(2) 进水中工业废水含量高，处理难度大

污水处理厂进水中工业废水（尤其是印染废水）比重较高（约占总进水量的 60%），污水中不可生化 COD_{Cr}、色度等指标偏高（进水色度达 250 倍左右，一级 A 出水标准为 30 倍），青岛市相关文件明确提出了本厂改扩建后色度须达标，因此，在工艺选择上需对此有针对性的处理。

4. 处理工艺选择

(1) 深度处理方案

常规的深度处理工艺包括混凝沉淀、过滤、活性炭吸附、臭氧氧化和膜技术等，视处理目的和要求的不同，可以为以上工艺的组合。

二级处理出水再进行深度处理的去除对象及其采用的主要处理方法如表 8-115 所示。

深度处理去除对象及其采用的处理技术　　表 8-115

去除对象		有关指标	采用的主要处理技术
有机物	悬浮状态	SS、VSS	过滤、混凝沉淀
	溶解状态	BOD_5、COD_{Cr}	混凝沉淀、活性炭吸附
		TOC、TOD	臭氧氧化
植物性营养盐类	氮	TN、NH_3-N	吹脱、折点氯化、生物脱氮
		NO_2^--N　NO_3^--N	生物脱氮
	磷	PO_4^{3-}-P、TP	金属盐混凝沉淀、石灰混凝沉淀、晶析法、生物除磷
微量成分	溶解性无机物、无机盐类	电导率、Na、Ca、Cl 离子	反渗透、电渗析、离子交换
	微生物	细菌、病毒	臭氧氧化、消毒（氯气、次氯酸钠、紫外线）

通过对现状出水水质和一级 A 标准要求分析，综合考虑现状工程已在氧化沟前增加了一座高效沉淀池，升级工程拟后续增加过滤＋臭氧氧化脱色的处理工艺来进一步去除 COD_{Cr}、SS、TP、色度指标。

1) 过滤工艺选择

过滤工艺是保证出水水质的重要环节，而影响过滤处理效果的主要因素是滤布材质或滤料级配的选择以及为保证滤料清洁所采用的冲洗方式。

过滤装置的类型很多，一般有普通快滤池、双阀滤池、无阀滤池、单阀滤池、虹吸滤池、移动冲洗罩滤池等形式。近年来，国外在这些传统过滤装置的基础上又发展形成了连续流砂过滤器、滤布滤池等成套、定型过滤设备，与普通滤池相比，其具有土建造价低、占地省、施工

简便、建设周期短、技术先进和处理效果稳定等特点，在国内外的工程实践中已逐步得到推广应用。

在深度处理中，各种滤池处理工艺各有优缺点。部分老工艺已逐步被淘汰，目前污水深度处理中常用的有连续流砂滤池、V型滤池和滤布滤池等。考虑到本工程进水中工业废水含量较高，水质变化较大，滤布滤池因存在不能在线加药除磷和抗SS冲击负荷能力不高等不足，不适用本工程水质特点；连续流砂滤池、V型滤池各有特点，都能达到升级处理的要求，但相比较而言连续流砂滤池具有工艺先进、工程投资省、处理成本低、出水水质稳定、占地省、土建速度快、运行管理简单等优点，因此深度处理过滤工艺采用连续流砂滤池。

2）臭氧氧化工艺的必要性

从目前已建的即墨市污水处理厂运行经验来看，进水成分非常复杂，近50%的污水为工业废水，且印染废水的比重较大，进水色度较高，一般进水色度为200～300，透光率低，目前即墨市污水处理厂采用二氧化氯消毒工艺，对脱色效果不明显，感观较差，出水色度指标较高，一般为30～40。为解决脱色问题，污水处理厂尝试使用了多种脱色剂，但由于污水处理厂进水成分复杂，单一的脱色剂并不能有效去除各类成分的发色基团，虽然脱色剂投加后对尾水脱色有一定效果，但是效果并不明显。除了色度问题以外，大量的工业废水也使进水含有大量不可生化COD_{Cr}，不可生化COD_{Cr}很难通过生物方法去除，混凝加药等措施对其去除效果也不明显，若不采取相对应的措施，COD_{Cr}也很难稳定达到一级A的出水标准。

针对以上情况，本工程拟采用臭氧氧化工艺对过滤后的尾水进一步处理，采用臭氧氧化工艺的必要性如下：

① 本工程进水含有大量工业废水，尤其是印染废水，故进水色度较高，升级工程实施后，处理尾水需达到一级A的出水标准，对色度去除率要求较高，经综合比较，臭氧氧化脱色适用于各类成分的发色基团，脱色效果非常明显，能确保本工程色度稳定达标。

② 本工程因工业废水含量大，进水含有大量不可生化COD_{Cr}，一般深度处理工艺较难去除，而臭氧氧化处理法能有效去除不可生化COD_{Cr}，确保本工程COD_{Cr}稳定达标。

③ 臭氧还能兼作尾水消毒用，结合本工程推荐过滤工艺采用砂滤的形式，可大大提高臭氧的杀菌消毒能力。

综上所述，采用臭氧氧化脱色工艺能实现臭氧的综合利用，同时解决了脱色、去除COD_{Cr}、消毒的问题，确保水质升级后出水稳定达标。

（2）生物处理系统改造方案

1）已建生物处理工艺的改造

本工程出水指标从二级提升至一级A，从现状实际出水水质看，出水指标满足不了一级A标准要求，污水处理厂需要全面升级。已建构筑物均按二级出水标准设计，出水标准提高至一级A，出水COD_{Cr}、SS、TN、色度等指标单靠二级处理是无法达到的，必须提出新的解决对策，同时在二级处理工艺后增加深度处理构筑物进一步予以去除。

原A/A/C氧化沟处理规模均为$3\times10^4m^3/d$，出水标准提高至一级A后，拟将原来的A/

A/C 氧化沟减量至 $2.5\times10^4m^3/d$，同时新增 $5\times10^4m^3/d$ 的生物处理系统以满足达标排放的要求。

2）新建生物处理工艺的选择

本工程进水水质中 $BOD_5/COD_{Cr}=0.4$，属于可生化性较好的污水。传统的污水处理工艺有 A/A/O 工艺、氧化沟工艺、SBR 工艺等，每个工艺各具特点，均可实现脱氮除磷，满足污水处理厂的出水要求。一、二期氧化沟工艺使用效果很好，但受用地条件的限制，增量扩容不适宜使用该工艺；SBR 工艺虽占地较省，但其容积利用率和设备利用率都较低，且运行管理复杂，运行效果一般。故本工程拟采用 A/A/O 工艺作为新建生物处理工艺。

A/A/O 工艺按曝气方式分，一般好氧段分为空气曝气和纯氧曝气。本工程若采用空气曝气，A/A/O 反应池停留时间在 14.5h 左右，即使采用深池池型，节约的占地仍然有限。而且还需新建鼓风机房，鼓风机功率较大，需对原有变压器进行改造。

纯氧曝气处理效率高、占地省、电耗低，但每天需要稳定的供应氧源，成本较高，所以一般市政污水处理厂较少应用。但本工程若采用臭氧氧化脱色，臭氧发生器尾气破坏系统将把没有溶解到水里的臭氧重新还原变为氧气，将臭氧发生器尾气作为本工程生物反应池好氧区的氧源，可大幅降低制氧成本。臭氧通过液氧制备获得，设计投加量为 12mg/L，需氧量为 $1.8\times10^4kg/d$。按 10%利用率计，经尾气破坏后最终有 $1.62\times10^4kg/d$ 氧气溢出，单座纯氧曝气 A/A/O 反应池计算需氧量为 8000kg/d，经尾气破坏后的氧气量刚好作为纯氧曝气 A/A/O 反应池的氧源，无需再重新制备。

综合以上原因本工程新建生物处理工艺拟采用纯氧曝气 A/A/O 工艺，利用纯氧曝气处理效率高、占地省、电耗低的优势，通过臭氧氧化后的氧气还可以回用弥补了制氧成本，一举两得。

5. 主要构筑物设计

（1）总平面布置

改扩建工程污水处理平面布置如图 8-214 所示。

改扩建工程新建构筑物在污水处理厂南侧新征用地布置，包括：生物反应沉淀池、混合反应池、连续流砂滤池、臭氧接触池、臭氧发生器间、出水提升泵房等。

本工程主要新建构筑物设置如表 8-116 所示。

（2）构筑物设计

1）A/A/C 氧化沟（已建改造）

因水质标准提升，已建 A/A/C 氧化沟处理规模拟由 $3\times10^4m^3/d$ 减量至 $2.5\times10^4m^3/d$，A/A/C 氧化沟共 4 座，每池可独立运行，单池设计参数如下：

设计流量：$2.5\times10^4m^3/d$

有效容积：$1.75\times10^4m^3$

总停留时间：16.8h

污泥负荷：$0.061kgBOD_5/(kgMLSS\cdot d)$

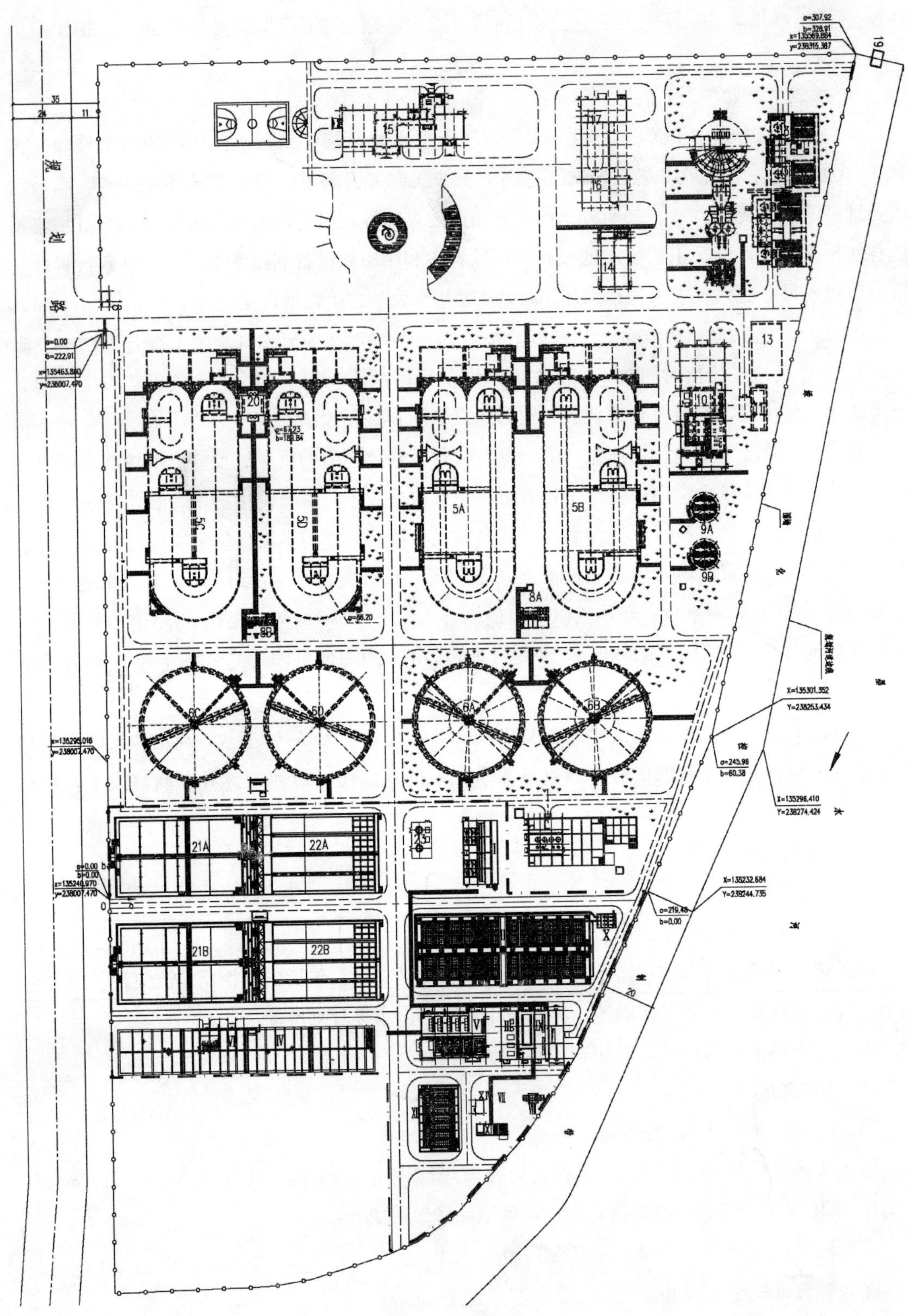

图 8-214 改扩建工程污水处理平面布置

主要处理构筑物　　表 8-116

序号	构筑物名称	单位	数量	备注
1	生物反应沉淀池	座	2	
2	混合反应池	座	1 座 4 组	每组可独立运行
3	连续流砂滤池	座	1	
4	臭氧接触池	座	1	
5	臭氧发生器间	座	1	
6	出水提升泵房	座	1	
7	空压机房和变电所	座	1	

混合液污泥浓度：3.5g/L

厌缺氧池停留时间：4.44h

好氧池停留时间：12.36h

经复核，A/A/O 生物反应池减量后，能满足一级 A 标准的处理要求。A/A/C 氧化沟因厌缺氧段停留时间较短，可能使 TN 指标不能稳定达到一级 A 的出水标准。因此对于一、二期的 A/A/C 氧化沟提出以下改造方案。

现状 A/A/C 氧化沟好氧段运行效率较高，单池处理流量达 $3\times10^4m^3/d$ 时，出水 NH_3-N 基本能满足一级 A 的出水标准。升级工程单池减量处理后，硝化段停留时间更长，去除 NH_3-N 的余量更大。因此，在确保 NH_3-N 去除率的前提下，考虑将反应池最末端的表曝机停止运行，并在最末端的廊道增加推进器 2 台，在氧化沟末端制造缺氧环境，则污水在经过曝气区域时可发生硝化反应，在缺氧区域则进行反硝化反应，进行氮的脱除。通过人为增设缺氧段（反硝化）容积，确保总氮的去除率，使氧化沟在减量后，NH_3-N 和 TN 能稳定达标。

2）生物反应沉淀池

本工程新建生物反应沉淀池 2 座，单座设计规模为 $2.5\times10^4m^3/d$。平面布置如图 8-215 所示。

① 生物反应段

生物反应段采用纯氧曝气 A/A/O 反应池，单座尺寸为 57.55m×31.80m，水深为 8.8m，池深为 9.8m，设计总停留时间为 12.77h，其中厌缺氧区停留时间为 5.88h，好氧区停留时间为 6.89h，设计污泥浓度为 5g/L，总泥龄为 33.5d，污泥产率为 0.53kgTSS/(kgBOD_5·d)，内回流比为 400%，外回流比为 100%。反应池需氧量为 8000kg/d，设置 4 套纯氧增氧装置。

② 二沉段

二沉段单座尺寸为 50.15m×31.80m，水深为 4.0m，池深为 4.5m，设计峰值停留时间为 4.2h，表面水力负荷为 $0.95m^3/(m^2\cdot h)$。配置链板式刮泥机 4 台，宽度为 7.5m。

3）混合反应池

本工程新建混合反应池 1 座，土建按远期规模 $20\times10^4m^3/d$ 设计，设备按 $15\times10^4m^3/d$ 配置。混合反应池分为 4 组，单组容积为 $144m^3$，设计峰值停留时间为 3.2min。平面布置如图 8-216 所示。

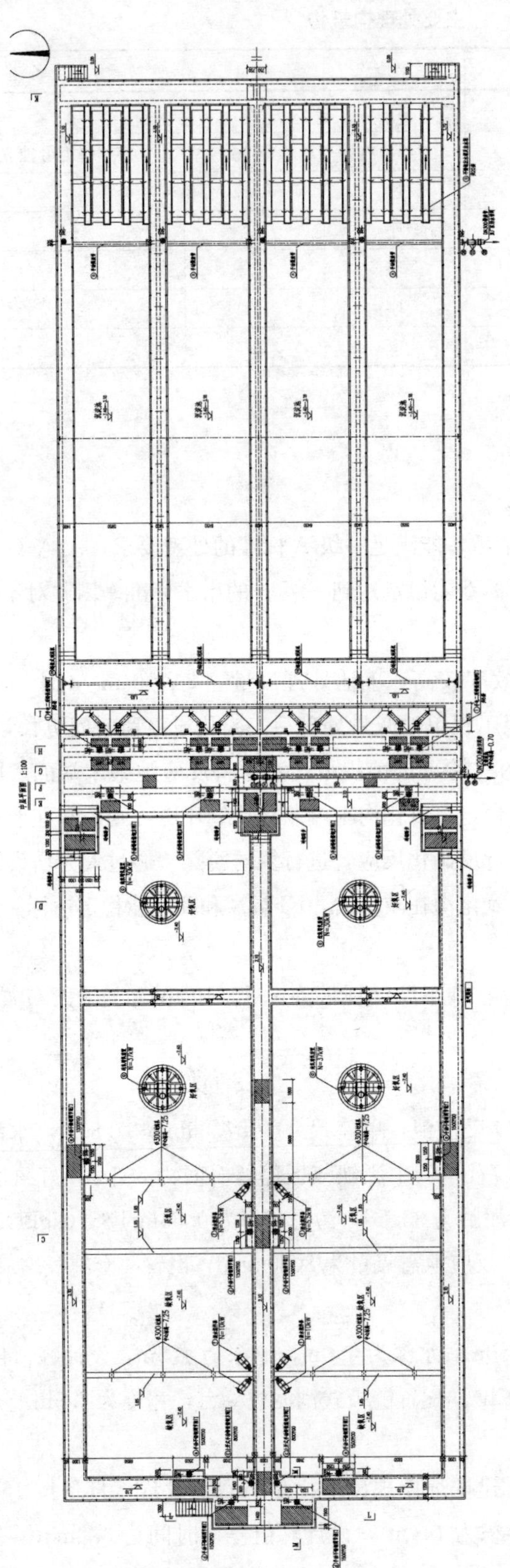

图 8-215 生物反应沉淀池平面布置

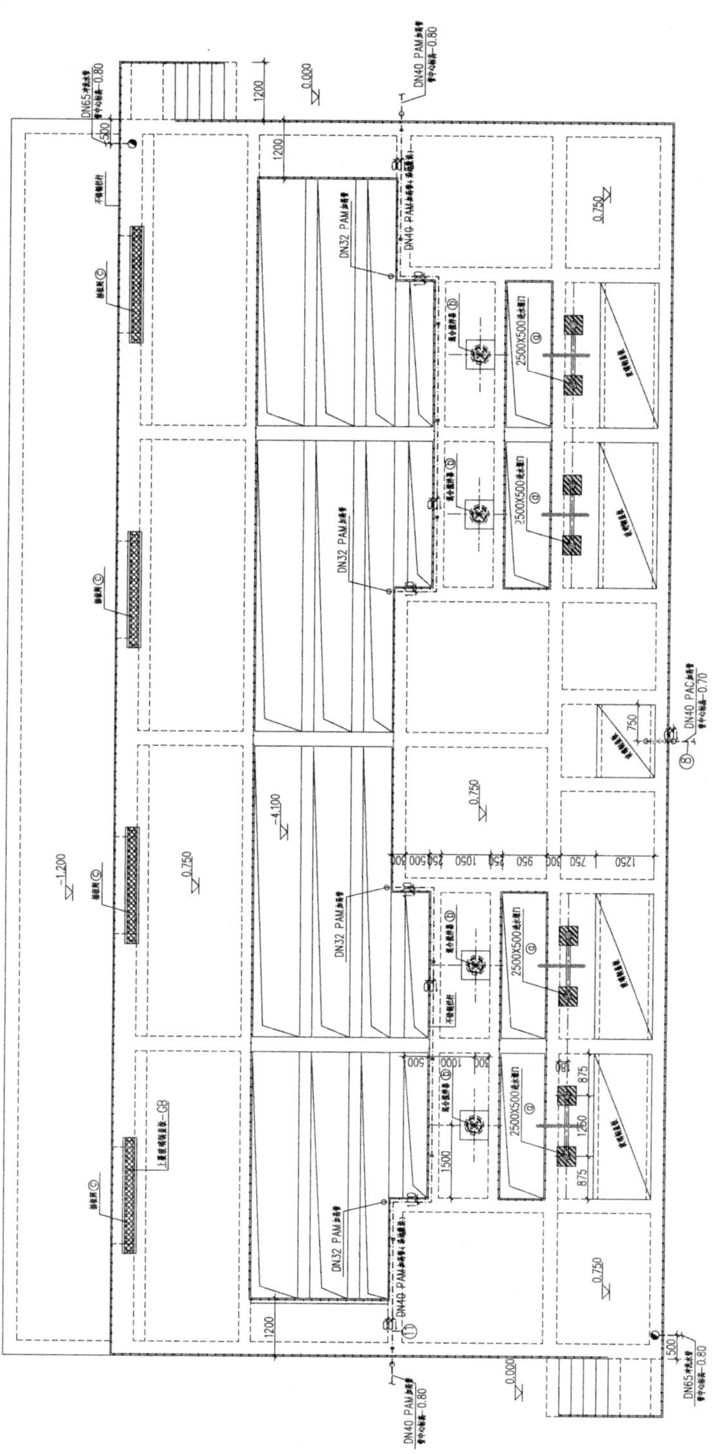

图 8-216　混合反应池平面布置

经生物处理进入混合反应池的污水与混凝剂混合，进一步去除污水中的COD、TP等。加药设备利用二期设计的加药间内设施，原有加药系统设计可满足新增加药量的要求。

4）连续流砂滤池

本工程新建连续流砂滤池1座，土建按远期$20\times10^4m^3/d$设计，设备按$15\times10^4m^3/d$配置，共配置144套过滤器，设计峰值滤速为9.67m/h。平面布置如图8-217所示。

经过加药混合后的污水进入连续流砂滤池进行过滤。连续流砂滤池集澄清和过滤于一体，通过滤层的截留作用，去除水中的悬浮物和其他颗粒杂质。采用单一均质滤料，过滤和洗砂同时进行，可连续自动运行，无需停机反冲洗。

5）臭氧接触池

本工程新建臭氧接触池1座，按远期$20\times10^4m^3/d$一次建设。臭氧接触池平面尺寸为50.0m×27.0m，有效水深为6m，臭氧接触池采用竖向流设计，分四段接触室，每段接触室由布气区和反应区组成，并由竖向隔板分开，四段布气区曝气比例为2∶1∶1∶1，臭氧接触时间（高峰流量）为40min，臭氧投加量为12mg/L。平面布置如图8-218所示。

臭氧接触池用于将臭氧气体送入污水中，氧化脱去水中的色度，并去除一部分难去除的COD_{Cr}、BOD_5，同步进行消毒等。经尾气破坏后的氧气作为纯氧曝气A/A/O反应池的氧源。

6）臭氧发生器间

本工程新建臭氧发生器间1座，土建按远期$20\times10^4m^3/d$设计，设备按$15\times10^4m^3/d$配置。臭氧发生器间主要用于臭氧制备，平面尺寸为26.3m×18.0m，配置4套臭氧发生器（3用1备）。平面布置如图8-219所示。

7）出水提升泵房

本工程新建出水提升泵房1座，土建按远期$20\times10^4m^3/d$设计，设备按$15\times10^4m^3/d$配置。出水提升泵房总平面尺寸为12.05m×11.35m，配置4台潜水轴流泵（3用1备）。常水位情况下尾水自排，汛期水位时启泵强排。平面布置如图8-220所示。

6. 设计方案小结

在即墨市污水处理厂升级改造工程设计中，针对污水处理厂工业废水比重大、色度高、占地小这些特点，采用了很多创新、先进、节能、节地的污水处理工艺，确保出水水质稳定达标。

（1）国内首次应用纯氧曝气工艺

较之普通的空气曝气，采用纯氧曝气可使曝气池体积小，土建投资少，曝气系统中采用纯氧增氧装置，无需配置鼓风机和曝气系统，故设备投资和电耗较空气曝气系统少。本工程采用纯氧曝气工艺，充分发挥了其占地小、建设周期短、投资省、处理效率高的优点，在污水处理厂的建设和运行中都取得了很好的效果。与污水处理厂一、二期已建的4座同等规模的A/A/C氧化沟相比，纯氧曝气A/A/O生物反应池单池容积减小了$4200m^3$，较A/A/C氧化沟小了24%；单池占地面积减小$32134m^2$，较A/A/C氧化沟小了58%。污水处理厂实际运行结果表明，污染物出水指标较A/A/C氧化沟降低了10%左右。

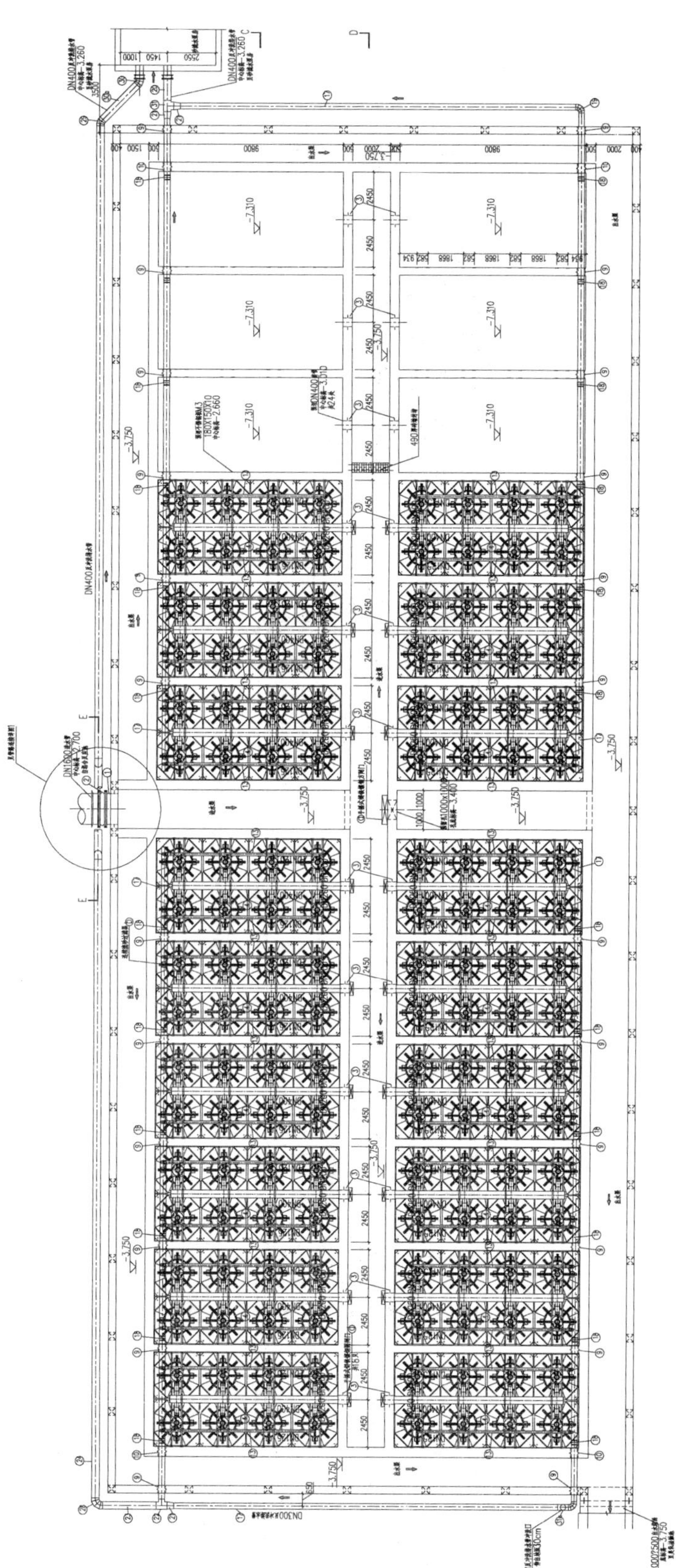

图 8-217　连续流砂滤池平面布置

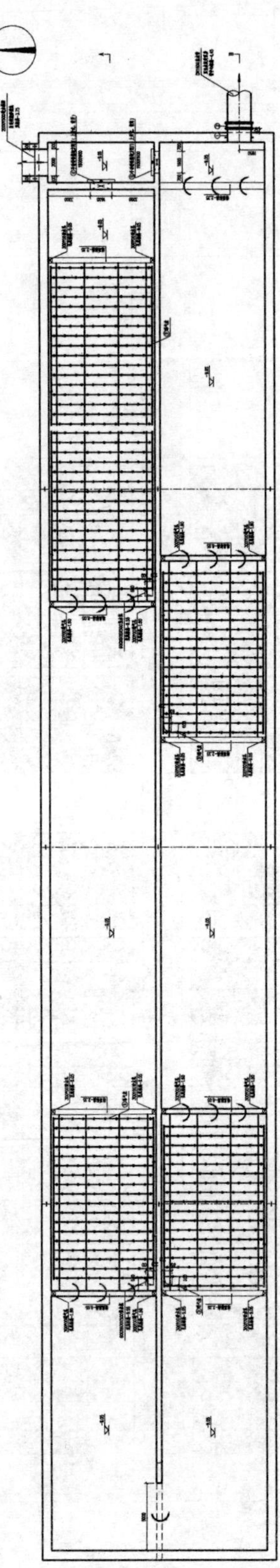

图 8-218 臭氧接触池平面布置

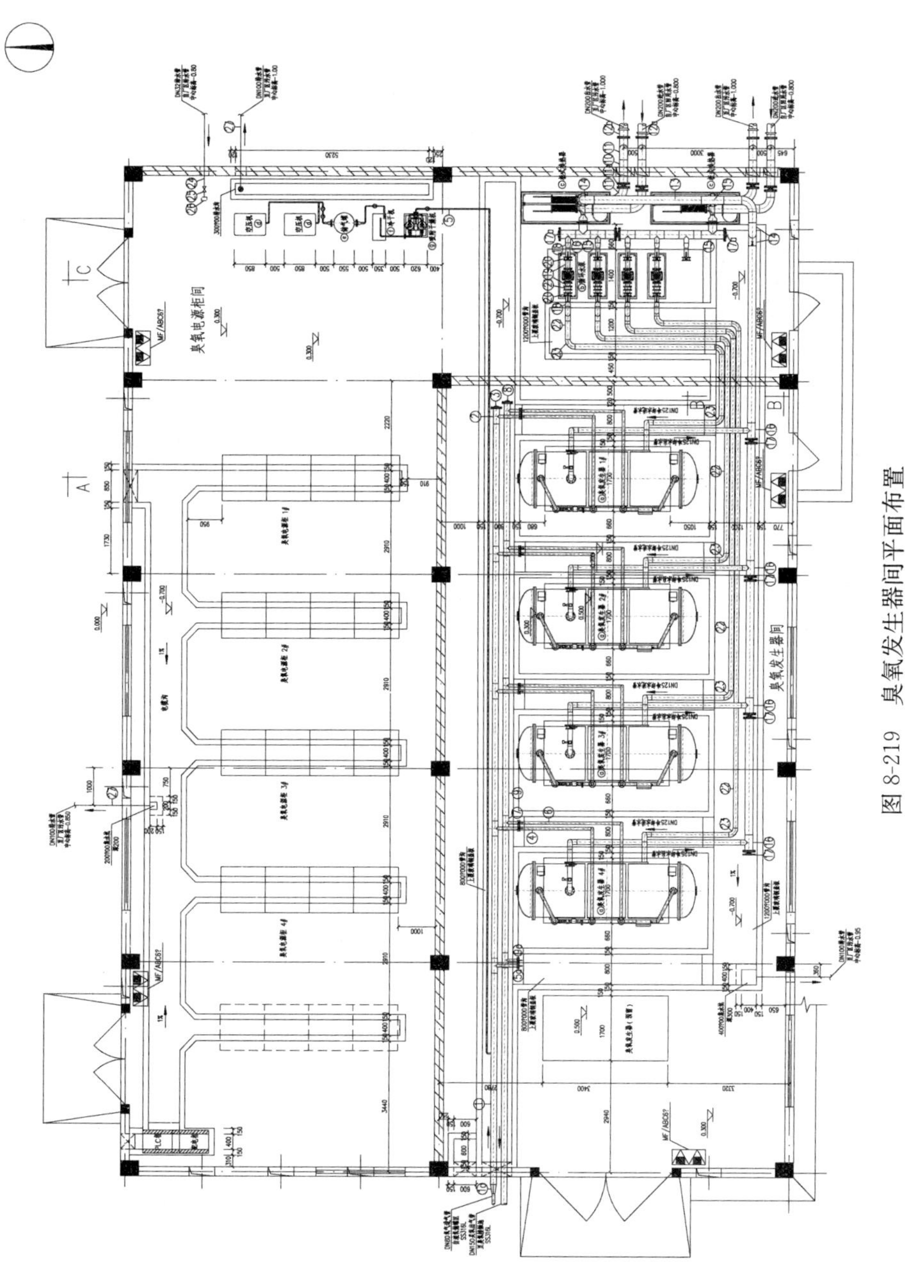

图 8-219　臭氧发生器间平面布置

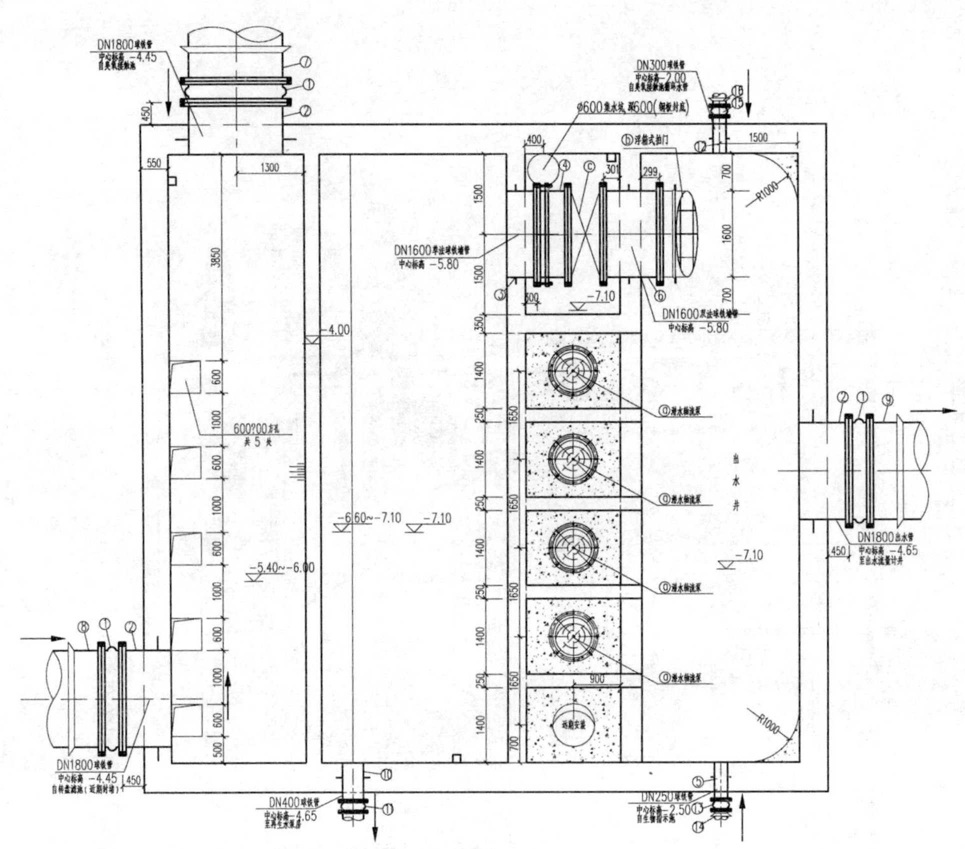

图 8-220 出水提升泵房平面布置

（2）采用臭氧氧化工艺，一并解决脱色、去除不可生化 COD_{Cr}、消毒的问题

因污水处理厂进水中印染废水含量较高，色度较高、不可生化 COD_{Cr} 含量也较高，为了确保污水处理色度、COD_{Cr}稳定达标，升级工程采用污水处理中较为先进的臭氧氧化工艺，实际运行。效果良好。

（3）国内首次采用臭氧尾气回用工艺

大多数情况下，臭氧工艺产生的尾气——氧气都白白排出，按臭氧浓度 10％计，用于制备臭氧的 90％氧气最终被浪费。本工程将臭氧氧化后产生的尾气，予以回收利用，用作二级处理纯氧曝气工艺的氧源，体现了污水处理中综合利用、节约能源的技术特点。本工程采用臭氧尾气回用技术，按臭氧投加量为 12mg/L 计，每日可回收氧气量为 14.58t，按液氧单价 800 元/t 计，每年可节约运行成本 425 万元，折合 0.08 元/m^3，节约费用约占日常处理运行成本的 8％。

臭氧尾气回用系统如图 8-221 所示。

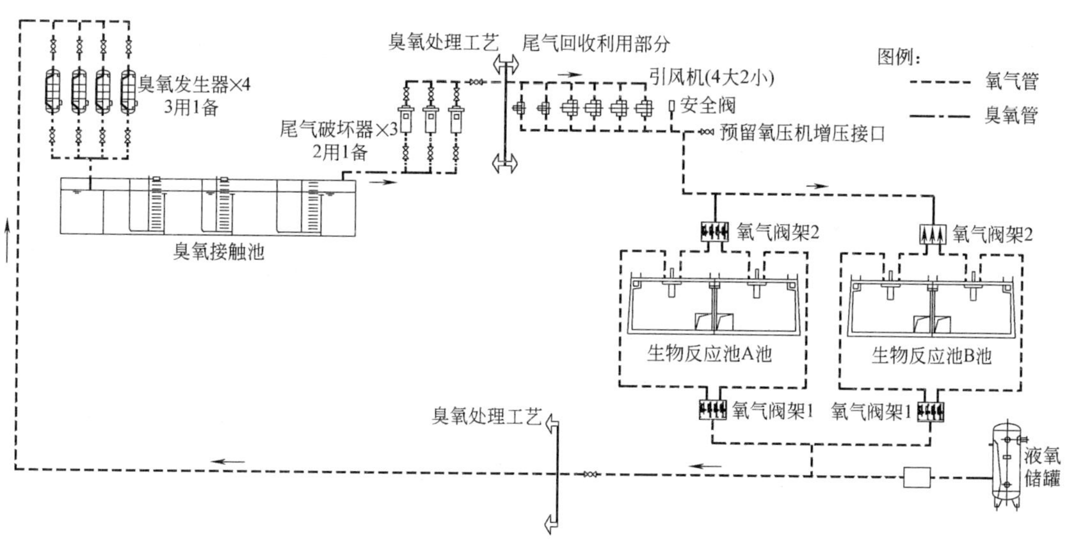

图 8-221　臭氧尾气回用示意

（4）工程占地节约

本工程过滤工艺采用较为新颖的连续流砂滤池过滤，由于连续流砂滤池模块化设计，立式结构，表面负荷（上升流速）大，相对于传统需要反冲洗的砂滤无附属装置和建构筑物，因此占地面积很小；同时传统砂滤每天需要反冲洗，且控制繁琐，连续流砂滤池系统可以连续自清洗，无需停机，适应变动工艺条件的能力强，无需专人操作和控制，减少了污水处理厂的劳动定员。

污水处理构筑物和总图布置采用集约化设计理念，新建的生物反应池与二沉池合建，占地面积为 $3440m^2$，仅为已建同等规模构筑物的 65%，达到配水、生物处理、沉淀、污泥回流的目的，同时节省了占地，减少了构筑物个数，方便运行管理。

8.20.3　运行效果

1. 污水处理量

目前即墨市污水处理厂进水量已超过设计 $15\times10^4m^3/d$ 的流量，达到 $18\times10^4m^3/d$，厂内构建筑物除深度处理、污泥处理外，均超负荷运行。

即墨市污水处理厂 2011 年 4 月～2013 年 6 月期间的月平均日进水量数据统计如表 8-117 所示。

即墨市污水处理厂 2011～2013 年月平均进水量　　表 8-117

日　期	日均进水量(m^3/d)
2011 年 6 月	139545
2011 年 7 月	147683
2011 年 8 月	146936
2011 年 9 月	151980
2011 年 10 月	153484
2011 年 11 月	149595

续表

日　期	日均进水量(m^3/d)
2011 年 12 月	151554
2012 年 1 月	134286
2012 年 2 月	153672
2012 年 3 月	154184
2012 年 4 月	143080
2012 年 5 月	148022
2012 年 6 月	148759
2012 年 7 月	152491
2012 年 8 月	186946
2012 年 9 月	168873
2012 年 10 月	152902
2012 年 11 月	163141
2012 年 12 月	161943
2013 年 1 月	150288
2013 年 2 月	135523
2013 年 3 月	149811
2013 年 4 月	132655
2013 年 5 月	136055
2013 年 6 月	141970

2. 进出水水质和处理效果

即墨市污水处理厂 2011 年 4 月～2013 年 6 月期间的进出水水质情况如表 8-118 所示。

即墨市污水处理厂 2011～2013 年进出水水质　　表 8-118

日期	COD_{Cr}(mg/L)		SS(mg/L)		NH_3-N(mg/L)		TP(mg/L)		色度(倍)	
	出水	进水	出水	进水	出水	进水	出水	进水	出水	进水
2011 年 6 月	408	44	392	11.52	31.7	6.2	3.8	0.34	333.79	16.00
2011 年 7 月	317	36	334	10.10	26.9	2.1	2.5	0.18	309.33	16.53
2011 年 8 月	326	43	318	14.24	22.9	1.9	2.6	0.23	307.20	17.92
2011 年 9 月	332	39	330	7.68	24.5	1.5	2.8	0.26	320.00	8.57
2011 年 10 月	370	39	345	7.56	23.2	1.6	3.3	0.22	332.80	8.32
2011 年 11 月	392	34	343	8.18	24.3	1.2	3.8	0.25	320.00	8.00
2011 年 12 月	352	39	362	8.42	24.3	1.6	3.8	0.30	320.00	9.54
2012 年 1 月	341	39	335	7.84	25.9	1.7	3.6	0.34	294.74	8.00
2012 年 2 月	354	43	347	9.21	29.1	2.1	3.8	0.32	243.48	8.70
2012 年 3 月	510	36	400	7.30	29.6	1.6	3.9	0.30	320.00	8.53
2012 年 4 月	352	34	417	7.46	27.8	1.9	3.4	0.29	320.00	8.31

续表

日期	COD_{Cr}(mg/L)		SS(mg/L)		NH_3-N(mg/L)		TP(mg/L)		色度(倍)	
	出水	进水	出水	进水	出水	进水	出水	进水	出水	进水
2012 年 5 月	409	39	364	8.52	26.5	1.4	3.8	0.32	331.85	9.78
2012 年 6 月	402	42	404	9.24	29.9	1.9	4.0	0.30	320.00	8.55
2012 年 7 月	371	39	348	9.84	22.1	1.2	3.6	0.24	320.00	8.32
2012 年 8 月	286	39	309	9.38	20.2	1.2	3.2	0.41	298.67	8.00
2012 年 9 月	362	38	359	8.40	25.7	1.6	4.1	0.38	320.00	8.00
2012 年 10 月	359	42	347	8.21	23.9	1.7	4.6	0.29	289.03	8.00
2012 年 11 月	410	47	355	9.18	25.1	1.6	4.4	0.36	320.00	8.00
2012 年 12 月	414	49	384	8.87	25.7	2.1	4.7	0.40	320.00	8.27
2013 年 1 月	406	53	383	12.39	23.5	1.8	4.4	0.41	320.00	8.57
2013 年 2 月	378	47	329	7.57	22.8	1.4	3.4	0.34	236.95	8.38
2013 年 3 月	449	48	417	9.28	25.1	2.0	3.8	0.33	333.79	11.59
2013 年 4 月	509	52	440	9.83	24.5	2.7	3.5	0.35	462.22	13.93
2013 年 5 月	593	48	463	8.71	27.9	4.6	4.0	0.34	514.29	14.86
2013 年 6 月	455	49	390	9.80	28.1	3.5	3.7	0.30	445.22	16.00
平均	394	42	369	9.15	25.6	2.1	3.7	0.31	328.79	10.99
设计标准	500	50	320	10	35	5(8)	6	0.5	250	30

从近两年统计资料看，在污水处理厂水量较高、水质较浓、常年超负荷运行的情况下，出水基本达到设计指标——一级 A 标准，处理效果较好，运行情况稳定。

参 考 文 献

[1] 朱雁伯，中国水环境污染的现状与对策［M］//全国城镇排水管网及污水处理厂技术改造运营高级研讨会论文集，2007.

[2] 孙永利，张宇，王蕊，赵琳. 影响城镇污水处理产业发展的关键问题及对策建议［M］//，全国城镇排水管网及污水处理厂技术改造运营高级研讨会论文集，2007.

[3] 中国勘察设计协会. 中国工程勘察设计五十年（第五卷）市政工程设计发展卷［M］. 北京：中国建筑工业出版社，2006.

[4] 原建设部综合财各司. 中国城市建设统计年鉴（2006 年）［M］. 北京：中国建筑工业出版社，2007.

[5] 原建设部综合财各司. 中国城乡建设统计年鉴（2006 年）［M］. 北京：中国建筑工业出版社，2007.

[6] 中华人民共和国住房和城乡建设部. 中国城市建设统计年鉴（2012 年）［M］. 北京：中国计划出版社，2013.

[7] 中华人民共和国国民经济和社会发展第十二个五年规划纲要，中华人民共和国中央政府网站，http：//www.gov.cn/2011lh/content_1825838.htm.

[8] 国务院关于印发“十二五”节能减排综合性工作方案的通知，中华人民共和国中央政府网站，http：//www.gov.cn/zwgk/2011-09/07/content_1941731.htm.

[9] Water Environment Federation（2005）. Upgrading and Retrofitting Water and Wastewater Treatment Plants，Manual of Practice No. 28. Water Environment Federation：Alexandria，Virginia.

[10] Diagger G. T. ButtzJ. A.（1998）. Upgrading Wastewater Treatment Plants. Technomic：London.

[11] 李亚峰，晋文学. 城市污水处理厂运行管理［M］. 北京：化学工业出版社，2005.

[12] 谢经良，沈晓南，彭忠. 污水处理设备操作维护问答［M］. 北京：化学工业出版社，2006.

[13] Mulder M. 膜技术基本原理［M］. 北京：清华大学出版社，1999.

[14] 刘茉娥，蔡邦肖，陈益棠. 膜技术在污水治理及回用中的应用［M］. 北京：化学工业出版社，2005.

[15] 许振良. 膜法水处理技术［M］. 北京：化学工业出版社，2001.

[16] Simon Judd，Claire Judd. 膜生物反应器-水和污水处理的原理与应用［M］. 北京：科学出版社，2009.

[17] 吕炳南，董春娟. 污水好氧处理新工艺［M］. 哈尔滨：哈尔滨工业大学出版社，2007.

[18] Lee J.，Ahn W. Y.，Lee C. H. Comparison of the filtration characteristics between attached and suspended growth microorganisms in submerged membrane bioreactor［J］. Water Research，2001，35（10）：2435-2445.

[19] Ramesh A.，Lee D. J.，Wang M. L.，et al. Biofouling in membrane bioreactor［J］. Separation Science & Technology，2006，41（7）：1345-1370.

[20] 张志超，黄霞，肖康等. 脱氮除磷膜-生物反应器的除磷效果及特性［J］. 清华大学学报（自然科

学版)，2008，48 (9)：1472-1474.

［21］ 陈洪斌，戴晓虎，李辰等. 居住区生活污水 AO-MBR 处理与回用 ［J］. 全国排水委员会 2012 年年会论文集，478-487.

［22］ 李艺，李振川. 北小河污水处理厂改扩建及再生水利用工程介绍 ［J］. 全国给水排水技术信息网 2009 年年会论文集，54-58.

［23］ 甘一萍，白宇. 污水处理厂深度处理与再生利用技术 ［M］. 北京：中国建筑工业出版社，2010.

［24］ 陈珺. 城镇污水处理及再生利用工艺分析与评价 ［M］. 北京：中国建筑工业出版社，2012.

［25］ 岳三琳，刘秀红，施春红等. 生物滤池工艺污水与再生水处理应用与研究进展 ［J］. 水处理技术，2013，39 (1)：1-6.

［26］ 郑俊. 不同性质滤料的反硝化生物滤池脱氮试验研究 ［J］. 水处理技术，2011，37 (9)：73-76.

［27］ 马立，白宇. 下向流生物滤池低温堵塞问题的分析与研究 ［J］. 给水排水，2005，31 (1)：37-40.

［28］ 杨兴豹，李激，阚薇莉等. Denite® 深床反硝化滤池在污水厂升级改造中的应用 ［J］. 中国给水排水，2011，27 (12)：34-44.

［29］ 鲍立新. 深床滤池在无锡市芦村污水处理厂的运行效果 ［J］. 中国给水排水，2012，28 (6)：41-43.

［30］ 石磊. 恶臭污染测试与控制技术 ［M］. 北京：化学工业出版社，2004.

［31］ 沈培明，等. 恶臭的评价与分析 ［M］. 北京：化学工业出版社，2005.

［32］ 吴鹏鸣，等. 环境空气监测质量保证手册 ［M］. 北京：中国环境科学出版社，1989.

［33］ Design of Municipal Wastewater Treatment Plants (4th edition), WEF Manual of Practice No. 8, ASCE Manual and Report on Engineering Practice No. 76, 1998.

［34］ 林肇信. 大气污染控制工程 ［M］. 北京：高等教育出版社，1991.

［35］ 同济大学，上海城市排水有限公司. "污水收集处理系统生物脱臭工艺技术及关键设备的开发研究"课题现场工业化装置试验报告 ［R］，2001.

［36］ Derek Evan Chitwood, Two-stage Biofiltration for Treatment of POTW Off-gases, A dissertation presented to the FACULTY OF THE GRADUATE SCHOOL UNIVERSITY OF SOUTHERN CALIFORNIA in Partial Fulfillment of the Requirements for the Degree DOCTOR OF PHILOSOPHY (Environmental Engineering), 1999.

［37］ 蔡伟娜. 污水收集与处理系统生物脱臭工艺研究 ［D］. 上海：同济大学，2002.

［38］ 黄焱歆等. 生物膜法控制硫化氢气体污染的试验研究 ［J］. 城市环境与城市生态，1996，9 (1)：15-19.

［39］ 马红等. 固定微生物处理含氨废气的研究 ［J］. 中国环境科学，1995，15 (4).

［40］ Cleveland, W. "Hazardous Air Pollutants, MACT Basics for Wastewater Treatment ［J］. Water Environment and Technology, 1996 (4)：46-52.

［41］ Witherspoon, J. R., W. J. Bishop, M. J. Wallis. Emissions Control Options for POTWs ［J］. Environmental Protection, 1993, 4 (5)：59-66.

［42］ Hao, O. J., M. Chen, L. Huang, R. L. Buglass. Sulfate-Reducing Bacteria, Critical Reviews in Environmental ［J］. Science and Technology, 1996, 26 (2)：155-187.

［43］ Pincince, A. B. Toxic Air Emission from Wastewater Treatment Facilities, Water Environment

Federation and the American Society of Civil Engineers，1995.

［44］ 姜安玺. 空气污染控制［M］. 北京：化学工业出版社，2003.

［45］ Istvan Devai，Delaune R D. Emission of Reduced Malodorous Sulfur Gases from Wastewater Treatment Plants［J］. Water Environ. Res.，1999，71（2）.

［46］ Xianhao Cheng，Earl Peterkin，Gary A. Burlingame. A study on volatile organic sulfide causes of odors at Philadelphia's Northeast Water Pollution Control Plant［J］. Water Research，2005（39）：3781-3790.

［47］ Koe，Control of odorous emissions at wastewater treatment plants — the Singapore experience. Proc.，Annu. Meet. — Air Waste Manage. Assoc.，91st，RP95B04/1-RP95B04/14（English）1998 Air & Waste Management Association.

［48］ Brian Miills. Review of Methods Odour control［J］. Filtration & Seperation，1995（2）.

［49］ Devinny，J. S.，D. E. Chiwood，J. F. E. Reynolds. Two Stage Biofiltration of Wastewater Treatment Off-gas. Proceedings of the 91st Annual Meeting and Exhibition of the Air and Waste Management Association，San Diego，California，1998.

［50］ Webster，T. S. Control of Air Emissions from Publicly Owned Treatment Works Using Biological Filtration，Environmental Engineering Program，Los Angeles，California，University of Southern California，1996.

［51］ Mansfield，L. A.，Melnyk，P. B.，Richardson，G. C. Selection and fuul-scale use of a chelated iron absorbent for odor control［J］. Water Environmental Research，1992（64）：120-127.

［52］ Ying-Chien Chung，Yu-Yen Lin，Ching-Ping Tseng. Removal of high concentration of NH_3 and coexistent H_2S by biological activated carbon（BAC）biotrickling filter［J］. Bioresource Technology，2005：1-9.

［53］（日）立本英机. 活性炭的应用技术—其维持管理及存在问题［M］.（日）安部郁夫，高尚愚译. 南京：东南大学出版社，2002.

［54］ 中国大百科全书编写组. 环境科学［M］//中国大百科全书. 北京：中国大百科全书出版社，1983.

［55］ 环保工作者实用手册编写组. 环保工作者实用手册［M］. 北京：冶金工业出版社，1984.

［56］ 日本环境厅环境法令研究会编集. 中央法规. 环境六法. 恶臭防治法，1984.

［57］ Rittman，B. E.，McCarty，P. L. Model of steady-state biofilm kinetics［J］. Bioeng.，1980（22）：2343.

［58］ Cho，K. S.，Hirai，M.，Shoda，M. Degradation of Hydorgen Sulfide by Xanthomonas sp. Strain DY44 Isolated from Peat［J］. Appl. Environ. Microbiol.，1992（58）：1183.

［59］ Mukhopadhyay，N.，E. C. Moretti. Current and Potential Future Industrial Practices for Reducing and Controlling Volatile Organic Compounds，AIChE Center for Waste Reduction Technologies，New York，NY，1993.

［60］ Wang，Z，R. Govind. Biofiltration of Isopentane in Peat and Compost Packed Beds［J］. J. AIChE，1997，43（5）：1348-1356.

［61］ Ottengraf，S. P. P.，J. J. P. Meesters，A. H. C.，van den Oever，H. R. Rozema. Biological elimination of volatile xenobiotic compounds in biofilters [J]. Bioprocess Engineering, 1986 (1): 61-69.

[62] Beltrame, P., P. L. Beltrame, P. Camiti, D. Guardione. Inhibiting action of chlorophenols on biodegradation of phenol and its correlation with structural properties of inhibitors [J]. Biotechnology and Bioengineering, 1988, 31 (8): 821-828.

[63] Snoeyink, V. L., D. Jenkins. Water Chemistry, John Wiley & Sons, Inc., New York, N.Y., 1980.

[64] Flora, J. E. V., M. T. Suidan, P. Biswas, G. D. Sayles. Modeling Substrate Transport in Biofilms: Role of Muitiple Ions and pH Effects [J]. Journal of Environmental Engineering, 1993, 119 (5): 908-921.

[65] Bohn, H. Consider Biofiltration for Decontaminating Gases [J]. Chemical Engineering Progress, 1992 (4).